ALLE ZEIT WACH
1842

Wolfgang Stegmüller
Matthias Varga von Kibéd

Probleme und Resultate der Wissenschaftstheorie und Analytischen Philosophie

Band III

Strukturtypen der Logik

Springer-Verlag
Berlin Heidelberg New York Tokyo
1984

Professor Dr. Dr. Wolfgang Stegmüller
Dr. Matthias Varga von Kibéd
Seminar für Philosophie, Logik und Wissenschaftstheorie
Universität München
Ludwigstraße 31, D-8000 München 22

ISBN 3-540-12210-9 gebundene Gesamtausgabe
Springer-Verlag Berlin Heidelberg New York Tokyo
ISBN 0-387-12210-9 hard cover
Springer-Verlag New York Heidelberg Berlin Tokyo

ISBN 3-540-12211-7 broschierte Studienausgabe Teil A Springer-Verlag Berlin Heidelberg New York Tokyo
ISBN 0-387-12211-7 soft cover (Student edition) Part A Springer-Verlag New York Heidelberg Berlin Tokyo
ISBN 3-540-12212-5 broschierte Studienausgabe Teil B Springer-Verlag Berlin Heidelberg New York Tokyo
ISBN 0-387-12212-5 soft cover (Student edition) Part B Springer-Verlag New York Heidelberg Berlin Tokyo
ISBN 3-540-12213-3 broschierte Studienausgabe Teil C Springer-Verlag Berlin Heidelberg New York Tokyo
ISBN 0-387-12213-3 soft cover (Student edition) Part C Springer-Verlag New York Heidelberg Berlin Tokyo

CIP-Kurztitelaufnahme der Deutschen Bibliothek
Stegmüller, Wolfgang: Probleme und Resultate der Wissenschaftstheorie und analytischen Philosophie/Wolfgang Stegmüller; Matthias Varga von Kibéd. – Berlin; Heidelberg; New York: Springer
Teilw. verf. von Wolfgang Stegmüller
NE: Varga von Kibéd, Matthias:
Bd. 3 → Stegmüller, Wolfgang: Strukturtypen der Logik

Stegmüller, Wolfgang: Strukturtypen der Logik/Wolfgang Stegmüller; Matthias Varga von Kibéd. – Berlin; Heidelberg; New York: Springer, 1984.
(Probleme und Resultate der Wissenschaftstheorie und analytischen Philosophie / Wolfgang Stegmüller; Matthias Varga von Kibéd; Bd. 3)
ISBN 3-540-12210-9 (Berlin, Heidelberg, New York)
ISBN 0-387-12210-9 (New York, Heidelberg, Berlin)
NE: Varga von Kibéd, Matthias:

Printed in Germany
Herstellung: Brühlsche Universitätsdruckerei, Gießen
2142/3140-543210

Für
WILLARD VAN ORMAN QUINE
dessen Werk die Autoren
anregte, begleitete und ermutigte

Vorwort von Wolfgang Stegmüller

Es sei hier kurz einiges über die Entstehungsgeschichte dieses Buches erzählt. Für die Niederschrift gab es verschiedene Motive, die z. T. weit zurückreichen.

Mein Interesse an moderner Logik wurde stark gefördert durch die Bekanntschaft mit der Theorie des natürlichen Schließens von GENTZEN. Von der Existenz dieser Theorie erfuhr ich erstmals 1949 bei den Alpbacher Hochschulwochen durch Sir KARL POPPER, der mich übrigens ein Jahr zuvor als erster auf das Buch 'Mathematical Logic' von W. V. O. QUINE aufmerksam gemacht hatte, das ich daraufhin mit großer Begeisterung studierte.

Beim Studium der Kalküle von GENTZEN wurde mir klar, daß die Axiomatisierung innerhalb der Logik, zum Unterschied von der in der Mathematik, nicht die einzige Möglichkeit der Kalkülisierung bildet, ja daß der Aufbau von axiomatischen Logikkalkülen sogar eine besonders „unnatürliche" Weise der Formalisierung des logischen Schließens darstellt. Demgegenüber erschien mir die nur auf Regeln, nicht jedoch auf Axiome gestützte Theorie des natürlichen Schließens als eine viel adäquatere Form der Wiedergabe informeller logischer Schlußprozesse. Meine Faszination an diesem Thema wurde noch gesteigert, als E. W. BETH mit seinem Baumkalkül eine „noch natürlichere" Form des natürlichen Schließens ersann und P. LORENZEN eine spieltheoretische Variante davon entwickelte. Unter allen in diesem Buch behandelten Kalkülisierungsformen steht daher der im Prinzip nach Bethschem Muster aufgebaute Baumkalkül an erster Stelle, vor dem Sequenzenkalkül von GENTZEN; und die Lorenzensche Version folgt noch vor der Behandlung der Axiomatik und des natürlichen Schließens i. e. S.

Meine Begegnungen mit der Interpretationssemantik von TARSKI und der Bewertungssemantik von BETH und SCHÜTTE bildeten weitere entscheidende Stadien meiner Aneignung der modernen Logik und ihrer vielfältigen Spielarten. So reifte in mir allmählich der Plan, ein Buch zu verfassen, das eine möglichst umfassende Einsicht vermitteln sollte, erstens in die syntaktischen und semantischen Weisen, formale Logik zu betreiben, und zweitens in die wichtigsten Ergebnisse der Metalogik.

Diese Absicht wurde verstärkt durch den äußeren Umstand, daß in zunehmendem Maße Mathematikstudenten der Münchner Universität bei mir *Logik* als Nebenfach wählten. Da diese Kandidaten meist keine Zeit und Gelegenheit hatten, meine Veranstaltungen zu besuchen, kam der verständliche Wunsch auf, ich möge „etwas Schriftliches verfassen", das man mit nach Hause nehmen könne.

Hinzu kam schließlich noch das Wissen um didaktische Nachteile vieler Logik-Bücher. In den meisten von ihnen werden nur spezielle syntaktische und semantische Verfahren behandelt. Wenn z. B. in einem Werk ausschließlich die axiomatische Methode, in einem weiteren allein das natürliche Schließen und in einem dritten nur der Kalkül der Positiv/Negativ-Teile vorgeführt wird, so fällt es selbst einem routinierten Mathematiker schwer, die Gleichwertigkeit dieser Kalkülisierungen einzusehen. Weichen dann auch noch die Systematisierungen der Semantik erheblich voneinander ab, so wird ein Nichtmathematiker vermutlich sogar den Eindruck gewinnen, die fraglichen Bücher handelten von verschiedenen Gegenständen. Doch dies ist nur die eine Seite der Medaille. In immer mehr Bücher, die das Wort ‚Logik' im Titel tragen, werden nämlich umgekehrt mehr oder weniger ausführlich Bereiche einbezogen, die zwar für Untersuchungen zur Logik von Wichtigkeit sind, die jedoch weit über den Rahmen der Logik hinausführen, wie z. B. Rekursionstheorie, axiomatische Mengenlehre oder Hilbertsche Beweistheorie. Zieht man die Grenze einmal so weit, so ist nicht zu erkennen, warum nicht noch viel mehr einbezogen werden sollte. In zunehmendem Maße spielen z. B. algebraische Begriffe eine wichtige Rolle bei logischen Untersuchungen. Soll man deshalb die gesamte Algebra zur Logik rechnen? Oder betrachten wir zwei der grundlegenden Begriffe der Sprachphilosophie, nämlich Bedeutung und Referenz. Daß die formale Logik zu einer partiellen Charakterisierung dieser beiden Begriffe beiträgt, wird kaum jemand leugnen wollen. Soll man deshalb die gesamte Sprachphilosophie in die Logik mit einbeziehen?

Der oben erwähnte Plan konkretisierte sich so zu dem Wunsch, ein Buch herauszubringen, welches zwar einen guten Gesamtüberblick über die Logik gibt, in welches jedoch von den Gebieten, die man nur bei sehr künstlicher Dehnung des Wortes zur Logik rechnen kann – obzwar sie zweifellos für die Logik relevant sind –, lediglich das unbedingt Notwendige einbezogen werden sollte. Ein derartiges Buch war auch als Hilfe für alle diejenigen gedacht, die, ohne Mathematiker zu sein, in zunehmendem Maße auf die moderne Logik zurückgreifen müssen, wie z. B. Sprachphilosophen, Wissenschaftstheoretiker und Linguisten.

1970 hielt ich erstmals eine Vorlesung mit dem Titel „Strukturtypen der Logik". Das Wort „Strukturtypen" hatte ich bereits damals als einen nichttechnischen Ausdruck gewählt, der knapp und doch irgendwie suggestiv auf die Fülle von Darstellungsmöglichkeiten, semantische und syntaktische, hinweisen sollte, auf die man in der modernen formalen Logik stößt. Kurz zuvor war damals das bekannte Werk von SMULLYAN über *First Order Logic* erschienen, das mir eine Fülle von zusätzlichen Anregungen gab. Das Vorlesungsmanuskript sollte die Grundlage für das geplante Buch bilden. Es war mir natürlich klar, daß die Verwirklichung dieses Projektes durch mich allein undurchführbar sein würde, zumal meine anderen philosophischen Interessen mir eine ausschließliche Konzentration auf Logik verwehrten. Es war ein glücklicher Zufall, daß sich Herr Prof. Dr. ULRICH BLAU, damals Assistent am Philosophischen Seminar II in München, bereit fand, ein Skriptum zu meiner Vorlesung auszuarbeiten. Anläßlich einer späteren zweiten Vorlesung über dieses Thema wurde dieses Skriptum verbessert sowie ergänzt, und Herr BLAU erklärte sich bereit, das Buch zusammen mit mir zu verfassen.

Im Jahr 1979 teilte mir Herr BLAU leider mit, daß er aus diesem Projekt aussteigen wolle, um sich stärker seinen eigenen Forschungen widmen zu können. Ich bedauerte diesen Entschluß außerordentlich; denn er hatte in der Zwischenzeit selbst Veranstaltungen über ähnliche Themen gehalten und dabei wertvolle Ergänzungen über Substitutionen, Identität und Kennzeichnung, vor allem aber über die Spielarten der Semantik hinzugefügt. Für alle diese Mühen und wertvollen Leistungen möchte ich ihm an dieser Stelle meinen herzlichen Dank aussprechen.

Glücklicherweise erklärte sich kurze Zeit, nachdem sich Herr BLAU aus dem Projekt zurückgezogen hatte, mein Mitarbeiter, Herr Dr. MATTHIAS VARGA VON KIBÉD, bereit, mit mir zusammen an dem Buch weiterzuarbeiten. Ich hatte damals gerade die Skizze zu den beiden Kap. 10 und 11 entworfen und war dabei auf Schwierigkeiten bei den Smullyanschen Begriffen der magischen Menge sowie der analytischen Konsistenz gestoßen. Nachdem wir diese Probleme behoben hatten, widmeten wir uns der Weiterarbeit am Teil II über Metalogik. Den Inhalt von Kap. 9 diskutierte Herr V. VARGA ausführlich in einem Seminar. Für das Kap. 12 knüpften wir an bereits vorhandenes Material an: Einige Jahre zuvor hatte ich in einem Seminar die besonders eleganten Beweise der Theoreme von CHURCH und GÖDEL nach SHOENFIELD vorgetragen und kommentiert. Herr Prof. Dr. PETER HINST, damals noch Assistent am Philosophischen Seminar, verfaßte freundlicherweise darüber ein Skriptum, in welches er einige zusätzliche, originelle Präzisierungsvorschläge mit aufnahm. Auch ihm sei hierfür unser herzlicher Dank ausgesprochen. Dieses Manuskript bildete, mit Ergänzungen und Modifikationen versehen, die Grundlage für das jetzige Kap. 12.

Das „Kalkül-Kapitel“ 4 hatte sich ursprünglich auf fünf Kalkültypen beschränkt. Die Hoffnung darauf, auch den Dialogkalkül einbeziehen zu können, hatten bereits viel früher Herr BLAU und ich aufgegeben gehabt:

Es war uns in längeren vergeblichen Bemühungen nicht geglückt, eine solche Fassung dieses Kalküls zu finden, die sowohl heutigen Präzisionsansprüchen genügt als auch sich mit den anderen Kalkülisierungstypen als gleichwertig erweisen läßt. Da erschien 1981 die Dissertation von Herrn Gregor Mayer. Diese Arbeit ließ die Hoffnungen bezüglich des Dialogkalküls wiederaufleben. Herr v. Varga und ich unterbrachen die Weiterarbeit am Teil II und widmeten uns während mehrerer Monate ganz der Fertigstellung von Abschn. 4 des vierten Kapitels. Viele Gespräche mit Herrn Gregor Mayer sowie zahlreiche von ihm gemachte Definitions- und Verbesserungsvorschläge bildeten für uns nicht nur eine wertvolle, sondern unerläßliche Hilfe für das Gelingen. Für die dabei verwendete Zeit und Energie sei Herrn Mayer an dieser Stelle sehr herzlich gedankt.

Die Idee, die in der Endfassung letzten drei Kapitel 13 bis 15 hinzuzufügen, kam von Herrn v. Varga. Das Schwergewicht sollte auf den philosophisch interessanten Teilen der Kap. 13 und 15 liegen. Das vierzehnte Kapitel war als bloßes „Nachschlagekapitel" für die Lindströmsätze gedacht. Es stellte sich jedoch heraus, daß nur im Rahmen der „abstrakten Semantik", für die dieses Kapitel vorgesehen war, auch zwei weitere im letzten Kapitel benötigte Disziplinen vollständig und exakt dargestellt werden konnten, nämlich die Definitionslehre sowie die algebraische Behandlung der Logik. Dadurch wurde das vorletzte Kapitel wesentlich umfangreicher als ursprünglich geplant.

Nach Fertigstellung des zweiten Teiles wurde der erste Teil nochmals gründlich überarbeitet. Vor Jahresende 1982 war auch diese Arbeit abgeschlossen. Angesichts des breiten Spektrums dieses Buches mußte es so abgefaßt werden, daß es, außer von Mathematikern und Interessenten mit einem anderen formalen Training, vermutlich nicht als „erstes Buch" gelesen werden kann. Es ist jedoch zu hoffen, daß es nach Lektüre eines elementaren Einführungswerkes als „zweites Buch" lesbar ist.

Die Kap. 9 bis 12 wurden während eines durch die DFG finanzierten Freisemesters im Sommer 1980 beendet. Der Deutschen Forschungsgemeinschaft und dem Bayerischen Kultusministerium gebühren Dank für die dadurch ermöglichte Beschleunigung der Fertigstellung des Manuskriptes.

Dem Springer-Verlag danken die Autoren dafür, daß er zum frühestmöglichen Zeitpunkt mit der Drucklegung begann und daß er wieder der Bitte entsprochen hat, neben der Bibliotheksausgabe eine Studienausgabe herauszubringen.

Gräfelfing, den 4. September 1983 Wolfgang Stegmüller

Inhaltsverzeichnis

Teil II. Metalogische Ergebnisse

Abhängigkeitsdiagramm

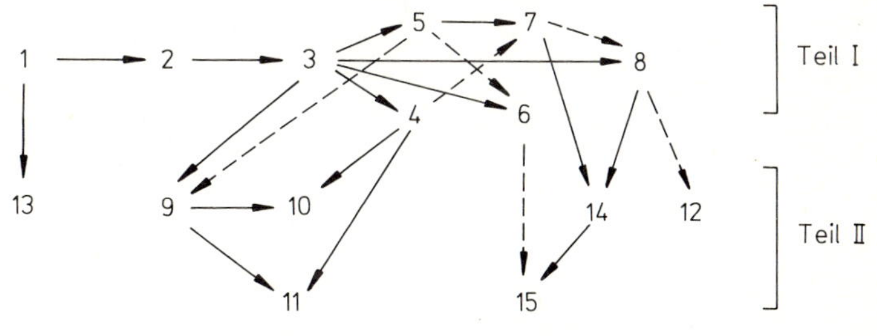

$x \rightarrow y$: Kapitel y setzt Kapitel x wesentlich voraus.
$x \dashrightarrow y$: Kapitel y setzt Kapitel x in geringem Umfang voraus.

Einleitung: Inhaltsübersicht

Teil I

Im ersten Teil dieses Buches wird versucht, alle wichtigen bekannten Kalkülisierungen der modernen Logik sowie im wesentlichen alle semantischen Deutungen von Logiksystemen systematisch zu behandeln. Der zweite Teil des Buches ist einer Darstellung aller bedeutsamen, auf Logiksysteme bezogenen metatheoretischen Resultate gewidmet. Diese Unterscheidung zwischen Logik und Metalogik gilt nur cum grano salis. Denn alle grundlegenden metalogischen Begriffe, wie die Begriffe der logischen Gültigkeit, der Erfüllbarkeit und der logischen Folgerung, werden bereits im ersten Teil eingeführt. Ebenso wird das auf die sechs Typen von Logikkalkülen bezogene Resultat ihrer semantischen Adäquatheit, nämlich deren semantische Korrektheit und semantische Vollständigkeit, bereits im ersten Teil bewiesen. Im zweiten Teil werden also nur die darüber hinausgehenden metalogischen Ergebnisse aufgezeigt und diskutiert.

Kapitel 1 enthält einige vorbereitende Betrachtungen. Von diesen sollte man gleich bei der ersten Lektüre die logischen und semiotischen Präliminarien sowie die Bemerkungen zur Symbolik genauer zur Kenntnis nehmen. Auf die Liste der mengentheoretischen Grundbegriffe hingegen kann der Leser jeweils im Bedarfsfall zurückgreifen.

In **Kap. 2** und **Kap. 3** werden die Aussagen- oder Junktorenlogik sowie die Quantorenlogik auf semantischer Grundlage, nämlich über die Einführung geeigneter formaler Sprachen **J** (Sprache der Junktorenlogik) und **Q** (Sprache der Quantorenlogik) und deren Deutung, behandelt. Und zwar ist es genauer die sog. Bewertungssemantik, die hier als Ausgangspunkt gewählt wird. Die junktorenlogischen Verknüpfungen, d. h. die formalsprachlichen Gegenstücke zu ‚nicht', ‚und', ‚oder', ‚wenn ... dann – – –' sowie ‚... dann und nur dann wenn – – –', werden dabei durch die Booleschen Bewertungen oder *j*-Bewertungen mit einer festen Bedeutung versehen. Die Bedeutungen der Quantoren, d. h. der formalsprachlichen Gegenstücke zu ‚für alle' und ‚es gibt', werden mit Hilfe von Verallgemeinerungen der Booleschen Bewertungen, nämlich den quantorenlogischen Bewertungen oder *q*-Bewertungen, charakterisiert. In einem

Vorgriff auf Kap. 5 wird dann gezeigt, daß die Verwendung der beiden Wahrheitswerte *wahr* und *falsch* nicht wesentlich ist, da die Bewertungssemantik durch eine mit ihr gleichwertige Semantik der Wahrheitsmengen ersetzbar ist, die jegliche Bezugnahme auf Wahrheitswerte vermeidet.

In 2.3 und 3.3 werden die grundlegenden semantischen Eigenschaften und Beziehungen zunächst für die Junktorenlogik (wie z. B. *j*-Gültigkeit, *j*-Ungültigkeit, *j*-Erfüllbarkeit, *j*-Folgerung) und dann für die Quantorenlogik (z. B. *q*-Gültigkeit, *q*-Ungültigkeit, *q*-Erfüllbarkeit, *q*-Folgerung) eingeführt. Auf diese Begriffe wird später immer wieder zurückgegriffen und zwar sowohl bei der Weiterentwicklung der Semantik von Junktoren- und Quantorenlogik als auch in Kap. 4 bei den Adäquatheitsbeweisen der dort behandelten Kalküle.

In diesen semantisch grundlegenden Teil sind auch alle wichtigen Lehrsätze über Substitutionen (von Prädikaten und Sätzen) sowie über alphabetische Umbenennungen (von gebundenen Variablen, von Parametern und von Prädikaten) einbezogen worden. Um diese Theoreme exakt formulieren zu können, mußten zunächst die formalen Gegenstücke zu den umgangssprachlichen Benennungen von Funktionen („natursprachlichen Funktionsbezeichnungen") sowie zu den umgangs- oder natursprachlichen Prädikaten eingeführt werden. Als ein für diese Präzisierung besonders geeignetes Hilfsmittel wurde der Begriff der n-stelligen Nennform von K. Schütte benützt, in welchem außer auf die eigentlichen Symbole der formalen Sprache auf zusätzliche Hilfssymbole, die sog. Markierungszeichen, Bezug genommen wird.

Üblicherweise werden die erwähnten Lehrsätze in Logikbüchern als auf einen bestimmten Kalkül bezogene Theoreme bewiesen. Dies hat den Nachteil, daß die generelle Gültigkeit dieser Lehrsätze erst indirekt erkennbar wird, nämlich über den Nachweis der semantischen Adäquatheit des fraglichen Kalküls. Durch die rein semantischen Beweisführungen konnten hier diese Lehrsätze den Untersuchungen von Kalkülisierungen der Logik vorangestellt werden, wobei sich ihre Gültigkeit später automatisch für alle Kalküle ergibt, die semantisch korrekt und vollständig sind.

Kapitel 4 ist das bei weitem umfangreichste Kapitel des ersten Teiles. Hier werden die bekannten syntaktischen Verfahren oder Kalkülisierungen der Logik nach sechs Haupttypen unterschieden. Im einleitenden Abschn. 4.0 werden diese Kalkülarten kurz intuitiv beschrieben und miteinander verglichen. In 4.1 wird das Verfahren zur Definition der Ableitbarkeit (eines Satzes aus einer Prämissenmenge) sowie des Beweises und der Beweisbarkeit für einen beliebigen Kalkül beschrieben. Den Ausgangspunkt für alle weiteren Betrachtungen bildet in 4.2 der *Baumkalkül* **B**, nach seinem Entdecker E. W. Beth häufig auch Tableaux-Kalkül genannt. Obwohl darin nicht das direkte, sondern das indirekte

Beweisverfahren formalisiert wird, kann dieser Kalkül als der natürlichste unter allen bekannten Kalkülisierungen der Logik gelten; denn vom intuitiven Standpunkt sind die Kalkülregeln nichts anderes als syntaktische Umformulierungen der bewertungssemantischen Regeln. Auch die semantische Adäquatheit läßt sich für diesen Kalkül in verblüffend einfacher Weise zeigen, wenn man für den Vollständigkeitsbeweis von einem auf HINTIKKA zurückgehenden Begriff („Hintikka-Menge") und einem sich darauf stützenden Lemma Gebrauch macht. (Derartige Beweisvereinfachungen beruhen hier wie auch sonst häufig auf der empfehlenswerten Strategie, bei Theoremen, die den Zusammenhang von Syntax und Semantik betreffen, bevorzugt nach geeigneten Begriffsbildungen zu suchen, die eine Mittelstellung zwischen den beiden Bereichen einnehmen, wie hier der Begriff der Hintikka-Menge.) Die Darstellung gewinnt zusätzlich an Übersichtlichkeit dadurch, daß von einer vereinheitlichenden Symbolik von SMULLYAN Gebrauch gemacht wird, wonach sich alle zu betrachtenden Formeln (Sätze) erschöpfend in solche vom Typ α, vom Typ β, vom Typ γ und vom Typ δ unterteilen lassen.

Die beiden genannten Vorteile des Baumkalküls müssen mit einem gewissen technischen Nachteil erkauft werden: Die Formulierung des Beweisbegriffs für diesen Kalkül ist relativ umständlich. Es müssen darin bestimmte baumartige Strukturen, kurz: Bäume, exakt beschrieben werden. Die für die vier Satztypen geltenden Regeln sind Regeln zur Konstruktion von Erweiterungsbäumen aus gegebenen Bäumen. SMULLYAN gibt in seinem Buch [5] eine verhältnismäßig einfache Charakterisierung von Bäumen, worin er die in einem Baum vorkommenden Formeln mit den Baumpunkten identifiziert. Dieses Vorgehen ist jedoch nicht exakt, da dann ein und dieselbe Formel nicht an verschiedenen Stellen des Baumes vorkommen könnte. Um diesen Mangel zu beheben, unterscheiden wir zwischen Baumstrukturen als Mengen und Bäumen als Funktionen mit Baumstrukturen als Argumenten. Wo keine Gefahr eines Mißverständnisses besteht, bedienen wir uns der vereinfachenden SMULLYANschen Sprechweise.

Der Baumkalkül ist das paradigmatische Beispiel eines analytischen oder schnittfreien Kalküls: Für den Beweis eines quantorenlogischen Satzes stützt man sich in dem Sinne auf eine bloße Analyse dieses Satzes, als im Verlauf des Beweises nur Teilsätze des vorgegebenen Satzes oder Negationen von solchen, also sog. schwache Teilsätze dieses Satzes, vorkommen.

Der in 4.3 betrachtete zweite Kalkül ist der *Sequenzenkalkül* **S** von GENTZEN. Dieser Kalkül wurde vor allem deshalb unmittelbar hinter den Baumkalkül gestellt, weil er für Vergleichszwecke zwischen Kalkülen eine Schlüsselstellung einnimmt. Im übrigen bildete er ursprünglich eine für beweistheoretische Zwecke modifizierte Fassung des Kalküls des natürlichen Schließens, der erst in 4.6 in der Form des Gentzen-Quine-Kalküls **N** behandelt wird. In diesem letzteren Kalkül – bzw. in einer ihm gleichwertigen „zweidimensionalen" Variante – hatte GENTZEN erstmals versucht, Eigentümlichkeiten des intuitiven logischen Räsonierens formal nachzuzeichnen. Dazu gehört erstens die Tatsache, daß wir in alltäglichen Beweisführungen zwar an Regeln, jedoch niemals an Axiome appellieren; zweitens der in intuitiven mathematischen Argumentationen übliche Übergang von Existenzbehauptungen zu entsprechenden Aussagen mit „Beispielsparametern", d.h. von ‚es gibt ein x, welches die Bedingung Φ erfüllt' zu ‚a sei ein solches, Φ erfüllendes Objekt'. Dementsprechend enthält der Kalkül **N** keine Axiome, sondern nur Ableitungsregeln. Damit beim Übergang zu Beispielsparametern keine Verwirrung gestiftet wird, müssen sowohl für verschiedene dieser Regeln als auch für den Begriff der formalen Ableitung genaue Parameterbedingungen formuliert werden.

Der Sequenzenkalkül **S** war von GENTZEN, wie erwähnt, als beweistechnisch relevante Umformulierung des Kalküls des natürlichen Schließens aufgefaßt worden. Er kann jedoch auch als „normaler" axiomatischer Kalkül mit dem Sequenzenpfeil ‚$\rightarrow$' als zusätzlichem Symbol aufgefaßt werden. Seine Grundelemente, die Sequenzen, sind nämlich einer unmittelbaren semantischen Deutung fähig, woraus sich die eine Hälfte des semantischen Adäquatheitsbeweises, die Korrektheit von **S**, leicht ergibt. Für die zweite Hälfte des Beweises der semantischen Adäquatheit wird am zweckmäßigsten die Ähnlichkeit dieses Kalküls mit dem Baumkalkül herangezogen, wodurch sich der für **B** erbrachte Vollständigkeitsbeweis auf **S** überträgt. Hier erweist es sich erstmals als fruchtbar, den Begriff der in einem Kalkül zulässigen Regel zur Verfügung zu haben: Während eine Grundschlußregel eine solche ist, welche in die Definition des fraglichen Kalküls Eingang findet, ist eine nicht zu den Grundschlußregeln gehörige *zulässige Regel* eine solche, deren Hinzufügung zu den Grundschlußregeln die Menge der ableitbaren (beweisbaren) Sätze nicht echt erweitert.

In 4.3.4 wird unter Verwendung eines auf SMULLYAN zurückgehenden Verfahrens der Kalkül **B** in der modifizierten Gestalt des *akkumulierten Baumkalküls* $\mathbf{B}^a$ vorgeführt. Dieser gestattet es, die Gleichwertigkeit von Baum- und Sequenzenkalkül unmittelbar visuell zu veranschaulichen: Der Baumkalkül erweist sich als „auf den Kopf gestellter" Sequenzenkalkül. Dies liefert das überraschende Nebenresultat, daß GENTZEN mit seinem Kalkül **S** bereits das Baumverfahren implizit mitentdeckt hatte.

Gegenstand von 4.4 ist die „Theorie der Dialogspiele" von P. LORENZEN. Im Unterschied zur Intention von LORENZEN wird diese Theorie aber nicht unter dem Begründungsaspekt und damit auch nicht für den intuitionistischen, sondern für den klassischen Fall betrachtet.

Und zwar wird diese Theorie rein syntaktisch als *Dialogkalkül* **D** rekonstruiert. Vermutlich ist dies die erste formale Darstellung dieses Kalküls, die einen präzisen syntaktischen Nachweis der Gleichwertigkeit mit dem Sequenzenkalkül **S** gestattet.

In diesem Abschnitt wird erstmals der bisher verwendete Symbolismus zum Teil geändert. Dies hat seinen Grund darin, daß eine reichere Sprache als für die anderen quantorenlogischen Kalküle benötigt wird: Zu den bisherigen Zeichen treten sog. Angriffszeichen hinzu (bestehend aus einem Fragezeichen allein oder einem Fragezeichen mit Zusatz), und die Sätze im bisherigen Sinn, jetzt auch echte Propositionen genannt, werden erweitert um Sätze, in denen zusätzlich Angriffszeichen vorkommen; diese heißen Bezweiflungen oder unechte Propositionen. Grundlegend für die weiteren Begriffsbildungen ist eine scharfe Definition der Begriffe *Dialog um einen Satz* sowie *gewonnener Dialog*. Eine *Gewinnstrategie für einen Satz* ist dann ein genau beschreibbarer Dualbaum, dessen sämtliche Äste gewonnene Dialoge um diesen Satz sind. Damit kann der Begriff des *gewinnbaren Satzes* definiert werden; dieser Begriff tritt hier an die Stelle des Begriffs des beweisbaren Satzes.

Die semantische Adäquatheit von **D** wird indirekt gezeigt, nämlich über einen syntaktischen Äquivalenzbeweis mit einem geringfügig modifizierten Sequenzenkalkül $\bar{\mathbf{S}}$. Und zwar wird zunächst gezeigt, wie man **D**-Gewinnstrategien in $\bar{\mathbf{S}}$-Beweise überführen kann, und in einem zweiten Schritt, wie die Überführung in die umgekehrte Richtung zu vollziehen ist. Dieser Nachweis ist deshalb nichttrivial, weil die Sprachen der beiden Kalküle voneinander verschieden sind. Bei der ersten Hälfte des Nachweises müssen aus dem eine Gewinnstrategie repräsentierenden Baum alle Bezweiflungen in geeigneter Weise so entfernt werden, daß als Endresultat ein Sequenzenbeweis herauskommt; intuitiv gesprochen: Der Strategiebaum muß zu einem Beweisbaum in $\bar{\mathbf{S}}$ „zusammenschrumpfen". Bei der zweiten, schwierigeren Hälfte des Nachweises müssen in einem vorgegebenen Beweisbaum von $\bar{\mathbf{S}}$ an den „richtigen" Stellen Bezweiflungen eingefügt werden, damit im Endresultat der formale Repräsentant einer Gewinnstrategie in **D** herauskommt; intuitiv gesprochen: Der Beweisbaum muß zu einem Strategiebaum „aufgebläht" werden. Für ein besseres intuitives Verständnis der technischen Details in der Durchführung dieser Aufgabe erweist es sich als hilfreich, sowohl die Bäume von $\bar{\mathbf{S}}$ als auch die von **D** als *beblätterte* Bäume aufzufassen, nämlich als Bäume, die mit rechtsseitigen und linksseitigen Blättern versehen sind.

Erst in 4.5 kommen wir auf *axiomatische Kalküle* im herkömmlichen Sinn zu sprechen. Darin werden gewisse logisch gültige Sätze als Axiome ausgezeichnet und die übrigen gültigen Sätze aus diesen Axiomen durch formale, d. h. syntaktisch charakterisierbare Ableitungsregeln gewonnen.

Wir nennen diese Kalküle auch ‚Hilbert-Kalküle', da durch HILBERT und seine Mitarbeiter lange Zeit hindurch die Kalkülisierung der Logik mit deren Axiomatisierung gleichgesetzt wurde. Auch heute noch macht man gewöhnlich die Erfahrung, daß axiomatische Kalküle Mathematikern vertrauter erscheinen als andere, da ihnen aus ihrer Disziplin das Arbeiten mit axiomatischen Systemen geläufig ist. Trotzdem muß man sagen, daß sich unter allen syntaktischen Verfahren diese Axiomatisierung (im engeren Sinn)[1] als die unnatürlichste Form der Kalkülisierung der Logik erwiesen hat. Daß diese Kalkülisierungsform während langer Zeit als die einzig bekannte Form vorherrschte, hat einen rein historischen Grund: Die mit der axiomatischen Methode arbeitenden Mathematiker konnten sich überhaupt keine andersartige Kalkülisierungsform vorstellen. Daß es sich dabei um eine Annahme handelte, die einem Vorurteil gleichkommt, wurde erst durch die Arbeiten von GENTZEN und BETH aufgedeckt und durch die von LORENZEN weiter untermauert.

Heute ist für axiomatische Logikkalküle eine dreifache Aufgabe übriggeblieben. Erstens eignen sie sich, vor allem wegen des für sie einfach zu definierenden Ableitungs- und Beweisbegriffs, für bestimmte metamathematische Untersuchungen besser als andere Kalküle. Zweitens werden sie, ganz unabhängig von der Frage ihrer Fruchtbarkeit für metatheoretische Überlegungen, gern bei Vollformalisierungen axiomatisch aufgebauter mathematischer Theorien benützt; denn es erscheint vielen als zweckmäßig, in einem solchen Fall auch den Logikteil axiomatisch zu formulieren und die rein mathematischen Axiome um logische Axiome und Ableitungsregeln zu ergänzen. Schließlich können axiomatische Logikkalküle als Mittel zur Einübung in das axiomatische Schließen (in anderen, hauptsächlich mathematischen Bereichen) benützt werden. Der in 4.5 verwendete Kalkül **A** ist der vermutlich bekannteste unter allen derartigen Kalkülen. (In Kap. 10 wird im Rahmen der Diskussion des Fundamentaltheorems der Quantorenlogik eine Reihe weiterer Kalküle dieser Gestalt angeführt, die sich für einen direkten Nachweis der semantischen Adäquatheit dieser Axiomatisierung der Logik besser eignen.) Im gegenwärtigen Rahmen wird die semantische Korrektheit direkt, die semantische Vollständigkeit dagegen indirekt durch Zurückführung auf die des Kalküls **S** gezeigt.

Der in 4.6 beschriebene *Kalkül des natürlichen Schließens* **N** wurde, zusammen mit einigen für ihn typischen Eigentümlichkeiten, bereits im Zusammenhang mit dem Sequenzenkalkül angeführt. Die semantische Korrektheit von **N** wird wiederum direkt und die semantische Vollständigkeit durch Zurückführung auf die von **A** bewiesen. Wir nennen **N** den

---

1 Im weiteren Sinn sind auch der Sequenzenkalkül sowie der Positiv/Negativteil-Kalkül axiomatische Kalküle.

Gentzen-Quine-Kalkül, weil die ursprünglich zweidimensionale (baumartige) Struktur des Kalküls durch QUINE in besonders eleganter Weise in eine lineare „eindimensionale" Fassung gebracht worden ist.

Schließlich behandeln wir in 4.7 den *Positiv/Negativteil-Kalkül* **P** von SCHÜTTE. Dieser Kalkül ist aus einer Verallgemeinerung des Sequenzenkalküls hervorgegangen, wobei jedoch auf den Sequenzenpfeil verzichtet wird und statt der Sequenzen wieder nur Sätze der Sprache **Q** betrachtet werden. Die Begriffe *Positivteil* und *Negativteil* eines Satzes sind dabei so definiert, daß die Wahrheit eines Positivteiles und ebenso die Falschheit eines Negativteiles stets den ganzen Satz wahr macht. Im formalen Aufbau hat dieser Kalkül eine Eigentümlichkeit, die ihn von allen übrigen Kalkülen unterscheidet: Die Ableitungsregeln sind auf solche Weise formuliert, daß logische Zeichen nicht ausschließlich als neue Hauptzeichen, sondern an geeigneter Stelle im Inneren der Formel eingeführt werden können. Wie die Arbeiten von SCHÜTTE und seinen Schülern gezeigt haben, eignet sich dieser Kalkül in hervorragender Weise für die Durchführung von Aufgaben im Rahmen des Hilbertschen beweistheoretischen Programms, d.h. zur Durchführung von Widerspruchsfreiheitsbeweisen und zum Aufzeigen von deren Grenzen. Die semantische Korrektheit von **P** wird direkt gezeigt. Die semantische Vollständigkeit wird in naheliegender Weise auf die des Sequenzkalküls zurückgeführt.

Kapitel 5 bildet in einem gewissen Sinn das semantische Analogon zu Kap. 4: Es dient der systematischen Darstellung und dem Vergleich der verschiedenen Typen von Semantik der Logik erster Stufe. In Kap. 2 und Kap. 3 herrschte der bewertungssemantische Aspekt vor, der auch die Basis für die Einführung semantischer Grundbegriffe sowie für den Beweis der dort angeführten Lehrsätze bildete. Nur die Semantik der Wahrheitsmengen (und implizit die Semantik der Hintikka-Mengen) sowie im junktorenlogischen Fall die kaum erkennbare Abweichung der Interpretationssemantik in Gestalt der Semantik atomarer Bewertungen wurden bereits vorweggenommen.

Das vorliegende Kapitel beginnt in 5.1 mit einer systematischen Behandlung der quantorenlogischen Interpretationssemantik. Zum Unterschied von der q-Bewertungssemantik werden in dieser *q-Interpretationssemantik* nicht erst den Sätzen Wahrheitswerte, sondern bereits den in den Sätzen vorkommenden Parametern (Namen, Funktionsbezeichnungen, Prädikaten) Bedeutungen zugeordnet, auf die der Wahrheitswert der elementaren Sätze zurückgeführt wird. Ob man prinzipiell dieser Form von „semantischer Feinanalyse" gegenüber dem bewertungssemantischen Vorgehen den Vorzug geben will oder nicht, hängt von der Beantwortung der grundlegenden philosophischen Frage ab, ob man ganze Sätze oder Individuenterme und Prädikate als kleinste bedeutungsfähige Bestandteile der Sprache ansieht. Da für komplexe Sätze in beiden Falltypen dasselbe Verfahren beibehalten wird, ist der in Th. 5.1 festgehaltene Nachweis der Gleichwertigkeit dieser beiden Varianten der *q*-Semantik unproblematisch. (Erst im Rahmen der abstrakten Semantik von Kap. 14 wird die Unterscheidung zwischen dem Interpretations- und dem Bewertungsaspekt vollkommen konsequent durchgeführt; denn für die interpretationssemantische Variante wird dort überhaupt keine Funktion von der Art der Bewertungsfunktion benützt. Die Vorwegnahme dieser Methode im gegenwärtigen Kapitel hätte angesichts der zusätzlich betrachteten Semantikformen überflüssige Komplikationen und Umständlichkeiten im Gefolge gehabt.)

q-Interpretationen sind prinzipiell auf abzählbare Gegenstandsbereiche beschränkt, und zwar wegen der Abzählbarkeit der Objektbezeichnungen der quantorenlogischen Sprache sowie der Forderung der Surjektivität der Interpretationsfunktion. Interessante neue Probleme und zusätzliche Differenzierungen ergeben sich, wenn man sich *überabzählbaren Objektbereichen* zuwendet. Die erste Möglichkeit besteht darin, eine überabzählbare Menge von zusätzlichen Objektparametern einzuführen, ohne jedoch die Forderung aufzustellen, daß zwischen der Menge der zusätzlichen Parameter und dem Objektbereich eine Surjektion existiert. Es zeigt sich, daß man bereits auf dieser Grundlage sowohl den Bewertungs- als auch den Interpretationsbegriff zu den entsprechenden logischen oder *l*-Begriffen verallgemeinern kann, und zwar auf solche Weise, daß sich wieder die gewünschte Entsprechung von *l*-Interpretation und *l*-Bewertung ergibt (Th. 5.1'). Ein wichtiges zusätzliches Resultat bildet dabei das Extensionalitätstheorem Th. 5.2, wonach die Extension eines Ausdruckes unter einer *l*-Interpretation bei Vertauschung extensionsgleicher Teilausdrücke unverändert bleibt.

Eine andere Variante der Semantik, nämlich die *l*-Interpretation mit Objektnamen, entsteht, wenn man die Forderung aufstellt, daß es für jedes Objekt des überabzählbaren Bereiches *genau einen* zusätzlichen Objektparameter gibt. Ein solcher neuer Parameter wird *Objektname* genannt. In Th. 5.3 wird gezeigt, daß die *l*-Interpretation mit Objektnamen bereits dieselbe Leistungsfähigkeit besitzt wie die allgemeine *l*-Interpretation. Ferner läßt sich beweisen, daß eine *l*-Interpretation mit Objektnamen den Gegenstandsbereich sowie alle Parameter der Sprache **Q** über diesem Bereich vollständig und eindeutig festlegt.

Als letzte Spielart wird schließlich die auf TARSKI zurückgehende *l-Interpretation mit Variablenbelegung* untersucht. Der entscheidende Unterschied dieses Vorgehens gegenüber den vorangehenden Varianten zeigt sich bei der Behandlung der Quantoren: Die früheren Behandlungsweisen waren *substitutionell* oder *linguistisch*, da darin quantifizierte Sätze in Abhängigkeit von ihren Spezialisierungen, also sprachlichen

Entitäten, bewertet wurden. Die hier zur Anwendung gelangende Methode ist hingegen *referentiell* oder *ontologisch*, da die quantifizierten Formeln in Abhängigkeit von den Belegungen der quantifizierten Variablen, also von nichtsprachlichen Entitäten, bewertet werden. Trotz dieses philosophischen Unterschiedes besteht, wie in zwei Theoremen festgehalten wird, eine Gleichwertigkeit der Tarski-Semantik mit der im vorigen Absatz erwähnten Variante.

Wegen der aufgezeigten Gleichwertigkeiten können die Grundresultate der *l*-Semantik einheitlich, ohne Auszeichnung oder Bevorzugung einer der genannten Spielarten, formuliert werden (Th. 5.6 bis Th. 5.9). Zum Abschluß der Betrachtungen wird das (auf TARSKI zurückgehende) „aufsteigende Theorem von LÖWENHEIM-SKOLEM" bewiesen.

Noch eine Anmerkung zum Titel dieses Kapitels: Bewertungssemantik, Wahrheitsmengen- und Hintikka-Mengen-Semantik werden zusammen als ‚*nicht-denotationelle Semantiken*' bezeichnet, um die Unabhängigkeit der semantischen Begriffe von Objektbereichen zu betonen. Die *denotationellen* Semantiken sind dagegen mit den Spielarten der Interpretationssemantik identisch.

Um dem Leser den Überblick zu erleichtern, seien ein paar numerische Abschätzungen eingefügt: Zu den drei Varianten der *j*-Semantik sind sieben Spielarten der quantorenlogischen Semantik hinzugetreten (wobei wir hier zwischen Wahrheitsmengen- und Hintikka-Mengen-Semantik nicht weiter differenzieren, sondern beide zusammen als eine Einheit auffassen). Dieselbe siebenfache Untergliederung wird im Prinzip in der *i*-Semantik, d. h. der Semantik der Identitätslogik, sowie in der *k*-Semantik, d. h. der Semantik der Kennzeichnungstheorie, wiederkehren. Dies sind insgesamt 24 Semantiken. Zählt man noch die beiden Fassungen des späteren Kap. 14 hinzu, so kommen wir auf insgesamt 26 Arten von Semantik. Wenn man sich die in den letzten Absätzen angedeuteten Details genauer verdeutlicht und ferner die doppelte Untergliederung, nämlich erstens unter dem vierfachen Gesichtspunkt der *j*-Logik, *q*-Logik, *i*-Logik und *k*-Logik, und zweitens nach dem der Unterscheidung in abstrakte und nichtabstrakte Semantik vor Augen hält, so ist dies keine verwirrende Fülle mehr, sondern eine leicht überschaubare Totalität. Denjenigen Lesern, die mit unterschiedlichen semantischen Betrachtungsweisen noch nicht vertraut sind, wird empfohlen, bei der Lektüre zunächst den vergleichenden Schlußabschnitt 5.6 dieses Kapitels voranzuziehen.

Eine Bemerkung zum Wort ‚Semantik': Dieser Ausdruck wird von uns durchgehend im Sinne der extensionalen Semantik verstanden. QUINE hat mit Recht mehrmals darauf hingewiesen, daß es – im Einklang mit der sprachwissenschaftlichen und philosophischen Tradition – sinnvoller wäre, den Ausdruck ‚Semantik' ausschließlich für die Bedeutungslehre (engl. ‚theory of meaning') im Sinn der intensionalen Semantik zu reservieren und die extensionale Semantik als Referenztheorie (engl. ‚theory of reference') zu bezeichnen. Da diese kritische Anmerkung QUINES ohne Zweifel sachlich fundiert ist, hätten wir sie gern aufgegriffen, sofern sich auch in der Logik die Verwendung des Ausdrucks ‚Referenztheorie' durchgesetzt hätte. Leider ist dies nicht der Fall; hier hat sich nun einmal die Bezeichnung ‚Semantik' eingebürgert. Daher führen wir die mit TARSKI beginnende Tradition in der Logik fort und nennen die oben skizzenhaft beschriebenen Varianten der rein referentiellen oder extensionalen Bedeutungslehre ebenfalls ‚Semantik'.

Schließlich ein Hinweis zur Symbolik. Wenn d ein Objekt aus dem überabzählbaren Bereich D ist, so bezeichnen wir in 5.3 den eindeutigen Objektnamen von d mit ‚*d*', d. h. wir bewerkstelligen den Übergang von einem Objekt zu dessen Namen mittels Ersetzung von Normaldruck durch Kursivdruck. Um mögliche Konfusionen, zu denen diese Konvention führen könnte, auszuschließen, verzichten wir in diesem fünften Kapitel generell darauf, lateinische Symbole der betrachteten formalen Sprache in Kursivdruck zu setzen, wie dies in den vorangehenden Kapiteln geschieht.

Zu den beiden Änderungen der Symbolik in 4.4 und 5.3 tritt eine dritte in Kap. 14 hinzu. (In diesem Kapitel wird zum Zwecke rascherer Orientierungsmöglichkeit in dem dort angeführten Buch von SHOENFIELD vor allem die Druckweise geändert, nämlich Halbfettdruck statt Kursivdruck verwendet.) Einige Leser werden derartige Abweichungen im Symbolismus vielleicht als lästig empfinden. Dazu ist zweierlei zu sagen: Erstens erfolgen solche Änderungen aus den genannten Gründen stets im Interesse des Lesers. Zweitens wird damit der didaktische Nebeneffekt erzielt, den Leser an etwas zu gewöhnen, womit er heute in zunehmendem Maße konfrontiert ist: Werke über logische Themen, die ein ähnlich breites Spektrum besitzen wie das vorliegende Buch, sind häufig von verschiedenen Autoren verfaßte Sammelwerke. Die von den einzelnen Verfassern benützten Symbolismen weichen gewöhnlich erheblich voneinander ab. In all diesen Fällen wird dem Leser eine weit größere Flexibilität zugemutet als im vorliegenden Buch.

Kapitel 6 ist ein Überblick über die wichtigsten Arten von *Normalformen.* Dabei handelt es sich um (in der Regel mechanische) Verfahren zur Umwandlung von Sätzen formaler Sprachen in eine normierte Gestalt, die für bestimmte Untersuchungszwecke besser geeignet ist. Die Notwendigkeit derartiger Normierungen kann sich sowohl bei Untersuchungen in den formalen Sprachen (z. B. bei Gültigkeits- und Konsistenzuntersuchungen) als auch bei metatheoretischen Fragestellungen (etwa bei Überlegungen zum Informationsgehalt formaler Sätze) ergeben.

Abschnitt 6.1 dient der Einführung derjenigen Normalformart, durch die der wichtige Begriff der *Dualität* adjunktiver und konjunktiver Verknüpfungen einer exakteren Betrachtungsweise zugänglich wird: der *Dualform*, die allerdings nur für eine echte Teilmenge der Menge aller Sätze definiert ist.

Der folgende Abschnitt behandelt die beiden bekanntesten Arten von Normalformen, die u. a. bei Entscheidbarkeitsuntersuchungen von besonderer Bedeutung sind: die *adjunktive* und die *konjunktive Normalform*. Diese Normalformen beziehen sich ausschließlich auf die junktorenlogische Struktur; „verschachtelte" Junktoren treten in ihnen nur in einer einheitlich normierten Reihenfolge auf. In mehreren Theoremen wird die Existenz derartiger Normalformen für beliebige Sätze gezeigt und ein wichtiger Zusammenhang zum Erfüllbarkeits- und Gültigkeitsbegriff nachgewiesen. Aus der für jeden Satz unendlichen Menge seiner j-äquivalenten adjunktiven bzw. konjunktiven Normalformen wird jeweils eine, in der Reihenfolge der j-elementaren Sätze „nochmals normierte" Formel als *vollständige* adjunktive bzw. konjunktive Normalform ausgezeichnet. Mittels der semantisch interessanteren vollständigen adjunktiven Normalform gewinnen wir eine erste Charakterisierung des Informationsgehalts eines Satzes. Dabei wird der Begriff der *Zustandsbeschreibung* verwendet, um den Bereich, über den Information gewonnen wird, anzugeben.

Die folgenden beiden Abschnitte 6.3 und 6.4 betreffen Normierungsverfahren, welche auf die quantorenlogische Struktur Bezug nehmen. *Pränexe Normalformen* trennen junktoren- und quantorenlogische Struktur, indem sämtliche Quantoren als *Präfix* einer quantorenfreien *Matrix* zusammengefaßt werden. Wieder läßt sich (effektiv) zu jedem quantorenlogischen Satz ein logisch äquivalenter Satz bilden, der derart normiert ist. *Skolem-Normalformen* sind spezielle pränexe Normalformen, in deren Präfix die Existenzquantoren den Allquantoren vorangehen. Diese Normalform ergibt i. allg. keine logisch äquivalenten Transformate, sondern gewährleistet nur Gültigkeitsinvarianz. Durch Dualformbildung erhält man sog. *duale Skolem-Normalformen*, die erfüllbarkeitsinvariante Transformate bilden.

Der abschließende Abschn. 6.5 ist einer kurzen Einführung in die philosophisch hochinteressante Theorie der *Hintikka-Normalform* (auch: *distributive Normalform*) gewidmet, über die leicht lesbare Einführungsliteratur bisher kaum verfügbar ist.

Formal handelt es sich bei Hintikka-Normalformen um adjunktive Normalformen, bei denen alle Quantoren soweit wie möglich „nach innen" geschoben worden sind. Eine Hintikka-Normalform ist dann eine Adjunktion sogenannter *Konstituenten*, wobei ein Konstituent eine Konjunktion einer *Zustandsbeschreibung* mit *Existenzbehauptungen* ist, die wiederum mittels existenzquantifizierter *Sortenbeschreibungen* gewonnen werden. Sortenbeschreibungen geben Auskunft über die Existenz von Objektsorten. (Bei unserer Darstellung machen wir von neueren Ideen von DANA SCOTT Gebrauch.)

Die Bedeutung dieses Normalformbildungsverfahrens beruht u.a. darauf, daß es mit seiner Hilfe möglich ist, einen Informationsbegriff zur Beschreibung des Informationsgewinns beim deduktiven Schließen zu gewinnen.

Kapitel 7 liefert die Erweiterung der Quantorenlogik erster Stufe zur *Identitätslogik* und zur Kennzeichnungstheorie. In Abschn. 7.1 wird die Identitätslogik syntaktisch durch Identitätsaxiome und semantisch durch die Begriffe der *i-Bewertung* und der *i-Interpretation* beschrieben. Neben anderen Parallelisierungen vorhergehender metatheoretischer Resultate wird das *Substitutionstheorem der Identität* bewiesen und die *i*-Folgerungsadäquatheit der entsprechenden Erweiterungen der Kalküle von Kap. 4 gezeigt. Die überraschende Nichtausdrückbarkeit von Endlichkeitsaxiomen aufgrund des identitätslogischen Analogons zum aufsteigenden Theorem von LÖWENHEIM-SKOLEM führt zu einer kurzen Betrachtung sprachlicher Ununterscheidbarkeitsfragen und zum Begriff der *normalen i-Interpretation.* Dieser Interpretationsbegriff liefert jedoch denselben identitätslogischen Gültigkeitsbegriff wie bisher.

Nach einem kurzen Abschnitt über identitätslogisch definierte *Anzahlquantoren* wenden wir uns in 7.3 der Kennzeichnungstheorie zu. Mit Hilfe des (auch Jota-Operator genannten) Kennzeichnungsoperators ‚ι' können wir durch offene Formeln eindeutig charakterisierbare Objekte mit formalsprachlichen Namen versehen. Wie bei der Identitätslogik führen wir wiederum analoge syntaktische und semantische Erweiterungen der bisherigen Quantorenlogik ein. Interessant ist auch die Möglichkeit der Behandlung von ι-Operatoren als informelle metasprachliche Abkürzungen. Verschiedene Varianten der Kennzeichnungstheorie, die sich durch das Problem der möglichen Irreferentialität von Kennzeichnungen ergeben, werden angedeutet. Abschließend stellen wir noch einige Überlegungen zur intuitiven Adäquatheit kennzeichnungstheoretischer Formalisierungen an.

In **Kap. 8** werden einige wichtige grundlegende Aspekte der *Metatheorie von Theorien erster Stufe* abgehandelt. Abschnitt 8.1 dient einer informellen Einführung in die metatheoretisch wichtigen rekursionstheoretischen Begriffe der Entscheidbarkeit und Aufzählbarkeit von Ausdrucksmengen. Im folgenden Abschnitt werden Theorien erster Stufe als Paare $\langle Kn, Th \rangle$ definiert, bestehend aus einer entscheidbaren Menge Kn von Konstanten und einer deduktiv abgeschlossenen Theoremmenge Th. Wir führen in diesem Rahmen die Analoga der bisherigen semantischen Begriffe für Theorien erster Stufe ein, auch **T**-*semantische* Begriffe genannt, sowie einen neuen, sog. *formalen Vollständigkeitsbegriff* und geben einige Zusammenhänge zwischen den Begriffen der Entscheidbarkeit, Axiomatisierbarkeit und formalen Vollständigkeit an. Der Abschnitt schließt mit einer Liste **T**-semantischer Substitutionstheoreme.

Der abschließende Abschn. 8.3 behandelt die sogenannten *definitorischen Theorieerweiterungen.* Wir geben hier eine Einführung in die Definitionstheorie im Rahmen der **T**-Semantik. Dabei geht es nicht um Definitionen als informelle Abkürzungen, sondern um die Einführung objektsprachlicher Axiome zur Erweiterung der Objektsprache um neue Zeichen, die als *definitorische Abkürzungen* komplexer **T**-Ausdrücke dienen sollen. Wichtige Bedingungen für derartige Axiome sind die Forderungen der Eliminierbarkeit und der **T**-Äquivalenz der Transformate, sowie die Forderung der Nichtkreativität.

In einer Reihe von Theoremen wird die Einführung von n-stelligen Prädikatsparametern für komplexe n-stellige **T**-Prädikate, eine analoge Erweiterung für komplexe n-stellige Funktionsbezeichnungen und schließlich die Abkürzung bestimmter n+1-stelliger **T**-Prädikate durch n-stellige Funktionskonstante unter Verwendung geeigneter definitorischer Theorieerweiterungen dargestellt.

Die in diesem Abschnitt verwendeten Begriffsbildungen werden uns in Teil II, Kap. 14.2 im Rahmen der sog. abstrakten Semantik in einer variierten, noch weiter präzisierten Gestalt wiederbegegnen.

Teil II

Die drei ersten Kapitel von Teil II sind der Explikation und Systematisierung von drei Themen gewidmet, die im Buch von SMULLYAN [5] angeschnitten werden. In **Kap. 9** über das Kompaktheitstheorem – bisweilen auch Endlichkeitssatz genannt, da nach diesem Theorem eine Satzmenge genau dann erfüllbar ist, wenn jede endliche Teilmenge von ihr erfüllbar ist – steht eindeutig der Gesichtspunkt der Explikation im Vordergrund: Viele Leser jenes Buches werden sich fragen, warum SMULLYAN ein ganzes Drittel des ersten Teiles seines Buches dem Thema *Kompaktheit* widmet, wo er doch selbst einen nur ein paar Zeilen umfassenden Beweis dieses Theorems liefert. Auch im vorliegenden Buch ist das Kompaktheitstheorem bereits an früherer Stelle als unmittelbares Nebenresultat der Vollständigkeit des Baumkalküls gewonnen worden.

Der Hauptgrund dafür, sich ausführlich mit dem Thema *Kompaktheit* zu beschäftigen, ist nicht systematischer, sondern beweisstrategischer Natur: Die verschiedenen Beweise dieses Theorems liefern einen Einblick in grundsätzlich verschiedene Argumentationsverfahren, die in anderen Teilen der Logik große Bedeutung erlangen. Im gegenwärtigen Zusammenhang kommt es u.a. auf die Vorbereitung der wichtigen Unterscheidung in analytische und synthetische Konsistenz- und Vollständigkeitsbeweise an, welche den Gegenstand von Kap. 11 bilden.

Das Kompaktheitstheorem kann in verschiedenen Versionen formuliert werden; sowohl in bezug auf diese Versionen als auch in bezug auf die Beweismethoden wird eine übersichtliche Gliederung gegeben. Von besonderer Wichtigkeit ist die Unterscheidung in analytische Varianten („Gödel-Gentzen-Varianten") und synthetische Varianten („Lindenbaum-Henkin-Varianten") des Beweises. Eine wichtige Beweisgrundlage für die letzteren bildet das Lemma von TUKEY (für den abzählbaren Fall), wonach eine Menge mit einer sog. „Eigenschaft von endlichem Charakter" zu einer maximalen Menge mit dieser Eigenschaft erweitert werden kann. Da wir dieses Lemma auch in Kap. 11 benötigen, wird es (nach dem Verfahren von LINDENBAUM) ausführlich bewiesen.

In einem abschließenden Rückblick wird deutlich gemacht, daß insgesamt zwölf Beweisvarianten des Kompaktheitssatzes vorgetragen wurden.

Im ersten Teil von **Kap. 10** werden die regulären und magischen Satzmengen im Sinn von SMULLYAN behandelt. Diese beiden dort genau definierten Begriffe erweisen sich als fruchtbar aufgrund ihrer besonderen Leistungsfähigkeit. So etwa bildet eine magische Menge nach Th. 10.2 eine junktorenlogische Basis der Quantorenlogik in dem Sinne, daß jeder q-gültige Satz aus einer endlichen Teilmenge der magischen Menge junktorenlogisch folgt. Überraschende Resultate wie dieses könnten die Vermutung aufkommen lassen, daß es derartige Mengen überhaupt nicht gibt. Der Verdacht wird jedoch zerstreut durch Th. 10.3, wonach es Mengen gibt, die magisch und sogar zugleich regulär sind.

An dieser Stelle mußte ein dunkler Punkt in der Darstellung von SMULLYAN aufgeklärt werden: Während bei SMULLYAN stets von beliebigen magischen Mengen die Rede ist, gelten das erwähnte Theorem sowie weitere Sätze zunächst nur für die nach einem bestimmten Verfahren konstruierten magischen Mengen; wir nennen sie die *regulär-magischen Standardmengen*.

Ein Kriterium für die Wichtigkeit und die grundlegende Bedeutung eines Begriffs sind die mit seiner Hilfe erzielbaren Resultate. Im vorliegenden Fall wird dies zweifach demonstriert, nämlich über einen einfachen Beweis des quantorenlogischen Kompaktheitstheorems und des Fundamentaltheorems der Quantorenlogik, d.h. einer bestimmten abstrakten Fassung des Satzes von HERBRAND. Dieses Theorem stellt einen in Th. 10.4 und Th. 10.5 festgehaltenen, interessanten Zusammenhang her zwischen q-Gültigkeit und junktorenlogischer Folgerung: Jeder q-gültige Satz wird junktorenlogisch impliziert von einer regulären endlichen Menge, deren Elemente zusätzlich eine präzise beschreibbare „Teilformeleigenschaft" bezüglich dieses Satzes haben.

Für das Fundamentaltheorem gilt Analoges wie für die beiden erwähnten Begriffe: Daß es sich um einen tiefliegenden Satz handelt, zeigt sich an seiner Leistungsfähigkeit. Mit Hilfe dieses Theorems kann, wie in Abschn. 10.4 gezeigt wird, der vermutlich einfachste unter allen bekannten Vollständigkeitsbeweisen für die axiomatischen Kalküle („Hilbert-Kalküle") erbracht werden.

In Abschn. 10.3 war, sozusagen nebenher, gezeigt worden, daß das Fundamentaltheorem auch über das Baumverfahren beweisbar ist, sofern man die semantische Adäquatheit des Kalküls **B** bereits voraussetzt. Legt man diesen Nachweis des Fundamentaltheorems zugrunde, so zeigt sich die tiefliegende Natur des Fundamentaltheorems von einer neuen Seite: Es gestattet die Übertragung der semantischen Adäquatheit des Baumkalküls **B** auf einen dazu besonders unähnlichen Kalkül, nämlich den Hilbert-Kalkül **A**. (Ist diese Übertragung einmal geleistet, so ist im wesentlichen der semantische Adäquatheitsbeweis für sämtliche Kalküle von Kap. 4 bereits erbracht; denn alle übrigen Kalküle liegen in einem genau präzisierbaren Sinn zwischen **A** und **B**, so daß sich das Ergebnis mit rein syntaktischen Methoden auf sie übertragen läßt.)

Kapitel 11 gehört in einem genau angebbaren Sinn zur *Metametatheorie* der Logik: Die Vollständigkeitsbeweise von der in Kap. 4 betrachteten Art bilden diesmal den *Gegenstand* der Untersuchungen (übrigens ein äußerlicher Grund dafür, warum in diesem Kapitel vom metasprachlichen Symbolismus ein stärkerer Gebrauch gemacht wird als in den übrigen Kapiteln). Und zwar werden diese metatheoretischen Beweisführungen in zwei große Klassen unterteilt, nämlich in solche, die wir ‚*Beweise vom Gödel-Gentzen-Typ*' nennen, und solche, die als ‚*Beweise vom Henkin-Typ*' bezeichnet werden. Die für diese Typisierung benötigten Schlüsselbegriffe sind die beiden von SMULLYAN eingeführten Begriffe der analytischen oder „schnittfreien" Konsistenz und der synthetischen oder „schnittartigen" Konsistenz.

Gegenüber der Darstellung bei SMULLYAN werden folgende Änderungen bzw. Ergänzungen vorgenommen: Erstens werden die beiden Arten von Gedankengängen unmittelbar miteinander konfrontiert, ohne Dazwischenschaltung andersartiger Überlegungen. (Bei SMULLYAN sind die Theorie der magischen Mengen sowie das Fundamentaltheorem zwischen die Untersuchungen über analytische Konsistenz und synthetische Konsistenz eingefügt, da historisch-psychologisch gesehen der Begriff der magischen Menge dem Vollständigkeitsbeweis von HENKIN-HASENJAEGER entsprungen ist.) Zweitens arbeitet SMULLYAN mit zwei Varianten des Begriffs der analytischen Konsistenz, die als äquivalent vorausgesetzt werden, jedoch nachweislich nicht gleichwertig sind. Der Begriff der analytischen Konsistenz mußte daher so modifiziert werden, daß man einerseits zwei gleichwertige Varianten erhält und außerdem der gewünschte Vollständigkeitsbeweis herauskommt. Drittens wird bei SMULLYAN der Übergang von diesen Konsistenzeigenschaften zur Vollständigkeit unzureichend explizit gemacht, was für den nicht routinierten Leser zu Schwierigkeiten führen dürfte. Hier wurden entsprechende Ergänzungen eingefügt.

Die dabei benützte Überlegung ist, grob gesprochen, die folgende: In Th. 11.1 wird bewiesen, daß eine Formelmenge, die eine analytische Konsistenzeigenschaft besitzt, in einem abzählbaren Bereich erfüllbar ist. Zusammen mit einem früher bewiesenen Satz, wonach die formale Konsistenz in einem der angeführten axiomatischen Kalküle eine analytische Konsistenzeigenschaft ist, liefert dies, wie im Anschluß an Th. 11.1 gezeigt wird, sofort die Gödelsche Vollständigkeit dieses Kalküls. (Da der Begriff der analytischen, wie übrigens auch der synthetischen Konsistenzeigenschaft eine Mittelstellung zwischen semantischen und syntaktischen Begriffsbildungen einnimmt, ist er – in ähnlicher Weise wie der früher erwähnte Begriff der Hintikka-Menge – besonders zum Beweis von Theoremen geeignet, die den Zusammenhang von Syntax und Semantik betreffen.)

Die Henkinschen Beweistypen können jetzt in der Weise rekonstruiert werden, daß sie Versuche darstellen, ein synthetisches Analogon zu Th. 11.1 zu beweisen. Das Gelingen dieser Versuche findet seinen Niederschlag in Th. 11.2, wonach eine Formelmenge mit einer synthetischen Konsistenzeigenschaft in einem abzählbaren Bereich erfüllbar ist. Da außerdem das Analogon zu dem oben erwähnten Satz gilt, nämlich daß die formale Konsistenz in einem axiomatischen Kalkül auch eine synthetische Konsistenzeigenschaft bildet, gewinnt man wie im analytischen Fall die Einsicht in die Gödelsche Kalkül-Vollständigkeit. Der größere Aufwand, den die Henkin-Beweise erfordern, ist darauf zurückzuführen, daß es diesmal nicht genügt, *irgendeine* geeignete Menge mit einer synthetischen Konsistenzeigenschaft zu finden, sondern daß eine *maximale* Menge mit dieser Eigenschaft benötigt wird. Die Durchführbarkeit dieses Maximalisierungsprozesses wird durch das Lemma von TUKEY gewährleistet.

In **Kap. 12** werden das Unentscheidbarkeitstheorem von CHURCH und das Unvollständigkeitstheorem von GÖDEL für das auf SHOENFIELD zurückgehende Fragment N der elementaren Zahlentheorie bewiesen. Die Darstellung hält sich eng an die von SHOENFIELD, ist aber zwecks Erleichterung des Verständnisses in den entscheidenden Schritten ausführlicher und detaillierter. Auch der Formalismus wurde dem in SHOENFIELDS Buch [1] soweit angepaßt, daß sich der interessierte Leser über spezielle Einzelheiten, z. B. die Theorie der rekursiven Funktionen betreffend, dort rasch orientieren kann. Der Begriff der Sprache erster Stufe und der Theorie erster Stufe werden in einer auf den Inhalt und die Methoden dieses Kapitels zugeschnittenen Weise neu gefaßt und zusätzlich präzisiert.

12.4 bis 12.7 enthält alles erforderliche Material über Berechenbarkeit, Entscheidbarkeit und Aufzählbarkeit: den intuitiven Hintergrund, die formalen Präzisierungen, die Gödelsche β-Funktion, das von SHOENFIELD vereinfachte Arithmetisierungsverfahren mittels der Methode der Ausdruckszahlen und die formale Repräsentierbarkeit rekursiver Prädikate in N, wonach jedes rekursive Prädikat durch eine geeignete Formel von N wiedergegeben werden kann. (Der Leser beachte, daß der Begriff des Prädikats in diesem Kapitel in einer von der in den übrigen Teilen des Buches verwendeten Bedeutung abweichenden, nämlich in der von SHOENFIELD vertretenen Auffassung, gebraucht wird.)

In 12.8 wird zunächst das *Theorem von Church* für N bewiesen, wonach die Menge der Theoreme von N (bzw. die Menge der Theoremzahlen, d.h. der Ausdruckszahlen von Theoremen von N) nicht entscheidbar, d.h. nicht rekursiv ist. Die Beweisidee ist, unter Benützung des eben erwähnten Repräsentierbarkeitstheorems, die folgende: Es wird von einem bestimmten Prädikat Q erstens gezeigt, daß es in N nicht repräsentierbar ist, und zweitens, daß es unter der Annahme der Rekursivität der Menge der Theoreme (bzw. der Theoremzahlen) von N selbst rekursiv sein müßte. Weder diese Theoremmenge noch Q können somit rekursiv sein. Die Beweisführung erhält dadurch eine gegenüber der SHOENFIELDs durchsichtigere Gestalt, daß das dabei benützte Diagonalisierungsverfahren in einem eigenen Lemma, von uns Cantorsches Diagonallemma genannt, formuliert wird. Da außerdem rekursive Prädikate auch in formal konsistente Erweiterungen von N eingeschlossen werden können, ist N sogar wesentlich unentscheidbar im Sinne von TARSKI.

Das üblicherweise als *Gödelsches Unvollständigkeitstheorem* bezeichnete Theorem von GÖDEL-ROSSER wird ebenfalls in 12.8 aus diesen Resultaten abgeleitet. Die beiden dafür erforderlichen Hilfssätze sind: (*I*) Das Negationslemma, wonach ein Prädikat genau dann rekursiv ist, wenn es ebenso wie seine Negation rekursiv aufzählbar ist; (*II*) Das Unvollständigkeits-Entscheidbarkeits-Lemma, wonach eine axiomatisierte und syntaktisch vollständige Theorie entscheidbar ist. Das gesuchte Theorem besagt, daß N wesentlich unvollständig ist.

(Da SHOENFIELD die finite Widerspruchsfreiheit von N bewiesen hat, ist das System N zugleich ein Gegenbeispiel gegen den „Gödel-Mythos", wonach ein System, für welches GÖDELs Theorem gilt, keinen finiten Widerspruchsfreiheitsbeweis zuläßt. Freilich handelt es sich bei dieser Auffassung des Gödelschen Ergebnisses über finite Widerspruchsfreiheitsbeweise um eine, anfangs auch in der Fachliteratur vertretene, Fehlinterpretation einer Gödelschen Vermutung.)

Kapitel 13 knüpft an die Arbeit [1] von SMULLYAN an. Die Darstellung dient einem dreifachen Zweck. Erstens soll dadurch die Fruchtbarkeit des Begriffs des *Tarski-Satzes für eine Menge M* aufgezeigt werden, d.h. des Begriffs eines Satzes, der von sich selbst behauptet,

Element von *M* zu sein. (Um dies auf systematischer Grundlage tun zu können, müssen selbstreferentielle Sprachen betrachtet werden, nämlich Sprachen, die Ausdrücke enthalten, welche Namen von sich selbst sind.) Zweitens wird der in Kap. 12 benützten, für Arithmetisierungszwecke unhandlichen *Diagonalfunktion* die auf eine Idee QUINES zurückgehende *Normfunktion* gegenübergestellt, welche nur mit den Begriffen der Anführung und der Verkettung von Ausdrücken auskommt [vgl. die Formulierung der Antinomie des Lügners in Gestalt der Aussage (4) von 13.0]. Der dritte Zweck besteht in dem Beweis des *Theorems von Tarski* über die arithmetische Undefinierbarkeit der arithmetischen Wahrheit.

Das Beweisverfahren verwertet die Resultate über vier außerordentlich einfache Sprachen: ein Minimalsystem für die Bildung selbstreferenzieller Ausdrücke; ein Minimalsystem für die Bildung von Tarski-Sätzen; ein Minimalsystem für das Theorem von TARSKI und ein Minimalsystem für ein vereinfachtes Analogon zum Gödelschen Unvollständigkeitssatz. (Letzteres wird durch die Konstruktion eines Tarski-Satzes für das Komplement der Menge der Theoreme gewonnen.)

Der entscheidende Schritt wird in 13.4 vollzogen. Dort werden die für diese einfachen Systeme verwendeten Methoden und erzielten Resultate auf ein System der Arithmetik übertragen. Als Schlüsselbegriff für diese Übertragung erweist sich dabei der auf der Normfunktion beruhende Begriff der *semantischen Normalität*. Das betrachtete System **SAr** bildet keine Standardformalisierung der Arithmetik. Es enthält nämlich unter den Grundsymbolen keine Quantoren, dafür aber die Klassenabstraktion, über welche die Quantoren definierbar sind. Die für dieses System geltenden metatheoretischen Resultate der angekündigten Art werden in Th. 13.10 systematisch zusammengefaßt.

Zwei Anhänge dienen dazu, das Bild abzurunden. Im ersten Anhang wird die Methode der Tarski-Sätze statt zur Konstruktion eines *Gödel-Satzes* (nämlich eines Tarski-Satzes für die Menge der Nichttheoreme) zur Bildung eines *Henkin-Satzes* für ein System, d. h. eines Tarski-Satzes für die Menge der Theoreme, benützt. Es zeigt sich, daß die Konstruktion von Henkin-Sätzen ein Mittel zum Beweis der semantischen Konsistenz interpretierter Kalküle bildet. Im zweiten Anhang wird anhand von informellen wie formalen Gegenüberstellungen von *Diagonalisierung* und *Normbildung* die Überlegenheit der Verwendung der Normfunktion in Bezug auf Einfachheit illustriert.

Kapitel 14 hat aus einer Reihe von Gründen einen recht heterogenen Inhalt: Zum einen dient es der Vorbereitung der im abschließenden Kapitel behandelten Sätze von LINDSTRÖM, weshalb eine größere Anzahl modelltheoretischer und semantischer Ergebnisse und Begriffsbildungen, die dort nötig sind, zusammengestellt werden. Zum anderen werden diese Ergebnisse jeweils in einem ihnen angemessenen allgemeineren Rahmen abgehandelt, so daß u. a. die im bisherigen Verlauf des Buches gegebene Einführung in verschiedene Auffassungen der Semantik vervollständigt wird. Da das Kapitel dadurch ziemlich stark in voneinander unabhängige Unterabschnitte untergliedert ist, läßt es sich weitgehend als Nachschlageteil gebrauchen und kann vom Leser entsprechend selektiv verwendet werden.

Der erste Abschnitt behandelt bewertungs- und interpretationssemantische Fassungen der sogenannten *abstrakten Semantik*. Im Gegensatz zu den entsprechenden Aufbauweisen der bisher behandelten und von uns jetzt als ‚*intuitive Semantik*' bezeichneten Vorgehensweise werden die semantischen Systeme hier als präzise charakterisierbare formale Objekte eingeführt, die ‚*semantische Strukturen*' heißen.

In 14.1.1 wird die Motivation zum Aufbau derartiger Formen von Semantik sowie verschiedener in ihnen benötigter Begriffsbildungen mittels der Idee einer *algebraischen Behandlung der Logik* dargestellt. Diese besteht in der Untersuchung verschiedener Isomorphie-Arten semantischer Strukturen. Unter einer *Isomorphie-Art* soll dabei intuitiv eine formale Vergleichsmethode, und zwar für Gleichwertigkeit semantischer Strukturen in verschieden starkem Sinne, verstanden werden.

Im folgenden Unterabschnitt 14.1.2 wird der Begriff einer Sprache erster Stufe der abstrakten Semantik angepaßt und der Begriff der *Symbolmenge* eingeführt. In 14.1.3 werden die formalen Definitionen der Begriffe *semantische Struktur* und *volle semantische Struktur* geliefert, wobei in der letzteren die (volle) *Designationsfunktion* auch offene Formeln erfaßt. Nach dieser Einführung einer *abstrakten* Form der Interpretationssemantik liefert 14.1.4 die entsprechenden bewertungssemantischen Begriffe. Mit Hilfe der abstrakten *Modellbeziehung* werden die wichtigsten metalogischen Begriffe, wie die der Erfüllbarkeit und der logischen Folgerung, eingeführt. Schließlich geben wir (am Ende von 14.1.4) noch einige Hinweise auf terminologische Probleme im Zusammenhang mit den Begriffen *Modell* und *Interpretation*, die gerade für den in der Literatur weniger bewanderten Leser zur besonderen Berücksichtigung empfohlen seien.

In den folgenden zwei Unterabschnitten werden die beiden grundlegenden Lemmata der abstrakten Semantik behandelt: das *Koinzidenzlemma*, das wir hier bevorzugt als ‚*Lemma über Kontextfreiheit*' bezeichnen, und das *Substitutionslemma*, das auch unter dem Namen ‚*Regularitätslemma*' bekannt ist. Der letzte Unterabschnitt von 14.1 zeigt schließlich noch die von bewertungssemantischen Methoden freie Form der reinen Interpretationssemantik.

Abschnitt 14.2 ist eine Einführung in die Elemente der abstrakten Definitionstheorie und greift dabei natürlich Begriffe der intuitiven Einführung in die Definitionstheorie aus Kap. 8 auf. Dem weniger geübten Leser sei allerdings empfohlen, die Darstellung möglichst unabhängig von der früheren intuitiven Einführung zu lesen und sich erst später an den nicht ganz unmittelbar einsichtigen Vergleich dieser beiden Behandlungsformen zu wagen. Wesentlich für die abstrakte Auffassung der Definitionstheorie ist die Verfeinerung der Unterscheidung von Definiendum, Definiens und Definition zur Unterscheidung von folgenden sechs Elementen: (i) dem zu definierenden neuen Zeichen, (ii) der Definiendum-Formel, (iii) dem Definiens, (iv) der Definition, (v) der Eindeutigkeitsbedingung, und schließlich (vi) der Eindeutigkeitsformel. (Über den Zusammenhang dieser Elemente findet sich in 14.2.1 eine Übersichtstabelle.) Die wichtigsten Theoreme, die den schon aus Kap. 8 bekannten Eigenschaften von Definitionen im abstrakten Aufbau entsprechen, sind das *Lemma über die eindeutige Existenz von Definitionserweiterungen* sowie das Theorem über *Eliminierbarkeit* und das Theorem über *Nichtkreativität.* In 14.2.4 werden abschließend der informelle und der abstrakte Definitionsbegriff kurz vergleichend betrachtet.

Abschnitt 14.3 liefert eine größere Anzahl wichtiger modelltheoretischer Konzepte, die wir im letzten Kapitel benötigen und hier nur kurz aufzählen wollen. Abgehandelt werden vor allem: *S-Redukte* und *S-Expansionen*, *S-abgeschlossene Träger*, *Substrukturen* und *Superstrukturen*, *Relativierungen* von Formeln und das *Relativierungslemma.* (Bei Redukten und Expansionen geht es um Veränderungen der Symbolmenge der Strukturen, bei Sub- und Superstrukturen um Veränderungen der Trägermenge. Beim Relativierungslemma handelt es sich in gewissem Sinne um die Betrachtung der durch Bereichsbeschränkungen von Quantoren induzierten Substrukturen. Die Betrachtung von Sub- und Superstrukturen erweist sich u.a. bei der Frage nach der Invarianz der Erfüllung quantifizierter Formeln bei Trägerwechsel als interessant.) Schließlich werden noch *relationale Strukturen* und das sogenannte *relationale Korrelat einer Struktur* eingeführt und das wichtige Theorem über die *Relationalisierung beliebiger Formeln* bewiesen, das die Beschränkung der metatheoretischen Untersuchungen auf relationale Strukturen unter sehr allgemeinen Bedingungen erlaubt und sich daher als besonders nützlich erweist. (Dies gilt insbesondere für das letzte Kapitel, wo die Untersuchungen, die für beliebige Symbolmengen zu kompliziert wären, auf diese Weise ohne Berücksichtigung von Funktionszeichen und Individuenkonstanten geführt werden können.)

In 14.4 werden die verschiedenen Vergleichsformen für semantische Strukturen genauer erörtert. Nach einer kurzen Einführung in den Begriff der *Isomorphie* und der Behandlung des *Isomorphielemmas* (in zwei Fassungen) wird der Begriff der *elementaren Äquivalenz* zweier Strukturen charakterisiert als deren „Nicht-Trennbarkeit" durch Sätze erster Stufe. Isomorphie erweist sich als eine Verfeinerung der elementaren

Äquivalenz. Mittels des *aufsteigenden Satzes von Löwenheim-Skolem* wird die Nichtumkehrbarkeit dieser Beziehung nachgewiesen. Zwei weitere Ergebnisse verknüpfen den Begriff der elementaren Äquivalenz mit den Begriffen der Definitionserweiterung und des relationalen Korrelats.

Der in Unterabschn. 14.4.5 eingeführte Begriff des *präpartiellen Isomorphismus* ist in der Literatur häufiger als ‚partieller Isomorphismus' bekannt. Da jedoch im Gegensatz zum Verhältnis von Isomorphie und Isomorphismus (und vielen ähnlichen Begriffsbildungen für „Morphismen") ein einzelner derartiger (prä)partieller Isomorphismus i. allg. noch keine partielle Isomorphie konstituiert, sondern nur geeignet strukturierte Mengen solcher Abbildungen dies leisten, reservieren wir den Namen *‚partieller Isomorphismus'* für derartige Mengen. Ferner werden *endlich-isomorphe Strukturen* und *partiell-isomorphe Strukturen*, *n-Isomorphie* und der Begriff des Quantorenranges eingeführt. Durch das sogenannte *Invarianzlemma für präpartielle Isomorphismen* wird der Zusammenhang von n-Isomorphie und Quantorenrang schärfer geklärt. 14.4.11 gibt in einer Serie von Theoremen einen Überblick über die Zusammenhänge zwischen sämtlichen behandelten Isomorphie-Arten von Strukturen.

Der abschließende Abschn. 14.5 ist dem berühmten *Theorem von Fraissé* gewidmet, das eine algebraische, also sprachunabhängige Charakterisierung des modelltheoretischen Begriffs der elementaren Äquivalenz liefert. Es besagt, daß für endliche Symbolmengen S die elementare Äquivalenz von S-Strukturen mit deren endlicher Isomorphie gleichwertig ist. Ein wichtiges, im Beweis des Theorems von FRAISSÉ verwendetes Lemma ist das *Partitionslemma für endlichen Quantorenrang.*

Kapitel 15 ist der vermutlich erstmaligen erfolgreichen Auszeichnung der Logik erster Stufe gegenüber anderen Logiksystemen durch die Sätze von LINDSTRÖM gewidmet. Nach dem ersten Theorem von LINDSTRÖM ist ein abstraktes logisches System, das mindestens so ausdrucksstark ist wie die Quantorenlogik der ersten Stufe, ferner gewissen Regularitätsbedingungen genügt sowie die Sätze von LÖWENHEIM-SKOLEM und den Kompaktheitssatz erfüllt, bereits im wesentlichen, d. h. bis auf Äquivalenz in bezug auf die Ausdrucksstärke, mit der Quantorenlogik der ersten Stufe identisch.

Wie bereits die Formulierung zeigt, kommen in dem Theorem verschiedene neue Begriffe vor. Ein entscheidendes Novum bildet dabei die Konzipierung des *abstrakten logischen Systems.* Um diesen Begriff zu verstehen, muß der Leser gewisse philosophische Intuitionen oder Vorurteile, die man gewöhnlich mit dem Begriff eines Logiksystems verbindet, preisgeben. So z. B. gibt es für eine Logik im abstrakten Sinn keinen „inneren syntaktischen Aufbau" zulässiger Ausdrücke aus gegebenen

Zeichen. Der Zusammenhang zwischen Zeichen und Sätzen ist hier viel loser gefaßt: Mittels einer Funktion L wird einer beliebigen Menge *S* von Zeichen die Menge der *S*-Sätze dieser Logik zugeordnet, wobei bloß verlangt wird, daß eine bestimmte Monotoniebedingung erfüllt ist. (Intuitiv gesprochen besagt diese Bedingung, daß man bei Wahl einer reicheren Zeichenmenge nicht eine kleinere Satzmenge erhalten kann.) Eine derartige Funktion L ist *eine* Komponente einer abstrakten Logik. Die einzige weitere Komponente bildet ein *abstraktes*, mittels einer kategorialen Bedingung charakterisiertes *Gegenstück zur Modellbeziehung* im Sinn von Kap. 14, welches eine Kontextfreiheits- und Isomorphiebedingung erfüllt. Das Verhältnis der Ausdrucksstärken logischer Systeme wird mittels dieses Gegenstückes zur Modellbeziehung charakterisiert. Wünschenswerte Eigenschaften logischer Systeme werden unter der Bezeichnung der Regularität zusammengefaßt. Dazu gehört u. a. die Forderung, daß die Logik die Booleschen Junktoren enthält. Da das Reden von „Vorkommen von Zeichen in der Sprache der Logik" aus dem angedeuteten Grund keinen Sinn ergibt, muß diese Forderung „von außen her", nämlich rein modelltheoretisch, charakterisiert werden.

Das zweite Theorem von LINDSTRÖM bildet in einem gewissen Sinn das effektive Gegenstück zum ersten. Es besagt inhaltlich etwa folgendes: Ein abstraktes logisches System, welches im effektiven Sinne mindestens so ausdrucksstark ist wie die Quantorenlogik der ersten Stufe, ferner den effektiven Analoga der erwähnten Regularitätsmerkmale genügt, den Satz von LÖWENHEIM-SKOLEM erfüllt und eine aufzählbare Theoremmenge besitzt, ist bis auf Ausdrucksstärkenäquivalenz mit der Quantorenlogik der ersten Stufe identisch. An die Stelle der Forderung, daß auch der Kompaktheitssatz gilt, treten hier die Forderung nach (rekursiver) Aufzählbarkeit der allgemeingültigen Sätze und die angedeuteten „Effektivitätsverschärfungen".

Die Beweise beider Theoreme sind außerordentlich komplex und in dem Sinne „gemischt", als sie Resultate aus verschiedensten anderen Bereichen verwenden. Eine gewisse Hilfe zum besseren Verständnis liefert hier das vorangehende Kapitel, in welchem die für diese Beweise benötigten Ergebnisse der abstrakten Semantik, der Definitionslehre und der algebraischen Behandlung der Logik zusammengestellt sind. (Für das zweite Theorem wird zusätzlich noch der aus der Theorie der rekursiven Funktionen stammende *Satz von Trachtenbrot* über die Nichtaufzählbarkeit der im Endlichen gültigen Sätze benötigt.) Doch ist diese Hilfestellung von seiten des Kap. 14 nur eine bedingte. Wie bei allen derartigen Beweisen, besteht im vorliegenden Fall in besonders hohem Maße die Gefahr, daß der Leser nicht nur den roten Faden verliert, sondern daß er auch einer sich mehrfach wiederholenden Fehleinschätzung in bezug auf das unterliegt, was Routineschritt und was Kunstgriff ist. Um nur *ein*

Beispiel herauszugreifen: Im Beweis des ersten Theorems von LINDSTRÖM wird der Satz von FRAISSÉ benützt. Da die meisten Leser dieses Theorem noch nicht kannten, werden sie vermuten, einer der Kunstgriffe in der Beweisführung bestehe in der Anwendung dieses Satzes. Doch das wäre ein Irrtum. Obwohl der Satz von FRAISSÉ selbst ein tiefliegendes Theorem darstellt, ist seine Benützung innerhalb der gegenwärtigen Beweisführung eine reine Routineangelegenheit. Die Kunstgriffe sind an ganz anderen Stellen zu lokalisieren.

Um zu einer diesbezüglichen Verständnishilfe beim Leser beizutragen, war ursprünglich geplant gewesen, kommentierte zweidimensionale Strukturdiagramme einzuführen, die es gestattet hätten, die Beweiszusammenhänge zu visualisieren. Da dies aus Kosten- und drucktechnischen Gründen nicht möglich war, wurden als Alternativen dazu den jeweiligen Beweisen eingehende Schilderungen des Beweisganges, betitelt ‚intuitive Strategieskizzen', vorangestellt. Darin werden insbesondere die in den Beweisführungen benutzten Reduktionsschritte sowie entscheidenden Kunstgriffe und deren Ineinandergreifen geschildert. Dem Leser wird empfohlen, diese intuitiven Strategieskizzen nicht nur am Anfang zur Kenntnis zu nehmen, sondern zwecks Einfügung der beweistechnischen Details an korrekter Stelle später jeweils darauf zurückzugreifen. Es ist zu hoffen, daß auf diese Weise die Argumentationsstrukturen für den Leser nicht nur stückweise begreifbar, sondern in ihrer Totalität überschaubar werden.

Kapitel 1

Vorbereitungen

1.1 Logische und semiotische Präliminarien

Wir werden im folgenden bestimmte formale Sprachen der klassischen Logik aufbauen und untersuchen. Da diese Sprachen den Gegenstand der Betrachtungen bilden, werden sie auch *Objektsprachen* genannt. Diejenige Sprache, in der wir *über* die Objektsprachen reden, heißt *Metasprache*. Die Metasprache ist hier die deutsche Sprache, die gelegentlich um gewisse technische Begriffe und Symbole erweitert wird. Sie enthält implizit dieselbe Logik, die in bezug auf die Objektsprachen explizit dargestellt werden soll. Darin liegt nichts Problematisches und insbesondere, trotz gegenteiliger Auffassungen[1], keinerlei „Zirkularität"; vielmehr kommt darin nur die Tatsache zur Geltung, daß man für die Darstellung und Beschreibung eines präzisen Instrumentes bereits ein ähnliches Instrument benötigt.

Die Metasprache steht uns also von Anbeginn zur Verfügung, während die Objektsprachen am Anfang noch nicht vorhanden, da erst zu konstruieren sind. Die Trennung von Objekt- und Metasprache darf nicht zu der Annahme verleiten, eine Objektsprache dürfe sich, sobald sie mit einer Interpretation versehen ist, nicht auf sich selbst beziehen. (Gegenbeispiele für eine derartige Annahme finden sich in Kap. 13. In den dort betrachteten Sprachen gibt es sogar selbstreferentielle Ausdrücke, d. h. Ausdrücke, die sich bei der zugrundegelegten Interpretation selbst designieren.)

Die Metasprache dient insbesondere dazu, Lehrsätze über die untersuchten Objektsprachen zu formulieren und zu beweisen. Dabei sei bereits hier auf eine Doppeldeutigkeit im Ausdruck ‚Beweis' aufmerksam gemacht. *Metasprachliche Beweise* im eben erwähnten Sinn bilden inhaltliche, in der Metasprache formulierte Argumentationen, welche von der

---

1 Diese unsere Ansicht wird nicht allgemein geteilt. So z. B. vertritt P. LORENZEN die Auffassung, die Logik müsse „zirkelfrei konstruktiv" aufgebaut werden, und hält einen solchen Aufbau auch für möglich. Vgl. dazu LORENZEN-SCHWEMMER, [1].

in dieser Sprache implizit enthaltenen Logik Gebrauch machen. Bei allen Argumentationsschritten wird hierbei an das Verständnis und die Einsicht des Lesers appelliert. Die später durch ‚Th.' abgekürzten *metasprachlichen Theoreme* sind stets inhaltliche, in der Metasprache formulierte Aussagen, für die ein metasprachlicher Beweis gegeben wird.

Von Beweisen in diesem Sinn streng zu unterscheiden sind *objektsprachliche formale Beweise* im Sinn des „Kalkül-Kapitels" 4. Dort sind Beweise stets formale Gebilde der Objektsprache, deren genaue Natur von der Art des jeweils betrachteten Kalküls abhängt: Im Fall axiomatischer Kalküle etwa sind diese objektsprachlichen formalen Beweise Folgen von objektsprachlichen Sätzen, die genau präzisierbaren Bedingungen genügen; im Fall des Baumkalküls sind formale Beweise Folgen von baumartigen Strukturen usw. *Theoreme* in diesem objektsprachlichen Sinn sind Sätze der Objektsprache, für die ein derartiger Beweis existiert.

Wir hatten uns während einiger Zeit überlegt, ob wir dieser Doppeldeutigkeit nicht am besten dadurch entgehen, daß wir in beiden Falltypen andersartige Bezeichnungen wählen, also etwa das Wort ‚Beweis' im metasprachlichen Sinn durch ‚Nachweis' ersetzen. Doch hätte sich durch jegliche derartige Festsetzung eine allzu starke Abweichung vom herkömmlichen und üblichen Sprachgebrauch ergeben. Wir halten daher an dem letzteren fest und hoffen, daß nach diesen Vorbemerkungen die beiden Ausdrücke ‚Beweis' und ‚Theorem' keinen Anlaß mehr für Mißverständnisse bilden werden.

Bei den folgenden Überlegungen handelt es sich insofern um *semiotische Präliminarien* zur Logik, als wir darin Betrachtungen zur Natur der in der Logik verwendeten Zeichen anstellen. (*Semiotik*: Theorie der Zeichen.)

Die wichtigsten Symbole, die in der Logik verwendet werden, sind die sieben *logischen Zeichen*. Sie zerfallen in zwei Klassen. Erstens in die *Junktoren*, nämlich: ‚$\neg$' für ‚nicht'; ‚$\wedge$' für ‚und'; ‚$\vee$' für ‚oder' (im nicht-ausschließenden Sinn); ‚$\rightarrow$' für ‚wenn ... dann ---'; ‚$\leftrightarrow$' für ‚... dann und nur dann wenn ---' oder gleichwertig ‚... genau dann wenn ---'. Und zweitens die *Quantoren*, nämlich ‚$\bigwedge$' für ‚für alle' und ‚$\bigvee$' für ‚es gibt'.

Bezüglich des Gebrauchs dieser Symbole gibt es zwei grundverschiedene Konventionen. Viele Autoren verwenden sie als Zeichen der betrachteten formalen Objektsprachen. Dabei wird vorausgesetzt, daß man diese Objektsprachen jeweils anschaulich vorführen und insbesondere objektsprachliche Ausdrücke selbst hinschreiben kann. Hat man sich für diesen Weg entschieden, so entsteht die folgende Schwierigkeit: Wir sind immer wieder genötigt, diese Zeichen nicht nur zu verwenden, sondern *über* sie sowie *über* Ausdrücke, in denen sie vorkommen, zu sprechen. Man muß dann zusätzlich zu den logischen Zeichen Namen für sie einführen. Um dabei eine Verdoppelung der Anzahl der Symbole zu vermeiden, wird gewöhnlich der folgende einfache Kunstgriff benützt: Man verwendet dieselben Symbole auch als Namen für sich selbst; dies wird die *autonyme Verwendungsweise* der Symbole genannt. Dabei vertraut man darauf, daß stets aus dem jeweiligen umgangssprachlichen Kontext eindeutig hervorgeht, ob ein bestimmtes Symbol von der oben angeführten Art als objektsprachliches Zeichen oder als Name für ein solches gemeint ist, ob also z. B. ‚$\neg$' als hier und jetzt angeschriebenes objektsprachliches Negationssymbol oder als hier und jetzt hingeschriebene metasprachliche Bezeichnung dieses Symbols zu verstehen ist.

Geht die Verwendungsweise wirklich stets aus dem Kontext hervor? Wir brauchen diese Frage nicht zu beantworten. Denn *wir entscheiden uns nicht für diese erste Konvention.* Wir werden nämlich niemals in die Lage kommen, objektsprachliche Zeichen oder Ausdrücke selbst anzugeben, sondern immer nur, *über* solche Zeichen und Ausdrücke zu reden. Wir entschließen uns daher, die oben angeführten Symbole *ausschließlich* als *Namen* objektsprachlicher Zeichen aufzufassen. Wie diese objektsprachlichen Zeichen selbst aussehen, bleibt vollkommen dahingestellt.

Nach unserer Auffassung ist dieses zweite Vorgehen streng genommen sogar das einzig korrekte. (Denn die sogenannte „objektsprachliche Verwendung" muß selbst auch durch Namensbeziehungen expliziert werden.) Darüber hinaus erweist sich die hier vertretene Zeichenauffassung als eine wesentliche Erleichterung für das Verständnis der im letzten Kapitel des Buches behandelten sog. *abstrakten logischen Systeme*, bei denen in höchstmöglichem Maße von syntaktischen Aspekten der betrachteten Sprache abstrahiert wird.

Einige Leser werden vielleicht diesen Beschluß, objektsprachliche Zeichen nicht anschaulich vorzuführen, etwas merkwürdig finden. Doch weichen wir damit von dem, was im normalsprachlichen Gebrauch Usus ist, keineswegs ab. Wir debattieren im Alltag über Sokrates, Aristoteles und den Planeten Uranus, ohne diesen Objekten selbst jemals begegnet zu sein. (Und etwaige anschauliche Vorstellungen, die wir uns von ihnen machen, sind für die zur Diskussion stehenden Fragen an sich vollkommen irrelevant.)

Die obigen sieben Zeichen werden somit als technische Symbole zur Metasprache hinzugefügt, während die Objektsprache selbst „vollkommen im Dunkeln bleibt". Was läßt sich über den Status dieser Symbole und des durch sie Symbolisierten aussagen? Wir begnügen uns damit, *eine* wichtige Bedingung anzugeben, nämlich: $\neg$, $\wedge$, $\vee$, $\rightarrow$, $\leftrightarrow$, $\bigwedge$ und $\bigvee$ sollen sieben verschiedene, wohlunterscheidbare und überdies unzerlegbare Objekte sein. (Der Leser beachte, daß wir in diesem letzten Satz keine Anführungszeichen verwendet haben.) Dies soll ganz generell gelten: Verschiedene Namen von objektsprachlichen Symbolen sollen stets *verschiedene* unzerlegbare Objekte bezeichnen. Die Forderung der

Unzerlegbarkeit ist nicht unerläßlich. Man kann diese Bedingung auch etwas schwächer formulieren, indem man statt der Unzerlegbarkeit nur fordert, daß kein Objekt, welches zum Aufbau eines objektsprachlichen Symbols verwendet wird, beim Aufbau eines anderen, durch einen anderen Namen bezeichneten Symbols benützt wird.

Hätten wir es nur mit einer bestimmten formalen Sprache zu tun, so wären die Zeichen ‚$\neg$', ‚$\wedge$', ‚$\bigwedge$' usw. *Konstante.* Da wir aber die Sprache nicht nur im Unbestimmten lassen, sondern auch beliebige Variationen gestatten, sofern nur die von uns explizit aufgestellten Bedingungen erfüllt sind, und da wir überdies formale Sprachen verschiedener Art und von verschiedenem Reichtum betrachten, handelt es sich bei diesen Zeichen um *Metavariable,* die allerdings innerhalb eines bestimmten Kontextes „dasselbe bezeichnen". Da solche Zeichen dafür benützt werden, um dem Leser etwas mitzuteilen, nennen wir sie häufig auch *Mitteilungszeichen.*

Über dieses Thema hier mehr zu sagen, würde vermutlich eher Verwirrung als zusätzliche Klarheit stiften. Jedenfalls werden wir den Leser auf den in den letzten Absätzen beschriebenen Sachverhalt an den entsprechenden späteren Stellen jeweils noch einmal ausdrücklich aufmerksam machen.

Ab Kap. 7 werden wir zusätzlich zu den sieben logischen Zeichen ein zweistelliges objektsprachliches Prädikat auszeichnen, welches *Identitätskonstante* genannt und durch ‚$=$' mitgeteilt wird. Der Status dieses Zeichens ist also prinzipiell derselbe wie derjenige der angeführten sieben Zeichen: Es ist eine die Identitätskonstante designierende Metavariable.

Schließlich werden generell noch zwei Hilfszeichen, nämlich *Klammern,* als objektsprachliche Zeichen auftreten. Sie dienen dazu, die richtige, d. h. die korrekte intendierte Gliederung komplexer Ausdrücke vorzunehmen. Gemäß der sog. „polnischen Notation" sind Klammern zwar prinzipiell entbehrlich, indem man z. B. den Ausdruck $((A \wedge B) \vee C)$ durch $\vee \wedge ABC$ und den Ausdruck $(A \wedge (B \vee C))$ durch $\wedge A \vee BC$ wiedergibt. Doch machen wir keinen Gebrauch von dieser Konvention, d. h. Klammern treten für uns wirklich in der Objektsprache auf. Als Metavariable für das vordere Klammerzeichen verwenden wir ‚(' und für das hintere Klammerzeichen ‚)'.

Abschließend sei vollständigkeitshalber noch auf folgendes hingewiesen: Was hier über die objektsprachlichen logischen Zeichen, die Identitätskonstante und die Klammern gesagt wurde, wird später von einer Reihe weiterer Zeichen gelten. Wenn wir z. B. in Kap. 2 und Kap. 3 über objektsprachliche Satzparameter, Objektparameter, Prädikatparameter und Funktionsparameter reden, so sind die von uns benützten Zeichen *niemals* diese Parameter selbst, sondern stets *Mitteilungszeichen für* solche Parameter.

Einige semiotisch wichtige Bemerkungen zur Unterscheidung graphischer Worte von ihren mengentheoretischen Gegenstücken finden sich in einer längeren Anmerkung in 1.3.3.

1.2 Zur Bezeichnungsweise und Symbolik

Für Lehrsätze verwenden wir einheitlich die Bezeichnung ‚*Theorem*', abgekürzt ‚Th.'. Hinter jeder Theorembezeichnung stehen zwei Nummern; die erste bezeichnet das Kapitel, in dem das Theorem vorkommt, während die zweite der laufenden Durchnumerierung der Theoreme in dem fraglichen Kapitel dient. So z. B. ist Th. 2.7 das siebente Theorem des zweiten Kapitels. Das rasche Auffinden der so zitierten Lehrsätze ist dadurch jederzeit gewährleistet. Ein Theorem, dessen Beweis sich in unmittelbar einsichtiger Weise aus einem zuvor behandelten, wichtigeren Theorem ergibt, wird gelegentlich *Korollar* zu diesem Theorem genannt. Innerhalb inhaltlicher Ausführungen sind die beiden Wörter ‚Satz' und ‚Theorem' häufig füreinander austauschbar. Doch verwenden wir den Ausdruck ‚Satz' möglichst nur dort, wo er statt ‚Theorem' üblich geworden ist. (Beispiel: ‚Der erste Satz von LINDSTRÖM'.) Der Leser wird keine Mühe haben, diese Verwendung klar zu unterscheiden von der anderen, von uns ebenfalls häufig benützten, wonach Sätze bestimmte objektsprachliche Ausdrücke, nämlich sog. geschlossene Formeln, bilden.

Für Hilfssätze haben wir zwei Namen zur Verfügung. Solche, die nur eine lokale Bedeutung haben, nennen wir tatsächlich *Hilfssätze*, bisweilen durch ‚HS' abgekürzt. Wenn eine Aussage zwar ebenfalls nur dazu dient, um andere Lehrsätze zu beweisen, jedoch eine nicht nur lokale Bedeutung hat, so sprechen wir von einem *Lemma*. Gelegentlich verwenden wir dafür einprägsame Bezeichnungen (Beispiel: ‚Negationslemma') oder benennen das Lemma nach seinem Entdecker (Beispiel: ‚Lemma von KÖNIG').

Von der Doppeldeutigkeit von ‚Beweis' war bereits in 1.1 die Rede. Im Verlauf einer indirekten Beweisführung ist es zweckmäßig, eine Kurzformel für die Wendung zu besitzen: ‚Damit sind wir bei einem Widerspruch angelangt.'. Dafür verwenden wir, vor allem in Teil II, häufig das Zeichen $\lightning$. Das Ende eines metasprachlichen Beweises geben wir, wenn erforderlich, stets durch das Zeichen $\Box$ an.

Einfache Anführungszeichen verwenden wir im üblichen Sinn, d. h. dafür, um das zwischen diesen Zeichen Abgebildete zu bezeichnen. Als metaphorische Anführungszeichen benützen wir demgegenüber doppelte Anführungsstriche.

Daneben verwenden wir die folgenden Abkürzungen: ‚i.f.' für ‚im folgenden', ‚I.A.' für ‚Induktionsanfang', ‚I.V.' für ‚Induktionsvoraussetzung', ,n.V.' für ,nach Voraussetzung', ,n.Def.' für ,nach Definition'. Einen korrekt gebauten, d.h. den Formregeln genügenden Ausdruck einer formalen Objektsprache bezeichnen wir bisweilen mit *wff*. Letzteres ist eine aus dem Englischen übernommene Konvention; denn ,wff' bildet eine Abkürzung für ,well-formed formula'. Ferner werden die drei Ausdrücke ,ist n. Def. gleich', ,:=' und ,$=_{df}$' synonym verwendet. Schließlich wird generell ,gdw' als Abkürzung für die beiden gleichwertigen Wendungen ,genau dann wenn' bzw. ,dann und nur dann wenn' benützt. In diesem Zusammenhang sei noch darauf hingewiesen, daß in metasprachlichen definitorischen Formulierungen das Wort ,wenn' häufig im Sinn von ,genau dann wenn' zu verstehen ist.

Für metasprachliche Abkürzungen sowie gelegentlich zum Zweck übersichtlicherer Formulierungen benützen wir die folgenden Symbole als *logische Zeichen der Metasprache*: ,⫬' für ,nicht'; ,⩓' für ,und'; ,⩔' für ,oder' (im nicht-ausschließenden Sinn); ,⇒' für ,wenn ... dann ---'; ,⇔' für ,... genau dann wenn ---'. Ferner werde ,für alle' abgekürzt durch ,⩓' und ,es gibt' durch ,⩔'. Es läge nahe, zu sagen: ,Metasprachliche logische Zeichen unterscheiden sich von den entsprechenden objektsprachlichen dadurch, daß sie statt eines Striches zwei Striche nach unten (bei der Negation) oder auf der rechten Seite bzw. zwei horizontale Striche (bei den übrigen Zeichen) enthalten.' Obwohl als unverbindliche intuitive Merkregel brauchbar, wäre diese Formulierung insofern inkorrekt, als sie den unterschiedlichen Status der beiden Arten von Symbolen nicht berücksichtigt. Wie wir in 1.1 feststellten, sind ,¬', ,∧' etc. keine logischen Zeichen, sondern Metavariable, die solche Zeichen designieren. Demgegenüber sind die eben eingeführten sieben Zeichen keine Variablen, sondern *Konstante*, die mit fester Bedeutung versehen sind. Diesmal sind es wirklich die logischen Zeichen selbst, „die auf dem Papier stehen". Wir setzen stets voraus, daß diese Zeichen dieselben präzisen semantischen Bedingungen erfüllen wie ihre objektsprachlichen Gegenstücke ¬, ∧, ∨ usw.

Als Identitätszeichen der Metasprache verwenden wir gewöhnlich das Symbol ,='. Wo immer die Gefahr besteht, daß dieses Symbol mit dem gestaltgleichen Mitteilungszeichen für die objektsprachliche Identitätskonstante verwechselt werden könnte, wird das Identitätszeichen der Metasprache durch ,⩦' wiedergegeben. Ungleichheiten werden objekt- wie metasprachlich oft mittels ,≠' abgekürzt.

1.3 Grundbegriffe der Mengenlehre

1.3.1 Mengen und mengentheoretische Operationen. Im folgenden werden die wichtigsten mengentheoretischen Begriffsbildungen für den

Aufbau der Logik kurz zusammenfassend skizziert. Da es uns in diesem Zusammenhang nicht darauf ankommt, die in der Geschichte der Mengenlehre aufgetretenen Schwierigkeiten im Zusammenhang mit Antinomien zu betrachten, beschränken wir uns auf einen möglichst knappen Auszug aus dem Programm der sog. *naiven Mengenlehre* und vermeiden jeden Bezug auf die Ergebnisse der nicht-naiven oder *axiomatischen Mengenlehre.*[2] (Der Aufbau der axiomatischen Mengenlehre wurde durch die Entdeckung der sog. Russellschen Antinomie sowie weiterer, zum Teil später entdeckter Antinomien erforderlich.)

Bei der Einführung von Mengen geht es hier vor allem darum, Gesamtheiten mit bestimmten Eigenschaften, d. h. strukturierte Gesamtheiten von Objekten, selbst wieder zum Gegenstand der Betrachtung machen zu können. Charakteristisch für die hier vertretene Auffassung vom Wesen solcher Gesamtheiten als Untersuchungsobjekten sind die dabei eingeführten Identitätsbedingungen. Mit Ausnahme einiger weniger, besonders hervorgehobener Stellen beschränken wir uns im gesamten Text auf die sog. extensionale Charakterisierung des Mengenbegriffs. Nach der *extensionalen Mengenauffassung* sind Mengen durch ihre Elemente (unabhängig von deren „Reihenfolge") eindeutig festgelegt; m.a.W. zwei Mengen sind genau dann *identisch*, wenn sie dieselben Elemente haben. Für eine Menge kommt es also nicht darauf an, *wie* sie gegeben ist, sondern nur darauf, *was* sie enthält. Identische Mengen im Sinn der extensionalen Mengenauffassung sind daher solche, die nicht mittels der Elementschaftsrelation *trennbar* sind:

$$M=N :\Leftrightarrow \bigwedge x(x\in M \Leftrightarrow x\in N).$$

Wir verwenden die Ausdrücke ‚Menge' und ‚Klasse' synonym. (In manchen axiomatischen Systemen der Mengenlehre, wie dem erwähnten System *NBG*, ist der Begriff der Menge enger als der Begriff der Klasse: Mengen sind solche Klassen, für die es im Sinn des Systems eine Klasse gibt, deren Element sie sind. Klassen, die keine Mengen sind, werden demgegenüber als echte Klassen bezeichnet.)

Ist im folgenden von einer Menge oder Klasse die Rede, so wird stets Bezug genommen auf die Objekte eines zugrunde liegenden Bereichs. Diese Objekte können ganz unterschiedlicher Natur sein: Personen, Bausteine, Moleküle, Farben, Theorien, Zahlen oder was sonst auch immer; vorausgesetzt wird nur, daß *eindeutige Identitätsverhältnisse* vorliegen: Objekte *a* und *b* müssen entweder identisch oder verschieden

2 Die beiden bekanntesten Systeme der axiomatischen Mengenlehre sind die von ZERMELO-FRÄNKEL (*ZF*) und v. NEUMANN-BERNAYS-GÖDEL (*NBG*). Der interessierte Leser findet eine gut lesbare Einführung in diese Systeme u. a. in dem Lehrbuch von EBBINGHAUS [1]. Die wohl didaktisch beste und bekannteste Einführung in die naive Mengenlehre bietet das Buch von HALMOS [1].

sein. Eine *Menge* oder *Klasse M* ist dann eine beliebige Gesamtheit von Objekten, den *Elementen* von M. Gehört a zu einer Gesamtheit M, ist also a Element von M, so schreiben wir ‚$a \in M$'. Ist a nicht Element von M, so schreiben wir ‚$a \notin M$'.

Je nachdem, ob eine Menge endlich viele oder unendlich viele Elemente enthält, sprechen wir von einer *endlichen* oder einer *unendlichen* Menge. Als Grenzfall einer endlichen Menge lassen wir eine Menge zu, die überhaupt kein Element enthält; wir nennen sie die *leere Menge* und bezeichnen sie mit ‚$\emptyset$'. (Da Anfänger häufig Schwierigkeiten mit der Existenz der leeren Menge haben, weisen wir darauf hin, daß es sich nach unserer Auffassung dabei um eine Hilfskonstruktion zur Vereinheitlichung der Formulierung mengentheoretischer Gesetzmäßigkeiten handelt und damit um eine ähnliche Maßnahme wie z. B. bei der Definition $a^0 := 1$.) Endliche Mengen können durch Angabe ihrer Elemente bezeichnet werden. In diesem Fall schreiben wir Namen der Elemente, durch Kommata getrennt, in einer beliebigen Reihenfolge in geschweiften Klammern. Dabei kommt es nicht darauf an, daß verschiedene Namen verschiedene Objekte bezeichnen (wohl aber natürlich darauf, daß gleiche Namen gleiche Objekte bezeichnen). Ferner darf derselbe Name mehrfach auftreten. Sind also z. B. a, b, c irgendwelche Objekte des zugrunde liegenden Bereichs, deren Verschiedenheit nicht vorausgesetzt werden soll, so können wir die Menge, welche genau diese Elemente enthält, z. B. durch eine beliebige der folgenden Schreibweisen angeben: $\{a, b, c\}$; $\{b, a, c\}$; $\{c, c, b, a\}$. (Über die Anzahl der Elemente dieser Menge kann nur so viel gesagt werden, daß sie höchstens drei und mindestens ein Element enthält. Sind dagegen a, b, c Namen verschiedener Zeichen, so enthält die betrachtete Menge drei Elemente; z. B. ist $\{\neg, \wedge, \vee, \rightarrow, \leftrightarrow, \bigwedge, \bigvee\}$ 7-elementig. Im allgemeinen Fall sprechen wir von n-elementigen Mengen.)

Bei großen oder unendlichen Mengen ist die Angabe der Elemente praktisch (u. U. sogar theoretisch) nicht möglich. In solchen Fällen benötigt man ein einstelliges Prädikat P, das genau auf die Elemente der Menge zutrifft, oder, wie wir sagen werden, genau diese Menge *ausdrückt*. Dann kann man die fragliche Menge charakterisieren als ‚die Menge aller x mit der Eigenschaft P', mitgeteilt durch: ‚$\{x \mid Px\}$'. Ein im Text häufig auftretendes Beispiel für eine derartige Mengenschreibweise ist die mit ‚$\mathbb{N}$' bezeichnete Menge der natürlichen Zahlen; sie wird durch das Prädikat ‚ist eine natürliche Zahl' ausgedrückt und kann daher mit $\{x \mid x$ ist eine natürliche Zahl$\}$ gleichgesetzt werden. Häufig schreiben wir für diese Menge auch ‚$\{0, 1, 2, \ldots, n, \ldots\}$'. Für die Menge der natürlichen Zahlen ohne die 0 schreiben wir auch ‚$\mathbb{N}^+$'. Diese Schreibweise sei hier zugleich als Beispiel für die Charakterisierung unendlicher Mengen durch eine *schematische Aufzählung* angeführt. Eine derartige schematische Aufzählung ist im Falle unendlicher Mengen streng genommen nur als „Abkürzung“ einer beschreibenden Darstellung ‚$\{x \mid Px\}$‘ aufzufassen. Ein anderes Beispiel wäre $\{x \mid x$ ist eine gerade natürliche Zahl$\}$ $=\{0, 2, 4, \ldots, 2n, \ldots\}$. (Die Menge wird auch mit $2\mathbb{N}$ bezeichnet.) Werden die natürlichen Zahlen im Sinne des *v. Neumannschen Zahlenmodells* aufgefaßt (vgl. 1.3.2), so schreiben wir oft wie üblich ‚ω‘ für ‚$\mathbb{N}$‘.

Im letzten Beispiel haben wir die Gleichheit zweier Mengen mit dem Zeichen ‚$=$‘ ausgedrückt und zwar im Sinn der oben angeführten extensionalen Mengenidentität.

Nach der Auffassung der naiven Mengenlehre gibt es genau diejenigen Mengen, die im obigen Sinne durch irgendwelche einstelligen Prädikate ausgedrückt werden. Dies ist das sog. *naive Komprehensionsprinzip:* Für jede Menge, die durch ein Prädikat P ausgedrückt wird, gilt, daß ein Objekt a genau dann Element der Menge ist, wenn P auf a zutrifft; formal:

$$Pa \Leftrightarrow a \in \{x \mid Px\}.$$

Obwohl diese Auffassung problematisch ist, wie wir anschließend kurz erläutern wollen, werden wir im weiteren Verlauf auf diesen Zusammenhang nicht ausführlicher eingehen müssen, da wir beim Aufbau der Logik nur solche Mengen verwenden werden, die in allen üblichen axiomatischen Systemen zulässig sind.

Anmerkung zur Existenz von Mengen. Die oben erwähnte naheliegende Antwort im Sinne einer bestimmten Auffassung von naiver Mengenlehre würde die Existenz einer Menge M durch folgende Bedingung charakterisieren:

M existiert als Menge $\Leftrightarrow$ Es gibt ein
einstelliges Prädikat P, das M
ausdrückt, d. h. mit $M = \{x \mid Px\}$.

Tatsächlich sind beide Richtungen nicht zu halten. Die Richtung ‚$\Rightarrow$‘ ist falsch; denn wie wir etwas später in diesem Kapitel sehen werden, gibt es *mehr* Mengen als Prädikate (vgl. u. a. das Theorem von CANTOR). Und die Richtung ‚$\Leftarrow$‘ ist unbrauchbar; denn es gibt Prädikate P, die *keine* Menge $\{x \mid Px\}$ ausdrücken. Das bekannteste und einfachste Beispiel dafür ist BERTRAND RUSSELLS Prädikat ‚x enthält sich selbst nicht als Element‘, formal: ‚$x \notin x$‘. Nehmen wir an, die durch dieses Prädikat ausgedrückte Menge $M' =_{\mathrm{df}} \{x \mid x \notin x\}$ existiere, es gäbe also diese „Russellsche Menge“. Offenbar enthält M' so ziemlich alle Mengen, an die man zunächst denkt: die Menge der Menschen, der Laubbäume, der Planeten, der reellen Zahlen usw.; denn sie alle haben die Eigenschaft $x \notin x$. Aber es scheint Ausnahmen zu geben, etwa die Menge $U =_{\mathrm{df}} \{x \mid x = x\}$. Da alles mit sich selbst identisch ist, enthält U alles und heißt daher *Allmenge*. U müßte wohl auch sich selbst als Element enthalten, somit nicht die Bedingung $x \notin x$ erfüllen, also kein Element von M' sein. (In axiomatischen Mengenlehren wird die Existenz einer Allmenge aufgrund anderer Antinomien häufig nicht zugelassen bzw. sie wird nur als echte Klasse erlaubt.) Fragen wir uns aber, ob $M' \in M'$ gilt, so erhalten wir den Widerspruch:

$$\begin{aligned} M' \in M' &\Leftrightarrow M' \text{ ist ein } x \text{ mit } x \notin x \\ &\Leftrightarrow M' \notin M'. \end{aligned}$$

Dies ist eine Fassung der berühmten *Antinomie von* RUSSELL. Sie ergibt sich aus der Annahme, daß M' existiert. Tatsächlich kann diese Menge *aus rein logischen Gründen* nicht existieren. Dies erkennt man noch besser, wenn man statt der Elementschaftsrelation eine *beliebige Relation R* nimmt. Dann läßt sich nämlich leicht beweisen:

(1) Es gibt kein a der Art, daß für alle x gilt:
x steht in der Relation R zu $a \Leftrightarrow x$ steht nicht in der Relation R zu x.

Denn *angenommen*, es gäbe ein solches a, so würde für $x = a$ folgen: a steht in der Relation R zu $a \Leftrightarrow a$ steht nicht in der Relation R zu a; dies aber ist ein Widerspruch.

Was allgemein für jedes R gilt, das gilt auch für die Elementschaftsrelation; und so gelesen besagt (1), *daß M' nicht existiert.* Wir sehen also, daß nicht jedes Prädikat eine Menge ausdrückt. Welche Prädikate dies tun, läßt sich nicht so einfach sagen; verschiedene mengentheoretische Systeme geben hier verschiedene Antworten. (Der Begriff der Relation wird in einem späteren Teil dieses Kapitels ausführlicher erläutert; an dieser Stelle genügt das intuitive Verständnis.)

Damit dürfte diese Schilderung auch den Nebeneffekt erzielt haben, für den Zweck einer präzisen Einführung von Mengenbegriffen den Zwang des Überganges von der naiven zur axiomatischen Mengenlehre intuitiv motiviert zu haben: Die Russellsche Antinomie bildet einen indirekten Beweis für die Nichtexistenz der Russellschen Menge und damit *einen indirekten Beweis der Falschheit des naiven Komprehensionsprinzips.* Da man sich für den Aufbau der Mengenlehre der Existenz geeigneter Mengen vergewissern muß, ist man, sobald das naive Komprehensionsprinzip dafür nicht mehr zur Verfügung steht, mit der Frage konfrontiert: *Was soll an die Stelle dieses Prinzips treten?* Die verschiedenen Systeme der axiomatischen Mengenlehre geben darauf zwar verschiedene Antworten. Doch ist dabei stets *dasselbe Ziel* bestimmend, nämlich solche das naive Komprehensionsaxiom ersetzende Prinzipien an die Stelle treten zu lassen, welche einerseits die Existenz aller für den Aufbau der Mengenlehre benötigten Mengen gewährleisten, andererseits zum Unterschied von jenem Prinzip keine Antinomien zu erzeugen gestatten.

Hat man sich aufgrund solcher Surrogatprinzipien von der Existenz spezieller Mengen oder Mengenarten überzeugt, so kann man in einem gewissermaßen fiktiven Sinn von der axiomatischen wieder zur naiven Mengenlehre zurückkehren, indem man die fraglichen Mengen bzw. Mengenarten als unproblematische Mengen betrachtet, die man so behandeln kann, „als ob" ihre Existenz durch das naive Komprehensionsprinzip garantiert wäre. Die folgenden Anwendungen dieses Prinzips sind stets im Sinn einer derartigen Als-Ob-Konstruktion zu verstehen, also virtuell im Rahmen einer axiomatischen Mengenlehre aufzufassen.

Wir führen jetzt eine Reihe von *mengentheoretischen Operationen* ein; dabei verwenden wir das naive Komprehensionsprinzip und ordnen einer Klasse von Mengen in einheitlicher Weise neue Mengen zu. Die bekanntesten und wichtigsten Operationen dieser Art sind die folgenden:

$M \cup N =_{\mathrm{df}} \{x \mid x \in M \vee x \in N\}$,
genannt die *Vereinigung* von M und N;

$M \cap N =_{\mathrm{df}} \{x \mid x \in M \wedge x \in N\}$,
genannt der *Durchschnitt* von M und N.

Diese Operationen lassen sich verallgemeinern. K sei eine Klasse von endlich oder unendlich vielen Mengen; dann sei

$\bigcup K =_{\mathrm{df}} \{x \mid \bigvee M (M \in K \wedge x \in M)\}$,
genannt die *Vereinigungsmenge* von K;

und

$\bigcap K =_{\mathrm{df}} \{x \mid \bigwedge M\ (M \in K \Rightarrow x \in M)\}$,

genannt die *Durchschnittsmenge* von K.

Anmerkung. Bei der letzten Operation ist Vorsicht geboten. Sie sollte nur angewendet werden, wenn K nicht die leere Menge ist. Denn für $K = \emptyset$ erfüllt *jedes* x die angegebene Bedingung; daher ist $\bigcap \emptyset$ die *Allmenge* U, und die Existenz dieser Menge ist, wie oben angedeutet, zumindest problematisch.

Eine weitere wichtige Operation ist die folgende:

$\bar{M} =_{\mathrm{df}} \{x \mid x \notin M\}$,

genannt das *absolute Komplement* von M.

Anmerkung. Die Existenz des absoluten Komplements einer Menge ist ähnlich problematisch wie die Existenz von $\bigcap \emptyset$. Denn wenn wir annehmen, daß zu irgendeiner Menge M auch $\bar{M}$ existiert, so ist deren Vereinigung $M \cup \bar{M}$ wieder die problematische Allmenge U. Unproblematisch ist hingegen die in der folgenden Definition gegebene Form der Komplementbildung.

Das *Komplement* von M *relativ* auf eine gegebene Menge N sei definiert durch:

$N \setminus M =_{\mathrm{df}} \{x \mid x \in N \wedge x \notin M\}$,

auch *Differenz* von N und M genannt.

Die vorangehenden Begriffe sind Operationen, die in Anwendung auf Mengen neue Mengen liefern. Der folgende Begriff ist demgegenüber eine *Relation*, die ähnlich wie $\in$ und $=$ in Anwendung auf Mengen eine Aussage liefert: $M \subseteq N$ besage per definitionem dasselbe wie ‚M (ist) *Teilmenge von* N', formal:

$M \subseteq N =_{\mathrm{df}} \bigwedge x (x \in M \Rightarrow x \in N)$.

(Für diese Beziehung gilt z. B.: $M \subseteq K \setminus N \Leftrightarrow N \subseteq K \setminus M$.)

Danach sind Mengen genau dann identisch, wenn sie Teilmengen voneinander sind.

$M = N \Leftrightarrow \bigwedge x (x \in M \Leftrightarrow x \in N)$

(n. Def. der Mengenidentität)

$\Leftrightarrow \bigwedge x (x \in M \Rightarrow x \in N) \wedge \bigwedge x (x \in N \Rightarrow x \in M)$

(umgangssprachliche Bedeutung von ‚$\Leftrightarrow$')

$\Leftrightarrow M \subseteq N \wedge N \subseteq M$

(n. Def. der Teilmenge).

Ferner definieren wir:

$M \subset N =_{\mathrm{df}} M \subseteq N \wedge M \neq N$.

Dies besage per definitionem dasselbe wie die Wendung ‚M (ist) *echte Teilmenge von* N'. Ist M (echte) Teilmenge von N, so heißt N (*echte*) *Obermenge* von M.

$$Pot(M) =_{df} \{x \mid x \subseteqq M\}$$

ist die *Potenzmenge von* M. Diese Menge enthält $\emptyset$, alle nichtleeren Teilmengen von M und schließlich auch M selbst als Elemente.

Zwei Mengen, deren Durchschnitt leer ist, heißen *disjunkt*. Eine Menge von nichtleeren und paarweise disjunkten Mengen, deren Vereinigungsmenge M ist, heißt *Zerlegung* von M. So z. B. ist $\{\{0\}, \{1,2,3\}, \{4,5\}\}$ eine Zerlegung von $\{x \mid x \in \mathbb{N} \wedge x \leqq 5\}$.

Der Leser mache sich zur Übung die folgenden mengentheoretischen Gesetzmäßigkeiten klar:

(*a*) $\emptyset \subseteqq M$;
(*b*) $\emptyset \subset M \Leftrightarrow M \neq \emptyset$;
(*c*) $M = \bigcup Pot(M)$;
(*d*) $K \cap (M \cup N) = (K \cap M) \cup (K \cap N)$;
(*e*) $K \cup (M \cap N) = (K \cup M) \cap (K \cup N)$;
(*f*) $M \subseteqq N \Leftrightarrow M \setminus N = \emptyset$;
(*g*) $K \setminus (M \cap N) = (K \setminus M) \cup (K \setminus N)$;
(*h*) $K \setminus (M \cup N) = (K \setminus M) \cap (K \setminus N)$.

1.3.2 Relationen, Funktionen, Folgen. Bisher haben wir uns bei der Beschreibung von Mengen ausschließlich mit Eigenschaften von *einem* Objekt befaßt, die wir durch einstellige Prädikate bezeichneten. Im folgenden wollen wir auch Beziehungen zwischen einer beliebig großen endlichen Anzahl von Objekten betrachten, die wir n-stellige Relationen nennen und entsprechend durch n-stellige Prädikate formal wiedergeben werden. Der wichtige Begriff der Funktion wird dann als eine spezielle Form von Relation aufgefaßt. Zuvor müssen wir allerdings zwei andere Begriffsbildungen bereitstellen, die wir zur Betrachtung von Relationen benötigen: den Begriff des geordneten n-Tupels und den Begriff des Cartesischen Produktes.

Betrachten wir wiederum eine endliche Anzahl von Objekten $a_1, \ldots, a_n$. Bei der Einführung der Mengenschreibweise hatten wir betont, daß es bei der Menge $\{a_1, \ldots, a_n\}$ nicht auf die Reihenfolge der Elemente ankommt. Wenn wir dagegen in einem Zusammenhang über die in dieser Menge enthaltenen Objekte *mit einer festgelegten Reihenfolge* sprechen wollen und es angebracht erscheint, diese Reihenfolge in das beschriebene Objekt „hineinzukodieren", können wir die bisherige Mengenschreibweise selbstverständlich nicht beibehalten, da ja für $a_1 \neq a_2$ z. B. $\{a_1, a_2\} = \{a_2, a_1\}$. Der Begriff des (geordneten) *n-Tupels*[3], mitgeteilt durch

3 Das Wort ‚geordnet' werden wir gewöhnlich fortlassen.

$\langle a_1, \ldots, a_n \rangle$, soll uns nun die Objekte $a_1, \ldots, a_n$ *in dieser Reihenfolge* liefern. Für die folgenden Anwendungen des Begriffs des n-Tupels spielt es im Prinzip[4] keine Rolle, wie dieser Begriff definiert wird (bzw. ob man ihn als undefinierten Grundbegriff auffaßt oder auf mengentheoretische Begriffsbildungen zurückführt). Entscheidend ist nur, daß die sog. *charakteristische Bedingung für n-Tupel* bei diesem Begriff erfüllt ist, die besagt (für beliebige Objekte $a_1, \ldots, a_n, b_1, \ldots, b_n$):

$$\langle a_1, \ldots, a_n \rangle = \langle b_1, \ldots, b_n \rangle \text{ } gdw \text{ für alle } i \in \{1, \ldots, n\} \text{ gilt } a_i = b_i .$$

In dem n-Tupel $\langle a_1, \ldots, a_n \rangle$ heißt a_i für $i \in \{1, \ldots, n\}$ das i-te Glied des n-Tupels; n wird die Länge des n-Tupels genannt.

Dasselbe Objekt kann auch mehrfach Glied eines n-Tupels sein, d. h. ‚$\langle a, a \rangle$', ‚$\langle a, b, a \rangle$' usw. sind zulässige Ausdrücke. Dies zeigt, daß n-Tupel nicht als konkrete, räumliche oder zeitliche Anordnungen konkreter Objekte aufgefaßt werden dürfen, ähnlich wie auch Mengen keine konkreten Anhäufungen konkreter Objekte sind. Vielmehr sind n-Tupel *abstrakte Anordnungen*, wobei auf dasselbe Objekt mehrfach Bezug genommen werden darf. Ein m-Tupel ist *identisch* mit einem n-Tupel, wenn $m = n$ und jedes i-te Glied des einen identisch mit dem i-ten Glied des anderen ist. Wir lassen auch die Fälle $n = 1$ und $n = 0$ zu und identifizieren häufig das 1-Tupel $\langle a \rangle$ mit a und das 0-Tupel $\langle\ \rangle$ mit $\emptyset$. n-Tupel mit $n = 2, 3, 4, \ldots$ heißen auch *geordnete Paare*, *Tripel*, *Quadrupel* usw.

Ausdrücklich weisen wir nochmals darauf hin, daß für $n \geqq 1$ das n-Tupel $\langle a_1, \ldots, a_n \rangle$ nicht identisch ist mit der Menge $\{a_1, \ldots, a_n\}$ seiner Glieder: Das n-Tupel hat genau n, nicht notwendig verschiedene Objekte als *Glieder*, deren Reihenfolge fixiert ist; die Menge $\{a_1, \ldots, a_n\}$ hat mindestens ein und höchstens n *Elemente*, für die durch die Mengenschreibweise keine Reihenfolge festgelegt wird. Es ist also z. B. $\langle 1, 2, 7 \rangle \neq \langle 7, 1, 2 \rangle$, jedoch $\{1, 2, 7\} = \{7, 1, 2\}$.

Anmerkung zur Wiener-Kuratowskischen n-Tupel-Definition. Wie zuvor erwähnt, ist es im Grunde genommen nicht notwendig, n-Tupel als neue Objekte, zusätzlich zu den Mengen, einzuführen. Wir können sie vielmehr mengentheoretisch definieren. Das bekannteste Verfahren baut auf der sog. Wiener-Kuratowski-Definition des geordneten Paares auf, nach welcher gilt:

$$\langle a, b \rangle =_{\mathrm{df}} \{\{a\}, \{a, b\}\} .$$

Ergänzt man diese Definition durch die oben im Text angegebenen Identifikationen für 0- und 1-Tupel sowie die folgende Bestimmung im Rahmen einer induktiven Definition (nach der Länge n der n-Tupel):

$$\langle a_1, \ldots, a_n, a_{n+1} \rangle =_{\mathrm{df}} \langle \langle a_1, \ldots, a_n \rangle, a_{n+1} \rangle ,$$

so hat man n-Tupel beliebiger Längen als mengentheoretische Objekte induktiv definiert.

4 An einigen wenigen Stellen, wo in unserem Text auf eine spezifische Form der n-Tupel-Definition Bezug genommen wird, ist dies ausdrücklich vermerkt.

Diese als Wiener-Kuratowskische n-Tupel-Definition bezeichnete Charakterisierung der n-Tupel als mengentheoretischer Objekte ist zwar nicht gerade „natürlich", doch genügt sie der oben erwähnten charakteristischen Bedingung für n-Tupel; und nur darauf kommt es an.

Übrigens liegt hier ein typisches Beispiel für die Reduktion beliebiger mathematischer Objekte auf Mengen vor. So kann man etwa durch die Bestimmungen:

$$0 =_{df} \emptyset,$$

$$n+1 =_{df} \{n\}$$

die natürlichen Zahlen mengentheoretisch induktiv definieren. Zum Unterschied von dieser, auf ZERMELO zurückgehenden Definition der natürlichen Zahlen lauten die Bestimmungen im sog. *v. Neumannschen Zahlenmodell* folgendermaßen:

$$0 =_{df} \emptyset,$$

$$n+1 =_{df} n \cup \{n\}.$$

Dieses letzte Modell werden wir gelegentlich verwenden; nach ihm ist jede natürliche Zahl identisch mit der Menge ihrer Vorgänger. Es gilt also z.B. $2 = \{0, 1\} = \{\emptyset, \{\emptyset\}\}$ und $7 = \{0, 1, \dots, 6\}$.

Wir gehen jetzt zur Betrachtung von Mengen von n-Tupeln über. $M_1, \dots, M_n$ seien beliebige Mengen mit $n \geqq 1$. Dann soll die etwas verkürzte Schreibweise ‚$\{\langle x_1, \dots, x_n \rangle \mid x_i \in M_i\}$' die Menge aller n-Tupel bezeichnen, deren i-tes Glied x_i (für $i \in \{1, \dots, n\}$) jeweils Element von M_i ist.[5] Diese Menge heißt das *Cartesische Produkt* von $M_1, \dots, M_n$, mitgeteilt durch: ‚$M_1 \times \dots \times M_n$'. Sind alle n Mengen M_i dieselbe Menge M, so schreibt man statt ‚$M \times \dots \times M$ (n-fach)' auch ‚M^n'. Diese Menge wird die *n-te Cartesische Potenz von M* genannt. Für $n = 1$ ergibt sich, daß $M^1 = \{\langle x \rangle \mid x \in M\} = \{x \mid x \in M\} = M$ ist. Wir lassen auch hier den Extremfall $n = 0$ zu und setzen $M^0 = \{\emptyset\}$, identifizieren also M^0 mit der Menge aller 0-Tupel.

Es folgt jetzt die angekündigte Einführung von Relationen. Für $n \geqq 1$ ist eine *n-stellige Relation auf* einer Menge M eine Teilmenge der n-ten Cartesischen Potenz M^n von M, somit eine Menge von n-Tupeln $\langle x_1, \dots, x_n \rangle$, deren sämtliche Glieder x_i Elemente von M sind. Insbesondere ist eine einstellige Relation auf M eine Teilmenge von M. Analog zum einstelligen Fall werden Relationen durch Prädikate gleicher Stellenzahl ausgedrückt; wir nennen sie dann die *Extensionen* dieser Prädikate. Sie enthalten genau diejenigen n-Tupel von Objekten, auf die diese Prädikate zutreffen. So ist z.B. die zweistellige Relation $\{\langle x, y \rangle \mid x < y\}$ auf $\mathbb{N}$ die Extension des zweistelligen Prädikates ‚kleiner als' für natürliche Zahlen. Die dreistellige Relation $\{\langle x, y, z \rangle \mid x$ ist Sohn von y und $z\}$

---

5 Genauer geschrieben ist dies die Menge

$$\{x \mid \bigvee x_1, \dots, \bigvee x_n (x = \langle x_1, \dots, x_n \rangle \wedge x_1 \in M_1 \wedge \dots \wedge x_n \in M_n)\},$$

also eine Menge $\{x \mid Px\}$ mit einem einstelligen Prädikat P.

auf der Menge der Menschen ist die Extension des dreistelligen Prädikates ‚Sohn von ... und ---‘ für Menschen. Verschiedene Prädikate können extensionsgleich sein, d. h. dieselbe Relation ausdrücken; dies gilt z. B. vermutlich für die einstelligen Prädikate ‚... ist ein Lebewesen mit Herz‘ und ‚... ist ein Lebewesen mit Nieren‘. Die inhaltliche oder intensionale[6] Verschiedenheit von Prädikaten spielt hier und im folgenden keine Rolle; es geht *nur um die Extensionen.* Wenn also künftig von der Identitätsrelation, der Kleiner-Relation oder anderen Relationen die Rede ist, so ist stets nur die Extension dieser Prädikate gemeint.

Ist R eine n-stellige Relation ($n \geqq 2$), so wird die Menge der x_i, für die mit irgendwelchen $x_1, \ldots, x_{i-1}, x_{i+1}, \ldots, x_n$ gilt, daß $\langle x_1, \ldots, x_i, \ldots, x_n \rangle$ Element von R ist, der *i-te Bereich* von R genannt. Bei zweistelligen Relationen R heißt der erste Bereich auch der *Vorbereich* von R und der zweite Bereich der *Nachbereich* von R. So hat z. B. die Kleiner-Relation auf $\mathbb{N}$ den Vorbereich $\mathbb{N}$ und den Nachbereich $\mathbb{N}^+ =_{\text{df}} \mathbb{N} \setminus \{0\}$. Die Vereinigung aller n Bereiche einer n-stelligen Relation R heißt das *Feld* von R.

Eine n-stellige Relation (mit $n \geqq 2$) heißt *an der i-ten Stelle eindeutig,* wenn es zu jedem (n − 1)-Tupel $\langle x_1, \ldots, x_{i-1}, x_{i+1}, \ldots, x_n \rangle$ höchstens ein x_i gibt, so daß $\langle x_1, \ldots, x_i, \ldots, x_n \rangle \in R$ gilt. Zweistellige Relationen, die an der ersten bzw. zweiten Stelle bzw. an beiden Stellen eindeutig sind, heißen *voreindeutig* bzw. *nacheindeutig* bzw. *eineindeutig.* So ist die Relation ‚x hat den Vater y‘ nacheindeutig; die Relation ‚x ist das Quadrat von y‘ ist voreindeutig als Relation auf der Menge der positiven und negativen Zahlen und sogar eineindeutig als Relation auf $\mathbb{N}$.

Mit Hilfe der soeben eingeführten Eindeutigkeitseigenschaften für Relationen gewinnen wir den Funktionsbegriff als Spezialfall des Relationsbegriffs, indem wir folgendes festlegen: Eine n + 1-stellige Relation (mit $n \geqq 1$), die an der letzten Stelle eindeutig ist, heißt *n-stellige Funktion.* Zu ihrer Bezeichnung verwenden wir kleine lateinische Buchstaben und schreiben statt ‚$\langle x_1, \ldots, x_n, y \rangle \in f$‘ auch ‚$f(x_1, \ldots, x_n) = y$‘. Die Menge der n-Tupel $\langle x_1, \ldots, x_n \rangle$, für die es ein y mit $f(x_1, \ldots, x_n) = y$ gibt, heißt *Argumentbereich* von f. Die Menge der y, für die es ein n-Tupel $\langle x_1, \ldots, x_n \rangle$ mit $f(x_1, \ldots, x_n) = y$ gibt [also der (n + 1)-te Bereich der Relation f], heißt *Wertebereich* von f. Ist f eine Funktion, so teilen wir ihren Argumentbereich auch mit ‚$D_I(f)$‘ und ihren Wertebereich auch mit ‚$D_{II}(f)$‘ mit; jedes Element von $D_I(f)$ heißt auch ein *Argument* von f und jedes Element $D_{II}(f)$ wird auch ein *Wert* von f genannt. Eine Funktion ordnet also jedem ihrer Argumente eindeutig einen ihrer Werte zu. Ist $\langle x_1, \ldots, x_n \rangle$ Argument von f, so sagen wir auch, daß $f(x_1, \ldots, x_n)$ *definiert* ist. Häufig

6 ‚Intensional‘ soll dabei nur besagen, daß die betreffende Eigenschaft mit der Angabe der Extension nicht erschöpfend charakterisiert wird.

spricht man bei einer n-stelligen Funktion von ihrem *i-ten Argument* (für $1 \leqq i \leqq n$) und meint damit das i-te Glied eines gegebenen Argumentes.

Eine Funktion mit dem Argumentbereich M^n heißt (*totale*) *n-stellige Funktion auf M*; ist der Argumentbereich eine echte Teilmenge von M^n, so heißt sie *partielle n-stellige Funktion auf M*. So sind etwa die Addition, Subtraktion und Multiplikation (totale) zweistellige Funktionen auf $\mathbb{N}$; die Division dagegen ist eine partielle zweistellige Funktion auf $\mathbb{N}$, da sie für die Paare $\langle n, 0\rangle$ nicht definiert ist.

Ist f eine n-stellige Funktion auf M, g eine n-stellige Funktion auf N, wobei $f \subseteqq g$ [d. h. $f(x_1, \ldots, x_n) = g(x_1, \ldots, x_n)$ für alle $x_1, \ldots, x_n \in M$], so heißt f eine *Teilfunktion* von g oder genauer: die *Einschränkung* von g auf M; und g heißt *Fortsetzung* von f auf N. Wir teilen dies durch ‚$f = g|_M$' mit. Beim Aufbau der Zahlentheorie werden z. B. die Grundrechenarten zunächst auf der Menge $\mathbb{N}$ definiert und später auf den Obermengen der ganzen, rationalen und reellen Zahlen fortgesetzt.

Eine n-stellige Funktion f auf M mit $D_{II}(f) \subseteqq N$ heißt *Abbildung von* M^n *in* N; f heißt *eineindeutig*, auch *injektiv* oder eine *Injektion*, wenn es zu jedem $y \in N$ höchstens ein $\langle x_1, \ldots, x_n\rangle \in M^n$ mit $f(x_1, \ldots, x_n) = y$ gibt; f wird *Abbildung auf N*, auch *surjektiv* oder eine *Surjektion auf N* genannt, wenn $D_{II}(f) = N$, also der Wertebereich die ganze Menge N ist. Eine eineindeutige Abbildung auf N heißt auch eine *Bijektion* oder *bijektiv auf N*. So ist etwa die Nachfolgerfunktion eine Injektion von $\mathbb{N}$ in $\mathbb{N}$ und zugleich eine Bijektion von $\mathbb{N}$ auf die Menge $\mathbb{N}^+$ der positiven natürlichen Zahlen.

Eine Abbildung von M^n in M heißt *n-stellige Operation* auf M. Addition, Subtraktion, Multiplikation sind z. B. zweistellige Operationen auf der Menge $\mathbb{Q}$ der positiven und negativen rationalen Zahlen, ebenso auch die Einschränkung der Division auf $\mathbb{Q} \setminus \{0\}$.

Aus systematischen Gründen ist es zweckmäßig, neben ein- und mehrstelligen Operationen auch nullstellige zuzulassen, d. h. solche, deren Wert von keinem Argument abhängt, sondern *fest* ist. Eine *nullstellige Operation auf M* darf daher i. allg. als ein Element von M aufgefaßt werden.

Eine *endliche Folge von n Gliedern* (mit $n \geqq 0$) ist eine Funktion, deren Argumentbereich die Menge aller positiven natürlichen Zahlen i mit $i \leqq n$ ist (für $n = 0$ ist der Argumentbereich leer und damit auch die Funktion); eine *abzählbar unendliche Folge* ist eine Funktion mit dem Argumentbereich $\mathbb{N}^+$; beide heißen *abzählbare Folgen*. Ist i Argument der Folge f, so heißt $f(i)$ das *i-te Glied*. Eine n-gliedrige bzw. abzählbar unendliche Folge, deren i-tes Glied a_i ist, wird oft durch ‚$a_1, \ldots, a_n$' oder ‚$(a_1, \ldots, a_n)$' bzw. durch ‚$a_1, \ldots, a_n, \ldots$' oder ‚$(a_i)_{i \in \mathbb{N}^+}$' bezeichnet.

Für Folgen ergeben sich dieselben charakteristischen *Identitätsbedingungen* wie oben für die n-Tupel: sie sind identisch genau dann, wenn sie dieselbe Anzahl von Gliedern haben und jedes i-te Glied der ersten identisch mit dem i-ten Glied der zweiten Folge ist.

In der praktischen Anwendung ist es meist gleichgültig, ob man von n-Tupeln oder n-gliedrigen Folgen spricht; statt $\langle a_1, \ldots, a_n \rangle$ kann man ebensogut $(a_1, \ldots, a_n)$ nehmen [also die Funktion f auf dem Bereich $\{1, \ldots, n\}$ mit $f(i) = a_i$]. Allerdings wird durch die Einführung des allgemeineren Folgenbegriffs der Begriff des n-Tupels nicht völlig überflüssig; denn eine Folge ist selbst eine Menge von geordneten Paaren.

Ist die Folge f (echte) Teilmenge der Folge g, so heißt f (*echter*) *Abschnitt* von g. Folgen, welche Zahlen, Mengen, Sätze usw. als Werte haben, heißen *Zahlen-*, *Mengen-*, *Satz*-Folgen usw.

Aussagen, die sich streng genommen auf die *Argumente* einer Folge beziehen, übertragen wir oft auf ihre *Werte*. Wenn wir z. B. sagen, daß (in einer Zahlenfolge f) 4 *zwischen* 7 *und* 7 *vorkommt*, so ist gemeint, daß es positive natürliche Zahlen $m < n < r$ gibt, wobei $f(m) = 7$, $f(n) = 4$ und $f(r) = 7$ gilt.

1.3.3 Kardinalzahlen. Cantorsches Diagonalverfahren. Unter der *Kardinalzahl* (auch: *Mächtigkeit* oder *Kardinalität*) einer Menge wollen wir die Anzahl ihrer Elemente verstehen. Demnach ist eine Menge *endlich* genau dann, wenn sie für irgendein $n \in \mathbb{N}$ die Kardinalzahl n hat. Offenbar gibt es auch *unendliche* Kardinalzahlen, wie etwa die Kardinalzahl von $\mathbb{N}$, die als $\aleph_0$ (‚Aleph-Null') bezeichnet wird. Ist dies die einzige unendliche Kardinalzahl?

Dazu eine Vorbetrachtung. Zwei Mengen heißen *gleichmächtig*, wenn es eine Bijektion zwischen ihnen gibt, d. h. wenn die Elemente der einen Menge eineindeutig den Elementen der anderen Menge zugeordnet werden können. Für *endliche* Mengen gilt sicherlich:

(*a*) M hat *dieselbe Kardinalzahl* wie N genau dann, wenn M und N gleichmächtig sind.

(*b*) M hat eine *kleinere Kardinalzahl* als N genau dann, wenn M mit einer echten Teilmenge von N gleichmächtig ist.

Wir setzen nun fest, daß (*a*) und (*b*) für beliebige, also auch für *unendliche* Mengen und ihre Kardinalzahlen gelten soll. Zur Rechtfertigung dieser Festsetzung läßt sich zeigen, daß jede Menge eine eindeutige Kardinalzahl hat und daß von je zwei verschiedenen Kardinalzahlen genau eine kleiner als die andere ist; wir müssen hier auf den in nahezu jedem Standardlehrbuch der Mengenlehre enthaltenen Beweis verzichten. Aus (*a*) ergibt sich, daß etwa $\mathbb{N}^+$ dieselbe Kardinalzahl $\aleph_0$ wie $\mathbb{N}$ hat; denn $f(x) = x + 1$ ist eine Bijektion von $\mathbb{N}$ auf $\mathbb{N}^+$. Auch die Menge $2\mathbb{N}$ der natürlichen geraden Zahlen hat diese Kardinalzahl; denn $f(x) = 2x$ ist eine Bijektion von $\mathbb{N}$ auf $2\mathbb{N}$. Mengen mit der Kardinalzahl $\aleph_0$ heißen *abzählbar unendlich*; endliche und abzählbar unendliche Mengen heißen *abzählbar*. Es gilt:

Jede Teilmenge M einer abzählbaren Menge N ist abzählbar.

Beweis: M ist *entweder* endlich, also auch abzählbar; *oder* M ist unendlich. Dann ist auch N unendlich (da $M \subseteqq N$), also nach Voraussetzung abzählbar unendlich. Nach (*a*) gibt es eine Bijektion f von $\mathbb{N}$ auf N. Wir definieren die folgende Funktion g auf $\mathbb{N}^+$: $g(n) =_{\mathrm{df}} f(x)$, wobei x die n-te Zahl ist, für die $f(x) \in M$ gilt. Offenbar ist g eine Bijektion von $\mathbb{N}^+$ auf M; nach (*a*) ist also M abzählbar.

Anmerkung über Worte und Wortmengen. Besonders wichtige abzählbare Mengen sind in der Logik die *Wortmengen.* Sämtliche später bewiesenen Sätze beziehen sich in der einen oder anderen Weise auf bestimmte „Worte" über bestimmten „Alphabeten". Ein *Alphabet* $\mathbb{A}$ ist eine endliche nichtleere Folge von verschiedenen Symbolen $s_1, \ldots, s_n$, den *Buchstaben* von $\mathbb{A}$, und ein *Wort über* $\mathbb{A}$ ist eine endliche Folge von Buchstaben von $\mathbb{A}$. Ein solches Wort $(s_1, \ldots, s_k)$ ist das mengentheoretische Gegenstück des *graphischen Wortes,* das dadurch entsteht, daß die Buchstaben $s_1, \ldots, s_k$ von links nach rechts hintereinandergeschrieben werden. So ist die Folge (‚W', ‚o', ‚r', ‚t') das mengentheoretische Gegenstück zu dem graphischen Ausdruck ‚Wort'. Alle künftigen Aussagen über graphische Worte lassen sich bei entsprechender Pedanterie in mengentheoretisch beweisbare Aussagen über mengentheoretische Worte übersetzen. Daß z. B. alle Buchstaben in ‚Wort' *verschieden* sind, besagt mengentheoretisch, daß die Folge (‚W', ‚o', ‚r', ‚t'), also die Funktion {⟨1, ‚W'⟩, ⟨2, ‚o'⟩, ⟨3, ‚r'⟩, ⟨4, ‚t'⟩}, *injektiv* ist.

Ähnlich wie der Zahlentheoretiker in seiner praktischen Arbeit die mengentheoretische Definition der Zahlen vergessen darf, kann auch der Logiker bei seiner Arbeit die mengentheoretische Definition der Worte vergessen und an *graphische* Worte denken, wobei er aber folgendes beachten sollte:

(*a*) Die *Existenz* eines Wortes ist unabhängig davon, ob, wo und wie oft dieses Wort graphisch vorkommt (denn das mengentheoretische Wort existiert in jedem Fall).

(*b*) Verschiedene graphische Vorkommnisse desselben Wortes werden *nicht unterschieden* (denn ihnen entspricht dasselbe mengentheoretische Wort).

Die *Länge* eines Wortes ist die Anzahl seiner Buchstaben. Für die Worte über einem gegebenen Alphabet $\mathbb{A}$ können wir eine sogenannte *lexikographische Reihenfolge* festlegen, wie z. B. durch die folgenden Bestimmungen:

1. Bei Worten verschiedener Länge kommt das kürzere vor dem längeren;
2. sind $s_1, \ldots, s_n$ und $s'_1, \ldots, s'_n$ verschiedene Worte gleicher Länge, wobei i die kleinste Zahl ist, für die $s_i \neq s'_i$, so kommt $s_1, \ldots, s_n$ vor $s'_1, \ldots, s'_n$, wenn s_i in $\mathbb{A}$ vor s'_i kommt.

So sind die Worte

$\emptyset$; ‚0'; ‚1'; (‚0', ‚0'); (‚0', ‚1'); (‚1', ‚0'); (‚1', ‚1'); (‚0', ‚0', ‚0');...

die acht lexikographisch ersten Worte über dem Alphabet ‚0', ‚1'.

Jedes Wort über $\mathbb{A}$ kommt in der lexikographischen Reihenfolge an einer bestimmten n-ten Stelle vor. Daher gibt es eine Bijektion von $\mathbb{N}^+$ auf die Menge der Worte über $\mathbb{A}$; und diese Menge ist *abzählbar.*

In den meisten Sprachen sind nicht alle Worte über dem Alphabet der Sprache *syntaktisch zulässige* Worte oder *Ausdrücke* dieser Sprache. Dies gilt für natürliche Sprachen wie das Deutsche ebenso wie für die später betrachteten formalen Sprachen. Aber die Menge der Ausdrücke ist in jedem Fall eine Teilmenge der Menge der Worte und daher abzählbar.

Als ein weiteres wichtiges Beispiel für die Abzählbarkeit von Mengen betrachten wir die Menge $\mathbb{Q}$ der rationalen Zahlen. Diese lassen sich nämlich eindeutig darstellen als nicht kürzbare Brüche m/n in Dezimalschreibweise, wobei m eine evtl. negative ganze Zahl und $n \in \mathbb{N}^+$ ist. Daher ist $\mathbb{Q}$ gleichmächtig mit einer Teilmenge der Ausdrücke über dem

Alphabet ('0', '1', '2', '3', '4', '5', '6', '7', '8', '9', '/', '–'), da offenbar jedes $q \in \mathbb{Q}$ als Bruch damit darstellbar ist. Somit ist auch die Menge $\mathbb{Q}$ abzählbar.

Man könnte wegen dieser überraschenden Abzählbarkeit der „dichten" Menge der rationalen Zahlen verleitet sein, zu vermuten, daß *sämtliche* Mengen abzählbar sind. Das folgende Theorem von CANTOR zeigt jedoch, daß es keine größte Kardinalität gibt.

Theorem von Cantor *Jede Menge M hat eine kleinere Kardinalzahl als ihre Potenzmenge Pot(M).*

Beweis: (1) Ist $x \in M$, so ist $\{x\} \in Pot(M)$. Daher ist die Funktion f mit $f(x) =_{\mathrm{df}} \{x\}$ eine Bijektion von M auf eine Teilmenge von $Pot(M)$. (2) Angenommen, es gibt auch eine Abbildung g von M auf $Pot(M)$. Dann gibt es eine Menge

$$M^0 =_{\mathrm{df}} \{x \mid x \in M \wedge x \notin g(x)\}.$$

M^0 ist eine Teilmenge von M, also Element von $Pot(M)$. Nach Annahme gibt es dann ein $a \in M$ mit $g(a) = M^0$; doch daraus folgt ein Widerspruch: $a \in M^0 \Leftrightarrow a \notin g(a)$. (n.Def. von M^0) $\Leftrightarrow a \notin M^0$ (nach Wahl von a). Damit ist die Annahme widerlegt; also ist gezeigt, daß es keine Abbildung von M auf $Pot(M)$ gibt.

Aus (1) und (2) folgt die Behauptung [nach der obigen Festsetzung (b) für Kardinalzahlen]. □

Der Beweis des Theorems von CANTOR enthält die Urform des wichtigen und berühmten (zweiten) *Cantorschen Diagonalargumentes*, das in der nachfolgenden logisch-mathematischen Grundlagenforschung vielfältige Verwendung gefunden hat. Die Bezeichnung 'Diagonalargument' rührt daher, daß man M und $Pot(M)$ als Achsen einer Viertelebene auffassen kann und M^0 dann mit Bezugnahme auf die Diagonale wie im folgenden Schema definiert:

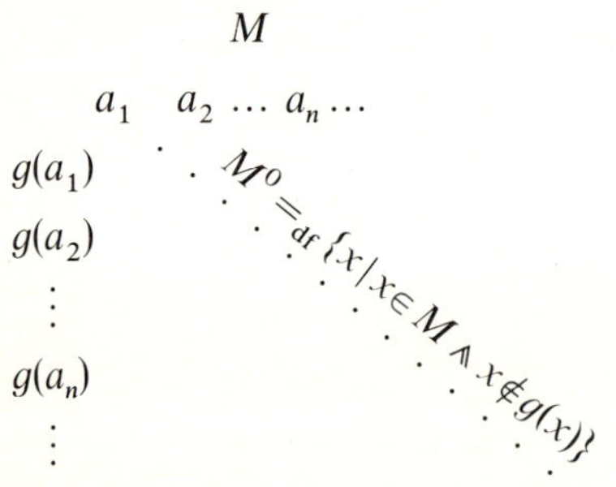

Das Theorem von CANTOR zeigt, daß auch im Unendlichen nicht alles gleich groß ist, da es neben den abzählbaren auch sog. *nichtabzählbare* oder *überabzählbare* Mengen gibt, wie beispielsweise $Pot(\mathbb{N})$, die Menge aller Mengen natürlicher Zahlen. Das bedeutet aber, daß es *mehr* Zahlenmengen als Prädikate gibt; denn die Menge der Prädikate einer gegebenen Sprache ist eine Teilmenge der Menge der Worte dieser Sprache, also ebenso wie diese abzählbar. Dies zeigt, daß nicht jede Menge durch ein Prädikat ausgedrückt werden kann (und beweist damit eine zuvor ohne Beweis angeführte diesbezügliche Bemerkung).

Wenn wir nach dem Theorem von CANTOR immer größere Mengen, wie $Pot(\mathbb{N})$, $Pot(Pot(\mathbb{N}))$ usw., erhalten, stellt sich die Frage nach dem Verhältnis der Allmenge $U=\{x \mid x=x\}$ zu ihrer Potenzmenge $Pot(U)$. Da U alles enthält, ist auch $Pot(U) \subseteq U$. Betrachten wir nun die Funktion:

$$g(x) =_{\mathrm{df}} \begin{cases} x, & \text{wenn } x \in Pot(U), \\ \emptyset, & \text{wenn } x \in U \setminus Pot(U). \end{cases}$$

g ist eine Abbildung von U auf $Pot(U)$. Nun zeigt jedoch der Beweis des Theorems von CANTOR, daß es eine solche Abbildung g von einer Menge auf ihre Potenzmenge nicht gibt! Dies ist im Kern die sog. *Antinomie von Cantor.* [In der üblichen Formulierung besagt diese Antinomie, daß die Kardinalzahl von $Pot(U)$ einerseits *größer*, andererseits *nicht größer* ist als die von U. Zur Ableitung der Cantorschen Antinomie in dieser Fassung müßten wir etwas näher auf die Kardinalzahlen eingehen.]

Diese Antinomie wird in den verschiedenen mengentheoretischen Systemen auf unterschiedliche Weise vermieden. Die vorsichtigste Auffassung geht dahin, die Allmenge als nichtexistent zu betrachten, ähnlich wie die früher betrachtete Russellsche Menge. Während aber die Russellsche Menge aus *rein logischen* Gründen nicht existieren kann, ist die Existenz der Allmenge zu retten, allerdings auf Kosten anderer Prinzipien der Mengenbildung. (Der logische Unterschied zwischen Russellscher Menge und Allmenge wird in den bekanntesten mengentheoretischen Systemen leicht verwischt: Im Zermelo-Fraenkelschen System existieren beide nicht; im v. Neumann-Bernays-Gödelschen System existieren beide, zwar nicht als Mengen, aber als Klassen. Einen Vergleich der bekanntesten Systeme gibt W. V. O. QUINE in [3] und W. S. HATCHER in [1].) Für den Aufbau der Logik werden wir die Allmenge nicht benötigen.

1.3.4 Induktionsbeweise.

Der Beweis durch vollständige Induktion ist unser wichtigstes Beweismittel, um zu zeigen, daß sämtliche Elemente einer gegebenen Menge M eine bestimmte Eigenschaft P haben. Ursprünglich stammt er aus der Zahlentheorie. Für die Menge $\mathbb{N}$ gilt sicherlich:

(*a*) $0 \in \mathbb{N}$,
(*b*) für alle n: wenn $n \in \mathbb{N}$, so auch $n+1 \in \mathbb{N}$,
(*c*) $\mathbb{N}$ enthält keine weiteren Elemente.

Um zu beweisen, daß *jede* natürliche Zahl die Eigenschaft P hat, genügt es demnach, zu zeigen:

(*a*) 0 hat die Eigenschaft P,

(*b*) wenn n die Eigenschaft P hat, so auch $n+1$.

Ein derartiger Beweis wird *Beweis durch vollständige Induktion* genannt. Dabei heißt (*a*) die *Induktionsbasis*, (*b*) der *Induktionsschritt* und der *Wenn*-Satz von (*b*) die *Induktionsvoraussetzung*, kurz ‚I.V.'.

Als Beispiel führen wir einen Beweis durch vollständige Induktion für einen später verwendeten Satz an, der das Theorem von Cantor für *endliche* Mengen M numerisch präzisiert und den Ausdruck ‚Potenzmenge' motiviert. (Tatsächlich gilt dieser Satz nicht nur für endliche Kardinalzahlen n, sondern auch für beliebig große *unendliche* Kardinalzahlen. Doch um dies zu zeigen, reicht die vollständige Induktion nicht aus; man benötigt hierfür das stärkere Beweismittel der sog. „*transfiniten*" *Induktion*; siehe Halmos [1].)

Satz *M sei eine Menge mit n Elementen. Dann hat $Pot(M)$ 2^n Elemente.*

[Oder anders ausgedrückt, um den Satz unter das Schema

(*A*) Alle Elemente von N haben die Eigenschaft P

zu bringen:

Für alle $n \in \mathbb{N}$ gilt: Die Potenzmenge einer Menge mit n Elementen hat 2^n Elemente.]

(*a*) *Induktionsbasis:* M sei eine Menge mit null Elementen. Dann ist $M=\emptyset$ und $Pot(M)=\{\emptyset\}$ hat $1=2^0$ Elemente.

(*b*) *Induktionsschritt:* M sei eine Menge mit $n+1$ Elementen. Dann ist M eine Menge $N \cup \{a\}$, wobei $a \notin N$, und N selbst n Elemente hat. N^0 sei ein beliebiges Element von $Pot(N)$; dann sind sowohl N^0 als auch $N^0 \cup \{a\}$ Elemente von $Pot(M)$. Elemente anderer Art enthält $Pot(M)$ nicht. Also hat $Pot(M)$ doppelt so viele Elemente wie $Pot(N)$. Nach I.V. hat $Pot(N)$ 2^n Elemente; daher hat $Pot(M)$ $2 \cdot 2^n = 2^{n+1}$ Elemente. □

Für die Logik ist das Beweisverfahren der Induktion von Bedeutung, weil es nicht nur für unter das Schema (*A*) fallende Behauptungen über die Menge $\mathbb{N}$ anwendbar ist, sondern ganz allgemein auch für Behauptungen der Art (*A*) über eine *beliebige Menge M*, sofern man sie in $\mathbb{N}$ abbilden, d.h. sofern man ihren Elementen natürliche Zahlen zuordnen kann. Die Menge aller natürlichen Zahlen $\leqq n$ (für irgendein $n \in \mathbb{N}$) heißt *endlicher Abschnitt* von $\mathbb{N}$. Falls nun eine Bijektion von M auf $\mathbb{N}$ oder auf einen endlichen Abschnitt von $\mathbb{N}$ gegeben ist, zeigt man zum Beweis einer Aussage der Art (*A*):

(a_1) Das Element von M, dem die Zahl 0 zugeordnet ist, hat die Eigenschaft P;

(b_1) wenn das Element von M, dem die Zahl n zugeordnet ist, die Eigenschaft P hat, so auch dasjenige (falls vorhanden), dem die Zahl n+1 zugeordnet ist.

Ähnliche Induktionsbeweise sind aber auch dann möglich, wenn die Abbildung von M in $\mathbb{N}$ *keine Bijektion* auf $\mathbb{N}$ oder auf einen endlichen Abschnitt von $\mathbb{N}$ ist. Falls es sich um eine *nicht-injektive* Abbildung auf $\mathbb{N}$ oder auf einen endlichen Abschnitt von $\mathbb{N}$ handelt, so zeigt man zum Beweis von (A):

(a_2) Alle Elemente von M, denen die Zahl 0 zugeordnet ist, haben die Eigenschaft P;

(b_2) wenn alle Elemente von M, denen die Zahl n zugeordnet ist, die Eigenschaft P haben, so auch alle diejenigen, denen die Zahl n+1 zugeordnet ist.

Damit sind wieder alle Elemente von M erfaßt.

Die beiden genannten Induktionsformen mit dem Schluß von n auf n+1 heißen *schwache Induktion.* Im allgemeinen ist diese nur dann möglich, wenn die Abbildung von M in $\mathbb{N}$ *keine Zahl* n *überspringt.* Denn andernfalls ist die I.V. von (b_2) für n ein leerer Allsatz; ein solcher ist trivialerweise wahr und wird uns im allgemeinen nichts nützen zum Nachweis, daß alle Elemente von M, denen n+1 zugeordnet ist, die Eigenschaft P haben. Aber in solchen Fällen, wo die Abbildung *keine Surjektion* auf $\mathbb{N}$ oder einen endlichen Abschnitt von $\mathbb{N}$ ist, kann man oft folgendermaßen vorgehen: Man nimmt als Induktionsbasis *die kleinste Zahl* k, die irgendwelchen Elementen von M zugeordnet ist, und *verstärkt* die Induktionsvoraussetzung. Die zu beweisenden Aussagen lauten dann:

(a_3) Alle Elemente von M, denen die Zahl k zugeordnet ist, haben die Eigenschaft P;

(b_3) für alle n>k gilt: wenn alle Elemente von M, denen eine Zahl m<n zugeordnet ist, die Eigenschaft P haben, so auch diejenigen, denen die Zahl n zugeordnet ist.

Ein Beweis dieser Form heißt *starke Induktion.* (Die starke Induktion läßt sich über die endlichen Zahlen hinaus zur *transfiniten Induktion* verallgemeinern.)

Üblicher als (a_3), (b_3) ist jedoch die folgende Variante. Man beweist *in einem Schritt*:

(c_3) Für alle n gilt: wenn alle Elemente von M, denen eine Zahl m<n zugeordnet ist, die Eigenschaft P haben, so auch alle diejenigen, denen die Zahl n zugeordnet ist.

Hier ist scheinbar die Induktionsbasis verlorengegangen; doch ist sie tatsächlich in (c_3) mit enthalten. Denn der Beweis von (c_3) verlangt insbesondere auch den Beweis für n=k, und für k nützt uns die Induktionsvoraussetzung von (c_3) nichts; denn diese ist trivialerweise wahr, da nach Annahme keinem Element von M eine Zahl $m<k$ zugeordnet ist. Daher kommen wir nicht umhin, (c_3) für k *ohne* Rückgriff auf die Induktionsvoraussetzung zu beweisen, d.h. wir müssen (a_3) beweisen.

Daß die starke Induktion in der Form (c_3) wirklich garantiert, daß *alle* Elemente von M die Eigenschaft P haben, macht man sich am besten indirekt klar: *Angenommen*, gewisse Elemente von M haben *nicht* die Eigenschaft P. Dann gibt es unter ihnen solche, denen eine *kleinste Zahl* n zugeordnet ist. a sei ein Element dieser Art. Dann haben alle Elemente, denen eine Zahl $m<n$ zugeordnet ist, die Eigenschaft P. Aber dann folgt aus (c_3), daß auch a die Eigenschaft P hat, im Widerspruch zur Wahl von a. Damit ist die Annahme widerlegt.

Zur Einübung in die betrachteten Formen von Induktionsbeweisen sei dem Leser empfohlen, sich an zwei weiteren Aussagen über die numerische Mächtigkeit komplexer endlicher Mengen zu versuchen; beide Aussagen können, wie die zuvor behandelte Variante des Satzes von Cantor für endliche Mengen, zur Motivation bereits eingeführter mengentheoretischer Schreibweisen dienen:

(*a*) M und N seien endliche Mengen mit m bzw. n Elementen. Dann hat $M \times N$ gerade $m \cdot n$ Elemente. (Dies motiviert die Bezeichnung des Cartesischen *Produktes*.)

(*b*) M^n hat m^n Elemente. (Diese Beziehung dient analog zur Motivation der Bezeichnung der Cartesischen *Potenz*.)

Teil I

Logik

Kapitel 2

Junktoren

2.1 Die Sprache der Junktorenlogik

In diesem Kapitel behandeln wir die Logik der Aussagenverknüpfungen oder *Junktoren*. Dabei beziehen wir uns nicht auf natürliche Aussagesätze, sondern auf die Sätze einer sehr einfachen formalen Sprache **J**, die wir später verfeinern werden.

J enthalte abzählbar unendlich viele *Satzparameter*, die mitgeteilt werden sollen durch Zeichen der folgenden Form:

,p', ,q', ,r', ,p_1', ,q_1', ...,

und die intuitiv als Abkürzungen beliebiger Sätze im Aussagemodus zu verstehen sind. Ferner enthalte diese Sprache **J** *Junktorensymbole*, für die wir die folgenden Mitteilungszeichen vereinbaren:

,$\neg$' (Negationszeichen), ,$\wedge$' (Konjunktionszeichen),
,$\vee$' (Adjunktionszeichen), ,$\rightarrow$' (Konditionalzeichen),
,$\leftrightarrow$' (Bikonditionalzeichen).

Schließlich sollen in **J** als Hilfszeichen die mit ,(', ,)' mitgeteilten *Klammern* vorkommen.

Damit definieren wir induktiv den *Satzbegriff* der Sprache **J**:

(1) Alle Satzparameter sind Sätze;

(2) sind A, B, C Sätze, so auch $\neg A$, $(B \wedge C)$, $(B \vee C)$, $(B \rightarrow C)$, $(B \leftrightarrow C)$.

Sätze von **J** sind beispielsweise:

$$p, (r \vee r), (p \rightarrow ((q \wedge r) \vee p)), (\neg\neg r_2 \leftrightarrow ((p \wedge p) \vee (p \wedge \neg q)))\,.$$

Induktive Definitionen dieser Art sind so zu verstehen, daß *nur* solche Objekte unter den definierten Begriff fallen, die nach den gegebenen Bestimmungen darunter fallen. Streng genommen ist also eine *Induktionsklausel* der Art

(3) Keine weiteren Objekte sind Sätze

hinzuzufügen, die wir der Einfachheit halber weglassen.

In genauer mengentheoretischer Schreibweise lautet die Definition: Die *Menge der Sätze* von **J** ist die *kleinste* Menge M, für die gilt:

(1) Alle Satzparameter sind Elemente von M;

(2) Sind A, B, $C \in M$, so auch $\neg A$, $(B \wedge C)$, $(B \vee C)$, $(B \rightarrow C)$, $(B \leftrightarrow C)$.

Wenn die Bedingungen (1) und (2) für irgendwelche Mengen gelten, so auch für deren Durchschnitt. Wir können daher in diesem Fall (ebenso wie häufig auch in späteren Definitionen) die kleinste derartige Menge als den Durchschnitt *aller* Mengen auffassen, die (1) und (2) genügen.

Die in (2) verwendeten Symbole ‚A', ‚B', ‚C' sind keine Zeichen der Objektsprache **J**, sondern gehören zur Metasprache, in der wir über **J** reden. Wir verwenden sie auch künftig, evtl. mit Indizes, als metasprachliche Variable, oder *Metavariable*, für objektsprachliche Sätze. ‚p', ‚q', ‚r' verwenden wir als Metavariable für die Satzparameter. (2) soll also im Sinne folgender Bedingung (2′) aufgefaßt werden:

(2′) Sind A, B, C Sätze, so auch die Ausdrücke, die dadurch entstehen, daß $\neg$ vor A gestellt wird, und ... und daß $\leftrightarrow$ zwischen B und C gestellt, und das Resultat in Klammern gesetzt wird.

Ferner treffen wir eine Vereinbarung, um *Klammern zu sparen.* Wenn in der Folge $\neg$, $\wedge$, $\vee$, $\rightarrow$, $\leftrightarrow$ der Junktor j_1 links von j_2 steht, so soll j_1 *enger binden* als j_2; Klammern, die demnach überflüssig sind, können weggelassen werden, ebenso auch das äußere Klammernpaar. Zum Beispiel ist

$r \rightarrow p$	eine Abkürzung für	$(r \rightarrow p)$,
$\neg p \wedge q \vee r$	eine Abkürzung für	$((\neg p \wedge q) \vee r)$,
$p \leftrightarrow \neg q_1 \rightarrow r \wedge r_2$	eine Abkürzung für	$(p \leftrightarrow (\neg q_1 \rightarrow (r \wedge r_2)))$.

Die Sätze nach (2) der Gestalt $\neg A$, bzw. BjC ($j = \wedge$, $\vee$, $\rightarrow$ oder $\leftrightarrow$) heißen *junktorenlogisch komplex*, oder kurz *j-komplex*; bei ihnen heißt $\neg$, bzw. j, das *Hauptzeichen*, und A, bzw. B und C, heißen *unmittelbare Teilsätze*. Damit definieren wir induktiv den Begriff des *Teilsatzes*:

(1) A ist Teilsatz von A;

(2) jeder unmittelbare Teilsatz von A ist Teilsatz von A;

(3) ist A Teilsatz von B und B Teilsatz von C, so ist A Teilsatz von C.

j-komplexe Sätze benennen wir nach ihrem Hauptzeichen: $\neg A$ heißt *Negation* von A, $A \wedge B$ heißt *Konjunktion* von A und B, usw. Bei *Konditionalen* $A \rightarrow B$ nennen wir A das *Antezedens* und B das *Konsequens*. Unter der *Stellenzahl* eines Junktors verstehen wir die Anzahl der Sätze, auf die er angewendet werden kann: das Negationszeichen ist 1-stellig, die anderen Junktoren sind 2-stellig. Unter dem *Grad* eines Satzes verstehen wir die Anzahl der in ihm vorkommenden Junktorensymbole. Demnach haben die Satzparameter den Grad 0 und die *j*-komplexen Sätze einen Grad >0.

Neben der vollen junktorenlogischen Sprache **J** betrachten wir gelegentlich auch „Teilsprachen" davon: Es sei A bzw. M ein Satz bzw.

eine Satzmenge von **J**. Dann enthalte die *Teilsprache* $\mathbf{J}_A$ bzw. $\mathbf{J}_M$ alle Sätze, die nur solche Parameter enthalten, welche in A bzw. M vorkommen.

2.2 Bivalenzprinzip, Junktorenregeln, Wahrheitsannahmen, Boolesche Bewertungen (j-Bewertungen)

Die vorangehenden Festsetzungen betrafen die *Syntax*, d.h. die Gestalt der Ausdrücke von **J**. Die nun folgenden Festsetzungen betreffen ihre *Semantik*, d.h. ihre Bedeutung. Den Satzparametern geben wir *keine feste Bedeutung*; sie sollen für beliebige Sätze S im Aussagemodus stehen, welche das folgende Prinzip erfüllen.

Bivalenzprinzip: S hat genau einen der *Wahrheitswerte* **w** (*wahr*) oder **f** (*falsch*).

Dieses Prinzip kann als das *Grundprinzip der klassischen Logik* betrachtet werden. (In nicht-klassischen Logiken können Sätze auch *andere* oder *gleichzeitig mehrere* oder *gar keine* Wahrheitswerte haben.)

Zum Unterschied von den Satzparametern versehen wir die Junktorensymbole mit festen Bedeutungen.

‚$\neg A$'	ist zu lesen:	‚nicht A'
‚$A \wedge B$'	ist zu lesen:	‚A und B'
‚$A \vee B$'	ist zu lesen:	‚A oder B'
‚$A \rightarrow B$'	ist zu lesen:	‚wenn A, dann B' oder ‚A Pfeil B' (aber *keinesfalls*: ‚A impliziert B'!)
‚$A \leftrightarrow B$'	ist zu lesen:	‚A genau dann, wenn B' oder ‚A Doppelpfeil B' (aber *keinesfalls*: ‚A äquivalent B'!)

Anmerkung. Während in ‚$A \rightarrow B$' bzw. ‚$A \leftrightarrow B$' die beiden Teilsätze A und B mittels des Konditionalzeichens bzw. Bikonditionalzeichens zu einem junktorenlogisch komplexen Satz verknüpft werden, wird in der umgangssprachlichen Wendung ‚A impliziert B' *über* zwei Sätze gesprochen, welche hier die *Namen* (!) ‚A' und ‚B' erhalten haben; und das Wort ‚impliziert' steht für ‚hat zur logischen Folge'. Tatsächlich ist es umgangssprachlich gar nicht möglich, das Wort ‚impliziert' dafür zu benützen, um zwei elementare Sätze zu einem komplexen Satz zusammenzufügen, sondern nur dafür, um das Bestehen einer Beziehung zwischen zwei Sätzen zu behaupten. Die häufig anzutreffende Wiedergabe von ‚$A \rightarrow B$' durch die umgangssprachliche Wendung ‚A impliziert B' ist daher nicht etwa nur bedenklich, sondern *logisch fehlerhaft*. Analoges gilt für die Beziehung von ‚$\leftrightarrow$' und die Relation der Äquivalenz.

Diese These läßt sich zusätzlich historisch erhärten: Die fehlerhafte Wiedergabe des Konditionals durch das Wort ‚impliziert' durch die Verfasser der *Principia Mathematica* A. N. WHITEHEAD und B. RUSSELL hat zu philosophischen Konfusionen geführt, die sich über Jahre hin erstreckten, da diese Terminologie die Verwechslung von Konditionalsätzen mit Aussagen über logische Folgebeziehungen geradezu suggeriert.

Die genaue Bedeutung der Junktoren wird durch *Junktorenregeln* festgelegt. Am anschaulichsten und einfachsten lassen sich diese durch *Wahrheitstafeln* ausdrücken:

(T¬)

A	$\neg A$
w	**f**
f	**w**

Diese Wahrheitstafel drückt die folgende *Negationsregel* aus:

(**R**¬) Wenn A wahr (**w**) ist, dann ist $\neg A$ falsch (**f**);
wenn A falsch (**f**) ist, dann ist $\neg A$ wahr (**w**).

Analog sind die Wahrheitstafeln für die zweistelligen Junktoren zu verstehen:

(T∧) bis (T↔)

A	B	$A \wedge B$	$A \vee B$	$A \rightarrow B$	$A \leftrightarrow B$
w	**w**	**w**	**w**	**w**	**w**
w	**f**	**f**	**w**	**f**	**f**
f	**w**	**f**	**w**	**w**	**f**
f	**f**	**f**	**f**	**w**	**w**

Die beiden Zeilen von (**R**¬) heißen *aufsteigende Regeln*, und die umgekehrten wenn-dann-Sätze heißen *absteigende Regeln* für ¬. Die erste Zeile zusammen mit ihrer Umkehrung heißt *Falschheitsregel*, und die zweite Zeile zusammen mit ihrer Umkehrung heißt *Wahrheitsregel* für ¬. Der Leser überlege sich, daß unter Voraussetzung des Bivalenzprinzips gilt:

(a) Aus den aufsteigenden Regeln für ¬ folgen die absteigenden und umgekehrt.

(b) Aus den Wahrheitsregeln für ¬ folgen die Falschheitsregeln und umgekehrt.

(Analoges gilt offensichtlich für die 2-stelligen Junktoren.)

Die den Wahrheitstafeln (T∧) bis (T↔) entsprechenden Wahrheitsregeln seien ebenfalls kurz aufgeführt:

(**R**∧) Wenn A sowie B **w** ist, dann ist $A \wedge B$ **w**;
wenn A oder B oder beides **f** ist, dann ist $A \wedge B$ **f**;

(**R**∨) Wenn A oder B oder beides **w** ist, dann ist $A \vee B$ **w**;
wenn A sowie B **f** ist, dann ist $A \vee B$ **f**.

(**R**→) Wenn A **f** oder B **w** ist oder beides, dann ist $A \rightarrow B$ **w**;
wenn A **w** und B **f** ist, dann ist $A \rightarrow B$ **f**.

(**R**↔) Wenn A sowie B denselben Wahrheitswert haben, dann ist $A \leftrightarrow B$ **w**;
wenn A und B verschiedene Wahrheitswerte haben, dann ist $A \leftrightarrow B$ **f**.

Diese Regeln geben den Junktorensymbolen die Bedeutung von „Wahrheitsfunktionen“[1]. Allgemein ist eine *n-stellige Wahrheitsfunktion* ($n \geqq 0$) eine n-stellige Operation auf der Menge der Wahrheitswerte $\{\mathbf{w}, \mathbf{f}\}$, d. h. eine Funktion, die jedem n-Tupel von Wahrheitswerten einen Wahrheitswert zuordnet. Wenn wir davon ausgehen, daß den Satzparametern, als Abkürzungen bestimmter Aussagen, bestimmte Wahrheitswerte zukommen, so können wir mit Hilfe der Junktorenregeln die Werte beliebiger *j*-komplexer Sätze errechnen. Wenn z. B. p und q der Wert $\mathbf{w}$, r der Wert $\mathbf{f}$ zukommt, so hat

$\neg p$ nach ($\mathbf{R}\neg$) den Wert $\mathbf{f}$,
$q \vee r$ nach ($\mathbf{R}\vee$) den Wert $\mathbf{w}$,
$\neg p \wedge (q \vee r)$ nach ($\mathbf{R}\wedge$) den Wert $\mathbf{f}$,
$\neg p \wedge (q \vee r) \leftrightarrow p$ nach ($\mathbf{R}\leftrightarrow$) den Wert $\mathbf{f}$, usw.

Die eben angestellten Betrachtungen lassen sich *ohne* Appell an die Bedeutungen der Junktoren und damit *ohne* Berufung auf die diese Bedeutungen festlegenden Wahrheitstabellen mittels des Begriffs der Booleschen Bewertung präzisieren. Dazu betrachten wir einstellige Funktionen $\mathfrak{b}$, deren Definitionsbereich eine Menge M junktorenlogischer Sätze ist und deren Wertbereich als $\{\mathbf{w}, \mathbf{f}\}$ (d. h. als Menge, welche als Elemente die beiden Wahrheitswerte enthält) wiedergegeben werden kann. Eine solche Funktion, die jedem Satz aus M genau einen Wahrheitswert zuordnet, heiße *Bewertungsfunktion*, oder kurz: *Bewertung, über M.*

$\mathbb{A}$ sei die Menge der junktorenlogischen Sätze. Die Bewertung $\mathfrak{b}$ über $\mathbb{A}$ werde eine *Boolesche Bewertung* genannt, wenn für alle $X, Y \in \mathbb{A}$ gilt:

(b_1) $\mathfrak{b}(\neg X) = \mathbf{w}$ genau dann wenn $\mathfrak{b}(X) = \mathbf{f}$;
$\mathfrak{b}(\neg X) = \mathbf{f}$ genau dann wenn $\mathfrak{b}(X) = \mathbf{w}$.

(b_2) $\mathfrak{b}(X \wedge Y) = \mathbf{w}$ genau dann wenn $\mathfrak{b}(X) = \mathfrak{b}(Y) = \mathbf{w}$;
$\mathfrak{b}(X \wedge Y) = \mathbf{f}$ genau dann wenn $\mathfrak{b}(X) = \mathbf{f}$ oder $\mathfrak{b}(Y) = \mathbf{f}$ oder beides.

(b_3) $\mathfrak{b}(X \vee Y) = \mathbf{w}$ genau dann wenn $\mathfrak{b}(X) = \mathbf{w}$ oder $\mathfrak{b}(Y) = \mathbf{w}$ oder beides;
$\mathfrak{b}(X \vee Y) = \mathbf{f}$ genau dann wenn $\mathfrak{b}(X) = \mathfrak{b}(Y) = \mathbf{f}$.

---

1 Genau dieselbe Bedeutung haben natürlich die entsprechenden *metasprachlichen* Junktorensymbole ‚⌐‘, ‚⩓‘, ‚⩔‘, ‚⇒‘, ‚⇔‘, die wir eingangs mittels umgangssprachlicher Ausdrücke wenig exakt erklärt haben – oder zumindest *weniger explizit*, denn der Exaktheitsgewinn durch die Wahrheitstafeln wird beim näheren Hinblick etwas fraglich: Um ($\mathbf{T}\neg$) zu verstehen, müssen wir ($\mathbf{R}\neg$) verstehen, und dazu das ‚wenn-dann‘ als metasprachliches *Konditional*, das Semikolon als metasprachliche *Konjunktion*, usw., verstehen. Ein voraussetzungsfreier Aufbau der Logik „aus dem Nichts“ ist kaum vorstellbar. Nach unserer Auffassung handelt es sich beim Aufbau der Logik um eine partielle *Explikation* der in dieser Explikation schon verwendeten Logik.

(b_4) $\mathfrak{b}(X \rightarrow Y) = \mathbf{w}$ genau dann wenn $\mathfrak{b}(X) = \mathbf{f}$ oder $\mathfrak{b}(Y) = \mathbf{w}$ oder beides;
$\mathfrak{b}(X \rightarrow Y) = \mathbf{f}$ genau dann wenn $\mathfrak{b}(X) = \mathbf{w}$ und $\mathfrak{b}(Y) = \mathbf{f}$.

(b_5) $\mathfrak{b}(X \leftrightarrow Y) = \mathbf{w}$ genau dann wenn $\mathfrak{b}(X) = \mathfrak{b}(Y) = \mathbf{w}$ oder $\mathfrak{b}(X) = \mathfrak{b}(Y) = \mathbf{f}$;
$\mathfrak{b}(X \leftrightarrow Y) = \mathbf{f}$ genau dann wenn $\mathfrak{b}(X) = \mathbf{w}$ und $\mathfrak{b}(Y) = \mathbf{f}$ oder $\mathfrak{b}(X) = \mathbf{f}$ und $\mathfrak{b}(Y) = \mathbf{w}$.

In dieser induktiven Definition kommt immer wieder die mit ‚dann und nur dann wenn' synonyme Wendung ‚genau dann wenn' vor. Da wir diese Wendung noch häufig benützen werden, wollen wir sie von nun an mit ‚gdw' abkürzen.

Wir werden uns vor allem für diejenigen Sätze interessieren, die, unabhängig von der Bedeutung ihrer Satzparameter, *allein aufgrund der Bedeutung ihrer Junktoren*, in jedem Fall **w** sind. Dies sind, anders ausgedrückt, genau diejenigen Sätze, für die jede Boolesche Bewertung den Wert **w** liefert. Solche Sätze werden wir als *junktorenlogische Wahrheiten* oder *Tautologien* bezeichnen; das bekannteste und einfachste Beispiel ist das sog. „tertium non datur" $p \vee \neg p$. Zuvor nochmals eine knappe Zusammenfassung sowie einige zusätzliche Hilfsbegriffe:

Eine *Bewertung für* eine Satzmenge M ist eine Abbildung von M in $\{\mathbf{w}, \mathbf{f}\}$, also eine Funktion, die jedem Satz aus M einen der Werte **w** oder **f** zuordnet. Eine (*j*-) *Wahrheitsannahme für M* ist eine Bewertung für die Menge der Satzparameter von M. Statt dessen spricht man auch von einer *atomaren Bewertung*, genauer von einer *junktorenlogisch atomaren Bewertung* oder *j-atomaren Bewertung, für M*. Eine *j-Bewertung für M* ist eine Bewertung für die Menge der Sätze von $\mathbf{J}_M$ in Ubereinstimmung mit den Junktorenregeln (**R**$\neg$) bis (**R**$\leftrightarrow$). Im Einklang mit der zuletzt eingeführten Sprechweise ist eine *j*-Bewertung für M dasselbe wie eine *Boolesche Bewertung* mit einem auf die Menge der Sätze von $\mathbf{J}_M$ *eingeschränkten* Definitionsbereich. Darin kommt die Konvention zur Geltung, im Kontext der Junktorenlogik nur mehr solche Bewertungen ins Auge zu fassen, welche alle formalen Merkmale Boolescher Bewertungen besitzen. Eine *Wahrheitsannahme* (*j-atomare Bewertung*) bzw. *j-Bewertung* ist eine solche für die Menge aller Satzparameter bzw. Sätze von **J**; eine *Wahrheitsannahme* (*j-atomare Bewertung*) bzw. *j-Bewertung für A* ist eine solche für $\{A\}$[2].

Offensichtlich besteht folgender ein-eindeutiger Zusammenhang:

Th. 2.1 *Jede j-Bewertung (für M) enthält genau eine Wahrheitsannahme (für M); und jede Wahrheitsannahme (für M) ist in genau einer j-Bewertung (für M) enthalten.*

---

2 Von einigen Autoren werden Wahrheitsannahmen (für M bzw. für A) auch als *Belegungen der Satzparameter* (von M bzw. von A) *mit Wahrheitswerten* bezeichnet.

Beweis: Aus jeder *j*-Bewertung 𝔟 (für *M*) entsteht durch Einschränkung auf die Satzparameter (von *M*) offensichtlich eindeutig eine Wahrheitsannahme 𝔞 (für *M*). Und umgekehrt wird durch jedes 𝔞 dieser Art und die Junktorenregeln eindeutig eine *j*-Bewertung 𝔟 für alle Sätze *A* (von $\mathbf{J}_M$) festgelegt, wie man durch Induktion nach dem Grad n von *A* erkennt:

1. Für n=0 ist *A* ein Satzparameter; dann ist 𝔟(*A*)=𝔞(*A*). (Die Junktorenregeln spielen hier keine Rolle.)

2. Für n>0 liegt einer der beiden Fälle vor:

2.1. *A* hat die Gestalt $\neg B$. Nach I.V. ist 𝔟(*B*) eindeutig, und nach (**R**$\neg$) auch 𝔟($\neg B$).

2.2. *A* hat die Gestalt *B*j*C* (j= $\wedge$, $\vee$, $\rightarrow$, $\leftrightarrow$). Nach I.V. ist 𝔟(*B*) und 𝔟(*C*) eindeutig, und nach (**R**j) auch 𝔟(*B*j*C*). □

(Der Leser überlege sich, ob dies ein „starker“ oder „schwacher“ Induktionsbeweis ist.)

Aufgrund von Th. 2.1 sprechen wir bei einer gegebenen *j*-Bewertung (für *M* bzw. *A*) von *der zugehörigen* Wahrheitsannahme (für *M* bzw. *A*) und umgekehrt. *A* ist *bei einer Wahrheitsannahme* (für *M* bzw. *A*) **w** oder **f**, soll heißen, daß 𝔟(*A*)=**w** oder **f** für die zugehörige *j*-Bewertung 𝔟 (für *M* bzw. *A*) gilt.

In der Sprache der Booleschen Bewertungen können wir das in Th. 2.1 ausgedrückte Resultat auch folgendermaßen formulieren:

Jede atomare Bewertung oder Wahrheitsannahme läßt sich zu genau einer Booleschen Bewertung erweitern; und umgekehrt enthält jede Boolesche Bewertung genau eine atomare Bewertung oder Wahrheitsannahme.

Wegen dieses umkehrbar eindeutigen Zusammenhanges sprechen wir im ersten Fall auch von der *Booleschen Auswertung* der gegebenen Wahrheitsannahme und im zweiten Fall von der einer gegebenen Booleschen Bewertung *zugrunde liegenden Wahrheitsannahme.*

Falls wir die Semantik aufgrund dieses Ergebnisses auf dem Begriff der j-atomaren Bewertung aufbauen, so sprechen wir auch von *j-Interpretationssemantik* und bezeichnen die j-atomaren Bewertungen als *j-Interpretationen.*

Im gegenwärtigen Zusammenhang werden wir meist von *j*-Bewertungen statt von Booleschen Bewertungen sprechen. Erst an späterer Stelle, wo der Leser vielleicht die jetzigen Abkürzungen wieder vergessen hat, werden wir die Rede von den Booleschen Bewertungen systematisch wiederaufnehmen.

Ein weiterer einfacher Zusammenhang:

Th. 2.2 *Jede j-Bewertung enthält genau eine j-Bewertung für jedes M (bzw. A) und jede j-Bewertung für M (bzw. A) ist in wenigstens einer j-Bewertung enthalten.*

Beweis: Aus jeder j-Bewertung $\mathfrak{b}$ entsteht durch Einschränkung auf die Sätze von $\mathbf{J}_M$ offensichtlich eindeutig eine j-Bewertung für M. Sei umgekehrt $\mathfrak{b}_0$ eine j-Bewertung für M und $\mathfrak{a}_0$ die zugehörige Wahrheitsannahme für M. Dann kann man $\mathfrak{a}_0$ zu einer Wahrheitsannahme $\mathfrak{a}$ erweitern (etwa, indem man alle in M nicht vorkommenden Parameter mit **w** bewertet); und die zugehörige j-Bewertung $\mathfrak{b}$ ist eine Fortsetzung von $\mathfrak{b}_0$, wie man nach dem vorangehenden Beweis erkennt. □

Wie in Kürze gezeigt werden soll, lassen sich alle bekannten semantischen Begriffe der Junktorenlogik mittels des Begriffs der j-Bewertung definieren. Da hierbei auf **w** („das Wahre") und **f** („das Falsche") Bezug genommen wird, könnte vielleicht der Verdacht entstehen, daß bereits im semantischen Teil der Junktorenlogik problematische Begriffe vorausgesetzt werden, deren Schwierigkeiten sich auf die definierten Begriffe übertragen.

Dies ist jedoch nicht der Fall; denn man kann die Wahrheitsfunktionen mit dem Wertbereich $\{\mathbf{w}, \mathbf{f}\}$ vollkommen vermeiden und statt dessen mit sog. junktorenlogischen Wahrheitsmengen operieren. Diese werden von den eben angedeuteten potentiellen Einwendungen nicht getroffen und sind daher sicherlich unproblematisch, wie die folgende Definition zeigt:

Eine Menge M junktorenlogischer Sätze ist eine *j-Wahrheitsmenge* gdw für alle Sätze $X, Y \in \mathbb{A}$ gilt:

(jw_1) $\neg X \in M$ gdw $X \notin M$;
(jw_2) $X \wedge Y \in M$ gdw $X \in M$ und $Y \in M$;
(jw_3) $X \vee Y \in M$ gdw $X \in M$ oder $Y \in M$ (oder beides);
(jw_4) $X \rightarrow Y \in M$ gdw $X \notin M$ oder $Y \in M$ (oder beides);
(jw_5) $X \leftrightarrow Y \in M$ gdw entweder $X, Y \in M$ oder sowohl $X \notin M$ als auch $Y \notin M$.

Der Zusammenhang von Wahrheitsmengen und j-Bewertungen (Booleschen Bewertungen) läßt sich nun einfach ausdrücken im folgenden

Hilfssatz $\mathfrak{b}$ *sei eine beliebige Bewertung. M sei die Menge der Sätze, die bei* $\mathfrak{b}$ *wahr sind. Dann gilt:*
$\mathfrak{b}$ *ist eine j-Bewertung gdw M eine j-Wahrheitsmenge ist.*

Beweis: Es genügt, für $i \in \{1, \ldots, 5\}$ zu zeigen:
[i]: $\mathfrak{b}$ erfüllt (b_i) gdw M erfüllt (jw_i).

Wir zeigen exemplarisch [1] und [4]; die übrigen Fälle mache sich der Leser als einfache Übung klar.

Zu [1]: Es gilt, daß $\mathfrak{b}$ die Bedingungen (b_1) genau dann erfüllt, wenn für alle $X \in \mathbb{A}$: $\mathfrak{b}(\neg X) = \mathbf{w}$ gdw $\mathfrak{b}(X) = \mathbf{f}$. [Der andere Fall von ($b_1$) mit $\mathfrak{b}(\neg X) = \mathbf{f}$ ist darin schon enthalten, da im Hilfssatz vorausgesetzt wird, daß $\mathfrak{b}$ eine Bewertung ist, daß also $\mathfrak{b}(Y) \in \{\mathbf{w}, \mathbf{f}\}$ für jedes $Y \in \mathbb{A}$ gilt.] Da $M = \{Y \in \mathbb{A} \mid \mathfrak{b}(Y) = \mathbf{w}\}$, ist die letzte Aussage genau dann richtig, wenn für alle $X \in \mathbb{A}$ gilt:

$\neg X \in M$ gdw $X \notin M$.

Dies wiederum ist gleichbedeutend damit, daß M die Bedingung (jw_1) erfüllt, womit [1] bewiesen ist.

Zu [4]: [$\mathfrak{b}$ erfüllt (b_4)]
gdw [für alle X, $Y \in \mathbb{A}$: $\mathfrak{b}(X) = \mathbf{f}$ oder $\mathfrak{b}(Y) = \mathbf{w}$ oder beides]
gdw [für alle X, $Y \in \mathbb{A}$: $X \notin M$ oder $Y \in M$ (oder beides)]
gdw M erfüllt (jw_4).

Der Zusammenhang zwischen Booleschen Bewertungen und Wahrheitsmengen läßt sich noch genauer verdeutlichen mit Hilfe des Begriffs der charakteristischen Funktion einer Menge. Im Unterschied zum üblichen mathematischen Vorgehen sollen die Werte solcher Funktionen statt 1 und 0 vielmehr **w** und **f** sein. Unter der *charakteristischen Funktion* einer Menge M verstehen wir also diejenige Funktion, die allen $A \in M$ den Wert **w** und allen $A \in \bar{M}$ den Wert **f** zuordnet. Durch diese Definition erreichen wir, daß die charakteristische Funktion einer Satzmenge M eine Bewertungsfunktion (im allgemeinen Sinn) ist und zwar eine solche, die genau für die $A \in M$ den Wert *wahr* annimmt.

$\mathfrak{b}_M$ sei die charakteristische Funktion von M. Dann läßt sich der obige Hilfssatz auch folgendermaßen formulieren:

$\mathfrak{b}_M$ ist eine j-Bewertung (Boolesche Bewertung) gdw M eine j-Wahrheitsmenge ist.

Wir halten dieses Ergebnis fest im folgenden

Th. 2.3 *M ist eine j-Wahrheitsmenge gdw die charakteristische Funktion von M eine j-Bewertung ist.*

Die obige *ausführliche* Definition des Begriffs der Wahrheitsmenge läßt sich unter Verwendung der α-β-Symbolik von Kap. 4 erheblich vereinfachen. Unter Sätzen vom Typ α oder Sätzen vom konjunktiven Typ verstehen wir Sätze von der folgenden Gestalt: $A \wedge B$, $\neg(A \vee B)$, $\neg(A \rightarrow B)$, $\neg\neg A$; und unter Sätzen vom Typ β oder Sätzen vom adjunktiven Typ Sätze von der Gestalt: $A \vee B$, $\neg(A \wedge B)$, $A \rightarrow B$. (Für eine genauere Erläuterung vgl. 4.2.2.) So gelangen wir zu der *vereinfachten* Definition des Begriffs der Wahrheitsmenge:

Eine Menge M junktorenlogischer Sätze ist eine *j-Wahrheitsmenge* gdw für alle Sätze $X \in \mathbb{A}$ sowie für alle Sätze vom Typ α gilt:
(1) Genau einer der beiden Sätze X, $\neg X$ gehört zu M.
(2) $\alpha \in M$ gdw $\alpha_1 \in M$ und $\alpha_2 \in M$.

Zum *Beweis* der Äquivalenz der ausführlichen und der vereinfachten Version fügen wir im ersten Schritt der zweiten Fassung eine Bestimmung (3) hinzu, zeigen dann die Gleichwertigkeit beider Definitionen, um uns im zweiten Schritt von der Bestimmung (3) durch Nachweis von deren Überflüssigkeit zu befreien.

Die erweiterte zweite Version kommt genauer dadurch zustande, daß die Wendung ‚für alle Sätze vom Typ α' ersetzt wird durch ‚für alle Sätze vom Typ α und β' und (1), (2) ergänzt wird durch:

(3) $\beta \in M$ gdw $\beta_1 \in M$ oder $\beta_2 \in M$ oder beides.

Zunächst erkennt man, daß sich (jw_1) und (1) nur durch die Formulierung unterscheiden: (1) besagt ausführlicher [($X \in M$ und $\neg X \notin M$) oder ($\neg X \in M$ und $X \notin M$)]; dies ist gleichwertig mit (jw_1).

Es gelte (2). Daraus folgt sofort (jw_2), wenn man bedenkt, daß $X \wedge Y$ eine Formel α ist mit $\alpha_1 = X$ und $\alpha_2 = Y$. Analog folgt (jw_3) aus (3). Aus (1) und (3) folgt überdies (jw_4): $X \rightarrow Y$ ist eine Formel β mit $\beta_1 = \neg X$ und $\beta_2 = Y$. Nach (3) gilt also: $X \rightarrow Y \in M$ gdw $\neg X \in M$ und $Y \in M$; wegen (1) kann man hier $\neg X \in M$ durch $X \notin M$ ersetzen. ((jw_5) brauchen wir nicht zu berücksichtigen, da man ‚$\leftrightarrow$' als definitorische Abkürzung auffassen kann.)

Für den Nachweis der Umkehrung hat man zu zeigen, daß aus (jw_1) bis (jw_4) sowohl (2) als auch (3) folgen. Dazu ist im ersten Fall eine vierfache Fallunterscheidung zu machen, je nachdem, welche Gestalt α hat. Beispielshalber sei α dasselbe wie $\neg(X \rightarrow Y)$ mit $\alpha_1 = X$ und $\alpha_2 = \neg Y$. Nach (jw_1) ist dann $\alpha \in M$ gdw $(X \rightarrow Y) \notin M$; letzteres besagt nach (jw_4) dasselbe wie ($X \in M$ und $Y \notin M$), wobei $Y \notin M$ gemäß (jw_1) durch $\neg Y \in M$ ersetzbar ist. Damit aber ist (2) für diese Gestalt von α bereits bewiesen. Wir stellen die analoge Überlegung noch für den Fall an, daß α die Gestalt $\neg\neg X$ hat, so daß $\alpha_1 = \alpha_2 = X$. Zweimalige Anwendung von (jw_1) liefert:

$$\alpha \in M \text{ gdw } \neg X \notin M \text{ gdw } X \in M .$$

Statt ‚$X \in M$' kann man ‚$X \in M$ und $X \in M$' sagen und erhält somit abermals (2).

Für die Gewinnung von (3) ist je nach der Gestalt von β eine dreifache Fallunterscheidung zu machen. β habe etwa die Gestalt $\neg(X \wedge Y)$, so daß $\beta_1 = \neg X$ und $\beta_2 = \neg Y$. Es ist $\beta \in M$ gdw $(X \wedge Y) \notin M$, (nach (jw_1)) gdw ($X \notin M$ oder $Y \notin M$) (nach (jw_2)) gdw ($\neg X \in M$ oder $\neg Y \in M$), womit (3) für diesen Unterfall bewiesen ist.

Es muß noch gezeigt werden, daß die Hinzufügung von (3) zu (1) und (2) überflüssig ist. Angenommen $\beta \in M$ bei Gültigkeit von (1) und (2). Falls weder $\beta_1 \in M$ noch $\beta_2 \in M$, würde nach (1) gelten: $\neg\beta_1 \in M$ und $\neg\beta_2 \in M$. Die Negation einer β-Formel ist aber eine α-Formel! Für dieses α ist $\neg\beta_1 = \alpha_1$ und $\neg\beta_2 = \alpha_2$. Nach (2) ist also $\alpha \in M$, d.h. $\neg\beta \in M$. Dies widerspricht wegen (1) jedoch der Annahme. Somit ist die eine Richtung schon bewiesen. Angenommen, $\beta_1 \in M$ oder $\beta_2 \in M$ (oder beides). Es sei etwa $\beta_1 \in M$. Wäre $\beta \notin M$, so $\neg\beta \in M$ wegen (1). $\neg\beta$ ist jedoch eine Formel α. Nach (2) wäre also $\neg\beta_1 \in M$ und $\neg\beta_2 \in M$ [denn $(\neg\beta)_1 = \neg\beta_1$ und $(\neg\beta)_2 = \neg\beta_2$]. $\beta_1, \neg\beta_1 \in M$ widerspricht jedoch (1). (Der Fall $\beta_2 \in M$ ist analog zu behandeln.) □

2.3 Semantische Eigenschaften und Beziehungen der Junktorenlogik

Wir definieren nun die wichtigsten semantischen Begriffe der Junktorenlogik. Dabei steht das Präfix ‚*j*-‘ für ‚junktorenlogisch‘, und ‚b‘ ist eine Variable für *j*-Bewertungen.

Zunächst einige wichtige *semantische Eigenschaften:*

A ist
j-gültig (*tautologisch*) $=_{df} \bigwedge b: b(A) = \mathbf{w}$,
j-ungültig (*j-kontradiktorisch*) $=_{df} \bigwedge b: b(A) = \mathbf{f}$,
j-erfüllbar $=_{df} \bigvee b: b(A) = \mathbf{w}$,
j-widerlegbar $=_{df} \bigvee b: b(A) = \mathbf{f}$,
j-kontingent $=_{df}$ *A* ist *j*-erfüllbar und *j*-widerlegbar.

Jeder Satz *A* hat also genau eine der Eigenschaften: *j*-Gültigkeit, *j*-Ungültigkeit, *j*-Kontingenz; die zutreffende Eigenschaft nennen wir den *j-Status* von *A*.

Aufgrund des in Th. 2.3 beschriebenen Zusammenhanges von *j*-Bewertungen und Wahrheitsmengen lassen sich alle diese Begriffe ohne Bewertungsfunktionen (mit **w** und **f** als Werten) definieren. So z. B. ist ein Satz *A* genau dann *j-gültig* oder *tautologisch*, wenn er zu jeder Warheitsmenge gehört; *A* ist *j-ungültig* oder *j-kontradiktorisch* gdw er zu keiner Wahrheitsmenge gehört; *A* ist *j-erfüllbar*, wenn er zu mindestens einer Wahrheitsmenge gehört usw.

Es folgen nun einige *semantische Relationen:*

b *erfüllt A* (bzw. *M*) $=_{df}$ $b(A) = \mathbf{w}$ (bzw. für alle $A \in M$);
M ist *j-erfüllbar* $=_{df} \bigvee b$: b erfüllt *M*;
B ist *j-Folgerung* aus *A* (bzw. *M*) $=_{df} \bigwedge b$: b erfüllt *A* (bzw. *M*) $\Rightarrow$ b erfüllt *B*;
A und *B* sind *j-äquivalent* $=_{df} \bigwedge b: b(A) = b(B)$.

Statt ‚b erfüllt *A* (bzw. *M*)‘ könnte man auch sagen: ‚b *macht A* (bzw. *M*) *wahr*‘. Die Wendung ‚*B* ist *j*-Folgerung aus *A* (bzw. *M*)‘ wird auch wiedergegeben durch ‚*A* (bzw. *M*) *j-impliziert B*‘ und statt von *j*-Folgerung wird dann von *j-Implikation* gesprochen.

Für die j-Gültigkeit und die j-Folgerung führen wir ein eigenes Symbol, und zwar ein und dasselbe für beide Begriffe, ein: ‚$\Vdash_j A$' bedeutet, daß A j-gültig ist; und ‚$M \Vdash_j A$' bedeutet, daß A aus M j-folgt.

Im folgenden werden wir statt ‚$\{A_1, \ldots, A_n\}$' einfach ‚$A_1, \ldots, A_n$' schreiben und statt ‚$M \cup \{A_1, \ldots, A_n\}$' einfach ‚$M, A_1, \ldots, A_n$'; also etwa statt ‚$M \cup \{A\} \Vdash_j B$' einfach ‚$M, A \Vdash_j B$'. Im zweiten Teil des Buches, aber auch an früheren Stellen, an denen diese Abkürzung zu Mißverständnissen führen könnte, werden wir auf sie verzichten und zur ursprünglichen, genaueren Symbolik zurückkehren.

Der nächste Satz charakterisiert den j-Status von A etwas anders als die obigen Definitionen.

Th. 2.4 (*a*) $\Vdash_j A \Leftrightarrow$ *A ist bei allen Wahrheitsannahmen für A wahr;*

(*b*) *A ist j-ungültig* $\Leftrightarrow$ *A ist bei allen Wahrheitsannahmen für A falsch;*

(*c*) *A ist j-kontingent* $\Leftrightarrow$ *A ist bei einer Wahrheitsannahme für A wahr und bei einer anderen falsch.*

Beweis für (*a*):

$\Vdash_j A \Leftrightarrow$ A ist bei allen j-Bewertungen wahr (Def.),

$\Leftrightarrow$ A ist bei allen j-Bewertungen für A wahr (Th. 2.2),

$\Leftrightarrow$ A ist bei allen Wahrheitsannahmen für A wahr (Th. 2.1).

Analog gilt (*b*) und damit auch (*c*). □

2.4 Wahrheitstafeln und andere Entscheidungsverfahren

Ähnlich wie die Definitionen gibt Th. 2.4 eine *notwendige* (Richtung $\Rightarrow$) und *hinreichende* (Richtung $\Leftarrow$) Bedingung für den j-Status. Aber die Definitionen beziehen sich auf die j-Bewertungen. Diese bilden eine *nichtabzählbare* Menge, während die Menge der Wahrheitsannahmen für A endlich ist.

Beweis: Für jede Menge M von Satzparametern gilt:

(1) Die Menge der Wahrheitsannahmen $\mathfrak{a}$ für M ist gleichmächtig mit $Pot(M)$.

Denn die Funktion, die jedem $\mathfrak{a}$ die Menge der bei $\mathfrak{a}$ wahren Satzparameter von M zuordnet, ist offenbar eine Bijektion zwischen beiden Mengen.

Betrachten wir nun die Menge M_1 aller Satzparameter von **J**. Da M_1 abzählbar unendlich ist, ist $Pot(M_1)$ nach dem Theorem von CANTOR nicht-abzählbar. Nach (1) ist dann auch die Menge aller Wahrheitsannahmen nichtabzählbar, und nach Th. 2.1 ist die Menge aller j-Bewertungen ebenfalls *nichtabzählbar*.

Betrachten wir hingegen die endliche Menge $M_2 = \{p_1, \ldots, p_n\}$ aller Satzparameter eines gegebenen Satzes A. Nach dem numerisch präzisierten Theorem von Cantor hat $Pot(M_2)$ genau 2^n Elemente, und aus (1) folgt, daß auch die Menge aller Wahrheitsannahmen für M_2, d.h. all derjenigen für A, 2^n Elemente hat, also *endlich* ist. Dies hat eine wichtige Konsequenz:

Th. 2.5 *Der j-Status eines Satzes ist entscheidbar.*

Das soll heißen: es gibt ein allgemeines mechanisches Verfahren, um den j-Status eines Satzes A nach endlich vielen Schritten zu entscheiden; denn sein Wert bei jeder seiner endlich vielen Wahrheitsannahmen läßt sich mit Hilfe der Junktorenregeln mechanisch ausrechnen. Am einfachsten geschieht dies nach der *Wahrheitstafel-Methode:* Man schreibt die n verschiedenen Satzparameter von A (in beliebiger Reihenfolge) vor A, unter die Satzparameter schreibt man zeilenweise (in beliebiger Reihenfolge) die 2^n verschiedenen Wahrheitsannahmen für A, und in jeder Zeile berechnet man schrittweise die Wahrheitswerte zunehmend größerer j-komplexer Teilsätze und schreibt sie unter ihr Hauptzeichen: Zum Schluß steht in der Spalte unter dem Hauptzeichen entweder nur **w** oder nur **f** oder beides; und je nachdem ist A j-gültig, j-ungültig oder j-kontingent. Als Beispiel entwickeln wir die Wahrheitstafeln für $\neg p \rightarrow \neg (p \wedge q)$. (Die Wahrheitstafeln sind *eindeutig* bis auf Permutation der Zeilen und der Satzparameter am Zeilenanfang; man könnte beides noch normieren, aber darauf kommt es nicht an.)

1. Schritt:

p	q	$\neg p$	$\rightarrow$	$\neg$	$(p \wedge q)$
w	**w**	**f**			**w**
w	**f**	**f**			**f**
f	**w**	**w**			**f**
f	**f**	**w**			**f**

2. Schritt:

p	q	$\neg p$	$\rightarrow$	$\neg$	$(p \wedge q)$
w	**w**	**f**		**f**	**w**
w	**f**	**f**		**w**	**f**
f	**w**	**w**		**w**	**f**
f	**f**	**w**		**w**	**f**

3. Schritt:

p	q	$\neg p$	$\rightarrow$	$\neg$	$(p \wedge q)$
w	**w**	**f**	**w**	**f**	**w**
w	**f**	**f**	**w**	**w**	**f**
f	**w**	**w**	**w**	**w**	**f**
f	**f**	**w**	**w**	**w**	**f**

Dieser Satz erhält also bei jeder möglichen Wahrheitsannahme den Wert **w** und ist daher tautologisch.

Betrachten wir als nächstes die Wahrheitstafel für $\neg(p\rightarrow q)\wedge\neg(q\rightarrow p)$.

p	q	$\neg(p\rightarrow q)\wedge\neg(q\rightarrow p)$
w	w	f w f f w
w	f	w f f f w
f	w	f w f w f
f	f	f w f f w

Dieser Satz wird bei jeder Wahrheitsannahme **f**, daher ist er *j*-ungültig.

Ein weiteres Beispiel:

p	q	$p\vee q\leftrightarrow\neg p\vee\neg q$
w	w	w f f f f
w	f	w w f w w
f	w	w w w w f
f	f	f f w w w

Dieser Satz wird in zwei Fällen **w** und in zwei Fällen **f**, daher ist er *j*-erfüllbar und *j*-widerlegbar, d. h. *j*-kontingent.

Zur Einübung in die Wahrheitstafelmethode entscheide der Leser den *j*-Status der folgenden Sätze:

a) $(p\rightarrow q)\rightarrow(p\vee r\rightarrow q)$
b) $(p\rightarrow q)\rightarrow(p\wedge r\rightarrow q)$
c) $p\rightarrow(q\rightarrow r)\leftrightarrow(p\wedge q\rightarrow r)$
d) $(p\rightarrow q)\wedge\neg(\neg q\rightarrow\neg p)$
e) $p\wedge(q\vee r)\leftrightarrow(p\wedge q)\wedge r$
f) $(p\leftrightarrow(q\leftrightarrow r))\leftrightarrow((p\leftrightarrow q)\leftrightarrow r)$.

(Man beachte, daß Wahrheitstafeln für Sätze mit n Satzparametern 2^n Zeilen haben.)

Die Wahrheitstafel-Methode ist ein *direktes* Beweisverfahren: Um z. B. zu zeigen, daß A tautologisch, also bei allen Wahrheitsannahmen $\mathfrak{a}$ für A wahr ist, geht man diese $\mathfrak{a}$ der Reihe nach durch und zeigt dies für jedes $\mathfrak{a}$. Das ist bei längeren Sätzen mit vielen verschiedenen Satzparametern oft ein unnötiger Aufwand, und man kommt rascher mit einem *indirekten* Beweis zum Ziel. Um zu zeigen, daß A tautologisch ist, *widerlegt man die Annahme*, daß A bei einem $\mathfrak{a}$ falsch ist, indem man sie zum Widerspruch führt. Beispiel:

Angenommen, $p\rightarrow(q\rightarrow r)\rightarrow((p\rightarrow q)\rightarrow(p\rightarrow r))$ ist bei einer Wahrheitsannahme für diesen Satz **f**. Dann ist

1. $p \to (q \to r) : \mathbf{w}$
2. $(p \to q) \to (p \to r) : \mathbf{f}$ } [aus der Annahme nach ($\mathbf{R}\to$)]
3. $p \to q : \mathbf{w}$
4. $p \to r : \mathbf{f}$ } [aus 2. nach ($\mathbf{R}\to$)]
5. $p : \mathbf{w}$
6. $r : \mathbf{f}$ } [aus 4. nach ($\mathbf{R}\to$)]
7. $q : \mathbf{w}$ [aus 3. und 5. nach ($\mathbf{R}\to$)]
8. $q \to r : \mathbf{f}$ [aus 7. und 6. nach ($\mathbf{R}\to$)]
9. $p \to (q \to r) : \mathbf{f}$ [aus 5. und 8. nach ($\mathbf{R}\to$)].

9. steht im Widerspruch zu 1. Damit ist die obige Annahme widerlegt; der Satz ist somit eine Tautologie. Dieselbe Argumentation kann man skizzenhaft auch so wiedergeben:

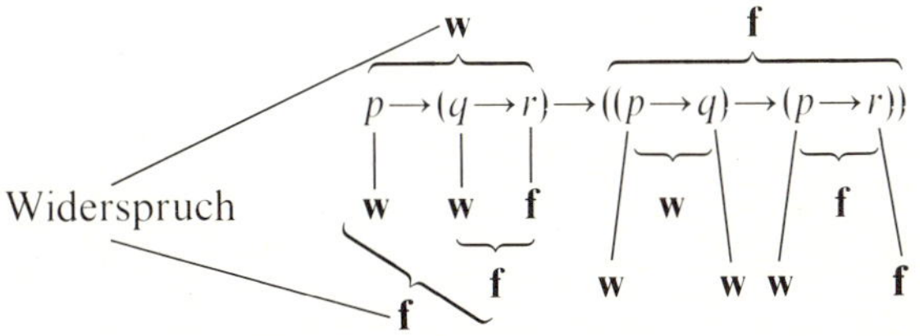

Solche Beweisskizzen sind bei einiger Übung das kürzeste Verfahren zum Tautologie-Nachweis. Allerdings liegen die Verhältnisse nicht immer so einfach wie hier. Häufig *verzweigen* sich die Möglichkeiten, die sich aus der Annahme ergeben (denn der Wahrheitswert eines Satzes determiniert nicht immer die Werte seiner unmittelbaren Teilsätze, während das Umgekehrte allgemein gilt). Nehmen wir den Satz $p \leftrightarrow p \wedge q \vee p \wedge \neg q$. *Angenommen*, er ist bei einer Wahrheitsannahme **f**, dann ergibt sich die Alternative a) oder b):

a1. $p : \mathbf{w}$
a2. $p \wedge q \vee p \wedge \neg q : \mathbf{f}$ } [nach Annahme und ($\mathbf{R}\leftrightarrow$) im einen Fall]
a3. $p \wedge q : \mathbf{f}$
a4. $p \wedge \neg q : \mathbf{f}$ } [aus a2. nach ($\mathbf{R}\vee$)]
a5. $q : \mathbf{f}$ [aus a1. und a3. nach ($\mathbf{R}\wedge$)]
a6. $\neg q : \mathbf{f}$ [aus a1. und a4. nach ($\mathbf{R}\wedge$)]
a7. $q : \mathbf{w}$ [aus a6. nach ($\mathbf{R}\neg$)].

a7. widerspricht a5., daher ist die Annahme im einen Fall widerlegt.

b1. $p : \mathbf{f}$
b2. $p \wedge q \vee p \wedge \neg q : \mathbf{w}$ } [nach Annahme und ($\mathbf{R}\leftrightarrow$) im anderen Fall]
b3. $p \wedge q : \mathbf{f}$
b4. $p \wedge \neg q : \mathbf{f}$ } [aus b1. nach ($\mathbf{R}\wedge$)]
b5. $p \wedge q \vee p \wedge \neg q : \mathbf{f}$ [aus b3. und b4. nach ($\mathbf{R}\vee$)].

b5. widerspricht b2., daher ist die Annahme auch im anderen Fall widerlegt; also ist der obige Satz eine Tautologie. Die entsprechende Beweisskizze sieht so aus:

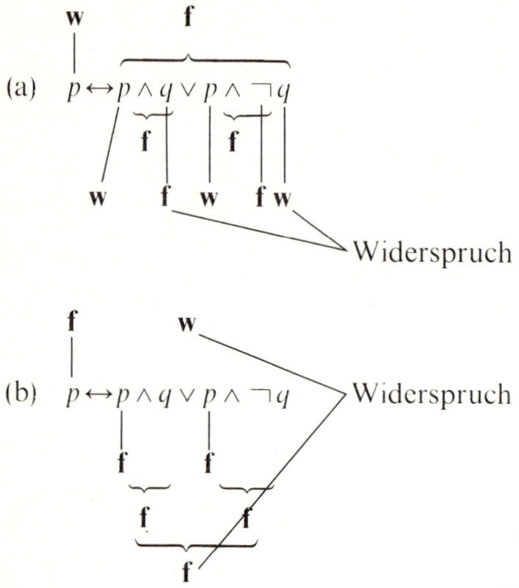

Bei komplexen Sätzen ergeben sich oft vielfältige Alternativen aus der Annahme, die alle zum Widerspruch geführt werden. Der Leser möge ähnliche indirekte Beweise für die folgenden Tautologien aufstellen:

(a) $p \leftrightarrow \neg\neg p$
(b) $p \wedge \neg p \rightarrow q$
(c) $p \rightarrow \neg p \leftrightarrow \neg p$
(d) $(p \rightarrow q) \rightarrow ((q \rightarrow r) \rightarrow (p \rightarrow r))$
(e) $p \wedge (q \vee r) \leftrightarrow p \wedge q \vee p \wedge r$
(f) $p \vee q \wedge r \leftrightarrow (p \vee q) \wedge (p \vee r)$
(g) $p \wedge (q \wedge r) \leftrightarrow (p \wedge q) \wedge r$
(h) $p \vee (q \vee r) \leftrightarrow (p \vee q) \vee r$.

Die Tautologien g) und h) zeigen die sog. *Assoziativität* der Konjunktion und Adjunktion: Für den Wahrheitswert einer Konjunktions- oder Adjunktionskette spielt die Art der Klammerung keine Rolle. Daher lassen wir künftig in solchen Ketten die Klammern weg.

Ganz analog zum indirekten Tautologie-Nachweis kann man auch auf indirektem Wege zeigen, daß ein Satz *A j-ungültig* ist. Dazu führt man die Annahme zum Widerspruch, daß *A* bei einer Wahrheitsannahme **w** ist. Für den Nachweis der *j*-Erfüllbarkeit bzw. *j*-Widerlegbarkeit ist das *direkte* Verfahren, also die Angabe einer Wahrheitsannahme, die *A* erfüllt bzw. widerlegt, zweckmäßiger.

2.5 Satzschemata. Substitutionen. Umbenennungen

Alle vorangehenden Überlegungen bezogen sich auf *objektsprachliche* Sätze von **J**. Dies hat den Nachteil, daß gewisse Resultate unnötig speziell sind. Zum Beispiel besagt der (direkte oder indirekte) Nachweis, daß $p \vee \neg p$ eine Tautologie ist, noch nichts für die Sätze

$$q \vee \neg q, \quad p \wedge q \vee \neg(p \wedge q), \quad (p \vee q \rightarrow r) \vee \neg(p \vee q \rightarrow r), \ldots$$

obwohl es sich offenkundig um Tautologien nach *demselben Schema* handelt, nämlich um Sätze der Gestalt $A \vee \neg A$. Wir erhalten jedoch *alle* Tautologien dieser Gestalt, wenn wir die Wahrheitstafel-Methode (oder entsprechend das indirekte Verfahren) gleich auf metasprachliche Schemata anwenden. Die Wahrheitstafel

A	$A \vee \neg A$
w	**w f**
f	**w w**

zeigt, daß alle objektsprachlichen Sätze nach dem Schema $A \vee \neg A$ tautologisch sind; denn gleichgültig, wie lang oder komplex im einzelnen Fall der Teilsatz A ist, bei jeder Wahrheitsannahme für A ist er eindeutig **w** oder **f**, und in beiden Fällen ist $A \vee \neg A$ nach (**R**$\neg$) und (**R**$\vee$) **w**.

Entsprechendes gilt für die *j-Ungültigkeit*. Zum Beispiel zeigt die metasprachliche Wahrheitstafel

A	$A \leftrightarrow \neg A$
w	**f f**
f	**f w**

daß alle objektsprachlichen Sätze nach diesem Schema *j*-falsch sind.

Entsprechendes gilt *nicht* für die *j-Erfüllbarkeit* und *j-Widerlegbarkeit*. Das Schema $A \wedge B$ erscheint nach der Wahrheitstafel

A	B	$A \wedge B$
w	**w**	**w**
w	**f**	**f**
f	**w**	**f**
f	**f**	**f**

als *j*-kontingent, aber daraus läßt sich der *j*-Status von Sätzen dieser Gestalt nicht erschließen: Manche sind tautologisch [z. B. $(p \vee \neg p) \wedge (p \rightarrow p)$], manche sind *j*-falsch (z. B. $p \wedge \neg p$) und manche sind *j*-kontingent (z. B. $p \wedge p$).

Den Begriff des metasprachlichen Schemas und die vorangehenden Überlegungen wollen wir etwas präzisieren. Dazu ordnen wir den Satzparametern die metasprachlichen Satzvariablen eineindeutig zu:

$p, q, r, p_1, \ldots$
$A, B, C, A_1, \ldots$

Wenn in A alle vorkommenden Parameter durch zugeordnete Satzvariablen ersetzt werden, so nennen wir das Resultat das *zugeordnete Schema* von A und umgekehrt den ursprünglichen Satz den dem Schema zugeordneten Satz. So z. B. ist

$A_1 \wedge A_2$ das zugeordnete Schema von $p_1 \wedge p_2$,
$\neg A \rightarrow (B \leftrightarrow A_1)$ das zugeordnete Schema von $\neg p \rightarrow (q \leftrightarrow p_1)$.

Wir bezeichnen nun auch ein metasprachliches Satzschema als *j-gültig, j-ungültig, j-erfüllbar, j-widerlegbar, j-kontingent*, sofern der zugeordnete Satz diesen Status hat. Wenn in einem Schema S (‚S' ist hier eine metametasprachliche Variable) alle vorkommenden Satzvariablen durch Sätze ersetzt werden, und zwar gleiche durch gleiche sowie verschiedene durch verschiedene, so heißt das Resultat ein *Satz nach dem Schema S*. Sätze nach dem Schema ‚$A \rightarrow (B \vee C \rightarrow A)$' sind z. B.

$p \rightarrow (q \vee r \rightarrow p)$,
$q \rightarrow (r \vee r \rightarrow q)$,
$\neg\neg p_1 \rightarrow ((p_2 \leftrightarrow p_1) \vee \neg p_1 \rightarrow \neg\neg p_1)$, usw.

Unter jedes Schema fallen unendlich viele Sätze, wobei sich die j-Gültigkeit und j-Ungültigkeit, aber nicht die j-Kontingenz, von den Schemata auf die Sätze überträgt. Das soll nun bewiesen werden.

Zunächst beweisen wir das folgende *Substitutionstheorem für Satzparameter*,

Th. 2.6 *Aus A_p entstehe A_B durch Ersetzung aller Vorkommnisse des Satzparameters p durch den Satz B. Dann gilt*
(*a*) $\Vdash_j A_p \Rightarrow \Vdash_j A_B$;
(*b*) A_p *ist j-ungültig* $\Rightarrow$ A_B *ist j-ungültig*;
(*c*) A_B *ist j-kontingent* $\Rightarrow$ A_p *ist j-kontingent.*

Dazu der

Hilfssatz *Zu jeder j-Bewertung* $\mathfrak{b}$ *gibt es eine j-Bewertung* $\mathfrak{b}'$, *so daß* $\mathfrak{b}'(A_p) = \mathfrak{b}(A_B)$.

Daraus folgt unmittelbar Th. 2.6, Behauptung (a); denn *angenommen*, A_B wäre falsch bei einer j-Bewertung $\mathfrak{b}$, so wäre nach dem Hilfssatz A_p bei $\mathfrak{b}'$ ebenfalls **f**, im Widerspruch zur Voraussetzung von (a). Analog folgt die Behauptung (b), und aus (a) und (b) folgt (c).

Zum Beweis des Hilfssatzes definieren wir für gegebene $\mathfrak{b}$, p, B das folgende $\mathfrak{b}'$:

1) $\mathfrak{b}'(q) =_{\mathrm{df}} \mathfrak{b}(q)$, für jeden Satzparameter $q \neq p$,

2) $\mathfrak{b}'(p) =_{\mathrm{df}} \mathfrak{b}(B)$,

3) $\mathfrak{b}'(A)$ sei für jeden j-komplexen Satz A gemäß $(\mathbf{R}\neg)-(\mathbf{R}\leftrightarrow)$ definiert.

Offensichtlich ist $\mathfrak{b}'$ eine j-Bewertung, nämlich die zugehörige j-Bewertung der durch 1) und 2) definierten Wahrheitsannahme. Wir zeigen durch Induktion nach dem Grad n von A_p, daß $\mathfrak{b}'(A_p) = \mathfrak{b}(A_B)$.

1. Für n = 0 ist A_p *entweder* ein Satzparameter $q \neq p$ *oder* der Satzparameter p. Dann ist A_B entweder q (da keine Ersetzung vorgenommen wird) oder B. Dann gilt entweder nach 1) oder nach 2) die Behauptung.

2. Für n > 0 liegt einer der beiden Fälle vor:

2.1. A_p hat die Gestalt $\neg A'_p$, und A_B hat die Gestalt $\neg A'_B$. Nach I.V. ist $\mathfrak{b}'(A'_p) = \mathfrak{b}(A'_B)$, und nach $(\mathbf{R}\neg)$ folgt $\mathfrak{b}'(\neg A'_p) = \mathfrak{b}(\neg A'_B)$.

2.2. A_p hat die Gestalt $A'_p \mathrm{j} A''_p$ ($\mathrm{j} = \wedge, \vee, \rightarrow$ oder $\leftrightarrow$), und A_B hat die Gestalt $A'_B \mathrm{j} A''_B$. Nach I.V. gilt wieder $\mathfrak{b}'(A'_p) = \mathfrak{b}(A'_B)$ und ebenso $\mathfrak{b}'(A''_p) = \mathfrak{b}(A''_B)$. Daraus folgt nach $(\mathbf{R}\mathrm{j})$ $\mathfrak{b}'(A'_p) = \mathfrak{b}(A'_B \mathrm{j} A''_B)$. □

Damit ist auch Th. 2.6 bewiesen. Daraus folgt

Th. 2.7 *Jeder Satz nach einem j-gültigen (bzw. j-ungültigen) Schema ist j-gültig, bzw. j-ungültig.*

Beweis: S sei ein j-wahres, bzw. j-falsches, Schema. Dann ist der S zugeordnete Satz A j-wahr bzw. j-falsch. Jeder Satz B, der unter das Schema S fällt, läßt sich offensichtlich aus A dadurch gewinnen, daß gleiche Satzparameter durch gleiche Sätze ersetzt werden. Dann folgt durch evtl. mehrfache Anwendung von Th. 2.6, daß auch B j-wahr, bzw. j-falsch ist.

In Ergänzung läßt sich zeigen:

Th. 2.7' *Unter jedes j-kontingente Schema fallen j-gültige, j-ungültige und j-kontingente Sätze.*

Beweis: S sei das zugeordnete Schema des j-kontingenten Satzes A. Zu zeigen ist, daß unter S auch ein j-gültiger Satz A_1 und ein j-ungültiger Satz A_2 fällt.

1. Die Wahrheitstafel für A enthält mindestens eine Zeile Z_1, in der unter dem Hauptzeichen **w** steht. Wir ersetzen alle in Z_1 mit **w** bewerteten Satzparameter von A durch ‚$p \vee \neg p$' und alle mit **f** bewerteten durch ‚$p \wedge \neg p$'. Dann entsteht ein Satz A_1 nach dem Schema S, für den es nur 2 Wahrheitsannahmen gibt, und wie die Berechnung in Zeile Z_1 zeigt, ist A_1 bei beiden wahr, also j-gültig.

2. Die Wahrheitstafel für A enthält auch mindestens eine Zeile Z_2, in der unter dem Hauptzeichen **f** steht. Wir ersetzen alle in Z_2 mit **w**

bewerteten Satzparameter durch ‚$p \vee \neg p$' und alle mit **f** bewerteten durch ‚$p \wedge \neg p$'. Diesmal entsteht ein Satz A_2 nach dem Schema S, der bei beiden Wahrheitsannahmen falsch, also j-ungültig ist. □

Wir wollen noch eine weitere Folgerung aus Th. 2.5 festhalten. Dazu definieren wir: Aus A_1 entsteht A_2 durch *alphabetische Umbenennung des Satzparameters* p_1 *in* p_2, wenn p_2 in A_1 nicht vorkommt und A_2 aus A_1 durch Ersetzung aller Vorkommnisse von p_1 durch p_2 entsteht. Offensichtlich entsteht dann aus A_2 durch alphabetische Umbenennung von p_2 in p_1 wieder A_1, daher gilt nach Th. 2.6:

(1) A_1 und A_2 haben denselben j-Status.

Sätze A, B, die auseinander durch n-fache alphabetische Umbenennung von Satzparametern entstehen, heißen *Satzparameter-Varianten (voneinander)*; symbolisch: ‚$A =_s B$'. So ist etwa:

$$p \leftrightarrow (q \wedge (\neg r \vee p)) =_s q \leftrightarrow (p_1 \wedge (\neg p_2 \vee q)).$$

Durch n-fache Anwendung von (1) erhält man das *Variantentheorem für Satzparameter:*

Th. 2.8 $A =_s B \Rightarrow$ *A und B haben denselben j-Status.*

Jedoch gilt weder

$$A =_s B \Rightarrow A \Vdash_j B$$

noch

$$A =_s B \Rightarrow \Vdash_j A \leftrightarrow B,$$

wie man am Beispiel von $A = p_1$, $B = p_2$ sieht.

Als nächstes betrachten wir einige Zusammenhänge zwischen der j-Wahrheit, j-Folgerung und j-Erfüllbarkeit.

Th. 2.9 (*a*) $\emptyset \Vdash_j A \Leftrightarrow \Vdash_j A$;
(*b*) $A_1, \ldots, A_n \Vdash_j A \Leftrightarrow \Vdash_j A_1 \wedge \ldots \wedge A_n \rightarrow A$;
(*c*) $M \Vdash_j A \Leftrightarrow M, \neg A$ *ist j-unerfüllbar.*

Beweis: (*a*) Jede j-Bewertung $\mathfrak{b}$ erfüllt trivialerweise die leere Satzmenge $\emptyset$, also ist $\mathfrak{b}(A) = \mathbf{w}$ für alle $\mathfrak{b}$, die $\emptyset$ erfüllen, gleichbedeutend mit: $\mathfrak{b}(A) = \mathbf{w}$ für alle $\mathfrak{b}$.

(*b*) $A_1, \ldots, A_n \Vdash_j A$
$\Leftrightarrow \bigwedge \mathfrak{b} : \mathfrak{b}(A_1) = \mathbf{w} \curlywedge \ldots \curlywedge \mathfrak{b}(A_n) = \mathbf{w} \Rightarrow \mathfrak{b}(A) = \mathbf{w}$ (n. Def.)
$\Leftrightarrow \bigwedge \mathfrak{b} : \mathfrak{b}(A_1 \wedge \ldots \wedge A_n) = \mathbf{w} \Rightarrow \mathfrak{b}(A) = \mathbf{w}$ (**R**$\wedge$)
$\Leftrightarrow \bigwedge \mathfrak{b} : \mathfrak{b}(A_1 \wedge \ldots \wedge A_n \rightarrow A) = \mathbf{w}.$ (**R**$\rightarrow$)

(*c*) $M \Vdash_j A \Leftrightarrow \bigwedge \mathfrak{b} : \mathfrak{b}$ erfüllt $M \Rightarrow \mathfrak{b}$ erfüllt A (n. Def.)
$\Leftrightarrow \bigwedge \mathfrak{b} : \mathfrak{b}$ erfüllt $M \Rightarrow \mathfrak{b}(\neg A) = \mathbf{f}$ (**R**$\neg$)
$\Leftrightarrow \neg \bigvee \mathfrak{b} : \mathfrak{b}$ erfüllt $M, \neg A$.

Der Leser überlege sich, daß folgendes gilt:

(a) $\Vdash_j A \Leftrightarrow \neg A \Vdash_j A$;

(b) $A, \neg A \Vdash_j B$;

(c) $A, A \rightarrow B \Vdash_j B$;

(d) $A \rightarrow B, \neg B \Vdash_j \neg A$;

(e) $A \Vdash_j B$ und $B \Vdash_j C \Rightarrow A \Vdash_j C$;

(f) A und B sind j-äquivalent $\Leftrightarrow \Vdash_j A \leftrightarrow B$;

(g) A und B sind j-äquivalent $\Leftrightarrow A \Vdash_j B$ und $B \Vdash_j A$;

(h) Gilt $A \Vdash_j B$, so folgt:
Ist A j-gültig bzw. j-erfüllbar, so ist auch B j-gültig bzw. j-erfüllbar,

und:

Ist B j-ungültig bzw. j-widerlegbar, so ist auch A j-ungültig bzw. j-widerlegbar;

(i) Sind A und B j-äquivalent, so folgt:
A und B haben denselben j-Status.

(a) charakterisiert die j-Gültigkeit in etwas anderer, etwas überraschenderer Weise als Th. 2.9(a) mit Hilfe der j-Folgerung; (b) zeigt, daß aus einem Widerspruch alles folgt (‚ex falso quodlibet'); (c) ist der sog. *Modus Ponens*, (d) der sog. *Modus Tollens*; (e) zeigt die Transitivität der j-Folgerung; (f) und (g) führen die j-Äquivalenz auf die j-Gültigkeit und j-Folgerung zurück. Man vergleiche dazu Th. 2.9(b): Es zeigt für $n=1$, daß eine j-Folgerung zwischen zwei Sätzen genau dann vorliegt, wenn ihr Konditional j-gültig ist. Analog zeigt (f), daß eine j-Äquivalenz genau dann vorliegt, wenn ihr Bikonditional j-gültig ist.

Die j-Erfüllbarkeit *endlicher* Mengen läßt sich in einfacher Weise mit Hilfe des Begriffs der j-Gültigkeit charakterisieren; denn $\{A_1, \ldots, A_n\}$ ist genau dann j-erfüllbar, wenn $\neg(A_1 \wedge \ldots \wedge A_n)$ nicht j-gültig ist.

Die j-Erfüllbarkeit einer *beliebigen* Menge M läßt sich mittels des Begriffs der j-Folgerung charakterisieren; denn M ist genau dann j-erfüllbar, wenn keine Kontradiktion, wie z. B. $p_1 \wedge \neg p_1$, aus M j-folgt.

Anmerkung. Eine gleichwertige Bedingung zu der j-Erfüllbarkeit beliebiger Mengen, die der angegebenen Bedingung für endliche Mengen ähnlicher ist, läßt sich mit Hilfe des später bewiesenen *Kompaktheitstheorems* wie folgt angeben: M ist genau dann j-erfüllbar, wenn für keine endliche Teilmenge $\{A_1, \ldots, A_n\}$ der Satz $\neg(A_1 \wedge \ldots \wedge A_n)$ j-gültig ist.

2.6 Semantische Vollständigkeit der Junktoren

Zum Abschluß dieses Kapitels stellen wir eine Betrachtung zur *semantischen Vollständigkeit* der Junktoren an. Da die Junktoren Wahrheitsfunktionen sind, verschaffen wir uns zunächst einen Überblick über sämtliche möglichen n-stelligen Wahrheitsfunktionen j ($n \geqq 0$). Jedes j hat eine Wahrheitstafel der Gestalt

(**R**j)

A_1	...	A_n	$\mathrm{j}A_1 \ldots A_n$
w	...	**w**	$\mathbf{v}_1$
⋮	⋮	⋮	⋮
f	...	**f**	$\mathbf{v}_{2^n}$

($\mathbf{v}_i = \mathbf{w}$ oder **f**)

(Für n = 0 schrumpft die Wahrheitstafel zu einer Zeile und Spalte $\frac{\mathrm{j}}{\mathbf{w}}$, bzw. $\frac{\mathrm{j}}{\mathbf{f}}$ zusammen; denn die beiden einzigen 0-stelligen Wahrheitsfunktionen sind die Werte **w** und **f** selbst.)

Die verschiedenen Zeilen von (**R**j) enthalten die verschiedenen möglichen Bewertungen für $A_1, \ldots, A_n$. Daher hat (**R**j) in jedem Fall 2^n Zeilen, deren Reihenfolge wir uns in irgendeiner Weise normiert denken können. Verschiedene n-stellige Wahrheitstafeln unterscheiden sich dann nur bezüglich der letzten Spalte $\mathbf{v}_1, \ldots, \mathbf{v}_{2^n}$. Dies ist ein 2^n-Tupel der Werte **w**, **f**. Also gibt es genau 2^{2^n} verschiedene n-stellige Wahrheitstafeln (vgl. Kap. 1, Abschn. 3) und ebensoviele verschiedene n-stellige Wahrheitsfunktionen.

Insbesondere gibt es 4 einstellige, darunter die Negation, und 16 zweistellige, darunter die Konjunktion, die Adjunktion, das Konditional und das Bikonditional. Wahrheitsfunktionen, die mehr als zwei Stellen haben, sind in praktischer Hinsicht, d. h. zur Analyse und Formalisierung von Aussagen und Schlüssen, wenig interessant und bieten auch theoretisch nicht viel Neues.

Daß wir in **J** gerade diese fünf Wahrheitsfunktionen eingeführt haben, ist etwas willkürlich; ebenso gut hätte man z. B. ein Junktorensymbol ‚$\dot{\vee}$' für das ausschließende ‚oder' mit der Wahrheitstafel

(**T** $\dot{\vee}$)

A	B	$A \dot{\vee} B$
w	**w**	**f**
w	**f**	**w**
f	**w**	**w**
f	**f**	**f**

einführen können. Es hat sich allerdings herausgestellt, daß die fünf Wahrheitsfunktionen von **J** in der praktischen Anwendung am wichtigsten sind. Im übrigen sind mit ihnen *alle* Wahrheitsfunktionen im folgenden Sinn definierbar: Eine n-stellige Wahrheitsfunktion j heißt *definierbar* durch die (Menge der) Wahrheitsfunktionen $\{\mathrm{j}_1, \ldots, \mathrm{j}_r\}$, wenn sich eine Definition der Gestalt

(Dj) $\mathrm{j}A_1 \ldots A_n =_{\mathrm{df}} [\mathrm{j}_1, \ldots, \mathrm{j}_r]$

angeben läßt, wobei die rechte Seite ein metasprachliches Satzschema ist, das nur die angegebenen Junktorensymbole (beliebig oft) und gewisse Satzvariablen enthält, und jedes objektsprachliche Satzpaar nach dem Schema (Dj) bei jeder Bewertung seiner Teilsätze gemäß den Wahrheitstafeln für j, $j_1, \ldots, j_r$ im Wahrheitswert übereinstimmt. Wir bezeichnen dann die rechte Seite auch als *adäquates Schema* für j.

So sind etwa ‚$A \vee \neg A$' und ‚$A \wedge \neg A$' adäquate Schemata für die nullstelligen Wahrheitsfunktionen **w** und **f**. Ferner ist ‚$(A \wedge \neg B) \vee (\neg A \wedge B)$' ein adäquates Schema für $\dot{\vee}$, wie der Vergleich von (**R** $\dot{\vee}$) mit der Wahrheitstafel zeigt:

A	B	$(A \wedge \neg B) \vee (\neg A \wedge B)$
w	**w**	**f f f f f**
w	**f**	**w w w f f**
f	**w**	**f f w w w**
f	**f**	**f w f w f**

Wir zeigen nun, daß sich nach demselben Konstruktionsprinzip *jede n-stellige Wahrheitsfunktion* j ($n \geqq 1$) definieren läßt. j hat eine Wahrheitstafel der oben angegebenen Gestalt (**R**j). Wir unterscheiden zwei Fälle:

Entweder 1. erhält $jA_1 \ldots A_n$ in allen Zeilen den Wert **f**; dann ist z. B. $A \wedge \neg A$ ein adäquates Schema für j; oder

2. $jA_1 \ldots A_n$ erhält in gewissen Zeilen $Z_1, \ldots, Z_k$ den Wert **w**. Zu jedem Z_h dieser Art ($1 \leqq h \leqq k$) bilden wir eine Konjunktionskette K_h der Gestalt

(1) $A_{h.1} \wedge \ldots \wedge A_{h.n}$.

Dabei sei $A_{h.i}$ ($1 \leqq i \leqq n$) entweder A_i oder $\neg A_i$, je nachdem, ob A_i in der Zeile Z_h gerade **w** oder **f** ist. Dann gilt:

(a) Die $A_{h.i}$ sind bei der in Z_h angegebenen Bewertung der A_i, und *nur* bei dieser, alle **w**.

Die Konjunktionsketten K_h der Gestalt (1) fügen wir adjunktiv zusammen:

(2) $K_1 \vee \ldots \vee K_k$.

Dieser Satz erhält bei jeder Bewertung von $A_1, \ldots, A_n$ *denselben Wert* wie $jA_1 \ldots A_n$, denn es gilt:

$$\begin{aligned}
\mathfrak{b}(K_1 \vee \ldots \vee K_k) = \mathbf{w} &\Leftrightarrow \bigvee h : \mathfrak{b}(K_h) = \mathbf{w} \quad (\mathbf{R} \vee) \\
&\Leftrightarrow \bigvee h \bigwedge i : \mathfrak{b}(A_{h.i}) = \mathbf{w} \quad (\mathbf{R} \wedge) \\
&\Leftrightarrow \bigvee h : \mathfrak{b} \text{ ist die in } Z_h \text{ angegebene} \\
&\qquad \text{Bewertung der } A_{h.i} \text{ [nach (a)]} \\
&\Leftrightarrow \mathfrak{b}(jA_1 \ldots A_n) = \mathbf{w} \; (\mathbf{R}j).
\end{aligned}$$

Damit ist gezeigt, daß jede Wahrheitsfunktion durch $\{\neg, \wedge, \vee\}$ definierbar ist. Junktorenmengen dieser Art heißen *wahrheitsfunktional vollständig*. Es gilt also

Th. 2.10 *Die Menge der Junktoren* $\{\neg, \wedge, \vee\}$ *ist wahrheitsfunktional vollständig.*

Das Resultat von Th. 2.10 läßt sich noch verschärfen: Konjunktion und Adjunktion sind mit Hilfe der Negation wechselseitig definierbar,

denn $A \wedge B$ ist *j*-äquivalent mit $\neg(\neg A \vee \neg B)$,

und $A \vee B$ ist *j*-äquivalent mit $\neg(\neg A \wedge \neg B)$.

Also sind auch die Junktorenmengen $\{\neg, \wedge\}$ sowie $\{\neg, \vee\}$ wahrheitsfunktional vollständig.

Der Leser überlege sich ebenso die wahrheitsfunktionale Vollständigkeit von $\{\neg, \rightarrow\}$. Tatsächlich kann man sogar noch sparsamer vorgehen; im Prinzip genügt es, *eine* der beiden folgenden Wahrheitsfunktionen einzuführen:

A	B	$A \mid B$	$A \downarrow B$
w	w	f	f
w	f	w	f
f	w	w	f
f	f	w	w

Man mache sich auch die wahrheitsfunktionale Vollständigkeit von $\{\mid\}$ und $\{\downarrow\}$ klar.

Der erste Junktor ‚|' wird meist als *Sheffer-Strich*[3] bezeichnet und ist das formale Gegenstück zu ‚nicht ..., oder nicht ---'. Der zweite Junktor ‚↓' heißt auch *Peirce-Pfeil* und ist das formale Gegenstück zu ‚weder ... noch ---'.

3 Er wurde ursprünglich nicht von SHEFFER entdeckt, sondern von E. STAMM [1]. Die Veröffentlichung von H. M. SHEFFER erfolgte erst zwei Jahre später in [1].

Kapitel 3

Quantoren

3.1 Die Sprache der Quantorenlogik

Mit Hilfe der Junktoren läßt sich die natürliche Sprache des Alltags und der Wissenschaften nur auf wahrheitsfunktionale Satzverknüpfungen hin analysieren; weitere Strukturen werden nicht erfaßt. Zum Zweck einer tiefergehenden Analyse wollen wir die formale Sprache **J** des letzten Kapitels nun zu einer formalen Sprache **Q** erweitern. **Q** enthalte als *logische Zeichen* neben den durch ‚$\neg$', ‚$\wedge$', ‚$\vee$', ‚$\rightarrow$', ‚$\leftrightarrow$' mitgeteilten Junktorensymbolen die durch ‚$\bigwedge$' (Allquantor) und ‚$\bigvee$' (Existenzquantor) mitgeteilten *Quantorensymbole*. Ferner sollen in **Q** die folgenden Zeichen vorkommen:

(a) abzählbar unendlich viele *Objektvariable* (Mitteilungszeichen: x, y, z);[1]

(b) für jedes $n \geqq 0$ abzählbar unendlich viele *n-stellige Prädikatparameter* (P^n, Q^n, R^n);[2] die 0-stelligen heißen auch *Satzparameter* (p, q, r);

(c) für jedes $n \geqq 0$ abzählbar unendlich viele *n-stellige Funktionsparameter* (f^n, g^n, h^n); die 0-stelligen heißen auch *Objektparameter* (a, b, c);

(d) als Hilfszeichen wieder die *Klammern*, mitgeteilt durch ‚(', ‚)'.

Die in (a), (b), (c), (d) verwendeten Symbole gehören nicht zur Objektsprache **Q**, sondern sind *Metavariable* (*Mitteilungszeichen*) für die ent-

---

1 Üblicher als unsere Bezeichnungen ‚Objekt' (‚Objektvariable', ‚Objektbereich', ...) sind in der Literatur: ‚Individuum' (‚Individuenvariable', ‚Individuenbereich', ...). Letztere sind aber insofern etwas irreführend, als sie die Vorstellung der *Unteilbarkeit* oder *Unanalysierbarkeit* hervorrufen, was hier keineswegs beabsichtigt ist.

2 Als ‚Parameter' bezeichnen wir Symbole, deren Bedeutung im gegebenen Kontext fest ist, aber von Kontext zu Kontext variieren kann. In der Literatur werden diese Symbole auch als ‚Konstanten', manchmal auch als ‚freie Variablen' bezeichnet. Wir bezeichnen als ‚Konstanten' nur Symbole mit fester (weitgehend) kontext-unabhängiger Bedeutung; insbesondere die ‚logischen Konstanten' (Junktoren, Quantoren, Identitätszeichen), und in Kap. 8 weitere, axiomatisch charakterisierte, ‚nicht-logische Konstanten'. Als ‚Variablen' bezeichnen wir nur Symbole, die durch Quantoren oder andere Bindungszeichen gebunden werden können.

sprechenden Symbole von **Q**, und werden auch künftig, evtl. mit Indizes, in diesem Sinn verwendet.

Prädikat- bzw. Funktionsparameter derselben Stellenzahl heißen Parameter *vom selben Typ*. Die n-stelligen Prädikatparameter dienen zur formalen Wiedergabe von natursprachlichen *Prädikaten*, d. h. von Ausdrücken, die in Anwendung auf natursprachliche Objektbezeichnungen Sätze erzeugen. Wir lassen auch den Spezialfall n = 0 zu, d. h. Prädikate, die in Anwendung auf null Objektbezeichnungen Sätze erzeugen, also bereits Sätze sind. (Beispiele: argument-freie Vorgangsprädikate wie ‚es regnet', ‚es klopft'.) Ihr formales Gegenstück sind die *Satzparameter*, die schon zur vorangehenden Sprache **J** gehörten.

Bei der folgenden Behandlung von Funktionsbezeichnungen und Prädikaten sollen *verschiedene* Mitteilungszeichen für Parameter stets auch *verschiedene* Parameter mitteilen.

Die n-stelligen Funktionsparameter dienen zur formalen Wiedergabe von natursprachlichen *Bezeichnungen von Funktionen*, d. h. Ausdrücken, die in Anwendung auf n Objektbezeichnungen wiederum natursprachliche Objektbezeichnungen erzeugen. 0-stellige Funktionsbezeichnungen sind demnach selbst schon Objektbezeichnungen. Ihr formales Gegenstück sind die *Objektparameter a, b, c*. Aus diesen Objekt- und Funktionsparametern können mit Hilfe der Klammern beliebig komplexe *formale Objektbezeichnungen* gebildet werden, z. B.

$$h^1(b), \quad g^1(h^1(b)), \quad f^2(ag^1(h^1(b))).$$

Durch Anwendung von Prädikatparametern P^n auf solche Objektbezeichnungen $u_1, \ldots, u_n$ entstehen die *elementaren Sätze* von **Q** der Gestalt $P^n u_1 \ldots u_n$; Beispiel:

(1) $P^3 af^2(ag^1(h^1(b)))c$.

Die oberen Stellen-Indizes der Prädikat- und Funktionsparameter lassen wir künftig meist weg, da sie sich aus der Anzahl der nachfolgenden Argumente ergeben.

Diese formale Syntax ist in erster Linie auf die mathematische Sprache zugeschnitten. Zum Beispiel ist der elementare Satz (1) bei der Parameter-Deutung

(a) $Pxyz$: y liegt zwischen x und z, $f(xy)$: das Produkt von x und y, $g(x)$: das Quadrat von x, $h(x)$: der Nachfolger von x, a: 5, b: 3, c: 100

die mathematische Aussage:

(1a) Das Produkt von 5 und dem Quadrat des Nachfolgers von 3 liegt zwischen 5 und 100 [d. h. $5 < 5 \cdot (3+1)^2 < 100$].

Aber in der Syntax von **Q** lassen sich ebenso gut auch nicht-mathematische Aussagen formalisieren. Wenn wir die Parameter von (1) anders deuten:

(b) $Pxyz$: x hat y am Tag z verloren, $f(xy)$: der Prozeß von x gegen y, $g(x)$: die Verwaltung von x, $h(x)$: die Universität von x, a: Hans, b: München, c: 5.9.78,

so erhalten wir die Aussage:

(1b) Hans hat seinen Prozeß gegen die Münchner Universitätsverwaltung am 5.9.78 verloren.

(1a) und (1b) haben also den formalen Satz (1) als *gemeinsame logische Struktur*[3]. Diese Struktur, zusammen mit der entsprechenden Parameter-Deutung, bezeichnen wir als *logische Formalisierung* der betreffenden Aussage. Wir werden aber im folgenden von bestimmten Deutungen wie (a) oder (b) absehen und uns nur mit den formalen Sätzen, also den logischen Strukturen von Aussagen, beschäftigen. Aus elementaren Sätzen der Art (1) können mit Hilfe der Junktoren wie im letzten Kapitel beliebige *j-komplexe* Sätze gebildet werden. Ferner können mit Hilfe der Quantoren und Variablen *quantorenlogisch komplexe*, kurz *q-komplexe* Sätze gebildet werden; im einfachsten Fall:

$\bigwedge xPx$, zu lesen: Für alle $x: Px$; d.h. alles hat die Eigenschaft P;

$\bigvee xPx$, zu lesen: Für mindestens ein $x: Px$; d.h. etwas hat die Eigenschaft P.

Dabei ist der Teilausdruck Px kein formaler Satz, sondern eine „offene Formel“, in der die Variable x „frei“ vorkommt. Diese Variable wird durch den voranstehenden Quantor über x „gebunden“, wodurch eine „geschlossene Formel“, d.h. ein formaler Satz, entsteht. Bevor wir diese Begriffe definieren, betrachten wir einige Beispiele. Die meisten All- und Existenzaussagen beschränken sich auf Objekte einer bestimmten Art. In

(2) Alle Raben sind schwarz,
(3) Irgendein Rabe ist weiß,

beschränkt sich die Behauptung auf die Raben. Diese Aussagen lassen sich, mit P für ‚Rabe‘, Q für ‚schwarz‘, R für ‚weiß‘, nun so formalisieren:

---

3 Die logische Struktur einer Aussage ist keineswegs eindeutig. Zum Beispiel kann man (1a) genauer als Konjunktion analysieren, und für (1b) gibt es zahlreiche Möglichkeiten, vor allem was die Analyse des Zeit-Arguments betrifft. – Ob und wie weit die logische Syntax von **Q** als Basis einer allgemeinen Syntax der natürlichen Sprache geeignet ist, wird unterschiedlich beurteilt; die Beschreibung der natürlichen Satz-Oberfläche legt andere syntaktische Kategorien und Strukturen nahe als die Beschreibung der logisch-semantischen „Tiefe“.

(2) besagt: Für alle x: x ist kein Rabe, oder x ist schwarz, d.h. formal:

$$\bigwedge x(\neg Px \vee Qx),$$

und wegen der j-Äquivalenz von $\neg A \vee B$ mit $A \rightarrow B$ kann man dies umformen[4] in

(2′) $\bigwedge x(Px \rightarrow Qx)$.

Dagegen besagt (3): Für irgendein x: x ist Rabe und x ist weiß, d.h. formal:

(3′) $\bigvee x(Px \wedge Rx)$.

Wie wir sehen, lassen sich beschränkte Allaussagen mit Hilfe des Konditionals, beschränkte Existenzaussagen mit Hilfe der Konjunktion formalisieren[5]. Viele Aussagen zeigen bei näherer Analyse ein kompliziertes Zusammenspiel von Junktoren und Quantoren. Wenn wir die Aussage

(4) Jeder Kreis hat einen Mittelpunkt

so analysieren:

Zu jedem Kreis gibt es einen Punkt, der zu allen Punkten, die auf seiner Peripherie liegen, denselben Abstand hat,

so erhalten wir die Formalisierung

(4′) $\bigwedge x(Px \rightarrow \bigvee y\,(Qy \wedge \bigwedge z \bigwedge z_1(Qz \wedge Qz_1 \wedge Rzf(x) \wedge Rz_1f(x) \rightarrow P_1g(yz)g(yz_1))))$

mit der Parameter-Deutung. $Px : x$ ist ein Kreis, $Qx : x$ ist ein Punkt, $Rxy : x$ liegt auf y, $f(x)$: die Peripherie von x, $P_1xy : x$ ist gleich y (dieses Gleichheitsprädikat werden wir später durch eine logische Konstante, das *Identitätszeichen*, formalisieren), $g(xy)$: der Abstand von x zu y.

Wir wollen nun die Syntax von **Q** allgemein festlegen. Zunächst definieren wir die *Terme* als formale Objektausdrücke, in denen Variable vorkommen können. Genauer:

(1) Alle Objektvariablen und -parameter sind Terme;
(2) ist f ein n-stelliger Funktionsparameter ($n > 0$) und sind $t_1, \ldots, t_n$ Terme, so ist $f(t_1, \ldots, t_n)$ ein Term.

Unter *Formeln* verstehen wir satzartige Ausdrücke, die – zum Unterschied von Sätzen – auch freie Variable enthalten können. Genauer lautet die Definition von Formel:

---

4 Dies folgt aus dem späteren Th. 3.7.

5 Diese Formalisierungen sind *semantisch korrekt* in dem Sinn, daß die Sätze (2′), (3′) bei der gegebenen Parameter-Deutung dieselben Wahrheitswerte haben wie die Aussagen (2) und (3). Näheres dazu in Blau, Die dreiwertige Logik der Sprache, Teil I, 1.

(1) Alle Satzparameter sind Formeln;

(2) ist P ein n-stelliger Prädikatparameter ($n>0$) und sind $t_1, \ldots, t_n$ Terme, so ist $Pt_1 \ldots t_n$ eine Formel;

(3) sind S und S' Formeln, so sind auch $\neg S$, $(S \wedge S')$, $(S \vee S')$, $(S \rightarrow S')$, $(S \leftrightarrow S')$ sowie $\bigwedge xS$, $\bigvee xS$, für jede Objektvariable x, Formeln.

In Anlehnung an einen verbreiteten Sprachgebrauch verwenden wir für ‚Formel' gelegentlich die engl. Abkürzung ‚*wff*' (für ‚well-formed formula').

Um Klammern zu sparen, vereinbaren wir, daß die Quantoren und das Negationszeichen enger binden sollen als die zweistelligen Junktoren und ordnen die letzteren wieder nach abnehmender Bindungsstärke: $\wedge$, $\vee$, $\rightarrow$, $\leftrightarrow$.

Formeln sind nach der letzten Bestimmung (3) auch Ausdrücke wie $\bigwedge xp$, $\bigvee yQab$, in denen der Quantor „leer" läuft. Solche Ausdrücke werden aus Einfachheitsgründen in formalen Sprachen meist mit zugelassen, obwohl sie keine praktische Anwendung haben. Auch wir wollen sie aus dem Formelbegriff von **Q** nicht ausschließen.

Es folgen einige weitere Definitionen:

Ein Quantor, gefolgt von einer Variablen, heißt Quantor *über* dieser Variablen; wir sagen dann auch, daß die Variable zum Quantor *gehört.* Quantoren über derselben Variablen heißen *gleichnamig* (*mit* dieser Variablen). Bei Formeln $\bigwedge xE$, $\bigvee xE$ heißt E der *Bereich* des voranstehenden Quantors über x; durch ihn werden alle Vorkommnisse von x in E *gebunden*, die nicht zu einem Quantor gehören und nicht im Bereich eines gleichnamigen Quantors von E stehen. Variable von E, die nicht zu einem Quantor von E gehören und auch nicht durch einen solchen gebunden sind, heißen *frei in E.* Quantoren, in deren Bereich keine gleichnamige Variable frei vorkommt, heißen *leer.* Ausdrücke, in denen die Variablen $x_1, \ldots, x_n$ einfach oder mehrfach frei vorkommen, heißen *in* $x_1, \ldots x_n$ *offen.* Ist eine Formel in irgendwelchen Variablen $x_1 \ldots, x_n$ offen, so wird sie auch *offene Formel* genannt. Ausdrücke ohne freie Variable heißen *geschlossen.* Und zwar werden geschlossene Terme *Objektbezeichnungen* genannt, während geschlossene Formeln *Sätze* heißen. Ist F eine nur in $x_1, \ldots, x_n$ offene Formel, so nennen wir $\bigwedge x_1 \ldots \bigwedge x_n F$ einen *Allabschluß von F.*

Wir verwenden die folgenden Metavariablen: ‚t' für Terme; ‚F' für Formeln; ‚u', ‚v', ‚w' für Objektbezeichnungen; ‚A', ‚B', ‚C' für Sätze.

Unter dem *Grad* einer Formel verstehen wir die Anzahl ihrer Junktoren- und Quantorensymbole. Die Formeln vom Grad 0, also jene der Gestalt $Pu_1 \ldots u_n$ ($n \geqq 0$), werden *elementar* genannt, die anderen *komplex.* Bei den komplexen unterscheiden wir die *j-komplexen*, d.h. solche der

Gestalt $\neg A$ bzw. AjB (j = $\wedge$, $\vee$, $\rightarrow$, $\leftrightarrow$), von den *q-komplexen*, d.h. solchen der Gestalt qxF (q = $\bigwedge$, $\bigvee$). Die elementaren und q-komplexen Formeln heißen zusammen auch *j-elementar*, wodurch ausgedrückt werden soll, daß sie rein junktorenlogisch nicht weiter analysierbar sind. Elementare und j-elementare Formeln werden auch als *atomare* und *j-atomare* Formeln bezeichnet. Wenn wir atomare und negierte atomare Formeln gemeinsam betrachten, so sprechen wir auch von *schwach-* oder *s-atomaren* Formeln.

Ferner benötigen wir für die Sprache **Q** die formalen Gegenstücke zu den natursprachlichen Prädikaten und Bezeichnungen von Funktionen, nämlich die Begriffe des *n-stelligen Prädikates* und der *n-stelligen Funktionsbezeichnung.*

Anmerkung. Die terminologische Asymmetrie ‚Funktionsbezeichnung' – ‚Prädikat' rührt daher, daß Funktionen *nicht-sprachliche* Objekte, Prädikate hingegen *sprachliche* Objekte, nämlich Relationsbezeichnungen, sind.

Didaktische Erwägungen scheinen zwar prima facie dafür zu sprechen, den impliziten Pleonasmus im Ausdruck ‚Prädikatsbezeichnung' in Kauf zu nehmen und sowohl von Funktionsbezeichnungen als auch von Prädikatsbezeichnungen zu sprechen. Doch würde dies eine andere Gefahr heraufbeschwören: Einige Autoren, vor allem im englischsprachigen Bereich, verwenden das Wort Prädikat' tatsächlich so, daß sie darunter nichtsprachliche Objekte, nämlich Relationen, verstehen. Würden wir uns für die terminologische Symmetrie ‚Funktionsbezeichnung' – ‚Prädikatsbezeichnung' entscheiden, so könnte das den irrigen Eindruck begünstigen, daß im vorliegenden Buch diese unübliche Verwendung von ‚Prädikat' übernommen worden wäre.

Eine besonders elegante und dennoch anschauliche Methode zur Einführung der beiden Begriffe des Prädikates und der Funktionsbezeichnung besteht in der Benützung von sog. Nennformen nach K. SCHÜTTE. Für diesen Zweck werden in Ergänzung zu den Grundzeichen unserer Sprache **Q** abzählbar unendlich viele (autonym verwendete) *Markierungszeichen* hinzugenommen: $*_1, *_2, \ldots, *_n, \ldots$.

Genauer: Wir nennen die Menge der Grundzeichen von **Q** das Alphabet $\mathbb{A}$ dieser Sprache. Endliche lineare Reihen von Zeichen aus $\mathbb{A}$ heißen *Wörter über* $\mathbb{A}$. Die Menge der Wörter über $\mathbb{A}$ werde mit $\mathbb{A}^*$ bezeichnet. Neben dem Alphabet $\mathbb{A}$ benötigen wir eine Menge $M = \{*_i \mid i \in \omega\}$ von *Markierungszeichen*, die nicht zum Alphabet unserer Sprache gehören, d.h. $\mathbb{A} \cap M = \emptyset$. (Außerdem setzen wir als selbstverständlich voraus, daß kein Markierungszeichen aus anderen Elementen von M sowie aus Elementen von $\mathbb{A}$, z.B. als Folge usw., konstruierbar ist.)

Eine *n-stellige Nennform* ist eine (nicht leere) endliche Zeichenfolge, die außer Elementen des Alphabetes $\mathbb{A}$ höchstens die Markierungszeichen $*_1, \ldots, *_n$ enthält. In einer mehr technischen Ausdrucksweise ist eine n-stellige Nennform ein Element aus der Menge der Wörter $(\mathbb{A} \cup \{*_1, \ldots, *_n\})^*$, d.h. sie ist ein Wort über dem Alphabet $\mathbb{A} \cup \{*_1, \ldots, *_n\}$.

Eine n-stellige Nennform wird durch $\mathfrak{N}[*_1, \ldots, *_n]$ mitgeteilt. Statt $\mathfrak{N}[*_1, \ldots, *_n]$ schreiben wir auch einfach $\mathfrak{N}$; und wir verstehen unter $\mathfrak{N}[c_1, \ldots, c_n]$ diejenige Zeichenfolge, die das Resultat der Ersetzung aller $*_i$ durch c_i in $\mathfrak{N}$ ist.

Jetzt folgen die entscheidenden Definitionen:

Ist u ein Term, $\mathfrak{N}$ eine n-stellige Nennform, $a_1, \ldots, a_n$ eine nicht leere Folge von Objektparametern und ist ferner

$$u = \mathfrak{N}[a_1, \ldots, a_n],$$

so ist $\mathfrak{N}(*_1, \ldots, *_n)$ eine *n-stellige Funktionsbezeichnung*. Einen Spezialfall bilden die 0-*stelligen Funktionsbezeichnungen* u^0, v^0, w^0, die wir mit den Objektbezeichnungen identifizieren. Eine dreistellige Funktionsbezeichnung ist z. B.

(1) $g(f(*_2 a)*_1 *_1 f(g(b *_3 *_2 h(*_2))a))$.

Prädikate werden analog eingeführt:

Ist A eine Formel, $\mathfrak{N}$ eine n-stellige Nennform, $a_1, \ldots, a_n$ eine nicht leere Folge von Objektparametern und ist ferner

$$A = \mathfrak{N}[a_1, \ldots, a_n],$$

so ist $\mathfrak{N}(*_1, \ldots, *_n)$ ein *n-stelliges Prädikat*. Einen Spezialfall bilden die 0-*stelligen Prädikate* A^0, B^0, C^0, die wir mit den Sätzen identifizieren. Ein zweistelliges Prädikat ist z. B.

(2) $P *_2 b \rightarrow \bigwedge z Q a g(h(b h(*_1 z))) \vee \neg \bigvee y R g(*_2) y$.

Der einheitliche Begriff der Nennform wird also sowohl für die Definition n-stelliger Funktionsbezeichnungen als auch n-stelliger Prädikate (beide Male mit $n \geqq 0$) benützt.

Anmerkung 1. Die Definition der n-stelligen Nennform gestattet, daß jedes der n Markierungszeichen $*_1, \ldots, *_n$ darin mehrfach vorkommt, verlangt jedoch *nicht*, daß jedes *mindestens einmal* darin vorkommt. Der Effekt dieser Maßnahme ist, daß *leere* Quantifikationen zugelassen werden, so daß in Formeln $\bigwedge xE$, $\bigvee xE$ im Bereich E durch $\bigwedge x$ bzw. $\bigvee x$ überhaupt keine Variablen gebunden werden müssen.

Will man leere Quantifikationen verbieten, so muß man verlangen, daß in $\mathfrak{N}(*_1, \ldots, *_n)$ jedes der n Markierungszeichen $*_1, \ldots, *_n$ *mindestens einmal* vorkommt.

Es lassen sich Gründe für und gegen die Zulassung leerer Quantoren angeben. Während sprachphilosophische Erwägungen vermutlich eher *dagegen* sprechen, sind es hauptsächlich Gründe der Einfachheit und der mathematischen Eleganz, die sich *dafür* ins Feld führen lassen. Mit der Zulassung leerer Quantoren folgen wir der Majorität heutiger Logiker.

Anmerkung 2. Der Begriff der Nennform ist für die Definition von Funktionsbezeichnungen und Prädikaten nicht unerläßlich. So z. B. bestünde für die zweite, im mittleren

Absatz von Anm. 1 angedeutete Weise der Einführung von Funktionsbezeichnungen und Prädikaten die folgende Alternativkonstruktion: u sei ein Term, aber kein Parameter; $a_1, \ldots, a_n$ seien verschiedene Objektparameter, die alle in u mindestens einmal vorkommen. Wenn jedes Vorkommnis von a_i $(1 \leqq i \leqq n)$ durch $*_i$ ersetzt wird, so heißt das Resultat eine *n-stellige Funktionsbezeichnung*. Ganz analog erhalten wir die *n-stelligen Prädikate*, wenn wir statt von einem Term u von einem Satz A ausgehen.

Dieses Verfahren hat den folgenden Nachteil: Wir müßten für die beiden Ausdrucksarten *Metavariable* einführen, etwa ‚$u[*_1, \ldots, *_n]$' für die n-stellige, aus u gewonnene Funktionsbezeichnung und ‚$A[*_1, \ldots, *_n]$' für das n-stellige, aus A gewonnene Prädikat. Beide Ausdrücke könnten, selbst bei festem Ausgangspunkt u bzw. A, jeweils *Verschiedenes* bezeichnen, wären also mehrdeutig. Denn während zwar verlangt wird, daß sämtliche Vorkommnisse eines Parameters durch ein und dasselbe Markierungszeichen zu ersetzen sind, ließe es der Formalismus offen, welches Markierungszeichen welchen Parameter ersetzt; in *einem* Kontext könnte z. B. $*_1$ an die Stelle des Parameters b, in einem *anderen* an die Stelle des Parameters c treten usw. Diese Mehrdeutigkeit von ‚$u[*_1, \ldots, *_n]$' gegenüber ‚u' sowie von ‚$A[*_1, \ldots, *_n]$' gegenüber ‚A' würde allerdings praktisch nichts ausmachen, weil die beiden Metavariablen *in ein und demselben Kontext* jeweils dasselbe bedeuteten. Trotzdem könnte dieser unvermittelte Übergang von einem eindeutigen zu einem mehrdeutigen Ausdruck den Leser verwirren und zu einer Fehldeutung führen.

Es ist also kein systematischer, sondern ein didaktischer Grund, der für die Verwendung von Nennformen spricht. Hier tritt die erwähnte Schwierigkeit nicht auf. Denn im Unterschied z. B. zu ‚$u[*_1, \ldots, *_n]$' enthält ‚$\mathfrak{N}[*_1, \ldots, *_n]$' keinerlei Mehrdeutigkeit, sondern ist die Bezeichnung *eines ganz bestimmten Wortes* über $\mathbb{A} \cup \{*_1, \ldots, *_n\}$. Erst mit Hilfe dieser eindeutigen Nennform werden dann die Terme bzw. die Formeln angegeben, die aus den n-stelligen Funktionsbezeichnungen bzw. Prädikaten durch Substitution von Objektparametern für Markierungszeichen hervorgehen.

Es möge beachtet werden, daß *beide* Verfahren, mit oder ohne Nennform, verlangen, aus der „eigentlichen" formalen Sprache durch Benützung „uneigentlicher" Symbole, nämlich der nicht zum Alphabet $\mathbb{A}$ gehörenden Markierungszeichen, herauszutreten und Ausdrücke neuer Art zu bilden.

Eine Zusammenfassung der hauptsächlich verwendeten Metavariablen gibt das folgende Diagramm.

Funktionsparameter		Prädikatparameter	
0-stellig	mehrstellig	0-stellig	mehrstellig
f^0, g^0, h^0 oder auch a, b, c Objektparameter	f^n, g^n, h^n	P^0, Q^0, R^0 oder auch p, q, r Satzparameter	P^n, Q^n, R^n
u^0, v^0, w^0 oder auch u, v, w Objektbezeichn.	u^n, v^n, w^n oder auch $u[*_1, \ldots, *_n]$	A^0, B^0, C^0 oder auch A, B, C Sätze	A^n, B^n, C^n oder auch $A[*_1, \ldots, *_n]$
Funktionsbezeichnungen		Prädikate	

Durch Anwendung n-stelliger Funktionsbezeichnungen und Prädikate auf Terme $t_1, \ldots, t_n$ entstehen wieder die Terme und Formeln von **Q**:

Den Term, der aus u^n durch Ersetzung aller Vorkommnisse von $*_i$ durch t_i entsteht, bezeichnen wir mit ‚$u[t_1, \ldots, t_n]$'; die neu eingesetzten Vorkommnisse von t_i nennen wir die *bezeichneten Vorkommnisse von* t_i in $u[t_1, \ldots, t_n]$. Für gegebenes u^n unterscheiden sich $u[t_1, \ldots, t_n]$ und $u[t'_1, \ldots, t'_n]$ höchstens bezüglich der bezeichneten t_i, t'_i.

Eine entsprechende Ersetzung definieren wir für Prädikate *nur für den Fall*, daß die in den t_i evtl. vorkommenden Variablen nach Einsetzung für $*_i$ nicht gebunden werden: A^n heiße *frei für* $t_1, \ldots, t_n$, wenn in A^n kein $*_i$ im Bereich eines Quantors über einer Variablen steht, die in t_i vorkommt. Zum Beispiel ist das obige Prädikat (2) frei für $f(g(xa)y)$, x, aber nicht für $x, f(g(xa)y)$. *Unter der Voraussetzung, daß A frei für* $t_1, \ldots, t_n$ *ist*, sei $A[t_1, \ldots, t_n]$ die Formel, die aus A^n durch Ersetzung aller Vorkommnisse von $*_i$ durch t_i entsteht. Wenn künftig ein Ausdruck der Art ‚$A[t_1, \ldots, t_n]$' verwendet wird, ist diese Voraussetzung stets als erfüllt zu betrachten. Daher kommen in $A[t_1, \ldots, t_n]$ höchstens die Variablen frei vor, die in den bezeichneten t_i vorkommen. Zum Beispiel ist $\mathrm{q}xA[x]$ ($\mathrm{q} = \bigwedge, \bigvee$) stets ein Satz, wobei $\mathrm{q}x$ höchstens die bezeichneten x bindet. Umgekehrt hat jeder *q*-komplexe Satz für irgendein $A[*_1]$, x die Gestalt $\mathrm{q}xA[x]$. Dieser Satz heißt *All-* bzw. *Existenzschließung* der Formel $A[x]$, und $A[u]$ heißt die *Spezialisierung* von $\mathrm{q}xA[x]$ *auf u*. Jeder *q*-komplexe Satz kann auf jede Objektbezeichnung spezialisiert werden, wodurch in jedem Fall ein Satz entsteht.

In semantischer Hinsicht werden die Spezialisierungen eines *q*-komplexen Satzes eine ganz ähnliche Rolle spielen wie die unmittelbaren Teilsätze eines *j*-komplexen. Daher verallgemeinern wir den junktorenlogischen Begriff des Teilsatzes zum Begriff des *q-Teilsatzes:*

1) A ist *q*-Teilsatz von A und von $\neg A$;
2) A und B sind *q*-Teilsätze von AjB ($\mathrm{j} = \wedge, \vee, \rightarrow, \leftrightarrow$);
3) für jedes u ist $A[u]$ *q*-Teilsatz von $\mathrm{q}xA[x]$ ($\mathrm{q} = \bigwedge, \bigvee$);
4) ist A *q*-Teilsatz von B, und B *q*-Teilsatz von C, so ist A *q*-Teilsatz von C.

Man beachte, daß jeder Satz, der einen Quantor enthält, *unendlich* viele *q*-Teilsätze hat. Streng zu unterscheiden von ihnen sind die *Teilsätze, Teilformeln, Teilterme, … Teilausdrücke* eines gegebenen Ausdrucks S; darunter verstehen wir nur diejenigen, die in S tatsächlich als zusammenhängende Teilfolge vorkommen, und das sind stets endlich viele.

Unter der *Teilsprache* $\mathbf{Q}_A$ bzw. $\mathbf{Q}_M$ verstehen wir diejenige Teilsprache von $\mathbf{Q}$, die aus $\mathbf{Q}$ durch Beschränkung auf die in A bzw. in M vorkommenden Prädikat- und Satzparameter entsteht. Dagegen sollen sämtliche Funktions- und Objektparameter von $\mathbf{Q}$ auch zu allen Teilsprachen von $\mathbf{Q}$ gehören. (Das letztere hat folgenden Grund: Nur unter dieser Voraussetzung kann das quantorenlogische Gegenstück zu Th. 2.2, nämlich das spätere Th. 3.2, bewiesen werden.)

3.2 Quantorenregeln. Wahrheitsannahmen. Quantorenlogische Bewertungen (q-Bewertungen)

Nach diesen syntaktischen Festlegungen wenden wir uns der *Semantik* zu. Zunächst übertragen wir die *j*-semantischen Begriffe und Resultate des letzten Kapitels auf die erweiterte Sprache **Q**. Die Rolle der Satzparameter in **J** übernehmen die *j*-elementaren Sätze: Eine *j-Wahrheitsannahme* (*für A*, bzw. *M*) ist eine Bewertung aller *j*-elementaren Sätze von **Q** ($\mathbf{Q}_A$, $\mathbf{Q}_M$), und eine *j-Bewertung* (*für A*, bzw. *M*) ist eine Bewertung aller Sätze von **Q** ($\mathbf{Q}_A$, $\mathbf{Q}_M$) gemäß (**R**$\neg$) bis (**R**$\leftrightarrow$). Damit wird die *j-Gültigkeit*, *j-Folgerung*, *j-Erfüllbarkeit* usw. für Sätze und Satzmengen von **Q** wie oben definiert.

Nun *erweitern* wir die Junktorenlogik zur sog. *Quantorenlogik 1. Stufe*[6] durch Hinzunahme der *Quantorenregeln:*

(**R**$\bigwedge$) Wenn für jede Objektbezeichnung u $A[u]$ **w** ist, dann ist $\bigwedge xA[x]$ **w**;
wenn für mindestens eine Objektbezeichnung u $A[u]$ **f** ist, dann ist $\bigwedge xA[x]$ **f**.

(**R**$\bigvee$) Wenn für mindestens eine Objektbezeichnung u $A[u]$ **w** ist, dann ist $\bigvee xA[x]$ **w**;
wenn für jede Objektbezeichnung u $A[u]$ **f** ist, dann ist $\bigvee xA[x]$ **f**.

Nach diesen Regeln ist ein Allsatz gleichsam die „unendliche Konjunktion"; und ein Existenzsatz ist die „unendliche Adjunktion" sämtlicher Spezialisierungen. Der Allsatz ist wahr genau dann, wenn alle Spezialisierungen wahr sind; der Existenzsatz ist wahr genau dann, wenn mindestens eine Spezialisierung wahr ist. Diese formalen Wahrheitsbedingungen dürften plausibel erscheinen, sofern wir voraussetzen:

(V) Jedes Objekt hat wenigstens eine Bezeichnung u.

Andernfalls könnte es sein, daß die durch $A[*_1]$ *ausgedrückte Eigenschaft auf alle bezeichenbaren* Objekte zutrifft, aber auf ein „namenloses" Objekt nicht; dann wäre $\bigwedge xA[x]$ formal wahr, aber intuitiv falsch. Und wenn umgekehrt diese Eigenschaft *nur* auf ein namenloses Objekt zutrifft, so wäre $\bigvee xA[x]$ formal falsch, aber intuitiv wahr.

Nun ist die Voraussetzung (V) aber nicht unproblematisch, denn in **Q** gibt es nur abzählbar unendlich viele Objektbezeichnungen. Daher kann

---

6 Quantorenlogiken höherer Stufen sind solche, in denen nicht nur über Objekte, sondern auch über Prädikate, Prädikaten-Prädikate, ... quantifiziert wird.

Q bei dieser Auffassung der Quantoren nicht auf *beliebig große*, sondern nur auf abzählbare Objektbereiche angewendet werden. Später werden wir die Semantik auch für nicht abzählbare Bereiche mit namenlosen Objekten verallgemeinern, aber zunächst verwenden wir der Einfachheit halber die obigen Quantorenregeln.

Eine *(q-)Wahrheitsannahme* oder *(q-)atomare Bewertung (für A*, bzw. *M)* ist eine Bewertung aller elementaren Sätze von **Q** ($\mathbf{Q}_A$, $\mathbf{Q}_M$), und eine *quantorenlogische* oder *q-Bewertung (für A* bzw. *M)* ist eine Bewertung aller Sätze von **Q** ($\mathbf{Q}_A$, $\mathbf{Q}_M$) gemäß den Junktoren- und Quantorenregeln. Offenbar stellen die q-Bewertungen die naturgemäßen Verallgemeinerungen der für die Junktorenlogik definierten j-Bewertungen oder Booleschen Bewertungen auf den quantorenlogischen Fall dar.

Analog zu Th. 2.1 gilt

Th. 3.1 *Jede q-Bewertung (für M) enthält genau eine Wahrheitsannahme (für M), und jede Wahrheitsannahme (für M) ist in genau einer q-Bewertung (für M) enthalten.*

Der *Beweis* entspricht dem zu Th. 2.1 (mit elementaren Sätzen anstelle der Satzparameter); er ist im Induktionsschritt zu ergänzen:

2.3. A hat die Gestalt $\mathrm{q}xB[x]$ ($\mathrm{q} = \wedge, \vee$). Nach I.V. ist $B[u]$, für jedes u, eindeutig, und nach (**R**q) auch $\mathrm{q}xB[x]$.

Auch hier können wir also von *der zugehörigen* Wahrheitsannahme (für M bzw. A) einer gegebenen q-Bewertung (für M, bzw. A) sprechen, und umgekehrt.

Th. 3.2 *Jede q-Bewertung enthält genau eine q-Bewertung für jedes M, und jede q-Bewertung für M ist in wenigstens einer q-Bewertung enthalten.*

Beweis: Wie zu Satz 2.

Analog, wie wir von den j-Bewertungen durch Verallgemeinerung auf den quantorenlogischen Fall zu den q-Bewertungen gelangten, können wir die j-Wahrheitsmengen zu q-Wahrheitsmengen verallgemeinern (wir definieren den Begriff einfachheitshalber nur für ganz **Q**):

Eine Menge M von Sätzen aus **Q** ist eine *q-Wahrheitsmenge* gdw

$q\mathrm{w}_1$) M eine j-Wahrheitsmenge ist;

$q\mathrm{w}_2$) $\wedge xA[x] \in M$ gdw für jede Objektbezeichnung u gilt: $A[u] \in M$;

$q\mathrm{w}_3$) $\vee xA[x] \in M$ gdw für mindestens eine Objektbezeichnung u gilt: $A[u] \in M$.

Wie in der Junktorenlogik (vgl. Th. 2.3) gilt:

M ist eine q-Wahrheitsmenge gdw die charakteristische Funktion von M eine q-Bewertung ist.

3.3 Semantische Eigenschaften und Beziehungen der Quantorenlogik

Mit ‚b' als Variable für q-Bewertungen definieren wir für Sätze A, B und Satzmengen M analog zum junktorenlogischen Fall:

A ist
q-gültig $=_{\mathrm{df}} \bigwedge \mathfrak{b} : \mathfrak{b}(A) = \mathbf{w}$,
q-ungültig (*q-kontradiktorisch*) $=_{\mathrm{df}} \bigwedge \mathfrak{b} : \mathfrak{b}(A) = \mathbf{f}$,
q-erfüllbar $=_{\mathrm{df}} \bigvee \mathfrak{b} : \mathfrak{b}(A) = \mathbf{w}$,
q-widerlegbar $=_{\mathrm{df}} \bigvee \mathfrak{b} : \mathfrak{b}(A) = \mathbf{f}$,
q-kontingent $=_{\mathrm{df}}$ A ist q-erfüllbar und q-widerlegbar.

Die auf A zutreffende Eigenschaft der q-Gültigkeit, q-Ungültigkeit oder q-Kontingenz heißt der *q-Status* von A.

$\mathfrak{b}$ *erfüllt* A (bzw. M) $=_{\mathrm{df}} \mathfrak{b}(A) = \mathbf{w}$ (bzw. für alle $A \in M$);
M ist *q-erfüllbar* $=_{\mathrm{df}} \bigvee \mathfrak{b} : \mathfrak{b}$ erfüllt M;
A ist *q-Folgerung* aus B (bzw. M) $=_{\mathrm{df}} \bigwedge \mathfrak{b} : \mathfrak{b}$ erfüllt B (bzw. M) $\Rightarrow$ $\mathfrak{b}$ erfüllt A;
A und B sind *q-äquivalent* $=_{\mathrm{df}} \bigwedge \mathfrak{b} : \mathfrak{b}(A) = \mathfrak{b}(B)$.

Bei Bedarf werden wir diese semantischen Begriffe auch für *offene* Formeln verwenden, wobei wir eine offene Formel wie einen Allabschluß von ihr behandeln.

Die Wendung ‚A ist q-Folgerung aus B (bzw. M)' geben wir auch durch ‚B (bzw. M) *q-impliziert* A' wieder und statt von q-Folgerung sprechen wir dann von q-Implikation. Analog zur Junktorenlogik symbolisieren wir dies durch $B \Vdash_q A$ bzw. $M \Vdash_q A$. Ferner schreiben wir $\Vdash_q A$ für die q-Gültigkeit von A. Aus den Definitionen ergeben sich für die q-semantischen Begriffe dieselben Zusammenhänge wie früher für die j-semantischen. Analog zu Th. 2.9 gilt:

Th. 3.3 (*a*) $\emptyset \Vdash_q A \Leftrightarrow \Vdash_q A$;
(*b*) $A_1, \ldots, A_n \Vdash_q A \Leftrightarrow \Vdash_q A_1 \wedge \ldots \wedge A_n \rightarrow A$;
(*c*) $M \Vdash_q A \Leftrightarrow M, \neg A$ *ist q-unerfüllbar.*

Ebenso gelten die Eigenschaften der junktorenlogischen Implikation, wie sie in Kap. 2 auf S. 69 aufgeführt wurden, entsprechend für die q-Implikation.

Wie in der Junktorenlogik läßt sich die Gültigkeit auch in der Quantorenlogik schon durch die Wahrheit bei allen (q-)*atomaren* Bewertungen charakterisieren.

Eine ziemlich selbstverständliche Tatsache ist

Th. 3.4 *Die Quantorenlogik ist widerspruchsfrei.*

Das soll heißen: Es gibt keinen Satz, der zugleich mit seiner Negation q-gültig ist.

Beweis: Angenommen, es gibt Sätze A, $\neg A$, die beide q-gültig, also bei allen q-Bewertungen **w** sind. Dann wäre nach (**R**$\neg$) A bei allen $\mathfrak{b}$ sowohl **w** als auch **f**. Das würde bedeuten, daß es *keine* q-Bewertungen gibt (denn diese sind Funktionen). Aber q-Bewertungen lassen sich leicht definieren: So ist z. B.

$$\mathfrak{a}(A) =_{df} \mathbf{w} \text{ für jeden elementaren Satz } A,$$

eine Wahrheitsannahme, und nach Th. 3.1 gibt es eine zugehörige q-Bewertung.

Aus der Widerspruchsfreiheit der Quantorenlogik folgt auch die der Junktorenlogik; denn jede q-Bewertung ist definitionsgemäß eine j-Bewertung für die Sprache **Q**. Aus diesem Grund gilt offensichtlich auch

Th. 3.5 (*a*) $\Vdash_j A \Rightarrow \Vdash_q A$,
(*b*) $M \Vdash_j A \Rightarrow M \Vdash_q A$,
(*c*) *M ist q-erfüllbar* $\Rightarrow$ *M ist j-erfüllbar.*

Die Umkehrungen gelten natürlich nicht, da nicht jede j-Bewertung eine q-Bewertung ist. (Übungsaufgabe: Man definiere für die Sprache **Q** eine j-Bewertung, die keine q-Bewertung ist.)

Das Verhältnis von j-Status und q-Status sieht also folgendermaßen aus:

j-gültig	j-kontingent			j-ungültig
z. B. $Pa \vee \neg Pa$	z. B. $Pa \rightarrow \bigvee x Px$	z. B. Pa	z. B. $\bigwedge x Px \wedge \neg Pa$	z. B. $Pa \wedge \neg Pa$
q-gültig		q-kontingent	q-ungültig	

Dasselbe Verhältnis wird sich stets beim Übergang zu einer stärkeren Logik L einstellen: Die L-Gültigkeit und L-Ungültigkeit nimmt zu, die L-Kontingenz nimmt entsprechend ab. Im Extremfall einer *vollständigen* Logik L ist die L-Kontingenz leer, und in jedem *widerspruchsfreien* L sind L-Gültigkeit und L-Ungültigkeit disjunkt.

Während sich der j-Status der Sätze von **Q** nach der Wahrheitstafel-Methode mechanisch entscheiden läßt (wobei die j-elementaren Teilsätze die Rolle der Satzparameter übernehmen), gibt es für den q-Status *kein Entscheidungsverfahren*[7], da wir die unendlich vielen Wahrheitsannah-

7 Dies ist das Theorem von A. Church [In: A note on The Entscheidungsproblem, The Journal of Symbolic Logic 1, No. 1 (1936) und Korr. No. 3 (1936)].

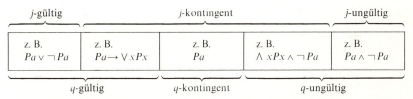

men für einen q-komplexen Satz nicht der Reihe nach durchmustern können. Bei Sätzen *einfacher* Gestalt (vor allem solchen mit höchstens zwei Quantoren) läßt sich aber der q-Status meist ohne große Mühe feststellen. Zum Beispiel ist die logische Struktur der Aussage

(1) Alles hat eine Ursache, aber nichts ist Ursache von allem

(1′) $\bigwedge x \bigvee y Pyx \wedge \neg \bigvee y \bigwedge x Pyx$ mit $Pxy : x$ ist Ursache von y,

q-erfüllbar, wenn wir etwa die Wahrheitsannahme $\mathfrak{a}$ betrachten:

$$\mathfrak{a}(A) =_{\text{df}} \begin{cases} \mathbf{w}, & \text{wenn } A \text{ ein elementarer Satz der Gestalt } Puu \text{ ist;} \\ \mathbf{f}, & \text{wenn } A \text{ ein elementarer Satz anderer Gestalt ist.} \end{cases}$$

Bei der zugehörigen q-Bewertung $\mathfrak{b}$ ist für jedes u nach (**R**$\bigvee$) $\bigvee yPyu$ **w**, und nach (**R**$\bigwedge$) ist $\bigwedge x \bigvee yPyx$ **w**; andererseits ist $\bigvee y \bigwedge xPyx$ **f**, (denn für jedes von u verschiedene v ist Puv **f**). Daher ist (1′) nach (**R**$\neg$), (**R**$\bigwedge$) bei $\mathfrak{b}$ **w**, also q-erfüllbar.

Aber (1′) ist auch *q-widerlegbar*, nämlich **f** bei jener q-Bewertung, deren zugehörige Wahrheitsannahme alle elementaren Sätze mit **f** bewertet. (1′) ist also *q-kontingent:* rein quantorenlogisch läßt sich der Wahrheitswert einer Aussage der Art (1) nicht feststellen. – Dagegen ist die logische Struktur der Aussage

(2) Alles ist vergänglich genau dann, wenn nichts unvergänglich ist

(2′) $\bigwedge xPx \leftrightarrow \neg \bigvee x \neg Px$, $Px : x$ ist vergänglich

q-gültig, denn für jede q-Bewertung $\mathfrak{b}$ gilt:

$$\begin{aligned} \mathfrak{b}(\bigwedge xPx) = \mathbf{w} &\Leftrightarrow \mathop{\bigwedge\!\!\!\bigwedge} u : \mathfrak{b}(Pu) = \mathbf{w} && (\mathbf{R}\bigwedge) \\ &\Leftrightarrow \mathop{\bigwedge\!\!\!\bigwedge} u : \mathfrak{b}(\neg Pu) = \mathbf{f} && (\mathbf{R}\neg) \\ &\Leftrightarrow \mathfrak{b}(\bigvee x \neg Px) = \mathbf{f} && (\mathbf{R}\bigvee) \\ &\Leftrightarrow \mathfrak{b}(\neg \bigvee x \neg Px) = \mathbf{w} && (\mathbf{R}\neg). \end{aligned}$$

Daher haben die beiden Glieder des Bikonditionals (2) bei jedem $\mathfrak{b}$ denselben Wert, und nach (**R**$\leftrightarrow$) ist (2) bei jedem $\mathfrak{b}$ **w**, also q-gültig.

Der Leser ermittle übungshalber den q-Status folgender Sätze:

(a) $\bigwedge x \bigwedge yPxy \rightarrow \bigwedge zPzz$,

(b) $\bigwedge x(Px \rightarrow \neg \bigvee yQxy) \wedge \bigvee z(Pz \wedge Qzz)$,

(c) $\bigwedge x(Px \rightarrow Qx) \wedge \bigwedge xPx \rightarrow \bigwedge xQx$,

(d) $\bigvee x(Px \rightarrow Qx) \wedge \bigvee xPx \rightarrow \bigvee xQx$.

3.4 Logisch gültige Aussagen über Sätze mit Quantoren

Betrachten wir als nächstes einige einfache und häufig verwendete q-gültige Schemata.

Zunächst geben wir eine Reihe von q-gültigen Bikonditionalen an, durch die das Zusammenspiel von Quantoren und Negationszeichen gekennzeichnet wird. Der Leser beachte, daß durch q-gültige Bikonditionale zugleich die q-Äquivalenz der beiden Seiten des Bikonditionals gezeigt wird (und umgekehrt). Daher lassen sich z. B. die ersten beiden unter (a) angeführten Formelschemata zur Definition jeweils eines der beiden Quantoren durch den anderen und die Negation verwenden. Aus diesem Grund kommt man in der Quantorenlogik im Prinzip mit einem einzigen Quantor aus.

(a) *Umformung der Quantoren*

$$\begin{array}{l} \bigwedge xA[x] \leftrightarrow \neg \bigvee x \neg A[x] \\ \bigvee xA[x] \leftrightarrow \neg \bigwedge x \neg A[x] \\ \neg \bigwedge xA[x] \leftrightarrow \bigvee x \neg A[x] \\ \neg \bigvee xA[x] \leftrightarrow \bigwedge x \neg A[x]. \end{array}$$

Nachdem das Zusammenwirken der Quantoren mit dem einstelligen Negationsjunktor betrachtet wurde, wenden wir uns jetzt der analogen Frage für die zweistelligen Junktoren zu. Hier ist zu beachten, daß nur in zwei Fällen eine logische Äquivalenz vorliegt, die eine beliebige Vertauschung (im Sinn eines vollen Distributivgesetzes) gestattet, nämlich bei der Distribution des Allquantors über die Konjunktion und des Existenzquantors über die Adjunktion.

Besonders zu beachten ist eine dritte logische Äquivalenz, welche die Distribution des Existenzquantors über das Konditional betrifft: Hier ist der Existenzquantor bei der Distribution im Antecedens des Konditionals in einen Allquantor zu verwandeln.

Der Leser mache sich die Ungültigkeit der in der folgenden Tabelle jeweils nicht aufgeführten Richtungen der einfachen Konditionale durch passende Gegenbeispiele (geeignete Sätze mit Wahrheitsannahmen) selbst klar.

(b) *Distribution der Quantoren über die Junktoren*

$$\begin{array}{l} \bigwedge x(A[x] \wedge B[x]) \leftrightarrow \bigwedge xA[x] \wedge \bigwedge xB[x] \\ \bigvee x(A[x] \wedge B[x]) \rightarrow \bigvee xA[x] \wedge \bigvee xB[x] \\ \bigwedge x(A[x] \vee B[x]) \rightarrow \bigwedge xA[x] \vee \bigvee xB[x] \\ \bigvee x(A[x] \vee B[x]) \leftrightarrow \bigvee xA[x] \vee \bigvee xB[x] \\ \bigwedge x(A[x] \rightarrow B[x]) \rightarrow (\bigwedge xA[x] \rightarrow \bigwedge xB[x]) \\ \bigvee x(A[x] \rightarrow B[x]) \leftrightarrow \bigwedge xA[x] \rightarrow \bigvee xB[x] \\ \bigwedge x(A[x] \rightarrow B[x]) \rightarrow (\bigvee xA[x] \rightarrow \bigvee xB[x]) \\ \bigwedge x(A[x] \leftrightarrow B[x]) \rightarrow (\bigwedge xA[x] \leftrightarrow \bigwedge xB[x]) \\ \bigwedge x(A[x] \leftrightarrow B[x]) \rightarrow (\bigvee xA[x] \leftrightarrow \bigvee xB[x]). \end{array}$$

Als nächstes betrachten wir die beiden bekannten Prinzipien der Allspezialisierung und der Existenzgeneralisierung. Für diese beiden gültigen Konditionale ist wieder die Umkehrung im allgemeinen nicht gültig. Das Allspezialisierungsprinzip gibt den intuitiven Übergang von einer allgemeinen Aussage zu einem konkreten Beispiel wieder. Das Existenzgeneralisierungsprinzip beschreibt syntaktisch den Schluß von einem konkreten Beispiel auf die Existenz eines Beispiels.

(c) *Beseitigung und Einführung der Quantoren*

$$\bigwedge x A[x] \rightarrow A[u] \quad \text{(Allspezialisierung)}$$
$$A[u] \rightarrow \bigvee x A[x] \quad \text{(Existenzgeneralisierung).}$$

Wir behandeln ferner eine Reihe von logischen Äquivalenzen in Form gültiger Bikonditionale, die manchmal auch als Prinzipien zur Verkürzung der Quantorenbereiche bezeichnet werden. Dieser Bezeichnung entspricht jedoch nur die Lesart von links nach rechts in der folgenden Tabelle.

Der Leser möge beachten, daß die in den folgenden Sätzen wesentliche Forderung, daß x nicht in B, wohl aber in $A[x]$ frei auftreten darf, bereits aus den Vereinbarungen über Mitteilungszeichen der Form $A[x]$, B hervorgeht.

Die ersten vier Prinzipien erlauben ein beliebiges Hinein- und Herausziehen von geschlossenen Konjunktions- und Adjunktionsgliedern in und aus Quantorenbereichen. Die darauf folgenden vier Prinzipien zeigen, daß derartige Prozesse in Konditionalen nur dann in gleicher Weise zulässig sind, wenn das hinein- oder herausgezogene Glied das Antecedens des Konditionals bildet, während im anderen Fall der Typ des Quantors gewechselt werden muß. Die letzten beiden Prinzipien werden unmittelbar einsichtig, wenn man das Bikonditional

$$A[x] \leftrightarrow B$$

als Abkürzung für

$$(A[x] \wedge B) \vee (\neg A[x] \wedge \neg B)$$

auffaßt und die ersten vier Prinzipien anwendet.

(d) *Beschränkung der Quantorenbereiche*

$$\bigwedge x(A[x] \wedge B) \leftrightarrow \bigwedge x A[x] \wedge B$$
$$\bigvee x(A[x] \wedge B) \leftrightarrow \bigvee x A[x] \wedge B$$
$$\bigwedge x(A[x] \vee B) \leftrightarrow \bigwedge x A[x] \vee B$$
$$\bigvee x(A[x] \vee B) \leftrightarrow \bigvee x A[x] \vee B$$
$$\bigwedge x(A[x] \rightarrow B) \leftrightarrow \bigvee x A[x] \rightarrow B$$
$$\bigwedge x(B \rightarrow A[x]) \leftrightarrow B \rightarrow \bigwedge x A[x]$$
$$\bigvee x(A[x] \rightarrow B) \leftrightarrow \bigwedge x A[x] \rightarrow B$$
$$\bigvee x(B \rightarrow A[x]) \leftrightarrow B \rightarrow \bigvee x A[x]$$
$$\bigwedge x(A[x] \leftrightarrow B) \leftrightarrow (\bigwedge x A[x] \wedge B) \vee (\bigwedge x \neg A[x] \wedge \neg B)$$
$$\bigvee x(A[x] \leftrightarrow B) \leftrightarrow (\bigvee x A[x] \wedge B) \vee (\bigvee x \neg A[x] \wedge \neg B).$$

Schließlich formulieren wir noch einige Prinzipien über Zusammenhänge zwischen Sätzen, bei denen die Reihenfolge der am Anfang stehenden Quantoren geändert wurde. (Selbstverständlich handelt es sich dabei um eine etwas willkürliche Auswahl aus der großen Anzahl derartiger Schemata.) Die ersten beiden Prinzipien beinhalten, daß gleichartige Quantoren beliebig vertauschbar sind. Das dritte Prinzip gibt den Schluß von der Existenz eines universellen Beispiels zu speziellen Beispielen wieder, wie z. B. in dem umgangssprachlichen Schluß: ‚Wenn es jemand gibt, der hier für alles verantwortlich ist, dann gibt es hier für alles jemand, der dafür verantwortlich ist.' Ebensowenig wie dieser Schluß intuitiv umkehrbar ist, darf die Gültigkeit der Umkehrung dieses Schemas über Quantorenvertauschung formal behauptet werden. Das letzte Schema kann als ein Spezialfall des dritten Schemas aufgefaßt werden.

(e) *Vertauschung der Quantoren*

$$\bigwedge x \bigwedge y A[x,y] \leftrightarrow \bigwedge y \bigwedge x A[x,y]$$
$$\bigvee x \bigvee y A[x,y] \leftrightarrow \bigvee y \bigvee x A[x,y]$$
$$\bigvee x \bigwedge y A[x,y] \rightarrow \bigwedge y \bigvee x A[x,y]$$
$$\bigwedge x \bigvee y \bigwedge z A[x,y,z] \rightarrow \bigwedge x \bigwedge z \bigvee y A[x,y,z].$$

Die q-Gültigkeit dieser Schemata (d. h. aller Sätze nach diesen Schemata) läßt sich mit Hilfe der Junktoren- und Quantorenregeln leicht beweisen. Nehmen wir das letzte Beispiel. *Angenommen*, ein Satz dieser Gestalt wäre bei q-Bewertung $\mathfrak{b}$ **f**. Aus der Annahme folgt aufgrund der Junktoren- und Quantorenregeln:

1.	$\mathfrak{b}(\bigwedge x \bigvee y \bigwedge z A[x,y,z]) = \mathbf{w}$	$(\mathbf{R}\rightarrow)$
2.	$\mathfrak{b}(\bigwedge x \bigwedge z \bigvee y A[x,y,z]) = \mathbf{f}$	
3.	Es gibt u, w, derart, daß für alle v $\mathfrak{b}(A[u,v,w]) = \mathbf{f}$	2, $(\mathbf{R}\bigwedge)$, $(\mathbf{R}\bigvee)$
4.	$\mathfrak{b}(\bigvee y \bigwedge z A[u,y,z]) = \mathbf{w}$	1, $(\mathbf{R}\bigwedge)$
5.	Es gibt ein v', derart, daß $\mathfrak{b}(\bigwedge z A[u,v',z]) = \mathbf{w}$	4, $(\mathbf{R}\bigvee)$
6.	$\mathfrak{b}(A[u,v',w] = \mathbf{w}$	5, $(\mathbf{R}\bigwedge)$
7.	$\mathfrak{b}(A[u,v',w]) = \mathbf{f}$	3.

Mit dem Widerspruch zwischen 6 und 7 ist die Annahme widerlegt. □

3.5 Substitutionen. Alphabetische Umbenennungen. Varianten

Wir beweisen als nächstes eine Reihe von Theoremen, welche zeigen, daß bestimmte Ersetzungen und Umbenennungen den q-Status nicht verändern. Dabei seien ‚$\mathfrak{b}$', ‚$\mathfrak{b}'$' Variablen für *q-Bewertungen*. Das erste ist das *Substitutionstheorem der äquivalenten Sätze*:

Th. 3.6 *Aus A_B entstehe A_C durch Ersetzung eines bestimmten Vorkommnisses von B durch C. Dann gilt:* $B \leftrightarrow C \Vdash_q A_B \leftrightarrow A_C$.

Beweis: Zu zeigen ist, daß jedes $\mathfrak{b}$, das $B \leftrightarrow C$ erfüllt, auch $A_B \leftrightarrow A_C$ erfüllt. N.V. und (**R**$\leftrightarrow$) gilt

(a) $\mathfrak{b}(B) = \mathfrak{b}(C)$.

Wir zeigen, daß auch

(b) $\mathfrak{b}(A_B) = \mathfrak{b}(A_C)$

gilt, durch Induktion nach der Anzahl m der Junktoren und Quantoren von A_B außerhalb des zu ersetzenden B.

Für $m = 0$ ist $A_B = B$ und $A_C = C$, und (b) gilt nach (a).

Für $m > 0$ liegt einer der 4 Fälle vor:

1. $A_B = \neg A'_B$, $\quad A_C = \neg A'_C$,
2. $A_B = A'_B \mathrm{j} A''$, $\quad A_C = A'_C \mathrm{j} A''$, $\qquad (\mathrm{j} = \wedge, \vee, \rightarrow, \leftrightarrow)$
3. $A_B = A'' \mathrm{j} A'_B$, $\quad A_C = A'' \mathrm{j} A'_C$,
4. $A_B = \mathrm{q} x A'_B[x]$, $\quad A_C = \mathrm{q} x A'_C[x]$, $\qquad (\mathrm{q} = \bigwedge, \bigvee)$.

In den drei ersten Fällen gilt nach I.V. $\mathfrak{b}(A'_B) = \mathfrak{b}(A'_C)$, und nach (**R**$\neg$), bzw. (**R**j) folgt die Behauptung (b); im 4. Fall gilt nach I.V. $\mathfrak{b}(A'_B[u]) = \mathfrak{b}(A'_C[u])$, für alle Objektbezeichnungen u, und (b) folgt nach (**R**q). Damit ist (b) bewiesen, und nach (**R**$\leftrightarrow$) erfüllt $\mathfrak{b}$ $A_B \leftrightarrow A_C$. □

Dieses Substitutionstheorem läßt sich verallgemeinern; es gilt nicht nur für Sätze (0-stellige Prädikate) B, C, sondern ganz allgemein für n-stellige Prädikate B^n, C^n. Der Fall $n = 0$ ist der obige; den Fall $n > 0$ nennen wir das *Substitutionstheorem der äquivalenten Prädikate:*

Th. 3.7 *Aus A_{B^n} entstehe A_{C^n} durch Ersetzung einer bestimmten Teilformel $B[t_1, \ldots, t_n]$ durch $C[t_1, \ldots, t_n]$ $(n > 0)$.*
Dann gilt: $\bigwedge x_1 \ldots \bigwedge x_n (B[x_1, \ldots, x_n] \leftrightarrow C[x_1, \ldots, x_n]) \Vdash_q A_{B^n} \leftrightarrow A_{C^n}$.

Der *Beweis* entspricht ganz dem vorangehenden. Jedes $\mathfrak{b}$, das den Allsatz erfüllt, d.h. nach (**R**$\bigwedge$), (**R**$\leftrightarrow$)

(a) $\mathfrak{b}(B[u_1, \ldots, u_n]) = \mathfrak{b}(C[u_1, \ldots, u_n])$, $\quad$ für alle $\quad u_1, \ldots, u_n$,

erfüllt auch die Folgerung, d.h.

(b) $\mathfrak{b}(A_{B^n}) = \mathfrak{b}(A_{C^n})$,

wie man wieder durch Induktion nach der Anzahl m der Junktoren und Quantoren von A_{B^n} außerhalb der zu ersetzenden Teilformel $B[t_1, \ldots, t_n]$ erkennt. Für $m = 0$ ist $A_{B^n} = B[u_1, \ldots, u_n]$ und $A_{C^n} = C[u_1, \ldots, u_n]$, für gewisse $u_1, \ldots, u_n$, und (b) gilt nach (a). Für $m > 0$ liegt wieder einer der 4 Fälle vor:

1. $A_{B^n} = \neg A'_{B^n}$, $\quad A_{C^n} = \neg A'_{C^n}$,
2. $A_{B^n} = A'_{B^n} \mathrm{j} A''$, $\quad A_{C^n} = A'_{C^n} \mathrm{j} A''$, $\qquad (\mathrm{j} = \wedge, \vee, \rightarrow, \leftrightarrow)$
3. $A_{B^n} = A'' \mathrm{j} A'_{B^n}$, $\quad A_{C^n} = A'' \mathrm{j} A'_{C^n}$,
4. $A_{B^n} = \mathrm{q} x A'_{B^n}[x]$, $\quad A_{C^n} = \mathrm{q} x A'_{C^n}[x]$, $\qquad (\mathrm{q} = \bigwedge, \bigvee)$.

In den drei ersten Fällen gilt nach I.V. $\mathfrak{b}(A'_{B^n})=\mathfrak{b}(A'_{C^n})$, und (b) folgt nach (**R**¬) bzw. (**R**j); im 4. Fall gilt nach I.V. für alle u $\mathfrak{b}(A'_{B^n}[u])=\mathfrak{b}(A'_{C^n}[u])$, und (b) folgt nach (**R**q). □

Aus Th. 3.6 und Th. 3.7 folgen unmittelbar die *Substitutionstheoreme der q-äquivalenten Sätze und Prädikate*, nämlich:

Th. 3.6′ $\Vdash_q B\leftrightarrow C \Rightarrow \Vdash_q A_B\leftrightarrow A_C$,

Th. 3.7′ $\Vdash_q \wedge x_1 \ldots \wedge x_n(B[x_1,\ldots,x_n]\leftrightarrow C[x_1,\ldots,x_n])$
$\Rightarrow \Vdash_q A_{B^n}\leftrightarrow A_{C^n}$.

Eine Anwendung dieser Theoreme ist das nächste Theorem zur „Umbenennung" von gebundenen Variablen. Wenn in A *entweder* ein Teilsatz $qx_1B[x_1]$ durch $qy_1B[y_1]$ ersetzt wird *oder* eine offene Teilformel $qx_1B[x_1,x_2,\ldots,x_n]$ durch $qy_1B[y_1,x_2,\ldots,x_n]$, wobei $B[*_1]$ bzw. $B[*_1,x_2,\ldots,x_n]$ frei für y_1 ist, so sagen wir, daß der resultierende Satz aus A durch *alphabetische Umbenennung von x_1 in y_1* entsteht. Nach einer solchen alphabetischen Umbenennung bestehen dieselben Bindungsverhältnisse wie zuvor. Sätze A, B, die auseinander durch n-fache alphabetische Umbenennung gebundener Variablen entstehen, heißen *Varianten bezüglich gebundener Variablen voneinander*, symbolisch: ‚$A=_v B$'.
[Zum Beispiel ist

$$\wedge x \wedge y(Paxbf(ya)\rightarrow \vee z \wedge x_1 Qg(cx_1h(x)azy)) =_v$$
$$\wedge y \wedge z(Paybf(za)\rightarrow \vee z_1 \wedge x_1 Qg(cx_1h(y)az_1z)).]$$

Nun gilt nach (**R**∧), (**R**∨) offensichtlich

$$\Vdash_q \wedge x_1B[x_1]\leftrightarrow \wedge y_1B[y_1] \quad \text{und} \quad \Vdash_q \vee x_1B[x_1]\leftrightarrow \vee y_1B[y_1],$$

da die Glieder der Bikonditionale dieselben Spezialisierungen haben. Und aus demselben Grund gilt

$$\Vdash_q \wedge x_2 \ldots \wedge x_n(\wedge x_1B[x_1,x_2,\ldots,x_n]\leftrightarrow \wedge y_1B[y_1,x_2,\ldots,x_n]),$$

und entsprechend für den Existenzquantor über x_1 und y_1.

Daher folgt n. Def. von ‚$=_v$' aus Th. 3.6′ und 3.7′ das *Variantentheorem für gebundene Variablen*,

Th. 3.8 $A=_v B \Rightarrow \Vdash_q A\leftrightarrow B$.

An späterer Stelle werden wir in analoger Weise auch in mehrstelligen Prädikaten gebundene Variable alphabetisch umbenennen. $A^n=_v B^n$ soll heißen, daß es Sätze A, B gibt, wobei $A=_v B$ und A^n aus A, B^n aus B durch dieselbe Ersetzung von Objektparametern durch Markierungszeichen entstehen. Wir sagen dann auch, daß B^n *eine alphabetische Variante von* A^n ist und umgekehrt A^n eine von B^n. [So z. B. ist

$$\wedge x \wedge y(P *_2 x *_1 f(y *_2) \rightarrow \vee z \wedge x_1 Qg(cx_1 h(x) *_2 zy)) =_v$$
$$\wedge y \wedge z(P *_2 y *_1 f(z *_2) \rightarrow \vee z_1 \wedge x_1 Qg(cx_1 h(y) *_2 z_1 z)),$$

d. h. diese beiden Prädikate sind alphabetische Varianten voneinander.]

Ein schwächeres Variantentheorem gilt für *Parameter* s_1, s_2 vom selben Typ. S_1 und S_2 seien Sätze, bzw. Mengen oder Folgen von Sätzen, wobei s_2 in S_1 nicht vorkommt und S_2 aus S_1 durch Ersetzung aller Vorkommnisse von s_1 durch s_2 entsteht. Wir sagen dann, daß S_2 aus S_1 durch *alphabetische Umbenennung des Parameters* s_1 *in* s_2 entsteht.

Sätze (bzw. Mengen oder Folgen von Sätzen) S_1 und S_2, die auseinander durch n-fache alphabetische Umbenennung von Parametern entstehen, heißen *Parameter-Varianten voneinander*, symbolisch: ‚$S_1 =_p S_2$'. Zum Beispiel ist

$$\wedge xPg(axa)b, \neg \vee x_1 Qf(x_1 ag(x_1 bc))a =_p$$
$$\wedge xQh(cxc)b, \neg \vee x_1 Pf(x_1 ch(x_1 ba))c.$$

Hilfssatz *Aus* $A_1, \ldots, A_r, \ldots$ *entstehe* $B_1, \ldots, B_r, \ldots$ *durch alphabetische Umbenennung des Parameters* s_1 *in* s_2. *Dann gibt es zu jedem* $\mathfrak{b}$ *ein* $\mathfrak{b}'$, *so daß* $\mathfrak{b}(A_i) = \mathfrak{b}'(B_i)$ *und* $\mathfrak{b}(B_i) = \mathfrak{b}'(A_i)$.

Beweis: Aus jedem Satz C entstehe C' durch *Vertauschung* von s_1 und s_2, d. h. durch simultane Ersetzung aller Vorkommnisse von s_1 durch s_2 und umgekehrt. $\mathfrak{b}$ sei eine beliebige q-Bewertung. Dann ist

$\mathfrak{b}'(C) =_{df} \mathfrak{b}(C')$, für jeden Satz C,

offenbar wieder eine q-Bewertung. Da n.V. s_2 in den A_i nicht vorkommt, ist $A_i' = B_i$, und da s_1 in den B_i nicht vorkommt, ist $B_i' = A_i$. Daher ist $\mathfrak{b}(A_i) = \mathfrak{b}(B_i') = \mathfrak{b}'(B_i)$ und $\mathfrak{b}(B_i) = \mathfrak{b}(A_i') = \mathfrak{b}'(A_i)$. □

Aus dem Hilfssatz folgt durch einfache Umformungen das *Variantentheorem für Parameter:*

Th. 3.9 $M, A =_p N, B \Rightarrow$
(*a*) *A und B haben denselben q-Status,*
(*b*) *M ist q-erfüllbar* $\Leftrightarrow$ *N ist q-erfüllbar,*
(*c*) $M \Vdash_q A \Leftrightarrow N \Vdash_q B$.

Dies ist, etwas allgemeiner formuliert, das quantorenlogische Gegenstück zu Th. 2.7. Als nächstes zeigen wir das Gegenstück zu Th. 2.5, ein Substitutionstheorem für Prädikatparameter. Bei der Ersetzung von Prädikatparametern durch gleichstellige Prädikate ist jedoch darauf zu achten, daß die Bindungsverhältnisse sich nicht ändern; daher sind in den Prädikaten evtl. alphabetische Umbenennungen gebundener Variablen vorzunehmen; S_1 und S_2 seien Sätze, Mengen oder Folgen von Sätzen, P^n sei ein n-stelliger Prädikatparameter ($n \geqq 0$), $C^n = C[*_1, \ldots, *_n]$ ein n-stelliges Prädikat, und S_2 entstehe aus S_1 durch Ersetzung jeder Teilformel der Gestalt $Pt_1 \ldots t_n$ durch $C'[t_1, \ldots, t_n]$, wobei $C'[*_1, \ldots, *_n]$ eine alphabetische Variante von $C[*_1, \ldots, *_n]$ darstellt, die frei für $t_1, \ldots, t_n$ ist.[8] (Dabei ist $C'[*_1, \ldots, *_n] =_v C[*_1, \ldots, *_n]$ im Sinne der im Anschluß an Th. 3.8 gegebenen Definition von alphabetischen Varianten *für n-stellige Prädikate.*) Wir sagen dann, daß S_2 aus S_1 durch Ersetzung aller Vorkommnisse von P^n durch *passende Varianten* von C^n entsteht und daß S_1 und S_2 Prädikatvarianten voneinander sind. So z. B. entsteht aus

$$\bigvee x \bigwedge y(Pf(g(x)) \leftrightarrow \bigwedge zPh(xyz))$$

durch Ersetzung von P^1 durch passende Varianten von $\bigvee x \bigvee y(Px \wedge Q*_1 y)$:

$$\bigvee x \bigwedge y(\bigvee x_1 \bigvee y_1(Px_1 \wedge Qf(g(x))y_1) \leftrightarrow \bigwedge z \bigvee x_1 \bigvee y_1(Px_1 \wedge Qh(xyz)y_1)) .$$

Hilfssatz *Aus einem beliebigen Satz A entstehe A' durch Ersetzung aller Vorkommnisse von P^n ($n \geqq 0$) durch passende Varianten von C^n. Dann gibt es zu jedem $\mathfrak{b}$ ein $\mathfrak{b}'$, so daß $\mathfrak{b}'(A) = \mathfrak{b}(A')$.*

Beweis. Für gegebenes A ist A' nur bis auf alphabetische Umbenennung gebundener Variablen eindeutig festgelegt. Da aber verschiedene derartige Sätze A' nach Th. 3.8 bei jedem $\mathfrak{b}$ denselben Wert haben, ist $\mathfrak{b}(A')$ eindeutig. Daher ist für gegebenes $\mathfrak{b}$

$$\mathfrak{b}'(A) =_{\mathrm{df}} \mathfrak{b}(A')$$

für jeden Satz A eine eindeutige Bewertung. Ferner gilt:

(a) $(\neg A)' = \neg(A')$; $(A\mathrm{j}B)' = A'\mathrm{j}B'$;
$(\mathrm{q}xA[x])' = \mathrm{q}xA'[x]$; $(A[u])' = A'[u]$;

und da $\mathfrak{b}$ die Junktoren- und Quantorenregeln erfüllt, so auch $\mathfrak{b}'$, wie man mit Hilfe von (a) leicht erkennt. Also ist $\mathfrak{b}'$ eine q-Bewertung. □

Aus dem Hilfssatz folgt durch einfache Umformungen das folgende *Substitutionstheorem für Prädikatparameter*:

Th. 3.10 *Aus M, A entstehe N, B durch Ersetzung aller Vorkommnisse eines n-stelligen Prädikatparameters ($n \geqq 0$) durch passende Varianten eines n-stelligen Prädikates. Dann gilt:*

(a) $\Vdash_q A \Rightarrow \Vdash_q B$;
(b) *A ist q-ungültig $\Rightarrow$ B ist q-ungültig*;
(c) *B ist q-kontingent $\Rightarrow$ A ist q-kontingent*;
(d) *N ist q-erfüllbar $\Rightarrow$ M ist q-erfüllbar*;
(e) $M \Vdash_q A \Rightarrow N \Vdash_q B$.

8 Daß ein Prädikat *frei für* bestimmte Terme ist, wurde oben auf S. 81 genau definiert.

[Im Spezialfall n = 0 sind (*a*), (*b*), (*c*) die quantorenlogischen Verallgemeinerungen des junktorenlogischen Satzes Th. 2.5.]

Gilt zu Th. 3.10 ein entsprechendes Substitutionstheorem für die *Funktionsparameter*? Betrachten wir die Menge $M = \{Pu_1, \ldots, Pu_n, \ldots\}$, bestehend aus sämtlichen Spezialisierungen von $\bigwedge xPx$. Wenn wir in M, $\bigwedge xPx$ alle Vorkommnisse des Objektparameters (0-stelligen Funktionsparameters) a durch eine andere Objektbezeichnung (0-stellige Funktionsbezeichnung) u ersetzen, so entsteht aus M die Menge $N = M \setminus \{Pa\}$, während $\bigwedge xPx$ nicht verändert wird. Nun gilt nach (**R**$\bigwedge$):

$$M \Vdash_q \bigwedge xPx,$$

andererseits gilt *nicht*:

$$N \Vdash_q \bigwedge xPx;$$

denn es gibt eine q-Bewertung, die N, aber nicht $\bigwedge xPx$ erfüllt; z. B. jene mit der zugehörigen Wahrheitsannahme

$$\mathfrak{a}(A) =_{\mathrm{df}} \begin{cases} \mathbf{w}, \text{ wenn } A \text{ ein von } Pa \text{ verschiedener elementarer Satz ist;} \\ \mathbf{f}, \text{ wenn } A = Pa \text{ ist.} \end{cases}$$

Dies zeigt, daß Th. 3.10 (e) nicht entsprechend für die Funktionsparameter gilt; und ebensowenig gilt dafür Th. 3.10 (d); denn $N \cup \{\neg \bigwedge xPx\}$ ist q-erfüllbar, während $M \cup \{\neg \bigwedge xPx\}$ q-unerfüllbar ist.

Wir erhalten jedoch ein etwas schwächeres Substitutionstheorem für die Funktionsparameter, wenn wir uns auf Satzmengen M, N beschränken, in denen unendlich viele Funktionsparameter derselben Stellenzahl *nicht* vorkommen.

Hilfssatz *f_0^n, $f_1^n, \ldots, f_m^n, \ldots$ seien unendlich viele Funktionsparameter der Stellenzahl n ($n \geqq 0$); $A_1, \ldots, A_r, \ldots$ seien Sätze, in denen kein f_j^n ($j \geqq 1$) vorkommt, und $B_1, \ldots, B_r, \ldots$ seien Sätze, die aus ihnen durch Ersetzung aller Vorkommnisse von f_0^n durch die Funktionsbezeichnung u^n entstehen. Dann gibt es zu jeder q-Bewertung* $\mathfrak{b}$ *eine q-Bewertung* $\mathfrak{b}'$, *so daß* $\mathfrak{b}'(A_i) = \mathfrak{b}(B_i)$.

Beweis: Aus jedem Ausdruck S entstehe S' dadurch, daß simultan alle Vorkommnisse von f_0^n durch u^n, und für jedes $j \geqq 1$ alle Vorkommnisse von f_j^n durch f_{j-1}^n ersetzt werden. Dann ist insbesondere $A_i' = B_i$. Für jede gegebene q-Bewertung $\mathfrak{b}$ definieren wir

$$\mathfrak{b}'(C) =_{\mathrm{df}} \mathfrak{b}(C'), \text{ für jeden Satz } C.$$

Dann ist $\mathfrak{b}'(A_i) = \mathfrak{b}(A_i') = \mathfrak{b}(B_i)$; und zum Beweis des Hilfssatzes ist noch zu zeigen, daß $\mathfrak{b}'$ eine q-Bewertung ist, also die Junktoren- und Quantorenregeln erfüllt:

$$(\mathbf{R}\neg): \quad \mathfrak{b}'(\neg A) = \mathfrak{b}(\neg A') = \mathbf{w} \Leftrightarrow \mathfrak{b}(A') = \mathfrak{b}'(A) = \mathbf{f}.$$

Analog erfüllt $\mathfrak{b}'$ (**R**j) für j $= \wedge, \vee, \rightarrow, \leftrightarrow$, da $\mathfrak{b}$ (**R**j) erfüllt und $(\mathrm{AjB})' = \mathrm{A'jB'}$ ist.

Eine Vorüberlegung zu den Quantorenregeln:

(a) Für jede Objektbezeichnung v gibt es eine Objektbezeichnung u, so daß $u' = v$.

Ein solches u entsteht nämlich aus v durch simultane Ersetzung aller f_j^n durch $f_{j+1}^n (j \geqq 0)$. Dann erfüllt $\mathfrak{b}'$ (**R** $\wedge$):

1. Ist für alle u $\mathfrak{b}'(A[u]) = \mathfrak{b}((A[u])') = \mathfrak{b}(A'[u']) = \mathbf{w}$, so ist für alle u $\mathfrak{b}(A'[u]) = \mathbf{w}$. (Denn wäre für ein v $\mathfrak{b}(A'[v]) = \mathbf{f}$, so wäre nach (a) für ein u $\mathfrak{b}(A'[u']) = \mathbf{f}$.). Dann ist nach (**R** $\wedge$)
$\mathfrak{b}(\wedge x A'[x]) = \mathfrak{b}((\wedge x A[x])') = \mathfrak{b}'(\wedge x A[x]) = \mathbf{w}$.

2. Ist für ein u $\mathfrak{b}'(A[u]) = \mathfrak{b}((A[u])') = \mathfrak{b}(A'[u']) = \mathbf{f}$, so ist nach (**R** $\wedge$) $\mathfrak{b}(\wedge x A'[x]) = \mathfrak{b}((\wedge x A[x])') = \mathfrak{b}'(\wedge x A[x]) = \mathbf{f}$.

Analog erfüllt $\mathfrak{b}'$ auch (**R** $\vee$) und ist daher eine q-Bewertung. Damit ist der Hilfssatz bewiesen. □

Nun folgt durch einfache Umformungen das *eingeschränkte Substitutionstheorem für Funktionsparameter*:

Th. 3.11 *Wenn in M, A unendlich viele Funktionsparameter derselben Stellenzahl* $n \geqq 0$ *nicht vorkommen, und N, B dadurch entsteht, daß in M, A alle Vorkommnisse eines bestimmten n-stelligen Funktionsparameters durch dieselbe n-stellige Funktionsbezeichnung ersetzt werden, so gilt:*

(a) $\Vdash_q A \Rightarrow \Vdash_q B$;

(b) A ist q-ungültig $\Rightarrow$ *B ist q-ungültig;*

(c) B ist q-kontingent $\Rightarrow$ *A ist q-kontingent;*

(d) N ist q-erfüllbar $\Rightarrow$ *M ist q-erfüllbar;*

(e) $M \Vdash_q A \Rightarrow N \Vdash_q B$.

Eine wichtige Anwendung dieses Theorems für den Spezialfall n = 0 ist das *eingeschränkte Generalisierungstheorem*:

Th. 3.12 *Wenn in M,* $\wedge x A[x]$ *unendlich viele Objektparameter, darunter auch a, nicht vorkommen, so gilt:*
$M \Vdash_q A[a] \Rightarrow M \Vdash_q \wedge x A[x]$.

Beweis: Da in M, $A[a]$ unendlich viele Objektparameter nicht vorkommen und a in M, $A[a]$ nur an den bezeichneten Stellen von $A[a]$ vorkommt, folgt aus $M \Vdash_q A[a]$ nach Th. 3.11(e) $M \Vdash_q A[u]$, für *jede* Objektbezeichnung u. Daher erfüllt jedes $\mathfrak{b}$, das M erfüllt, nach (**R** $\wedge$) auch $\wedge x A[x]$, d. h. $M \Vdash_q \wedge x A[x]$.

Dieses Generalisierungstheorem wird in irgendeiner Form in allen *Kalkülen*, d. h. in allen formalen Beweismethoden der Quantorenlogik verwendet. Wir benötigen es für einen axiomatischen Kalkül des nächsten Kapitels in der Form von

Th. 3.12′ *Wenn in M, B, $\wedge xA[x]$ unendlich viele Objektparameter, darunter auch a, nicht vorkommen, so gilt:*
$M \Vdash_q B \rightarrow A[a] \;\Rightarrow\; M \Vdash_q B \rightarrow \wedge xA[x]$.

Dies folgt unmittelbar aus Th. 3.12; denn nach (**R**→) und Def. von ‚$\Vdash_q$' gilt:

$$M \Vdash_q B \rightarrow A[a] \;\Leftrightarrow\; M, B \Vdash_q A[a],$$

und ebenso

$$M \Vdash_q B \rightarrow \wedge xA[x] \;\Leftrightarrow\; M, B \Vdash_q \wedge xA[x].$$

Nachtrag

An späterer Stelle werden wir gelegentlich den Existenzquantor mit Eindeutigkeitsbedingung verwenden, für den wir das Mitteilungszeichen ‚$\vee !$' einführen. $\vee !xF[x]$ ist so zu lesen: Es gibt genau ein x, so daß $F[x]$. Dieser Ausdruck ist gleichbedeutend mit $\iota xF[x]$ von Abschn. 7.2 auf S. 268. Er läßt sich innerhalb der Identitätslogik von Kap. 7 noch einfacher in der Weise einführen, daß man $\vee !xF[x]$ als Abkürzung von $\vee x(F[x] \wedge \wedge y(F[y] \rightarrow x = y))$ ansieht.

Kapitel 4
Kalküle

4.0 Intuitive Vorbetrachtungen

Daß die Quantorenlogik (und als Teil davon die Junktorenlogik) *kalkülisiert* werden kann, ist eine relativ späte Entdeckung. Sie gründet sich auf die Erkenntnis, daß die Begriffe der Ableitung aus Prämissen und des Beweises *vollständig formalisierbar* sind. Darunter ist die Tatsache zu verstehen, daß formale Ableitungen und Beweise nur auf die *äußere, rein syntaktisch beschreibbare Gestalt* der beteiligten Sätze Bezug nehmen. Darüber hinaus wird allgemein vorausgesetzt, daß es sich bei Ableitungen und Beweisen um *entscheidbare* Eigenschaften von Ausdrucksfolgen handelt, so daß man es prinzipiell einer Maschine überlassen könnte, festzustellen, ob eine angebliche Ableitung auch eine tatsächliche Ableitung bzw. ein angeblicher Beweis auch ein tatsächlicher Beweis ist. Die Entscheidbarkeit wird dadurch gewährleistet, daß Ableitungen bzw. Beweise sich aus *elementaren Schritten* zusammensetzen, wobei jeder dieser Schritt ein Anwendungsfall einer *formalen Regel* ist. ‚Formale Regel' ist hierbei gleichbedeutend mit ‚syntaktische Regel'; denn eine derartige Regel hat stets die allgemeine Gestalt ‚von Ausdrücken solcher und solcher syntaktischer Struktur darf man zu einem Ausdruck von der und der syntaktischen Struktur übergehen'.

Ursprünglich orientierten sich die Logiker bei ihren Kalkülisierungsversuchen ganz an der modernen Mathematik, deren Disziplinen axiomatisch aufgebaut werden. Die Kalkülisierungen bestanden in der Aufstellung formaler Axiomensysteme für die Quantorenlogik. Diese enthielten zwei Bestimmungen, nämlich ‚Sätze von solcher und solcher syntaktischer Gestalt sind *Axiome*' und ‚aus Sätzen von solcher und solcher syntaktischer Form ist ein Satz von solcher und solcher syntaktischer Form *unmittelbar ableitbar*'. Bestimmungen der zweiten Art werden auch *Grundschlußregeln* genannt. Ein *Beweis* ist eine Figur, genauer gesprochen: eine Folge von Sätzen, so daß jeder Satz der Folge entweder ein Axiom ist oder aus Sätzen, die ihm in der Folge vorangehen, unmittelbar ableitbar ist. Eine *Ableitung aus* einer Menge von Prämissen *M* deckt den allgemeineren Fall, in dem das Ableitungsverfahren außer bei den Axiomen bei Elementen aus *M* beginnen kann. (Aus Einfachheitsgründen ist es zweckmäßiger, zunächst den Begriff der Ableitung aus *M* zu definieren und unter Beweisen jene speziellen Fälle von Ableitungen zu verstehen, in denen *M* die leere Menge ist. Die definitorische Wendung ‚ein Beweis ist eine Ableitung aus der leeren Satzmenge' beinhaltet dann nichts Mysteriöses, sondern besagt bloß, daß man zur Erstellung von Beweisen das Ableitungsverfahren *bei keinen anderen Sätzen außer den Axiomen* beginnen darf.)

Wir haben weiter oben das Wort ‚Grundschlußregel' gebraucht. Damit soll der Gedanke ausgedrückt werden, daß es sich um eine Schlußregel handelt, die zur Definition des fraglichen Kalküls dient. Man darf darüber hinaus weitere Schlußregeln verwenden, ohne den Kalkül zu ändern. Sie sollen *zulässige Schlußregeln* heißen. Diese sind dadurch charakterisiert, daß man stets aus der Beweisbarkeit bzw. Ableitbarkeit der Prämissen einer solchen Regel auf die Beweisbarkeit bzw. Ableitbarkeit der Konklusion dieser Regel *auf der Basis der Grundschlußregeln allein* übergehen kann. Zulässige Regeln sind, so könnte man auch sagen, solche, die, ohne Grundschlußregeln zu sein, die Begriffe des Beweises und der Ableitung nicht echt erweitern. Aus Gründen sprachlicher Einfachheit werden wir das Wort ‚Grundschlußregel' im folgenden nicht gebrauchen, sondern statt dessen einfach ‚Schlußregel' sagen. Zulässige Regeln hingegen, die von den einen Kalkül konstituierenden Regeln verschieden sind, die also keine Grundschlußregeln darstellen, sollen stets ausdrücklich als solche gekennzeichnet werden.

Die älteste mathematische Disziplin, welche axiomatisch aufgebaut wurde, ist die Geometrie. Man könnte daher davon sprechen, daß die Vertreter der modernen Logik ursprünglich dieses Verfahren zu imitieren versuchten und sich um einen Aufbau der Logik *more geometrico* bemühten. Vor allem D. HILBERT benützte für seine beweistheoretischen Untersuchungen derartige Kalkülisierungen der Logik, weshalb man auch von „Hilbert-Kalkülen" sprechen kann. Wir werden einen solchen Kalkül in **4.5** behandeln; weitere axiomatische Kalküle *in diesem engen Wortsinn* kommen in Kap. 10 zur Sprache. Entscheidend für die Beweise und Ableitungen in axiomatischen Kalkülen ist die Tatsache, daß sich jede Ableitung und jeder Beweis aus *Einzelschritten* zusammensetzt, deren jeder sich durch Berufung auf eine der Grundschlußregeln rechtfertigen läßt oder, anders gesprochen, deren jeder eine *Regelanwendung* bildet.

Erst in den dreißiger Jahren dieses Jahrhunderts machte G. GENTZEN die überraschende Entdeckung, daß wir im korrekten intuitiven Schließen, etwa bei informellen mathematischen Beweisführungen, niemals diesem axiomatischen Vorbild folgen. Vielmehr benützen wir dabei stets

Formen des *natürlichen Schließens, in welchem wir zwar von Schlußregeln, nicht jedoch von Axiomen, Gebrauch machen.* Betrachten wir dazu das von GENTZEN gebrachte Beispiel der Aussage

$$A \vee (B \wedge C) \rightarrow (A \vee B) \wedge (A \vee C).$$

Ein informeller Beweis würde etwa folgendermaßen verlaufen: ‚Angenommen, es gelte A; dann gilt auch $A \vee B$ sowie $A \vee C$. Angenommen, es gelte $B \wedge C$; dann gilt auch B und damit $A \vee B$; ferner gilt dann auch C und damit $A \vee C$. Also gilt $A \vee B$ sowie $A \vee C$, sofern mindestens einer der Sätze A oder $B \wedge C$ gilt. Also gilt (schlechthin): Wenn $(A \vee (B \wedge C))$, dann $((A \vee B) \wedge (A \vee C))$‘.

Bei jedem einzelnen Beweisschritt wird hier stillschweigend an eine *Ableitungsregel* appelliert; *jedoch wird an keiner einzigen Stelle von einem Satz als einem unbewiesenen Axiom Gebrauch gemacht.* Zwar beginnt der Beweis mit zwei *Annahmen*, nämlich A sowie $B \wedge C$. Doch im letzten Beweisschritt erfolgt eine völlige Befreiung von diesen Annahmen. Dieser Schritt besteht in einer bestimmten Form von *Konditionalisierung*, die dazu führt, daß die Adjunktion der beiden Annahmen als Antecedens und das bisherige Ableitungsergebnis als Konsequens des obigen Konditionals verwendet wird. Dieses Konditional ist damit „schlechthin", also ohne jede Abhängigkeit von weiteren Annahmen, bewiesen. Der Gedanke, daß ein Beweis eine Ableitung aus der *leeren* Prämissenmenge ist, gewinnt erstmals bei diesem Vorgehen eine *reale* Bedeutung.

Auch im Umgang mit den Quantoren erweist sich die Methode des natürlichen Schließens dem axiomatischen Vorgehen als überlegen. Es kommt in der Mathematik häufig vor, daß als Zwischenschritt eines Beweises eine Existenzbehauptung gewonnen wird: ‚Es gibt ein x, so daß $\ldots x \ldots$‘. Im informellen Schließen fährt der Mathematiker dann etwa so fort: ‚a_0 sei ein derartiges x‘ und benützt ‚$\ldots a_0 \ldots$‘ als zusätzliche Prämisse für seine weiteren Schlüsse. Dieser Übergang von einer durch einen Existenzquantor gebundenen Variablen zu einem *Beispielsparameter* läßt sich im formalen Kalkül des natürlichen Schließens unmittelbar nachzeichnen. In den axiomatischen Kalkülen hingegen kann dieser Übergang nur auf eine indirekte und umständliche Weise bewerkstelligt werden. Der eben genannte Nachteil der Axiomatik wird im Kalkül des natürlichen Schließens allerdings teilweise dadurch kompensiert, daß hier bei der Einführung und Beseitigung von Beispielsparametern eine besondere Sorgfalt angewendet werden muß. In **4.6**, wo dieser Kalkül genauer geschildert werden soll, entledigen wir uns dieser Sorgfaltspflicht an drei Stellen: bei der Regel $\bigvee B$ (der Regel zur Beseitigung von Existenzquantoren), bei der Regel $\bigwedge E$ (der Regel zur Einführung von Allquantoren) sowie bei der Definition von ‚Ableitung‘ und ‚Beweis‘.

Erst in den fünfziger Jahren dieses Jahrhunderts hat E. W. BETH entdeckt, daß es eine noch natürlichere Methode der Logikkalkülisierung gibt als die von GENTZEN entdeckte, nämlich das *Baumverfahren*, von BETH die *Methode der Tableaux* genannt. Die Regeln für den Kalkül sind hier ein unmittelbares Abbild der semantischen Regeln; sie bilden sozusagen nichts anderes als die geringfügig „umgeschriebenen" Regeln der Semantik. Vom inhaltlichen Standpunkt aus handelt es sich bei diesem Kalkül um eine *Formalisierung der indirekten Beweisführung*: Um einen Satz A zu beweisen, geht man zur Negation dieses Satzes über und zeigt mittels eines *systematischen* Verfahrens, daß die Negation $\neg A$ nicht erfüllbar ist. Die Systematik des Verfahrens besteht darin, daß man sämtliche Möglichkeiten der Erfüllung von $\neg A$ durchprobiert, und zwar auf solche Weise, daß bei jedem Schritt nur endlich viele Möglichkeiten überprüft werden müssen. Im quantorenlogischen Fall wird die Reduktion auf eine endliche Anzahl durch zwei Kunstgriffe erreicht, nämlich erstens die Parameterbedingung, zweitens die Anwendung eines genau angegebenen Verfahrens zum Weiterschreiten, welches gewährleistet, daß beim systematischen Ausprobieren nichts ausgelassen wird.

Der systematische Versuch der Erfüllung von $\neg A$ findet seinen graphischen Niederschlag in einem baumartigen Gebilde. Immer dann, wenn man auf Formeln vom adjunktiven Typ, z.B. $A \vee B$, stößt, verzweigt sich der Baum. Daß die durch einen bestimmten Ast des Baumes repräsentierte Methode, $\neg A$ zu erfüllen, *nicht* zum Erfolg führt, zeigt sich darin, daß dieser Ast einen Satz zusammen mit dessen Negation enthält. Ein derartiger Ast wird als *geschlossen* bezeichnet. Die auf diesem Ast liegenden Sätze, und damit auch der „Ursprung" $\neg A$, sind nicht simultan erfüllbar. Daß *keine* versuchte Methode, $\neg A$ zu erfüllen, erfolgreich ist, zeigt sich darin, *daß sämtliche Äste des Baumes geschlossen sind.* Damit haben wir zugleich ein intuitives Vorverständnis dessen gewonnen, was bei diesem Verfahren unter einem Beweis zu verstehen ist: *Ein Beweis von A ist ein geschlossener Baum für die Negation von A.* Wegen seiner Natürlichkeit stellen wir den Baumkalkül (in seiner adjunktiven Variante) in **4.2** an den Anfang aller hier behandelten Kalkülisierungstypen.

Es ist vielleicht nicht uninteressant, festzustellen, daß der Baumkalkül, obwohl so spät entdeckt, zwei Gedanken vereinigt, von denen der eine auf G. W. LEIBNIZ und der andere auf D. HUME zurückgeht. LEIBNIZ hat die Idee gehabt, einen idealen Beweis für einen Satz durch Beschränkung auf die *Analyse* der im Satz vorkommenden logischen Teile zu konstruieren. Von HUME stammt der Vorschlag, zur Überprüfung der logischen Richtigkeit einer Aussage deren *Negation* zu bilden und zu untersuchen, ob diese einen *Widerspruch* enthalte. Philosophen waren mit Einwendungen gegen beide Vorstellungen rasch zur Hand. Gegen HUME wandte man ein, mit seinem Vorschlag sei nichts gewonnen, da die Frage, ob etwas widerspruchsvoll ist, genauso schwer zu beantworten sei wie die Frage nach der logischen Gültigkeit. Und der Gedanke von LEIBNIZ erschien den meisten überhaupt als unbegreiflich. Da die Regel des modus ponens, wonach man von A und $A \rightarrow B$ auf B schließen kann, als paradigmatisches Beispiel einer Schlußregel galt – und die axiomatischen Kalküle diese oder eine ähnliche Regel auch tatsächlich als Grundschlußregel enthalten –, konnte man mit der Empfehlung, sich auf eine bloße Analyse des zu beweisenden Satzes zu beschränken, nichts anfangen. In der Tat kann man beim modus ponens, nachdem er einmal angewendet und das Ergebnis B gewonnen worden ist, die „weggeschnittene" Formel A durch eine bloße Analyse von B nicht zurückgewinnen.

Das Baumverfahren verwirklicht in eindrucksvoller Weise die Ideen dieser beiden Denker und zeigt zugleich, warum die genannten Einwände unberechtigt sind. Der gegen HUME vorgebrachte Einwand stimmt deshalb nicht, weil *systematisch alle* Möglichkeiten der Erfüllung von $\neg A$ untersucht werden können. Das Scheitern all dieser Versuche, das sich in der Schließung sämtlicher Äste des Baumes niederschlägt, enthält einen schlüssigen Nachweis dafür, daß $\neg A$ unerfüllbar ist, in der Terminologie HUMES: daß $\neg A$ einen Widerspruch enthält. (Der strenge Nachweis für die Richtigkeit dieser Behauptung ist allerdings erst Bestandteil des Adäquatheitsbeweises für den Kalkül.) Auch der gegen LEIBNIZ vorgebrachte Einwand ist nicht zutreffend, wenn man den Begriff der Analyse in leicht verallgemeinerter Fassung präzisiert. Wir wollen unter *schwachen Teilsätzen* eines Satzes entweder Teilsätze, auf die man bei der Zerlegung des fraglichen Satzes stößt, *oder Negation solcher Teilsätze* verstehen. Dann enthält der Beweis von A, also der geschlossene Baum für $\neg A$, tatsächlich nur schwache Teilformeln von A. Der Kalkül ist, wie man sagt, ein *analytischer Kalkül*. Kalküle dagegen, welche den modus ponens oder eine andere „schnittartige" Regel als Grundschlußregel enthalten, werden *synthetisch* genannt. Die meisten herkömmlichen Kalküle sind, zum Unterschied vom Baumverfahren, synthetisch.

Nicht nur auf objektsprachlicher Ebene, also für die präzise Nachzeichnung informeller Schlüsse, erweist sich das Baumverfahren häufig anderen Kalkültypen gegenüber als überlegen. Auch der für uns wichtigste metatheoretische Zweck: die semantische Adäquatheit, läßt sich für keinen anderen Kalkültyp so einfach und durchsichtig beweisen wie für den Baumkalkül. Diesen Vorteilen steht allerdings ein technischer Nachteil gegenüber, der jedoch weder den Umgang mit dem Kalkül für formale Ableitungen noch diesen Kalkül als Objekt metalogischer Untersuchungen betrifft, sondern die formale Präzisierung der beiden Schlüsselbegriffe des formalen Beweises und der formalen Ableitung aus Prämissen. Aus der obigen Andeutung geht dies nicht hervor; denn da haben wir einfach an ein gewisses intuitives Verständnis dessen, was ein

Baum ist, appelliert. Um eine Präzisierung zu gewinnen, die derjenigen im Fall der Axiomatik gleichkommt, muß in einem vorbereitenden Schritt der graphentheoretische Begriff der Baumstruktur präzisiert werden; dies geschieht in 4.2.1.

Der in **4.3** geschildete *Sequenzenkalkül*, ebenfalls von GENTZEN erfunden, ist in einem gewissen Sinne eine Mischung aus natürlichem Schließen und Axiomatik. Historisch hervorgegangen ist er aus einer Umformulierung des natürlichen Schließens: *Die logische Folgerung wird hier objektsprachlich reproduziert.* Dies gibt Anlaß zu einem neuen Symbol, nämlich dem Sequenzenpfeil $\twoheadrightarrow$. Die vor dem Pfeil stehenden Formeln bilden zusammen das *Präzedens*, die dahinter stehenden das *Sukzedens* der Sequenz. Ableitungen und Beweise haben hier nicht Formeln oder Sätze zum Gegenstand, sondern Sequenzen; dies sind Ausdrücke von der Gestalt $A_1, \ldots, A_n \twoheadrightarrow B_1, \ldots, B_r$, in denen also vor und hinter dem Sequenzenpfeil eine endliche (möglicherweise leere) Folge von Formeln vorkommt

Anmerkung 1. GENTZENS ursprüngliche Motivation für den Kalkül war die folgende: Er wollte den Kalkül des natürlichen Schließens für beweistheoretische Zwecke in einen axiomatischen Kalkül umformulieren. Dafür wäre es zunächst naheliegend erschienen, die folgende Ersetzung vorzunehmen: Wenn ein Satz B im Kalkül des natürlichen Schließens aus Sätzen $A_1, \ldots, A_n$ ableitbar ist, so wird er jetzt durch den selbst beweisbaren Satz $A_1 \wedge \ldots \wedge A_n \rightarrow B$ ersetzt. Nun war mit dem Kalkül des natürlichen Schließens zugleich ein systematisches Verfahren zur Einführung und Beseitigung der logischen Zeichen mitgeliefert worden. Mit der eben erwähnten neuerlichen Verwendung von ‚$\wedge$' und ‚$\rightarrow$' würden zusätzliche Schlußregeln für diese beiden Zeichen benötigt, wodurch die ganze Einführungs-Beseitigungs-Systematik des Kalküls des natürlichen Schließens zerstört würde. Daher wurde ein zusätzliches Zeichen aufgenommen und statt der obigen Formel die Sequenz $A_1, \ldots, A_n \twoheadrightarrow B$ verwendet.

Daß im Sukzedens statt nur einer Formel mehrere Formeln $B_1, \ldots, B_r$ zugelassen werden, enthält bloß eine Verallgemeinerung. Sie entspricht der Ersetzung der Teilformel B im obigen Konditional durch $B_1 \vee \ldots \vee B_r$.

Anmerkung 2. Die objektsprachliche Reproduktion der Folgebeziehung mit Hilfe des Sequenzenpfeiles könnte prima facie wie eine suspekte Einschmuggelung eines intensionalen Elements in die extensionale Logik erscheinen. Die Befürchtung ist jedoch unbegründet. Der Sequenzenkalkül gestattet *als ein semantisch adäquater Kalkül* nur den Beweis *gültiger* Sequenzen. Und eine Sequenz $A_1, \ldots, A_n \twoheadrightarrow B_1, \ldots, B_r$ ist gültig genau dann, wenn $B_1 \vee \ldots \vee B_r$ aus $A_1 \wedge \ldots \wedge A_n$ logisch folgt.

Der formalen Natur nach ist der Sequenzenkalkül ein axiomatischer Kalkül, dessen Gegenstände allerdings, wie eben erwähnt, nicht Formeln, sondern jene verallgemeinerten und objektsprachlich zu deutenden Figuren bilden, die *Sequenzen* heißen. Ursprünglich stieß dieser Kalkül auf Unverständnis, insbesondere unter jenen, die sich nicht für die speziellen beweistheoretischen Zielsetzungen GENTZENS interessierten; zumindest erschien dieser Kalkül vielen als künstlich.

Tatsächlich kann man das intuitive Verständnis sowie die begriffliche Durchdringung des Sequenzenkalküls auf mindestens vier Weisen erlangen (und am besten natürlich dadurch, daß man alle diese Weisen miteinander kombiniert). Erstens läßt sich den Sequenzen eine *unmittelbare semantische Deutung* geben. Zweitens gewinnt man einen Einblick in das Funktionieren dieses Kalküls dadurch, daß man seine semantische Adäquatheit und seine *Gleichwertigkeit mit Kalkülen anderen Typs* erfaßt. Drittens kann man sich auch vom prima-facie-Eindruck der Künstlichkeit befreien, indem man einsehen lernt, daß dieser Kalkül in gewissem Sinn eine *Vorwegnahme des Baumkalküls von Beth* bildete: Der Sequenzenkalkül ist im Prinzip nichts anderes als ein „auf den Kopf gestellter" Baumkalkül. (Dies wird im formalen Teil bei der Behandlung des Sequenzenkalküls gezeigt.) Viertens kann man heute schließlich sofort zu einem anderen Kalkül übergehen, der einerseits den Grundgedanken der Sequenzen *verallgemeinert*, andererseits aber doch wieder mit dem *herkömmlichen Formelbegriff* arbeitet. Gemeint ist der Kalkül der Positiv- und Negativteile von K. SCHÜTTE.

Wie schon bemerkt, ist die obige Sequenz gleichwertig mit $(A_1 \wedge \ldots \wedge A_n) \rightarrow (B_1 \vee \ldots \vee B_r)$. Die Wahrheit dieses Konditionals ist sowohl durch die Falschheit eines einzigen A_i $(1 \leqq i \leqq n)$ als auch durch die Wahrheit eines einzigen B_j $(1 \leqq j \leqq r)$ festgelegt. Bei dieser Tatsache setzt SCHÜTTE mit seiner Verallgemeinerung ein: Ein Teilsatz, dessen Wahrheit die Wahrheit des ganzen Satzes logisch impliziert, wird *Positivteil* dieses Satzes genannt; ein Teilsatz, dessen Falschheit die Wahrheit des ganzen Satzes zur Folge hat, heißt *Negativteil* dieses Satzes. Das einzige Axiomenschema sowie sämtliche Grundschlußregeln sind ausschließlich in der Sprache der Positiv- und Negativteile formuliert.

Das System von SCHÜTTE hat u.a. allen anderen Systemen einen technischen Vorteil voraus: Man kann nicht nur *bereits gewonnene ganze Sätze* durch Voranstellung oder Zwischenschaltung logischer Zeichen in komplexere Sätze verwandeln. Vielmehr kann man solche Operationen bereits an *Teilsätzen innerhalb* bereits verfügbarer komplexer Sätze vornehmen, also die neuen logischen Zeichen in geeigneten inneren Teilen der Gesamtformel einführen. Dadurch werden häufig Zwischenoperationen, die bei Kalkülen anderen Typs erforderlich sind, vermieden.

Etwas aus dem Rahmen der anderen Kalkülisierungstypen fällt der *Dialogkalkül*, der auf P. LORENZEN zurückgeht. Die von ihm entwickelte „Theorie der Dialogspiele" war allerdings ursprünglich nicht als Kalkül, sondern als eine neue Form von Begründungssemantik der intuitionistischen Logik gedacht. Danach sollten die Bedeutungen logischer Zeichen durch Regeln für Angriffe und Verteidigungen von Sätzen mit diesem Zeichen als Hauptzeichen in Dialogen festgelegt werden.

Wir abstrahieren im folgenden von diesem Begründungsaspekt, formulieren außerdem die Regeln auf solche Weise, daß dabei die klassische

Logik herauskommt, und zwar in der Gestalt eines Dialogkalküls. Ein einzelner *Dialog* repräsentiert ein Kampfspiel zwischen dem eine Aussage behauptenden Proponenten und seinem Opponenten. Ausgangspunkt für alle weiteren Begriffsbildungen ist der Begriff des (vom Proponenten) *gewonnenen Dialoges* um eine Aussage. Falls der Proponent bei Berücksichtigung aller zulässigen Reaktionen des Opponenten erzwingen kann, daß nur solche Dialoge stattfinden, die für ihn gewonnene Dialoge sind, so verfügt er über eine *Gewinnstrategie* für eine Aussage. An die Stelle des beweisbaren Satzes tritt daher im Dialogkalkül der Begriff der *gewinnbaren Aussage.*

Eine geeignete Präzisierung der einschlägigen Begriffe vorausgesetzt, ergibt sich dadurch eine Vergleichsmöglichkeit mit anderen Kalkültypen, daß Dialoge als Äste und Gewinnstrategien als Bäume (mit Dialogen als Ästen) rekonstruiert werden. (Am besten stellt man sich dabei die Dialoge als *beblätterte* Äste vor, mit Proponentenzügen als rechten und Opponentenzügen als linken Blättern.) Derjenige Kalkül, welcher sich für einen Vergleich besonders anbietet, ist der Sequenzenkalkül. Daher wird der Dialogkalkül auch in unmittelbarem Anschluß an diesen in **4.4** dargestellt.

Eine erhebliche Komplikation ergibt sich dadurch, daß für den Dialogkalkül der Begriff der Aussage erweitert werden muß. (Dies bildete übrigens auch das Motiv dafür, weshalb für die Wiedergabe dieses Kalküls ein Symbolismus gewählt wurde, der von demjenigen abweicht, in welchem die anderen Kalküle formuliert worden sind.) Angriffe gegen eine Aussage werden nämlich – von dem einzigen abweichenden Fall des Angriffs gegen eine negierte Aussage abgesehen – in der Form von *Bezweiflungen* vorgetragen. Die Wiedergabe einer Bezweiflung enthält außer dem Mitteilungszeichen für eine Aussage stets auch ein Fragezeichen ‚?'. Wir werden Bezweiflungen als unechte Propositionen von Aussagen (=Sätzen im Sinn der übrigen Kalküle) als echten Propositionen unterscheiden.

Um die Gleichwertigkeit von Dialogkalkül und Sequenzenkalkül zu zeigen, muß man die Gewinnstrategien repräsentierenden Bäume in Beweisbäume des Sequenzenkalküls umformen und umgekehrt. Im ersten Fall hat man dazu die Bäume durch Streichung der darin vorkommenden Bezweiflungen in geeigneter Weise „schrumpfen" zu lassen, während sie im zweiten Fall durch geeignete Einfügungen von Bezweiflungen „aufzublähen" sind. Die genaue Beschreibung dieser beiden Prozesse der Schrumpfung einerseits, der Aufblähung andererseits ist wesentlich mühsamer, als es diese intuitiven Andeutungen vermuten lassen. Das ist auch der Grund dafür, warum **4.4** umfangreicher ist als die Abschnitte, welche den anderen Kalkülen gewidmet sind.

4.1 Formale Beweise. Formale Ableitungen. Semantische Adäquatheit von Kalkülen

Unter einem *Kalkül* für die Quantorenlogik versteht man ein syntaktisch charakterisierbares Verfahren, nach dem sich

a) für die gültigen Sätze *formale Beweise*

und

b) für die q-Folgerungen aus Satzmengen („Annahmemengen") *formale Ableitungen*

herstellen lassen. Zahlreiche, z. T. recht verschiedenartige Kalküle sind für die Quantorenlogik entwickelt worden; wir werden sechs von ihnen betrachten. Dabei wollen wir zum Zweck einer einfachen Darstellung auf das Bikonditionalzeichen verzichten und $F \leftrightarrow G$ als informelle metasprachliche Abkürzung für $(F \to G) \wedge (G \to F)$ verstehen.

Das wesentliche Merkmal aller Kalküle ist die *Entscheidbarkeit* ihres Beweis- und Ableitungsbegriffs: Für jede vorgelegte Zeichenreihe läßt sich *effektiv*, d. h. mechanisch, nach endlich vielen Schritten, feststellen, ob es sich um einen Beweis bzw. um eine Ableitung handelt oder nicht. *Unentscheidbar* ist hingegen der Beweis*barkeits*- und Ableit*barkeits*begriff, d. h. die Frage, *ob* für einen gegebenen Satz ein Beweis bzw. eine Ableitung aus einer gegebenen Annahmenmenge existiert oder nicht. Dies läßt sich immer nur von Fall zu Fall mit Geschick oder Glück herausfinden; ein mechanisches Entscheidungsverfahren nach Art der junktorenlogischen Wahrheitstafel-Methode bieten die quantorenlogischen Kalküle nicht. (Für Details zum Thema ‚Entscheidbarkeit' vgl. Kap. 12.)

Bevor wir auf spezielle Kalküle **K** eingehen, legen wir einige allgemeine Begriffe fest. Dabei setzen wir den Begriff der **K**-*Ableitung für den Satz A aus der endlichen Annahmemenge* M^0 – d. h. den Begriff der Ableitung des Satzes A im Kalkül **K** aus der Menge der in M^0 enthaltenen Annahmen oder Prämissen – voraus, der später für die einzelnen Kalküle **K** definiert wird. Wenn es eine **K**-Ableitung für A aus einer endlichen Annahmenmenge $M^0 \subset M$ gibt, so heißt A **K**-*ableitbar aus M*, symbolisch ‚$M \vdash_{\mathbf{K}} A$'. (Bei endlichen Mengen $M = \{A_1, \dots, A_n\}$ schreiben wir einfach ‚$A_1, \dots, A_n \vdash_{\mathbf{K}} A$'.) Eine **K**-Ableitung für A aus der leeren Annahmenmenge – also eine Ableitung, in der außer den Kalkülregeln keine speziellen Annahmen verwendet werden – heißt **K**-*Beweis für A*. Wenn es einen solchen gibt, heißt A **K**-*beweisbar*, oder **K**-*Theorem*, symbolisch ‚$\vdash_{\mathbf{K}} A$'.

Mit der Errichtung quantorenlogischer Kalküle verbindet sich die Zielsetzung, nach Möglichkeit für die q-gültigen Sätze und Schlüsse formale Beweise und Ableitungen zu liefern; dazu die folgenden Begriffe.

K heiße

korrekt bzgl. der q-Gültigkeit $=_{\mathrm{df}} \bigwedge A: \vdash_{\mathbf{K}} A \Rightarrow \Vdash_q A$,
vollständig bzgl. der q-Gültigkeit $=_{\mathrm{df}} \bigwedge A: \Vdash_q A \Rightarrow \vdash_{\mathbf{K}} A$,
adäquat bzgl. der q-Gültigkeit $=_{\mathrm{df}} \bigwedge A: \vdash_{\mathbf{K}} A \Leftrightarrow \Vdash_q A$,

korrekt bzgl. der q-Folgerung $=_{\mathrm{df}} \bigwedge M, A: M \vdash_{\mathbf{K}} A \Rightarrow M \Vdash_q A$,
vollständig bzgl. der q-Folgerung $=_{\mathrm{df}} \bigwedge M, A: M \Vdash_q A \Rightarrow M \vdash_{\mathbf{K}} A$,
adäquat bzgl. der q-Folgerung $=_{\mathrm{df}} \bigwedge M, A: M \vdash_{\mathbf{K}} A \Leftrightarrow M \Vdash_q A$.

Die letzte Eigenschaft faßt die anderen zusammen; ein q-folgerungsadäquater Kalkül wäre also das Erwünschte. Leider gibt es ihn nicht aufgrund einer Eigentümlichkeit der q-Semantik, die wir im Zusammenhang mit Th. 3.11 und 12 schon berührt haben.

Th. 4.1.1 *Kein Kalkül ist q-folgerungsadäquat.*

Beweis: Angenommen, **K** sei adäquat, also korrekt und vollständig bezüglich der q-Folgerung. M sei die weiter oben erwähnte Menge $\{Pu_1, \ldots, Pu_n, \ldots\}$ sämtlicher Spezialisierungen von $\bigwedge xPx$. Dann gilt $M \Vdash_q \bigwedge xPx$, und wegen der q-Folgerungs-Vollständigkeit von **K** auch $M \vdash_{\mathbf{K}} \bigwedge xPx$. Dann gibt es n.Def. eine **K**-Ableitung für $\bigwedge xPx$ aus einer *endlichen* Menge $M^0 \subset M$; daher $M^0 \vdash_{\mathbf{K}} \bigwedge xPx$, und wegen der q-Folgerungs-Korrektheit von **K** auch $M^0 \Vdash_q \bigwedge xPx$. Aber das ist, wie oben gezeigt, nicht der Fall; der Allsatz folgt aus keiner echten, insbesondere keiner endlichen Teilmenge M^0 seiner Spezialisierungen.

In Übereinstimmung mit diesem Satz werden alle betrachteten Kalküle zwar korrekt, aber unvollständig bezüglich der q-Folgerung sein. Diese Unvollständigkeit ist jedoch gering, immerhin sind sie vollständig bezüglich der q-Folgerung aus Satzmengen, in denen unendlich viele Objektparameter *nicht* vorkommen. Solche Satzmengen nennen wir *unendlich erweiterbar.* Als Metavariable für eine unendlich erweiterbare Satzmenge verwenden wir von nun an einheitlich das Symbol ‚M^*'.

Ihre volle semantische Rechtfertigung werden die Kalküle im nächsten Kapitel erfahren. Dort wird die Semantik so verallgemeinert, daß auch Aussagen über nicht-abzählbare Bereiche mit „namenlosen" Objekten möglich sind, und im Sinn dieser Semantik werden sich Kalküle als uneingeschränkt folgerungsadäquat erweisen.

4.2 Adjunktiver Baumkalkül („Beth-Kalkül")

4.2.1 Baumstrukturen. Das Lemma von König. Wir beginnen mit einem Kalkül, in dem die Beweise baumförmige Gestalt haben. Dazu einige Vorbemerkungen. Formal gesehen ist ein *Baum* eine verallgemeinerte Folge, in der jedes Objekt nicht nur *einen Nachfolger*, sondern eine beliebige *abzählbare Folge*[1] von Nachfolgern haben kann. Bei der graphischen Darstellung stellen wir die Bäume auf den Kopf und fügen an jedes Objekt seine Nachfolger von links nach rechts durch Striche an; Beispiel:

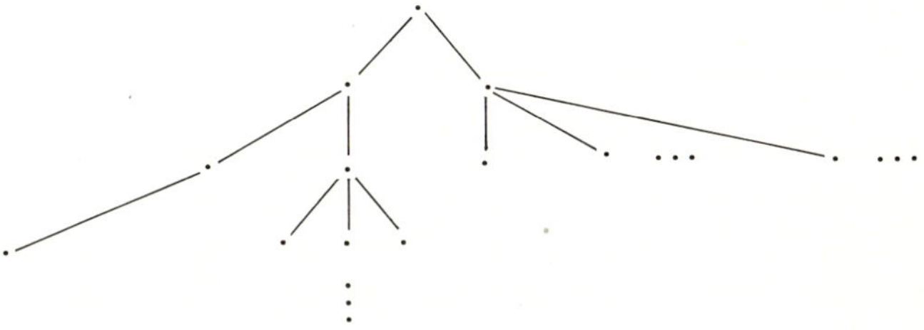

Nachfolger desselben Objektes heißen *Geschwister*. Da die Geschwister nach Voraussetzung jeweils abzählbare Folgen bilden, hat jedes Objekt in seiner Geschwister-Folge nur endlich viele vorangehende, nennen wir sie *linke*, aber evtl. unendlich viele nachfolgende, nennen wir sie *rechte*, Geschwister. Die einzelnen Objekte sollen durch endliche *Zahlenfolgen* bezeichnet werden, aus denen man die Position der Objekte ablesen kann. Größerer Anschaulichkeit halber verwenden wir für die Symbolisierung dieser Folgen spitze Klammern wie bei n-Tupeln. (Die Rechtfertigung für dieses Vorgehen findet sich in 1.3.) Das erste, im Diagramm oberste Objekt wird durch die leere Folge bezeichnet; und wenn a durch die (evtl. leere) Folge $n_1, \ldots, n_r$ bezeichnet ist, so wird jeder Nachfolger b von a durch $n_1, \ldots, n_r, n$ bezeichnet, wobei n die Anzahl der linken Geschwister von b sei. Für das obige Beispiel ergibt sich dann:

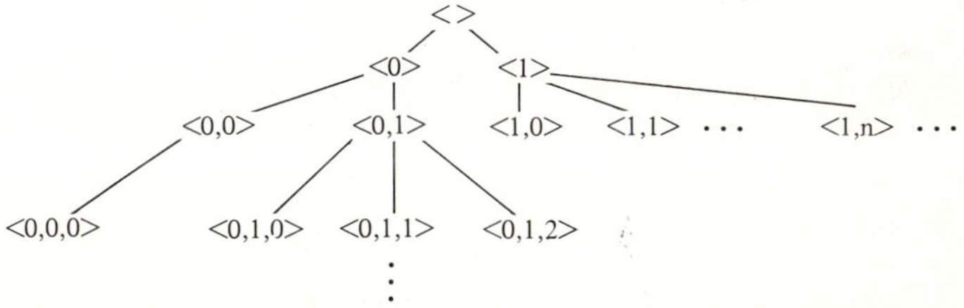

Die Menge der so entstehenden Zahlenfolgen nennen wir eine *Baumstruktur*. Allgemein ist dies eine endliche oder unendliche Menge M von endlichen Folgen natürlicher Zahlen, wobei gilt:

1) $\emptyset \in M$;

2) ist $n_1, \ldots, n_r, n \in M$, so auch $n_1, \ldots, n_r$ und ferner, für alle $m < n$, auch $n_1, \ldots, n_r, m$.

---

1 Die hier betrachteten Bäume heißen genauer *geordnete Bäume*. Wenn man statt *Folgen* von Nachfolgern *Mengen* von Nachfolgern nimmt, erhält man *ungeordnete Bäume*, die wir aber nicht verwenden.

Wir definieren für Baumstrukturen M eine Reihe von Begriffen. Die Elemente von M heißen *Punkte* von M; $\langle\ \rangle$ wird *Ursprung* von M genannt. Ist $\langle n_1, \ldots, n_r, n \rangle$ ein Punkt von M, so heißt der (evtl. leere) Punkt $\langle n_1, \ldots, n_r \rangle$ *Vorgänger* von $\langle n_1, \ldots, n_r, n \rangle$ und dieser heißt *Nachfolger* des ersteren. Ist der Punkt a ein echter Abschnitt von Punkt b, so sagen wir, daß *a vor b* und *b nach a* kommt. Ein Punkt ohne Nachfolger heißt *Endpunkt*, mit einem Nachfolger *einfacher Punkt*, mit mehreren, endlich bzw. unendlich vielen, Nachfolgern *endlicher* bzw. *unendlicher Verzweigungspunkt*. Eine Baumstruktur heißt *endlich verzweigt*, wenn sie höchstens endliche Verzweigungspunkte hat, sonst *unendlich verzweigt*. Ist die Baumstruktur M eine (echte) Teilmenge der Baumstruktur N, so heißt N *(echte) Erweiterung* von M. Eine Folge von Punkten $a_1, \ldots, a_n$, wobei $a_1 = \langle\ \rangle$ und jedes a_{i+1} Nachfolger von a_i ist, heißt *Weg* bis a_n; eine endliche oder abzählbar unendliche Folge von Punkten $a_1, \ldots, a_n, \ldots$, wobei $a_1 = \langle\ \rangle$, jedes a_{i+1} Nachfolger von a_i, und das letzte Glied, falls vorhanden, ein Endpunkt ist, heißt *Ast*.

Bisweilen erweist es sich als zweckmäßig, zusätzlich den Begriff der Baumstufe zur Verfügung zu haben: Der Ursprung hat die Stufe 0, dessen Nachfolger gehören zur Stufe 1, allgemein die Nachfolger eines Punktes von der Stufe n zur Stufe $n+1$. Aufgrund des angegebenen Konstruktionsverfahrens für Baumstrukturen können wir diesen Begriff sofort explizit definieren: Die *Baumstufe eines Punktes* ist identisch mit der Anzahl der Glieder, aus denen der Punkt besteht.

Wir beweisen für spätere Zwecke das

Lemma von König *Jede endlich verzweigte unendliche Baumstruktur M hat mindestens einen unendlichen Ast.*

Beweis: Der Ursprung $\langle\ \rangle$ hat n.V. endlich viele Nachfolger $a_1, \ldots, a_m$ $(m \geqq 1)$. Wir wählen ein a_i, nach dem noch unendlich viele Punkte kommen (mindestens ein solches muß es geben, da M unendlich ist). a_i hat wieder endlich viele Nachfolger $b_1, \ldots, b_n (n \geqq 1)$. Wir wählen ein b_j, nach dem noch unendlich viele Punkte kommen (mindestens ein solches muß es geben, da nach a_i unendlich viele Punkte kommen). Die Überlegung läßt sich ad infinitum wiederholen. Also gibt es eine abzählbar unendliche Folge $\emptyset, a_i, b_j, \ldots$, in der jedes $n+1$-te Glied Nachfolger des n-ten ist, d.h. einen unendlichen Ast.

So viel zum Begriff der *Baumstruktur*. Unter einem *Baum* verstehen wir eine Funktion mit einer Baumstruktur als Argumentbereich. Im folgenden habe wir es mit *Satzbäumen* $\mathfrak{B}$ zu tun, d.h. mit Bäumen, deren Werte Sätze sind; jedem Punkt der Baumstruktur ist hier also genau ein Satz zugeordnet. Dabei ist $\mathfrak{B}$ nicht notwendig injektiv und kann verschiedenen Punkten denselben Satz zuordnen. Die obigen Begriffe für die Argumente von $\mathfrak{B}$ übertragen wir auch auf die Werte: $\mathfrak{B}(\langle\ \rangle)$ heißt

Ursprung von $\mathfrak{B}$; ist $\mathfrak{B}(n_1, \ldots, n_r) = A$, $\mathfrak{B}(n_1, \ldots, n_r, m) = B$, $\mathfrak{B}(n_1, \ldots, n_r, n) = C$, so heißen B und C *Nachfolger* von A in $\mathfrak{B}$, usw.

Wo immer es nicht auf übergroße Genauigkeit ankommt, werden wir einfachheitshalber die Baumpunkte von Satzbäumen mit Sätzen identifizieren, obwohl dies in den gewöhnlich vorliegenden nicht-injektiven Fällen eigentlich inkorrekt ist. SMULLYAN wendet in seinem Buch [5] diese vereinfachende Sprechweise von vornherein an, da er nicht zwischen Baumstrukturen (Mengen) und Bäumen (Funktionen) unterscheidet und die Satzbäume mit Baumstrukturen gleichsetzt, deren Punkte Sätze sind. Diese Art des Vorgehens führt jedoch zu dem berechtigten Einwand, daß SMULLYAN, im Widerspruch zu seinem tatsächlichen Vorgehen, nicht denselben Satz an verschiedenen Stellen des Baumes vorkommen lassen dürfte. Die obige Präzisierung des Baumbegriffs begegnet diesem Einwand.

Das Verständnis des Folgenden wird erleichtert, wenn sich der Leser einen Baum (in der eben erwähnten vereinfachenden Sprechweise) nicht als ein statisches Gebilde, sondern als das Ergebnis eines Konstruktionsprozesses vorstellt, in welchem zunächst der Ursprung gesetzt und dann die Äste gemäß vier genau angegebenen Regeln sukzessive erweitert werden. Jeder endliche Baum kann dann als das Resultat eines dynamischen Baumentstehungsprozesses aufgefaßt werden (und jeder unendliche Baum als etwas, dessen Konstruktionsprozeß unbegrenzt weitergeht).

Nach diesen Vorbemerkungen wenden wir uns nun dem Baumkalkül zu.

4.2.2 Beschreibung des Kalküls B. Der Kalkül **B** beruht auf dem Gedanken des *indirekten* Beweises. Um zu zeigen, daß A aus M q-folgt, nimmt man an, $M, \neg A$ sei *q-erfüllbar*, und schließt aus diesen Sätzen auf immer kleinere q-Teilsätze oder ihre Negationen. Dabei können sich die Möglichkeiten *verzweigen*, so daß insgesamt ein Satzbaum entsteht, in dem jeder Ast eine der Alternativen darstellt, die sich aus der Annahme ergeben; genauer: jeder Ast repräsentiert eine Satzmenge, und mindestens eine dieser Satzmengen muß q-erfüllbar sein, falls $M, \neg A$ q-erfüllbar ist. Sobald sich hingegen zeigt, daß jede dieser Satzmengen einen Widerspruch enthält, ist die Annahme widerlegt, und damit $M \Vdash_q A$ bewiesen (vgl. Th. 3.3). Für den Fall $M = \emptyset$ bedeutet dies $\Vdash_q A$. Ein Beispiel:

Behauptung: $\Vdash_q (A \to B \vee C) \to (B \vee (A \to C))$

Negation: 1. $\neg((A \to B \vee C) \to (B \vee (A \to C)))$

2. $A \to B \vee C$
3. $\neg(B \vee (A \to C))$ } 1, $(\mathbf{R}\neg)$, $(\mathbf{R}\to)$

4. $\neg B$
5. $\neg(A \to C)$ } 3, $(\mathbf{R}\neg)$, $(\mathbf{R}\vee)$

6.	A			5, (**R**$\neg$), (**R**$\rightarrow$)
7.	$\neg C$			
8.	$\neg A$	$B \vee C$		2, (**R**$\neg$), (**R**$\rightarrow$)
9.	$*$	B	C	8, (**R**$\vee$)
		$*$	$*$	

Dieser Baum ist die formale Wiedergabe der folgenden indirekten Überlegung. *Angenommen*, der behauptete Satz hat bei einer q-Bewertung $\mathfrak{b}$ den Wert **f**. Dann hat nach (**R**$\neg$) seine Negation, also der Satz in Zeile 1, bei $\mathfrak{b}$ den Wert **w**. Dieser ist ein negiertes Konditional; aus ihm folgt nach (**R**$\neg$) und (**R**$\rightarrow$) sowohl das Antezedens als auch das negierte Konsequens, also die Sätze der Zeilen 2 und 3. Der letztere ist eine negierte Adjunktion; aus ihm folgen nach (**R**$\neg$) und (**R**$\vee$) die Negationen der beiden Adjunktionsglieder, also die Sätze der Zeilen 4 und 5. Der letztere ist wieder ein negiertes Konditional; analog zu Zeile 1 gewinnen wir aus ihm die Sätze der Zeilen 6 und 7. Nun läßt sich nur noch das Konditional der Zeile 2 weiter zergliedern. Hier *verzweigen* sich die Möglichkeiten: *Entweder* ist die Negation des Antezedens *oder* aber das Konsequens **w**; wir fügen die beiden Sätze in Zeile 8 als Nachfolger an den Satz in Zeile 7 an und trennen die beiden entstehenden Äste durch einen Strich. Nun läßt sich nur noch der rechte Satz, eine Adjunktion, weiter zergliedern. Dabei verzweigen sich die Möglichkeiten erneut: das erste oder das zweite Adjunktionsglied ist **w**; wir fügen beide als Nachfolger in Zeile 9 an.

Nun betrachten wir den Baum mit den drei entstehenden Ästen. Jeder von ihnen zeigt eine der Alternativen, die sich aus dem Satz in Zeile 1 ergeben; genauer: aus der *Annahme*, daß dieser Satz bei einem $\mathfrak{b}$ **w** ist, folgt, daß sämtliche Sätze von wenigstens einem Ast bei $\mathfrak{b}$ **w** sind. Dies aber ist unmöglich; denn jeder Ast enthält einen Widerspruch: der erste das Satzpaar $A, \neg A$, der zweite das Satzpaar $B, \neg B$, der dritte das Satzpaar $C, \neg C$. Also ist die Annahme in Zeile 1 widerlegt und die Behauptung bewiesen.

Dieses Beispiel ist eine junktorenlogische Anwendung des Baumkalküls, wobei wir uns der semantischen Regeln (**R**j) bedient haben. Wir wollen nun das Verfahren auf die Quantorenlogik erweitern und dabei die semantischen Regeln durch *rein syntaktische* ersetzen, die nur die Umformung von Zeichenreihen betreffen.

Zur Formulierung dieser Regeln ist es zweckmäßig, alle Sätze, mit Ausnahme der elementaren und ihrer Negationen, also alle Sätze, die beim „abbauenden" Baumverfahren in kleinere bzw. ihre Negationen zergliedert werden, nach vier Typen zu klassifizieren.[2] Zunächst betrachten wir die j-komplexen Sätze, die nicht Negationen von j-elementaren

2 Die Klassifikation stammt von SMULLYAN, [5], S. 20ff.

sind, und unterscheiden zwei Typen: Jene, aus deren Wahrheit man eindeutig auf die Wahrheitswerte der unmittelbaren Teilsätze schließen kann, heißen Sätze vom Typ α, oder vom *konjunktiven* Typ; die anderen heißen Sätze vom Typ β oder vom *adjunktiven* Typ. Bei einem Satz vom Typ α bezeichnen wir die (evtl. negierten) Teilsätze, die beide aus ihm folgen, mit α_1 und α_2. Bei einem Satz vom Typ β bezeichnen wir die (evtl. negierten) Teilsätze, von denen wenigstens einer folgt, mit β_1 und β_2. Doppelt negierte Sätze $\neg\neg A$ passen nicht ganz in dieses Schema; wir zählen sie zum Typ α und betrachten A gleichzeitig als α_1 und α_2. Dann ergibt sich – bei Verzicht auf das Bikonditional – die Klassifikation:

Sätze vom Typ α:	$A \wedge B$	$\neg(A \vee B)$	$\neg(A \rightarrow B)$	$\neg\neg A$
mit α_1:	A	$\neg A$	A	A
und α_2:	B	$\neg B$	$\neg B$	A

Sätze vom Typ β:	$A \vee B$	$\neg(A \wedge B)$	$A \rightarrow B$
mit β_1:	A	$\neg A$	$\neg A$
und β_2:	B	$\neg B$	B.

In ähnlicher Weise unterscheiden wir bei den q-komplexen Sätzen und ihren Negationen zwei Typen: Jene, aus deren Wahrheit man eindeutig auf die Wahrheitswerte aller Spezialisierungen schließen kann, heißen Sätze vom Typ γ oder vom *Alltyp;* die anderen heißen Sätze vom Typ δ oder vom *Existenztyp.* Bei einem Satz vom Typ γ bezeichnen wir die (evtl. negierten) Spezialisierungen auf u, die alle aus ihm folgen, mit $\gamma[u]$; bei einem Satz vom Typ δ bezeichnen wir die (evtl. negierten) Spezialisierungen auf u, von denen wenigstens eine folgt, mit $\delta[u]$. Dann ergibt sich die Klassifikation (mit Objektbezeichnungen u):

Sätze vom Typ γ:	$\bigwedge x A[x]$	$\neg \bigvee x A[x]$
mit $\gamma[u]$:	$A[u]$	$\neg A[u]$

Sätze vom Typ δ:	$\bigvee x A[x]$	$\neg \bigwedge x A[x]$
mit $\delta[u]$:	$A[u]$	$\neg A[u]$.

Damit ist die Menge der Sätze, mit Ausnahme der elementaren und ihrer Negationen, in die Typen α, β, γ, δ zerlegt. Die semantische Bedeutung dieser Klassifikation liegt in folgendem:

Für jede q-Bewertung $\mathfrak{b}$ gilt offenbar

a) $\mathfrak{b}$ erfüllt α $\Leftrightarrow$ $\mathfrak{b}$ erfüllt α_1 und α_2,

b) $\mathfrak{b}$ erfüllt β $\Leftrightarrow$ $\mathfrak{b}$ erfüllt β_1 oder β_2,

c) $\mathfrak{b}$ erfüllt γ $\Leftrightarrow$ $\mathfrak{b}$ erfüllt $\gamma[u]$ für jedes u,

d) $\mathfrak{b}$ erfüllt δ $\Leftrightarrow$ $\mathfrak{b}$ erfüllt $\delta[u]$ für mindestens ein u.

Die „absteigenden“ Richtungen ‚$\Rightarrow$‘ werden später für den Korrektheitsbeweis, die „aufsteigenden“ Richtungen ‚$\Leftarrow$‘ für den Vollständigkeitsbeweis des Baumkalküls benötigt.

Nun formulieren wir die *Regeln* des Baumkalküls **B**, nach denen für eine gegebene Annahmenmenge ein schon gegebener endlicher Satzbaum schrittweise erweitert werden kann. Satz *A kommt auf* einem Ast $\mathfrak{A}$ *vor*, soll heißen, daß $\mathfrak{A}$ einen Punkt der Gestalt A hat. $\mathfrak{A}_C$ sei ein Ast mit dem Endpunkt *C*.

(A) $\dfrac{\alpha}{\alpha_i}$ (i = 1 oder 2) d. h.: Wenn α auf $\mathfrak{A}_C$ vorkommt, so darf an *C* entweder α_1 oder α_2 angefügt werden.

(B) $\dfrac{\beta}{\beta_1 \mid \beta_2}$ d. h.: Wenn β auf $\mathfrak{A}_C$ vorkommt, so dürfen an *C* β_1 und β_2 gemeinsam angefügt werden (es darf *nicht* einer der Sätze allein angefügt werden).

(C) $\dfrac{\gamma}{\gamma[u]}$ d. h.: Wenn γ auf $\mathfrak{A}_C$ vorkommt, so darf an *C* $\gamma[u]$, mit einer beliebigen Objektbezeichnung *u*, angefügt werden.

(D) $\dfrac{\delta}{\delta[a]}$ (*a* neu) d. h.: Wenn δ auf $\mathfrak{A}_C$ vorkommt, so darf an *C* $\delta[a]$ angefügt werden, *sofern* der Objektparameter *a* weder in der Annahmemenge noch in $\mathfrak{A}_C$ vorkommt.

(A), (C), (D) sind *einfache* Regeln, nach denen ein gegebener Ast um einen Punkt verlängert werden kann; (B) ist eine *Verzweigungsregel*, nach der ein Ast sich zweiteilen kann. Eine *Anwendung* einer Regel ist ein Paar, bzw. Tripel von Sätzen der angegebenen Art; dabei heißt der erste Satz *Prämisse*, der zweite, bzw. das Paar des zweiten und dritten, *Konklusion* der Regelanwendung; wir sagen dann auch, daß die Konklusion aus der Prämisse nach der betreffenden Regel *gewonnen* wird.

Genauer sind die vier Regeln(A) bis (D) als *Grundregeln* unseres Kalküls **B** zu bezeichnen, welche zur *Definition* des Kalküls gehören, zum Unterschied von den später eingeführten, *in* **B** *zulässigen Regeln*, die keine Grundregeln sind (aber die so geartet sind, daß ihre Hinzufügung die Klasse der ableitbaren Sätze nicht echt erweitert).

In mengentheoretischer Sprechweise kann der Begriff der Grundregel von **B** folgendermaßen präzisiert werden: Eine Grundregel ist eine Menge von geordneten Paaren, deren Erstglied entweder ein Satz α oder ein Satz β oder ein Satz γ oder ein Satz δ ist und deren Zweitglied im ersten Fall einer der beiden Sätze α_1 oder α_2 ist, im zweiten Fall selbst wieder ein geordnetes Paar, bestehend aus β_1 und β_2, ist[3], im dritten Fall ein Satz $\gamma[u]$ mit beliebigem *u* und im vierten Fall einer der Sätze $\delta[a]$ (mit der angegebenen Zusatzbedingung) ist. Jetzt läßt sich auch der oben nicht weiter erläuterte, sondern als intuitiv selbstverständlich vorausgesetzte Begriff der Regelanwendung definieren: Jedes Element einer Regel,

3 Wir fassen dabei $\beta_1 \mid \beta_2$ als ein geordnetes Paar, bestehend aus den beiden Gliedern β_1 und β_2, auf.

also jedes zu einer Regel gehörende geordnete Paar, ist eine *Regelanwendung* oder eine *Anwendung dieser Regel.* Dabei verstehen wir das Wort ‚Regel' zwar im Sinn von ‚Grundregel'; doch gilt für die später definierten zulässigen Regeln eine vollkommen analoge Bestimmung. Anwendungen der obigen vier Regeln werden jeweils (A)-, (B)-, (C)- und (D)-Anwendungen genannt.

Ist $\mathfrak{A}$ ein Ast, x ein Satz, der gemäß einer der vier Regeln (A) bis (D) an $\mathfrak{A}$ angefügt werden darf, so werden wir *den um x verlängerten Ast* $\mathfrak{A}$ auch mit ‚$\mathfrak{A}, x$' bezeichnen.

Zu beachten ist die *Klausel* von (D), die auch Parameterbedingung genannt wird. Bei jeder Anwendung dieser Regel heißt der bezeichnete Parameter a der Konklusion, der weder in der Annahmemenge noch in dem schon gebildeten Ast vorkommen darf, der *kritische* Parameter der Regelanwendung. Auch die späteren Kalküle werden analog zu (D) *mindestens eine* „kritische" Regel mit einer ähnlichen Klausel enthalten.

Mit Hilfe dieser Regeln definieren wir: Ein *Baum für A aus (der Annahmemenge) M* (‚$\mathfrak{B}_{A,M}$') ist ein Satzbaum mit dem Ursprung A, wobei für jedes „Nachfolger-Paar" $\langle C, C' \rangle$ entweder (a) oder (b) gilt:

(a) C' ist einziger Nachfolger von C, und entweder eine *Annahme*, d.h. ein Element von M, oder gemäß (A), (C) oder (D) an C angefügt;

(b) C' und ein weiterer Satz C'' sind gemäß (B) als einzige Nachfolger an C angefügt.

Demnach ist $\mathfrak{B}_{A,M}$ ein endlich verzweigter Baum, der endlich oder auch unendlich sein kann. Ein Ast dieses Baums heißt *geschlossen*, wenn auf ihm ein Satz zusammen mit seiner Negation vorkommt, sonst *offen*. Der Baum selbst heißt *geschlossen*, wenn alle seine Äste geschlossen sind, sonst *offen*. Nun definieren wir den Begriff der **B**-*Ableitung für A aus einer endlichen Annahmemenge M^0:* Dies ist ein endlicher geschlossener Baum für $\neg A$ aus M^0.

Damit ist auch die **B**-*Ableitbarkeit* und **B**-*Beweisbarkeit* ‚$\vdash_{\mathbf{B}}$' definiert, vgl. **4.1.** Ein Beispiel:

$\vdash_{\mathbf{B}} \bigvee x(\bigwedge y Pf(ax)y \vee \bigwedge y Pyg(xb)) \rightarrow \bigvee z Pzz$

Beweis:

1.	$\neg(\bigvee x(\bigwedge y Pf(ax)y \vee \bigwedge y Pyg(xb)) \rightarrow \bigvee z Pzz)$		
2.	$\bigvee x(\bigwedge y Pf(ax)y \vee \bigwedge y Pyg(xb))$		1, (A)
3.	$\neg \bigvee z Pzz$		1, (A)
4.	$\bigwedge y Pf(ac)y \vee \bigwedge y Pyg(cb)$		2, (D), wobei $c \neq a, b$ sei
5.	$\bigwedge y Pf(ac)y$	$\bigwedge y Pyg(cb)$	4, (B)
6.	$Pf(ac)f(ac)$	$Pg(cb)g(cb)$	5, (C)
7.	$\neg Pf(ac)f(ac)$	$\neg Pg(cb)g(cb)$	3, (C).
	*	*	

Der kritische Parameter c der (D)-Anwendung, die zu Zeile 4 führt, muß von a und b verschieden gewählt werden; die Schließung der beiden Äste geschieht gleichartig, nur muß beim linken Ast zweimal auf $f(ac)$ spezialisiert werden, beim rechten zweimal auf $g(cb)$. Geschlossene Äste markieren wir mit einem Stern.

Nun noch ein Beispiel für eine Ableitung:

$\bigwedge x(Px \leftrightarrow \neg Qxf(a)),\ \bigwedge x \bigvee yQyx \vdash_{\mathbf{B}} \neg \bigwedge xPx$

1.	$\neg\neg \bigwedge xPx$		
2.	$\bigwedge xPx$		1, (A)
3.	$\bigwedge x \bigvee yQyx$		Annahme
4.	$\bigvee yQyf(a)$		3, (C)
5.	$Qbf(a)$		4, (D), wobei $b \neq a$ sei
6.	$\bigwedge x((Px \rightarrow \neg Qxf(a)) \wedge (\neg Qxf(a) \rightarrow Px))$		Annahme, Def. $\leftrightarrow$
7.	$(Pb \rightarrow \neg Qbf(a)) \wedge (\neg Qbf(a) \rightarrow Pb)$		6, (C)
8.	$Pb \rightarrow \neg Qbf(a)$		7, (A)
9.	$\neg Pb$	$\neg Qbf(a)$	8, (B)
10.	Pb	*	2, (C)
	*		

Zur weiteren Einübung der Beweise und Ableitungen im Kalkül **B** versuche sich der Leser zunächst selbst an folgenden Beispielen, für die wir anschließend die Durchführungen angeben:

(*a*) $\vdash_{\mathbf{B}} \bigvee x \bigwedge yPxy \vee \bigwedge x \bigvee y \neg Pxy$

(*b*) $\vdash_{\mathbf{B}} \bigwedge x(Px \rightarrow Qx) \wedge Pf(g(a)) \rightarrow \bigvee yQf(y)$

(*c*) $\bigwedge x(\bigvee yPyf(xb) \rightarrow Qxa),\ \neg \bigvee zQzz \vdash_{\mathbf{B}} \bigvee x \bigwedge y \neg Pyx$

(*d*) $\bigwedge x(Px \vee Qx),\ \neg \bigvee x(Px \wedge Qx) \vdash_{\mathbf{B}} \bigwedge x(Px \leftrightarrow \neg Qx)$.

Der *Beweis* für (*a*) besteht wiederum darin, einen endlichen geschlossenen Baum für die Negation der unter (*a*) genannten Formel anzugeben (mit der leeren Menge als Annahmemenge); ein derartiger Baum ist der folgende, aus einem einzigen Ast bestehende:

1.	$\neg(\bigvee x \bigwedge yPxy \vee \bigwedge x \bigvee y \neg Pxy)$	
2.	$\neg \bigvee x \bigwedge yPxy$	1, (A)
3.	$\neg \bigwedge x \bigvee y \neg Pxy$	1, (A)
4.	$\neg \bigvee y \neg Pay$	3, (D)
5.	$\neg \bigwedge yPay$	2, (C)
6.	$\neg Pab$	5, (D) $(b \neq a)$
7.	$\neg\neg Pab$	4, (C)
	*	

Für (*b*) erhalten wir einen verzweigten *Beweis*:

1.	$\neg(\bigwedge x(Px \rightarrow Qx) \wedge Pf(g(a)) \rightarrow \bigvee yQf(y))$	
2.	$\bigwedge x(Px \rightarrow Qx) \wedge Pf(g(a))$	1, (A)
3.	$\neg \bigvee yQf(y)$	1, (A)
4.	$\bigwedge x(Px \rightarrow Qx)$	2, (A)

5.	$Pf(g(a))$		2, (A)
6.	$Pf(g(a)) \to Qf(g(a))$		4, (C)
7.	$\neg Pf(g(a))$	$Qf(g(a))$	6, (B)
8.	$*$	$\neg Qf(g(a))$	3, (C)
		$*$	

Die *Ableitung* (*c*) läßt sich in **B** zum Beispiel folgendermaßen zeigen:

1.	$\neg \bigvee x \bigwedge y \neg Pyx$		
2.	$\bigwedge x(\bigvee y Pyf(xb) \to Qxa)$		Annahme
3.	$\bigvee y Pyf(ab) \to Qaa$		2, (C)
4.	$\neg \bigvee y Pyf(ab)$	Qaa	3, (B)
5.	$\neg \bigwedge y \neg Pyf(ab)$	$\neg \bigvee z Qzz$	1, (C) | Annahme
6.	$\neg\neg Pcf(ab)$	$\neg Qaa$	5, (D) | 5, (C)
7.	$\neg Pcf(ab)$	$*$	4, (C)
	$*$		

[Dabei muß in der 6. Zeile im linken Ast das nach (D) eingeführte *c* (als reiner Beispielsparameter) von den zuvor eingeführten Parametern *a* und *b* verschieden sein.]

Abschließend behandeln wir mit (*d*) noch ein etwas „verzweigtes" Beispiel:

1.	$\neg \bigwedge x((Px \to \neg Qx) \wedge (\neg Qx \to Px))$				Def. $\leftrightarrow$
2.	$\neg((Pa \to \neg Qa) \wedge (\neg Qa \to Pa))$				1, (D)
3.	$\neg(Pa \to \neg Qa)$		$\neg(\neg Qa \to Pa)$		2, (B)
4.	$\bigwedge x(Px \vee Qx)$		$\bigwedge x(Px \vee Qx)$		Annahme
5.	$\neg \bigvee x(Px \wedge Qx)$		$\neg \bigvee x(Px \wedge Qx)$		Annahme
6.	$Pa \vee Qa$		$Pa \vee Qa$		4, (C)
7.	$\neg(Pa \wedge Qa)$		$\neg(Pa \wedge Qa)$		5, (C)
8.	Pa		$\neg Qa$		3, (A)
9.	$\neg\neg Qa$		$\neg Pa$		3, (A)
10.	$\neg Pa$	$\neg Qa$	Pa	Qa	7, (B) | 6, (B)
	$*$	$*$	$*$	$*$	

Zur Erläuterung der gewissen Willkürlichkeit dieser Beweisschrittreihenfolge geben wir noch einen anderen *Beweis*baum für (*d*) an:

1.	(wie oben)				
2.	(wie oben)				
3.	$\bigwedge x(Px \vee Qx)$				Annahme
4.	$\neg \bigvee x(Px \wedge Qx)$				Annahme
5.	$Pa \vee Qa$				3, (C)
6.	$\neg(Pa \wedge Qa)$				4, (C)
7.	$\neg(Pa \to \neg Qa)$		$\neg(\neg Qa \to Pa)$		2, (B)
8.	Pa		$\neg Qa$		7, (A)
9.	$\neg\neg Qa$		$\neg Pa$		7, (A)
10.	$\neg Pa$	$\neg Qa$	Pa	Qa	6, (B) | 5, (B)
	$*$	$*$	$*$	$*$	

(Durch die in diesem Fall geschicktere „Verschiebung" des ersten Verzweigungsschritts konnten hier vier Baumpunkte eingespart werden. Allgemeine Regeln für derartige Vereinfachungen von Beweisen lassen sich jedoch nicht so einfach aufstellen.)

4.2.3 Semantische Adäquatheit (q-Folgerungskorrektheit und q-Folgerungsvollständigkeit) von B. Das Hintikka-Lemma. Diesem Unterabschnitt stellen wir vier *Erfüllbarkeitssätze* voran, auf die wir auch später wiederholt zurückgreifen werden. Der Nachweis ihrer Gültigkeit, der übrigens nur im vierten Fall nicht trivial ist, bildet einen Teil des Beweises des folgenden Hilfssatzes.

($\mathbf{E}_1$) Wenn M erfüllbar ist und $\alpha \in M$, dann ist auch $M \cup \{\alpha\}$ erfüllbar.
($\mathbf{E}_2$) Wenn M erfüllbar ist und $\beta \in M$, dann ist auch mindestens eine der Mengen $M \cup \{\beta_1\}$, $M \cup \{\beta_2\}$ erfüllbar.
($\mathbf{E}_3$) Wenn M erfüllbar ist und $\gamma \in M$, dann ist für jede Objektbezeichnung die Menge $M \cup \{\gamma[u]\}$ erfüllbar.
($\mathbf{E}_4$) Wenn M erfüllbar ist und $\delta \in M$ und *wenn a ein Parameter ist, der in keinem $A \in M$ vorkommt* (Parameterbedingung!), dann ist auch $M \cup \{\delta[a]\}$ erfüllbar.

Es soll nun gezeigt werden, daß alle **B**-Ableitungen und **B**-Beweise q-gültige Schlüsse und Sätze liefern. Der wesentliche Teil liegt im folgenden Hilfssatz, nach dem sich die q-Erfüllbarkeit eines Astes bei jeder Regelanwendung auf den (bzw. mindestens einen) verlängerten Ast überträgt; dasselbe gilt für die Einführung von Annahmen, sofern die Annahmenmenge q-erfüllbar ist. $M, \mathfrak{A}$ sei die Menge der Sätze, die entweder Elemente von M oder Punkte des Astes $\mathfrak{A}$ sind.

Hilfssatz *$M^0, \mathfrak{A}$ sei eine endliche q-erfüllbare Satzmenge. Damit gilt:*
(a) *Wenn aus $\mathfrak{A}$ durch Einführung einer Annahme von M^0 oder durch Anwendung einer Regel* (A), (C) *oder* (D) *der (um ein Glied längere) Ast $\mathfrak{A}'$ entsteht, so ist auch M^0, $\mathfrak{A}'$ q-erfüllbar;*
(b) *wenn aus $\mathfrak{A}$ durch Anwendung von* (B) *die beiden Äste $\mathfrak{A}'$ und $\mathfrak{A}''$ entstehen, so ist entweder M^0, $\mathfrak{A}'$ oder M^0, $\mathfrak{A}''$ q-erfüllbar.*

Beweis: (a) Wenn $\mathfrak{A}'$ durch Einführung einer Annahme $\in M^0$ aus $\mathfrak{A}$ entsteht, gilt die Behauptung trivialerweise n.V.

Wenn $\mathfrak{A}'$ durch Anwendung von (A) aus $\mathfrak{A}$ entsteht, so kommt ein Satz α in $\mathfrak{A}$ vor, und $\mathfrak{A}' = \mathfrak{A}, \alpha_i$ (i = 1 oder 2). Da jede q-Bewertung, die α erfüllt, auch α_i erfüllt, folgt die Behauptung n.V.

Wenn $\mathfrak{A}'$ durch Anwendung von (C) aus $\mathfrak{A}$ entsteht, so kommt ein Satz γ in $\mathfrak{A}$ vor, und $\mathfrak{A}' = \mathfrak{A}, \gamma[u]$ für irgendeine Objektbezeichnung u. Da jede q-Bewertung, die γ erfüllt, auch $\gamma[u]$ erfüllt, folgt die Behauptung n.V.

Wenn $\mathfrak{A}'$ durch Anwendung von (D) aus $\mathfrak{A}$ entsteht, so kommt ein Satz δ in $\mathfrak{A}$ vor, und $\mathfrak{A}' = \mathfrak{A}, \delta[a]$, wobei a nach der Klausel von (D) ein Objektparameter ist, der weder in M^0 noch in $\mathfrak{A}$ vorkommt. Da jede q-Bewertung, die δ erfüllt, für mindestens ein u auch $\delta[u]$ erfüllt, ist für dieses u die Menge $N^1 = M^0, \mathfrak{A}, \delta[u]$ n. V. q-erfüllbar. Zu zeigen ist, daß auch die Menge $M^1 = M^0, \mathfrak{A}, \delta[a]$ q-erfüllbar ist. M^1 ist eine endliche Satzmenge, in der unendlich viele Objektparameter nicht vorkommen; und N^1 entsteht aus ihr durch Ersetzung aller Vorkommnisse von a durch u. Dann folgt die q-Erfüllbarkeit von M^1 aus der von N^1 nach Th. 3.11(d).

(*b*) Wenn $\mathfrak{A}'$ und $\mathfrak{A}''$ durch Anwendung von (B) aus $\mathfrak{A}$ entstehen, so kommt ein Satz β in $\mathfrak{A}$ vor, und $\mathfrak{A}' = \mathfrak{A}, \beta_1$; $\mathfrak{A}'' = \mathfrak{A}, \beta_2$. Da jede q-Bewertung, die β erfüllt, entweder β_1 oder β_2 erfüllt, folgt die Behauptung n.V.

Daraus ergibt sich die *q-Folgerungs-Korrektheit* des Baumkalküls:

Th. 4.2.1 $M \vdash_{\mathbf{B}} A \;\Rightarrow\; M \Vdash_q A.$

Beweis: N.V. gibt es einen endlichen geschlossenen Baum $\mathfrak{B}_{\neg A, M^0}$, wobei $M^0 \subset M$. Dieser Baum entsteht aus dem Ursprung $\neg A$ durch n Einführungen von Annahmen $\in M^0$ und Regelanwendungen ($n \geqq 1$).

Angenommen, $M^0, \neg A$ wäre q-erfüllbar. Dann würde aus dem Hilfssatz durch Induktion nach n folgen, daß $M^0, \mathfrak{A}$ für mindestens einen Ast $\mathfrak{A}$ des Baumes q-erfüllbar ist. Das ist jedoch unmöglich; denn jeder Ast ist geschlossen und enthält einen Widerspruch. Also ist $M^0, \neg A$ nicht q-erfüllbar, somit $M^0 \Vdash_q A$, also auch $M \Vdash_q A$.

Es läßt sich auch die Umkehrung von Th. 4.2.1 zeigen, nämlich daß der Baumkalkül sämtliche q-Folgerungen aus unendlich erweiterbaren Satzmengen M^* liefert. Dazu wollen wir die Anwendung des Kalküls so normieren, daß alle Möglichkeiten der Schließung systematisch ausgeschöpft werden.

Sei $M^* = \{B_i \mid i \in I\}$ eine unendlich erweiterbare Satzmenge. Wir können o. B. d. A. annehmen, daß $I \in \omega \cup \{\omega\}$ ist, da jede Satzmenge endlich oder abzählbar unendlich ist. Darüber hinaus können wir (ebenfalls o. B. d. A.) voraussetzen, daß für alle $i, j \in I$ mit $i \neq j$ auch $B_i \neq B_j$ gilt. Damit ist die Menge M^* in einer festen Reihenfolge gegeben (streng genommen ist B einfach eine Abzählung von M^* in Form einer Bijektion von I auf M^* mit $B(i) =: B_i$ (für $i \in I$). Sei $\Gamma := \{a_i \mid i \in \omega\}$ die Menge aller Parameter (mit $a_i \neq a_j$ für $i \neq j$). Der Begriff, den wir nun definieren werden, soll uns syntaktisch die systematische Ausschöpfung aller Möglichkeiten wiedergegeben, einen Satz A unter Voraussetzung einer Prämissenmenge M^* zum Widerspruch zu führen. Wir definieren dazu den *systematischen Baum* $\mathfrak{B}^S_{A, M^*}$ *für* A *aus* M^* als den eindeutig bestimmten kleinsten Baum, der alle im folgenden sog. *systematischen (Baum-) Verfah-*

ren erzeugten Bäume $(\mathfrak{B}^S_{A,M*})_n$ als Teilbäume enthält und „sonst nichts", d.h. keinen Baumpunkt, der nicht in mindestens einem $(\mathfrak{B}^S_{A,M*})_n$ auch auftritt. $u_0, u_1, \ldots$ seien sämtliche Objektbezeichnungen.

Bei dem Verfahren wird die Endlichkeit aller $(\mathfrak{B}^S_{A,M*})_n$ zwar mit Induktion unmittelbar einsichtig, doch liefert das Verfahren durchaus für manche A, M^* unendliche Satzbäume. Simultan mit den Teilbäumen $(\mathfrak{B}^S_{A,M*})_n$ definieren wir eine Folge von „*Auswertungsfunktionen nach dem n-ten Schritt*" $\mathbf{a}_n$, die jedem Baumpunkt X von $(\mathfrak{B}^S_{A,M*})_n$ den Wert 1 oder 0 zuordnen, je nachdem ob X schon durch Anwendung einer der im Verfahren vorgesehenen Schritte für α-, β-, γ- und δ-Formeln „*ausgewertet*" wurde oder nicht. Das Verfahren verläuft wie folgt:

Systematisches Baumverfahren

1. Schritt: Wir bilden $(\mathfrak{B}^S_{A,M*})_1$ als den (offensichtlich endlichen, da einpunktigen) Baum, der nur aus dem Ursprung A besteht, und setzen $\mathbf{a}_1(A) := 0$.

$(n+1)$-*ter Schritt:* Wir betrachten die nach I.V. endlich vielen Baumpunkte von $(\mathfrak{B}^S_{A,M*})_n$ und wählen dabei die Endpunkte offener Äste aus. Seien $X^n_1, \ldots, X^n_k$ die (endlich vielen) derartigen Endpunkte in $(\mathfrak{B}^S_{A,M*})_n$. Dann erhalten wir $(\mathfrak{B}^S_{A,M*})_{n+1}$ und $\mathbf{a}_{n+1}$ durch Ausführung folgender Teilschritte des $(n+1)$-ten Schrittes:

(I) Ist $k=0$, sind also alle Äste von $(\mathfrak{B}^S_{A,M*})_n$ geschlossen, so bricht das Verfahren ab. Anderenfalls geben wir $\mathbf{a}_{n+1}$ für alle s-atomaren Formeln und Punkte geschlossener Äste den Wert 1 und gehen zu (II) über.

(II) An jedes X^n_j (mit $1 \leqq j \leqq k$) wird die „erste", noch nicht auf dem (mit X^n_j endenden) Ast $\mathfrak{A}_{X^n_j}$ von $(\mathfrak{B}^S_{A,M*})_n$ vorkommende Prämisse $B_i \in M^*$ als Nachfolger angefügt und $\mathbf{a}_n$ für diesen neuen Baumpunkt als 0 definiert.

(Die Reihenfolge, in der wir die X^n_j betrachten, ist dabei an sich beliebig; zur Normierung des Verfahrens werde stets das am weitesten oben links stehende X^n_j betrachtet, also das $X_0 := X^n_j$ mit demjenigen $\langle n_1, \ldots, n_z \rangle$ als Urbild bei der Baumfunktion, bei der z für kein $X' \in \{X^n_1, \ldots, X^n_k\}$ größer ist, und mit $n_1 = n''_1, \ldots, n_r = n''_r$, $n_{r+1} < n''_{r+1}$ für irgendein r mit $1 \leqq r \leqq z$ bei jedem Urbild $\langle n''_1, \ldots, n''_z \rangle$ eines anderen Baumpunktes $X'' \in \{X^n_1, \ldots, X^n_k\}$ auf derselben Stufe. Anschließend wird das „nächste X^n_j" das in diesem Sinne erste in der Menge $\{X^n_1, \ldots, X^n_k\} \setminus \{X_0\}$, usw.).

Sind alle derartigen Anfügungen (soweit erforderlich) vorgenommen worden, [was in (II) in k Teilschritten mit höchstens k neuen Baumpunkten erfolgt ist], gehen wir zu (III) über.

(III) Wir betrachten den nach (II) gegebenen endlichen Erweiterungsbaum $\mathfrak{B}'$ von $(\mathfrak{B}^S_{A,M*})_n$ (wobei keine echte Erweiterung vorliegen muß). Dann suchen wir den [analog zur Festlegung der Reihenfolge der X^n_j in (II)] am weitesten oben links stehenden Baumpunkt Y von $(\mathfrak{B}^S_{A,M*})_n$ mit $\mathbf{a}_n(Y) = 0$. [Falls kein derartiger Punkt existiert, und

(1) $\mathfrak{B}' = (\mathfrak{B}^S_{A,M*})_n$ ist, bricht das Verfahren ab,

und wenn

(2) $\mathfrak{B}'$ eine echte Erweiterung ist, so ist $(\mathfrak{B}^S_{A,M*})_{n+1} := \mathfrak{B}'$ und $\mathbf{a}_{n+1}$ habe für alle Baumpunkte von $(\mathfrak{B}^S_{A,M*})_n$, soweit noch nicht definiert, denselben Wert wie $\mathbf{a}_n$.] Für ein derartiges Y verfahren wir nun wie folgt:

(a) Ist Y vom Typ α, so wird an die (endlich vielen) Endpunkte aller offenen Äste in $\mathfrak{B}'$, auf denen Y liegt, aber α_1 noch nicht vorkommt, α_1 angefügt; $\mathbf{a}_{n+1}$ sei für diese neuen Baumpunkte gleich 0. Analog verfahren wir anschließend für α_2. Ferner sei $\mathbf{a}_{n+1}(Y) := 1$.

(b) Ist Y vom Typ β, so wird an die (endlich vielen) Endpunkte aller offenen Äste durch Y in $\mathfrak{B}'$, auf denen weder β_1 noch β_2 vorkommt, β_1 als linker und β_2 als rechter Nachfolger angefügt und $\mathbf{a}_{n+1}$ für die beiden neuen Baumpunkte als 0 definiert, sowie $\mathbf{a}_{n+1}(Y) := 1$.

(c) Ist Y vom Typ γ, so wird an die (endlich vielen) Endpunkte Z aller offenen Äste durch Y in $\mathfrak{B}'$ jeweils dasjenige $\gamma[u_i]$ angefügt, bei dem $i \in \omega$ der kleinste Index ist, für den $\gamma[u_i]$ auf dem mit Z endenden Ast $\mathfrak{A}_Z$ von $\mathfrak{B}'$ noch nicht vorkommt; ein solches $u_i \in \Gamma$ gibt es wegen der Endlichkeit von $\mathfrak{A}_Z$ immer. Ferner erhält dieses $\gamma[u_i]$ jeweils γ als einzigen Nachfolger. Wieder sei $\mathbf{a}_{n+1}$ für die beiden neuen Baumpunkte gleich 0, sowie $\mathbf{a}_{n+1}(Y) := 1$.

(*d*) Ist Y vom Typ δ, so wird an die (endlich vielen!) Endpunkte Z aller offenen Äste durch Y in $\mathfrak{B}'$, auf denen noch kein $\delta[a_i]$ für irgendein $i \in \omega$ vorkommt, jeweils dasjenige $\delta[a_{i_0}]$ mit dem kleinsten Index $i_0 \in \omega$ angefügt, für den a_{i_0} weder in M^* noch[4] in $\mathfrak{B}'$ vorkommt. Da der Baum $\mathfrak{B}'$ endlich und M^* unendlich erweiterbar ist, gibt es stets ein derartiges a_{i_0}. Wieder erhält der neue Baumpunkt den Wert 0, sowie $\mathbf{a}_{n+1}(Y) := 1$.

(IV) Für alle Punkte des nach (III) mit (*a*)–(*d*) entstandenen Erweiterungsbaumes $\mathfrak{B}''$ von $\mathfrak{B}'$, für die $\mathbf{a}_{n+1}$ noch nicht definiert ist, sei $\mathbf{a}_{n+1}$ wie $\mathbf{a}_n$ definiert (es kann sich dabei nur noch um Punkte von $(\mathfrak{B}^S_{A,M*})_n$ handeln!). Schließlich sei $(\mathfrak{B}^S_{A,M*})_{n+1} := \mathfrak{B}''$. Damit ist der (n+1)-te Schritt beendet. □

Damit ist die Schilderung des systematischen Baumverfahrens beendet. Bricht das Verfahren ab, so ist $\mathfrak{B}^S_{A,M*}$ endlich. Dann ist jeder Ast von $\mathfrak{B}^S_{A,M*}$ geschlossen, oder aber offen und nicht durch Annahmen aus M^* [nach (I) und (II)] oder Regelanwendungen [nach (III) (*a*)–(*d*)] erweiterbar (was nur möglich ist, falls er kein γ enthält). Der einfachste Fall, für den das Verfahren nicht abbricht, liegt für $A := \bigwedge xPx$ und $M^* := \emptyset$ vor; dann ist $\mathfrak{B}^S_{A,M*}$ (insbesondere also $\mathfrak{B}^S_{\bigwedge xPx,\emptyset}$) unendlich.

Anmerkung zum systematischen Baumverfahren: Die recht mühsame Schilderung des Verfahrens ist zwar für eine exakte Definition von $\mathfrak{B}^S_{A,M*}$ erforderlich (und sogar noch relativ knapp gehalten), doch ist es durchaus angebracht, sich die Idee des Verfahrens intuitiv übersichtlicher etwa wie folgt zu merken: Man beginnt mit A als Ursprung im

---

4 Es hätte genügt, zu verlangen, daß a_{i_0} nicht auf $\mathfrak{A}_Z$ vorkommt, doch ist die obige stärkere Bedingung zweckmäßig im Hinblick auf den Beweis zu Th. 4.2.6.

ersten Schritt. Im (n+1)-ten Schritt geschieht in den Teilschritten (I)/(II) folgendes: Zunächst werden alle Punkte auf geschlossenen Ästen als ausgewertet gekennzeichnet (z. B. durch Unterstreichung). Ebenso verfahren wir mit allen *s*-atomaren Formeln, die als Baumpunkte auf einem beliebigen (auch offenen) Ast vorkommen. An allen offenen Äste wird nun die jeweils erste auf ihnen fehlende Prämisse angefügt; falls jedoch sämtliche Äste schon geschlossen sind, bricht das Verfahren ab.

Teilschritt (III): Für die noch unausgewerteten Punkte vom Typ α–δ, beginnend jeweils mit der „am weitesten oben links" stehenden Formel, werden nun [nach (*a*)–(*d*)] noch fehlende entsprechende Teilformen an die offenen Äste, auf denen diese Punkte auftreten, angefügt;

also

(*a*) für α: α_1 und α_2.

(*b*) für β: β_1 als linker und β_2 als rechter Nachfolger an alle offenen Äste durch β.

(*c*) für γ (deutliche Abweichung vom gewöhnlichen Baumbegriff!): das erste noch nicht vorkommende $\gamma[u]$, gefolgt von γ.
(Die Anfügung von γ hätte offensichtlich in gewöhnlichen Bäumen keinen Einfluß auf die Schließung, wäre also zulässig; hier im systematischen Verfahren ist dies wegen der nur *einmaligen* Auswertung jedes Punktes erforderlich!).

(*d*) für δ: das erste $\delta[a]$ mit neuem a, falls auf dem Ast durch δ noch *kein* $\delta[a]$ vorkommt.

Dabei wird jeweils $\alpha, \ldots, \delta$ nach Ausführung von (*a*), …, (*d*) als ausgewertet gekennzeichnet. [Dies geschieht formal durch

$\mathbf{a}_{n+1}(\alpha) := 1$,

$\mathbf{a}_{n+1}(\beta) := 1$, usw.]

Im folgenden werden wir als (n+1)-ten Schritt stets alle Auswertungen von solchen Punkten zusammengefaßt auffassen, die auf offenen Ästen liegen und nach dem n-ten Schritt noch nicht ausgewertet waren. Dies weicht zwar etwas von der ursprünglichen Definition ab, erleichtert aber künftige Beweise und ist leicht wieder auf die ursprüngliche Definition zurückführbar.

Als Beispiel betrachten wir nun noch den systematischen Baum

$$\mathfrak{B}^S_{A,M^*} \quad \text{für} \quad A := Pu_1, \quad M^* := \{\bigwedge x \neg Px\},$$

wobei wir am Rand rechts die Schritte (der Erzeugung/Auswertung) der Punkte angeben und mit ‚$\llcorner X \lrcorner$' die erfolgte Auswertung von X markieren:

$\llcorner Pu_1 \lrcorner$	1. Schritt/2. Schritt, (I)
$\llcorner \bigwedge x \neg Px \lrcorner$	2. Schritt, (II)/2. Schritt, (III) (*c*)
$\llcorner \neg Pu_0 \lrcorner$	2. Schritt, (III) (*c*)/3. Schritt, (I)
$\llcorner \bigwedge x \neg Px \lrcorner$	2. Schritt, (III) (*c*)/3. Schritt, (III) (*c*)
$\llcorner \neg Pu_1 \lrcorner$	3. Schritt, (III) (*c*)/3. Schritt, (III) (*c*)
$\bigwedge x \neg Px$	3. Schritt, (III) (*c*)/3. Schritt, (III) (*c*)
*	4. Schritt, (I) [Abbruch].

Ein Ast heiße *q-erfüllbar*, wenn die Menge der auf ihm vorkommenden Sätze *q*-erfüllbar ist. Selbstverständlich ist jeder *q*-erfüllbare Ast offen. Aber für systematische Bäume läßt sich leicht zeigen – und darin liegt der Sinn des systematischen Verfahrens –, daß auch die Umkehrung gilt.

Hilfssatz 1 *Jeder offene Ast $\mathfrak{A}$ eines systematischen Baumes ist q-erfüllbar.*

Beweis: $\mathfrak{a}_{\mathfrak{A}}$ sei die Wahrheitsannahme

$$\mathfrak{a}_{\mathfrak{A}}(A) =_{\mathrm{df}} \begin{cases} \mathbf{w}, \text{ wenn } A \text{ elementar ist und auf } \mathfrak{A} \text{ vorkommt;} \\ \mathbf{f}, \text{ wenn } A \text{ elementar ist und nicht auf } \mathfrak{A} \text{ vorkommt.} \end{cases}$$

$\mathfrak{b}_{\mathfrak{A}}$ sei die zugehörige *q*-Bewertung. Dann erfüllt $\mathfrak{b}_{\mathfrak{A}}$ jeden auf $\mathfrak{A}$ vorkommenden Satz *A*, wie man durch Induktion nach dem Grad n von *A* erkennt. Für n = 0 ist *A* elementar, also bei $\mathfrak{b}_{\mathfrak{A}}$ **w**. Für n > 0 liegt einer der 5 Fälle vor:

1. $A = \neg B$, wobei *B* elementar ist. Dann kommt *B* auf $\mathfrak{A}$ nicht vor, da $\mathfrak{A}$ offen ist. Also ist *B* bei $\mathfrak{b}_{\mathfrak{A}}$ **f**, daher *A* **w**.

2. *A* ist vom Typ α. Nach Def. des systematischen Verfahrens kommen auch α_1 und α_2 auf $\mathfrak{A}$ vor und sind nach I.V. bei $\mathfrak{b}_{\mathfrak{A}}$ **w**, also auch *A*.

3. *A* ist vom Typ β. Dann kommt β_1 oder β_2 auf $\mathfrak{A}$ vor und ist nach I.V. bei $\mathfrak{b}_{\mathfrak{A}}$ **w**, also auch *A*.

4. *A* ist vom Typ γ. Dann kommt $\gamma[u]$ für jedes *u* auf $\mathfrak{A}$ vor, denn jeder n-te Satz dieser Gestalt wird spätestens im n-ten Schritt nach Anfügung von γ ebenfalls angefügt. Nach I.V. ist jedes $\gamma[u]$ bei $\mathfrak{b}_{\mathfrak{A}}$ **w**, also auch *A*.

5. *A* ist vom Typ δ. Dann kommt $\delta[u]$ für irgendein *u* auf $\mathfrak{A}$ vor und ist nach I.V. bei $\mathfrak{b}_{\mathfrak{A}}$ **w**, also auch *A*. □

Hilfssatz 2 *Jeder geschlossene systematische Baum $\mathfrak{B}^S_{\neg A, M^*}$ ist eine* **B**-*Ableitung für A aus einer endlichen Annahmenmenge $M^0 \subset M^*$.*

Beweis: N.V. sind alle Äste von $\mathfrak{B}^S_{\neg A, M^*}$ geschlossen, also nach Def. des systematischen Verfahrens endlich. Dann ist $\mathfrak{B}^S_{\neg A, M^*}$ nach dem Lemma von König (4.2.1) endlich und kann nur endlich viele Annahmen enthalten. □

Nun ergibt sich die *q-Folgerungsvollständigkeit* des Baumkalküls für unendlich erweiterbare Satzmengen *M**,

Th. 4.2.2 $M^* \Vdash_q A \Rightarrow M^* \vdash_{\mathbf{B}} A$.

Beweis: Angenommen, A ist nicht **B**-ableitbar aus *M**, dann ist nach Hilfssatz 2 $\mathfrak{B}^S_{\neg A, M^*}$ offen und hat einen offenen Ast $\mathfrak{A}$, auf dem nach Def. des systematischen Verfahrens alle Sätze von $M^*, \neg A$ vorkommen. Nach Hilfssatz 1 ist $\mathfrak{A}$ *q*-erfüllbar, also auch $M^*, \neg A$ im Widerspruch zur Voraussetzung $M^* \Vdash_q A$. □

Zusammen mit Satz 23 ergibt sich die *q-Folgerungsadäquatheit* von **B** für unendlich erweiterbare Satzmengen *M**,

Th. 4.2.3 $M^* \vdash_{\mathbf{B}} A \Leftrightarrow M^* \Vdash_q A$.

Im junktorenlogischen Fall vereinfacht sich das Verfahren, die Adäquatheit dieses Kalküls zu zeigen, wesentlich. Überlegen wir uns dies kurz für den Fall der Vollständigkeit bezüglich *j*-Wahrheit: Man kann mit der Konstruktion *irgendeines* Baumes beginnen und erhält *rein mechanisch* nach endlich vielen Schritten das gewünschte Resultat. Dazu sagen wir von einem Baumpunkt, daß er *ausgewertet* worden sei, wenn einer der folgenden drei Fälle vorliegt:

(i) der Punkt ist vom Grad 0;

(ii) der Punkt ist ein α, und α_1 sowie α_2 sind Glieder jedes Astes, der durch α hindurchgeht;

(iii) der Punkt ist ein β und jeder Ast, der durch β hindurchgeht, enthält mindestens einen der Sätze β_1 oder β_2.

Ein Ast werde *fertig* genannt, wenn er nur ausgewertete Punkte enthält. Schließlich heiße ein Baum *beendet*, wenn alle seine Äste fertig sind.

A sei ein *j*-Satz. Die einfache Vorschrift lautet: Konstruiere einen beendeten Baum für $\neg A$! (Dies ist immer möglich, da $\neg A$ nur endlich viele Junktoren enthält, so daß das Verfahren nach endlich vielen Schritten abbricht.) *Dann und nur dann, wenn alle Äste dieses beendeten Baumes geschlossen sind, ist A tautologisch.*

Anmerkung. Die eben eingeführte Terminologie kann für den quantorenlogischen Fall verallgemeinert werden.

Aufgrund der *q*-Folgerungsadäquatheit von **B** erhält man aus den vorangehenden *q*-semantischen Resultaten analoge Ergebnisse für **B**. So z. B. folgt aus der Widerspruchsfreiheit der Quantorenlogik die Widerspruchsfreiheit von **B**, und aus den semantischen Sätzen Th. 3.5 bis Th. 3.12 erhält man entsprechende Sätze über **B**, indem man ‚$\Vdash_q$' durch ‚$\vdash_{\mathbf{B}}$' und ‚M' durch ‚M^*' ersetzt.

Der Vollständigkeitsbeweis wird durchsichtiger, wenn man einen auf J. Hintikka zurückgehenden Hilfsbegriff verwendet. Da dieser Begriff auch für sich betrachtet von Interesse ist – nämlich im Rahmen einer Version der nicht-denotationellen Semantik –, führen wir ihn hier ein und zeigen danach, wie er im obigen Vollständigkeitsbeweis (nämlich über einen direkten Nachweis von Hilfssatz 1) verwendbar ist. Es handelt sich um spezielle Mengen von Sätzen, die Hintikka selbst Modellmengen nannte und die wir im Anschluß an Smullyan als Hintikka-Mengen bezeichnen werden. Größerer Übersichtlichkeit halber unterscheiden wir zwischen dem junktorenlogischen und dem quantorenlogischen Fall und geben für das zugehörige Hintikka-Lemma einen sehr detaillierten Beweis.

Eine junktorenlogische Satzmenge M heißt *j-Hintikka-Menge* gdw M die folgenden drei Bedingungen erfüllt:

(H_0) M enthält keinen Satzparameter zusammen mit seiner Negation;

(H_1) *M* enthält mit jedem Satz vom Typ α auch α_1 sowie α_2;
(H_2) *M* enthält mit jedem Satz vom Typ β auch β_1 oder β_2.

Eine abzählbare Folge von junktorenlogischen Sätzen heißt *j-Hintikka-Folge* gdw die Menge ihrer Glieder eine Hintikka-Menge ist.

Es gilt das

j-Hintikka-Lemma *Jede j-Hintikka-Menge ist j-erfüllbar.*

Der Beweis ist ein echter Teil des Beweises für das gleichnamige Lemma im quantorenlogischen Fall, so daß wir uns auf diesen beschränken können.

Eine quantorenlogische Satzmenge *M* heißt *q-Hintikka-Menge* gdw *M* die folgenden fünf Bedingungen enthält:

(H_0) *M* enthält keinen elementaren Satz zusammen mit seiner Negation;
(H_1) *M* enthält mit jedem Satz vom Typ α auch α_1 und α_2;
(H_2) *M* enthält mit jedem Satz β auch β_1 oder β_2;
(H_3) *M* enthält mit jedem Satz γ auch alle Sätze $\gamma[u]$ für sämtliche Objektbezeichnungen *u*;
(H_4) *M* enthält mit jedem Satz δ auch $\delta[a]$ für mindestens einen Parameter *a*.

Der Begriff der *q-Hintikka-Folge* ist analog zum junktorenlogischen Fall zu definieren.

q-Hintikka-Lemma *Jede q-Hintikka-Menge ist erfüllbar* (und damit ist natürlich jede j-Hintikka-Menge erfüllbar).

Beweis: Wir geben eine sehr einfache Wahrheitsannahme (atomare Bewertung) $\mathfrak{a}$ an, so daß bei der durch $\mathfrak{a}$ festgelegten *q*-Bewertung $\mathfrak{b}_M$ alle $A \in M$ wahr werden: Alle elementaren Sätze aus *M* erhalten den Wert **w**; alle elementaren Sätze, deren Negationen in *M* vorkommen, erhalten den Wert **f**; alle übrigen elementaren Sätze erhalten den Wert **w**. (Diese letzte Festsetzung ist willkürlich; ebenso könnte man jedem elementaren Satz *A*, so daß weder *A* noch $\neg A \in M$, den Wert **f** zuordnen.)

Mittels Induktion nach dem Grad $g(A)$ von *A* läßt sich zeigen: Jedes $A \in M$ erhält bei dieser Wahrheitsannahme den Wert **w**.

Induktionsbasis: $g(A) = 1$. Dann ist *A* elementar und erhält gemäß unserer Wahrheitsannahme den Wert **w**.

Induktionsschritt: $g(A) = \mathrm{n}+1$. Dann ist *A* entweder die Negation eines elementaren Satzes (Fall 1) oder ein α-Satz (Fall 2) oder ein β-Satz (Fall 3) oder ein γ-Satz (Fall 4) oder ein δ-Satz (Fall 5).

Fall 1: Gemäß der Wahrheitsannahme erhält der elementare Satz, dessen Negation *A* ist, den Wert **f** zugeordnet und damit *A* selbst den Wert **w**.

Fall 2: A ist ein α-Satz. Nach (H_1) enthält M dann auch die entsprechenden Sätze α_1 und α_2. Da $g(\alpha_1)<g(\alpha)$ und $g(\alpha_2)<g(\alpha)$, erhalten α_1 und α_2 nach I.V. bei $\mathfrak{b}_M$ beide den Wert **w**, also auch A selbst den Wert **w**.

Fall 3: A ist ein β-Satz. Nach (H_2) enthält M mindestens einen der Sätze β_i (für $i \in \{1,2\}$). Da $g(\beta_i)<g(\beta)$, erhält β_i nach I.V. bei unserer Wahrheitsannahme den Wert **w**; also erhält auch A den Wert **w**.

(Der Beweis für den junktorenlogischen Fall ist damit bereits beendet.)

Fall 4: A ist ein γ-Satz. Dann ist A identisch oder q-äquivalent mit einem Satz von der Gestalt $\bigwedge xB$. Nach (H_3) enthält M alle Sätze $B[u]$. Wegen $g(B[u])<g(\bigwedge xB)$ sind daher alle diese Sätze $B[u]$ bei $\mathfrak{b}_M$ wahr, und somit erhält nach der Quantorenregel (**R**$\bigwedge$) auch $\bigwedge xB$ bei $\mathfrak{b}_M$ den Wert **w**.

Fall 5: A ist ein δ-Satz. Dann ist A identisch oder q-äquivalent mit einem Satz von der Gestalt $\bigvee xB$. Nach (H_4) enthält M für mindestens ein a den Satz $B[a]$. Nach I.V. ist dieser Satz und damit auch $\bigvee xB$ bei unserer Wahrheitsannahme wahr. □

Die Bedeutung dieses Lemmas liegt darin, daß nach der Definition des systematischen Baumverfahrens *jeder offene Ast eines systematischen Baumes eine Hintikka-Folge ist.* Man kann daher aus dem q-Hintikka-Lemma sofort auf die Richtigkeit des Hilfssatzes 1 schließen.

In vielen Anwendungen spielt das sogenannte *Deduktionstheorem* eine wichtige Rolle. Wir führen den Beweis hier für den Kalkül **B** aufgrund des oben angegebenen Theorems über die q-Folgerungsadäquatheit von **B** (Th. 4.2.3). Der Beweis läßt sich in der gleichen einfachen Form auf jeden anderen q-folgerungsadäquaten Kalkül übertragen.

Deduktionstheorem *Für jede endliche Satzmenge* $\{A_1, \ldots, A_n, A\}$ *gilt:*

$$A_1, \ldots, A_n \vdash_{\mathbf{B}} A \Leftrightarrow A_1, \ldots, A_{n-1} \vdash_{\mathbf{B}} A_n \rightarrow A.$$

Beweis: Da $\{A_1, \ldots, A_n\}$ endlich ist, ist diese Menge insbesondere unendlich erweiterbar; also ist Th. 4.2.3 anwendbar. ‚$A_1, \ldots, A_n \vdash_{\mathbf{B}} A$' besagt nach Definition dieser Schreibweise nichts anderes als ‚$\{A_1, \ldots, A_n\} \vdash_{\mathbf{B}} A$'; dies gilt (nach Th. 4.2.3) genau dann, wenn $A_1, \ldots, A_n \Vdash_q A$. Nach Definition der q-Folgerung gilt weiter:

$$\begin{aligned}(A_1, \ldots, A_n \Vdash_q A) \text{ gdw } & [\textstyle\bigwedge q\text{-Bewertungen } \mathfrak{b} \,(\mathfrak{b} \text{ erfüllt } \{A_1, \ldots, A_n\} \\ & \quad \Rightarrow \mathfrak{b} \text{ erfüllt } A)] \\ \text{gdw } & [\textstyle\bigwedge q\text{-Bewertungen } \mathfrak{b} \,(\mathfrak{b} \text{ erfüllt } \{A_1, \ldots, A_{n-1}\} \\ & \quad \Rightarrow (\mathfrak{b} \text{ erfüllt } A_n \Rightarrow \mathfrak{b} \text{ erfüllt } A))] \\ \text{gdw } & [\textstyle\bigwedge q\text{-Bewertungen } \mathfrak{b} \,(\mathfrak{b} \text{ erfüllt } \{A_1, \ldots, A_{n-1}\} \\ & \quad \Rightarrow \mathfrak{b} \text{ erfüllt } A_n \rightarrow A)].\end{aligned}$$

Da die letzte Zeile dasselbe besagt wie $\{A_1, \ldots, A_{n-1}\} \Vdash_q A_n \rightarrow A$, und dies nach Th. 4.2.3 mit $\{A_1, \ldots, A_{n-1}\} \Vdash_{\mathbf{B}} A_n \rightarrow A$ gleichwertig ist, ist das Deduktionstheorem für **B** damit bewiesen. □

Man kann nun auf einfache Weise zusätzliche Regeln beweisen, welche die Anwendung von **B** vereinfachen. Eine Regel (**R**) heiße *zulässig in K*, wenn der durch Hinzunahme von (**R**) entstehende Kalkül $\mathbf{K}^+$ noch denselben Ableitbarkeitsbegriff hat, d. h. wenn $M^0 \vdash_{\mathbf{K}^+} A \Rightarrow M^0 \vdash_{\mathbf{K}} A$ für alle endlichen Satzmengen M^0 und Sätze A. (Die Umkehrung und Verallgemeinerung für alle M gilt dann trivialerweise.) Zwei Beispiele für in **B** zulässige Regeln:

Th. 4.2.4 *Bei der Konstruktion einer* **B**-*Ableitung können an jeden Ast*
(*a*) *schon bewiesene* **B**-*Theoreme*
und
(*b*) *j-Folgerungen aus Punkten des Astes*
als neue Punkte angefügt werden.

Beweis: $\mathbf{B}^+$ sei der um Regel (a) erweiterte Baumkalkül. Da jedes **B**-Theorem q-gültig ist, bleibt jeder q-erfüllbare Ast auch nach Anfügung eines **B**-Theorems q-erfüllbar, und der Korrektheitsbeweis für **B** gilt ganz entsprechend für $\mathbf{B}^+$, d. h.

$$M^0 \vdash_{\mathbf{B}^+} A \Rightarrow M^0 \Vdash_q A;$$

daher nach Th. 4.2.2:

$$M^0 \vdash_{\mathbf{B}^+} A \Rightarrow M^0 \vdash_{\mathbf{B}} A.$$

Der Zulässigkeitsbeweis für Regel (b) ist analog, da eine q-erfüllbare Satzmenge bei Hinzunahme von j-Folgerungen q-erfüllbar bleibt.

Eine einfache Überlegung zeigt uns direkt, auf einem rein syntaktischen Weg, daß in **B** und $\mathbf{B}_j$ der

Modus Ponens $\dfrac{A \qquad A \rightarrow B}{B}$ zulässig ist:

Angenommen, wir haben einen Beweis (in Form eines geschlossenen Baumes) in dem um den Modus Ponens erweiterten Kalkül **B** bzw. $\mathbf{B}_j$. Für jede Anwendung des Modus Ponens in diesem Beweisbaum konstruieren wir einen Beweisbaum für dieselbe Formel (oder Ableitung), bei dem der Modus Ponens einmal weniger als zuvor verwendet wird. Dabei setzen wir in einem Ast, auf dem A und $A \rightarrow B$ vorkommen und B gemäß dem Modus Ponens angefügt wurde, einfach eine Verzweigung

$$\begin{array}{ccc} & X & \\ \diagup & & \diagdown \\ \neg A & & B \end{array}$$

nach der Regel für $A \to B$ als β-Formel ein, wobei X der Baumpunkt sei, an den das besagte B angefügt wurde. Der neue Baum unterscheidet sich vom vorherigen lediglich durch den mit $\neg A$ endenden Ast. Dieser neue Ast ist aber geschlossen, da A nach Konstruktion auf ihm auftritt. Wir haben somit einen geschlossenen Baum für dieselbe Formel (oder Ableitung) wie zuvor gewonnen, bei der jedoch eine Verwendung des Modus Ponens getilgt wurde. Mit Induktion folgt die Zulässigkeit des Modus Ponens in **B** und $\mathbf{B}_j$ wie gewünscht (und rein syntaktisch, da ohne Bezug auf Interpretationen o. ä.).

4.2.4 Kompaktheitstheorem. Die vorangehenden Überlegungen gaben aus der q-Semantik Aufschluß über **B**. Aber ebenso kann man auch aus **B** Aufschluß über die q-Semantik erhalten. Ein Beispiel ist das sog. *q-Kompaktheitstheorem* für unendlich erweiterbare Satzmengen M^*:

Th. 4.2.5 *M^* ist q-erfüllbar* $\Leftrightarrow$
jede endlich Teilmenge von M^* ist q-erfüllbar.

Beweis: Richtung $\Rightarrow$ gilt trivialerweise. Indirekter Beweis der Umkehrung: M^* sei q-unerfüllbar; dann gilt z. B. $M^* \Vdash_q p \wedge \neg p$, und nach Th. 4.2.2 folgt $M^* \vdash_{\mathbf{B}} p \wedge \neg p$. N.Def. der **B**-Ableitbarkeit gilt dann $M^0 \vdash_{\mathbf{B}} p \wedge \neg p$, für eine endliche Menge $M^\circ \subset M^*$, und nach Th. 4.2.1 folgt $M^0 \Vdash_q p \wedge \neg p$. Da $p \wedge \neg p$ q-unerfüllbar ist, muß auch M^0 q-unerfüllbar sein. □

Das entsprechende *j-Kompaktheitstheorem* gilt uneingeschränkt für sämtliche Satzmengen M.

Th. 4.2.5′ *M ist j-erfüllbar* $\Leftrightarrow$
jede endliche Teilmenge von M ist j-erfüllbar.

Beweis: Analog, mit Th. 4.2.3. □

(Im Sinn der verallgemeinerten quantorenlogischen Semantik des nächsten Kapitels wird das Kompaktheitstheorem ebenfalls uneingeschränkt gelten.)

Um noch eine weitere Folgerung aus dem Adäquatheitstheorem zu ziehen, definieren wir einige Hilfsbegriffe. (Eine eingehendere Diskussion sowie eine Begründung des folgenden Theorems ohne jede Bezugnahme auf einen Kalkül erfolgt in Kap. 10.) ‚$Q \to Q[u]$' sei Metavariable für die Sätze $\gamma \to \gamma[u]$ und $\delta \to \delta[u]$, wobei u im letzteren Fall ein Objektparameter ist, der in δ nicht vorkommt; u heißt dann *kritischer* Parameter von $Q \to Q[u]$. Eine endliche Satzfolge $Q_1 \to Q_1[u_1]$, ..., $Q_n \to Q_n[u_n]$, wobei kein kritisches u_i in einem vorangehenden Satz vorkommt, heißt *reguläre Folge*, und die Menge der Sätze einer regulären Folge heißt *reguläre Menge*.

Ist das Paar $\langle Q, Q[u] \rangle$ eine Regelanwendung von (C) oder (D), so heißt $Q \rightarrow Q[u]$ das *entsprechende* Konditional. Demnach bilden die Konditionale, die den (C)- und (D)-Anwendungen einer systematischen **B**-Ableitung entsprechen, eine reguläre Menge.

Die q-Teilsätze eines Satzes A und ihre Negationen heißen *schwache Teilsätze* von A. Wie man aus den Baumregeln unmittelbar ersieht, sind alle Punkte einer **B**-Ableitung schwache Teilsätze der Annahmen oder der Konklusion.

Nun folgern wir aus Th. 4.2.2 das sog. *q-Fundamentaltheorem*, das einen engen Zusammenhang zwischen der j- und q-Folgerung aufzeigt. Für unendlich erweiterbare Satzmengen M^* gilt

Th. 4.2.6 $M^* \Vdash_q A \Rightarrow$
Es gibt eine endliche Menge $M^0 \cup R$, *wobei* $M^0 \subseteqq M^*$, R *regulär und für jedes Element* $Q \rightarrow Q[u]$ *von* R *der Satz* Q *schwacher Teilsatz von* M^0 *oder* A *ist, so daß* $M^0, R \Vdash_j A$ *gilt.*

Beweis: N.V. und dem Beweis zu Th. 4.2.2 gibt es eine systematische **B**-Ableitung $\mathfrak{B}$ für $\neg A$ aus einem endlichen $M^0 \subset M^*$. $R = \{C_1, \ldots, C_n\}$ sei die reguläre Menge der Konditionale, die den (C)- und (D)-Anwendungen in $\mathfrak{B}$ entsprechen. Wir betrachten den Baum $\mathfrak{B}'$, der aus $\mathfrak{B}$ dadurch entsteht, daß zwischen den Ursprung $\neg A$ und seinen Nachfolger die Folge $C_1, \ldots, C_n$ eingefügt wird. In $\mathfrak{B}'$ sind alle quantorenlogischen Regelanwendungen überflüssig; denn jeder Punkt $Q[u]$, der aus einer Prämisse Q nach (C) oder (D) gewonnen wurde, kann nun aus Q und einer neuen Prämisse $C_i = Q \rightarrow Q[u]$ nach dem Modus Ponens gewonnen werden. Da dieser in $\mathbf{B}_j$ zulässig ist, gilt $M^0, R \vdash_{\mathbf{B}_j} A$, und nach Th. 4.2.3 $M^0, R \Vdash_j A$.

4.2.5 Pränexer Baumkalkül. Der pränexe Baumkalkül ist eine vereinfachte Version des adjunktiven Baumkalküls für eine Teilmenge der Formeln der Quantorenlogik. Dieser Kalkül besitzt u.a. die beiden bemerkenswerten Eigenschaften, daß stets

(a) nur ein einziger Ast entsteht

und

(b) nur die Regeln (C) und (D) zur Anwendung gelangen.

Bei der Teilmenge der in diesem Kalkül beweisbaren Formeln handelt es sich um diejenigen Formeln, welche in pränexer Normalform gegeben sind: Mit q als gemeinsamer Bezeichnung für All- und Existenzquantoren ist eine *pränexe Normalform* eine Formel der Gestalt

$$\mathrm{q}x_1 \ldots \mathrm{q}x_n B, \qquad (\mathrm{n} \geqq 0),$$

wobei B keine Quantoren enthält.

Formeln in pränexer Normalform werden auch kurz *pränexe Formeln* genannt. Dabei heißt $qx_1 \ldots qx_n$ das *Präfix* und B die *Matrix* der angegebenen pränexen Formel.

Der zu beschreibende Kalkül gewinnt dadurch allgemeine Bedeutung, daß zu jeder quantorenlogischen Formel F eine mit F logische äquivalente Formel P_F in pränexer Normalform gewonnen werden kann, wobei der Übergang von F zu P_F durch ein mechanisches Verfahren gewährleistet ist. Dieses Verfahren läßt sich überdies so normieren, daß P_F durch F eindeutig festgelegt wird. Wir deuten den Beweisgang nur kurz an. (Für eine detailliertere Diskussion vgl. Abschn. 6.3.)

Zunächst werden die Quantoren schrittweise an den Anfang von Formeln gebracht, und zwar mit Hilfe von logischen Äquivalenzen, wie:

(a) $\neg \bigwedge x A[x] \dashv\Vdash \bigvee x \neg A[x]$;

(b) $\bigwedge x A[x] \wedge B \dashv\Vdash \bigwedge x(A[x] \wedge B)$, sofern x nicht frei in B vorkommt;

(c) $\bigwedge x A[x] \rightarrow B \dashv\Vdash \bigvee y(A[y] \rightarrow B)$, sofern y nicht frei in $A[x]$ und B vorkommt und $A[y] = A[x]_x^y$ (Vgl. Abschn. 3.4, (d)!)

Bei dem dafür erforderlichen Induktionsbeweis ist das Substitutionstheorem für äquivalente Sätze, Th. 3.6, zu benützen.

Eine pränexe Formel heiße *normiert*, wenn die Quantoren Variable in einer festgelegten Standardreihenfolge binden. Man zeigt dann unter Verwendung von logischen Äquivalenzen der angegebenen Art, des Variantentheorems Th. 3.8 für gebundene Variable und des Substitutionstheorems Th. 3.6 durch Induktion nach der Summe der Anzahl von Quantoren in den Präfixen zweier pränexer Formeln B und C:

(i) Es gibt eine zu $\neg B$ logisch äquivalente normierte pränexe Formel.

(ii) Es gibt eine zu BjC logische äquivalente normierte pränexe Formel.

(iii) Es gibt eine zu $\bigwedge xB$ logisch äquivalente normierte pränexe Formel.

Diese Beweisandeutungen mögen hier genügen, so daß wir im folgenden die Existenz eines mechanischen Verfahrens zur Bestimmung eines normierten pränexen P_F für jede quantorenlogische Formel F voraussetzen können.

Aufgrund dieser Vorüberlegungen ist es allerdings nicht zulässig, den folgenden Kalkül *als Kalkül im üblichen Sinn* für beliebige quantorenlogische Formeln aufzufassen. Denn hier gehen bereits in den *syntaktischen* Beweisgriff alle diejenigen *semantischen* Methoden ein, die zum Nachweis der Umformbarkeit einer beliebigen Formel in eine pränexe Formel verwendet werden.

Einfachheitshalber begnügen wir uns mit einer solchen Formulierung des Kalküls, die zum Nachweis der Gültigkeitsadäquatheit genügt.

Ein *pränexer Baum für A* ist ein Baum für P_A, der nur durch Anwendung der Regeln (C) und (D) entsteht.

Ein pränexer Baum heißt *P-geschlossen* genau dann, wenn die Menge seiner Punkte junktorenlogisch (wahrheitsfunktionell) unerfüllbar ist; ansonsten heißt er *P-offen*. Man beachte, daß es diesmal nicht erforderlich ist, diese Begriffe zunächst für Äste und erst im zweiten Schritt für Bäume zu definieren. Denn da nur die beiden Regeln (C) und (D) zur Anwendungen gelangen, gibt es keine Verzweigungen, und der pränexe Baum degeneriert zu einem einzigen Ast.

Ein Satz A ist *im pränexen Baumkalkül beweisbar* gdw es einen P-geschlossenen pränexen Baum für $P_{\neg A}$ gibt. (Da die j-Erfüllbarkeit entscheidbar ist, haben wir es auch diesmal wiederum mit einem entscheidbaren Beweisbegriff zu tun.)

Wir zeigen zunächst auf ganz einfache Weise die

Korrektheit des pränexen Baumkalküls.

$\mathfrak{B}$ sei ein geschlossener pränexer Baum für $P_{\neg A}$. Wegen der Erfüllbarkeitssätze ($\mathbf{E}_3$) und ($\mathbf{E}_4$) ist $P_{\neg A}$ unerfüllbar, also $\neg A$ unerfüllbar und daher A gültig. □

Eine geringfügige Modifikation der Überlegungen für systematische Bäume liefert die

Vollständigkeit des pränexen Baumkalküls.

Beweis: A sei gültig. Dann ist $P_{\neg A} = \mathrm{q}x_1 \ldots \mathrm{q}x_n B$ unerfüllbar. Nach dem Vollständigkeitstheorem für den Kalkül **B** gibt es also einen geschlossenen Baum $\mathfrak{B}$ für $P_{\neg A}$. Wir betrachten die Satzfolge:

$$\mathfrak{B}^* = \langle F_0, F_1, \ldots, F_r \rangle \qquad (\mathrm{r} \geqq 0),$$

wobei $F_0 = P_{\neg A}$ ist und die F_i $(1 \leqq \mathrm{i} \leqq \mathrm{r})$ sämtliche Sätze sind, die im Baum $\mathfrak{B}$ gemäß den Regeln (C) und (D) entstanden sind, und zwar in der Reihenfolge ihres Entstehens geordnet.

Offenbar ist $\mathfrak{B}^*$ ein Baum; denn $\mathfrak{B}^*$ enthält genau die Punkte von $\mathfrak{B}$, mit Ausnahme von jenen, die gemäß (A) und (B) entstanden sind. Die letzteren sind alle q-Teilsätze von B, d. h. quantorenfrei. [Man übersehe nicht, daß auch der „gewöhnliche" Baum $\mathfrak{B}$ des Kalküls **B** auf den pränexen Satz $P_{\neg A}$ bezogen ist und daß darin zwecks „Beseitigung" des Quantorenpräfixes zunächst nur die Regeln (C) und (D) zur Anwendung gelangen können, um danach mit den Regeln (A) und (B) den quantorenfreien Teil B zu bearbeiten, d. h. alle quantorenlogischen Regelanwendungen gehen allen junktorenlogischen voran.] Unter den durch Anwendungen der Regeln (A) und (B) entstandenen Sätzen können sich somit keine Prämissen für die Anwendungen der Regeln (C) und (D) befinden.

Es gibt daher für jedes F_j von $\mathfrak{B}^*$, $(0<j\leqq r)$ ein F_i von $\mathfrak{B}^*$, $(0\leqq i\leqq r)$, aus dem F_j gemäß (C) oder (D) folgt. Wegen der Festlegung der Reihenfolge für $\mathfrak{B}^*$ ist dabei $i<j$; außerdem ist auch die Parameterbedingung für jedes $\delta[a]$ von $\mathfrak{B}^*$ erfüllt.

$\mathfrak{B}^*$ ist somit ein Baum für $P_{\neg A}$, der nur durch Anwendungen von (C) und (D) entstanden ist, d. h. ein pränexer Baum für $\neg A$.

Wir behaupten, daß $\mathfrak{B}^*$ außerdem P-geschlossen ist. *Angenommen* nämlich, $\mathfrak{B}^*$ wäre P-offen. Dann wäre die Menge $\{F_0, F_1, \ldots, F_r\}$ junktorenlogisch erfüllbar. Dann gäbe es keinen junktorenlogisch geschlossenen Baum für diese Menge. Einen solchen Baum (mit Wiederholungen) können wir jedoch sofort angeben, nämlich:

$$
\begin{array}{l}
F_0 \\
F_1 \\
\vdots \\
F_r \\
\mathfrak{B}
\end{array}
$$

[An die Stelle der Anwendungen von Regeln (C) und (D) treten hier bloße Wiederholungen der zur Prämissenmengen gehörenden Sätze F_i.] Wir benützen dabei die Tatsache, daß wegen der junktorenlogischen Vollständigkeit von **B** ein P-geschlossener (P-offener) Baum durch Anwendung der Regeln (A) und (B) so erweiterbar ist, daß er im früheren Sinn geschlossen (offen) ist.

$\mathfrak{B}^*$ ist also ein P-geschlossener pränexer Baum für $\neg A$. Der pränexe Baumkalkül ist somit vollständig. □

Anmerkung. Der Beweis verläuft etwas mühsamer, wenn man nicht auf den adjunktiven Baumbegriff zurückgreifen möchte. Der folgende Begriff wird dann benötigt:

Eine Menge *M*-quantorenlogischer Formeln ist eine *P-Hintikka-Menge* gdw

(P_0) jede endliche Teilmenge von *M* *j*-erfüllbar ist,

(P_1) mit $\gamma\in M$ für jede Objektbezeichnung *u* gilt: $\gamma[u]\in M$,

(P_2) mit $\delta\in M$ für mindestens einen Parameter *a* auch $\delta[a]\in M$ ist.

Damit kann man den folgenden, für den Beweis erforderlichen Satz beweisen:

P-Hintikka-Lemma *Jede P-Hintikka-Menge ist q-erfüllbar.*

Der Beweis ist ausgeführt bei R.M. Smullyan [5], S. 119f.

4.3 Sequenzenkalkül („Gentzen-Kalkül")

4.3.1 Beschreibung des Kalküls S. Bekannter als die Baumkalküle sind die Kalküle vom *axiomatischen* Typ. Hier sind die formalen

Ableitungen und Beweise keine Satzbäume, sondern Satz*folgen* $A_1, \ldots, A_n$, wobei jedes A_i entweder eine Annahme oder ein Axiom ist, oder aus vorangehenden A_h nach einer Regel gewonnen wird. Bevor wir einen solchen Kalkül im Abschnitt 4.5 betrachten, führen wir erst einen *Sequenzenkalkül* **S** ein, der beweistechnisch eine mittlere Position zwischen **B** und den üblichen axiomatischen Kalkülen einnimmt. **S** ist ebenfalls vom axiomatischen Typ, aber hat die Besonderheit, daß anstelle der Satzfolgen *Sequenzenfolgen* $\Sigma_1, \ldots, \Sigma_n$ gebildet werden; dabei ist eine *Sequenz* Σ eine Figur (d. h. mengentheoretisch gesprochen ein Tripel) der Gestalt

$$M \rightarrow N,$$

bestehend aus zwei endlichen Satzmengen M, N, den *Vorder-* und *Hintergliedern*, die durch den *Sequenzenpfeil* getrennt sind. Die Menge der Vorderglieder einer Sequenz werden auch *Präzedens*, die Menge der Hinterglieder *Sukzedens* dieser Sequenz genannt. Einige syntaktische Vereinbarungen: M und N seien in jeder Sequenz endliche, evtl. leere, Satzmengen; statt ‚$M \cup \{A\}$' schreiben wir wie bisher ‚M, A'; zu beachten ist, daß $M, A = M$ sein kann, nämlich wenn $A \in M$ vorliegt; bei der Angabe endlicher Satzmengen lassen wir die Klammern weg, ebenso die Angabe einer leeren Menge von Vorder- und Hintergliedern. $M^{\wedge}$, bzw. $M^{\vee}$ sei die Konjunktion bzw. Adjunktion aller Sätze von M in einer beliebig festgesetzten, etwa lexikographischen, Reihenfolge; für $M = \{A\}$ sei $M^{\wedge} = M^{\vee} = A$; für $M = \emptyset$ sei $M^{\wedge} = M^{\vee} = \emptyset$.

Semantisch gesehen ist eine Sequenz eine *verallgemeinerte Schlußfigur*: Σ heiße *q-gültig*, (‚$\Vdash_q \Sigma$'), wenn jede q-Bewertung, die *alle* Vorderglieder erfüllt, *mindestens ein* Hinterglied erfüllt.

So gelten z. B. die folgenden Beziehungen:

(a) $\Vdash_q M \rightarrow N \;\Leftrightarrow\; \Vdash_q M^{\wedge} \rightarrow N^{\vee}$, für nicht-leere M, N,

(b) $\Vdash_q M \rightarrow A \;\Leftrightarrow\; M \Vdash_q A$,

(c) $\Vdash_q \;\rightarrow A \;\Leftrightarrow\; \Vdash_q A$,

(d) $\Vdash_q M \rightarrow \;\Leftrightarrow\; M$ ist q-unerfüllbar,

(e) $\neg \Vdash_q \;\rightarrow$ (d. h. $\emptyset \rightarrow \emptyset$ ist nicht q-gültig).

(c) gilt, weil die q-Gültigkeit der Sequenz $\rightarrow A$ nach Definition gleichwertig ist mit der Bedingung, daß jede q-Bewertung, die alle Vorderglieder erfüllt – also wegen des Fehlens von Vordergliedern *jede* q-Bewertung –, mindestens ein Hinterglied erfüllt, in diesem Fall also das einzige Hinterglied A, also: $\Vdash_q A$. Zu (e): Die Sequenz $\rightarrow$, d. h. $\emptyset \rightarrow \emptyset$, ist nicht q-gültig, da es kein Hinterglied gibt, das von einer q-Bewertung erfüllt werden könnte.

Die übrigen Beziehungen überlege sich der Leser selbst.

Wir legen nun die Axiome und Regeln des Sequenzenkalküls **S** fest.

Die *Axiome* sind sämtliche Sequenzen, in denen ein Satz gleichzeitig Vorder- und Hinterglied ist, also alle Sequenzen, die unter das

Axiomenschema $M, A \twoheadrightarrow N, A$

fallen. Die *Regeln lauten:*

$(\neg_1)\quad \dfrac{M \twoheadrightarrow N, A}{M, \neg A \twoheadrightarrow N}$

$(\wedge_1)\quad \dfrac{M, A, B \twoheadrightarrow N}{M, A \wedge B \twoheadrightarrow N}$

$(\vee_1)\quad \dfrac{M, A \twoheadrightarrow N \qquad M, B \twoheadrightarrow N}{M, A \vee B \twoheadrightarrow N}$

$(\rightarrow_1)\quad \dfrac{M \twoheadrightarrow N, A \qquad M, B \twoheadrightarrow N}{M, A \rightarrow B \twoheadrightarrow N}$

$(\bigwedge_1)\quad \dfrac{M, A[u] \twoheadrightarrow N}{M, \bigwedge x A[x] \twoheadrightarrow N}$

$(\bigvee_1)\quad \dfrac{M, A[a] \twoheadrightarrow N}{M, \bigvee x A[x] \twoheadrightarrow N}$ sofern a in der Konklusion nicht vorkommt

$(\neg_2)\quad \dfrac{M, A \twoheadrightarrow N}{M \twoheadrightarrow N, \neg A}$

$(\wedge_2)\quad \dfrac{M \twoheadrightarrow N, A \qquad M \twoheadrightarrow N, B}{M \twoheadrightarrow N, A \wedge B}$

$(\vee_2)\quad \dfrac{M \twoheadrightarrow N, A, B}{M \twoheadrightarrow N, A \vee B}$

$(\rightarrow_2)\quad \dfrac{M, A \twoheadrightarrow N, B}{M \twoheadrightarrow N, A \rightarrow B}$

$(\bigwedge_2)\quad \dfrac{M \twoheadrightarrow N, A[a]}{M \twoheadrightarrow N, \bigwedge x A[x]}$ sofern a in der Konklusion nicht vorkommt

$(\bigvee_2)\quad \dfrac{M \twoheadrightarrow N, A[u]}{M \twoheadrightarrow N, \bigvee x A[x]}$

Die Regeln $(\wedge_2)$, $(\vee_1)$, $(\rightarrow_1)$ haben zwei Prämissen, die übrigen eine Prämisse. Bei jeder Regelanwendung heißt der bezeichnete Satz $\neg A$, bzw. $A \wedge B, \ldots$, bzw. $\bigvee x A[x]$ der Konklusion *Hauptteil* der Regelanwendung. $(\bigwedge_2)$ und $(\bigvee_1)$ sind die *kritischen* Regeln, deren Klausel zu beachten ist.

Ein **S**-*Beweis für* Σ ist eine endliche Sequenzfolge $\Sigma_1, \ldots, \Sigma_n$, wobei $\Sigma_n = \Sigma$, und jedes Σ_i $(1 \leqq i \leqq n)$ entweder ein Axiom ist oder aus einem bzw. zwei vorangehenden Σ_h $(h < i)$ nach einer Regel gewonnen wird. Eine **S**-*Ableitung für den Satz A aus der endlichen Annahmemenge* M^0 ist ein **S**-Beweis für $M^0 \twoheadrightarrow A$. Damit wird die **S**-*Ableitbarkeit* und -*Beweisbarkeit* ‚$\vdash_{\mathbf{S}}$' wie in 4.1 definiert. Insbesondere ist ein **S**-*Beweis für den Satz A* eine **S**-Ableitung für den Satz *A* aus der leeren Annahmemenge, d. h. ein **S**-Beweis für $\emptyset \twoheadrightarrow A$. So gilt etwa

$$\bigwedge x(Px \rightarrow Qx), \bigvee x \bigvee y \neg Qf(xy) \vdash_{\mathbf{S}} \bigvee x \neg Px,$$

wie der **S**-Beweis zeigt:

1.	$Pf(ab) \twoheadrightarrow Qf(ab), Pf(ab)$	Ax, wobei $a \neq b$ sei
2.	$Pf(ab), Qf(ab) \twoheadrightarrow Qf(ab)$	Ax
3.	$Pf(ab), Pf(ab) \rightarrow Qf(ab) \twoheadrightarrow Qf(ab)$	$1, 2, (\rightarrow_1)$
4.	$Pf(ab), Pf(ab) \rightarrow Qf(ab), \neg Qf(ab) \twoheadrightarrow$	$3, (\neg_1)$
5.	$Pf(ab) \rightarrow Qf(ab), \neg Qf(ab) \twoheadrightarrow \neg Pf(ab)$	$4, (\neg_2)$
6.	$\bigwedge x(Px \rightarrow Qx), \neg Qf(ab) \twoheadrightarrow \neg Pf(ab)$	$5, (\bigwedge_1)$
7.	$\bigwedge x(Px \rightarrow Qx), \neg Qf(ab) \twoheadrightarrow \bigvee x \neg Px$	$6, (\bigvee_2)$
8.	$\bigwedge x(Px \rightarrow Qx), \bigvee y \neg Qf(ay) \twoheadrightarrow \bigvee x \neg Px$	$7, (\bigvee_1)$
9.	$\bigwedge x(Px \rightarrow Qx), \bigvee x \bigvee y \neg Qf(xy) \twoheadrightarrow \bigvee x \neg Px$	$8, (\bigvee_1)$.

Wir geben drei weitere Beweise im Sequenzenkalkül an:

(*a*) $\vdash_{\mathbf{S}} (A \rightarrow \neg A) \rightarrow \neg A$

Beweis:

1.	$A \twoheadrightarrow A$	Ax
2.	$\twoheadrightarrow \neg A, A$	$1, (\neg_2)$
3.	$\neg A \twoheadrightarrow \neg A$	Ax
4.	$A \rightarrow \neg A \twoheadrightarrow \neg A$	$2, 3, (\rightarrow_1)$
5.	$\twoheadrightarrow (A \rightarrow \neg A) \rightarrow \neg A$	$4, (\rightarrow_2)$

(*b*) $\bigwedge x Px \vdash_{\mathbf{S}} \neg \bigvee x \neg Px$

Beweis:

1.	$Pa \twoheadrightarrow Pa$	Ax
2.	$Pa, \neg Pa \twoheadrightarrow$	$1, (\neg_1)$
3.	$\bigwedge x Px, \neg Pa \twoheadrightarrow$	$2, (\bigwedge_1)$
4.	$\bigwedge x Px, \bigvee x \neg Px \twoheadrightarrow$	$3, (\bigvee_1)$
5.	$\bigwedge x Px \twoheadrightarrow \neg \bigvee x \neg Px$	$4, (\neg_2)$

(*c*) $\bigwedge x(\bigvee y Pxy \vee Qx), \bigvee x \bigwedge y \neg Pxy \vdash_{\mathbf{S}} \bigvee x Qx$

Beweis:

1.	$Pab \twoheadrightarrow Qa, Pab$	Ax, wobei $a \neq b$ sei
2.	$Pab, \neg Pab \twoheadrightarrow Qa$	$1, (\neg_1)$
3.	$Pab, \bigwedge y \neg Pay \twoheadrightarrow Qa$	$2, (\bigwedge_1)$

4. $\bigvee yPay, \bigwedge y \neg Pay \twoheadrightarrow Qa$	3, $(\bigvee_1)$
5. $Qa, \bigwedge y \neg Pay \twoheadrightarrow Qa$	Ax
6. $\bigvee yPay \vee Qa, \bigwedge y \neg Pay \twoheadrightarrow Qa$	4, 5, $(\vee_1)$
7. $\bigvee yPay \vee Qa, \bigwedge y \neg Pay \twoheadrightarrow \bigvee xQx$	6, $(\bigvee_2)$
8. $\bigwedge x(\bigvee yPxy \vee Qx), \bigwedge y \neg Pay \twoheadrightarrow \bigvee xQx$	7, $(\bigwedge_1)$
9. $\bigwedge x(\bigvee yPxy \vee Qx), \bigvee x \bigwedge y \neg Pxy \twoheadrightarrow \bigvee xQx$	8, $(\bigvee_1)$

4.3.2 Semantische Korrektheit von S. Wir zeigen nun die Korrektheit des Sequenzenkalküls.

Hilfssatz (*a*) *Alle Axiome von* **S** *sind q-gültig;*
(*b*) *jede Regelanwendung von* **S**, *deren Prämisse*(*n*) *q-gültig ist (sind), hat eine q-gültige Konklusion.*

Beweis: (a) gilt trivialerweise, denn jede q-Bewertung, die M, A erfüllt, erfüllt A, also einen Satz von N, A, daher $\Vdash_q M, A \twoheadrightarrow N, A$. (b) Für die einzelnen Regeln ist unter Voraussetzung der q-Gültigkeit ihrer Prämisse(n) zu zeigen, daß jede q-Bewertung $\mathfrak{b}$, die alle Vorderglieder der Konklusion erfüllt, auch mindestens ein Hinterglied erfüllt.

$(\neg_1)$: Jedes $\mathfrak{b}$, das $M, \neg A$ erfüllt, erfüllt n.V. einen Satz aus N oder A; der zweite Fall ist ausgeschlossen, also erfüllt $\mathfrak{b}$ einen Satz aus N.

$(\neg_2)$: Jedes $\mathfrak{b}$, das M erfüllt, erfüllt entweder A, also n.V. einen Satz aus N; oder aber $\neg A$.

Ähnlich leicht erkennt man, daß die übrigen Junktorenregeln bei q-gültigen Prämissen q-gültige Konklusionen haben; nehmen wir als Beispiel die Regeln für das Konditional:

$(\rightarrow_1)$: Jedes $\mathfrak{b}$, das $M, A \rightarrow B$ erfüllt, erfüllt nach der 1.V. *entweder* einen Satz aus N; *oder* aber A, also wegen $A \rightarrow B$ auch B, und nach der 2.V. ebenfalls einen Satz aus N.

$(\rightarrow_2)$: Jedes $\mathfrak{b}$, das M erfüllt, erfüllt *entweder* A, also n.V. einen Satz aus N, B, daher einen Satz aus $N, A \rightarrow B$; *oder* aber $\neg A$, also ebenfalls $A \rightarrow B$.

Entsprechendes gilt auch für die Quantorenregeln:

$(\bigwedge_1)$: Jedes $\mathfrak{b}$, das M, $\bigwedge xA[x]$ erfüllt, erfüllt auch $A[u]$ für beliebiges u, also n.V. einen Satz aus N.

$(\bigwedge_2)$: N.V. gilt $M \Vdash_q N^{\vee} \vee A[a]$, also $M \Vdash_q \neg N^{\vee} \rightarrow A[a]$.

In $M, \neg N^{\vee}, \bigwedge xA[x]$ kommen unendlich viele Objektparameter nicht vor, und wegen der Klausel von $(\bigwedge_2)$ auch a nicht. Dann folgt nach Th. 3.12′ $M \Vdash_q \neg N^{\vee} \rightarrow \bigwedge xA[x]$, also $M \Vdash_q N^{\vee} \vee \bigwedge xA[x]$. (Für $N = \emptyset$ entfällt ‚$N^{\vee} \vee$‘, ‚$\neg N^{\vee} \rightarrow$‘, und nach Th. 3.12 folgt $M \Vdash_q \bigwedge xA[x]$.)

$(\bigvee_1)$: N.V. gilt $M, A[a] \Vdash_q N^{\vee}$, also $M \Vdash_q N^{\vee} \vee \neg A[a]$, also $M \Vdash_q \neg N^{\vee} \rightarrow \neg A[a]$, und wie im letzten Fall folgt nach Th. 3.12′

$M \Vdash_q N^{\vee} \to \bigwedge x \neg A[x]$, also $M \Vdash_q \neg \bigwedge x \neg A[x] \to N^{\vee}$, also $M, \bigvee x A[x] \Vdash_q N^{\vee}$. (Für $N = \emptyset$ ist n.V. $M, A[a]$ q-unerfüllbar, also auch $M, \bigvee x A[x]$ q-unerfüllbar.)

($\bigvee_2$): Jedes $\mathfrak{b}$, das M erfüllt, erfüllt n.V. einen Satz aus N oder $A[u]$, also einen Satz aus $N, \bigvee x A[x]$.

Nun folgt die q-Folgerungskorrektheit des Sequenzenkalküls,

Th. 4.3.1 $M \vdash_{\mathbf{S}} A \Rightarrow M \Vdash_q A$.

Beweis: N.V. gibt es einen **S**-Beweis $\Sigma_1, \ldots, \Sigma_n$ für $\Sigma_n = M^0 \twoheadrightarrow A$, wobei $M^0 \subset M$. Nach dem Hilfssatz sind alle Σ_i q-gültig, also auch $M^0 \twoheadrightarrow A$, d.h. $M^0 \Vdash_q A$, daher $M \Vdash_q A$.

4.3.3 Semantische Vollständigkeit von S. Die umgekehrte Richtung, die Vollständigkeit des Sequenzenkalküls, werden wir mit Hilfe der Vollständigkeit des Baumkalküls beweisen. Dazu benötigen wir einige in **S** zulässige Regeln. Die Junktorenregeln ($\neg_1$) bis ($\to_2$) sind so geartet, daß auch ihre Umkehrungen, die durch Vertauschung von Prämisse(n) und Konklusion entstehen, zulässig sind. Wir werden nur die Umkehrung von ($\neg_1$) benötigen:

$$(\overline{\neg_1}) \quad \frac{M, \neg A \twoheadrightarrow N}{M \twoheadrightarrow N, A}$$

Wir zeigen die Zulässigkeit durch Induktion nach der *Länge*, d.h. der Anzahl der Glieder des **S**-Beweises für die Prämisse; wir zeigen also: Wenn es einen **S**-Beweis für $M, \neg A \twoheadrightarrow N$ der Länge n gibt, so gibt es einen **S**-Beweis für $M \twoheadrightarrow N, A$.

1. Ist die Prämisse Axiom, so gilt einer der Fälle:

1.1. N ist eine Menge $N', \neg A$. Dann folgt aus dem Axiom $M, A \twoheadrightarrow N', A$ nach ($\neg_2$) $M \twoheadrightarrow N', A, \neg A$, d.h. $M \twoheadrightarrow N, A$.

1.2. M und N enthalten beide einen Satz B, dann ist $M \twoheadrightarrow N, A$ ebenfalls Axiom.

2. Wurde die Prämisse nach einer Regel gewonnen, so gilt einer der Fälle:

2.1. $\neg A$ ist Hauptteil. Dann wurde $M, \neg A \twoheadrightarrow N$ nach ($\neg_1$) aus $M \twoheadrightarrow N, A$ gewonnen und es ist nichts zu beweisen.

2.2 Ein Satz aus M oder N ist Hauptteil. Dann verläuft der Beweis für alle Regeln gleich: Nehmen wir den Fall, daß $M, \neg A \twoheadrightarrow N$ die Sequenz $M', \neg B, \neg A \twoheadrightarrow N$ ist und mit Hauptteil $\neg B$ nach ($\neg_1$) aus $M', \neg A \twoheadrightarrow N, B$ gewonnen wurde. Dann ist nach I.V. $M' \twoheadrightarrow N, B, A$ **S**-beweisbar, und nach ($\neg_1$) auch $M', \neg B \twoheadrightarrow N, A$, d.h. $M \twoheadrightarrow N, A$. – Entsprechendes gilt für die anderen Regeln ($\neg_2$) bis ($\bigvee_2$).

Ganz analog kann man zeigen, daß auch die Umkehrungen der anderen Junktorenregeln zulässig sind:

$$\overline{(\wedge_1)}\quad \frac{M, A \wedge B \twoheadrightarrow N}{M, A, B \twoheadrightarrow N}$$

$$\overline{(\vee_1)}\quad \frac{M, A \vee B \twoheadrightarrow N}{\begin{array}{l} M, A \twoheadrightarrow N \\ \text{bzw. } M, B \twoheadrightarrow N \end{array}}$$

$$\overline{(\rightarrow_1)}\quad \frac{M, A \rightarrow B \twoheadrightarrow N}{\begin{array}{l} M \twoheadrightarrow N, A \\ \text{bzw. } M, B \twoheadrightarrow N \end{array}}$$

$$\overline{(\neg_2)}\quad \frac{M \twoheadrightarrow N, \neg A}{M, A \twoheadrightarrow N}$$

$$\overline{(\wedge_2)}\quad \frac{M \twoheadrightarrow N, A \wedge B}{\begin{array}{l} M \twoheadrightarrow N, A \\ \text{bzw. } M \twoheadrightarrow N, B \end{array}}$$

$$\overline{(\vee_2)}\quad \frac{M \twoheadrightarrow N, A \vee B}{M \twoheadrightarrow N, A, B}$$

$$\overline{(\rightarrow_2)}\quad \frac{M \twoheadrightarrow N, A \rightarrow B}{M, A \twoheadrightarrow N, B}$$

In $\overline{(\wedge_2)}$, $\overline{(\vee_1)}$, $\overline{(\rightarrow_1)}$ sind jeweils zwei Regeln zusammengefaßt. Der Zulässigkeitsbeweis ist in allen Fällen fast völlig derselbe wie für $\overline{(\neg_1)}$; Unterschiede ergeben sich nur in 1.1. (1. Fall der Induktionsbasis). Nehmen wir als Beispiel $\overline{(\rightarrow_1)}$:

1. Ist die Prämisse Axiom, so gilt einer der Fälle:

1.1. N ist eine Menge $N', A \rightarrow B$. Dann folgt aus dem Axiom $M, A \twoheadrightarrow N', A, B$ nach $(\rightarrow_2)$ $M \twoheadrightarrow N', A, A \rightarrow B$, d.h. $M \twoheadrightarrow N, A$, womit die erste Konklusion von $\overline{(\rightarrow_1)}$ bewiesen ist. Ebenso folgt aus dem Axiom $M, A, B \twoheadrightarrow N', B$ nach $(\rightarrow_2)$ $M, B \twoheadrightarrow N', A \rightarrow B$, d.h. $M, B \twoheadrightarrow N$, womit die zweite Konklusion bewiesen ist.

1.2. M und N enthalten beide einen Satz C; dann sind $M \twoheadrightarrow N, A$ und ebenso $M, B \twoheadrightarrow N$ gleichfalls Axiome.

2. Wurde die Prämisse nach einer Regel gewonnen, so verläuft der Beweis analog zu $\overline{(\neg_1)}$.

Weitere in **S** zulässige Regeln sind die *vordere* und *hintere Abschwächung:*

$$(\mathrm{A}_1)\quad \frac{M \twoheadrightarrow N}{M, A \twoheadrightarrow N} \qquad\qquad (\mathrm{A}_2)\quad \frac{M \twoheadrightarrow N}{M \twoheadrightarrow N, A}$$

Zulässigkeitsbeweis für (A_1) durch Induktion nach der Länge des **S**-Beweises für die Prämisse:

1. Aus jedem Axiom entsteht durch Hinzunahme von A wieder ein Axiom.

2. Jede Anwendung einer Regel außer $(\bigwedge_2)$ und $(\bigvee_1)$ geht in eine Anwendung derselben Regel über, wenn man die Prämisse(n) und Konklusion um A erweitert.

3. Wenn $M \rightarrow N$ die Gestalt $M \rightarrow N', \bigwedge x A'[x]$ hat und mit Hauptteil $\bigwedge x A'[x]$ nach $(\bigwedge_2)$ aus $M \rightarrow N', A'[a]$ gewonnen wurde, so ersetzen wir in dem **S**-Beweis der letzteren Sequenz alle vorkommenden a durch einen Objektparameter b, der weder in dem **S**-Beweis noch in A vorkommt; dadurch entsteht ein **S**-Beweis für $M \rightarrow N', A'[b]$. Nach I.V. gilt dann $M, A \rightarrow N', A'[b]$, und nach $(\bigwedge_2)$ folgt $M, A \rightarrow N', \bigwedge x A'[x]$, d.h. $M, A \rightarrow N$. Entsprechendes gilt für $(\bigvee_1)$

Aus (A_1) folgt unmittelbar (A_2):

1. $M \rightarrow N$	n.V.
2. $M, \neg A \rightarrow N$	1, (A_1)
3. $M \rightarrow N, A$	2, $\overline{(\neg_1)}$

Um nun die Verbindung zum Baumkalkül herzustellen, zeigen wir, daß für jede der **B**-Regeln (A), (B), (C), (D) eine Art Umkehrung in **S** zulässig ist.

$\overline{(A)}$ $\dfrac{M, \alpha, \alpha_1, \alpha_2 \rightarrow N}{M, \alpha \rightarrow N}$ Wir unterscheiden die 4 Fälle von α:

(1) $\alpha = \neg\neg A$, $\alpha_1 = \alpha_2 = A$

1. $M, \neg\neg A, A \rightarrow N$	n.V.
2. $M, \neg\neg A \rightarrow N, \neg A$	1, $(\neg_2)$
3. $M, \neg\neg A \rightarrow N$	2, $(\neg_1)$

(2) $\alpha = A \wedge B$, $\alpha_1 = A$, $\alpha_2 = B$

1. $M, A \wedge B, A, B \rightarrow N$	n.V.
2. $M, A \wedge B \rightarrow N$	1, $(\wedge_1)$

(3) $\alpha = \neg(A \vee B)$, $\alpha_1 = \neg A$, $\alpha_2 = \neg B$

1. $M, \neg(A \vee B), \neg A, \neg B \rightarrow N$	n.V.
2. $M, \neg(A \vee B) \rightarrow N, A, B$	1, zweimal $\overline{(\neg_1)}$
3. $M, \neg(A \vee B) \rightarrow N, A \vee B$	2, $(\vee_2)$
4. $M, \neg(A \vee B) \rightarrow N$	3, $(\neg_1)$

(4) $\alpha = \neg(A \to B)$, $\alpha_1 = A$, $\alpha_2 = \neg B$

1. $M, \neg(A \to B), A, \neg B \rightarrow N$	n.V.
2. $M, \neg(A \to B), A \rightarrow N, B$	1, $\overline{(\neg_1)}$
3. $M, \neg(A \to B) \rightarrow N, A \to B$	2, $(\to_2)$
4. $M, \neg(A \to B) \rightarrow N$	3, $(\neg_1)$

Damit ist $\overline{(A)}$ zulässig. Aus $\overline{(A)}$ und (A_1) folgen offensichtlich die Regeln

$$\overline{(A_1)}\quad \frac{M,\alpha,\alpha_1 \twoheadrightarrow N}{M,\alpha \twoheadrightarrow N} \qquad\qquad \overline{(A_2)}\quad \frac{M,\alpha,\alpha_2 \twoheadrightarrow N}{M,\alpha \twoheadrightarrow N}$$

Ebenso sind folgende Regeln in **S** zulässig:

$$\overline{(B)}\quad \frac{M,\beta,\beta_1 \twoheadrightarrow N \qquad M,\beta,\beta_2 \twoheadrightarrow N}{M,\beta \twoheadrightarrow N}$$

$$\overline{(C)}\quad \frac{M,\gamma,\gamma[u] \twoheadrightarrow N}{M,\gamma \twoheadrightarrow N}$$

$$\overline{(D)}\quad \frac{M,\delta,\delta[a] \twoheadrightarrow N}{M,\delta \twoheadrightarrow N}$$ sofern a in der Konklusion nicht vorkommt.

Nun zeigen wir, daß jede **B**-Ableitung, also jeder endliche geschlossene Baum $\mathfrak{B}_{\neg A, M^0}$, in eine **S**-Ableitung umgewandelt werden kann. Für jeden Punkt B von $\mathfrak{B}_{\neg A, M^0}$ sei W_B die Menge der Sätze, die in $\mathfrak{B}_{\neg A, M^0}$ auf dem Weg vom Ursprung $\neg A$ bis einschließlich B als Punkte vorkommen.

Hilfssatz *Für jeden Punkt B eines endlichen geschlossenen Baumes* $\mathfrak{B}_{\neg A, M^0}$ *ist* $M^0, W_B \twoheadrightarrow$ **S**-*beweisbar.*

Beweis durch Induktion nach der Anzahl n der Punkte, die in $\mathfrak{B}_{\neg A, M^0}$ nach B kommen.

Für $n=0$ ist B ein Endpunkt, und W_B eine Menge $M, C, \neg C$. Dann folgt $M^0, M, C, \neg C \twoheadrightarrow$ aus dem **S**-Axiom $M^0, M, C \twoheadrightarrow C$ nach $(\neg_1)$.

Für $n>0$ gilt einer der beiden Fälle:

1. An B ist eine Annahme $C \in M^0$ angefügt. Nach I.V. ist $M^0, W_B, C \twoheadrightarrow$ **S**-beweisbar, und dies ist nichts anderes als $M^0, W_B \twoheadrightarrow$.

2. An B ist nach einer der **B**-Regeln (A), (C), (D) ein Satz, bzw. nach (B) ein Satzpaar, angefügt. Falls nach (A) ein α_1, bzw. α_2 angefügt wurde, so ist W_B eine Menge M, α, und nach I.V. ist $M^0, M, \alpha, \alpha_1 \twoheadrightarrow$, bzw. $M^0, \alpha, \alpha_2 \twoheadrightarrow$, **S**-beweisbar, also nach der zulässigen Regel $\overline{(A_1)}$ bzw. $\overline{(A_2)}$ auch $M^0, M, \alpha \twoheadrightarrow$. Entsprechend folgt die Behauptung in den drei anderen Fällen aufgrund der Zulässigkeit von $\overline{(B)}$, $\overline{(C)}$, $\overline{(D)}$ in **S**. Nun folgt

Th. 4.3.2 $M \vdash_{\mathbf{B}} A \;\Rightarrow\; M \vdash_{\mathbf{S}} A.$

Beweis: N.V. gibt es einen endlichen geschlossenen Baum $\mathfrak{B}_{\neg A, M^0}$, wobei $M^0 \subset M$. Nach dem Hilfssatz ist $M^0, W_{\neg A} \twoheadrightarrow$, d.h. $M^0, \neg A \twoheadrightarrow$, **S**-beweisbar, und nach $\overline{(\neg_1)}$ auch $M^0 \twoheadrightarrow A$; daher $M \vdash_{\mathbf{S}} A$. Daraus folgt nach Th. 4.2.2 und Th. 4.3.1 die *q-Folgerungsadäquatheit* des Sequenzenkalküls für unendlich erweiterbare Satzmengen M^*:

Th. 4.3.3 $M^* \vdash_{\mathbf{S}} A \;\Leftrightarrow\; M^* \Vdash_q A.$

Der Leser beweise zur Übung die Umkehrung von Th. 4.3.2.

4.3.4 Ein direkter Nachweis der Äquivalenz von Sequenzen- und Baumkalkül: Der Sequenzenkalkül als „auf den Kopf gestellter Baumkalkül“. Wir werden hier eine modifizierte Fassung des Baumkalküls einführen, die es gestattet, Baum- und Sequenzkalkül unmittelbar miteinander zu vergleichen und beide als gleichwertig zu erkennen.

Zunächst erweitern wir den Satzbegriff mittels der beiden zusätzlichen objektsprachlichen Symbole ‚$\top$‘ und ‚$\bot$‘: Wenn X ein Satz im bisherigen Sinn ist, so sei auch $\top X$ sowie $\bot X$ ein Satz; wir nennen diese Ausdrücke *signierte Sätze.*

Die semantischen Bestimmungen für signierte Sätze lauten: $\top X$ ist wahr genau dann, wenn X wahr ist, und falsch genau dann, wenn X falsch ist. $\bot X$ ist wahr genau dann, wenn X falsch ist, und falsch genau dann, wenn X wahr ist. Kürzer formuliert: $\top X$ erhält denselben Wahrheitswert wie X und $\bot X$ denselben Wahrheitswert wie $\neg X$. Gelegentlich werden wir das $\top$ von $\top X$ bzw. das $\bot$ von $\bot X$ das *Signum* von X nennen. Aufgrund der semantischen Festsetzungen könnte man die beiden neuen Zeichen als *objektsprachliche Wahrheitsoperatoren* bezeichnen und ‚$\top X$‘ lesen als ‚es ist wahr, daß X‘ und ‚$\bot X$‘ als ‚ es ist fasch, daß X‘.

Unter dem *Konjugierten* eines signierten Satzes verstehen wir das Ergebnis der Ersetzung von ‚$\top$‘ durch ‚$\bot$‘ bzw. von ‚$\bot$‘ durch ‚$\top$‘ in diesem Satz.

Im nächsten Schritt passen wir die α-β-γ-δ-Notation den signierten Sätzen an. Signierte Sätze vom α-Typ oder vom konjunktiven Typ haben eine der Formen $\top(A \wedge B)$, $\bot(A \vee B)$, $\bot(A \rightarrow B)$, $\top\neg X$, $\bot\neg X$. Die Vereinbarungen zur Verwendung von α_1 und α_2 für signierte Sätze vom Typ α fassen wir in der folgenden Tabelle zusammen (man beachte, daß wir es jetzt nicht wie früher mit vier, sondern mit fünf Fällen zu tun haben):

α	α_1	α_2
$\top(A \wedge B)$	$\top A$	$\top B$
$\bot(A \vee B)$	$\bot A$	$\bot B$
$\bot(A \rightarrow B)$	$\top A$	$\bot B$
$\top\neg X$	$\bot X$	$\bot X$
$\bot\neg X$	$\top X$	$\top X$

Die erste Zeile besagt: Ist $\alpha = \top(A \wedge B)$, so ist $\alpha_1 = \top A$ und $\alpha_2 = \top B$. Die vierte Zeile besagt: Ist $\alpha = \top\neg X$, so ist $\alpha_1 = \alpha_2 = \bot X$. Analog sind die übrigen drei Zeilen zu lesen.

Signierte Sätze vom β-Typ oder vom adjunktiven Typ haben eine der Formen $\bot(A \wedge B)$, $\top(A \vee B)$, $\top(A \rightarrow B)$. Wieder halten wir die Definitionen der entsprechenden Sätze β_1 und β_2 in einer Tabelle fest, die ebenso zu lesen ist wie die vorangehende:

β	β_1	β_2
$\bot(A \wedge B)$	$\bot A$	$\bot B$
$\top(A \vee B)$	$\top A$	$\top B$
$\top(A \rightarrow B)$	$\bot A$	$\top B$

Signierte Sätze vom γ-Typ oder vom Alltyp sind alle Ausdrücke von der Gestalt $\top \bigwedge x A[x]$ und $\bot \bigvee x A[x]$, wobei hinter dem Signum jeweils ein quantorenlogischer Satz steht. Unter $\gamma(u)$ ist im ersten Fall $\top A[u]$ und im zweiten Fall $\bot A[u]$ zu verstehen.

Schließlich haben signierte Sätze vom δ-Typ oder vom Existenztyp eine der Formen $\top \bigvee x A[x]$ oder $\bot \bigwedge x A[x]$; und $\delta(u)$ ist im ersten Fall dasselbe wie $\top A[u]$ und im zweiten Fall dasselbe wie $\bot A[u]$.

Dem Leser kann an dieser Stelle leicht der Eindruck entstehen, daß das Arbeiten mit signierten Formeln (Sätzen) eine überflüssige Komplikation darstellt: In der ursprünglichen Notation haben wir statt ‚$\top X$' einfach ‚X' und statt ‚$\bot X$' einfach ‚$\neg X$' geschrieben. Warum behalten wir dies nicht bei? Diese Frage läßt sich hier nur durch Verweis auf Späteres beantworten. Wir werden erkennen, daß die angekündigte unmittelbare Überführung des Baumkalküls in den Sequenzenkalkül ohne die Benützung signierter Sätze nicht funktionieren würde.

Dieser Überführungsaufgabe wenden wir uns jetzt zu. Als erstes ersetzen wir in den Regeln des Baumkalküls **B** die alte Notation durch die neue. Die Regeln von **B** lauten wie bisher:

(*A*) $\dfrac{\alpha}{\alpha_i}$
(i = 1 oder 2)

(*B*) $\dfrac{\beta}{\beta_1 \mid \beta_2}$

(*C*) $\dfrac{\gamma}{\gamma(u)}$
(u beliebig)

(*D*) $\dfrac{\delta}{\delta(a)}$
(a neu)

Dabei sind α, β, γ und δ jetzt signierte Sätze der angegebenen Typen. Ein Ast heiße (atomar) geschlossen gdw der Ast einen (atomaren) Satz zusammen mit dessen Konjugiertem enthält. Wenn wir alle übrigen Begriffe wörtlich von früher her übernehmen, so erhalten wir den Baumkalkül für signierte Sätze. Er soll ebenfalls **B** heißen.

Die Punkte eines Baumes im alten wie im neuen Kalkül **B** sind stets Sätze. Wir führen jetzt die folgende Variante des Baumkalküls ein: Zu dem Satz, der in einem Baum von **B** an einem Punkt vorkommt, fügen wir die Menge aller derjenigen Sätze hinzu, die auf demselben Ast vor dem fraglichen Satz vorkommen. Die Punkte des neuen Baumes sind also nicht mehr Sätze, sondern *Mengen von Sätzen*. Da diese Mengen, intuitiv gesprochen, durch „Ansammlung“ aller bis zu einem bestimmten Punkt des ursprünglichen Baumes auf einem Ast anzutreffenden Sätze gewonnen werden, sprechen wir von *akkumulierten Bäumen* und nennen den (noch genauer zu beschreibenden) neuen Kalkül $\mathbf{B}^a$. Einen akkumulierten Baum bezeichnen wir von jetzt an gewöhnlich als ein *Tableau* (Plural: Tableaux).

Anmerkung. BETH hatte das Wort ‚Tableau‘ erstmals benützt und zwar zur Bezeichnung eines Baumes in einem mit **B** gleichwertigen Kalkül, in dem die Baumpunkte aus Formeln bestehen. SMULLYAN hatte die Bezeichnung für den Kalkül, der aus dem von BETH durch Einführung der vereinfachenden Notation hervorgeht, beibehalten. Mit akkumulierten Bäumen in unserem Wortsinn hatte erstmals HINTIKKA gearbeitet. ‚Akkumulierter Baum‘ ist die deutsche Übersetzung des von SMULLYAN geprägten Ausdruckes ‚*block tableau*‘.

Daß wir ‚Baum‘ statt ‚Tableau‘ und ‚Tableau‘ statt ‚akkumulierter Baum‘ sagen, geschieht nur zum Zweck sprachlicher Vereinfachung.

Wir formulieren nun die Regeln für Tableaux. Ein *Tableau für* eine endliche Menge M von signierten Sätzen ist ein geordneter Dualbaum mit M als Ursprung, der in endlich vielen Schritten nach den folgenden vier Regeln konstruiert werden kann:

(A) Jedem Endpunkt von der Gestalt $S \cup \{\alpha\}$ darf wahlweise entweder $S \cup \{\alpha_1\}$ oder $S \cup \{\alpha_2\}$ als einziger Nachfolger angefügt werden.

Wir schreiben diese Regel symbolisch folgendermaßen an (die Rechtecke dienen nur der Veranschaulichung dessen, daß das durch sie Umgrenzte jeweils ein einziger Baumpunkt ist, und sind bei der eigentlichen Baumkonstruktion wegzudenken):

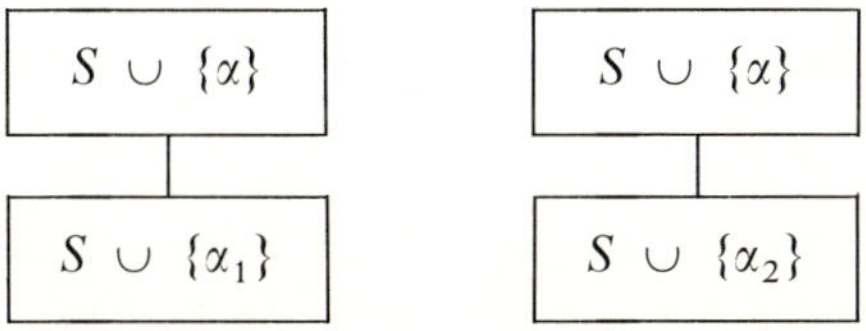

(*B*) Jedem Endpunkt von der Gestalt $S \cup \{\beta\}$ darf simultan $S \cup \{\beta_1\}$ als linker und $S \cup \{\beta_2\}$ als rechter Nachfolger angefügt werden.

Symbolisch:

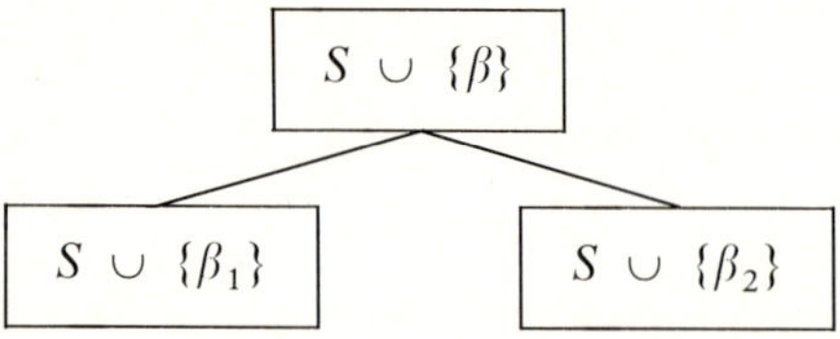

(*C*) Jedem Endpunkt von der Gestalt $S \cup \{\gamma\}$ darf als Nachfolger $S \cup \{\gamma(u)\}$ mit beliebiger Objektbezeichnung u angefügt werden.

Symbolisch:

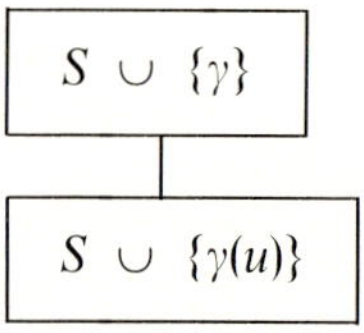

(*D*) Jedem Endpunkt $S \cup \{\delta\}$ darf als Nachfolger $S \cup \{\delta(a)\}$ angefügt werden, sofern der Objektparameter a in keinem Element von $S \cup \{\delta\}$ vorkommt.

Symbolisch:

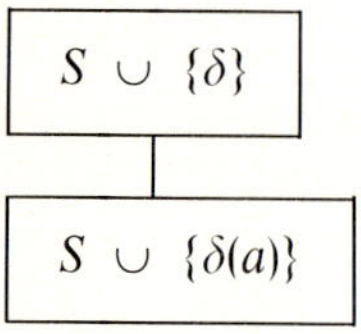

mit Parameterbedingung (d. h. a kommt in keinem Element der Prämisse $S \cup \{\delta\}$ vor).

Man beachte, daß in allen vier Fällen der in der Prämisse jeweils ausgezeichnete Satz bereits in der Menge S vorkommen darf, aber darin nicht vorzukommen braucht. Im ersten Fall kommt er auch im neuen Endpunkt vor, im zweiten dagegen nicht. [Gilt z. B. im Fall (*A*) für den Satz α, daß $\alpha \in S$, so natürlich auch $\alpha \in S \cup \{\alpha_i\}$; falls hingegen $\alpha \notin S$, so auch $\alpha \notin S \cup \{\alpha_i\}$.]

Die formalen Baumbegriffe sind alle auf Tableaux übertragbar. Neu hinzutreten muß nur der Schließungsbegriff für akkumulierte Bäume. Und zwar definieren wir ein Tableau als (atomar) geschlossen gdw jeder

Endpunkt des Tableaus zu einem (atomaren) Satz auch dessen Konjugierten enthält.

Man erkennt leicht, daß jedem geschlossenen Baum für M bzw. für einen Satz X in **B** ein geschlossenes Tableau für M bzw. für $\{X\}$ in $\mathbf{B}^a$ entspricht. Dazu ersetzen wir einfach jeden Punkt Y des Baumes durch die Menge der Sätze, die auf dem Weg bis Y liegen, einschließlich Y selbst. (Der strenge Nachweis erfolgt ziemlich mechanisch durch Induktion nach der Länge des jeweils betrachteten Astes.) Damit ist bereits die *Vollständigkeit* von $\mathbf{B}^a$ gezeigt.

Die *Korrektheit* des Tableau-Verfahrens kann man z. B. mit Hilfe der Erfüllbarkeitssätze zeigen. Wir erläutern den Sachverhalt am Beispiel der Regel (B): Ein geschlossenes Tableau sei durch Anwendung von (B) aus einem vorangehenden hervorgegangen. Dann erhält es zwei unerfüllbare Endpunkte $S \cup \{\beta_1\}$ und $S \cup \{\beta_2\}$. Damit ist aber auch $S \cup \{\beta\}$ unerfüllbar. Analog verfährt man in den drei anderen Fällen.

Man kann die Korrektheit von $\mathbf{B}^a$ aber auch rein syntaktisch, durch Zurückführung auf die von **B**, erkennen. Denn es gilt auch die Umkehrung der obigen Behauptung: Jedem geschlossenen Tableau für M in $\mathbf{B}^a$ entspricht ein geschlossener Baum für M in **B**. (Ist M eine Einermenge $\{X\}$, so ist für den neuen Baum X zu wählen.) Der Beweis erfolgt wieder durch Induktion nach Astlänge: Bei der ersten Regelanwendung ersetzen wir die jeweilige Einermenge mit dem ausgezeichneten Satz $\{\alpha_i\}$ bzw. $\{\beta_j\}$ bzw. $\{\gamma(u)\}$ bzw. $\{\delta(a)\}$ durch diesen Satz α_i bzw. β_j bzw. $\gamma(u)$ bzw. $\delta(a)$ selbst und lassen die Menge S fort. Hat der Ast des Tableau die Länge $n+1$, so ist sein Endpunkt durch eine der Regeln aus dem vorangehenden Punkt erzeugt worden. Gemäß I.V. ist die in ihm auftretende Satzmenge durch einen Baumast ersetzt worden, dessen Punkte genau mit den Elementen dieser Menge identisch sind, so daß der ausgezeichnete Satz der Prämisse dessen Endpunkt bildet. Dann ist der ausgezeichnete Satz der Konklusion anzufügen.

Die Kalküle **B** und $\mathbf{B}^a$ sind somit gleichwertig.

Wir formen schließlich $\mathbf{B}^a$ in einen gleichwertigen Kalkül $\mathbf{B}^{a,m}$ um, indem wir die beiden Teilregeln von (A) durch die folgende einzige Regel ersetzen:

$$(A^m) \qquad \begin{array}{|c|} \hline S \cup \{\alpha\} \\ \hline \end{array} \atop \begin{array}{|c|} \hline S \cup \{\alpha_1\} \cup \{\alpha_2\} \\ \hline \end{array}$$

Die übrigen Regeln werden unverändert beibehalten. Ein mit Hilfe von (A^m) statt (A) konstruiertes Tableau heiße *modifiziertes Tableau.*

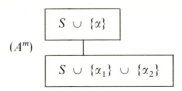

Nachweis der Gleichwertigkeit von $\mathbf{B}^a$ und $\mathbf{B}^{a,m}$:

(*a*) Gegeben sei ein geschlossenes modifiziertes Tableau für M. Dieses wird dadurch in ein (gewöhnliches) geschlossenes Tableau umgeformt, daß man jede Regelanwendung von (A^m) durch zwei Regelanwendungen gemäß (A) ersetzt, nämlich nach folgender Vorschrift:

Ersetze jeden Teil des vorgegebenen Baumes von der Gestalt:

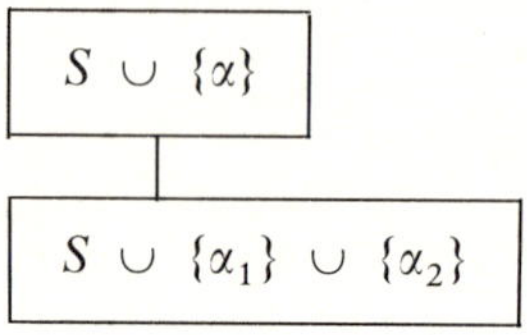

durch einen Teil folgender Gestalt:

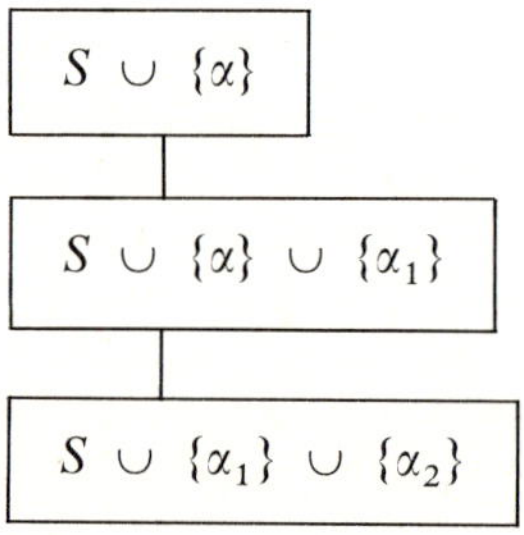

(Vergleiche dazu die obige Bemerkung im Anschluß an die Formulierung der vier Regeln von $\mathbf{B}^a$.)

(*b*) Gegeben sei ein geschlossenes Tableau für M. Wir ändern es in folgender Weise: Jeder Punkt $S \cup \{\alpha_1\}$, der aus seinem Vorgänger $S \cup \{\alpha\}$ durch Anwendung der ersten Teilregel von (A) gewonnen ist, wird durch den Punkt $S \cup \{\alpha_1\} \cup \{\alpha_2\}$ ersetzt. Außerdem wird α_2 jedem Baumpunkt unterhalb dieses Punktes hinzugefügt. Analog verfahren wir mit der zweiten Teilregel von (A): Ein aus einem $S \cup \{\alpha\}$ gewonnener Punkt $S \cup \{\alpha_2\}$ wird durch $S \cup \{\alpha_1\} \cup \{\alpha_2\}$ ersetzt und α_1 wird allen darunter liegenden Punkten hinzugefügt. Das auf diese Weise gewonnene baumartige Gebilde kann noch Wiederholungen enthalten. Wenn wir alle diese Wiederholungen wegstreichen, so erhalten wir ein modifiziertes Tableau; denn alle Regelanwendungen gemäß (A) sind darin durch Regelanwendungen gemäß (A^m) ersetzt worden.

Damit haben wir uns von der Gleichwertigkeit der drei Kalküle $\mathbf{B}$, $\mathbf{B}^a$ und $\mathbf{B}^{a,m}$ überzeugt.

Es ist der letzte dieser Kalküle, also $\mathbf{B}^{a,m}$, den wir jetzt direkt mit dem Sequenzenkalkül **S** vergleichen. Hierbei entsteht allerdings prima facie die folgende Schwierigkeit: Der Tableau-Kalkül liefert, ebenso wie der ursprüngliche Baumkalkül, ein syntaktisches Verfahren zum Nachweis der *Unerfüllbarkeit* einer Satzmenge. Der Sequenzenkalkül hingegen ist intendiert als ein syntaktisches Verfahren zur Gewinnung *gültiger* Sequenzen. Diese scheinbare semantische Disproportionalität überwinden wir durch die folgende Abbildungsregel für endliche Mengen S signierter Sätze, symbolisiert durch ‚$|S|$‘: Wenn S eine endliche Menge $\{\top X_1, \ldots, \top X_k, \bot Y_1, \ldots, \bot Y_n\}$ von signierten Sätzen ist, so sei das Bild $|S|$ der Menge S die Sequenz $X_1, \ldots, X_k \twoheadrightarrow Y_1, \ldots, Y_n$. Die Operation $|\ |$ liefert offenbar eine *injektive* Abbildung zwischen Mengen signierter Sätze und Sequenzen.

Erinnern wir uns jetzt an den Gültigkeitsbegriff für Sequenzen: $X_1, \ldots, X_k \twoheadrightarrow Y_1, \ldots, Y_n$ ist q-gültig gdw jede q-Bewertung, die alle Vorderglieder der Sequenz erfüllt, mindestens ein Hinterglied der Sequenz erfüllt (oder: gdw jede q-Bewertung entweder nicht alle X_i für $i=1, \ldots, k$ erfüllt oder mindestens ein Y_j für $j=1, \ldots, n$ erfüllt). Die semantische Definition des Signums ‚$\top$‘ bzw. ‚$\bot$‘ liefert in genau diesem Fall die Unerfüllbarkeit von $\{\top X_1, \ldots, \top X_k, \bot Y_1, \ldots, \bot Y_n\}$.

Eine endliche Menge signierter Sätze ist also genau dann q-unerfüllbar, wenn die ihr zugeordnete Sequenz q-gültig ist.

Bezugnehmend auf diese Injektion können wir nun definieren: Unter einem *modifizierten Tableau für die Sequenz* $X_1, \ldots, X_k \twoheadrightarrow Y_1, \ldots, Y_n$ soll ein modifiziertes Tableau für die Menge $\{\top X_1, \ldots, \top X_k, \bot Y_1, \ldots, \bot Y_n\}$ verstanden werden; und unter einem *modifizierten Tableau-Beweis* für die Sequenz verstehen wir ein geschlossenes modifiziertes Tableau für diese Menge.

Wir gehen jetzt dazu über, die in 4.3.1 angegebenen Regeln des Sequenzenkalküls neu zu formulieren, und zwar in der abkürzenden α–β–γ–δ-Notation sowie unter Heranziehung der eben eingeführten Abbildungsoperation $|\ |$. Wir schreiben die Regeln zunächst kommentarlos an und überzeugen uns danach, daß es sich tatsächlich um die Regeln von **S** handelt. Der Leser möge dabei schon jetzt folgendes beachten: Wenn man die Abbildungsoperation fortläßt, so formulieren die Axiome genau die Bedingungen für die Schließung eines Endpunktes in $\mathbf{B}^{a,m}$, und die vier Regeln sind dann identisch mit den vier Regeln (A^m), (B), (C) und (D) von $\mathbf{B}^{a,m}$, allerdings in „verkehrter Richtung“, d.h. unter Vertauschung von oben und unten.

Es sei S eine Menge $\{\top X_1, \ldots, \top X_k, \bot Y_1, \ldots, \bot Y_n\}$ signierter Sätze. $|S|$ sei gemäß der obigen Definition die Sequenz $X_1, \ldots, X_k \twoheadrightarrow Y_1, \ldots, Y_n$. Die Axiome und Regeln von **S** lauten in dieser Notation:

Axiomenschemata: $|S \cup \{\top A\} \cup \{\bot A\}|$
Schlußregeln:

$$(A) \quad \frac{|S \cup \{\alpha_1\} \cup \{\alpha_2\}|}{|S \cup \{\alpha\}|}$$

$$(B) \quad \frac{|S \cup \{\beta_1\}| \quad |S \cup \{\beta_2\}|}{|S \cup \{\beta\}|}$$

$$(C) \quad \frac{|S \cup \{\gamma(u)\}|}{|S \cup \{\gamma\}|}$$

$$(D) \quad \frac{|S \cup \{\delta(a)\}|}{|S \cup \{\delta\}|}, \quad \text{wobei } a \text{ in keinem Element von } S \cup \{\delta\} \text{ vorkommt.}$$

Wir zeigen, daß wir damit tatsächlich das formale System **S** beschrieben haben:

Axiome. M sei die Menge derjenigen X, so daß $\top X$ in S liegt, und N die Menge derjenigen Y, so daß $\bot Y$ in S liegt. Die Elemente von M mögen $X_1, \ldots, X_k$ sein; und die Elemente von N seien $Y_1, \ldots, Y_n$. Dann ist also

$$S = \{\top X_1, \ldots, \top X_k, \bot Y_1, \ldots, \bot Y_n\}.$$

$|S|$ ist identisch mit $X_1, \ldots, X_k \rightarrow Y_1, \ldots, Y_n$; und die Axiome haben alle die Gestalt:

$$|\{\top X_1, \ldots, \top X_k, \bot Y_1, \ldots, \bot Y_n\} \cup \{\top A\} \cup \{\bot A\}|$$

und dies ist dasselbe wie:

$$M, A \rightarrow N, A.$$

Regel (A). Es sei $\alpha = \top A \wedge B$ und damit also $\alpha_1 = \top A$ und $\alpha_2 = \top B$. Die Regel (A) besagt dann:

‚$|\{\top X_1, \ldots, \top X_k, \top A, \top B, \bot Y_1, \ldots, \bot Y_n\}|$
liefert
$|\{\top X_1, \ldots, \top X_k, \top A \wedge B, \bot Y_1, \ldots, \bot Y_n\}|$‘.[5]

Das besagt dasselbe wie; ‚$M, A, B \rightarrow N$ liefert $M, A \wedge B \rightarrow N$‘. Dies aber ist genau die Regel ($\wedge_1$).

Es sei $\alpha = \bot A \vee B$. Dann ist $\alpha_1 = \bot A$ und $\alpha_2 = \bot B$. Hier besagt die Regel A:

‚$|\{\top X_1, \ldots, \top X_k, \bot Y_1, \ldots, \bot Y_n, \bot A, \bot B\}|$

5 Statt des horizontalen Ableitungsstriches verwenden wir das Verbum ‚liefern‘.

liefert

$|\{\top X_1, \ldots, \top X_k, \bot Y_1, \ldots, \bot Y_n, \bot A \vee B\}|$‘,

was dasselbe ist wie: ‚$M \twoheadrightarrow N, A, B$ liefert $M \twoheadrightarrow N, A \vee B$‘, also dasselbe wie Regel ($\vee_2$).

Es sei $\alpha = \bot A \rightarrow B$. Dann ist $\alpha_1 = \top A$ und $\alpha_2 = \bot B$. Die Regel A ergibt diesmal nach Übersetzung in die Sequenzenschreibweise: ‚$M, A \twoheadrightarrow N, B$ liefert $M \twoheadrightarrow N, A \rightarrow B$‘, was dasselbe ist wie Regel ($\rightarrow_2$).

Es sei $\alpha = \top \neg A$. Dann ist $\alpha_1 = \alpha_2 = \bot A$. Regel ($A$) besagt:

‚$|\{\top X_1, \ldots, \top X_k, \bot Y_1, \ldots, \bot Y_n, \bot A\}|$

liefert

$|\{\top X_1, \ldots, \top X_k, \top \neg A, \bot Y_1, \ldots, \bot Y_n\}|$‘,

was dasselbe ist wie: ‚$M \twoheadrightarrow N, A$ liefert $M, \neg A \twoheadrightarrow N$‘. Dies ist Regel ($\neg_1$).

Es sei $\alpha = \bot \neg A$. Dann ist $\alpha_1 = \alpha_2 = \top A$. Regel ($A$) besagt:

‚$|\{\top X_1, \ldots, \top X_k, \top A, \bot Y_1, \ldots, \bot Y_n\}|$

liefert

$|\{\top X_1, \ldots, \top X_k, \bot Y_1, \ldots, \bot Y_n, \bot \neg A\}|$‘

und dies ist dasselbe wie: ‚$M, A \twoheadrightarrow N$ liefert $M \twoheadrightarrow N, \neg A$‘, also Regel ($\neg_2$).

Die fünf Fälle vom α-Typ ergeben somit über Regel (A) die fünf Regeln ($\wedge_1$), ($\vee_2$), ($\rightarrow_2$), ($\neg_1$) und ($\neg_2$) des Sequenzenkalküls.

Regel (B). Es sei $\beta = \bot A \wedge B$. Dann ist $\beta_1 = \bot A$ und $\beta_2 = \bot B$. Die Regel (B) besagt hier:

‚$|\{\top X_1, \ldots, \top X_k, \bot Y_1, \ldots, \bot Y_n, \bot A\}|$

und

$|\{\top X_1, \ldots, \top X_k, \bot Y_1, \ldots, \bot Y_n, \bot B\}|$

liefern zusammen

$|\{\top X_1, \ldots, \top X_k, \bot Y_1, \ldots, \bot Y_n, \bot A \wedge B\}|$‘,

was dasselbe besagt wie: ‚$M \twoheadrightarrow N, A$ und $M \twoheadrightarrow N, B$ liefern $M \twoheadrightarrow N, A \wedge B$‘. Dies ist die Regel ($\wedge_2$).

Es sei $\beta = \top A \vee B$. Dann ist $\beta_1 = \top A$ und $\beta_2 = \top B$. Die Regel (A) ergibt: ‚$M, A \twoheadrightarrow N$ und $M, B \twoheadrightarrow N$ liefern $M, A \vee B \twoheadrightarrow N$‘. Dies ist die Regel ($\vee_1$).

Es sei $\beta = \top A \rightarrow B$. Dann ist $\beta_1 = \bot A$ und $\beta_2 = \top B$. Regel (A) besagt: ‚$M \twoheadrightarrow N, A$ und $M, B \twoheadrightarrow N$ liefern $M, A \rightarrow B \twoheadrightarrow N$‘. Dies ist die Regel ($\rightarrow_1$).

Die drei Fälle vom β-Typ ergeben somit über die Regel B die drei Regeln ($\wedge_2$), ($\vee_1$) und ($\rightarrow_1$) des Sequenzenkalküls.

Insgesamt haben wir erhalten: Die beiden Regeln (A) und (B) für Sätze vom α- und vom β-Typ umfassen bereits alle acht junktorenlogischen Regeln des Sequenzenkalküls.

Regel (C). Sei $\gamma = \top \wedge x A[x]$. Dann ist $\gamma(u) = \top A[u]$. Die Regel (C) besagt:

$$,|\{\top X_1, \ldots, \top X_k, \top A[u], \bot Y_1, \ldots, \bot Y_n\}|$$

liefert

$$|\{\top X_1, \ldots, \top X_k, \top \wedge x A[x], \bot Y_1, \ldots, \bot Y_n\}|`.$$

Dies ist dasselbe wie: ‚$M, A[u] \to N$ liefert $M, \wedge x A[x] \to N$', also dasselbe wie Regel ($\wedge_1$).

Sei $\gamma = \bot \vee x A[x]$. Dann ist $\gamma(u) = \bot A[u]$. Die Regel (C) ergibt diesmal: ‚$M \to N, A[u]$ liefert $M \to N, \vee x A[x]$', also gerade die Regel ($\vee_2$).

Regel (D). Sei $\delta = \top \vee x A[x]$. Dann ist $\delta(a) = \top A[a]$. Die Regel (D) liefert genau ($\vee_1$). Auch die Parameterbedingung ist korrekt formuliert, da $S = M \cup N$.

Sei $\delta = \bot \wedge x A[x]$. Dann ist $\delta(a) = \bot A[a]$. Die Regel (D) liefert ($\wedge_2$) mit korrekter Parameterbedingung. □

Angenommen, die Sequenz $X_1, \ldots, X_k \to Y_1, \ldots, Y_n$ sei q-gültig. Wegen der Vollständigkeit von **B** und damit von $\mathbf{B}^a$ sowie $\mathbf{B}^{a,m}$ gibt es einen modifizierten Tableau-Beweis für diese Sequenz. Nach obiger Definition ist dies nichts anderes als ein geschlossenes modifiziertes Tableau für die folgende unerfüllbare Menge signierter Formeln:

$$S = \{\top X_1, \ldots, \top X_k, \bot Y_1, \ldots, \bot Y_n\}.$$

Wenn wir jeden Punkt R in diesem modifizierten Tableau durch die Sequenz $|R|$ ersetzen, so erhalten wir einen Beweis im Sequenzenkalkül **S**. In diesem Beweis stehen allerdings die Axiome ganz unten, während die bewiesene Sequenz oben die Spitze bildet; man muß also den Beweis von unten nach oben lesen. Will man die übliche Leseweise erhalten, mit den Axiomen oben und dem Bewiesenen unten, so hat man nichts anderes zu tun, als diesen ganzen Sequenzenbaum um eine Horizontale durch die bewiesene Sequenz um 180° nach oben zu klappen.

Historische Anmerkung. Als G. Gentzen in den dreißiger Jahren entdeckte, daß sich das inhaltliche logische Schließen auf Regeln, aber nicht auf Axiome stützt, schuf er mit dem natürlichen Schließen eine Formalisierung der Logik, die intuitiv als viel befriedigender empfunden wurde als die damals allein bekannten Axiomatisierungen. Der ebenfalls von Gentzen gleichzeitig entwickelte Sequenzenkalkül wurde dabei bloß als eine auf beweistheoretische Zwecke zugeschnittene Umformung des Kalküls des natürlichen Schließens betrachtet. In den fünfziger Jahren entdeckte E. BETH das Baumverfahren und damit eine vom intuitiven Standpunkt noch befriedigendere Kalkülisierung der Logik als das natürliche Schließen. Wie der soeben erbrachte Äquivalenzbeweis zeigt, ist jedoch der Baumkalkül, zumindest in der Fassung des modifizierten Tableau-Kalküls von HINTIKKA, nichts anderes als eine Variante des Sequenzenkalküls. Man kann daher behaupten, daß GENTZEN mit seiner Sequenzendarstellung der Logik den Baumkalkül implizit mitentdeckt hat.

Im folgenden Abschnitt werden wir die überraschende Feststellung machen, daß auch der Dialogkalkül von P. LORENZEN bereits im Sequenzenkalkül „implizit enthalten" ist.

4.4 Dialogkalkül („Lorenzen-Kalkül")

4.4.1 Logikkalkül als Dialogspiel. Intuitive Vorbetrachtungen. Der *Dialogkalkül* **D**, den wir in diesem Abschnitt beschreiben, ist seiner ursprünglichen Motivation nach weit mehr als der Versuch, eine neue Kalkül-Variante der Logik zu entwerfen. LORENZENs Bemühen ging und geht dahin, ein neuartiges Verfahren zur Rechtfertigung der Logik zu entwickeln, wobei sich die intuitionistische als die in seinem Sinn am besten begründete Art der Logik herausstellte. Obwohl wir im folgenden von diesem Begründungsaspekt abstrahieren und uns ganz auf den Kalkülaspekt beschränken werden, soll im Rahmen dieser Vorbetrachtungen die Grundidee von LORENZENs Begründungssemantik skizziert werden, da sie sowohl das prinzipielle Verständnis des Kalküls **D** als auch das Arbeiten mit ihm erleichtert.

Bekanntlich lehnen es die intuitionistischen Logiker ab, sich auf eine Semantik der Wahrheitswerte zu stützen. Denn jede derartige Semantik beruht auf der „platonistischen" Vorstellung, daß Sätzen ein Wahrheitswert „an sich" zukommt, unabhängig davon, ob und wie diese Sätze zu beweisen sind. Demgegenüber lassen sie die Logik auf einer *Beweis-* oder *Begründungssemantik* beruhen: In einer derartigen Semantik wird die Bedeutung jedes logischen Zeichens dadurch festgelegt, daß man angibt, was als Begründung für eine Aussage gelten soll, in der dieses Zeichen das logische Hauptzeichen ist[6]. Eine Konjunktion gilt z. B. erst dann als bewiesen, wenn ein Beweis für beide Konjunktionsglieder gegeben wird. Oder: Der Beweis eines Allsatzes über natürliche Zahlen ist eine

6 Für Details vgl. M. DUMMETT, [1], insbesondere S. 12ff.

Operation, die jeder natürlichen Zahl einen Beweis der entsprechenden Behauptung für die diese Zahl bezeichnende Ziffer zuordnet.

Man kann nun versuchen, für diese begründungssemantische Methode ein *spieltheoretisches Modell* zu liefern, d.h. sie in die Sprache der „*Dialogspiele*" zu übersetzen. Die leitende Idee ist dabei folgende: *Die Bedeutung eines logischen Zeichens soll dadurch festgelegt werden, daß man angibt, wie ein von einem Dialogpartner behaupteter Satz, der das logische Zeichen als Hauptzeichen enthält, durch diesen Spieler zu verteidigen ist, nachdem die Behauptung durch den Dialogpartner angegriffen wurde.*

Was bei einem solchen Vorgehen am Ende herauskommt, ist eine „spieltheoretische Semantik", in welcher der Begriff der logischen Gültigkeit einer Aussage auf die Existenz einer Gewinnstrategie für die Aussage zurückgeführt wird. Dies setzt voraus, daß außer den die logischen Zeichen betreffenden Angriffs- und Verteidigungsregeln die Begriffe *Gewinn* und *Verlust* für Dialoge um Aussagen in sinnvoller Weise präzisiert worden sind.

Doch verbleiben wir zunächst bei den logischen Zeichen: In dem von uns im folgenden vorgestellten Dialogkalkül besteht der Angriff auf eine *negierte Aussage* $\neg\Phi$ in der Behauptung von Φ. Eine Verteidigung ist für den Fall nicht erklärt; dies ist auch der einzige Fall, in dem ein Angriff auf eine Aussage wieder in der Behauptung einer Aussage besteht. In allen übrigen Fällen enthalten Angriffe das Symbol ‚?', das eine Bezweiflung ausdrücken soll. Ist die angegriffene Aussage eine *Konjunktion*, so kann der Angreifer entweder das erste oder das zweite Konjunktionsglied bezweifeln, was er durch ‚1?' bzw. ‚2?' zu erkennen gibt. Die einzig mögliche Verteidigung besteht in beiden Fällen darin, die angegriffene Teilaussage zu behaupten. Handelt es sich bei der angegriffenen Aussage um eine *Adjunktion*, so kann sie nur mittels ‚?' als ganze angegriffen werden. Hier steht der angegriffene Spieler vor der Alternative, entweder mittels der ersten oder mittels der zweiten Teilaussage zu verteidigen. Der Unterschied zwischen Konjunktion und Adjunktion kommt somit dadurch zur Geltung, daß im einen Fall der *Angreifer* die Wahl hat, das erste oder das zweite Glied anzugreifen, während im anderen Fall der *Verteidiger* vor die Wahl gestellt ist, das erste oder das zweite Glied zu verteidigen.

Der Angriff auf ein *Konditional* besteht darin, die ganze Aussage durch ‚?' zu bezweifeln. Es gibt zwei Verteidigungsmöglichkeiten, nämlich die Negation des Antecedens oder das Konsequens dieses Konditionals zu behaupten. Im Fall einer *Allquantifikation* kann der Angreifer irgendeine Objektbezeichnung u wählen (Bezweiflung ‚u?') und der Verteidigende muß seine Aussage für diesen Spezialfall behaupten. Im Unterschied dazu darf bei einer *Existenzquantifikation* die Aussage nur mit ‚?' angegriffen werden, wogegen der Behauptende durch eine Spezialisierung nach seiner

Wahl die Aussage verteidigen kann. Damit spiegeln die Quantoren den Unterschied zwischen Konjunktion und Adjunktion auf allgemeiner Ebene insofern wider, als auch hier im einen Fall die Wahlmöglichkeit beim Angreifer liegt, im anderen Fall beim Verteidigenden.

Derjenige Dialogpartner (Spieler), der die logische Gültigkeit einer Aussage begründen zu können behauptet, heiße von nun an *Proponent*, sein Gegner *Opponent*. In Ergänzung zu den erwähnten Angriffs- und Verteidigungsregeln für komplexe Sätze wird noch eine Festlegung für *atomare Aussagen* benötigt. Diese beruht auf folgender Überlegung: Da sich der Proponent mit seinem Gültigkeitsanspruch auf keine inhaltlichen Kenntnisse stützen kann, dem Opponenten dagegen die Möglichkeit von inhaltlichem, materialem Wissen zugestanden wird, darf der Proponent eine atomare Aussage erst dann behaupten, wenn sie bereits zuvor vom Opponenten behauptet worden ist. Dann ist er nämlich durch den Opponenten selbst der Aufgabe enthoben worden, diese atomare Aussage zu verteidigen. Aus rein technischen Zweckmäßigkeitsgründen ersetzen wir die Regel durch die mit ihr gleichwertige Bestimmung: Der Proponent darf zwar eine atomare Aussage jederzeit behaupten, sofern das im Einklang mit den übrigen Regeln geschieht. Er kann aber gegen einen auf diese Aussage gerichteten, mittels ‚?' vollzogenen Angriff nicht verteidigen. Der Dialog wird von ihm erst dann gewonnen, wenn der Opponent diese atomare Aussage vorher selbst behauptet hat oder dies später tun wird.

Damit haben wir den Gewinnbegriff schon vorweggenommen. Ein Dialog um eine Aussage werde als ein (für den Proponenten) *gewonnener Dialog* bezeichnet, wenn darin ein und dieselbe atomare Aussage sowohl vom Proponenten wie vom Opponenten behauptet wird. Im formalen Aufbau wird daher ein beendeter Dialog stets mit einer atomaren Opponentenaussage schließen.

Ohne dies ausdrücklich hervorzuheben, haben wir stets vorausgesetzt, daß Proponent und Opponent *in ihren Spielzügen abwechseln*: Der Proponent behauptet im ersten Zug diejenige Aussage, um die es im Dialog gehen wird. Darauf beginnt der Opponent mit seinem ersten Angriff. Danach kommt wieder der Proponent zum Zug, dann abermals der Opponent usw.

Der Proponent verfügt über eine *Gewinnstrategie*, wenn er – unter Berücksichtigung sämtlicher Wahlmöglichkeiten des Opponenten – erzwingen kann, daß nur solche Dialoge um diese Aussage stattfinden, die für ihn gewonnene Dialoge sind. Dem Begriff der *beweisbaren Aussage* entspricht jetzt der Begriff des *gewinnbaren Dialoges* um eine Aussage.

Die gemachten Andeutungen über die spieltheoretische Semantik sind nicht formal exakt. Im folgenden Abschnitt werden wir einerseits die Bestimmungen präzisieren, sie aber andererseits allein für den Aufbau eines Dialog*kalküls* verwenden. Wir hätten wesentlich sorgfältiger vorgehen und außerdem manches anders formulieren müssen, wenn es uns darum gegangen wäre, die Intention von Lorenzen wiederzugeben, durch diese Methode die Logik, und insbesondere die intuitionistische, zu begründen. Dadurch sind wir auch der Mühe enthoben, die schwierige philosophische Frage zu beantworten, ob es eine derartige „Selbstbegründung eines Kalküls" überhaupt geben kann.

Wir haben dieses Verfahren noch nicht vollständig beschrieben. Es muß nämlich auch eine Festsetzung darüber getroffen werden, *unter welchen Umständen und wie oft Angriffe und Verteidigungen erfolgen dürfen.* Für den Fall der *klassischen* Logik, für den wir uns allein interessieren, gilt diesbezüglich folgendes: Der *Opponent* kann stets nur auf den unmittelbar vorangegangenen Zug des Proponenten reagieren, sei es in der Form eines Angriffs (sofern jener Zug in einer Behauptung bestand), sei es in der Form der Verteidigung gegen einen Angriff seitens des Proponenten. Der *Proponent* hat demgegenüber eine größere Freiheit: Er kann wahlweise entweder auf den unmittelbar vorhergehenden Zug des Opponenten reagieren – insbesondere also, diesen Zug angreifen oder sich gegen ihn verteidigen – oder eine beliebig weit zurückliegende Aussage des Opponenten angreifen oder eine seiner eigenen früheren Aussagen wiederholen (dies schließt insbesondere die Wiederholung bereits vollzogener Verteidigungen ein). Die eben geschilderte Asymmetrie im vorgeschriebenen Verhaltensmuster der beiden Dialogpartner wird in D2 von 4.4.2 genauer charakterisiert.

Anmerkung. Wie stark der Dialogkalkül von anderen Logikkalkülen abweicht, wird deutlich, wenn man die klassische Logik mit der intuitionistischen vergleicht. Innerhalb anderer Logikkalküle geht die erstere aus der letzteren gewöhnlich in der Weise hervor, daß man das tertium non datur oder ein damit gleichwertiges Prinzip, wie z. B. die Regel der Beseitigung der doppelten Negation, als logisch gültiges Prinzip hinzufügt. Intuitionistischer und klassischer Dialogkalkül unterscheiden sich dadurch, daß im ersten die zulässigen Reaktionsmöglichkeiten des Proponenten auf Angriffe des Opponenten eingeschränkt werden. Im klassischen Kalkül hat der Proponent das Recht, frühere Behauptungen, insbesondere also Verteidigungen, zu wiederholen. Im intuitionistischen Kalkül verliert er dieses Recht. Schlagwortartig könnte man den Unterschied daher so charakterisieren: *Bei einem im übrigen gleichartigen Aufbau liefert der Dialogkalkül eine Formalisierung der intuitionistischen oder der klassischen Logik, je nachdem, ob es dem Proponenten gestattet ist, Verteidigungen zu wiederholen oder nicht*[7].

4.4.2 Dialoge und Gewinnstrategien. Nach diesen intuitiven Vorbetrachtungen gehen wir jetzt dazu über, die klassische Quantorenlogik als *Dialogkalkül* **D** zu formulieren. Besonders wichtige Begriffe führen wir durch numerierte Definitionen ein. Im übrigen begnügen wir uns mit inhaltlichen Erläuterungen, evtl. in Tabellenform, die für unsere Zwecke ausreichen werden, da sie unzweideutig und hinreichend klar sind.

---

7 Für genauere Einzelheiten vgl. LORENZEN/LORENZ [1], sowie STEGMÜLLER [2].

Der zu schildernde Kalkül unterscheidet sich von den übrigen quantorenlogischen Kalkülen bereits durch eine *reichere Sprache* **L**. Zunächst kommen in **L** Sätze im bisherigen Sinne vor, die höchstens Objektparameter aus der Folge $a_1, a_2, \ldots, a_n, \ldots$ sowie (mittels dieser und den Funktionsparametern wie üblich aufgebaute) Objektbezeichnungen $u_1, u_2, \ldots, u_n, \ldots$ enthalten; sie sollen *Aussagen von* **L** heißen. Als Mitteilungszeichen für Aussagen verwenden wir Φ, Ψ, Δ und für Atomaussagen π, evtl. mit unteren Indizes. Mit Hilfe von vier neuen Zeichen *?, 1?, 2?, u?*, die man *Angriffszeichen* nennen könnte, werden außerdem Ausdrücke von folgenden sieben Typen gebildet (dabei sind Φ und Ψ beliebige Aussagen; π ist atomar; Γ ist eine wff, in der höchstens die Variable x frei vorkommt; u ist eine Objektbezeichnung):

$$\Phi \wedge \Psi 1?, \quad \Phi \wedge \Psi 2?, \quad \Phi \vee \Psi ?, \quad \Phi \rightarrow \Psi ?, \quad \bigwedge x \Gamma u?, \quad \bigvee x \Gamma ?, \quad \pi ?.$$

Wir nennen diese Ausdrücke *Bezweiflungen von* **L**.

Unter den *Propositionen von* **L** sollen die Aussagen und Bezweiflungen von **L** verstanden werden. Aussagen werden bisweilen auch *echte Propositionen* genannt, während Bezweiflungen gelegentlich auch *unechte Propositionen* heißen sollen.

Für Aussagen Φ und Propositionen p und q erklären wir die beiden Begriffe ‚p ist *Angriff auf* Φ' und ‚q ist *Verteidigung gegen* p' mittels der folgenden Tabelle. (Dabei sei mit $\mathfrak{N}$ als einer einstelligen Nennform und $\Gamma = \mathfrak{N}[x]$ die Aussage $\Gamma[{u \atop x}] = \mathfrak{N}[u]$):

$\Phi =$	$\neg \Psi$	$\Psi \wedge \Delta$	$\Psi \wedge \Delta$	$\Psi \vee \Delta$	$\Psi \vee \Delta$	$\Psi \rightarrow \Delta$	$\Psi \rightarrow \Delta$	$\bigwedge x \Gamma$	$\bigvee x \Gamma$	π
p $=$	Ψ	$\Psi \wedge \Delta 1?$	$\Psi \wedge \Delta 2?$	$\Psi \vee \Delta ?$	$\Psi \vee \Delta ?$	$\Psi \rightarrow \Delta ?$	$\Psi \rightarrow \Delta ?$	$\bigwedge x \Gamma u?$	$\bigvee x \Gamma ?$	$\pi ?$
q $=$	—	Ψ	Δ	Ψ	Δ	Δ	$\neg \Psi$	$\Gamma \begin{bmatrix} u \\ x \end{bmatrix}$	$\Gamma \begin{bmatrix} a \\ x \end{bmatrix}$	—

Die erste Zeile enthält die möglichen syntaktischen Formen der angegriffenen Aussage Φ. In der zweiten Zeile sind die möglichen Angriffe p gegen Φ, in Abhängigkeit von den möglichen Formen der angegriffenen Aussage Φ, beschrieben. In der dritten Zeile werden die zulässigen Verteidigungen gegen die darüberstehenden Angriffe angegeben.

Dabei sind folgende Punkte zu beachten: Eine negierte Aussage, etwa $\neg \Psi$, ist der *einzige* Fall, in dem ein Angriff gegen diese Aussage selbst aus einer Aussage, nämlich Ψ, besteht; eine Verteidigung ist in diesem Fall überhaupt nicht erklärt. (Der Dialog könnte mit Bezug auf Ψ nur in der Weise fortgesetzt werden, daß Ψ seinerseits angegriffen wird.) Die drei Fälle mit ‚$\wedge$', ‚$\vee$' oder ‚$\rightarrow$' als Hauptzeichen sind in der ersten Zeile doppelt angeschrieben, da es hier Alternativen gibt. Dabei hat im Fall der

Konjunktion der Angreifer die doppelte Wahlmöglichkeit, entweder mittels *1?* das erste oder mittels *2?* das zweite Konjunktionsglied zu bezweifeln. Im Falle der Adjunktion hingegen kann der Angreifer mittels *?* nur eine Bezweiflung ausdrücken, während es dem Angegriffenen anheimgestellt bleibt, die Verteidigung gegen diesen Angriff durch das erste oder das zweite Adjunktionsglied zu vollziehen. In ähnlicher Weise hat im Fall eines Konditionals der Angegriffene die Wahl, entweder die Negation des Antezedens oder das Konsequens zu behaupten. Wahlmöglichkeiten, und zwar sogar unendlich viele, gibt es auch bei den Quantoren. Und zwar kann im Fall der Bezweiflung einer Allquantifikation $\wedge x\Gamma$ der Angreifer in *u?* eine *beliebige* Objektbezeichnung wählen, die dann der Verteidiger in $\Gamma[^u_x]$ übernehmen muß. Eine Existenzquantifikation $\vee x\Gamma$ kann dagegen nur allgemein mittels *?* bezweifelt werden, worauf dann der Angegriffene für einen von ihm frei gewählten Parameter *a* die Verteidigung durch $\Gamma[^a_x]$ vornehmen kann. Eine Verteidigung gegen die Bezweiflung einer atomaren Aussage wird nicht eingeführt.

Der Rahmen der Sprache **L** werde im folgenden als gegeben angenommen. (Das Folgende verdankt viele Ideen Herrn Gregor Mayer.)

D1 *D* ist ein *Dialogschema* gdw
(*a*) *D* ist für $n \in \mathbb{N}$ ein *n*-Tupel von Propositionen $D = \langle D_1, \ldots, D_n \rangle$;
(*b*) für jedes $\text{p} = D_m$ mit $1 \leqq m \leqq n$ gilt:
(*ba*) $m = 1$ und p ist eine Aussage;
oder
(*bb*) p ist Angriff auf ein D_k mit $k < m$
oder
(*bc*) p ist Verteidigung gegen ein D_k mit $k < m$
oder
(*bd*) p ist Wiederholung eines D_k mit $k < m$.

Der eben definierte Hilfsbegriff erleichtert die Einführung eines präzisen Dialogbegriffs. Der Proponent beginnt; danach kommt der Opponent zum Zug; darauf wieder der Proponent usw. Dementsprechend nennen wir für ein Dialogschema *D* alle D_m mit ungeradem *m Proponentenzüge* und diejenigen mit geradem *m Opponentenzüge*.

D2 *D* ist ein *Dialog* (*um* Φ) gdw
(*a*) *D* ist ein Dialogschema, $D = \langle D_1, \ldots, D_r \rangle$, mit $D_1 = \Phi$;
(*b*) jeder Proponentenzug D_{2n+1} mit $1 < 2n+1 \leqq r$ ist Angriff auf oder Verteidigung gegen einen Opponentenzug D_{2m} mit $m \leqq n$ oder Wiederholung einer Proponentenaussage;
(*c*) jeder Opponentenzug ist Angriff auf oder Verteidigung gegen den unmittelbar vorhergehenden Proponentenzug;

(*d*) für jeden Opponentenangriff $\bigwedge x\Psi u$? (auf $\bigwedge x\Psi$) und jede Opponentenverteidigung $\Psi[{}^{u}_{x}]$ (gegen $\bigvee x\Psi$?) ist u ein *in D neuer* Parameter a; er werde auch kritischer Parameter genannt.

(*e*) D_r heißt Endpunkt des Dialoges D.

Die Asymmetrie der Rollen des Proponenten und des Opponenten ist eine dreifache: Der erste Zug ist stets Proponentenzug einer Aussage Φ. Der Opponent muß sowohl in seinen Angriffen als auch in seinen Verteidigungen auf unmittelbar vorangehende Züge des Proponenten Bezug nehmen. Demgegenüber hat der Proponent in seinen späteren Zügen stets die *freie Wahl*, entweder irgendwelche früheren Aussagen des Opponenten zu bezweifeln *oder* sich gegen irgendwelche früheren Angriffe des Opponenten zu verteidigen *oder* eigene frühere Aussagen zu wiederholen. Die Wahl eines neuen Parameters a in den beiden Bestimmungen (*d*) läßt sich intuitiv dadurch motivieren, daß der Opponent bemüht ist, „dem Proponenten das Leben so schwer wie möglich zu machen", also jeweils eine solche Parameterwahl zu treffen, welche die Entscheidung der künftigen Reaktion für den Proponenten im Sinne der folgenden Definition maximal erschwert.

D3 D ist ein *gewonnener Dialog* (*um* Φ) gdw
D ein Dialog (um Φ) ist, in dem eine atomare Aussage π sowohl als Proponentenzug als auch als Opponentenzug vorkommt.

Im folgenden repräsentieren wir einen Dialog

$$\langle p_1, p_2, \ldots, p_{2m-1}, p_{2m}, \ldots, p_{2n-1}, p_{2n} \rangle$$

häufig in folgender Weise durch einen *Ast*:

	p_1
p_2	
⋮	
	p_{2m-1}
p_{2m}	
⋮	
	p_{2n-1}
p_{2n}	

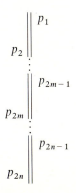

In Anlehnung an diese Schreibweise soll generell ein Opponentenzug durch q‖ (bzw. p‖ usw.) und ein Proponentenzug durch ‖p gekennzeichnet werden.

Größerer Anschaulichkeit halber werden wir die eben angedeuteten formalen Repräsentanten von Dialogen gelegentlich auch als *beblätterte Äste* bezeichnen mit den Proponentenzügen als *rechtsseitigen Blättern* und den Opponentenzügen als *linksseitigen Blättern.* (Eine analoge terminologische Festsetzung werden wir später für die Äste im Sequenzenkalkül treffen. Dort werden wir die links bzw. rechts vom Sequenzenpfeil stehenden Mengen als linke bzw. rechte Blätter bezeichnen.)

Wenn der Proponent für seinen ersten Zug Φ sämtliche Reaktionsmöglichkeiten des Opponenten in den potentiellen Dialogen um Φ derart überblickt, daß er bestimmte Dialogverläufe aus einer Teilmenge M der Menge aller Dialoge um Φ erzwingen kann, so sagen wir, der Proponent habe eine *Strategie* für Φ. Als formalen Repräsentanten dieses intuitiven Begriffs der Strategie kann man einen Baum (Strategiebaum) wählen, dessen Äste die Elemente (Dialoge) der Menge M darstellen. Unter den Nachfolgern eines Baumpunktes z verstehen wir die Folge der (von links nach rechts gezählten) Punkte der nächsten Baumstufe, die durch einen Weg mit z verbunden sind. ‚Nf' sei eine Abkürzung für Nachfolger.

D4 S ist eine *Strategie* (*für* Φ) gdw

(*a*) S ist ein Dualbaum mit Dialogen (um Φ) als Ästen (d. h. alle Äste sind endlich und haben $\|\Phi$ als Ursprung);

(*b*) jeder Opponentenzug q‖ in S ist entweder Endpunkt oder hat genau einen Nf $\|p_i$;

(*c*) für jeden Proponentenzug ‖p in S gilt:

(*ca*) wenn $p=\Psi_1 \wedge \Psi_2$, dann hat der linke Nf von p die Gestalt p1?‖ und der rechte Nf von p die Gestalt p2?‖;

(*cb*) wenn $p=\Psi_1 \vee \Psi_2$?, dann ist der linke Nf $\Psi_1\|$ und der rechte Nf $\Psi_2\|$;

(*cc*) wenn $p=\Psi\rightarrow\Delta$?, dann ist der linke Nf $\Delta\|$ und der rechte Nf $\neg\Psi\|$;

(*cd*) für $p\in\{\bigwedge x\Psi, \bigvee x\Psi?\}$ hat p genau einen Nf;

(*d*) jeder Endpunkt von S ist ein Opponentenzug.

Die Bestimmung (*d*) schließt ein, daß es auf einen Opponentenzug $\pi\|$ mit atomaren π keinen Proponentenangriff $\|\pi$? gibt. (*b*) und (*d*) zusammen besagen, daß alle Dialoge, welche Äste von S bilden, stets Opponentenzüge als letztes Glied haben. Bezüglich der drei Verzweigungsmöglichkeiten (*ca*) bis (*cc*) des Dualbaumes ist folgendes zu beachten: Eine Verzweigung von der Art (*ca*) ergibt sich daraus, daß der Opponent die Wahl hat, entweder das linke oder das rechte Glied einer Konjunktion anzugreifen.

Die beiden Verzweigungsarten (*cb*) und (*cc*) hingegen spiegeln die beiden Verteidigungsmöglichkeiten des Opponenten gegen einen Angriff auf eine (vom Opponenten früher verwendete) Adjunktions- oder Konditionalaussage wider.

Die auf einem endlichen Dualbaum vorkommenden Endpunkte zählen wir in naheliegender Weise von links nach rechts: Ein Endpunkt i liegt *vor* einem Endpunkt j, wenn es auf dem Baum eine Verzweigung gibt (die auch bereits beim Ursprung einsetzen kann), deren linker Ast nach i und deren rechter nach j führt. (Eine solche Feststellung ist erforderlich, um alle Endpunkte eines Baumes durchnumerieren zu können, auch dann, wenn sie nicht auf derselben Baumstufe liegen.)

D5 S ist eine *Gewinnstrategie* (*für* Φ) gdw S eine Strategie (für Φ) ist, deren sämtliche Äste gewonnene Dialoge (um Φ) sind.

Daß der Proponent über eine Gewinnstrategie für eine Aussage verfügt, besagt somit, intuitiv gesprochen, folgendes: Der Proponent kann durch geschickte Wahl seiner eigenen Züge mit Sicherheit erreichen, daß nur eine Menge von gewonnenen Dialogen aus der Menge aller möglichen Dialoge um diese Aussage in Frage kommt.

D6 Φ ist *gewinnbar* gdw es eine Gewinnstrategie für Φ gibt.

Damit ist die Beschreibung des Kalküls **D** beendet. Wir gehen nun dazu über, die Gleichwertigkeit der Gewinnbarkeit in **D** mit der Beweisbarkeit in den anderen in diesem Buch behandelten Kalkülen zu zeigen. Dazu greifen wir eine Version des Sequenzenkalküls heraus und zeigen die Überführbarkeit von Gewinnstrategien in Beweise dieses Kalküls und umgekehrt.

Zuvor sei jedoch das Arbeiten mit dem Kalkül **D** an drei Beispielen von gewinnbaren Aussagen durch Angabe von zugehörigen Gewinnstrategien erläutert.

[Das Zeichen ‚*‘ soll, ähnlich wie im Baumkalkül **B**, die Schließung des betreffenden Astes symbolisieren.]

1. Beispiel:

(1)		$p \to p$
(2)	$p \to p$?	
(3)		$\neg p$ (erste Verteidigung gegen (2))
(4)	p	
(5)		p (zweite Verteidigung gegen (2))
(6)	p?	
	*	

2. Beispiel:

(1)		$\neg((\neg p \vee q) \wedge ((\neg p \to p) \wedge \neg q))$
(2)	$((\neg p \vee q) \wedge ((\neg p \to p) \wedge \neg q))$	
(3)		$((\neg p \vee q) \wedge ((\neg p \to p) \wedge \neg q))2?$
(4)	$((\neg p \to p) \wedge \neg q)$	
(5)		$((\neg p \to p) \wedge \neg q)1?$
(6)	$\neg p \to p$	
(7)		$\neg p \to p?$

Linker Zweig:

(8)	$\neg\neg p$	
(9)		$\neg p$
(10)	p	

⋮
weiter wie rechts ab (8)
⋮

Rechter Zweig:

(8)	p	
(9)		$((\neg p \to p) \wedge \neg q)2?$
(10)	$\neg q$	
(11)		q
(12)	$q?$	
(13)		$((\neg p \vee q) \wedge ((\neg p \to p) \wedge \neg q))1?$
(14)	$\neg p \vee q$	
(15)		$\neg p \vee q?$

Linker Unterzweig:

(16)	$\neg p$	
(17)		p
(18)	$p?$	

*

Rechter Unterzweig:

	q	

*

3. Beispiel:

(1)		$\bigwedge x(x=x) \to \neg \bigvee y \bigwedge z(\neg z=y)$
(2)	$\bigwedge x(x=x) \to \neg \bigvee y \bigwedge z(\neg z=y)?$	
(3)		$\neg \bigvee y \bigwedge z(\neg z=y)$ (erste Verteidigung gegen (2))
(4)	$\bigvee y \bigwedge z(\neg z=y)$	
(5)		$\bigvee y \bigwedge z(\neg z=y)?$
(6)	$\bigwedge z(\neg z=a)$	
(7)		$\bigwedge z(\neg z=a)a?$
(8)	$\neg a=a$	
(9)		$\neg \bigwedge x(x=x)$ (zweite Verteidigung gegen (2))
(10)	$\bigwedge x(x=x)$	
(11)		$\bigwedge x(x=x)a?$
(12)	$a=a$	
(13)		$a=a$ (Angriff auf (8))
(14)	$a=a?$	

*

4.4.3 Erste Hälfte des Äquivalenzbeweises: Überführung von D-Gewinnstrategien in $\bar{\mathbf{S}}$-Beweise. Wir führen jetzt eine Version der Smullyanschen Fassung des Sequenzenkalküls ein, der in dieser Version zwecks besserer Vergleichsmöglichkeit mit dem Kalkül **D** gewissermaßen „auf den Kopf gestellt" ist. Der Kalkül heiße $\bar{\mathbf{S}}$. Die im Kalkül **S** an letzter Stelle stehenden abgeleiteten Sequenzen werden jetzt an die Spitze des Baumes gestellt und sämtliche Ableitungsregeln werden umgekehrt. Während die Regeln von **S** *Einführungsregeln* waren, sind die Regeln von $\bar{\mathbf{S}}$ *Beseitigungsregeln*. So ist z. B. $(\neg \twoheadrightarrow)$ die Regel der vorderen Negationsbeseitigung, $(\twoheadrightarrow \wedge)$ die Regel der hinteren Konjunktionsbeseitigung usw. Den drei früheren Zwei-Prämissen-Regeln entsprechen jetzt *Verzweigungsregeln*, nämlich $(\twoheadrightarrow \wedge)$, $(\vee \twoheadrightarrow)$ und $(\rightarrow \twoheadrightarrow)$.

Wir verwenden einige neue Termini. Ein Baum B mit dem Ursprung x heiße *Baum aus* x. Ein Baum aus x ohne x selbst werde *Baumrest nach* x genannt. Ein Ausdruck von der Gestalt ‚$M\lfloor\Phi\rfloor$' besage, daß die Aussage Φ in M tatsächlich vorkommt. Die beiden hierbei benützten Symbole $\lfloor$ und $\rfloor$ nennen wir gelegentlich auch Halbklammern.

D7a f heiße *eine aus der Sequenz* $x = M \twoheadrightarrow N$ *inferierbare Folge von Nachfolgern von* x gdw sie sich nach einer der folgenden Regeln ergibt (dabei steht x jeweils in der oberen und f in der unteren Zeile der Regel):

$$(\neg \twoheadrightarrow)\ \frac{M\lfloor\neg\Psi\rfloor \twoheadrightarrow N}{M \twoheadrightarrow N, \Psi}$$

$$(\wedge \twoheadrightarrow)\ \frac{M\lfloor\Psi_1 \wedge \Psi_2\rfloor \twoheadrightarrow N}{M, \Psi_1 \twoheadrightarrow N} \qquad \frac{M\lfloor\Psi_1 \wedge \Psi_2\rfloor \twoheadrightarrow N}{M, \Psi_2 \twoheadrightarrow N}$$

$$(\vee \twoheadrightarrow)\ \frac{M\lfloor\Psi_1 \vee \Psi_2\rfloor \twoheadrightarrow N}{M, \Psi_1 \twoheadrightarrow N \quad M, \Psi_2 \twoheadrightarrow N}$$

$$(\rightarrow \twoheadrightarrow)\ \frac{M\lfloor\Psi \rightarrow \Delta\rfloor \twoheadrightarrow N}{M, \Delta \twoheadrightarrow N \quad M \twoheadrightarrow N, \Psi}$$

$$(\bigwedge \twoheadrightarrow)\ \frac{M\lfloor\bigwedge x\Gamma\rfloor \twoheadrightarrow N}{M, \Gamma\begin{bmatrix}u\\x\end{bmatrix} \twoheadrightarrow N}$$

$$(\bigvee \twoheadrightarrow)\ \frac{M\lfloor\bigvee x\Gamma\rfloor \twoheadrightarrow N}{M, \Gamma\begin{bmatrix}a\\x\end{bmatrix} \twoheadrightarrow N}, \text{ sofern } a \text{ nicht in } M, N \text{ vorkommt}$$

$$(\twoheadrightarrow \neg)\ \frac{M \twoheadrightarrow N\lfloor\neg\Psi\rfloor}{M, \Psi \twoheadrightarrow N}$$

$$(\twoheadrightarrow\wedge)\quad \frac{M\twoheadrightarrow N\lfloor\Psi_1\wedge\Psi_2\rfloor}{M\twoheadrightarrow N,\Psi_1\qquad M\twoheadrightarrow N,\Psi_2}$$

$$(\twoheadrightarrow\vee)\quad \frac{M\twoheadrightarrow N\lfloor\Psi_1\vee\Psi_2\rfloor}{M\twoheadrightarrow N,\Psi_1}\qquad \frac{M\twoheadrightarrow N\lfloor\Psi_1\vee\Psi_2\rfloor}{M\twoheadrightarrow N,\Psi_2}$$

$$(\twoheadrightarrow\rightarrow)\quad \frac{M\twoheadrightarrow N\lfloor\Psi\rightarrow\Delta\rfloor}{M,\Psi\twoheadrightarrow N,\Delta}$$

$$(\twoheadrightarrow\bigwedge)\quad \frac{M\twoheadrightarrow N\lfloor\bigwedge x\Gamma\rfloor}{M\twoheadrightarrow N,\ \Gamma\begin{bmatrix}a\\x\end{bmatrix}},\ \text{sofern } a \text{ nicht in } M, N \text{ vorkommt}$$

$$(\twoheadrightarrow\bigvee)\quad \frac{M\twoheadrightarrow N\lfloor\bigvee x\Gamma\rfloor}{M\twoheadrightarrow N,\Gamma\begin{bmatrix}u\\x\end{bmatrix}}$$

$$(\text{rep})\quad \frac{M\twoheadrightarrow N}{M\twoheadrightarrow N}$$

Die drei Regeln $(\twoheadrightarrow\wedge)$, $(\vee\twoheadrightarrow)$ und $(\rightarrow\twoheadrightarrow)$, in denen der Nachfolger einer Sequenz aus einer Folge von zwei Sequenzen besteht, bezeichnen wir auch als *Verzweigungsregeln* des Kalküls $\bar{\mathbf{S}}$.

Wie der Vergleich lehrt, ist der Kalkül $\bar{\mathbf{S}}$ – abgesehen von unwesentlichen Änderungen in der Darstellung, Anordnung und Symbolik – derselbe Kalkül wie **S** mit „umgekehrten", d.h. von unten nach oben gelesenen Regeln. Die Wiederholungsregel (rep), die diesmal unter die Grundregeln aufgenommen wurde, ist offenbar relativ zu den übrigen Regeln zulässig (da die Streichung jeder nach dieser Regel abgeleiteten Sequenz in einer Ableitung wieder eine Ableitung ergibt).

D7b B ist ein *Y-Baum* (*für* Φ) gdw
B ist Dualbaum aus $\emptyset\twoheadrightarrow\{\Phi\}$, dessen sämtliche Äste endlich sind; und jede Folge f von Nachfolgern eines Punktes $M\twoheadrightarrow N$ in B ist aus $M\twoheadrightarrow N$ inferiert.

L1 *Alle Punkte x eines Y-Baumes haben die Gestalt* $M\twoheadrightarrow N$ *für endliche Mengen von Aussagen* M, N.

Der Beweis ergibt sich unmittelbar aus D7a und D7b.

D8 B ist ein *Y-Beweis* (für Φ) gdw
(*a*) B ist ein Y-Baum (für Φ);
(*b*) jeder Endpunkt $M\twoheadrightarrow N$ von B enthält ein atomares π mit $\pi\in M\cap N$.

D9 Φ ist *Y-beweisbar* gdw
es gibt einen Y-Beweis für Φ.

Wie abermals der unmittelbare Vergleich lehrt, ist die Beweisbarkeit von Φ in **S**, d. h. $\vdash_{\mathbf{S}} \Phi$, gleichwertig mit der Behauptung, daß Φ Y-beweisbar ist.

Im folgenden wird es uns darum gehen, die Äquivalenz der Gewinnbarkeit und der Y-Beweisbarkeit einer Aussage Φ zu zeigen. Dieser Nachweis wird dadurch erleichtert, daß den obigen Regeln noch ein Paar hinzugefügt wird:

D10 B ist ein *erweiterter Y-Baum* oder *Y*-Baum* (*für* Φ) gdw
B ist ein Baum von der in D7b beschriebenen Art, wobei in Ergänzung zu den Regeln von D7a die folgenden beiden Regeln hinzutreten:

$$(+ \twoheadrightarrow)\ \frac{M\lfloor\Psi\rfloor \twoheadrightarrow N}{M \twoheadrightarrow N, \neg\Psi} \qquad (\twoheadrightarrow +)\ \frac{M \twoheadrightarrow N\lfloor\Psi\rfloor}{M, \neg\Psi \twoheadrightarrow N}$$

Die Begriffe *Y*-Beweis* und *Y*-beweisbar* seien entsprechend definiert.

L2 *Die beiden Regeln* $(+ \twoheadrightarrow)$ *und* $(\twoheadrightarrow +)$ *sind zulässig in* $\bar{\mathbf{S}}$, *d. h. wenn es einen Y*-Beweis für* Φ *gibt, so ist* Φ *Y-beweisbar.*

Beweis: Aus einem Y*-Beweis B* für Φ können wir sofort einen Y-Beweis für Φ erzeugen, indem wir in B* für alle Ableitungsschritte nach $(+ \twoheadrightarrow)$ oder $(\twoheadrightarrow +)$ das hinzugefügte $\neg\Psi$ streichen. □

Wir wenden uns nun dem Problem der Überführung von Gewinnstrategien in Y*-Beweise zu. Zwei Aufgaben sind dafür zu bewältigen: Erstens müssen alle Bezweiflungen (zugunsten der bezweifelten Aussagen) zum Verschwinden gebracht werden; denn in einem Y*-Baum treten nur echte Propositionen auf. Zweitens müssen die bis zu einem bestimmten Stadium des Dialoges aufgetretenen Aussagen „aufgesammelt" und in das Präzedens bzw. Sukzedens der diesem Dialogstadium entsprechenden Sequenz befördert werden. Die erste Aufgabe bewältigen wir dadurch, daß wir Strategiebäume nicht punktweise in Y*-Bäume umwandeln, sondern zweistufige *Teilbäume*, auch Mikrobäume genannt, in entsprechende Teilbäume von Y*-Bäumen transformieren. Ein wesentlicher Schritt zur Lösung der zweiten Aufgabe besteht darin, die in der folgenden Definition eingeführte Abbildungsfunktion *in Abhängigkeit von einer vorgegebenen Sequenz* x zu definieren.

(Daß die folgende Abbildungsfunktion das Gewünschte leistet, braucht hier noch nicht eingesehen zu werden. Diese Tatsache wird vielmehr im Anschluß an die übernächste Definition streng bewiesen.)

Ein *Mikrobaum T einer Strategie S* sei ein Teilbaum von *S*, der aus einem Proponentenzug $\|$p mit den nachfolgenden Opponentenzügen $q_1\|, \ldots$ besteht (als Spezialfall kann ein nachfolgender Opponentenzug Endpunkt $\pi\|$ mit atomarem π sein). Jede Strategie zerfällt in eindeutiger Weise erschöpfend und disjunkt in Mikrobäume.

D11 Es sei S eine Strategie und es sei $x = M \twoheadrightarrow N$ für die endlichen Aussagenmengen M, N. Dann definieren wir eine Funktion ty_x, die jedem Mikrobaum T von S (in Abhängigkeit von x) einen Teilbaum $X = ty_x(T)$ eines Y*-Baumes zuordnet:

	T habe die Gestalt:	*Dann ist $ty_x(T)$ gleich:*
(*aa*)	$\| \neg\Psi$ $\Psi \|$	$\dfrac{M \twoheadrightarrow N, \neg\Psi}{M, \Psi \twoheadrightarrow N, \neg\Psi}(\twoheadrightarrow\neg)$
(*ab*)	$\| \Psi_1 \wedge \Psi_2$ $\Psi_1 \wedge \Psi_2 1? \|$ $\quad$ $\Psi_1 \wedge \Psi_2 2? \|$	$\dfrac{M \twoheadrightarrow N, \Psi_1 \wedge \Psi_2}{M \twoheadrightarrow N, \Psi_1 \wedge \Psi_2, \Psi_1 \quad M \twoheadrightarrow N, \Psi_1 \wedge \Psi_2, \Psi_2}(\twoheadrightarrow\wedge)$
(*ac*)	$\| \Psi_1 \vee \Psi_2$ $\Psi_1 \vee \Psi_2 ? \|$	$M \twoheadrightarrow N, \Psi_1 \vee \Psi_2$
(*ad*)	$\| \Psi \rightarrow \Delta$ $\Psi \rightarrow \Delta ? \|$	$\dfrac{M \twoheadrightarrow N, \Psi \rightarrow \Delta}{M, \Psi \twoheadrightarrow N, \Psi \rightarrow \Delta, \Delta}(\twoheadrightarrow\rightarrow)$
(*ae*)	$\| \bigwedge x\Psi$ $\bigwedge x\Psi a? \|$	$\dfrac{M \twoheadrightarrow N, \bigwedge x\Psi}{M \twoheadrightarrow N, \bigwedge x\Psi, \Psi\begin{bmatrix}a\\x\end{bmatrix}}(\twoheadrightarrow\bigwedge)$
(*af*)	$\| \bigvee x\Psi$ $\bigvee x\Psi ? \|$	$M \twoheadrightarrow N, \bigvee x\Psi$
(*ag*)	$\| \pi$ $\pi ? \|$	$M \twoheadrightarrow N, \pi$
(*ba*)	$\| \Psi_1 \wedge \Psi_2 i?$ $\Psi_i \|$	$\dfrac{M, \Psi_1 \wedge \Psi_2 \twoheadrightarrow N}{M, \Psi_1 \wedge \Psi_2, \Psi_i \twoheadrightarrow N}(\wedge\twoheadrightarrow)$
(*bb*)	$\| \Psi_1 \vee \Psi_2 ?$ $\Psi_1 \|$ $\quad$ $\Psi_2 \|$	$\dfrac{M, \Psi_1 \vee \Psi_2 \twoheadrightarrow N}{M, \Psi_1 \vee \Psi_2, \Psi_1 \twoheadrightarrow N \quad M, \Psi_1 \vee \Psi_2, \Psi_2 \twoheadrightarrow N}(\vee\twoheadrightarrow)$

(*bc*)	$\Vert\ \Psi \to \Delta ?$; $\Delta \Vert$; $\neg \Psi \Vert$	$\dfrac{M, \Psi \to \Delta \twoheadrightarrow N}{M, \Psi \to \Delta, \Delta \twoheadrightarrow N \quad M, \Psi \to \Delta \twoheadrightarrow N, \Psi}$ $(\to \twoheadrightarrow)$
(*bd*)	$\Vert\ \bigwedge x \Psi u?$; $\Psi \begin{bmatrix} u \\ x \end{bmatrix} \Vert$	$\dfrac{M, \bigwedge x \Psi \twoheadrightarrow N}{M, \bigwedge x \Psi, \Psi \begin{bmatrix} u \\ x \end{bmatrix} \twoheadrightarrow N}$ $(\bigwedge \twoheadrightarrow)$
(*be*)	$\Vert\ \bigvee x \Psi ?$; $\Psi \begin{bmatrix} a \\ x \end{bmatrix} \Vert$	$\dfrac{M, \bigvee x \Psi \twoheadrightarrow N}{M, \bigvee x \Psi, \Psi \begin{bmatrix} a \\ x \end{bmatrix} \twoheadrightarrow N}$ $(\bigvee \twoheadrightarrow)$

Die Bilder $ty_x(T)$ der Mikrobäume T der Strategie S stellen selbst spezielle Äste von Teilbäumen eines Y*-Baumes dar, die später in ähnlicher Weise als Mikrobäume eines Y*-Baumes (Y-Baumes) auftreten werden. Zu beachten ist folgendes: Es kommen drei entartete Fälle vor, in denen das ty_x-Bild eines Mikrobaumes aus einem einzigen Baumpunkt besteht, nämlich (*ac*), (*af*) und (*ag*); hier tritt die Frage der Korrektheit eines Ableitungsschrittes rechts überhaupt nicht auf. In allen übrigen Fällen liefert der Vergleich mit D7a das Resultat, *daß die Mikrobäume in der rechten Spalte korrekte Ableitungsschritte repräsentieren.* (Die fraglichen Regeln sind jeweils rechts neben den ty_x-Bildern in Klammern angegeben.)

Zu einer Strategie S für eine Aussage Φ_0 definieren wir jetzt unter Verwendung der Funktion ty_x von D11 induktiv eine Folge von Funktionen yb_n, $n \in \mathbb{N}$ (mit deren Hilfe S schrittweise in einen Y*-Baum Z umgewandelt werden wird) sowie eine Folge von Funktionen pkt_n^S (die in die umgekehrte Richtung verlaufen wie die Funktionen yb_n und durch die den Endpunkten der Teilbäume $yb_n(S)$ des Baumes Z Punkte aus S zugeordnet werden). Die wichtigen Funktionen, auf die es ankommt, sind die Funktionen yb_n. Die Funktionen pkt_n^S sind demgegenüber nur Hilfsfunktionen, die dazu dienen, diejenige Stelle in S wiederzufinden, bei welcher der folgende Umwandlungsschritt einzusetzen hat.[8]

D12 (**a**) T_0 sei der Mikrobaum aus dem Ursprung Φ_0 von S; ferner sei $x = \emptyset \twoheadrightarrow \emptyset$. Dann ist $yb_1(S) = ty_x(T_0)$. Für den i-ten Endpunkt $M_i \twoheadrightarrow N_i$ von $yb_1(S)$ ist $pkt_1^S(M_i \twoheadrightarrow N_i)$ gleich $\mathrm{q}_i\Vert$, wobei $\mathrm{q}_i\Vert$ der i-te Endpunkt von T_0 ist. (Wie die Betrachtung der 12 Fälle von D11 lehrt, haben alle Endpunkte von Strategiemikrobäumen die Gestalt $\mathrm{q}\Vert$.)

8 Zum Zwecke der Veranschaulichung der folgenden Definition kann der Leser einen Vorgriff auf das vor L5 eingefügte Diagramm machen.

(**b**) yb_n und pkt_n^S seien bereits definiert. Für den folgenden Schritt beachte man, daß nach D4 (*b*) ein Opponentenzug q‖ entweder Endpunkt ist oder *genau einen Nf* von der Gestalt ‖p hat.

$x = M \twoheadrightarrow N$ sei ein Endpunkt von $yb_n(S)$; ferner sei $pkt_n^S(M \twoheadrightarrow N) =$ q‖ mit dem Nachfolger ‖p in S; T sei der Mikrobaum aus ‖p. $yb_{n+1}(S)$ entsteht aus $yb_n(S)$, indem man an *jeden* Endpunkt x von $yb_n(S)$ den Wert $X = ty_x(T)$ für den Mikrobaum T anhängt. In diesem Fall ist $pkt_{n+1}^S(M_i \twoheadrightarrow N_i)$, wobei $M_i \twoheadrightarrow N_i$ der i-te Endpunkt von X ist, gleich dem i-ten Endpunkt q_i‖ von T. Sollte dagegen q‖ keinen *Nf* haben, ist $yb_n(S) = yb_{n+1}(S)$ und für deren gemeinsame Endpunkte $M \twoheadrightarrow N$ ist $pkt_{n+1}^S(M \twoheadrightarrow N) = pkt_n^S(M \twoheadrightarrow N)$.

(Man überzeuge sich davon, daß die Anzahl der Endpunkte in Urbildern und Bildern übereinstimmt, was strenggenommen durch Induktion bewiesen werden müßte.)

Unter dem *yb_n-ersetzten Teil von S* verstehen wir denjenigen Teilbaum von S, der genau die Opponentenzüge $pkt_n^S(x_i)$, $i = 1, \dots, m$, als Endpunkte hat, wobei $x_1, \dots, x_m$ die Endpunkte von $yb_n(S)$ sind.

L3 *B sei ein Y*-Baum. An jeden Endpunkt $M \twoheadrightarrow N$ von B werde höchstens ein $X = ty_{M \twoheadrightarrow N}(T)$ mit dem Ursprung $M' \twoheadrightarrow N'$ angehängt, so daß gilt:*

(*a*) *$\langle M' \twoheadrightarrow N' \rangle$ ist gemäß D7a aus $M \twoheadrightarrow N$ inferierbar;*

(*b*) *in T sei kein kritischer Parameter eingeführt worden, der in $M \cup N$ vorkommt.*

Dann ist das Ergebnis ein Y-Baum.*

Beweis: Unmittelbar aus D7a, D7b, sowie D11. (Hier erhält die im Anschluß an D11 gemachte Bemerkung Bedeutung. Denn daß der Ursprung von X aus dem Endpunkt von B inferierbar ist, wird in (*a*) vorausgesetzt. Und daß der Schritt *innerhalb von X*, sofern ein solcher überhaupt vorkommt, korrekt ist, ergibt sich aus jener Bemerkung bzw. aus der rechten Spalte von D11. Daß eventuell in X eingeführte kritische Parameter mit D7 im Einklang stehen, wird durch die Voraussetzung (*b*) sowie D11(*ae*) und D11(*be*) gewährleistet.) □

Dem folgenden Lemma 4, das übrigens erst für den Nachweis des übernächsten Lemmas benötigt werden wird, sei eine kurze, den Sachverhalt veranschaulichende Schilderung vorangestellt. Gegeben sei eine Strategie, formal repräsentiert durch einen Strategiebaum S. Die sukzessive Anwendung der Funktionen $yb_1, yb_2, \dots, yb_k, \dots$ auf S liefert eine Folge von Bäumen[9], deren jeder ein Erweiterungsbaum des unmittelbar

9 Wir könnten genauer sagen: ‚von Y*-Bäumen', doch benötigen wir diesen erst in L4 bewiesenen qualifizierenden Zusatz hier nicht.

vorangehenden Baumes ist, da er aus jenem dadurch hervorgeht, daß das Bild eines in S vorkommenden Mikrobaumes an diesen unmittelbaren Vorgänger angehängt wird. Uns interessieren die *Endpunkte* eines beliebig herausgegriffenen Baumes Z dieser Folge; wir werden sie daher zur Verdeutlichung der Fallunterscheidung im folgenden Korollar eigens benennen.

Der Baum Z sei durch die n-te Funktion yb_n erzeugt worden, also $yb_n(S) = Z$. Dann bezeichnen wir die Endpunkte von Z zunächst als *prima facie provisorische Endpunkte.* In den Frühstadien des Erzeugungsprozesses werden sich diese Punkte als *rein provisorische* Endpunkte in dem Sinn herausstellen, daß sie bei Fortsetzung des Erzeugungsprozesses diese Eigenschaft, Endpunkte zu sein, wieder verlieren, da mittels yb_{n+1}, $yb_{n+2}, \ldots$ neue und neue Bilder von Mikrobäumen des Strategiebaumes S an Z angehängt werden. Solche rein provisorische Endpunkte liegen in den späteren Stadien auf Ästen mit anderen Endpunkten. (Dies ist der Unterfall (b) von L4; das dortige x ist ein rein provisorischer Endpunkt.) Sobald der Erzeugungsprozeß abgeschlossen ist, erweisen sich die prima facie provisorischen Endpunkte x des in diesem Prozeß erzeugten Z als *definitive Endpunkte*, d. h. der Erzeugungsprozeß bricht hier ab, da bereits der *ganze* Strategiebaum S in einen aus Sequenzen bestehenden Baum umgewandelt worden ist. Angenommen, dieses Stadium sei mit der Anwendung der r-ten Funktion yb_r aus der Folge der yb_i erreicht. *Daß* dieses Stadium erreicht worden ist, wird formal daran erkennbar, daß die in der umgekehrten Richtung arbeitende und dem yb_k entsprechende Funktion pkt_n^S in Anwendung auf x einen Endpunkt im „Urbild" S liefert, also $pkt_n^S(x) = \mathrm{q}\|$ ist Endpunkt in S. (Dies ist der Unterfall (a).)

L4 *Es sei* $x = M \twoheadrightarrow N$ *Endpunkt eines* $yb_n(S)$. *Dann gilt entweder*

(a) $pkt_n^S(x)$ *ist Endpunkt von* S, *so daß* x *in allen* $yb_{n+j}(S)$ *für* $j \geqq 1$ *Endpunkt bleibt,*

oder

(b) *in* $yb_{n+1}(S)$ *liegt* x *auf einem Ast mit dem Endpunkt* $x_i = M_i \twoheadrightarrow N_i$ *und* $pkt_{n+1}^S(x_i) = \mathrm{q}_i\|$ *ist nicht im Wertbereich einer Funktion* pkt_m^S *mit* $m \leqq n$ *enthalten.*

Beweis: Unmittelbar durch Induktion aus D12. Dabei folgt (b) aus der Tatsache, daß $pkt_{n+1}^S(x_i)$ für keinen Punkt z von $yb_n(S)$ sowie für kein $m \leqq n$ mit $pkt_m^S(z)$ identisch ist. □

Offensichtlich gilt auch folgendes: x sei (ein rein provisorischer oder definitiver) Endpunkt eines $yb_n(S)$. Dann ist im Strategiebaum S für *den* Opponentenzug $\mathrm{q}_i\|$, der mit $pkt_n^S(x)$ identisch ist (also $pkt_n^S(x) = \mathrm{q}_i\|$) eindeutig ein *Weg* (Dialogstück) D^* vom Ursprung bis zu $\mathrm{q}_i\|$ festgelegt.

Von diesem Weg D^* wird im folgenden Lemma Gebrauch gemacht werden.

Zur Erleichterung des Verständnisses von Lemma 5 sei das folgende Diagramm eingefügt (das man am besten zusammen mit dem Beweis von L5 betrachtet).

Zuordnung eines Y^*-Baumes Z zu einer Strategie S mittels yb_i:

$S:$ $\qquad\qquad\qquad\qquad\qquad\qquad\qquad Z:$

yb_n-ersetz-
ter Teil
von S (Dia-
logstück D^*
bis $q\|$)
$\left\{\begin{array}{l} \left.\begin{array}{l}\|\Phi_0\\ q_0\| \end{array}\right\} T_0 \\ \vdots \\ \text{Züge} \\ \vdots \\ q\| = pkt_n^S(x) \end{array}\right.$
$\begin{array}{l}\text{Funktions-}\\ \text{richtung}\\ \text{der } yb_i: \rightarrow \\ \\ \text{Funktions-}\\ \text{richtung}\\ \text{der } pkt_i^S: \leftarrow \end{array}$
$\left.\begin{array}{l} yb_1(S) = ty_{\emptyset\to\emptyset}(T_0) \\ \vdots \\ \text{Sequenzen} \\ \vdots \\ x = M \twoheadrightarrow N \end{array}\right\} yb_n(S)$

zweistufiger
Mikro-
baum T
$\left\{\begin{array}{l} \|p \,(=Nf \text{ von } q\|) \\ \vdots \end{array}\right.$
$\left.\begin{array}{l} x' = M' \twoheadrightarrow N' \\ \, [x'' = {-}{-}{-}] \end{array}\right\} X = ty_{M\to N}(T)$

$\vdots$ (u.U. Fortsetzung
von S) $\qquad\qquad$ Ende von $yb_{n+1}(S)$

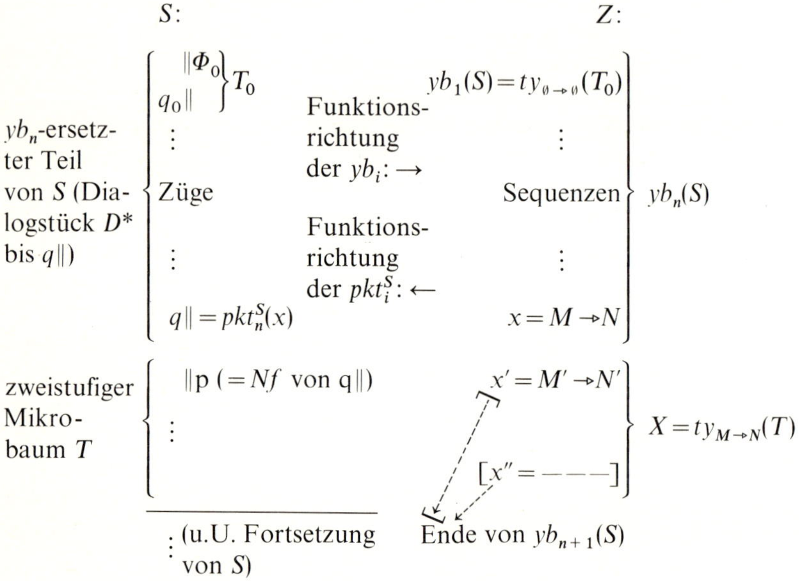

Erläuterung: Hier wird der Induktionsschritt in der Definition (von yb_n auf yb_{n+1}) angedeutet. Aus dem yb_n-ersetzten Teil der links stehenden Strategie S greifen wir einen Weg, nämlich das Dialogstück D^* eines Dialoges D vom Ursprung bis einschließlich $q\|$, heraus. D^* wurde bereits im n-ten Schritt in einen aus Sequenzen bestehenden, zu $yb_n(S)$ gehörenden Weg des zu konstruierenden Y^*-Baumes Z umgewandelt. (Links oben ist der Mikrobaum T_0 angedeutet, mit dem D beginnt, und rechts oben dessen Bild unter ty für die Sequenz $\emptyset\to\emptyset$, das nach Definition mit $yb_1(S)$ identisch ist.) Das zum yb_n-ersetzten Teil von S gehörende Dialogstück (links) möge mit $q\|$ enden, sein Gegenstück rechts mit $x = M\twoheadrightarrow N$; daher ist $q\|$ mit $pkt_n^S(x)$ identisch. In S ist unmittelbar an D^* der zweistufige Mikrobaum T angehängt. Gemäß dem Induktionsschritt (b) von D12 wird rechts an das Ende x des $yb_n(S)$-Bildes von D^* (in Abhängigkeit von diesem x) das ty_n-Bild des Mikrobaumes T angehängt, womit für diesen Teil von Z der Schritt $yb_{n+1}(S)$ vollzogen ist. Falls X zu einem Punkt entartet, fällt x'' rechts fort und der neue Ast endet mit x' (daher die eckigen Klammern). In allen übrigen Fällen geht x'' nach L3 (bzw. D11) aus x' durch einen korrekten Ableitungsschritt von $\bar{\mathbf{S}}$ hervor. Daß auch x' korrekt aus x hervorgeht, wird im Induktionsschritt von L5 bewiesen.

Bei Benützung dieses Hilfsdiagrammes ist zu beachten, daß es in zwei Hinsichten eine Simplifikation enthält: Erstens werden durch die Funktionen yb_n nicht einzelne Dialogstücke bzw. Dialoge in einzelne Wege bzw. Äste eines Y*-Baumes umgewandelt, sondern ganze *Teilbäume* von *S in Teilbäume* von *Z*. Zweitens bilden die Nachfolger von x' eine (evtl. eingliedrige) Folge von Sequenzen.

Zur Verdeutlichung der Teilaussagen (*ba*) und (*bb*) von L5 übertragen wir das Bild von den beblätterten Bäumen auch auf Y*-Bäume. Was diesmal zwischen links und rechts unterscheidet, sind die Vorkommnisse des Sequenzenpfeils: Jedes Vorderglied (Präzedens) ist ein linkes Blatt und jedes Hinterglied (Sukzedens) ist ein rechtes Blatt des Y*-Baumes. Dann können diese beiden Teilaussagen zu den zwar nicht ganz exakten, aber einprägsamen Kurzformeln zusammengefaßt werden: Bei der Umwandlung von Strategiebäumen in Y*-Bäume *gehen linke Blätter wieder in linke Blätter und rechte Blätter wieder in rechte Blätter über*, kurz: die Blätter eines Strategiebaumes gehen stets *in gleichartige Blätter* eines Y*-Baumes über.[10]

L5 *S sei eine Strategie für* Φ_0. *Dann gilt für jedes* $n \in \mathbb{N}$:
- (*a*) $yb_n(S)$ *ist ein Y*-Baum B für* Φ_0;
- (*b*) *wenn* $x = M \twoheadrightarrow N$ *ein Endpunkt von B ist, dann gilt für den Weg („Teildialog") D* in S von* Φ_0 *bis* $pkt_n^S(x)$:
- (*ba*) *alle Opponentenaussagen von D* sind in M enthalten;*
- (*bb*) *alle Proponentenaussagen von D* sind in N enthalten;*
- (*bc*) *in* $M \cup N$ *kommen genau die Parameter von D* vor.*

Beweis durch Induktion nach n:

I.B.: Bei Wahl von $n=1$ gilt der Satz trivialerweise nach D11, da $yb_1(S) = ty_{\emptyset \twoheadrightarrow \emptyset}(T_0)$.

---

10 Es sei noch klargestellt, in welchem Sinn diese Formulierung nicht exakt ist. Wir beginnen bei den Strategiebäumen: Hier sind erstens sowohl bei den linken Blättern q‖ wie bei den rechten ‖p die beiden senkrechten Striche irrelevant. Zweitens sind die danach verbleibenden graphischen Restgebilde q und p nur dann zu beachten, wenn sie echte Propositionen (Aussagen) und keine Bezweiflungen sind; denn nur für die Aussagen stellt sich die Frage, „auf was sie bei der Umwandlung in Y*-Bäume abgebildet werden". Damit ist geklärt, was es heißt, daß Aussagen „in" (linken bzw. rechten) Blättern eines Strategiebaumes vorkommen oder enthalten sind.

Das Vorkommen von Aussagen in Blättern eines Y*-Baumes ist hingegen ganz unproblematisch. Das ‚in' ist hier im Sinne der Elementschaftsrelation zu verstehen: Linke und rechte Blätter sind diesmal *Mengen von* Aussagen.

Die obige Feststellung läßt sich also folgendermaßen präzisieren: Aussagen, die in Blättern von *S* enthalten sind, kommen nach der Umwandlung in gleichartigen Blättern des Y*-Baumes vor.

Die I.V. besagt: Der Satz gilt bereits für $yb_n(S)$, wobei für jeden Endpunkt $x = M \twoheadrightarrow N$ dieses Baumes $pkt_n^S(x) = \mathrm{q}\|$ sei (vgl. das obige Diagramm).

I.S.: Wir beweisen zunächst die Behauptung (*a*), und zwar unter Benützung von L3.

Dazu betrachten wir für jedes in der I.V. erwähnte q‖ von S die Nachfolger $\|\mathrm{p_i}$ sowie die Mikrobäume T aus den $\|\mathrm{p_i}$ samt den für alle diese T an x angehängten $X = ty_x(T)$ (vgl. abermals das Diagramm).

Wir müssen die beiden Prämissen von L3 verifizieren und beginnen einfachheitshalber mit der *zweiten* Prämisse (*b*). Gemäß I.V. kommen nach (*bc*) in $M \cup N$ genau die Parameter von D (bis q‖) vor. Aus der Struktur von D11 ergibt sich, daß in X genau dieselben Parameter wie in T eingeführt werden. Nach D2(*d*) dürfen eventuelle kritische Parameter von T nicht in D^* vorkommen und kommen daher nach I.V. nicht in $M \cup N$ vor. Damit ist (*b*) von L3 bereits erwiesen.

Um auch die Prämisse (*a*) von L3 zu verifizieren, machen wir die folgenden Fallunterscheidungen (die letztlich alle dazu dienen, zu zeigen, daß x' korrekt aus x gewonnen wird; vgl. das Diagramm):

(*A*) Die Proposition p (im Ursprung ‖p von T) sei eine Aussage Φ. Dann gilt nach Konstruktion und D11: $x' = M \twoheadrightarrow N, \Phi$.

(*AA*) ‖p, also der *Nf* von q‖ in S, sei Verteidigung gegen einen Opponentenangriff $\Psi_1 \wedge \Psi_2$ i?‖ aus D. (Da dann $\|\Psi_1 \wedge \Psi_2$ in D vorkommen muß, ist nach I.V. $\Psi_1 \wedge \Psi_2$ in N enthalten.) In einem früheren Konstruktionsschritt yb_m mit $m \leqq n$ wurde $\Psi_1 \wedge \Psi_2$ i?‖ gemäß D11(*ab*) und D12 ersetzt durch $M^* \twoheadrightarrow N^*, \Psi_i$. Also ist $\Psi_i = \Phi$ bereits Element von N und $\langle x' \rangle$ ist gemäß (rep) aus x inferierbar.

(*AB*) ‖p, der *Nf* von q‖ in S, sei Verteidigung gegen einen Opponentenangriff $\Psi_1 \vee \Psi_2$?‖ oder $\bigvee x\Psi$?‖ auf entsprechende, in D vorhergehende Proponentenaussagen. Nach I.V. ist also $\Psi_1 \vee \Psi_2$ bzw. $\bigvee x\Psi$ Element von N. $\langle x' \rangle$ ist dann gleich $\langle (M \twoheadrightarrow N, \Psi_i) \rangle$ bzw. $\langle (M \twoheadrightarrow N, \Psi[{}^u_x]) \rangle$ und aus $M \twoheadrightarrow N[\Psi_1 \vee \Psi_2]$ bzw. aus $M \twoheadrightarrow N[\bigvee x\Psi]$ nach $(\twoheadrightarrow \vee)$ bzw. $(\twoheadrightarrow \bigvee)$ inferierbar.

(*ACA*) ‖p, der *Nf* von q‖, sei in D Verteidigung (erster Art) gegen einen Angriff $\Psi \rightarrow \Delta$?‖. Also ist $\mathrm{p} = \Phi = \Delta$. (nach I.V. ist $\Psi \rightarrow \Delta$ Element von N.) Analog zu Fall (*AA*) wurde dem $\Psi \rightarrow \Delta$?‖ gemäß D11(*ad*) und D12 die

Sequenz $M^*, \Psi \twoheadrightarrow N^*, \Delta$ zugeordnet. Φ ist also Element von N und $\langle x' \rangle$ aus x nach (rep) inferierbar.

(ACB) $\|$p, der Nf von q$\|$, sei in D Verteidigung (zweiter Art) gegen $\Psi \rightarrow \Delta?\|$, also $p = \neg \Psi$. Analog (ACA) ist Ψ in M enthalten und $\langle x' \rangle$ ist aus x nach $(+\twoheadrightarrow)$ inferierbar.

(AD) $\|$p mit $p = \Psi[^a_x]$ ist in D Verteidigung gegen $\bigwedge x \Psi a?\|$. Diesmal ist $\Psi[^a_x]$, wieder analog (AA), wegen D11(ae) und D12 bereits in N enthalten und $\langle x' \rangle$ nach (rep) inferierbar.

(AE) $\|$p ist Angriff gegen $\neg \Phi\|$, so daß nach I.V. $\neg \Phi \in M$. $\langle x' \rangle = \langle (M \twoheadrightarrow N, \Phi) \rangle$ ist aus x nach $(\neg \twoheadrightarrow)$ inferierbar.

(AF) $\|$p ist die Wiederholung eines Proponentenzuges, also $\Phi \in N$, so daß $\langle x' \rangle$ nach (rep) inferierbar ist.

(B) $\|$p habe die Gestalt $\|\Phi?$ oder $\|\Phi 1?$ oder $\|\Phi 2?$ oder $\|\Phi u?$, so daß nach Konstruktion und wegen D11 gilt: $x' = M, \Phi \twoheadrightarrow N$. In allen diesen Fällen ist $\|$p Angriff auf einen Opponentenzug $\Phi\|$ in D, so daß nach I.V. $\Phi \in M$. Also ist $\langle x' \rangle$ aus $x = M \twoheadrightarrow N$ nach (rep) inferierbar.

(Es sei nochmals daran erinnert, daß $\langle x'' \rangle$, falls vorhanden, bereits gemäß D11 aus $\langle x' \rangle$ inferierbar ist; vgl. das Diagramm.)

Damit ist die Teilbehauptung (a) von L5 vollständig bewiesen.

Die übrigen drei Teilaussagen folgen sehr rasch: (ba) sowie (bb) ergeben sich unmittelbar aus D11 und D12: Sämtliche neuen Opponentenaussagen werden links zu M und sämtliche neuen Proponentenaussagen werden rechts zu N hinzugefügt. (bc) folgt daraus, daß in X *genau* die Parameter von T *an genau derselben Stelle* eingeführt werden, also insbesondere in den kritischen Fällen gemäß D11 (ae) und D11 (bd) (in den unkritischen Fällen analog). □

L6 *Es sei S eine Strategie für Φ_0. Dann gibt es einen Y^*-Baum B für Φ_0, so daß für jeden Endpunkt $x = M \twoheadrightarrow N$ von B ein Ast D (Dialog) von S existiert*[11], *für den gilt:*

(a) *alle Opponentenaussagen von D sind in M enthalten:*

(b) *alle Proponentenaussagen von D sind in N enthalten.*

---

11 Es sei daran erinnert, daß Äste eines Baumes die *bis zu den Endpunkten dieses Baumes* führenden Wege sind. Daß hier von Ästen statt von Mengen gesprochen wird, ist die entscheidende Verschärfung von L6 gegenüber L5.

Beweis: Nach L5 ist jedes $yb_n(S)$ mit $n \in \mathbb{N}$ ein Y*-Baum B für Φ_0, so daß bezüglich der Endpunkte x von B die Wege D_n, die in S von Φ_0 bis zu $pkt_n^S(x)$ führen, die Bedingungen (*a*) und (*b*) erfüllen.

Ferner folgt aus L4 durch Induktion, daß höchstens einer der folgenden Fälle eintreten kann:

(1) es gibt ein n, so daß alle Endpunkte x von $yb_n(S)$ als $pkt_n^S(x)$ Endpunkte q‖ von S haben;

(2) es gibt eine unendliche Folge von Y*-Bäumen $yb_i(S)$, $i \in \mathbb{N}$, so daß jeder dieser Y*-Bäume mindestens einen Endpunkt x mit einem Opponentenzug q_i‖ als pkt_i^S-Bild hat, d. h. mit $pkt_i^S(x) = q_i\|$, wobei dieser Opponentenzug q_i‖ von S nach L4 im Wertbereich keines der vorhergehenden pkt_j^S, $j < i$, enthalten ist (anschaulicher gesprochen: in S tritt eine – ebenfalls unendliche – Folge von immer neuen Proponentenzügen auf).

Aus (2) folgt, daß S unendlich viele Punkte hat. Dies steht im Widerspruch zu D4, wonach jede Strategie nur endlich viele Punkte haben kann. Es bleibt also (1) als *einzige* Alternative übrig und das dort erwähnte $yb_n(S)$ ist ein Y*-Baum, der die Existenzbehauptung von L6 erfüllt; denn für die Endpunkte q‖ von S sind die Wege, die von Φ_0 zu q‖ führen, Äste von S. □

Anmerkung. Die Abbildung von Strategien in Y*-Bäume führt im allgemeinen *nicht* zu einer punktweisen Entsprechung zwischen Bild und Urbild. Denn das in D12 beschriebene Abbildungsverfahren beruht seinerseits auf dem in D11 beschriebenen Abbildungsverfahren für Mikrobäume; und nach diesem degenerieren, wie bereits ausdrücklich hervorgehoben, in drei Fällen – nämlich (*ac*), (*af*) und (*ag*) von D11 – die zweistufigen Mikrobäume unter der Abbildung zu Punkten. Trotzdem besteht eine *Ast-für-Ast-Entsprechung* zwischen Urbild und Bild, da allen Verzweigungen in Strategien gleichartige Verzweigungen in deren Bildern korrespondieren (vgl. die drei Falltypen (*ab*), (*bb*) und (*bc*) von D11).

Von dieser Art der Entsprechung machten wir in der Beweisführung jedoch keinen Gebrauch. Für unsere Zwecke genügte es, die folgende Zuordnung zu benützen: Jedem Endpunkt x des Y*-Baumes, in den eine Strategie S verwandelt worden ist, entspricht eindeutig ein Endpunkt $q\| = pkt^S(x)$ (für ein geeignetes n als unterem Index von *pkt*). *Damit ist bereits alles geleistet.* Denn der Endpunkt q‖ legt eindeutig den Ast (Dialog) D fest, der in S vom Ursprung zu ihm führt. Und in dem Endpunkt x des Bild-Baumes, der die Gestalt $M \twoheadrightarrow N$ hat, kommen alle Opponentenaussagen von D in M und alle Proponentenaussagen in N vor. Es ist genau dieser „Aufsammlungseffekt" der Sequenzen im Bild-Baum – für welche die in $M \cup N$ vorkommende Anzahl von Aussagen höchstens zunehmen, niemals dagegen abnehmen kann –, der es unnötig macht, im entstandenen Y*-Baum außer den Endpunkten die zu ihnen führenden Äste zu betrachten.

Th. 4.4.1 *Jedes in* **D** *gewinnbare* Φ *ist Y-beweisbar.*

Beweis: Φ sei gewinnbar, so daß es nach D6 eine Gewinnstrategie S für Φ gibt. Gemäß L6 existiert ein Y*-Baum B für Φ mit den in L6 angegebenen Eigenschaften. Nach Voraussetzung sowie den Definitionen D3, D4 und D5 kommt in *jedem* Ast von S eine atomare Aussage sowohl als Proponentenzug als auch als Opponentenzug vor. Also kommt nach L6 für jeden Endpunkt $M \twoheadrightarrow N$ von B eine atomare Aussage im Durchschnitt $M \cap N$ vor. Nach D8 ist B ein Y*-Beweis für Φ. Also gibt es nach L2 einen Y-Beweis für Φ. □

Will man schließlich den Y-Beweis, in den die Strategie überführt worden ist, als einen Beweis im *ursprünglichen* Sequenzenkalkül deuten, so braucht man nur alle Schritte nach (rep) zu streichen und ihn in der umgekehrten Reihenfolge, nämlich *von unten nach oben*, zu lesen: Ganz unten stehen lauter Axiome von **S**; ganz oben steht die bewiesene Aussage Φ; und jeder von unten nach oben gelesene Ableitungsschritt ist korrekt in **S** (da die Lesart von oben nach unten einen korrekten Ableitungsschritt in $\bar{\mathbf{S}}$ ergibt).

4.4.4 Zweite Hälfte des Äquivalenzbeweises: Überführung von $\bar{\mathbf{S}}$-Beweisen in D-Gewinnstrategien. Wir gehen von der in 4.4.3 eingeführten Version des („auf den Kopf gestellten") Sequenzenkalküls aus (D7a bis D9). Zu zeigen ist, daß auch die Umkehrung von Th. 4.4.1 gilt.

Dazu wählen wir einen indirekten Weg: Es werden die beiden Begriffe des Y-Baumes sowie der Strategie in harmloser Weise modifiziert, so daß ein Analogon zu D11 gebildet werden kann.[12]

Unter einem *normierten Baum* B^+ verstehen wir einen Y-Baum, in dem jeder Punkt bis auf den Ursprung und die Endpunkte genau einmal wiederholt wird. (Die Wiederholung einer Sequenz stehe stets unter ihrem ersten Vorkommen. Sie wird formal aus diesem mittels der Regel (rep) gewonnen.)

Vom intuitiven Standpunkt läßt sich das Normierungsverfahren folgendermaßen verdeutlichen: In einem gewöhnlichen Y-Baum treten die Sequenzen in Zwischenschritten von Ableitungen in zwei Rollen auf: einerseits *als Resultate* von Ableitungsschritten und zum anderen *als Prämissen* weiterer Ableitungen. In einem normierten Baum werden diese beiden Rollen auseinandergehalten: im ersten Vorkommnis repräsentieren sie Resultate und im zweiten Prämissen.

Offensichtlich läßt sich jeder normierte Y-Baum in eindeutiger Weise erschöpfend und disjunkt in Mikrobäume zerlegen, deren jeder die Prämisse eines Ableitungsschrittes als Ursprung und als Nachfolger sämtliche Konklusionen des Ableitungsschrittes hat.

Der Dialogbegriff werde nun, um die Rolle des Proponenten der des Opponenten möglichst anzugleichen, in folgender Weise modifiziert. In Ergänzung zu den Aussagen und Bezweiflungen führen wir eine dritte

12 Die beiden folgenden Kunstgriffe gehen auf einen Vorschlag von Herrn Gregor Mayer zurück, der in seiner Dissertation noch nicht enthalten ist.

Art von Propositionen, und zwar *eine zweite Art von unechten Propositionen*, ein, genannt *Reservierungen*. Wenn Φ eine Aussage ist, so sei $\{\Phi\}$ die *Reservierung für* Φ. Reservierungen kommen nur als Proponentenzüge vor! Ein *Dialog*$^+$ *um* Ψ unterscheide sich von einem Dialog um Ψ höchstens dadurch, daß der Proponent eine Aussage Φ als Reservierungszug $\|\{\Phi\}$ macht, worauf der Opponent nicht angreifen darf (so daß der Proponent später Φ auch nicht verteidigen kann, es sei denn, er habe mittlerweile den Zug $\|\Phi$ mit der echten Proposition Φ gemacht). Der Dialog geht nach einer Reservierung *mit einem Proponentenzug* weiter. Dabei kann der Proponent für jede Reservierung $\{\Phi\}$ später Φ als Aussage wiederholen, die dann der Opponent regulär angreifen und der Proponent regulär verteidigen kann. (Mit dem Zug $\|\{\Phi\}$ hält der Proponent also die Aussage Φ lediglich „für später in Reserve".) Ein Proponentenzug $\|\Phi$ werde auch dann als *Wiederholung einer Proponentenaussage* Φ bezeichnet, wenn Φ zuvor nur in der Gestalt eines Reservierungszuges $\|\{\Phi\}$ aufgetreten ist.

Die Begriffe *Strategie*$^+$ und *Gewinnstrategie*$^+$ seien analog zu den bisherigen Begriffen (nach D4 und D5) definiert, allerdings mit Dialogen$^+$ als Ästen. Wir werden auch von *erweiterten* Strategien bzw. von *erweiterten* Gewinnstrategien sprechen.

L7 *Wenn es eine Gewinnstrategie*$^+$ *für* Φ *gibt, dann gibt es eine Gewinnstrategie für* Φ *(und umgekehrt).*

Beweis: Eine Strategie$^+$ wird dadurch zu einer Strategie, daß man zu allen Reservierungen sämtliche Opponentenangriffe hinzufügt und diese Reservierungen $\|\{\Phi\}$ in Proponentenaussagen $\|\Phi$ umwandelt. Die Umkehrung gilt trivial. □

L7 besagt, intuitiv gesprochen, daß der Proponent seine Möglichkeiten in einem Dialog$^+$ (gegenüber den bisherigen in einem Dialog) nur scheinbar erweitert. Tatsächlich kann der Proponent den Effekt einer Reservierung $\{\Phi\}$ in einer Gewinnstrategie dadurch wiedergeben, daß er die Aussage Φ macht, auf den darauf folgenden Opponentenangriff jedoch nicht reagiert.

In gewisser Analogie zum früheren Vorgehen verstehen wir unter einem *Mikrobaum K eines normierten Y-Baumes B* einen zweistufigen Teilbaum von *B*, der aus der Prämisse sowie der Konklusion einer Regelanwendung nach D7a besteht. Jeder normierte Y-Baum zerfällt in eindeutiger Weise erschöpfend und disjunkt in Mikrobäume.

D13 Es sei *B* ein normierter Y-Baum. *Wir definieren* eine Funktion *ts*, die jedem Mikrobaum *K* von *B* einen Teilbaum *ts*(*K*) einer Strategie *S* zuordnet:

K habe die Gestalt:		*Dann ist ts(K) gleich:*
(*aa*)	$\dfrac{M\lfloor \neg\Psi \rfloor \twoheadrightarrow N}{M \twoheadrightarrow N, \Psi}$	$\Vert$ $\{\Psi\}$
(*ab*)	$\dfrac{M\lfloor \Psi_1 \wedge \Psi_2 \rfloor \twoheadrightarrow N}{M, \Psi_i \twoheadrightarrow N}$	$\Vert$ $\Psi_1 \wedge \Psi_2 \mathrm{i}?$ Ψ_i $\Vert$
(*ac*)	$\dfrac{M\lfloor \Psi_1 \vee \Psi_2 \rfloor \twoheadrightarrow N}{M, \Psi_1 \twoheadrightarrow N \quad M, \Psi_2 \twoheadrightarrow N}$	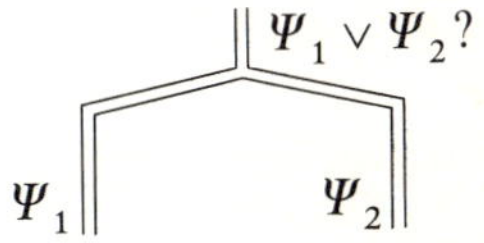
(*ad*)	$\dfrac{M\lfloor \Psi \rightarrow \Delta \rfloor \twoheadrightarrow N}{M, \Delta \twoheadrightarrow N \quad M \twoheadrightarrow N, \Psi}$	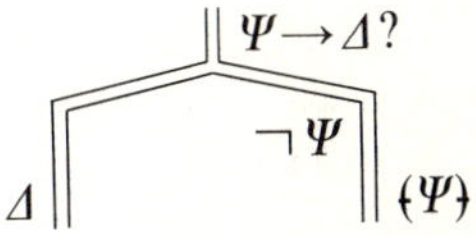
(*ae*)	$\dfrac{M\lfloor \bigwedge x\Gamma \rfloor \twoheadrightarrow N}{M, \Gamma\begin{bmatrix} u \\ x \end{bmatrix} \twoheadrightarrow N}$	$\Vert$ $\bigwedge x\Gamma u?$ $\Gamma\begin{bmatrix} u \\ x \end{bmatrix}$ $\Vert$
(*af*)	$\dfrac{M\lfloor \bigvee x\Gamma \rfloor \twoheadrightarrow N}{M, \Gamma\begin{bmatrix} a \\ x \end{bmatrix} \twoheadrightarrow N}$	$\Vert$ $\bigvee x\Gamma?$ $\Gamma\begin{bmatrix} a \\ x \end{bmatrix}$ $\Vert$
(*ba*)	$\dfrac{M \twoheadrightarrow N\lfloor \neg\Psi \rfloor}{M, \Psi \twoheadrightarrow N}$	$\Vert$ $\neg\Psi$ Ψ $\Vert$
(*bb*)	$\dfrac{M \twoheadrightarrow N\lfloor \Psi_1 \wedge \Psi_2 \rfloor}{M \twoheadrightarrow N, \Psi_1 \quad M \twoheadrightarrow N, \Psi_2}$	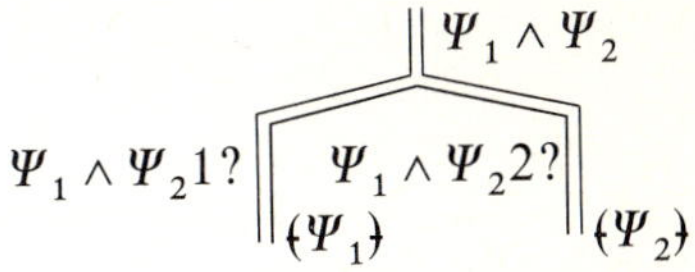
(*bc*)	$\dfrac{M \twoheadrightarrow N\lfloor \Psi_1 \vee \Psi_2 \rfloor}{M \twoheadrightarrow N, \Psi_i}$	$\Vert$ $\Psi_1 \vee \Psi_2$ $\Psi_1 \vee \Psi_2?$ $\Vert$ $\Vert$ $\{\Psi_i\}$

(*bd*)	$\dfrac{M \twoheadrightarrow N\lfloor \Psi \rightarrow \Delta \rfloor}{M, \Psi \twoheadrightarrow N, \Delta}$	$\begin{array}{r\|\|l} & \Psi \rightarrow \Delta \\ \Psi \rightarrow \Delta ? & \\ & \neg \Psi \\ \Psi & \\ & \{\Delta\} \end{array}$
(*be*)	$\dfrac{M \twoheadrightarrow N\lfloor \bigwedge x\Gamma \rfloor}{M \twoheadrightarrow N, \Gamma\begin{bmatrix} a \\ x \end{bmatrix}}$	$\begin{array}{r\|\|l} & \bigwedge x\Gamma \\ \bigwedge x\Gamma a ? & \\ & \left\{\Gamma\begin{bmatrix} a \\ x \end{bmatrix}\right\} \end{array}$
(*bf*)	$\dfrac{M \twoheadrightarrow N\lfloor \bigvee x\Gamma \rfloor}{M \twoheadrightarrow N, \Gamma\begin{bmatrix} u \\ x \end{bmatrix}}$	$\begin{array}{r\|\|l} & \bigvee x\Gamma \\ \bigvee x\Gamma ? & \\ & \left\{\Gamma\begin{bmatrix} u \\ x \end{bmatrix}\right\} \end{array}$

Da für die linke Spalte die Annahme gilt, daß es sich um korrekte Ableitungsschritte handelt, ist für die Fälle (*af*) und (*be*) links stillschweigend die Erfüllung der Parameterbedingung vorausgesetzt worden.

L8 *Sämtliche Werte der Funktion ts sind erweiterte Strategien.*

Beweis: Im Fall (*aa*) liegt eine erweiterte Strategie vor, die aus der Reservierung $\{\Psi\}$ als einzigem Punkt besteht. In den übrigen Fällen ist die Behauptung klar. □

Aufblähungen kommen in (*bb*) bis (*bf*) vor. In den meisten dieser Fälle ist *ts*(*K*) ein dreistufiger Mikrobaum^{+} einer erweiterten Strategie. Daß *ts*(*K*) im Fall (*bd*) fünfstufig ist, hat seinen Grund darin, daß beide möglichen Verteidigungen des Proponenten eingefügt sind (die zweite allerdings nur als Reservierung) und daß für die erste davon, die in der Negation $\neg\Psi$ des Antezedens (der im Ursprung vom Proponenten gemachten Konditionalaussage) besteht, der darauf zwangsläufig erfolgende Opponentenangriff als Zwischenglied eingefügt werden mußte.

Wir definieren nun simultan induktiv eine Folge von Funktionen $strat_n$ sowie eine Folge von Funktionen pkt_n^B bezüglich eines normierten Y-Beweises *B*. Dabei verwenden wir v, evtl. mit Index, als Variable, die sowohl über Opponentenzüge q‖ als auch über Reservierungen ‖r läuft.

D14 (**a**) Für den Mikrobaum K_0 aus dem Ursprung $\emptyset \twoheadrightarrow \{\Phi_0\}$ von *B* ist $strat_1(B) = ts(K_0)$, und für den i-ten Endpunkt v_i von

$ts(K_0)$ ist $\text{pkt}_1^B(\text{v}_\text{i})$ gleich dem i-ten Endpunkt $M_i \twoheadrightarrow N_i$ von K_0.

(b) $strat_n$ sowie pkt_n^B seien bereits definiert. $strat_{n+1}(B)$ entsteht aus $strat_n(B)$ dadurch, daß man auf *jeden Ast* $\mathfrak{A}_j$ von $strat_n(B)$ mit dem Endpunkt v_j die folgenden Operationen anwendet:

Es sei $pkt_n^B(\text{v}_\text{j}) = x_j$ kein Endpunkt in B. Der nach (rep) abgeleitete (und damit natürlich der einzige) Nf von x_j im normierten Y-Beweis B sei x'_j. Dieses x'_j bildet den Ursprung eines Mikrobaumes K in B. Dann wird an v_j der Mikrobaum $ts(K)$ angehängt.

Für den i-ten Endpunkt v_j von $ts(K)$, der nun zu einem Endpunkt von $strat_{n+1}(B)$ wurde, ist $pkt_{n+1}^B(\text{v}_\text{j})$ gleich dem i-ten Endpunkt von K in B.

Sofern $pkt_n^B(\text{v}_\text{j})$ ein Endpunkt von B ist, bleibt $\mathfrak{A}_j$ in $strat_{n+1}(B)$ unverändert und $pkt_{n+1}^B(\text{v}_\text{j})$ ist identisch mit $pkt_n^B(\text{v}_\text{j})$.

Auch diesmal fügen wir ein der Veranschaulichung dienendes Diagramm ein:

Zuordnung einer erweiterten Strategie S zu einem normierten Y-Baum B

	normierter Y-Baum B:		*erweiterte Strategie S:*	
	$\emptyset \twoheadrightarrow \{\Phi_0\}$ .... } K_0		$strat_1(B) = ts(K_0)$	
	⋮	Funktionsrichtungen $strat_n$: $\rightarrow$ pkt_n^B: $\leftarrow$	⋮	
$strat_n$-ersetzter Teil von B	Sequenzen		Züge	$strat_n(B)$
	⋮		⋮ Ast $\mathfrak{A}_j$ ⋮	
	$x_j = pkt_n^B(\text{v}_j)$		Endpunkt v_j	
zweistufiger Mikrobaum K	x'_j (= einziger mit x_j gestaltgleicher Nf von x_j; nach (rep) aus x_j gewonnen) ⋮		$ts(K)$ (ein- bis fünfstufig, beginnt stets mit einem Proponentenzug)	

Die *Erläuterung* lautet analog der zum vorigen Diagramm, wobei aber diesmal die Hilfsfunktion *ts* ohne Abhängigkeit von etwas anderem definiert ist.

Die entscheidenden Resultate sollen nun mit Hilfe einiger Lemmata vorbereitet werden, von denen die nächsten beiden unmittelbar und die späteren in etwas indirekterer Weise aus den Begriffen des normierten Baumes, der erweiterten Strategie sowie D13 und D14 folgen.

L9 *An die Endpunkte* v *einer erweiterten Strategie S wird jeweils höchstens eine Strategie S′ angehängt, für die gilt:*

(1) *der Ursprung* ‖p *von S′ ist entweder Angriff auf eine Opponentenaussage, die auf dem Ast* 𝔄 *von S bis* v *liegt, oder die Wiederholung einer Proponentenaussage, die auf dem Ast* 𝔄 *vorkommt,*

und

(2) *eventuelle kritische Parameter von S′ kommen in* 𝔄 *nicht vor. Dann ist das Ergebnis eine erweiterte Strategie.*

L10 *Es sei* v_j *Endpunkt eines* $strat_n(B)$, $n \in \mathbb{N}$. *Dann ist* $pkt_n^B(\mathrm{v}_j) = x_j$ *entweder Endpunkt von B oder unmittelbarer Vorgänger eines nach* (rep) *aus* x_j *abgeleiteten (und daher der Form nach mit* x_j *identischen) Ursprunges* x'_j *eines Mikrobaumes von B.*

L11 *B sei ein normierter Y-Baum. Ferner sei* v *ein beliebiger Endpunkt eines Astes* 𝔄 *von* $strat_n(B)$ *mit* $pkt_n^B(\mathrm{v}) = M \twoheadrightarrow N$. *Dann gilt:*

(*a*) *jedes* $\Phi \in M$ *kommt in einem Opponentenzug* $\Phi\|$ *in* 𝔄 *vor;*

(*b*) *jedes* $\Phi \in N$ *kommt in einem Proponentenzug* $\|\Phi$ *oder* $\|(\Phi)$ *in* 𝔄 *vor;*

(*c*) *in M und N kommen genau die Parameter von* 𝔄 *vor.*

Beweis: Durch Induktion nach n aus D13 sowie D14. Dabei ist zu beachten, daß sowohl in der Induktionsbasis wie im Induktionsschritt im i-ten Endpunkt v_i von *ts*(*K*) diejenigen Aussagen Φ in Proponentenzügen $\|\Phi$ oder $\|(\Phi)$ („rechten Blättern") bzw. in Opponentenzügen $\Phi\|$ („linken Blättern") *neu* eingeführt werden, die in dem v_i entsprechenden $M_i \twoheadrightarrow N_i$ hinten (in „rechten Blättern") oder vorne (in „linken Blättern") *neu* vorkommen. Ferner werden in *ts*(*K*) genau die Parameter von *K* neu eingeführt. (Die Gültigkeit der Parameterbedingungen überträgt sich wegen (*a*) und (*b*) des gegenwärtigen Lemmas gemäß D13(*af*) und (*be*) ebenfalls von links nach rechts, d.h. vom Ast bis $M_i \twoheadrightarrow N_i$ auf den Ast bis v_i.) □

L12 *Für jeden normierten Y-Baum B und für jedes* $n \in \mathbb{N}$ *ist* $strat_n(B)$ *eine erweiterte Strategie.*

Beweis durch Induktion nach *n*:

I.B.: Für $n=1$ folgt die Behauptung unmittelbar aus L9 und D14(a).

I.S.: Der Satz gelte bereits für $strat_n(B)$.

Wie man D13 unmittelbar entnehmen kann, besteht jedes $ts(K)$ entweder nur aus einem Proponentenzug oder hat einen solchen als Ursprung. Nach I.V., D14 sowie L10 genügt es, zu zeigen:

(1) daß der Ursprung $\|$p bzw. $\|$r des neu angehängten $ts(K)$ entweder die Wiederholung einer Proponentenaussage oder eine Reservierung oder Angriff auf eine Opponentenaussage im Weg $\mathfrak{A}$ ist, der in $strat_{n+1}(B)$ dem $ts(K)$ vorangeht[13] (die beiden letzten Fälle schließen sich wegen D13(aa) nicht aus);

(2) daß kein kritischer Parameter von $ts(K)$ bereits in $\mathfrak{A}$ vorkommt.

Zu (1): Nach Voraussetzung ist $\mathfrak{A}$ Ast von $strat_n(B)$, so daß für seinen Endpunkt v L11 gilt. Wir unterscheiden zwei Fälle:

1. Fall: $ts(K)$ mit Ursprung $\|$p bzw. $\|$r sei gemäß einem der Fälle (aa)–(af) von D13 gebildet. Nach L10 ist der Ursprung $M \twoheadrightarrow N$ von K eine Wiederholung von pkt_n^B(v). Nach L11(a) gilt somit für sämtliche $\Phi \in M$: der zugehörige Opponentenzug $\Phi\|$ kommt in $\mathfrak{A}$ vor. Aus den Fällen (aa)–(af) von D13 geht damit hervor: $\|$p bzw. $\|$r (rechte Spalte der Definition) ist Angriff auf die in Halbklammern ‚$\lfloor\ \rfloor$' angegebene Aussage $\lfloor\Phi\rfloor$ aus M[14], genauer gesprochen: Angriff auf den entsprechenden Opponentenzug $\Phi\|$ aus $\mathfrak{A}$. (Im Fall (aa) von D13 geschieht der Angriff nur in Form eines reservierten Zuges.)

2. Fall: $ts(K)$ mit Ursprung $\|$p und p$=\Phi$ sei gemäß einem der Fälle (ba)–(bf) von D13 gebildet. Wie im 1. Fall ist der Ursprung $M \twoheadrightarrow N$ von K eine Wiederholung von pkt_n^B(v). Nach L11(b) kommt für sämtliche $\Psi \in N$ der Zug $\|\Psi$ oder $\|(\Psi)$ in $\mathfrak{A}$ vor. Aus den Fällen (ba)–(bf) von D13 geht damit hervor: der Zug $\|$p mit p$=\Phi$ ist Wiederholung der in Halbklammern ‚$\lfloor\ \rfloor$' stehenden Aussage aus N, genauer gesprochen: Wiederholung eines Proponentenzuges $\|\Phi$ oder $\|(\Phi)$ aus $\mathfrak{A}$.

Was die *kritischen Parameter von* $ts(K)$ betrifft, so sind diese nach D13(af) und (be) dieselben wie in K, also nach D7a neu in B und deshalb auch neu in $strat_{n+1}(B)$. □

Da Y-Bäume – gewöhnliche sowie normierte – stets endlich sind, bleibt für jeden normierten Y-Baum B der Wert $strat_n(B)$ ab einem gewissen m konstant, d. h. für $j>m$ ist $strat_j(B)=strat_{j+1}(B)$ und pkt_j^B(v)

13 Damit ist natürlich gemeint, daß der Endpunkt von $\mathfrak{A}$ derjenige Punkt ist, an den $ts(K)$ angehängt wird.

14 Und zwar handelt es sich jeweils um die Hauptaussage der Anwendung einer Regel von $\bar{S}$.

ist Endpunkt von B (vgl. L6). Diese von einem bestimmten m konstant bleibende erweiterte Strategie werde als $strat(B)$ bezeichnet. Analog heiße die ab m konstant bleibende Funktion pkt^B_m einfach pkt^B.

L13 *Für jeden normierten Y-Beweis B ist strat(B) eine erweiterte Gewinnstrategie.*

Beweis: Nach Voraussetzung ist B ein normierter Y-Baum. Gemäß Definition und L12 ist dann $strat(B)$ eine erweiterte Strategie. Da B außerdem ein Beweis ist, muß für jeden Endpunkt v eines Astes $\mathfrak{A}$ von $strat(B)$ der Wert $pkt^B(\mathrm{v}) = M \twoheadrightarrow N$ Endpunkt von B sein, wobei gemäß D8(b) ein atomares π zugleich in M und in N vorkommt, also $pkt^B(\mathrm{v}) = M\lfloor\pi\rfloor \twoheadrightarrow N\lfloor\pi\rfloor$. Nach L11 muß, da $\pi \in M$, im Ast $\mathfrak{A}$ der Opponentenzug $\pi\|$ und, da $\pi \in N$, im selben Ast $\mathfrak{A}$ ferner der Proponentenzug $\|\pi$ oder $\|(\pi)$ vorkommen. $\|(\pi)$ kann stets durch $\pi ?\!/\!\!/^{\pi}$ ersetzt werden. Da der Ast $\mathfrak{A}$ beliebig war, wissen wir somit, daß in *jedem* Ast von $strat(B)$ eine atomare Aussage in einem Proponentenzug und zugleich in einem Opponentenzug vorkommt. □

Th. 4.4.2 *Für jedes Φ, das (im Kalkül* $\bar{\mathbf{S}}$*) Y-beweisbar ist, gilt: Φ ist gewinnbar (im Kalkül* **D***).*

Beweis: Aus dem Y-Beweis für Φ läßt sich zunächst durch hinreichend oftmalige Anwendung der Regel (rep) ein normierter Y-Beweis B für Φ konstruieren. Nach L13 ist $strat(B)$ eine erweiterte Gewinnstrategie, und zwar für Φ (denn nach D13, D14 geht der Ursprung $\emptyset \twoheadrightarrow \Phi$ von B in den Ursprung $\|\Phi$ von $strat(B)$ über). Nach L7 und D6 ist Φ gewinnbar. □

4.5 Axiomatischer Kalkül („Hilbert-Kalkül")

4.5.1 Beschreibung des Kalküls A. In den meisten axiomatischen Kalkülen werden die formalen Beweise und Ableitungen nicht wie in **S** aus Sequenzen, sondern aus *Sätzen* gebildet. Wir betrachten als Beispiel einen Kalkül **A** mit den *Axiomenschemata*

(J) A, falls $\Vdash_j A$
(A) $\bigwedge x A[x] \rightarrow A[u]$
(E) $A[u] \rightarrow \bigvee x A[x]$

und den *Regeln*

(MP) $\dfrac{A, A \rightarrow B}{B}$

$$\text{(AG)}\quad \frac{B \rightarrow A[a]}{B \rightarrow \bigwedge x A[x]} \qquad \text{(EG)}\quad \frac{A[a] \rightarrow B}{\bigvee x A[x] \rightarrow B}$$

falls a weder in der Annahmemenge noch in der Konklusion vorkommt.

Durch das Schema (J) werden alle j-gültigen Sätze als Axiome festgelegt. Dies ist natürlich eine semantische, keine syntaktische Charakterisierung, aber das spielt keine Rolle, da wir für die j-Gültigkeit ein mechanisches Entscheidungsverfahren haben. Daher könnte man (J) durch ein syntaktisches Schema der Art

(J′) A, falls in der normierten[15] Wahrheitstafel für A unter dem Hauptzeichnen stets **w** steht,

ersetzen.

(A) und (E) sind die Schemata der *Allbeseitigung* und der *Existenzeinführung*. Die Regel (MP) ist der *Modus Ponens;* (AG) und (EG) sind die kritischen Regeln der *All-* und *Existenzgeneralisierung*, deren Klausel zu beachten ist.

Im übrigen sind zahlreiche weitere junktorenlogische Axiomensysteme seit langem bekannt. So könnte man bei Voraussetzung von (MP) und Hinzunahme der Junktorendefinitionen

$F \vee G =_{df} \neg F \rightarrow G$
$F \wedge G =_{df} \neg(F \rightarrow \neg G)$

das Schema (J) ersetzen durch

(J1) $A \rightarrow (B \rightarrow A)$
(J2) $(A \rightarrow (B \rightarrow C)) \rightarrow ((A \rightarrow B) \rightarrow (A \rightarrow C))$
(J3) $(\neg A \rightarrow \neg B) \rightarrow (B \rightarrow A)$.

(Eine Reihe weiterer Axiomensysteme vom Hilbert-Typus wird im zweiten Teil des Buches, Kap. 10, behandelt.)

Eine **A**-*Ableitung für Satz A aus der endlichen Annahmemenge* M^0 ist eine endliche Satzfolge $A_1, \ldots, A_n$, wobei $A_n = A$ und jedes A_i (mit $1 \leqq i \leqq n$) entweder eine *Annahme*, d. h. $A_i \in M^0$, oder ein Axiom ist, oder aus einem bzw. zwei vorangehenden A_h (mit $h < i$) nach einer Regel gewonnen wird. Die **A**-*Ableitbarkeit* und **A**-*Beweisbarkeit* ‚$\vdash_{\mathbf{A}}$‘ ist dann wie oben definiert. Z. B. gilt

$\bigwedge x \neg(Px \wedge Qx),\ \bigvee x Qx \ \vdash_{\mathbf{A}} \bigvee x \neg Px$

1.	$\bigwedge x \neg(Px \wedge Qx)$	Annahme
2.	$\bigwedge x \neg(Px \wedge Qx) \rightarrow \neg(Pa \wedge Qa)$	(A)
3.	$\neg(Pa \wedge Qa)$	1, 2, (MP)
4.	$\neg(Pa \wedge Qa) \rightarrow (Qa \rightarrow \neg Pa)$	(J)

15 Auf die Art des Normierungsverfahrens kommt es hier nicht an.

5.	$Qa \rightarrow \neg Pa$	3, 4, (MP)
6.	$\neg Pa \rightarrow \bigvee x \neg Px$	(E)
7.	$(Qa \rightarrow \neg Pa) \rightarrow ((\neg Pa \rightarrow \bigvee x \neg Px) \rightarrow (Qa \rightarrow \bigvee x \neg Px))$	(J)
8.	$(\neg Pa \rightarrow \bigvee x \neg Px) \rightarrow (Qa \rightarrow \bigvee x \neg Px)$	5, 7, (MP)
9.	$Qa \rightarrow \bigvee x \neg Px$	6, 8, (MP)
10.	$\bigvee x Qx \rightarrow \bigvee x \neg Px$	9, (EG)
11.	$\bigvee x Qx$	Annahme
12.	$\bigvee x \neg Px$	10, 11, (MP)

Zur Einübung in den Kalkül **A** betrachten wir, unter Vorgriff auf die später bewiesene Zulässigkeit junktorenlogischer Folgerung (JF) in **A**, drei weitere Beispiele für Beweise und Ableitungen in **A**.

(*a*) $\vdash_{\mathbf{A}} \bigwedge x(Px \rightarrow Qx) \wedge \bigwedge x Pf(x) \rightarrow \bigwedge x Qf(g(x))$

Beweis:

1.	$\bigwedge x(Px \rightarrow Qx) \rightarrow (Pf(g(a)) \rightarrow Qf(g(a)))$	(A)
2.	$\bigwedge x Pf(x) \rightarrow Pf(g(a))$	(A)
3.	$\bigwedge x(Px \rightarrow Qx) \wedge \bigwedge x Pf(x) \rightarrow Qf(g(a))$	1, 2, (JF)
4.	$\bigwedge x(Px \rightarrow Qx) \wedge \bigwedge x Pf(x) \rightarrow \bigwedge x Qf(g(x))$	3, (AG)

(*b*) $\vdash_{\mathbf{A}} \bigwedge x \bigvee y Pxy \rightarrow \bigwedge y \bigvee x Pyx$

Beweis:

1.	$Pab \rightarrow \bigvee x Pax$	(E)
2.	$\bigvee y Pay \rightarrow \bigvee x Pax$	1, (EG)
3.	$\bigwedge x \bigvee y Pxy \rightarrow \bigvee y Pay$	(A)
4.	$\bigwedge x \bigvee y Pxy \rightarrow \bigvee x Pax$	3, 2, (JF)
5.	$\bigwedge x \bigvee y Pxy \rightarrow \bigwedge y \bigvee x Pyx$	4, (AG)

(*c*) $\bigwedge x(Px \rightarrow Qa), \bigvee x Px \vdash_{\mathbf{A}} Qa$

Beweis:

1.	$\bigwedge x(Px \rightarrow Qa)$	Annahme
2.	$\bigwedge x(Px \rightarrow Qa) \rightarrow Pb \rightarrow Qa$	1, (A)
3.	$Pb \rightarrow Qa$	1, 2, (MP)
4.	$\bigvee x Px \rightarrow Qa$	3, (EG)
5.	$\bigvee x Px$	Annahme
6.	Qa	5, 4, (MP)

Wir führen nun, analog zu Th. 4.2.4 für den Kalkül **B**, zwei Hilfsmittel zur Vereinfachung der **A**-Beweise und **A**-Ableitungen ein. (Aber während der obige Beweis für Th. 4.2.4 von der semantischen Adäquatheit von **B** Gebrauch machte, sind die folgenden Überlegungen rein syntaktischer Natur.) Dabei sei ‚Φ' eine Variable für endliche, auch leere Satzfolgen. Offensichtlich entsteht durch Aneinanderfügung zweier *A*-Beweise Φ_1

und Φ_2 wieder ein **A**-Beweis Φ_1, Φ_2, wobei ‚Φ_1, Φ_2' hier wie im folgenden die Konkatenation der beiden endlichen Satzfolgen Φ_1 und Φ_2 in dieser Reihenfolge zu einer einzigen endlichen Satzfolge bedeuten soll; daher darf man bei der Konstruktion eines **A**-Beweises ein schon bewiesenes **A**-Theorem stets als neues Glied anfügen, denn notfalls könnte man seinen Beweis mit anfügen. Dasselbe gilt für die Konstruktion von **A**-Ableitungen. Aber hier ist die Rechtfertigung nicht so einfach; denn wenn Φ_1 eine **A**-Ableitung aus M^0 ist und Φ_2 ein **A**-Beweis, der eine Anwendung einer Generalisierungsregel enthält, wobei der bezeichnete Parameter a in M^0 vorkommt, so ist Φ_1, Φ_2 keine **A**-Ableitung aus M^0, *da die Klausel der Regel verletzt ist. Solche Sätze eines* **A**-Beweises, die *nur* durch Anwendung von (AG) oder (EG) aus einer Prämisse zu gewinnen sind, deren bezeichneter Parameter in M^0 vorkommt, heißen *unverträglich* mit M^0.

Hilfssatz *Φ sei ein* **A**-*Beweis für C, in dem n Sätze unverträglich mit M^0 sind. Dann gibt es einen* **A**-*Beweis für C, in dem alle Sätze mit M^0 verträglich sind.*

Beweis durch Induktion nach n. Für n = 0 ist nichts zu zeigen. Für n > 0 ist Φ eine Folge

$$\Phi_1,\ B\to A[a],\ \Phi_2,\ B\to\bigwedge xA[x],\ \Phi_3,\ C,$$

in der $B\to\bigwedge xA[x]$ der erste Satz sei, der *nur* nach (AG) aus einer Prämisse $B\to A[a]$ zu gewinnen ist, wobei a in M^0 vorkommt. (Analog verläuft der Fall für (EG) statt für (AG).) b sei ein Parameter, der weder in Φ noch in M^0 vorkommt, und Φ'_1 entstehe aus Φ_1 durch Ersetzung aller a durch b. Dann ist die Folge

$$\Phi_1,\ B\to A[a],\ \Phi'_1,\ B\to A[b],\ \Phi_2,\ B\to\bigwedge xA[x],\ \Phi_3,\ C$$

offensichtlich wieder ein **A**-Beweis für C, der nur n − 1 mit M^0 unverträgliche Sätze enthält, da $B\to\bigwedge xA[x]$ nun aus $B\to A[b]$ gewonnen werden kann. □

Nun folgt

Th. 4.5.1 *Bei der Konstruktion einer* **A**-*Ableitung können schon bewiesene* **A**-*Theoreme stets als neue Glieder angefügt werden.*

Denn ist Φ_1 eine **A**-Ableitung aus M^0, und C ein **A**-Theorem, so gibt es nach dem Hilfssatz einen **A**-Beweis Φ_2 für C, in dem alle Sätze mit M^0 verträglich sind. Dann ist Φ_1, Φ_2 eine **A**-Ableitung aus M^0.

Analog zu Th. 4.2.4 (b) ist die Regel der *junktorenlogischen Folgerung*

(JF) $\dfrac{A_1,\ldots,A_n}{B}$, falls $A_1,\ldots,A_n \Vdash_j B$

zulässig in **A**. Denn falls die Bedingung erfüllt ist, also nach (**R**→) $\Vdash_j A_1 \rightarrow (A_2 \rightarrow \ldots (A_n \rightarrow B)\ldots)$ gilt, so kann man an eine **A**-Ableitung, die schon die Prämissen $A_1, \ldots, A_n$ enthält, die Sätze anfügen:

1.	$A_1 \rightarrow (A_2 \rightarrow \ldots (A_n \rightarrow B)\ldots)$	(J)
2.	$A_2 \rightarrow \ldots (A_n \rightarrow B)\ldots$	1, A_1, (MP)
⋮		
n.	$A_n \rightarrow B$	n−1, A_{n-1}, (MP)
n+1.	B	n, A_n, (MP).

Ferner sind auch die folgenden Regeln in **A** zulässig:

$$(\mathrm{AG}')\ \frac{A[a]}{\bigwedge x A[x]} \qquad (\mathrm{EG}')\ \frac{\neg A[a]}{\neg \bigvee x A[x]},$$

wobei in beiden Fällen a weder in der Annahmenmenge noch in der Konklusion vorkommen darf.

4.5.2 Semantische Adäquatheit von A

Die *q-Folgerungskorrektheit* von **A** läßt sich leicht beweisen:

Th. 4.5.2 $M \vdash_{\mathbf{A}} A \Rightarrow M \Vdash_q A.$

Beweis: N.V. gibt es eine **A**-Ableitung $A_1, \ldots, A_n$ für $A_n = A$ aus einer endlichen Annahmenmenge $M^0 \subset M$. Wir zeigen durch Induktion nach n, daß $M^0 \Vdash_q A_n$; daraus folgt wegen $M^0 \subset M$ die Behauptung. Für A_n gilt n.Def. der **A**-Ableitung einer der Fälle:

1. A_n ist eine Annahme aus M^0; dann gilt $M^0 \Vdash_q A_n$ trivialerweise.

2. A_n ist ein Axiom; dann ist A_n q-gültig (im Fall (J) trivialerweise, im Fall (A) oder (E) nach (**R**→) und (**R**∧) oder (**R**∨)); daher folgt $M^0 \Vdash_q A_n$.

3. A_n wird nach (MP) aus Prämissen B, $B \rightarrow A_n$ gewonnen. Nach I.V. gilt $M^0 \Vdash_q B$ und $M^0 \Vdash_q B \rightarrow A_n$. Dann folgt $M^0 \Vdash_q A_n$ nach (**R**→).

4. $A_n = B \rightarrow \bigwedge x A[x]$ wird nach (AG) aus einer Prämisse $B \rightarrow A[a]$ gewonnen, wobei a weder in M^0 noch in A_n vorkommt. Nach I.V. gilt $M^0 \Vdash_q B \rightarrow A[a]$, und nach Th. 3.12′ folgt $M^0 \Vdash_q B \rightarrow \bigwedge x A[x]$.

5. $A_n = \bigvee x A[x] \rightarrow B$ wird nach (EG) aus einer Prämisse $A[a] \rightarrow B$ gewonnen, wobei a weder in M^0 noch in A_n vorkommt. Nach I.V. gilt

$M^0 \Vdash_q A[a] \rightarrow B$,	daraus folgt junktorenlogisch
$M^0 \Vdash_q \neg B \rightarrow \neg A[a]$,	daraus nach Th. 3.12′
$M^0 \Vdash_q \neg B \rightarrow \bigwedge x \neg A[x]$,	daraus junktorenlogisch
$M^0 \Vdash_q \neg \bigwedge x \neg A[x] \rightarrow B$,	daraus quantorenlogisch
$M^0 \Vdash_q \bigvee x A[x] \rightarrow B$. □	

Die Vollständigkeit dieses Kalküls zeigen wir mit Hilfe der Vollständigkeit des Sequenzenkalküls **S**. Dazu ordnen wir jeder Sequenz $\Sigma = M \twoheadrightarrow N$ den Satz $\Sigma' = M^\wedge \rightarrow N^\vee$ zu; dabei sei $M^\wedge$ *bzw.* $N^\vee$, *wieder die (beliebig geordnete) Konjunktion bzw. Adjunktion aller Sätze von M* bzw.

N; falls M leer ist, so entfällt „$M \rightarrow$“; falls N leer ist, so sei $N^{\vee}$ eine bestimmte j-Kontradiktion, etwa $p \wedge \neg p$.

Th. 4.5.3 $M \vdash_{\mathbf{S}} A \Rightarrow M \vdash_{\mathbf{A}} A$.

Beweis: N.V. gibt es einen **S**-Beweis $\Sigma_1, \ldots, \Sigma_n$ für $\Sigma_n = M^0 \twoheadrightarrow A$, wobei $M^0 \subset M$. Wir zeigen durch Induktion nach n, daß $\Sigma'_n = M^{0\wedge} \rightarrow A$ **A**-beweisbar ist. Dann gibt es nach Th. 4.5.1 und (JF) eine **A**-Ableitung für A aus M^0, daher $M \vdash_{\mathbf{A}} A$.

Für Σ_n gilt einer der Fälle:

1) Σ_n ist ein **A**-Axiom $M, A \twoheadrightarrow N, A$. Dann ist $\Sigma'_n = (M \cup \{A\})^{\wedge} \rightarrow (N \cup \{A\})^{\vee}$ j-gültig, also ein **A**-Axiom nach (J).
2) Σ_n wird durch eine Junktorenregel $(\neg_1)-(\rightarrow_2)$ aus einer oder zwei Prämisse(n) Σ_i, Σ_k gewonnen. Dann gilt $\Sigma'_i \Vdash_j \Sigma'_n$ bzw. $\Sigma'_i, \Sigma'_k \Vdash_j \Sigma'_n$, wie man ganz analog zum Hilfssatz b für Th. 4.3.1 erkennt. Nach I.V. sind Σ'_i, Σ'_k **A**-beweisbar, also nach (JF) auch Σ'_n.
3) $\Sigma_n = M, \bigwedge x A[x] \twoheadrightarrow N$ wird nach $(\bigwedge_1)$ aus einer Prämisse $M, A[u] \twoheadrightarrow N$ gewonnen.
   Dann ist **A**-beweisbar:
   1. $(M \cup \{A[u]\})^{\wedge} \rightarrow N^{\vee}$ I.V.
   2. $\bigwedge x A[x] \rightarrow A[u]$ (A)
   3. $(M \cup \bigwedge x A[x])^{\wedge} \rightarrow N^{\vee}$, d. h. Σ'_n 1, 2, (JF).
4) $\Sigma_n = M \twoheadrightarrow N, \bigwedge x A[x]$ wird nach $(\bigwedge_2)$ aus einer Prämisse $M \twoheadrightarrow N, A[a]$ gewonnen, wobei a in Σ_n nicht vorkommt.
   Dann ist **A**-beweisbar:
   1. $M^{\wedge} \rightarrow (N \cup A[a])^{\vee}$ I.V.
   2. $M \wedge \neg N^{\vee} \rightarrow A[a]$ 1, (JF)
   3. $M^{\wedge} \wedge \neg N^{\vee} \rightarrow \bigwedge x A[x]$ 2, (AG)
   4. $M^{\wedge} \rightarrow (N \cup \{\bigwedge x A[x]\})^{\vee}$, d. h. Σ'_n 3, (JF).
5) Σ_n wird nach $(\bigvee_1)$ bzw. $(\bigvee_2)$ aus einer Prämisse gewonnen. Dann ist Σ'_n **A**-beweisbar, analog zu Fall 4) bzw. 3), mit (EG) statt (AG), bzw. (E) statt (A). □

Zusammen mit Th. 4.3.3 und Th. 4.5.2 ergibt sich die *q-Folgerungsadäquatheit* von **A** für unendlich erweiterbare Satzmengen M^*:

Th. 4.5.4 $M^* \vdash_{\mathbf{A}} A \Leftrightarrow M^* \Vdash_q A$.

4.6 Kalkül des natürlichen Schließens („Gentzen-Quine-Kalkül“)

4.6.1 Beschreibung des Kalküls N. Wir haben oben mit dem Baumkalkül ein formales Gegenstück zur informellen indirekten Beweismethode kennengelernt; der nun folgende Kalkül **N** des natürlichen Schließens ist ein formales Gegenstück zur informellen *direkten* Beweismethode. **N** enthält eine Reihe von Regeln, aber keine Axiome. Statt dessen können von Fall zu Fall verschiedene *Annahmen* eingeführt und im Verlauf der **N**-Ableitung wieder beseitigt werden – in einem **N**-Beweis müssen zum Schluß sämtliche Annahmen beseitigt sein. Die einzelnen Zeilen der Ableitung haben im allgemeinen die Gestalt

$$\mathrm{n}(\mathrm{m}_1, \ldots, \mathrm{m}_k) \quad A.$$

Dabei ist n die fortlaufende Zeilennummer, und $\mathrm{m}_1, \ldots, \mathrm{m}_k$ sind Nummern $\leqq \mathrm{n}$, die auf die Zeilen der Annahmen verweisen, von denen Satz A in Zeile n „abhängt". Eine Annahme hängt ihrerseits nur von sich selbst ab; ihre Einführung in Zeile n wird durch

$$\mathrm{n}(\mathrm{n}) \quad A$$

wiedergegeben.

Beginnen wir mit einem Beispiel. Wie würde man informell vorgehen, um den Satz

$$A: \ \bigwedge x(\bigwedge y \bigvee z Pf(xg(xyz)) \rightarrow \bigvee y Pf(xy))$$

auf direktem Wege als q-gültig zu beweisen? Da er ein Allsatz ist, wird man versuchen, seine Spezialisierung auf einen Parameter a, also

$$A': \ \bigwedge y \bigvee z Pf(ag(ayz)) \rightarrow \bigvee y Pf(ay)$$

zu beweisen, um dann das Generalisierungstheorem Th. 3.12 anzuwenden. Zum Beweis des Konditionals A' wird man versuchen, aus der *Annahme des Antezedens* auf das Konsequens zu schließen. Dementsprechend beginnt man in **N** mit der Zeile

$$1(1) \quad \bigwedge y \bigvee z Pf(ag(ayz)) \qquad \text{Annahmeeinführung.}$$

Aus diesem Allsatz schließt man nach (**R**$\bigwedge$) auf eine *beliebige* Spezialisierung mit einem neuen Parameter:

$$2(1) \quad \bigvee z Pf(ag(abz)) \qquad 1, \text{Allquantorbeseitigung.}$$

Aus diesem Existenzsatz schließt man nach (**R**$\bigvee$) auf eine *bestimmte* Spezialisierung, etwa

$$3(1) \quad Pf(ag(abc)) \quad c(a,b) \qquad 2, \text{Existenzquantorbeseitigung.}$$

Aber dieser Schluß ist, im Gegensatz zum vorangehenden, *nicht q-gültig*; man weiß nicht, welche Spezialisierung die richtige ist. Jedenfalls hängt der, nur vorläufig gewählte, Parameter c im allgemeinen von den anderen Objektparametern des Satzes ab. Diese Abhängigkeit wird in Zeile 3 ausgedrückt durch die Angabe ‚$c(a, b)$'; dadurch wird c *in Abhängigkeit von* a *und* b *markiert.*

Aus dem letzten Satz schließt man nach (**R** $\vee$) auf

4(1) $\vee yPf(ay)$ 3, Existenzquantoreinführung.

Alle vorangehenden Sätze sind, wie am Zeilenanfang vermerkt, abhängig von der Annahme in Zeile 1; im nächsten Schritt befreien wir uns von dieser Annahme, indem wir sie als Antezedens hinzunehmen:

5 $\wedge y \vee zPf(ag(ayz)) \rightarrow \vee yPf(ay)$ 4, Annahmebeseitigung.

Dieser Satz hängt von keinem anderen ab (auch nicht von sich selbst). Nun ist die gewünschte Spezialisierung A' von Satz A bewiesen; und dieser folgt nach dem Generalisierungstheorem:

6 $\wedge x(\wedge y \vee zPf(xg(xyz)) \rightarrow \vee yPf(xy))$ 5, Allquantoreinführung.

Zu den hier verwendeten sechs Regeln für die Einführung und Beseitigung von Annahmen, All- und Existenzquantoren kommt nur noch eine weitere für die j-Folgerung hinzu. Genauer formuliert lauten die *Regeln von* **N**:

Annahmeeinführung (AE): n(n) A

Annahmebeseitigung (AB):

$$\frac{\begin{array}{ll} \mathrm{j(j)} & A \\ \mathrm{m(j, m_1, \ldots, m_k)} & B \end{array}}{\begin{array}{ll} \mathrm{n(m_1, \ldots, m_k)} & A \rightarrow B \end{array}}$$

j-Folgerung (JF):

$$\frac{\begin{array}{ll} \mathrm{m_1(m_{1.1}, \ldots, m_{1.k_1})} & A_1 \\ \vdots & \\ \mathrm{m_j(m_{j.1}, \ldots, m_{j.k_j})} & A_j \end{array}}{\begin{array}{ll} \mathrm{n(m_{1.1}, \ldots, m_{1.k_1}, \ldots, m_{j.k_j})} & B \end{array}}$$

falls $A_1, \ldots, A_j \Vdash_j B$

Allquantorbeseitigung ($\wedge$B):

$$\frac{\mathrm{m(m_1, \ldots, m_k)} \quad \wedge xA[x]}{\mathrm{n(m_1, \ldots, m_k)} \quad A[u]}$$

Existenzquantoreinführung ($\vee$E):

$$\frac{\mathrm{m(m_1, \ldots, m_k)} \quad A[u]}{\mathrm{n(m_1, \ldots, m_k)} \quad \vee xA[x]}$$

Existenzquantorbeseitigung ($\vee$B):

$$\frac{\mathrm{m(m_1, \ldots, m_k)} \quad \vee xA[x]}{\mathrm{n(m_1, \ldots, m_k)} \quad A[a] \quad a(b_1, \ldots, b_h)}$$

falls der Objektparameter a in keiner Zeile $<$n vorkommt, und $b_1, \ldots, b_h$ sämtliche Objektparameter von $\vee xA[x]$ sind.

Durch die Angabe ‚$a(b_1, \ldots, b_h)$' wird *a in Abhängigkeit von* $b_1, \ldots, b_h$ *markiert.* Ferner definieren wir induktiv für die nächste Regel:

1. Ist a in Abhängigkeit von b markiert, so *hängt a von b ab*;
2. hängt a von b, und b von c ab, so *hängt a von c ab.*

Allquantoreinführung ($\bigwedge$E):

$$\frac{\mathrm{m}(\mathrm{m}_1, \ldots, \mathrm{m}_k) \qquad A[a]}{\mathrm{n}(\mathrm{m}_1, \ldots, \mathrm{m}_k) \qquad \bigwedge x A[x]},$$

falls

1. a in keiner Zeile markiert wurde,
2. a nicht in den Zeilen $\mathrm{n}, \mathrm{m}_1, \ldots, \mathrm{m}_k$ vorkommt,
3. kein von a abhängiger Parameter in den Zeilen $\mathrm{n}, \mathrm{m}_1, \ldots, \mathrm{m}_k$ vorkommt.

(AE) ist eine Null-Prämissen-Regel, (AB) hat zwei Prämissen, (JF) beliebig endlich viele (im Null-Prämissen-Fall wird eine Tautologie angefügt), die übrigen Regeln haben eine Prämisse. Die Konklusionen dieser Regeln heißen *Zeilen*; sie bestehen aus einer *Zeilenmarkierung* $\mathrm{n}(\mathrm{m}_1, \ldots, \mathrm{m}_k)$, einem Satz und im Fall von ($\bigvee$B) noch einer *Parametermarkierung* $a(b_1, \ldots, b_h)$; dabei ist n die *Zeilennummer*, $(\mathrm{m}_1, \ldots, \mathrm{m}_k)$ die (evtl. entfallende) Angabe der Zeilennummern der *Annahmen*, von denen der Satz in Zeile n *abhängt*, a der *kritische Parameter* der betreffenden ($\bigvee$B)-Anwendung und $(b_1, \ldots, b_h)$ die (evtl. entfallende) Angabe aller Objektparameter der ($\bigvee$B)-Prämisse.

Eine **N**-*Ableitung für A aus der endlichen Annahmenmenge* M^0 ist eine diesen Regeln gemäß gebildete endliche Zeilenfolge, wobei der Satz A der letzten Zeile nur von Annahmen aus M^0 abhängt und kein in A oder M^0 vorkommender Objektparameter irgendwo markiert ist. Die **N**-*Ableitbarkeit* und **N**-*Beweisbarkeit* ‚$\vdash_{\mathbf{N}}$' ist dann wie üblich definiert. Ein Beispiel für einen **N**-Beweis bildet die zu Beginn dieses Abschnitts behandelte Folge von sechs Zeilen.

Daß die *Klauseln* der Regeln ($\bigvee$B), ($\bigwedge$E) und der **N**-Ableitung wesentlich für die Korrektheit dieses Kalküls sind, wollen wir an einigen fehlerhaften Ableitungen ungültiger Schlüsse zeigen. Die Klausel von ($\bigvee$B) verhindert z.B. folgenden Schluß:

$\bigvee x Px, \ \bigvee x \neg Px \vdash_{\mathbf{N}} \bigvee x(Px \wedge \neg Px)$

1(1)	$\bigvee x Px$		(AE)
2(1)	Pa	a	1, ($\bigvee$B)
3(3)	$\bigvee x \neg Px$		(AE)
4(3)	$\neg Pa$	a	3($\bigvee$B) [*Fehler*, da a in Zeile 2 vorkommt!]
5(1, 3)	$Pa \wedge \neg Pa$		2, 4, (JF)
6(1, 3)	$\bigvee x(Px \wedge \neg Px)$		5($\bigvee$E).

Die erste Klausel von ($\wedge$E) verhindert z. B. den Schluß:

$\vee xPx \vdash_{\mathbf{N}} \wedge xPx$

1(1)	$\vee xPx$		(AE)
2(1)	Pa	a	1, ($\vee$B)
3(1)	$\wedge xPx$		2, ($\wedge$E) [*Fehler*, da a markiert wurde!]

Die zweite Klausel von ($\wedge$E) verhindert z. B. den Schluß:

$Pa \vdash_{\mathbf{N}} \wedge xPx$

1(1)	Pa	(AE)
2(1)	$\wedge xPx$	1, ($\wedge$E) [*Fehler*, da a in Zeile 1 vorkommt!]

Die dritte Klausel von ($\wedge$E) verhindert z. B. den Schluß:

$\wedge x \vee yPxy \vdash_{\mathbf{N}} \vee y \wedge xPxy$

1(1)	$\wedge x \vee yPxy$		(AE)
2(1)	$\vee yPay$		1, ($\wedge$B)
3(1)	Pab	$b(a)$	2, ($\vee$B)
4(1)	$\wedge xPxb$		3, ($\wedge$E) [*Fehler*, da das von a abhängige b in Zeile 4 vorkommt!]
5(1)	$\vee y \wedge xPxy$		4, ($\vee$E)

Die Klausel der **N**-Ableitung verhindert z. B. folgenden Schluß:

$\vee xPx \vdash_{\mathbf{N}} Pa$

1(1)	$\vee xPx$		(AE)
2(1)	Pa	a	1, ($\vee$B);

denn hier ist ein Parameter des abzuleitenden Satzes markiert. Ebenso verhindert diese Klausel z. B. den Schluß:

$\vee xPx, \neg Pa \vdash_{\mathbf{N}} \vee x(Px \wedge \neg Px)$

1(1)	$\vee xPx$		(AE)
2(1)	Pa	a	1, ($\vee$B)
3(3)	$\neg Pa$		(AE)
4(1, 3)	$Pa \wedge \neg Pa$		2, 3, (JF)
5(1, 3)	$\vee x(Px \wedge \neg Px)$		4, ($\vee$E);

denn hier ist ein Parameter der Annahme in Zeile 2 markiert.

Damit der Leser nicht den Eindruck erhält, „im Kalkül **N** seien vorwiegend unzulässige Beweise zu führen", geben wir nun drei Beispiele für korrekte Beweisführungen in **N**.

(*a*) $\vdash_{\mathbf{N}} \bigwedge xPx \leftrightarrow \neg \bigvee x \neg Px$

Beweis:

1(1)	$\bigvee x \neg Px$		(AE)
2(1)	$\neg Pa$	a	1, ($\bigvee$B)
3	$\bigvee x \neg Px \rightarrow \neg Pa$		1,2 (AB)
4(4)	$\bigwedge xPx$		(AE)
5(4)	Pa		4, ($\bigwedge$B)
6	$\bigwedge xPx \rightarrow Pa$		4,5 (AB)
7	$\bigwedge xPx \rightarrow \neg \bigvee x \neg Px$		3, 6, (JF)
8(8)	$\neg Pb$		(AE)
9(8)	$\bigvee x \neg Px$		8, ($\bigvee$E)
10	$\neg Pb \rightarrow \bigvee x \neg Px$		8, 9, (AB)
11(11)	$\neg \bigvee x \neg Px$		(AE)
12(11)	Pb		10, 11, (JF)
13(11)	$\bigwedge xPx$		12, ($\bigwedge$E) (Klauseln erfüllt!)
14	$\neg \bigvee x \neg Px \rightarrow \bigwedge xPx$		11, 13, (AB)
15	$\bigwedge xPx \leftrightarrow \neg \bigvee x \neg Px$		7, 14, (JF), Def. $\leftrightarrow$

(*b*) $\bigwedge x(\bigvee y(Pf(y) \rightarrow Qx)), \quad \bigwedge zPz \vdash_{\mathbf{N}} \bigwedge x \bigwedge yQg(xy)$

Beweis:

1(1)	$\bigwedge x \bigvee y(Pf(y) \rightarrow Qx)$		(AE)
2(1)	$\bigvee y(Pf(y) \rightarrow Qg(ab))$		1, ($\bigwedge$B)
3(1)	$Pf(c) \rightarrow Qg(ab)$	$c(a,b)$	2, ($\bigvee$B)
4(4)	$\bigwedge zPz$		(AE)
5(4)	$Pf(c)$		4, ($\bigwedge$B)
6(1, 4)	$Qg(ab)$		3, 5 (JF)
7(1, 4)	$\bigwedge yQg(ay)$		6, ($\bigwedge$E)
8(1, 4)	$\bigwedge x \bigwedge yQg(xy)$		7, ($\bigwedge$E)

(*c*) $\bigwedge x \bigwedge y(Pxy \rightarrow Pyx), \quad \bigwedge x \bigwedge y \bigwedge z(Pxy \wedge Pyz \rightarrow Pxz)$
$\vdash_{\mathbf{N}} \bigwedge x(\bigvee yPxy \leftrightarrow Pxx)$

Beweis:

1(1)	Paa		(*AE*)
2(1)	$\bigvee yPay$		1, ($\bigvee$E)
3	$Paa \rightarrow \bigvee yPay$		1, 2, (AB)
4(4)	$\bigvee yPay$		(AE)
5(4)	Pab	$b(a)$	4, ($\bigvee$B)
6(6)	$\bigwedge x \bigwedge y(Pxy \rightarrow Pyx)$		(AE)
7(6)	$\bigwedge y(Pay \rightarrow Pya)$		6, ($\bigwedge$B)
8(6)	$Pab \rightarrow Pba$		7, ($\bigwedge$B)
9(9)	$\bigwedge x \bigwedge y \bigwedge z(Pxy \wedge Pyz \rightarrow Pxz)$		(AE)

10(9)	$\bigwedge y \bigwedge z(Pay \wedge Pyz \rightarrow Paz)$	9, ($\bigwedge$B)
11(9)	$\bigwedge z(Pab \wedge Pbz \rightarrow Paz)$	10, ($\bigwedge$B)
12(9)	$Pab \wedge Pba \rightarrow Paa$	11, ($\bigwedge$B)
13(4, 6, 9)	Paa	5, 8, 12, (JF)
14(6, 9)	$\bigvee yPay \rightarrow Paa$	4, 13, (AB)
15(6, 9)	$\bigvee yPay \leftrightarrow Paa$	3, 14, (JF)
16(6, 9)	$\bigwedge x \bigvee y(Pxy \leftrightarrow Pxx)$	15, ($\bigwedge$E)

4.6.2 Semantische Korrektheit von N. Zum Nachweis der *Korrektheit* von **N** führen wir einige Hilfsbegriffe ein. $A_1, \ldots, A_n, \ldots, A_r$ sei die Folge aller Sätze einer **N**-Ableitung Φ (mit $1 \leqq n \leqq r$). Dann sei für jede n-te Zeilenmarkierung $n(m_1, \ldots, m_k)$ $AN_n =_{df} \{A_{m_1}, \ldots, A_{m_k}\}$, also die Menge der Annahmen, von denen A_n abhängt. Jedes Konditional $\bigvee xA[x] \rightarrow A[a]$, das aus der Prämisse und Konklusion einer ($\bigvee$B)-Anwendung von Φ gebildet ist, heiße *Parametereinführung (für a) aus Φ*. Parametereinführungen für solche a, die entweder selbst in A_n oder AN_n vorkommen oder von denen ein Parameter abhängt, der in A_n oder AN_n vorkommt, heißen *relevant für A_n*; ihre Menge bezeichnen wir mit RP_n.

Wir werden nun zeigen, daß jeder Satz A_n von Φ aus seinen Annahmen AN_n und den relevanten Parametereinführungen RP_n q-folgt (Hilfssatz 3); die irrelevanten Parametereinführungen spielen dabei keine Rolle (Hilfssatz 1 und 2). Da nach der Klausel der **N**-Ableitung für den letzten Satz A_r von Φ keine Parametereinführung mehr relevant ist, folgt A_r allein aus seinen Annahmen AN_r, womit die Korrektheit des Kalküls bewiesen ist.

Hilfssatz 1 *M sei eine endliche Satzmenge, und a ein Parameter, der in M, A[x], B nicht vorkommt. Dann gilt:*
$\bigvee xA[x] \rightarrow A[a],\ M \Vdash_q B \Rightarrow M \Vdash_q B$.

Beweis: Für die Konjunktion $M^\wedge$ der Sätze von M gilt:
$\Vdash_q (\bigvee xA[x] \rightarrow A[a]) \rightarrow (M^\wedge \rightarrow B)$, n.V.; daraus folgt
$\Vdash_q \bigwedge y((\bigvee xA[x] \rightarrow A[y]) \rightarrow (M^\wedge \rightarrow B))$, nach Th. 3.12
$\Vdash_q \bigvee y(\bigvee xA[x] \rightarrow A[y]) \rightarrow (M^\wedge \rightarrow B)$, nach 3.4, 5. Schema von d)
$\Vdash_q (\bigvee xA[x] \rightarrow \bigvee yA[y]) \rightarrow (M^\wedge \rightarrow B)$, nach 3.4, 8. Schema von d)
$\Vdash_q M^\wedge \rightarrow B$, d.h. $M \Vdash_q B$. □

Hilfssatz 2 *Wenn $\bigvee xA[x] \rightarrow A[a]$ eine Parametereinführung aus Φ ist, die nicht zu RP_n gehört, a nicht in M vorkommt und $\bigvee xA[x] \rightarrow A[a]$, M, RP_n, $AN_n \Vdash_q A_n$, dann gilt auch M, RP_n, $AN_n \Vdash_q A_n$.*

Beweis: Nach der ersten Voraussetzung kommt a in A_n, AN_n nicht vor. *Angenommen, a* kommt in einem Satz $\bigvee xB[x] \rightarrow B[b]$ von RP_n vor;

dann ist b entweder $=a$ oder abhängig von a. Nach Def. von RP_n kommt dann entweder b oder ein von b abhängiges c in A_n, AN_n vor; also kommt entweder a oder ein von a abhängiger Parameter in A_n, AN_n vor; und $\bigvee xA[x] \to A[a]$ wäre ein Satz von RP_n, im Widerspruch zur ersten Voraussetzung. Also kommt a in $A[x]$, M, RP_n, AN_n, A_n nicht vor. Dann folgt die Behauptung nach Hilfssatz 1. □

Hilfssatz 3 $AN_n, RP_n \Vdash_q A_n$.

Beweis durch Induktion nach n.

1. A_n sei nach (AE) gewonnen. Dann gilt die Behauptung, da $AN_n = \{A_n\}$.

2. $A_n = A_j \to A_m$ sei nach (AB) aus A_j, A_m gewonnen. Nach I.V. gilt $AN_m, RP_m \Vdash_q A_m$. Da $AN_m \setminus \{A_j\} = AN_n$ und $RP_m = RP_n$ ist, folgt $AN_n, RP_n \Vdash_q A_j \to A_m$.

3. A_n sei nach (JF) aus $A_{m_1}, \ldots, A_{m_j}$ gewonnen. Nach I.V. gilt $AN_{m_1}, \ldots, AN_{m_j}, RP_{m_1}, \ldots, RP_{m_j} \Vdash_q A_{m_1} \wedge \ldots \wedge A_{m_j}$. Da $AN_{m_1} \cup \ldots \cup AN_{m_j} = AN_n$ und $A_{m_1}, \ldots, A_{m_j} \Vdash_j A_n$, folgt

$$(1)\quad RP_{m_1}, \ldots, RP_{m_j}, AN_n, RP_n \Vdash_q A_n.$$

Alle Sätze von $RP_{m_1}, \ldots, RP_{m_j}$, die nicht zu RP_n gehören, lassen sich nach Hilfssatz 2 aus (1) *eliminieren*: als erster jener, welcher der letzten ($\bigvee$B)-Anwendung in Φ entspricht (denn sein kritischer Parameter kommt nach der Klausel von ($\bigvee$B) in den anderen Sätzen nicht vor), anschließend der vorletzte, usw. Nach endlich vielen Schritten ergibt sich die Behauptung.

4. $A_n = A[u]$ sei nach ($\bigwedge$B) aus $A_m = \bigwedge xA[x]$ gewonnen. Nach I.V. gilt $AN_m, RP_m \Vdash_q \bigwedge xA[x]$. Da $AN_m = AN_n$, $RP_m \subseteq RP_n$, $\bigwedge xA[x] \Vdash_q A[u]$, folgt die Behauptung.

5. $A_n = \bigvee xA[x]$ sei nach ($\bigvee$E) aus $A_m = A[u]$ gewonnen. Nach I.V. gilt $AN_m, RP_m \Vdash_q A[u]$. Da $AN_m = AN_n$ und $A[u] \Vdash_q \bigvee xA[x]$, folgt

$$(2)\quad AN_n, RP_m \Vdash_q \bigvee xA[x].$$

Alle Sätze von RP_m, die nicht zu RP_n gehören (da ihr kritischer Parameter in u vorkommt), lassen sich wie im Fall 3 aus (2) eliminieren; daher folgt die Behauptung.

6. $A_n = A[a]$ sei nach ($\bigvee$B) aus $A_m = \bigvee xA[x]$ gewonnen. Nach I.V. gilt $AN_m, RP_m \Vdash_q \bigvee xA[x]$, daher auch $AN_m, RP_m, \bigvee xA[x] \to A[a] \Vdash_q A[a]$. Da $AN_m = AN_n$ und $RP_m \cup \{\bigvee xA[x] \to A[a]\} = RP_n$, folgt die Behauptung.

7. $A_n = \bigwedge xA[x]$ sei nach ($\bigwedge$E) aus $A_m = A[a]$ gewonnen. Nach I.V. gilt $AN_m, RP_m \Vdash_q A[a]$. Ferner $AN_m = AN_n$ und $RP_m = RP_n$ (denn a wird nach der ersten Klausel von ($\bigwedge$E) und der Klausel von ($\bigvee$B) nie

markiert, daher gibt es keine Parametereinführung für a.) Also gilt

(3) $AN_n, RP_n \Vdash_q A[a]$.

Nach der zweiten Klausel von ($\wedge$E) kommt a in A_n, AN_n nicht vor. *Angenommen*, a kommt in einem Satz $\vee xB[x] \rightarrow B[b]$ von RP_n vor; dann ist b entweder $=a$ oder abhängig von a, und n.Def. von RP_n kommt entweder b oder ein von b abhängiges c in A_n, AN_n vor; also kommt entweder a oder ein von a abhängiger Parameter in A_n, AN_n vor, im Widerspruch zur zweiten oder dritten Klausel von ($\wedge$E). Also kommt a in AN_n, RP_n, $A[x]$ nicht vor. Dann folgt die Behauptung aus (3) nach Th. 3.12. □

Mit Hilfssatz 3 ergibt sich die *q-Folgerungskorrektheit von* **N**:

Th. 4.6.1 $M \vdash_{\mathbf{N}} A \Rightarrow M \Vdash_q A$.

Denn n.V. gibt es eine **N**-Ableitung mit den Sätzen $A_1, \ldots, A_r$ für $A = A_r$ aus einer Annahmenmenge $M^0 \subset M$. Nach Hilfssatz 3 gilt AN_r, $RP_r \Vdash_q A_r$, und da n.Def. der **N**-Ableitung $AN_r \subset M^0$ und $RP_r = \emptyset$ (da kein Parameter von A_r, AN_r markiert ist), folgt $M \Vdash_q A$.

4.6.3 Semantische Vollständigkeit von N. Zum Beweis der *Vollständigkeit* von **N** werden wir zeigen, daß jede Ableitung im axiomatischen Kalkül **A** in eine **N**-Ableitung transformiert werden kann. Dazu benötigen wir die Tatsache, daß man **N**-Ableitungen nach Vornahme gewisser Parameter-Umbenennungen und Zeilen-Umnumerierungen *aneinanderfügen* kann.

Hilfssatz *Φ_1, Φ_2 seien* **N**-*Ableitungen für A_1 bzw. A_2 aus den Annahmemengen M_1^0 bzw. M_2^0. Dann gibt es eine* **N**-*Ableitung $\Phi = \Psi_1$, Ψ'_2 für A_2 aus M_2^0, wobei Ψ_1 eine* **N**-*Ableitung für A_1 aus M_1^0 ist.*

Beweis: a sei ein in Φ_1 markierter Parameter. Wenn wir a überall in Φ_1 durch einen Parameter b ersetzen, der in Φ_1, Φ_2, M_1^0, M_2^0 nicht vorkommt, so gehen alle Regelanwendungen in korrekte Anwendungen derselben Regel über, und es entsteht wiederum eine **N**-Ableitung für A_1 aus M_1^0 (da a nach der Klausel der **N**-Ableitung weder in A_1 noch in M_1^0 vorkommt.) Daher erhält man nach gewissen alphabetischen Umbenennungen markierter Parameter eine **N**-Ableitung Ψ_1 für A_1 aus M_1^0, in der kein Parameter markiert ist, der in Φ_2 oder M_2^0 vorkommt, und völlig analog auch eine **N**-Ableitung Ψ_2 für A_2 aus M_2^0, in der kein Parameter markiert ist, der in Ψ_1 oder M_1^0 vorkommt. Ψ'_2 entstehe aus Ψ_2 durch Erhöhung aller Zeilenangaben um die Anzahl der Zeilen von Ψ_1. Dann ist $\Phi = \Psi_1, \Psi'_2$ offenbar eine **N**-Ableitung für A_2 aus M_2^0, da die Klauseln von ($\vee$B) und ($\wedge$E) in Ψ'_2 erfüllt sind.

Th. 4.6.2 $M \vdash_{\mathbf{A}} A \Rightarrow M \vdash_{\mathbf{N}} A$.

Beweis: N.V. gibt es eine **A**-Ableitung $\Psi = A_1, \ldots, A_n$ für $A_n = A$ aus einer endlichen Annahmemenge $M^0 \subset M$. Wir zeigen durch Induktion nach n, daß es eine **N**-Ableitung für A_n aus M^0 gibt, und daher $M \vdash_{\mathbf{N}} A$.

1. A_n sei eine Annahme in Ψ, also $A_n \in M^0$. Dann ist

1(1) A_n (AE)

eine **N**-Ableitung für A_n aus M^0.

2. A_n sei in Ψ ein Axiom nach (J), also eine Tautologie. Dann ist

1 A_n (JF)

eine **N**-Ableitung für A_n aus M^0.

3. $A_n = \wedge x A[x] \rightarrow A[u]$ sei in Ψ ein Axiom nach (A). Dann ist

1(1)	$\wedge x A[x]$	(AE)
2(1)	$A[u]$	1, ($\wedge$B)
3	$\wedge x A[x] \rightarrow A[u]$	1, 2, (AB)

eine **N**-Ableitung für A_n aus M^0. (Völlig analog verläuft der Beweis für Axiome nach (E) mit ($\vee$E).)

4. $A_n = B$ sei in Ψ aus vorangehenden Sätzen A, $A \rightarrow B$ nach (MP) gewonnen. Nach I.V. und dem Hilfssatz gibt es eine zusammengesetzte **N**-Ableitung Φ mit einer Zeile

$j(j_1, \ldots, j_h)$ A

und der Endzeile

$m(m_1, \ldots, m_k)$ $A \rightarrow B$,

wobei die Sätze der Zeilen $j_1, \ldots, j_h, m_1, \ldots, m_k$ aus M^0 sind. Wir erweitern Φ um die Zeile

$m+1(j_1, \ldots, j_h, m_1, \ldots, m_k)$ B j, m, (JF)

und erhalten eine **N**-Ableitung für A_n aus M^0.

5. $A_n = B \rightarrow \wedge x A[x]$ sei aus $B \rightarrow A[a]$ nach (AG) gewonnen. Nach I.V. gibt es eine **N**-Ableitung Φ mit der Endzeile

$m(m_1, \ldots, m_k)$ $B \rightarrow A[a]$,

wobei die Sätze der Zeilen $m_1, \ldots, m_k$ aus M^0 sind. Nach der Klausel von (AG) kommt a weder in den Zeilen $m_1, \ldots, m_k$ noch in $B \rightarrow \wedge x A[x]$ vor; und nach der Klausel der **N**-Ableitung kommt kein in Φ markierter Parameter in den Zeilen m, $m_1, \ldots, m_k$ vor. Daher gilt:

(1) a ist nicht in Φ markiert (da a in Zeile m vorkommt);
(2) a kommt nicht in den Zeilen $m_1, \ldots, m_k$, B, $\wedge x A[x]$ vor;
(3) kein von a abhängiger Parameter kommt in den Zeilen $m_1, \ldots, m_k$, B, $\wedge x A[x]$ vor (da kein in Φ markierter Parameter dort vorkommt).

Wir erweitern Φ um die Zeilen:

$m+1(m+1)$	B	(AE)
$m+2(m_1, \ldots, m_k, m+1)$	$A[a]$	m, m+1, (JF)
$m+3(m_1, \ldots, m_k, m+1)$	$\wedge x A[x]$	m+2, ($\wedge$E) [Klauseln nach (1), (2), (3) erfüllt!]
$m+4(m_1, \ldots, m_k)$	$B \rightarrow \wedge x A[x]$	m+1, m+3, (AB)

und erhalten eine **N**-Ableitung für A_n aus M^0.

6. $A_n = \vee x A[x] \rightarrow B$ sei in Ψ aus $A[a] \rightarrow B$ nach (EG) gewonnen, Nach I.V. gibt es eine **N**-Ableitung Φ mit der Endzeile

$$m(m_1, \ldots, m_k) \quad A[a] \rightarrow B,$$

wobei die Sätze der Zeilen $m_1, \ldots, m_k$ aus M^0 sind. Wie im letzten Fall kommt a weder in den Zeilen $m_1, \ldots, m_k$ noch in $\vee x A[x] \rightarrow B$ vor, und kein in Φ markierter Parameter kommt in den Zeilen $m, m_1, \ldots, m_k$ vor. Daher gilt wieder:

(1) a ist nicht in Φ markiert;
(2) a kommt nicht in den Zeilen $m_1, \ldots, m_k$, $\vee x A[x], B$ vor;
(3) kein von a abhängiger Parameter kommt in den Zeilen $m_1, \ldots, m_k$, $\vee x A[x], B$ vor.

Wir erweitern Φ um die Zeilen:

$m+1(m_1, \ldots, m_k)$	$\wedge x(A[x] \rightarrow B)$	m, ($\wedge$E) [Klauseln nach (1), (2), (3) erfüllt!]
$m+2(m+2)$	$\vee x A[x]$	(AE)
$m+3(m+2)$	$A[b]\; b(\ldots)$	($\vee$B), wobei b in Φ, M^0 nicht vorkommt
$m+4(m_1, \ldots, m_k)$	$A[b] \rightarrow B$	m+1, ($\wedge$B)
$m+5(m_1, \ldots, m_k, m+2)$	B	m+3, m+4, (JF)
$m+6(m_1, \ldots, m_k)$	$\vee x A[x] \rightarrow B$	m+2, m+5, (AB)

und erhalten eine **N**-Ableitung für A_n aus M^0. □

Zusammen mit Th. 4.5.4 und Th. 4.6.1 ergibt sich die *q-Folgerungsadäquatheit* von **N** für unendlich erweiterbare Satzmengen M^*:

Th. 4.6.3 $M^* \vdash_{\mathbf{N}} A \Leftrightarrow M^* \Vdash_q A$.

4.7 Positiv/Negativteil-Kalkül („Schütte-Kalkül")

4.7.1 Beschreibung des Kalküls P. Dieser Kalkül ist eine Verallgemeinerung des Sequenzenkalküls, wobei anstelle der Sequenzen nun wieder *Sätze* verwendet werden, in denen bestimmte *Teilsätze*, die sog. „Positiv-" und „Negativteile", die Rolle der Hinter- und Vorderglieder übernehmen. Bei der Darstellung dieses Kalküls verzichten wir auf das Konditional als Grundsymbol und betrachten $F \to G$ als metasprachliche Abkürzung für $\neg F \vee G$. Dadurch ergeben sich gewisse Symmetrieeigenschaften, die auf dem dualen Charakter von $\wedge$ und $\vee$ beruhen. (Näheres zur Dualität findet sich in Abschn. 6.1.)

Bestimmte j-Teilsätze von C, aus deren Wahrheit bzw. Falschheit die Wahrheit von C folgt, werden nun als *Positivteile* (‚PT') und *Negativteile* (‚NT') von C definiert:

T1. C ist PT von C;

T2. ist $\neg A$ PT von C, so ist A NT von C;

T3. ist $\neg A$ NT von C, so ist A PT von C;

T4. ist $A \vee B$ PT von C, so sind A und B PT von C;

T5. ist $A \wedge B$ NT von C, so sind A und B NT von C.

Hätten wir das Konditional als Grundjunktor zugelassen, so müßte die Bestimmung hinzugenommen werden:

T6. Ist $A \to B$ PT von C, so ist A NT von C und B PT von C.

Ein Beispiel: Im Satz $\neg((Pab \vee Pac) \wedge \neg \bigvee xQx) \vee \bigwedge x \neg(Pax \wedge Qx)$ ist

1. $\neg((Pab \vee Pac) \wedge \neg \bigvee xQx) \vee \bigwedge x \neg(Pax \wedge Qx)$	PT nach T1,
2. $\neg((Pab \vee Pac) \wedge \neg \bigvee xQx)$ und $\bigwedge x \neg(Pax \wedge Qx)$	PT nach 1 und T4,
3. $(Pab \vee Pac) \wedge \neg \bigvee xQx$	NT nach 2 und T2,
4. $Pab \vee Pac$ und $\neg \bigvee xQx$	NT nach 3 und T5,
5. $\bigvee xQx$	PT nach 4 und T3.

Wie die Bezeichnungen andeuten, ist die Wahrheit eines PT, und ebenso die Falschheit eines NT, *hinreichend* für die Wahrheit des gesamten Satzes.

Th. 4.7.1 $\mathfrak{b}$ *sei eine j-Bewertung, bei der ein Positivteil A von C den Wert* **w** *oder ein Negativteil A von C den Wert* **f** *hat. Dann ist C bei* $\mathfrak{b}$ **w**.

Beweis durch Induktion nach der Anzahl der Junktoren von C außerhalb des PT bzw. NT A. Für A gilt n.Def. einer der Fälle:

1. A ist PT von C nach T1. Dann ist $A = C$, und die Behauptung trivial.

2. A ist NT von C nach T2. Dann ist $\neg A$ PT von C, daher $\mathfrak{b}(A) = \mathbf{f} \Rightarrow \mathfrak{b}(\neg A) = \mathbf{w} \Rightarrow \mathfrak{b}(C) = \mathbf{w}$ nach I.V.

3. A ist PT von C nach T3. Dann ist $\neg A$ NT von C, daher $\mathfrak{b}(A) = \mathbf{w} \Rightarrow \mathfrak{b}(\neg A) = \mathbf{f} \Rightarrow \mathfrak{b}(C) = \mathbf{w}$ nach I.V.

4. A ist PT von C nach T4. Dann ist $A \vee B$ (bzw. $B \vee A$) PT von C, daher $\mathfrak{b}(A) = \mathbf{w} \Rightarrow \mathfrak{b}(A \vee B) = \mathbf{w}$ (bzw. $\mathfrak{b}(B \vee A) = \mathbf{w}$) $\Rightarrow \mathfrak{b}(C) = \mathbf{w}$ nach I.V.

5. A ist NT von C nach T5. Dann ist $A \wedge B$ (bzw. $B \wedge A$) NT von C, daher $\mathfrak{b}(A) = \mathbf{f} \Rightarrow \mathfrak{b}(A \wedge B) = \mathbf{f}$ (bzw. $\mathfrak{b}(B \wedge A) = \mathbf{f}$) $\Rightarrow \mathfrak{b}(C) = \mathbf{w}$ nach I.V. □

Zur Bezeichnung von Sätzen mit bestimmten PT und NT verwenden wir die folgende Symbolik. ‚$C[A_+]$' bezeichnet einen Satz, der an einer bestimmten Stelle den PT A enthält; und entsprechend bezeichnet ‚$C[A_-]$' einen Satz mit dem NT A an einer bestimmten Stelle. Teilsätze, die kein Symbol gemeinsam haben (also nicht Teilsätze voneinander sind), heißen *getrennt*. ‚$C[A^1_\pm, \ldots, A^n_\pm]$' bezeichnet einen Satz, der voneinander getrennte PT bzw. NT $A^1, \ldots, A^n$ enthält. Im gleichen Kontext verwendete Bezeichnungen ‚$C[A_\pm]$', ‚$C[B_\pm]$' sind so zu verstehen, daß aus dem ersten Satz der zweite durch Ersetzung des bezeichneten A durch B entsteht; entsprechend sind ‚$C[A_\pm, B_\pm]$', ‚$C[B_\pm, A_\pm]$' Bezeichnungen von Sätzen, die auseinander durch Vertauschung der bezeichneten A, B entstehen. $C[—]$ sei die (evtl. leere) Zeichenfolge, die aus $C[A_\pm]$ durch Streichung von A als bezeichneten PT bzw. NT entsteht, und $C[—, \ldots, —]$ sei die (evtl. leere) Zeichenfolge, die aus $C[A^1_\pm, \ldots, A^n_\pm]$ durch Streichung von $A^1, \ldots, A^n$ als bezeichneten Positiv- bzw. Negativteilen entsteht.

Wir formulieren nun die *Axiome* und *Regeln* des *Positiv/Negativteil-Kalküls* **P**.

Axiomenschema: $C[A_+, A_-]$, falls A elementar ist.

Axiome sind also alle Sätze, die einen elementaren Teilsatz $Pu_1 \ldots u_n$ einmal als PT und einmal als NT enthalten.

Regeln:

(S1a) $$\frac{C[A_+] \quad C[B_+]}{C[(A \wedge B)_+]}$$

(S1b) $$\frac{C[A_-] \quad C[B_-]}{C[(A \vee B)_-]}$$

(S2a) $$\frac{C[A[a]_+]}{C[\bigwedge x A[x]_+]}$$
falls a in der Konklusion nicht vorkommt

(S2b) $$\frac{C[A[a]_-]}{C[\bigvee x A[x]_-]}$$
falls a in der Konklusion nicht vorkommt

(S3a) $$\frac{C[\bigvee x A[x]_+] \vee A[u]}{C[\bigvee x A[x]_+]}$$

(S3b) $$\frac{C[\bigwedge x A[x]_-] \vee \neg A[u]}{C[\bigwedge x A[x]_-]}$$

Hätten wir das Konditional als Grundjunktor zugelassen, so müßte die folgende Regel hinzugenommen werden:

$$\text{(S1c)}\quad \frac{C[\neg A_-]\quad C[B_-]}{C[(A \rightarrow B)_-]}$$

Der Ableitungs- und Beweisbegriff von **P** ist ähnlich wie im Sequenzenkalkül definiert: Ein **P**-*Beweis für A* ist eine endliche Satzfolge $A_1, \ldots, A_n$, wobei $A_n = A$ und jedes A_i (mit $1 \leqq i \leqq n$) entweder ein Axiom ist oder aus einem bzw. zwei vorangehenden A_h (mit $h < i$) nach einer Regel gewonnen wird. Eine **P**-*Ableitung für A aus der endlichen Annahmenmenge* M^0 ist ein **P**-Beweis für $\neg M^{0\wedge} \vee A$, wobei $M^{0\wedge}$ wieder eine Konjunktion der Sätze von M^0 sei. Die **P**-*Ableitbarkeit* und -*Beweisbarkeit* ‚$\vdash_{\mathbf{P}}$' ist dann wie üblich definiert. Ein Beispiel:

$\bigwedge x(Px \vee Qx), \neg \bigvee xPx \vdash_{\mathbf{P}} \bigwedge xQx$

1.	$\neg(\bigwedge x(Px \vee Qx) \wedge \neg \bigvee xPx) \vee Qa \vee \neg Pa \vee Pa$	Axiom
2.	$\neg(\bigwedge x(Px \vee Qx) \wedge \neg \bigvee xPx) \vee Qa \vee \neg Qa \vee Pa$	Axiom
3.	$\neg(\bigwedge x(Px \vee Qx) \wedge \neg \bigvee xPx) \vee Qa \vee \neg(Pa \vee Qa) \vee Pa$	1, 2, (S1b)
4.	$\neg(\bigwedge x(Px \vee Qx) \wedge \neg \bigvee xPx) \vee Qa \vee \neg(Pa \vee Qa)$	3, (S3a)
5.	$\neg(\bigwedge x(Px \vee Qx) \wedge \neg \bigvee xPx) \vee Qa$	4, (S3b)
6.	$\neg(\bigwedge x(Px \vee Qx) \wedge \neg \bigvee xPx) \vee \bigwedge xQx$	5, (S2a).

4.7.2 Semantische Korrektheit von P. Wir zeigen nun, daß **P** bezüglich der q-Gültigkeit *korrekt* ist:

Th. 4.7.2 $\vdash_{\mathbf{P}} A \Rightarrow \Vdash_q A$.

Beweis durch Induktion nach der Länge n des **P**-Beweises $A_1, \ldots, A_n$ für $A_n = A$.

1. A_n ist ein Axiom $C[A_+, A_-]$. Da A bei jeder j-Bewertung **w** oder **f** ist, ist A_n nach Th. 4.7.1 j-gültig, also q-gültig.

2. $A_n = C[(A \wedge B)_+]$ wird nach (S1a) aus $C[A_+]$ und $C[B_+]$ gewonnen. Nach (**R**$\wedge$) hat $A \wedge B$ bei jeder q-Bewertung entweder denselben Wert wie A oder wie B; daher hat nach Th. 3.6 A_n entweder denselben Wert wie $C[A_+]$ oder wie $C[B_+]$. Nach I.V. sind diese Sätze q-gültig, also auch A_n.

3. $A_n = C[(A \vee B)_-]$ wird nach (S1b) aus $C[A_-]$ und $C[B_-]$ gewonnen. Der Beweis ist analog, da $A \vee B$ entweder denselben Wert wie A oder wie B hat.

4. $A_n = C[\bigwedge xA[x]_+]$ wird nach (S2a) aus $C[A[a]_+]$ gewonnen, wobei a in A_n nicht vorkommt. Nach I.V. gilt $\Vdash_q C[A[a]_+]$, und nach Th. 3.11(a) folgt $\Vdash_q C[A[b]_+]$ für jedes b. *Angenommen*, A_n wäre **f** bei einer q-Bewertung $\mathfrak{b}$, so wäre nach Th. 4.7.1 $\mathfrak{b}(\bigwedge xA[x]) = \mathbf{f}$, also für ein b

$\mathfrak{b}(A[b])=\mathbf{f}$, daher nach Th. 3.6 $\mathfrak{b}(C[A[b]_+])=\mathbf{f}$, im Widerspruch zu $\Vdash_q C[A[b]_+]$.

5. $A_n = C[\bigvee xA[x]_-]$ wird nach (S2b) aus $C[A[a]_-]$ gewonnen, wobei a in A_n nicht vorkommt. Nach I.V. gilt $\Vdash_q C[A[a]_-]$, und nach Th. 3.11 folgt $\Vdash_q C[A[b]_-]$, für jedes b. *Angenommen*, A_n wäre $\mathbf{f}$ bei einer q-Bewertung $\mathfrak{b}$, so wäre nach Th. 4.7.1 $\mathfrak{b}(\bigvee xA[x])=\mathbf{w}$, also für ein b $\mathfrak{b}(A[b])=\mathbf{w}$, daher nach Th. 3.6 $\mathfrak{b}(C[A[b]_-])=\mathbf{f}$, im Widerspruch zu $\Vdash_q C[A[b]_-]$.

6. $A_n = C[\bigvee xA[x]_+]$ wird nach (S3a) aus $C[\bigvee xA[x]_+] \vee A[u]$ gewonnen. Nach I.V. erfüllt jede q-Bewertung entweder $C[\bigvee xA[x]_+]$, also A_n, oder sie erfüllt $A[u]$, also auch $\bigvee xA[x]$, und nach Th. 4.7.1 auch A_n.

7. $A_n = C[\bigwedge xA[x]_-]$ wird nach (S3b) aus $C[\bigwedge xA[x]_-] \vee \neg A[u]$ gewonnen. Nach I.V. erfüllt jede q-Bewertung entweder $C[\bigwedge xA[x]_-]$, also A_n oder $\neg A[u]$, bewertet also $\bigwedge xA[x]$ mit $\mathbf{f}$, und erfüllt nach Th. 4.7.1 A_n. □

Aus der q-Gültigkeitskorrektheit von **P** ergibt sich trivialerweise die *q-Folgerungskorrektheit*,

Th. 4.7.2' $M \vdash_{\mathbf{P}} A \Rightarrow M \Vdash_q A$.

Beweis: Nach Voraussetzung und Def. von ‚$\vdash_{\mathbf{P}}$' gilt für eine endliche Satzmenge $M^0 \subset M$: $\vdash_{\mathbf{P}} \neg M^{0\wedge} \vee A$, also nach Th. 4.7.2 $\Vdash_q \neg M^{0\wedge} \vee A$, also $M \Vdash_q A$. □

Die Umkehrung werden wir mit Hilfe der Vollständigkeit des Sequenzenkalküls zeigen. Zunächst beweisen wir für **P** eine Verallgemeinerung des Axiomenschemas:

(AS) $\vdash_{\mathbf{P}} C[A_+, A_-]$ für beliebig komplexes A.

Beweis durch Induktion nach der Anzahl der logischen Zeichen von A.

1. A sei ein Satz ohne logische Zeichen, also elementar. Dann ist $C[A_+, A_-]$ ein Axiom.

2. A sei ein Satz $\neg B$. Dann ist $C[(\neg B)_+, (\neg B)_-)]$ auch ein Satz der Gestalt $C'[B_-, B_+]$ und nach I.V. beweisbar.

3. A sei ein Satz $B \wedge B'$. Nach I.V. sind $C[B_+, (B \wedge B')_-]$ und $C[B'_+, (B \wedge B')_-]$ beweisbar, und nach (S1a) folgt $C[(B \wedge B')_+, (B \wedge B')_-]$.

4. A sei ein Satz $B \vee B'$. Nach I.V. sind $C[B_-, (B \vee B')_+]$ und $C[B'_-, (B \vee B')_+]$ beweisbar, und nach (S1b) folgt $C[(B \vee B')_-, (B \vee B')_+]$.

5. A sei ein Satz $\bigwedge xB[x]$, und a ein Parameter, der in $C[\bigwedge xB[x]_+, \bigwedge xB[x]_-]$ nicht vorkommt. Nach I.V. ist $C[B[a]_+, \bigwedge xB[x]_-] \vee \neg B[a]$ beweisbar, und nach (S3b) folgt $C[B[a]_+, \bigwedge xB[x]_-]$, daraus nach (S2a) $C[\bigwedge xB[x]_+, \bigwedge xB[x]_-]$.

6. A sei ein Satz $\bigvee xB[x]$, und a ein Parameter, der in $C[\bigvee xB[x]_-, \bigvee xB[x]_+]$ nicht vorkommt. Nach I.V. ist $C[B[a]_-, \bigvee xB[x]_+] \vee B[a]$ beweisbar, und nach (S3a) folgt $C[B[a]_-, \bigvee xB[x]_+]$, daraus nach (S2b) $C[\bigvee xB[x]_-, \bigvee xB[x]_+]$. □

4.7.3 Zulässige Regeln von P. Vollständigkeit von P. Bevor wir als nächstes einige zulässige Regeln beweisen, treffen wir ein paar Vorbereitungen. Allgemein verwenden wir das Schema

$\dfrac{C_i}{C}$ zur Bezeichnung von Regelanwendungen mit einer oder zwei Prämissen C_i und der Konklusion C.

Bei jeder Regelanwendung heißen diejenigen PT bzw. NT der Prämisse(n) und Konklusion, die durch die Ausdrücke in den eckigen Klammern bezeichnet sind, *ausgezeichnet*, und der ausgezeichnete Teilsatz der Konklusion heißt *Hauptteil*; wir verwenden das Schema

$\dfrac{C_i[H_i]}{C[H]}$ zur Bezeichnung der Prämisse(n) mit ausgezeichnetem H_i und der Konklusion mit dem Hauptteil H.

Im einzelnen haben die Regelanwendungen die Gestalt:

$$\text{(S1)} \quad \frac{C_1[H_1] \quad C_2[H_2]}{C[H]}$$

wobei $C_1[-]=C_2[-]=C[-]$ und H die Konjunktion bzw. Adjunktion von H_1 und H_2 ist.

$$\text{(S2)} \quad \frac{C_1[H_1]}{C[H]}$$

wobei $C_1[-]=C[-]$ ist und H_1 die Spezialisierung von H auf ein a, das in $C[H]$ nicht vorkommt. Dieses a heißt *kritischer* Parameter der Regelanwendung.

$$\text{(S3)} \quad \frac{C_1[H_1]}{C[H]}$$

wobei $C_1[-]$ die Gestalt $C[-] \vee H'$ hat, $H_1 = H$ und H' eine Spezialisierung von H bzw. deren Negation ist.

In jedem Fall ist H ein Satz, der keinen kleineren PT oder NT enthält: bei (S1a) eine Konjunktion als PT, bei (S1b) eine Adjunktion als NT, bei (S2) und (S3) ein All- oder Existenzsatz als PT oder NT. Daher enthält $C[H]$ nur solche PT und NT, die entweder H als Teilsatz enthalten oder von H getrennt sind.

Wir benötigen ferner den Begriff der *n-Beweisbarkeit* ($n \geqq 0$):

1. Jedes Axiom ist 0-beweisbar;

2. jeder Satz, der nach (S1) aus zwei m- bzw. n-beweisbaren Sätzen folgt, wobei $m \leqq n$, ist $n+1$-beweisbar;

3. jeder Satz, der nach (S2) oder (S3) aus einem n-beweisbaren Satz folgt, ist $n+1$-beweisbar.

Ist $m < n$ bzw. $m \leqq n$, so nennen wir m-beweisbare Sätze auch *<n-beweisbar* bzw. *≦n-beweisbar*. Wir beweisen nun die Zulässigkeit einiger Regeln

$$\frac{C_i}{C},$$

indem wir durch Induktion nach n zeigen:

Ist C_i ≦n-beweisbar, so ist auch C ≦n-beweisbar.

Die *Vertauschungsregeln* sind zulässig:

$$\text{(VSa)}\ \frac{C[A_+, B_+]}{C[B_+, A_+]} \qquad \text{(VSb)}\ \frac{C[A_-, B_-]}{C[B_-, A_-]}$$

Beweis:

1. Ist $C[A, B]$ 0-beweisbar, also Axiom, so auch $C[B, A]$.

2. Ist $C[A, B]$ ≦n-beweisbar und mit Hauptteil H nach einer Regel gewonnen, so gilt:

2.1. H ist in A enthalten (bzw. in B, der Fall ist analog). Dann gilt:

2.1.1. $C[A[H], B]$ folgt nach (S1) aus $C[A[H_1], B]$ und $C[A[H_2], B]$. Nach I.V. sind $C[B, A[H_1]]$ und $C[B, A[H_2]]$ <n-beweisbar, und mit (S1) ist $C[B, A[H]]$ ≦n-beweisbar.

2.1.2. $C[A[H], B]$ folgt nach (S2) aus $C[A[H_1], B]$, wobei das kritische a in $C[A[H], B]$, also auch in $C[B, A[H]]$, nicht vorkommt. Nach I.V. ist $C[B, A[H_1]]$ <n-beweisbar, und mit (S2) ist $C[B, A[H]]$ ≦n-beweisbar.

2.1.3. $C[A[H], B]$ folgt nach (S3) aus $C[A[H], B] \vee H'$. Nach I.V. ist $C[B, A[H]] \vee H'$ <n-beweisbar, und mit (S3) ist $C[B, A[H]]$ ≦n-beweisbar.

2.2. H ist von A und B getrennt, und $C[A, B, H]$ folgt nach einer Regel (S) aus $C_i[A, B, H_i]$. Nach I.V. ist $C_i[B, A, H_i]$ <n-beweisbar, und analog zu den drei vorangehenden Fällen ist mit (S) $C[B, A, H]$ ≦n-beweisbar. □

C_a^b sei der Satz, der aus C dadurch entsteht, daß alle Vorkommnisse von a, sofern vorhanden, durch b ersetzt werden. Dann ist die *Umbenennungsregel* zulässig:

$$\text{(US)}\ \frac{C}{C_a^b}$$

Beweis:

1. Ist C 0-beweisbar, also Axiom, so auch C_a^b.

2. Ist C $\leqq$n-beweisbar und nach einer Regel gewonnen, so gilt:

2.1. C wurde nach (S2) mit kritischem a gewonnen. Dann kommt a in C nicht vor, also $C_a^b = C$, und es ist nichts zu beweisen.

2.2. $C = C[qxA[x]]$, mit $q = \wedge$ oder $\vee$, wurde nach (S2) aus $C[A[b]]$ mit kritischem b gewonnen. c sei ein von b verschiedener Parameter, der in C nicht vorkommt. Nach I.V. ist $<$n-beweisbar $(C[A[b]])_b^c$, d.h. $C[A[c]]$ (da b in $C[\text{—}]$ nicht vorkommt), und ebenso auch $(C[A[c]])_a^b$. Dann ist nach (S2) mit kritischem c $(C[qxA[x]])_a^b$, d.h. C_a^b, $\leqq$n-beweisbar.

2.3. C wurde *nicht* nach (S2) mit kritischem a oder b gewonnen. Dann folgt C nach einer Regel (S) aus C_i. Nach I.V. ist $C_{ia}^{\ b}$ $<$n-beweisbar, und mit (S) ist C_a^b $\leqq$n-beweisbar. □

Die *junktorenlogischen Abschwächungsregeln* sind zulässig:

$$\text{(ASa)} \quad \frac{C[A_+] \quad (\text{bzw. } C[B_+])}{C[(A \vee B)_+]} \qquad \text{(ASb)} \quad \frac{C[A_-] \quad (\text{bzw. } C[B_-])}{C[(A \wedge B)_-]}$$

Wir zeigen den ersten Fall von (ASa); die drei anderen sind analog:

1. Ist $C[A_+]$ 0-beweisbar, also Axiom, so auch $C[(A \vee B)_+]$.

2. Ist $C[A_+]$ $\leqq$n-beweisbar und mit Hauptteil H nach einer Regel gewonnen, so gilt:

2.1. H ist in A_+ enthalten; dann gilt:

2.1.1. $C[A[H]_+]$ wurde nach (S2) aus $C[A[H_1]_+]$ gewonnen, wobei das kritische a in B vorkommt. b sei ein Parameter, der in $C[(A[H] \vee B)_+]$ nicht vorkommt. Nach I.V. ist $C[(A[H_1] \vee B_a^b)_+]$ $<$n-beweisbar, und nach (S2) ist mit kritischem a $C[(A[H] \vee B_a^b)_+]$ $\leqq$n-beweisbar. Dann ist nach (US) $(C[(A[H] \vee B_a^b)_+])_b^a$, d.h. $C[(A[H] \vee B)_+]$, $\leqq$n-beweisbar.

2.1.2. $C[A[H]_+]$ wurde *nicht* nach (S2) mit einem kritischen a gewonnen, das in B vorkommt. Dann folgt dieser Satz nach einer Regel (S) aus $C_i[A[H_i]_+]$. Nach I.V. ist $C_i[(A[H_i] \vee B)_+]$ $<$n-beweisbar, und mit (S) ist $C[(A[H] \vee B)_+]$ $\leqq$n-beweisbar.

2.2. H ist von A_+ getrennt, d.h. $C[A_+] = C[A_+, H]$. Dann läßt sich mit völlig analoger Fallunterscheidung wie in 2.1. zeigen, daß $C[(A \vee B)_+, H]$ $\leqq$n-beweisbar ist. □

Die *Inversionen von (S1)* sind zulässig:

$$\text{(IS1a)} \quad \frac{C[(A \wedge B)_+]}{C[A_+] \quad \text{bzw. } C[B_+]} \qquad \text{(IS1b)} \quad \frac{C[(A \vee B)_-]}{C[A_-] \quad \text{bzw. } C[B_-]}$$

Wir zeigen nur den ersten Fall von (IS1a); die drei anderen sind analog:

1. Ist $C[(A \wedge B)_+]$ 0-beweisbar, also Axiom, so auch $C[A_+]$. (Der 2. Satz enthält alle elementaren PT und NT des 1.).

2. Ist $C[(A \wedge B)_+]$ $\leqq$n-beweisbar und mit Hauptteil H nach einer Regel gewonnen, so gilt:

2.1. H ist in $(A \wedge B)_+$ enthalten. Dann muß $H = (A \wedge B)_+$ sein, und $C[(A \wedge B)_+]$ wurde nach (S1a) aus $C[A_+]$ und $C[B_+]$ gewonnen. Dann ist $C[A_+]$ $<$n-beweisbar, also trivialerweise $\leqq$n-beweisbar.

2.2. H ist von $(A \wedge B)_+$ getrennt. Dann folgt $C[(A \wedge B)_+, H]$ nach einer Regel (S) aus $C_i[(A \wedge B)_+, H_i]$. Nach I.V. ist $C_i[A_+, H_i]$ $<$n-beweisbar, und mit (S) ist $C[A_+, H]$ $\leqq$n-beweisbar. □

Die *Inversionen von* (*S2*) sind zulässig:

(IS2a) $\dfrac{C[\bigwedge x A[x]_+]}{C[A[a]_+]}$ (IS2b) $\dfrac{C[\bigvee x A[x]_-]}{C[A[a]_-]}$

Wir beweisen nur die erste Regel; der Beweis der zweiten ist analog:

1. Ist $C[\bigwedge x A[x]_+]$ 0-beweisbar, also Axiom, so auch $C[A[a]_+]$.

2. Ist $C[\bigwedge x A[x]_+]$ $\leqq$n-beweisbar und mit Hauptteil H nach einer Regel gewonnen, so gilt:

2.1. H ist in $\bigwedge x A[x]_+$ enthalten. Dann muß $H = \bigwedge x A[x]_+$ sein, und $C[\bigwedge x A[x]_+]$ wurde nach (S2a) aus einem Satz $C[A[b]_+]$ mit kritischem b gewonnen. Dann ist $C[A[b]_+]$ $<$n-beweisbar, also trivialerweise $\leqq$n-beweisbar, und mit (US) auch $(C[A[b]_+])^a_b$, d.h. $C[A[a]_+]$ (da b als kritischer Parameter in $C[\bigwedge x A[x]_+]$ nicht vorkommt).

2.2. H ist von $\bigwedge x A[x]_+$ getrennt, dann gilt:

2.2.1. $C[\bigwedge x A[x]_+, H]$ wurde nach (S2) mit kritischem a aus $C[\bigwedge x A[x]_+, H_1]$ gewonnen. b sei ein Parameter, der in $C[A[a]_+, H]$ nicht vorkommt. Nach I.V. ist $C[A[b]_+, H_1]$ $<$n-beweisbar, und nach (S2) ist mit kritischem a $C[A[b]_+, H]$ $\leqq$n-beweisbar, also nach (US) auch $(C[A[b]_+, H])^a_b$, d.h. $C[A[a]_+, H]$.

2.2.2. $C[\bigwedge x A[x]_+, H]$ wurde *nicht* nach (S2) mit kritischem a gewonnen. Dann folgt dieser Satz nach einer Regel (S) aus $C_i[\bigwedge x A[x]_+, H_i]$. Nach I.V. ist $C_i[A[a]_+, H_i]$ $<$n-beweisbar, und mit (S) ist $C[A[a]_+, H]$ $\leqq$n-beweisbar. □

$C[\ ]$ sei der Satz, der aus $C[A_\pm]$ durch Anwendung des folgenden *Streichungsverfahrens* entsteht:

1. Der bezeichnete Positivteil bzw. Negativteil A wird gestrichen;
2. wird in einem Teilsatz $\neg B$ von $C[A_\pm]$ das B gestrichen, so wird auch das Negationszeichen vor B gestrichen;
3. wird in einem Teilsatz $(B \wedge B')$, $(B' \wedge B)$, $(B \vee B')$, $(B' \vee B)$ von $C[A_\pm]$ das Glied B gestrichen, so wird auch das Konjunktions- bzw. Adjunktionszeichen zwischen B und B' sowie das Klammernpaar gestrichen.

Für den Fall, daß $C[A_{\pm}]=A$ ist, entfällt $C[\ ]$ ganz. (Analog ist $C[A,\ ]$ zu verstehen. ‚$C[\ ]$' ist eine präzise Beschreibung der bisher mit ‚$C[—]$' usw. mitgeteilten Ausdrücke.)

Dann sind die folgenden *Kürzungsregeln* zulässig.

$$\text{(KSa)}\ \frac{C[A_+, A_+]}{C[A_+,\quad]} \qquad \text{(KSb)}\ \frac{C[A_-, A_-]}{C(A_-,\quad]}$$

Beweis:

1. Ist $C[A, A]$ 0-beweisbar, also Axiom, so auch $C[A,\ ]$.

2. Ist $C[A, A]$ $\leqq$n-beweisbar und mit Hauptteil H nach einer Regel gewonnen, so gilt:

2.1. H ist im ersten bezeichneten A enthalten (bzw. im zweiten; der Fall ist analog), dann gilt:

2.1.1. $C[A[H], A]$ folgt nach (S1) aus $C[A[H_1], A]$ und $C[A[H_2], A]$. Diese Sätze sind $<$n-beweisbar, daher ist nach (IS1) auch $C[A[H_1], A[H_1]]$ und $C[A[H_2], A[H_2]]$ $<$n-beweisbar, und nach I.V. sind $C[A[H_1],\ ]$ und $C[A[H_2],\ ]$ $<$n-beweisbar. Dann ist nach (S1) $C[A[H],\ ]$ $\leqq$n-beweisbar.

2.1.2. $C[A[H], A]$ folgt nach (S2) aus dem $<$n-beweisbaren Satz $C[A[H_1], A]$. Nach (IS2) ist dann auch $C[A[H_1], A[H_1]]$ $<$n-beweisbar, und nach I.V. ist $C[A[H_1],\ ]$ $<$n-beweisbar. Dann ist nach (S2) $C[A[H],\ ]$ $\leqq$n-beweisbar.

2.1.3. $C[A[H], A]$ folgt nach (S3) aus dem $<$n-beweisbaren Satz $C[A[H], A] \vee H'$. Nach I.V. ist $C[A[H],\ ] \vee H'$ $<$n-beweisbar, und mit (S3) ist $C[A[H],\ ]$ $\leqq$n-beweisbar.

2.2. H ist von den beiden bezeichneten A getrennt. Dann folgt $C[A, A, H]$ nach einer Regel (S) aus $C_i[A, A, H_i]$. Nach I.V. ist $C_i[A,\ , H_i]$ $<$n-beweisbar, und mit (S) ist $C[A,\ , H]$ $\leqq$n-beweisbar. □

Eine Anmerkung zu diesem Beweis: In 2.1.1. und 2.1.2. wurde nicht nur die *Zulässigkeit* der Regeln (IS1), (IS2) benötigt, d.h. die Tatsache, daß aus der Beweisbarkeit der Prämisse die Beweisbarkeit der Konklusion folgt, sondern die stärkere Tatsache, daß aus der $<$n-Beweisbarkeit der Prämisse die $<$n-Beweisbarkeit der Konklusion folgt. Diese Stelle machte die Einführung der n-Beweisbarkeit erforderlich; im folgenden werden wir diesen Begriff nicht mehr benötigen.

Schließlich noch die Zulässigkeit der *quantorenlogischen Abschwächungsregeln*:

$$\text{(S3'a)}\ \frac{C[A[u]_+]}{C[\bigvee x A[x]_+]} \qquad \text{(S3'b)}\ \frac{C[A[u]_-]}{C[\bigwedge x A[x]_-]}$$

Wir zeigen diesmal nur, ohne Induktion, daß aus der Beweisbarkeit der Prämisse die Beweisbarkeit der Konklusion folgt:

Aus $C[A[u]_+]$, bzw. $C[A[u]_-]$ folgt nach (ASa)
$C[A[u]_+] \vee \bigvee xA[x]$, bzw. $C[A[u]_-] \vee \neg \bigwedge xA[x]$,
daraus nach (VSa), bzw. (VSb)
$C[\bigvee xA[x]_+] \vee A[u]$, $C[\bigwedge xA[x]_-] \vee \neg A[u]$,
daraus nach (S3a), bzw. (S3b)
$C[\bigvee xA[x]_+]$, bzw. $C[\bigwedge xA[x]_-]$.

Nun zeigen wir, daß jeder **S**-Beweis einer Sequenz $M \twoheadrightarrow N$ in einen **P**-Beweis für $\neg M^\wedge \vee N^\vee$ umgewandelt werden kann; dabei sei $M^\wedge$, $N^\vee$ wieder die Konjunktion, bzw. Adjunktion, der betreffenden Sätze in einer beliebig festgelegten Reihenfolge, die wir wegen (VS) vernachlässigen können. (Für $M = \{A\}$ ist $M = A$, für $M = \emptyset$ entfällt ‚$\neg M^\wedge \vee$'; entsprechend für $N^\vee$; der Fall, daß $M = N = \emptyset$, tritt nicht auf, denn nach Beziehung (e) zu Beginn von 4.3.1 und Th. 4.3.1. ist ‚ $\twoheadrightarrow$ ' nicht **S**-beweisbar.)

Th. 4.7.3 *Wenn* $\vdash_{\mathbf{S}} M \twoheadrightarrow N$, *dann* $\vdash_{\mathbf{P}} \neg M^\wedge \vee N^\vee$.

Beweis durch Induktion nach der Länge des **S**-Beweises für die Sequenz.

1. Ist die Sequenz ein **S**-Axiom $M, A \rightarrow N, A$, so ist $\neg(M^\wedge \wedge A) \vee N^\vee \vee A$ ein Theorem von **P** nach dem Schema (AS).
2. Ist die Sequenz nach einer Regel gewonnen, so gilt entsprechend in **P**:

$(\neg_1)$ $\dfrac{M \twoheadrightarrow N, A}{M, \neg A \twoheadrightarrow N}$

1. $\neg M^\wedge \vee N^\vee \vee A$ — I.V.
2. $\neg(M^\wedge \wedge \neg A) \vee N^\vee \vee A$ — 1, (ASb) mit $M^\wedge$ als ausgezeichnetem NT in der Prämisse
3. $\neg(M^\wedge \wedge \neg A) \vee N^\vee$ — 2, (KSa)

$(\neg_2)$ $\dfrac{M, A \twoheadrightarrow N}{M \twoheadrightarrow N, \neg A}$

1. $\neg(M^\wedge \wedge A) \vee N^\vee$ — I.V.
2. $\neg(M^\wedge \wedge A) \vee N^\vee \vee \neg A$ — 1, (ASa)
3. $\neg M^\wedge \vee N^\vee \vee \neg A$ — 2, (KSb)

$(\wedge_1)$ $\dfrac{M, A, B \twoheadrightarrow N}{M, A \wedge B \twoheadrightarrow N}$

$\neg(M^\wedge \wedge A \wedge B) \vee N$ — I.V. daher ist nichts zu beweisen.

$(\wedge_2)$ $\dfrac{M \twoheadrightarrow N, A \quad M \twoheadrightarrow N, B}{M \twoheadrightarrow N, A \wedge B}$

1. $\neg M^\wedge \vee N^\vee \vee A$ — I.V.
2. $\neg M^\wedge \vee N^\vee \vee B$ — I.V.
3. $\neg M^\wedge \vee N^\vee \vee (A \wedge B)$ — 1, 2, (S1a)

$(\vee_1)$ $\dfrac{M, A \twoheadrightarrow N \quad M, B \twoheadrightarrow N}{M, A \vee B \twoheadrightarrow N}$

1. $\neg(M^\wedge \wedge A) \vee N^\vee$ — I.V.
2. $\neg(M^\wedge \wedge B) \vee N^\vee$ — I.V.
3. $\neg(M^\wedge \wedge (A \vee B)) \vee N^\vee$ — 1, 2, (S1b)

$(\vee_2)$ $\dfrac{M \twoheadrightarrow N, A, B}{M \twoheadrightarrow N, A \vee B}$

$\neg M^\wedge \vee N^\vee \vee A \vee B$ — I.V. daher ist nichts zu beweisen.

$(\rightarrow_1)\ \dfrac{M \twoheadrightarrow N, A \quad M, B \twoheadrightarrow N}{M, A \rightarrow B \twoheadrightarrow N}$	1. $\neg M^{\wedge} \vee N^{\vee} \vee A$	I.V.
	2. $\neg(M^{\wedge} \wedge B) \vee N^{\vee}$	I.V.
	3. $\neg(M^{\wedge} \wedge \neg A) \vee N^{\vee} \vee A$	1, (ASb)
	4. $\neg(M^{\wedge} \wedge \neg A) \vee N^{\vee}$	3, (KSa)
	5. $\neg(M^{\wedge} \wedge (\neg A \vee B)) \vee N^{\vee}$	4, 2, (S1b)
	6. $\neg(M^{\wedge} \wedge (A \rightarrow B)) \vee N^{\vee}$	5. Def. $\rightarrow$
$(\rightarrow_2)\ \dfrac{M, A \twoheadrightarrow N, B}{M \twoheadrightarrow N, A \rightarrow B}$	1. $\neg(M^{\wedge} \wedge A) \vee N^{\vee} \vee B$	I.V.
	2. $\neg(M^{\wedge} \wedge A) \vee N^{\vee} \vee \neg A \vee B$	1, (ASa)
	3. $\neg M^{\wedge} \vee N^{\vee} \vee \neg A \vee B$	2, (KSb)
	4. $\neg M^{\wedge} \vee N^{\vee} \vee (A \rightarrow B)$	3, Def. $\rightarrow$.
$(\bigwedge_1)\ \dfrac{M, A[u] \twoheadrightarrow N}{M, \bigwedge x A[x] \twoheadrightarrow N}$	1. $\neg(M^{\wedge} \wedge A[u]) \vee N^{\vee}$	I.V.
	2. $\neg(M^{\wedge} \wedge \bigwedge x A[x]) \vee N^{\vee}$	1, (S3′b)
$(\bigwedge_2)\ \dfrac{M \twoheadrightarrow N, A[a]}{M \twoheadrightarrow N, \bigwedge x A[x]}$ falls a in der Konklusion nicht vorkommt	1. $\neg M^{\wedge} \vee N^{\vee} \vee A[a]$	I.V.
	2. $\neg M^{\wedge} \vee N^{\vee} \vee \bigwedge x A[x]$	1, (S2a)
$(\bigvee_1)\ \dfrac{M, A[a] \twoheadrightarrow N}{M, \bigvee x A[x] \twoheadrightarrow N}$ falls a in der Konklusion nicht vorkommt	1. $\neg(M^{\wedge} \wedge A[a]) \vee N^{\vee}$	I.V.
	2. $\neg(M^{\wedge} \wedge \bigvee x A[x]) \vee N^{\vee}$	1, (S2b)
$(\bigvee_2)\ \dfrac{M \twoheadrightarrow N, A[u]}{M \twoheadrightarrow N, \bigvee x A[x]}$	1. $\neg M^{\wedge} \vee N^{\vee} \vee A[u]$	I.V.
	2. $\neg M^{\wedge} \vee N^{\vee} \vee \bigvee x A[x]$	1, (S3′a) □

Nach Def. der Ableitbarkeit in **S** und **P** ergibt sich daraus auch $M \vdash_{\mathbf{S}} A \Rightarrow M \vdash_{\mathbf{P}} A$, also zusammen mit Th. 4.3.3 und Th. 4.7.2′ die *q-Folgerungsadäquatheit* von **P** für unendlich erweiterbare Satzmengen M^*:

Th. 4.7.4 $M^* \vdash_{\mathbf{P}} A \Leftrightarrow M^* \Vdash_q A$.

Kapitel 5

Semantiken: Spielarten der denotationellen und nicht-denotationellen Semantik

In diesem Kapitel verzichten wir – zum Unterschied von allen anderen Kapiteln dieses Buches – auf Kursivdruck für lateinische Symbole der betrachteten formalen Sprachen. (Gelegentliche Formalisierungen intuitiver Aussagen dagegen sollen weiterhin in Kursivdruck gesetzt werden.) Der Grund dafür liegt in der in Abschn. 5.3 gewählten einfachen Methode, den Übergang von Objekten des Grundbereiches zu *Namen* dieser Objekte zu charakterisieren: Ist d ein Objekt, so wird dort der entsprechende Objektname durch Kursivdruck, also mittels ‚*d*', wiedergegeben. Dieses Verfahren hätte Konfusionen im Gefolge, würde man auch andere lateinische Symbole außer Namen kursiv drucken.

Als Alternative zu diesem Vorgehen hätten wir natürlich beschließen können, den üblichen Kursivdruck beizubehalten und den Übergang von Objekten zu deren Namen mit neuen Zeichen zu bewerkstelligen. Dadurch aber wäre der etwas komplizierte Symbolismus dieses Kapitels, der dem Leser ohnehin eine größere Konzentration abverlangt, nochmals mit Zusatzkomplikationen beladen worden, was sich vor allem in Abschn. 5.3 ungünstig ausgewirkt hätte. Der oben angeführte, dieses Kapitel betreffende Beschluß kann daher als das Ergebnis einer Güterabwägung im Interesse des Lesers angesehen werden.

5.1 q-Interpretation

Die bisher verwendete *q*-Bewertungssemantik für die Sprache **Q** (vgl. Kap. 3) legt nur die Wahrheitswerte der komplexen Sätze schrittweise mit Hilfe der Werte ihrer *q*-Teilsätze fest; sie läßt offen, wie die Wahrheitswerte der elementaren Sätze zustande kommen. Diese Frage wird näher analysiert durch die *q-Interpretationssemantik* für **Q**, in der die *q*-Bewertung durch eine komplexere Funktion, ‚*q-Interpretation*' genannt, ersetzt wird. Diese ordnet nicht erst den Sätzen, sondern schon den einzelnen Parametern bestimmte Bedeutungen zu, und zwar mengentheoretische *Extensionen* (vgl. Kap. 1) in einer vorgegebenen Menge D von Objekten, und legt dann schrittweise die Bedeutung der komplexen Objektbezeichnungen $f(u_1 \ldots u_n)$ sowie die Wahrheitswerte der elementaren Sätze $Pu_1 \ldots u_n$ fest. [In der folgenden Bestimmung **(I1)** wird wegen der Abzählbarkeit der Menge der Objektbezeichnungen von **Q** durch die Forderung der Surjektivität für die Interpretationsfunktion φ indirekt festgelegt, daß nur abzählbare Objektbereiche D für diese Variante der Semantik in Frage kommen.] Genauer gesagt ist eine *q-Interpretation über* (*dem Objektbereich*) D eine Funktion φ, die

(I1) die Menge der Objektbezeichnungen auf D abbildet (wobei man beachten möge, daß durch diese Bestimmung φ eine Surjektion auf D ist, so daß *jedes* Element von D eine Objektbezeichnung als φ-Urbild besitzt);

(I2) jedem n-stelligen Prädikatparameter ($n \geqq 1$) eine n-stellige Relation auf D zuordnet;

(I3) jedem n-stelligen Funktionsparameter ($n \geqq 1$) eine n-stellige Operation auf D zuordnet;

(I4) jedem Satz einen Wahrheitswert **w** oder **f** zuordnet; wobei für die komplexen Objektbezeichnungen und elementaren Sätze gilt:

(If) $\varphi(f(u_1 \ldots u_n)) = \varphi(f)(\varphi(u_1) \ldots \varphi(u_n))$;

(IP) $\varphi(Pu_1 \ldots u_n) = \mathbf{w} \Leftrightarrow \langle \varphi(u_1), \ldots, \varphi(u_n) \rangle \in \varphi(P)$, und für die komplexen Sätze die Junktoren- und Quantorenregeln gelten.

Anmerkung. Die Bestimmung **(If)** sei für den weniger geübten Leser in einer intuitiven Paraphrasierung wiedergegeben:

(if) die *q*-Interpretation einer Objektbezeichnung $f(u_1 \ldots u_n)$ mit n-stelligem f erhält man durch die Anwendung der bei dieser Interpretation dem f zugeordneten n-stelligen Funktion auf die Interpretationen der n Objektbezeichnungen $u_1, \ldots, u_n$.

Analog wäre die Bestimmung **(IP)** intuitiv zu formulieren.

Der *Argumentbereich* einer *q*-Interpretation φ ist also die Menge aller Objektbezeichnungen, Parameter und Sätze von **Q**, und ihr *Wertebereich* ist $\bigcup_{n \geqq 1} Pot(D^n) \cup \{\mathbf{w}, \mathbf{f}\} \cup D$, d. h. die Vereinigung aller Mengen $Pot(D^n)$ ($n \geqq 1$), zusammen mit den Wahrheitswerten und den Elementen von D.

Nach **(I1)** ist die Einschränkung von φ auf die Menge der Objektbezeichnungen eine Surjektion auf D: Jeder Objektbezeichnung wird nicht nur ein bestimmtes Objekt des Bereichs zugeordnet, sondern es erhält umgekehrt auch jedes Objekt mindestens eine Objektbezeichnung. „Namenlose" Objekte gibt es also nicht in D bei einer *q*-Interpretation über D. Da die formale Sprache **Q** nur abzählbar unendlich viele Objektbezeichnungen hat, liegt die Kardinalzahl von D in jedem Fall zwischen 1 und $\aleph_0$ (einschließlich). Mit anderen Worten: Für überabzählbares D gibt es keine q-Interpretation über D.

Nach (**I2**) und (**I3**) werden den n-stelligen Prädikat- und Funktionsparametern ($n \geqq 1$) n-stellige Relationen bzw. Operationen auf D zugeordnet, d. h. Teilmengen von D^n, bzw. D^{n+1}. Den 0-stelligen Prädikat- oder *Satz*parametern werden nach (**I4**) Wahrheitswerte, den 0-stelligen Funktions- oder *Objekt*parametern nach (**I1**) Objekte $\in D$ zugeordnet. Die Bewertung der komplexen Sätze geschieht wie bisher; hinzu kommen aber nun die Bestimmungen (**If**), (**IP**) für die Interpretation der komplexen Objektbezeichnungen und der elementaren Sätze. Beispiel:

(1) $Pf(ag(a))a$

φ_1 sei eine q-Interpretation über dem Bereich $\mathbb{N}$ der natürlichen Zahlen, die P als Größer-Relation, a als Null, f als Summe, g als Nachfolger, und alle anderen Parameter beliebig interpretiert. Dann gilt nach (If):

$$\varphi_1(g(a)) = \varphi_1(g)(\varphi_1(a)) = \text{Nachfolger von } 0 = 1,$$
$$\varphi_1(f(ag(a))) = \varphi_1(f)(\varphi_1(a)\varphi_1(g(a))) = 0 + 1 = 1,$$

und nach (IP) gilt:

$$\begin{aligned} \varphi_1(Pf(ag(a))a) = \mathbf{w} &\Leftrightarrow \langle \varphi_1(f(ag(a))), \varphi_1(a) \rangle \in \varphi_1(P) \\ &\Leftrightarrow \langle 1, 0 \rangle \in \text{Größer-Relation} \\ &\Leftrightarrow 1 > 0. \end{aligned}$$

Bei dieser q-Interpretation ist Satz (1) wahr.

Nehmen wir eine andere q-Interpretation φ_2 über dem Bereich der Menschen, die P als Älter-Relation, a als Albert, f als Sohn von ... und ---, g als Frau von ..., und alle anderen Parameter beliebig interpretiert. Dann gilt entsprechend nach (**If**) und (**IP**):

$$\varphi_2(g(a)) = \text{Frau von Albert},$$
$$\varphi_2(f(ag(a))) = \text{Sohn von Albert und seiner Frau},$$

$$\varphi_2(Pf(ag(a))a) = \mathbf{w} \Leftrightarrow$$
$$\langle \text{Sohn von Albert und seiner Frau, Albert} \rangle \in \text{Älter-Relation} \Leftrightarrow$$
der Sohn von Albert und seiner Frau ist älter als Albert.

Nehmen wir an, daß Albert genau eine Frau, und mit ihr genau einen Sohn hat, so ist Satz (1) bei dieser Interpretation „vermutlich falsch".

Exkurs. Was sollen wir mit Satz (1) anfangen, wenn Albert *nicht* genau eine Frau oder aber mit ihr *nicht* genau einen Sohn hat? Dann ist Albert kein Argument der Funktion ‚Frau von ...' oder aber, zusammen mit seiner Frau, kein Argument der Funktion ‚Sohn von --- und ...'. Dieser Fall ist nun wohl nicht selten; fast alle natursprachlichen Funktionsausdrücke bezeichnen auf fast allen denkbaren Objektbereichen keine *totalen*, sondern nur *partielle* Funktionen, und auch die mathematischen Funktionen sind nicht immer total. (Bekanntestes Beispiel: die Division auf ℕ.) Da nun aber nach Bedingung (I3) der q-Interpretation alle Funktionsparameter als *totale* Funktionen auf dem Objektbereich interpretiert werden, weicht die formale Sprache von der informellen (natürlichen oder mathematischen) Sprache semantisch ab.

Diese Abweichung ist in beiden Richtungen korrigierbar; man kann versuchen, die informelle Sprache der formalen anzupassen, oder umgekehrt. Die einfachste Anpassung der ersten Richtung besteht darin, sämliche durch natürliche Funktionsausdrücke bezeichneten partiellen Funktionen künstlich zu *totalen* Funktionen auf dem Objektbereich zu erweitern, indem man ein bestimmtes Objekt $d^* \in D$ wählt und als Wert aller (ursprünglich) partiellen Funktionen für alle (ursprünglich) unpassenden Argumente festsetzt. Dann ist im obigen Beispiel, falls der Sohn von Albert und seiner Frau nicht existiert, $\varphi_2(f(ag(a))) = d^*$, und Satz (1) wird bei φ_2 wahr oder falsch, je nachdem, ob der zufällig gewählte Mensch d^* älter ist als Albert oder nicht.

Die einfachste Anpassung der zweiten Richtung geschieht wohl in der *3-wertigen Logik*[1]. Dort können die Funktionsparameter nach Belieben auch als *partielle* Funktionen interpretiert werden. Durch Anwendungen von Funktionsparametern auf unpassende Argumente entstehen Objektbezeichnungen, die nichts bezeichnen, d. h. nicht interpretiert werden, und durch Anwendung von Prädikatparametern auf solche Objektbezeichnungen entstehen Sätze, die weder wahr noch falsch, sondern *unbestimmt* sind. So z. B. ist Satz (1), falls der Sohn von Albert und seiner Frau nicht existiert, bei einer entsprechenden 3-wertigen Interpretation unbestimmt.

Zu den bewertungssemantischen Begriffen der *q-Gültigkeit*, *-Ungültigkeit*, *-Erfüllbarkeit*, *-Widerlegbarkeit*, *-Kontingenz*, *-Folgerung*, *-Äquivalenz* definieren wir nun interpretationssemantische Gegenstücke, indem wir die Variable ‚b' für q-Bewertungen durch eine Variable ‚φ' für q-Interpretationen ersetzen. Ein Satz A ist also „im Sinn der Interpretationssemantik"

$$q\text{-}g\ddot{u}ltig =_{\mathrm{df}} \bigwedge \varphi : \varphi(\mathrm{A}) = \mathbf{w},$$
$$q\text{-}erf\ddot{u}llbar =_{\mathrm{df}} \bigvee \varphi : \varphi(\mathrm{A}) = \mathbf{w};$$

und entsprechend sind die anderen Begriffe zu definieren. Wie der nächste Satz zeigt, stimmen diese Begriffe in beiden Semantiken überein.

Th. 5.1 *Jede q-Interpretation enthält genau eine q-Bewertung; und jede q-Bewertung ist in wenigstens einer q-Interpretation enthalten.*

Beweis: Aus jeder q-Interpretation entsteht durch Einschränkung auf den Argumentbereich der Sätze offensichtlich eine q-Bewertung, und umgekehrt läßt sich jede q-Bewertung b z. B. zu folgender q-Interpretation fortsetzen: Wir nehmen als Objektbereich D die *Menge der Objektbezeichnungen* selbst, und definieren φ:

---

1 Vgl. U. Blau, [1], S. 66/67. Die Funktionsparameter (‚Funktionskonstanten' genannt) sind dort keine Grundsymbole, sondern mit Hilfe der Prädikatparameter (‚Prädikatkonstanten' genannt) und des Kennzeichnungsoperators definiert.

(1) $\varphi(u) =_{df} u$ für jede Objektbezeichnung u;

(2) $\varphi(P) =_{df} \{\langle u_1, \ldots, u_n\rangle \mid \mathfrak{b}(Pu_1 \ldots u_n) = \mathbf{w}\}$
für jeden n-stelligen Prädikatparameter P $(n \geqq 1)$;

(3) $\varphi(f)(u_1 \ldots u_n) =_{df} f(u_1 \ldots u_n)$
für jeden n-stelligen Funktionsparameter f $(n \geqq 1)$,

(4) $\varphi(A) =_{df} \mathfrak{b}(A)$ für jeden Satz A.

Dann bildet φ die Objektbezeichnungen auf D ab, ordnet jedem n-stelligen Prädikat- bzw. Funktionsparameter $(n \geqq 1)$ eine n-stellige Relation bzw. Operation auf D und jedem Satz einen Wahrheitswert zu. Ferner sind die beiden zusätzlichen Bedingungen der q-Interpretation erfüllt:

(If) $\varphi(f(u_1 \ldots u_n)) = f(u_1 \ldots u_n)$ nach (1)
$= \varphi(f)(u_1 \ldots u_n)$ nach (3)
$= \varphi(f)(\varphi(u_1) \ldots \varphi(u_n))$ nach (1)

(IP) $\varphi(Pu_1 \ldots u_n) = \mathbf{w} \Leftrightarrow \mathfrak{b}(Pu_1 \ldots u_n) = \mathbf{w}$ nach (4)
$\Leftrightarrow \langle u_1, \ldots, u_n\rangle \in \varphi(P)$ nach (2)
$\Leftrightarrow \langle \varphi(u_1), \ldots, \varphi(u_n)\rangle \in \varphi(P)$ nach (1).

Schließlich sind nach (4) die Junktoren- und Quantorenregeln erfüllt, da $\mathfrak{b}$ sie erfüllt; also ist φ eine q-Interpretation, die $\mathfrak{b}$ enthält. □

Daraus ergibt sich, daß die q-Gültigkeit, -Erfüllbarkeit, -Folgerung usw. im Sinn beider Semantiken gleich ist. Aber der Zusammenhang zwischen q-Bewertungen $\mathfrak{b}$ und q-Interpretationen φ ist offensichtlich *nicht* eineindeutig, $\mathfrak{b}$ kann auch ganz anders fortgesetzt werden als im obigen Beweis; z. B. zu folgender q-Interpretation φ' über dem Objektbereich $\mathbb{N}$:

(1′) $\varphi'(u) =_{df} n$, wenn u die $(n-1)$-te Objektbezeichnung in lexikographischer Reihenfolge ist;

(2′) $\varphi'(P) =_{df} \{\langle \varphi'(u_1), \ldots, \varphi'(u_n)\rangle \mid \mathfrak{b}(Pu_1 \ldots u_n) = \mathbf{w}\}$,
für jeden n-stelligen Prädikatparameter P $(n \geqq 1)$;

(3′) $\varphi'(f)(\varphi'(u_1) \ldots \varphi'(u_n)) =_{df} \varphi'(f(u_1 \ldots u_n))$,
für jeden n-stelligen Funktionsparameter f $(n \geqq 1)$;

(4′) $\varphi'(A) =_{df} \mathfrak{b}(A)$, für jeden Satz A.

Verschiedene q-Interpretationen können sich nach Art und Größe des Objektbereichs erheblich unterscheiden, ohne daß sich dies in den Wahrheitswerten der Sätze niederschlägt. Mit anderen Worten: Man kann die Wahrheitswerte aller Sätze kennen, ohne viel von der „Welt", dem Objektbereich zu wissen. Allenfalls kann man aus gewissen q-Bewertungen auf eine bestimmte Mindestgröße der Objektbereiche übereinstimmender q-Interpretationen schließen.

Der Leser definiere zur Übung:

(a) eine q-Bewertung, die in verschiedenen q-Interpretationen über $\{0\}$ und $\mathbb{N}$ enthalten ist;
(b) eine q-Bewertung, die in keiner q-Interpretation über einem einelementigen Bereich enthalten ist;
(c) eine q-Bewertung, die in keiner q-Interpretation über einem endlichen Bereich enthalten ist.

5.2 *l*-Bewertung und *l*-Interpretation

Alle q-Interpretationen haben *abzählbare* Objektbereiche; Aussagen über überabzählbar viele Objekte sind durch q-interpretierte Sätze der formalen Sprache nicht auszudrücken. Solche Aussagen haben wir jedoch häufig gemacht; so z. B.:

(1) Ein Satz ist tautologisch genau dann, wenn er bei allen j-Bewertungen wahr ist,

was wir im Rahmen der Logik der ersten Stufe wie folgt formalisieren könnten[2]:

(1′) $\wedge x(Px \rightarrow (Qx \leftrightarrow \wedge y(Ry \rightarrow P_1xy)))$
Px: x ist ein Satz,
Qx: ist tautologisch,
Rx: ist eine j-Bewertung,
P_1xy: x ist wahr bei y.

Die Aussage (1) bezieht sich auf alle Sätze und alle j-Bewertungen, und da die letzteren überabzählbar sind (vgl. die Diskussion von Th. 2.4 in Abschn. 2.4), ist der zum Verständnis von (1) vorausgesetzte Objektbereich überabzählbar. Über diesem Bereich gibt es keine q-Interpretation; daher darf die Formalisierung (1′) nicht im Sinn einer q-Interpretation verstanden werden.

Wir wollen die q-Semantik nun so *verallgemeinern*, daß sie auf beliebig große, also auch auf überabzählbare Objektbereiche D anwendbar wird. Dazu verallgemeinern wir erst die Syntax und ersetzen die formale Sprache **Q** durch sog. *erweiterte Sprachen* $\mathbf{Q}_E$, die aus **Q** durch Hinzunahme von beliebig großen, auch überabzählbaren Mengen E von *zusätzlichen Objektparametern* entstehen. Diese zusätzlichen $e \in E$ haben einen etwas fiktiven Status; man kann sie im allgemeinen nicht durch ein

---

2 In der *Logik zweiter Stufe* mit Identität und Variablen y' für 1-stellige Funktionen könnte man genauer formalisieren:

(1″) $\wedge x(Px \rightarrow (Qx \leftrightarrow \wedge y'(Ry' \rightarrow y'(x) = \mathbf{w})))$.

Regelsystem schrittweise erzeugen (denn dann wären sie abzählbar); und man benötigt sie weder zur Formalisierung von Sätzen oder Schlüssen noch in den Kalkülen zu formalen Beweisen oder Ableitungen (denn dort reichen die abzählbar unendlich vielen Objektparameter von **Q** aus). Ungeachtet ihrer wenig greifbaren Natur ist die Annahme der *Existenz* zusätzlicher Objektparameter aber nicht problematischer als die Annahme der Existenz der *Objekte*, die sie bezeichnen sollen; denn zur Not kann man die *Objekte selbst* als zusätzliche Objektparameter nehmen: Erinnern wir uns, daß die Ausdrücke von **Q** eigentlich keine konkreten graphischen Verkettungen, sondern abstrakte n-Tupel von Symbolen sind; ebenso gut kann man auch n-Tupel aus Symbolen und Objekten $\in$D bilden und bestimmte n-Tupel dieser Art als Ausdrücke von $\mathbf{Q}_E$ auffassen. Mengentheoretisch betrachtet ist die Existenz einer erweiterten Sprache $\mathbf{Q}_E$ nicht problematischer als die Existenz der formalen Sprache **Q** und des Objektbereichs D.

Die Syntax der erweiterten Sprachen $\mathbf{Q}_E$ entspricht völlig der Syntax von **Q**: Die *Objektbezeichnungen* (bzw. *Terme*) von $\mathbf{Q}_E$ sind die Objektbezeichnungen (bzw. Terme) von **Q**, ferner die zusätzlichen Objektparameter $\in E$ und alle Ausdrücke, die sich daraus durch Anwendung von Funktionsparametern bilden lassen; die *Sätze* (bzw. *Formeln*) von $\mathbf{Q}_E$ entstehen dann durch Anwendung von Prädikatparametern, Junktoren und Quantoren. Jede syntaktische Kategorie von $\mathbf{Q}_E$ enthält als Teilmenge die entsprechende Kategorie von **Q**.

Wenn wir nun entsprechend die *Semantik* verallgemeinern, so erhalten wir den in der Literatur üblichen *Interpretationsbegriff der Logik erster Stufe* (der hier definierte „logische" Bewertungsbegriff ist weniger üblich): Eine *logische*, kurz *l-Bewertung von* $\mathbf{Q}_E$ ist eine Bewertung $\mathfrak{b}$ aller Sätze von $\mathbf{Q}_E$ mit **w** oder **f** gemäß den Junktoren- und Quantorenregeln; und eine *logische*, kurz *l-Interpretation von* $\mathbf{Q}_E$ *über* (*dem Objektbereich*) D ist eine Funktion φ gemäß den Interpretationsbedingungen (**I1**)–(**I4**), (**If**), (**IP**) und den Junktoren- und Quantorenregeln; dabei beziehen sich alle syntaktischen Metavariablen dieser Regeln und Bedingungen nun auf die entsprechenden Kategorien von $\mathbf{Q}_E$. [Wegen der in (**I1**) verlangten Surjektivität existiert eine derartige l-Interpretation φ von $\mathbf{Q}_E$ über D höchstens dann, wenn die Kardinalität der Menge der Objektbezeichnungen von $\mathbf{Q}_E$ nicht kleiner ist als die Kardinalität von D.] So gilt etwa für l-Bewertungen und -Interpretationen ψ von $\mathbf{Q}_E$ und Allsätze $\bigwedge$xA[x] von $\mathbf{Q}_E$:

(**R**$\bigwedge$) $\psi(\bigwedge xA[x])=\mathbf{w} \Leftrightarrow \psi(A[u])=\mathbf{w}$
für jede Objektbezeichnung u von $\mathbf{Q}_E$.

Der Objektbereich D einer l-Interpretation φ von $\mathbf{Q}_E$ kann beliebig groß sein, sofern E hinreichend groß ist. Alle d$\in$D haben bei φ

wenigstens eine Objektbezeichnung von $\mathbf{Q}_E$ (aber nicht notwendig von $\mathbf{Q}$). Zwischen den *q*- und *l*-Bewertungen und -Interpretationen bestehen offensichtlich folgende Zusammenhänge: Jede *q*-Bewertung bzw. *q*-Interpretation ist auch eine *l*-Bewertung bzw. *l*-Interpretation, nämlich eine solche für $\mathbf{Q}_\emptyset$. Und analog zu Th. 5.1 gilt

Th. 5.1′ *Jede l-Interpretation von* $\mathbf{Q}_E$ *enthält genau eine l-Bewertung von* $\mathbf{Q}_E$*; und jede l-Bewertung von* $\mathbf{Q}_E$ *ist in mindestens einer l-Interpretation von* $\mathbf{Q}_E$ *enthalten.*

Beweis: wie zu Th. 5.1. Man beachte aber, daß *nicht* jede *l*-Bewertung bzw. *l*-Interpretation ψ von $\mathbf{Q}_E$ eine *q*-Bewertung bzw. *q*-Interpretation ψ^0 enthält. So gibt es etwa einen Allsatz $\bigwedge x A[x]$ von $\mathbf{Q}$, wobei $\psi(\mathrm{A[u]}) = \mathbf{w}$ für jede Objektbezeichnung u von $\mathbf{Q}$ gilt, jedoch für ein u′ von $\mathbf{Q}_E$ gilt: $\psi(\mathrm{A[u']}) = \mathbf{f}$. Dann ist (nach $(\mathbf{R}\bigwedge)$) $\psi(\bigwedge x \mathrm{A[x]}) = \mathbf{f}$ und die Einschränkung ψ^0 von ψ auf die Ausdrücke von $\mathbf{Q}$ ist *keine* *q*-Bewertung bzw. *q*-Interpretation, da sie $(\mathbf{R}\bigwedge)$ verletzt. □

Wir haben oben mit Th. 3.6 gezeigt, daß der Wahrheitswert eines Satzes bei einer *q*-Bewertung erhalten bleibt, wenn man einen Teilsatz durch einen gleichbewerteten anderen ersetzt. Dieses Resultat läßt sich für *q*- und *l*-Interpretationen in naheliegender Weise verallgemeinern: Nicht nur die Extension eines Satzes (sein Wahrheitswert), sondern auch die Extension einer Objektbezeichnung (das bezeichnete Objekt) ändert sich nicht, wenn man einen Teilausdruck durch einen extensionsgleichen anderen ersetzt. Dies ist das *Extensionalitätstheorem.* Wir verwenden hier (und ebenso an späteren Stellen) als komplexes Mitteilungszeichen die Notation ‚$\mathrm{S_T}$', wobei ‚S' nur Name einer Objektbezeichnung oder eines Satzes (beides auch in zusammengesetzter Schreibweise) sein darf, und als ‚T' Namen von Objektbezeichnungen, von Parametern oder von Sätzen von $\mathbf{Q}_E$ zugelassen sind. Die Verwendung des Mitteilungszeichens ‚$\mathrm{S_T}$' setzt dabei stets voraus, daß die Zeichenreihe T in der Zeichenreihe S vorkommt. Das Theorem lautet dann folgendermaßen:

Th. 5.2 $\mathrm{S_T}$ *sei eine Objektbezeichnung oder ein Satz von* $\mathbf{Q}_E$ *und* T *ein darin enthaltenes Vorkommnis einer Objektbezeichnung oder eines Parameters oder Satzes von* $\mathbf{Q}_E$. $\mathrm{S_{T'}}$ *entstehe aus* $\mathrm{S_T}$ *durch Ersetzung eines Vorkommnisses von* T *durch einen gleichartigen* $\mathbf{Q}_E$*-Ausdruck* T′. *Dann gilt für jede l-Interpretation* φ *von* $\mathbf{Q}_E$:
$\varphi(\mathrm{T}) = \varphi(\mathrm{T'}) \Rightarrow \varphi(\mathrm{S_T}) = \varphi(\mathrm{S_{T'}})$.

Beweis durch Induktion nach der Anzahl m der Symbole von $\mathrm{S_T}$ außerhalb des zu ersetzenden T. Für m = 0 ist nichts zu beweisen; für m > 0 liegt einer der Fälle vor:

1. $\mathrm{S_T} = (\mathrm{Pu_1 \ldots u_n})_\mathrm{T}$, $\mathrm{S_{T'}} = (\mathrm{Pu_1 \ldots u_n})_\mathrm{T'}$;
2. $\mathrm{S_T} = (\mathrm{f(u_1 \ldots u_n)})_\mathrm{T}$, $\mathrm{S_{T'}} = (\mathrm{f(u_1 \ldots u_n)})_\mathrm{T'}$;

3. $S_T = \neg A_T$, bzw. $A_T jB$, bzw. BjA_T,
$S_{T'} = \neg A_{T'}$, bzw. $A_{T'}jB$, bzw. $BjA_{T'}$;
4. $S_T = qxA[x]_T$, $S_{T'} = qxA[x]_{T'}$,

wobei die durch q gebundenen x in T, T' nicht vorkommen, da T und T' geschlossen sind.

In den beiden ersten Fällen ist T *entweder* der Parameter P bzw. f, und nach (**IP**) bzw. (**If**) folgt die Behauptung; *oder* T ist ein u_i, bzw. darin enthalten, dann ist nach I.V. $\varphi(u_{iT}) = \varphi(u_{iT'})$; und nach (**IP**), bzw. (**If**), folgt wieder die Behauptung. Im dritten Fall ist nach I.V. $\varphi(A_T) = \varphi(A_{T'})$, und nach (**R**$\neg$), bzw. (**R**j), folgt die Behauptung. Im vierten Fall ist nach I.V. $\varphi(A[u]_T) = \varphi(A[u]_{T'})$ für alle Objektbezeichnungen u von $\mathbf{Q}_E$; und nach (**R**q) folgt die Behauptung. □

5.3 *l*-Interpretation mit Objektnamen

Bei einer *l*-Interpretation von $\mathbf{Q}_E$ über D muß ein Objekt $d \in D$ weder *mindestens* noch *höchstens* einen zusätzlichen Parameter $e \in E$ als Bezeichnung haben. Wenn wir diese beiden zusätzlichen Forderungen stellen, so erhalten wir einen etwas spezielleren Interpretationsbegriff, der gewisse Vorteile hat. Wir setzen i.f. voraus, daß für jedes Objekt d ein *eindeutiger* zusätzlicher Parameter *d* existiert und nennen ihn den *Objektnamen* von d. (Wer will, kann d selbst als *d* betrachten.) *D* sei die (mit D gleichmächtige) Menge der Objektnamen von D und $\mathbf{Q}_D$ die entsprechend erweiterte Sprache. Wir betrachten die folgende zusätzliche Bedingung:

(**I–O**) *D* ist eine mit D gleichmächtige Menge von Objektnamen und φ ist eine Funktion, die auf einer Obermenge von *D* definiert ist, wobei gilt:

$$\varphi(d) = \mathrm{d} \text{ für jeden Objektnamen } d \in D.$$

Dann bezeichnen wir eine *l*-Interpretation φ von $\mathbf{Q}_D$ über D, die zusätzlich die Bedingung (**I–O**) erfüllt, als *l-Interpretation mit Objektnamen über (dem Bereich)* D. Da nach (**I–O**) jedes Objekt eine Bezeichnung hat, kann die Bedingung (**I1**) nun abgeschwächt werden zu

(**I1⁰**) φ ordnet jeder Objektbezeichnung von $\mathbf{Q}_D$ ein Objekt aus D zu.

Ferner können die Quantorenregeln (**R**$\wedge$), (**R**$\vee$), die sich auf alle Objektbezeichnungen u von $\mathbf{Q}_D$ beziehen, ersetzt werden durch die speziellen Regeln:

(**R**$\wedge^0$) $\varphi(\wedge x A[x]) = \mathbf{w} \Leftrightarrow \varphi(A[d]) = \mathbf{w}$ für alle Objektnamen $d \in D$,

($\mathbf{R}\bigvee^0$) $\varphi(\bigvee x A[x]) = \mathbf{w} \Leftrightarrow \varphi(A[d]) = \mathbf{w}$ für mindestens einen Objektnamen $d \in D$.

Denn wenn $\varphi(A[u])$ für irgendeine Objektbezeichnung u von $\mathbf{Q}_D$ **w** (bzw. **f**) ist, so ist nach (**I–O**) und dem Extensionalitätstheorem Th. 5.2 auch $\varphi(A[d]) = \mathbf{w}$ (bzw. **f**) für $d = \varphi(u)$. Daher folgen die speziellen Quantorenregeln (**R**q^0) aus den allgemeinen (**R**q). Umgekehrt kann man unter Voraussetzung der speziellen Regeln das Extensionalitätstheorem offensichtlich analog beweisen, und daraus die allgemeinen folgern. (**R**q) und (**R**q^0) sind also äquivalent.

Dieser etwas speziellere Interpretationsbegriff ist im Hinblick auf die formale Sprache **Q** genauso leistungsfähig wie der allgemeine; denn er bietet sämtliche Interpretationsmöglichkeiten, die der allgemeine bietet.

Th. 5.3 *Zu jeder l-Interpretation* φ *über D gibt es eine l-Interpretation* φ' *mit Objektnamen über* D, *wobei* $\varphi'(S) = \varphi(S)$ *für alle Objektbezeichnungen, Parameter und Sätze* S *von* **Q**.

Beweis: φ sei eine *l*-Interpretation von $\mathbf{Q}_E$ über D; φ^1 sei die Einschränkung von φ auf den Argumentbereich der Objektbezeichnungen von $\mathbf{Q}_E$. Nach (**I1**) ist φ^1 eine Abbildung auf D. Dann existiert auch in umgekehrter Richtung eine *injektive* Abbildung Φ von D in die Menge der Objektbezeichnungen von $\mathbf{Q}_E$, die jedem d ein solches u zuordnet, für das $\varphi^1(u) = d$ ist. (Eine solche „Auswahlfunktion“ Φ, die für jedes Argument $d \in D$ einen Wert aus der nicht-leeren Menge $\{u \mid \varphi^1(u) = d\}$ wählt, existiert nach dem sog. *Auswahlaxiom* der Mengenlehre.) Dann gilt also

(*a*) $\varphi(\Phi(d)) = d$, für jedes $d \in D$.

Nun ordnen wir jedem Ausdruck S von $\mathbf{Q}_D$ einen Ausdruck S^0 von $\mathbf{Q}_E$ zu, indem wir in S jeden Objektnamen $d \in D$ durch $\Phi(d)$ ersetzen (also insbesondere $d^0 = \Phi(d)$), und definieren:

$\varphi'(S) =_{df} \varphi(S^0)$ für alle Objektbezeichnungen, Parameter und Sätze S von $\mathbf{Q}_D$.

Da $\varphi'(d) = \varphi(d^0) = \varphi(\Phi(d)) = d$ ist, erfüllt φ' die zusätzliche Bedingung (**I–O**) der *l*-Interpretation mit Objektnamen; und da φ die Bedingungen (**I1**)–(**I4**) erfüllt, so auch φ'. Dasselbe gilt für die restlichen Bedingungen:

(**If**) $\varphi'(f(u_1 \dots u_n)) = \varphi(f(u_1^0 \dots u_n^0)) = \varphi(f)(\varphi(u_1^0) \dots \varphi(u_n^0))$
$= \varphi'(f)(\varphi'(u_1) \dots \varphi'(u_n))$.

(**IP**) $\varphi'(Pu_1 \dots u_n) = \varphi(Pu_1^0 \dots u_n^0) = \mathbf{w} \Leftrightarrow$
$\langle \varphi(u_1^0), \dots, \varphi(u_n^0) \rangle = \langle \varphi'(u_1), \dots, \varphi'(u_n) \rangle \in \varphi'(P) = \varphi(P)$.

($\mathbf{R}\neg$) $\varphi'(\neg A) = \varphi(\neg A^0) = \mathbf{w} \Leftrightarrow \varphi(A^0) = \varphi'(A) = \mathbf{f}$;

und analog erfüllt φ' die Regeln für die 2-stelligen Junktoren j, da φ sie erfüllt und $(AjB)^0 = A^0 j B^0$ ist.

Für die Quantorenregeln stellen wir erst fest:

(*b*) Für jede Objektbezeichnung u von $\mathbf{Q}_E$ gibt es einen Objektnamen $d \in D$, so daß $\varphi(d^0) = \varphi(\mathrm{u})$.

Dieses d ist der Objektname von $\varphi(\mathrm{u})$; denn nach Def. von S^0 ist $\varphi(d^0) = \varphi(\Phi(\varphi(\mathrm{u})))$, also nach (*a*) gleich $\varphi(\mathrm{u})$.

Dann gilt:

$(\mathbf{R}\wedge^0)$ $\varphi'(\wedge \mathrm{x}\mathrm{A}[\mathrm{x}]) = \varphi(\wedge \mathrm{x}\mathrm{A}^0[\mathrm{x}]) = \mathbf{w} \Leftrightarrow$
$\varphi(\mathrm{A}^0[\mathrm{u}]) = \mathbf{w}$ für alle Objektbezeichnungen u von $\mathbf{Q}_E \Leftrightarrow$
$\varphi(\mathrm{A}^0[d^0]) = \mathbf{w}$ für alle Objektnamen $d \in D$

(die Richtung $\Rightarrow$ gilt nach Def. von d^0; die Richtung $\Leftarrow$ nach (*b*) und Th. 5.2; denn wenn für ein u von $\mathbf{Q}_E$ $\varphi(\mathrm{A}^0[\mathrm{u}]) = \mathbf{f}$ ist, so ist auch für ein $d \in D$ $\varphi(\mathrm{A}^0[d^0]) = \mathbf{f}$.)

Die letzte Behauptung ist äquivalent mit $\varphi'(\mathrm{A}[d]) = \mathbf{w}$ für alle $d \in D$. Ganz analog ist auch $(\mathbf{R}\vee^0)$ erfüllt. φ' ist also eine l-Interpretation mit Objektnamen über D, wobei $\varphi'(\mathrm{S}) = \varphi(\mathrm{S}^0) = \varphi(\mathrm{S})$, für alle Objektbezeichnungen, Parameter und Sätze S von $\mathbf{Q}$. □

Ein Vorteil der l-Interpretation mit Objektnamen liegt darin, daß sie durch

(a) den Objektbereich

und

(b) die Interpretation der Parameter von $\mathbf{Q}$ über diesem Bereich bereits *vollständig* und *eindeutig* festgelegt ist.

Unter einer *Parameter-Interpretation über* D verstehen wir eine Funktion auf dem Argumentbereich der Parameter von $\mathbf{Q}$, die

(P1) jedem Objektparameter ein Objekt aus D,
(P2) jedem n-stelligen Prädikatparameter $(\mathrm{n} \geqq 1)$ eine n-stellige Relation auf D,
(P3) jedem n-stelligen Funktionsparameter $(\mathrm{n} \geqq 1)$ eine n-stellige Operation auf D,
(P4) jedem Satzparameter einen Wert **w** oder **f** zuordnet.

Dann gilt offensichtlich

Th. 5.4 *Jede l-Interpretation mit Objektnamen über* D *enthält genau eine Parameter-Interpretation über* D; *und jede Parameter-Interpretation über* D *ist in genau einer l-Interpretation mit Objektnamen über* D *enthalten.* (*Beachte: D* ist fest gewählt bezüglich D!)

Beweis: Die erste Behauptung ist trivial; und umgekehrt wird durch eine Parameter-Interpretation über D und die Bedingungen **(I1)**–**(I4)**, **(If)**, **(IP)**, **(I–O)**, **(R¬)**–**(R↔)**, $(\mathbf{R}\wedge^0)$, $(\mathbf{R}\vee^0)$ auch die Extension aller komplexen Objektbezeichnungen und Sätze von $\mathbf{Q}_D$ eindeutig festgelegt, wie man durch Induktion nach ihrem Aufbau leicht erkennt.

5.4 *l*-Interpretation mit Variablenbelegung. Referentielle und substitutionelle Quantifikation

Zwischen der formalen Sprache **Q** mit ihren abzählbar unendlich großen, mechanisch entscheidbaren syntaktischen Kategorien und dem nicht notwendig konstruierbaren, evtl. nicht-abzählbaren Objektbereich D klafft bei sprachphilosophischer Betrachtung eine Lücke, die in der vorangehenden *l*-Semantik durch die fiktive Erweiterung von **Q** zu $\mathbf{Q}_E$ bzw. $\mathbf{Q}_D$ weniger deutlich wird. Dies vermeidet die nun folgende, im Kern auf A. Tarski, [1], zurückgehende Variante der *l*-Interpretation, bei der die formale Sprache **Q** nicht erweitert wird. Die Verallgemeinerung gegenüber der *q*-Interpretation wird hier dadurch erreicht, daß auch die freien Variablen „belegt", d. h. mit Extensionen versehen werden, und All- bzw. Existenzsätze qxA[x] als wahr gelten, sofern A[x] bei jeder bzw. mindestens einer Belegung von x wahr ist. Hier werden also auch *offene* Formeln und Terme von **Q** bei gegebener Belegung ihrer freien Variablen interpretiert. Dazu die folgenden Begriffe:

Eine *Variablenbelegung für den Ausdruck* S *von* **Q** *über* D ist eine Funktion α, die den freien Variablen von S Objekte aus D zuordnet; für geschlossene Ausdrücke S ist die leere Funktion $\emptyset$ die einzige Variablenbelegung. Wenn α eine Variablenbelegung für S über D ist und alle freien Variablen von T auch in S frei vorkommen, so sei α_T die *Einschränkung* von α auf die freien Variablen von T; diese ist also eine Variablenbelegung für T über D. Wenn umgekehrt x kein Argument von α ist und $\alpha^+ = \alpha \cup \langle x, d \rangle$, für ein $d \in D$ ist, so nennen wir α^+ eine x-*Fortsetzung von* α *über* D.

Als Argument der nun zu definierenden Interpretationsfunktion könnte man die Paare $\langle S, \alpha \rangle$ betrachten, wobei α eine Variablenbelegung für S ist. Zweckmäßiger ist es jedoch, als Argumente die *Mengen*[3] $S \cup \alpha$ zu nehmen, denn dann verschwindet α, falls S geschlossen ist, da $S \cup \emptyset = S$. Statt ‚$S \cup \alpha$' schreiben wir i.f. ‚S, α'.

Eine *l-Interpretation mit Variablenbelegung über (dem Objektbereich)* D ist nun eine Funktion ψ, für die simultan gilt, daß sie

(I1') jedem t, α, mit einem Term t von **Q** und einer Variablenbelegung α für t über D, ein Objekt aus D zuordnet;

---

3 Die mengentheoretische Vereinigung ist möglich, weil nicht nur die Funktion α eine Menge, sondern auch der Ausdruck S ein n-Tupel von Symbolen, und letzten Endes eine Menge ist (vgl. Anmerkung S. 41); dabei sind Variablen und Parameter S bei genauerer Betrachtung Paare bzw. Tripel aus Grundsymbolen und unteren und oberen Indizes. Wenn wir uns i.f. bei S, α, d. h. $S \cup \alpha$, *einzeln* auf S und α beziehen, so ist dies möglich, weil S und α *disjunkt* sind: Die Elemente von α sind Paare $\langle x, d \rangle$, mit einer Variablen als erstem Glied, während S keine solchen Elemente enthält.

(**I2'**) jedem n-stelligen Prädikatparameter ($n \geqq 1$) eine n-stellige Relation auf D zuordnet;

(**I3'**) jedem n-stelligen Funktionsparameter ($n \geqq 1$) eine n-stellige Operation auf D zuordnet;

(**I4'**) jedem F, α, mit einer Formel F von **Q** und einer Variablenbelegung α für F über D, einen Wert **w** oder **f** zuordnet, wobei gilt:

(**Ix'**) $\psi(x, \alpha) = \alpha(x)$ für jede Variable x;

(**If'**) $\psi(f(t_1 \ldots t_n), \alpha) = \psi(f)(\psi(t_1, \alpha_{t_1}) \ldots \psi(t_n, \alpha_{t_n}))$;

(**IP'**) $\psi(Pt_1 \ldots t_n, \alpha) = \mathbf{w} \Leftrightarrow \langle \psi(t_1, \alpha_{t_1}), \ldots, \psi(t_n, \alpha_{t_n}) \rangle \in \psi(P)$;

(**R¬'**) $\psi(\neg F_0, \alpha) = \mathbf{w} \Leftrightarrow \psi(F_0, \alpha) = \mathbf{f}$;

(**R∧'**) $\psi(F_0 \wedge G_0, \alpha) = \mathbf{w} \Leftrightarrow \psi(F_0, \alpha_{F_0}) = \psi(G_0, \alpha_{G_0}) = \mathbf{w}$;

(**Rj'**) für die übrigen 2-stelligen Junktoren j analog;

(**R⋀'**) $\psi(\bigwedge x F_0[x], \alpha) = \mathbf{w} \Leftrightarrow \psi(F_0[x], \alpha^+) = \mathbf{w}$ für jede x-Fortsetzung α^+ von α über D;

(**R⋁'**) $\psi(\bigvee x F_0[x], \alpha) = \mathbf{w} \Leftrightarrow \psi(F_0[x], \alpha^+) = \mathbf{w}$ für mindestens eine x-Fortsetzung α^+ von α über D.

(Die Interpretation der Objektparameter wird nicht in einer eigenen Bestimmung festgelegt, da (**I1'**), (**If'**) und (**I3'**) folgende Bedingung implizieren:

(**I–Ob'**) $\psi(a, \alpha) = \psi(a, \alpha') \in D$ für jeden Objektparameter a und alle Variablenbelegungen α, α'.)

Das charakteristische Merkmal dieses Interpretationsbegriffs sind die Quantorenregeln. Während die *q*-komplexen Sätze nach den obigen Regeln (**R⋀**), (**R⋁**) (aus 3.2) und ihren Varianten (**R⋀**^{0}), (**R⋁**^{0}) (aus 5.3) in Abhängigkeit von ihren *Spezialisierungen* (sprachlichen Entitäten) bewertet wurden, werden sie nach den neuen Regeln (**R⋀'**), (**R⋁'**) in Abhängigkeit von den *Belegungen* der quantifizierten Variablen (nichtsprachlichen Entitäten) bewertet. Diese Auffassung der Quantoren wird als *referentiell* (oder *ontologisch*), die obige hingegen als *substitutionell* (oder *linguistisch*) bezeichnet. Während in der Bewertungssemantik die Quantoren nur substitutionell verstanden werden können, sind mit der Interpretationssemantik beide Auffassungen verträglich.[4] Rein formal ist der Unterschied zwischen beiden Auffassungen ziemlich unerheblich, denn den *l*-Interpretationen φ mit Objektnamen und substitioneller Quantifikation sind die *l*-Interpretationen ψ_φ mit Variablenbelegung und referentieller Quantifikation eindeutig so zuzuordnen, daß $\varphi(S) = \psi_\varphi(S)$ für alle Parameter, Objektbezeichnungen und Sätze S von **Q** gilt. Dies werden die beiden nächsten Sätze zeigen. Analog zu Th. 5.4 erhalten wir:

Th. 5.4' *Jede l-Interpretation mit Variablenbelegung über* D *enthält genau eine Parameter-Interpretation über* D; *und jede Parameter-*

4 Näheres zum Verhältnis der beiden Quantorenauffassungen findet sich in Kap. 14.

Interpretation über D *ist in genau einer l-Interpretation mit Variablenbelegung über* D *enthalten.* (*Beachte: D* fest gewählt bzgl. D!)

Beweis: analog zu Th. 5.4.

Der Zusammenhang zwischen den beiden *l*-Interpretationsbegriffen ergibt sich aus dem

Hilfssatz: *φ sei eine l-Interpretation mit Objektnamen über* D; *und ψ sei die l-Interpretation mit Variablenbelegung über* D *mit derselben Parameter-Interpretation wie φ. Dann gilt* $\psi(S) = \varphi(S)$ *für alle Objektbezeichnungen und Sätze* S *von* **Q**.

Beweis: Jedem T, α, wobei T ein Term oder eine Formel von **Q** und α eine Variablenbelegung für T über D ist, ordnen wir eine Objektbezeichnung bzw. einen Satz T^α von $\mathbf{Q}_D$ zu, indem wir in T jede freie Variable x durch den $\alpha(x)$ entsprechenden Objektnamen *d* aus *D* ersetzen, und beweisen (*D* bzgl. D eindeutig!)

(A) $\psi(T, \alpha) = \varphi(T^\alpha)$ für alle Terme und Formeln von **Q**.

Daraus folgt für variablenfreie S die Behauptung, da $\alpha = \emptyset$ und $S, \alpha = S = S^\alpha$.

(*a*) T sei ein *Term*; Beweis von (A) durch Induktion nach der Anzahl der Symbole von T. T ist entweder ein *Objektparameter*, dann ist $\alpha = \emptyset$ und (A) gilt n.V.; oder eine *Variable* x, dann ist $\psi(x, \alpha) = \alpha(x) = \varphi(x^\alpha)$. Oder T ist ein *komplexer* Term $f(t_1 \ldots t_n)$; dann ist

$$\begin{aligned}\psi(f(t_1 \ldots t_n), \alpha) &= \psi(f)\,(\psi(t_1, \alpha_{t_1}) \ldots \psi(t_n, \alpha_{t_n})), \text{ also n. V. und I.V.}\\ &= \varphi(f)\,(\varphi(t_1^{\alpha_{t_1}}) \ldots \varphi(t_n^{\alpha_{t_n}}))\\ &= \varphi(f(t_1^{\alpha_{t_1}} \ldots t_n^{\alpha_{t_n}})) = \varphi(f(t_1 \ldots t_n)^\alpha).\end{aligned}$$

(Die ‚α_{t_i}' sind als Mitteilungszeichen der Form ‚α_T' zu verstehen, wie dies bei der Definition der Variablenbelegung vereinbart worden ist.)

(*b*) T sei eine *Formel*; Beweis von (A) durch Induktion nach dem Grad von T. T ist entweder ein *Satzparameter*, dann gilt (A) wieder n.V.; oder eine *elementare* Formel $Pt_1 \ldots t_n$, dann ist

$$\begin{aligned}\psi(Pt_1 \ldots t_n, \alpha) = \mathbf{w} &\Leftrightarrow \langle \psi(t_1, \alpha_{t_1}), \ldots, \psi(t_n, \alpha_{t_n}) \rangle \in \psi(P)\\ &\Leftrightarrow \langle \varphi(t_1^{\alpha_{t_1}}), \ldots, \varphi(t_n^{\alpha_{t_n}}) \rangle \in \varphi(P)\\ &\qquad \text{(nach } (a) \text{ und Voraussetzung)}\\ &\Leftrightarrow \varphi(Pt_1^{\alpha_{t_1}} \ldots t_n^{\alpha_{t_n}}) = \mathbf{w}\\ &\Leftrightarrow \varphi((Pt_1 \ldots t_n)^\alpha) = \mathbf{w}.\end{aligned}$$

Oder T ist eine *komplexe* Formel, dann gilt einer der Fälle:

1. $T = \neg F$, dann ist $\psi(\neg F, \alpha) = \mathbf{w} \Leftrightarrow \psi(F, \alpha) = \mathbf{f} \Leftrightarrow \varphi(F^\alpha) = \mathbf{f}$ (nach I.V.), $\Leftrightarrow \varphi(\neg F^\alpha) = \mathbf{w}$.

2. $T = FjG$, mit einem 2-stelligen Junktor j. Dann ist analog nach (**R**j'), I.V. und (**R**j) $\psi(FjG, \alpha) = \psi(F^{\alpha_F} j G^{\alpha_G}) = \varphi((FjG)^\alpha)$.

3. $T = qxF[x]$; dann verwenden wir die Tatsache

(∗) $F[x]^{\alpha^+} = F[d]^\alpha$, wenn α^+ die x-Fortsetzung von α mit $\alpha^+(x) = d$ ist.

Nun gilt im Fall des Allquantors

$$\begin{aligned}\psi(\wedge xF[x], \alpha) = \mathbf{w} &\Leftrightarrow \psi(F[x], \alpha^+) = \mathbf{w} \\ &\quad \text{für jede x-Fortsetzung } \alpha^+ \text{ von } \alpha \text{ über D} \\ &\Leftrightarrow \varphi(F[x]^{\alpha^+}) = \mathbf{w} \\ &\quad \text{für jede x-Fortsetzung } \alpha^+ \text{ von } \alpha \text{ über D (nach I.V.)} \\ &\Leftrightarrow \varphi(F[d]^\alpha) = \mathbf{w} \\ &\quad \text{für alle } d \in D \text{ (nach (∗))} \\ &\Leftrightarrow \varphi(\wedge xF[x]^\alpha) = \mathbf{w} \text{ (nach } (\mathbf{R}\wedge^0)).\end{aligned}$$

Analog für den Existenzquantor. □

Damit gewinnt man den folgenden Lehrsatz:

Th. 5.5 *Zu jeder l-Interpretation φ mit Objektnamen über* D *gibt es genau eine l-Interpretation ψ mit Variablenbelegung über* D*; und umgekehrt gibt es auch zu jedem ψ genau ein φ, so daß* $\varphi(S) = \psi(S)$ *für alle Parameter, Objektbezeichnungen und Sätze* S *von* **Q**. (*D* fest bzgl. D!)

Beweis: Unmittelbar aus Th. 5.4, Th. 5.4′ und dem Hilfssatz. □

5.5 *l*-semantische Grundresultate

Wir definieren für Sätze und Satzmengen, die zu **Q** (also zu jeder erweiterten Sprache $\mathbf{Q}_E$, $\mathbf{Q}_D$) gehören die üblichen Begriffe der *logischen Semantik erster Stufe*, kurz *l-Semantik*. Dabei können wir ‚φ‘ nach Belieben als Variable für *l*-Bewertungen oder *l*-Interpretationen oder solche mit Objektnamen oder mit Variablenbelegung verstehen; in jedem Fall ergeben sich nach Th. 5.1′, Th. 5.3 und Th. 5.5 dieselben semantischen Begriffe. Ein Satz A ist per definitionem *l-gültig* gdw für alle φ gilt: $\varphi(A) = \mathbf{w}$; und A ist per definitionem *l-erfüllbar* gdw es ein φ gibt mit $\varphi(A) = \mathbf{w}$. Entsprechend sind die *l-Ungültigkeit*, *-Widerlegbarkeit*, *-Kontingenz*, *-Äquivalenz* zu definieren.

Wir halten zunächst einige Zusammenhänge fest, die sich zwischen *q*- und *l*-Semantik und den Kalkülen **K** des letzten Kapitels für alle Satzmengen M, unendlich erweiterbaren Satzmengen M* und Sätze A von **Q** ergeben.

Th. 5.6 (*a*) $M \Vdash_l A \Rightarrow M \Vdash_q A$,
(*b*) $M \vdash_{\mathbf{K}} A \Rightarrow M \Vdash_l A$,
(*c*) $M^* \Vdash_l A \Leftrightarrow M^* \Vdash_q A \Leftrightarrow M^* \vdash_{\mathbf{K}} A$,
(*d*) M* *ist l-erfüllbar* ⇔ M* *ist q-erfüllbar.*

Beweis:

(*a*) gilt n.Def., da jede *q*-Interpretation eine *l*-Interpretation ist.

(*b*) läßt sich für die *l*-Folgerung völlig analog wie für die *q*-Folgerung beweisen.

(*c*) Aus $M^* \Vdash_l A$ folgt nach (a) $M^* \Vdash_q A$, daraus wegen der *q*-Folgerungsvollständigkeit der Kalküle $M^* \vdash_{\mathbf{K}} A$, und daraus nach (b) wiederum $M^* \Vdash_l A$.

(*d*) M^* ist *l*-erfüllbar $\Leftrightarrow \neg M^* \Vdash_l A \wedge \neg A$ (n.Def.)
$\Leftrightarrow \neg M^* \Vdash_q A \wedge \neg A$ (nach (c))
$\Leftrightarrow M^*$ ist *q*-erfüllbar (n.Def.).

Bezüglich der Folgerung aus und der Erfüllbarkeit von unendlich erweiterbaren Satzmengen stimmen *q*- und *l*-Semantik also überein; ebenso natürlich auch bezüglich der Gültigkeit (d.h. Folgerung aus ∅), Widerlegbarkeit, Kontingenz, Äquivalenz von Sätzen. Aber für gewisse Satzmengen, in denen nur endlich viele Objektparameter fehlen, ergibt sich eine Abweichung, denn die Umkehrung von Th. 5.6 (a) gilt nicht allgemein; stattdessen aber die Umkehrung von Th. 5.6 (b), wie der nächste Hilfssatz zeigen wird.

$a_1, \ldots, a_n, \ldots$ seien die Objektparameter von **Q** in lexikographischer Reihenfolge;
$e_1, \ldots, e_n, \ldots$ sei eine abzählbar unendliche Folge von zusätzlichen Objektparametern.

E sei die Menge dieser e_i und $\mathbf{Q}_E$ die entsprechend erweiterte Sprache. Für jeden Ausdruck, bzw. Ausdrucksmenge, S von $\mathbf{Q}_E$ definieren wir einen Ausdruck, bzw. eine Ausdrucksmenge, S′ von **Q**, indem wir in S simultan für alle $i \geqq 1$

a) jedes a_i durch a_{2i}, und

b) jedes e_i durch a_{2i-1} ersetzen.

Hilfssatz M *sei eine Satzmenge von* **Q**, *und jede endliche Teilmenge* N *von* M *sei l-erfüllbar. Dann ist* M *l-erfüllbar über einem abzählbaren Bereich.*

Beweis: Aus der Voraussetzung folgt nach Th. 5.6(d):

1. Jede endliche Teilmenge N von M ist *q*-erfüllbar.

Aus N entsteht N′ durch simultane Ersetzung aller a_i durch a_{2i}; daher sind N und N′ Parametervarianten voneinander, d.h. $N =_p N'$, und nach Th. 3.9(b) folgt

2. Jede endliche Teilmenge N′ von M′ ist *q*-erfüllbar.

In M′ kommen die unendlich vielen a_{2i-1} nicht vor, daher ist M′ beschränkt, und nach Th. 4.2.5 folgt

3. M′ ist *q*-erfüllbar.

φ sei eine *q*-Interpretation, die M′ erfüllt. Wir definieren nun eine *l*-Interpretation φ^* für $\mathbf{Q}_E$:

$$\varphi^*(\mathrm{S}) =_{\mathrm{df}} \varphi(\mathrm{S}'), \text{ für alle Objektbezeichnungen, Parameter und Sätze S von } \mathbf{Q}_E.$$

Da φ die Bedingungen der *q*-Interpretation erfüllt und die *-Funktion die syntaktischen Kategorien von $\mathbf{Q}_E$ auf die entsprechenden Kategorien von **Q** abbildet, erfüllt φ^* offensichtlich die Bedingungen der *l*-Interpretation für $\mathbf{Q}_E$. Da M′ von φ erfüllt wird, so erfüllt φ^* nun M, und zwar über demselben abzählbaren Objektbereich wie φ, womit der Hilfssatz bewiesen ist. □

Wir halten drei wichtige Folgerungen fest. Zunächst gilt, im Gegensatz zum eingeschränkten *q*-Kompaktheitstheorem Th. 4.2.5, das folgende *uneingeschränkte Kompaktheitstheorem*

Th. 5.7 *Für jede Satzmenge* M *von* **Q** *gilt:*
M *ist l-erfüllbar* $\Leftrightarrow$ *jede endliche Teilmenge von* M *ist l-erfüllbar.*

Die Richtung $\Rightarrow$ ist trivial; und die Umkehrung folgt aus dem vorhergehenden Hilfssatz.

Aus Th. 5.7 ergibt sich, wie angekündigt, die *unbeschränkte l-Folgerungsadäquatheit* der Kalküle **K** des letzten Kapitels in folgender Form:

Th. 5.8 *Für alle Satzmengen* M *und Sätze* A *von* **Q** *gilt:*
$\mathrm{M} \vdash_K \mathrm{A} \Leftrightarrow \mathrm{M} \Vdash_l \mathrm{A}$.

Beweis: $\mathrm{M} \vdash_K \mathrm{A} \Leftrightarrow \mathrm{M}^0 \vdash_K \mathrm{A}$, für ein endliches $\mathrm{M}^0 \subseteqq \mathrm{M}$ (n.Def.)
$\Leftrightarrow \mathrm{M}^0 \Vdash_l \mathrm{A}$, für ein endliches $\mathrm{M}^0 \subseteqq \mathrm{M}$ (Th. 5.6(c))
$\Leftrightarrow \mathrm{M}^0 \cup \{\neg \mathrm{A}\}$ ist *l*-unerfüllbar für ein endliches $\mathrm{M}^0 \subseteqq \mathrm{M}$ (n. Def.)
$\Leftrightarrow \mathrm{M} \cup \{\neg \mathrm{A}\}$ ist *l*-unerfüllbar (Th. 5.7)
$\Leftrightarrow \mathrm{M} \Vdash_l \mathrm{A}$ (n.Def.) □

Wir führen ohne Beweis an, daß *l*-semantisch folgende Theoreme uneingeschränkt gelten:

(a) Wenn aus M, A durch Ersetzung aller Vorkommnisse eines n-stelligen Funktionsparameters durch eine n-stellige Funktionsbezeichnung N, B entsteht, so gelten die Behauptungen von Th. 3.11 für die *l*-Semantik.
(*Substitutionstheorem für Funktionsparameter*).

(b) Wenn a in {M, $\wedge$xA[x]} nicht vorkommt, so gilt:
$\mathrm{M} \Vdash_l \mathrm{A}[\mathrm{a}] \Rightarrow \mathrm{M} \Vdash_l \wedge \mathrm{x}\mathrm{A}[\mathrm{x}]$.
(*Generalisierungstheorem*; vgl. Th. 3.12).

(c) $M \Vdash_l A \Rightarrow$ Es gibt eine endliche Menge $M^0 \cup R$, wobei $M^0 \subseteqq B$, R regulär und für jedes Element $Q \to Q[u]$ von R der Satz Q ein schwacher Teilsatz von M^0 oder von A ist, und $M^0, R \Vdash_j A$ gilt. (*Fundamentaltheorem*; vgl. Th. 4.2.4.)

Eine weitere unmittelbare Folgerung aus Th. 5.7 und dem Hilfssatz ist das sog. (*absteigende*) *Löwenheim-Skolem-Theorem*,

Th. 5.9 *Jede l-erfüllbare Satzmenge von* **Q** *ist über einem abzählbaren Bereich l-erfüllbar.*

Dieses Theorem zeigt, daß die Verallgemeinerung der *q*- zur *l*-Semantik möglicherweise weniger hält, als man sich zunächst vielleicht davon verspricht. Zwar können wir mit *l*-interpretierten formalen Sätzen Aussagen über überabzählbare Bereiche machen, was mit *q*-interpretierten Sätzen nicht möglich war. Aber solche Aussagen bleiben *zwangsläufig unspezifisch*: Jede noch so detaillierte Beschreibung, die wir mit Teilmengen der abzählbar vielen Ausdrücke der formalen Sprache **Q** von einem überabzählbaren Bereich geben können, trifft auch auf irgendeinen abzählbaren Bereich zu, wenn wir die Parameter anders interpretieren. Solche Beschreibungen sind z. B. die üblichen axiomatischen Theorien der Mengen oder der reellen Zahlen. An sich sind sie als Beschreibungen überabzählbarer Bereiche intendiert; aber sofern sie überhaupt *konsistent*, d. h. *l*-erfüllbar, sind, haben sie *nicht-intendierte Modelle*, d. h. *l*-Interpretationen, die sie über ganz anderen, nämlich abzählbaren Bereichen erfüllen. Dieser vielleicht überraschende, aber durchaus nicht paradoxe Sachverhalt ist in die Literatur als *Skolem-Paradox* eingegangen.

Läßt sich das Löwenheim-Skolem-Theorem dahingehend verschärfen, daß jede *l*-erfüllbare Satzmenge von *Q* sogar über einem *endlichen* Bereich *l*-erfüllbar ist? Offenbar nicht; M enthalte die 3 Sätze

$A_1 = \bigwedge x \bigvee y Rxy$,

$A_2 = \bigwedge x \bigwedge y(Rxy \to \neg Rxy)$,

$A_3 = \bigwedge x \bigwedge y \bigwedge z(Rxy \wedge Ryz \to Rxz)$.

M ist sicherlich *l*-erfüllbar, z. B. über $\mathbb{N}$, wenn wir R als Kleiner-Relation interpretieren. Aber M ist über *keinem endlichen* Bereich erfüllbar: φ sei eine *l*-Interpretation mit Objektnamen über D, die M erfüllt. Da D nichtleer ist, gibt es ein $d_1 \in D$, und nach A_1 auch ein $d_2 \in D$, so daß $\varphi(Rd_1d_2) = \mathbf{w}$. Nach A_2 ist $d_2 \neq d_1$; und zu d_2 gibt es wieder ein verschiedenes $d_3 \in D$, so daß $\varphi(Rd_2d_3) = \mathbf{w}$. Nach A_3 ist auch $\varphi(Rd_1d_3) = \mathbf{w}$; und nach A_2 ist $d_3 \neq d_1$. Zu d_3 gibt es wieder ein von d_1, d_2, d_3 verschiedenes $d_4 \in D$, so daß $\varphi(Rd_3d_4) = \mathbf{w}$ usw. ad infinitum. Daher ist D unendlich.

Sätze wie $A_1 \wedge A_2 \wedge A_3$ sind also *spezifische Aussagen* über *unendliche* Objektbereiche; sie sind über keinem endlichen Bereich *l*-erfüllbar und heißen daher *Unendlichkeitsaxiome*.

Gibt es vielleicht auch *Endlichkeits*- oder *Abzählbarkeitsaxiome*, d.h. Sätze, die nur über endlichen oder höchstens abzählbar unendlichen Bereichen *l*-erfüllbar sind? Es gibt sie nicht, wie das (von A. TARSKI bewiesene) sog. *aufsteigende Löwenheim-Skolem-Theorem* zeigt.

Th. 5.10 *Jede Satzmenge von* **Q**, *die über irgendeinem Bereich l-erfüllbar ist, ist auch über jedem mindestens gleichmächtigen Bereich l-erfüllbar.*

(Dabei heißt D *mindestens gleichmächtig mit* D^0, wenn es eine Abbildung von D auf D^0 gibt; vgl. Kap. 1.)

Beweis: M sei eine Satzmenge von **Q**, φ^0 sei eine *l*-Interpretation mit Objektnamen über D^0, die M erfüllt, und D sei mindestens gleichmächtig mit D^0. Wir werden eine *l*-Interpretation φ mit Objektnamen über D definieren, die M ebenfalls erfüllt. N.V. gibt es eine Abbildung θ von D auf D^0. Dann gibt es (nach dem Auswahlaxiom, vgl. Beweis zu Th. 5.3) eine *injektive* Abbildung θ^0 von D^0 in D, die jedem $d^0 \in D^0$ ein solches $d \in D$ zuordnet, für das $\theta(d) = d^0$ ist.

Jedem Ausdruck, bzw. Ausdrucksmenge, S von $\mathbf{Q}_D$ ordnen wir einen Ausdruck, bzw. Ausdrucksmenge, S^0 von $\mathbf{Q}_{D^0}$ zu, indem wir in S jeden Objektnamen $d \in D$ durch den Objektnamen von $\theta(d) \in D^0$ ersetzen. Nun definieren wir φ:

(0) $\varphi(d) =_{df} d$, für jeden Objektnamen $d \in D$;

(1) $\varphi(u) =_{df} \theta^0(\varphi^0(u^0))$, für jede andere Objektbezeichnung u von $\mathbf{Q}_D$;

(2) $\varphi(P) =_{df} \{\langle d_1, \ldots, d_n \rangle \mid \langle \theta(d_1), \ldots, \theta(d_n) \rangle \in \varphi^0(P)\}$, für jeden n-stelligen Prädikatparameter P ($n \geqq 1$) und $d_i \in D$;

(3) $\varphi(f)(d_1 \ldots d_n) =_{df} \theta^0(\varphi^0(f)(\theta(d_1) \ldots \theta(d_n)))$, für jeden n-stelligen Funktionsparameter f ($n \geqq 1$) und $d_i \in D$;

(4) $\varphi(A) =_{df} \varphi^0(A^0)$, für jeden Satz A von $\mathbf{Q}_D$.

φ erfüllt offensichtlich die Bedingungen **(I–O)**, **(I1)**–**(I4)**. Für **(If)** und **(IP)** stellen wir erst fest:

(a) $\theta(\varphi(u)) = \varphi^0(u^0)$, für alle Objektbezeichnungen u von $\mathbf{Q}_D$.

Denn für die Objektnamen $d \in D$ ist $\theta(\varphi(d)) = \theta(d)$ (nach (0)) $= d^0 = \varphi^0(d^0)$ (da φ^0 **(I–O)** erfüllt und nach Def. von S^0). Und für die anderen Objektbezeichnungen u ist $\theta(\varphi(u)) = \theta(\theta^0(\varphi^0(u^0)))$ (nach (1)) $= \varphi^0(u^0)$ (nach Def. von θ^0).

(If)
$$\begin{aligned}
\varphi(f(u_1 \ldots u_n)) &= \theta^0(\varphi^0(f(u_1^0 \ldots u_n^0))) && \text{nach (1)}\\
&= \theta^0(\varphi^0(f)(\varphi^0(u_1^0) \ldots \varphi^0(u_n^0))) && \text{nach } \mathbf{(If)}\\
&= \theta^0(\varphi^0(f)(\theta(\varphi(u_1)) \ldots \theta(\varphi(u_n)))) && \text{nach (a)}\\
&= \varphi(f)(\varphi(u_1) \ldots \varphi(u_n)) && \text{nach (3)}
\end{aligned}$$

(IP)
$$\begin{aligned}
\varphi(Pu_1 \ldots u_n) = w &\Leftrightarrow \varphi^0(Pu_1^0 \ldots u_n^0) = w && \text{nach (4)}\\
&\Leftrightarrow \langle \varphi^0(u_1^0), \ldots, \varphi^0(u_n^0) \rangle \in \varphi^0(P) && \text{nach } \mathbf{(IP)}\\
&\Leftrightarrow \langle \theta(\varphi(u_1)), \ldots, \theta(\varphi(u_n)) \rangle \in \varphi^0(P) && \text{nach (a)}\\
&\Leftrightarrow \langle \varphi(u_1), \ldots, \varphi(u_n) \rangle \in \varphi(P) && \text{nach (2)}.
\end{aligned}$$

Ferner erfüllt φ die Junktorenregeln:

$$(\mathbf{R}\neg)\quad \varphi(\neg A)=\varphi^0(\neg A^0)=\mathbf{w} \Leftrightarrow \varphi^0(A^0)=\varphi(A)=\mathbf{f},$$

und analog die Regeln für die 2-stelligen Junktoren j, da $(AjB)^0 = A^0jB^0$.
Schließlich erfüllt φ auch die Quantorenregeln:

$$(\mathbf{R}\wedge^0)\quad \varphi(\wedge x A[x])=\varphi^0(\wedge x A^0[x])=\mathbf{w} \Leftrightarrow$$
$$\varphi^0(A^0[d^0])=\mathbf{w}, \text{ für alle Objenamen } d^0\in D^0 \Leftrightarrow$$
$$\varphi(A[d])=\mathbf{w}, \text{ für alle Objektnamen } d\in D.$$

Analog für $(\mathbf{R}\vee^0)$.
φ ist also eine *l*-Interpretation mit Objektnamen über D, und da φ^0 die Satzmenge $M=M^0$ von **Q** erfüllt, so auch φ. □

5.6 Vergleichende Betrachtung von Zielsetzungen und Möglichkeiten der denotationellen und nicht-denotationellen Semantik

In der bisherigen Darstellung ist dem Leser eine Vielfalt semantischer Behandlungsformen der Quantorenlogik erster Stufe vor Augen geführt worden. Es handelt sich dabei um nicht weniger als (mindestens) die folgenden zehn Arten semantischer Aufbauweisen:

(1) *j*-Bewertungssemantik (vgl. Abschn. 2.2);
(2) *j*-Interpretationssemantik in der Form der Semantik für atomare *j*-Bewertungen (vgl. die Bemerkungen im Anschluß an Th. 2.1);
(3) *j*-Hintikka-Mengen-Semantik (vgl. den jeweils junktorenlogischen Teil der Beweise von Th. 4.2.2 und Th. 4.2.3);
(4) *q*-Bewertungssemantik (vgl. Abschn. 3.2);
(5) *q*-Interpretationssemantik (vgl. Abschn. 5.1);
(6) *l*-Bewertungssemantik (vgl. Abschn. 5.2);
(7) *l*-Interpretationssemantik (vgl. Abschn. 5.2);
(8) *l*-Interpretationssemantik mit Objektnamen (vgl. Abschn. 5.3);
(9) *l*-Interpretationssemantik mit Variablenbelegung (vgl. Abschn. 5.4);
(10) *q*-Hintikka-Mengen-Semantik (vgl. das *q*-Hintikka-Lemma im Beweis von Th. 4.2.3).

Im zweiten Teil des Buches werden uns darüber hinaus bestimmte einfachere Varianten der *l*-Bewertungssemantik und der *l*-Interpretationssemantik (für quantorenlogische Sprachen ohne komplexe Individuenterme) begegnen. Eine Erweiterung der Semantiken (6) bis (9) auf quantorenlogische Sprachen mit Identität findet sich in Abschn. 7.1

unter der Bezeichnung ‚*i*-Semantik'. Schließlich werden in Abschn. 7.3 unter dem Namen ‚*k*-Interpretationssemantik' die Analoga zu den Semantiken (7) bis (9) für quantorenlogische Sprachen mit Kennzeichnungsoperator behandelt. Alle diese Spielarten von Semantik können im Rahmen des gegenwärtigen Abschnittes wie die obigen Formen (6) bis (9) betrachtet werden.

(Grundsätzlich aus diesem Rahmen jedoch fällt die in Kap. 14 behandelte abstrakte Semantik, die eine starke Verallgemeinerung einer modelltheoretisch aufgefaßten Interpretationssemantik darstellt.)

Angesichts dieser Fülle besteht die Gefahr, daß das eigenständige Interesse, welches die verschiedenen Aufbauweisen der quantorenlogischen Semantik für sich beanspruchen können, nicht hinreichend deutlich wird. Wir wollen deshalb im vorliegenden Abschnitt einen kurzen Einblick in einige besonders wichtige Strömungen der logischen Semantik geben, jedoch nur in einem Umfang, der uns für die Einordnung der bisher betrachteten Formen der Semantik als angemessen erscheint.

Bei der Unterscheidung zwischen Bewertungs- und Interpretationssemantik geht es um die grundsätzliche Frage, was für Objekte als kleinste bedeutungsfähige Bestandteile der Sprache angesehen werden: *ganze Sätze*, evtl. auch offene Formeln (philosophisch gesprochen „Propositionen") oder *Individuenterme* und *Prädikate* (in philosophischer Sprechweise: „Namen und Begriffe"). Die Interpretationssemantik entscheidet sich für die letztere dieser beiden Möglichkeiten, die Bewertungssemantik für die zuerst genannte. Beiden ist gemeinsam, daß sie sowohl die Klasse der logisch wahren Formeln als auch die der logisch gültigen Schlüsse aus Mengen quantorenlogischer Formeln (Sätze) auf einzelne Formeln (Sätze) auszeichnen; dabei wird die logische Wahrheit bzw. der logisch gültige Schluß mittels einer Generalisierung über eine Klasse von Funktionen definiert, nämlich die ‚Bewertungen' bzw. ‚Interpretationen' genannten Funktionen. In beiden Fällen wird die Bedeutung komplexerer syntaktischer Objekte in Abhängigkeit von den Bedeutungen einfacherer syntaktischer Objekte festgelegt. Die Grenze der „Analysetiefe" bilden die als minimale Objekte vorausgesetzten atomaren Formeln für die Bewertungssemantik bzw. die Individuen-, Funktions- und Prädikatparameter im interpretationssemantischen Fall. Wir geben nun einen kurzen Überblick über einige wichtige Varianten dieser Semantiken.

Tarski wählte in seiner als *Tarskische Interpretationssemantik* bekannt gewordenen Behandlungsweise der quantorenlogischen Semantik eine der Interpretationssemantik mit Variablenbelegung (9) sehr ähnliche Methode des Aufbaues. Bei ihm wird die Wahrheit einer Formel in einer Struktur $\langle D, \mathfrak{I} \rangle$ bezüglich einer Variablenbelegung V (über dem Träger D der Struktur) festgelegt. Dabei ist D eine beliebige Menge und $\mathfrak{I}$ eine „kategoriengerechte" Interpretation der Individuen- und Prädikatparameter. Eine allquantifizierte Formel ‚$\wedge$xA' wird in dieser Semantik wahr in $\langle D, \mathfrak{I}\rangle$ bei V genau dann, wenn für jedes Element d der Trägermenge D und für jede Variante V_x^d der Variablenbelegung (mit $V_x^d(y) := V(y)$ für alle $y \neq x$ und $V_x^d(x) := d$) A wahr in $\langle D, \mathfrak{I}\rangle$ bei V_x^d ist. ‚Wahrheit in einer Struktur' ist dann also dasselbe wie ‚Wahrheit bei allen Variablenbelegungen', und ‚logische Wahrheit' bedeutet, wie zu erwarten, so viel wie ‚Wahrheit in jeder Struktur'.

Wir haben bei diesem kurzen schematischen Rückgriff auf eine Fassung der Tarskischen Interpretationssemantik die Interpretation allquantifizierter Formeln als Beispiel gewählt. Denn hier haben sich die ersten Abweichungen gegenüber dem Vorgehen von TARSKI in Richtung auf jene Semantikformen ergeben, die als nicht-denotationelle Semantiken bezeichnet werden. Dasjenige, worum es bei diesen Abweichungen geht, ist die *substitutionstheoretische Deutung der Quantoren.* Diese u. a. auf WITTGENSTEIN, RAMSEY, CARNAP, ROBINSON und RUTH BARCAN-MARCUS zurückgehende Auffassung bedeutet für sich genommen noch keineswegs die Übernahme eines bewertungssemantischen Standpunktes. Das erkennt man z. B. daran, daß man für geschlossene Formeln (Sätze) weiterhin, wie bei TARSKI, logische Wahrheit als Wahrheit in jeder Struktur $\langle D, \mathfrak{I}\rangle$ definieren und Strukturen ganz wie in der Tarskischen Interpretationssemantik auffassen könnte, sofern man lediglich den Begriff der Wahrheit in einer Struktur folgendermaßen zweifach modifiziert: (*a*) Einmal entfällt jede Bezugnahme auf Variablenbelegungen wegen der Beschränkung auf geschlossene Formeln (Sätze); und (*b*) zum anderen wird eine geschlossene Formel ‚$\wedge$xA' genau dann als wahr in einer Struktur $\langle D, \mathfrak{I}\rangle$ erklärt, wenn für jede Ersetzung eines Individuenparameters c für frei auftretendes x in A das resultierende A_x^c wahr in $\langle D, \mathfrak{I}\rangle$ ist; d.h. allquantifizierte Formeln ‚$\wedge$xA' sind wahr, wenn alle *Substitutionen* von Individuenparametern in ihrer Matrix ‚A' wahr sind. (Wir verwenden hier durchgehend das Wort ‚Struktur' für $\langle D, \mathfrak{I}\rangle$ statt des häufig verwendeten, leider sehr mehrdeutigen Wortes ‚Modell'; für genaue Details vgl. Kap. 14.)

Diese Semantik[5], die wir als *Carnapsche Substitutionssemantik* bezeichnen (und die eine gewisse Ähnlichkeit mit der *q*-Bewertungssemantik hat), gehört ebenso wie die Tarskische Interpretationssemantik zu den häufig ‚*modelltheoretisch*' genannten Behandlungsweisen der Semantik, die in unserem Rahmen *strukturtheoretische Semantiken*, oder, mit BELNAP, *denotationelle Semantiken* heißen sollen.

Die substitutionstheoretische Quantorenauffassung führt im Rahmen der denotationellen Semantiken zu einer Schwierigkeit, auf die QUINE

---

5 Hier und im folgenden verdankt diese Darstellung vieles der Arbeit von H. LEBLANC, vgl. z. B. [1].

mehrmals nachdrücklich hingewiesen hat. Dieser Ansatz führt nämlich zu Divergenzen zwischen dem sprachlich Beschreibbaren und der Trägermenge D der Struktur, wenn es um überabzählbare Bereiche geht. Im Rahmen der denotationellen Semantik verbleiben im wesentlichen nur zwei Methoden zur Behebung dieser Schwierigkeit, die man in dem Schlagwort zusammenfassen kann: *entweder „weniger Objekte“ oder „mehr Namen“*. Den ersten dieser beiden Wege wählte z. B. CARNAP, indem er eine Beschränkung auf höchstens abzählbar unendliche Trägermengen D vorschlug; diesem Ansatz ähnelt die in diesem Buch als *q*-Interpretationssemantik (5) eingeführte Auffassung. Die andere Lösung findet sich u. a. in den Werken von ROBINSON, SHOENFIELD und SMULLYAN; hier wird die Anzahl der Individuenparameter einfach der Trägermenge angepaßt. Diese Lösung ähnelt der *l*-Interpretationssemantik mit Objektnamen (8) und der interpretationssemantischen Fassung der U-Namen-Semantik im zweiten Teil des Buches.

Die substitutionelle Auffassung der Bedeutung von Quantoren wurde soeben nur partiell zur Geltung gebracht. Eine viel konsequentere Durchführung der damit verbundenen Grundintuitionen erfolgt in den bewertungssemantischen Aufbauweisen der Quantorenlogik. Wir sprechen hier auch von *nicht-denotationellen Semantiken*, da im vorliegenden Kontext die Unabhängigkeit der Charakterisierung semantischer Begriffe von Objektbereichen, die zur Denotatbildung dienen, betont werden soll.

Die Bewertungssemantik in den von BETH und SCHÜTTE entwickelten Formen verwendet ausschließlich Funktionen von Formelmengen in Wahrheitswerte, wobei die atomaren Formeln die „Basis“ des Wahrheitsbegriffs bilden, und zwar in einem im folgenden skizzenhaft präzisierten Sinn. Als atomare Bewertungen werden beliebige Abbildungen aller atomaren quantorenlogischen Formeln in die Menge der Wahrheitswerte gewählt. Quantorenlogische Bewertungen sind dann diejenigen Erweiterungen dieser Funktionen auf alle quantorenlogischen Formeln, die erstens den üblichen Booleschen Junktorenregeln und zweitens folgender *Quantorenregel der Beth-Schütteschen Bewertungssemantik* genügen:

Für jede quantorenlogische Formel A und jede quantorenlogische Bewertung $\mathfrak{b}$ gilt:

$\mathfrak{b}(\bigwedge x A) = \mathbf{w} \Leftrightarrow \bigwedge\!\!\!\bigwedge a\ \mathfrak{b}(A^a_x) = \mathbf{w}$

(‚$\bigwedge x A$ ist wahr bei $\mathfrak{b}$ genau dann, wenn für alle Individuenparameter a als Ergebnis A^a_x der Ersetzung von x in A durch a wahr bei $\mathfrak{b}$ ist.‘)

(Für diese Regel ist es wichtig, daß sich überlappende Quantoren bei der Formeldefinition ausgeschlossen werden.)

BETH zeigte, daß die übliche syntaktische Konsistenz für beliebige Mengen geschlossener quantorenlogischer Formeln gleichbedeutend ist mit der Existenz einer Bewertung, bei der alle Elemente der Formelmenge simultan wahr werden. LEBLANC erweiterte dieses Ergebnis auf unendlich erweiterbare Formelmengen und ermöglichte so u. a. ein volles bewertungssemantisches Analogon vieler interpretationssemantischer Resultate, wie z. B. des Adäquatheitstheorems für *q*-Folgerung, das in diesem Sinne an früherer Stelle im Rahmen der *q*-Bewertungssemantik (4) mit Th. 4.2.3 geliefert worden ist. SCHÜTTE zeigte außerdem die Übereinstimmung des syntaktischen Beweisbarkeitsbegriffs mit der bewertungssemantischen Auffassung der logischen Wahrheit (einer beliebigen Formel) als Wahrheit bei allen quantorenlogischen Bewertungen.

Obwohl auf diese Weise bereits eine sehr weitgehende Parallelisierung interpretationssemantischer Methoden im nicht-denotationellen Rahmen erreicht ist, lassen sich diese Ansätze doch noch unter mehreren Aspekten weiterführen. So z. B. kann die Bezugnahme auf Funktionen mit Werten **w** und **f** vermieden werden. Dies geschieht in der weiter unten charakterisierten Semantik der Hintikka-Mengen durch eine Deutung quantorenlogischer Bewertungen als charakteristischer Funktionen.

Zunächst jedoch soll die oben angedeutete Idee der atomaren Formeln als „Basis" des bewertungssemantischen Wahrheitsbegriffs skizziert werden, und zwar gleich in Gestalt der auf LEBLANC zurückgehenden *analytisch verschärften Variante der nicht-denotationellen Beth-Schütte-Semantik*. In dieser Variante der quantorenlogischen Semantik geht man insofern *analytisch* vor, als man die atomaren Bewertungen nur für beliebige Obermengen der Menge aller atomaren Teilformeln einer Formel betrachtet und die Wahrheit von Formeln bei quantorenlogischen Bewertungen wieder durch die Booleschen Bewertungsbedingungen und die substitutionstheoretische Quantorenauffassung induktiv, d. h. nach Formelkomplexität, festlegt. LEBLANC verschärfte das Ergebnis von SCHÜTTE, indem er zeigte, daß eine Formel genau dann in einem interpretationssemantisch adäquaten Kalkül der Quantorenlogik erster Stufe beweisbar ist, wenn sie bei jeder derartigen atomaren Bewertung der Menge aller ihrer atomaren Teilformeln wahr ist. Damit wurde die völlige Analogie zu dem – manchmal als ‚Fortsetzungssatz' bezeichneten – Th. 2.1 in der *j*-Bewertungssemantik erreicht: Dort wird zu jeder Wahrheitsannahme, d. h. zu jeder atomaren Bewertung der atomaren junktorenlogischen Teilformeln einer Formel genau eine sie fortsetzende Boolesche Bewertung angegeben. Hier dagegen wird zu jeder atomaren Bewertung der atomaren quantorenlogischen Teilformeln einer Formel genau eine quantorenlogische Bewertung dieser Formel angegeben, welche die atomare Bewertung fortsetzt. In beiden Fällen erweist sich der Bereich der atomaren *Teil*formeln als zur Festlegung der Bewertung auf den komplexen Formeln ausreichend. (Diese Bedingung stellt die analytische Verschärfung dar; im junktorenlogischen Fall ist diese analytische Verschärfung bereits durch Th. 2.1 mitgegeben.)

Wir werfen jetzt noch einen Blick auf die *Semantik der Hintikka-Mengen*, die ein weiteres wichtiges Beispiel einer nicht-denotationellen Semantik bildet. (Da jede Hintikka-Menge zu einer Wahrheitsmenge erweitert werden kann, dürften wir statt dessen gleichbedeutend von *Wahrheitsmengen-Semantik* sprechen.) Äußerlich gesehen ist hier die Abweichung von der denotationellen Semantik noch drastischer als bei den Varianten von BETH, SCHÜTTE und LEBLANC. Denn zur Auszeichnung der logisch gültigen Formeln benützt HINTIKKA als Instrument lediglich bestimmte Formelmengen; er verläßt damit nicht einmal die reine Syntax, wie dies bei der Verwendung von Wahrheitswerten und Bewertungsfunktionen geschieht. HINTIKKA zeichnet bestimmte Mengen von Formeln als *Modellmengen* aus; wir nennen sie in Anlehnung an eine frühere Bezeichnung *q-Hintikka-Mengen* (vgl. den zweiten Beweis von Th. 4.2.2). Ein von HINTIKKA bewiesenes Lemma besagt, wie wir gemäß Abschn. 4.2 wissen, daß jede derartige Formelmenge erfüllbar ist. (Es handelt sich bei den entsprechenden Modellen sogar um Henkin-Modelle, d. h. um solche, in denen mit einer wahren quantorenlogischen Existenzformel stets entsprechende Spezialisierungen auf Beispielsparameter wahr sind.) Das Lemma bildet die Grundlage für die Semantik der *q*-Hintikka Mengen (10). Diese Semantik entspricht in gewisser Weise der Auffassung partieller Bewertungen als charakteristischer Funktionen. Denn man kann zeigen, daß die *q*-Hintikka-Mengen genau diejenigen Formelmengen bilden, deren charakteristische Funktionen partielle quantorenlogische Bewertungen sind.

Die Definition des Begriffs der *q*-Hintikka-Menge verläuft induktiv. So wird z. B. für atomare Formeln A gefordert, daß, falls $\neg A$ in der *q*-Hintikka-Menge liegt, A nicht darin liegt; ferner daß mit $\bigwedge xA$ alle Resultate von Parametersubstitutionen A_x^a in der *q*-Hintikka-Menge liegen usw. Sobald dieser Begriff zur Verfügung steht, kann eine *logisch wahre Formel* als eine solche charakterisiert werden, deren Negation in keiner *q*-Hintikka-Menge liegt.

Alle Aufbauweisen der nicht-denotationellen Semantik, die wir betrachtet haben, sind noch mit folgendem Problem behaftet: Die Methode, den interpretationssemantischen Begriff der logischen Folgerung aus einer Menge von Formeln andersartig zu charakterisieren, blieb beschränkt auf unendlich erweiterbare Formelmengen. So folgt z. B. aus $\{P^1a_i | i \in \omega\}$ interpretationssemantisch nicht $\bigwedge xP^1x$, d. h. $\{\neg \bigwedge xP^1x\} \cup \{P^1a_i | i \in \omega\}$ ist interpretationssemantisch erfüllbar – man wähle als Denotat von a_i einfach a_{2i}; ferner liege a_{2n+1} nicht im Denotat von P –, obwohl diese Menge weder bei einer Beth-Schütteschen Bewertung wahr ist noch zu einer *q*-Hintikka-Menge erweitert werden kann, so daß innerhalb der Semantik von HINTIKKA keine Erfüllbarkeit vorliegt. Trotz der bei HINTIKKA zu findenden Ansätze für eine Behebung des Unterschiedes, nämlich über die Heranziehung eines beliebigen Vorrates an Namen, ist dieser Unterschied häufig gegen bewertungssemantische Deutungen angeführt worden. Der Einwand kann jedoch als überholt gelten, seit HINTIKKA und LEBLANC den folgenden Erweiterungsansatz der bisherigen nicht-denotationellen Semantiken einführten:

Bekanntlich läßt sich eine unendliche Menge injektiv auf eine Teilmenge abbilden, in der unendlich viele Elemente der ursprünglichen Menge nicht vorkommen. Im Fall der Menge aller Parameter liefert z. B. die Verdopplung der Parameterindizes eine derartige Injektion. Dies bildet die intuitive Basis für die folgende Begriffsbildung.

Es sei σ eine injektive Abbildung der Menge aller Parameter in sich selbst. HINTIKKA und LEBLANC erklären zwei Formelmengen als *isomorph*, wenn eine dieser Mengen aus der anderen dadurch hervorgeht, daß man die darin vorkommenden Parameter durch ihre σ-Bilder ersetzt. Der interpretations- bzw. denotationssemantische Begriff der semantischen Konsistenz kann nun auf nicht-denotationeller Grundlage vollkommen analogisiert werden. Wer das Hintikka-Verfahren vorzieht, kann jetzt eine Formelmenge genau dann als *semantisch konsistent* definieren, wenn diese Formelmenge selbst oder eine mit ihr isomorphe Menge eine Teilmenge einer q-Hintikka-Menge bildet. Und wer die Leblanc-Beth-Schütte-Methode vorzieht, erklärt eine Formelmenge genau dann für *semantisch konsistent*, wenn bei einer quantorenlogischen Bewertung sämtliche Elemente dieser Menge oder sämtliche Elemente einer mit dieser Menge isomorphen Formelmenge wahr werden. (In beiden Fällen wird eine Formel A natürlich genau dann als *gültig* definiert, wenn die einelementige Menge $\{\neg A\}$ nicht semantisch konsistent ist.)[6]

Damit haben wir eine – in den Details über den Rahmen dieses Buches hinausgehende – Aufbauweise der nicht-denotationellen Semantik skizziert, die nicht nur von dem erwähnten Einwand unberührt bleibt, sondern die außerdem, wie LEBLANC zeigt, zahlreiche weitere modelltheoretische Begriffsbildungen nachzuzeichnen gestattet.

---

6 Wer an einem Einblick in die technischen Einzelheiten des Arbeitens mit isomorphen Formelmengen im Sinne von HINTIKKA und LEBLANC interessiert ist, findet diese in: R. KLEINKNECHT und E. WÜST, [1], Bd. 2, auf S. 477 und 478 unter der Überschrift: ‚Isomorphe Bewertungskonsequenz'.

Kapitel 6

Normalformen

Bei der Untersuchung bestimmter Fragestellungen, wie z. B. des Informationsgehaltes oder der Gültigkeit von Sätzen A der formalen Sprache **Q**, erweist es sich als zweckmäßig, Formeln in eine dem untersuchten Aspekt besonders angemessene *normierte* Gestalt zu transformieren. Das Transformat A' eines Satzes A wird als eine *Normalform von A* bezeichnet werden. Die wichtigsten und bekanntesten Normalformbildungen stellen wir hier kurz zusammen. Wir beschränken uns dabei auf die Bildung von Normalformen *geschlossener* Formeln, also von Sätzen. Das Transformat A' wird dabei jeweils, unabhängig von der Art der betrachteten Normalformbildung, mit A logisch äquivalent sein. Wie die angegebenen Beweise zeigen, sind die Transformationen in allen angegebenen Fällen *effektiv*: Zu jedem A läßt sich das Transformat A' *mechanisch* erzeugen (vgl. auch Kap. 12).

6.1 Dualform

Wir beginnen die Auflistung jedoch mit einer anderen Art von Transformatbildung: den sogenannten *Dualformen*. Im Gegensatz zu den anderen später aufgeführten Formen von Normalformbildung gilt für diese Transformate:

(1) Die Dualform A eines Satzes A ist i. a. nicht mit A logisch äquivalent; vielmehr ist A' genau dann l-gültig, wenn A l-kontradiktorisch ist (vgl. Th. 6.1).

(2) Der Begriff ‚Dualform' ist wesentlich zweistellig. Während bei den folgenden Normalformbegriffen von einer Formel sinnvoll gesagt werden kann, sie befinde sich (bzw. befinde sich nicht) in Normalform, ohne nach der oder den Formeln, deren Transformat sie ist, zu fragen, gilt für Dualformen: Jeder Satz von **Q** (ohne Vorkommnisse von $\rightarrow$ und $\leftrightarrow$) ist Dualform genau eines Satzes von **Q**. (Der Dualformbegriff wird aber nur für solche Sätze von **Q** definiert, in denen $\rightarrow$ und $\leftrightarrow$ *nicht* vorkommen. Daher ist der Begriff ‚Dualform' einstellig gebraucht uninteressant.)

Wir kommen nun zur Definition dieser Art von Transformaten. $\wedge$ und $\vee$ heißen *duale* Junktoren; $\bigwedge$ und $\bigvee$ heißen *duale* Quantoren.

Definition der Dualform: Ist A ein Satz von **Q**, in dem $\rightarrow$ und $\leftrightarrow$ nicht auftreten, so heißt der Satz A^*, der aus A durch Ersetzung aller Junktoren $\wedge$ und $\vee$ und aller Quantoren $\bigwedge$ und $\bigvee$ durch die zu ihnen dualen (Junktoren bzw. Quantoren) entsteht, die *Dualform von A*.

Man beachte, daß zu jedem Satz von **Q** ein logisch äquivalenter Satz von **Q** ohne $\rightarrow$ und $\leftrightarrow$ effektiv gewonnen werden kann, indem man z. B.

(a) $\Vdash_l (A \rightarrow B) \leftrightarrow (\neg A \vee B)$

und

(b) $\Vdash_l (A \leftrightarrow B) \leftrightarrow ((A \wedge B) \vee (\neg A \wedge \neg B))$

für eine rekursive Definition benützt. Bezeichnet man dann die Dualform eines so gewonnenen Satzes als Dualform des ursprünglichen Satzes, so können mehrere Sätze dieselbe Dualform haben:

So ist z. B. $\bigwedge x(\neg Px \wedge Qx)$ in diesem Sinne sowohl Dualform von $\bigvee x(\neg Px \vee Qx)$ wie von $\bigvee x(Px \rightarrow Qx)$. Faßt man (a) als Definition von $\rightarrow$ vermöge $\neg$ und $\vee$ auf, verschwindet diese Mehrdeutigkeit wieder.

Beispiel für eine Dualformbildung:

$$\bigwedge x \bigvee y((\neg Py \vee Qf(y)) \wedge \neg Rxy) \vee \bigvee x(Px \wedge \neg Qf(x)) \vee \bigvee xRxx$$

hat die Dualform

$$\bigvee x \bigwedge y((\neg Py \wedge Qf(y)) \vee \neg Rxy) \wedge \bigwedge x(Px \vee \neg Qf(x)) \wedge \bigwedge xRxx.$$

Während der erste Satz l-gültig ist, ist seine Dualform l-kontradiktorisch; und dies ist kein Zufall, denn es gilt ganz allgemein:

Th. 6.1 *Für alle Sätze A, B von* **Q**, *in denen* $\rightarrow$ *und* $\leftrightarrow$ *nicht vorkommen, gilt:*

(*a*) *Ein Satz ist genau dann l-gültig, wenn dies auch die Negation seiner Dualform ist, d. h.*

$$\Vdash_l A \Leftrightarrow \Vdash_l \neg A^*,$$

(*b*) *Antecedens und Konsequens l-gültiger Konditionale dürfen bei Dualformbildung vertauscht werden, d. h.*

$$\Vdash_l A \rightarrow B \Leftrightarrow \Vdash_l B^* \rightarrow A^*,$$

(*c*) *Dualformbildung erhält l-Äquivalenz, d. h.*

$$\Vdash_l A \leftrightarrow B \Leftrightarrow \Vdash_l A^* \leftrightarrow B^*.$$

Beweis: Zu jeder l-Bewertung $\mathfrak{b}$ von $\mathbf{Q}_E$ existiert auch die folgende *komplementäre* l-Bewertung $\bar{\mathfrak{b}}$ von $\mathbf{Q}_E$:

(i) Für jeden elementaren Satz A von $\mathbf{Q}_E$ sei $\bar{\mathfrak{b}}(A)=\mathbf{w} \Leftrightarrow \mathfrak{b}(A)=\mathbf{f}$;
(ii) für jeden komplexen Satz A von $\mathbf{Q}_E$ sei $\bar{\mathfrak{b}}(A)$ gemäß (**R**j) und (**R**q) definiert.

Dann gilt für alle Sätze A von $\mathbf{Q}_E$, in denen $\rightarrow$ und $\leftrightarrow$ nicht vorkommt:

(1) $\mathfrak{b}(A) \neq \bar{\mathfrak{b}}(A^*)$.

Beweis durch Induktion nach dem Grad n von A. Für n=0 ist n. Def. $\mathfrak{b}(A) \neq \bar{\mathfrak{b}}(A)=\bar{\mathfrak{b}}(A^*)$, da dann A mit A^* identisch ist. Für n>0 liegt einer der Fälle vor:

1. $A=\neg B$. Dann ist $A^*=\neg B^*$, und es gilt

$$\begin{aligned}\mathfrak{b}(\neg B)=\mathbf{w} &\Leftrightarrow \mathfrak{b}(B)=\mathbf{f} && (\mathbf{R}\neg)\\ &\Leftrightarrow \bar{\mathfrak{b}}(B^*)=\mathbf{w} && \text{I.V.}\\ &\Leftrightarrow \bar{\mathfrak{b}}(\neg B^*)=\mathbf{f} && (\mathbf{R}\neg).\end{aligned}$$

2. $A=B\wedge C$. Dann ist $A^*=B^*\vee C^*$, und es gilt

$$\begin{aligned}\mathfrak{b}(B\wedge C)=\mathbf{w} &\Leftrightarrow \mathfrak{b}(B)=\mathfrak{b}(C)=\mathbf{w} && (\mathbf{R}\wedge)\\ &\Leftrightarrow \bar{\mathfrak{b}}(B^*)=\bar{\mathfrak{b}}(C^*)=\mathbf{f} && \text{I.V.}\\ &\Leftrightarrow \bar{\mathfrak{b}}(B^*\vee C^*)=\mathbf{f} && (\mathbf{R}\vee).\end{aligned}$$

3. $A=B\vee C$. Dann ist $A^*=B^*\wedge C^*$, und es gilt analog zu 2.

$$\mathfrak{b}(B\vee C)=\mathbf{w} \Leftrightarrow \bar{\mathfrak{b}}(B^*\wedge C^*)=\mathbf{f} \qquad (\mathbf{R}\vee),\ \text{I.V.},\ (\mathbf{R}\wedge).$$

4. $A=\bigwedge xB[x]$. Dann ist $A^*=\bigvee xB^*[x]$, und es gilt[1]

$$\begin{aligned}\mathfrak{b}(\bigwedge xB[x])=\mathbf{w} &\Leftrightarrow \mathfrak{b}(B[u])=\mathbf{w}, \text{ für alle } u \text{ von } \mathbf{Q}_E && (\mathbf{R}\bigwedge)\\ &\Leftrightarrow \bar{\mathfrak{b}}(B^*[u])=\mathbf{f}, \text{ für alle } u \text{ von } \mathbf{Q}_E && \text{I.V.}\\ &\Leftrightarrow \bar{\mathfrak{b}}(\bigvee xB^*[x])=\mathbf{f} && (\mathbf{R}\bigvee).\end{aligned}$$

5. $A=\bigvee xB[x]$. Dann ist $A^*=\bigwedge xB^*[x]$, und es gilt[1] analog zu 4.

$$\mathfrak{b}(\bigvee xB[x])=\mathbf{w} \Leftrightarrow \bar{\mathfrak{b}}(\bigwedge xB^*[x])=\mathbf{f} \qquad (\mathbf{R}\bigvee),\ \text{I.V.},\ (\mathbf{R}\bigwedge).$$

Damit ist (1) bewiesen. Wie man sich leicht klarmacht, gilt:

(2) Die Menge aller l-Bewertungen $\mathfrak{b}$ ist identisch mit der Menge ihrer komplementären l-Bewertungen $\bar{\mathfrak{b}}$.

Dann folgt:

(a) $$\begin{aligned}\Vdash_l A &\Leftrightarrow \bigwedge \mathfrak{b}\, \mathfrak{b}(A)=\mathbf{w} \Leftrightarrow \bigwedge \bar{\mathfrak{b}}\, \bar{\mathfrak{b}}(A^*)=\mathbf{f} \text{ (nach (1))}\\ &\Leftrightarrow \bigwedge \mathfrak{b}\, \mathfrak{b}(A^*)=\mathbf{f} \text{ (nach (2))} \Leftrightarrow \Vdash_l \neg A^*.\end{aligned}$$

(b) $$\begin{aligned}\Vdash_l A\rightarrow B &\Leftrightarrow \Vdash_l \neg A\vee B \Leftrightarrow \Vdash_l \neg(\neg A\vee B)^* \text{ (nach (a))}\\ &\Leftrightarrow \Vdash_l \neg(\neg A^*\wedge B^*) \Leftrightarrow \Vdash_l B^*\rightarrow A^*.\end{aligned}$$

(c) $$\begin{aligned}\Vdash_l A\leftrightarrow B &\Leftrightarrow \Vdash_l A\rightarrow B \wedge \Vdash_l B\rightarrow A\\ &\Leftrightarrow \Vdash_l B^*\rightarrow A^* \wedge \Vdash_l A^*\rightarrow B^* \text{ (nach (b))}\\ &\Leftrightarrow \Vdash_l A^*\leftrightarrow B^*. \quad \square\end{aligned}$$

---

1 Streng genommen ist $B^*[x]$ nicht definiert, da B eine Nennform ist. Hier, wie weiter im Text, ist damit die Dualform $(B[x])^*$ von $B[x]$ gemeint. (Für offenes $B[x]$ sei $B[x]^*$ ganz analog wie für Sätze definiert.)

6.2 Adjunktive und konjunktive Normalform

Diese Normalformen beziehen sich nur auf die *junktorenlogische* Struktur von A; seine *j-Teilsätze* (d. h. elementare und maximale[2] q-komplexe Teilsätze) bleiben *völlig unanalysiert*. Wenn in diesem Abschnitt von den *Junktoren von A* die Rede ist, so sind nur jene gemeint, die nicht im Bereich eines Quantors stehen. Zur Vermeidung von Mißverständnissen nennen wir sie in diesem Kapitel ‚*Oberflächenjunktoren*'.

Eine *adjunktive Normalform*, abgek.: ANF, ist eine Adjunktionskette $B_1 \vee \ldots \vee B_m$, wobei jedes B_h $(1 \leqq h \leqq m)$ eine Konjunktionskette $\pm C_1 \wedge \ldots \wedge \pm C_{n_h}$ ist, und jedes $\pm C_i$ $(1 \leqq i \leqq n)$ ein negierter oder unnegierter j-elementaren Satz ist.[3]

Eine *konjunktive Normalform*, abgek.: KNF, entsteht aus einer ANF durch Ersetzung sämtlicher Oberflächenjunktoren durch duale. Sie ist also eine Konjunktionskette $B_1 \wedge \ldots \wedge B_m$, wobei jedes B_h $(1 \leqq h \leqq m)$ eine Adjunktionskette $\pm C_1 \vee \ldots \vee \pm C_{n_h}$ ist, und jedes $\pm C_i$ $(1 \leqq i \leqq n_h)$ ein negierter oder unnegierter j-elementarer Satz ist.

Anmerkung. (*a*) Selbstverständlich könnte man analog eine ANF durch Dualisierung der Oberflächenjunktoren einer KNF gewinnen.

(*b*) ANF und KNF können als junktorenlogische Dualformen voneinander (bezüglich ihrer j-Teilsätze als atomarer Sätze) aufgefaßt werden.

Demnach ist eine ANF ein Satz, der (außerhalb seiner j-Teilsätze)

1. nur die Oberflächenjunktoren $\neg$, $\wedge$, $\vee$ enthält,
2. keinen Oberflächenjunktor im Bereich einer Oberflächennegation (also Negationen nur unmittelbar *vor* j-Teilsätzen oder *innerhalb* q-komplexer j-Teilsätze) enthält,
3. keine Oberflächenadjunktion im Bereich einer Oberflächenkonjunktion enthält.

Und eine KNF ist ein Satz, der 1 und 2 erfüllt und umgekehrt keine Oberflächenkonjunktion im Bereich einer Oberflächenadjunktion enthält.

Th. 6.2 *Zu jedem Satz A gibt es*
(*a*) *eine j-äquivalente ANF*
und
(*b*) *eine j-äquivalente KNF.*

---

2 Das heißt q-komplexe q-Teilsätze, die in keinem größeren q-komplexen q-Teilsatz enthalten sind.

3 Die Schreibweise ‚$\pm C_i$' ist als unzerlegbares Mitteilungszeichen aufzufassen, so daß z. B. der negierte j-elementare Satz ‚$\neg \bigwedge x P^1 x$' durch ‚$\pm C_i$' mitgeteilt werden könnte, keinesfalls aber durch ‚$-C_i$'.

Beweis: Wir transformieren A in drei Schritten.

1. Alle j-Teilsätze $B \rightarrow C$, $B \leftrightarrow C$ ersetzen wir durch j-äquivalente Sätze $\neg B \vee C$, $B \wedge C \vee \neg B \wedge \neg C$ und erhalten schließlich einen Satz A_1, der nur die Junktoren $\neg$, $\wedge$, $\vee$ enthält.

2. Falls A_1 Junktoren im Bereich von Negationen enthält, so hat A_1 j-Teilsätze der Gestalt $\neg\neg B$, $\neg(B \wedge C)$, $\neg(B \vee C)$. Wir ersetzen sie durch j-äquivalente Sätze B, $\neg B \vee \neg C$, $\neg B \wedge \neg C$, und erhalten schließlich einen Satz A_2, der keinen Junktor im Bereich einer Negation enthält.

3a. Falls A_2 Adjunktionen im Bereich von Konjunktionen enthält, so hat A_2 Teilsätze der Gestalt $(B \vee B') \wedge C$, $C \wedge (B \vee B')$. Wir ersetzen sie durch j-äquivalente Sätze $B \wedge C \vee B' \wedge C$, und erhalten schließlich einen Satz A_3, der keine Adjunktion im Bereich einer Konjunktion enthält, also eine j-äquivalente ANF.

3b. Umgekehrt erhält man aus A_2 durch Ersetzung von $B \wedge B' \vee C$, $C \vee B \wedge B'$ durch $(B \vee C) \wedge (B' \vee C)$ eine j-äquivalente KNF. □

Ist ‚$\pm C_i$' ein negierter Satz, so teilen wir durch ‚C_i' denjenigen Satz mit, der sich daraus durch Streichung des Oberflächennegationszeichens ergibt. Andernfalls bezeichne ‚C_i' denselben Satz wie ‚$\pm C_i$'. Einer ANF kann man unmittelbar ablesen, ob sie j-erfüllbar ist, denn es gilt:

Th. 6.3 *Eine ANF ist j-erfüllbar* $\Leftrightarrow$
Wenigstens ein Adjunktionsglied enthält nicht gleichzeitig einen Satz und seine Negation als Konjunktionsglieder.

Denn eine ANF $B_1 \vee \ldots \vee B_m$ ist offensichtlich j-erfüllbar genau dann, wenn wenigstens ein B_h $(1 \leqq h \leqq m)$ der Gestalt $\pm C_1 \wedge \ldots \wedge \pm C_{n_h}$ j-erfüllbar ist. Und wenn B_h j-erfüllbar ist, so kann sich unter den $\pm C_i$ $(1 \leqq i \leqq n_h)$ kein Satz und seine Negation befinden.

Umgekehrt ist diese Bedingung auch hinreichend für die j-Erfüllbarkeit von B_h; denn dann ist B_h wahr bei jeder j-Wahrheitsannahme, welche die unnegierten C_i mit **w**, und die negierten mit **f** bewertet. □

Ganz entsprechend kann man einer KNF unmittelbar ablesen, ob sie j-gültig ist.

Th. 6.3' *Eine KNF ist j-gültig* $\Leftrightarrow$
Jedes Konjunktionsglied enthält einen Satz und seine Negation als Adjunktionsglieder.

Der Beweis ist offensichtlich analog.

Zu jedem Satz A gibt es unendlich viele j-äquivalente ANFen und KNFen. Gelegentlich ist es aber zweckmäßig, A in Abhängigkeit von seinen verschiedenen j-elementaren Teilsätzen $C_1, \ldots, C_n$ eine sog. „vollständige" ANF und KNF eindeutig zuzuordnen. Dazu die folgende Notation:

$\bigwedge_i \pm C_i$ sei eine Konjunktionskette, in der alle C_i ($1 \leqq i \leqq n$) in einer beliebig festgelegten alphabetischen Reihenfolge genau einmal entweder negiert oder unnegiert vorkommen (es gibt also 2^n verschiedene $\bigwedge_i \pm C_i$), und $\bigvee_i \pm C_i$ sei eine entsprechende Adjunktionskette.

Anmerkung. Das Mitteilungszeichen '$\bigwedge_i \pm C_i$' wird von uns zwar verwendet, da es allgemein üblich ist; es weist jedoch einen ernsthaften Mangel auf: Der Satz A, dessen sämtliche j-elementaren Teilsätze $C_1, \ldots, C_n$ negiert oder unnegiert, also als $\pm C_i$, zu Konjunktionsketten zusammengefaßt werden, wird nicht angegeben. Eine korrektere Mitteilungsschreibweise wäre daher

$$\bigwedge_A \pm C_i,$$

zu lesen etwa als: 'eine Konjunktionskette, in der sämtliche j-elementaren Teilsätze C_i von A in alphabetischer Reihenfolge, negiert oder unnegiert, genau einmal vorkommen'. Analog für '$\bigvee_i \pm C_i$': $\bigvee_A \pm C_i$.

Bei Bedarf werden wir uns dieser Schreibweise bedienen.

Wir ordnen die Konjunktionsketten alphabetisch, indem wir von zwei verschiedenen jene als früher betrachten, die an der ersten abweichenden Stelle ein C_k enthält (während die andere dort $\neg C_k$ enthält), und entsprechendes gilt für die Adjunktionsketten. Dann ist eine *vollständige* ANF *für A* eine j-äquivalente ANF mit alphabetisch geordneten Adjunktionsgliedern der Gestalt $\bigwedge_i \pm C_i$, und eine *vollständige* KNF *für A* ist eine j-äquivalente KNF mit alphabetisch geordneten Konjunktionsgliedern der Gestalt $\bigvee_i \pm C_i$.

N. Def. hat A *höchstens* eine vollständige ANF und KNF, und darüber hinaus gilt

Th. 6.4 *Jeder j-erfüllbare Satz A hat genau eine vollständige ANF.*

Beweis: Betrachten wir die Wahrheitstafel eines Satzes A mit j-elementaren Teilsätzen $C_1, \ldots, C_n$.

$$2^n \text{ Zeilen} \left\{ \begin{array}{c|c} C_1 \ldots C_n & A \\ \hline \mathbf{w} \ldots \mathbf{w} & \mathbf{v}_1 \\ \vdots & \vdots \\ \mathbf{f} \ldots \mathbf{f} & \mathbf{v}_{2^n} \end{array} \right\} \mathbf{v}_k = \mathbf{w} \text{ oder } \mathbf{f}$$

Für A gibt es genau 2^k j-Wahrheitsannahmen $\mathfrak{a}_k$ ($1 \leqq k \leqq 2^n$), und bei jedem $\mathfrak{a}_k$ ist genau diejenige Konjunktionskette $B_k = \bigwedge_i \pm C_i$ wahr, bei der $\pm C_i = C_i$ bzw. $= \neg C_i$, je nachdem, ob $\mathfrak{a}_k(C_i) = \mathbf{w}$ oder $\mathbf{f}$ ist. Wir ermitteln die j-Wahrheitsannahmen $\mathfrak{a}_1, \ldots, \mathfrak{a}_m$, bei denen A wahr ist (n.V. gibt es mindestens eine). Dann ist die Adjunktionskette $B_1 \vee \ldots \vee B_m$, in alphabetische Reihenfolge gebracht, die vollständige ANF von A; denn sie hat die geforderte Gestalt und ist j-äquivalent mit A, da beide Sätze bei denselben j-Wahrheitsannahmen wahr sind. □

Im folgenden verwenden wir die Schreibweise ‚$\mp C_i$'. Diese ist bezüglich der Mitteilungszeichen ‚$\pm C_i$' definiert durch: $\mp C_i = \neg C_i$ gdw $\pm C_i = C_i$ und $\mp C_i = C_i$ sonst.

Analog zum vorigen Theorem gilt:

Th. 6.4' *Jeder j-widerlegbare Satz A hat genau eine vollständige KNF.*

Beweis: N.V. ist $\neg A$ j-erfüllbar und hat nach Th. 6.4 genau eine vollständige ANF $B_1 \vee \ldots \vee B_m$. Sei $1 \leqq h \leqq m$ und $B_h = \bigwedge_i \pm C_i$, so sei $\overline{B_h} := \bigvee_i \mp C_i$. Dann ist A j-äquivalent mit $\neg(B_1 \vee \ldots \vee B_m)$, also auch mit $\bar{B}_1 \wedge \ldots \wedge \bar{B}_m$, wobei also $\bar{B}_h$ $(1 \leqq h \leqq m)$ dadurch entsteht, daß in B_h alle nicht negierten Konjunktionsglieder durch negierte ersetzt werden, und umgekehrt, sowie alle Konjunktionszeichen durch Adjunktionszeichen. Dann ist $\bar{B}_1 \wedge \ldots \wedge \bar{B}_m$, in alphabetische Reihenfolge gebracht, die vollständige KNF von A. □

Die semantisch interessantere Normalform ist die vollständige ANF. Bei einer gegebenen Interpretation werden ihre Adjunktionsglieder $\bigwedge_i \pm C_i$ *Zustandsbeschreibungen*, und zwar die schärfstmöglichen, die sich durch j-Verknüpfung der C_i bilden lassen. (Zustandsbeschreibungen sind derartige $\bigwedge_i \pm C_i$ insofern, als sie für jedes C_i die Information, ob C_i zutrifft oder nicht, enthalten, also in bezug auf alle durch C_i oder $\neg C_i$ beantwortbaren Fragen über den besagten Zustand Auskunft geben.) Diese Zustandsbeschreibungen sind paarweise unverträglich und erschöpfen zusammen den „logischen Raum" aller möglichen Zustände. Daher ist die Anzahl der Adjunktionsglieder der vollständigen ANF eine Art Gradmesser für den *Informationsgehalt* eines Satzes: Je weniger Adjunktionsglieder, um so weniger Zustände läßt er zu, um so höher also sein Informationsgehalt. Ein Satz mit n j-elementaren Teilsätzen und einer vollständigen ANF mit allen kombinatorisch möglichen 2^n Adjunktionsgliedern ist tautologisch; er schließt keinen Zustand aus und besagt gar nichts.

Im folgenden kommt es auf die Eindeutigkeit der vollständigen ANF nicht an, und wir können die alphabetische Ordnung vernachlässigen. Um auch j-unerfüllbaren Sätzen A eine ANF zuzuordnen, nehmen wir ein kontradiktorisches Adjunktionsglied B_0, etwa $p_0 \wedge \neg p_0$, für den ersten Satzparameter p_0 („der unmögliche Zustand") hinzu. Darüber hinaus nehmen wir in bestimmten Fällen auch solche C_i in die Zustandsbeschreibungen mit auf, die in A selbst nicht vorkommen; wir sprechen dann, für eine vorgegebene Menge von j-elementaren Sätzen C_i $(\mathrm{i}=1, \ldots, \mathrm{n})$, von einer ANF *mit den Elementen* C_i. Dies ist eine Adjunktionskette $B_0 \vee \ldots \vee B_m$ $(\mathrm{m} \geqq 0)$, wobei $B_0 = p_0 \wedge \neg p_0$, und die übrigen B_h, falls vorhanden, Konjunktionsketten $\bigwedge_i \pm C_i$ sind.

Th. 6.4″ *$C_1, \ldots, C_n$ seien j-elementar, und A sei eine j-Verknüpfung einiger oder aller C_i. Dann gibt es zu A eine j-äquivalente ANF mit den Elementen C_i.*

Der *Beweis* entspricht dem zu Th. 6.4: Ist A j-unerfüllbar, so ist das oben definierte B_0 die gewünschte ANF. Andernfalls wird A bei gewissen Wahrheitsannahmen $\mathfrak{a}_1, \ldots, \mathfrak{a}_m$ für die C_i wahr. Für jedes $\mathfrak{a}_h$ $(1 \leqq \mathrm{h} \leqq \mathrm{m})$ sei B_h diejenige Konjunktionskette $\bigwedge_i \pm C_i$, die bei $\mathfrak{a}_h$ wahr ist. Dann ist $B_0 \vee B_1 \vee \ldots \vee B_m$ eine zu A j-äquivalente ANF mit den Elementen C_i. □

6.3 Pränexe Normalform

Die im vorangehenden Abschnitt behandelten Arten von Normalformen stellten Normierungen *junktorenlogischer Oberflächenstrukturen* quantorenlogischer Sätze dar. Eine pränexe Normalform, abgek. PNF, stellt dagegen eine Normierung der *quantorenlogischen Struktur* eines Satzes dar. Eine PNF ist ein Satz der Gestalt $\mathrm{q}_1 x_1 \ldots \mathrm{q}_n x_n F$ $(\mathrm{n} \geqq 0)$, wobei die $\mathrm{q}_i x_i$, falls vorhanden, All- oder Existenzquantoren mit verschiedenen Variablen, und F eine höchstens in $x_1, \ldots, x_n$ offene Formel ist. Anders ausgedrückt: Eine PNF ist ein Satz, in dem kein Quantor im Bereich eines Junktors steht. $\mathrm{q}_1 x_1 \ldots \mathrm{q}_n x_n$ heißt *Präfix* und F heißt *Matrix* der PNF. Als *pränexe Normalform von A* bezeichnen wir jeden mit A l-äquivalenten Satz, der eine PNF ist. (Pränexe Normalformen wurden bereits in Abschn. 4.2.5 verwendet; siehe auch dort.)

Th. 6.5 *Zu jedem Satz A gibt es eine PNF von A.*

Wir skizzieren (nochmals) die Beweisidee und transformieren A in drei Schritten:

1. Alle Teilformeln $G \rightarrow H$, $G \leftrightarrow H$ ersetzen wir durch Formeln $\neg G \vee H$, $G \wedge H \vee \neg G \wedge \neg H$ und erhalten einen mit A l-äquivalenten Satz A_1, der nur die Junktoren $\neg$, $\wedge$, $\vee$ enthält. (Dieser Schritt ist nicht unbedingt erforderlich, aber vereinfacht den dritten Schritt und den Beweis zu Th. 6.6.)

2. Durch alphabetische Umbenennung gebundener Variablen transformieren wir A_1 in einen l-äquivalenten Satz A_2, der keinen Quantor über einer Variablen enthält, die außerhalb seines Bereichs noch einmal vorkommt.

3. Falls A_2 Quantoren im Bereich von Junktoren enthält, so hat A_2 Teilformen der Gestalt $\neg \bigwedge x G[x]$, $\neg \bigvee x G[x]$, $\mathrm{q} x G[x]\,\mathrm{j}\, H$, $H\,\mathrm{j}\,\mathrm{q} x G[x]$, wobei $\mathrm{q} = \bigwedge$ oder $\bigvee$, $\mathrm{j} = \wedge$ oder $\vee$, und x in H nicht vorkommt. Wir ersetzen sie durch Formeln $\bigvee x \neg G[x]$, $\bigwedge x \neg G[x]$, $\mathrm{q}x(G[x]\mathrm{j}H)$, und erhalten einen mit A l-äquivalenten Satz A_3, in dem kein Quantor im Bereich eines Junktors steht, also eine l-äquivalente PNF. □

Im nächsten Abschnitt betrachten wir eine wichtige spezielle Art von pränexen Normalformen.

6.4 Skolem-Normalform

Eine PNF, in der alle Existenzquantoren allen Allquantoren vorangehen, also ein Satz der Gestalt $\bigvee x_1 \ldots \bigvee x_m \bigwedge y_1 \ldots \bigwedge y_n F$ $(\mathrm{m}, \mathrm{n} \geqq 0)$ mit quantorenfreiem F, heißt *Skolem-Normalform*, abgek.: SNF. Anders als im Fall der vorangehenden Normalformen ist *nicht* jeder Satz in eine *l-äquivalente* SNF mechanisch-effektiv transformierbar, sondern nur in eine solche, die mit ihm bezüglich der *l-Gültigkeit* übereinstimmt.

Anmerkung. Der Leser könnte versucht sein, die Aussage des folgenden Theorems, nämlich die Existenz einer SNF für jeden Satz, für trivial zu halten: Ist das Problem nicht schon gelöst, indem wir jedem gültigen Satz den Satz ‚$\bigwedge x(Px \vee \neg Px)$' als SNF zuordnen und jedem nichtgültigen einen beliebigen anderen? Das Problem liegt in der Bedingung der *mechanisch-effektiven Transformierbarkeit*, die in diesem Fall nach dem Theorem von CHURCH nicht gegeben sein kann. Denn danach gibt es kein mechanisches Verfahren zur Feststellung der Gültigkeit beliebiger quantorenlogischer Sätze.

Th. 6.6 *Jeder Satz A läßt sich in eine SNF A' mechanisch-effektiv transformieren, wobei*

$$\Vdash_l A \Leftrightarrow \Vdash_l A'.$$

Beweis: Zunächst transformieren wir A in eine l-äquivalente PNF A_1, wobei wir nach dem vorangehenden Beweis voraussetzen können, daß A_1 nur die Junktoren $\neg$, $\wedge$, $\vee$ enthält. Im Präfix von A_1 stehen $\mathrm{n} \geqq 0$ Allquantoren, auf die noch Existenzquantoren folgen. Für $\mathrm{n} = 0$ ist A_1 bereits eine SNF, und die Behauptung folgt aus Th. 6.5. Für $\mathrm{n} > 0$ hat A_1 die Gestalt $\bigvee x_1 \ldots \bigvee x_m \bigwedge y B[x_1, \ldots, x_m, y]$, $(\mathrm{m} \geqq 0)$, wobei $B[x_1, \ldots, x_m, y]$ eine Formel $\mathrm{q}_1 z_1 \ldots \mathrm{q}_r z_r F$ mit quantorenfreiem F und mindestens einem Existenzquantor $\mathrm{q}_i z_i$ ist. Wir wählen einen neuen $\mathrm{m}+1$-stelligen Prädikatparameter P und bilden den Satz

$$A_2 = \bigvee x_1 \ldots \bigvee x_m (\bigvee y (B[x_1, \ldots, x_m, y] \wedge \neg P x_1 \ldots x_m y) \vee \bigwedge y P x_1 \ldots x_m y).$$

Hilfssatz $\Vdash_l A_1 \Leftrightarrow \Vdash_l A_2$.

Beweis des Hilfssatzes: Angenommen, $\Vdash_l A_1$. $\mathfrak{b}$ sei eine beliebige l-Bewertung. Dann erfüllt $\mathfrak{b}$ auch A_1 und nach (**R** $\bigvee$) für gewisse $u_1, \ldots, u_m$ auch $\bigwedge y B[u_1, \ldots, u_m, y]$. Falls nun $\mathfrak{b}$ auch $\bigvee y \neg P u_1 \ldots u_m y$ erfüllt, dann ebenso

$$(1) \quad \bigvee y(B[u_1, \ldots, u_m, y] \wedge \neg P u_1 \ldots u_m y).$$

Andernfalls erfüllt $\mathfrak{b}$

$$(2) \quad \bigwedge y P u_1 \ldots u_m y.$$

In jedem Fall erfüllt $\mathfrak{b}$ die Adjunktion von (1) und (2), und daher nach (**R** $\bigvee$) auch A_2.

Angenommen, $\Vdash_l A_2$. Dann folgt nach dem Substitutionstheorem für Prädikatparameter, Th. 3.10, bei Ersetzung von P durch $B[*_1, \ldots, *_{m+1}]$

$$\Vdash_l \bigvee x_1 \ldots \bigvee x_m(\bigvee y(B[x_1, \ldots, x_m, y] \wedge \neg B[x_1, \ldots, x_m, y]) \vee \bigwedge y B[x_1, \ldots, x_m, y]),$$

und wegen der l-Unerfüllbarkeit jeder Spezialisierung von

$$\bigvee y(B[x_1, \ldots, x_m, y] \wedge \neg B[x_1, \ldots, x_m, y])$$

folgt $\Vdash_l \bigvee x_1 \ldots \bigvee x_m \bigwedge y B[x_1, \ldots, x_m, y]$, d.h. $\Vdash_l A_1$. (Dabei wird die l-Unerfüllbarkeit einer offenen Formel mit der ihres Allabschlusses identifiziert.) Damit ist der Hilfssatz bewiesen.

A_2 ist nach Voraussetzung der Satz

$$\bigvee x_1 \ldots \bigvee x_m(\bigvee y(\mathfrak{q}_1 z_1 \ldots \mathfrak{q}_r z_r F \wedge \neg P x_1 \ldots x_m y) \vee \bigwedge y P x_1 \ldots x_m y).$$

Wenn wir am Satzende das allquantifizierte y umbenennen in ein $z \neq x_1, \ldots, x_m, y, z_1, \ldots, z_r$, so können wir wie im Beweis zu Th. 6.5, Schritt 3, alle Quantoren nach links herausziehen und erhalten den mit A_2 l-äquivalenten Satz A_3, der die folgende Gestalt hat:

$$\bigvee x_1 \ldots \bigvee x_m \bigvee y \, \mathfrak{q}_1 z_1 \ldots \mathfrak{q}_r z_r \bigwedge z(F \wedge \neg P x_1 \ldots x_m y \vee P x_1 \ldots x_m z).$$

Dieser Satz enthält nur $n-1$ Allquantoren, auf die noch Existenzquantoren folgen, und die Behauptung gilt nach Induktionsvoraussetzung. □

Unter einer *dualen* SNF verstehen wir eine PNF mit einem zur SNF dualen Präfix, also einen Satz der Gestalt $\bigwedge x_1 \ldots \bigwedge x_m \bigvee y_1 \ldots \bigvee y_n F$ $(m, n \geqq 0)$, mit quantorenfreiem F. Eine duale SNF wird auch SNF *bezüglich der Erfüllbarkeit* genannt; denn es gilt

Th. 6.6′ *Jeder Satz A läßt sich in eine duale SNF B^* mechanisch-effektiv transformieren, wobei gilt: A ist l-erfüllbar $\Leftrightarrow$ B^* ist l-erfüllbar.*

Beweis: Nach dem Beweis des vorangehenden Satzes läßt sich $\neg A$ in eine SNF B ohne $\rightarrow$ und $\leftrightarrow$ transformieren, die mit $\neg A$ bzgl. der l-Gültigkeit übereinstimmt. Dann ist die Dualform B^* von B eine duale SNF, und es gilt A ist l-erfüllbar $\Leftrightarrow \neg \Vdash_l \neg A \Leftrightarrow \neg \Vdash_l B$ (nach Th. 6.6) $\Leftrightarrow \neg \Vdash_l \neg B^*$ (nach Th. 6.1) $\Leftrightarrow B^*$ ist l-erfüllbar. Auch diese Transformation ist offensichtlich mechanisch durchführbar. □

6.5 Distributive Normalform („Hintikka-Normalform")

Die von J. Hintikka 1953 in seiner Dissertation erstmals beschriebenen *distributiven Normalformen* stellen eine wichtige Verallgemeinerung der vollständigen adjunktiven Normalformen dar. Das Verfahren zur Umwandlung einer Formel in eine distributive Normalform ist in gewissem Sinne eine Umkehrung der Idee zur Gewinnung einer pränexen Normalform: Während bei pränexen Normalformen die Quantoren möglichst weit „nach außen" gebracht werden (und dies gelingt, wie wir sahen, vollständig, so daß sämtliche Quantoren im Präfix der PNF zusammengefaßt sind), werden die Quantoren bei der distributiven Normalform möglichst weit „nach innen" geschoben. Diese Bemerkungen über die distributiven Normalformen weisen schon darauf hin, daß es sich hier um eine kombinierte Normierung der aussagenlogischen und der quantorenlogischen Formelstruktur handelt. Verglichen mit den vorangehenden Normalformen ist eine distributive Normalform im allgemeinen so umfangreich, daß sie praktisch kaum herstellbar ist. Trotzdem hat sie sich metatheoretisch als von besonders hohem Interesse erwiesen und gewinnt indirekt auch eine große praktische Bedeutung; wir werden uns in dieser Hinsicht auf einige Hinweise und Literaturangaben am Schluß dieses Abschnitts beschränken müssen.

Wir kommen nun zur formalen Präzisierung des Begriffs der *distributiven Normalform*, den wir von jetzt ab mit ‚*DNF*' mitteilen wollen. Dabei werden wir zwei äußerlich zunächst sehr verschiedenartige Darstellungsformen wählen und miteinander vergleichen: die von Hintikka selbst entwickelte Aufbauweise und die weitgehend sprachunabhängige Verallgemeinerung der strukturellen Prinzipien, die der DNF zugrunde liegen, in der Darstellung von D. Scott in den ‚Essays in Honour of Jaakko Hintikka' 1979 ([1], S. 75–90). Anschließend werden wir noch einige kurze Überlegungen ausführen, die dem Leser helfen sollen, diese beiden Darstellungsformen als prinzipiell gleichwertig zu erkennen.

(A) Hintikkas Darstellung der DNF

Wie jede ANF ist die distributive Normalform eines Satzes A eine Adjunktionskette von Konjunktionsketten, die als die *Konstituenten* der

DNF bezeichnet werden. Wir werden uns bei der Darstellung der Konstituentenstruktur auf die Quantorenlogik der ersten Stufe *ohne* Identität beziehen, da eine Einbeziehung der Identität wesentliche Komplikationen hervorruft (deren Behandlung eine abweichende Interpretation der Quantoren nahelegt, die HINTIKKA als ‚exklusive Interpretation' bezeichnet und mit deren Hilfe er die DNF auch für die Quantorenlogik mit Identität (z. B. in [2], S. 253ff.) einführt). Wir definieren zunächst den Begriff einer Konstituente in Abhängigkeit von bestimmten syntaktischen Merkmalen der Sätze, deren distributive Normalformen wir dann mittels dieser Konstituenten aufbauen.

Als *Merkmale* einer Formel A (der Quantorenlogik erster Stufe ohne Identität) bezeichnen wir die folgendermaßen charakterisierten Glieder des Dreitupels $m^A := \langle m_1^A, m_2^A, m_3^A \rangle$, das wir auch als ‚*Merkmalstripel*' von A bezeichnen:

m_1^A: Die Menge der in A auftretenden Prädikat-, Funktions- und Objektparameter;

m_2^A: Die maximale Verschachtelungstiefe der Quantoren in A;

m_3^A: Die maximale Termlänge in A.

Dabei kann das häufig als *Tiefe* von A bezeichnete Merkmal m_2^A auch den Wert 0 annehmen, nämlich genau für die quantorenfreien Formeln; für Formeln A, in denen Quantoren auftreten, ist m_2^A die größte natürliche Zahl n, für die es eine Folge $(q_1 x_1, \ldots, q_n x_n)$ mit Individuenvariablen $x_1, \ldots, x_n$ und Quantoren $q_i \in \{\wedge, \vee\}$ $(i \in \{1, \ldots, n\})$ gibt, so daß $q_i x_i$ jeweils im Bereich von $q_{i+1} x_{i+1}$ in A auftritt. Das Merkmal m_3^A ist einfach die Anzahl der Symbole (also aller Prädikat-, Funktions- und Objektparameter, Variablen und Klammern) des längsten Terms von A.

Anmerkung. HINTIKKA behandelt in [2] die DNF für die Quantorenlogik ohne Funktionsparameter. Daher spielen bei ihm dort nur die Merkmale m_1^A und m_2^A eine Rolle, wobei er m_1^A aufspaltet in die Menge der Prädikate von A und die Menge der freien Individuensymbole von A. Unser m_3^A wäre in diesem Fall natürlich stets 1. HINTIKKA nennt die Merkmale *Parameter der Konstituenten;* diesen Sprachgebrauch vermeiden wir, um Konfusionen mit dem bisherigen Parameterbegriff zu verhindern.

Wir bringen nun ein Beispiel für den Merkmalsbegriff, indem wir das *Merkmalstripel* für folgenden Satz A angeben:

$$A := \wedge y_2 (P^2 y_2 a \vee \vee y_1 (P^3 y_2 b y_1 \rightarrow \wedge y_3 P^2 f^2 (c y_3) y_1)).$$

Dann gilt:

$m_1^A = \{P^2, P^3, f^2, a, b, c\}$,

$m_2^A = 3$, da $(q_1 x_1, q_2 x_2, q_3 x_3) = (\wedge y_3, \vee y_1, \wedge y_2)$ die längste in A auftretende Folge (von Quantoren) der gesuchten Art ist, und

$m_3^A = 5$, da $f^2(c y_3)$ als längster Term in A gerade aus fünf Symbolen besteht.

A hat also das Merkmalstripel $m^A = \langle \{P^2, P^3, f^2, a, b, c\}, 3, 5 \rangle$.

Wenn die Bezugnahme auf einen bestimmten Satz A klar oder nicht erforderlich ist, werden wir die Merkmalstripel auch in der Form ‚$m=\langle m_1, m_2, m_3\rangle$‘ schreiben. Wenn wir es nicht ausdrücklich durch den Zusatz ‚minimal‘ anders betonen, fassen wir im folgenden Merkmal und Merkmalstripel stets „kumulativ“ auf; d.h. daß ein Satz A mit dem Merkmalstripel $m^A=\langle m_1, m_2, m_3\rangle$ auch als Satz mit einem beliebigem „größeren“ Merkmalstripel $\langle m'_1, m'_2, m'_3\rangle$ angesehen wird.

Anmerkung. Dabei sei „größer“ für Merkmalstripel im Sinne der wie folgt definierten Anordnung ‚$\leqq$‘ aufgefaßt:

$$\langle m_1, m_2, m_3\rangle \leqq \langle m'_1, m'_2, m'_3\rangle \;:\Leftrightarrow\; m_1 \subseteqq m'_1 \wedge m_2 \leqq m'_2 \wedge m_3 \leqq m'_3 .$$

Unser bisheriges Merkmalstripel ist dann das (im Sinne von $\leqq$) minimale unter den Merkmalstripeln im kumulativen Sinne und soll daher auch *minimales Merkmalstripel* von A heißen. Ferner bezeichnen wir das jeweils (im Sinne von $\subseteqq$ bzw. $\leqq$) kleinste kumulative Merkmal m_1 bzw. m_2 bzw. m_3 als *minimales Merkmal* m_i.

Für die Beschreibung des Begriffs einer *Konstituente mit dem (kumulativen) Merkmalstripel* $m=\langle m_1, m_2, m_3\rangle$ ist es nützlich, zunächst eine Reihe weiterer Begriffe (und Schreibweisen) einzuführen, mittels deren wir die innere Struktur der Konstituenten veranschaulichen können. Eine Konstituente K mit dem (minimalen oder kumulativen) Merkmalstripel $m=\langle m_1, m_2, m_3\rangle$ sei künftig mit ‚K^m‘ oder ‚K^{m_1, m_2, m_3}‘ mitgeteilt; sind z.B. m_2 und m_3 im jeweiligen Kontext irrelevant, so schreiben wir auch ‚K^{m_1}‘ statt ‚K^{m_1, m_2, m_3}‘. Eine Konstituente K^{m_1, m_2, m_3} enthält dann, informell beschrieben,

(a) eine *Zustandsbeschreibung*, in der sämtliche elementaren (atomaren) Sätze mit dem kumulativen Merkmalstripel $\langle m_1, 0, m_3\rangle$ entweder negiert oder unnegiert (aber nicht beides) vorkommen (der Sinn des Worts ‚Zustandsbeschreibung‘ weicht hier etwas von dem in 6.2 erwähnten Begriff ab, ist aber in gewissem Sinne eine quantorenlogische Verfeinerung davon), und

(b) eine vollständige separate Aufzählung jeweils aller existierenden bzw. nichtexistierenden *Sorten von Objekten.* Diese Sorten werden dabei beschrieben durch die schärfstmöglichen paarweise unverträglichen Formeln $B[x]$ mit dem kumulativen Merkmalstripel $\langle m_1, m_2, m_3\rangle$; und für jedes $B[x]$ enthält K^{m_1, m_2, m_3} eine (eventuell negierte) Existenzbehauptung, die wir ähnlich wie in 6.2. mit ‚$\pm \bigvee x B[x]$‘ mitteilen wollen und die angibt, ob Objekte dieser Sorte existieren oder nicht und die daher als *Existenzbehauptung* bezeichnet wird.

Bevor wir nun die für den Konstituentenbegriff benötigten präzisen Definitionen der Begriffe ‚*Zustandsbeschreibung*‘, ‚*Sortenbeschreibung*‘ und ‚*Existenzbehauptung*‘ angeben, führen wir noch eine Reihe von neuen Mitteilungszeichen ein.

Mit ‚$E_i[m]$‘ (für $i \in \omega$) teilen wir sämtliche verschiedenen elementaren Sätze zu dem Merkmalstripel $m=\langle m_1, m_2, m_3\rangle$ (in irgendeiner festgelegten wiederholungsfreien Aufzählung) mit; da es sich um elementare *Sätze* handelt, kann m_2 als minimales Merkmal gleich 0 gesetzt werden, und da m_3 im folgenden in der Regel ohne Einfluß auf die Überlegungen ist, brauchen wir statt auf $\langle m_1, 0, m_3 \rangle$ nur auf m_1 Bezug zu nehmen und können (statt ‚$E_i[m]$') ‚$E_i[m_1]$' schreiben. Eine einfache Überprüfung der Definition von m_1 und $E_i[m_1]$ zeigt, daß es nur endlich viele verschiedene $E_i[m_1]$ gibt für endliches m_1 und einen endlichen Formelbegriff, den wir vorausgesetzt haben. Sei $r_{E_i[m]}$ die Anzahl der $E_i[m]$; bei Bedarf schreiben wir dafür auch nur ‚r'. Mit ‚$E_i[m_1, x]$' (für $i \in \omega$) teilen wir in ähnlicher Weise alle verschiedenen elementaren, nur in x offenen Formeln mit, die das Merkmalstripel $\langle m_1, 0, m_3 \rangle$ haben. Auch die Anzahl der $E_i[m_1, x]$ ist offensichtlich endlich; wir teilen sie mit ‚$r_{E_i[m,x]}$' oder kurz mit ‚r'' mit.

Anmerkung. Jedes $E_i[m_1, x]$ ergibt bei Ersetzung von x durch einen Objektparameter $a \in m_1$ ein $E_j[m_1]$; werden andererseits bestimmte Vorkommnisse eines Objektparameters $a \in m_1$ in einem $E_j[m_1]$ „markiert" (also durch ‚$*_1$' ersetzt, so daß $E_j[m_1]$ zur Nennform $\mathfrak{N}[*_1]$ wird, die sich von $E_j[m_1]$ genau durch die Ersetzung der markierten Vorkommnisse von ‚a' durch ‚$*_1$' unterscheidet, d. h. insbesondere $E_j[m_1] \doteqdot \mathfrak{N}[a]$), so erhalten wir (für jede derartige Markierung) bei Ersetzung von a durch x ein $E_i[m_1, x]$ (und jedes $E_i[m_1, x]$ ist als $\mathfrak{N}[x]$ für ein $\mathfrak{N}$ mit $E_j[m_1] \doteqdot \mathfrak{N}[a]$ zu gewinnen). Dabei ist offenbar $(E_i[m_1, x])^a_x \doteqdot (\mathfrak{N}[x])^a_x \doteqdot \mathfrak{N}[a] \doteqdot E_j[m_1]$ für irgendein $j \in \{1, \ldots, r_{E_i[m]}\}$. Umgekehrt ist die Ersetzung der markierten Parameter in $E_j[m_1]$ durch x gerade in dem Übergang von $E_j[m_1] \doteqdot \mathfrak{N}[a]$ zu $\mathfrak{N}[x] \doteqdot E_i[m_1, x]$ gegeben. Wir haben damit eine Bijektion der $E_i[m_1, x]$ auf die Teilmenge derjenigen $E_j[m_1]$, für die solche Ersetzungen möglich sind. Dies ist der Fall, wenn ein Objektparameter a aus m_1 in $E_j[m_1]$ vorkommt, da genau dann $E_j[m_1]$ als $\mathfrak{N}[a]$ geschrieben werden kann. (Insbesondere muß $m_1 \neq \emptyset$ gelten.) Offensichtlich ist jedenfalls i. a. $r_{E_i[m,x]} < r_{E_i[m]}$.

Wird $E_i[m_1, x]$ mittels einer einstelligen Nennform $\mathfrak{N}$ als $\mathfrak{N}[x]$ dargestellt, und tritt x in $\mathfrak{N}$ nicht auf, so ist $E_i[m_1, a] :\doteqdot (E_i[m_1, x])^a_x \doteqdot \mathfrak{N}[a]$. Man beachte, daß dabei $a \in m_1$ nicht gelten muß. Die Anzahl r'' dieser aus den $E_i[m_1, x]$ (bei Ersetzung aller x durch a) hervorgehenden Sätze ist offenbar ebenfalls endlich und i. a. gilt $r'' < r' < r$. Da r'' von a abhängt, wäre für r'' genauer ‚$r_{E_i[m,a]}$' zu schreiben.

Wir können nun den Begriff einer *Zustandsbeschreibung mit dem Merkmalstripel* $\langle m_1, 0, m_3 \rangle$ als eine Konjunktionskette definieren, die folgende Form hat:

(1) $\bigwedge\limits_i \pm E_i[m_1]$

was wir (wie ähnliche Schreibweisen in 6.2) auffassen wollen als Mitteilungszeichen für eine Konjunktionskette (mit $r_{E_i[m]}$ Gliedern), in der jedes $E_i[m_1]$ genau einmal negiert oder unnegiert vorkommt. Eine korrektere ausführliche Schreibweise wäre daher

(1') $\bigwedge\limits_{i=0}^{r} v_i(E_i[m_1])$

mit einer Abbildung v, die jedes $E_i[m_1]$ auf sich selbst oder auf $\neg E_i[m_1]$ abbildet. Die Anzahl verschiedener Zustandsbeschreibungen dieser Art ist nach der Form von (1′) durch die Anzahl solcher v gegeben, und davon gibt es offenbar gerade 2^r viele. Bei Bedarf schreiben wir für die j-te der 2^r Zustandsbeschreibungen auch ‚$\bigwedge_{i\,j} \pm E_i[m_1]$' oder ausführlicher ‚$\bigwedge_{i\,j}^{r} \pm E_i[m_1]$' oder ‚$\bigwedge_{i=0}^{r} v_j(E_i[m_1])$', wobei $v_1, \ldots, v_{2^r}$ eine beliebige fest gewählte Reihenfolge der Negationsverteilungsabbildungen v_i sei. (Analoge Vereinbarungen sind für die im folgenden erläuterten ähnlichen Mitteilungszeichen zu ergänzen!)

Eine *Sortenbeschreibung mit dem Merkmalstripel* $\langle m_1, 0, m_3\rangle$ sei nach Definition eine Konjunktionskette der Form

$$(2)\quad \bigwedge_i \pm E_i[m_1, x],$$

in der jedes der r' verschiedenen $E_i[m_1, x]$ genau einmal negiert oder unnegiert vorkommt. Dabei ist x eine beliebige Variable und r' offensichtlich unabhängig von der Wahl von x. (Offenbar gibt es analog zu (1′) genau $2^{r'}$ derartige Sortenbeschreibungen.)

Eine *Existenzbehauptung mit dem Merkmalstripel* $\langle m_1, 1, m_3\rangle$ sei nach Definition ein Satz der Form

$$(3)\quad \bigvee x \bigwedge_i \pm E_i[m_1, x],$$

also die Existenzquantifikation einer Sortenbeschreibung mit dem Merkmalstripel $\langle m_1, 0, m_3\rangle$. Wir teilen solche Existenzbehauptungen auch durch ‚$\exists_j[m_1, 1]$' mit, wobei j als laufender Index aufzufassen ist. (Da es offenbar genausoviel Existenzbehauptungen wie Sortenbeschreibungen dieser Art gibt, gilt $j \in \{1, \ldots, 2^{r'}\}$. Wir nennen $2^{r'}$ bei Bedarf auch ‚$r_{\exists_j[m_1, 1]}$'.)

Ist $a \notin m_1$, so läßt sich die Zustandsbeschreibung

$$(4)\quad \bigwedge_i \pm E_i[m_1 \cup \{a\}]$$

offenbar aufspalten in die Konjunktion derjenigen $E_i[m_1 \cup \{a\}]$, in denen a auftritt und die übrigen, in denen a nicht auftritt. Jedes $E_i[m_1 \cup \{a\}]$, in dem a nicht vorkommt, ist offenbar ein $E_j[m_1]$ und umgekehrt; ebenso läßt sich jedes $E_i[m_1 \cup \{a\}]$, in dem a wirklich auftritt, als ein $E_k[m_1, a]$ auffassen und umgekehrt. ($E_k[m_1, a]$ tritt wegen $a \notin m_1$ nicht unter den $E_j[m_1]$ auf; wir benötigten zuvor auch, daß es nach Definition in m_1 einen Objektparameter $b \neq a$ gibt.) Wir schreiben dann

$$(5)\quad \bigwedge_{i\,j}^{r_1} \pm E_i[m_1 \cup \{a\}] = \bigwedge_{i\,k}^{r} \pm E_i[m_1] \wedge \bigwedge_{i\,l}^{r''} \pm E_i[m_1, a]$$

oder ausführlicher (und da aus $a \notin m_1$ folgt $r_{E_i[m_1,a]} = r'' = r' = r_{E_i[m_1,x]}$):

$$(6) \quad \bigwedge_{i=0}^{r_{E_i[m_1 \cup \{a\}]}} v_j(E_i[m_1 \cup \{a\}])$$

$$= \bigwedge_{i=0}^{r_{E_i[m_1]}} v_k(E_i[m_1]) \wedge \bigwedge_{i=0}^{r_{E_i[m_1,x]}} v_l(E_i[m_1, a])$$

für zu j passend gewähltes k, l.

Anmerkung. Zur Erleichterung des Vergleichs mit der Originalliteratur sei angefügt: Den Ausdruck (6) findet der Leser bei HINTIKKA ([2], S. 247, Gleichung (4)) in der Form

$$\prod_{i=1}^{r} A_i(a_1, \ldots, a_{k-1}, a_k) = \prod_{i=1}^{s} A_i(a_1, \ldots, a_k) \& \prod_{i=1}^{t} B_i(a_1, \ldots, a_{k-1}, a_k).$$

Dabei sind ‚$A_i(a_1, \ldots, a_k)$' wie ‚$\pm E_i[m_1]$' für $\{a_1, \ldots, a_k\}$ als Menge der in m_1 enthaltenen Objektparameter aufzufassen, ‚$B_i(a_1, \ldots, a_{k-1}, a_k)$' als ‚$\pm E_i[m_1, a_k]$' und $\langle r, s, t\rangle$ entsprechend $\langle j, k, l\rangle$ in (5) bei uns.

Natürlich können $r = r_{E_i[m_1]}$ und $r'' = r_{E_i[m_1,a]} = r_{E_i[m_1,x]} = r'$ (da $a \notin m_1$) als Funktionen von $r_{E_i[m_1 \cup \{a\}]}$ bestimmt werden, und dasselbe gilt für k und l als Funktionen von j.

Wir definieren nun simultan rekursiv Sortenbeschreibungen und Existenzbehauptungen mit größerem minimalen m_2, d.h. mit größerer (Quantorenverschachtelungs-) Tiefe. Ist $a \notin m_1$ und $\exists_j[m_1 \cup \{a\}, m_2]$ eine Existenzbehauptung mit dem Merkmalstripel $\langle m_1 \cup \{a\}, m_2, m_3\rangle$, so entsteht daraus durch Ersetzung sämtlicher auftretender a durch eine *neue* Variable x eine *Sortenbeschreibung mit dem Merkmalstripel* $\langle m_1, m_2, m_3\rangle$, die wir durch ‚$\exists_j[m_1, m_2, x]$' mitteilen (j läuft in ω von 1 bis $(r_{\exists_j[m_1 \cup \{a\}, m_2]} \cdot \pi_{m_1})$ wobei π_{m_1} die Anzahl der Objektparameter von m_1 bezeichne. Das größte solche j heiße bei Bedarf auch $r_{\exists_j[m_1, m_2, x]}$).

Ist z.B. $\exists_j[m_1, 1]$ eine Existenzbehauptung zum Merkmalstripel $\langle m_1, 1, m_3\rangle$, so ist für $m_1 = m_1' \cup \{a\}$ und $a \notin m_1'$ nun $(\exists_j[m_1, 1])_a^x$ ein $\exists_k[m_1', 1, x]$, das durch Ersetzung aller a in $\exists_j[m_1, 1]$ durch x entsteht.

Ist $\bigwedge_{j,l} \pm \exists_j[m_1, m_2, x]$ eine Konjunktionskette, in der (für ein bestimmtes x) jedes $\exists_j[m_1, m_2, x]$ genau einmal negiert oder unnegiert als Konjunktionsglied auftritt, so sei per definitionem

$$(7) \quad \bigvee x \left(\bigwedge_{i,k} \pm E_i[m_1, x] \wedge \bigwedge_{j,l} \pm \exists_j[m_1, m_2, x] \right)$$

eine *Existenzbehauptung mit dem Merkmalstripel* $\langle m_1, m_2 + 1, m_3\rangle$; sie werde durch ‚$\exists_j[m_1, m_2 + 1]$' mitgeteilt.

In theoretischen Zusammenhängen sind darüber hinaus die sogenannten *attributiven* oder **a**-*Konstituenten* häufig von Bedeutung; obwohl wir sie an sich bei der DNF-Definition nicht benötigen, definieren wir daher kurz induktiv:

Ist ${}_{\mathbf{a}}K_j^m$ mit $m=\langle m_1, m_2-1, m_3\rangle$ eine attributive Konstituente mit dem Merkmalstripel m_1, so ist für $a\notin m_1$

$$(+) \quad \bigwedge_i{}_k \pm E_i[m_1, a] \wedge \bigwedge_j{}_l \pm \bigvee x(({}_{\mathbf{a}}K^{m_1\cup\{a\}})_a^x)$$

ein attributiver Konstituent mit $\langle m_1\cup\{a\}, m_2, m_3\rangle$ als Merkmal. Die Induktionsbasis bilden dabei für $m'=\langle m_1, 0, m_3\rangle$ die $\bigwedge_i{}_k \pm E_i[m_1, a]$ als ${}_{\mathbf{a}}K^{m'}$.

(Wir könnten in naheliegender Weise die Schreibweise ${}_{\mathbf{a}}C[m_1\cup\{a\}, m_2] = \bigwedge_i{}_k \pm E_i[m_1, a] \wedge \bigwedge_j{}_l \pm \bigvee x_{\mathbf{a}}C[m_1, m_2-1, x]$ einführen, gehen darauf hier aber nicht weiter ein.) ${}_{\mathbf{a}}K^{m_1\cup\{a\}, m_2, m_3}$ wird auch als „*Attribut für a*" aufgefaßt.

Anmerkung 1. Wiederum zur Erleichterung der Lektüre der Originalliteratur vermerken wir, daß unser (+) in [2], S. 247 bei HINTIKKA der dortigen Gleichung (5) entspricht:

$$Ct_r^d(a_1, \ldots, a_k) = \prod_{i=1}{}_s B_i(a_1, \ldots, a_k) \& \prod_{i=1}{}_t (Ex) Ct_i^{d-1}(a_1, \ldots, a_{k-1}, a_k, x).$$

Dabei steht d für die Tiefe m_2, $\langle r, s, t\rangle$ entsprechen $\langle j, k, l\rangle$ in (7), $\{a_1, \ldots, a_k\}$ muß die Menge der Objektparameter von m_1 bilden, ‚$Ct_r^d(a_1, \ldots, a_k)$' entspricht dann ${}_{\mathbf{a}}K_j^{\langle m_1\cup\{a\}, m_2, m_3\rangle}$ und ‚$Ct_i^{d-1}(a_1, \ldots, a_{k-1}, a_k, x)$' entspricht $({}_{\mathbf{a}}K^{m_1\cup\{a\}})_a^x$.

Anmerkung 2. Dabei ist in (7) offensichtlich j eine Funktion von k und l; nach HINTIKKA ([2], p. 247, Fußnote 4) kann diese Funktion z. B. durch

$$j=(k-1)+2^n\cdot(l-1)+1$$

mit $n=r_{E_i[m_1, x]}$ festgelegt werden.

Wir kommen nach diesen etwas mühseligen Vorbereitungen, die wir so ausführlich gehalten haben, um die sehr knappen Formulierungen der Originalliteratur durchsichtiger und eindeutiger zu machen, nun zur Definition des Konstituentenbegriffs.

Eine Konstituente $K_s^{m_1, m_2, m_3}$ (dafür auch ‚K_s^m'etc.) mit dem Merkmalstripel $m=\langle m_1, m_2, m_3\rangle$ ist ein Satz der Form

$$(8) \quad \bigwedge_i{}_k \pm E_i[m_1] \wedge \bigwedge_j{}_l \pm \exists_j[m_1, m_2],$$

also eine Konjunktion, die erstens die k-te Zustandsbeschreibung mit dem Merkmalstripel $\langle m_1, 0, m_3\rangle$ (für irgendein $k\in\{1, \ldots, 2^{r_{E_i[m_1]}}\}$) und zweitens die l-te Konjunktionskette enthält, in der alle Existenzbehauptungen mit dem Merkmalstripel $\langle m_1, m_2, m_3\rangle$ genau einmal negiert oder unnegiert auftreten. Dabei ist s der laufende Index zur Unterscheidung verschiedener K^m.

Anmerkung 1. Bei HINTIKKA [2] S. 247, Gleichung (6) ist eine Konstituente als Konjunktion einer Zustandsbeschreibung mit einer attributiven Konstituente definiert; deshalb ist dort $\prod_{i=1} A_i(a_1, \ldots, a_{k-1})$ statt $\prod_{i=1} A_i(a_1, \ldots, a_k)$ als Zustandsbeschreibung gewählt. Auf die von HINTIKKA in [2], loc. cit. ebenfalls eingeführten Konstituenten *der zweiten Art* gehen wir hier nicht ein.

Anmerkung 2. Wie zuvor können in (8) k und l als frei wählbare Argumente einer Funktion angesehen werden, die den Wert des Index s von K_s^m festlegt. Ist $m_2 = 0$, hat der Konstituent keine Existenzbehauptungen.

Anmerkung 3. Die in Anmerkung 1 angedeutete Darstellung ist mit unserer Darstellung gleichwertig, da durch die in (5) angedeutete Aufspaltung auch bei uns eine Zustandsbeschreibung mit einer **a**-Konstituente konjunktiv zusammengefaßt auftritt.

Bemerkungen zur intuitiven Bedeutung der bisherigen Begriffe werden wir später anbringen; wir liefern hier zuerst die fällige *präzise Definition der DNF*:

Eine *distributive Normalform mit dem Merkmalstripel* $m = \langle m_1, m_2, m_3 \rangle$ ist eine Adjunktion

$$\bot \vee K_{j_1}^m \vee \ldots \vee K_{j_w}^m$$

von Konstituenten $K_{j_i}^m$ (für $i \in \{1, \ldots, w\}$ und $w \in \omega$) mit Merkmalstripel m. Falls $w = 0$, entfallen die $K_{j_i}^m$; ‚$\bot$' bezeichnet den nullstelligen Junktor, der stets falsch ist, und kann bei Bedarf als durch ‚$p_0 \wedge \neg p_0$' oder durch ‚$P_0^1 a_0 \wedge \neg P_0^1 a_0$' definiert aufgefaßt werden.

Eine distributive Normalform, die zu einer Formel A mit dem gleichen Merkmalstripel logisch äquivalent ist, heißt auch eine *DNF von A*; wie bei der ANF, KNF, PNF kann der DNF-Begriff also als ein- oder als zweistelliges Formelprädikat verwendet werden.

Man mache sich an der DNF-Definition klar, daß jede DNF mit dem Merkmalstripel $m = \langle m_1, m_2, m_3 \rangle$ eine ANF mit den Elementen $E_i[m_1]$ und $\exists_j[m_1, m_2]$ (für alle zulässigen i, $j \in \omega$) ist, also eine ANF mit sämtlichen elementaren Sätzen und Existenzbehauptungen (beide mit m als Merkmalstripel) als Elementen. Daß es sich bei der Bildung der DNF einer Formel um ein universell durchführbares Normierungsverfahren handelt, zeigt das folgende Theorem.

Theorem über die Existenz distributiver Normalformen *Zu jedem Satz A mit dem (kumulativen) Merkmalstripel* $m = \langle m_1, m_2, m_3 \rangle$ *gibt es eine logisch äquivalente DNF mit dem Merkmalstripel m.*

Beweis: Wir führen den Beweis durch Induktion nach m_2.

I.A.: Ist $m_2 = 0$, so ist A eine j-Verknüpfung gewisser $E_i[m_1]$ und es gibt, wie wir in 6.2 (Th. 6.2) für die ANF bewiesen haben, eine zu A j-äquivalente ANF mit den Elementen $E_i[m_1]$, also eine DNF mit den Merkmalen $\langle m_1, 0, m_3 \rangle$.

I.S.: Ist $m_2 = n+1$, so ist, nachdem wir alle ‚$\bigwedge x$' (für alle Variablen x) in A durch ‚$\neg \bigvee x \neg$' ersetzt haben, A eine j-Verknüpfung von Sätzen der Gestalt

(*i*) $E_i[m_1]$ und

(*ii*) $\bigvee x B[x]$ (mit irgendwelchen Formeln $B[x]$).

Sei nun a ein Parameter, der nicht in B vorkommt (um für alle k stets dasselbe a wählen zu können, komme a sogar in A nicht vor). Nach I.V. ist $B[a]$ (ein Satz mit $m_2^{B[a]} = n < m_2$) l-äquivalent mit einer DNF

$$(iii)\quad \bot \vee K_{j_1}^{m_1 \cup \{a\}, n, m_3} \vee \ldots \vee K_{j_v}^{m \cup \{a\}, n, m_3}$$

aus bestimmten paarweise verschiedenen Konstituenten $K_{j_i}^{m'}$ ($j_i \in \omega$ für $1 \leqq i \leqq v$) mit Merkmalstripel $m' = \langle m_1 \cup \{a\}, n, m_3 \rangle$ und irgendeiner Länge $v \in \omega$. Aus diesen Konstituenten, die die Form

$$(iv)\quad \bigwedge_i \pm E_i[m_1 \cup \{a\}] \wedge \bigwedge_j \pm \exists_j[m_1 \cup \{a\}, n]$$

haben, entstehen durch Vertauschung der Konjunktionsglieder Sätze $C_1[a], \ldots, C_v[a]$ der Form

$$(v)\quad \bigwedge_{i}{}_k \pm E_i[m_1] \wedge \bigwedge_{i}{}_l \pm E_i[m_1, a] \wedge \bigwedge_j \pm \exists_j[m_1 \cup \{a\}, n]$$

wie wir uns in (5) klar machten. Aus diesen $C_h[a]$ ($1 \leqq h \leqq v$) können wir daher eine Adjunktionskette bilden, so daß gilt:

$$(vi)\quad \Vdash_l B[a] \leftrightarrow \bot \vee C_1[a] \vee \ldots \vee C_v[a].$$

Mittels der Existenzquantoreneinführung und des Modus Ponens sehen wir:

$$(vii)\quad \Vdash_l \bigvee x(B[x] \leftrightarrow \bot \vee C_1[x] \vee \ldots \vee C_v[x]).$$

Daraus erhalten wir mit der Distribution der Quantoren über die Junktoren (über das Schema

$$\Vdash_l \bigvee x(A[x] \leftrightarrow B[x]) \rightarrow (\bigvee x A[x] \rightarrow \bigvee x B[x]))$$

und den Modus Ponens

$$(viii)\quad \Vdash_l \bigvee x B[x] \leftrightarrow \bigvee x(\bot \vee C_1[x] \vee \ldots \vee C_v[x]).$$

Daraus folgt quantorenlogisch, wieder mit dem Schema zur Distribution der Quantoren (hier in der Form

$$\Vdash_l \bigvee x(A[x] \vee B[x] \leftrightarrow \bigvee x A[x] \vee \bigvee x B[x])$$

und dem Modus Ponens

$$(ix)\quad \bigvee x B[x] \leftrightarrow \bot \vee \bigvee x C_1[x] \vee \ldots \vee \bigvee x C_v[x].$$

Dabei ist $\bigvee x C_h[x]$ für jedes $h \in \{1, \ldots, v\}$ ein Satz der Form

$$(x)\quad \bigvee x\Big(\bigwedge_i{}_k \pm E_i[m_1] \wedge \bigwedge_i{}_l \pm E_i[m_1, x] \wedge \bigwedge_j \pm E_j[m_1, n, x]\Big).$$

Also ist $\bigvee x C_h[x]$ l-äquivalent mit (da x in $E_i[m_1]$ nicht auftritt)

$$(xi)\quad \bigwedge_i{}_k \pm E_i[m_1] \wedge \bigvee x\Big(\bigwedge_i{}_l \pm E_i[m_1, x] \wedge \bigwedge_j \pm \exists_j[m_1, n, x]\Big).$$

Das zweite Konjunktionsglied ist eine Existenzbehauptung mit Merkmalstripel $\langle m_1, n+1, m_3 \rangle$; also gibt es ein $q \in \omega$ mit

$$(xii) \; \Vdash_l \bigvee x C_h[x] \leftrightarrow \bigwedge_i \pm E_i[m_1] \wedge \exists_q[m_1, n+1].$$

Mit (*i*), (*ii*), (*ix*), (*xii*) ist A damit l-äquivalent zu einer j-Verknüpfung bestimmter $E_i[m_1]$ und $\exists_q[m_1, n+1]$. Wieder gibt es nach 6.2 eine ANF zu A mit diesen Elementen. Diese ANF ist dann eine DNF mit dem Merkmalstripel $\langle m_1, n+1, m_3 \rangle$. Damit ist der I.S. beendet. □

Anmerkung zum DNF-Existenztheorem:

(*a*) Der Leser überzeuge sich durch genaues Durchgehen der Schritte (*i*)–(*xii*), daß die DNF-Gewinnung in dieser Form ein mechanisches (effektives) Verfahren darstellt und es daher angebracht ist, von einer Normalformbildung zu sprechen.

(*b*) Der Übergang von (*viii*) zu (*ix*) im Beweis liefert eines der Hauptmotive für die Bezeichnung ‚*distributive* Normalform', da hier durch *Distribution* (über die Adjunktionen) die Quantoren „nach innen" geschoben werden.

Der Leser, der dem Text bis hier gefolgt ist, mag sich gefragt haben, wozu das Merkmal m_3 eigentlich überhaupt eingeführt wurde. Diese Frage wird dadurch zusätzlich unterstrichen, daß m_3 in allen bisherigen Definitionen und Überlegungen, sowie auch im Beweis des Existenztheorems, nicht verändert wird und daher nicht wesentlich aufzutreten scheint. Des Rätsels Lösung besteht in der benötigten Endlichkeit der Mengen der elementaren Sätze $E_i[m]$, da schon für $m_1 := \{P^1, f^1, a\}$ bei unbegrenzter Termlänge, also ohne m_3, die Menge der $E_i[m_1]$ die unendliche Menge der Formeln $\{P^1(f^1)^n a \mid n \in \omega\}$ wäre, also $P^1 a$, $P^1 f^1 a$, $P^1 f^1 f^1 a$, $P^1 f^1 f^1 f^1 a$, …, und nun $\bigwedge_i \pm E_i[m_1]$ nicht mehr als endliche Konjunktion gebildet werden könnte, usw. Dieses Problem trat bei Hintikka [2] nicht auf, da dort keine Funktionsparameter berücksichtigt werden.

Schließlich wollen wir noch einige Bemerkungen zur intuitiven Deutung der DNF anfügen. Im Rahmen einer Interpretation der Syntax kann man Konstituenten als eine Auflistung all derjenigen „möglichen Welten" ansehen, die im Rahmen der Merkmale der Konstituente beschrieben werden können (natürlich unter Hinzufügung der logischen Operatoren). Das Existenztheorem (für DNF) besagt dann, daß wir für jeden Satz feststellen können, welche „möglichen Welten" oder „Zustände" er zuläßt und welche er ausschließt. Die Konstituenten können (nach Hintikka [2], S. 162) viel besser dazu dienen, die Aufgaben zu erfüllen, die den Zustandsbeschreibungen Carnaps zugedacht waren, als diese selber das vermögen. Als Hauptgrund dafür kann der Umstand angesehen werden, daß es sich hier um „Zustandsbeschreibungen" handelt, die vom verwendeten Individuenbereich (Universum) unabhängig sind. Hintikka hat in einer Reihe von Veröffentlichungen ([2], [3], [4]) auf die Möglichkeit eines adäquateren Aufbaus der induktiven Wahrscheinlichkeit mittels der Zustandsbeschreibungen der DNF-Konstituenten in Analogie zum ursprünglichen Vorgehen von CARNAP hingewiesen.

Die von uns wirklich als Zustandsbeschreibungen bezeichnete Konjunktionskette elementarer Aussagen enthalten sozusagen den Hauptteil der „Zustandsbeschreibung im weiteren Sinne", da hier für alle Namen und Eigenschaften die Beziehungen zueinander festgelegt sind. Attributive Konstituenten beschreiben gewissermaßen „mögliche Individuen". Aufgefaßt als Attribute für ein Objekt a geben sie alle möglichen Individuen an, die mittels der „Referenzpunkt"-Individuen (die den übrigen Objektparametern von m_1 entsprechen) im Rahmen von m spezifizierbar sind. In ähnlichem Sinne könnte man die Festlegung einer *möglichen* Welt durch eine Konstituente K^m auch folgendermaßen schildern: Zunächst werden die „Individuen-Species" festgelegt, indem man alle im Rahmen von m zulässigen Beschreibungen durchgeht und festlegt, ob solche Individuen existieren oder nicht. Danach werden alle Individuen mittels der Relationen und Funktionen zu m_1 auf ihre Beziehungen zueinander untersucht und diese Beziehungen als elementare Sätze festgelegt.

In den Konstituenten treten keine Adjunktionen und keine Allquantoren auf; darüber hinaus stehen alle Negationszeichen vor atomaren oder existenzquantifizierten Formeln: In diesem Umstand können wir die eingangs angedeutete Umkehrung der PNF-Idee wiederfinden.

Einige für beweis- und entscheidungstheoretische Zwecke wichtige Eigenschaften von Konstituenten sind die folgenden, die wir ohne Beweis anführen:

(α) *Wenn eine Teilformel S_1 einer* **a**-*Konstituente* $_{\mathbf{a}}K$ *eine andere Formel S_2 l-impliziert, so impliziert* $_{\mathbf{a}}K$ *auch logisch das Ersetzungsergebnis* $({}_{\mathbf{a}}K)^{S_2}_{S_1}$.

Daraus gewinnt man

(β) *Eine* **a**-*Konstituente impliziert logisch das Ergebnis der Weglassung beliebig vieler negierter und unnegierter elementarer Teilformen und beliebiger quantifizierter Teilformen. (Weglassungslemma)*

(Das gilt streng genommen nur für die DNF der *zweiten Art* in HINTIKKA, [2].)

(γ) *Konstituenten, die inkonsistente* **a**-*Konstituenten enthalten, sind inkonsistent. (Inkonsistenzlemma)*

(δ) *Verschiedene Konstituenten oder* **a**-*Konstituenten mit gleichen Merkmalen sind inkompatibel*, d. h. höchstens eine von ihnen kann wahr sein. (*Inkompatibilitätslemma*)

Zum Abschluß von (A) wollen wir noch darauf hinweisen, daß HINTIKKA mittels der DNF-Konstituenten einen Informationsbegriff definiert, mit dessen Hilfe der Informationsgewinn beim deduktiven Schließen exakt beschrieben werden kann. Die Information wird dabei über „Gewichte", die ähnlich wie Wahrscheinlichkeiten Sätze einer interpretierten quantorenlogischen Sprache bewerten, eingeführt. Mit p als der Funktion, die diese „Gewichte" zuordnet, wird die Information eines Satzes F durch

$$inf(F) = -\log p(F)$$

wie üblich festgelegt. p wird dabei durch Gewichtsverteilung über die Konstituenten charakterisiert, in dem das Gewicht einer Konstituente auf alle in ihr enthaltenen Konstituenten „angemessen" zu verteilen ist. (Näheres dazu siehe HINTIKKA [2], [3] und [5].)

Wir kommen nun zu D. SCOTTS Darstellung der DNF.

(*B*) *Die Darstellung der DNF durch Scott*

Der entscheidende Unterschied und Vorzug der Darstellung der DNF durch DANA SCOTT (in [1]) gegenüber der von HINTIKKA besteht in der Sprachunabhängigkeit des Scottschen Aufbaus. SCOTT arbeitet eine rein mengentheoretische Charakterisierung des Konstituentenbegriffs heraus. Dadurch werden die Anwendungsmöglichkeiten der DNF natürlich stark erweitert. Die folgende Darstellung hält sich nahe an SCOTT [1].

Wir benötigen einige mengentheoretische und notationelle Zusatzvereinbarungen, die wir, zum Teil zur Wiederholung, auflisten.

(*a*) Ist R eine n-stellige Relation auf A, so heißt $(A, R) =: \mathfrak{A}$ eine relationale Struktur (vom Ähnlichkeitstypus (n); analog $(A, R_1, \ldots, R_m)$ für den Ähnlichkeitstypus $(\mathrm{n}_1, \ldots, \mathrm{n}_m)$) mit n_1-, …, n_m-stelligen Relationen $R_1, \ldots, R_m$ über A (also ist R_i Teilmenge der n_i-fachen kartesischen Potenz von A). Für zweistelliges $R \subseteq A \times A$ und $a_i, a_j \in A$ stehe $a_i R a_j$ wie üblich für $\langle a_i, a_j \rangle \in R$.

(*b*) Mit ‚$\langle a, b \rangle$' bezeichnen wir wie bisher das Wiener-Kuratowski-Paar, mit ‚$(a_0, \ldots, a_{n-1})$' eine n-elementige Folge als Abbildung, d. h. die Menge $\{\langle 0, a_0 \rangle, \ldots, \langle \mathrm{n}-1, a_{n-1} \rangle\}$.

(*c*) $Pot^*(A) := Pot(A) \setminus \{\emptyset\}$.

(*d*) Wir fassen natürliche Zahlen $\mathrm{m} \in \omega$ als Mengen $\{0, \ldots, \mathrm{m}-1\}$ auf; insbesondere gilt $0 := \emptyset$, $1 := \{0\}$, $2 := \{0, 1\}$.

(*e*) $B^A := \{F \subseteq A \times B \mid F \text{ Funktion von } A \text{ nach } B\}$.
(Dabei sind A^2 und $A \times A$ verschieden:
$A \times A := \{\langle a, b \rangle \mid a, b \in A\}$ und
$A^2 \quad := \{F \subseteq \{0, 1\} \times A \mid F \text{ Funktion von 2 nach } A.\}$)
Für $F \in B^A$ schreiben wir auch $F : A \to B$.

(f) Generell gilt $\langle a,b\rangle = \{\{a\},\{a,b\}\} \neq (a,b) = \{\langle 0,a\rangle, \langle 1,b\rangle\}$.

(g) Ist $a \in A^m$, dann für $\mathrm{i} \in \mathrm{m}$ $a_i := a(\mathrm{i})$, sowie $|a| := \mathrm{m}$ (die Länge der Folge a).

(h) Sind $a \in A^m$, $b \in A^n$, m, $\mathrm{n} \in \omega$, dann ist die Konkatenation
$a^\frown b := (a_0, \ldots, a_{m-1}, b_0, \ldots, b_{n-1})$ und
$|a^\frown b| = |a| + |b|$.
$a * x := a^\frown(x)$ für beliebiges $x \in A$.

(i) *Mengen von endlichem Rang* sind genau diejenigen Mengen, die wir durch endlich häufige Potenzmengenbildung aus der leeren Menge bilden können. Insbesondere gilt induktiv:
$V_0 := \emptyset$ ist die Menge der Mengen *vom Rang* < 0.
$V_{n+1} := Pot(\mathrm{V}_n)$ ist die Menge der Mengen *vom Rang* $< \mathrm{n}+1$.
$V_\omega := \bigcup\{V_n \mid \mathrm{n} \in \omega\}$ ist die *Menge der Mengen vom endlichem Rang.*

(j) V_ω ist abgeschlossen gegen (Wiener-Kuratowski-)Paarbildung, Bildung endlicher Folgen, Elementschaft, Teilmengenbildung usw. (Also z. B. $V_\omega \times V_\omega \subseteq V_\omega$.)

(k) $Pot_{fin}(A) := \{B \subseteq A \mid B \text{ endlich}\}$.

(l) $Pot_{fin}(V_\omega) = V_\omega$, und V_ω ist (unter bestimmten Bedingungen, wie z. B. dem Regularitätsaxiom) die einzige Lösung der Gleichung $Pot_{fin}(x) = x$.

Es folgt eine Folge von Definitionen und Bemerkungen, die uns zur Konstituentendefinition führen.

[I] [Def. 1] Für $R \subseteq A \times A$, $a \in A^m$ ist die *induzierte Relation* auf den Indices der Folgenglieder von a definiert als:

(9) $R[a] := \{\langle \mathrm{i},\mathrm{j}\rangle \in \mathrm{m} \times \mathrm{m} \mid a_i R a_j\}$.

[II] *Anmerkungen.* (i) Für jede Menge A ist $\mathrm{R}[a] \in V_\omega$. (ii) $\mathrm{m} = |a|$ ist i. a. durch $R[a]$ nicht festgelegt. Deshalb benötigen wir die folgende Definition.

[III] [Def. 2] Ist $(R, A) = \mathfrak{A}$ eine relationale Struktur, dann sei

(10) $\mathfrak{A}[a] := (\mathrm{m}, R[a])$
die *induzierte relationale Struktur zu* $a \in A^m$.

[IV] *Anmerkung.* (i) Für $\mathfrak{A} = (A, R_0, R_1, \ldots)$ mit $R_i \subseteq A^{k_i}$ wäre jeweils $R_i[a] \subseteq |a|^{k_i}$ und $\mathfrak{A}[a] := (|a|, R_0[a], R_1[a], \ldots)$ zu setzen. (ii) Für endlich viele R_i bleibt $\mathfrak{A}$ stets eine Menge von endlichem Rang.

[V] Als nächstes werden wir den ersten Schritt zur Gewinnung sprachunabhängiger Korrelate (semantischer und syntaktischer) logischer Begriffe tun, indem wir uns überlegen, unter welchen Bedingungen induzierte relationale Strukturen identisch sind. Für zwei gleiche Strukturen $\mathfrak{A}[a]$ und $\mathfrak{B}[b]$ folgt aus (10) $|a| = |b|$ und aus (9) (mit $\mathfrak{A} = (A, R)$, $\mathfrak{B} = (B, S)$)

(11) $\bigwedge \langle \mathrm{i},\mathrm{j}\rangle \in |a| \times |a| : (a_i R a_j \Leftrightarrow b_i S b_j)$.

Wenn wir $\mathfrak{A}$ und $\mathfrak{B}$ als Modelle einer Struktur mit Symbolmenge $\{P^2, c_0, \ldots, c_{|a|-1}\}$ auffassen (genaueres siehe Kap. 14!), so besagt (11) gerade, daß $\mathfrak{A}$ und $\mathfrak{B}$ dieselben atomaren Formeln erfüllen, wobei die Interpretationsfunktionen $\mathfrak{a}$ bzw. $\mathfrak{b}$ zu $\mathfrak{A}$ bzw. $\mathfrak{B}$ durch $\mathfrak{a}(P^2) := R$, $\mathfrak{b}(P^2) := S$, $\mathfrak{a}(c_i) := a_i$, $\mathfrak{b}(c_i) := b_i$ gegeben sind. (Der mit der Sprache der abstrakten Semantik und der Modellbeziehung noch nicht vertraute Leser kann sich einfach klar machen, daß bei den durch $\mathfrak{a}$ und $\mathfrak{b}$ zu $\mathfrak{A}$ und $\mathfrak{B}$ gegebenen „natürlichen Deutungen" der Symbole $\{P^2, c_0, \ldots, c_{|a|-1}\}$ jede atomare Formel durch $\mathfrak{a}$ und $\mathfrak{b}$ gleichbewertet wird; so ist z. B.

$$\mathfrak{a}(P^2 c_2 c_0) = 1 \Leftrightarrow (\mathfrak{a}(c_2), \mathfrak{a}(c_0)) \in \mathfrak{a}(P^2) \Leftrightarrow (a_2, a_0) \in R \Leftrightarrow a_2 R a_0 \Leftrightarrow b_2 S b_0 \Leftrightarrow (b_2, b_0) \in S \Leftrightarrow (\mathfrak{b}(c_2), \mathfrak{b}(c_0)) \in \mathfrak{b}(P^2) \Leftrightarrow \mathfrak{b}(P^2 c_2 c_0) = 1\,.$$

In ähnlicher Weise ist allgemein ‚$\mathfrak{A}$ erfüllt F für atomare F' zu verstehen.)

[VI] Wir betrachten nun zu $\mathfrak{A} = \langle A, R \rangle$ und $a \in A^m$ sämtliche Erweiterungen $a^\frown a'$ von a mit beliebigen endlichen Folgen a' über A. Dazu definieren wir induktiv den *Typ* $\tau_n^{\mathfrak{A}}$ *n-ter Stufe zu* $\mathfrak{A}$, a, auch *n-Typ der Folge a innerhalb der Struktur* $\mathfrak{A}$ genannt. (Die letzte Bezeichnung deutet an, daß $\tau_n^{\mathfrak{A}}$ Aufschluß über die „Lage" von a in A (bzgl. $\mathfrak{A}$) gibt; im Gegensatz dazu gab $\mathfrak{A}[a]$ Auskunft über die innere Struktur von a (bzgl. $\mathfrak{A}$).) Es gelte:

[Def. 3] (12) $\tau_0^{\mathfrak{A}}[a] := \mathfrak{A}[a]$

(13) $\tau_{n+1}^{\mathfrak{A}}[a] := \{\tau_n^{\mathfrak{A}}[a * x] \mid x \in A\}\,.$

[VII] *Anmerkung.* Wenn r-fache Erweiterungen der Folge a mit einem $a' \in A^r$ zu untersuchen sind, betrachten wir einfach die Folge der Beziehungen

(14) $\tau_0^{\mathfrak{A}}[a * a_0'] \in \tau_1^{\mathfrak{A}}[a]$

$\tau_0^{\mathfrak{A}}[a * a_0' * a_1'] \in \tau_1^{\mathfrak{A}}[a * a_0'] \in \tau_2^{\mathfrak{A}}[a]$

$\vdots$

$\tau_0^{\mathfrak{A}}[a^\frown a'] \in \tau_1^{\mathfrak{A}}[a^\frown(a_0' * \ldots * a_{r-2}')] \in \ldots \in \tau_r^{\mathfrak{A}}[a]\,.$

Also ist $a^\frown a'$ für $a' \in A^r$ in $\tau_r^{\mathfrak{A}}[a]$ zu untersuchen.

[VIII] Wir kommen nun zur *Konstituentendefinition von Dana Scott;* wir verfahren dabei induktiv

[Def. 4] (15) $\mathfrak{C}_0^m := \{(\mathrm{m}, r) \mid r \subseteq \mathrm{m} \times \mathrm{m}\}$

(16) $\mathfrak{C}_{n+1}^m := Pot^*(\mathfrak{C}_n^{m+1})\,.$

[IX] Diese Definition kann in der folgenden Explizitfassung

$$\langle \text{mit: } (Pot^*)^n(z) = \underbrace{Pot^*(Pot^*(\ldots(Pot^*(z)\ldots)))}_{n\text{-mal}}\rangle$$

aufgefaßt werden als

[Def. 4'] (17) $\mathfrak{C}_n^m := (Pot^*)^n(\mathfrak{C}_0^{m+n})$

[X] [Def. 4''] Wir nennen $\mathfrak{C}_n^m$ *(Scott-)Konstituente der Tiefe n.* (*n* entspricht also der Quantorenverschachtelungstiefe m_2 der *Hintikka-Konstituenten* K^{m_1,m_2,m_3}).

[XI] *Anmerkungen.* (i) Da wir uns hier auf relationale Strukturen beschränkt haben, spielen die Funktionsparameter und damit m_3 keine Rolle, da dann stets $m_3 = 1$ gilt; wir schreiben daher nur K^{m_1,m_2}. (ii) Das m in $\mathfrak{C}_n^m$ erweist sich später als die Anzahl der in m_1 enthaltenen Objektparameter (von K^{m_1,m_2}). (iii) Alle $\mathfrak{C}_n^m$ erfüllen

(18) $\mathfrak{C}_n^m \in V_\omega$,

sind also von endlichem Rang. (iv) Der Rang von $\mathfrak{C}_n^m$ in V_ω kann als rekursive Funktion mit den Argumenten m und n dargestellt werden. (v) Aus $A \neq \emptyset$ folgt induktiv, daß für *a* und beliebige m, n$\in\omega$ stets $\tau_n^{\mathfrak{A}}[a]$ endlich ist, da

(19) $\tau_n^{\mathfrak{A}}[a] \in \mathfrak{C}_n^m$

und $\mathfrak{C}_n^m$ trivialerweise, unabhängig von der Mächtigkeit von *A*, endlich ist (vgl. (15), (16)!).

[XII] [*Theorem A*] *Die Klassen* $\mathfrak{C}_n^m$ *sind paarweise disjunkt.*
Beweisskizze: (a) $C \in \mathfrak{C}_n^m \Rightarrow \emptyset \neq C$, $\{\emptyset, \{\emptyset\}\} \cap C = \emptyset$.
(b) Sei $C \in \mathfrak{C}_n^m \cap \mathfrak{C}_q^p$. (Wir benötigen für n=0, q>0: $\langle a, b\rangle \neq (a, b)$ für alle *a, b*.) Für $n > 0$ folgt mit I.V. für n−1 und $\emptyset \neq C$ nach Definition der $\mathfrak{C}_n^m : C \subseteqq \mathfrak{C}_{n-1}^{m+1}$ und $C \subseteqq \mathfrak{C}_{q-1}^{p+1}$, so daß also $\mathfrak{C}_{n-1}^{m+1} \cap \mathfrak{C}_{q-1}^{p+1} \neq 0$. Mit I.V. folgt $\langle m+1, n-1\rangle = \langle p+1, q-1\rangle \Rightarrow \langle m, n\rangle = \langle p, q\rangle$. □

[XIII] [*Theorem B*] *Für alle relationalen Strukturen* $\mathfrak{A}, \mathfrak{B}$ *und alle endlichen Folgen a, b (über den Trägermengen A, B von* $\mathfrak{A}, \mathfrak{B}$*), sowie alle* n, q$\in\omega$ gilt:

(20) $\tau_n^{\mathfrak{A}}[a] = \tau_q^{\mathfrak{B}}[b] \Rightarrow |a| = |b| \wedge n = q$

Beweis: Wegen (19) gilt $\tau_n^{\mathfrak{A}}[a] \in \mathfrak{C}_n^{|a|}$ und $\tau_q^{\mathfrak{B}}[b] \in \mathfrak{C}_q^{|b|}$; da $\mathfrak{C}_n^{|a|} \cap \mathfrak{C}_q^{|b|} \neq \emptyset$ nach [Theorem A] schon die Gleichheit dieser Konstituenten besagt, folgt aus $\tau_n^{\mathfrak{A}}[a] = \tau_q^{\mathfrak{B}}[b]$ sofort $|a| = |b|$ und n=q. □

[XIV] [*Theorem C*] *Für alle relationalen Strukturen* $\mathfrak{A}$, $\mathfrak{B}$ *und alle* $a \in A^k$, $b \in B^k$ *mit* $\mathrm{k} \in \omega$ *und* A, B *als den jeweiligen Trägermengen von* $\mathfrak{A}$, $\mathfrak{B}$ *und alle Abbildungen* $\varphi : \mathrm{m} \to \mathrm{k}$ *(für irgendein* $\mathrm{m} \in \omega$*) gilt* (für alle $n \in \omega$):

$$(21) \quad \tau_n^{\mathfrak{A}}[a] = \tau_n^{\mathfrak{B}}[b] \Rightarrow \tau_n^{\mathfrak{A}}[a \circ \varphi] = \tau_n^{\mathfrak{B}}[b \circ \varphi].$$

Beweisskizze: (*a*) *I.A.* $(\mathrm{n}=0)$: $\tau_n^{\mathfrak{A}}[a]$ hat dann die Form (k, r), $\tau_{\mathrm{n}}^{\mathfrak{A}}[a \circ \varphi]$ die Form (m, r'), wobei r' sich nur durch die Bedingung $a_{\varphi(i)} R a_{\varphi(j)}$ von r mit $a_i R a_j$ unterscheidet; also ist $r' = \{(\mathrm{i}, \mathrm{j}) \in \mathrm{m} \times \mathrm{m} \mid \langle \varphi(\mathrm{i}), \varphi(\mathrm{j}) \rangle \in r\}$ und analog verläuft der Übergang von $\tau_n^{\mathfrak{B}}[b]$ zu $\tau_n^{\mathfrak{B}}[b \circ \varphi]$ durch dieselbe Abbildung (nämlich die Bildung des Urbilds des kartesischen Quadrats $\bigtimes_{i=1}^{2} \varphi$ von φ); also ist auch $\tau_n^{\mathfrak{A}}[a \circ \varphi] = \tau_n^{\mathfrak{B}}[b \circ \varphi]$.

(*b*) *I.S.* Sei der Satz für alle a, b, φ und ein festes n als bewiesen vorausgesetzt. Sei $\varphi : \mathrm{m} \to \mathrm{k}$ und $\tau_{n+1}^{\mathfrak{A}}[a] = \tau_{n+1}^{\mathfrak{A}}[b]$. Dann ist mit $C \in \tau_{n+1}^{\mathfrak{A}}[a \circ \varphi]$ für ein $x \in A$ nach Definition der Typen $C = \tau_n^{\mathfrak{A}}[(a \circ \varphi) * x]$. Wir wählen als neue Folge φ^* die Abbildung von $\mathrm{m}+1$ nach $\mathrm{k}+1$, die für $\mathrm{i} \in \mathrm{m}$ mit φ übereinstimmt und $\varphi^*(\mathrm{m}) = \mathrm{k}$ setzt. Dann ist $(a \circ \varphi) * x = (a * x) \circ \varphi^*$. Da $\tau_n^{\mathfrak{A}}[a * x]$ Element von $\tau_n^{\mathfrak{A}}[a]$ ist, ist es auch Element von $\tau_n^{\mathfrak{A}}[b]$ (wegen der vorausgesetzten Gleichheit). Also gibt es ein $y \in B$, für das nach Konstruktion von φ^* gilt: $\tau_n^{\mathfrak{A}}[(a * x) \circ \varphi^*] = \tau_n^{\mathfrak{B}}[(b * y) \circ \varphi^*] = \tau_n^{\mathfrak{B}}[(b \circ \varphi) * y] \in \tau_{n+1}^{\mathfrak{B}}[b \circ \varphi]$. Jedes Element von $\tau_{n+1}^{\mathfrak{B}}[b \circ \varphi]$ hat die Form $\tau_n^{\mathfrak{B}}[(b \circ \varphi) * y]$, und jedes Element von $\tau_{n+1}^{\mathfrak{A}}[a \circ \varphi]$ ist ein $\tau_n^{\mathfrak{A}}[(a \circ \varphi) * x] = \tau_n^{\mathfrak{A}}[(a * x) \circ \varphi^*]$ und damit ein derartiges Element von $\tau_{n+1}^{\mathfrak{B}}[b \circ \varphi]$. Also $\tau_{n+1}^{\mathfrak{A}}[a \circ \varphi] \subseteq \tau_{n+1}^{\mathfrak{B}}[b \circ \varphi]$. Ganz analog zeigt man die umgekehrte Inklusion und damit den I.S. □

[XV] [*Theorem D*] $\mathrm{n} \leqq \mathrm{q} \Rightarrow (\tau_q^{\mathfrak{A}}[a] = \tau_q^{\mathfrak{B}}[a] \Rightarrow \tau_n^{\mathfrak{A}}[a] = \tau_n^{\mathfrak{B}}[a])$.

Beweisskizze: (*a*) Für $\mathrm{q} = \mathrm{n}+1$: Sei $C \in \tau_{n+1}^{\mathfrak{A}}[a]$. Nach der Typendefinition muß es ein $x \in A$ geben, für das $C = \tau_n^{\mathfrak{A}}[a * x]$ ist und analog gibt es auch ein $y \in B$ mit $C = \tau_n^{\mathfrak{B}}[b * y]$. Mit geeignetem φ aus [Theorem C] kann die letzte Stelle dieser Folgen getilgt werden, so daß $\tau_n^{\mathfrak{A}}[a] = \tau_n^{\mathfrak{B}}[b]$ gilt. (*b*) Für $\mathrm{q} = \mathrm{n}$ und $\mathrm{q} \geqq \mathrm{n}+2$ ist das Theorem trivial, bzw. es folgt aus (*a*) mit Induktion. □

[XVI] *Anmerkung.* (i) Die Funktion φ in [Theorem C] kann zur Permutation, zur Tilgung und zur Wiederholung der Terme verwendet werden: im Beweis zu [Theorem D] verwenden wir es zur Tilgung eines Terms. (ii) Während in [Theorem C] die Typen bei φ unverändert bleiben, erlaubt [Theorem D] einen Übergang zu „tieferen" Typen.

(C) Vergleich der Hintikka- und Scott-Konstituenten

Als erstes stellen wir uns die Aufgabe, den Begriff eines *m-stelligen Prädikates* der Form

$(\Diamond)\quad \tau_n^{\mathfrak{A}}[a] \in \Phi$

für $a \in A^m$ und $\Phi \in Pot(\mathfrak{C}_n^m)$ auf Abschlußeigenschaften bezüglich logischer Operationen zu untersuchen.

Zunächst stellen wir fest, daß die m-stelligen Prädikate der Form $(\Diamond)$ für festes n gegen alle Boolesche Operationen abgeschlossen sind, da die Teilmengen von $\mathfrak{C}_n^m$ bezüglich der Inklusion eine Boolesche (Mengen-)Algebra bilden.

Als *(All-)Quantifikation* eines derartigen Prädikates sei

$(\triangledown)\quad \bigwedge x \in A(\tau_n^{\mathfrak{A}}[a * x] \in \Phi)$

gegeben. Um Abschluß gegen Quantifikationen zu erreichen, können wir nicht innerhalb ein und derselben Konstituente $\mathfrak{C}_n^m$ bleiben, sondern müssen die Tiefe n der Typen vergrößern. In welcher Form dies zu geschehen hat, legt das folgende Lemma fest:

Quantifikationslemma für DNF-Konstituenten

$$\Phi \in Pot(\mathfrak{C}_n^{m+1}) \Rightarrow (Pot^*(\Phi) \in Pot(\mathfrak{C}_{n+1}^m) \wedge \bigwedge a \in A^m(\tau_{n+1}^{\mathfrak{A}}[a] \in Pot^*(\Phi) \Leftrightarrow \bigwedge x \in A(\tau_n^{\mathfrak{A}}[a * x] \in \Phi))).$$

Beweis: $Pot^*(\Phi) \subseteq \mathfrak{C}_n^{m+1}$ folgt unmittelbar aus der Definition von Φ und $\mathfrak{C}_{n+1}^m$.

$$\tau_{n+1}^{\mathfrak{A}}[a] \in Pot^*(\Phi) \Leftrightarrow \emptyset \neq \{\tau_n^{\mathfrak{A}}[a * x] \mid x \in A\} \subseteq \Phi \Leftrightarrow \bigwedge x \in A(\tau_n^{\mathfrak{A}}[a * x] \in \Phi). \quad \square$$

Wenn auch die Einführung der m-stelligen Prädikate in der neuen Form zunächst etwas undurchsichtig bleibt, ist es unter Voraussetzung von $(\Diamond)$ als Form solcher Prädikate doch recht einsichtig, Allquantoren gemäß dem Quantifikationslemma wie in $(\triangledown)$ zu behandeln. Ebensowenig wird es überraschen, wenn eine Existenzquantifikation nun einfach durch Komplementbildung aus $(\triangledown)$ gewonnen wird, indem wir

$(//)\quad (\bigvee x \in A(\tau_n^{\mathfrak{A}}[a * x] \in \Phi)) \Leftrightarrow \tau_{n+1}^{\mathfrak{A}}[a] \cap \Phi \neq \emptyset$

als *zweites Quantifikationslemma* verwenden. Setzen wir

$(\backslash\backslash)\quad \mathfrak{Q}^{*m}_n(\Phi) := \{C \in \mathfrak{C}_{n+1}^m \mid C \cap \Phi \neq \emptyset\},$

so charakterisiert $\tau_{n+1}^{\mathfrak{A}}[a] \in \mathfrak{Q}^{*m}_n(\Phi)$ die Existenzquantifikation ebenso, wie $\tau_{n+1}^{\mathfrak{A}}[a] \in Pot^*(\Phi)$ die Allquantifikation wiedergab.

Wir können nun die angekündigte begriffliche Parallelisierung näher ausführen.

⟨1⟩ Jedes $\varphi \subseteqq \mathfrak{C}_0^m = \{(\mathrm{m}, r) \mid r \subseteqq \mathrm{m} \times \mathrm{m}\}$ entspricht einer *quantorenfreien Formel.* Lassen wir, obwohl das wegen der gewünschten Sprachunabhängigkeit der Scott-DNF unnötig ist, (m, r) als Struktur für die Sprache mit dem zweistelligen Prädikatparameter P^2 und den Objektparametern $a_0, \ldots, a_{m-1}$ zu und interpretieren P^2 als r, sowie a_i jeweils als $\mathrm{i} \in \mathrm{m}$, so kann jedes (m, r) in Φ als Konjunktionskette der $P^2 a_i a_j$ mit $\langle \mathrm{i}, \mathrm{j} \rangle \in r$ aufgefaßt und Φ als Adjunktion aller zu den $(\mathrm{m}, r) \in \Phi$ gehörigen Konjunktionsketten gedeutet werden. Umgekehrt entspricht jede quantorenfreie Formel E der Menge

$$\{(\mathrm{m}, r) \in \mathfrak{C}_0^m \mid (\mathrm{m}, \mathrm{r}) \text{ erfüllt } E \text{ bzgl. } a\},$$

wobei $\mathrm{a}: \mathrm{m} \to \mathrm{m}$ die identische Funktion $a(\mathrm{i}) := i$ sei.

⟨2⟩ Jede quantifizierte Formel A, gegeben in PNF mit n Quantoren und m freien Objektvariablen, entspricht nach den beiden Quantifikationslemmata einer Menge ψ, die aus einem $\varphi \subseteqq \mathfrak{C}_0^{m+n}$ durch n-fache Anwendung der Operatoren Pot^* und $\mathfrak{Q}^{*m}_n$ zu einer Menge $\psi \subseteqq \mathfrak{C}_n^m$ wird.

⟨3⟩ Wir definieren für eine derartige „quantifizierte Formel ψ mit m Objektparametern":

$$a \in A^m \textit{ erfüllt } \psi \subseteqq \mathfrak{C}_n^m \textit{ in } \mathfrak{A} \;:\Leftrightarrow\; \tau_n^{\mathfrak{A}}[a] \in \psi .$$

⟨4⟩ In ähnlicher Weise könnten die gesamten Details der Erfüllungsrelation (und zuvor des Formelbegriffs) aufgebaut werden.

⟨5⟩ Ist $\psi \subseteqq \mathfrak{C}_{n+1}^m$, so verstehen wir die Bedeutung der „Scott-Formel" $\tau_{n+1}^{\mathfrak{A}}[a] \in \psi$ durch die Adjunktion aller Formeln $C \in \psi$, die den Gleichungen $C = \tau_{n+1}^{\mathfrak{A}}[a]$ entsprechen. Da $\emptyset \neq C \in V_\omega$, sei o. B. d. A. $C = \{C'_0, \ldots, C'_i\}$. Nach I.V. seien die den „Scott-Formeln" C'_i jeweils bereits zugeordneten Formeln F'_i (mit jeweils m freien Objektvariablen) schon gegeben. Dabei können die C'_i als $\tau_n^{\mathfrak{A}}[a * x]$ aufgefaßt werden. Mit Induktion kann dann die gewünschte der „Scott-Formel" C entsprechende Formel in folgender Form angegeben werden:

$$(\blacktriangle) \quad \bigwedge x \bigvee_{i=0}^{i=k-1} F'_i \wedge \bigwedge_{i=0}^{i=k-1} \bigvee x F'_i .$$

Doch dies ist genau die (zweite) Hintikka-DNF, denn ‚$\bigwedge x \bigvee_{i=0}^{i=k-1} F'_i$' besagt gerade, daß jedes Element von $\tau_{n+1}^{\mathfrak{A}}[a]$ zu C gehört, und der zweite Teil von (▲) besagt, daß dies nur für diese Elemente gilt. Die anfangs eingeführte erste Hintikka-DNF erhält man daraus, indem man den zweiten Teil in Nichtzugehörigkeitsaussagen zu C für alle übrigen Elemente umformt.

⟨6⟩ Die $\psi \subseteqq \mathfrak{C}_n^m$ stellen also sämtliche in der Quantorenlogik der ersten Stufe definierbaren Bedingungen in Scott-DNF dar. Dabei entspricht das n dem Merkmal der Verschachtelungstiefe m_2 der Hintikka-DNF.

⟨7⟩ Als Vorgriff auf Kap. 14 erwähnen wir noch:

(*a*) $\tau_n^{\mathfrak{A}}[a] = \tau_n^{\mathfrak{B}}[b]$, mit $a \in A^m$, $b \in B^m$ besagt, daß a und b dieselben Scott-Formeln vom Quantorenrang $\leqq$n erfüllen.

(*b*) $\{\tau_n^{\mathfrak{A}}[0] \mid n \in \omega\} = \{\tau_n^{\mathfrak{B}}[0] \mid n \in \omega\} \Leftrightarrow$
$\mathfrak{A}$ und $\mathfrak{B}$ sind elementar äquivalent.

Abschließend wollen wir den Leser nur nochmals an die überraschende Tatsache erinnern, daß die Definitionen von $R[a]$ und $\mathfrak{A}[a]$ zusammen mit der induktiven Einführung der Typen $\tau_n^{\mathfrak{A}}[a]$ offenbar die gesamte quantorenlogische Semantik (über den Erfüllungsbegriff für Strukturen) im Prinzip schon enthalten. Dagegen war die Codierung der Syntax in V_ω relativ naheliegend. Der syntaktische Beweisbegriff harrt noch eleganter Repräsentationen in der Theorie der Scott-DNF.

Kapitel 7
Identität

In der reinen Quantorenlogik erster Stufe haben nur die Junktoren und Quantoren eine konstante, durch die semantischen Regeln (**R**j) und (**R**q) festgelegte Bedeutung, während die Parameter bei verschiedenen Bewertungen und Interpretationen ganz verschieden gedeutet werden können. Im folgenden betrachten wir einige stärkere Theorien, die sich in der formalen Sprache **Q** ausdrücken lassen. In ihnen erhalten bestimmte Parameter (denen wir zur besseren Erkennbarkeit eine *besondere* Gestalt geben), eine feste Bedeutung; wir nennen sie die *Konstanten* der Theorie.

7.1 i-Semantik

Eine erste Theorie dieser Art, die im allgemeinen noch zur reinen Logik gerechnet wird, ist die *Identitätslogik.* Wir wählen einen zweistelligen Prädikatparameter, mitgeteilt durch ‚=', als *Identitätskonstante*; statt ‚$=t_1 t_2$' schreiben wir ‚$t_1 = t_2$'. Formeln dieser Art heißen *Gleichungen.* Ebenso wie bei den Junktoren und Quantoren geben wir für die Identitätskonstante nur ein Mitteilungszeichen an; ihr eigentliches Aussehen spielt nirgends eine Rolle. Die *metasprachliche* Identitätskonstante werden wir, falls nötig, durch einen darunter gesetzten Punkt auszeichnen; Beispiel:

$\varphi(\mathrm{a}=\mathrm{b}) \underset{\cdot}{=} \mathbf{w}$.

Die *Bedeutung* der objektsprachlichen Identitätskonstante wird durch das Axiom der *Reflexivität* und das Axiomenschema der *Substitution* festgelegt:

$(=_1)$ $\bigwedge x \quad x=x$

$(=_2)$ $\bigwedge x \bigwedge y \bigwedge z_1 \ldots \bigwedge z_n (x=y \wedge A[x, z_1, \ldots, z_n] \rightarrow A[y, z_1, \ldots, z_n])$;
$(\mathrm{n} \geqq 0)$

$(=_1)$ und alle Sätze von **Q** der Gestalt $(=_2)$ heißen *Identitätsaxiome.* Eine *l*-Bewertung bzw. *l*-Interpretation (bzw. mit Objektnamen bzw. mit

Variablenbelegung), die alle Identitätsaxiome erfüllt, heißt *identitätslogische Bewertung* bzw. *Interpretation*, kurz *i-Bewertung* bzw. *i-Interpretation* (bzw. *mit Objektnamen* bzw. *mit Variablenbelegung*). Aus den Lehrsätzen Th. 5.1′, Th. 5.3 und Th. 5.5 für die *l*-Bewertungen und -Interpretationen folgt unmittelbar, daß entsprechende Zusammenhänge zwischen den *i*-Bewertungen und -Interpretationen bestehen.

Ein Satz A von **Q** ist *i-gültig* („$\Vdash_i$"), wenn er bei allen *i*-Bewertungen, (oder gleichwertig, bei allen *i*-Interpretationen bzw. mit Objektnamen bzw. Variablenbelegungen) **w** ist; und entsprechend ist die *i-Ungültigkeit*, *-Erfüllbarkeit*, *-Widerlegbarkeit*, *-Kontingenz*, *-Folgerung*, *-Äquivalenz* sowie der *i-Status* für Sätze und Satzmengen von **Q** definiert. So z. B. gilt

(1) $\Vdash_i \bigwedge x \bigwedge y(x=y \rightarrow y=x)$ (Symmetrie)

Denn jede *i*-Bewertung von $\mathbf{Q}_E$ erfüllt für alle u, v von $\mathbf{Q}_E$

1.	$u=u$	$((=_1), (\mathbf{R}\bigwedge))$
2.	$\bigwedge x \bigwedge y \bigwedge z(x=y \wedge x=z \rightarrow y=z)$	$(=_2)$
3.	$u=v \wedge u=u \rightarrow v=u$	$(2, (\mathbf{R}\bigwedge))$
4.	$u=v \rightarrow v=u$	(1, 3, *j*-logisch)

und daher (1) nach $(\mathbf{R}\bigwedge)$.

(2) $\Vdash_i \bigwedge x \bigwedge y \bigwedge z(x=y \wedge y=z \rightarrow x=z)$ (Transitivität)

Denn jede *i*-Bewertung von $\mathbf{Q}_E$ erfüllt für alle u, v, w von $\mathbf{Q}_E$

1.	$v=w \wedge u=v \rightarrow u=w$	$((=_2), (\mathbf{R}\bigwedge))$
2.	$u=v \wedge v=w \rightarrow u=w$	(1, *j*-logisch)

und daher (2) nach $(\mathbf{R}\bigwedge)$.

Der Leser mache sich als Übung klar, daß identitätslogisch u. a. folgendes gilt:

(a) $\Vdash_i \bigwedge x(A[x] \leftrightarrow \bigwedge y(x=y \rightarrow A[y]))$
(b) $\Vdash_i \bigwedge x(A[x] \leftrightarrow \bigvee y(x=y \wedge A[y]))$
(c) $\Vdash_i \bigwedge x \bigwedge y(x=y \leftrightarrow \bigwedge z(z=x \leftrightarrow z=y))$

Das allgemeine Substitutionsschema $(=_2)$ kann man ohne Verlust durch zwei speziellere Schemata ersetzen, die nur die Substituierbarkeit in Sätzen und Objektbezeichnungen einfachster Art verlangen:

$(=_{2a})$ $\bigwedge x_1 \ldots \bigwedge x_i \ldots \bigwedge x_n \bigwedge y_i(x_i=y_i \wedge Px_1 \ldots x_i \ldots x_n \rightarrow Px_1 \ldots y_i \ldots x_n)$,
$(=_{2b})$ $\bigwedge x_1 \ldots \bigwedge x_i \ldots \bigwedge x_n \bigwedge y_i(x_i=y_i \rightarrow f(x_1 \ldots x_i \ldots x_n)=f(x_1 \ldots y_i \ldots x_n))$,
$(1 \leq i \leq n)$.

Dabei ist $(=_{2a})$ *i*-gültig, denn durch Vertauschung der Quantoren entsteht daraus

$$\bigwedge x_i \bigwedge y_i \bigwedge x_1 \ldots \bigwedge x_{i-1} \bigwedge x_{i+1} \ldots \bigwedge x_n(x_i=y_i \wedge Px_1 \ldots x_i \ldots x_n \rightarrow Px_1 \ldots y_i \ldots x_n);$$

und jeder Satz von **Q** dieser Gestalt ist ein Axiom nach dem Schema $(=_2)$.

Ebenso ist $(=_{2b})$ i-gültig, denn jede i-Bewertung von $\mathbf{Q}_E$ erfüllt für alle $u_1, \ldots, u_i, \ldots, u_n, v_i$ von $\mathbf{Q}_E$

1. $f(u_1 \ldots u_i \ldots u_n) = f(u_1 \ldots u_i \ldots u_n)$, (nach $(=_1)$, $(\mathbf{R}\wedge)$)
2. $u_i = v_i \wedge f(u_1 \ldots u_i \ldots u_n) = f(u_1 \ldots u_i \ldots u_n) \rightarrow$
$f(u_1 \ldots u_i \ldots u_n) = f(u_1 \ldots v_i \ldots u_n)$ $((=_2), (\mathbf{R}\wedge))$
3. $u_i = v_i \rightarrow f(u_1 \ldots u_i \ldots u_n) = f(u_1 \ldots v_i \ldots u_n)$ (1, 2, j-logisch),

und daher $(=_{2b})$ nach $(\mathbf{R}\wedge)$.

Es sei umgekehrt $\mathfrak{b}$ eine l-Bewertung von $\mathbf{Q}_E$, die $(=_1)$, $(=_{2a})$, $(=_{2b})$ wahr macht. Dann läßt sich wie folgt zeigen, daß $\mathfrak{b}$ alle Sätze der Gestalt $(=_2)$ wahr macht.

u, v seien Objektbezeichnungen von $\mathbf{Q}_E$, für welche

1. $\mathfrak{b}(u = v) \mathrel{\dot{=}} \mathbf{w}$.

Dann folgt

2. $\mathfrak{b}(w_u = w_v) \mathrel{\dot{=}} \mathbf{w}$

für alle Objektbezeichnungen w_u, w_v von $\mathbf{Q}_E$, wobei w_v aus w_u durch Ersetzung eines Vorkommnisses von u durch v entsteht.

Beweis durch Induktion nach der Anzahl der Funktionsparameter von w_u, in deren Bereich u vorkommt: Für $\mathrm{n} = 0$ ist nichts zu beweisen; für $\mathrm{n} > 0$ gilt 2 nach I.V. und $(=_{2b})$.

3. $\mathfrak{b}(w_v = w_u) \mathrel{\dot{=}} \mathbf{w}$.

Dies folgt aus 2, denn die Symmetrie der Identität wurde oben nur unter Verwendung von $(=_1)$ und $(=_{2a})$ bewiesen.

4. $\mathfrak{b}(A_u) = \mathfrak{b}(A_v)$ für alle Sätze A_u, A_v von $\mathbf{Q}_E$, wobei A_v aus A_u durch Ersetzung eines Vorkommnisses von u durch v entsteht.

Beweis durch Induktion nach dem Grad von A_u. Für $\mathrm{n} = 0$ ist A_u elementar; dann folgt aus $(=_{2a})$ und 2. $\mathfrak{b}(A_u \rightarrow A_v) = \mathbf{w}$, und analog aus $(=_{2a})$ und 3. $\mathfrak{b}(A_v \rightarrow A_u) = \mathbf{w}$, also $\mathfrak{b}(A_u) = \mathfrak{b}(A_v)$. Für $\mathrm{n} > 0$ ist A_u j- oder q-komplex; dann folgt die Behauptung nach I.V. und $(\mathbf{R}\mathrm{j})$ bzw. $(\mathbf{R}\mathrm{q})$ wie im Beweis zu Th. 3.6 und Th. 5.2.

Aus 4. folgt

5. $\mathfrak{b}(A[u] \rightarrow A[v]) = \mathbf{w}$ für alle Sätze $A[u]$, $A[v]$ von $\mathbf{Q}_E$.

$\mathfrak{b}$ erfüllt also jeden Satz von $\mathbf{Q}_E$ der Gestalt $u = v \wedge A[u] \rightarrow A[v]$, also auch jeden Satz von $\mathbf{Q}_E$ der Gestalt $u = v \wedge A[u, w_1, \ldots, w_n] \rightarrow A[v, w_1, \ldots, w_n]$, $(\mathrm{n} \geqq 0)$, und daher $(=_2)$ nach $(\mathbf{R}\wedge)$.

Es gilt also

Th. 7.1 $\mathfrak{b}$ *ist eine i-Bewertung* $\Leftrightarrow$
$\mathfrak{b}$ *ist eine l-Bewertung, die* $(=_1)$, $(=_{2a})$, $(=_{2b})$ *erfüllt.*

Die Existenz von *i*-Bewertungen läßt sich nun leicht beweisen. Die einfachste *i*-Bewertung ergibt sich aus der Wahrheitsannahme

$\mathfrak{a}(A) =_{df} \mathbf{w}$ für jeden elementaren Satz A von $\mathbf{Q}$.

Nach Th. 3.1 bestimmt $\mathfrak{a}$ eine *q*-Bewertung, also eine *l*-Bewertung (für $\mathbf{Q}_E = \mathbf{Q}$); und diese erfüllt offensichtlich $(=_1)$, $(=_{2a})$, $(=_{2b})$. Also ist sie eine *i*-Bewertung. Daher gilt (vgl. Th. 3.4):

Th. 7.2 *Die Identitätslogik ist widerspruchsfrei.*

Die quantorenlogischen *Substitutionstheoreme* von Kap. 3, nämlich Th. 3.6 bis Th. 3.12, gelten ganz entsprechend für die Identitätslogik; dabei entfällt die *Beschränkung* von Th. 3.11 und Th. 3.12, die schon für die *l*-Semantik entfiel (siehe dort!). Die Beweise sind in allen Fällen analog. Zum Substitutionstheorem der Äquivalenz für Sätze und Prädikate (Th. 3.6 und Th. 3.7) gibt es noch ein identitätslogisches Gegenstück, das *Substitutionstheorem der Identität*, für Objektbezeichnungen (n = 0) und Funktionsbezeichnungen (n > 0), nämlich:

Th. 7.3 *Aus dem Satz* A_{u^n} *entstehe der Satz* A_{v^n} *durch Ersetzung eines bestimmten Teilterms* $u[t_1, \ldots, t_n]$ *durch* $v[t_1, \ldots, t_n]$ $(n \geqq 0)$.
Dann gilt:

$\wedge x_1 \ldots \wedge x_n u[x_1, \ldots, x_n] = v[x_1, \ldots, x_n] \Vdash_i A_{u^n} \leftrightarrow A_{v^n}$.

Der *Beweis* ist eine Verallgemeinerung des vorhergehenden Beweises, daß jede *l*-Bewertung von $\mathbf{Q}_E$, die $(=_1)$, $(=_{2a})$, $(=_{2b})$ erfüllt, auch $(=_2)$ erfüllt. $\mathfrak{b}$ sei eine *i*-Bewertung von $\mathbf{Q}_E$, für welche

1. $\mathfrak{b}(\wedge x_1 \ldots \wedge x_n u[x_1, \ldots, x_n] = v[x_1, \ldots, x_n]) \mp \mathbf{w}$.

Dann folgt

2. $\mathfrak{b}(w_{u^n} = w_{v^n}) \mp \mathbf{w}$

für alle Objektbezeichnungen w_{u^n}, w_{v^n} von $\mathbf{Q}_E$, wobei w_{v^n} aus w_{u^n} durch Ersetzung eines Vorkommnisses von $u[u_1^0, \ldots, u_n^0]$ durch $v[u_1^0, \ldots, u_n^0]$ entsteht. ($u_1^0, \ldots, u_n^0$ sind dabei nullstellige Funktionsbezeichnungen, also Objektbezeichnungen.)

Beweis durch Induktion nach der Anzahl m der Funktionsparameter von w_{u^n}, in deren Bereich $u[u_1^0, \ldots, u_n^0]$ vorkommt. Für m = 0 gilt die Behauptung nach 1 und $(\mathbf{R}\wedge)$, für m > 0 nach I.V. und $(=_{2b})$.

3. $\mathfrak{b}(w_{v^n} = w_{u^n}) \doteq \mathbf{w}$

aus 2. wegen der Symmetrie der Identität.

4. $\mathfrak{b}(A_{u^n}) \doteq \mathfrak{b}(A_{v^n})$

Dies folgt aus 2. und 3. wie in dem erwähnten vorhergehenden Beweis durch Induktion nach dem Grad von A_{u^n}.

Aus 4. folgt Th. 7.3 nach (**R**↔). □

Die *Kalküle* von Kap. 4 können ebenfalls für die Identitätslogik verwendet werden. Denn die *i*-Axiome sind Sätze der formalen Sprache **Q**; daher gilt für alle Sätze und Satzmengen *A*, *M* von **Q**:

$M \Vdash_i A \Leftrightarrow \mathfrak{b}(A) = \mathbf{w}$,
für alle *l*-Bewertungen $\mathfrak{b}$, die *M* und $(=_1)$, $(=_2)$ erfüllen,
$\Leftrightarrow (=_1), (=_2), M \Vdash_i A$
$\Leftrightarrow (=_1), (=_2), M \Vdash_K A$, nach Th. 5.8.

Daher erhält man genau die *i*-gültigen Sätze und Schlüsse, wenn man in **K**-Beweisen und -Ableitungen *i*-Axiome als *zusätzliche Annahmen* verwendet. Die Kalküle sind also unbeschränkt *i*-folgerungsadäquat.

Der Leser beweise zur Übung in einem beliebigen Kalkül (unter der Voraussetzung der *i*-logischen Folgerungsadäquatheit des Kalküls):

(a) $\Vdash_i \bigwedge x \bigvee y \;\; x = y$
(b) $\Vdash_i \bigvee x \bigwedge y \;\; x = y \leftrightarrow \bigwedge x \bigwedge y \, x = y$
(c) $\bigwedge x \bigwedge y (f(xy) = x \vee f(xy) = y) \Vdash_i \bigwedge z f(zf(zz)) = z$.

Auch die übrigen *l*-semantischen Grundresultate von Kap. 5.5, das Kompaktheitstheorem, das Löwenheim-Skolem-Theorem und seine aufsteigende Version, gelten für die Identitätslogik, wie sich leicht folgern läßt. Nehmen wir als Beispiel das *aufsteigende Löwenheim-Skolem-Theorem für die Identitätslogik:*

Th. 7.4 *Jede Satzmenge von* **Q**, *die über irgendeinem Bereich i-erfüllbar ist, ist auch über jedem mindestens gleichmächtigen Bereich i-erfüllbar.*

Beweis: *M* sei eine Satzmenge, die durch eine *i*-Interpretation φ über D erfüllt wird; dann ist φ eine *l*-Interpretation, die *M* und alle Identitätsaxiome $(=_1)$, $(=_2)$ über D erfüllt. Also gibt es nach Th. 5.10 über jedem mit D mindestens gleichmächtigen D′ eine *l*-Interpretation, die *M*, $(=_1)$, $(=_2)$ erfüllt, d.h. eine *i*-Interpretation, die *M* über D′ erfüllt. □

Nach Th. 7.4 sind auch mit den Mitteln der Identitätslogik *keine Endlichkeitsaxiome* ausdrückbar. Dies erscheint zunächst paradox. Betrachten wir den Satz

(1) $\bigwedge x \;\; x = a$.

Sicherlich ist er *i*-erfüllbar (z. B. bei der *i*-Bewertung von Th. 7.1), und daher *i*-erfüllbar über jedem beliebig großen Objektbereich. Aber wie ist das möglich? (1) behauptet doch, daß alles mit a identisch, und a daher *das einzige* Objekt ist! Des Rätsels Lösung liegt darin, daß (1) im Sinn der bisher betrachteten *i*-Semantik tatsächlich *weniger* behauptet; denn die *i*-Axiome $(=_1)$, $(=_2)$ geben nicht die volle Bedeutung der echten („normalen") Identität wieder: Reflexivität und Substituierbarkeit gelten auch für die Relation der sprachlichen *Ununterscheidbarkeit*, d. h. der Übereinstimmung hinsichtlich aller Prädikate $A[*_1]$, und allgemeiner für jede zweistellige *Kongruenzrelation*, d. h. für jede zweistellige Relation, die zwischen der Relation der echten Identität und der Relation der sprachlichen Ununterscheidbarkeit liegt und die eine mit der Interpretation sämtlicher Funktions- und Relationszeichen verträgliche Äquivalenzrelation ist.

Daher gibt es „nicht-intendierte" *i*-Interpretationen φ, mit $\varphi(=) \doteqdot R$, die Sätze wie (1) über beliebig großen Bereichen erfüllen. Läßt sich der Bedeutungsüberschuß der echten Identität gegenüber sprachlicher Ununterscheidbarkeit überhaupt formal erfassen? In der ontologiefreien Bewertungssemantik, die nur sprachliche Ausdrücke und Wahrheitswerte kennt, ist dies nicht möglich. Aber in der Interpretationssemantik können wir die *i*-Axiome durch die folgende stärkere Bedingung ersetzen:

Eine *normale i-Interpretation* (bzw. mit Objektnamen, bzw. mit Variablenbelegung) über D sei eine *l-Interpretation* (bzw. *mit Objektnamen*, bzw. *Variablenbelegung*) φ über D, welche das Identitätszeichen als „Diagonale" von D interpretiert, d. h.:

$$(\mathbf{I}=) \quad \varphi(=) \doteqdot \{\langle d, d\rangle \mid d \in D\}.$$

Demnach ist eine normale *i*-Interpretation von $\mathbf{Q}_E$ eine *l*-Interpretation von $\mathbf{Q}_E$, die für alle u, v von $\mathbf{Q}_E$ die Bedingung erfüllt:

$$(\mathbf{I}=') \quad \varphi(u=v) \doteqdot \mathbf{w} \Leftrightarrow \varphi(u) \doteqdot \varphi(v).$$

Denn die linke Seite ist nach (**IP**) äquivalent mit $\langle\varphi(u), \varphi(v)\rangle \in \varphi(=)$; und dies ist äquivalent mit der rechten Seite genau dann, wenn $\varphi(=)$ die Diagonale ist.

Der normale *i*-Interpretationsbegriff liefert jedoch wieder die obigen Begriffe der *i*-Gültigkeit, -Folgerung, -Erfüllbarkeit, usw., denn es gilt

Th. 7.5 *Jede normale i-Interpretation von* $\mathbf{Q}_E$ *enthält genau eine i-Bewertung von* $\mathbf{Q}_E$, *und jede i-Bewertung von* $\mathbf{Q}_E$ *ist in wenigstens einer normalen i-Interpretation von* $\mathbf{Q}_E$ *enthalten.*

Beweis: Jede normale *i*-Interpretation φ erfüllt $(=_1)$; denn wegen $\varphi(u) \doteqdot \varphi(u)$ ist nach $(\mathbf{I}=')$ $\varphi(u=u) \doteqdot \mathbf{w}$ für alle u. Ebenso erfüllt φ $(=_2)$, denn aus $\varphi(u=v \wedge A[u]) \mp \mathbf{w}$ folgt nach ($\mathbf{I}$=') $\varphi(u) \mp \varphi(v)$ und $\varphi(A[u]) \mp \mathbf{w}$, daraus nach dem Extensionalitätstheorem, $\varphi(A[v]) = \mathbf{w}$ für alle u, v. Daher ist die Einschränkung von φ auf dem Argumentbereich der Sätze von $\mathbf{Q}_E$ eine i-Bewertung von $\mathbf{Q}_E$.

Umgekehrt kann jede i-Bewertung $\mathfrak{b}$ von $\mathbf{Q}_E$ zu einer normalen i-Interpretation fortgesetzt werden, am einfachsten über dem Bereich der folgenden Objekte: $|u| =_{\mathrm{df}} \{v \mid \mathfrak{b}(v=u) \mp \mathbf{w}\}$ sei die *u-Identitätsklasse* (*bei* $\mathfrak{b}$). Für diese Objekte gilt:

$$(a)\quad \mathfrak{b}(u=u') \mp \mathbf{w} \;\Leftrightarrow\; |u| \mp |u'|.$$

Denn es gilt $\Vdash_i \wedge x \wedge y(x=y \leftrightarrow \wedge z(z=x \leftrightarrow z=y))$ und somit:

$$\begin{aligned} \mathfrak{b}(u=u') \mp \mathbf{w} &\Leftrightarrow \bigwedge v(\mathfrak{b}(v=u) \mp \mathbf{w} \Leftrightarrow \mathfrak{b}(v=u') \mp \mathbf{w}) \\ &\Leftrightarrow \bigwedge v(v \in |u| \Leftrightarrow v \in |u'|) \\ &\Leftrightarrow |u| \mp |u'|. \end{aligned}$$

Ferner gilt:

$$\begin{aligned} (b)\quad & \langle |u_1|, \ldots, |u_n| \rangle = \langle |u'_1|, \ldots, |u'_n| \rangle \Rightarrow \\ & (\mathfrak{b}(Pu_1 \ldots u_n) = \mathbf{w} \Leftrightarrow \mathfrak{b}(Pu'_1 \ldots u'_n) = \mathbf{w}). \end{aligned}$$

Denn aus der Voraussetzung folgt nach (a) $\mathfrak{b}(u_i = u'_i) \mp \mathbf{w}$ ($\mathrm{i} = 1, \ldots, \mathrm{n}$) und wegen der Symmetrie auch $\mathfrak{b}(u'_i = u_i) \mp \mathbf{w}$; dann folgt nach ($=_{2\mathrm{a}}$) die Behauptung.

Nun setzen wir $\mathfrak{b}$ zur folgenden normalen i-Interpretation φ über dem Bereich aller Identitätsklassen bei $\mathfrak{b}$ fort:

(1) $\varphi(u) =_{\mathrm{df}} |u|$ für jede Objektbezeichnung u von $\mathbf{Q}_E$;
(2) $\varphi(P) =_{\mathrm{df}} \{\langle |u_1|, \ldots, |u_n| \rangle \mid \mathfrak{b}(Pu_1 \ldots u_n) = \mathbf{w}\}$
für jeden n-stelligen Prädikatparameter P ($\mathrm{n} \geqq 1$);
(3) $\varphi(f)(|u_1| \ldots |u_n|) =_{\mathrm{df}} |f(u_1 \ldots u_n)|$
für jeden n-stelligen Funktionsparameter f ($\mathrm{n} \geqq 1$);
(4) $\varphi(A) =_{\mathrm{df}} \mathfrak{b}(A)$ für jeden Satz A von $\mathbf{Q}_E$.

Anmerkung zu (2). Solche Definitionen vom Typ $M =_{\mathrm{df}} \{\alpha(x) \mid \Phi(x)\}$, mit einer Funktion α und einer definierenden Bedingung Φ, verleiten gelegentlich zu Fehlschlüssen; man darf daraus auf

$$(\mathrm{A})\quad \alpha(x) \in M \Leftrightarrow \Phi(x)$$

nur dann schließen, wenn die Voraussetzung erfüllt ist:

$$(\mathrm{B})\quad \alpha(x) = \alpha(y) \Rightarrow (\Phi(x) \Leftrightarrow \Phi(y)).$$

Aus (2) dürfen wir in der Tat schließen:

$$(\mathrm{A}')\quad \langle |u_1|, \ldots, |u_n| \rangle \in \varphi(P) \Leftrightarrow \mathfrak{b}(Pu_1 \ldots u_n) = \mathbf{w};$$

denn die entsprechende Voraussetzung ist das oben bewiesene (b).

Nach (1)–(4) erfüllt φ die Interpretationsbedingungen (**I1**)–(**I4**), ferner die Junktoren- und Quantorenregeln (da $\mathfrak{b}$ sie erfüllt) und schließlich auch die restlichen Bedingungen der normalen *i*-Interpretation:

$$\begin{array}{lll} (\mathbf{If}) & \varphi(f(u_1 \dots u_n)) = |f(u_1 \dots u_n)| & \text{nach (1)} \\ & = \varphi(f)(|u_1| \dots |u_n|) & \text{nach (3)} \\ & = \varphi(f)(\varphi(u_1) \dots \varphi(u_n)) & \text{nach (1)} \end{array}$$

$$\begin{array}{llll} (\mathbf{IP}) & \varphi(Pu_1 \dots u_n) = \mathbf{w} & \Leftrightarrow \mathfrak{b}(Pu_1 \dots u_n) = \mathbf{w} & \text{nach (4)} \\ & & \Leftrightarrow \langle |u_1|, \dots, |u_n| \rangle \in \varphi(P) & \text{nach (A')} \\ & & \Leftrightarrow \langle \varphi(u_1), \dots, \varphi(u_n) \rangle \in \varphi(P) & \text{nach (1)} \end{array}$$

$$\begin{array}{llll} (\mathbf{I}=') & \varphi(u = v) \mp \mathbf{w} & \Leftrightarrow \mathfrak{b}(u = v) \mp \mathbf{w} & \text{nach (4)} \\ & & \Leftrightarrow |u| \mp |v| & \text{nach (a)} \\ & & \Leftrightarrow \varphi(u) \mp \varphi(v) & \text{nach (1)}. \end{array}$$

Damit ist Th. 7.5 bewiesen. □

Zur Definition der *i*-Gültigkeit, -Folgerung, -Erfüllbarkeit usw. kann man daher anstelle der *i*-Bewertungen bzw. -Interpretationen auch die normalen *i*-Interpretationen verwenden; in dieser Hinsicht leisten die Axiome $(=_1)$, $(=_2)$, bzw. $(=_1)$, $(=_{2a})$, $(=_{2b})$ dasselbe wie (**I**=), bzw. (**I**='). Der Unterschied zeigt sich erst bei der Erfüllbarkeit über *Bereichen bestimmter Größe*: Während der obige Satz (1) $\wedge x\, x = a$ über jedem Objektbereich *i*-erfüllbar ist, wird er durch normale *i*-Interpretationen nur über einelementigen Bereichen erfüllt; denn für jede normale *i*-Interpretation φ einer erweiterten Sprache $\mathbf{Q}_E$ über D gilt:

$$\begin{array}{lll} \varphi \text{ erfüllt (1)} & \Leftrightarrow \bigwedge u \text{ von } \mathbf{Q}_E\, (\varphi(u) = \varphi(a)) & \text{nach } (\mathbf{R}\wedge), (\mathbf{I}=') \\ & \Leftrightarrow \bigwedge \mathrm{d} \in \mathrm{D}\, (\mathrm{d} = \varphi(a)) & \text{nach } (\mathbf{I1}) \\ & \Leftrightarrow \mathrm{D} = \{\varphi(a)\}. & \end{array}$$

Im Sinn der normalen *i*-Interpretationssemantik gibt es also *Endlichkeitsaxiome*.

Für normale *i*-Interpretationen gilt das Theorem von Löwenheim-Skolem in der folgenden Form:

Jede i-erfüllbare Satzmenge M wird durch eine normale i-Interpretation über einem abzählbaren Bereich erfüllt.

Beweisskizze: Nach Voraussetzung gibt es eine *i*-Interpretation φ, welche die Satzmenge M erfüllt. Nach Definition der *i*-Interpretation ist φ demnach eine *l*-Interpretation, die $(=_1)$, $(=_2)$ sowie M erfüllt. Nach dem *l*-semantischen Theorem von Löwenheim-Skolem gibt es dann eine *l*-Interpretation ψ, welche dieselben Sätze über einem abzählbaren Bereich D erfüllt. Damit ist ψ zugleich eine *i*-Interpretation, die M über D erfüllt. Wegen der im Text oben angedeuteten Parallelitäten der *i*- und

l-semantischen Theoreme (über den Vergleich verschiedener Arten von Interpretationen) dürfen wir o.B.d.A. auch hier ψ als i-Interpretation mit Objektnamen über D auffassen. $\mathfrak{b}$ sei die in ψ enthaltene i-Bewertung von $\mathbf{Q}_D$, die M erfüllt. Wie in der zweiten Hälfte des Beweises von Th. 7.5 kann $\mathfrak{b}$ zu einer normalen i-Interpretation über dem Bereich aller Identitätsklassen bei $\mathfrak{b}$ fortgesetzt werden. Dieser Bereich $\{|u| \mid u$ Objektbezeichnung von $\mathbf{Q}_D\}$ (mit $|u| \mathrel{\dot{=}}_{df} \{v \mid \mathfrak{b}(v=u) \mathrel{\dot{=}} \mathbf{w}\}$) ist jedoch abzählbar, da D abzählbar ist. Damit haben wir das Theorem von Löwenheim-Skolem aus der l-Semantik auf die Semantik normaler i-Interpretationen übertragen.

7.2 Anzahlquantoren

Mit Hilfe der Identitätskonstante lassen sich für jedes $n \geqq 1$ die folgenden *Anzahlquantoren* definieren.

‚$\geqq nxF[x]$', zu lesen: ‚für mindestens n x gilt $F[x]$';
‚$> nxF[x]$', zu lesen: ‚für mehr als n x gilt $F[x]$';
‚$\leqq nxF[x]$', zu lesen: ‚für höchstens n x gilt $F[x]$';
‚$< nxF[x]$', zu lesen: ‚für weniger als n x gilt $F[x]$';
‚$nxF[x]$', zu lesen: ‚für genau n x gilt $F[x]$'.

Wir definieren diese Formeln als informelle metasprachliche Abkürzungen der folgenden Formeln.

(D$\geqq$n) $$\geqq nxF[x] =_{df} \bigvee x_1 \ldots \bigvee x_n (F[x_1] \wedge \ldots \wedge F[x_n] \wedge \wedge (\neg x_i = x_j \mid 1 \leqq i < j \leqq n)).$$

Dabei sei $(\neg x_i = x_j \mid 1 \leqq i < j \leqq n)$ eine Konjunktion aller Formeln $\neg x_i = x_j$, mit $1 \leqq i < j \leqq n$; für $n=1$ entfällt dieser Ausdruck. Demnach ist $\geqq 1xA[x] =_{df} \bigvee x_1 A[x_1]$, und $\geqq 3xA[x] =_{df} \bigvee x_1 \bigvee x_2 \bigvee x_3 (A[x_1] \wedge A[x_2] \wedge A[x_3] \wedge \neg x_1 = x_2 \wedge \neg x_1 = x_3 \wedge \neg x_2 = x_3)$.

(D$>$n) $$> nxF[x] =_{df} n+1xF[x],$$
(D$\leqq$n) $$\leqq nxF[x] =_{df} \neg > nxF[x],$$
(D$<$n) $$< nxF[x] =_{df} \begin{cases} \neg \bigvee xF[x], & \text{für } n=1 \\ \leqq n-1xF[x], & \text{für } n>1, \end{cases}$$
(Dn) $$nxF[x] =_{df} \geqq nxF[x] \wedge \leqq nxF[x].$$

Aufgrund dieser Definitionen erhalten die Anzahlquantoren bei jeder *normalen* i-Interpretation die Bedeutung ihrer natürlichen Lesarten. Wir beweisen als Beispiel

$$\Vdash_i \geqq n+1xA[x] \leftrightarrow \bigvee y(A[y] \wedge \geqq nx(A[x] \wedge \neg x = y)).$$

Aus der linken Seite entsteht durch Definitionsbeseitigung

$$\bigvee x_1 \ldots \bigvee x_n \bigvee x_{n+1}(A[x_1] \wedge \ldots \wedge A[x_n] \wedge A[x_{n+1}] \\ \wedge (\neg x_i = x_j | 1 \leqq i < j \leqq n+1)).$$

Diesen Satz erfüllt eine beliebige i-Bewertung $\mathfrak{b}$ genau dann, wenn sie für gewisse $u_1, \ldots, u_n, u_{n+1}$ den Satz erfüllt:

$$A[u_1] \wedge \ldots \wedge A[u_n] \wedge A[u_{n+1}] \wedge (\neg u_i = u_j | 1 \leqq i < j \leqq n+1).$$

Durch Umordnung der Konjunktionsglieder entsteht

$$A[u_{n+1}] \wedge A[u_1] \wedge \neg u_1 = u_{n+1} \wedge \ldots \wedge A[u_n] \wedge \neg u_n = u_{n+1} \wedge \\ \wedge (\neg u_i = u_j | 1 \leqq i < j \leqq n).$$

Dies ist bei $\mathfrak{b}$ genau dann **w**, wenn

$$A[u_{n+1}] \wedge \bigvee x_1 \ldots \bigvee x_n(A[x_1] \wedge \neg x_1 = u_{n+1} \wedge \ldots \wedge A[x_n] \wedge \neg x_n = u_{n+1} \\ \wedge (\neg x_1 = x_j | 1 \leqq i < j \leqq n)),$$

also genau dann, wenn

$$\bigvee y(A[y] \wedge \bigvee x_1 \ldots \bigvee x_n(A[x_1] \wedge \neg x_1 = y \wedge \ldots \wedge A[x_n] \\ \wedge \neg x_n = y \wedge (\neg x_i = x_j | 1 \leqq i < j \leqq n))).$$

Dies ist n.Def. die rechte Seite. □

Der Leser beweise zur Übung:

a) $\Vdash_i 1xA[x] \leftrightarrow \bigvee y \bigwedge x(A[x] \leftrightarrow x = y)$.
b) Für jeden der 5 Anzahlquantoren αn, mit $n \geqq 1$ gilt $A[u] \Vdash_i \alpha n + 1xA[x] \leftrightarrow \alpha nx(A[x] \wedge \neg x = u)$,
c) $\Vdash_i \alpha n + 1xA[x] \leftrightarrow \bigvee y(A[y] \wedge \alpha nx(A[x] \wedge \neg x = y))$.

7.3 Der Kennzeichnungsoperator

Ein weiteres Symbol, das auf die eine oder andere Weise mit Hilfe der Identitätskonstante definiert werden kann, ist der *Kennzeichnungsoperator* oder *Jota-Operator:*

‚$\iota xF[x]$', zu lesen: ‚dasjenige x mit der Eigenschaft $F[x]$',
oder: ‚das einzige x mit der Eigenschaft $F[x]$'.

Die Definition dieses Operators ist jedoch etwas problematisch. Vorläufig wollen wir ihn als *logisches Grundsymbol* betrachten. Dazu *erweitern* wir die Sprachen $\mathbf{Q}$, $\mathbf{Q}_E$, $\mathbf{Q}_D$ durch die folgenden syntaktischen Bestimmungen zu den Sprachen $\mathbf{Q}_\iota$, $\mathbf{Q}_{E\iota}$, $\mathbf{Q}_{D\iota}$: ι gefolgt von einer Variable x, heißt *Kennzeichnungsoperator über* x; er erzeugt in Anwendung auf eine mindestens in x offene Formel F den *Kennzeichnungsterm* ιxF und *bindet* dabei alle in F freien Vorkommnisse von x; wenn F keine andere Variable frei enthält, so ist ιxF eine *Kennzeichnung* und zählt zu den Objektbezeichnungen u, v, w von $\mathbf{Q}_\iota$ bzw. von $\mathbf{Q}_{E\iota}$ bzw. von $\mathbf{Q}_{D\iota}$. Damit kann man Sätze der Art formalisieren:

(1) Der einzige König von Frankreich, für den sich alle Logiker interessieren, ist kahl.

(1′) $P\iota x(Qxa \wedge \bigwedge y(Ry \rightarrow P_1yx))$,
Px: x ist kahl,
Qxy: x ist ein König von y,
a: Frankreich,
Rx: x ist Logiker,
P_1xy: x interessiert sich für y.

Kennzeichnungsterme können auch „geschachtelt" werden: Beispiel:

(2) Meine rechte Hand ist diejenige, deren Daumen rechts vom Daumen meiner anderen Hand ist.

(2′) $f(a) = \iota x(Pxa \wedge Qg(x)g(\iota y(Pya \wedge \neg y = x)))$,
$f(x)$: die rechte Hand von x,
a: ich,
Pxy: x ist eine Hand von y,
Qxy: x ist rechts von y,
$g(x)$: der Daumen von x.

Der innere Kennzeichnungsterm ist in x offen; diese Variable wird durch das erste ι gebunden.

Mit Hilfe des Jota-Operators kann man sich grundsätzlich die n-stelligen Funktionsparameter ($n \geqq 1$) sparen und stattdessen $n+1$-stellige Prädikatparameter verwenden; im letzten Beispiel etwa[1]

(2″) $\iota xP_1xa = \iota x(Pxa \wedge Q(\iota yQ_1yx)\iota y(Q_1y\iota y(Pya \wedge \neg y = x)))$,
P_1xy: x ist eine rechte Hand von y,
Q_1xy: x ist ein Daumen von y.

Man kann sogar noch einen Schritt weitergehen und auch die nullstelligen Funktionsparameter (d. h. die Objektparameter) einsparen, indem man die Objekte mit einstelligen Prädikaten kennzeichnet, also etwa im letzten Beispiel a durch ιxR_1x ersetzt, mit R_1x: x ist ich.[2] Wir wollen die Funktions- und Objektparameter jedoch weiterhin als Grundsymbole betrachten.

---

1 Da wir weiterhin die Stellenindizes der Parameter weglassen, setzen wir, wo erforderlich, äußere Klammern um die Kennzeichnungsterme, um die Struktur eindeutig zu machen. Bei Angabe der Stellenindizes sind diese äußeren Klammern überflüssig; daher gehen sie in die formale Syntax der Kennzeichnungstheorie nicht ein.

2 Dies schlägt z. B. QUINE in [2] vor.

Andererseits erkennt man aus den obigen Beispielen, daß *nicht* jede Kennzeichnung mit Hilfe von Funktionsparametern ausgedrückt werden kann – es sei denn, man ersetzt Kennzeichnungen beliebiger Komplexität einfach durch Objektparameter; aber dann verliert man ihre logische Struktur und kann keine logischen Folgerungen mehr ziehen. Insofern ist der Kennzeichnungsoperator ein stärkeres Ausdrucksmittel als alle Objekt- und Funktionsparameter zusammen. Die Semantik dieses Operators ist daher von großem Interesse. Aber hier stoßen wir sogleich auf eine ähnliche Schwierigkeit wie bei den Funktionsparametern (vgl. S. 289, (V)): Eine Kennzeichnung $\iota x A[x]$ heißt *eindeutig* oder *referentiell*, wenn es genau ein Objekt gibt, das die Bedingung $A[*_1]$ erfüllt, und eben dieses Objekt soll $\iota x A[x]$ dann auch bezeichnen. Aber was geschieht mit nicht-eindeutigen Kennzeichnungen, wie

(3) die größte Primzahl,
die Primzahl <18,
die luxemburgische Millionenstadt,
die amerikanische Millionenstadt,

deren Bedingung durch kein oder mehr als ein Objekt erfüllt wird? Was (wenn überhaupt) sollen sie bezeichnen, und welchen Wahrheitswert (wenn überhaupt) sollen Sätze wie

(4) Die größte Primzahl ist gerade,
Die größte Primzahl ist ungerade

bekommen? Eine etwas künstliche, aber technisch vorteilhafte Lösung bietet die auf FREGE (in [1]) zurückgehende Kennzeichnungstheorie von CARNAP (in [1], §§7, 8 und [2], §35). Man wählt ein bestimmtes *Ersatzobjekt* d* und behandelt alle nicht-eindeutigen Kennzeichnungen als Bezeichnungen von d*; dann werden Sätze der Art (4) wahr oder falsch, je nachdem, ob d* gerade bzw. ungerade ist oder nicht. Allerdings hat die Wahl eines Ersatz*objekts* d* bewertungssemantisch keinen Sinn und ist interpretationssemantisch nur dann sinnvoll, wenn man verlangt, daß jeder zulässige Objektbereich d* enthält. Zweckmäßiger ist es, stattdessen einen *Ersatzparameter* a^* von **Q** auszuwählen, und alle nicht-eindeutigen Kennzeichnungen als *gleichbleibend (koreferentiell)* mit a^* zu behandeln. Dementsprechend fordern wir für die Interpretation von Sprachen $\mathbf{Q}_{D\iota}$ mit Objektnamen die *Kennzeichnungsbedingung*

(**I**ι) Wenn für genau ein $d \in D$ gilt, daß
$\varphi(A[d]) = \mathbf{w}$ ist, so ist $\varphi(\iota x A[x]) = \mathrm{d}$;
andernfalls ist $\varphi(\iota x A[x]) = \varphi(a^*)$.

(Wie in Kap. 5 sei hier sowie im Rest dieses Kapitels d jeweils Name des Objektes $\mathrm{d} \in \mathrm{D}$ und D die Menge dieser Namen.)

Eine *k-Interpretation* von $\mathbf{Q}_{D\iota}$ ist eine Funktion φ, die (**Iι**), und im übrigen die Bedingungen der normalen *i*-Interpretation für $\mathbf{Q}_{D\iota}$ erfüllt, d. h. (**I1**)–(**I4**), (**I–O**), (**IP**), (**If**), (**I** =), (**R**j) und die *speziellen* Quantorenregeln

($\mathbf{R}\wedge^0$) $\varphi(\wedge xA[x])=\mathbf{w} \Leftrightarrow \varphi(A[d])=\mathbf{w}$ für alle Objektnamen $d \in D$,
($\mathbf{R}\vee^0$) $\varphi(\vee xA[x])=\mathbf{w} \Leftrightarrow \varphi(A[d])=\mathbf{w}$ für mindestens ein $d \in D$.

Wo immer wir uns auf diese beiden speziellen Quantorenregeln simultan beziehen, verwenden wir die zusammenfassende Abkürzung ‚($\mathbf{R}$q^0)'.

Die *k-Gültigkeit* und *-Folgerung* (‚$\Vdash_k$'), *-Erfüllbarkeit*, usw. sowie der *k-Status* ist dann für Sätze und Satzmengen von $\mathbf{Q}_\iota$ wie üblich zu definieren. Wir zeigen zunächst, daß das *Extensionalitätstheorem*, Th. 5.2, ganz analog für *k*-Interpretationen gilt. (Wir verwenden wieder analog die dort eingeführten Mitteilungszeichen ‚S_T', ‚$S_{T'}$'.)

Th. 7.6 *S_T sei Objektbezeichnung oder Satz von $\mathbf{Q}_{D\iota}$ und T ein darin enthaltenes Vorkommnis einer Objektbezeichnung oder eines Parameters oder Satzes von $\mathbf{Q}_{D\iota}$. $S_{T'}$ entstehe aus S_T durch Ersetzung eines Vorkommnisses von T durch einen gleichartigen $\mathbf{Q}_{D\iota}$-Ausdruck T'. Dann gilt für jede k-Interpretation φ von $\mathbf{Q}_{D\iota}$:*

$$\varphi(T)=\varphi(T') \Rightarrow \varphi(S_T)=\varphi(S_{T'}) .$$

Beweis durch Induktion nach der Anzahl m der Symbole von S_T außerhalb des zu ersetzenden *T*. Für m = 0 ist nichts zu beweisen; für m > 0 liegt einer der Fälle vor:

1. $S_T=(Pu_1 \ldots u_n)_T$, $S_{T'}=(Pu_1 \ldots u_n)_{T'}$,
2. $S_T=(f(u_1 \ldots u_n))_T$, $S_{T'}=(f(u_1 \ldots u_n))_{T'}$,
3. $S_T=\neg A_T$, bzw. A_TjB, bzw. BjA_T,
   $S_{T'}=\neg A_{T'}$, bzw. $A_{T'}$jB, bzw. Bj$A_{T'}$,
4. $S_T=\mathrm{q}xA[x]_T$, $S_{T'}=\mathrm{q}xA[x]_{T'}$,
5. $S_T=\iota xA[x]_T$, $S_{T'}=\iota xA[x]_{T'}$,
   wobei in den beiden letzten Fällen die durch q bzw. ι gebundenen x in *T*, *T'* nicht vorkommen, da *T* und *T'* geschlossen sind.

In den Fällen 1–4 gilt die Behauptung wie im Beweis zum Extensionalitätstheorem für *l*-Interpretationen Th. 5.2; im 5. Fall ist nach I.V. $\varphi(A[d]_T)=\varphi(A[d]_{T'})$ für alle $d \in D$, und nach (**Iι**) folgt die Behauptung. □

Mit Hilfe des Extensionalitätstheorems und der speziellen Quantorenregeln können wir für *k*-Interpretationen φ von $\mathbf{Q}_{D\iota}$ wieder *allgemeine* Quantorenregeln beweisen, die sich auf alle Objektbezeichnungen *u* von $\mathbf{Q}_{D\iota}$, einschließlich der Kennzeichnungen, beziehen:

($\mathbf{R}\wedge$) $\varphi(\wedge xA[x])=\mathbf{w} \Leftrightarrow \varphi(A[u])=\mathbf{w}$ für alle *u* von $\mathbf{Q}_{D\iota}$,
($\mathbf{R}\vee$) $\varphi(\vee xA[x])=\mathbf{w} \Leftrightarrow \varphi(A[u])=\mathbf{w}$ für mindestens ein *u* von $\mathbf{Q}_{D\iota}$.

Denn wenn $\varphi(A[u])$ für ein u von $\mathbf{Q}_{D\iota}$ **w** (bzw. **f**), ist, so ist nach (**I**–**O**), (**I1**) und Th. 7.6 auch $\varphi(A[u])=\mathbf{w}$ (bzw. **f**), für $d=\varphi(u)$.[3]

Wir benötigen noch das Gegenstück zu Th. 3.6 und Th. 3.7 für die Kennzeichnungstheorie, das *Substitutionstheorem der Äquivalenz* für Sätze und Prädikate, nämlich:

Th. 7.7 *S_{B^n} sei eine Kennzeichnung oder ein Satz von $\mathbf{Q}_\iota$ mit einer bestimmten Teilformel $B[t_1, \dots t_n]$; S_{C^n} entstehe durch Ersetzung dieser Teilformel durch $C[t_1, \dots, t_n]$ $(n \geqq 0)$. Dann gilt*

$\wedge x_1 \dots x_n(B[x_1, \dots, x_n] \leftrightarrow C[x_1, \dots, x_n]) \Vdash_k$
$S_{B^n} = S_{C^n}$ *(im Fall der Kennzeichnungen) bzw.*
$S_{B^n} \leftrightarrow S_{C^n}$ *(im Fall der Sätze).*

Beweisidee: Zu zeigen ist, daß jede k-Interpretation φ von $\mathbf{Q}_{D\iota}$, welche die Voraussetzung erfüllt, also nach (**R** $\wedge$), (**R**$\leftrightarrow$)

(a) $\varphi(B[u_1, \dots, u_n]) = \varphi(C[u_1, \dots, u_n])$ für alle $u_1, \dots, u_n$ von $\mathbf{Q}_{D\iota}$,

auch die Folgerung erfüllt, also nach (**I**=), bzw. (**R**$\leftrightarrow$)

(b) $\varphi(S_{B^n}) = \varphi(S_{C^n})$.

Dies erkennt man ganz analog zum letzten Beweis durch Induktion nach der Anzahl der Symbole von S_{B^n} außerhalb der zu ersetzenden Teilformel $B[t_1, \dots, t_n]$. □

Als nächstes wollen wir zeigen, daß die k-Interpretationen von $\mathbf{Q}_{D\iota}$ vollständig und eindeutig durch die normalen i-Interpretationen von $\mathbf{Q}_D$ festgelegt sind. Dazu ordnen wir jedem Ausdruck S von $\mathbf{Q}_{D\iota}$ einen *ι-Grad* zu. Dieser ist, kurz gesagt, die maximale Zahl der in S geschachtelt vorkommenden ι-Operatoren, oder genauer: das größte n, für das S ι-Operatoren $\iota_{x_1}, \dots, \iota_{x_n}$ enthält, wobei ι_{x_i} für $1 \leqq i \leqq n$ im Bereich von $\iota_{x_{i+1}}$ steht. Die induktive Definition lautet:

1. Jeder Ausdruck, der keinen ι-Term enthält, hat den ι-Grad 0;
2. jeder Ausdruck, der ι-Terme enthält, aber kein ι-Term ist, hat den maximalen ι-Grad seiner ι-Terme;
3. $\iota x F[x]$ hat als ι-Grad den um 1 erhöhten ι-Grad von $F[x]$.

Th. 7.8 *Jede k-Interpretation von $\mathbf{Q}_{D\iota}$ enthält genau eine normale i-Interpretation von $\mathbf{Q}_D$; und jede normale i-Interpretation von $\mathbf{Q}_D$ ist in genau einer k-Interpretation von $\mathbf{Q}_{D\iota}$ enthalten.*

---

3 Umgekehrt könnte man auch die *allgemeinen* Quantorenregeln zur Definition der k-Interpretation verwenden, das Extensionalitätstheorem durch Induktion nach der Anzahl der Parameter, Junktoren, Quantoren und ι-Operatoren, in deren Bereich T vorkommt, beweisen und dann auf die *speziellen* Quantorenregeln schließen.

Beweis:

(*a*) φ sei eine *k*-Interpretation von $\mathbf{Q}_{D\iota}$, φ^0 sei die Einschränkung von φ auf die Ausdrücke ohne ι-Terme, also die Ausdrücke von $\mathbf{Q}_D$. Da φ **(I1)–(I4)**, **(I–O)**, **(IP)**, **(If)**, **(I=)**, **(Rj)**, **(Rq**^{0}**)** erfüllt, so auch φ^0. Also ist φ^0 eine, und zwar offensichtlich die einzige, normale *i*-Interpretation von $\mathbf{Q}_D$, die in φ enthalten ist. (Man beachte, daß der Beweis mit **(Rq)** statt **(Rq**^{0}**)** nicht zwingend wäre.)

(*b*) Sei umgekehrt φ^0 eine normale *i*-Interpretation von $\mathbf{Q}_D$. Dann wird φ^0 durch **(I**ι**)**, **(IP)**, **(If)**, **(I=)**, **(Rj)**, **(Rq**^{0}**)** eindeutig zu einer Funktion φ auf dem Bereich aller Parameter, Objektbezeichnungen und Sätze S von $\mathbf{Q}_{D\iota}$ fortgesetzt, wie man durch Induktion nach dem ι-Grad g von S erkennt. Für g$=0$ ist $\varphi(S)=\varphi^0(S)$. Für g>0 folgt die Behauptung durch Induktion nach der Anzahl m der Symbole, die in S außerhalb aller ι-Terme vorkommen: Für m$=0$ ist $S=\iota x A[x]$, und nach I.V. ist für alle $d \in D$ $\varphi(A[d])$ eindeutig, daher nach **(I**ι**)** auch $\varphi(S)$. Für m>0 hat S eine der Gestalten

$$Pu_1 \ldots u_n, \quad fu_1 \ldots u_n, \quad u_1 = u_2, \quad \neg A, \quad A\mathrm{j}B, \quad \mathrm{q}xA[x].$$

Nach I.V. ist $\varphi(P)$, $\varphi(f)$, $\varphi(u_i)$, $\varphi(A)$, $\varphi(B)$, $\varphi(A[d])$, für jedes $d \in D$, eindeutig, daher nach **(IP)**, **(If)**, **(I=)**, **(Rj)**, **(Rq**^{0}**)** auch $\varphi(S)$. Nach Def. ist φ eine, und zwar offensichtlich die einzige, *k*-Interpretation, die φ^0 enthält. □

Wir halten zwei unmittelbare Folgerungen aus Th. 7.8 fest.

Th. 7.8′ *Für alle Sätze A von* **Q** *gilt: Der k-Status von A ist identisch mit dem i-Status von A.*

Demnach ist die Kennzeichnungstheorie eine sog. ‚konservative Erweiterung' der Identitätslogik: Für die Sätze von **Q** stimmt die *k*- und *i*-Gültigkeit, -Ungültigkeit, -Kontingenz, -Erfüllbarkeit und -Widerlegbarkeit überein.

Th. 7.8″ *Die Kennzeichnungstheorie ist widerspruchsfrei.*

Denn aus $\Vdash_k A$, $\Vdash_k \neg A$ würde $\Vdash_k B$ für jeden Satz B von **Q** folgen, und die Identitätslogik wäre ebenfalls widerspruchsvoll, was nach Th. 7.2 nicht der Fall ist. □

Wir wollen nun beweisen, daß jeder Satz von $\mathbf{Q}_\iota$ in einen *k*-äquivalenten Satz von **Q**, also einen Satz *ohne* Kennzeichnungsoperatoren, transformiert werden kann. Vorbereitend dazu zeigen wir, für *k*-Interpretationen φ von $\mathbf{Q}_{D\iota}$, die Hilfssätze 1–6:

Hilfssatz 1. $\varphi(d_1 \doteq d_2) \doteq \mathbf{w} \Leftrightarrow d_1 \doteq d_2$.[4]

4 Man beachte, daß dieser Hilfssatz die metasprachliche Identität der Objekt*namen* d_1 und d_2 unter den gegebenen Bedingungen behauptet.

Die linke Seite ist nach (**I**$=$') äquivalent mit $\varphi(d_1) \mp \varphi(d_2)$, also nach (**I–O**) mit $d_1 \mp d_2$, also wegen der eindeutigen Wahl der Objektnamen mit der rechten Seite. □

Hilfssatz 2. $\varphi(1xA[x]) \mp \mathbf{w} \Leftrightarrow$ *für genau einen Objektnamen* $d \in D$ *ist* $\varphi(A[d]) \mp \mathbf{w}$.

Die linke Seite ist n.Def., (**R**j), (**R**q^0) äquivalent mit

$$\bigvee d \in D\,(\varphi(A[d]) \mp \mathbf{w}) \wedge \bigwedge d_1, d_2 \in D\,(\varphi(A[d_1]) \mp \varphi(A[d_2])) \mp \mathbf{w} \Rightarrow \varphi(d_1 = d_2) \mp \mathbf{w}).$$

Dies ist wegen Hilfssatz 1 äquivalent mit der rechten Seite. □

Hilfssatz 3. $\varphi(1xA[x]) = \mathbf{w} \Rightarrow \varphi(A[\iota xA[x]]) = \mathbf{w}$.

Aus der Voraussetzung folgt nach Hilfssatz 2, (**I**ι), (**I–O**) $\varphi(\iota xA[x]) = \mathrm{d} = \varphi(d)$ für den einzigen Objektnamen d, für den $\varphi(A[d]) = \mathbf{w}$ ist. Daraus folgt nach dem Extensionalitätstheorem, Th. 7.6, die Behauptung. □

Hilfssatz 4. $\varphi(1xA[x]) = \mathbf{w} \wedge \varphi(A[d]) = \mathbf{w} \Rightarrow \varphi(d) = \varphi(\iota xA[x])$.

Aus der Voraussetzung folgt nach Hilfssatz 2, daß nur für d gilt, daß $\varphi(A[d]) = \mathbf{w}$ ist, und daraus nach (**I**ι), (**I–O**) die Behauptung. □

Hilfssatz 5. $\varphi(\neg 1xA[x]) = \mathbf{w} \Rightarrow \varphi(\iota xA[x]) = \varphi(a^*)$.

Aus der Voraussetzung folgt nach Hilfssatz 2 und (**I**ι) die Behauptung. □

Hilfssatz 6. φ *erfüllt* $B[\iota xA[x]] \Leftrightarrow 1xA[x] \wedge \vee x(A[x] \wedge B[x]) \vee \vee \neg 1xA[x] \wedge B[a^*]$.

(*a*) Wenn φ die linke Seite erfüllt, so gilt (*a1*) oder (*a2*):

(*a1*) φ erfüllt $1xA[x]$; dann nach Hilfssatz 3 auch $A[\iota xA[x]]$, und mit $B[\iota xA[x]]$ nach (**R** $\vee$) auch $\vee x(A[x] \wedge B[x])$; daher nach (**R** $\wedge$), (**R** $\vee$) die rechte Seite.

(*a2*) φ erfüllt $\neg 1xA[x]$; dann mit $B[\iota xA[x]]$ nach Hilfssatz 5 und dem Extensionalitätstheorem, Th. 7.6, auch $B[a^*]$, daher nach (**R** $\wedge$), (**R** $\vee$) die rechte Seite.

(*b*) Umgekehrt, wenn φ die rechte Seite erfüllt, so gilt (*b1*) oder (*b2*):

(*b1*) φ erfüllt $1xA[x] \wedge \vee x(A[x] \wedge B[x])$, also für mindestens ein $d \in D$ auch $A[d] \wedge B[d]$, also nach Hilfssatz 4 und dem Extensionalitätstheorem auch $B[\iota xA[x]]$.

(*b2*) φ erfüllt $\neg 1xA[x] \wedge B[a^*]$, also nach Hilfssatz 5 und dem Extensionalitätstheorem auch $B[\iota xA[x]]$. □

Der Ausdruck $G[*_1]$ heißt *frei für t*, wenn $*_1$ in ihm nicht im Bereich eines Quantors oder Kennzeichnungsoperators über einer Variablen vorkommt, die in t frei ist (d.h. wenn keine Variable, die in t frei auftritt, in einem Vorkommnis von t in $G[t]$, das gegenüber $G[*_1]$ neu ist, gebunden vorkommt).

Es gilt das *Theorem von der Reduzierbarkeit der Kennzeichnungstheorie auf die Identitätslogik:*

Th. 7.9 $\Vdash_k \bigwedge y_1 \ldots \bigwedge y_n(G[\iota x F[x]] \leftrightarrow 1x F[x] \wedge \wedge \bigvee x(F[x] \wedge G[x]) \vee \neg 1x F[x] \wedge G[a^*])$,
sofern $G[*_1]$ *frei für* $\iota x F[x]$ *ist und* $y_1, \ldots, y_n$ *alle freien Variablen von* $G[\iota x F[x]]$ *sind.*

Dies folgt aus Hilfssatz 6, nach ($\mathbf{R}\bigwedge^0$); denn durch Spezialisierung auf beliebige Objektnamen $d_1, \ldots, d_n$ entsteht ein Satz von der im Hilfssatz angegebenen Art. □

Dieses Theorem reduziert, wie wir sehen werden, die Kennzeichnungstheorie auf die Identitätslogik: Im Grunde war die syntaktische Erweiterung von $\mathbf{Q}$, $\mathbf{Q}_D$ zu $\mathbf{Q}_\iota$, $\mathbf{Q}_{D\iota}$ und die semantische Verstärkung der *i*- zur *k*-Interpretation nicht notwendig, um die *k*-gültigen Sätze zu erhalten. (Wir haben diesen Weg eingeschlagen, um den Gehalt der Frege-Carnapschen Kennzeichnungstheorie deutlicher zu machen, und vor allem, um den nächsten Satz Th. 7.10 zu beweisen.) Viel einfacher erhält man die *k*-gültigen Sätze, wenn man die Formeln mit ι-Operatoren als *informelle metasprachliche Abkürzungen* definiert:

(Dι) $G[\iota x F[x]] =_{df} 1x F[x] \wedge \bigvee x(F[x] \wedge G[x]) \vee \vee \neg 1x F[x] \wedge G[a^*]$,
sofern $G[*_1]$ frei für $\iota x F[x]$ ist.

Dies ist eine sog. *Kontext-Definition*[5], welche nicht die ι-Terme selbst, sondern Formeln, in denen sie vorkommen, definiert. Die Einführung bzw. Beseitigung von $\iota x F[x]$ in einem gegebenen Ausdruck S geschieht in der Weise, daß eine Teilformel von S der angegebenen Gestalt durch $G[\iota x F[x]]$ ersetzt wird bzw. umgekehrt. Einen Satz A^0, der aus A durch Beseitigung aller ι-Terme gemäß (Dι) entsteht, bezeichnen wir als *ι-Transformat* von A. Man beachte, daß A^0 *keineswegs eindeutig* ist; je nachdem, in welcher Reihenfolge und mit wie großen „Kontexten" $G[*_1]$ die Kennzeichnungen eliminiert werden, ergeben sich verschiedene ι-Transformate. Ein Beispiel:

(1) Es gibt einen Satz von $\mathbf{Q}_\iota$, dessen ι-Transformat nicht *i*-wahr ist.

(1′) $\bigvee y(Pya \wedge \neg Q\iota x Rxy)$
Pxy: x ist ein Satz von y,
a: $\mathbf{Q}_\iota$,
Qx: x ist *i*-wahr,
Rxy: x ist ein ι-Transformat von y.

5 Mit unwesentlicher Änderung die Definition von CARNAP in [2], der sie als objektsprachliche Definition verwendet.

Durch Beseitigung des ι-Terms mit kleinstmöglichem Kontext $G[*_1] = Q*_1$ entsteht

(1′a) $\bigvee y(Pya \wedge \neg(1xRxy \wedge \bigvee x(Rxy \wedge Qx) \vee \neg 1xRxy \wedge Qa^*))$.

Durch Beseitigung mit größtmöglichem Kontext $G[*_1] = Pya \wedge \neg Q*_1$ entsteht

(1′b) $\bigvee y(1xRxy \wedge \bigvee x(Rxy \wedge Pya \wedge \neg Qx) \vee \neg 1xRxy \wedge Pya \wedge \neg Qa^*)$.

Wegen dieser Mehrdeutigkeit ist zunächst nicht klar, ob und in welchem Sinn (Dι) überhaupt adäquat ist. Diese Frage beantwortet das folgende Theorem:

Th. 7.10 (*a*) *Jeder Satz A von* $\mathbf{Q}_\iota$ *hat mindestens ein ι-Transformat* A^0.
(*b*) *Alle ι-Transformate* A^0 *von A sind i-äquivalent.*
(*c*) *Für alle ι-Transformate* A^0 *von A gilt:*
Der k-Status von A ist identisch mit dem i-Status von A^0.

Beweis:

(*a*) A sei ein Satz mit n ι-Termen. Jeder einzelne ist eliminierbar; denn es gibt stets einen Kontext $G[*_1]$, der frei für ihn ist. Und wenn man schrittweise ι-Terme vom ι-Grad 0 eliminiert, so entsteht nach n Schritten ein ι-Transformat A^0.

(*b*) A_1^0, A_2^0 seien ι-Transformate von A. Dann gilt nach Th. 7.9 und dem Substitutionstheorem der äquivalenten Prädikate, Th. 7.7, $\Vdash_k A \leftrightarrow A_1^0$ und $\Vdash_k A \leftrightarrow A_2^0$, also $\Vdash_k A_1^0 \leftrightarrow A_2^0$, also nach Th. 7.8′ $\Vdash_i A_1^0 \leftrightarrow A_2^0$.

(*c*) Für jedes ι-Transformat A^0 von A gilt, wie soeben gezeigt, $\Vdash_k A \leftrightarrow A^0$; daher ist der k-Status von A identisch mit dem k-Status von A^0 und nach Th. 7.8′ identisch mit dem i-Status von A^0.

Damit ist gezeigt, daß (Dι) dieselbe Kennzeichnungstheorie wie die k-Interpretationssemantik liefert: Die Sätze von $\mathbf{Q}_\iota$ sind definitorische Abkürzungen zumeist verschiedener, aber i-äquivalenter, Sätze von $\mathbf{Q}$, wobei die k-gültigen und -kontingenten Sätze von $\mathbf{Q}_\iota$ genau die i-gültigen, -ungültigen und -kontingenten Sätze von $\mathbf{Q}$ abkürzen. In diesem Sinn ist (Dι) adäquat. □

Anmerkung. Eine ganz andere Frage ist die *intuitive* Adäquatheit der Kennzeichnungstheorie von FREGE-CARNAP; und hier bestehen offensichtliche Mängel. Betrachten wir den Schluß

(1) Alle Objekte sind natürliche Zahlen

(2) Irgendeine natürliche Zahl ist die größte Primzahl.

Intuitiv ist der Schluß nicht gültig; in der elementaren Zahlentheorie (d. h. im Objektbereich der natürlichen Zahlen) ist (1) wahr, aber (2) falsch. Betrachten wir nun eine naheliegende

Formalisierung[6]:

$$\frac{(1')\ \bigwedge xQx}{(2')\ \bigvee x(Qx \wedge x = \iota x(Px \wedge \bigwedge y(Py \wedge \neg y = x \rightarrow Rxy)))}$$

Qx: x ist eine natürliche Zahl,
Px: x ist eine Primzahl,
Rxy: x ist größer als y.

Der Schluß ist k-gültig; *Beweis:* Von jeder k-Interpretation, die (1′) erfüllt, wird nach ($\mathbf{R}\bigwedge$) auch Qu für jedes u von $\mathbf{Q}_\iota$ erfüllt, also nach ($=_1$) auch $Qu \wedge u = u$, und somit nach ($\mathbf{R}\bigvee$) $\bigvee x(Qx \wedge x = u)$ für jedes u von $\mathbf{Q}_\iota$, also (2′). □

Gewisse intuitiv nicht-gültige Schlüsse werden also *formal gültig*. Und umgekehrt sind gewisse intuitiv gültige Schlüsse *formal nicht-gültig*; ein Beispiel:

$$\frac{(3)\ a \text{ ist die größte Primzahl } < b}{(4)\ a \text{ ist eine Primzahl.}}$$

Eine naheliegende Formalisierung ist[6]

$$\frac{(3')\ a = \iota x(Px \wedge \neg \bigvee y(Py \wedge Ryx \wedge Rby))}{(4')\ Pa.}$$

Aber sie ist nicht k-gültig; denn es gibt k-Interpretationen φ, die (3′), aber nicht (4′) erfüllen, z. B. jedes φ mit $\varphi(a) = \varphi(a^*)$ und $\varphi(P) = \emptyset$.

Die Mängel dieser Kennzeichnungstheorie ergeben sich offensichtlich aus der willkürlichen „Ersatz-Referenz" für nicht-eindeutige Kennzeichnungen. Um Fehlschlüsse wie den von (1) auf (2) zu vermeiden, sollte man sie nur auf eindeutige Kennzeichnungen anwenden – aber auch dann liefert sie nicht alle erwünschten Schlüsse, wie den von (3) auf (4).

Neben der Kennzeichnungstheorie von Frege-Carnap gibt es mehrere andere, von denen wir hier einige kurz erwähnen. Die folgende Kontextdefinition hat Quine in [2], §37, vorgeschlagen:

(Dι) $G[\iota xF[x]] =_{\mathrm{df}} \bigvee y(G[y] \wedge \bigwedge x(F[x] \leftrightarrow x = y))$,
sofern kein bezeichnetes Vorkommnis von $\iota xF[x]$ in einer kleineren Teilformel von $G[\iota xF[x]]$ vorkommt.

Als Kontext, mit dem hier ein oder auch mehrere Vorkommnisse eines ι-Terms zu beseitigen sind, muß hier die *kleinste* elementare Teilformel $Pt_1 \ldots t_n$ gewählt werden, in der sie vorkommen; die ι-Terme sind dann entweder bestimmte t_i oder in ihnen enthalten; aber im letzteren Fall dürfen sie nur im Bereich von Funktionsparametern, nicht jedoch von Prädikatparametern, von t_i vorkommen.

Nach (Dι′) sind alle elementaren Sätze $Pu_1 \ldots u_n$ mit einer nichteindeutigen Kennzeichnung u_i *falsch*; dies gilt insbesondere auch für Gleichungen $u_1 = u_2$. Daraus ergibt sich, daß bei Verwendung von (Dι′) die Quantorenregeln ($\mathbf{R}\bigwedge$), ($\mathbf{R}\bigvee$) *nicht allgemein* für sämtliche Kennzeichnungen gelten; denn $\bigwedge x\ x = x$ ist i-gültig, während $u = u$ falsch sein kann; und $\bigvee x \neg x = x$ ist i-kontradiktorisch, während $\neg u = u$ wahr sein kann. Dies ist ein technischer Nachteil von Quines Kennzeichnungstheorie, der in der Theorie von Frege-Carnap mit Hilfe der künstlichen Ersatz-Referenz vermieden wird. Andererseits ist Quines Theorie intuitiv viel plausibler; und die obigen Gegenbeispiele treffen sie nicht.

Der routiniertere Leser möge zeigen, daß im Sinn von (Dι′) der obige Schluß von (1′) auf (2′) nicht i-gültig ist, während der Schluß von (3′) auf (4′) i-gültig ist.

---

6 Superlativ-Kennzeichnungen wie (a) ‚die größte Primzahl' und (b) ‚die größte Primzahl $<b$' sind auf verschiedene Weise mit Hilfe der Komparativ-Relation ‚größer als' formalisierbar, wie (2′) und (3′) zeigen. Aber die obigen Argumente gegen die Kennzeichnungstheorie von Frege-Carnap sind unabhängig davon; auch wenn man (a) und (b) unanalysiert läßt und etwa durch ιxP_1x formalisiert, ist der Schluß von (1) auf (2) formal gültig, und der von (3) auf (4) nicht.

Aber auch ($D\iota'$) hat in intuitiver Hinsicht Probleme. Betrachten wir den etwas dubiosen Schluß:

(5) Es gibt keine größte Primzahl

(6) Die größte Primzahl ist nicht gerade.

(5′) $\neg \bigvee x\, x = \iota x(Px \wedge \bigwedge y(Py \wedge \neg y = x \rightarrow Rxy))$

(6′) $\neg Q\iota x(Px \wedge \bigwedge y(Py \wedge \neg y = x \rightarrow Rxy))$.

Px: x ist eine Primzahl,
Rxy: x ist größer als y,
Qx: x ist gerade.

Der Schluß ist im Sinn von ($D\iota'$) *i*-gültig. *Indirekter Beweis:* $\iota x A[x]$ sei die in (5′), (6′) vorkommende Kennzeichnung. *Angenommen,* (6′) ist **f** bei einer *i*-Bewertung $\mathfrak{b}$, dann erfüllt $\mathfrak{b}$

1. $Q\iota x A[x]$	nach Annahme, (**R**$\neg$)
2. $\bigvee y(Qy \wedge \bigwedge x(A[x] \leftrightarrow x = y))$	1, ($D\iota'$)
3. $\bigvee x \bigvee y(x = y \wedge \bigwedge x(A[x] \leftrightarrow x = y))$	2, *i*-logisch
4. $\bigvee x(x = \iota x A[x])$	3, ($D\iota'$).

Dann ist (5′) bei $\mathfrak{b}$ falsch, womit der Schluß formal bewiesen ist. Aber ist er intuitiv gültig? Das hängt offenbar davon ab, wie man die Negation versteht:

(6a) Es ist nicht der Fall, daß die größte Primzahl gerade ist (denn sie existiert ja gar nicht).

(6b) Die größte Primzahl ist ungerade (und existiert daher).

Der Schluß von (5) auf (6a) ist intuitiv gültig; der auf (6b) sicherlich nicht. Daher darf (6′) nur im Sinn von (6a) verstanden werden. Aber wie ist dann (6b) zu formalisieren? Offenbar entsteht bei der Negation von Sätzen mit Kennzeichnungen eine Zweideutigkeit; und QUINES Definition ($D\iota'$) liefert nur die eine Bedeutung.

Diese Zweideutigkeit erfaßt die Kennzeichnungstheorie von RUSSELL (in Whitehead/Russell [1], I. S. 173–186), in der die ι-Terme, ähnlich wie die Quantoren, bestimmte *Bereiche* haben, die durch eine Hilfssymbolik markiert werden; in unserem Beispiel, natursprachlich wiedergegeben:

(6a′) Es ist nicht der Fall, daß für die größte Primzahl x gilt: x ist gerade.

(6b′) Für die größte Primzahl x gilt: x ist nicht gerade.

In (6a′) steht der Kennzeichnungsoperator im Bereich der Negation, in (6b′) steht die Negation im Bereich des Kennzeichnungsoperators. Wir gehen auf RUSSELLs Theorie nicht näher ein. Wie es scheint, liefert sie genau die intuitiv erwünschten Schlüsse, allerdings mit beträchtlichem syntaktischen Aufwand. (Genaueres dazu, und eine 3-wertige Kennzeichnungstheorie findet sich in BLAU [1], Kap. 2.2.)

Syntaktisch einfacher ist die Kennzeichnungstheorie *der 3-wertigen Logik.* Hier werden nur die eindeutigen Kennzeichnungen interpretiert, und elementare Sätze $Pu_1 \ldots u_n$ mit einem nicht-eindeutigen u_i erhalten den dritten Wahrheitswert *unbestimmt.* Der „äußeren" und „inneren" Negation in (6a′) und (6b′) entspricht hier die *schwache* (*nichtpräsupponierende*) Negation ‚$\neg$' einerseits und die *starke* (*existenzpräsupponierende*) Negation ‚$-$' andererseits, mit den 3-wertigen Wahrheitstafeln (mit **u** für *unbestimmt*)

A	$\neg A$	$-A$
w	**f**	**f**
f	**w**	**w**
u	**w**	**u** .

Während (6a), mit schwacher Negation, *wahr* ist, erhält (6b), mit starker Negation, *unbestimmt.* Ähnlich wie RUSSELLs Kennzeichnungstheorie scheint auch die 3-wertige genau die intuitiv gültigen Schlüsse zu liefern.

Kapitel 8

Theorien

8.1 Entscheidbarkeit und Aufzählbarkeit

In der Metatheorie von Theorien spielen die gelegentlich schon verwendeten Begriffe der *Entscheidbarkeit* und *Aufzählbarkeit* eine wichtige Rolle. Wir wollen sie kurz und informell erläutern; ihre präzise formale Explikation geschieht in der *Rekursionstheorie*, auf die wir erst in Kap. 12 eingehen werden.

Eine Menge M von Ausdrücken heißt *entscheidbar*, wenn es ein mechanisches Verfahren gibt, um für jeden Ausdruck S nach endlich vielen Schritten festzustellen, ob $S \in M$ oder nicht. Jede endliche Menge ist entscheidbar (man kann eine entsprechende Liste mechanisch durchlaufen), aber nicht jede entscheidbare Menge ist endlich. So sind z. B. die Menge aller Sätze von **Q**, die Menge der j-gültigen Sätze und die Menge der j-erfüllbaren Sätze entscheidbare unendliche Mengen; ebenso ist für jeden Kalkül **K** die Menge aller **K**-Ableitungen und für jede entscheidbare Annahmenmenge M die Menge aller **K**-Ableitungen aus M eine entscheidbare unendliche Menge. Dagegen ist die Menge der **K**-Theoreme, also der l-gültigen Sätze, unentscheidbar, wie CHURCH (in [1]) bewiesen hat. (Genaueres dazu in Kap. 12.)

Eine Menge M von Ausdrücken heißt *aufzählbar*, wenn sie leer ist oder wenn es ein nicht-abbrechendes mechanisches Verfahren gibt, das schrittweise, evtl. mit Wiederholungen, alle Ausdrücke von M aufzählt. So z. B. ist die Menge der l-gültigen Sätze aufzählbar; denn man kann in einem Kalkül sämtliche Beweise der Länge nach und bei gleicher Länge alphabetisch ordnen und demgemäß die Theoreme als deren Endglieder aufzählen. Aus demselben Grund ist auch die Menge aller l- bzw. i-Folgerungen aus einer entscheidbaren Annahmenmenge aufzählbar. Jede aufzählbare Menge ist höchstens abzählbar unendlich, also abzählbar, aber nicht jede abzählbare Menge ist aufzählbar, wie wir sehen werden. Mit dem Entscheidbarkeitsbegriff besteht der folgende Zusammenhang:

(1) M ist entscheidbar $\Leftrightarrow$ M und $\bar{M}$ sind aufzählbar.

Wenn es nämlich für M ein Entscheidungsverfahren gibt, so kann man dies auf sämtliche Ausdrücke der Reihe nach anwenden und jeweils die positiven und die negativen Fälle, also insgesamt M und $\bar{M}$, aufzählen. Umgekehrt liefern zwei Aufzählungsverfahren für M und $\bar{M}$ zusammen ein Entscheidungsverfahren für M; denn wenn man die beiden Aufzählungen alternierend durchläuft, so findet man jeden Ausdruck S nach endlich vielen Schritten in der einen oder der anderen, und hat damit eine Entscheidung. (Diese Aussage (1) wird als strenger Satz in Form des Negationslemmas L4 in Kap. 12, Abschn. 8, bewiesen.)

Während alle entscheidbaren Mengen aufzählbar sind, gilt die Umkehrung nicht, wie das Beispiel der *l*-gültigen Sätze zeigt. Jede aufzählbare unentscheidbare Menge hat nach (1) ein nichtaufzählbares Komplement. Daher sind die *l-widerlegbaren* Sätze nicht aufzählbar (aber natürlich abzählbar). Dasselbe gilt für die *l-erfüllbaren* Sätze: *Angenommen,* man könnte sie aufzählen, so könnte man insbesondere alle *l*-erfüllbaren *Negationen* aufzählen, indem man alle Sätze anderer Gestalt überspringt. Nun könnte man in der neuen Aufzählung alle Anfangs-Negationszeichen weglassen, und hätte eine Aufzählung aller *l*-widerlegbaren Sätze.

8.2 Theorien erster Stufe

Eine sog. *Theorie* **T** *erster Stufe* entsteht dadurch, daß bestimmte Parameter von **Q** als *Konstante* von **T** ausgezeichnet werden; diese bilden eine entscheidbare Menge. (Bei den meisten betrachteten Theorien bilden die Konstanten sogar nur eine kleine endliche Menge.) Alle Ausdrücke (Sätze, Formeln, Terme, Prädikate, usw.) von **Q**, deren sämtliche Parameter Konstanten von **T** sind, bezeichnen wir als **T**-*Ausdrücke* (**T**-*Sätze*, usw.). Jede *syntaktische* **T**-*Kategorie* ist eine entscheidbare Menge. Die Bedeutung der Konstanten einer Theorie **T** kommt im wesentlichen in ihren sog. *Theoremen* zum Ausdruck. Diese bilden eine Menge von **T**-Sätzen, die *l-abgeschlossen* und im allgemeinen auch *i-abgeschlossen* ist, d. h.: die jeden **T**-Satz als Element enthält, der aus ihr *l*-folgt bzw. *i*-folgt.

Wir definieren nun allgemein: *Eine Theorie* **T** *erster Stufe mit* (bzw. *ohne*) *Identität* ist ein geordnetes Paar $\langle Kn, Th \rangle$ mit einer entscheidbaren Menge *Kn* von Parametern von **Q**, den *Konstanten* von **T**, mit (bzw. ohne) Identitätskonstante, und einer *i*- (bzw. *l*-) abgeschlossenen Menge *Th* von **T**-Sätzen, den *Theoremen* von **T**.

Da die meisten vorkommenden Theorien solche mit Identität sind, beschränken wir uns von nun an auf diese; für die anderen gilt alles weitere analog, mit ‚*l*' statt ‚*i*' und ‚$=$'$\notin Kn$. Mit Hilfe der *i*-semantischen

Begriffe definieren wir für Theorien **T** ganz analog die Begriffe der ‚**T**-*Semantik*':

Eine *i*-Bewertung, bzw. (normale *i*-Interpretation, heißt **T**-*Bewertung*, bzw. (*normale*) **T**-*Interpretation*, wenn sie alle Theoreme von **T** wahr macht. Aus den früheren Theoremen Th. 5.1', Th. 5.3 und Th. 5.5 für die *l*-Bewertungen und -Interpretationen und Th. 7.5 für die (normalen) *i*-Interpretationen folgt unmittelbar, daß dieselben Zusammenhänge zwischen den **T**-Bewertungen und -Interpretationen bestehen.

Ein Satz von **Q** ist **T**-*gültig*, wenn er bei allen **T**-Bewertungen, oder gleichwertig, bei allen **T**-Interpretationen (bzw. mit Objektnamen, bzw. Variablenbelegung) **w** ist, und entsprechend ist die **T**-*Folgerung* (‚$\Vdash_{\mathbf{T}}$'), -*Erfüllbarkeit* usw., für Sätze und Satzmengen von **Q** zu definieren. Zu den **T**-gültigen Sätzen gehören insbesondere alle Theoreme von **T** sowie alle *i*-gültigen Sätze mit zusätzlichen Parametern von **Q**.

Eine Theorie **T** heißt (*Theorem-*) *konsistent*, wenn sie keinen **T**-Satz zugleich mit seiner Negation als Theorem hat, mit anderen Worten, wenn nicht alle Sätze von **Q** **T**-gültig sind. Nach Definition ist eine Theorie also genau dann konsistent, wenn es eine **T**-Bewertung (gleichwertig: eine **T**-Interpretation) gibt. Eine **T**-Interpretation heißt (*nicht-*)*normales Modell* für **T**, sofern sie eine (nicht-)normale *i*-Interpretation ist. (Für präzise Definitionen der Begriffe ‚Interpretation', ‚Struktur' und ‚Modell' vgl. Abschn. 1 von Kap. 14, insbesondere auch die Anmerkung zur Terminologie am Ende von 14.1.4.) **T** heißt (*Theorem-*)*vollständig*, wenn für jeden **T**-Satz A gilt, daß A oder $\neg A$ **T**-Theorem ist. (In diesem Kapitel wird von Vollständigkeit immer im Sinn dieser Theoremvollständigkeit gesprochen. Davon streng zu unterscheiden ist natürlich der semantische Vollständigkeitsbegriff für Kalküle, wie er in Kap. 4 eingeführt worden ist.) **T** heißt *aufzählbar* bzw. *entscheidbar*, wenn die Menge der Theoreme aufzählbar bzw. entscheidbar ist.

Von besonderem Interesse ist die Frage der Axiomatisierbarkeit einer Theorie. Unter einer *axiomatischen Theorie erster Stufe* verstehen wir ein geordnetes Paar $\langle Kn, Ax\rangle$ mit einer entscheidbaren Parametermenge Kn, den *Konstanten* von **T** (wie oben für Theorien) und einer entscheidbaren Menge Ax von **T**-Sätzen, den *Axiomen* von **T**. Jede axiomatische Theorie $\langle Kn, Ax\rangle$ legt eindeutig eine Theorie $\langle Kn, Th\rangle$ fest, wobei Th die Menge der **T**-Sätze ist, die aus Ax *i*-folgen. Ax heißt dann *Axiomensystem* für diese Theorie. Offensichtlich kann es verschiedene Axiomensysteme für eine Theorie geben; sofern wenigstens eines existiert, heißt die Theorie *axiomatisierbar*. Es gibt jedoch auch *nicht-axiomatisierbare* Theorien; das erste und bekannteste Beispiel hat GÖDEL in [2] mit seinem Unvollständigkeitstheorem gezeigt: die *Zahlentheorie*, mit den Konstanten =, 0, ′ (Nachfolger), +, ·, und allen zahlentheoretisch wahren Sätzen als Theoremen. (Vgl. dazu Kap. 12.)

Jede axiomatisierbare Theorie ist aufzählbar, denn man kann, wie erwähnt, die *i*-Folgerungen aus der entscheidbaren Axiomenmenge aufzählen und dabei alle auslassen, die keine **T**-Sätze sind. Umgekehrt hat CRAIG in [1] gezeigt, daß jede aufzählbare Theorie axiomatisierbar ist. Jede entscheidbare Theorie ist axiomatisierbar – am einfachsten, indem man ihre Theoreme als Axiome verwendet. Andererseits sind viele axiomatisierbare Theorien unentscheidbar. Das erste und bekannteste Beispiel liefert wieder das erwähnte Theorem von CHURCH: die „leere" Theorie der *reinen Logik* mit (oder auch ohne) Identität, die als Konstanten alle Parameter von **Q**, und als Theoreme alle *i*- (oder auch *l*-) gültigen Sätze von **Q** hat. Diese Theorie ist axiomatisierbar, z.B. durch das leere Axiomensystem, aber unentscheidbar.

Unentscheidbare axiomatisierbare Theorien sind jedoch notwendig *unvollständig*, und die reine Logik ist der Extremfall einer unvollständigen Theorie, da sie alle möglichen *i*- (bzw. *l*-) Bewertungen zuläßt. Ein anderer Extremfall ist eine vollständige Theorie **T**, in der alle **T**-Sätze eindeutige Wahrheitswerte haben. Eine solche ist, falls axiomatisierbar, auch *entscheidbar*; denn dann ist jeder **T**-Satz, oder aber seine Negation, Theorem, und wenn man die Aufzählung der Theoreme durchläuft, kann man nach endlich vielen Schritten entscheiden, welcher Fall vorliegt.

Zahlreiche interessante Fragen entstehen beim *Vergleich* von Theorien; im einfachsten Fall ist $\mathbf{T}'=\langle Kn', Th'\rangle$ eine *Erweiterung* von $\mathbf{T}=\langle Kn, Th\rangle$, d.h. $Kn \subseteq Kn'$ und $Th \subset Th'$. $\mathbf{T}'$ heißt *konservative Erweiterung* von **T**, wenn $\mathbf{T}'$ eine Erweiterung von **T** ist und für alle **T**-Sätze A gilt: $\Vdash_{\mathbf{T}'} A \Leftrightarrow \Vdash_{\mathbf{T}} A$. Eine besonders einfache Art konservativer Theorieerweiterung ist die sog. ‚definitorische' Erweiterung, die wir im nächsten Abschnitt behandeln. Zuvor stellen wir einige **T**-semantische *Substitutionstheoreme* zusammen, die den *q*-, *l*- und *i*-semantischen entsprechen und sich ganz analog beweisen lassen.

Substitutionstheorem der Äquivalenz für Sätze (n = 0) und Prädikate (n > 0) (vgl. die Theoreme Th. 3.6 und Th. 3.7):

Th. 8.1 *Aus* A_{B^n} *entstehe* A_{C^n} *durch Ersetzung einer bestimmten Teilformel* $B[t_1, \ldots, t_n]$ *durch* $C[t_1, \ldots, t_n]$ $(n \geqq 0)$. *Dann gilt* $\wedge x_1 \ldots \wedge x_n(B[x_1, \ldots, x_n] \leftrightarrow C[x_1, \ldots, x_n]) \Vdash_{\mathbf{T}} A_{B^n} \leftrightarrow A_{C^n}$.

Substitutionstheorem der Identität, für Objektbezeichnungen (n = 0) und Funktionsbezeichnungen (n > 0) (vgl. Th. 7.3):

Th. 8.2 *Aus* A_{u^n} *entstehe* A_{v^n} *durch Ersetzung eines bestimmten Teilterms* $u[t_1, \ldots, t_n]$ *durch* $v[t_1, \ldots, t_n]$ $(n \geqq 0)$. *Dann gilt* $\wedge x_1 \ldots \wedge x_n(u[x_1, \ldots, x_n] = v[x_1, \ldots, x_n]) \Vdash_{\mathbf{T}} A_{u^n} \leftrightarrow A_{v^n}$.

Variantentheorem für gebundene Variablen (vgl. Th. 3.8):

Th. 8.3 $A =_v B \Rightarrow \Vdash_{\mathbf{T}} A \leftrightarrow B$.

Die drei nächsten Substitutionstheoreme für Parameter sind gegenüber den entsprechenden *q*-, *l*- und *i*-Theoremen auf diejenigen Parameter einzuschränken, die *keine Konstanten* von **T** sind; die Beweise verlaufen dann wieder analog.

Variantentheorem für Parameter (vgl. Th. 3.9):

Th. 8.4 *Aus M, A entstehe N, B durch alphabetische Umbenennung von Parametern, die keine Konstanten von* **T** *sind, in Parameter, die keine Konstanten von* **T** *sind. Dann gilt:*
(*a*) *A und B haben denselben* **T**-*Status;*
(*b*) *M ist* **T**-*erfüllbar* $\Leftrightarrow$ *N ist* **T**-*erfüllbar;*
(*c*) $M \Vdash_{\mathbf{T}} A \Leftrightarrow N \Vdash_{\mathbf{T}} B$.

Substitutionstheorem für Parameter (vgl. Th. 3.10, Th. 3.11 und die vor Th. 5.9 angeführten, uneingeschränkten *l*-semantischen Theoreme):

Th. 8.5 *Aus M, A entstehe N, B durch Ersetzung aller Vorkommnisse eines n-stelligen Prädikat- oder Funktionsparameters* ($n \geqq 0$), *der keine Konstante von* **T** *ist, durch passende Varianten eines n-stelligen Prädikates bzw. einer Funktionsbezeichnung. Dann gilt:*
(*a*) *A ist* **T**-*gültig* (**T**-*ungültig*) $\Rightarrow$ *B ist* **T**-*gültig* (**T**-*ungültig*);
(*b*) *B ist* **T**-*kontingent* $\Rightarrow$ *A ist* **T**-*kontingent;*
(*c*) *N ist* **T**-*erfüllbar* $\Rightarrow$ *M ist* **T**-*erfüllbar;*
(*d*) $M \Vdash_{T} A \Rightarrow N \Vdash_{T} B$.

Generalisierungstheorem (vgl. Th. 3.12 und die eben erwähnten Theoreme vor Th. 5.9):

Th. 8.6 *Wenn a keine Konstante von* **T** *ist und nicht in M,* $\bigwedge x A[x]$ *vorkommt, so gilt:*

$$M \Vdash_{\mathbf{T}} A[a] \Leftrightarrow M \Vdash_{\mathbf{T}} \bigwedge x A[x].$$

Der Leser überlege sich als fortgeschrittene Übungsaufgabe, inwieweit die *l*-semantischen Grundresultate von Kap. 5.5, Th. 5.7 bis Th. 5.10, für Theorien erster Stufe gelten.

8.3 Definitorische Theorieerweiterung[1]

T sei in diesem Abschnitt stets eine *axiomatische* Theorie $\langle Kn, Ax \rangle$. Die praktische Anwendung von **T** wird oft erleichtert, wenn man für bestimmte komplexe **T**-Ausdrücke *E definitorische Abkürzungen* einführt.

---

1 Vgl. zu diesem Abschnitt auch die modelltheoretische Variante der Definitionstheorie in Abschn. 2 von Kap. 14.

Solche Definitionen kann man auf zweierlei Weise betrachten: entweder als *informelle metasprachliche Abkürzungen*, die an der Theorie nichts ändern (in dieser Weise haben wir die Anzahlquantoren und den Kennzeichnungsoperator definiert), oder aber als *objektsprachliche Axiome*, welche die Theorie erweitern. In diesem Fall wählt man einen mit E typgleichen Parameter $E^* \notin Kn$, legt seine Bedeutung durch ein sog. „definierendes Axiom" A_{E^*} fest, und erweitert **T** zu $\mathbf{T}' = \langle Kn \cup \{E^*\}, Ax \cup \{A_{E^*}\} \rangle$. Dabei ist A_{E^*} so zu wählen, daß drei Forderungen erfüllt sind, die denen von Th. 7.10(a), (b), (c) entsprechen. Die erste ist die *Eliminierbarkeitsforderung*:

(F1) *Aus jedem* **T**'*-Satz A sind alle Vorkommnisse von* E^* *auf mechanische Weise eliminierbar; dadurch entsteht nach endlich vielen Schritten ein – nicht unbedingt eindeutiger –* **T***-Satz* A^0.

Wir bezeichnen A^0 als *E^*-Transformat* von A. Für den Fall, daß A^0 nicht eindeutig ist, fügen wir die *Äquivalenzforderung* hinzu:

(F2) *Alle E^*-Transformate A^0 eines* **T**'*-Satzes A sind* **T***-äquivalent.*

Schließlich fordern wir die sog. *Nichtkreativität:*

(F3) *Für alle* **T**'*-Sätze A und ihre E^*-Transformate A^0 gilt:*
Der **T**'*-Status von A ist identisch mit dem* **T***-Status von* A^0.

Ist **(F3)** erfüllt, so enthält **T**' keine wesentlich neuen Theoreme gegenüber **T**; denn einerseits ist **T**' eine konservative Erweiterung von **T**, da $A^0 = A$ für alle **T**-Sätze A, und andererseits entstehen aus den zusätzlichen Theoremen von **T**', die E^* enthalten, durch mechanische Transformationen Theoreme von **T**.

Sind diese drei Forderungen erfüllt, so heißt **T**' eine *einfache definitorische Erweiterung* von **T**. Wenn in $\mathbf{T}_1, \ldots, \mathbf{T}_n$ jedes $\mathbf{T}_{i+1}$ eine einfache definitorische Erweiterung von $\mathbf{T}_i$ ist, so heißt $\mathbf{T}_n$ *definitorische Erweiterung* von $\mathbf{T}_1$.

Wir führen ohne Beweis die folgenden Eigenschaften von Theorieerweiterungen an:

(a) Jede definitorische Erweiterung ist eine konservative Erweiterung.

(b) Ist **T**' eine konservative Erweiterung von **T**, so gilt:
T' ist konsistent $\Leftrightarrow$ **T** ist konsistent.

(c) Ist **T**' eine definitorische Erweiterung von **T**, so gilt:
T' ist vollständig $\Leftrightarrow$ **T** ist vollständig,

und:

T' ist entscheidbar $\Leftrightarrow$ **T** ist entscheidbar.

Wegen dieser Übereinstimmungen sind definitorische Erweiterungen vom theoretischen Standpunkt aus unwesentlich, praktisch aber oft von großem Nutzen. Wir wollen die Form der definierenden Axiome nun näher beschreiben. Dabei beziehen wir uns zu Beispiel-Zwecken auf das folgende System **Z** der elementaren Zahlentheorie. **Z** hat die oben erwähnten fünf *Konstanten:* $=, 0, ', +, \cdot$, und die *Axiome:*

(Z1) $\neg \bigvee x\, 0=x'$
(Z2) $\bigwedge x \bigwedge y(x'=y' \rightarrow x=y)$
(Z3) $\bigwedge x\; x+0=x$
(Z4) $\bigwedge x \bigwedge y\; x+y'=(x+y)'$
(Z5) $\bigwedge x\; x\cdot 0=0$
(Z6) $\bigwedge x \bigwedge y\; x\cdot y'=(x\cdot y)+x$
(Z7) $A[0] \wedge \bigwedge x(A[x] \rightarrow A[x']) \rightarrow \bigwedge x A[x]$.

(Wir stellen, wie üblich, die einstellige Nachfolgerfunktion $'$ hinter ihr Argument, und die zweistelligen Funktionen $+$ und $\cdot$ zwischen ihre Argumente.)

Die Axiome (Z1)–(Z6) charakterisieren paarweise die Nachfolgerfunktion, die Addition und die Multiplikation. (Z7) ist das *Induktionsschema*, das sämtliche **Z**-Sätze der angegebenen Gestalt als Axiome liefert. Offensichtlich ist die Menge der **Z**-Axiome entscheidbar. Diese axiomatische Theorie hat als Theoreme einen erheblichen Teil der zahlentheoretisch wahren Sätze, die sich aus Junktoren, Quantoren und **Z**-Konstanten bilden lassen (aber nach dem Theorem von GÖDEL nicht alle, ebensowenig wie irgendeine konsistente Erweiterung von **Z**).

Wir betrachten nun drei Formen definitorischer Erweiterung von axiomatischen Theorien $\mathbf{T}=\langle Kn, Ax\rangle$. Für ein n-stelliges **T**-*Prädikat* $C[*_1,\ldots,*_n]$ $(n \geqq 0)$ kann man einen n-stelligen Prädikatsparameter $P^* \notin Kn$ als neue Konstante einführen. Das *definierende Axiom* hat in diesem Fall die Gestalt

$$A_{P^*}\colon \bigwedge x_1 \ldots \bigwedge x_n(P^*x_1\ldots x_n \leftrightarrow C[x_1,\ldots,x_n]).$$

Das P^*-*Transformat* F^0 einer Formel F entsteht hier dadurch, daß jede Teilformel von F der Gestalt $P^*t_1\ldots t_n$ durch $C'[t_1,\ldots,t_n]$ ersetzt wird, wobei $C'[*_1,\ldots,*_n]$ eine für $t_1,\ldots,t_n$ freie Variante bzgl. gebundener Variablen von $C[*_1,\ldots,*_n]$ ist. Dann gilt

Th. 8.7 $\mathbf{T}'=\langle Kn \cup \{P^*\}, Ax \cup \{A_{P^*}\}\rangle$ *ist eine einfache definitorische Erweiterung von* $\mathbf{T}=\langle Kn, Ax\rangle$.

Beweis: Die Eliminierbarkeitsforderung (**F1**) ist offensichtlich erfüllt, ebenso die Äquivalenzforderung (**F2**) nach Th. 8.1, ferner auch die Nichtkreativität:

(**F3**) Für alle **T**$'$-Sätze A und ihre P^*-Transformate A^0 gilt: Der T'-Status von A ist identisch mit dem **T**-Status von A^0.

Denn aus dem $\mathbf{T}'$-Axiom A_{P*} folgt n. Def. von A^0, dem Substitutionstheorem der Äquivalenz, Th. 8.1, und dem Variantentheorem für gebundene Variablen, Th. 8.3, $\Vdash_{\mathbf{T}'} A \leftrightarrow A^0$, daher:

1. $\mathbf{T}'$-Status von $A \doteqdot \mathbf{T}'$-Status von A^0.

Und andererseits gilt für alle $\mathbf{T}$-Sätze B:

2. $\mathbf{T}'$-Status von $B \doteqdot \mathbf{T}$-Status von B.

Dazu ist zu zeigen, daß B bei einer bzw. jeder $\mathbf{T}'$-Bewertung **w** bzw. **f** ist genau dann, wenn B bei einer bzw. jeder $\mathbf{T}$-Bewertung **w** bzw. **f** ist. Dies gilt, da jede $\mathbf{T}'$-Bewertung eine $\mathbf{T}$-Bewertung ist, und umgekehrt zu jeder $\mathbf{T}$-Bewertung $\mathfrak{b}$ von $\mathbf{Q}_E$ eine $\mathbf{T}'$-Bewertung $\mathfrak{b}'$ von $\mathbf{Q}_E$ definiert werden kann, die mit $\mathfrak{b}$ für alle $\mathbf{T}$-Sätze B übereinstimmt:

$$\mathfrak{b}'(A) =_{df} \mathfrak{b}(A^0) \text{ für jeden Satz } A \text{ von } \mathbf{Q}_E.$$

Nach Definition des P^*-Transformats gilt:

$$(\neg A)^0 = \neg(A^0), \quad (A\mathrm{j}B)^0 = A^0\mathrm{j}B^0, \quad (\mathrm{q}xA[x])^0 = \mathrm{q}x(A[x]^0).$$

Daher erfüllt $\mathfrak{b}'$ die Junktoren- und Quantorenregeln, da $\mathfrak{b}$ sie erfüllt. Aus demselben Grund erfüllt $\mathfrak{b}'$ auch $(=_1)$ und $(=_2)$; denn $(=_1)^0$ ist $(=_1)$, und wenn A unter das Schema $(=_2)$ fällt, so fällt auch A^0 darunter. Ferner erfüllt $\mathfrak{b}'$ die $\mathbf{T}$-Axiome, da $\mathfrak{b}$ sie erfüllt und P^* in ihnen nicht vorkommt. Schließlich erfüllt $\mathfrak{b}'$ das neue $\mathbf{T}'$-Axiom A_{P*}, da $\mathfrak{b}$ offensichtlich sein P^*-Transformat erfüllt. Also ist $\mathfrak{b}'$ eine $\mathbf{T}'$-Bewertung von $\mathbf{Q}_E$, und n. Def. stimmt $\mathfrak{b}'$ mit $\mathfrak{b}$ für alle $\mathbf{T}$-Sätze überein. Damit ist 2. bewiesen, und mit 1. auch **(F3)**. □

Einige *Beispiele:* Man kann die Zahlentheorie $\mathbf{Z}$ definitorisch erweitern durch Hinzunahme etwa der einstelligen Prädikatkonstanten Gr (‚gerade'), Pr (‚Primzahl') oder der zweistelligen Prädikatkonstante $\leqq$, mit den definierenden Axiomen:

$$\begin{aligned}&\wedge x(Grx \leftrightarrow \vee y\, y \cdot 0'' = x),\\ &\wedge x(Prx \leftrightarrow \neg x = 0 \wedge \neg x = 0' \wedge \wedge y \wedge z(x = y \cdot z \rightarrow y = 0' \vee y = x)),\\ &\wedge x \wedge y(x \leqq y \leftrightarrow \vee z\; x + z = y).\end{aligned}$$

Nullstellige Prädikatkonstanten, d. h. Satzkonstanten, spielen praktisch keine große Rolle, lassen sich aber nach Th. 8.7 ebenfalls definitorisch einführen. So z. B. kann man in $\mathbf{Z}$ nach den vorangehenden Erweiterungen eine Satzkonstante s einführen, mit dem definierenden Axiom:

$$s \leftrightarrow \wedge x(0'''' \leqq x \wedge Grx \rightarrow \vee y \vee z(Pry \wedge Prz \wedge x = y + z)).$$

In dieser erweiterten Theorie $\mathbf{Z}'$ ist s eine Satzkonstante für die bis heute unentschiedene *Goldbachsche Vermutung.*

In ähnlicher Weise kann man für eine komplexe n-stellige $\mathbf{T}$-*Funktionsbezeichnung* $u[*_1, \ldots, *_n]$ mit $(n \geqq 0)$ einen n-stelligen Funktionsparameter $f^* \notin Kn$ als neue Konstante einführen. Das *definierende Axiom* hat dann die Gestalt

$$A_{f*}: \ \bigwedge x_1 \ldots \bigwedge x_n f^*(x_1 \ldots x_n) = u[x_1, \ldots, x_n].$$

Das f^*-*Transformat* F^0 einer Formel F entsteht nun analog durch Ersetzung aller Vorkommnisse von Termen der Gestalt $f^*(t_1 \ldots t_n)$ durch $u[t_1, \ldots, t_n]$ (alphabetische Umbenennungen sind hier nicht erforderlich, da $u[*_1, \ldots, *_n]$ keine Variablen enthält); analog gilt:

Th. 8.8 $\mathbf{T}' = \langle Kn \cup \{f^*\}, Ax \cup \{A_{f*}\} \rangle$ *ist eine einfache definitorische Erweiterung von* $\mathbf{T} = \langle Kn, Ax \rangle$.

Beweis: Die Forderung (**F1**) ist offensichtlich erfüllt, und (**F2**) entfällt. Zu zeigen bleibt noch für jeden $\mathbf{T}'$-Satz A und sein f^*-Transformat A^0:

(**F3**) Für alle $\mathbf{T}'$-Sätze A und ihre f^*-Transformation A^0 gilt: $\mathbf{T}'$-Status von $A \doteqdot \mathbf{T}$-Status von A^0.

Aus dem $\mathbf{T}'$-Axiom A_{f*} folgt n. Def. von A^0 und dem Substitutionstheorem der Identität, Th. 8.2, $\Vdash_{\mathbf{T}'} A \leftrightarrow A^0$; daher:

1. $\mathbf{T}'$-Status von $A \doteqdot \mathbf{T}'$-Status von A^0.

Wieder gilt für alle $\mathbf{T}$-Sätze B:

2. $\mathbf{T}'$-Status von $B \doteqdot \mathbf{T}$-Status von B.

Denn jede $\mathbf{T}'$-Bewertung ist eine $\mathbf{T}$-Bewertung, und umgekehrt gibt es zu jeder normalen $\mathbf{T}$-Interpretation φ mit Objektnamen über D eine normale $\mathbf{T}'$-Interpretation φ' mit Objektnamen über D, die mit φ für alle $\mathbf{T}$-Sätze B übereinstimmt. Wir definieren φ' ähnlich wie im vorigen Fall:

(Im Unterschied zum letzten Fall des definierten Prädikatparameters kann der definierte Funktionsparameter f^* in den Objektbezeichnungen vorkommen. Daher beziehen wir uns hier auf die *speziellen* Quantorenregeln und verwenden Interpretationen mit Objektnamen anstelle der Bewertungen.)

(a) $(\varphi(f^*))(\mathrm{d}_1 \ldots \mathrm{d}_n) =_{\mathrm{df}} \varphi(u^{\mathrm{n}}[d_1, \ldots, d_n])$ mit $\mathrm{d}_1, \ldots, \mathrm{d}_n \in \mathrm{D}$.

(b) $\varphi'(e) =_{\mathrm{df}} \varphi(e)$ für jeden von f^* verschiedenen Parameter e von $\mathbf{Q}$.

Durch (a) und (b) ist eine Parameter-Interpretation über D, also nach Th. 5.4 eine l-Interpretation φ' mit Objektnamen über D, definiert. Dabei gilt:

(c) $\varphi'(S) = \varphi(S)$ für alle Objektbezeichnungen und Sätze S von $\mathbf{Q}_D$, in denen f^* nicht vorkommt.

Dies folgt offensichtlich aus (b) durch Induktion nach der Länge von S (unter Verwendung der speziellen Quantorenregeln ($\mathbf{R}\mathrm{q}^0$).)

φ' erfüllt nach (b) die Bedingung ($\mathbf{I}=$), nach (c) die $\mathbf{T}$-Axiome und schließlich auch das neue $\mathbf{T}'$-Axiom A_{f*}; denn für alle $d_1, \ldots, d_n \in D$ gilt:

$$\begin{aligned} \varphi'(f^*(d_1 \ldots d_n)) &= (\varphi'(f^*))(\mathrm{d}_1 \ldots \mathrm{d}_n) && \text{(If), (I0)} \\ &= \varphi(u^{\mathrm{n}}[d_1, \ldots, d_n]) && \text{(a)} \\ &= \varphi'(u^{\mathrm{n}}[d_1, \ldots, d_n]) && \text{(c)}. \end{aligned}$$

Daraus folgt nach (**I**=), (**IP**) und (**R**$\wedge^0$), daß φ' das definierende Axiom A_{f*} erfüllt. Damit ist 2. bewiesen, und mit 1. auch (**F3**).

Beispiele: Man kann die Zahlentheorie **Z** definitorisch erweitern durch Hinzunahme von Funktionskonstanten für das Quadrat (einstellig) oder für sämtliche n-stelligen verallgemeinerten Summen mit den definierenden Axiomen:

$$\wedge x\ x^2 = x \cdot x\,,$$

$$\wedge x_1 \ldots \wedge x_n \sum_{i=1}^{n} x_i = x_1 + \ldots + x_n\,.$$

Ebenso kann man nach Th. 8.8 nullstellige Funktionskonstanten, d. h. Objektkonstanten, einführen. Anders als die Satzkonstanten sind sie von großer praktischer Bedeutung; wie z. B. in **Z** die *Ziffern* 1, 2, usw. mit den definierenden Axiomen: $1 = 0'$, $2 = 1'$, usw.

Eine n-stellige Funktionskonstante kann aber nicht nur zur Abkürzung einer n-stelligen **T**-Funktionsbezeichnung, sondern auch eines n + 1-*stelligen* **T**-*Prädikats* eingeführt werden, sofern dieses in **T** an einer bestimmten Argumentstelle *eindeutig* ist, d. h. unter der Voraussetzung

$$\text{(V)}\quad \Vdash_{\mathbf{T}} \wedge x_1 \ldots \wedge x_n 1y\, C[x_1, \ldots, x_n, y]\,.$$

In diesem Fall erweitert man **T** zu **T**′ durch Hinzunahme eines n-stelligen Funktionsparameters $f^* \notin Kn$ und des *definierenden Axioms*

$$A_{f*}\colon\ \wedge x_1 \ldots \wedge x_n \wedge y(f^*(x_1 \ldots x_n) = y \leftrightarrow C[x_1, \ldots, x_n, y])\,.$$

In diesem Fall ist die Funktionskonstante – und darin liegt ihr „Abkürzungswert" – etwas umständlicher zu eliminieren; und zwar gemäß der folgenden *Kontextdefinition*, die den Kennzeichnungsdefinitionen (Dι), (Dι') aus 7.3 recht ähnlich ist.

(Df^*) $G[f^*(t_1 \ldots t_n)] =_{\mathrm{df}} \vee y(C'[t_1, \ldots, t_n, y] \wedge G[y])$, sofern $G[*_1]$ frei für $f^*(t_1 \ldots t_n)$ und y ist, und $C'[*_1, \ldots, *_n, *_{n+1}]$ eine für $t_1, \ldots, t_n, y$ freie Variante bzgl. der in $C[*_1, \ldots, *_n, *_{n+1}]$ gebundenen Variablen ist.

Jede Formel F^0, die aus F durch Beseitigung aller f^* gemäß (Df^*) entsteht, heißt f^*-*Transformat* von F.

Th. 8.9 *Wenn* (V) (d. h. $\Vdash_{\mathbf{T}} \wedge x_1 \ldots \wedge x_n 1y C[x_1, \ldots, x_n, y]$), *so ist* $\mathbf{T}' = \langle Kn \cup \{f^*\}, Ax \cup \{A_{f*}\}\rangle$ *eine einfache definitorische Erweiterung von* $\mathbf{T} = \langle Kn, Ax\rangle$.

Beweis: Daß (**F1**) erfüllt ist, erkennt man wie für Carnaps Kontext-Definition (Dι). Für (**F2**) und (**F3**) zeigen wir zunächst

1. $\Vdash_{\mathbf{T}'} A[u] \leftrightarrow \vee y(u = y \wedge A[y])$ $\quad$ *i*-logisch

2. $\Vdash_{\mathbf{T}'} \bigwedge x_1 \ldots \bigwedge x_r(G[f^*(x_1 \ldots x_n)] \leftrightarrow \bigvee y(f^*(x_1 \ldots x_n) = y \wedge G[y]))$, sofern $G[*_1]$ frei für $f^*(x_1 \ldots x_n)$ und y ist, und $x_1, \ldots, x_r$ sämtliche freien Variablen von $G[f^*(x_1 \ldots x_n)]$ sind.

Dies folgt aus 1. nach dem Generalisierungstheorem, Th. 8.6.

3. $\Vdash_{\mathbf{T}'} \bigwedge x_1 \ldots \bigwedge x_r(G[f^*(x_1 \ldots x_n)] \leftrightarrow \bigvee y(C[x_1, \ldots, x_n, y] \wedge G[y]))$.

Dies folgt aus 2. und dem **T**'-Axiom A_{f^*} nach dem Substitutionstheorem der Äquivalenz, Th. 8.1.

4. $\Vdash_{\mathbf{T}'} A \leftrightarrow A^0$.

Dies ergibt sich aus 3., und zwar wieder nach dem Substitutionstheorem der Äquivalenz und dem Variantentheorem für gebundene Variablen, Th. 8.3.

Daraus folgt:

5. **T**'-Status von $A \mathrel{\bar{=}}$ **T**'-Status von A^0.

Und für alle **T**-Sätze B gilt wieder:

6. **T**'-Status von $B \mathrel{\bar{=}}$ **T**-Status von B.

Denn jede **T**'-Bewertung ist eine **T**-Bewertung, und umgekehrt gibt es zu jeder normalen **T**-Interpretation φ mit Objektnamen über D eine normale **T**'-Interpretation φ' mit Objektnamen über D, die mit φ für alle **T**-Sätze B übereinstimmt:

(a) $\varphi'(f^*) =_{\mathrm{df}} \{\langle \mathrm{d}_1, \ldots, \mathrm{d}_n, \mathrm{d}_{n+1} \rangle \mid \mathrm{d}_i \in \mathrm{D} \mathbin{\mathbb{A}} \varphi(C[d_1, \ldots, d_n, d_{n+1}]) = \mathbf{w}\}$,

(b) $\varphi'(e) =_{\mathrm{df}} \varphi(e)$ für jeden von f^* verschiedenen Parameter e von **Q**.

Wegen (V) ist $\varphi'(f^*)$ eine n-stellige Operation auf D; daher ist durch (a) und (b) wie im letzten Fall nach Th. 5.4 eine l-Interpretation φ' mit Objektnamen über D definiert, wobei wieder gilt:

(c) $\varphi'(\mathrm{S}) = \varphi(\mathrm{S})$ für alle Objektbezeichnungen und Sätze S von $\mathbf{Q}_D$, in denen f^* nicht vorkommt.

φ' erfüllt nach (b) die Bedingung (**I**=), nach (c) die **T**-Axiome und schließlich auch das neue **T**'-Axiom A_{f^*}; denn für alle $d_1, \ldots, d_n, d_{n+1} \in D$ gilt:

$$\begin{aligned} \varphi'(f^*(d_1 \ldots d_n) = d_{n+1}) = \mathbf{w} &\Leftrightarrow \varphi'(f^*(d_1 \ldots d_n)) = \varphi'(d_{n+1}) && (\mathbf{IP}), (\mathbf{I}=) \\ &\Leftrightarrow (\varphi'(f^*))(\mathrm{d}_1 \ldots \mathrm{d}_n) = \mathrm{d}_{n+1} && (\mathbf{If}), (\mathbf{I}\text{–}\mathbf{O}) \\ &\Leftrightarrow \varphi(C[d_1, \ldots, d_n, d_{n+1}]) = \mathbf{w} && (a) \\ &\Leftrightarrow \varphi'(C[d_1, \ldots, d_n, d_{n+1}]) = \mathbf{w} && (c). \end{aligned}$$

Daraus folgt nach (**R**$\leftrightarrow$) und (**R**$\bigwedge^0$), daß φ' das definierende Axiom A_{f^*} erfüllt, womit 6. bewiesen ist. Nun folgt

(F2) Alle f^*-Transformate A^0 eines **T**'-Satzes A sind **T**-äquivalent, denn alle f^*-Transformate von A sind nach 4. **T**'-äquivalent und nach 6. **T**-äquivalent.

Schließlich folgt aus 5. und 6. wieder:

(F3) *Für alle* **T**'*-Sätze A und ihre* f^**-Transformate* A^0 *gilt: Der* **T**'*-Status von A ist identisch mit dem* **T***-Status von* A^0.

Beispiel: In **Z** ist das dreistellige Prädikat $*_1 + *_3 = *_2 \vee *_2 + *_3 = *_1$ an der dritten Argumentstelle *eindeutig*, d. h.

$$\Vdash_{\mathbf{Z}} \bigwedge x \bigwedge y 1 z(x+z=y \vee y+z=x).$$

Daher kann man eine zweistellige Funktionskonstante $|*_1 - *_2|$ für die *absolute Differenz* einführen, mit dem definierenden Axiom:

$$\bigwedge x \bigwedge y \bigwedge z(|x-y|=z \leftrightarrow x+z=y \vee y+z=x).$$

Die Beseitigung der Funktionskonstante ist hier kompliziert und nicht eindeutig. So z. B. gibt es für $\bigvee x \neg |8-x|=5$ zwei Möglichkeiten:

$\bigvee x \neg(\bigvee y(8+y=x \vee x+y=8) \wedge y=5)$ (kleinstmögliches $G[*_1]$), und

$\bigvee x \bigvee y((8+y=x \vee x+y=8) \wedge \neg y=5)$ (größtmögliches $G[*_1]$).

Beides ist nach Th. 8.9 **Z**-äquivalent.

Teil II

Metalogische Ergebnisse

Kapitel 9

Kompaktheit

9.0 Smullyans Behandlung von Bewertungs- und Interpretationssemantik

In den folgenden drei Kapiteln werden wir an Gedanken von SMULLYAN anknüpfen und diese zu verdeutlichen versuchen. Dabei wird nur die reine Quantorenlogik, ohne Identitäts- und Kennzeichnungstheorie, eine Rolle spielen, d. h. wir werden uns auf die Sprache **Q** beschränken. Für diesen Fall hat SMULLYAN ein elegantes Verfahren entwickelt, um die Gleichwertigkeit von Bewertungs- und Interpretationssemantik zu zeigen. Dieses Verfahren soll hier kurz geschildert werden. SMULLYAN identifiziert überdies die betrachteten Objekte mit ihren eigenen Namen. Zwecks größerer Klarheit machen wir diese weitergehende Vereinfachung in der Darstellung nicht mit, sondern wählen für jeden gegebenen Objektbereich als neue außersystematische Zeichen Namen für die zu diesem Bereich gehörenden Objekte.

Genauer machen wir die folgende Annahme: U sei ein nichtleerer Objektbereich. Wir bilden die Elemente von U eineindeutig auf die *U-Namen* ab, d. h. jedes Element von U soll genau einen U-Namen haben und jeder U-Name soll genau ein Element von U bezeichnen; zwischen einem solchen Bereich U und der Menge der U-Namen soll also eine Bijektion bestehen. Dabei verwenden wir den folgenden Symbolismus:

(*a*) Wenn $s_1, \ldots, s_r$ Elemente von U sind, so seien $n(s_1), \ldots, n(s_r)$ die eindeutig bestimmten U-Namen dieser Elemente;

(*b*) wenn k ein U-Name ist, so sei $u(k)$ das durch k bezeichnete Objekt.

Ein Ausdruck, der aus einer Formel A von **Q** dadurch entsteht, daß sämtliche Objektparameter in A durch U-Namen ersetzt werden, heiße *U-Formel*. Ganz analog zum Vorgehen in Kap. 3 können dann die Begriffe der *atomaren*, *molekularen* und *quantifizierten U-Formel* sowie des *U-Satzes* definiert werden. Schließlich analogisieren wir noch die frühere Definition von A_x^a, also der Substitutionsoperation, und legen dadurch für jede U-Formel B, jede Variable x und jeden U-Namen k eindeutig die U-Formel B_x^k fest.

Wir schildern zunächst unabhängig voneinander die Methoden der Bewertungs- und Interpretationssemantik und zeigen danach ihre wechselseitige Überführbarkeit ineinander.

Beide folgenden Arten von Semantik beziehen sich nur auf die *Logik ohne Funktionsparameter*. Sie sollen gemeinsam als *Semantik der U-Namen* bezeichnet werden.

(I) *Bewertungssemantik*

Für einen nichtleeren Objektbereich U sei $\mathbb{E}^U$ die Menge der U-Sätze. Wir nennen eine Funktion $\mathfrak{b}$ mit dem Definitionsbereich $\mathbb{E}^U$ und dem Wertebereich $\{\mathbf{w}, \mathbf{f}\}$ eine *q-Bewertung für* $\mathbb{E}^U$ gdw gilt:

(Q_1) $\mathfrak{b}$ ist eine Boolesche Bewertung;
(Q_{2a}) $\mathfrak{b}(\bigwedge xA) = \mathbf{w}$ gdw $\mathfrak{b}(A_x^{n(s)}) = \mathbf{w}$ für jedes Objekt $s \in U$;
(Q_{2b}) $\mathfrak{b}(\bigvee xA) = \mathbf{w}$ gdw $\mathfrak{b}(A_x^{n(s)}) = \mathbf{w}$ für mindestens ein Objekt $s \in U$.

Eine *atomare Bewertung* (oder: *Wahrheitsannahme*) $\mathfrak{b}_0$ *für* $\mathbb{E}^U$ ist eine Bewertungsfunktion für die Menge der Atomsätze von $\mathbb{E}^U$.

Analog zu früher gilt, daß sich jede atomare Bewertung für $\mathbb{E}^U$ zu genau einer q-Bewertung erweitern läßt. Wir dürfen daher von *der q-Auswertung für* $\mathbb{E}^U$ *bezüglich der atomaren Bewertung* $\mathfrak{b}_0$ sprechen und verstehen unter ‚A *ist wahr bei* $\mathfrak{b}_0$ *für* $\mathbb{E}^U$' dasselbe wie ‚A ist wahr bei der eindeutig bestimmten q-Auswertung bezüglich $\mathfrak{b}_0$ für $\mathbb{E}^U$'.

Schließlich können analog zu früher die üblichen quantorenlogischen Begriffe bewertungssemantisch definiert werden, insbesondere die quantorenlogische Gültigkeit und Erfüllbarkeit für U-Formeln und Mengen von U-Formeln und damit auch für quantorenlogische Sätze und Mengen von solchen Sätzen.

(Selbstverständlich kann auch diesmal die explizite Bezugnahme auf die beiden Wahrheitswerte **w** und **f** vermieden werden, indem man analog zu früher geeignete Teilmengen M von $\mathbb{E}^U$ als *q-Wahrheitsmengen bezüglich U* auszeichnet.)

(II) *Interpretationssemantik*

$\mathbb{E}$ sei die Menge der q-Sätze (also die Menge der q-Formeln, die weder Objektparameter noch freie Variable enthalten).

Eine *q-Interpretation von* $\mathbb{E}$ *über dem Objektbereich U* ist eine Funktion I, die jedem r-stelligen Prädikat P (mit $r \geqq 1$) eine r-stellige Relation P* zwischen den Elementen aus U, also eine Menge von r-Tupeln von $s_i \in U$, zuordnet.

Ein atomarer U-Satz $P\xi_1 \ldots \xi_r$ ist *wahr bei der Interpretation I* gdw für das r-Tupel $\langle u(\xi_1), \ldots, u(\xi_r) \rangle \in$ P* gilt, wobei P* die dem P durch I zugeordnete Relation ist; andernfalls ist $P\xi_1 \ldots \xi_r$ *falsch bei I*.

(III) *Überführung der Interpretationssemantik in die Bewertungssemantik*

Es sei I eine Interpretation von $\mathbb{E}$ über dem Objektbereich U. Wir ordnen dem I in zwei Schritten eindeutig eine q-Bewertung $\mathfrak{b}$ für $\mathbb{E}^U$ zu. In einem ersten Schritt definieren wir eine *atomare* Bewertung $\mathfrak{b}_0$ für beliebige Atomsätze A von $\mathbb{E}^U$ folgendermaßen:

$\mathfrak{b}_0(A)=\mathbf{w}$ n.Def. gdw A bei I wahr ist;
$\mathfrak{b}_0(A)=\mathbf{f}$ n.Def. gdw A bei I falsch ist.
$\mathfrak{b}_0$ heiße *die durch I induzierte atomare Bewertung von* $\mathbb{E}^U$.

Für den zweiten Schritt machen wir uns die Tatsache zunutze, daß sich $\mathfrak{b}_0$ zu genau einer q-Bewertung $\mathfrak{b}$ erweitern läßt. Dieses $\mathfrak{b}$ sei dann *die durch I festgelegte Bewertung.*

Damit ist bereits, in überraschend einfacher Weise, der Übergang von der Interpretationssemantik zur Bewertungssemantik vollzogen. Der entscheidende Kunstgriff besteht hier darin, daß für eine vorgegebene Interpretationsfunktion I der Begriff ‚wahr bei I' nur für Atomsätze definiert wird, während man bei komplexeren Sätzen auf diejenige Bewertungsfunktion zurückgreift, welche die eindeutige Erweiterung der durch I induzierten atomaren Bewertung bildet.

(IV) *Überführung der Bewertungssemantik in die Interpretationssemantik*

Es sei $\mathfrak{b}$ eine q-Bewertung für $\mathbb{E}^U$. Sie enthält als Teilfunktion eine atomare Bewertung $\mathfrak{b}_0$. Mittels dieser Teilfunktion ist jedem r-stelligen Prädikat P (mit r=1) eindeutig die Menge der r-Tupel $\langle s_1, \ldots, s_r\rangle$ von Objekten $s_i \in U$ $(1 \leqq \mathrm{i} \leqq \mathrm{r})$ zugeordnet, für die $\mathfrak{b}_0(Pn(s_1)\ldots n(s_r))=\mathbf{w}$ gilt. Diese Menge heiße P*; und die diese Zuordnung von P* zu P bewirkende Funktion wählen wir als unsere Interpretationsfunktion I.

Damit ist der Übergang von der Bewertungs- zur Interpretationssemantik bereits vollzogen.

Es besteht somit eine umkehrbare eindeutige Übergangsmöglichkeit von der einen Art von Semantik zur anderen. Es spielt daher keine Rolle, in welcher dieser beiden Arten wir die semantischen Grundbegriffe definieren.

Anmerkung 1. Es sei nochmals ausdrücklich darauf hingewiesen, daß das geschilderte Verfahren die Existenz und Eindeutigkeit der durch eine atomare Bewertung festgelegten Auswertungsfunktion benützt.

Bisweilen wird unter einer Interpretationssemantik eine solche verstanden, für deren Aufbau überhaupt keine Bewertungsfunktion benützt wird. Eine solche soll in Gestalt der abstrakten Semantik in Unterabschn. 1.7 von Kap. 14 geschildert werden. Bei dem dort behandelten Vorgehen ist der Übergang von der einen zur anderen Betrachtungsweise weniger trivial, obzwar weiterhin eine reine Routineangelegentheit.

Anmerkung 2. Der Unterschied von interpretations- und bewertungssemantischer Aufbauweise kann in dem hier betrachteten speziellen Fall besonders gut an der Behandlung der atomaren quantorenlogischen Formeln erläutert werden. Es handelt sich in gewissem Sinn um den Unterschied zwischen einer „Betrachtungsweise von außen" und einer „Betrachtungwweise von innen". Der äußere Gesichtspunkt wird durch den bewertungssemantischen Standpunkt repräsentiert. Dabei werden nämlich atomare Formeln nicht weiter, d. h. nicht bis auf kleinere bedeutungtragende Einheiten, analysiert, sondern es wird nur dafür gesorgt, daß die Zuordnungen von Bedeutungen zu solchen Formeln in einem präzisen Sinn „miteinander verträglich" sind, so daß sie etwa den üblichen Booleschen Bedingungen u. a. genügen. Das interpretationssemantische Vorgehen stellt demgegenüber eine Betrachtungweise von innen dar, da den atomaren Formeln nur in Form einer kanonischen Auswertung von Bedeutungszuordnungen zu den kleinsten bedeutungtragenden Einheiten in den Formeln, nämlich den Prädikaten und den Objektbezeichnungen, Wahrheitswerte zugeordnet werden.

Aus diesen Andeutungen geht hervor, daß der bewertungssemantische Gesichtspunkt mehr der bedeutungstheoretischen Auffassung von „Bedeutung als Verwendung" entspricht, während der interpretationstheoretische eher der Auffassung von „Bedeutung als Referenz" korrespondiert.

Trotz der Übereinstimmung der mit beiden Arten von Semantik im Bereich der klassischen Logik gewonnenen Ergebnisse empfiehlt es sich bereits hier, methodisch zwischen beiden Auffassungen zu unterscheiden, um den Boden für eine präzise Behandlung bedeutungstheoretischer Fragen zu bereiten.

9.1 Allgemeines. Ein „direkter" (synthetischer) Beweis des Kompaktheitssatzes

In **4.2.4** erhielten wir das Kompaktheitstheorem als unmittelbares Nebenresultat der Vollständigkeit des Kalküls **B**.

In diesem Kapitel beschäftigen wir uns nochmals systematisch mit der Kompaktheit und zwar zunächst ausschließlich für den junktorenlogischen Fall. Der hauptsächliche Grund dafür ist *beweisstrategischer* Natur: Die verschiedenen Beweise für den Kompaktheitssatz geben Einblick in eine grundsätzliche Verschiedenheit von Argumentationsverfahren. Dieser Einblick soll das Verständnis für den im übernächsten Kapitel behandelten Unterschied zwischen analytischen und synthetischen Konsistenz- und Vollständigkeitsbeweisen vorbereiten.

Daneben existiert ein unabhängiger Grund dafür, mindestens einen Beweis vorzubringen, der von dem in **4.2.4** gegebenen verschieden ist. Die Kompaktheitsaussage beinhaltet eine Beziehung zwischen rein semantischen Eigenschaften von Satzmengen. Es erscheint daher als etwas gekünstelt, diese Beziehung *auf dem Umweg über einen Kalkül*, sei es der Kalkül **B** oder ein anderer, herzustellen.

Beginnen wir daher mit einem *direkten* Beweis, der keinen solchen Umweg nimmt. (Er ist vermutlich unter allen Beweisen, die keine syntaktischen Hilfsmittel heranziehen, der einfachste.) Zunächst definieren wir zwei Hilfsbegriffe.

Eine Satzmenge M, bestehend aus j-Sätzen, heiße *semantisch konsistent* gdw jede endliche Teilmenge von M j-erfüllbar ist. M heiße *syntaktisch konsistent* gdw durch das Baumverfahren **B** kein formaler Widerspruch abgeleitet werden kann, d. h. wenn es keine endliche Anzahl von Sätzen $X_1, \ldots, X_n \in M$ gibt, so daß ein geschlossener Baum für $\{X_1, \ldots, X_n\}$ existiert. (Darunter verstehen wir im gegenwärtigen Zusammenhang einfach einen geschlossenen Baum, dessen Annahmen genau aus $X_1, \ldots, X_n$ bestehen.)[1] Es gilt der

Hilfssatz *Eine Satzmenge ist semantisch konsistent gdw sie syntaktisch konsistent ist.*

Der Beweis ist in der einen Richtung klar; in der anderen Richtung ergibt er sich in derselben Weise wie der Vollständigkeitsbeweis (Hintikka-Lemma!).

Dieser Hilfssatz rechtfertigt es, das Prädikat ‚konsistent' von Satzmengen zu benützen; es kann darunter wahlweise die semantische oder die syntaktische Konsistenz verstanden werden. Daß eine Menge M *inkonsistent* ist, soll dasselbe besagen wie daß M nicht konsistent ist, d. h. also, daß eine endliche Teilmenge von M j-unerfüllbar ist.

Die Konsistenz besitzt die folgenden beiden Eigenschaften, die häufig in Beweisen benützt werden:

L_1: Wenn M konsistent ist, dann ist jede endliche Teilmenge von M erfüllbar.

L_2: Wenn M konsistent ist, dann ist für jede Formel A mindestens eine der beiden Mengen $M \cup \{A\}$ oder $M \cup \{\neg A\}$ konsistent.

L_1 folgt unmittelbar aus der Konsistenzdefinition. Zum Nachweis von L_2 nehmen wir an, weder $M \cup \{A\}$ noch $M \cup \{\neg A\}$ sei konsistent. Dann existiert eine endliche Teilmenge M_1 von M, so daß $M_1 \cup \{A\}$ unerfüllbar ist, und ferner eine endliche Teilmenge M_2 von M, so daß $M_2 \cup \{\neg A\}$ unerfüllbar ist. Es sei $M_3 := M_1 \cup M_2$. Jetzt benützen wir die Tatsache, daß jede Obermenge einer unerfüllbaren Menge unerfüllbar ist. Also ist sowohl $M_3 \cup \{A\}$ als auch $M_3 \cup \{\neg A\}$ unerfüllbar. Dann aber ist M_3 selbst unerfüllbar. Da M_3 eine *endliche* Teilmenge von M ist, kann M somit nicht konsistent sein. □

Wir kommen nun zum elementaren Nachweis des Kompaktheitssatzes. Für alle Satzmengen N kürzen wir ‚N ist simultan erfüllbar' ab durch ‚$\Sigma(N)$' und ‚N ist konsistent' durch ‚$\Sigma_e(N)$'. (Der Index ‚e' steht für ‚endlich', da die semantische Konsistenz einer Menge gleichbedeutend ist mit der Erfüllbarkeit aller *endlichen* Teilmengen.) Zu zeigen ist:

---

1 Die Auswahl des Kalküls **B** ist natürlich willkürlich. Es könnte ebensogut ein Kalkül von irgendeinem anderen Typ gewählt werden.

Wenn $\Sigma_e(N)$, *dann* $\Sigma(N)$ (für beliebiges N), d.h. *jede konsistente (Satz-)Menge ist simultan erfüllbar.*

Es gelte $\Sigma_e(N)$. Die Satzparameter seien in einer festen abzählbaren Folge vorgegeben: $p_0, p_1, \ldots, p_n \ldots$. Ihre Menge sei $\mathbb{P}$ (also: $\mathbb{P} = \{p_i \mid i \in \omega\}$). Wir geben eine induktive Definition einer Folge $(B_i)_{i\in\omega}$ von Mengen $B_i \subset \mathbb{P} \cup \{\neg p \mid p \in \mathbb{P}\}$ mit $B_0 \subseteq B_1 \subseteq B_2 \subseteq \ldots B_n \subseteq B_{n+1} \subseteq \ldots$:

$$B_0 := \emptyset;$$

$$B_1 := \begin{cases} \{p_0\} \cup B_0, & \text{falls } \Sigma_e(N \cup B_0 \cup \{p_0\}) \\ \{\neg p_0\} \cup B_0 & \text{sonst;} \end{cases}$$

$$\vdots$$

$$B_{n+1} := \begin{cases} \{p_n\} \cup B_n, & \text{falls } \Sigma_e(N \cup B_n \cup \{p_n\}) \\ \{\neg p_n\} \cup B_n & \text{sonst;} \end{cases}$$

$$\vdots$$

Es sei B die Vereinigung aller dieser Mengen, also $B := \bigcup \{B_i \mid i \in \omega\}$.

Für alle $i \in \omega$ *gilt:* $\Sigma_e(N \cup B_i)$, d.h. *jede dieser Vereinigungen ist konsistent.*

Beweis durch Induktion:

1. *Induktionsbasis:* $i = 0$. Die Behauptung ist hier trivial, da $B_0 = \emptyset$ und somit $N \cup B_0 = N$, $\Sigma_e(N)$ aber nach Voraussetzung gilt.
2. *Induktionsschritt:* $i = n+1$. Dann ist

   entweder (*a*) $B_{n+1} = B_n \cup \{p_n\}$ und $\Sigma_e(N \cup B_{n+1})$ nach Definition von B_{n+1},

   oder (*b*) $B_{n+1} = B_n \cup \{\neg p_n\}$, wobei nach I.V. $\Sigma_e(N \cup B_n)$ gilt, jedoch *nicht* $\Sigma_e(N \cup B_n \cup \{p_n\})$. Gemäß der zweiten oben erwähnten Konsistenzeigenschaft L_2 folgt aus dem letzteren:

   $$\Sigma_e(N \cup B_n \cup \{\neg p_n\}).$$

   Dies aber ist dasselbe wie

   $$\Sigma_e(N \cup B_{n+1}). \quad \square$$

Wir definieren jetzt induktiv eine atomare Bewertung $\mathfrak{b}_0$, von der wir dann zeigen werden, daß die zugehörige Boolesche Auswertung $\mathfrak{b}$ die einzige Boolesche Bewertung ist, die sowohl B als auch N wahr macht.

Definition von $\mathfrak{b}_0$:

$$\mathfrak{b}_0(p_0) := \begin{cases} \mathbf{w}, & \text{falls } B_1 = \{p_0\} \\ \mathbf{f} & \text{sonst} \end{cases}$$

$$\vdots$$

$$\mathfrak{b}_0(p_n) := \begin{cases} \mathbf{w}, & \text{falls } B_{n+1} = B_n \cup \{p_n\} \\ \mathbf{f} & \text{sonst} \end{cases}$$

Behauptung *B und $\mathfrak{b}_0$ mögen die eben definierten Bedeutungen haben. Dann gibt es genau eine atomare Bewertung, deren Boolesche Auswertung B erfüllt; und diese atomare Bewertung ist mit $\mathfrak{b}_0$ identisch.*

Beweis: (1) *Existenz.* Es sei $\mathfrak{b}$ die durch $\mathfrak{b}_0$ eindeutig festgelegte j-Bewertung[2], d. h. $\mathfrak{b}$ ist die Abbildung aller j-Sätze in die Menge der Wahrheitswerte, welche die beiden Bedingungen erfüllt: (*a*) $\mathfrak{b}|_{\mathbb{P}} = \mathfrak{b}_0$, (*b*) $\mathfrak{b}$ ist eine Boolesche Bewertung.

Angenommen, $F \in B$. Dann ist entweder $F = p_i$ (für ein $\mathrm{i} \in \omega$) *oder* $F = \neg p_i$ (für ein $\mathrm{i} \in \omega$). Im *ersten Fall* ist $B_{i+1} = B_i \cup \{p_i\}$ und nach Definition von $\mathfrak{b}_0$ ist $\mathfrak{b}_0(p_i) = \mathbf{w} = \mathfrak{b}(p_i) = \mathfrak{b}(F)$. Im *zweiten Fall* ist $B_{i+1} = B_i \cup \{\neg p_i\}$ und nach Definition von $\mathfrak{b}_0$ ist $\mathfrak{b}_0(p_i) = \mathbf{f}$. Also n. Def. von $\mathfrak{b}$ $\mathbf{w} = \mathfrak{b}(\neg p_i) = \mathfrak{b}(F)$. In jedem Fall ordnet also $\mathfrak{b}$ der Formel F aus B den Wert $\mathbf{w}$ zu.

(2) *Eindeutigkeit:* Angenommen, $\mathfrak{b}_0^* \neq \mathfrak{b}_0$ sei eine atomare Bewertung, deren Boolesche Auswertung $\mathfrak{b}^*$ die Menge B erfüllt. Dann gibt es ein $i \in \mathbb{Z}^+$, so daß $\mathfrak{b}_0(p_i) \neq \mathfrak{b}_0^*(p_i)$. Zwei Fälle können eintreten:

(α) $\mathfrak{b}_0(p_i) = \mathbf{w}$ und $\mathfrak{b}_0^*(p_i) = \mathbf{f}$

oder

(β) $\mathfrak{b}_0(p_i) = \mathbf{f}$ und $\mathfrak{b}_0^*(p_i) = \mathbf{w}$.

Im Fall (α) ist nach Definition von $\mathfrak{b}_0$: $B_{i+1} = B_i \cup \{p_i\}$ und daher $p_i \in B$. Andererseits ist mit $\mathfrak{b}_0^*(p_i) = \mathbf{f}$ auch $\mathfrak{b}^*(p_i) = \mathbf{f}$, was im Widerspruch zu der Annahme steht, daß $\mathfrak{b}^*$ die Menge B erfüllt.

Im Fall (β) ist nach Definition von $\mathfrak{b}_0$: $B_{i+1} = B_i \cup \{\neg p_i\}$ und somit $\neg p_i \in B$. Mit $\mathfrak{b}_0^*(p_i) = \mathbf{w}$ ist andererseits $\mathfrak{b}^*(\neg p_i) = \mathbf{f}$, was auch diesmal dazu im Widerspruch steht, daß $\mathfrak{b}^*$ die Menge B erfüllt (denn dann müßte $\mathfrak{b}^*$ auch das Element $\neg p_i$ dieser Menge wahr machen). □

Damit ist gezeigt, daß genau eine j-Bewertung B erfüllt. Jetzt beweisen wir den entscheidenden

Satz *Für jede Satzmenge N mit $\Sigma_e(N)$ gilt auch $\Sigma(N)$; und zwar wird N durch die Boolesche Auswertung $\mathfrak{b}$ von $\mathfrak{b}_0$ erfüllt. (Dabei sei $\mathfrak{b}_0$ die oben definierte atomare Bewertung.)*

Beweis: Neben N und $\mathfrak{b}_0$ mögen auch B sowie B_i für $\mathrm{i} \in \omega$ die angegebenen Bedeutungen haben.

Angenommen, $\mathfrak{b}$ erfüllt N nicht. Dann gibt es ein $F \in N$, so daß $\mathfrak{b}(F) = \mathbf{f}$. Für kein $\mathrm{n} \in \omega$ erfüllt dann $\mathfrak{b}$ die Satzmenge $\{F\} \cup B_n$.

Da jedoch für alle $\mathrm{n} \in \omega$ gilt: $\Sigma_e(N \cup B_n)$, und $\{F\} \cup B_n$ ist endlich, muß es für jedes $\mathrm{n} \in \omega$ eine Boolesche Bewertung $\mathfrak{b}_n$ geben, die $\{F\} \cup B_n$ erfüllt. Es sei p_r der Satzparameter mit dem höchsten Index in F. S_F sei die Menge der in F vorkommenden Satzparameter. Aufgrund der Wahl von r gilt: $S_F \subseteq \{p_0, \ldots, p_r\}$. Wir wählen aus der angegebenen Folge Boolescher Bewertungen $\mathfrak{b}_r$ aus. $\mathfrak{b}_r$ erfüllt $\{F\} \cup B_r$. Die Funktionen $\mathfrak{b}_r$ und $\mathfrak{b}$ stimmen auf B_r überein, also erst recht auf S_F. Daraus folgt, daß $\mathfrak{b}_r(F) = \mathfrak{b}(F)$. Dies widerspricht jedoch der Tatsache, daß $\mathfrak{b}_r(F) = \mathbf{w}$, während $\mathfrak{b}(F) = \mathbf{f}$ angenommen worden war. Also wird N durch $\mathfrak{b}$ erfüllt und es gilt $\Sigma(N)$. □

Wir haben somit, wie zu Beginn angekündigt, aus der Annahme $\Sigma_e(N)$ auf $\Sigma(N)$ geschlossen.

---

2 Es sei daran erinnert, daß ‚Boolesche Bewertung' und ‚j-Bewertung' synonyme Bezeichnungen sind.

9.2 Deduzierbarkeitsversion des Kompaktheitssatzes

Wir definieren, daß ein Satz A aus einer Menge N *wahrheitsfunktionell* oder *junktorenlogisch deduzierbar*, kurz: *j-deduzierbar*, ist gdw es endlich viele Elemente $X_1, \ldots, X_n \in N$ gibt, so daß $X_1, \ldots, X_n \Vdash_j A$. (Man beachte, daß dieser Deduzierbarkeitsbegriff ein *semantischer*, kein syntaktischer Begriff ist!) Die letzte Bedingung könnte auch so formuliert werden: ‚... so daß der Satz $X_1 \wedge \ldots \wedge X_n \rightarrow A$ tautologisch ist.' Eine dritte Fassung der Definition könnte lauten: ‚... so daß $\{X_1, \ldots, X_n\} \cup \{\neg A\}$ nicht semantisch konsistent ist' (Warum?).

Wir erhalten die folgende

Deduzierbarkeitsfassung des Kompaktheitstheorems *Wenn* $N \Vdash_j A$, *dann ist A j-deduzierbar aus N.*

Beweis: $N \Vdash_j A$ möge gelten, nicht jedoch die Behauptung des Dann-Satzes. Nach der ersten Annahme ist $N \cup \{\neg A\}$ nicht *j*-erfüllbar. Gemäß dem Kompaktheitssatz wäre dann $N_0 \cup \{\neg A\}$ für eine endliche Teilmenge N_0 von N *j*-unerfüllbar. $X_1, \ldots, X_n$ seien die Elemente von N_0 (bzw. die von $\neg A$ verschiedenen Elemente von N_0, sofern $\neg A$ in N_0 vorkommt). Aus dieser Unerfüllbarkeit folgt: $N_0 \Vdash_j A$, im Widerspruch zur Annahme der Widerlegbarkeit des Dann-Satzes. □

9.3 Analytische oder „Gödel-Gentzen"-Varianten des Kompaktheitstheorembeweises

Gemeinsam ist allen Beweisen dafür, daß von $\Sigma_e(N)$ auf $\Sigma(N)$ geschlossen werden darf, das formale Merkmal der *Einbettung*: In der ersten Klasse von Beweisen wird N zunächst zu einer Hintikka-Menge erweitert, die dann ihrerseits gemäßt dem Hintikka-Lemma zu einer Wahrheitsmenge erweitert werden kann. In der in **9.4** betrachteten Klasse von Beweisen wird N hingegen unmittelbar, *ohne Dazwischenschaltung des Hintikka-Lemmas*, zu einer Wahrheitsmenge erweitert. Dabei wird allerdings zusätzlich ein auf Lindenbaum zurückgehendes *Maximalisierungsverfahren* benützt.

Die ersten Varianten des Beweises mögen *analytische* Varianten heißen. Diese Bezeichnung rührt daher, daß auf den Kalkül **B** bzw. auf Konstruktionen, welche in diesem Kalkül benützt werden, zurückgegriffen wird. Dabei ist stets die Teilsatzeigenschaft erfüllt, d. h. es werden sukzessive nur schwache Teilsätze bereits benützter Sätze verwendet. Zur Bezeichnung der analytischen Varianten verwenden wir die römische Ziffer **I** mit arabischen Indizes. Den Beginn bildet die Variante $\mathbf{I}_1$.

I$_1$. *Beweis:* Es gelte $\Sigma_e(N)$. Wir ordnen die Menge N in einer abzählbaren Folge an: $X_1, X_2, \ldots, X_n, \ldots$; also $N = \{X_i | i \in \mathbb{Z}^+\}$. In der *Beweisvariante* **I**$_1$ verwenden wir unendlich viele Bäume. Durch „Ineinanderschachtelung" dieser Bäume werden wir schließlich einen unendlichen offenen Baum für N gewinnen. Mehrmals werden wir dabei die aus $\Sigma_e(N)$ folgenden beiden Tatsachen benützen: (**i**) daß für jedes n die Menge $\{X_1, \ldots, X_n\}$ *j*-erfüllbar ist; (**ii**) daß jedes Element von N *j*-erfüllbar ist.

Den Beginn bildet die Konstruktion des beendeten Baumes $\mathfrak{B}_{X_1}$, der wegen (**ii**) offen ist. Die zweite Stufe besteht darin, daß wir an jeden Ast, der bei der ersten Stufe offen geblieben ist, den beendeten Baum $\mathfrak{B}_{X_2}$ anfügen und evtl. die einzelnen Äste zu fertigen Ästen ergänzen, so daß das ganze Gebilde wieder ein beendeter Baum ist. Die dritte Stufe besteht in der Anfügung von $\mathfrak{B}_{X_3}$ an alle Äste, die bei der zweiten Stufe offen geblieben sind usw.

Diese Konstruktion kann nicht abbrechen. Würde sie etwa nach der n-ten Stufe abbrechen, weil alle Äste geschlossen wären, so wäre damit gezeigt, daß $\{X_1, \ldots, X_n\}$ nicht *j*-erfüllbar ist, im Widerspruch zu (**i**).

Die unbegrenzte Fortsetzung dieses Verfahrens führt somit zu einem *unendlichen* Dualbaum. Nach dem Lemma von König enthält dieser Baum einen *unendlichen Ast* $\mathfrak{A}$, der aufgrund der Konstruktion *offen* sein muß. Die Menge der Punkte von $\mathfrak{A}$ nennen wir $\check{\mathfrak{A}}$. Ebenfalls aufgrund der Konstruktion gilt: $N \subset \check{\mathfrak{A}}$.

$\check{\mathfrak{A}}$ ist außerdem eine *Hintikka-Menge*: H_0 gilt wegen der Offenheit von $\mathfrak{A}$. H_1 sowie H_2 gelten deshalb, weil alle Punkte ausgewertet worden sind. Wir können also das Hintikka-Lemma anwenden und erhalten: $\Sigma(\check{\mathfrak{A}})$. Wegen $N \subset \check{\mathfrak{A}}$ gilt dann erst recht: $\Sigma(N)$. □

Auch dieser Beweis ist recht übersichtlich. Doch darf nicht übersehen werden, daß er zwei frühere Ergebnisse voraussetzt, nämlich das *Baumverfahren* sowie das *Lemma von König*.

I$_2$: Die Beweisvariante **I**$_2$ unterscheidet sich *scheinbar* von der ersten kaum. In *formaler* Hinsicht besteht jedoch der folgende Unterschied: Während wir in **I**$_1$ unendlich viele Bäume $\mathfrak{B}_{X_1}, \mathfrak{B}_{X_2}, \ldots \mathfrak{B}_{X_n}, \ldots$ benützten, um sie dann zur Konstruktion eines einzigen Baumes zu verwenden, wird diesmal tatsächlich von vornherein *ein einziger unendlicher offener Baum* für N gebildet. Die Konstruktionsschritte von **I**$_2$ nennen wir *Ebenen*, zur Unterscheidung von den Stufen in **I**$_1$.

Die erste Ebene der Konstruktion besteht darin, daß der Satz X_1 als Ursprung gewählt *und ausgewertet* wird. Sogleich danach beginnt die zweite Ebene, in der man an alle Endpunkte offener Äste als Nachfolger X_2 anfügt *und alle bisherigen Punkte, die noch nicht ausgewertet worden sind, auswertet.* In der nächsten Ebene wird X_3 allen offenen Ästen angefügt, wieder alles ausgewertet usw. Bei diesem Verfahren wird jeder

Punkt dieses Baumes ausgewertet. Die unbegrenzte Fortsetzung des Konstruktionsverfahrens führt zu einem *unendlichen* Baum. Würde das Verfahren auf einer Ebene, etwa der m-ten, abbrechen, so entstünde wie bei der Variante $\mathbf{I}_1$ ein Widerspruch zu (**i**). Der weitere Verlauf des Beweises ist ebenfalls mit dem von $\mathbf{I}_1$ identisch (und damit gehen dieselben Voraussetzungen in ihn ein wie dort).

$\mathbf{I}'_2$: Das zweite Verfahren kann geringfügig modifiziert werden, indem man bezüglich der *Auswertung* nicht in der Folge $X_1, X_2, \dots X_n \dots$ sukzessive weiterarbeitet, sondern daß man jeweils zur nächsthöheren Baumstufe fortschreitet. Dieses Konstruktionsverfahren $\mathbf{I}'_2$ bestünde also darin, daß man in einem nullten Stadium X_1 als Ursprung wählt, auswertet und X_2 allen offenen Ästen anfügt[3]. Das erste Stadium beginnt damit, daß man die Punkte der Baumstufe 1 (also die Nachfolger von X_1) auswertet, X_3 allen offenen Ästen anfügt usw. Im übrigen ist der Verlauf derselbe wie in $\mathbf{I}_2$.

Die folgende analytische Beweisvariante $\mathbf{I}_3$ des Kompaktheitssatzes unterscheidet sich in *formaler* Hinsicht wesentlich von der vorangehenden: Sie benützt *weder* das Baumverfahren *noch* das Lemma von König. In *intuitiver* Hinsicht ist der Unterschied weit geringer: Was in dem Nachweis *de facto* geschieht, ist die Konstruktion des am weitesten links liegenden unendlichen offenen Astes des beendeten Baumes für N.

Dem Beweis seien als *Konsistenzlemmata* einige Eigenschaften des üblichen Konsistenzbegriffs vorangestellt[4].

Für alle Mengen N sowie für alle Sätze α und β gilt:

C_0: Wenn es einen Satzparameter p gibt, so daß $p \in N$ und $\neg p \in N$, dann ist es nicht der Fall, daß $\Sigma_e(N)$.

C_1: Wenn $\Sigma_e(N \cup \{\alpha\})$, dann auch $\Sigma_e(N \cup \{\alpha_1, \alpha_2\})$.

C_2: Wenn $\Sigma_e(N \cup \{\beta\})$, dann entweder $\Sigma_e(N \cup \{\beta_1\})$ oder $\Sigma_e(N \cup \{\beta_2\})$.

Anmerkung. Die drei Aussagen sind keineswegs *so* trivial, wie dies prima facie aussieht. Könnten wir das Kompaktheitstheorem *bereits als gültig* betrachten, so wären diese Aussagen in der Tat trivial. Denn dann wüßten wir, daß Konsistenz dasselbe ist wie Erfüllbarkeit, und in der Umdeutung als Aussagen über Erfüllbarkeit sind C_0, C_1 und C_2 natürlich trivial. Die Nichttrivialität der Behandlung dieser Konsistenzlemmata wird sich insbesondere bei ihrer Auffassung als Definitionsprinzipien abstrakter Konsistenzeigenschaften erweisen, wie z. B. in Beweisvariante $\mathbf{I}'_3$.

Ohne ausdrückliche Erwähnung sollen im folgenden die beiden Tatsachen benützt werden, daß jede Teilmenge einer konsistenten Menge konsistent ist und daß jede Obermenge einer inkonsistenten Menge inkonsistent ist.

---

3 Daß die Numerierung der ‚Stadien' zum Unterschied von der der Stufen in $\mathbf{I}_1$ und der der Ebenen in $\mathbf{I}_2$, mit 0 beginnt, hat seinen Grund darin, daß die Numerierung der Baumstufen ebenfalls mit 0 anfängt.

4 Wir verwenden dieselbe Symbolik wie Smullyan in [5] auf S. 34.

Für manche Beweiszwecke sind die folgenden drei, mit C_0, C_1 und C_2 äquivalenten *Inkonsistenzlemmata* handlicher:

J_0: Jede Menge, die einen Satzparameter zusammen mit seiner Negation enthält, ist inkonsistent.

J_1: Ist $N \cup \{\alpha_1, \alpha_2\}$ inkonsistent, so auch $N \cup \{\alpha\}$.

J_2: Wenn sowohl $N \cup \{\beta_1\}$ als auch $N \cup \{\beta_2\}$ inkonsistent ist, so ist auch $N \cup \{\beta\}$ inkonsistent.

Beweis: J_0 gilt trivial, da $M \cup \{p, \neg p\}$ die *j*-unerfüllbare Teilmenge $\{p, \neg p\}$ enthält.

ad J_1: $N \cup \{\alpha_1, \alpha_2\}$ sei inkonsistent. $N_0 \subseteqq N \cup \{\alpha_1, \alpha_2\}$ sei endlich und unerfüllbar. Dann ist $N_1 \cup \{\alpha_1, \alpha_2\}$ mit $N_1 = N_0 \setminus \{\alpha_1, \alpha_2\}$ unerfüllbar[5]. Daraus folgt die Unerfüllbarkeit von $N_1 \cup \{\alpha\}$, da jede *j*-Bewertung, die α den Wert **w** zuordnet, dasselbe bezüglich α_1 und α_2 tut.

ad J_2: $N \cup \{\beta_1\}$ und $N \cup \{\beta_2\}$ seien inkonsistent. Dann gibt es ähnlich wie in J_1 zwei endliche Mengen N_1 und N_2, so daß $N_1 \cup \{\beta_1\}$ und $N_2 \cup \{\beta_2\}$ unerfüllbar sind. Es sei $N_3 = N_1 \cup N_2$. Dies ist ebenfalls eine endliche Menge; außerdem sind $N_3 \cup \{\beta_1\}$ und $N_3 \cup \{\beta_2\}$ unerfüllbar. Damit ist auch $N_3 \cup \{\beta\}$ unerfüllbar. Denn jede *j*-Bewertung, die β den Wert **w** zuordnet, muß auch β_1 oder β_2 diesen Wert zuordnen.

I$_3$. *Beweis:* Abermals sei die konsistente Menge N in einer abzählbaren Folge angeordnet: $X_1, X_2, \ldots, X_n, \ldots$. Es soll eine unendliche Hintikka-*Folge h* konstruiert werden, die sämtliche X_i enthält. Die Konstruktion erfolgt induktiv. Auf jeder Stufe der Konstruktion wird eine endliche Satzfolge gebildet, so daß die Vereinigung aus der Menge der Glieder dieser Folge und N konsistent ist. Der folgende Schritt besteht in der Hinzufügen von einem, zwei oder drei Sätzen (vgl. Schema auf S. 306), so daß die erweiterte Satzmenge konsistent bleibt.

1. Schritt: Dieser besteht in der Wahl von X_1 als erstem Glied; die nur X_1 enthaltende eingliedrige Folge heiße h_1.

(n+1)-*ter Schritt:* Größerer Anschaulichkeit halber geben wir die relevanten Teilformeln durch senkrechte graphische Schemata wieder.

Nach dem n-ten Schritt hat die Folge die Gestalt:

$$\left.\begin{array}{l} X_1 \\ Y_2 \\ \vdots \\ Y_{n+i} \end{array}\right\} \text{Folge } h_n$$

für ein festes $i \in \omega$.

---

5 Dieser Schritt ist nur für den Fall erforderlich, daß α_1 oder α_2 oder beide in N_0 vorkommen.

Wir sagen, daß h_n *mit N konsistent* ist, wenn die Menge $\check{h}_n \cup N$ konsistent ist[6]. Die Konsistenzannahme geht in die I.V. ein.

Es geht darum, festzulegen, welcher Satz (bzw. welche Sätze) im $(n+1)$-ten Schritt auf Y_{n+i} folgen sollen. Vier Fälle sind zu unterscheiden, je nachdem, welche Gestalt Y_n hat:

Schema

Zergliederung	Verzweigung	s-atomarer Fall	
(1)	(2)/(3)	(4)	
X_1	X_1	X_1	
Y_2	Y_2	Y_2	
⋮	⋮	⋮	
Y_{n-1}	Y_{n-1}	Y_{n-1}	
α	β	$(\neg)p$	
Y_{n+1}	Y_{n+1}	Y_{n+1}	
⋮	⋮	⋮	
Y_{n+i}	Y_{n+i}	Y_{n+i}	n-ter Schritt
α_1	β_j	X_{n+1}	
α_2	X_{n+1}		
X_{n+1}			(n+1)-ter Schritt

$$[\Sigma_e(\{\beta_j, X_{n+1}\} \cup \check{h}_n \cup N)]$$

Daß im Fall $Y_n = \beta$ entweder die zusätzliche Bedingung von (2) oder die von (3) gelten muß, folgt aus C_2.

Wir wissen somit, daß für alle $m \in \omega$ gilt: $\Sigma_e(N \cup \check{h}_m)$, weshalb die Konstruktion niemals abbrechen kann und somit eine unendliche Folge h erzeugt.

Für jedes $n \in \omega$ gilt, daß im $(n+1)$-ten Schritt X_{n+1} eingeführt wird. Damit ist gesichert, daß $N \subseteq \check{h}$. Es gilt:

$\check{h}$ ist eine Hintikka-Menge.

In der Tat: Wenn ein α als n-tes Glied von h eingeführt wurde, so sind α_1 und α_2 im $(n+1)$-ten Schritt hinzugefügt worden (Verifikation von H_1). Wenn β als n-tes Glied von h eingeführt wurde, so ist im $(n+1)$-ten Schritt β_1 oder β_2 angefügt worden (Verifikation von H_2). Da jedes h_m mit N konsistent ist, garantiert das Konsistenzlemma C_0, daß kein Satzparameter zusammen mit seiner Negation in einem h_n, und damit in h, auftreten kann.

$\check{h}$ ist also erfüllbar und N als Teilmenge von $\check{h}$ ebenfalls. □

Im Beweis $\mathbf{I}_3$ wurden nur diejenigen Merkmale der Konsistenz benützt, die ausdrücklich in C_0, C_1 und C_2 angegeben sind. Man könnte

6 Wir erinnern an folgendes: Ist f eine Folge, so verstehen wir unter $\check{f}$ die *Menge* der Glieder von f.

daher auch von einer anderen, diese drei Bedingungen erfüllenden Konsistenzeigenschaft Gebrauch machen und daraus schließen, daß jede Menge N, welche die Konsistenzeigenschaft besitzt, erfüllbar ist. Man könnte somit auch eine ‚*abstrakte*' *Variante* $\mathbf{I}'_3$ des Kompaktheitssatzes beweisen. (Die folgenden Modifikationen wären vorzunehmen: Die drei Aussagen $C_i (i=1,2,3)$ wären durch Aussagen C'_i zu ersetzen, in denen ‚konsistent' undefiniert bliebe; ferner wäre das Lemma hinzuzufügen, daß es junktorenlogische Konsistenzeigenschaften gibt; schließlich wäre ‚$\Sigma_e(M)$' zu ersetzen durch ‚M hat eine junktorenlogische Konsistenzeigenschaft'. Die Bedingung C'_1 für eine abstrakte junktorenlogische Konsistenzeigenschaft $\mathfrak{R}$ lautet dann z.B.: Wenn $N \cup \{\alpha\} \in \mathfrak{R}$, dann auch $N \cup \{\alpha_1, \alpha_2\} \in \mathfrak{R}$.)

Damit haben wir insgesamt fünf analytische Beweisvarianten kennengelernt: $\mathbf{I}_1$, $\mathbf{I}_2$, $\mathbf{I}'_2$, $\mathbf{I}_3$, $\mathbf{I}'_3$.

9.4 Synthetische oder „Lindenbaum-Henkin"-Varianten des Kompaktheitstheorembeweises

Wir werden mehrmals die folgenden beiden elementaren Aussagen über Konsistenz benützen:

F_1: Eine endliche Menge ist konsistent gdw sie erfüllbar ist.

F_2: Eine Menge ist genau dann konsistent, wenn alle ihre endlichen Teilmengen konsistent sind.

F_1 folgt *ohne* Kompaktheitstheorem: Wenn eine endliche Menge konsistent ist, dann sind nach Definition alle ihre endlichen Teilmengen erfüllbar und *damit ist sie auch selbst erfüllbar*. Wenn umgekehrt eine endliche Menge M und damit auch alle ihre endlichen Teilmengen erfüllbar sind, dann ist M nach Definition konsistent.

F_2 folgt aus der Konsistenzdefinition und F_1 (da nach F_1 ‚konsistent' und ‚erfüllbar' *für endliche Mengen* gleichwertig sind).

Analytische wie synthetische Beweise der Behauptung, daß jede konsistente Menge M simultan erfüllbar ist, verlaufen über die Einbettung von M in eine umfassendere Menge, deren Erfüllbarkeit sich leicht einsehen läßt. Während aber in den analytischen Fällen diese umfassendere Menge stets nur schwache Teilsätze von Elementen aus M enthält, sind die synthetischen Beweise dadurch charakterisiert, daß auf *beliebige* Sätze Bezug genommen werden muß, also auch auf solche, die mit den Elementen von M „nichts zu tun haben".

Der erstmals von A. LINDENBAUM verwendete Grundgedanke, der dann später von L. HENKIN für einen Vollständigkeitsbeweis der Quantorenlogik benützt worden ist, beruht auf der Idee der *Maximalisierung*.

Dabei wird eine Menge N, die eine Eigenschaft E hat, eine *maximale* Menge mit dieser Eigenschaft E genannt, wenn keine echte Erweiterung von N die Eigenschaft E besitzt. Unter einer echten Erweiterung einer Menge M verstehen wir dabei eine Obermenge von M, die mindestens ein nicht in M vorkommendes Element enthält.

Anmerkung 1. Mit der Rede von Mengeneigenschaften durchbrechen wir nicht den extensionalen Rahmen, den wir uns von Anfang an gesetzt haben. Eine Mengeneigenschaft ist in unserer Interpretation nichts anderes als eine *Klasse von* Mengen. Die obige Wendung ‚die Menge N ist eine maximale Menge mit der Eigenschaft E' besagt danach dasselbe wie ‚$N \in E$ und jede Obermenge M von N, so daß $M \in E$, ist mit N identisch'.

Der Lindenbaumsche Beweis des Kompaktheitssatzes wird wesentlich vereinfacht, wenn man einen allgemeineren Satz, das *Lemma von* Tukey, voranstellt.

Von einer Eigenschaft E von Mengen (von Objekten aus U) wird genau dann gesagt, daß sie *von endlichem Charakter* (*in* U) sei, wenn eine Menge M diese Eigenschaft E dann und nur dann besitzt, sofern alle endlichen Teilmengen von M diese Eigenschaft haben.

Anmerkung 2. Im Einklang mit Anmerkung 1 besagt die Aussage ‚E ist von endlichem Charakter in U' dasselbe wie: ‚Für alle Teilmengen M von U gilt: $M \in E$ gdw alle endlichen Teilmengen N von M die Bedingung $N \in E$ erfüllen'.

In bestimmten Zusammenhängen erweist es sich als nützlich, die beiden Richtungen dieser Äquivalenz als getrennte Eigenschaften aufzufassen. Wir bezeichnen dabei die Implikation mit $M \in E$ als Prämisse als die Eigenschaft ‚*endlicher Charakter nach unten*', und die andere Richtung als ‚*endlicher Charakter nach oben*'.

Ein uns bereits bekanntes Beispiel einer Mengeneigenschaft von endlichem Charakter ist die *Konsistenz*, wie unmittelbar aus der obigen Feststellung F_2 folgt.

Das Lemma von Tukey besagt in seiner abstrakten und allgemeinsten Fassung, daß jede Menge (von Objekten eines beliebigen Bereiches U), die eine Eigenschaft *von endlichem Charakter* besitzt, zu einer *maximalen* Menge mit dieser Eigenschaft erweitert werden kann. Dieses Lemma spielt in der Mengenlehre eine wichtige Rolle, da es mit dem Auswahlaxiom äquivalent ist. Wir benötigen es nur für den abzählbaren Fall, wo es ohne Auswahlaxiom bewiesen werden kann:

Th. 9 (Lemma von Tukey für den abzählbaren Fall) *U sei eine abzählbare Menge. F sei eine Eigenschaft von endlichem Charakter, die für alle Elemente von $Pot(U)$ (d. h. für alle Teilmengen von U) erklärt ist. Dann kann jede Menge S von Elementen aus U (d. h. jede Teilmenge von U bzw. jedes Element von $Pot(U)$), welche die Eigenschaft F hat, zu einer maximalen Teilmenge von U erweitert werden, die ebenfalls die Eigenschaft F besitzt.*

Beweis: Der hier geschilderte Nachweis folgt dem Verfahren von LINDENBAUM, welches dieser für den Nachweis des junktorenlogischen Kompaktheitstheorems benützte.

In einem vorbereitenden Schritt werden alle Elemente des Bereiches U in eine abzählbare Folge geordnet: $b_1, b_2, \ldots, b_n, \ldots$. Sodann wird nach folgendem Induktionsschema eine abzählbare Folge $S_0, S_1, S_2, \ldots, S_n, \ldots$ von Mengen erzeugt:

S_0 sei identisch mit S.

S_n sei bereits definiert. Dann werde S_{n+1} wie folgt erklärt: Wenn $S_n \cup \{b_{n+1}\}$ die Eigenschaft F besitzt, dann sei $S_{n+1} = S_n \cup \{b_{n+1}\}$; ansonsten sei $S_{n+1} = S_n$.

Da gemäß diesem Verfahren eine gegebene Menge höchstens erweitert wird, gilt:

$$S_0 \subseteqq S_1 \subseteqq S_2 \subseteqq \ldots \subseteqq S_n \subseteqq S_{n+1} \subseteqq \ldots,$$

wobei jedes S_i die Eigenschaft F hat.

Es sei nun M die *Vereinigung* aller dieser Mengen S_i, d.h. $M := \bigcup_{i \in \omega} S_i$. (Ein Element b von U gehört also zu M gdw b zu mindestens einer Menge S_i gehört.) M ist offenbar eine Erweiterung von S_0. Wir behaupten, daß wir mit M bereits eine *maximale* Menge mit der Eigenschaft F gefunden haben.

Die *erste Teilbehauptung* besagt, daß M die Eigenschaft F hat. Um dies zu zeigen, nehmen wir an, daß L irgendeine endliche Teilmenge von M sei. L muß dann auch eine Teilmenge einer Menge S_i sein. (Als *endliche* Menge enthält nämlich L ein Element aus U von höchstem Index. Dieser sei etwa k. Dann ist L Teilmenge von S_k.) S_i hat die Eigenschaft F, wobei F von endlichem Charakter ist. Also hat L die Eigenschaft F. L aber war eine beliebige endliche Teilmenge von M. Somit besitzt jede endliche Teilmenge von M die Eigenschaft F. Da F von endlichem Charakter ist, hat M die Eigenschaft F. Damit ist die erste Teilbehauptung bewiesen.

Die *zweite Teilbehauptung* beinhaltet die Maximalitätsaussage. Um diese zu beweisen, nehmen wir an, b_i sei ein Element von U, für das $M \cup \{b_i\}$ die Eigenschaft F habe. Es muß gezeigt werden, daß b_i in M liegt. Da $M \cup \{b_i\}$ die Eigenschaft F hat, muß auch die Teilmenge $S_i \cup \{b_i\}$ die Eigenschaft F haben. (Wenn nämlich eine Menge S eine Eigenschaft F von endlichem Charakter hat, so auch jede Teilmenge S^* von S; denn alle endlichen Teilmengen von S^* sind auch Teilmengen von S.) Dann ist b_i Element von S_{i+1}, also auch Element von M. Damit ist auch die zweite Teilbehauptung bewiesen. □

Wir kehren zurück zur Konsistenz! Die erwähnte Maximalisierungsidee ist auch auf diesen Begriff anwendbar: Eine Menge M von Sätzen heißt *maximal konsistent in einer Menge U* (von Sätzen) gdw M konsistent ist, hingegen keine in U gelegene echte Obermenge von M konsistent ist. Eine Menge M von Sätzen heißt *maximal konsistent* gdw M maximal konsistent in der Menge aller Sätze ist.

Zu den beiden Konsistenzeigenschaften L_1 und L_2 von **9.1** tritt für den Fall der maximalen Konsistenz die folgende hinzu:

L_2^*: Wenn die Menge M maximal konsistent ist, gilt für jeden Satz A entweder $A \in M$ oder $\neg A \in M$.

Dies folgt unmittelbar aus L_2 von **9.1** und der Definition von ‚maximal konsistent'.

Jetzt stellen wir einen prima facie überraschenden Zusammenhang her zwischen maximal konsistenten Mengen und junktorenlogischen Wahrheitsmengen.

Lemma 1 *Eine Menge ist genau dann maximal konsistent, wenn sie eine j-Wahrheitsmenge ist.*

(Für den folgenden Beweis verwenden wir die *vereinfachte* Definition des Begriffs der Wahrheitsmenge.)

Beweis:

(*a*) M sei eine j-Wahrheitsmenge. Dann existiert eine Boolesche Bewertung $\mathfrak{b}$, bei der genau die Elemente von M den Wert **w** erhalten. Somit ist M j-erfüllbar und damit auch jede Teilmenge von M, insbesondere jede *endliche* Teilmenge von M. Also ist M konsistent. Da jeder Satz $A \notin M$ durch $\mathfrak{b}$ den Wert **f** zugeteilt erhält, ist M maximal konsistent.

(*b*) M sei maximal konsistent. Wegen der Konsistenz liegt aufgrund von L_1 aus **9.1** für jeden Satz A entweder A oder $\neg A$ außerhalb von M. Andererseits liegt wegen L_2^* für jeden Satz A mindestens einer der beiden Sätze A, $\neg A$ in M.

Es sei $\alpha \in M$. Dann liegt wegen L_1 $\neg \alpha_1$ nicht in M, da $\{\alpha, \neg \alpha\}$ unerfüllbar ist. Gemäß L_2^* muß daher α_1 in M liegen. Aus demselben Grund gilt: $\alpha_2 \in M$. Es sei umgekehrt sowohl $\alpha_1 \in M$ als auch $\alpha_2 \in M$. Dann kann wegen L_1 der Satz $\neg \alpha$ nicht in M liegen; denn $\{\alpha_1, \alpha_2, \neg \alpha\}$ ist unerfüllbar. Also gilt $\alpha \in M$ wegen L_2^*.

Damit ist bereits bewiesen, daß M eine Wahrheitsmenge ist. (Denn daß für ein β gilt: $\beta \in M$ gdw mindestens einer der beiden Sätze β_1 oder β_2 in M liegt, folgt analog zu (*a*) und (*b*).) □

Die Bedeutung dieses Lemmas liegt darin, *daß nun aus der maximalen Konsistenz auf die Erfüllbarkeit geschlossen werden kann.* Denn jede Wahrheitsmenge ist erfüllbar!

Wir kommen jetzt zum

Theorem von Lindenbaum *Jede konsistente Menge kann zu einer maximal konsistenten Menge erweitert werden.*

Dieses Theorem ergibt sich durch die folgende Spezialisierung unmittelbar aus dem Lemma von TUKEY: Der dort erwähnte abzählbare Bereich U sei die Menge aller Sätze; und die dort angeführte Eigenschaft von endlichem Charakter sei die Konsistenz.

Jetzt folgt der

Kompaktheitssatz *Jede konsistente Menge ist erfüllbar.*

Der Beweis ergibt sich aus dem Theorem von LINDENBAUM, da mit Lemma 1 unmittelbar aus maximaler Konsistenz auf Erfüllbarkeit geschlossen werden kann. □

Wir sprechen hier von der *Beweisvariante* **II** des Kompaktheitstheorems. Es gibt, wie wir noch sehen werden, eine ähnliche Variante, die ebenfalls mit dem Lemma von TUKEY operiert, in deren Beweis jedoch die Hintikka-Eigenschaft der Vereinigung der Mengen S_i (anstatt der Maximalität) benützt wird. Da diese bereits eine Mischform aus der Variante **II** und der Variante **III** darstellt, wenden wir uns zunächst der letzteren zu.

9.5 Eine analytische Variante des Beweises von Lindenbaum

Die Beweisvariante **II** von **9.4** ist deshalb synthetisch, weil die in LINDENBAUMS Beweis des Lemmas von TUKEY gebildete maximale Menge *M jeden* Satz oder dessen Negation enthält.

Man kann dies dadurch vermeiden, daß man einen *engeren* Rahmen wählt, innerhalb dessen der Maximalisierungsprozeß vorgenommen wird. Es sei S eine konsistente Menge. S^0 sei die Menge der schwachen Teilsätze von Elementen aus S. Diese Menge S^0 ist die kleinste Menge, innerhalb derer man für den Beweis des entsprechend modifizierten Lemmas von TUKEY maximalisieren kann; sie bildet sozusagen einen „minimalen Maximalisierungsrahmen".

Die Anwendung des Lemmas von TUKEY geschieht nun, indem als S unsere jetzige konsistente Menge, ferner als abzählbarer Bereich U, der in der Formulierung des Lemmas vorkommt, die Menge S^0 und schließlich als Eigenschaft P die Konsistenz gewählt wird.

Mittels des dergestalt spezialisierten Lemmas von TUKEY können wir die konsistente Menge S zu einer maximal konsistenten[7] *Teilmenge von* S^0 erweitern. Die *analytische* Modifikation ist damit beendet, nicht jedoch der neue Beweis des Kompaktheitssatzes. Denn die auf diese

7 Dies ist eine konsistente Teilmenge von S^0, für welche keine konsistente echte Erweiterung existiert, *die nicht aus* S^0 *hinausführt.*

Weise gewonnene maximal konsistente Teilmenge von S^0 ist in der Regel keine Wahrheitsmenge. Es läßt sich jedoch zeigen, daß sie eine Hintikka-Menge ist, auf die sich daher das Lemma von HINTIKKA anwenden läßt.

Satz *Jede maximal konsistente Teilmenge der Menge S^0 (aller schwachen Teilsätze von Elementen der konsistenten Menge S) ist eine Hintikka-Menge.*

Beweis: Es genügt, die drei Konsistenzbedingungen C_0, C_1 und C_2 von **9.3** zu benützen:

M sei eine maximal konsistente Teilmenge von S^0.

(*a*) Wegen C_0 enthält M keinen Satzparameter zusammen mit seiner Negation. Damit ist H_0 gezeigt.

(*b*) Es sei $\alpha \in M$. Dann gilt $\Sigma_e(M \cup \{\alpha\})$, da M als konsistent vorausgesetzt ist und $M \cup \{\alpha\} = M$. Gemäß C_1 gilt daher $\Sigma_e(M \cup \{\alpha_1\})$ und wegen $\alpha_1 \in S^0$ ist somit infolge der Maximalität von M: $\alpha_1 \in M$. Analog gilt $\alpha_2 \in M$.

(*c*) Es sei $\beta \in M$. Dann ist $M \cup \{\beta\} = M$ und daher $\Sigma_e(M \cup \{\beta\})$. Gemäß C_2 ist mindestens eine der beiden Mengen $M \cup \{\beta_1\}$, $M \cup \{\beta_2\}$ konsistent und daher gilt, analog wie in (*b*), entweder $\beta_1 \in M$ oder $\beta_2 \in M$ oder beides (denn $\beta_1 \in S^0$ oder $\beta_2 \in S^0$ und M ist eine maximal konsistente Teilmenge von S^0). □

Da jede Hintikka-Menge erfüllbar ist, haben wir damit das gewünschte Ergebnis: $\Sigma_e(S) \rightarrow \Sigma(S)$.

Der Rahmen S^0 wird niemals verlassen. Somit sind wir berechtigt, diese *Beweisvariante* **III** als eine *analytische* Variante zu bezeichnen.

Die im letzten Absatz von **9.4** erwähnte ‚Mischvariante' aus **II** und **III**, welche Beweisvariante $\mathbf{II_{III}}$ heißen möge, sei nur skizzenhaft geschildert[8].

Mehrmals wurden die drei Konsistenzlemmata C_0, C_1 und C_2 verwendet, die unmittelbare Folgerungen der Konsistenzdefinition bildeten. Wir sprechen von einer abstrakten junktorenlogischen Konsistenzeigenschaft, wenn diese drei Sätze *per definitionem* gelten. Genauer: Eine Klasse $\mathfrak{R}$ von Satzmengen ist eine (*abstrakte*) *junktorenlogische Konsistenzeigenschaft*, abgek. $JK(\mathfrak{R})$, gdw jede Satzmenge N mit $N \in \mathfrak{R}$ die folgenden drei Bedingungen erfüllt:

(1) Für jeden Satzparameter p ist $\{p, \neg p\}$ keine Teilmenge von N.

(2) Für jedes $\alpha \in N$ ist sowohl $N \cup \{\alpha_1\} \in \mathfrak{R}$ als auch $N \cup \{\alpha_2\} \in \mathfrak{R}$.

(3) Für jedes $\beta \in N$ ist mindestens eine der beiden Mengen $N \cup \{\beta_1\}$, $N \cup \{\beta_2\}$ ein Element von $\mathfrak{R}$.

An die Stelle des Lemmas von TUKEY tritt die folgende

Aussage: Für alle $\mathfrak{R}$ und alle Satzmengen S gilt: wenn $JK(\mathfrak{R})$ und $S \in \mathfrak{R}$, dann $\Sigma(S)$.

---

8 Der Gedanke zu dieser Variante stammt von Herrn J. SARABIA, Madrid.

Beweisvariante $\mathbf{II}_{\mathbf{III}}$:

Es sei $JK(\mathfrak{R})$ und $S \in \mathfrak{R}$. Die Konstruktion für diese Aussage folgt dann in den ersten Schritten dem Lindenbaum-Beweis des Lemmas von TUKEY. Ausgehend von einer Folge f aller Sätze $X_1, X_2, \ldots, X_n, \ldots$, wird eine Folge $g = \langle S_0, S_1, \ldots, S_n, \ldots \rangle$ von Satzmengen induktiv definiert: $S_0 := S$. Unter der Annahme, S_n sei bereits definiert, ist $S_{n+1} := S_n \cup \{X_i\}$, sofern X_i der Satz mit kleinstem Index ist, so daß $X_i \notin S_n$ und X_i eine der folgenden Bedingungen erfüllt:

(i) es gibt ein $\alpha \in S_n$, so daß $X_i = \alpha_1$ oder $X_i = \alpha_2$;
(ii) es gibt ein $\beta \in S_n$, so daß $X_i = \beta_1$ und $S_n \cup \{X_i\} \in \mathfrak{R}$;
(iii) es gibt ein $\beta \in S_n$, so daß $X_i = \beta_2$ und $S_n \cup \{X_i\} \in \mathfrak{R}$.

Es gilt dann:

(A) $S_0 \subseteq S_1 \subseteq \ldots S_n \subseteq S_{n+1} \ldots$.
(B) Für alle $S_i \in \breve{g}$ ist $S_i \in \mathfrak{R}$ (da $S_0 = S \in \mathfrak{R}$ nach Voraussetzung).

Auch der nächste Beweisschritt ist ganz analog dem Lindenbaumschen Beweis des Lemmas von TUKEY: Es wird die Vereinigung aller Mengen S_i gebildet: $M := \bigcup_{i \in \omega} S_i$.

Zum Unterschied von jenem Beweis wird jetzt aber nicht die *Maximalität* der so gebildeten Formelmenge benötigt. Vielmehr läßt sich beweisen, daß M eine *Hintikka-Menge* und somit wegen des Lemmas von HINTIKKA erfüllbar ist.

Um den Kompaktheitssatz zu erhalten, genügt es, zu zeigen, daß die semantische Konsistenz alle Merkmale einer junktorenlogischen Konsistenzeigenschaft erfüllt, d.h. daß $JK(\Sigma_e)$.[9] Dieser Nachweis (d.h. die Verifikation von H_0, H_1 und H_2) ist aufgrund der obigen Definition von JK fast trivial.

Es dürfte klar geworden sein, wodurch sich die Variante $\mathbf{II}_{\mathbf{III}}$ von den anderen Varianten unterscheidet. Einerseits wird zunächst wie im Lindenbaum-Beweis vorgegangen, so daß das Verfahren – wie in **II** und zum Unterschied von den anderen Beweisvarianten – *synthetisch* ist (die obige Folge enthält ja *alle* Sätze!). Andererseits *wird*, zum Unterschied von **II**, *auf jede Maximalisierung verzichtet* und die Erfüllbarkeit der Vereinigungsmenge M über die *Hintikka-Eigenschaft* nachgewiesen, ebenso wie dies im Schlußschritt von **III** geschah. (Zugleich besteht jedoch auch gegenüber **III** der wesentliche Unterschied, daß in **III** die Hintikka-Eigenschaft einer Menge bewiesen wurde, von der zunächst gezeigt worden war, daß sie eine *maximale* Menge bestimmter Art, nämlich eine maximal konsistente Teilmenge von S^0, ist.)

---

9 Eine abstrakte Variante $\mathbf{II}'_{\mathbf{III}}$ dieses Beweises erhielte man durch die Ersetzung der Konsistenz durch eine *beliebige* junktorenlogische Konsistenzeigenschaft (unter der Voraussetzung, daß es solche Eigenschaften gibt).

Nachträglich nennen wir den einfachen Beweis in **9.1** die *Variante* **IV** und die Deduzierbarkeitsfassung von **9.2** die *Variante* **V**.

Insgesamt wurden in diesem Kapitel elf Beweisvarianten des Kompaktheitssatzes, welche zusätzlich zu dem Beweis in **4.2.4** hinzutreten, vorgeführt: die sechs analytischen Varianten $\mathbf{I}_1$, $\mathbf{I}_2$, $\mathbf{I}'_2$, $\mathbf{I}_3$, $\mathbf{I}'_3$ und **III**, sowie die synthetischen Varianten $\mathbf{II}_1$, $\mathbf{II}_{\mathbf{III}}$, $\mathbf{II}'_{\mathbf{III}}$, **IV** und **V**.

Neben der eingangs angekündigten Schilderung verschiedener Beweisstrategien für einen einfachen und daher stets durchsichtig zu gestaltenden Fall sollte dieses Kapitel dazu beitragen, eine deutlichere Vorstellung des Unterschiedes von analytischen und synthetischen Verfahren zu geben. Die Bedeutung dieses Unterschiedes wird bei der Übertragung auf den komplexeren quantorenlogischen Fall im elften Kapitel voll zutage treten.

Kapitel 10

Das Fundamentaltheorem der Quantorenlogik

10.1 Smullyans magische Mengen

10.1.1 Reguläre Mengen. Für viele der folgenden Überlegungen spielen zwei Arten von Formelmengen eine zentrale Rolle. Wir beginnen daher mit einer Charakterisierung dieser Mengen.

Dabei legen wir dem Folgenden die *vereinfachte Sprache* **Q** zugrunde, in der nicht nur die zweistellige Identitätskonstante $=$ keine besondere Auszeichnung erfährt, sondern in der überdies auf Funktionsparameter, und damit natürlich auch generell auf Funktionsbezeichnungen, verzichtet wird. *Mit ‚u' bezeichnen wir daher jetzt stets Objektparameter.*

Unter einem *regulären Satz* soll stets ein *Satz* (also eine *geschlossene* Formel) von der Gestalt $\gamma \rightarrow \gamma(u)$ oder $\delta \rightarrow \delta(u)$ verstanden werden, wobei im zweiten Fall *u nicht in* δ *vorkommen* darf. Im ersten Fall sprechen wir von Sätzen vom *Typ C*, im zweiten Fall von Sätzen vom *Typ D*. Da gelegentlich der Unterschied zwischen diesen beiden Fällen keine Rolle spielen wird, soll der Buchstabe ‚Q' dazu dienen, entweder γ oder δ zu bezeichnen; $Q(u)$ bedeutet dann entweder $\gamma(u)$ oder $\delta(u)$.

(Es möge beachtet werden, daß $Q \rightarrow Q(u)$ die folgenden vier Satztypen umfaßt: $\bigwedge x A[x] \rightarrow A[u]$; $\neg \bigvee x A[x] \rightarrow \neg A[u]$; $\bigvee x A[x] \rightarrow A[u]$; $\neg \bigwedge x A[x] \rightarrow \neg A[u]$. Die ersten beiden Typen sind unproblematische Fälle von quantorenlogischer Gültigkeit; die beiden restlichen Typen repräsentieren keine Fälle von Gültigkeit, so daß Vorsicht in der Handhabung des Parameters u geboten erscheint.)

Als grundlegend für das Operieren mit regulären Sätzen erweist sich das folgende

Regularitätslemma *M sei eine (im quantorenlogischen Sinn) erfüllbare Satzmenge. Dann gilt:*

(1) *$M \cup \{\gamma \rightarrow \gamma(u)\}$ ist für jeden Parameter u erfüllbar.*

(2) *$M \cup \{\delta \rightarrow \delta(u)\}$ ist erfüllbar für jeden Parameter u, der weder in M noch in δ vorkommt.*

Das Lemma behauptet also, daß die Erweiterung jeder erfüllbaren Satzmenge um einen regulären Satz wieder zu einer erfüllbaren Satzmenge führt, sofern bei der Erweiterung um einen Satz vom Typ *D* zusätzlich die in (2) angegebene Parameterbedingung erfüllt ist.

Beweis: (1) gilt trivial; denn hier wird zu *M* der gültige Satz $\gamma \rightarrow \gamma(u)$ hinzugefügt.

(2) Es sei *u* ein weder in *M* noch in δ vorkommender Parameter. Angenommen, $M \cup \{\delta \rightarrow \delta(u)\}$ sei unerfüllbar. Dann wären auch die Mengen $M \cup \{\neg \delta\}$ sowie $M \cup \{\delta(u)\}$ unerfüllbar. (Denn sowohl $\neg \delta$ als auch $\delta(u)$ implizieren junktorenlogisch $\delta \rightarrow \delta(u)$.) Gemäß ($\mathbf{E}_4$) von 4.2.3 würde die Erfüllbarkeit von $M \cup \{\delta\}$ die von $M \cup \{\delta, \delta(u)\}$ zur Folge haben (da das jetzige *u* der dortigen Voraussetzung genügt, nicht in $M \cup \{\delta\}$ vorzukommen). Damit wäre auch die Teilmenge $M \cup \{\delta(u)\}$ erfüllbar, im Widerspruch zu unserem Zwischenresultat, daß $M \cup \{\delta(u)\}$ unerfüllbar ist. Also ist $M \cup \{\delta\}$ unerfüllbar.

Unter der obigen Annahme sind also sowohl $M \cup \{\delta\}$ als auch $M \cup \{\neg \delta\}$ unerfüllbar. Dann wäre, im Widerspruch zur Voraussetzung, auch *M* unerfüllbar. □

Eine *reguläre Folge* sei eine endliche oder unendliche Folge $Q_1 \rightarrow Q_1(u_1), \ldots, Q_n \rightarrow Q_n(u_n), (\ldots)$, wobei (1) jedes Glied der Folge $Q_i \rightarrow Q_i(u_i)$ ein regulärer Satz ist und (2) für jedes m und jedes $i < m$ gilt: wenn Q_{i+1} ein δ-Satz ist, dann kommt u_{i+1} in keinem der vorangehenden Glieder $Q_1 \rightarrow Q_1(u_1), \ldots, Q_i \rightarrow Q_i(u_i)$ vor.

Eine *reguläre Menge* sei eine endliche Menge von Sätzen, deren Elemente zu einer regulären Folge angeordnet werden können. Äquivalent dazu ist die folgende rekursive Definition:

R_0) Die leere Menge $\emptyset$ ist regulär.

R_1) Wenn *R* eine reguläre Menge ist, so auch $R \cup \{\gamma \rightarrow \gamma(u)\}$.

R_2) Wenn *R* eine reguläre Menge ist, so auch $R \cup \{\delta \rightarrow \delta(u)\}$, sofern *u* weder in *R* noch in δ vorkommt.

Anmerkung. Das Prädikat „regulär" hat drei Anwendungen, nämlich für Sätze, Satzfolgen und endliche Satzmengen.

Prinzipiell könnte man diese Regularitätsbegriffe für *beliebige*, also auch *unendliche* Formelmengen definieren und auch die folgenden Lehrsätze entsprechend allgemeiner formulieren.

Bereits an dieser Stelle führen wir einen Lehrsatz an, der später für den Beweis des Haupttheorems über magische Mengen benötigt wird.

Th. 10.1 *R sei eine reguläre Menge. M sei eine erfüllbare Satzmenge, so daß kein kritischer Parameter von R in M vorkommt. Dann ist $R \cup M$ erfüllbar.* (Daß *u* ein kritischer Parameter von *R* ist, muß dabei natürlich so verstanden werden, daß es mindestens eine Formel δ gibt, so daß $\delta \rightarrow \delta(u)$ Element von *R* ist.)

Der *Beweis* ergibt sich unmittelbar aus dem Regularitätslemma und der obigen rekursiven Definition einer regulären Menge. Denn erstens ist die leere Menge trivial regulär. Zweitens zerstören wir gemäß jenem Lemma an keiner Stelle die Erfüllbarkeit, wenn wir zu M sukzessive die Elemente von R hinzufügen, sofern nur die in Th. 10.1 angegebene Bedingung gilt, nämlich daß kein kritischer Parameter von R in M vorkommt. □

Korollar zu Th. 10.1 *Wenn $R^\wedge \rightarrow X$ gültig ist*[1] *und kein kritischer Parameter von R in X vorkommt, dann ist X gültig. (Insbesondere ist ein reiner Satz X gültig, sofern $R^\wedge \rightarrow X$ gültig ist.)*

Für den Beweis beachten wir die Gleichwertigkeit der Gültigkeit der Formel $R^\wedge \rightarrow X$ und der Unerfüllbarkeit der Menge $R \cup \{\neg X\}$. Da ersteres im Korollar vorausgesetzt ist, kann man aus der Unerfüllbarkeit von $R \cup \{\neg X\}$ mittels Th. 10.1 auf die Unerfüllbarkeit von $\{\neg X\}$ und damit auf die Gültigkeit von X schließen.

10.1.2 Magische Mengen. Im folgenden sei V stets der abzählbare Bereich der Parameter. $\mathbb{E}^V$ ist dann die Menge aller geschlossenen V-Formeln. Boolesche Bewertungen und q-Bewertungen werden sich stets auf die Menge $\mathbb{E}^V$ beziehen.

Im folgenden werden wir es des öfteren mit Booleschen Bewertungen zu tun haben, die sich nicht auf junktorenlogische, sondern auf quantorenlogische Formeln beziehen. Um dieser Redeweise einen präzisen Sinn zu verleihen, definieren wir die folgenden Begriffe. Wir nennen eine Formel von $\mathbb{E}^V$ *quantorenlogisch j-atomar*, wenn sie entweder die Gestalt $P^n t_1 \ldots t_n$ hat oder mit einem Quantor beginnt oder eine Termgleichung $t_i = t_j$ ist. Genau diese drei quantorenlogischen Formelarten sind nämlich junktorenlogisch nicht mehr weiter zerlegbar. Unter einer *quantorenlogisch j-atomaren Belegung* verstehen wir eine Zuordnung eines der beiden Wahrheitswerte zu jeder quantorenlogisch j-atomaren Formel. Eine *Boolesche Bewertung in der Quantorenlogik* ist die Boolesche Auswertung einer beliebigen Belegung der quantorenlogisch j-atomaren Formeln mit Wahrheitswerten (d. h. genauer: sie besteht erstens aus einer Belegung der quantorenlogisch j-atomaren Formeln mit Wahrheitswerten und zweitens aus der Booleschen Auswertung dieser Belegung).

Anmerkung. Es möge beachtet werden, daß z. B. die Bewertung $\varphi(\bigwedge x(Fx \wedge \neg Fx))$ den Wert **w** haben darf. Denn die Formel $\bigwedge x(Fx \wedge \neg Fx)$ ist zwar *quantorenlogisch* widerspruchsvoll; da sie jedoch zugleich quantorenlogisch j-atomar ist, kann man ihr bei einer Booleschen Bewertung in der Quantorenlogik einen beliebigen Wahrheitswert zuordnen.

---

1 Da eine reguläre Menge R endlich sein muß, ergibt $R^\wedge$ stets einen Sinn und ist bis auf die Reihenfolge der Konjunktionsglieder eindeutig festgelegt.

Wir kommen jetzt auf Formelmengen zu sprechen, die beinahe „magische“ Eigenschaften besitzen.

Genauer soll unter einer *magischen Menge* eine Menge M von Sätzen (mit oder ohne Parametern) verstanden werden, welche die folgenden beiden Bedingungen erfüllt:

M$_1$: Jede M erfüllende Boolesche Bewertung ist auch eine M erfüllende q-Bewertung (in gleichwertiger Sprechweise: Für jede M erfüllende Boolesche Bewertung $\mathfrak{b}$ ist die Menge der unter $\mathfrak{b}$ wahren Sätze eine quantorenlogische Wahrheitsmenge).

M$_2$: Für jede endliche Menge S_0 von Sätzen und für jede endliche Teilmenge M_0 von M gilt: wenn S_0 q-erfüllbar ist, so auch $S_0 \cup M_0$.

Dem Skeptiker werden sofort Zweifel an der Existenz solcher Mengen aufkommen. Obwohl wir derartige Zweifel zerstreuen können (und werden), stellen wir dies für den Augenblick zurück, *fingieren* die Existenz magischer Mengen und untersuchen, was für Eigenschaften sie haben. Die Wendung ‚die Formel X ist aus der Formelmenge S *wahrheitsfunktionell deduzierbar*‘ besage dasselbe wie ‚es gibt eine endliche Teilmenge S_0 von S, so daß $S_0 \Vdash_j X$‘ (diese letzte Teilaussage, wonach S_0 die Formel X wahrheitsfunktionell impliziert, könnte natürlich auch so ausgedrückt werden, daß $S_0^{\wedge} \rightarrow X$ tautologisch ist).

Von einer Formelmenge B werde gesagt, daß sie eine *junktorenlogische* oder *wahrheitsfunktionelle Basis der Quantorenlogik* bildet gdw für jeden reinen Satz X gilt: X ist gültig gdw X ist wahrheitsfunktionell aus B deduzierbar. Es gilt:

Th. 10.2 *Jede magische Menge bildet eine junktorenlogische (wahrheitsfunktionelle) Basis der Quantorenlogik.*

Beweis: M sei eine magische Menge.

(*a*) X sei ein reiner gültiger Satz. Angenommen, $\mathfrak{b}$ sei eine Boolesche Bewertung, die M erfüllt. Gemäß **M**$_1$ ist $\mathfrak{b}$ sogar eine q-Bewertung. X muß somit nach Voraussetzung bei $\mathfrak{b}$ wahr werden.

X ist also wahr bei allen Booleschen Bewertungen, die M erfüllen. Gemäß der Deduzierbarkeitsversion des Kompaktheitstheorems für die Junktorenlogik (vgl. 9.2) muß X aus M wahrheitsfunktionell deduzierbar sein.

(*b*) Es sei nun umgekehrt der parameterfreie Satz X wahrheitsfunktionell deduzierbar aus M. X wird dann junktorenlogisch von einer endlichen Teilmenge M_0 von M impliziert, oder, anders ausgedrückt: die Menge $M_0 \cup \{\neg X\}$ ist junktorenlogisch unerfüllbar. Diese Menge ist daher a fortiori q-unerfüllbar. Damit ist aber $\{\neg X\}$ q-unerfüllbar (denn gemäß der Eigenschaft $\mathbf{M}_2$ wäre bei Erfüllbarkeit von $\{\neg X\}$ auch $M_0 \cup \{\neg X\}$ erfüllbar). Dieses Resultat ist gleichwertig mit der Feststellung, daß X gültig ist. □

Das eben gewonnene merkwürdige Resultat dürfte den Verdacht des Skeptikers, daß es überhaupt keine magischen Mengen gibt, eher verstärken. Wir gehen daher dazu über, diesen Verdacht in der Weise zu entkräften, daß wir die Existenz solcher Mengen beweisen.

Zweckmäßigerweise schicken wir gewisse hinreichende Bedingungen dafür voraus, daß eine Boolesche Bewertung zu einer q-Bewertung erweitert werden kann.

Hilfssatz 1 (Version A) $\mathfrak{b}$ *sei eine Boolesche Bewertung, die für jedes* γ *und jedes* δ *die folgenden beiden Eigenschaften besitzt:*

(*a*) *falls* γ *bei* $\mathfrak{b}$ *wahr ist, so ist* $\gamma(u)$ *für jeden Parameter* u *wahr unter* $\mathfrak{b}$;

(*b*) *falls* δ *bei* $\mathfrak{b}$ *wahr ist, so ist* $\delta(u)$ *für mindestens einen Parameter wahr unter* $\mathfrak{b}$.

Dann gilt: $\mathfrak{b}$ *ist eine q-Bewertung.*

Beweis: Wir müssen zeigen, daß unter den genannten Voraussetzungen auch die Umkehrungen von (*a*) und (*b*) gelten.

(1) O.B.d.A. wählen wir als γ eine Formel der Gestalt $\bigwedge x A[x]$. Für jedes u sei $A[u]$ wahr unter $\mathfrak{b}$. Zu zeigen ist: $\bigwedge x A[x]$ ist wahr bei $\mathfrak{b}$. Dies ist äquivalent mit der Aussage: Wenn $\bigwedge x A[x]$ unter $\mathfrak{b}$ falsch ist, dann ist für mindestens einen Parameter u auch $A[u]$ falsch. Da $\mathfrak{b}$ eine Boolesche Bewertung ist, muß bei Falschheit von $\bigwedge x A[x]$ die Formel $\neg \bigwedge x A[x]$ bei $\mathfrak{b}$ wahr sein. Gemäß (*b*) existiert dann ein Parameter u, so daß $\neg A[u]$ wahr und daher $A[u]$ falsch ist. Damit ist bereits alles bewiesen.

(2) O.B.d.A. wählen wir als δ eine Formel der Gestalt $\bigvee x A[x]$. Falls $\bigvee x A[x]$ bei $\mathfrak{b}$ falsch ist, muß $\neg \bigvee x A[x]$ bei $\mathfrak{b}$ wahr sein; und daher muß bei $\mathfrak{b}$ gemäß (*a*) $\neg A[u]$ für *jeden* Parameter u wahr und somit $A[u]$ für *jeden* Parameter u falsch sein. Wenn $\mathfrak{b}$ also $A[u]$ für mindestens einen Parameter u wahr macht, so wird auch $\bigvee x A[x]$ bei $\mathfrak{b}$ wahr. Dies ist die gewünschte Umkehrung von (*b*). □

Der Hilfssatz kann offenbar auch in der folgenden Weise formuliert werden:

Hilfssatz 1 (Version B) *Es sei M eine Boolesche Wahrheitsmenge, die für jedes* γ *und jedes* δ *die folgenden beiden Eigenschaften besitzt:*

(*a*) *falls* $\gamma \in M$, *so ist für jeden Parameter* u *auch* $\gamma(u) \in M$;

(*b*) *falls* $\delta \in M$, *so ist für mindestens einen Parameter* u *auch* $\delta(u) \in M$.

Dann gilt: M ist eine quantorenlogische Wahrheitsmenge.

Wir formulieren jetzt das wichtige

Th. 10.3 (Haupttheorem über magische Mengen) *Es existiert eine Menge, die zugleich regulär und magisch ist.*

Beweis: Wir benützen einen einfachen Kunstgriff. In einem ersten Schritt beginnen wir mit einer Aufzählung *aller* δ-Sätze unserer formalen Sprache in einer festen abzählbaren Folge: $\delta_1, \delta_2, \ldots, \delta_n, \ldots$ sowie einer Aufzählung *aller* Parameter, ebenfalls in einer festen abzählbaren Folge: $v_1, v_2, \ldots, v_n, \ldots$. Nun werden in allen δ-Formeln die Indizes der v_i verdoppelt. (Der Grund für diese Maßnahme wird sofort zutage treten.)

In einem zweiten Schritt *definieren* wir rekursiv eine neue Folge von Parametern, die sich für die Konstruktion einer regulären Menge eignen. Und zwar sei w_1 der erste gerade Parameter der Folge v_i, der nicht in δ_1 vorkommt; w_2 sei der erste gerade Parameter nach w_1 (wieder in der Folge der v_i), der weder in δ_1 noch in δ_2 vorkommt; w_3 sei der erste gerade Parameter nach w_2, der weder in δ_1 noch in δ_2 noch in δ_3 vorkommt; ...; w_{n+1} sei der erste gerade Parameter nach $w_1, \ldots, w_n$, der in keiner der Formeln $\delta_1, \delta_2, \ldots, \delta_{n+1}$ vorkommt usw. Es sei R_1 die Menge der Formeln:

$$\delta_1 \rightarrow \delta_1(w_1), \quad \delta_2 \rightarrow \delta_2(w_2), \quad \delta_3 \rightarrow \delta_3(w_3), \ldots, \delta_n \rightarrow \delta_n(w_n), \ldots.$$

R_1 ist offenbar regulär (denn jedes endliche Anfangsstück der angedeuteten Folge ist regulär).

R_2 sei die Menge aller Sätze $\gamma \rightarrow \gamma(u)$ für alle γ und alle Parameter u. Dann ist auch die Menge $R_1 \cup R_2$ regulär. (Für die Konstruktion einer regulären Folge kommt es nur auf die Reihenfolge der Elemente von R_1 an. Dagegen ist es unwesentlich, ob Elemente von R_2 in dieser Folge an den Anfang oder an das Ende gestellt oder ganz bzw. teilweise zwischen die Formeln $\delta_j \rightarrow \delta_j(w_j)$ verstreut werden. Der obige Kunstgriff garantiert, daß in jedem Fall hinreichend viele Beispielsparameter für die δ-Formeln verfügbar sind.)

Eine auf diese Weise eingeführte Menge $R_1 \cup R_2$ ist es, welche die Existenzbehauptung unseres Theorems erfüllt. Da diese Mengen auch außerhalb des gegenwärtigen Beweises eine wichtige Rolle spielen werden, nennen wir sie *regulär-magische Standardmengen*, abgekürzt: *r-m-st-Mengen.*

Davon, daß $R_1 \cup R_2$ regulär ist, haben wir uns eben schon überzeugt. Was noch übrig bleibt, ist der Nachweis dafür, daß diese Menge die obigen Bedingungen $\mathbf{M}_1$ und $\mathbf{M}_2$ erfüllt.

Zu $\mathbf{M}_1$: $\mathfrak{b}$ sei eine $R_1 \cup R_2$ erfüllende Boolesche Bewertung. Angenommen, γ sei wahr unter $\mathfrak{b}$. Für jedes u ist $\gamma \rightarrow \gamma(u)$ wahr unter $\mathfrak{b}$; denn $\gamma \rightarrow \gamma(u)$ ist Element von R_2 und damit von $R_1 \cup R_2$. Da also $\mathfrak{b}$ eine Boolesche Bewertung ist, unter der sowohl γ als auch $\gamma \rightarrow \gamma(u)$ wahr sind, muß auch $\gamma(u)$ für alle u unter $\mathfrak{b}$ wahr sein. Damit ist die Bedingung (a) von Hilfssatz 1 erfüllt.

Wir zeigen, daß auch die Bedingung (b) dieses Hilfssatzes erfüllt ist. Angenommen, δ sei wahr unter $\mathfrak{b}$. Da $\delta \rightarrow \delta(u)$ für mindestens ein u zu

(R_1 und damit auch zu) $R_1 \cup R_2$ gehört, ist $\delta \rightarrow \delta(u)$ für dieses u wahr bei $\mathfrak{b}$. Also ist $\delta(u)$ wahr bei $\mathfrak{b}$. Damit ist auch die zweite Bedingung von Hilfssatz 1 erfüllt.

Die Konklusion des Hilfssatzes gilt also und $\mathfrak{b}$ ist eine quantorenlogische Bewertung. Damit ist die Gültigkeit von $\mathbf{M}_1$ für $R_1 \cup R_2$ erwiesen.

Zu $\mathbf{M}_2$: Jede endliche Teilmenge R unserer r-m-st-Menge ist regulär. Wenn daher S eine endliche q-erfüllbare Menge reiner Formeln ist, dann ist nach Th. 10.1 auch $R \cup S$ q-erfüllbar[2]. Damit ist gezeigt, daß auch die zweite Bedingung von ‚magisch' für $R_1 \cup R_2$ gilt. □

Aus Th. 10.3 ergibt sich fast unmittelbar das folgende

Korollar *M sei eine magische Menge. S sei eine Obermenge von M, die wahrheitsfunktionell erfüllbar ist. Dann ist S auch q-erfüllbar in einem abzählbaren Bereich.*

Beweis: Wir arbeiten mit der Formelmenge $\mathbb{E}^V$. Dabei sei V hier eine abzählbare Menge von Parametern. Nach Voraussetzung existiert eine Boolesche Bewertung $\mathfrak{b}$, die S erfüllt. A fortiori erfüllt $\mathfrak{b}$ auch M. Damit aber muß $\mathfrak{b}$ eine quantorenlogische Bewertung sein (denn M ist magisch!). S wird also von der quantorenlogischen Bewertung $\mathfrak{b}$ (der abzählbaren Menge $\mathbb{E}^V$) erfüllt. □

In den folgenden Abschnitten soll gezeigt werden, daß einige grundlegende Theoreme der Quantorenlogik aus Th. 10.3 gewonnen werden können.

10.1.3 Kompaktheitstheorem. Löwenheim-Skolem-Theorem. Die Gültigkeit des junktorenlogischen Kompaktheitstheorems werde hier vorausgesetzt. Mit seiner Hilfe sowie der Ergebnisse des vorigen Abschnittes läßt sich ein einfacher Beweis des *quantorenlogischen Kompaktheitstheorems* liefern.

Es sei S eine Menge reiner Sätze, so daß jede endliche Teilmenge von S q-erfüllbar ist. M sei eine magische Menge. Man erkennt leicht die Richtigkeit der folgenden

Behauptung *S sowie jede endliche Teilmenge N von $M \cup S$ ist q-erfüllbar in einem abzählbaren Bereich.*

N ist nämlich die Vereinigung einer endlichen Teilmenge M_0 von M mit einer endlichen Teilmenge S_0 von S. S_0 ist nach Voraussetzung q-erfüllbar. Gemäß der Eigenschaft $\mathbf{M}_2$ von magischen Mengen ist daher auch $M_0 \cup S_0 = N$ q-erfüllbar. N ist somit a fortiori j-erfüllbar.

2 Die Endlichkeit von S wird hier gar nicht benötigt, wie die Formulierung von Th. 10.1 zeigt.

Wir haben also gezeigt, daß jede endliche Teilmenge von $M \cup S$ *wahrheitsfunktionell* erfüllbar ist, sofern für S die obige Voraussetzung gilt (nämlich daß jede endliche Teilmenge von S q-erfüllbar ist). Nach dem *junktorenlogischen* Kompaktheitstheorem ist dann die *ganze* Menge $M \cup S$ j-erfüllbar. Aufgrund des Korollars zu Th. 10.3 ist $M \cup S$ sogar *q-erfüllbar* in einem *abzählbaren* Bereich. Dasselbe gilt trivialerweise von den Teilmengen N und S dieser Menge. □

Die Bezugnahme auf das Korollar ermöglichte also einen simultanen Nachweis des q-Kompaktheitstheorems sowie des Löwenheim-Skolem-Theorems.

10.2 Das Fundamentaltheorem der Quantorenlogik (Abstrakte Fassung des Satzes von Herbrand)

Es existiert ein grundlegendes Theorem der Quantorenlogik, das auf Gedanken von Herbrand zurückgeht. Andere Logiker, wie Gödel, Gentzen, Henkin, Hasenjäger und Beth haben daran Verbesserungen und Vereinfachungen vorgenommen. Die endgültige und hier vorgelegte Gestalt hat das Theorem durch Smullyan erhalten. Der „Herbrandsche Charakter" des Theorems tritt darin zutage, daß mit jedem *q-gültigen* Satz in interessanter Weise ein junktorenlogischer Satz verknüpft werden kann, der eine *Tautologie* ist.

Daß es sich wirklich um ein tiefliegendes Theorem handelt, werden wir im folgenden Abschnitt dadurch demonstrieren, daß wir mit seiner Hilfe einen direkten Nachweis der Vollständigkeit üblicher Axiomatisierungen der Quantorenlogik liefern – einen Nachweis, der wesentlich einfacher und kürzer ist als die bekannten Vollständigkeitsbeweise dieser Art –, ohne in irgendeiner Weise auf das analoge Resultat für den Baumkalkül zurückzugreifen.

Wir beginnen mit der Formulierung der schwachen Form des Herbrand-Theorems in der Smullyanschen Fassung:

Th. 10.4 (Schwache Form des Fundamentaltheorems der Quantorenlogik) *Jeder q-gültige reine Satz wird junktorenlogisch impliziert von einer endlichen regulären Menge R.*

Beweis: X sei rein und q-gültig. M sei eine reguläre und magische Menge. Solche Mengen existieren nach Th. 10.3. Aufgrund von Th. 10.2 sowie der Definition von ‚wahrheitsfunktionelle Basis' existiert eine endliche Teilmenge R von M, die X wahrheitsfunktionell impliziert. R ist endlich und regulär (da ja sogar M regulär ist). Damit ist bereits alles bewiesen. □

Th. 10.5 (Starke Form des Fundamentaltheorems der Quantorenlogik) *Jeder q-gültige reine Satz X wird junktorenlogisch impliziert von einer endlichen regulären Menge R, welche die zusätzliche Eigenschaft besitzt, daß für jedes Element $Q \rightarrow Q(u)$ von R die Formel Q eine schwache Teilformel von X ist.*

Wir formulieren zunächst den

Hilfssatz 2 *Es sei M eine r-m-st-Menge $R_1 \cup R_2$. (R_1 und R_2 haben die im Beweis von Th. 10.3 beschriebenen Bedeutungen.) Für einen gegebenen Satz X sei M_X die Menge all derjenigen Elemente $Q \rightarrow Q(u)$ von M, so daß Q eine schwache Teilformel von X ist. $\mathfrak{b}$ sei eine Boolesche Bewertung, bei der M_X wahr ist. Dann bildet die Menge W_X all derjenigen schwachen Teilformeln von X, die bei $\mathfrak{b}$ wahr sind, eine q-Hintikka-Menge.*

Beweis: Daß W_X die ersten drei Eigenschaften von Hintikka-Mengen besitzt (d.h. bezüglich der atomaren Formeln sowie der α- und der β-Formeln), folgt unmittelbar aus der Voraussetzung, wonach $\mathfrak{b}$ eine Boolesche Bewertung ist, bei der W_X wahr wird. Zur Verifikation von H_3 nehmen wir an, daß $\gamma \in W_X$. γ ist dann eine schwache Teilformel von X und wahr bei $\mathfrak{b}$. Nach Voraussetzung ist $\gamma \rightarrow \gamma(u)$ für alle u ein Element von M_X. Damit sind alle diese Formeln wahr bei $\mathfrak{b}$ und damit auch alle Formeln $\gamma(u)$. Da mit γ auch alle $\gamma(u)$ schwache Teilformeln von X sind, gilt für alle $u : \gamma(u) \in W_X$.

Zur Verifikation von H_4 nehmen wir an, daß $\delta \in W_X$. Wie soeben schließt man auch hier, daß δ bei $\mathfrak{b}$ wahr und schwache Teilformel von X ist. Dann muß für mindestens ein u $\delta \rightarrow \delta(u)$ wahr bei $\mathfrak{b}$ sein und daher auch $\delta(u)$. Da ferner auch $\delta(u)$ eine schwache Teilformel von X ist, gilt: $\delta(u) \in W_X$. □

Jetzt gehen wir über zum *Beweis von* Th. 10.5: M sei wieder eine *r-m-st*-Menge. X sei ein beliebiger gültiger reiner Satz. M_X sei so definiert wie in Hilfssatz 2. (Von dieser Menge sagen wir auch, daß sie die „*schwache Teilformel-Eigenschaft*" bezüglich X erfülle.) $\mathfrak{b}$ sei eine M_X erfüllende Boolesche Bewertung. Wir wollen zeigen, daß X bei $\mathfrak{b}$ wahr wird.

W_X sei die Menge der schwachen Teilformeln von X, die bei $\mathfrak{b}$ wahr werden. Wir müssen zeigen, daß X Element von W_X ist. Nun sind sowohl X als auch $\neg X$ schwache Teilformeln von X. Da genau eine dieser Formeln bei $\mathfrak{b}$ wahr ist, liegt genau eine in W_X. Nach Hilfssatz 2 ist W_X eine q-Hintikka-Menge; also ist jedes Element von W_X q-erfüllbar[3].

3 Nach dem Lemma von HINTIKKA ist W_X sogar *simultan* q-erfüllbar.

$\neg X$ kann aber nicht q-erfüllbar sein, da X gültig ist. Somit ist $\neg X$ kein Element von W_X; also liegt X in W_X, d. h. X ist wahr bei $\mathfrak{b}$.

Diese Überlegung hat folgendes gezeigt: Jeder gültige reine Satz X wird wahrheitsfunktionell impliziert von M_X. Nach dem Kompaktheitstheorem der Junktorenlogik (in der Deduzierbarkeitsfassung) wird X somit auch von einer *endlichen Teilmenge* R von M_X wahrheitsfunktionell impliziert.

Da M_X (und damit jede Teilmenge davon) die schwache Teilformel-Eigenschaft bezüglich X erfüllt, ist bereits alles bewiesen. □

Daß der Nachweis der beiden Fassungen des Fundamentaltheorems relativ einfach und zwanglos erfolgen konnte, ist offenbar eine Folge der raffinierten Smullyanschen Definition der magischen Mengen.

10.3 Ein Beweis des Fundamentaltheorems auf der Grundlage des Baumverfahrens

Die in **10.2** erbrachten Beweise setzten nur die vorangehenden Resultate dieses Kapitels über reguläre und magische Mengen voraus, nicht jedoch irgendwelche Resultate über Kalküle.

Wenn wir aber die Gödelsche Vollständigkeit des *adjunktiven Baumkalküls* **B** voraussetzen, so können wir einen weiteren, und zwar recht anschaulichen Nachweis für das Fundamentaltheorem liefern. Dabei benützen wir die folgenden beiden bereits bekannten Fakten:

(*a*) Die metatheoretische Aussage ‚$R \Vdash_j A$' ist gleichwertig mit der Aussage ‚$R \cup \{\neg A\}$ ist junktorenlogisch unerfüllbar'.

(*b*) Der modus ponens ist eine zulässige Schlußregel in **B**.

Es sei X ein reiner gültiger Satz. Nach Voraussetzung existiert ein geschlossener Baum für $\neg X$. In diesem Baum eliminieren wir *sämtliche* Anwendungen der Regeln C und D dadurch, daß wir für jedes aus einem Q erschlossenen $Q(u)$ die Formel $Q \rightarrow Q(u)$ an den Anfang des Baumes setzen und $Q(u)$ aus Q und $Q \rightarrow Q(u)$ mittels modus ponens erschließen, was nach (*b*) zulässig ist. Wenn wir die Klasse der an den Anfang gestellten Formeln $Q \rightarrow Q(u)$ mit R bezeichnen, wobei R regulär ist, so erhalten wir einen junktorenlogisch (!) geschlossenen Baum, der einen Beweis für die Unerfüllbarkeit von $R \cup \{\neg X\}$ darstellt. Nach (*a*) ist damit die schwache Form des Fundamentaltheorems bereits als richtig erkannt. Daß auch die starke Form gilt, folgt aus der weiteren Tatsache, daß ganz allgemein Beweise des Baumkalküls die schwache Teilformel-Eigenschaft besitzen.

10.4 Direkter und verschärfter Vollständigkeitsbeweis des axiomatischen Kalküls A

Daß es sich bei einem metatheoretisch nachweisbaren Satz um ein tiefliegendes Theorem handelt, erkennt man am besten an der *Leistungsfähigkeit* dieses Satzes. Wir werden uns von der Leistungsfähigkeit des Fundamentaltheorems der Quantorenlogik dadurch überzeugen, daß wir mit seiner Hilfe einen direkten Nachweis der Vollständigkeit des Kalküls **A** erbringen. Während die üblichen Vollständigkeitsbeweise für Hilbert-Kalküle mehr oder weniger aufwendig sind, wird sich der vorliegende als überraschend einfach erweisen. (Der früher in Kap. 4 erbrachte Vollständigkeitsbeweis war demgegenüber ein *indirekter*, der auf das analoge Resultat für den Sequenzenkalkül Bezug nahm, welches sich seinerseits auf die bereits erwiesene Vollständigkeit des Baumkalküls stützte.)

Der Vollständigkeitsnachweis wird sogar in dem Sinn ein (psychologisch) *verschärfter* sein, als sich der Nachweis auf einen gegenüber **A** *scheinbar* schwächeren Kalkül bezieht. Der Einfachheit halber beschränken wir uns auf die Gödelsche Vollständigkeit, d. h. auf die Gültigkeitsvollständigkeit.

In einem ersten Schritt formulieren wir triviale Varianten von **A**, die nur die beiden Zwecke haben, erstens einen systematischen Gebrauch von der γ-δ-Symbolik zu machen und zweitens eine Symmetrie in den quantorenlogischen Teil einzuführen.

Dabei schicken wir ein einfaches Metatheorem der Junktorenlogik voraus, nämlich das

Theorem von Post *Jeder axiomatische Kalkül, der alle Tautologien als Theoreme und den modus ponens als zulässige Regel enthält, ist bezüglich junktorenlogischer Implikation abgeschlossen.* (Letzteres ist in folgendem Sinne zu verstehen: Wenn $X_1,\ldots,X_n$ im Kalkül beweisbar sind und Y ein junktorenlogisches Implikat von $\{X_1,\ldots,X_n\}$ ist, dann ist Y eine im Kalkül beweisbare Formel.)

Aus diesem Theorem geht hervor, daß unter der gegebenen Voraussetzung (d. h. Zulässigkeit des modus ponens) jede Regel zulässig ist, welche Fälle von junktorenlogischer Implikation repräsentiert.

Der *Beweis* ist höchst einfach: Falls $X_1,\ldots,X_n$ Theoreme sind und Y aus diesen Formeln junktorenlogisch folgt, so ist $X_1\to(X_2\to(X_3\to\ldots(X_n\to Y)\ldots))$ eine Tautologie und damit ein Theorem. n-malige Anwendung des modus ponens liefert Y als Theorem des Kalküls. □

Der Kalkül **A**′ entstehe aus **A** dadurch, daß wir erstens statt des Axiomenschemas (E) das folgende wählen:

(E') $\neg\bigvee xA[x]\to\neg A[u]$

und zweitens die Regel (AG) ersetzen durch:

$$(AG') \quad \frac{\neg A[u] \rightarrow B}{\neg \bigwedge x A[x] \rightarrow B} \quad \text{(mit derselben Parameterbedingung).}$$

In der vereinheitlichenden γ-δ-Notation können die Postulate von $\mathbf{A}'$ folgendermaßen formuliert werden:

(J) $\quad A$, sofern $\Vdash_j A$

$$(MP) \quad \frac{A \qquad A \rightarrow B}{B}$$

$(A'), (E')$ $\quad \gamma \rightarrow \gamma(u)$

$$(AG'), (EG') \quad \frac{\delta(u) \rightarrow B}{\delta \rightarrow B}, \quad \text{falls } u \text{ weder in } B \text{ noch in } \delta \text{ vorkommt.}$$

Zwei Kalküle mögen *beweisäquivalent*, oder kurz: *äquivalent*, genannt werden, wenn sie dieselben Theoreme enthalten. Mit Hilfe des Postschen Theorems ergibt sich unmittelbar, daß $\mathbf{A}$ und $\mathbf{A}'$ äquivalent sind.

Das System $\mathbf{A}''$ entstehe aus $\mathbf{A}'$ dadurch, daß das Axiomenschema $\gamma \rightarrow \gamma(u)$ durch die folgende *Schlußregel* ersetzt wird:

$$\frac{\gamma(u) \rightarrow B}{\gamma \rightarrow B}.$$

Man erkennt leicht, daß $\mathbf{A}''$ beweisäquivalent ist mit $\mathbf{A}'$:

(1) Jedes Theorem von $\mathbf{A}'$ ist Theorem von $\mathbf{A}''$: $\gamma(u) \rightarrow (\gamma \rightarrow \gamma(u))$ ist tautologisch, also Theorem (und sogar Axiom) von $\mathbf{A}''$. Wenn wir innerhalb der obigen Schlußregel $\gamma \rightarrow \gamma(u)$ für B wählen, ist daher nach dieser Regel $\gamma \rightarrow (\gamma \rightarrow \gamma(u))$ Theorem von $\mathbf{A}''$. $\gamma \rightarrow \gamma(u)$ wird von dieser letzten Formel junktorenlogisch impliziert, ist also gemäß dem Theorem von Post ebenfalls Theorem von $\mathbf{A}''$. Damit umfaßt $\mathbf{A}''$ alle $\mathbf{A}'$-Axiome vom Typ (A'), (E').

(2) Jedes Theorem von $\mathbf{A}''$ ist Theorem von $\mathbf{A}'$. Es genügt, zu zeigen, daß die obige Schlußregel von $\mathbf{A}''$ in $\mathbf{A}'$ zulässig ist. Angenommen also, $\gamma(u) \rightarrow B$ sei in $\mathbf{A}'$ beweisbar. Nun ist $\gamma \rightarrow \gamma(u)$ Axiom von $\mathbf{A}'$. Da $\gamma \rightarrow B$ junktorenlogisch aus $\{\gamma \rightarrow \gamma(u), \gamma(u) \rightarrow B\}$ folgt, ist diese Formel $\gamma \rightarrow B$ nach dem Theorem von Post somit ebenfalls in $\mathbf{A}'$ beweisbar.

Der Nachweis der Beweisäquivalenz von $\mathbf{A}$, $\mathbf{A}'$ und $\mathbf{A}''$ ist damit beendet. □

$\mathbf{A}^*$ sei der folgende axiomatische Kalkül, der aus einem Axiomenschema und zwei Schlußregeln besteht:

(J) $\quad A$, falls $\Vdash_j A$

$$(Q_1) \quad \frac{[\gamma \rightarrow \gamma(u)] \rightarrow B}{B}$$

$$(Q_2) \quad \frac{[\delta \rightarrow \delta(u)] \rightarrow B}{B}, \quad \text{vorausgesetzt, daß } u \text{ weder in } \delta \text{ noch in } B \text{ vorkommt}$$

Die beiden quantorenlogischen Schlußregeln (Q_1), (Q_2) sind Ein-Prämissen-Regeln! Der modus ponens ist *keine* Regel dieses Kalküls. (Daher läßt sich auch das Theorem von Post nicht auf **A*** übertragen.)

Dagegen zeigt man leicht die Richtigkeit der folgenden

Behauptung **A*** *ist ein Teilkalkül von* **A″** *(und damit von* **A** *bzw. von* **A′***), d. h. alles, was in* **A*** *beweisbar ist, ist auch in* **A″** *beweisbar.*

Beweis: Die beiden Regeln von **A*** können nochmals zu einer Regel zusammengefaßt werden, nämlich:

(*S*) $\dfrac{[Q\rightarrow Q(u)]\rightarrow B}{B}$, wobei, falls Q vom δ-Typ ist, vorausgesetzt sei, daß u weder in Q noch in B vorkommt.

Es ist zu zeigen, daß (*S*) in **A″** zulässig ist. Es sei also $[Q\rightarrow Q(u)]\rightarrow B$ in **A″** beweisbar, mit Parameterbedingung im δ-Fall. Dann gilt auch die Parameterbedingung für die δ-Regel von **A″**. Wegen des Theorems von Post sind, da **A″** den modus ponens als Regel enthält, mit $[Q\rightarrow Q(u)]\rightarrow B$ auch $Q(u)\rightarrow B$ sowie $\neg Q\rightarrow B$ Theoreme von **A″**. Im ersten Fall kommt u weder in B noch in Q vor, sofern Q vom Typ δ ist. Nach den Regeln von **A″** ist daher mit $Q(u)\rightarrow B$ auch $Q\rightarrow B$ Theorem von **A″**. Gemäß dem Postschen Theorem ist mit $\neg Q\rightarrow B$ und $Q\rightarrow B$ auch B Theorem von **A″**. □

Prima facie würde man erwarten, daß sich **A*** als echter Teilkalkül von **A** erweist. Überraschenderweise gilt folgendes:

Th. 10.6 (Verschärftes Gödelsches Vollständigkeitstheorem) *Jeder reine q-gültige Satz X ist beweisbar in* **A***.

Beweis: Nach Th. 10.4, dem Fundamentaltheorem in schwacher Form, wird der q-gültige Satz X junktorenlogisch von einer endlichen regulären Menge R impliziert. Die R entsprechende reguläre Folge $Y_1, \ldots, Y_n$ besteht aus Formeln $Q_i\rightarrow Q_i(u_i)$, so daß u_i in den vorangehenden Formeln nicht vorkommt und auch nicht in Q_i, falls Q_i ein δ ist.

Wir kehren nun die Reihenfolge der Glieder der regulären Folge um, betrachten also die Folge $Y_n, \ldots, Y_1$ – der Sinn dieser Umkehrung ist, wie sich sofort zeigen wird, die Regel (*S*) für den Beweis von X anwendbar zu machen –, und bilden die Formel

$$(*)\quad Y_n\rightarrow(Y_{n-1}\rightarrow\ldots\rightarrow(Y_1\rightarrow X)\ldots).$$

Nach Voraussetzung ist dies eine Tautologie; und für jede der Formeln Y_i, d. h. $Q_i\rightarrow Q_i(u_i)$, gilt bezüglich des Parameters u_i die eben formulierte Aussage, mit dem einen entscheidenden Unterschied, daß (wegen der Umkehrung der Reihenfolge) dieser Parameter in keiner *späteren* Teilformel $Y_{i-1}, Y_{i-2}, \ldots, Y_1$ von $(*)$ und ebenso natürlich nicht in X vorkommt.

Dies gewährleistet die sukzessive Anwendbarkeit der Regel (S) von **A*** auf die Formel $(*)$, so daß man in **A*** einen Beweis von X erhält, der, anschaulich geschrieben, folgendermaßen aussieht:

$$Y_n \rightarrow (Y_{n-1} \rightarrow \ldots \rightarrow (Y_1 \rightarrow X) \ldots)$$
$$Y_{n-1} \rightarrow (\ldots \rightarrow (Y_1 \rightarrow X) \ldots)$$
$$Y_1 \rightarrow X$$
$$X \quad \square.$$

A* kann nochmals zu dem *scheinbar* schwächeren Kalkül **A**** umgeformt werden, der dasselbe Axiomenschema und Schlußschema enthält wie **A***, zusätzlich aber die folgende Forderung bezüglich der Regel (S): *Q ist eine schwache Teilformel von B*. Für diesen „*axiomatischen Kalkül mit Teilformel-Eigenschaft*" gilt das

Th. 10.7 (Wesentlich verschärftes Gödelsches Vollständigkeitstheorem) *Jeder reine q-gültige Satz X ist beweisbar in* **A****.

Da die starke Form des Fundamentaltheorems (**Th. 10.5**) die Existenz einer regulären Formelfolge mit der schwachen Teilformel-Eigenschaft garantiert, läßt sich der vorangehende Beweis unmittelbar auf den Kalkül **A**** übertragen. □

Die Korrektheit und Vollständigkeit der fünf Kalküle **A**, **A'**, **A''**, **A*** und **A**** stützt sich auf das folgende einfache Metatheorem, wobei ‚$\leqq$' die Relation ‚ist Teilkalkül von' ausdrücke:

Wenn $K_n \leqq K_{n-1} \leqq \ldots \leqq K_1$, ferner K_1 korrekt und K_n vollständig ist, so sind alle $K_i (1 \leqq i \leqq n)$ korrekt und vollständig. (In unserem Beispiel ist K_1 der Kalkül **A** und K_n der Kalkül **A****.)

Abschließend sei noch auf die unterschiedliche Relevanz der beiden Beweise des Fundamentaltheorems (in der schwächeren und in der stärkeren Variante) für die Gödelsche Vollständigkeit der axiomatischen Kalküle hingewiesen.

Der erste der beiden Beweise (in **10.2**) verlief direkt über die Theorie der magischen Mengen und nahm auf keinen Kalkül Bezug. Unter Berufung auf *diesen* Beweis konnten wir sagen, daß das Fundamentaltheorem einen Vollständigkeitsnachweis der Hilbert-Kalküle ermöglicht, der wesentlich einfacher ist als die anderen bekannten Beweise dieser Art.

Der zweite Beweis (in **10.3**) verlief dagegen über die als bekannt vorausgesetzte Vollständigkeit des Baumkalküls **B**. Behält man dies im Auge, so folgt sofort, daß man die Gödel-Vollständigkeit von **A*** bzw.

A** (und damit die aller übrigen angeführten axiomatischen Hilbert-Kalküle) aus der entsprechenden Vollständigkeit von **B** erschließen kann. Wir halten dies ausdrücklich fest im folgenden

Übertragungslemma *Die Gödel-Vollständigkeit von* **B** *überträgt sich auf* **A*** *und* **A**** *(und damit a fortiori auf* **A**, **A**′ *und* **A**″*).*

Dazu hat man nur den Beweis des Fundamentaltheorems aus **10.3** mit dem Nachweis von Th. 10.6 bzw. von Th. 10.7 zu vergleichen. (Der Leser verdeutliche sich den Übergang im Detail durch Kombination der in **10.3** beschriebenen Methode mit dem Beweisverfahren für Th. 10.6 bzw. Th. 10.7.)

Wenn man bedenkt, daß der Baumkalkül auf der einen Seite und die Hilbert-Kalküle auf der anderen Seite *die strukturell verschiedenartigsten Kalkültypen* repräsentieren, so tritt von neuem der tiefliegende Charakter des Fundamentaltheorems zutage. Denn diesem Theorem allein verdanken wir ja den fast zwanglosen Übergang von der Vollständigkeit von **B** zu der von **A*** und **A****.

Kapitel 11

Analytische und synthetische Konsistenz. Zwei Typen von Vollständigkeitsbeweisen: solche vom Gödel-Gentzen-Typ und solche vom Henkin-Typ

11.1 Formale Konsistenz in axiomatischen Kalkülen und analytische Konsistenz

‚Menge' soll wieder stets gleichbedeutend sein mit ‚Menge von Sätzen'. Unter den Mengeneigenschaften spielen die *analytischen Konsistenzeigenschaften*, die wir jetzt definieren werden, eine wichtige Rolle. Zum Zwecke größerer Übersichtlichkeit formulieren wir die Definition, und zwar in zwei verschiedenen gleichwertigen Varianten, in der *formalen* Metasprache. (Analoges gilt für die später folgende Definition des Begriffs der synthetischen Konsistenzeigenschaft.) Da wir den Ausdruck ‚Eigenschaft', wie immer, rein extensional verstehen, läuft in der nun folgenden Definition die Eigenschaftsvariable ‚$\mathfrak{R}$' über die Mengen von Formelmengen.

D1 Eine Menge $\mathfrak{R}$ von Formelmengen (der Quantorenlogik erster Stufe) ist eine *analytische Konsistenzeigenschaft* gdw die folgenden fünf Bedingungen gelten:

A_0 $\bigwedge N(N \in \mathfrak{R} \Rightarrow \bigwedge F(F \text{ ist atomar} \Rightarrow \{F, \neg F\} \nsubseteq N))$,
A_1 $\bigwedge N(N \in \mathfrak{R} \Rightarrow \bigwedge \alpha(\alpha \in N \Rightarrow N \cup \{\alpha_1, \alpha_2\} \in \mathfrak{R}))$,
A_2 $\bigwedge N(N \in \mathfrak{R} \Rightarrow \bigwedge \beta(\beta \in N \Rightarrow N \cup \{\beta_1\} \in \mathfrak{R} \vee N \cup \{\beta_2\} \in \mathfrak{R}))$,
A_3 $\bigwedge N(N \in \mathfrak{R} \Rightarrow \bigwedge \gamma(\gamma \in N \Rightarrow \bigwedge u(N \cup \{\gamma(u)\} \in \mathfrak{R})))$,
A_4 $\bigwedge N(N \in \mathfrak{R} \Rightarrow \bigwedge \delta(\delta \in N \Rightarrow \bigwedge u(u \text{ tritt nicht in } N \text{ auf}$
$\Rightarrow N \cup \{\delta(u)\} \in \mathfrak{R})))$.

Bisweilen ist es bequemer, die Bedingungen A_0–A_4 in den folgenden äquivalenten Fassungen zu benützen:

A_0' $\bigwedge N(\bigvee F(F \text{ ist atomar} \wedge \{F, \neg F\} \subseteq N) \Rightarrow N \notin \mathfrak{R})$,
A_1' $\bigwedge N(\bigwedge \alpha(N \cup \{\alpha, \alpha_1, \alpha_2\} \notin \mathfrak{R} \Rightarrow N \cup \{\alpha\} \notin \mathfrak{R}))$,

A_2' $\bigwedge N(\bigwedge \beta(N\cup\{\beta,\beta_1\}\notin\mathfrak{R} \wedge N\cup\{\beta,\beta_2\}\notin\mathfrak{R} \Rightarrow N\cup\{\beta\}\notin\mathfrak{R}))$,
A_3' $\bigwedge N(\bigwedge \gamma \bigwedge u(N\cup\{\gamma,\gamma(u)\}\notin\mathfrak{R} \Rightarrow N\cup\{\gamma\}\notin\mathfrak{R}))$,
A_4' $\bigwedge N \bigwedge \delta \bigwedge u(N\cup\{\delta, \delta(u)\}\notin\mathfrak{R} \wedge u$ tritt nicht in $N\cup\{\delta\}$ auf
$\Rightarrow N\cup\{\delta\}\notin\mathfrak{R})$.

Wir überzeugen uns von der Gleichwertigkeit dieser beiden Formulierungen der Bedingungen:

$A_0 \Rightarrow A_0'$: (F ist atomar $\wedge$ $\{F, \neg F\}\subseteq N$) möge gelten. Dann $N\in\mathfrak{R} \Rightarrow \{F, \neg F\}\subseteq N$ ↯. Also $N\notin\mathfrak{R}$.

$A_0' \Rightarrow A_0$: Sei $N\in\mathfrak{R}$ und F atomar. Dann $\{F, \neg F\}\subseteq N \Rightarrow N\notin\mathfrak{R}$ ↯. Also $\{F, \neg F\}\nsubseteq N$.

$A_1 \Rightarrow A_1'$: Sei $N\cup\{\alpha, \alpha_1, \alpha_2\}\notin\mathfrak{R}$. Mit $M:=N\cup\{\alpha\}$ gilt dann: $M\cup\{\alpha_1, \alpha_2\}\notin\mathfrak{R}$. Da $\alpha\in M$, gilt somit wegen A_1 auch: $M\notin\mathfrak{R}$, d.h. $N\cup\{\alpha\}\notin\mathfrak{R}$.

$A_1' \Rightarrow A_1$: Sei $N\in\mathfrak{R}$, $\alpha\in N$. Trivial gilt dann: $N\cup\{\alpha\}\in\mathfrak{R}$, wegen A_1' also auch: $N\cup\{\alpha, \alpha_1, \alpha_2\}\in\mathfrak{R}$. Da $\alpha\in N$, ist dies aber dasselbe wie: $N\cup\{\alpha_1, \alpha_2\}\in\mathfrak{R}$.

$A_2 \Rightarrow A_2'$: sei $N\cup\{\beta, \beta_1\}\notin\mathfrak{R}$, $N\cup\{\beta, \beta_2\}\notin\mathfrak{R}$. Mit $M:=N\cup\{\beta\}$ gilt also: $\neg(M\cup\{\beta_1\}\in\mathfrak{R} \vee M\cup\{\beta_2\}\in\mathfrak{R})$. Unter der Annahme $M\in\mathfrak{R}$ folgt daraus wegen A_2: $\beta\notin M$ ↯. Also $M\notin\mathfrak{R}$, d.h. $N\cup\{\beta\}\notin\mathfrak{R}$.

$A_2' \Rightarrow A_2$: Sei $N\in\mathfrak{R}$, $\beta\in N$. Dann ist $N=N\cup\{\beta\}\in\mathfrak{R}$. Angenommen, es gelte:
$\neg(N\cup\{\beta_1\}\in\mathfrak{R} \vee N\cup\{\beta_2\}\in\mathfrak{R})$
$\Rightarrow N\cup\{\beta, \beta_1\}\notin\mathfrak{R} \wedge N\cup\{\beta, \beta_2\}\notin\mathfrak{R}$. Gemäß A_2':
$\Rightarrow N\cup\{\beta\}\notin\mathfrak{R}$ ↯. Also gilt: $N\cup\{\beta_1\}\in\mathfrak{R} \vee N\cup\{\beta_2\}\in\mathfrak{R}$.

$A_3 \Rightarrow A_3'$: Sei $N\cup\{\gamma, \gamma(u)\}\notin\mathfrak{R}$. Mit $M:=N\cup\{\gamma\}$ gilt: $M\cup\{\gamma(u)\}\notin\mathfrak{R}$, also nach A_3 auch: $M\notin\mathfrak{R}$, da ja $\gamma\in M$. Nach der Definition ist damit die zu zeigende Behauptung $N\cup\{\gamma\}\notin\mathfrak{R}$ bereits gewonnen.

$A_3' \Rightarrow A_3$: Sei $N\in\mathfrak{R}$, $\gamma\in N$. Da $N=N\cup\{\gamma\}$, folgt aus A_3': $\bigwedge u(N\cup\{\gamma, \gamma(u)\}\in\mathfrak{R}$, d.h. $\bigwedge u(N\cup\{\gamma(u)\}\in\mathfrak{R})$.

$A_4 \Rightarrow A_4'$: Sei $N\cup\{\delta, \delta(u)\}\notin\mathfrak{R}$ und u trete nicht in $N\cup\{\delta\}$ auf. Mit $M:=N\cup\{\delta\}$ gilt: $M\cup\{\delta(u)\}\notin\mathfrak{R}$. Nach A_4 folgt daraus (da $\delta\in M$ und u nicht in M auftritt): $M\notin\mathfrak{R}$. Also $N\cup\{\delta\}\notin\mathfrak{R}$.

$A_4' \Rightarrow A_4$: Sei $N\in\mathfrak{R}$, $\delta\in N$ und u trete nicht in N auf. Nach A_4' folgt wegen $N=N\cup\{\delta\}$ (und da u nicht in $N=N\cup\{\delta\}$ auftritt): $N\cup\{\delta, \delta(u)\}\in\mathfrak{R}$, und somit wegen $\delta\in N$: $N\cup\{\delta(u)\}\in\mathfrak{R}$. □

Die *semantische Konsistenz* einer Menge M – d.h. diejenige Eigenschaft, die M genau dann zukommt, wenn alle endlichen Teilmengen von M erfüllbar sind – ist eine analytische Konsistenzeigenschaft, wie man leicht verifiziert (Übungsaufgabe). Ein anderes Beispiel ist folgendes: Eine Menge M werde **B**-*konsistent* genannt, wenn es keinen geschlossenen adjunktiven Baum für M gibt. Es folgt unmittelbar aus den Definitionen, daß die **B**-Konsistenz eine analytische Konsistenzeigenschaft ist.

Anmerkung 1. Wir konnten hier *nicht* die Definition der analytischen Konsistenz von SMULLYAN, [5], S. 66, übernehmen; denn die beiden von SMULLYAN gegebenen Varianten seiner Definition sind *nicht äquivalent*. So ist a.a.O. die Bestimmung A_2' nachweislich stärker als die Bestimmung A_2; ebenso ist A_4' nachweislich stärker als A_4. (Vorschlag von R. ENDERS.)

Diese Tatsache allein zeigt, daß es verschiedene Möglichkeiten gibt, den Begriff der analytischen Konsistenzeigenschaft festzulegen. Wir haben uns für eine Fassung entschieden, in der eine möglichst einfache und anschauliche Formulierung der Definition mit optimaler Brauchbarkeit für die folgenden Zwecke vereinigt ist.

Wir definieren jetzt in naheliegender Weise für den axiomatischen Kalkül **A** (bzw. **A**′, **A**″) einen *formalen* Konsistenzbegriff. Dabei beschränken wir uns auf *endliche* Mengen. Eine endliche Formelmenge $\{X_1,\ldots,X_n\}$, mit den Formeln X_i als Elementen dieser Menge, soll *formal widerlegbar* oder *formal inkonsistent in* **A** (*bzw. in* **A**′, *in* **A**″) genannt werden gdw $\neg(X_1 \wedge \ldots \wedge X_n)$ in **A** (bzw. in **A**′, in **A**″) beweisbar ist. Eine endliche Formelmenge heiße *formal konsistent in* **A** (*bzw. in* **A**′, *in* **A**″) gdw sie nicht formal inkonsistent ist (d. h. also, wenn die negierte Konjunktion ihrer Glieder in dem axiomatischen Kalkül nicht bewiesen werden kann). Eine Formel X ist formal konsistent in **A**, wenn $\{X\}$ formal konsistent in **A** ist.

Der Zusammenhang zwischen diesem formalen Konsistenzbegriff und dem abstrakteren Begriff der analytischen Konsistenz findet seinen Niederschlag in dem folgenden

Satz 1 *Die formale Konsistenz in* **A** *(bzw. in* **A**′, *in* **A**″*) ist eine analytische Konsistenzeigenschaft endlicher Mengen.*

Für den Nachweis genügt es, sich auf den Kalkül **A** zu beschränken (denn die trivialen Varianten **A**′ und **A**″ von **A** sind mit **A** beweisäquivalent). Von folgender Abkürzung soll Gebrauch gemacht werden: Für eine Menge N schreiben wir ‚$\neg N$‘ für ‚$\neg(Y_1 \wedge \ldots \wedge Y_k)$‘, wobei $Y_1, \ldots, Y_k$ eine beliebige Aufzählung der Elemente von N ist. (Da im gegenwärtigen Kontext nur endliche Mengen betrachtet werden, ist diese Abkürzung immer zulässig.) Ebenso stehe ‚$\neg(N \wedge X)$‘ für ‚$\neg(N \cup \{X\})$‘ usw.

Wir müssen zeigen, daß das Definiens von ‚formal konsistent‘ die fünf Bedingungen A_0–A_4 der analytischen Konsistenz erfüllt.

Zu A_0: Diese Bedingung ist trivial erfüllt. Würde nämlich ein formal konsistentes N eine Atomformel zusammen mit deren Negation enthalten, so wäre $\neg N$ eine Tautologie und aufgrund des ersten Axiomenschemas würde gelten: $\vdash_{\mathbf{A}} \neg N$, im Widerspruch zur Annahme der formalen Konsistenz von N.

Zu A_1: Benütze A_1'! Es gelte: $\vdash_{\mathbf{A}} \neg(N \wedge \alpha \wedge \alpha_1 \wedge \alpha_2)$ (1). Wegen $\Vdash_i \alpha \rightarrow \alpha_i$ für $i=1, 2$ gilt aufgrund des ersten Axiomenschemas $\vdash_{\mathbf{A}} \alpha \rightarrow \alpha_i$ (2), (3) und daher gemäß (1), (2), (3) und dem Theorem von Post: $\vdash_{\mathbf{A}} \neg(N \wedge \alpha)$.

Zu A_2: Benütze A_2'! Es gelte: $\vdash_{\mathbf{A}} \neg(N \wedge \beta \wedge \beta_1)$ (1), sowie $\vdash_{\mathbf{A}} \neg(N \wedge \beta \wedge \beta_2)$ (2). Nach dem Theorem von Post folgt aus (1) und (2): $\vdash_{\mathbf{A}} \neg(N \wedge \beta) \vee \neg\beta_1$ (3) und $\vdash_{\mathbf{A}} \neg(N \wedge \beta) \vee \neg\beta_2$ (4). Ferner gilt: $\vdash_{\mathbf{A}} \beta \rightarrow (\beta_1 \vee \beta_2)$ (5), so daß aus (3)–(5) nach dem Theorem von Post folgt: $\vdash_{\mathbf{A}} \neg(N \wedge \beta)$.

Zu A_3: Benütze A_3'! Es gelte: $\vdash_{\mathbf{A}} \neg(N \wedge \gamma \wedge \gamma(u))$. Da $\Vdash_j \gamma \rightarrow \gamma(u)$, ergibt sich unmittelbar: $\vdash_{\mathbf{A}} \neg(N \wedge \gamma)$.

Zu A_4: Benütze A_4'! Es gelte: $\vdash_{\mathbf{A}} \neg(\delta \wedge \delta(u) \wedge N)$ (1), wobei u nicht in $N \cup \{\delta\}$ vorkommt. Einfachheitshalber behandeln wir nur den Fall, in dem δ mit einem Existenzquantor beginnt. Wegen der junktorenlogischen Abgeschlossenheit folgt aus (1):

$$\vdash_{\mathbf{A}} (\delta \wedge \delta(u)) \rightarrow (N \rightarrow (X \wedge \neg X)) \ (2)$$

mit einer Formel X, die u nicht enthält. Da u in (2) in keiner Teilformel außer $\delta(u)$ vorkommt, folgt aus (2) mittels der Regel (EG) sowie dem Theorem von Post (d. h. junktorenlogisch im Rahmen der Quantorenlogik):

$$\vdash_{\mathbf{A}} \delta \rightarrow (N \rightarrow (X \wedge \neg X)) \ (3)$$

und daraus in analoger Weise wie in den vorangehenden Fällen:

$$\vdash_{\mathbf{A}} \neg(\delta \wedge N).$$

Damit ist gezeigt, daß die formale Konsistenz einer endlichen Menge N in **A** tatsächlich eine analytische Konsistenzeigenschaft ist. □

11.2 Analytisches Konsistenz-Erfüllbarkeitstheorem und Gödelsche Vollständigkeit

Den entscheidenden Übergang zur Vollständigkeitsbehauptung bildet das Konsistenz-Erfüllbarkeitstheorem, welches die Erfüllbarkeit jeder Menge behauptet, die eine analytische Konsistenzeigenschaft besitzt. Zwecks terminologischer Unterscheidung von einem analogen Theorem in 11.3 sprechen wir im gegenwärtigen Fall vom *analytischen* Konsistenz-Erfüllbarkeitstheorem. Der Nachweis für dieses Theorem wird erleichtert durch zwei Hilfssätze.

Hilfssatz 2 *Zu jeder Formelmenge N existiert ein vollständiger Baum für N.*

Dabei wird unter einem vollständigen Baum für N ein Baum für N verstanden, bei dem jeder offene Ast erstens eine Hintikka-Menge ist und zweitens sämtliche Elemente von N enthält. (Ein geschlossener Baum für N ist natürlich immer ein vollständiger Baum für N.)

Beweis: Die Elemente von N werden zunächst in eine abzählbare Folge $X_1, X_2, \ldots, X_n, \ldots$ angeordnet. Dann wird das systematische Baumverfahren geringfügig modifiziert. Im ersten Schritt wird der Ursprung mit X_1 gebildet. Nach dem n-ten Schritt wird wie bei der Konstruktion eines systematischen Baumes für eine Formel verfahren. Vor Beendigung des $(n+1)$-ten Schrittes wird jedem offenen Ast die Formel X_{n+1} angefügt. □

Aus diesem Hilfssatz sowie dem Hintikka-Lemma folgt sofort das

Korollar *Wenn kein Baum für N geschlossen ist, so ist N in einem abzählbaren Bereich erfüllbar.*

Hilfssatz 3 *Wenn eine reine Menge N eine analytische Konsistenzeigenschaft $\mathfrak{R}$ besitzt, dann existiert kein geschlossener Baum für N.*

Beweis: N besitze die analytische Konsistenzeigenschaft $\mathfrak{R}$. Wir sagen, daß ein Ast $\mathfrak{A}$ eines endlichen Baumes $\mathfrak{B}$ mit N $\mathfrak{R}$-*verträglich* ist, wenn die Vereinigung von N und der Menge der Glieder von $\mathfrak{A}$ ebenfalls die Eigenschaft $\mathfrak{R}$ hat.

$\mathfrak{B}$ sei ein endlicher Baum, der einen mit N $\mathfrak{R}$-verträglichen Ast $\mathfrak{A}$ besitzt. Wenn $\mathfrak{A}$ durch Anwendung einer der Regeln A, C oder D zu einem Ast $\mathfrak{A}^*$ erweitert wird, dann ist $\mathfrak{A}^*$ gemäß A_1, A_2, A_4 von **D1** mit N $\mathfrak{R}$-verträglich. Wenn $\mathfrak{A}$ durch Anwendung von Regel B zu den zwei Ästen $\mathfrak{A}_1$ und $\mathfrak{A}_2$ erweitert wird, dann ist gemäß A_2 mindestens einer davon $\mathfrak{R}$-verträglich mit N. (Wenn dagegen ein anderer Ast mittels einer dieser Regeln erweitert wird, dann enthält $\mathfrak{B}$ weiterhin den bereits verfügbaren, mit N $\mathfrak{R}$-verträglichen Ast $\mathfrak{A}$.)

Durch Induktion schließt man, daß für eine Menge N mit einer analytischen Konsistenzeigenschaft $\mathfrak{R}$ ein Baum für N mindestens einen Ast $\mathfrak{A}$ besitzt, der mit N $\mathfrak{R}$-verträglich ist. Wegen der Bedingung A_0 muß $\mathfrak{A}$ offen sein. □

Aus diesem Hilfssatz 3 und dem Korollar zum vorangehenden Hilfssatz 2 folgt bereits unmittelbar das

Th. 11.1 (Analytisches Konsistenz-Erfüllbarkeitstheorem) *Eine reine Menge, die eine analytische Konsistenzeigenschaft besitzt, ist in einem abzählbaren Bereich erfüllbar.*

Der weiter oben bewiesene **Satz 1** liefert jetzt sofort einen *Beweis des Gödelschen Vollständigkeitstheorems für* **A**: X sei gültig. Angenommen,

$\neg X$, d.h. genauer: $\{\neg X\}$, sei formal konsistent in **A**. Da die formale Konsistenz eine analytische Konsistenzeigenschaft ist, wäre $\neg X$ in einem abzählbaren Bereich erfüllbar. Dies widerspricht der vorausgesetzten Gültigkeit von X. Also ist $\neg X$ formal inkonsistent in **A**, d.h. formal widerlegbar: $\vdash_{\mathbf{A}} \neg\neg X$. Wegen des Theorems von Post folgt daraus: $\vdash_{\mathbf{A}} X$. □

11.3 Formale Konsistenz in axiomatischen Kalkülen und synthetische Konsistenz

Wir beginnen mit einer Definition von ‚synthetische Konsistenzeigenschaft', wobei wieder die Variable ‚$\mathfrak{N}$' über die entsprechenden Eigenschaften von Formelmengen laufe.

Ferner erinnern wir an den Begriff ‚von endlichem Charakter' aus 9.4: Eine Eigenschaft $\mathfrak{N}$ von Formelmengen ist von endlichem Charakter, sofern eine Formelmenge S diese Eigenschaft $\mathfrak{N}$ besitzt (d.h. $S \in \mathfrak{N}$) gdw die Eigenschaft allen endlichen Teilmengen von S zukommt.

D2 Eine Menge $\mathfrak{N}$ von Formelmengen (der Quantorenlogik erster Stufe) ist eine *synthetische Konsistenzeigenschaft* gdw die folgenden fünf Bedingungen gelten:
EC $\mathfrak{N}$ ist von endlichem Charakter,
B_0 $\bigwedge N(N \in \mathfrak{N} \Rightarrow \bigwedge M(M \subset_{\text{fin}} N \Rightarrow M$ ist junktorenlogisch erfüllbar$))$,
$B_3 = A_3$,
$B_4 = A_4$,
B_5 $\bigwedge N(N \in \mathfrak{N} \Rightarrow \bigwedge F(N \cup \{F\} \in \mathfrak{N} \vee N \cup \{\neg F\} \in \mathfrak{N}))$.
(Die dritte und vierte Bestimmung B_3 und B_4 sollen wörtlich mit A_3 und A_4 von **D1** übereinstimmen.)

Dabei stehe ‚$M \subset_{\text{fin}} N$' für ‚M ist endliche Teilmenge von N'.

B_5 soll als *Schnittbedingung* bezeichnet werden; denn B_5 besagt: Wenn für beliebiges F weder $N \cup \{F\}$ noch $N \cup \{\neg F\}$ die Eigenschaft $\mathfrak{N}$ hat, so hat auch N nicht die Eigenschaft $\mathfrak{N}$. Diese Bedingung hat kein Analogon im Begriff der analytischen Konsistenz. Das Fehlen von B_5 in **D1** sowie sein Vorkommen in **D2** rechtfertigen es, die Attribute ‚analytisch' bzw. ‚synthetisch' zu verwenden.

B_0 ist eine triviale Verschärfung von A_0'. Das Fehlen von B_1 und B_2, *die mit A_1 und A_2 identifiziert werden sollen*, macht nichts aus. Denn man verifiziert leicht die Aussage, *daß jede synthetische Konsistenzeigenschaft auch eine analytische Konsistenzeigenschaft ist.* (Übungsaufgabe.)

Gelegentlich ist auch die folgende Bedingung von Nutzen, die aus den bisherigen Bedingungen folgt:

B_6 $\bigwedge N(N \in \mathfrak{R} \Rightarrow \bigwedge M(M \subset_{\text{fin}} N \Rightarrow \bigwedge F(M \Vdash_j F \Rightarrow N \cup \{F\} \in \mathfrak{R})))$ (dies bedeutet, daß synthetisch konsistente Mengen um junktorenlogische Implikate ihrer endlichen Teilmengen unter Erhaltung der synthetischen Konsistenz erweitert werden können).

Tatsächlich ist B_6 ein Implikat von B_0 und B_5 allein: N habe die Eigenschaft $\mathfrak{R}$ und X folge junktorenlogisch aus einer endlichen Teilmenge von N. Hätte $N \cup \{X\}$ nicht die Eigenschaft $\mathfrak{R}$, so müßte die letztere wegen B_5 der Menge $N \cup \{\neg X\}$ zukommen. Nach Voraussetzung von B_6 wäre dann eine endliche Teilmenge von $N \cup \{\neg X\}$ junktorenlogisch unerfüllbar, was B_0 widerspricht.

Die in 11.1 definierte formale Konsistenz ist nicht nur, wie dort bewiesen, eine analytische, sondern darüber hinaus eine synthetische Konsistenzeigenschaft, was wir festhalten wollen im folgenden Satz:

Satz 2 *Die formale Konsistenz in* **A** *(bzw. in* **A**$'$*, in* **A**$''$*) ist eine synthetische Konsistenzeigenschaft endlicher Mengen.*

Abermals beschränken wir uns o.B.d.A. auf den Kalkül **A**. Die Bedingungen *EC* und B_0 sind trivial erfüllt. Die Bedingungen B_3 $(=A_3)$ sowie B_4 $(=A_4)$ wurden bereits für den Satz 1 verifiziert; B_1 $(=A_1)$ und B_2 $(=A_2)$ folgen aus der Bemerkung weiter oben. Es bleibt B_5 zu verifizieren. Nach Voraussetzung soll gelten: $\vdash_{\mathbf{A}} \neg(S \wedge X)$ sowie $\vdash_{\mathbf{A}} \neg(S \wedge \neg X)$. Wegen des ersten Axiomenschemas und des Theorems von Post aus 10.4 folgt: $\vdash_{\mathbf{A}} \neg S$.

11.4 Synthetisches Konsistenz-Erfüllbarkeitstheorem und Henkinsche Vollständigkeit

Das weitere Vorgehen ist etwas komplizierter als im analytischen Fall. Wir benötigen diesmal einen Satz, der es gestattet, von der Existenz einer Menge, die eine synthetische Konsistenzeigenschaft $\mathfrak{R}$ besitzt, auf die Existenz einer *maximalen* Menge mit dieser Eigenschaft zu schließen. (Eine Formelmenge wird dabei *maximal konsistent* genannt, wenn jede echte Erweiterung dieser Menge die Konsistenz zerstört.) Wie wir bereits wissen (vgl. 9.4), liefert das Lemma von Tukey das gewünschte Resultat.

Es soll nun *Henkins Methode des Vollständigkeitsbeweises* geschildert werden. Der Hauptgedanke dieser Methode besteht in dem Nachweis dafür, daß eine reine Formelmenge *S*, die eine synthetische Konsistenzeigenschaft $\mathfrak{R}$ besitzt, zu einer *q*-Wahrheitsmenge erweitert werden kann. Die Erweiterung von *S* zu einer *maximalen* Menge mit der Eigenschaft $\mathfrak{R}$ ist zwar Bestandteil des Beweises, genügt aber allein nicht. Es muß außerdem gezeigt werden, daß die gewonnene Menge „existentiell vollständig" ist.

Dabei wird eine Menge S *existentiell vollständig*, oder kurz: *E-vollständig*, genannt gdw für jede Formel δ aus S mindestens ein Parameter u existiert, so daß $\delta(u) \in S$.

Daß *beide Bedingungen zusammen* tatsächlich das Gewünschte liefern, zeigen wir im folgenden

Hilfssatz 4 *Wenn die Menge M sowohl E-vollständig als auch eine maximale Menge mit einer synthetischen Konsistenzeigenschaft $\mathfrak{R}$ ist, dann ist M eine q-Wahrheitsmenge (und damit in einem abzählbaren Bereich erfüllbar).*

Beweis: M erfülle die Bedingungen dieses Satzes. Wir zeigen zunächst, *daß M eine Boolesche Wahrheitsmenge ist.* Dazu benötigen wir die folgenden drei Feststellungen:

(a) Jede endliche Teilmenge von M ist junktorenlogisch erfüllbar.

(b) X sei eine beliebige Formel. Dann ist entweder jede endliche Teilmenge von $M \cup \{X\}$ oder jede endliche Teilmenge von $M \cup \{\neg X\}$ junktorenlogisch erfüllbar.

(c) Für jede Formel X gilt entweder $X \in M$ oder $\neg X \in M$.

(a) folgt unmittelbar aus B_0. (b) folgt aus B_5 und B_0. Schließlich folgt (c) aus B_5 sowie der Voraussetzung, daß M eine *maximale* Menge mit der synthetischen Konsistenzeigenschaft $\mathfrak{R}$ ist.

Gemäß (a) kann für eine beliebige Formel X entweder X oder $\neg X$ nicht in M liegen. Andererseits muß nach (c) mindestens eine dieser Formeln X bzw. $\neg X$ in M liegen. Also liegt *genau eine* dieser Formeln (für beliebiges X) in M. Damit ist die erste Definitionsbedingung von ‚Boolesche Wahrheitsmenge' erfüllt. Es genügt, außerdem zu zeigen, daß eine Formel α zu M gehört gdw sowohl α_1 als auch α_2 zu M gehören. Angenommen, $\alpha \in M$. Dann gilt nach B_0: $\neg \alpha_1 \notin M$, da $\{\alpha, \neg \alpha_1\}$ unerfüllbar ist. Also gilt gemäß (c): $\alpha_1 \in M$. Aufgrund derselben Überlegung ergibt sich: $\alpha_2 \in M$. Angenommen, sowohl α_1 als auch α_2 seien Elemente von M. Dann gilt nach B_0: $\neg \alpha \notin M$; denn $\{\alpha_1, \alpha_2, \neg \alpha\}$ ist unerfüllbar. Also gilt nach (c): $\alpha \in M$. Damit ist gezeigt, daß M eine Boolesche Wahrheitsmenge ist.

In einem zweiten Schritt zeigen wir, daß die beiden Bedingungen von Hilfssatz 1 in der Version B von 10.1.2 erfüllt sind. Es sei also $\gamma \in M$. Dann hat $M \cup \{\gamma\} = M$ die Eigenschaft $\mathfrak{R}$. Nach B_3 besitzt also für jeden Parameter u auch $M \cup \{\gamma, \gamma(u)\} = M \cup \{\gamma, \gamma(u)\}$ die Eigenschaft $\mathfrak{R}$. Da M eine *maximale* Menge mit dieser Eigenschaft $\mathfrak{R}$ ist, gilt: $\gamma(u) \in M$. Die Annahme $\gamma \in M$ hat somit für jeden Parameter u zur Folge, daß $\gamma(u) \in M$. Dies ist genau die erste Bedingung des Hilfssatzes 1. Die zweite Bedingung jenes Hilfssatzes fällt mit der hier vorausgesetzten E-Vollständigkeit zusammen. Also ist gemäß Hilfssatz 1 von 10.1.2 M eine quantorenlogische Wahrheitsmenge. □

HENKINS Gedanke bestand darin, *das „synthetische" Analogon zum analytischen Konsistenz-Erfüllbarkeitstheorem* zu beweisen. Dazu wird zunächst gezeigt, daß eine reine Menge, welche eine synthetische Konsistenzeigenschaft $\mathfrak{R}$ besitzt, zu einer Menge erweitert werden kann, die sowohl E-vollständig als auch eine maximale Menge mit der Eigenschaft $\mathfrak{R}$ ist. Auf dieses Resultat wird dann der Hilfssatz 4 angewendet.

Für seinen Gedankengang verwendet HENKIN die Tatsache, daß jede abzählbare Menge als abzählbare Menge *von abzählbaren Mengen* aufgefaßt werden kann. Und zwar wird dies auf die Menge der Parameter angewendet. Genauer werden die Parameter vollständig erfaßt durch eine wiederholungsfreie abzählbare Folge $P_1, P_2, \ldots, P_n, \ldots$, wobei jedes P_i der Folge eine wiederholungsfreie abzählbare Folge $u_1^i, u_2^i, \ldots, u_n^i, \ldots$ von Parametern darstellt.

S_0 sei die Menge aller *reinen* Sätze; und für jedes $n > 0$ sei S_n die Menge aller Sätze, in denen nur Parameter aus $P_1 \cup P_2 \cup \ldots \cup P_n$ – die P_i jetzt als Mengen ihrer Glieder statt als Folgen aufgefaßt – vorkommen. S_ω sei die Menge *aller* Sätze. S_ω ist identisch mit der unendlichen Vereinigung $S_0 \cup S_1 \cup \ldots \cup S_n \cup \ldots$.

Wir führen zwei sprachliche Abkürzungen ein. Statt ‚Menge mit einer analytischen oder synthetischen Konsistenzeigenschaft $\mathfrak{R}$' sagen wir ‚*$\mathfrak{R}$-konsistente Menge*'. Und wir bezeichnen eine Menge M als *E-vollständig relativ zu einer Teilmenge M^** von M gdw für jedes δ aus M^* ein Parameter u existiert, so daß $\delta(u) \in M$.

Für den Rest dieses Kapitels sei $\mathfrak{R}$ eine synthetische Konsistenzeigenschaft, wenn nicht ausdrücklich anders betont.

Die Henkinsche Konstruktion wird durchsichtiger, wenn man ein Zwischenresultat, betreffend die Erweiterung einer $\mathfrak{R}$-konsistenten Menge zu einer $\mathfrak{R}$-konsistenten *und relativ zur ersten E-vollständigen* festhält im folgenden

Hilfssatz 5 *Jede $\mathfrak{R}$-konsistente Teilmenge M der Satzmenge S_n kann zu einer ebenfalls $\mathfrak{R}$-konsistenten Teilmenge von S_{n+1} erweitert werden, die außerdem E-vollständig relativ zu M ist.*

Dazu ordne man alle Elemente aus M vom Typ δ in eine abzählbare Folge: $\delta_1, \delta_2, \ldots, \delta_n, \ldots$ (bzw. in eine endliche Folge, sofern M nur endlich viele Formeln vom Typ δ enthält). Alle in P_{n+1} vorkommenden Parameter sind neu bezüglich M. P_{n+1} besteht aus der Folge $u_1^{n+1}, u_2^{n+1}, \ldots, u_m^{n+1}, \ldots$. Also ist u_i^{n+1} stets neu bezüglich $M \cup \{u_1^{n+1}, \ldots, u_{i-1}^{n+1}\}$. Nach B_4 ist mit M auch die Menge $M \cup \{\delta_1(u_1^{n+1})\}$ $\mathfrak{R}$-konsistent. Mit Induktion ist dann für jedes $m > 0$ die Menge $M \cup \{\delta_1(u_1^{n+1}), \ldots, \delta_m(u_m^{n+1})\}$ $\mathfrak{R}$-konsistent. Da $\mathfrak{R}$ eine Eigenschaft von endlichem Charakter ist, folgt daraus, daß selbst die Menge $M \cup \{\delta_1(u_1^{n+1}), \ldots, \delta_m(u_m^{n+1}), \ldots\}$ $\mathfrak{R}$-konsistent ist. Außerdem aber ist diese Menge sogar E-vollständig relativ zu M (denn für jedes δ_k

aus M kommt ja $\delta_k(u_k^{n+1})$ in dieser Menge vor). Da in dieser Menge zusätzliche Parameter nur aus P_{n+1} vorkommen, ist sie schließlich eine Teilmenge von S_{n+1}. □

Wir kommen jetzt zur Formulierung der von HENKIN stammenden synthetischen Analogie zu Th. 11.1, nämlich zu

Th. 11.2 (Synthetisches Konsistenz-Erfüllbarkeitstheorem) *Eine reine Menge, die eine synthetische Konsistenzeigenschaft besitzt, ist in einem abzählbaren Bereich erfüllbar.*

Beweis: M_0 sei eine $\mathfrak{R}$-konsistente reine Menge. Nach Hilfssatz 5 kann M_0 zu einer $\mathfrak{R}$-konsistenten Teilmenge M_1 von S_1 erweitert werden, wobei M_1 außerdem E-vollständig relativ zu M ist.

M_1 braucht keine *maximal* $\mathfrak{R}$-konsistente Teilmenge von S_1 zu sein (d. h. keine maximale Teilmenge von S_1 mit der synthetischen Konsistenzeigenschaft $\mathfrak{R}$). Nach dem in 9.4 bewiesenen Lemma von TUKEY (Konstruktion von LINDENBAUM) kann jedoch M_1 zu einer maximal $\mathfrak{R}$-konsistenten Teilmenge M_1^+ von S_1 erweitert werden.

Allerdings braucht M_1^+ nicht mehr E-vollständig relativ zu M zu sein, da bei der Erweiterung von M_1 zu M_1^+ ein δ hinzugefügt worden sein kann, ohne daß für mindestens einen Parameter u auch $\delta(u)$ hinzugefügt werden mußte. Hilfssatz 5 gestattet jedoch die Erweiterung von M_1^+ zu einer $\mathfrak{R}$-konsistenten Teilmenge M_2 von S_2, die außerdem E-vollständig relativ zu M_1^+ ist.

Allerdings braucht M_2, obzwar $\mathfrak{R}$-konsistent, keine maximal $\mathfrak{R}$-konsistente Teilmenge von S_2 zu sein. Abermals können wir jedoch das Lemma von TUKEY anwenden und dadurch diesmal M_2 zu einer maximal $\mathfrak{R}$-konsistenten Teilmenge M_2^+ von S_2 erweitern.

Somit können wir, indem wir abwechselnd das Verfahren des Hilfssatzes 5 und die Konstruktion von LINDENBAUM (im Beweis des Lemmas von TUKEY) benützen, eine abzählbare aufsteigende Folge von Satzmengen

$$M_0, M_1, M_1^+, M_2, M_2^+, \ldots, M_i, M_i^+, \ldots$$

erzeugen, so daß M_1 E-vollständig ist relativ zu M_0 und für jedes $i \geqq 1$ M_{i+1} E-vollständig relativ zu M_i^+ und außerdem M_i^+ eine maximal $\mathfrak{R}$-konsistente Teilmenge von S_i ist. (Aufsteigend ist die Folge in dem Sinn, daß die Einschlußrelationen gelten:

$$M_0 \subseteqq M_1 \subseteqq M_1^+ \subseteqq M_2 \subseteqq M_2^+ \subseteqq \ldots \subseteqq M_i \subseteqq M_i^+ \subseteqq \ldots.)$$

Schließlich bilden wir die unendliche Vereinigung all dieser Mengen:

$$Z = M_0 \cup M_1 \cup M_1^+ \cup \ldots \cup M_i \cup M_i^+ \ldots.$$

Z ist E-vollständig und maximal $\mathfrak{R}$*-konsistent*, d. h. Z ist eine maximal $\mathfrak{R}$-konsistente Teilmenge von S_ω. (Ersteres deshalb, weil jede δ-Formel entweder in M_0 oder in einem M_i^+ vorkommt und die auf diese folgende Menge M_1 bzw. M_{i+1} für einen Parameter u $\delta(u)$ enthält. Letzteres aus demselben Grund wie die analoge Behauptung für M im Beweis des Lemmas von TUKEY.)

Nach Hilfssatz 4 ist Z somit eine quantorenlogische Wahrheitsmenge und daher in einem abzählbaren Bereich erfüllbar. □

Das Gödelsche Vollständigkeitstheorem für **A** folgt jetzt vollkommen analog zu der Überlegung im Anschluß an Th. 11.1, da die formale Konsistenz nicht nur eine analytische, sondern gemäß Satz 2 auch eine synthetische Konsistenzeigenschaft ist.

Als erster hat HASENJAEGER eine Vereinfachung des Henkinschen Gedankenganges vorgelegt, in welcher es vermieden wird, ständig zwischen dem Verfahren der E-Vervollständigung und der Lindenbaumschen Konstruktion zu alternieren. Die vereinfachte Methode wird überschaubarer durch den folgenden

Hilfssatz 6 *M besitze die synthetische Konsistenzeigenschaft* $\mathfrak{R}$. *Dann gilt dasselbe auch von den Erweiterungen* $M\cup\{\gamma\rightarrow\gamma(u)\}$ *und* $M\cup\{\delta\rightarrow\delta(u)\}$ *von M, sofern im zweiten Fall u nicht in* $M\cup\{\delta\}$ *vorkommt.*

Beweis: Wir benützen zur Abkürzung wieder das Prädikat ‚$\mathfrak{R}$-konsistent'. Nach Voraussetzung ist M $\mathfrak{R}$-konsistent. Es ist zu zeigen, daß auch $M\cup\{Q\rightarrow Q(u)\}$ $\mathfrak{R}$-konsistent ist, wobei Q entweder ein γ oder ein δ und u im zweiten Fall gegenüber $M\cup\{Q\}$ neu ist.

Aufgrund der Voraussetzung ist nach B_5 entweder $M\cup\{Q\}$ oder $M\cup\{\neg Q\}$ $\mathfrak{R}$-konsistent. Im letzteren Fall ist nach B_6 auch $M\cup\{Q\rightarrow Q(u)\}$ $\mathfrak{R}$-konsistent. Sofern $M\cup\{Q\}$ $\mathfrak{R}$-konsistent ist, gilt dasselbe nach B_3 oder B_4 auch für $M\cup\{Q, Q(u)\}$. Die Teilmenge $M\cup\{Q(u)\}$ ist daher ebenfalls $\mathfrak{R}$-konsistent. Dann ist nach B_6 abermals auch $M\cup\{Q\rightarrow Q(u)\}$ $\mathfrak{R}$-konsistent. Die Behauptung gilt also tatsächlich in jedem Fall. □

Der vereinfachte Beweis von Th. 11.2 verläuft nun folgendermaßen: M sei eine $\mathfrak{R}$-konsistente reine Menge. Dann ordnen wir *alle* Sätze vom Typ δ – und nicht bloß die aus M, wie in Hilfssatz 5! – in eine abzählbare Folge $\delta_1, \delta_2, \ldots, \delta_n, \ldots$. Auch alle Parameter sollen in einer vorgeschriebenen Weise geordnet werden.

Wir wählen den ersten Parameter u_1 dieser Folge, der nicht in $M\cup\{\delta_1\}$ vorkommt, und erweitern M zu $M_1 = M\cup\{\delta_1\rightarrow\delta_1(u_1)\}$. Nach Hilfssatz 6 ist auch M_1 $\mathfrak{R}$-konsistent. Dann wählen wir den ersten Parameter u_2 der Folge, der nicht in $M_1\cup\{\delta_2\}$ vorkommt, und bilden die

Menge $M_2 = M_1 \cup \{\delta_2 \to \delta_2\{u_2\}$, die ebenfalls $\mathfrak{R}$-konsistent ist usw. Genau gesprochen, definieren wir induktiv die Folge M_0, $M_1, \ldots, M_i, \ldots$ durch die beiden Bedingungen:

(*1*) $M_0 = M$;

(2) $M_{i+1} = M_i \cup \{\delta_{i+1} \to \delta_{i+1}(u_{i+1})\}$, wobei u_{i+1} der erste Parameter der vorgegebenen Parameterfolge ist, welcher nicht in $M_i \cup \{\delta_{i+1}\}$ vorkommt.

Jedes M_i dieser Folge ist $\mathfrak{R}$-konsistent und damit auch deren Vereinigung $M^{\cup}$.

$M^{\cup}$ besitzt die folgende wichtige Eigenschaft: Jede Obermenge N von $M^{\cup}$, die abgeschlossen ist bezüglich junktorenlogischer Implikation, ist E-vollständig. Aus der Annahme $\delta \in N$ folgt nämlich für einen Parameter u: $\delta \to \delta(u) \in M^{\cup} \subseteq N$. Wegen der Abgeschlossenheit von N bezüglich junktorenlogischer Implikation gilt also: $\delta(u) \in N$.

Mit Hilfe des Lemmas von Tukey bilden wir eine *maximal* $\mathfrak{R}$-konsistente Erweiterung M^{max} von $M^{\cup}$. M^{max} ist abgeschlossen bezüglich junktorenlogischer Implikation. (Wäre M^{max} nämlich diesbezüglich nicht abgeschlossen, so könnte man diese Menge um wahrheitsfunktionelle Folgerungen erweitern und erhielte dadurch *echte* konsistente Erweiterungen, im Widerspruch zur vorausgesetzten maximalen Konsistenz.) Wir können somit die Feststellung des vorigen Absatzes anwenden und behaupten, daß M^{max} nicht nur *maximal* $\mathfrak{R}$*-konsistent*, sondern auch *E-vollständig* ist. Nach Hilfssatz 4 ist daher M^{max} eine quantorenlogische Wahrheitsmenge. □

HENKIN hat in einer persönlichen Mitteilung an SMULLYAN eine noch einfachere Lösung des Problems vorgeschlagen, wie man eine $\mathfrak{R}$-konsistente reine Menge M zu einer quantorenlogischen Wahrheitsmenge erweitern kann. Es wird dabei an das Verfahren von LINDENBAUM angeknüpft. In einem ersten Schritt werden alle Sätze in einer Folge $X_1, \ldots, X_k, \ldots$ aufgezählt. Das Bildungsverfahren der Mengen M_i besteht nach LINDENBAUM darin, zur bereits verfügbaren Menge M_n den Satz X_{n+1} hinzuzufügen, wenn dadurch die $\mathfrak{R}$-Konsistenz erhalten bleibt, ansonsten aber X_{n+1} wegzulassen. HENKIN schlägt für diesen zweiten Schritt die folgende Modifikation vor: Wenn X_{n+1} hinzugefügt wird *und wenn außerdem* X_{n+1} *eine Formel vom Typ* δ *ist*, so werde außerdem eine Formel $\delta(u)$ für ein in M_n noch nicht vorkommendes u hinzugefügt, also: $M_{n+1} = M_n \cup \{\delta = X_{n+1}, \delta(u)\}$. Die Vereinigung $M \cup M_1 \cup \ldots \cup M_n \cup \ldots$ ist dann selbst bereits maximal $\mathfrak{R}$-konsistent und E-vollständig (Übungsaufgabe).

Kapitel 12

Unvollständigkeit und Unentscheidbarkeit

12.0 Vorbemerkungen

Im vorliegenden Kapitel wird die Unentscheidbarkeit (im Sinne von CHURCH) und die Unvollständigkeit (im Sinne von GÖDEL) für eine bestimmte Theorie erster Stufe, nämlich für ein Fragment der Zahlentheorie *N*, gezeigt. Diese Theorie *N* wurde erstmals von SHOENFIELD in [1], Kap. 6, zur Grundlage für den Nachweis der Theoreme von GÖDEL und CHURCH verwendet.

Zum besseren Verständnis schicken wir einige erläuternde Bemerkungen über *N* und die Beschäftigung damit voraus, die zum Nachweis der beiden metatheoretischen Resultate über *N* führt; dabei werden allerdings einige unexplizierte Ausdrücke benützt, die erst im folgenden genauer präzisiert werden:

(1) Die betrachtete Theorie *N* ist eine Theorie erster Stufe. Sie enthält geeignete Axiome für die Nachfolgerfunktion, die Addition, die Multiplikation und die Kleiner-Relation. *N* ist jedoch insofern viel schwächer als die Peanosche Arithmetik, als darin *kein Induktionsaxiom* vorkommt; daher die obige Wendung über *N* als ‚Fragment der Zahlentheorie'. Trotz dieser Tatsache erweist sich *N* als stark genug, um alle rekursiven Prädikate in *N* zu repräsentieren. Auf der anderen Seite ist *N* hinlänglich schwach, um einen Widerspruchsfreiheitsbeweis zu gestatten, der ein im Sinne von HILBERT finiter Beweis ist.

Anmerkung. Durch diese Tatsache, zusammen mit der Gültigkeit des Gödelschen Unvollständigkeitstheorems für *N*, wird ein in der philosophischen Literatur verbreitetes Vorurteil zerstört, welches man als „Gödel-Mythos" bezeichnen könnte. Die Überlegungen im Rahmen dieses Mythos verlaufen etwa folgendermaßen:

‚(1) Im sogenannten zweiten Gödelschen Theorem, das aus dem Unvollständigkeitstheorem gewinnbar ist, wird die metatheoretische Aussage bewiesen, daß unter der Voraussetzung der formalen Widerspruchsfreiheit des betreffenden Systems kein Widerspruchsfreiheitsbeweis existiert, der mit den im System selbst formalisierten Methoden erbracht werden könnte.

(2) Da die im System formalisierten Methoden die gesamte klassische Logik einschließen und trotzdem für den Widerspruchsfreiheitsbeweis nicht ausreichen, reichen *a fortiori*

die darin als echter Teil beschlossenen konstruktiven Methoden für einen derartigen Widerspruchsfreiheitsbeweis nicht aus.

(3) Da das sogenannte finite Schließen im Sinne HILBERTS wiederum nur einen kleinen Teilausschnitt dieser konstruktiven Methoden umfaßt, folgt *a fortiori a fortiori* aus dem zweiten Gödelschen System, daß für das fragliche System kein finiter Widerspruchsfreiheitsbeweis möglich ist.‘

Diese Schlußfolgerung wird gelegentlich auch als „der Zusammenbruch“ oder „das Fiasko“ des Hilbertschen beweistheoretischen Programms bezeichnet.

Das im folgenden genau untersuchte formale System N ist ein effektives Gegenbeispiel gegen diese in (3) *gezogene Schlußfolgerung.* Denn einerseits ist das System *N*, wie wir sehen werden, hinreichend ausdruckstark, um die Gültigkeit des Gödelschen Unvollständigkeitstheorems dafür zu beweisen. Auf der anderen Seite ist dieses System – welches insbesondere keine Formalisierung des Prinzips der vollständigen Induktion enthält – doch wiederum so schwach, daß SHOENFIELD auf S. 51 seines Werkes [1] *für eben dieses System N* einen im ursprünglichen Hilbertschen Sinn streng finiten Widerspruchsfreiheitsbeweis erbringen konnte.

Was liegt hier vor?

GÖDEL ist bei der Beweisskizze seines zweiten Theorems ein kleiner Irrtum unterlaufen, der erst viel später von BERNAYS entdeckt wurde: Das zweite Gödelsche Theorem gilt nur unter einer zusätzlichen Voraussetzung, nämlich der Ableitbarkeit einer bestimmten Formel im fraglichen formalen System. In HILBERT-BERNAYS, [1], wird dies eingehend in § 5.2 geschildert. Eine korrekte Detailbehandlung dieses Sachverhaltes findet sich auch bei LORENZEN in [3] auf S. 131f. Dort wird die erforderliche Zusatzbedingung als ‚*Bernayssche Ableitbarkeitsbedingung*‘ bezeichnet.

Darüber, wieso es trotz dieser späteren Aufklärung zur Verbreitung des Gödel-Mythos gekommen ist, kann man nur spekulative Vermutungen aufstellen. Möglicherweise hat das Werk von KLEENE dazu beigetragen, welches ja für lange Zeit als Standardwerk der modernen Metamathematik galt und die Lektüre des oben angeführten Werkes von HILBERT-BERNAYS verdrängte. Auf S. 210 seines Buches formuliert nämlich KLEENE unter ‚Theorem 30‘ das zweite Gödelsche Theorem und skizziert den Beweis dafür auf solche Weise, daß im Leser der Eindruck entsteht, es sei dafür außer der formalen Widerspruchsfreiheit keine weitere Bedingung erforderlich. (So auch bei W. STEGMÜLLER, [1], S. 26ff., worin an die Darstellung bei KLEENE angeknüpft wird.)

Trotzdem bleibt die ganze Angelegenheit etwas rätselhaft, zumal LORENZEN in dem oben zitierten Buch 1962 nochmals auf die Bernayssche Ableitbarkeitsbedingung ausdrücklich hingewiesen hatte.

Wir haben diesen Punkt hier kurz erwähnt, weil sich daraus eine doppelte philosophische Warnung ableiten läßt: Erstens, daß eine noch so überzeugende intuitive Beweisskizze kein Ersatz für einen detaillierten Beweis liefert. (Der fragliche Beweis wurde erstmals im zweiten Band des Werkes von HILBERT-BERNAYS geliefert, also ca. acht Jahre nach dem Erscheinen von GÖDELS Arbeit.) Zweitens, daß die philosophischen Konsequenzen eines kleinen Irrtums in nichts geringerem bestehen können als in der Fehleinschätzung einer ganzen Disziplin.

Man sollte vielleicht darauf hinweisen, daß die vorangehende Kritik am „Gödel-Mythos“ keineswegs beinhaltet, daß durch das zweite Gödelsche Theorem das beweistheoretische Programm HILBERTS nicht erschüttert worden wäre. Denn die Bernayssche Ableitbarkeitsbedingung, unter deren Voraussetzung das zweite Gödelsche Theorem ja gilt und damit das Hilbertsche Programm versagt, stellt keine besonders starke Zusatzbedingung für formale Systeme dar. Von einem generellen Zusammenbruch des Hilbertschen Programms kann aber trotzdem aufgrund dieser Korrektur nicht mehr die Rede sein.

(2) Gemäß dem Vorgehen von GÖDEL kann man den für *N* geltenden syntaktischen Prädikaten *Term*, *Formel*, *Beweis*, *Theorem* usw. zahlen-

theoretische Prädikate entsprechen lassen, die als rekursive Prädikate definiert werden können. Nachweislich sind alle rekursiven Prädikate in N repräsentierbar. Dies gilt damit auch für die den syntaktischen Prädikaten entsprechenden zahlentheoretischen Prädikate.

(3) Der Kern der Beweisführung findet sich in **12.8**. Darin wird zuerst die Unentscheidbarkeit von N und aller formal konsistenten Erweiterungen von N bewiesen, also die *wesentliche Unentscheidbarkeit* (im Tarskischen Sinne) von N. Mit Hilfe der dort ebenfalls nachgewiesenen Tatsache, daß eine syntaktisch vollständige Theorie erster Stufe entscheidbar ist, wird dann auf die Unvollständigkeit von N und aller formal konsistenten Erweiterungen von N, also auf die *wesentliche Unvollständigkeit* von N, geschlossen.

Wir werden uns eng an die Darstellung bei SHOENFIELD in [1] halten, mit den folgenden Unterschieden:

Die ersten sieben Abschn. **12.1** bis **12.7** haben vorbereitenden Charakter. Darin werden alle benötigten Ergebnisse aus der Theorie der rekursiven Funktionen und Prädikate, der Arithmetisierung syntaktischer Prädikate und der Repräsentierbarkeit rekursiver Prädikate in der Theorie erster Stufe N geschildert. Da die dabei behandelten Themen, insbesondere aus der Theorie der rekursiven Funktionen, weit über das Gebiet der Logik hinausreichen, werden wir hier auf Beweise verzichten. Dagegen werden wir innerhalb jedes dieser Abschnitte die einschlägigen Stellen bei SHOENFIELD durch Angabe der Seitenzahlen zitieren. Da die Darstellung im Werk von SHOENFIELD meist überaus knapp ist, werden alle wichtigen neuen Begriffe meist ausführlicher erläutert, als dies bei SHOENFIELD geschieht; gegebenenfalls wird eine Überlegung an einem exemplarischen Beispiel im Detail ausgeführt, wie z. B. für das arithmetische Prädikat *Variable* in **12.6**. Diejenigen Leser, welche den ganzen Zusammenhang, einschließlich sämtlicher Beweise, genau verstehen möchten, erhalten durch diese Erläuterungen zusammen mit den genauen Seitenhinweisen auf SHOENFIELDs Buch die Möglichkeit, dieses Ziel relativ rasch und mühelos zu erreichen.

Da das zahlentheoretische Fragment N den Gegenstand der metamathematischen Untersuchungen bildet, müssen die Begriffe der *Sprache erster Stufe* sowie der *Theorie erster Stufe* in weit stärkerem Maße präzisiert werden, als dies an früherer Stelle geschehen ist (vgl. **12.1** bis **12.3**). Dadurch soll der didaktische Nebeneffekt erzielt werden, ein besseres Verständnis dieser beiden sowie der auf ihnen beruhenden metalogischen Begriffe zu gewinnen.

Die beiden metamathematischen Hauptresultate finden sich in Abschn. **12.8**. Alle Lemmata und Theoreme dieses Abschnittes werden, zum Unterschied von denen der vorangehenden Abschnitte, streng bewiesen. Obwohl auch diese Beweise der Darstellung bei SHOENFIELD folgen, sind sie ausführlicher gehalten als bei ihm und sollen durch eine etwas stärkere Aufgliederung in Einzelheiten überschaubar gemacht werden. Zwecks besserer Vergleichbarkeit passen wir im vorliegenden Kapitel den Symbolismus, soweit als möglich, dem bei SHOENFIELD an.

Als syntaktische Variable werden

‚**A**', ‚**B**', …, ‚**Z**', ‚$\mathbf{A}_1$', …

‚**a**', ‚**b**', …, ‚**z**', ‚$\mathbf{a}_1$', …

verwendet. Namen von Ausdrücken werden mittels einfacher Anführungszeichen gebildet. Die *Konkatenation* oder *Verkettung* zweier Ausdrücke sei durch einfaches Nebeneinanderschreiben der Mitteilungszeichen für diese Ausdrücke bezeichnet. Es ist also z. B.

‚5', ‚+', ‚3' = ‚5 + 3'.

(Eine genauere, da jegliche Art von Mehrdeutigkeit vermeidende Methode bestünde darin, nach dem Vorschlag von TARSKI außer Mitteilungszeichen ein eigenes Symbol, etwa ‚⌒', für die Verkettung zweier Ausdrücke zu benützen. Doch verzichten wir aus Gründen der Einfachheit auf diese zusätzliche Symbolik, da Mißverständnisse kaum zu befürchten sind.)

Mit ‚ℕ' wird die Klasse der natürlichen Zahlen 0, 1, 2, … bezeichnet. Weitere Festlegungen von Variablensorten erfolgen im Verlaufe der Darstellung.

12.1 Sprachen erster Stufe

Es wird ein allgemeiner Begriff der Sprache erster Stufe definiert. Im Unterschied zu unserem bisherigen Vorgehen führen wir in diesem Kapitel die objektsprachlichen Symbole selbst an; insbesondere sind z. B. ‚¬', ‚∧' Junktoren der Objektsprache und nicht, wie bisher, Namen von solchen. Außerdem werden in diesem Kapitel wegen der formalen Verwendung der Metasprache Zahlenvariable kursiv gedruckt.

In allen Sprachen erster Stufe werden als *Variable* die folgenden Zeichen verwendet:

‚x', ‚y', ‚z', ‚w', ‚x''', … .

Als syntaktische Variable für Variable werden ‚**x**', ‚**y**', ‚**z**', ‚**w**', ‚$\mathbf{x}_1$', … verwendet. Ferner enthalten alle Sprachen erster Stufe folgende Zeichen für logische Verknüpfungen:

‚¬', ‚∨', ‚⋁'.

Sprachen erster Stufe enthalten ferner das zweistellige logische Prädikatzeichen ‚='.

Die Funktionssymbole werden durch eine Folge φ von Klassen von Symbolen gegeben, d.h. durch eine Funktion φ, die jedem $n \in \mathbb{N}$ eine (leere, endliche oder unendliche) Klasse $\varphi(n)$ von Symbolen zuordnet. Die Elemente von $\varphi(n)$ sind die n-stelligen Funktionssymbole. Entsprechend werden die Prädikatsymbole durch eine Folge π gegeben; die Elemente von $\pi(n)$ sind die n-stelligen Prädikatsymbole.

Die verschiedenen Sprachen erster Stufe unterscheiden sich also in den nichtlogischen Funktions- und Prädikatsymbolen.

Es wird nun der Begriff des Terms für Sprachen erster Stufe induktiv wie folgt definiert:

a *ist ein Term über* φ genau dann, wenn
(1) φ eine Folge von Klassen von Symbolen ist;
(2) **a** eine Variable ist, oder $\mathbf{a} \in \varphi(0)$, oder es ein $n \in \mathbb{N}$, $n > 0$, und ein $\mathbf{f} \in \varphi(n)$ und Terme $\mathbf{a}_1, \ldots, \mathbf{a}_n$ über φ gibt, so daß $\mathbf{a} = \mathbf{f}\mathbf{a}_1 \ldots \mathbf{a}_n$.

Als syntaktische Variable für Terme werden ‚**a**', ‚**b**', ‚**c**', ‚**d**', ‚$\mathbf{a}_1$', … verwendet. Es sei ferner $tm(\varphi) = \{\mathbf{a} \mid \mathbf{a}$ ist ein Term über $\varphi\}$.

Der Begriff einer Atomformel wird wie folgt definiert:

A *ist eine Atomformel über* φ, π genau dann, wenn
(1) φ, π Folgen von Klassen von Symbolen sind, so daß ‚$=$'$\in \pi(2)$;
(2) $\mathbf{A} \in \pi(0)$, oder es ein $n \in \mathbb{N}$, $n > 0$, und ein $\mathbf{p} \in \pi(n)$ und Terme $\mathbf{a}_1, \ldots, \mathbf{a}_n$ über φ gibt, so daß $\mathbf{A} = \mathbf{p}\mathbf{a}_1 \ldots \mathbf{a}_n$.

Mit Hilfe des Begriffs der Atomformel wird der Begriff der Formel wie folgt induktiv definiert:

A *ist eine Formel über* φ, π genau dann, wenn
A eine Atomformel über φ, π ist, oder es Formeln
B, **C** über φ, π und eine Variable **x** gibt, so daß
$\mathbf{A} = \neg \mathbf{B}$ oder $\mathbf{A} = \vee \mathbf{B}\mathbf{C}$ oder $\mathbf{A} = \bigvee \mathbf{x}\mathbf{B}$.

Als syntaktische Variable für Formeln werden ‚**A**', ‚**B**', ‚**C**', ‚**D**', ‚$\mathbf{A}_1$', … verwendet. Es sei ferner $fml(\varphi, \pi) = \{\mathbf{A} \mid \mathbf{A}$ ist eine Formel über $\varphi, \pi\}$.

Sei $\mathbf{A} \in fml(\varphi, \pi)$ und **x** eine Variable. Dann heißt *ein Vorkommnis von* **x** in **A** *gebunden* genau dann, wenn es in einer Teilformel von **A** der Gestalt $\bigvee \mathbf{x}\mathbf{B}$ vorkommt; andernfalls heißt *ein Vorkommnis von* **x** *in* **A** *frei.* **x** *ist frei (gebunden) in* **A** genau dann, wenn wenigstens ein Vorkommnis von **x** in **A** frei (gebunden) ist. Eine Formel $\mathbf{A} \in fml(\varphi, \pi)$ heißt *geschlossen* genau dann, wenn keine Variable frei in **A** ist.

Der Begriff der Sprache erster Stufe wird nun wie folgt definiert:

L *ist eine Sprache erster Stufe* genau dann,
wenn es zwei Folgen φ, π gibt, so daß
$\mathbf{L} = (tm(\varphi), fml(\varphi, \pi))$.

Es sei $\mathfrak{L}(\varphi, \pi) = (tm(\varphi), fml(\varphi, \pi))$ die durch φ und π bestimmte Sprache.

Für eine Sprache erster Stufe $\mathbf{L}=\mathfrak{L}(\varphi,\pi)=(tm(\varphi), fml(\varphi,\pi))$ heiße:

$tm(\varphi)$ die Klasse der *Terme von* $\mathbf{L}$;
$fml(\varphi,\pi)$ die Klasse der *Formeln von* $\mathbf{L}$;
$\varphi(n)$ $(n\in\mathbb{N})$ die Klasse der *n-stelligen Funktionssymbole von* $\mathbf{L}$;
$\pi(n)$ $(n\in\mathbb{N})$ die Klasse der *n-stelligen Prädikatsymbole von* $\mathbf{L}$;
,$=$'$\in\pi(2)$ heiße *das Identitätssymbol*;
$\bigcup_{n\in\mathbb{N}}(\varphi(n)\cup\pi(n))\setminus\{,=`\}$ die Klasse der *nichtlogischen Symbole von* $\mathbf{L}$;[1]
$\{,\neg`,,\vee`,,\bigvee`,,=`\}\cup\{\mathbf{x}\,|\,\mathbf{x}$ ist eine Variable$\}$ die Klasse der *logischen Symbole von* $\mathbf{L}$.

Es sei ferner $sy(\mathbf{L})$ die Klasse der logischen und nichtlogischen Symbole von $\mathbf{L}$.

Bemerkung: Man beachte, daß die Terme und Formeln von $\mathbf{L}$ in klammerfreier Notation geschrieben werden.

Wenn $\mathbf{L}$ eine Sprache erster Stufe ist, sollen folgende Ausdrücke Abkürzungen von Formeln aus $\mathbf{L}$ sein:

$(\mathbf{A}\vee\mathbf{B})$	für	$\vee\mathbf{AB}$
$(\mathbf{A}\rightarrow\mathbf{B})$	für	$(\neg\mathbf{A}\vee\mathbf{B})$
$(\mathbf{A}\wedge\mathbf{B})$	für	$\neg(\mathbf{A}\rightarrow\neg\mathbf{B})$
$(\mathbf{A}\leftrightarrow\mathbf{B})$	für	$((\mathbf{A}\rightarrow\mathbf{B})\wedge(\mathbf{B}\rightarrow\mathbf{A}))$
$\bigwedge\mathbf{xA}$	für	$\neg\bigvee\mathbf{x}\neg\mathbf{A}$
$(\mathbf{apb})$	für	$\mathbf{pab}$, wenn $\mathbf{p}$ ein 2-stelliges Prädikatsymbol und $\mathbf{a}$, $\mathbf{b}$ Terme von $\mathbf{L}$ sind.

Abkürzungen von Formeln aus $\mathbf{L}$ sind keine Formeln aus $\mathbf{L}$. Wenn $\mathbf{A}$ eine Abkürzung einer Formel aus $\mathbf{L}$ ist, dann ist eine Aussage der Art: $\mathbf{A}$ hat die Eigenschaft ..., oder: $\mathbf{A}$ steht zu ... in der Relation ---, immer so gemeint, daß die Aussage von der Formel aus $\mathbf{L}$ gemacht wird, die aus $\mathbf{A}$ dadurch entsteht, daß alle Abkürzungen durch das Abgekürzte ersetzt werden. Wenn also z.B. von einer Formel der Gestalt $(\mathbf{A}\rightarrow\mathbf{B})$ die Rede ist, so ist immer die Formel der Gestalt $\vee\neg\mathbf{AB}$ gemeint.

Wenn $\mathbf{b}$ ein Term aus $\mathbf{L}$ ist, $\mathbf{x}$ eine Variable und $\mathbf{a}$ ein Term aus $\mathbf{L}$ ist, dann sei $\mathbf{b}_{\mathbf{x}}[\mathbf{a}]$ der Term aus $\mathbf{L}$, der aus $\mathbf{b}$ durch Substitution von $\mathbf{a}$ für $\mathbf{x}$ entsteht. Wenn $\mathbf{A}$ eine Formel aus $\mathbf{L}$, $\mathbf{x}$ eine Variable und $\mathbf{a}$ ein Term aus $\mathbf{L}$ ist, dann sei $\mathbf{A}_{\mathbf{x}}[\mathbf{a}]$ die Formel aus $\mathbf{L}$, die aus $\mathbf{A}$ dadurch entsteht, daß jedes freie Vorkommnis von $\mathbf{x}$ in $\mathbf{A}$ durch $\mathbf{a}$ ersetzt wird. Entsprechend sei die simultane Ersetzung von $\mathbf{x}_i$ durch $\mathbf{a}_i$ $(i=1,\ldots,n)$ in $\mathbf{A}$ bzw. in $\mathbf{b}$ als $\mathbf{A}_{\mathbf{x}_1,\ldots,\mathbf{x}_n}[\mathbf{a}_1,\ldots,\mathbf{a}_n]$ und $\mathbf{b}_{\mathbf{x}_1,\ldots,\mathbf{x}_n}[\mathbf{a}_1,\ldots,\mathbf{a}_n]$ definiert.

1 Gegebenenfalls kann der Begriff der Sprache erster Stufe derart erweitert werden, daß zusätzlich logische Funktions- und Prädikatssymbole (außer ,=') hinzugefügt werden, wie z.B. das nullstellige Prädikatzeichen ,T', d.h. der nullstellige Junktor für den Wahrheitswert *wahr*.

Wenn **a** ein Term aus **L**, **x** eine Variable und **A** eine Formel aus **L** ist, dann heiße **a** *substituierbar für* **x** *in* **A** genau dann, wenn für jede Variable **y**, die in **a** vorkommt, keine Teilformel von **A** der Gestalt $\bigvee \mathbf{yB}$ ein Vorkommnis von **x** frei enthält. Wenn im folgenden $\mathbf{A}_{\mathbf{x}_1,\ldots,\mathbf{x}_n}[\mathbf{a}_1,\ldots,\mathbf{a}_n]$ verwendet wird, dann ist immer vorausgesetzt, daß $\mathbf{a}_i$ substituierbar für $\mathbf{x}_i$ in **A** ist für $i=1,\ldots,n$.

12.2 Theorien erster Stufe

Eine Theorie erster Stufe wird (bei SHOENFIELD) als ein in einer Sprache erster Stufe formuliertes axiomatisches System definiert. Es besteht aus einer *Sprache erster Stufe*, den *logischen* und *nichtlogischen Axiomen* und den *Ableitungsregeln*. Es werden zunächst die Begriffe des logischen Axioms und der Ableitungsregel für Sprachen erster Stufe definiert.

Es sei **L** eine Sprache erster Stufe. Dann heiße jede Formel aus **L** der Gestalt $(\neg \mathbf{A} \vee \mathbf{A})$ *ein junktorenlogisches Axiom von* **L**, jede Formel aus **L** der Gestalt $(\mathbf{A}_\mathbf{x}[\mathbf{a}] \rightarrow \bigvee \mathbf{xA})$ *ein Substitutionsaxiom von* **L**, jede Formel aus **L** der Gestalt $\mathbf{x}=\mathbf{x}$ *ein Identitätsaxiom von* **L**, jede Formel aus **L** der Gestalt

$$(\mathbf{x}_1=\mathbf{y}_1 \rightarrow (\ldots \rightarrow (\mathbf{x}_n=\mathbf{y}_n \rightarrow \mathbf{fx}_1\ldots\mathbf{x}_n=\mathbf{fy}_1\ldots\mathbf{y}_n)\ldots))$$

oder der Gestalt

$$(\mathbf{x}_1=\mathbf{y}_1 \rightarrow (\ldots \rightarrow (\mathbf{x}_n=\mathbf{y}_n \rightarrow (\mathbf{px}_1\ldots\mathbf{x}_n \rightarrow \mathbf{py}_1\ldots\mathbf{y}_n))\ldots))$$

(**f** ein n-stelliges Funktionssymbol von **L**, **p** ein n-stelliges Prädikatsymbol von **L**) *ein Gleichheitsaxiom von* **L**. **A** heiße *ein logisches Axiom von* **L** genau dann, wenn **A** ein junktorenlogisches Axiom, ein Substitutionsaxiom, ein Identitätsaxiom oder ein Gleichheitsaxiom von **L** ist. Es sei $Ax_{log}(\mathbf{L})=\{\mathbf{A} \mid \mathbf{A}$ ist ein logisches Axiom von $\mathbf{L}\}$.

Die *Ableitungsregeln*[2] für eine Sprache erster Stufe **L** werden als 2-stellige Relationen zwischen einer Klasse von Formeln (den Prämissen) und einer Formel (der Konklusion) definiert. Es sei **L** eine Sprache erster Stufe. Dann sei

die Expansionsregel für $\mathbf{L}=\{(M,D) \mid$ Es gibt Formeln **A**, **B** von **L**, so daß $D=(\mathbf{B}\vee\mathbf{A})$ und $M=\{\mathbf{A}\}\}$. (Die laxe Formulierung dieser Regel lautet: man darf von einer Formel **A** von **L** auf $(\mathbf{B}\vee\mathbf{A})$ schließen, wenn **B** eine Formel von **L** ist.)

---

2 Sämtliche Ableitungsregeln sind im Sinn von *Grundschlußregeln* zu verstehen, bilden also einen Bestandteil der Definition einer Theorie erster Stufe.

die Kontraktionsregel für $\mathbf{L} = \{(M, D) \mid$ Es gibt eine Formel $\mathbf{A}$ von $\mathbf{L}$, so daß $D = \mathbf{A}$ und $M = \{(\mathbf{A} \vee \mathbf{A})\}\}$. (Laxe Formulierung: man darf von einer Formel $(\mathbf{A} \vee \mathbf{A})$ von $\mathbf{L}$ auf $\mathbf{A}$ schließen.)

die Assoziativregel für $\mathbf{L} = \{(M, D) \mid$ Es gibt Formeln $\mathbf{A}, \mathbf{B}, \mathbf{C}$ von $\mathbf{L}$, so daß $D = ((\mathbf{A} \vee \mathbf{B}) \vee \mathbf{C})$ und $M = \{(\mathbf{A} \vee (\mathbf{B} \vee \mathbf{C}))\}\}$. (Laxe Formulierung: man darf von einer Formel $(\mathbf{A} \vee (\mathbf{B} \vee \mathbf{C}))$ von $\mathbf{L}$ auf $((\mathbf{A} \vee \mathbf{B}) \vee \mathbf{C})$ schließen.)

die Schnittregel für $\mathbf{L} = \{(M, D) \mid$ Es gibt Formeln $\mathbf{A}, \mathbf{B}, \mathbf{C}$ von $\mathbf{L}$, so daß $D = (\mathbf{B} \vee \mathbf{C})$ und $M = \{(\mathbf{A} \vee \mathbf{B}), (\neg \mathbf{A} \vee \mathbf{C})\}\}$. (Laxe Formulierung: man darf von zwei Formeln $(\mathbf{A} \vee \mathbf{B})$, $(\neg \mathbf{A} \vee \mathbf{C})$ von $\mathbf{L}$ auf $(\mathbf{B} \vee \mathbf{C})$ schließen.)

die $\bigvee$*-Einführungsregel für* $\mathbf{L} = \{(M, D) \mid$ Es gibt Formeln $\mathbf{A}, \mathbf{B}$ von $\mathbf{L}$, so daß $\mathbf{x}$ nicht frei in $\mathbf{B}$ vorkommt, und $D = (\bigvee \mathbf{x}\mathbf{A} \rightarrow \mathbf{B})$ und $M = \{(\mathbf{A} \rightarrow \mathbf{B})\}\}$. (Laxe Formulierung: man darf von einer Formel $(\mathbf{A} \rightarrow \mathbf{B})$ von $\mathbf{L}$ auf $(\bigvee \mathbf{x}\mathbf{A} \rightarrow \mathbf{B})$ schließen, wenn $\mathbf{x}$ nicht frei in $\mathbf{B}$ vorkommt.)

$\boldsymbol{R}$ heiße *eine Ableitungsregel für* $\mathbf{L}$ genau dann, wenn $\boldsymbol{R}$ die Expansionsregel, die Kontraktionsregel, die Assoziativregel, die Schnittregel oder die $\bigvee$-Einführungsregel für $\mathbf{L}$ ist. Es sei $rgl(\mathbf{L}) = \{\boldsymbol{R} \mid \boldsymbol{R}$ ist eine Ableitungsregel für $\mathbf{L}\}$. Wenn $\boldsymbol{R} \in rgl(\mathbf{L})$ und $(M, D) \in \boldsymbol{R}$, dann heiße (M, D) eine *Anwendung von* $\boldsymbol{R}$.

Anmerkung. Einige Autoren, z. B. R. CARNAP, verwenden zur Definition des Ableitungsbegriffs als Grundbegriff den Begriff ‚unmittelbar ableitbar'. Der Zusammenhang mit der gegenwärtigen Terminologie ist der folgende: D heißt *unmittelbar ableitbar* aus M gemäß der Regel $\boldsymbol{R}$ gdw (M, D) eine *Anwendung* von $\boldsymbol{R}$ ist. (Falls M eine Einermenge ist, z. B. $\{F\}$, so wird von unmittelbarer Ableitbarkeit aus F statt aus $\{F\}$ gesprochen.) Bei Benützung dieser Carnapschen Terminologie wird in der Definition von ‚Beweis' (und analog in der Definition von ‚Ableitung') statt auf *Anwendungen einer Grundschlußregel* auf die *unmittelbare Ableitbarkeit mittels dieser Grundschlußregel* zurückgegriffen.

Der Begriff der Theorie erster Stufe wird nun wie folgt definiert:

Ein Tripel $\mathbf{T} = (\mathbf{L}, \mathbf{X}, \mathbf{S})$ heiße *eine Theorie erster Stufe* genau dann, wenn
(1) $\mathbf{L}$ eine Sprache erster Stufe ist;
(2) $\mathbf{X}$ eine Klasse von Formeln von $\mathbf{L}$ ist, so daß $Ax_{log}(\mathbf{L}) \subseteq \mathbf{X}$;
(3) $\mathbf{S} = rgl(\mathbf{L})$.

Wenn $\mathbf{L}$ eine Sprache und $\mathbf{Y}$ eine Teilklasse der Formeln von $\mathbf{L}$ ist, dann ist $\mathbf{T} = (\mathbf{L}, Ax_{log}(\mathbf{L}) \cup \mathbf{Y}, rgl(\mathbf{L}))$ eine Theorie erster Stufe. Es heiße dann

$\mathbf{L}$:	*die Sprache von* $\mathbf{T}$;
$Ax_{log}(\mathbf{L})$:	die Klasse der *logischen Axiome von* $\mathbf{T}$;
$\mathbf{Y} \backslash Ax_{log}(\mathbf{L})$:	die Klasse der *nichtlogischen Axiome von* $\mathbf{T}$;
$rgl(\mathbf{L})$:	die Klasse der *Ableitungsregeln von* $\mathbf{T}$;

Wenn **T** eine Theorie erster Stufe ist, dann sei **L(T)** die Sprache von **T**; die *Terme von* **T** seien die Terme von **L(T)**; die *Formeln von* **T** seien die Formeln von **L(T)**; die (logischen, nichtlogischen) *Symbole von* **T** seien die (logischen, nichtlogischen) Symbole von **L(T)**.

Es sei **T** eine Theorie erster Stufe. Ein *Beweis von* **T** sei eine endliche Folge von Formeln von **T**, so daß für jedes Glied **A** der Folge gilt: entweder ist **A** ein (logisches oder nichtlogisches) Axiom von **T**, oder es gibt eine Formel **B** von **T**, die **A** in der Folge vorangeht, so daß $(\{\mathbf{B}\}, \mathbf{A})$ eine Anwendung einer Ableitungsregel für **T** ist, oder es gibt Formeln **B**, **C** von **T**, die **A** in der Folge vorangehen, so daß $(\{\mathbf{B}, \mathbf{C}\}, \mathbf{A})$ eine Anwendung einer Ableitungsregel für **T** ist. Ein *Beweis von* **T** *für die Formel* **A** ist ein Beweis von **T**, dessen letztes Glied **A** ist. Eine Formel **A** von **T** heiße ein *Theorem von* **T** genau dann, wenn es einen Beweis von **T** für **A** gibt. Es sei $thm(\mathbf{T}) = \{\mathbf{A} \mid \mathbf{A} \text{ ist ein Theorem von } \mathbf{T}\}$. Für eine beliebige Formel **A** sei ‚$\vdash_{\mathbf{T}} \mathbf{A}$' eine Abkürzung für ‚$\mathbf{A} \in \mathrm{thm}(\mathbf{T})$'.

Eine Theorie erster Stufe heißt *formal konsistent* genau dann, wenn es eine Formel von **T** gibt, die kein Theorem von **T** ist. Wenn **T** eine formal konsistente Theorie erster Stufe ist, dann gibt es keine Formel **A** von **T**, so daß sowohl **A** als auch $\neg \mathbf{A}$ ein Theorem von **T** ist. Denn mit **A** und $\neg \mathbf{A}$ wäre auch $(\mathbf{A} \wedge \neg \mathbf{A})$ Theorem von **T**, und daher wäre jede Formel von **T** Theorem von **T**.

Es seien **T**′ und **T** Theorien erster Stufe. Dann heiße **T**′ *eine Erweiterung von* **T** genau dann, wenn (1) jedes nichtlogische Symbol von **T** auch nichtlogisches Symbol von **T**′ ist, und wenn (2) $thm(\mathbf{T}) \subseteqq thm(\mathbf{T}')$.

Da die Sprache erster Stufe $\mathfrak{L}(\varphi, \pi)$ durch zwei Folgen φ, π von Klassen von Symbolen eindeutig bestimmt ist, bildet

$$\mathbf{T} = ((\mathfrak{L}(\varphi, \pi), Ax_{log}(\mathfrak{L}(\varphi, \pi)) \cup \mathbf{Y}, rgl(\mathfrak{L}(\varphi, \pi)))$$
$$(\text{mit } \mathbf{Y} \cap Ax_{log}(\mathfrak{L}(\varphi, \pi)) = \emptyset)$$

eine Theorie erster Stufe. Es sei $th(\varphi, \pi, \mathbf{Y})$ diese Theorie. Um eine Theorie erster Stufe eindeutig festzulegen, genügt es also, die Funktionssymbole, die Prädikatsymbole und die nichtlogischen Axiome festzulegen; denn die Ableitungsregeln und die logischen Axiome bleiben stets dieselben.

12.3 Die Theorie erster Stufe *N*

Shoenfield führt den Unentscheidbarkeits- und Unvollständigkeitsbeweis für eine Zahlentheorie erster Stufe *N*, die schwächer als die übliche Peano-Arithmetik ist, da sie nicht das Induktionsaxiom enthält. Dadurch läßt sich ein finiter Widerspruchsfreiheitsbeweis für *N* führen. *N* ist jedoch so stark, daß alle rekursiven Prädikate in *N* repräsentiert werden können.

Wie oben festgestellt, ist eine Theorie erster Stufe eindeutig bestimmt, wenn die Funktionssymbole, die Prädikatsymbole und die nichtlogischen Axiome festgelegt sind. Die Funktionssymbole werden durch die Folge fs_N wie folgt angegeben:

$fs_N(0) = \{$,0'$\}$
$fs_N(1) = \{$,S'$\}$
$fs_N(2) = \{$,+', ,·'$\}$
$fs_N(n) = \emptyset$ für alle $n > 2$.

Die Prädikatsymbole werden durch die Folge ps_N wie folgt angegeben:

$ps_N(0) = ps_N(1) = \emptyset$
$ps_N(2) = \{$,=', ,<'$\}$
$ps_N(n) = \emptyset$ für alle $n > 2$.

Es ist $\mathfrak{L}(fs_N, ps_N)$ eine Sprache erster Stufe.

Die Klasse der nichtlogischen Axiome von N werde mit ‚$_N Ax_{n\,log}$' bezeichnet; sie soll genau die folgenden Formeln von $\mathfrak{L}(fs_N, ps_N)$ enthalten:

N1. ‚$\neg Sx = 0$'
N2. ‚$Sx = Sy \rightarrow x = y$'
N3. ‚$x + 0 = x$'
N4. ‚$x + Sy = S(x + y)$'
N5. ‚$x \cdot 0 = 0$'
N6. ‚$x \cdot Sy = (x \cdot y) + x$'
N7. ‚$\neg(x < 0)$'
N8. ‚$x < Sy \leftrightarrow (x < y \vee x = y)$'
N9. ‚$(x < y \vee x = y) \vee y < x$'

Es sei nun $N = th(fs_N, ps_N, {}_N Ax_{n\,log})$. N ist eine Theorie erster Stufe. $thm(N)$ ist die Klasse der Theoreme von N.

12.4 Berechenbarkeit und Entscheidbarkeit

12.4.1 Intuitive Vorbemerkungen zu den Begriffen der Aufzählbarkeit, Entscheidbarkeit und Berechenbarkeit. Die drei eben genannten Begriffe werden hier zunächst kurz auf intuitiver Ebene erläutert. Dies soll sowohl ein Verständnis der Theorie der rekursiven Funktionen als auch der Theoreme von GÖDEL und CHURCH vorbereiten.

Als für die folgenden Betrachtungen grundlegend kann man einen von den Mathematikern häufig, wenn auch meist nicht mit sehr großer Präzision verwendeten Begriff ansehen, nämlich den des *allgemeinen*

Verfahrens. Es wird dabei an ein Verfahren gedacht, dessen Ausführung bis in die letzten Details eindeutig vorgeschrieben ist. Eine vorläufige Explikation findet dieser Begriff in dem des Algorithmus.

Ein Algorithmus ist ein Verfahren $\mathfrak{V}$, welches die folgenden zwei Bedingungen erfüllt. Erstens ist ein solches Verfahren *rein mechanisch durchführbar*, so daß man die Durchführung im Prinzip stets einer Maschine überlassen kann. Diese erste Forderung schließt die Tatsache ein, daß $\mathfrak{V}$ *durch eine endliche Vorschrift gegeben* wird. Zweitens wird das Verfahren *schrittweise* vollzogen.

Der Vollständigkeit halber muß noch angegeben werden, worauf das Verfahren *anzuwenden* ist und was es *hervorbringt.* Dazu setzen wir voraus, daß ein geeignetes Alphabet A vorgegeben sei. Der Anwendungsbereich von $\mathfrak{V}$ ist die Menge A^*, also die Menge der Wörter über diesem Alphabet A, oder die Menge der n-Tupel von Elementen aus A^*, d. h. die Menge der Wort-n-Tupel über A. Aus jedem Wort bzw. Wort-n-Tupel W erzeugt $\mathfrak{V}$ schrittweise eine endliche oder abzählbare unendliche Folge $\mathfrak{V}(W)$ von Wörtern, wobei jedes Wort dieser Folge durch $\mathfrak{V}$ sowie die bis zur Hervorbringung dieses Wortes erforderliche Anzahl von Schritten eindeutig bestimmt ist. Unter $\mathfrak{V}(W, i)$ soll das nach dem i-ten Schritt durch $\mathfrak{V}$ aus W erzeugte Wort verstanden werden. Daß $\mathfrak{V}$ in Anwendung auf W nach dem k-ten Schritt mit W^+ abbricht, soll heißen: $\mathfrak{V}(W)$ ist eine endliche Folge, so daß $\mathfrak{V}(W, k)$ mit W^+ identisch ist. Wenn es zu jedem Wort W eine natürliche Zahl j gibt, so daß $\mathfrak{V}$ in Anwendung auf W nach dem j-ten Schritt abbricht, so wird $\mathfrak{V}$ ein *abbrechender Algorithmus* genannt. Wenn $\mathfrak{V}$ für kein Wort seines Anwendungsbereiches abbricht, so heißt $\mathfrak{V}$ ein *nichtabbrechender Algorithmus.* Einen nichtabbrechenden Algorithmus kann man also unbegrenzt weiterlaufen lassen.

Daß die Worte aus dem Anwendungs- wie Erzeugungsbereich Bezeichnungen von Zahlen, also *Ziffern* sind, ist ein spezieller Fall, allerdings – aufgrund einer noch zu schildernden Entdeckung von GÖDEL – der wichtigste Spezialfall.

(*a*) Unter einem *Aufzählungsverfahren* versteht man einen nichtabbrechenden Algorithmus über einem Anwendungsbereich, der die aufzuzählenden Wörter (Wort-n-Tupel) schrittweise erzeugt. Wiederholungen sind dabei zugelassen.

(*b*) Ein *Entscheidungsverfahren* ist ein abbrechender Algorithmus über einem Anwendungsbereich, der die Frage beantwortet, ob ein Element des Anwendungsbereiches zu einer bestimmten Menge M gehört. M heißt dann *entscheidbar.* Bei der dem Algorithmus gestellten Aufgabe handelt es sich um eine Ja-Nein-Frage. Man kann ein beliebiges Zeichen des Alphabetes A für ‚Ja‘ und ein davon verschiedenes für ‚Nein‘ wählen.

(*c*) Unter einem *Berechnungsverfahren* wird ein abbrechender Algorithmus über einem Anwendungsbereich verstanden, der den Wert einer auf diesem Anwendungsbereich definierten Funktion f für jedes Argument, d. h. für jedes Element des Anwendungsbereiches, erzeugt und dann abbricht. f wird in diesem Fall *berechenbar* genannt.

(*d*) Wir erwähnen noch einen vierten Begriff, der nicht unmittelbar mit dem des Algorithmus zusammenzuhängen scheint, nämlich den des *Regelsystems.* Hier haben wir es mit einer endlichen Menge von Regeln zu tun, die zwar rein mechanisch anwendbar sind, bei denen es aber offengelassen ist, in welcher Reihenfolge sie angewendet werden. Insofern liegt hier, zum Unterschied vom Fall des Algorithmus, keine vollständig festgelegte Eindeutigkeit vor. Eine Menge M von Wörtern über einem Alphabet A wird *erzeugbar* genannt, wenn es ein Regelsystem gibt, für welches gilt: Ein Wort aus A^* ist mit Hilfe der Regeln genau dann ableitbar, wenn es zu M gehört.

Man kann leicht feststellen, daß zwischen diesen Begriffen drei wichtige Zusammenhänge bestehen. Am einfachsten läßt sich die Beziehung zwischen (*b*) und (*c*), also zwischen Entscheidbarkeit und Berechenbarkeit, erklären. M sei eine Wortmenge über A. Wir ordnen M die charakteristische Funktion φ_M von M zu. Diese ist für ganz A^* definiert und liefert für ein Wort, das zu M gehört, den Wert 0, ansonsten den Wert 1. *M ist genau dann entscheidbar, wenn φ_M berechenbar* ist. Ist nämlich φ_M berechenbar, so kann man für ein vorgegebenes Wort W durch Berechnung von $\varphi_M(W)$ entscheiden, ob $W \in M$ oder $W \notin M$. Ist andererseits M entscheidbar, so stelle man für jedes Wort fest, ob es zu M gehört oder nicht. Im ersten Fall wähle man als Funktionswert von φ_M für dieses Wort 0, im zweiten Fall 1. Dies ist ein abbrechender Algorithmus für φ_M.

Eine ähnliche Entsprechung besteht zwischen (*a*) und (*d*), d. h. zwischen Aufzählbarkeit und Erzeugbarkeit: Eine Menge M (von Wörtern über A) *ist genau dann aufzählbar, wenn sie erzeugbar ist.* Wir deuten den Nachweis der einen Hälfte dieser Behauptung, nämlich den Übergang von der Erzeugbarkeit zur Aufzählbarkeit, an. M sei eine erzeugbare Menge. Der einfache Kunstgriff besteht darin, die Ableitungen durch das vorausgesetzte Regelsystem einerseits nach zunehmender Länge, andererseits bei gleicher Länge lexikographisch zu ordnen. Da es zu jeder Zahl n nur endlich viele Ableitungen der Länge l gibt, hat man damit bereits einen nichtabbrechenden Algorithmus zur Aufzählung von M angegeben.

Dieser Zusammenhang zwischen Aufzählbarkeit und Erzeugbarkeit durch ein Regelsystem ist für die Logik deshalb von so großer Bedeutung, weil jeder „normale“ axiomatisch aufgebaute Kalkül ein derartiges Regelsystem bildet. Im Normalfall fällt daher die Axiomatisierbarkeit einer Satzklasse mit deren Aufzählbarkeit zusammen. Es ist somit nicht verwunderlich, daß heute zum Zwecke der Präzisierung des Begriffs der „normalen Axiomatisierbarkeit" vom Aufzählbarkeitsbegriff Gebrauch gemacht wird.

Der dritte wichtige Zusammenhang besteht zwischen den Begriffen vom Typ (*a*);(*d*) einerseits und demjenigen vom Typ (*b*);(*c*) andererseits. *Eine Menge M* (von Wörtern über einem Alphabet *A*) *ist* nämlich *genau dann entscheidbar, wenn sowohl M als auch ihr Komplement* $\bar{M}$ *aufzählbar* bzw. *erzeugbar ist.* Es sei nämlich *M* entscheidbar. Dann kann man aus dem einfach zu konstruierenden Verfahren zur Erzeugung aller Wörter, also aller Elemente von A^*, durch Hinzufügung der folgenden Regel ein Erzeugungsverfahren für *M* bilden: Man prüfe für jedes zunächst erzeugte Wort *W*, ob $W \in M$ oder $W \notin M$. Im ersten Fall werde *W* angeschrieben; im zweiten Fall gelte die Regel als unanwendbar. Auf diese Weise wird *M* erzeugt. Analog verläuft die Erzeugung von $\bar{M}$.

Es seien umgekehrt die nichtleeren Mengen *M* sowie $\bar{M}$ aufzählbar. (Ist eine dieser Mengen leer, so ist *M* trivial entscheidbar.) Dann verfügen wir über einen ersten nichtabbrechenden Algorithmus, der *M* aufzählt, und über einen zweiten, der $\bar{M}$ aufzählt. Da die Algorithmen schrittweise verlaufen, können wir sie auch *alternierend* anwenden. Ein beliebig vorgegebenes Wort *W* muß dann nach einer endlichen Anzahl von Schritten entweder vom ersten oder vom zweiten Verfahren geliefert werden (denn jedes Wort liegt ja entweder in *M* oder in $\bar{M}$). Damit hat man die Entscheidung getroffen und das Verfahren bricht ab.

Der eben skizzierte Zusammenhang ist nichts anderes als eine intuitive Vorwegnahme des Negationslemmas der Theorie der rekursiven Funktionen (12.8, **L 4**) und damit indirekt des Vollständigkeits-Entscheidbarkeits-Lemmas (12.8, **L 5**), welches die Herleitung des Unvollständigkeitstheorems von Gödel aus dem Unentscheidbarkeitstheorem von Church ermöglicht.

Die Zusammenhänge zwischen den verschiedenen Algorithmen gestatten es, einen dieser Begriffe als grundlegend zu wählen und die anderen auf ihn zurückzuführen. Für uns wird der Begriff der berechenbaren Funktion den Ausgangspunkt bilden, und zwar genauer der der *berechenbaren zahlentheoretischen Funktion.* Daß man sich auf Funktionen mit (nichtnegativen ganzen) Zahlen als Argumenten und Werten beschränken kann, beruht auf folgender Einsicht: Den Zeichen eines Alphabetes, ferner den Ausdrücken, also Zeichenfolgen, über diesem Alphabet und schließlich den Folgen von Ausdrücken lassen sich jeweils umkehrbar eindeutig Zahlen zuordnen. Dabei kann man es stets so einrichten, daß keinem Element einer der drei Klassen (Zeichen, Ausdrücke, Ausdrucksfolgen) eine Zahl zugeordnet wird, die zugleich einem Element einer der beiden anderen Klassen entspricht. Diese elementare

Erkenntnis ist es, die der von GÖDEL entdeckten Methode der Arithmetisierung zugrunde liegt.

Welchem Grad von Präzisierung muß eine Explikation des Begriffs der Berechenbarkeit (Entscheidbarkeit, Aufzählbarkeit) genügen? Hier ist eine Unterscheidung zu treffen. Es macht einen grundsätzlichen Unterschied aus, ob es darum geht, ein Berechnungs- (Entscheidungs-, Aufzählungs-) Verfahren anzugeben, oder darum, nachzuweisen, *daß es kein solches Verfahren gibt*. Für Aufgaben der erstgenannten Art genügen inhaltliche Erläuterungen. Es wäre daher gar nicht nötig, mehr zu verlangen als die knappen Schilderungen in den vorangehenden Absätzen. Bereits in der Schule lernt man, daß die Addition und die Multiplikation von Zahlen berechenbare Funktionen sind, ohne jemals einen Gedanken an die Frage verschwendet zu haben: ‚Wie definiert man den Begriff der berechenbaren Funktion?' Und beim Studium der Junktorenlogik erfährt man, daß die *j*-Gültigkeit eine entscheidbare Eigenschaft ist, ohne mit der Frage der Präzisierung des Entscheidbarkeitsbegriffs konfrontiert zu sein.

Um Beweise über Unberechenbarkeit (Unentscheidbarkeit, Nichtaufzählbarkeit) zu erbringen, muß man berechenbare Funktionen (bzw. entscheidbare oder aufzählbare Mengen) wie mathematische Entitäten behandeln können. Dies ist aber nur möglich, wenn eine vollkommene mathematische Präzisierung erfolgt ist. Die *Theorie der rekursiven Funktionen* bewältigt diese Aufgabe. Der Begriff der rekursiven Funktion ist das mathematische Äquivalent des intuitiven Begriffs der berechenbaren Funktion.

Woher weiß man, daß die Präzisierung mittels des Begriffs der Rekursivität auch *adäquat* ist? Die Behauptung, daß Berechenbarkeit und Rekursivität zusammenfallen, nennt man die *These von Church*, weil sie erstmals von A. CHURCH als Vermutung ausgesprochen worden ist. Diese These hat einen anderen Status als übliche mathematische Vermutungen. Sie ist nämlich *nicht streng beweisbar*, da sie den nicht scharf definierten, intuitiven Begriff der Berechenbarkeit mit dem vollkommen präzisen Begriff der Rekursivität verknüpft. Die Frage: ‚Ist jede berechenbare Funktion rekursiv?' ähnelt deshalb der Frage, ob eine vorgeschlagene Begriffsexplikation adäquat sei.

Zwar ist die These von CHURCH nicht im mathematischen Sinn beweisbar; doch sind bis heute zahlreiche stützende Daten zu ihren Gunsten zusammengetragen worden. Einige davon seien hier erwähnt. Erstens haben Logiker sehr ausgeklügelte berechenbare Funktionen konstruiert, von denen ausnahmslos gezeigt werden konnte, daß sie rekursiv sind. Zweitens konnte auch gezeigt werden, daß alle bekannten Methoden zur Bildung berechenbarer Funktionen aus bereits verfügbaren berechenbaren Funktionen aus rekursiven Funktionen zu rekursiven

Funktionen führen. Drittens hat die genaue Analyse des Berechenbarkeitsbegriffs zum Begriff der Rekursivität geführt. (Für Details vgl. SHOENFIELD, [1], S. 120, vorletzter Absatz, und S. 121, erster Absatz.) Viertens schließlich wurden sehr viele, ihrem Ansatz nach sehr verschiedenartige Methoden entwickelt, von denen gezeigt werden konnte, daß sie untereinander äquivalent sind und genau die Klasse der rekursiven Funktionen definieren (z. B. die Methode der Turing-Maschinen, der Registermaschinen, der Markovschen Algorithmen, des Kleeneschen Gleichungssystems, der Semi-Thue-Systeme, der elementar-formalen Systeme von SMULLYAN etc.).

Obwohl nicht strikt beweisbar, ist die These von CHURCH somit doch wohlbegründet. Wir werden für den Nachweis der Unentscheidbarkeit und Unvollständigkeit des Systems N in Abschn. 8 dieses Kapitels die Richtigkeit der These unterstellen. Daß der Churchschen These trotz ihrer Fundiertheit etwas Hypothetisches anhaftet, kann man sich dadurch klarmachen, daß sie *potentiell widerlegbar* ist: Es ist durchaus denkbar, daß einmal eine Funktion effektiv angegeben werden wird, an deren Berechenbarkeit einerseits nicht zu zweifeln ist, von der man aber andererseits zeigen kann, daß sie nicht rekursiv ist. In Anbetracht dieses Sachverhalts sollte vielleicht der Satz im drittletzten Absatz mit dem Wortlaut ‚Die Theorie der rekursiven Funktionen bewältigt diese Aufgabe‘ ersetzt werden durch die vorsichtigere Formulierung: ‚Die Theorie der rekursiven Funktionen bewältigt diese Aufgabe, falls die These von CHURCH zutrifft.‘

12.4.2 Rekursive Funktionen und Prädikate. Ziel der weiteren Überlegungen ist es, die Unentscheidbarkeit und damit die syntaktische Unvollständigkeit von *N und aller formal konsistenten Erweiterungen* von N zu beweisen. Entscheidbarkeit einer Theorie **T** liegt vor, wenn nach einem allgemeinen mechanischen Verfahren für jede vorgelegte Formel **A** von **T** in endlich vielen Schritten ermittelt werden kann, ob **A** ein Theorem von **T** ist oder nicht. Um also die Frage präzise formulieren und beantworten zu können, ob eine Theorie **T** entscheidbar ist, muß zuerst der Begriff der Entscheidbarkeit präzise definiert werden. Dies geschieht zunächst für *Relationen zwischen natürlichen Zahlen* durch den Begriff des *rekursiven Prädikates.* Diese Definition wird mit Hilfe des Begriffs der rekursiven Funktion aufgestellt, der wiederum eine Präzisierung des Begriffs der berechenbaren Funktion ist. Um den präzisen Begriff des rekursiven Prädikats dann auf Relationen übertragen zu können, die keine Relationen zwischen natürlichen Zahlen, sondern zwischen Termen und Formeln einer Theorie erster Stufe **T** sind, müssen diesen syntaktischen Entitäten eindeutig und berechenbar Ausdruckszahlen zugeordnet werden. Dies geschieht dann in **12.6.**

In der ganzen weiteren Darstellung werden lateinische Kleinbuchstaben außer ‚f', ‚p' als Variable für natürliche Zahlen verwendet. Es werden ‚F', ‚G', ‚H', ‚F_1', ... als Variable für Funktionen von $\mathbb{N} \times \ldots \times \mathbb{N}$ in $\mathbb{N}$, und ‚P', ‚Q', ‚R', ‚P_1', ... als Variable für Prädikate zwischen Elementen von $\mathbb{N}$ verwendet.

Ferner werden die logischen und nichtlogischen Symbole der Theorie N im folgenden in ihrer üblichen Bedeutung benutzt.

Anmerkung. Die folgenden Überlegungen spielen sich nicht in N ab, sondern sind informelle Betrachtungen außerhalb von N, also in der um einige Symbole erweiterten deutschen Sprache. In den Fällen, in denen diese erweiterte deutsche Sprache als Metasprache für N verwendet wird, kommen also einige Symbole sowohl in N als auch in der Metaspache von N vor. Konfusionen entstehen nicht, da aus dem jeweiligen Kontext hervorgeht, ob ein Symbol als Symbol von N oder als metasprachliches Symbol verwendet wird.

Deutsche Kleinbuchstaben werden als Abkürzungen für endliche Folgen von lateinischen Kleinbuchstaben verwendet. Kürzt ‚$\mathfrak{a}$' die Folge ‚$a_1, \ldots, a_n$' ab, so kürzt ‚$F(\mathfrak{a})$' ‚$F(a_1, \ldots, a_n)$' ab. Verschiedene deutsche Kleinbuchstaben kürzen Folgen aus verschiedenen lateinischen Kleinbuchstaben ab. Wenn ‚$\mathfrak{a}$' ‚$a_1, \ldots, a_n$' abkürzt, dann soll ‚$\bigwedge \mathfrak{a}$' ‚$\bigwedge a_1 \ldots \bigwedge a_n$' und ‚$\bigvee \mathfrak{a}$' ‚$\bigvee a_1 \ldots \bigvee a_n$' abkürzen. Kommt ein deutscher Kleinbuchstabe an der Argumentstelle eines n-stelligen Funktions- oder Prädikatsymbols vor, so ist stillschweigend vorausgesetzt, daß der deutsche Kleinbuchstabe eine Folge aus n lateinischen Kleinbuchstaben abkürzt.

Es sei P ein n-stelliges Prädikat; dann wird *die charakteristische Funktion χ_P von P* wie folgt definiert:

$$\chi_P(\mathfrak{a}) = n \Leftrightarrow (n=0 \wedge P(\mathfrak{a})) \vee (n=1 \wedge \neg P(\mathfrak{a})).$$

Da $<$ ein 2-stelliges Prädikat ist, gilt also:

$$\chi_<(a_1, a_2) = n \Leftrightarrow (n=0 \wedge a_1 < a_2) \vee (n=1 \wedge \neg a_1 < a_2).$$

Die Identitätsfunktion I_i^n wird wie folgt definiert:

$$I_i^n(a_1, \ldots, a_n) = a_i.$$

Es wird ferner der sogenannte *μ-Operator* benötigt. Es sei P ein $n+1$-stelliges Prädikat, so daß $\bigvee x(P(\mathfrak{a}, x))$; bei festem $\mathfrak{a}$ gibt es genau ein x, so daß $P(\mathfrak{a}, x) \wedge \neg \bigvee z(P(\mathfrak{a}, z) \wedge z < x)$. Der μ-Operator kann also durch die folgende *bedingte* Definition eingeführt werden:

Wenn $\bigvee x(P(\mathfrak{a}, x))$, dann sei
$\mu x(P(\mathfrak{a}, x)) =$ dasjenige x, so daß $P(\mathfrak{a}, x) \wedge \neg \bigvee z(P(\mathfrak{a}, z) \wedge z < x)$.

Der Begriff der rekursiven Funktion wird nun induktiv wie folgt definiert:

F ist eine rekursive Funktion genau dann, wenn eine der folgenden drei Bedingungen erfüllt ist:

(R1) $F = I_i^n$ oder $F = +$ oder $F = \cdot$ oder $F = \chi_<$ oder

(R2) Es gibt rekursive Funktionen $G, H_1, \ldots, H_k$ und $F(\mathfrak{a}) = G(H_1(\mathfrak{a}), \ldots, H_k(\mathfrak{a}))$ oder

(R3) Es gibt eine rekursive Funktion G, so daß $\bigwedge \mathfrak{a} \bigvee x(G(\mathfrak{a}, x) = 0)$ und $F(\mathfrak{a}) = \mu x(G(\mathfrak{a}, x) = 0)$.

Anmerkung. Eine rekursive Funktion ist also eine Identitätsfunktion, die Addition, die Multiplikation, die charakteristische Funktion der $<$-Relation oder das Ergebnis der Substitution rekursiver Funktionen in die Argumentstellen einer gegebenen rekursiven Funktion oder das Resultat der Anwendung des μ-Operators auf eine rekursive Funktion G im Existenzfall. Der „Existenzfall" wird dabei durch die Bedingung $\bigvee x(G(\mathfrak{a}, x) = 0)$ ausgedrückt.

Der Begriff des rekursiven Prädikats wird mit Hilfe des Begriffs der repräsentierenden Funktion dieses Prädikats wie folgt definiert:

> *P ist ein rekursives Prädikat* genau dann, wenn χ_P eine rekursive Funktion ist.

Es ist z. B. $<$ ein rekursives Prädikat, da $\chi_<$ laut Definition eine rekursive Funktion ist.

Es wird ferner der Begriff des rekursiv aufzählbaren Prädikats wie folgt definiert:

> *P ist ein rekursiv aufzählbares Prädikat* genau dann, wenn es ein rekursives Prädikat Q gibt, so daß
>
> $\bigwedge \mathfrak{a}(P(\mathfrak{a}) \Leftrightarrow \bigvee x(Q(\mathfrak{a}, x)))$.

Jedes rekursive Prädikat ist rekursiv aufzählbar, aber die Umkehrung gilt nicht allgemein.

Man kann sich leicht an Hand der Definition des Begriffs der rekursiven Funktion davon überzeugen, daß jede rekursive Funktion berechenbar ist, d. h. daß man den Funktionswert einer rekursiven Funktion für ein gegebenes Argument in endlich vielen Schritten nach einem mechanischen Verfahren ermitteln kann. Die Umkehrung dieser Behauptung, die Churchsche These, wonach jede berechenbare Funktion rekursiv ist, kann jedoch, wie in **12.4.1** gezeigt, prinzipiell nicht bewiesen werden. Trotzdem ist man aus den ebenfalls in **12.4.1** angeführten Gründen allgemein der Auffassung, daß die These von CHURCH richtig ist. Entsprechendes gilt für die rekursiven Prädikate: Die rekursiven Prädikate sind gerade diejenigen Prädikate, von denen man in endlich vielen Schritten entscheiden kann, ob sie auf ein n-Tupel von natürlichen Zahlen zutreffen oder nicht.

Auf Grund der vorstehenden Definitionen lassen sich eine Reihe von Rekursivitätsbehauptungen beweisen, von denen im folgenden diejenigen angegeben werden, die später explizit verwendete Funktionen und Prädikate betreffen (vgl. SHOENFIELD, [1], S. 110–114).

(R4) Wenn Q ein rekursives Prädikat und $H_1, \ldots, H_k$ rekursive Funktionen sind, und wenn $P(\mathfrak{a}) \Leftrightarrow Q(H_1(\mathfrak{a}), \ldots, H_k(\mathfrak{a}))$, dann ist P ein rekursives Prädikat.

(R5) Wenn P ein rekursives Prädikat ist, so daß $\bigwedge \mathfrak{a} \bigvee x(P(\mathfrak{a}, x))$ und $F(\mathfrak{a}) = \mu x(P(\mathfrak{a}, x))$, dann ist F eine rekursive Funktion.

(R6) Wenn P und Q rekursive Prädikate sind, dann sind auch $\neg P$, $P \vee Q$, $P \wedge Q$, $P \Rightarrow Q$, $P \Leftrightarrow Q$ rekursive Prädikate. (Dabei sei $(\neg P)(\mathfrak{a}) \Leftrightarrow \neg P(\mathfrak{a})$, wobei $(P\varrho Q)(\mathfrak{a}) \Leftrightarrow P(\mathfrak{a})\varrho Q(\mathfrak{a})$, $\varrho \in \{\wedge, \vee, \Rightarrow, \Leftrightarrow\}$.)

(R7) Die Prädikate $<$, $\leqq$, $>$, $\geqq$ und $=$ sind rekursive Prädikate.

Wenn $\varphi(x)$ eine Formel ist (intuitiver Formelbegriff!), die ‚x' frei enthält, und α ein Term ist (intuitiver Termbegriff!), der ‚x' nicht enthält (weder frei noch gebunden), dann sei

$$\mu x_{x<\alpha}(\varphi(x)) = \mu x(x = \alpha \vee \varphi(x)).$$

Es gibt immer ein kleinstes x, so daß $x = \alpha \vee \varphi(x)$; also ist $\mu x(x = \alpha \vee \varphi(x))$ immer definiert. Ein Ausdruck der Gestalt $\mu x_{x<\alpha}$ heißt *beschränkter μ-Operator.*

(R8) Wenn P ein rekursives Prädikat ist und wenn $F(a, \mathfrak{a}) = \mu x_{x<a}(P(\mathfrak{a}, x))$, dann ist F eine rekursive Funktion.

Wenn $\phi(x)$ eine Formel ist, die ‚x' frei enthält, und wenn α ein Term ist, der ‚x' nicht enthält, dann sei

$$\bigvee x_{x<\alpha}\varphi(x) \Leftrightarrow \mu x_{x<\alpha}(\varphi(x)) < \alpha$$
$$\bigwedge x_{x<\alpha}\varphi(x) \Leftrightarrow \neg \bigvee x_{x<\alpha} \neg \varphi(x).$$

Man überlegt sich leicht, daß $\bigvee x_{x<\alpha}\varphi(x)$ genau dann, wenn $\bigvee x(x<\alpha \wedge \varphi(x))$ und daß $\bigwedge x_{x<\alpha}\varphi(x)$ genau dann, wenn $\bigwedge x(x<\alpha \Rightarrow \varphi(x))$. Ein Ausdruck der Gestalt $\bigvee x_{x<\alpha}$ heißt *beschränkter Existenzquantor*, ein Ausdruck der Gestalt $\bigwedge x_{x<\alpha}$ heißt *beschränkter Allquantor.*

(R9) Wenn R ein rekursives Prädikat ist, und wenn $P(a, \mathfrak{a}) \Leftrightarrow \bigvee x_{x<a}R(\mathfrak{a}, x)$ sowie $Q(a, \mathfrak{a}) \Leftrightarrow \bigwedge x_{x<a}R(\mathfrak{a}, x)$, dann sind P und Q rekursive Prädikate.

Die Funktion $\dot{-}$ sei folgendermaßen definiert:

$$a \geqq b \Rightarrow (a \dot{-} b = a - b)$$
$$\neg(a \geqq b) \Rightarrow (a \dot{-} b = 0).$$

(R10) Die Funktion $\dot{-}$ ist eine rekursive Funktion.

12.5 Sequenzzahlen

Es wird im folgenden davon ausgegangen, daß die These von CHURCH richtig ist. Dann ist der Begriff der rekursiven Funktion eine präzise Explikation des Begriffs der berechenbaren Funktion und der Begriff des rekursiven Prädikats eine präzise Explikation des Begriffs des entscheidbaren Prädikats. Die hier zur Diskussion stehende Frage ist nun, ob für eine vorgegebene Theorie **T** *die Klasse der Theoreme von* **T** *entscheidbar* ist. Das Prädikat: ‚... ist ein Theorem von **T**' ist ein Prädikat, das auf Formeln von **T** zutrifft oder nicht zutrifft, nicht jedoch auf natürliche Zahlen. Will man also die Frage nach der Entscheidbarkeit der Klasse der Theoreme von **T** präzise stellen und beantworten können, muß man ein 1-stelliges Prädikat P konstruieren, dessen Extension eine Teilklasse der natürlichen Zahlen ist und das auf eine natürliche Zahl genau dann zutrifft, wenn eine dieser Zahl eindeutig zugeordnete Formel von **T** ein Theorem von **T** ist. Das heißt man muß eine 1-stellige injektive Funktion ψ von der Klasse der Formeln in die Klasse der natürlichen Zahlen definieren, so daß gilt:

$$\bigwedge \mathbf{A}(P(\psi(\mathbf{A})) \Leftrightarrow \vdash_{\mathbf{T}} \mathbf{A}).$$

Die Klasse der Theoreme von **T** ist genau dann entscheidbar, wenn (für mindestens eine derartige Wahl von ψ und P) ψ berechenbar und P ein rekursives Prädikat ist.

Die zunächst zu lösende Aufgabe besteht also darin, eine injektive berechenbare Funktion ψ von der Klasse der Formeln von **T** in die Klasse der natürlichen Zahlen und dann ein Prädikat P so zu definieren, daß die obige Bedingung erfüllt ist. Dazu wird zunächst eine Funktion β (die *Gödelsche β-Funktion*) erklärt; mit deren Hilfe wird eine n-stellige Funktion $\langle ,\ldots, \rangle$ von $\mathbb{N} \times \ldots \times \mathbb{N}$ in $\mathbb{N}$ definiert, und mit Hilfe dieser Funktion wird dann im nächsten Abschnitt eine Funktion gebildet, die den Formeln (und Termen) von **T** natürliche Zahlen eineindeutig zuordnet und berechenbar ist. Anschließend kann das gesuchte Prädikat P eingeführt werden.

Um die Funktion β zu definieren, werden ein Hilfsprädikat *Div* und eine Hilfsfunktion *OP* wie folgt definiert:

$$Div(a,b) \leftrightarrow \bigvee x_{x<a+1}(a = x \cdot b)$$
$$OP(a,b) = (a+b)\cdot(a+b)+a+1.$$

Div ist ein rekursives Prädikat und *OP* eine rekursive Funktion. Die Funktion β wird dann wie folgt erklärt:

$$\beta(a,i)=\mu x_{x<a+1} \bigvee y_{y<a} \bigvee z_{z<a}(a=OP(y,z) \\ \wedge Div(y,1+(OP(x,i)+1)\cdot z)).$$

β ist eine rekursive Funktion.

Für die Funktion β kann das folgende Lemma bewiesen werden (vgl. Shoenfield, [1], S. 115f.):

L1 (Gödel-Lemma)

Es gilt:

(a) $\bigwedge a \bigwedge i(\beta(a,i) \leqq a \dot{-} 1)$

(b) $\bigwedge a_0 \ldots \bigwedge a_{n-1} \bigvee a \bigwedge i_{i<n}(\beta(a,i)=a_i)$.

Sei nun $a_1, \ldots, a_n$ eine Folge von natürlichen Zahlen; dann ist auch $n, a_1, \ldots, a_n$ eine Folge von natürlichen Zahlen, zu der es nach **L1(b)** eine natürliche Zahl a gibt, so daß

$$\beta(a,0)=n$$
$$\beta(a,1)=a_1$$
$$\vdots$$
$$\beta(a,n)=a_n.$$

Dann kann eine n-stellige Funktion $\langle,\ldots,\rangle$ wie folgt definiert werden:

$$\langle a_1,\ldots,a_n\rangle=\mu x(\beta(x,0)=n \wedge \beta(x,1)=a_1 \wedge \ldots \wedge \beta(x,n)=a_n).$$

$\langle,\ldots,\rangle$ ist eine rekursive Funktion. $\langle a_1,\ldots,a_n\rangle$ heißt *die Sequenzzahl von* $a_1,\ldots,a_n$. Es soll dabei $n=0$ zugelassen werden. Es gilt:

$$\langle\ \rangle=\mu x(\beta(x,0)=0)=0,$$

denn nach **L1(a)** ist $\beta(0,i) \leqq 0 \dot{-} 1$ für alle i; da $0 \dot{-} 1=0$, ist $\beta(0,0)=0$, also ist das kleinste x, so daß $\beta(x,0)=0$, die Zahl 0.

Sei $a_0, \ldots, a_{n-1}$ eine Folge von natürlichen Zahlen. Dann können aus der Sequenzzahl $\langle a_0,\ldots,a_{n-1}\rangle$ der Sequenz $a_0,\ldots,a_{n-1}$ die Länge der Sequenz, also die Anzahl ihrer Glieder, und ihre Glieder durch rekursive Funktionen bestimmt werden. Dazu werden zwei Funktionen *lh* und **( )** wie folgt definiert:

$$lh(a)=\beta(a,0)$$
$$(a)_i=\beta(a,i+1).$$

Da $\langle a_0,\ldots,a_{n-1}\rangle=\mu x(\beta(x,0)=n \wedge \beta(x,1)=a_0 \wedge \ldots \wedge \beta(x,n)=a_{n-1})$, gilt in der Tat:

$$n=\beta(\langle a_0,\ldots,a_{n-1}\rangle,0)=lh(\langle a_0,\ldots,a_{n-1}\rangle)$$
$$a_i=\beta(\langle a_0,\ldots,a_{n-1}\rangle,i+1)=(\langle a_0,\ldots,a_{n-1}\rangle)_i$$

für $i=0,\ldots,n-1$.

Das Prädikat, eine Sequenzzahl zu sein, wird durch ‚*Seq*' bezeichnet. Da Sequenzzahlen die kleinsten Zahlen sind, die bei vorgegebener Sequenz $a_0, \ldots, a_{n-1}$ die Aussageform

$$lh(x) = n \wedge (x)_0 = a_0 \wedge \ldots \wedge (x)_{n-1} = a_{n-1}$$

erfüllen, kann *Seq* wie folgt definiert werden:

$$Seq(a) = \neg \bigvee x_{x<a}(lh(x) = lh(a) \wedge \bigwedge i_{i<lh(a)}((x)_i = (a)_i)).$$

12.6 Ausdruckszahlen

In **12.1** wurde der Begriff der Sprache erster Stufe so definiert, daß eine Sprache $\mathbf{L} = \mathfrak{L}(\varphi, \pi)$ durch die Festlegung der Funktionen φ, π, und das heißt, durch die Festlegung der nichtlogischen Symbole eindeutig bestimmt ist. Eine *endliche Sprache erster Stufe* sei eine Sprache erster Stufe, für welche die Klasse der nichtlogischen Symbole endlich ist.

Es sei **L** eine endliche Sprache erster Stufe. Dann soll jedem Term und jeder Formel von **L** eine natürliche Zahl (Gödelzahl) eineindeutig und berechenbar zugeordnet werden. Dazu werden zunächst den Symbolen von **L**, d. h. den Elementen von $sy(\mathbf{L})$, Zahlen zugeordnet. Die Klasse der Variablen ist abzählbar unendlich; sei $\mathbf{z}_0^+, \mathbf{z}_1^+, \mathbf{z}_2^+, \ldots$ eine Abzählung der Variablen (z. B. in der Reihenfolge von S. 407). Dann kann für jede (endliche) Sprache erster Stufe **L** eine berechenbare Funktion SN_L definiert werden, die folgenden Bedingungen genügt:

(1) $\bigwedge \mathbf{u} \bigwedge \mathbf{v}((\mathbf{u}, \mathbf{v} \in sy(\mathbf{L}) \wedge \mathbf{u} \neq \mathbf{v}) \Rightarrow SN_L(\mathbf{u}) \neq SN_L(\mathbf{v}))$

(2) $\bigwedge i(SN_L(\mathbf{z}_i^+) = 2i)$.

Durch SN_L wird also jedem Symbol von **L** eine natürliche Zahl eineindeutig zugeordnet; es heiße $SN_L(\mathbf{u})$ *die Symbolzahl von* **u**. (Dies ist noch nicht die Gödelzahl von **u**!)

Nun kann jedem Term und jeder Formel von **L** eine Zahl, die Gödelzahl des Terms bzw. der Formel, zugeordnet werden. Dies geschieht mit Hilfe einer 1-stelligen Funktion $\ulcorner\ \urcorner$, die wie folgt induktiv definiert wird:

Wenn $\mathbf{L} = \mathfrak{L}(\varphi, \pi)$ und wenn **u** ein Term über φ oder eine Formel über φ, π ist, dann sei

$\ulcorner \mathbf{u} \urcorner = a$

genau dann, wenn eine der folgenden Bedingungen erfüllt ist:

(1) **u** ist eine Variable und $a = \langle SN_L(\mathbf{u}) \rangle$;

oder

(2) $\mathbf{u} \in \varphi(0)$ und $a = \langle SN_L(\mathbf{u}) \rangle$;

oder

(3) **u** ist ein Term über φ der Gestalt $\mathbf{v}\mathbf{v}_1 \ldots \mathbf{v}_n$, wobei $\mathbf{v} \in \varphi(n)$ $(n>0)$ und $\mathbf{v}_1, \ldots, \mathbf{v}_n$ Terme über φ sind und $a = \langle SN_L(\mathbf{v}), \ulcorner \mathbf{v}_1 \urcorner, \ldots, \ulcorner \mathbf{v}_n \urcorner \rangle$; oder

(4) $\mathbf{u} \in \pi(0)$ und $a = \langle SN_L(\mathbf{u}) \rangle$; oder

(5) **u** ist eine Formel über φ, π der Gestalt $\mathbf{v}\mathbf{v}_1, \ldots, \mathbf{v}_n$, wobei $\mathbf{v} \in \{$‚$\neg$', ‚$\vee$', ‚$\bigvee$'$\} \cup \pi(n)$ $(n>0)$ und $\mathbf{v}_1, \ldots, \mathbf{v}_n$ Terme über φ oder Formeln über φ, π sind, und $a = \langle SN_L(\mathbf{v}), \ulcorner \mathbf{v}_1 \urcorner, \ldots, \ulcorner \mathbf{v}_n \urcorner \rangle$.

Es heiße $\ulcorner \mathbf{u} \urcorner$ *die Ausdruckszahl von* **u**. Man überlegt sich leicht, daß man für jeden Term bzw. jede Formel **u** von **L** die Ausdruckszahl $\ulcorner \mathbf{u} \urcorner$ berechnen kann (vgl. SHOENFIELD, [1], S. 122f.). Ebenso kann umgekehrt effektiv entschieden werden, ob eine natürliche Zahl a eine Ausdruckszahl ist und wenn ja, Ausdruckszahl welchen Terms oder welcher Formel a ist. Verschiedenen Termen oder Formeln werden verschiedene Ausdruckszahlen zugeordnet.

Von gewissen Klassen von Ausdruckszahlen kann gezeigt werden, daß sie rekursive Prädikate sind. Zum Beispiel gilt dies für die Klasse der Ausdruckszahlen der Variablen, Formeln, Axiome u. ä. (vgl. a.a.O. S. 123–126). Für die Klasse der Variablen soll dies explizit gezeigt werden.

Die Klasse der Ausdruckszahlen der Variablen sei *Vble*. Dann wird definiert:

(A) $Vble(a) \leftrightarrow (a = \langle (a)_0 \rangle \wedge \bigvee y_{y<a+1}((a)_0 = 2 \cdot y))$.

Da das Prädikat *Vble* nur mit Hilfe von rekursiven Funktionen und Prädikaten definiert ist, ist *Vble* ein rekursives Prädikat. Die Definition ist ferner in dem Sinn adäquat, daß man zeigen kann, daß gilt:

$Vble(a) \leftrightarrow \bigvee \mathbf{x}(\mathbf{x}$ ist eine Variable $\wedge\, a = \ulcorner \mathbf{x} \urcorner)$.

Denn angenommen, es gibt eine Variable **x**, so daß $a = \ulcorner \mathbf{x} \urcorner$. Dann ist $\ulcorner \mathbf{x} \urcorner = \langle SN_L(\mathbf{x}) \rangle$, also $a = \langle SN_L(\mathbf{x}) \rangle$. Dann ist $a = \langle (a)_0 \rangle$ und $(a)_0 = SN_L(\mathbf{x})$. Da **x** eine Variable ist, gilt: es gibt ein y, so daß $SN_L(\mathbf{x}) = 2 \cdot y$. Also gilt: $a = \langle (a)_0 \rangle \wedge \bigvee y((a)_0 = 2 \cdot y)$. Der unbeschränkte Existenzquantor kann durch einen beschränkten ersetzt werden. Denn sei y so, daß $(a)_0 = 2 \cdot y$. Da nach der Definition von ( ) einerseits $(a)_0 = \beta(a, 1)$, und andererseits nach **L1(a)** $\beta(a, 1) \leqq a \dot{-} 1$, ist also $y \leqq 2 \cdot y = (a)_0 \leqq a \dot{-} 1 < a + 1$. Also kann der Existenzquantor ‚$\bigvee y$' durch ‚$\bigvee y_{y<a+1}$' ersetzt werden. Damit ist gezeigt, daß

$$\bigvee \mathbf{x}(\mathbf{x} \text{ ist eine Variable } \wedge\, a = \ulcorner \mathbf{x} \urcorner) \Rightarrow Vble(a).$$

Sei nun umgekehrt $Vble(a)$, also $a = \langle (a)_0 \rangle \wedge \bigvee y_{y<a+1}((a)_0 = 2 \cdot y)$. Sei i derart, daß $(a)_0 = 2 \cdot i$. Dann gilt nach Bedingung (2) für die Funktion SN_L: $SN_L(\mathbf{z}_i^+) = 2 \cdot i$. Also ist $(a)_0 = SN_L(\mathbf{z}_i^+)$, also ist $a = \langle SN_L(\mathbf{z}_i^+) \rangle$; also

gilt nach Definition der Funktion $\ulcorner\ \urcorner$: $\ulcorner \mathbf{z}_i^+ \urcorner = a$. Damit ist also gezeigt, daß

$Vble(a) \rightarrow \bigvee \mathbf{x}(\mathbf{x}$ ist eine Variable $\wedge\, a = \ulcorner \mathbf{x} \urcorner)$.

Die Definition (A) ist also adäquat.

Weitere rekursive Prädikate von Ausdruckszahlen, die später explizit verwendet werden, sind (vgl. SHOENFIELD, [1], S. 124–126):

(B) $Term_T(a)$: a ist Audruckszahl eines Terms von **T**.

(D) $For_T(a)$: a ist Ausdruckszahl einer Formel von **T**.

$NLogAx_T(a)$: a ist Ausdruckszahl eines nichtlogischen Axioms von **T**. (Dieses Prädikat kann natürlich nur für jede Theorie einzeln definiert werden; es kann nicht vorausgesetzt werden, daß $NLogAx_T$ in jedem Fall ein rekursives Prädikat ist.)

(Q) $Ax_T(a)$: a ist Ausdruckszahl eines Axioms von **T**. (Dies ist nur dann ein rekursives Prädikat, wenn $NLog$-Ax_T ein rekursives Prädikat ist.)

(R) $Bew_T(a)$: a ist eine Sequenzzahl eines Beweises von **T**. (Dies ist nur dann ein rekursives Prädikat, wenn $NLog$-Ax_T ein rekursives Prädikat ist. Wenn $Bew_T(a)$, so ist a keine Ausdruckszahl, sondern eine Sequenzzahl $\langle \ulcorner \mathbf{u}_1 \urcorner, \ldots, \ulcorner \mathbf{u}_n \urcorner \rangle$, wobei $\mathbf{u}_1, \ldots, \mathbf{u}_n$ eine Folge von Formeln ist, die einen Beweis bildet.)

(S) $Bw_T(a, b)$: a ist Ausdruckszahl einer Formel von **T**, für die es einen Beweis mit der Sequenzzahl b gibt. (Dies ist nur dann ein rekursives Prädikat, wenn $NLog$-Ax_T ein rekursives Prädikat ist.)

Mit Hilfe des Prädikats Bw_T kann nun das zu Beginn von **12.5** gesuchte Prädikat P, jetzt mit ‚Thm_T' bezeichnet, wie folgt definiert werden:

$$Thm_T(a) \Leftrightarrow \bigvee y(Bw_T(a, y)).$$

Man kann zeigen, daß gilt:

$$Thm_T(\ulcorner \mathbf{A} \urcorner) \Leftrightarrow \vdash_{\mathbf{T}} \mathbf{A}.$$

Das Prädikat Thm_T trifft somit auf genau diejenigen Zahlen zu, die Ausdruckszahlen von Theoremen (beweisbaren Formeln) in **T** sind. Solche Zahlen könnte man *Theoremzahlen* nennen.

Thm_T ist im allgemeinen kein rekursives Prädikat, da der Existenzquantor im Definiens kein beschränkter Quantor ist. Andererseits ist Bw_T ein rekursives Prädikat, wenn $NLogAx_T$ ein rekursives Prädikat ist. In diesem Fall ist Thm_T ein rekursiv aufzählbares Prädikat. Wenn wir eine Theorie erster Stufe **T** *axiomatisiert* genau dann nennen, wenn

$NLogAx_T$ ein rekursives Prädikat ist, dann gilt also:

Wenn **T** eine axiomatisierte Theorie ist, dann ist Thm_T ein rekursiv aufzählbares Prädikat.

Mit der Funktion $\ulcorner\ \urcorner$ und dem Prädikat Thm_T haben wir jetzt die zu Beginn von **12.5** gesuchte Funktion und das gesuchte Prädikat definiert; denn es gilt, um es nochmals, und zwar als Allaussage, zu formulieren:

$$\bigwedge \mathbf{A}(Thm_T(\ulcorner \mathbf{A} \urcorner)) \Leftrightarrow\ \vdash_{\mathbf{T}} \mathbf{A}.$$

12.7 Formale Repräsentierbarkeit

Mit Hilfe des Prädikats Thm_T und der Funktion $\ulcorner\ \urcorner$ kann die Frage nach der Entscheidbarkeit der Klasse der Theoreme einer Theorie erster Stufe **T** präzise dahingehend formuliert werden, ob Thm_T ein rekursives Prädikat ist oder nicht. Insbesondere kann nach der Rekursivität von Thm_T gefragt werden. Unser Ziel ist es, zu beweisen, daß Thm_N nicht rekursiv ist (vgl. Shoenfield, [1], S. 126–130). Dieser Beweis beruht auf folgender Idee: Betrachtet man die Ausdrucksmittel von *N*, dann ist zu erwarten, daß jedes rekursive Prädikat in *N* durch eine Formel von *N* bezeichnet werden kann. Es wird nun für ein bestimmtes Prädikat *Q*, in dessen Definition Thm_N auftritt, gezeigt, daß es in *N* nicht bezeichnet werden kann, obwohl es unter der Annahme der Rekursivität von Thm_N selbst rekursiv wäre. Damit ist gezeigt, daß dieses Prädikat *Q* und also auch Thm_N nicht rekursiv ist und daher die Klasse der Theoreme von *N* unentscheidbar ist.

Um diese Beweisidee durchführen zu können, muß man zunächst zeigen, daß alle rekursiven Prädikate in *N* durch eine Formel bezeichnet werden können. Dieses „Bezeichnen" wird durch den Begriff der *formalen Repräsentierbarkeit* präzisiert. Es wird zunächst dieser Begriff definiert und dann das Repräsentationstheorem formuliert.

Die Terme ‚0', ‚S0', ‚SS0', ... von *N* werden *Ziffern* genannt. Es wird eine Folge $\mathbf{k}^*$ wie folgt induktiv definiert:

$\mathbf{k}^*_n = a$ genau dann, wenn

(1) $n=0$ und $a=$‚0'

oder

(2) $n \neq 0$ und $a=$‚S'$\mathbf{k}^*_{n-i}$.

Es ist also $\mathbf{k}^*_0 =$‚0', $\mathbf{k}^*_1 =$‚S0', $\mathbf{k}^*_2 =$‚SS0', ...

Der Begriff der formalen Repräsentierbarkeit wird nun für Funktionen und Prädikate wie folgt definiert:

A *repräsentiert formal P mittels* $\mathbf{x}_1, \ldots, \mathbf{x}_n$ genau dann, wenn *P* ein *n*-stelliges Prädikat, **A** eine Formel von *N* und $\mathbf{x}_1, \ldots, \mathbf{x}_n$ voneinander verschiedene Variable sind und ferner für alle $a_1, \ldots, a_n$ gilt:

(i) $P(a_1, \ldots, a_n) \Rightarrow\ \vdash_N \mathbf{A}_{\mathbf{x}_1, \ldots, \mathbf{x}_n}[\mathbf{k}^*_{a_1}, \ldots, \mathbf{k}^*_{a_n}]$
(ii) $\neg P(a_1, \ldots, a_n) \Rightarrow\ \vdash_N \neg\, \mathbf{A}_{\mathbf{x}_1, \ldots, \mathbf{x}_n}[\mathbf{k}^*_{a_1}, \ldots, \mathbf{k}^*_{a_n}]$.
Es heiße P *formal repräsentierbar* genau dann, wenn es ein $\mathbf{A}$ und $\mathbf{x}_1, \mathbf{x}_n$ gibt, so daß $\mathbf{A}$ mittels $\mathbf{x}_1, \ldots, \mathbf{x}_n$ P formal repräsentiert.
$\mathbf{a}$ *repräsentiert formal* F *mittels* $\mathbf{x}_1, \ldots, \mathbf{x}_n$ genau dann, wenn F eine n-stellige Funktion, a ein Term von N und $\mathbf{x}_1, \ldots, \mathbf{x}_n$ voneinander verschiedene Variable sind und ferner für alle $a_1, \ldots, a_n$ gilt:

$$\vdash_N \mathbf{a}_{\mathbf{x}_1, \ldots, \mathbf{x}_n}[\mathbf{k}^*_{a_1}, \ldots, \mathbf{k}^*_{a_n}] = \mathbf{k}^*_{F(a_1, \ldots, a_n)}.$$

Es heiße F *formal repräsentierbar* genau dann, wenn es ein $\mathbf{a}$ und $\mathbf{x}_1, \ldots, \mathbf{x}_n$ gibt, so daß $\mathbf{a}$ mittels $\mathbf{x}_1, \ldots, \mathbf{x}_n$ F formal repräsentiert.

Für die rekursiven Prädikate und Funktionen gilt folgendes **Repräsentierbarkeitstheorem.** *Alle rekursiven Prädikate und Funktionen sind formal repräsentierbar.* (Zum Beweis vgl. SHOENFIELD, [1], S. 128–130.)

12.8 Unentscheidbarkeit und Unvollständigkeit

Zum Beweis der Unentscheidbarkeit von N und jeder konsistenten Erweiterung von N nach der zu Beginn von **12.7** angegebenen Idee werden zunächst zwei Lemmata bewiesen (vgl. SHOENFIELD, [1], S. 131–132).

L2 (Cantorsches Diagonal-Lemma): *Wenn P ein 2-stelliges Prädikat und $P_{(b)}$ ein 1-stelliges Prädikat ist, so daß*
$\bigwedge x(P_{(b)}(x) \Leftrightarrow P(x, b))$,
und wenn Q ein 1-stelliges Prädikat ist, so daß
$\bigwedge x(Q(x) \Leftrightarrow \neg P(x, x))$,
dann ist $Q \neq P_{(b)}$ für alle b.

Beweis: Wäre $Q = P_{(b)}$ für wenigstens ein b, dann wäre $\bigwedge x(Q(x) \Leftrightarrow P_{(b)}(x))$, also $Q(b) \Leftrightarrow P_{(b)}(b)$. Dann würde mit den Voraussetzungen über $P_{(b)}$ und Q der folgende Widerspruch folgen:

$$P(b, b) \Leftrightarrow P_{(b)}(b) \Leftrightarrow Q(b) \Leftrightarrow \neg P(b, b).$$

Also ist $Q \neq P_{(b)}$ für alle b. □

Anmerkung 1. Die Formel $\bigwedge x(Q(x) \Leftrightarrow \neg P(x, x))$ in **L2** kann als Definitionsschema eines einstelligen Prädikates Q mittels eines zweistelligen P aufgefaßt werden (also *ein* Q für *jedes* derartige P). Die Behauptung lautet dann, daß für kein zweistelliges P ein so definiertes Q mit $P_{(b)}$ identisch bzw. extensionsgleich sein kann, was für eine Zahl auch immer b sein mag.

Anmerkung 2. Die Bezeichnung ‚Diagonal-Lemma' rührt daher, daß die Bedeutung des Prädikates Q über die Bedeutung des zweistelligen Prädikates P „in der Diagonalen" festgelegt wird.

L3 (Lemma über den Einschluß rekursiver Prädikate in Erweiterungen von N): *Wenn* **T** *eine formal konsistente Erweiterung von N und P ein 1-stelliges rekursives Prädikat ist, dann gibt es eine Formel* **A** *von* **T**, *so daß die Extension von P identisch ist mit $\{n \mid \vdash_{\mathbf{T}} \mathbf{A}_{\mathbf{z}_0^+}[\mathbf{k}_n^*]\}$, d. h. daß $\bigwedge n(P(n) \Leftrightarrow \vdash_{\mathbf{T}} \mathbf{A}_{\mathbf{z}_0^+}[\mathbf{k}_n^*])$.*

Beweis: Sei **T** eine formal konsistente Erweiterung von N und P ein 1-stelliges rekursives Prädikat. Nach dem Repräsentationstheorem gibt es dann eine Formel **A** von N und eine Variable **x**, so daß **A** mittels **x** P repräsentiert; o.B.d.A. kann vorausgesetzt werden, daß $\mathbf{x} = \mathbf{z}_0^+$, so daß also **A** mit $\mathbf{z}_0^+$ P repräsentiert. Dann gilt auf Grund der Definition des Repräsentationsbegriffs:

$$\bigwedge n(P(n) \Rightarrow \vdash_{\mathrm{N}} \mathbf{A}_{\mathbf{z}_0^+}[\mathbf{k}_n^*])$$
$$\bigwedge n(\neg P(n) \Rightarrow \vdash_{\mathrm{N}} \neg \mathbf{A}_{\mathbf{z}_0^+}[\mathbf{k}_n^*]).$$

Da **T** eine Erweiterung von N ist, gilt also auch:

(i) $\bigwedge n(P(n) \Rightarrow \vdash_{\mathbf{T}} \mathbf{A}_{\mathbf{z}_0^+}[\mathbf{k}_n^*])$
$\bigwedge n(\neg P(n) \Rightarrow \vdash_{\mathbf{T}} \neg \mathbf{A}_{\mathbf{z}_0^+}[\mathbf{k}_n^*])$.

Da **T** nach Voraussetzung formal konsistent ist, gilt für beliebiges n:

$$\vdash_{\mathbf{T}} \neg \mathbf{A}_{\mathbf{z}_0^+}[\mathbf{k}_n^*] \rightarrow \neg \vdash_{\mathbf{T}} \mathbf{A}_{\mathbf{z}_0^+}[\mathbf{k}_n^*].$$

Also gilt:

(ii) $\bigwedge n(\neg P(n) \Rightarrow \neg \vdash_{\mathbf{T}} \mathbf{A}_{\mathbf{z}_0^+}[\mathbf{k}_n^*])$.

(i) und (ii) ergeben zusammen die Behauptung, nämlich:

$$\bigwedge n(P(n) \Leftrightarrow \vdash_{\mathbf{T}} \mathbf{A}_{\mathbf{z}_0^+}[\mathbf{k}_n^*]). \quad \square$$

Es wird nun der Begriff der Entscheidbarkeit einer Theorie erster Stufe **T** wie folgt definiert:

Eine Theorie erster Stufe **T** heißt *entscheidbar* genau dann, wenn Thm_T ein rekursives Prädikat ist.

Dann gilt folgendes Theorem:

Th. 12.1 (Theorem von Church) *Wenn* **T** *eine konsistente Erweiterung von N ist, dann ist* **T** *nicht entscheidbar.*

Zum *Beweis* werden zwei Funktionen *Sub*, *Num* benötigt. Es sei $Sub_T(a, b, c)$ die Ausdruckszahl des Terms oder der Formel von **T**, die aus dem Term oder der Formel mit der Ausdruckszahl a durch Substitution des Terms mit der Ausdruckszahl c für die Variable mit der Ausdruckszahl b entsteht. Sub_T ist eine rekursive Funktion (vgl. SHOENFIELD, [1],

S. 124, E). Es gilt:

$$Sub_T(\ulcorner \mathbf{A} \urcorner, \ulcorner \mathbf{x} \urcorner, \ulcorner \mathbf{a} \urcorner) = \ulcorner \mathbf{A}_\mathbf{x}[\mathbf{a}] \urcorner .$$

Es sei ferner $Num(a)$ die Ausdruckszahl der Ziffer $\mathbf{k}^*_a$. Num ist eine rekursive Funktion (vgl. Shoenfield, [1], S. 126, T)). Es gilt:

$$Num(a) = \ulcorner \mathbf{k}^*_a \urcorner .$$

(Dies ist also die Ausdruckszahl derjenigen Ziffer, die in N die Zahl a bezeichnet.)

Beweis von **Th. 12.1**: Sei **T** eine konsistente Erweiterung von N. Ferner sei P das 2-stellige Prädikat, für welches gilt:

$$(1)\quad \bigwedge x \bigwedge y(P(x,y) \Leftrightarrow Thm_T(Sub(y, \ulcorner \mathbf{z}_0^+ \urcorner, Num(x)))) .$$

($P(a,b)$ besagt also, daß die Ausdruckszahl derjenigen Formel, die aus der Formel mit der Ausdruckszahl b durch Substitution von $\mathbf{k}^*_a$ für $\mathbf{z}_0^+$ entsteht, eine Theoremzahl von **T** ist.) Es seien ferner $P_{(b)}$ und Q die Prädikate, die mittels des zweistelligen Prädikats von (1) folgendermaßen definiert sind:

$$(2)\quad \bigwedge x(P_{(b)}(x) \Leftrightarrow P(x,b))$$
$$(3)\quad \bigwedge x(Q(x) \Leftrightarrow \neg P(x,x)) .$$

Dann gilt nach **L2**:

$$(4)\quad \bigwedge y(Q \neq P_{(y)})$$

Aus (1) und (2) folgt:

$$(5)\quad \bigwedge x \bigwedge y(P_{(y)}(x) \Leftrightarrow Thm_T(Sub(y, \ulcorner \mathbf{z}_0^+ \urcorner, Num(x)))) .$$

Sei nun **A** eine beliebige Formel von **T**; dann ist $\ulcorner \mathbf{A} \urcorner$ die Ausdruckszahl von **A** und es folgt aus (5):

$$(6)\quad \bigwedge x(P_{(\ulcorner A \urcorner)}(x) \Leftrightarrow Thm_T(Sub(\ulcorner \mathbf{A} \urcorner, \ulcorner \mathbf{z}_0^+ \urcorner, Num(x)))) .$$

Da $Num(x) = \ulcorner \mathbf{k}^*_x \urcorner$, folgt:

$$(7)\quad \bigwedge x(P_{(\ulcorner A \urcorner)}(x) \Leftrightarrow Thm_T(Sub(\ulcorner \mathbf{A} \urcorner, \ulcorner \mathbf{z}_0^+ \urcorner, \ulcorner \mathbf{k}^*_x \urcorner))) .$$

Da ferner $Sub(\ulcorner \mathbf{A} \urcorner, \ulcorner \mathbf{z}_0^+ \urcorner, \ulcorner \mathbf{k}^*_x \urcorner) = \ulcorner \mathbf{A}_{\mathbf{z}_0^+}[\mathbf{k}^*_x] \urcorner$ und $Thm_T(\ulcorner \mathbf{A}_{\mathbf{z}_0^+}[\mathbf{k}^*_x] \urcorner)$ äquivalent ist mit $\vdash_\mathbf{T} \mathbf{A}_{\mathbf{z}_0^+}[\mathbf{k}^*_x]$, folgt aus (7):

$$(8)\quad \bigwedge x(P_{(\ulcorner A \urcorner)}(x) \Leftrightarrow \vdash_\mathbf{T} \mathbf{A}_{\mathbf{z}_0^+}[\mathbf{k}^*_x]) .$$

Also gilt:

(9) Die Extension von $P_{(\ulcorner A \urcorner)}$ ist identisch mit $\{n \mid \vdash_\mathbf{T} \mathbf{A}_{\mathbf{z}_0^+}[\mathbf{k}^*_n]\}$.

Aus (4) folgt nun aber:

(10) $Q \neq P_{(\ulcorner A \urcorner)}$.

Also gilt:

(11) Die Extension von Q ist nicht identisch mit
$\{n \mid \vdash_{\mathbf{T}} \mathbf{A}_{\mathbf{z}_0^+}[\mathbf{k}_n^*]\}$.

Wir erhalten also das Zwischenresultat:

(12) Für jede Formel **A** von **T** gilt:
Die Extension von Q ist nicht identisch mit
$\{n \mid \vdash_{\mathbf{T}} \mathbf{A}_{\mathbf{z}_0^+}[\mathbf{k}_n^*]\}$.

Da nach Voraussetzung **T** eine konsistente Erweiterung von N ist, kann **L3** angewendet werden und wir erhalten auf Grund von (12):

(13) Q ist kein rekursives Prädikat.

Aus (1) und (3) folgt jedoch für beliebiges a:

(14) $Q(a) \Leftrightarrow \neg Thm_T(Sub(a, \ulcorner \mathbf{z}_0^+ \urcorner, Num(a)))$.

Da Q kein rekursives Prädikat ist, jedoch Sub_T und Num rekursive Funktionen und stets mit R auch $\neg R$ ein rekursives Prädikat ist, kann Thm_T kein rekursives Prädikat sein; denn sonst wäre Q ein rekursives Prädikat. Also ist Thm_T kein rekursives Prädikat. **T** ist somit nicht endscheidbar. □

Zwischen der syntaktischen Vollständigkeit einer Theorie, also der Tatsache, daß jede geschlossene Formel von **T** oder ihre Negation Theorem von **T** ist, und der Entscheidbarkeit von **T** besteht der für die Gewinnung des Theorems von GÖDEL aus dem von CHURCH grundlegende Zusammenhang, *daß Vollständigkeit hinreichend für Entscheidbarkeit ist. Eine nicht entscheidbare Theorie kann also nicht vollständig sein.* Mit **Th. 12.1** und dem angegebenen Zusammenhang zwischen Entscheidbarkeit und Vollständigkeit läßt sich somit auf die Unvollständigkeit von N schließen.

Diese Überlegung wird jetzt mittels der folgenden zwei Lemmata präzisiert.

L4 (Negationslemma)[3] *Ein Prädikat P ist ein rekursives Prädikat genau dann, wenn sowohl P als auch $\neg P$ rekursiv aufzählbar sind.*

---

3 Genauer müßte **L4** entweder ‚Negationslemma der Theorie der rekursiven Funktionen' oder ‚Lemma über den Zusammenhang zwischen rekursiven und rekursiv aufzählbaren Prädikaten' genannt werden.

Beweis: Sei P ein rekursives Prädikat. Dann ist auch $\neg P$ ein rekursives Prädikat. Jedes rekursive Prädikat ist rekursiv aufzählbar. Also ist sowohl P als auch $\neg P$ rekursiv aufzählbar.

Um den Schluß in umgekehrter Richtung zu vollziehen, sei nun sowohl P als auch $\neg P$ rekursiv aufzählbar. Dann gibt es rekursive Prädikate Q, R, so daß:

$$\bigwedge \mathfrak{a}(P(\mathfrak{a}) \Leftrightarrow \bigvee xQ(\mathfrak{a},x))$$
$$\bigwedge \mathfrak{a}(\neg P(\mathfrak{a}) \Leftrightarrow \bigvee xR(\mathfrak{a},x)).$$

Nun gilt:

$$\bigwedge \mathfrak{a}(P(\mathfrak{a}) \vee \neg P(\mathfrak{a}));$$

also auch:

$$\bigwedge \mathfrak{a}(\bigvee xQ(\mathfrak{a},x) \vee \bigvee xR(\mathfrak{a},x));$$

somit:

$$\bigwedge \mathfrak{a} \bigvee x(Q(\mathfrak{a},x) \vee R(\mathfrak{a},x)).$$

Da Q und R rekursiv sind, ist auch $Q \vee R$ rekursiv. Also ist die Funktion

$$F(\mathfrak{a}) = \mu x(Q(\mathfrak{a},x) \vee R(\mathfrak{a},x))$$

eine rekursive Funktion. Denn die Existenzbedingung für die Anwendung des μ-Operators ist, wie wir dem vorletzten Satz entnehmen, erfüllt.

Es wird nun gezeigt, daß

$$P(\mathfrak{a}) \Leftrightarrow Q(\mathfrak{a}, F(\mathfrak{a})).$$

Wenn nämlich $Q(\mathfrak{a}, F(\mathfrak{a}))$, dann $\bigvee xQ(\mathfrak{a},x)$ und somit $P(\mathfrak{a})$. Wenn jedoch $\neg Q(\mathfrak{a}, F(\mathfrak{a}))$, dann

$$\neg Q(\mathfrak{a}, \mu x(Q(\mathfrak{a},x) \vee R(\mathfrak{a},x))).$$

Da auf Grund der Bedeutung des μ-Operators

$$Q(\mathfrak{a}, \mu x(Q(\mathfrak{a},x) \vee R(\mathfrak{a},x))) \vee R(\mathfrak{a}, \mu x(Q(\mathfrak{a},x) \vee R(\mathfrak{a},x))),$$

muß also $R(\mathfrak{a}, \mu x(Q(\mathfrak{a},x) \vee R(\mathfrak{a},x)))$, d.h. $R(\mathfrak{a}, F(\mathfrak{a}))$ gelten; also gilt $\bigvee xR(\mathfrak{a},x)$, also $\neg P(\mathfrak{a})$. Damit ist das behauptete Bikonditional bewiesen und nach (R4) ist P ein rekursives Prädikat. □

Der oben angesprochene Zusammenhang zwischen entscheidbaren und syntaktisch vollständigen Theorien erster Stufe wird im nächsten Lemma behandelt. Dazu wird der Begriff der syntaktischen Vollständigkeit wie folgt definiert:

> Eine Theorie erster Stufe **T** heißt *syntaktisch vollständig* genau dann, wenn **T** formal konsistent ist und für alle geschlossenen Formeln **A** von **T** gilt: $\vdash_{\mathbf{T}} \mathbf{A}$ oder $\vdash_{\mathbf{T}} \neg \mathbf{A}$.

(Sätze X, welche diese Bedingung $\vdash_{\mathbf{T}}\mathbf{X}$ oder $\vdash_{\mathbf{T}}\neg\mathbf{X}$ erfüllen, werden auch *in* **T** *entscheidbar* genannt. Falls dagegen für einen Satz **Y** weder $\vdash_{\mathbf{T}}\mathbf{Y}$ noch $\vdash_{\mathbf{T}}\neg\mathbf{Y}$ gilt, heißt **Y** *unentscheidbar in* **T**. Man verwechsle ja nicht diesen *für Sätze* definierten Entscheidbarkeitsbegriff mit dem weiter oben definierten Entscheidbarkeitsbegriff *für Theorien erster Stufe*! Das Vorliegen eines in **T** unentscheidbaren Satzes ist kein Kriterium für die Unentscheidbarkeit, sondern für die (syntaktische) Unvollständigkeit von **T**.)

L5 (Vollständigkeits-Entscheidbarkeitslemma) *Wenn* **T** *eine axiomatisierte und syntaktisch vollständige Theorie erster Stufe ist, dann ist* **T** *entscheidbar.*

Beweis: **T** sei eine axiomatisierte und syntaktisch vollständige Theorie erster Stufe. Dann wird gezeigt, daß Thm_T und $\neg Thm_T$ rekursiv aufzählbare Prädikate sind, so daß mit **L4** die Rekursivität von Thm_T und damit die Entscheidbarkeit von **T** folgt.

Zunächst ist Thm_T rekursiv aufzählbar, da **T** nach Voraussetzung axiomatisiert ist. Es ist noch zu zeigen, daß auch $\neg Thm_T$ rekursiv aufzählbar ist. Dazu ist ein 2-stelliges rekursives Prädikat Q anzugeben, für welches gilt:

$$\bigwedge x(\neg Thm_T(x) \Leftrightarrow \bigvee yQ(x,y)).$$

Ein solches Prädikat Q wird nun konstruiert.

Wir beweisen zunächst, daß es ein n gibt, so daß:

$$\neg\vdash_{\mathbf{T}}\mathbf{A} \Leftrightarrow (\neg(\mathbf{A} \text{ ist eine Formel von } \mathbf{T}) \vee \vdash_{\mathbf{T}}\neg \wedge \mathbf{z}_0^+ \dots \wedge \mathbf{z}_n^+ \mathbf{A}).$$

Sei **A** eine Formel von **T**. Dann gibt es ein n mit

$$(1)\ \vdash_{\mathbf{T}}\mathbf{A} \Leftrightarrow \vdash_{\mathbf{T}} \wedge \mathbf{z}_0^+ \dots \wedge \mathbf{z}_n^+ \mathbf{A},$$

wobei $\wedge \mathbf{z}_0^+ \dots \wedge \mathbf{z}_n^+ \mathbf{A}$ eine geschlossene Formel von **T** ist. Also gilt auch:

$$(2)\ \neg\vdash_{\mathbf{T}}\mathbf{A} \Leftrightarrow \neg\vdash_{\mathbf{T}} \wedge \mathbf{z}_0^+ \dots \wedge \mathbf{z}_n^+ \mathbf{A}.$$

Da **T** nach Voraussetzung syntaktisch vollständig und $\wedge \mathbf{z}_0^+ \dots \wedge \mathbf{z}_n^+ \mathbf{A}$ eine geschlossene Formel ist, gilt:

$$(3)\ \vdash_{\mathbf{T}} \wedge \mathbf{z}_0^+ \dots \wedge \mathbf{z}_n^+ \mathbf{A} \vee \vdash_{\mathbf{T}}\neg \wedge \mathbf{z}_0^+ \dots \wedge \mathbf{z}_n^+ \mathbf{A}.$$

Da **T** außerdem formal konsistent ist (denn **T** ist syntaktisch vollständig), gilt ferner:

$$(4)\ \neg(\vdash_{\mathbf{T}} \wedge \mathbf{z}_0^+ \dots \mathbf{z}_n^+ \mathbf{A} \wedge \vdash_{\mathbf{T}}\neg \wedge \mathbf{z}_0^+ \dots \wedge \mathbf{z}_n^+ \mathbf{A}).$$

Aus (3) und (4) folgt:

$$(5)\ \neg\vdash_{\mathbf{T}} \wedge \mathbf{z}_0^+ \dots \wedge \mathbf{z}_n^+ \mathbf{A} \Leftrightarrow \vdash_{\mathbf{T}}\neg \wedge \mathbf{z}_0^+ \dots \wedge \mathbf{z}_n^+ \mathbf{A}.$$

Aus (2) und (5) folgt:

(6) $\neg\vdash_{\mathbf{T}}\mathbf{A} \Leftrightarrow \vdash_{\mathbf{T}}\neg \wedge \mathbf{z}_0^+ \ldots \wedge \mathbf{z}_n^+ \mathbf{A}$.

Damit ist bewiesen:

(7) **A** ist eine Formel von $\mathbf{T} \rightarrow (\neg\vdash_{\mathbf{T}}\mathbf{A} \Leftrightarrow \vdash_{\mathbf{T}}\neg \wedge \mathbf{z}_0^+ \ldots \wedge \mathbf{z}_n^+ \mathbf{A})$.

Ferner gilt:

(8) $\neg$(**A** ist eine Formel von **T**) $\Rightarrow \neg\vdash_{\mathbf{T}}\mathbf{A}$, da, wenn $\vdash_{\mathbf{T}}\mathbf{A}$, **A** eine Formel von **T** ist.

Aus (6), (7) und (8) folgt junktorenlogisch:

(9) $\neg\vdash_{\mathbf{T}}\mathbf{A} \Leftrightarrow (\neg$(**A** ist eine Formel von **T**) $\vee \vdash_{\mathbf{T}}\neg \wedge \mathbf{z}_0^+ \ldots \wedge \mathbf{z}_n^+ \mathbf{A})$.

Wenn wir jetzt von **A** zur Ausdruckszahl $\ulcorner\mathbf{A}\urcorner$ von **A** übergehen, erhalten wir aus (9):

(10) $\neg\, Thm_T(\ulcorner\mathbf{A}\urcorner) \Leftrightarrow (\neg\, For_T(\ulcorner\mathbf{A}\urcorner) \vee Thm_T(\ulcorner\neg \wedge \mathbf{z}_0^+ \ldots \wedge \mathbf{z}_n^+ \mathbf{A}\urcorner))$.

Nun gilt nach Definition von Thm_T:

(11) $Thm_T(\ulcorner\neg \wedge \mathbf{z}_0^+ \ldots \wedge \mathbf{z}_n^+ \mathbf{A}\urcorner) \Leftrightarrow \bigvee y Bw_T(\ulcorner\neg \wedge \mathbf{z}_0^+ \ldots \wedge \mathbf{z}_n^+ \mathbf{A}\urcorner, y)$.

Ferner gilt nach Definition der Funktion $\ulcorner\;\urcorner$:

(12) $\ulcorner\neg \wedge \mathbf{z}_0^+ \ldots \wedge \mathbf{z}_n^+ \mathbf{A}\urcorner = \langle SN_{L(T)}(,\neg`), \ulcorner\wedge \mathbf{z}_0^+ \ldots \wedge \mathbf{z}_n^+ \mathbf{A}\urcorner\rangle$.

Mit (11) und (12) folgt aus (10):

(13) $\neg\, Thm_T(\ulcorner\mathbf{A}\urcorner) \Leftrightarrow \bigvee y(\neg\, For_T(\ulcorner\mathbf{A}\urcorner)$
$\vee\, Bw_T(\langle SN_{L(T)}(,\neg`), \ulcorner\wedge \mathbf{z}_0^+ \ldots \wedge \mathbf{z}_n^+ \mathbf{A}\urcorner\rangle, y))$.

Falls es nun gelingen sollte, eine *rekursive* Funktion K so zu definieren, daß

$K(n) = \ulcorner\wedge \mathbf{z}_0^+ \ldots \wedge \mathbf{z}_n^+ \mathbf{A}\urcorner$,

dann würde gelten:

(14) $\bigwedge x(\neg\, Thm_T(x) \Leftrightarrow \bigvee y(\neg\, For_T(x)$
$\vee\, Bw_T(\langle SN_{L(T)}(,\neg`), K(x)\rangle, y)))$,

wobei

$Q(x, y) \Leftrightarrow (\neg\, For_T(x) \vee Bw_T(\langle SN_{L(T)}(,\neg`), K(x)\rangle, y))$

das oben gesuchte rekursive Prädikat Q wäre.

Es bleibt also noch die Aufgabe, eine rekursive Funktion K so zu definieren, daß

$K(n) = \ulcorner\wedge \mathbf{z}_0^+ \ldots \wedge \mathbf{z}_n^+ \mathbf{A}\urcorner$, wobei $\wedge \mathbf{z}_0^+ \ldots \wedge \mathbf{z}_n^+ \mathbf{A}$ ein Satz, d.h. eine geschlossene Formel von **T** ist. Dazu ist zunächst daran zu erninnern, daß ‚$\wedge$' kein Symbol einer Theorie erster Stufe ist, sondern durch ‚$\neg \vee \neg$' zu ersetzen ist. Es ist also

$$\wedge \mathbf{z}_0^+ \ldots \wedge \mathbf{z}_n^+ = \neg \vee \mathbf{z}_0^+ \neg \neg \vee \mathbf{z}_1^+ \neg \ldots \neg \vee \mathbf{z}_n^+ \neg \mathbf{A}.$$

Nun sei eine 2-stellige Funktion F wie folgt definiert:

$$F(0,a) = a$$
$$F(n+1,a) = \langle SN(,\neg'), \langle SN(,\vee'), \langle 2\cdot n\rangle, \langle SN(,\neg'), F(n,a)\rangle\rangle\rangle.$$[4]

(Der Index ‚$L(T)$' von ‚SN' wurde der Kürze halber weggelassen.) Man verifiziert leicht, daß, wenn $a = \ulcorner \mathbf{A} \urcorner$, dann für jedes n: $F(n+1,a) = \ulcorner \neg \wedge \mathbf{z}_0^+ \neg \ldots \neg \vee \mathbf{z}_n^+ \neg \mathbf{A} \urcorner$. Es muß nun noch ein hinreichend großes n derart gewählt werden, daß tatsächlich alle freien Variablen von **A** durch einen der vorangestellten Existenzquantoren $\vee \mathbf{z}_i^+$ gebunden sind. Dazu die folgende Abschätzung: Wenn $\mathbf{z}_i^+$ in **A** vorkommt, dann ist $i < \ulcorner \mathbf{z}_i^+ \urcorner < \ulcorner \mathbf{A} \urcorner$. Falls also $a = \ulcorner \mathbf{A} \urcorner$, ist $i < a$. Wenn also in **A** genau die Variablen $\mathbf{z}_0^+, \ldots, \mathbf{z}_m^+$ vorkommen, dann ist $m < \ulcorner \mathbf{A} \urcorner$. Setzt man somit in $F(n+1,a)$ $n = a$, dann gibt es zu jeder in **A** (frei oder gebunden) vorkommenden Variablen einen Quantor $\vee \mathbf{z}_i^+$ $(i = 1, \ldots, a)$ in dem Quantorenpräfix von $\neg \vee \mathbf{z}_0^+ \neg \ldots \neg \vee \mathbf{z}_n^+ \neg \mathbf{A}$. Es sei also die Funktion K wie folgt definiert:

$$K(a) = F(a+1,a).$$

Dann ist, wenn

$$n = \ulcorner \mathbf{A} \urcorner,\ K(n) = \ulcorner \neg \vee \mathbf{z}_0^+ \neg \ldots \neg \vee \mathbf{z}_n^+ \neg \mathbf{A} \urcorner = \ulcorner \wedge \mathbf{z}_n^+ \mathbf{A} \urcorner.$$

Ferner ist K rekursiv, wie aus der Definition von F ersichtlich wird. Also ist das durch

$$Q(x,y) \Leftrightarrow (\neg For_T(x) \vee Bw_T(\langle SN_{L(T)}(,\neg'), K(x)\rangle, y))$$

definierte Prädikat Q ein rekursives Prädikat, und daher ist nach (14) $\neg Thm_T$ rekursiv aufzählbar.

Da somit Thm_T und $\neg Thm_T$ rekursiv aufzählbar sind, ist Thm_T nach **L4** ein rekursives Prädikat und daher **T** entscheidbar, womit **L5** bewiesen ist. □

Aus **Th. 12.1** und **L5** folgt sofort:

Th. 12.2 (Unvollständigkeitstheorem von Gödel-Rosser) *Wenn* **T** *eine axiomatisierte Erweiterung von N ist, dann ist* **T** *nicht syntaktisch vollständig.*

---

4 Der Leser erinnere sich daran, daß in bezug auf die vorgegebene abzählbare Folge der Variablen: $\mathbf{z}_0^+, \mathbf{z}_1^+, \ldots \mathbf{z}_n^+, \ldots$ einer Variablen mit dem Index i, also $\mathbf{z}_i^+$, die Symbolzahl $2i$ zugeordnet worden ist.

Beweis: Es sei **T** eine axiomatisierte Erweiterung von *N*. Angenommen, **T** wäre syntaktisch vollständig. Dann wäre **T** formal konsistent und somit wäre **T** eine konsistente Erweiterung von *N*. Nach **Th. 12.1** wäre **T** also nicht entscheidbar. Andererseits wäre **T** nach **L5** entscheidbar. **T** kann aber nicht sowohl entscheidbar als auch nicht entscheidbar sein. Also ist **T** nicht syntaktisch vollständig. □

Nennen wir mit TARSKI eine Theorie **T** *wesentlich unentscheidbar*, wenn nicht nur **T** selbst, sondern außerdem jede formal konsistente Erweiterung von **T** unentscheidbar ist; und bezeichnen wir **T** als *wesentlich unvollständig*, wenn außer **T** auch jede axiomatisierte Erweiterung von **T** syntaktisch unvollständig ist, so haben wir mit den beiden Theoremen **Th. 12.1** und **Th. 12.2** mehr erreicht, als wir zu erreichen beabsichtigten: Es wurde darin die *wesentliche Unentscheidbarkeit* sowie die *wesentliche Unvollständigkeit* des Fragmentes *N* der Zahlentheorie gezeigt.

Kapitel 13

Selbstreferenz, Tarski-Sätze und die Undefinierbarkeit der Wahrheit

13.0 Intuitive Vorbetrachtungen

Ein Tarski-Satz für eine Menge M ist ein Satz, der aussagt:

(1) ‚ich bin ein Element von M',

der also *von sich selbst* behauptet, ein Element von M zu sein. Wenn wir einen solchen Satz in einer formalen Sprache wiederzugeben versuchen, müssen wir seinen Gehalt in einer indikatorenfreien Weise ausdrücken; denn Indikatoren – d. h. Ausdrücke, deren Bedeutung nicht unabhängig vom (schriftlichen oder Sprech-)Kontext feststeht –, wie ‚ich', ‚hier', ‚jetzt' u. a., kommen in einer derartigen Sprache nicht vor. So gelangen wir dazu, einen Satz X genau dann einen Tarski-Satz für M zu nennen, wenn gilt:

(2) ‚X behauptet, daß $X \in M$'.

Doch auch diese Formulierung (2) der Bedingung für Tarski-Sätze ist noch insofern unbefriedigend, als sie vermutlich im Sinn von: ‚X drückt die Proposition aus, daß $X \in M$' aufzufassen wäre. Die Bedeutung dieses Satzes kann aber adäquat wohl nur in *intensionalen Sprachsystemen* erfaßt werden, während wir uns hier weiterhin auf *extensionale Sprachen* beschränken wollen. **S** sei eine derartige Sprache, die mit Hilfe von Wahrheitsregeln zu einem semantischen System ergänzt wurde. Damit steht uns das Prädikat ‚ist wahr in **S**' zu Verfügung. Unter dieser Voraussetzung gibt es *genau eine* Übersetzung der metasprachlichen Wendung (2) in das semantische System **S**, nämlich:

(3) ‚X ist wahr in **S** gdw $X \in M$'.

Die in (3) formulierte Bedingung dafür, daß ein Satz in dem extensionalen System **S** ein Tarski-Satz für M ist, erweist sich als äußerst schwach. Jeder Satz nämlich, der entweder zugleich wahr ist und in M liegt oder falsch ist und nicht in M liegt, erfüllt schon diese Tarski-Satz-Bedingung.

Um mit Hilfe eines Tarski-Satzes einen Beweis für das noch genauer zu beschreibende *Theorem von Tarski* liefern zu können, müssen wir außerdem voraussetzen, daß ein(später präzisierter) Begriff der *Definierbarkeit in* **S** verfügbar ist. Bezüglich der Menge M, für die X ein Tarski-Satz ist, werden wir dann je nach Untersuchungssituation entweder voraussetzen, *daß* sie in **S** definierbar ist, oder die Frage stellen, *ob* sie in dem betrachteten System definierbar ist.

Wenn wir z. B. für M die Menge der falschen Sätze des Systems wählen, so liefert die Konstruktion eines Tarski-Satzes für *diese* Menge (der falschen Sätze) unmittelbar das Resultat von deren Undefinierbarkeit. Sofern das System außerdem das Negationszeichen nebst einer geeigneten, dieses Zeichen charakterisierenden semantischen Bestimmung enthält, folgt daraus wiederum das eigentliche *Theorem von Tarski* – genauer gesprochen: zunächst nur eine *Miniaturform* dieses Theorems –, *wonach die Menge der wahren Sätze des Systems* **S** *nicht in* **S** *definierbar ist.*

Falls man für M die Menge der Ausdrücke wählt, die in einem gegebenen syntaktischen System (Kalkül) **K** *nicht beweisbar* sind, dann wird der Tarski-Satz X für M zum *Gödel-Satz* für M, mit dessen Hilfe sich unmittelbar eine einfache *Miniaturfassung* des *Unvollständigkeitstheorems von Gödel* als Spezialfall des Tarskischen Theorems ergibt.

In Anwendung auf ein geeignetes System der Arithmetik läßt sich nach dieser Methode erstens das *Theorem von Tarski i. e. S.* beweisen, welches beinhaltet, daß elementare arithmetische Wahrheit nicht arithmetisch definierbar ist (was natürlich nur eine saloppe Formulierung der Feststellung ist, *daß die Menge der arithmetisch wahren Sätze nicht arithmetisch definierbar ist*). Zweitens liefert die im vorigen Absatz angedeutete Beweisidee in Anwendung auf dieses System der Arithmetik das *Theorem von Gödel.*

Anmerkung 1. Nach der gegebenen Erläuterung ist ein Gödel-Satz ein Spezialfall eines Tarski-Satzes. Damit wird das weiter unten geschilderte Verfahren für den Nachweis des Theorems von Gödel ein Spezialfall der Beweisidee für das Theorem von Tarski.

Dies ist insofern von historischem Interesse, als man behaupten kann, daß das Gödelsche Unvollständigkeitstheorem, falls Gödel es nicht bewiesen hätte, kurze Zeit später von Tarski formuliert und bewiesen worden wäre, worauf Tarski selbst hingewiesen hat. Der allgemeine Rahmen, in dem dies stattgefunden hätte, wäre allerdings mit der Benützung nichtkonstruktiver semantischer Methoden erkauft worden. Gödel selbst hatte demgegenüber, durch Beschränkung auf den syntaktischen Begriffsapparat eines formalen arithmetischen Systems, einen in allen wesentlichen Schritten streng konstruktiven Beweis erbracht.

Das im folgenden geschilderte Verfahren geht zurück auf R. M. Smullyan, [1] (vgl. dazu auch Yu. I. Manin, [1], S. 73–82). Die darin erzielte außerordentliche Eleganz und Einfachheit ist vor allem das

Resultat dreier neuer Gedanken, die in geschickter Weise miteinander kombiniert werden. Diese Gedanken seien hier kurz skizziert.

(*I*) Alle übrigen bekannten Verfahren, die beim Beweis der Theoreme von Tarski und Gödel (ebenso wie des Theorems von Church) benützt werden, stützen sich auf die *Cantorsche Diagonalisierungsmethode.* (Auch in Kap. 12 benützten wir diese Methode und haben sie wegen ihrer Wichtigkeit in 12.8 in einem eigenen *Diagonal-Lemma* festgehalten; vgl. auch Anhang 2.) Die dabei zugrunde gelegte *Diagonalfunktion*, die einem Ausdruck dessen Diagonalisierung zuordnet, ist schwer zu handhaben und für verschiedene technische Komplikationen bei der Arithmetisierung verantwortlich. Der Grund für die Komplikationen liegt darin, daß bei der Konstruktion der Diagonalisierung die Operation der Substitution verwendet werden muß, während Smullyan die *Normfunktion* benützt, die nichts weiter voraussetzt als die Operation der *Verkettung* oder *Konkatenation* zweier Ausdrücke (d. h. das Hintereinanderschreiben dieser Ausdrücke, die dann als *ein* Ausdruck gelesen werden).

Das neue Verfahren geht auf eine Idee von Quine zurück, die wir, angewendet auf die schriftliche deutsche Umgangssprache, schildern wollen. Wenn zwei Ausdrücke *konkateniert (verkettet)* werden, sagen wir, daß der zweite dem ersten *angefügt* wird. Unter der *Anführung* eines Ausdruckes verstehen wir den neuen Ausdruck, der aus dem letzteren dadurch entsteht, daß man diesen mit (je einem vorderen und einem hinteren) Anführungszeichen versieht. Wir erinnern an die einfache Tatsache, daß wir die Anführung eines Ausdruckes als Namen (Bezeichnung) für diesen Ausdruck verwenden. Quines Idee besteht darin, die Antinomie des Lügners folgendermaßen wiederzugeben:

(4) ‚liefert nach Anfügung zu seiner eigenen Anführung eine falsche Aussage‘ liefert nach Anfügung zu seiner eigenen Anführung eine falsche Aussage.

Dieser Satz (4) besagt offenbar, daß (4) falsch ist.

Die *Normfunktion* verwendet im Prinzip dieselbe Konstruktion wie im Quineschen Satz (4): Einem Ausdruck wird seine *Norm* zugeordnet, d. h. der Ausdruck, gefolgt von seiner eigenen Anführung. (Die umgekehrte Reihenfolge stellt eine unwesentliche „technische“ Variante gegenüber der Methode bei (4) dar.)

Wir überzeugen uns auf rein intuitiver Ebene davon, wie man den Begriff der Norm für die Bildung eines Tarski-Satzes verwenden kann. Dafür treffen wir die folgende terminologische Vereinbarung: Wenn $a \in M$, so sagen wir, daß M das Objekt *a enthält.*

Gegeben sei eine Menge M von Ausdrücken. Wir suchen einen Tarski-Satz X für M. Mit Hilfe des Normbegriffs konstruieren wir X in der folgenden Weise:

(5) M enthält die Norm von ‚M enthält die Norm von‘.

Dieser Satz X besagt, daß die Norm des Ausdruckes ‚M enthält die Norm von' Element von M ist. Die fragliche Norm aber ist (5), also der Satz X selbst. Somit gilt: X ist wahr gdw $X \in M$, also ist X $(=(5))$ ein Tarski-Satz für M.

Dieses Ergebnis legt die Vermutung nahe, daß die Normfunktion auch in formalen Sprachen für die Konstruktion von Tarski-Sätzen geeignet ist. Im folgenden Abschnitt soll dies für einige Typen sehr elementarer Sprachen gezeigt werden. Dabei wird derselbe Normbegriff zugrunde gelegt, den wir in (5) benützten, mit dem einzigen Unterschied, daß die umgangssprachliche Anführung durch ein formales Analogon, *Quotierung* genannt, ersetzt wird. In den späteren Abschnitten wird die Norm mit Hilfe des Gödelisierungsverfahrens gebildet, d. h. unter der *Norm* eines Ausdrucks wird die Konkatenation des Ausdrucks mit seiner Gödelziffer verstanden.

(*II*) Die in (*I*) skizzierten Vereinfachungen dienen auch dem Ziel, die Theoreme von Tarski und Gödel für bestimmte, sehr einfache formale Sprachen zu beweisen, in denen erstens die Beweisstruktur möglichst durchsichtig gemacht werden kann und die zweitens derart gewählt sind, daß die Übertragung der Theoreme und Beweise auf reichere Systeme – wie z. B. die Arithmetik erster Stufe – möglichst unproblematisch wird, sofern nur in den reicheren Systemen geeignete Normfunktionen zur Verfügung stehen.

Wie die bisherigen Überlegungen zeigten, ist eine Vorbedingung für die Konstruktion eines Tarski-Satzes das Vorkommen *selbstreferentieller Ausdrücke*, die Namen von sich selbst sind. Um für eine vorgegebene Menge M einen Tarski-Satz für M bilden zu können, muß die fragliche Sprache ein Prädikat enthalten, dessen Extension diese Menge M ist.

Damit haben wir eine Abschätzung dafür gewonnen, wie viele Zeichen die für die Bildung eines Tarski-Satzes für M geeignete formale Sprache mindestens enthalten muß: Erstens muß darin ein Zeichen vorkommen. Zweitens benötigt man ein weiteres Zeichen für die formale Quotierung, d. h. für die Bildung von Ausdrucksnamen[1]. Drittens ist, um überhaupt Sätze bilden zu können, mindestens ein Prädikat erforderlich. Drei Zeichen bilden somit das Minimum. Das System $\mathbf{S}_0$ von 13.1 wird tatsächlich ein *Minimalsystem* der gewünschten Art sein, dessen Alphabet *nur* drei Zeichen enthält. Wir werden sogar die verblüffende Feststellung treffen, daß für die Bildung selbstreferentieller Ausdrücke ein *echtes*

1 Etwas genauer: Zur Bildung von Normen wird die Konkatenation von Zeichenreihen mit ihren formalen Quotierungen verwendet. Und um das Schema des Quineschen Satzes zur Konstruktion von Tarski-Sätzen nachzuvollziehen, benötigt man einen Normbildungsfunktor, der, angewendet auf eine formale Quotierung einer Zeichenkette, einen *Namen der* Norm dieser Zeichenkette bildet.

Teilfragment von $\mathbf{S}_0$, der *logische Kern* $\mathbf{S}_0^L$ von $\mathbf{S}_0$, genügen wird, in dem nur *zwei* Zeichen vorkommen!

Aus dem System $\mathbf{S}_0$ wird für jede Ausdrucksmenge P durch Hinzufügung einer einfachen Wahrheitsregel (für das einzige Prädikat) ein *semantisches System* $\mathbf{S}_P$ gewonnen, das einen Tarski-Satz für P enthält.

Fügt man zu den drei Zeichen eines der Systeme $\mathbf{S}_P$ die *Negation* hinzu, so entstehen Systeme $\mathbf{S}'_P$, für welche man die *Miniaturform des Theorems von Tarski* erhält: *Die Menge der wahren Sätze von* $\mathbf{S}'_P$ *ist nicht definierbar.*

Ergänzt man eines der Systeme $\mathbf{S}_P$ mittels Axiomen und Schlußregeln eines *Kalküls* **K** zu einem interpretierten Kalkül $\mathbf{S}_P^{\mathbf{K}}$, so erhält man über den Tarski-Satz für $\overline{Th}$, d.h. für das Komplement der Menge der Theoreme von **K**, unmittelbar *die Miniaturform des Theorems von Gödel.*

Insgesamt haben wir es mit *vier Arten von Minimalsystemen* zu tun: dem logischen Kern $\mathbf{S}_0^L$ (zwei Zeichen) als einem Minimalsystem für Selbstreferenz; den semantischen Systemen $\mathbf{S}_P$ als Minimalsystemen für die Bildung von Tarski-Sätzen; den semantischen Systemen $\mathbf{S}'_P$ als Minimalsystemen für das Tarski-Theorem; und den interpretierten Kalkülen $\mathbf{S}_P^{\mathbf{K}}$ als Minimalsystemen für das Gödel-Theorem.

(*III*) Im ersten Absatz von (*II*) findet sich am Schluß die Bemerkung, daß diese Resultate auf geeignet präparierte höhere Systeme übertragen werden können. Dazu einige Andeutungen.

Eine Übertragung auf Theorien erster Stufe ist nicht ohne weiteres möglich. Das in 13.4 behandelte *System der Arithmetik* **SAr** ist daher keine übliche Theorie erster Stufe; es wird nämlich unter den Grundsymbolen *keine Quantoren* enthalten. Da jedoch in **SAr** die *Klassenabstraktion* als Grundoperation vorkommt, läßt sich der *Allquantor als definiertes Zeichen* einführen. Dies ermöglicht es, die *Substitutionsoperation* auf sehr einfache Weise einzuführen sowie die Gleichwertigkeit der Definierbarkeit einer Menge mittels eines *Prädikates* und mittels einer *Formel* zu zeigen.

Zur technischen Vereinfachung wird außerdem der Beschluß beitragen, für die Designation von natürlichen Zahlen *Ziffern in Steinzeitnotation* zu wählen: Jede Zahl n wird durch eine Folge der Länge n von senkrechten Strichen oder (aus drucktechnischen Gründen) von Einsen bezeichnet.

Für die rasche Gewinnung der beiden metalogischen Hauptresultate wird sich schließlich die *semantische Normalität* von **SAr** als höchst förderlich erweisen. Darunter soll die Eigenschaft eines semantischen Systems **S** verstanden werden, daß mit der Definierbarkeit einer Ausdrucksmenge M in **S** auch die Menge derjenigen Ausdrücke in **S** definierbar ist, deren Norm in M liegt.

In diesem Kapitel werden wir das einzige Mal von QUINES Methode der *Quasi-Anführung* Gebrauch machen (vgl. auch QUINE, [1], §6). Wegen des Vorkommens selbstreferentieller Ausdrücke in den folgenden Systemen ist die Gefahr der Verwechslung bzw. Vermengung von Objekt- und Metasprache besonders groß. Die Verwendung der *Quasi-Anführungszeichen* ‚⌜' und ‚⌝' bildet eine Vorsichtsmaßregel dagegen[2]. Angenommen, wir verwenden objektsprachliche Symbole zur Vermeidung von Konfusionen nicht autonym. Gleichzeitig möchten wir aber über Ausdrücke der Objektsprache reden, deren Struktur nur in bestimmter Hinsicht vorgeschrieben, in anderen Hinsichten dagegen offen sei. Wir wollen z. B. über die Konjunktion zweier Ausdrücke A und B sprechen. Dann können wir nicht einfach ‚$A \wedge B$' schreiben; denn dies ist ein sinnloser Ausdruck, der das objektsprachliche ‚$\wedge$' mit den beiden metasprachlichen Zeichen ‚A' und ‚B' verbindet. Was wir mit dieser fehlerhaften Schreibweise mitzuteilen *intendierten*, ist andererseits klar: Es sollte das Ergebnis der konjunktiven Verknüpfung der beiden Ausdrücke A und B betrachtet werden. QUINE teilt dies durch ‚$\ulcorner A \wedge B \urcorner$' mit. Allgemein: Mit Quasi-Anführungszeichen versehene Ausdrücke sind per definitionem synonym mit denjenigen Gebilden, die aus jenen dadurch entstehen, daß man die darin vorkommenden objektsprachlichen Symbole unverändert läßt, dagegen die in ihnen vorkommenden metasprachlichen Zeichen durch deren objektsprachliche Designate ersetzt. Wir vereinbaren daher für dieses Kapitel (wie schon für das vorangehende):

Die angegebenen Symbole formaler Systeme sind als Zeichen der Objektsprache selbst aufzufassen und nicht, wie bis Kap. 11 einschließlich, als Namen von solchen.

In logischer Hinsicht ist die Quasi-Anführung eine Funktion. Im Falle der obigen Konjunktion von A und B ist das Argument dieser Funktion der (gemischte) Ausdruck ‚$A \wedge B$', während $\ulcorner A \wedge B \urcorner$ – der Funktions*wert* für diesen gemischten Ausdruck als Argument – das Ergebnis der Ersetzung von ‚A' durch A und ‚B' durch B in ‚$A \wedge B$' ist.

13.1 Die Minimalsysteme $\mathbf{S}_0$, $\mathbf{S}_0^L$ und $\mathbf{S}_P$

Das Alphabet von $\mathbf{S}_0$ besteht aus den folgenden drei Zeichen: ‚Φ', ‚$*$', ‚N'. Wir nennen ‚Φ' Prädikatzeichen, den Stern ‚$*$' das Quotierungszeichen (da es als formales Gegenstück zur Anführung dient) und ‚N' das Normzeichen. Nur das Prädikatzeichen ist deskriptiv; die beiden anderen Symbole sind logische Zeichen. Die folgenden Definitionen und Regeln beziehen sich auf $\mathbf{S}_0$.

‚*Ausdruck*' bedeute diesmal dasselbe wie ‚Wort über dem (oben angegebenen) Alphabet'; d. h. jede endliche Folge von Zeichen der drei Zeichenarten soll ein Ausdruck sein. Im folgenden werden wir vier Klassen von Ausdrücken auszeichnen: *Quotierungen*, *Normen*, *Namen* und *Sätze*.

Unter der *Quotierung* eines Ausdruckes verstehen wir diesen von je einem vorderen und einem hinteren Stern umschlossenen Ausdruck. (So

2 Der Leser verwechsle diese beiden Symbole nicht mit den gleichgestaltigen, aber *größeren* Zeichen von Kap. 12 für die Bildung von Ausdruckszahlen.

ist z. B. ‚$*\Phi N*$' die Quotierung von ‚ΦN' und ‚$***$' die Quotierung von ‚$*$'[3]). Unter der *Norm* eines Ausdruckes verstehen wir die Konkatenation dieses Ausdruckes mit seiner Quotierung. (So ist z. B. ‚$\Phi*\Phi*$' die Norm von ‚Φ'.)

Die syntaktische Kategorie der *Namen* wird durch die folgenden beiden *Formregeln* festgelegt:

(1) Die Quotierung eines Ausdruckes ist ein Name.
(2) Wenn E ein Name ist, so ist auch $\ulcorner NE \urcorner$, d. h. E angefügt an ‚N' (oder: ‚N' konkateniert mit E), ein Name.

Der Begriff des Namens (von $\mathbf{S}_0$) ließe sich auch so erklären: Unter einem Namen soll ein Ausdruck verstanden werden, der entweder eine Quotierung (eines anderen Ausdruckes) ist oder der dadurch entsteht, daß man einer Folge von Zeichen ‚N' eine Quotierung anfügt.

Namen spielen in den gegenwärtigen elementaren Systemen die Rolle der üblichen Individuenkonstanten.

Es folgen zwei *Designationsregeln:*

R1. Die Quotierung eines Ausdruckes E designiert E.
R2. Wenn der Ausdruck E_1 den Ausdruck E_2 designiert, dann designiert NE_1 die Norm von E_2.

Statt ‚B designiert E' sagen wir gelegentlich auch ‚B ist *Name von* E'.

Man beachte: ‚*Name*' bezeichnet eine (syntaktische) Teilklasse der Klasse der Ausdrücke; ‚*Name von*' dagegen bezeichnet die (semantische) Relation, die zwischen einem Namen und seinem Designat besteht.

Der *logische Kern* $\mathbf{S}_0^L$ von $\mathbf{S}_0$ ist dasjenige System, welches nur die beiden logischen Zeichen ‚$*$' und ‚N' enthält und für welches im übrigen genau die bisher für $\mathbf{S}_0$ angegebenen Bestimmungen gelten. Ein Ausdruck, der Name von sich selbst ist, werde *selbstreferentiell* genannt. Ein System heiße *selbstreferentiell,* wenn es einen selbstreferentiellen Ausdruck enthält. Es gilt:

Th. 13.1 *Der logische Kern* $\mathbf{S}_0^L$ *von* $\mathbf{S}_0$ *(und damit a fortiori auch* $\mathbf{S}_0$*) ist selbstreferentiell.*

---

3 In dem Ausdruck

(*a*) ‚$***$'

kommen nebeneinander objekt- und metasprachliche Anführungszeichen vor. In (*a*) wird (*b*), nämlich der folgende Ausdruck:

(*b*) $***$

metasprachlich angeführt. (*b*) selbst führt den Ausdruck

(*c*) $*$

objektsprachlich an, d. h. (*b*) quotiert (*c*).

Beweis: Nach R1 ist ‚$*N*$' Name von ‚N'. Daher ist nach R2 ‚$N*N*$' Name der Norm von ‚N'. Die Norm von ‚N' aber ist nach der Definition von ‚Norm' dasselbe wie ‚$N*N*$'. Also ist ‚$N*N*$' Name von sich selbst und $\mathbf{S}_0^L$ sowie $\mathbf{S}_0$ sind selbstreferentiell. □

Der Satzbegriff ist durch eine sehr einfache *Formregel* festgelegt: Ein *Satz von* $\mathbf{S}_0$ ist ein Ausdruck, der aus der Konkatenation von ‚Φ' mit einem Namen besteht.

$\mathbf{S}_0$ bildet die gemeinsame Grundlage für die folgenden *semantischen Systeme*, deren jedes für je eine feste Ausdrucksmenge P erklärt ist und daher $\mathbf{S}_P$ heißen soll (dabei ist P das semantische Korrelat des einzigen deskriptiven Zeichens ‚Φ'):

(1) Die Regeln für Namen, Designation und Satzbildung sind dieselben wie für $\mathbf{S}_0$.

(2) Die *Wahrheitsregel für* $\mathbf{S}_P$ (d. h. die Definition von ‚*wahr in* $\mathbf{S}_P$') lautet:

R3. Wenn E_1 Name von E_2 ist, dann ist $\ulcorner \Phi E_1 \urcorner$ *wahr in* $\mathbf{S}_P$ gdw $E_2 \in P$.

Als einfaches Korollar fügen wir ohne Beweis an:
Ist E_1 Name von E_2, so ist dadurch E_2 eindeutig festgelegt.

Th. 13.2 *Es gibt einen* $\mathbf{S}_0$*-Satz* G*, so daß für jede Menge* P *von* $\mathbf{S}_0$*-Ausdrücken gilt:* G *ist ein Tarski-Satz für* P *in* $\mathbf{S}_P$.

Beweis: Nach R1 ist ‚$*\Phi N*$' Name von ‚ΦN'. Also ist ‚$N*\Phi N*$' nach R2 Name der Norm von ‚ΦN', d. h. gemäß der Definition von ‚Norm': Name von ‚$\Phi N*\Phi N*$'.

Überdies ist ‚$N*\Phi N*$' ein Name (nämlich nach den beiden Formregeln (1) und (2) für Namen); also ist ‚$\Phi N*\Phi N*$' gemäß der Definition von ‚Satz von $\mathbf{S}_0$' ein $\mathbf{S}_0$-Satz. *Wir wählen diesen Satz ‚$\Phi N*\Phi N*$' als Satz* G.

Nach R3 gilt: G ist wahr in $\mathbf{S}_P$ gdw der durch ‚$N*\Phi N*$' in $\mathbf{S}_P$ designierte Ausdruck Element von P ist. Bereits im ersten Absatz hatten wir festgestellt, daß ‚$N*\Phi N*$' Name desjenigen Ausdruckes ist, den wir im zweiten Absatz als G wählten. Also gilt:

G ist wahr in $\mathbf{S}_P$ gdw ‚$\Phi N*\Phi N*$'$\in P$
gdw $G \in P$

G ist also ein Tarski-Satz für P in $\mathbf{S}_P$. □

Der Regel R3 können wir einen Hinweis für die Konstruktion eines Tarski-Satzes entnehmen: Man wähle den Ausdruck E so, daß er $\ulcorner \Phi E \urcorner$ designiert! Eine solche Wahl hatten wir mit ‚$N*\Phi N*$' als E vorgenommen.

Anmerkung 2. Im Beweis von Th. 13.1 hatten wir korrekt die *Eindeutigkeit der Designationsrelation* vorausgesetzt (nämlich dort, wo wir schlossen, daß ‚$N*\Phi N*$' Name *des* Satzes G ist). Es wäre unrichtig, anzunehmen, daß die Designationsrelation auch in der anderen Richtung eindeutig ist, d. h. also, daß ein Ausdruck (von $\mathbf{S}_0$ oder von $\mathbf{S}_P$) *nur* einen Namen habe. Ein einfaches Schema für die Konstruktion von Gegenbeispielen lautet: E_1 sei Name von E_2. Dann hat die Norm von E_2 mindestens zwei Namen, nämlich: $\ulcorner NE_1 \urcorner$ (nach R2) und $\ulcorner * E_2 * E_2 ** \urcorner$ (nach R1, denn dieser Ausdruck ist die Quotierung der Norm von E_2).

Korollar zu Th. 13.2 *Die Ausdrucksmenge P, für die G ein Tarski-Satz ist, kann nicht identisch sein mit der Menge aller falschen (d. h. nicht wahren) Sätze von* $\mathbf{S}_P$*; noch kann P identisch sein mit der Menge der Ausdrücke von* $\mathbf{S}_P$ *(bzw. von* $\mathbf{S}_0$*), die keine wahren Sätze von* $\mathbf{S}_P$ *sind*[4].

In beiden Fällen würde nämlich der Beweis des Theorems mit der *widerspruchsvollen* Feststellung schließen, daß unser Tarski-Satz G wahr in $\mathbf{S}_P$ ist gdw G *im Komplement der Menge der wahren Sätze von* $\mathbf{S}_P$ *liegt* (nämlich in diesem Komplement *bezüglich der Menge der Sätze von* $\mathbf{S}_0$: erster Fall, oder in diesem Komplement *bezüglich der Menge aller Ausdrücke von* $\mathbf{S}_0$: zweiter Fall). □

Anmerkung 3. Der Leser überlege sich zur Übung, daß der oben benützte Tarski-Satz G die Formalisierung des in **13.0**, (*I*) auf intuitiver Basis gebildeten Tarski-Satzes (5) innerhalb unseres Minimalsystems $\mathbf{S}_P$ darstellt. ‚N' ist dabei die symbolische Abkürzung von ‚die Norm von' und ‚Φ' die Abkürzung von ‚M enthält'.

Vom Definierbarkeitsbegriff ist in Th. 13.2 noch gar kein Gebrauch gemacht worden. Dieses Theorem läßt sich aber zu einer geeigneten präziseren Fassung verschärfen. Wir holen die Formulierung und den Beweis nach, da wir beides später benötigen werden. Als Hilfsmittel benötigen wir den Begriff des Prädikates sowie die semantische Erfüllbarkeitsrelation.

Festlegung des Begriffs *Prädikat* (von $\mathbf{S}_0$):

Ein *Prädikat* ist entweder das Zeichen ‚Φ' oder die Konkatenation von ‚Φ' und endlich vielen angefügten Zeichen ‚N'.

Ein Ausdruck E *erfüllt* ein Prädikat H (in $\mathbf{S}_P$) gdw die Konkatenation von H und der Quotierung $\ulcorner * E * \urcorner$ von E in $\mathbf{S}_P$ wahr ist.

Ein Prädikat H *definiert* die ($\mathbf{S}_0$-)Ausdrucksmenge M (in $\mathbf{S}_P$) gdw H von den Elementen von M, und nur von diesen, erfüllt wird. Eine Menge M von Ausdrücken von $\mathbf{S}_0$ ist *definierbar* (in $\mathbf{S}_P$) gdw es ein Prädikat gibt, das die Menge M definiert.

---

4 Die zweite Menge ist wesentlich größer als die erste; denn sie enthält außer den falschen Sätzen *sämtliche Ausdrücke, die überhaupt keine Sätze sind.*

Hilfssatz 1 *Es sei H ein Prädikat und E_1 ein Name, der E designiert. Dann gilt: E erfüllt H in $\mathbf{S}_P$ gdw $\ulcorner HE_1 \urcorner$ ist wahr in $\mathbf{S}_P$.*

Beweis: durch Induktion nach der Anzahl n der Vorkommnisse von ‚N' in H (die Wendung ‚in $\mathbf{S}_P$' lassen wir gelegentlich fort):

1. *Induktionsbasis:* n=0. Dann ist H identisch mit ‚Φ'.
   Es gilt:
   E erfüllt H gdw E erfüllt ‚Φ'
   gdw $\ulcorner \Phi * E * \urcorner$ ist wahr in $\mathbf{S}_P$ (nach Definition von ‚erfüllt')
   gdw $E \in P$ (nach R3)
   gdw $\ulcorner \Phi E_1 \urcorner$ ist wahr in $\mathbf{S}_P$ (nach R3 sowie der Voraussetzung, daß E_1 Name von E ist)[5]
   gdw $\ulcorner HE_1 \urcorner$ ist wahr in $\mathbf{S}_P$.
2. *Induktionsschritt:* Die Behauptung gelte bereits für n=k (I.V.). Es sei H identisch mit ‚ΦN^{k+1}'[6].
   Es gilt:
   E erfüllt H gdw E erfüllt ‚ΦN^{k+1}'
   gdw $\ulcorner \Phi N^{k+1} * E * \urcorner$ ist wahr in $\mathbf{S}_P$ (nach Def. von ‚erfüllt')
   gdw $\ulcorner \Phi N^k N * E * \urcorner$ ist wahr in $\mathbf{S}_P$ (nach Def. von ‚N^k')
   gdw $\ulcorner E * E * \urcorner$ erfüllt ‚ΦN^k' (nach I.V. und R2, da $\ulcorner N * E * \urcorner$ die Norm von E, also $\ulcorner E * E * \urcorner$, designiert)
   gdw $\ulcorner \Phi N^k N E_1 \urcorner$ ist wahr in $\mathbf{S}_P$ (nach Def. von ‚erfüllt' und wegen der Tatsache, daß $\ulcorner NE_1 \urcorner$ die Norm von E, also $\ulcorner E * E * \urcorner$, designiert)
   gdw $\ulcorner HE_1 \urcorner$ ist wahr in $\mathbf{S}_P$. □

In diesem Beweis wird Gebrauch von der in Anm. 3 erwähnten Tatsache gemacht, daß ein Ausdruck mehrere Namen haben kann: $\ulcorner NE_1 \urcorner$ sowie $\ulcorner N * E * \urcorner$ sind zwei verschiedene Namen der Norm von E, also von $\ulcorner E * E * \urcorner$.

Für eine Ausdrucksmenge M sei $\eta(M)$ die Menge derjenigen Ausdrücke, deren Norm in M ist. Es gilt das wichtige

Lemma 13.3 *Falls die Menge M definierbar in $\mathbf{S}_P$ ist, so ist auch $\eta(M)$ in $\mathbf{S}_P$ definierbar.*

Beweis: H sei das Prädikat, welches M definiert. Wir behaupten, daß $\ulcorner HN \urcorner$ die Menge $\eta(M)$ definiert. In der Tat:

---

5 Bereits in der Induktionsbasis wird also davon Gebrauch gemacht, daß ‚$*E*$' sowie E_1 Namen *ein und desselben* Ausdruckes E sind!

6 ‚N^{k+1}' ist eine Abkürzung für die Konkatenation von $k+1$ Zeichen ‚N'.

E erfüllt $\ulcorner HN \urcorner$ gdw $\ulcorner HN*E* \urcorner$ ist wahr in $\mathbf{S}_P$ (nach Def. von ‚erfüllt')
gdw $\ulcorner E*E* \urcorner$ erfüllt H (nach Hilfssatz 1, da $\ulcorner N*E* \urcorner$ Name von $\ulcorner E*E* \urcorner$ ist)
gdw $\ulcorner E*E* \urcorner \in M$ (nach Voraussetzung, da H die Menge M definiert)
gdw $E \in \eta(M)$ (nach Def. von $\eta(M)$). □

Das folgende Theorem kann als eine Verschärfung von Th. 13.2 angesehen werden:

Th. 13.4 *Für jede Menge M, die in $\mathbf{S}_P$ definierbar ist, existiert ein Tarski-Satz für M in $\mathbf{S}_P$, d.h. ein Satz X, für den gilt:*

X ist wahr in $\mathbf{S}_P$ gdw $X \in M$.

Beweis: M sei in $\mathbf{S}_P$ definierbar; dann ist nach Lemma 13.3 auch $\eta(M)$ definierbar. H sei das Prädikat, welches $\eta(M)$ definiert. Also gilt für alle Ausdrücke E:

$\ulcorner H*E* \urcorner$ ist wahr in $\mathbf{S}_P$ gdw $E \in \eta(M)$ (nach Voraussetzung über H und Def. von ‚definiert' und ‚erfüllt')
gdw $\ulcorner E*E* \urcorner \in M$ (nach Def. von $\eta(M)$).

Durch Wahl von H für E erhält man:
$\ulcorner H*H* \urcorner$ ist wahr in $\mathbf{S}_P$ gdw $\ulcorner H*H* \urcorner \in M$. Der Satz $\ulcorner H*H* \urcorner$ erfüllt somit die Bedingung des gesuchten Tarski-Satzes X. □

Korollar zu Th. 13.4 *Weder die Menge der falschen Sätze von $\mathbf{S}_P$ noch das Komplement der Menge der wahren Sätze von $\mathbf{S}_P$ (bezüglich der Menge aller Ausdrücke von $\mathbf{S}_0$)*[7] *ist definierbar in $\mathbf{S}_P$.*

Der Beweis ist vollkommen analog zu dem des Korollars zu Th. 13.2.

13.2 Miniaturfassungen der Theoreme von Tarski und Gödel

Um das Theorem von TARSKI zu gewinnen, erweitern wir die Systeme $\mathbf{S}_P$ durch Hinzufügung des Negationszeichens und der zugehörigen semantischen Regel zu Systemen $\mathbf{S}'_P$.

Der Satzbegriff von $\mathbf{S}'_P$ wird gegenüber dem von S_0 dadurch erweitert, daß mit einem Satz X von $\mathbf{S}'_P$ auch $\ulcorner \neg X \urcorner$ ein Satz von $\mathbf{S}'_P$ sein soll.

7 Dieses Komplement enthält also außer den falschen Sätzen auch alle Ausdrücke, die keine Sätze sind.

Entsprechend verallgemeinern wir den Wahrheitsbegriff auf negierte Sätze:

R$\neg$. $\ulcorner \neg X \urcorner$ ist wahr in $\mathbf{S}'_P$ gdw X nicht wahr ist in $\mathbf{S}'_P$.

Wir setzen dabei voraus, daß die Menge der Ausdrücke von $\mathbf{S}'_P$ geeignet erweitert wurde und daß die Prädikate von $\mathbf{S}'_P$ die Form $\ulcorner \Phi N^m \urcorner$ oder die Form $\ulcorner \neg \Phi N^m \urcorner$ haben.

Th. 13.5 (Miniaturform des Theorems von Tarski) *Die Menge der wahren Sätze von* $\mathbf{S}'_P$ *ist nicht in* $\mathbf{S}'_P$ *definierbar.*

Wir geben den *Beweis* in zwei Varianten. Die erste *Variante* besteht in der Zurückführung auf das Korollar zu Th. 13.4, wobei wir bedenken, daß sich der dortige Beweis wörtlich auf $\mathbf{S}'_P$ überträgt. $\mathbf{S}'_P$ hat die zusätzliche Eigenschaft, daß das Komplement jeder in $\mathbf{S}'_P$ definierbaren Menge selbst in $\mathbf{S}'_P$ definierbar ist. Denn falls H die Menge M definiert, so definiert $\ulcorner \neg H \urcorner$ das Komplement $\bar{M}$ von M (da ja für alle Ausdrücke E von $\mathbf{S}'_P$ gilt:

$E \in \bar{M}$ gdw $E \notin M$
gdw E erfüllt nicht H
gdw $\ulcorner H * E * \urcorner$ ist falsch in $\mathbf{S}'_P$
gdw $\ulcorner \neg H * E * \urcorner$ ist wahr in $\mathbf{S}'_P$
gdw $\ulcorner \neg H \urcorner$ definiert $\bar{M}$.)

Es sei nun **W** die Menge der wahren Sätze von $\mathbf{S}'_P$. Angenommen, sie sei definierbar; dann also auch ihr Komplement. Nach dem Korollar zu Th. 13.4 ist dieses Komplement nicht definierbar. ↯ □

Für die *zweite Beweisvariante* konstruieren wir, in Analogie zur Bildung eines Tarski-Satzes, einen Satz, der unsere formale Übersetzung der Behauptung ist: ‚ich bin kein Element von **W**'. Dabei sei **W** wieder die Menge der wahren Sätze von $\mathbf{S}'_P$.

Als unseren Satz wählen wir $\ulcorner \neg \Phi N * \neg \Phi N * \urcorner$.

Es gilt:

$\ulcorner \neg \Phi N * \neg \Phi N * \urcorner \in \mathbf{W}$ gdw $\ulcorner \neg \Phi N * \neg \Phi N * \urcorner$ ist wahr in $\mathbf{S}'_P$
gdw $\ulcorner \Phi N * \neg \Phi N * \urcorner$ ist nicht wahr in $\mathbf{S}'_P$ (nach R$\neg$)
gdw $\ulcorner \neg \Phi N * \neg \Phi N * \urcorner \notin \mathbf{W}$ (nach R3, da $\ulcorner N * \neg \Phi N * \urcorner$ nach R2 und R1 den Satz $\ulcorner \neg \Phi N * \neg \Phi N * \urcorner$ designiert.)

Der Schlüssel für dieses Resultat liegt im Th. 13.4. Danach gilt für jede in einem System $\mathbf{S}_P$ definierbare Menge, daß sie entweder einige Wahrheiten enthält oder einige Falschheiten nicht enthält. Durch Übergang zum Komplement, der in jedem System $\mathbf{S}'_P$ möglich ist, erhält man in Anwendung auf die Menge der wahren Sätze, daß sie im Falle der Definierbarkeit einige Falschheiten enthält (was nicht sein dürfte) oder einige Wahrheiten nicht enthält (was ebenfalls nicht sein dürfte).

Die Schritte, welche von $\mathbf{S}_0$ über $\mathbf{S}_P$ zu $\mathbf{S}'_P$ führten, machen deutlich, daß es sich bei $\mathbf{S}'_P$ um *Systeme einfachster Art* handelt, für welche *die Menge der wahren Sätze nicht innerhalb des Systems definierbar* ist. Analoges gilt für $\mathbf{S}_P$ bezüglich der *Falschheit*. Wir sprechen von einer *Erweiterung* eines dieser Systeme, wenn neue Zeichen und Regeln hinzugefügt werden, während die alten Regeln, nach entsprechender Verallgemeinerung des Ausdrucksbegriffs, beibehalten werden. Dann gelten die Undefinierbarkeitssätze auch *für jede Erweiterung* dieser Systeme. Im Einklang mit der am Ende von Kap. 12 eingeführten Terminologie könnte man sagen, daß die Menge der falschen Sätze in jedem System $\mathbf{S}_P$ und die Menge der wahren Sätze in jedem System $\mathbf{S}'_P$ *wesentlich undefinierbar* ist.

Anmerkung 5. MANIN nennt in [1], S. 73, die Sprache, welche genau die Systeme $\mathbf{S}'_P$ umfaßt, *SELF*. Diese Bezeichnung enthält einen partiell selbstreferentiellen Witz; denn ‚SELF' ist eine Abkürzung für ‚*S*mullyan's *E*asy *L*anguage *F*or *Self*-Reference'.

Um die Miniaturform des Theorems von TARSKI zu erhalten, gingen wir von den primitiven Systemen $\mathbf{S}_P$ aus und verstärkten diese semantisch durch Einführung der Negation zu den Systemen $\mathbf{S}'_P$. Um die Miniaturfassung des Gödel-Theorems zu gewinnen, wählen wir abermals die Systeme $\mathbf{S}_P$ als Ausgangspunkt, nehmen aber diesmal *keine* semantische Verstärkung vor, sondern *ergänzen* $\mathbf{S}_P$ durch ein *syntaktisches System* oder einen *Kalkül* **K**, indem wir Axiome und Schlußregeln hinzufügen. Das geordnete Paar $(\mathbf{S}_P, \mathbf{K})$ werde der *interpretierte Kalkül* oder das *semantisch-syntaktische System* $\mathbf{S}_P^{\mathbf{K}}$ genannt. **W** sei die Menge der wahren Sätze von $\mathbf{S}_P$, auch die wahren Sätze von $\mathbf{S}_P^{\mathbf{K}}$ genannt. *Th* sei die Menge der Theoreme von **K**; sie mögen auch Theoreme von $\mathbf{S}_P^{\mathbf{K}}$ heißen. Was immer in $\mathbf{S}_P$ definierbar ist, heiße *semantisch definierbar* in $\mathbf{S}_P^{\mathbf{K}}$.

Aufgrund des Korollars zu Th. 13.4 wissen wir bereits, daß das Komplement $\bar{\mathbf{W}}$ von **W** (bezüglich der Menge aller Ausdrücke) nicht in $\mathbf{S}_P^{\mathbf{K}}$ semantisch definierbar ist.

Wie steht es, wenn wir das Komplement $\overline{Th}$ statt $\bar{\mathbf{W}}$ betrachten? Die Menge $\overline{Th}$ *könnte* in $\mathbf{S}_P^{\mathbf{K}}$ semantisch definierbar sein. Aus Th. 13.4 folgt jedoch direkt (nach Wahl von $\overline{Th}$ für das dortige M)[8]:

Th. 13.6 (Miniaturform des Theorems von Gödel) *Wenn die Menge* $\overline{Th}$ *in* $\mathbf{S}_P^{\mathbf{K}}$ *semantisch definierbar ist, dann gibt es entweder wahre Sätze in* $\mathbf{S}_P^{\mathbf{K}}$, *die in* $\mathbf{S}_P^{\mathbf{K}}$ *nicht beweisbar sind, oder es gibt falsche Sätze in* $\mathbf{S}_P^{\mathbf{K}}$, *die in* $\mathbf{S}_P^{\mathbf{K}}$ *beweisbar sind.*

8 Vgl. die inhaltliche Umschreibung unmittelbar nach dem zweiten Beweis von Th. 13.5!

Ein System, das einen Satz enthält, der wahr und unbeweisbar ist, wird *semantisch unvollständig* genannt; ein System, das einen Satz enthält, der nicht wahr und beweisbar ist, heißt *semantisch inkonsistent*. Die Miniaturfassung des Gödel-Theorems läßt sich daher auch so formulieren: *Jedes System* $\mathbf{S}_P^{\mathbf{K}}$ *mit semantisch definierbarem* $\overline{Th}$ *ist entweder semantisch unvollständig oder semantisch inkonsistent.*

Eine *effektive* Konstruktion eines Systems $\mathbf{S}_P^{\mathbf{K}}$, welches die Voraussetzung von Th. 13.6, daß $\overline{Th}$ semantisch definierbar ist, erfüllt, kann nach diesem Schema erfolgen: Die (auf unendlich viele Weisen wählbare) Menge P wird zunächst überhaupt nicht festgelegt. Vielmehr wird im ersten Schritt ein beliebiger Kalkül **K** aufgebaut, der allein der Bedingung genügt, daß nur Sätze von $\mathbf{S}_0$ in **K** beweisbar sind. In einem zweiten Schritt wird als Ausdrucksmenge P das Komplement der Menge der in **K** beweisbaren Sätze, also die Menge $\overline{Th}$ bezüglich **K**, gewählt. Dann definiert das Prädikat ‚Φ' selbst bereits semantisch die Menge $\overline{Th}$ unseres interpretierten Kalküls $\mathbf{S}_P^{\mathbf{K}}$ (gemäß R3 sowie der Bedeutungserklärung von ‚erfüllt' und ‚definiert' bzw. ‚definiert semantisch'). Der im Beweis von Th. 13.2 verwendete Tarski-Satz G, nämlich ‚$\Phi N * \Phi N *$', ist jetzt unser *Gödel-Satz* für $\mathbf{S}_P^{\mathbf{K}}$, der in diesen Systemen wahr ist gdw er darin nicht beweisbar ist. (Ein besonders einfacher Unterfall wäre der folgende: Man wähle einen Kalkül **K**, der endlich viele Ausdrücke von $\mathbf{S}_0$ als Axiome und *überhaupt keine Schlußregeln* aufweist. Die obige Wahl von P hätte dann zur unmittelbaren Folge, daß G, sofern G ein Axiom ist, *eben deshalb* falsch wird, während G, sofern es kein Axiom ist, *eben deshalb* wahr wird.)

Da die Systeme $\mathbf{S}'_P$ und $\mathbf{S}_P^{\mathbf{K}}$ jeweils in einfachstmöglicher Weise aus $\mathbf{S}_P$ hervorgehen, handelt es sich bei ihnen tatsächlich um *Minimalsysteme* für die Theoreme von Tarski und von Gödel.

Anmerkung 6. Man könnte die Frage aufwerfen, wieso die einfache Methode Smullyans nicht bereits früher entdeckt worden ist. Die folgende Antwort liegt nahe: Die üblichen formalen Sprachen gestatten für alle wohlgeformten Ausdrücke eine eindeutige Zerlegung in Primelemente, d.h. die Terme, Formeln und Sätze sind nur auf *eine* Weise lesbar. Für die vorliegenden Sprachen gilt dies nicht. So ist z.B. der Ausdruck ‚$****$' von $\mathbf{S}_0$ auf folgende drei verschiedene Arten lesbar: erstens als Quotierung von ‚$**$', zweitens als Norm von ‚$*$' und drittens als Konkatenation der Norm des leeren Zeichens mit sich selbst (‚$**$' kann nämlich als Norm des leeren Zeichens aufgefaßt werden).

13.3 Vorbereitung für höhere Systeme: Normbildung mittels Gödel-Entsprechungen und semantische Normalität

Es soll jetzt der abstrakte Rahmen für die Übersetzung der vorangehenden Resultate auf höhere Systeme geschildert werden.

In den bislang betrachteten, primitiven Sprachen spielten bestimmte Zeichenfolgen, die Namen, die Rolle der üblichen konstanten Individuenterme. Bestimmte andere Zeichenfolgen, nämlich die von der Gestalt ‚ΦN^k', übernahmen die Funktion von Prädikaten. In allen herkömmlichen formalen Sprachen, insbesondere auch in allen im weiteren Verlauf betrachteten *semantischen Systemen* **S**, sind bestimmte Ausdrücke als *Prädikate* und andere als *Individuenkonstanten* ausgezeichnet. (Beide Ausdrucksmengen können abzählbar unendlich sein.) Darüber hinaus wird für die folgenden Überlegungen die Existenz einer *injektiven* Abbildung *aller* Ausdrücke von **S** auf eine (echte oder unechte) Teilmenge der Menge der Individuenkonstanten vorausgesetzt. Eine derartige Abbildung von **S** nennen wir *Gödel-Entsprechung* g und bezeichnen die Werte $g(E)$ dieser Funktion g für Argumente (Ausdrücke) E als *Gödel-Korrelate* (von E). Im folgenden Abschnitt werden die Gödel-Korrelate $g(E)$ von Ausdrücken E Ziffern sein. Gegenwärtig spielt die besondere Natur der Individuenkonstanten noch keine Rolle.

Die Gödel-Entsprechung wird benützt, um den Begriff der *Norm eines Ausdrucks E* in neuartiger Weise zu definieren: Es soll dies die Konkatenation von E mit $g(E)$, geschrieben: $Eg(E)$, sein. Häufig bezeichnen wir das Gödel-Korrelat $g(E)$ von E mit ‚$\mathring{E}$'. Damit ist die Norm von E dasselbe wie $E\mathring{E}$. (Der Leser beachte die Abhängigkeit des Normbegriffs von der Funktion g: Mit einer Änderung von g ändert sich im allgemeinen für einen Ausdruck E der Wert $g(E)=\mathring{E}$ und damit auch die Bedeutung von ‚$E\mathring{E}$'.)

Es ist wichtig, klar zu sehen, was sich gegenüber dem früheren Vorgehen geändert hat und was gleichgeblieben ist. Während wir in den primitiven Sprachen von 13.1 und 13.2 zum Zweck der Normbildung Ausdrücke mittels ihrer Quotierungen eindeutig charakterisierten, geschieht dies jetzt durch deren Gödel-Korrelate. *Im übrigen aber bleibt das Verfahren der Normbildung unverändert.* Dies bedeutet insbesondere: Die grundlegende Operation für die Konstruktion der Norm eines Ausdruckes bleibt nach wie vor die *Konkatenation.*

Die semantischen Hilfsbegriffe ‚erfüllt' und ‚definiert' werden mit Benützung des neuen Normbegriffs wörtlich so definiert wie früher: Ein Ausdruck E *erfüllt* ein Prädikat H (in **S**) gdw $H\mathring{E}$ (in **S**) wahr ist. H *definiert* die (**S**-)Ausdrucksmenge M gdw H von den Elementen von M, und nur von diesen, erfüllt wird (d. h. also gdw für alle Ausdrücke E gilt: $E \in M \Leftrightarrow H\mathring{E}$ ist wahr). Eine Menge M ist *definierbar* gdw es ein Prädikat gibt, das sie definiert.[9]

Des weiteren werden wir das formale Analogon zu der bereits für das Lemma 13.3 benötigten Funktion η benützen: Für eine gegebene Menge

9 Man beachte, daß diese drei semantischen Begriffe ‚erfüllt', ‚definierbar' und ‚definiert' nur *relativ auf die jeweilige Gödel-Entsprechung* definiert sind.

M bildet $\eta(M)$ die Menge derjenigen Ausdrücke, deren Norm in M liegt. Semantische Systeme, für die das wörtliche Analogon zum Lemma 13.3 gilt (daß aus der Definierbarkeit einer Menge M die Definierbarkeit von $\eta(M)$ folgt), sollen *semantisch normal*[10], kurz: *normal*, genannt werden.

Schließlich wird auch der Begriff des Tarski-Satzes wörtlich von früher übernommen. Es gilt das wichtige

Th. 13.7 *M sei eine Ausdrucksmenge von* **S**. *Dann ist die Definierbarkeit von $\eta(M)$ eine hinreichende Bedingung für die Existenz eines Tarski-Satzes für M.*

Beweis: $\eta(M)$ sei in **S** definierbar. Dann gibt es ein Prädikat H, so daß für jeden Ausdruck E gilt:

$H\mathring{E}$ ist wahr gdw $E \in \eta(M)$
gdw $E\mathring{E} \in M$

Da dies für *beliebiges* E gilt, können wir für E auch H selbst wählen und erhalten:

$H\mathring{H}$ ist wahr gdw $H\mathring{H} \in M$. □

Es sei **F** die Menge der nicht wahren Sätze von **S** und $\bar{\mathbf{W}}$ die Menge der Ausdrücke von **S**, die keine wahren Sätze sind. Wir erhalten unmittelbar das

Korollar 1 zu Th. 13.7 *Weder $\eta(\bar{\mathbf{W}})$ noch $\eta(\mathbf{F})$ ist in* **S** *definierbar.*

Der *Beweis* ergibt sich aus dem Theorem in Analogie zum Folgesatz zu Th. 13.2: Wäre $\eta(\bar{\mathbf{W}})$ oder $\eta(\mathbf{F})$ definierbar, so könnten wir nach Th. 13.7 einen Tarski-Satz für $\bar{\mathbf{W}}$ oder für **F** konstruieren. Dies wäre ein Satz, der genau dann wahr ist, wenn er kein wahrer Satz ist.

In vollkommener Analogie zur Ableitung der Miniaturform des Gödel-Theorems Th. 13.6 aus Th. 13.4 erhält man aus Th. 13.7 das

Korollar 2 zu Th. 13.7 *Das semantische System* **S** *werde zu einem semantisch-syntaktischen System (einem interpretierten Kalkül)* $\mathbf{S}^{\mathbf{K}}$ *ergänzt. Falls $\eta(\overline{Th})$ in* **S** *semantisch definierbar ist, so ist* $\mathbf{S}^{\mathbf{K}}$ *entweder semantisch unvollständig oder semantisch inkonsistent.*

Um diesen Folgesatz anzuwenden, muß man nach einem normalen System **S** suchen, in dem die Menge $\overline{Th}$, bezogen auf den **S** zugeordneten

---

10 Man beachte, daß sich die Relativierung auf eine bestimmte Gödel-Entsprechung g vom Normbegriff auf die semantische Normalität überträgt.

Die primitiven Systeme $\mathbf{S}_p$ von 13.1 und 13.2 sind mit der Absicht eingeführt worden, die in Lemma 13.3 ausdrücklich festgehaltene Normalität in möglichst einfacher Weise zu zeigen. Die Gödel-Entsprechung bestand dort in der Abbildung eines Ausdrucks auf seine Quotierung.

Kalkül **K**, definierbar ist. Wir fassen die wichtigsten Resultate im folgenden Lehrsatz zusammen:

Th. 13.8 **S** *sei semantisch normal.*
Dann gilt:
(1) *Für jede in* **S** *definierbare Menge* M *existiert ein Tarski-Satz.*
(2) *Weder die Menge* **F** *noch die Menge* $\bar{\mathbf{W}}$ *ist in* **S** *definierbar.*
(3) *Wenn die Menge* $\overline{Th}$ *der Nicht-Theoreme von* **K** *in* **S** *definierbar ist, so ist* $\mathbf{S}^{\mathbf{K}}$ *semantisch unvollständig oder semantisch inkonsistent.*

Beweis: (1) Wegen der Normalität folgt aus der Definierbarkeit von M die von $\eta(M)$. Damit wird Th. 13.7 anwendbar.

(2) Dies ergibt sich aus der Normalität und dem Korollar 1 zu Th. 13.7.

(3) Dies folgt analog aus dem Korollar 2 zu Th. 13.7. □

13.4 Das arithmetische System SAr und die arithmetische Undefinierbarkeit der arithmetischen Wahrheit

Das im folgenden beschriebene System der Arithmetik **SAr** ist einer als Theorie erster Stufe aufgebauten Arithmetik inhaltlich sehr ähnlich. Insbesondere enthält **SAr** die Junktoren (mittels des Junktors ‚↓' für ‚weder … noch ‒‒‒' definiert), Ziffern, numerische Variable, die Identität sowie die beiden arithmetischen Operationen · (Multiplikation) und ↑ (Exponentiation).

Im Unterschied zu Sprachen erster Stufe enthält **SAr** *Abstraktionsterme*, die Mengen von natürlichen Zahlen designieren. F sei eine Formel, in der eine Variable, etwa ‚x', frei vorkommt. Dann ist $\ulcorner x(F)\urcorner$ ein Abstraktionsterm mit der intendierten Bedeutung ‚die Menge der x, so daß F'; dieser Term ist ein Name für die Menge $\{x \mid Fx \text{ ist wahr}\}$.

Aus Abstraktionstermen können auf zwei Weisen Formeln gewonnen werden: (*a*) Die Wendung ‚die Menge der x, so daß F_1, ist identisch mit der Menge der x, so daß F_2' wird wiedergegeben durch $\ulcorner x(F_1)=x(F_2)\urcorner$. (*b*) Wenn $\bar{k}$ eine Ziffer ist, so wird die Aussage ‚k ist ein Element der Menge der x, so daß F' wiedergegeben durch $\ulcorner x(F)\bar{k}\urcorner$.

Reicht **SAr** einerseits wegen der darin vorkommenden Abstraktionsterme über Ausdrucksmöglichkeiten der Systeme erster Stufe hinaus, so ist dieses arithmetische System auf der anderen Seite *scheinbar* ausdrucksschwächer als eine Theorie erster Stufe, da es unter den Grundzeichen *keine Quantoren* enthält. Diesem Pseudomangel ist jedoch durch definitorische Zurückführung des Allquantors auf die Klassenabstraktion abzuhelfen: $\ulcorner \wedge x(F) \urcorner$ diene als Abkürzung von $\ulcorner x(F) = x(x=x) \urcorner$, wodurch die semantische Intuition der Allquantifikation adäquat wiedergegeben wird, da dann die Klasse der x, für die F wahr ist, übereinstimmt mit der Klasse derjenigen x, für die etwas logisch Wahres wahr ist, also *aller* x.

Die formale Beschreibung von **SAr** erfolge in zwei Schritten. Im ersten Schritt werden die Zeichen des Systems angegeben. Es wird sich wegen der üblichen Dezimaldarstellung als praktisch erweisen – jedoch als prinzipiell irrelevant (vgl. Manin, [1], S. 80, Kap. II, 11.5 und Kap. VII, 3.2) –, daß *genau neun* Zeichen vorkommen und daß das letzte dieser Zeichen die Ziffer $\bar{1}$ ist, welche die Zahl 1 designiert. (Die Reihenfolge der übrigen Zeichen ist an sich gleichgültig; wesentlich ist nur, daß eine gewählte Reihenfolge festgehalten wird.) Im zweiten Schritt werden die Form-, Designations- und Wahrheitsregeln formuliert.

I. Zeichen von **SAr**:

x, $'$, (,), $\cdot$, $\uparrow$, $=$, $\downarrow$, $\bar{1}$. (Das Zeichen ‚′' dient nur dazu, um die potentiell unendliche Liste von Variablen: $x, x', x'', \ldots$ zu gewinnen.) Diese Zeichen mögen die Namen ‚S_1', ‚S_2', …, ‚S_9' bekommen. Das Zeichen ‚′' werde ‚Akzent' genannt.

II. Form-, Designations- und Wahrheitsregeln von **SAr**:

(Die wichtigsten der definierten Begriffe sollen kursiv gedruckt werden.)

1. Eine Ziffer der Länge n ist eine Kette von n Zeichen $\bar{1}$; sie designiert die positive ganze Zahl n. (Die Ziffern des Systems sind also in „Steinzeitnotation" geschriebene Zahlzeichen mit $\bar{1}$ als Grundsymbol.)
2. ‚x', allein oder gefolgt von einer Kette von Akzenten, ist eine Variable.
   (Statt $\bar{1}\ldots\bar{1}$ mit k aufeinanderfolgenden Ziffern $\bar{1}$ schreiben wir $\bar{k}$; und statt $x'\ldots'$ mit m Akzenten schreiben wir x_m.)
3. Jede Ziffer und jede Variable ist ein *numerischer Term.*
4. Wenn t_1 und t_2 numerische Terme sind, so sind auch $\ulcorner(t_1)\cdot(t_2)\urcorner$ und $\ulcorner(t_1)\uparrow(t_2)\urcorner$ *numerische Terme.* Sofern weder t_1 und t_2 Variable enthalten und t_1 die (positive ganze) Zahl n_1 und t_2 die Zahl n_2 designiert, so designieren diese beiden neuen Terme die Zahlen $n_1 \times n_2$ und $n_1^{n_2}$.
5. Wenn t_1 und t_2 numerische Terme sind, so ist $\ulcorner t_1 = t_2 \urcorner$ eine Formel, und zwar eine *Atomformel.* Alle Vorkommnisse von Variablen in einer Atomformel sind freie Vorkommnisse. Kommen in ihr überhaupt keine Variablen vor, so ist $\ulcorner t_1 = t_2 \urcorner$ ein *Satz,* der genau dann *wahr* ist, wenn t_1 und t_2 dieselbe Zahl n designieren.

6. Wenn F eine Formel und α eine Variable ist, dann ist $\ulcorner\alpha(F)\urcorner$ ein *Abstraktionsterm*. Kein Vorkommnis von α in $\ulcorner\alpha(F)\urcorner$ ist frei. (Ein Vorkommnis einer Variablen, das kein freies Vorkommnis ist, kann auch *gebundenes* Vorkommnis genannt werden. Doch wird dies nicht gebraucht.) Wenn also β eine von α verschiedene Variable ist, dann sind die freien Vorkommnisse von β in $\ulcorner\alpha(F)\urcorner$ identisch mit denen in F. Falls F keine von α verschiedene Variable enthält, wird $\ulcorner\alpha(F)\urcorner$ als *Abstraktion von F* bezeichnet. Genau die Abstraktionen von Formeln sollen *Prädikate* heißen.
7. Wenn H_1 und H_2 Abstraktionsterme sind, dann ist $\ulcorner H_1 = H_2\urcorner$ eine *Formel*. Die freien Vorkommnisse einer Variablen α in dieser Formel sind die freien Vorkommnisse von α in H_1 sowie die freien Vorkommnisse von α in H_2.
8. Wenn F_1 und F_2 Formeln und α sowie β Variable sind und wenn $\ulcorner\alpha(F_1) = \beta(F_2)\urcorner$ keine Variablen enthält, dann ist diese Formel ein *Satz*. Er ist genau dann *wahr*, wenn für jede Ziffer $\bar{k}$ das Ergebnis $F_1(\bar{k})$ der Ersetzung aller freien Vorkommnisse von α in F_1 durch $\bar{k}$ sowie das Ergebnis $F_2(\bar{k})$ der Ersetzung aller freien Vorkommnisse von β in F_2 durch $\bar{k}$ denselben Wahrheitswert haben.
9. Für jedes Prädikat (im Sinn von 6.) $\ulcorner\alpha(F)\urcorner$ und jede Ziffer $\bar{k}$ ist der Ausdruck $\ulcorner\alpha(F)\bar{k}\urcorner$ eine *Formel* und zwar ein *Satz*, der genau dann *wahr* ist, wenn das Ergebnis $F(\bar{k})$ der Ersetzung aller freien Vorkommnisse von α in F durch $\bar{k}$ wahr ist.
10. Wenn F_1 und F_2 Formeln sind, dann ist $\ulcorner(F_1)\downarrow(F_2)\urcorner$ eine *Formel*. In ihr sind die freien Vorkommnisse einer Variablen genau diejenigen in F_1 sowie diejenigen in F_2. Sofern F_1 und F_2 Sätze sind, ist $\ulcorner(F_1)\downarrow(F_2)\urcorner$ ein *Satz*, der genau dann wahr ist, wenn weder F_1 noch F_2 wahr ist.

Die (in 8. und 9. verwendete) Schreibweise ‚$F(\bar{k})$' soll für beliebige numerische Terme t benützt werden. $\ulcorner F(t)\urcorner$ soll also das Ergebnis der Ersetzung der freien Variablen von F durch t sein.

Die *Gödelisierung* besteht in der Zuordnung einer Zahl zu einem beliebigen Ausdruck E von **SAr**. Und zwar erfolgt dies nach folgender mechanischer Regel: Es sei $\sigma(E)$ die Konkatenation arabischer Ziffern, die dadurch entsteht, daß in E das Symbol S_1 durch die arabische Ziffer ‚1', S_2 durch ‚2', ..., S_9 durch ‚9' ersetzt wird. Das Resultat $\sigma(E)$ dieser Verkettung ist *ein Zahlausdruck in unsererer üblichen Dezimalnotation*, der eine Zahl bezeichnet, die wir $g_0(E)$ nennen. Als *Gödelzahl* $g(E)$ von E wird die um 1 größere Zahl genommen, also $g(E) = g_0(E) + 1$. (Diese etwas umständliche Beschreibung drückt folgendes aus: Wir beschließen einfach, mittels Ersetzung der Zeichen durch arabische Ziffern einen Ausdruck E als Dezimalbezeichnung einer Zahl zu lesen. Die um 1 größere Zahl ist die Gödelzahl von E.)

Eine Ziffer von **SAr**, welche die Gödelzahl $g(E)$ von E designiert, nennen wir *Gödelziffer* $\bar{g}(E)$ oder $\mathring{E}$. ($\mathring{E}$ ist eine Folge von Ziffern $\bar{1}$ von der Länge $g(E)$.)

Es ist scharf zwischen *drei* Entitäten zu unterscheiden: den *Zahlen*, ferner den in unserer Metasprache für ihre Bezeichnung dienenden *Zahlausdrücken in Dezimalnotation* und den *formalen Ziffern* des Systems **SAr** (in Steinzeitnotation).

Die *Norm von E* sei $E\mathring{E}$, also der Ausdruck E, gefolgt von seiner (formalen) Gödelziffer. (Die Gödelziffern übernehmen jetzt die Aufgabe der Quotierungen in den früheren primitiven Systemen.)

Die Arithmetisierung der Syntax schrumpft diesmal auf die *Arithmetisierung der Normfunktion* zusammen, die durch die einfache Regel gegeben wird:

$$norm(\mathrm{y}) := \mathrm{y} \cdot 10^{\mathrm{y}}.$$

Dies ist so zu verstehen: Wenn y die Gödelzahl von E ist, so ist $\mathrm{y} \cdot 10^{\mathrm{y}}$ die Gödelzahl der Norm von E. Der Sachverhalt läßt sich durch ein Diagramm veranschaulichen:

$$\begin{array}{ccl} E & \longrightarrow & \text{Norm } E\mathring{E} \text{ von } E \text{ (mit Gödelziffer } \bar{g}(E) = \mathring{E}) \\ \downarrow & \text{Gödelzahlen:} & \downarrow \\ g(E) = \mathrm{y} & \longrightarrow & \mathrm{y} \cdot 10^{\mathrm{y}} = g(E\mathring{E}) \end{array}$$

Man beachte die folgende *iterierte* Anwendung der Gödelisierung: Die Zahl y links unten ist die Gödel*zahl* $g(E)$ von E. Diese Zahl wird durch die (formale) *Ziffer* $\bar{g}(E) = \mathring{E}$ in **SAr** ausgedrückt und zur Bildung der Norm von E dem Ausdruck E unmittelbar angefügt. Dadurch entsteht der Ausdruck $E\mathring{E}$ rechts oben. Davon wird nun abermals die Gödelzahl $g(E\mathring{E})$ $(= g(Eg(E))!)$ gebildet. Daß diese Zahl unter der Voraussetzung $y = g(E)$ den Wert $y \cdot 10^y$ hat, ist erst zu beweisen. (An dieser Stelle werden die beiden Festsetzungen wesentlich, daß die formale Ziffer $\bar{1}$ stets durch die arabische Ziffer ‚9' ersetzt wird sowie daß $g(E)$ um 1 größer ist als $g_0(E)$.)

Hilfssatz 2 *Wenn y die Gödelzahl von E ist, so ist* $y \cdot 10^y$ *die Gödelzahl der Norm von E.*

Für den *Beweis* genügt als Hinweis die Erläuterung an einem sehr einfachen Beispiel. Wir betrachten den Ausdruck ‚(=', also $S_3 S_7$. Seine Gödelzahl ist $g_0(S_3 S_7) + 1 = 37 + 1 = 38$. Die Norm von $S_3 S_7$ ist daher:

$$S_3 S_7 \underbrace{S_9 S_9 \ldots\ldots S_9}_{38},$$

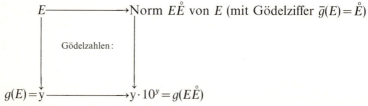

nämlich 38mal das Zeichen S_9 an den Ausdruck selbst angefügt. Die Gödelzahl *dieser Norm* ist:

$$\underbrace{3799.....9}_{38}+1=\underbrace{3800.....0}_{38}$$

$$=38\cdot 10^{38}. \quad \square$$

Um den abstrakten Rahmen von Abschn. 13.3 anwendbar zu machen, ist die semantische Normalität von **SAr** zu zeigen. Dafür benötigen wir die Begriffe der Erfüllung und der Definierbarkeit. Eine prima-facie-Schwierigkeit entsteht dadurch, daß wir *zwei* Definitionen von ‚erfüllt' erhalten.

Es sei H ein *Prädikat* von **SAr**. Wir sagen, daß ein Ausdruck E das Prädikat H (relativ zur *jetzigen* „arithmetischen" Fassung der Gödel-Entsprechung g) in **SAr** *erfüllt* gdw $H\mathring{E}$ wahr ist. Das Prädikat H *definiert* die Ausdrucksmenge M in **SAr** gdw die Elemente von M, und nur diese, H erfüllen.

Der zweite Erfüllungsbegriff arbeitet mit Formeln. Es sei F eine *Formel* mit genau einer freien Variablen. Der Ausdruck E *erfüllt* F (in **SAr**) gdw $F(\mathring{E})$ wahr ist. Die Formel F *definiert* (in **SAr**) die Menge M derjenigen Ausdrücke E, die F erfüllen.

Hier wird es bedeutsam, *daß in* **SAr** *die Klassenabstraktion statt der Allquantifikation als grundlegende Operation benützt wird.* Die beiden Erfüllungs- und Definitionsbegriffe erweisen sich nämlich als gleichwertig!

Hilfssatz 3 *Definierbarkeit durch ein Prädikat und Definierbarkeit durch eine Formel sind in* **SAr** *äquivalent (beides bezüglich der obigen Gödel-Entsprechnung g).*

Es genügt, die Äquivalenz der beiden Erfüllungsbegriffe zu zeigen. Dies kann aus dem folgenden stärkeren Beweis gefolgert werden: H sei ein Prädikat. Dann ist nach Bestimmung II.6. H die Abstraktion $\ulcorner\alpha(F)\urcorner$ einer Formel F. Für F gilt:

E erfüllt H gdw E erfüllt F.

In der Tat:

E erfüllt H gdw E erfüllt $\ulcorner\alpha(F)\urcorner$
gdw $\ulcorner\alpha(F)\mathring{E}\urcorner$ ist wahr (in **SAr**) (erste Def. von ‚erfüllt')
gdw $\ulcorner F(\mathring{E})\urcorner$ ist wahr (in **SAr**) (nach Regel II.9.)
gdw E erfüllt F (zweite Def. von ‚erfüllt')

Dic durch $H=\ulcorner\alpha(F)\urcorner$ definierte Menge ist somit identisch mit der durch F definierten Menge.

(Statt mit einem Prädikat zu beginnen, hätten wir oben auch von einer Formel mit genau einer freien Variablen ausgehen können, um aus ihr das zugehörige Prädikat durch Abstraktion zu bilden.) □

Wieder sei $\eta(M)$ für gegebenes M die Menge der Ausdrücke, deren Norm in M liegt; und die *semantische Normalität* eines Systems bestehe darin, daß aus der Definierbarkeit von M die Definierbarkeit von $\eta(M)$ folgt. Eine Formel F_N werde *Normalisator* der genau eine Variable enthaltenden Formel F genannt, wenn F_N von genau denjenigen Ausdrücken erfüllt wird, deren Norm F erfüllt. Es gilt der

Hilfssatz 4 *Wenn die Formel F die Menge M definiert, dann definiert der Normalisator F_N von F die Menge $\eta(M)$.*

Beweis: F definiere M. Dann gilt:

E erfüllt F_N gdw $F_N(\mathring{E})$ ist wahr (nach Def. von ‚erfüllt')
gdw $F(g(E\mathring{E}))$ ist wahr (nach Def. von F_N, da $E\mathring{E}$ die Norm von E ist)
gdw $E\mathring{E}$ erfüllt F (nach Def. von ‚erfüllt')
gdw $E\mathring{E} \in M$ (nach Vorauss., da F die Menge M definiert)
gdw $E \in \eta(M)$ (nach Def. von $\eta(M)$)

Also wird $\eta(M)$ durch F_N definiert.
Wir kommen jetzt zum entscheidenden

Th. 13.9 *Relativ zur obigen Gödelisierung g ist* **SAr** *semantisch normal.*

Beweis: Nach Definition von ‚normal' und infolge des Hilfssatzes 4 genügt es, zu zeigen, *daß jede Formel F einen Normalisator F_N hat.*

Dazu knüpfen wir an die Feststellung an, daß $y \cdot 10^y$ die Gödelzahl der Norm von E ist, falls y die Gödelzahl von E ist. Wir ersetzen in F die Variable α durch das formale Gegenstück zu $\alpha \cdot 10^\alpha$, d.h. durch $\ulcorner(\alpha)\cdot((\overline{1111111111})\uparrow(\alpha))\urcorner$ (oder kürzer: $\ulcorner(\alpha)\cdot(\overline{10})\uparrow(\alpha))\urcorner$). Das Ergebnis dieser Ersetzung wählen wir als F_N.

Wir haben oben die Zahlenfunktion *norm* definiert. Mit ‚$g(E)$' als Abkürzung für ‚die Gödelzahl von E' (und ‚$\bar{g}(E)$' für ‚die Gödelziffer von E') lieferte uns diese Funktion: wenn $y = g(E)$, dann $norm(y) = g(E\mathring{E})$. Wir ordnen jetzt dieser Funktion *norm* eine Funktion $\bar{n}$ zu, welche die erstere in die „Ziffernsprache" übersetzt: wenn $\bar{k} = \bar{g}(E)$, dann $\bar{n}(\bar{k}) = \bar{g}(E\mathring{E})$.

Es gilt: Für jede Ziffer $\bar{k}$ haben die beiden Formeln $F_N(\bar{k})$ und $F(\bar{n}(\bar{k}))$ dieselben Wahrheitswerte; denn falls $\bar{k}$ die Gödelziffer eines Ausdruckes ist, so ist $\bar{n}(\bar{k})$ die Gödelziffer der Norm dieses Ausdruckes.

Insgesamt erhalten wir:

E erfüllt F_N gdw $F_N(\mathring{E})$ ist wahr (nach Def. von ‚erfüllt')
gdw $F(\bar{n}(\mathring{E}))$ ist wahr (nach Def. von $\bar{n}$, vgl. vorigen Absatz)
gdw die Norm von E erfüllt F (da $\bar{n}(\mathring{E}) = \bar{g}(E\mathring{E})$ die Gödelziffer der Norm von E ist)

F_N wird also genau von denjenigen Ausdrücken erfüllt, deren Norm F erfüllt. Somit ist F_N ein Normalisator von F. □

Th. 13.10 (1) *Zu jeder in* **SAr** *definierbaren Menge existiert ein Tarksi-Satz.*
(2) *Weder die Menge* **F** *der falschen Sätze von* **SAr** *noch das Komplement der Menge der wahren Sätze* $\bar{\mathbf{W}}$ *von* **SAr** *ist in* **SAr** *(relativ zu g) definierbar.*
(3) *Die Menge* **W** *der wahren Sätze ist (relativ zu g) in* **SAr** *nicht definierbar.*
(4) *Jede vorgeschlagene Axiomatisierung von* **SAr**, *für welche die Menge der Theoreme (relativ zu g) in* **SAr** *definiert werden kann, ist semantisch unvollständig oder semantisch inkonsistent.*

Beweis: (1) und (2) folgen direkt aus Th. 13.9 und Th. 13.8, (1) und (2). Da in **SAr** die Negation mittels ‚↓' definierbar ist, gilt auch (3) (vgl. die Beweismethode von Th. 13.5) und (4) (wegen Th. 13.8, (3)). □

Wie sieht ein Tarski-Satz für eine Menge M, die durch die Formel F definiert wird, in **SAr** aus? Antwort: Man bilde den Normalisator F_N von F (nach der Methode im Beweis von Th. 13.9); dann nehme man die Abstraktion H von F_N (Regel II.6.); schließlich füge man an H die Ziffer an, welche die Gödelzahl von H designiert. Der *Tarski-Satz für M* ist also *die Norm der Abstraktion des Normalisators derjenigen Formel, die M definiert.*

Anmerkung 7. Wie wir oben feststellten, ist **SAr** keine Theorie erster Stufe. Daß die darin als Grundoperation vorkommende Klassenabstraktion die fehlende Quantifikation *genau kompensiert*, ist zunächst bloß eine intuitive Plausibilitätsvermutung. Es kann jedoch *streng bewiesen* werden, daß **SAr** mit einem geeigneten arithmetischen System erster Stufe äquivalent ist. Dieser Beweis findet sich bei Manin, [1], auf S. 77f.

Anhang 1

Henkin-Sätze und semantische Konsistenz

Wir kehren nochmals zu den primitiven Systemen $\mathbf{S}_P$ von 13.1 und 13.2 zurück. Um Th. 13.6 (Miniaturform des Theorems von Gödel) zu gewinnen, ergänzten wir $\mathbf{S}_P$ mittels **K** zu einem interpretierten Kalkül und konstruierten einen Tarski-Satz für die Menge $\overline{Th}$ der Nicht-Theoreme. (Dieser Satz bildete unseren Gödel-Satz, der genau im Fall seiner Nichtbeweisbarkeit wahr ist.)

Was geschieht, wenn wir als P die Menge Th der *Theoreme*, also der in **K** *beweisbaren* Sätze, wählen? Dann wird der Tarski-Satz G zu dem, was SMULLYAN den *Henkin-Satz für* das System $\mathbf{S}_P^{\mathbf{K}}$ nennt. ($\mathbf{S}_P^{\mathbf{K}}$ ist hier nach Definition dasselbe wie $\mathbf{S}_{Th}^{\mathbf{K}}$ mit $Th = \{X \mid \vdash_{\mathbf{K}} X\}$!) G ist in diesem System wahr gdw G in ihm bewiesen werden kann. Ist also G wahr in $\mathbf{S}_P^{\mathbf{K}}$ oder nicht? Nun: dies hängt davon ab, wie **K** gewählt wurde. Ein (trivialer) Extremfall wäre der, wo $Th = \emptyset$, da die Menge der Axiome als leere Menge gewählt wurde: G ist hier *falsch und unbeweisbar*. Bei Wahl von G als einem der Axiome hätten wir den umgekehrten und ebenfalls trivialen Extremfall der *Wahrheit und Beweisbarkeit*.

Ein nicht ganz trivialer Fall wäre folgender: **K** enthalte als Axiom A_1 nur ‚$\Phi * \Phi N * \Phi N **$' und als Schlußregel R nur: ‚Wenn zwei Namen E_1 und E_2 in $\mathbf{S}_0$ dasselbe designieren, dann ist $\ulcorner \Phi E_2 \urcorner$ unmittelbar ableitbar aus $\ulcorner \Phi E_1 \urcorner$'. Diese Regel ist sinnvoll, da sie wahrheitskonservierend ist, d.h. die Wahrheit von der Prämisse auf die Konklusion überträgt. (Denn: $\ulcorner \Phi E_1 \urcorner$ ist wahr in $\mathbf{S}_P$ gdw das Designat von E_1 in P liegt gdw das Designat von E_2 in P liegt gdw $\ulcorner \Phi E_2 \urcorner$ wahr ist in $\mathbf{S}_P$.)

G sei derselbe Satz, der im Beweis von Th. 13.2 gewählt wurde, also ‚$\Phi N * \Phi N *$'. Für *diesen* Satz kann man vernünftigerweise fragen, ob er wahr ist in $\mathbf{S}_P^{\mathbf{K}}$. Da er wahr ist, *falls* er beweisbar ist, sind wir auf die Frage zurückverwiesen: Ist G in $\mathbf{S}_P^{\mathbf{K}}$ beweisbar? Die Antwort lautet: *Ja.* Die beiden Namen ‚$N * \Phi N *$' und ‚$* \Phi N * \Phi N **$' designieren dasselbe, nämlich: ‚$\Phi N * \Phi N *$'. Also ist nach der Regel R der Ausdruck ‚$\Phi N * \Phi N *$' unmittelbar ableitbar aus ‚$\Phi * \Phi N * \Phi N **$'. Dies aber ist gerade das Axiom A_1. Also ist G beweisbar; also *ist* G wahr.

Wir behaupten: $\mathbf{S}_P^{\mathbf{K}}$ *ist semantisch konsistent.* Da die einzige Regel R von **K** wahrheitskonservierend ist, genügt es, zu untersuchen, ob A_1 wahr ist. Wir wenden R3 von $\mathbf{S}_P$ an (vgl. 13.1) und erhalten: A_1 ist wahr gdw der durch ‚$* \Phi N * \Phi N **$' designierte Ausdruck, also G (denn ‚$\Phi N * \Phi N *$' *ist* dieser Ausdruck!) in P, also in Th, liegt, also beweisbar ist. Also ist A_1 wahr gdw G beweisbar ist. Da letzteres der Fall ist, wissen wir, daß A_1 wahr ist. (Wir haben uns sowohl von der Wahrheit von G als auch von der von A_1 über die Beweisbarkeit von G überzeugt.)

Diese kurze Betrachtung lehrt, *daß man über die Konstruktion von Henkin-Sätzen zum Beweis der semantischen Konsistenz interpretierter Kalküle gelangen kann.*

Um diese Methode auf höhere Systeme anzuwenden, muß man sich zunächst davon überzeugt haben, daß alle Schlußregeln wahrheitskonservierend sind. Wenn es dann außerdem gelingt, die Wahrheit der

Axiome auf die Beweisbarkeit gewisser Henkin-Sätze zurückzuführen, deren Wahrheit feststeht (da sie beweisbar *sind*), so haben wir das Ziel erreicht. Denn dann folgt die Wahrheit aller Axiome und damit die Wahrheit aller Theoreme.

Anhang 2

Diagonalisierung versus Normbildung

In 13.0 ist hervorgehoben worden, daß der Hauptgrund für die große Vereinfachung, die SMULLYAN bei den Beweisen der Theoreme von TARSKI und von GÖDEL erzielte, auf der systematischen Benützung der *Normfunktion* beruht, die nur die Operation der *Konkatenation* voraussetzt (während die herkömmlichen Verfahren die *Diagonalisierungsfunktion* benützen, welche auf der komplizierten *Substitutionsoperation* beruht).

Nun verhält es sich jedoch nicht so, daß die Diagonalisierungsmethode auf die primitiven Systeme von 13.1 und 13.2 unanwendbar wäre. Vielmehr kann man sowohl dort als auch auf intuitiver Ebene mit der Diagonalisierung arbeiten. Dies soll hier kurz skizziert werden, zumal sich dadurch die Art der Vereinfachung, die man mittels der Normfunktion erzielt, veranschaulichen läßt.

Wir verwenden ‚*z*' als Variable der Umgangssprache. Unter der *Diagonalisierung* eines Ausdrucks *E* verstehen wir das Ergebnis der Einsetzung (Substitution) der Anführung von *E* für alle Vorkommnisse von ‚*z*' in *E*. Zum Zwecke der Vereinfachung werde ‚*e*' als ein Name von ‚*z*' gewählt. Wir betrachten folgenden Ausdruck *A*: ‚Das Ergebnis der Einsetzung der Anführung von *z* für *e* in *z* ist nicht wahr'[11] und bilden seine Diagonalisierung, nämlich:

(6) Das Ergebnis der Einsetzung der Anführung von ‚das Ergebnis der Einsetzung der Anführung von *z* für *e* in *z* ist nicht wahr' für *e* in ‚das Ergebnis der Einsetzung der Anführung von *z* für *e* in *z* ist nicht wahr' ist nicht wahr.

(6) enthält eine Konstruktionsvorschrift und eine Behauptung. Die erste verlangt die Anführung von *A* für *e*, also für ‚*z*'(!), in *A* selbst einzusetzen. Dadurch entsteht gerade (6). Die Behauptung besagt, daß das Konstruktionsergebnis nicht wahr ist. Also besagt (6), daß (6) falsch ist.

Der Vergleich lehrt, daß (6) auf dasselbe hinausläuft wie die Behauptung (4) von 13.0,(I). Allerdings ist (6) erheblich komplizierter als (4). Der

11 Die Wendung ‚Anführung von' habe genau dieselbe Bedeutung wie in 13.0.

Grund ist sofort angebbar: Während in (4) von 13.0 die *Konkatenation* benützt wird, setzt die in (6) verwendete Diagonalisierung *die Einsetzung für eine Variable* voraus.

Eine ähnliche Zusatzkomplikation entsteht, wenn wir die Diagonalisierung zur Konstruktion eines Tarski-Satzes für M verwenden. Dann tritt an die Stelle von (5) aus 13.0, (I) der Satz Z:

(7) M enthält die Diagonalisierung von ‚M enthält die Diagonalisierung von z'.

Analog zu (5) von 13.0 gilt, daß Z wahr ist gdw $Z \in M$.

Bilden wir nun die Analogie zu den primitiven Systemen von 13.1. $\mathbf{S}_0$ wird verdrängt durch $\mathbf{L}_0$, welches *vier* Zeichen enthält: Φ, $*$, D, x; den Platz von $\mathbf{S}_P$ nehmen die Systeme $\mathbf{L}_P$ ein. Der Begriff der *Quotierung* sei genau so definiert wie dort. ‚*Name*' ist derart erklärt, daß die Quotierung eines Ausdrucks ein Name ist und daß mit E auch $\ulcorner DE \urcorner$ ein Name ist.

Die Designationsregel R1 wird wörtlich übernommen; an die Stelle von R2 tritt die Regel

R2': Wenn der Ausdruck E_1 den Ausdruck E_2 designiert, dann designiert $\ulcorner DE_1 \urcorner$ die Diagonalisierung von E_2 (d.h. das Ergebnis der Einsetzung der formalen Quotierung von E_2 für jedes Vorkommnis von ‚x' in E_2).

Wenn E ein Name ist, so sei $\ulcorner \Phi E \urcorner$ ein Satz von $\mathbf{L}_0$. Und wenn E_1 ein Name von E_2 ist, so ist $\ulcorner \Phi E_1 \urcorner$ wahr in $\mathbf{L}_P$ gdw $E_2 \in P$ (Regel R3').

Auch jetzt läßt sich ein logischer Kern $\mathbf{L}_0^L$ mit den drei Zeichen ‚$*$', ‚D' und ‚x' herausdestillieren, in welchem ein selbstreferentieller Ausdruck vorkommt, nämlich ‚$D*Dx*$'. (‚$D*Dx*$' ist, da ‚$*Dx*$' Name von ‚Dx' ist, ein Name der Diagonalisierung von ‚Dx', also ein Name von sich selbst.) Zum Nachweis für das Analogon von Th. 13.2 wird als Tarski-Satz G für die Menge P in $\mathbf{L}_P$ der Satz gebildet: ‚$\Phi D*\Phi D*$'. (Der Beweis verläuft so wie der von Th. 13.2, wobei diesmal die Tatsache benützt wird, daß ‚$D*\Phi Dx*$' *Name eben dieses Satzes* ist.)

Das weitere Vorgehen ist durch das in 13.1 und 13.2 beschriebene vorgezeichnet, mit einer Ausnahme: An die Stelle der in Lemma 13.3 benützten Menge $\eta(M)$ der Ausdrücke, deren Norm in M liegt, tritt jetzt die Menge $D(M)$ der Ausdrücke, deren *Diagonalisierung* in M liegt. Sobald das Analogon zum Lemma 13.3 verfügbar ist, verläuft alles so wie früher. (Denn dann erhält man das Analogon zu Th. 13.4, aus dem mittels semantischer Erweiterung von $\mathbf{L}_P$ durch die Negation zu $\mathbf{L}'_P$ die Miniaturfassung des Theorems von TARSKI und mittels Ergänzung von $\mathbf{L}_P$ durch einen Kalkül $\mathbf{K}$ zu $\mathbf{L}_P^{\mathbf{K}}$ die Miniaturform des Theorems von GÖDEL gewonnen wird.)

Statt diese Schritte für die primitiven Systeme im einzelnen nachzuzeichnen, geben wir nur ein paar Andeutungen über den Rahmen für höhere Systeme.

Die Sprache **L** enthalte Ausdrücke, Sätze, wahre Sätze und Individuenkonstante. Wesentlich ist, daß es auch Formeln, Variable und freie Vorkommnisse von Variablen in Formeln gibt, wobei die Ersetzung aller freien Variablen in einer Formel durch Individuenkonstante Sätze erzeugt. *Die Rolle der früheren Prädikate wird jetzt vollkommen von den Formeln mit genau einer freien Variablen übernommen*[12]. Gödel-Entsprechungen, die jedem Ausdruck E genau eine Individuenkonstante $\mathring{E}$ zuordnen, sollen wie früher existieren. (Auch jetzt gilt: daß $\mathring{E}$ eine Ziffer ist, wird zwar häufig zweckmäßig sein, ist aber nicht essentiell.) Für eine beliebige Formel F mit genau einer freien Variablen α und einen beliebigen Ausdruck E wird $F(E)$ erklärt als das Ergebnis der Ersetzung aller freien Vorkommnisse von α in F durch $\mathring{E}$. Wir sagen dann auch, daß E die Formel F *erfüllt*.

An die Stelle der früheren Norm $E\mathring{E}$ eines Ausdrucks E tritt die *Diagonalisierung* $F(F)$ einer Formel F. Die *durch F definierte Menge* enthält alle Ausdrücke E, so daß $F(E)$ wahr ist, also alle F erfüllenden Ausdrücke. Unter $D(M)$ werde *die Menge aller Formeln* verstanden, *deren Diagonalisierung in M liegt*. Das jetzige Analogon zu Th. 13.7 lautet, daß die Definierbarkeit von $D(M)$ eine hinreichende Bedingung für die Existenz eines Tarski-Satzes für M darstellt. $D(\bar{\mathbf{W}})$ sowie $D(\mathbf{F})$ sind daher nicht definierbar (Analogon von Kor. 1 zu Th. 13.7); ebenso gilt das Analogon von Kor. 2 zu Th. 13.7 (unter der Bedingung, daß $D(\overline{Th})$, statt des dortigen $\eta(\overline{Th})$, definierbar ist). Unter der *semantischen Normalität* der Sprache **L** werde jetzt verstanden, daß aus der Definierbarkeit von M die von $D(M)$ folgt. Damit kann das zusammenfassende Resultat Th. 13.8 wörtlich übernommen werden.

Wie das Operieren mit der Diagonalisierung in bezug auf ein spezielles System in Standardformalisierung aussieht, ist in Kap. 12 gezeigt worden. Allerdings ist das dortige Vorgehen mit dem jetzigen nicht direkt vergleichbar; denn erstens ist das System N wesentlich schwächer als **SAr** und zweitens ist die Tarski-Methode nur auf semantisch beschriebene Sprachen anwendbar, während das Vorgehen in Kap. 12 ein rein syntaktisches war.

Wollte man das eben beschriebene Analogon zu Abschn. 13.3 auf ein spezielles System in Standardformalisierung anwenden, so müßte man

12 Der Begriff der Diagonalisierung läßt sich allerdings auch für Formeln mit mehreren freien Variablen definieren. Falls E außer α die freien Variablen $\beta_1 \dots \beta_n$ enthält, ist die Wendung ‚Diagonalisierung von E' durch ‚Diagonalisierung von E bezüglich α' zu ersetzen.

statt mit dem Normalisator von Abschn. 13.4 mit dem Diagonalisator arbeiten. Der *Diagonalisator* F_D einer Formel F wäre einzuführen als eine Formel, welche genau durch diejenigen Ausdrücke erfüllt wird, deren Diagonalisierung F erfüllt. Falls M durch F definiert wird und ein Diagonalisator F_D von F existiert, dann wäre die Diagonalisierung von F_D, also $F_D(F_D)$, ein Tarski-Satz für M. (Denn unter der genannten Voraussetzung definiert F_D die Menge $D(M)$, so daß für eine beliebige Formel E gilt: $F_D(E)$ ist wahr gdw $E \in D(M)$ gdw $E(E) \in M$. Die Einsetzung von F_D für E liefert: $F_D(F_D)$ ist wahr gdw $F_D(F_D) \in M$.) Der damit zu erkaufende Nachteil ist der, daß die Konstruktion eines Diagonalisators wesentlich komplizierter ist als die eines Normalisators. Darin spiegelt sich nur die Tatsache wider, daß die Arithmetisierung der Substitution viel größere Mühe bereitet als die Arithmetisierung der Konkatenation.

Kapitel 14

Abstrakte Semantik: Semantische Strukturen und ihre Isomorphie-Arten

14.0 Vorbemerkung

Dieses Kapitel dient einem doppelten Zweck. Erstens enthält es verschiedene Details, die sich nur im Rahmen der abstrakten Semantik präzise darstellen lassen, wie z. B. die Definitionslehre und gewisse Aspekte der algebraischen Behandlungsweise der Logik. Zweitens wird darin ein großer Teil desjenigen Materials zusammengestellt, das wir für den Beweis der beiden (in Kap. 15 behandelten) Sätze von LINDSTRÖM benötigen. Dadurch wird der Inhalt dieses Kapitels zwangsläufig etwas heterogen und es gewinnt mehr oder weniger den Charakter eines „Nachschlageteils".

Aus diesem Grund verzichten wir diesmal auf eine durchlaufende Numerierung der Definitionen und Sätze und ziehen es vor, die definierten Begriffe sowie die wichtigeren Lemmata und Sätze durch hervorstechende und möglichst einprägsame Bezeichnungen zu charakterisieren.

14.1 Abstrakte Bewertungs- und Interpretationssemantik

14.1.1 Motivation und intuitive Einführung. Die verschiedenen Versionen der Bewertungs- und Interpretationssemantik, die im ersten Teil dieses Buches sowie in den Vorbemerkungen zu Kap. 9 betrachtet worden sind, werden wir von jetzt an unter der Bezeichnung ‚*Intuitive Semantik*' zusammenfassen. Dieser intuitiven Semantik, deren Präzisionsgrad für unsere bisherigen Zwecke ausreichend war, stellen wir in diesem Abschnitt eine Methode, Semantik zu betreiben, gegenüber, die den Namen ‚*Abstrakte Semantik*' erhalten soll.

Der wesentliche Unterschied zwischen intuitiver und abstrakter Semantik sei hier wie folgt angedeutet: Während man in der ersteren von einer Semantik bzw. von einem semantischen System in informeller Weise spricht, führt man in der abstrakten Semantik solche Systeme als präzise charakterisierbare formale Objekte ein. Diese Objekte heißen *semantische Strukturen.*

Wir wollen uns zunächst klarmachen, warum es wünschenswert und für gewisse Zwecke sogar notwendig ist, solche Entitäten explizit einzuführen.

Betrachten wir dazu als Beispiel die Formel φ:

$$\bigvee x \bigvee y(Rxy \wedge \bigwedge v \bigwedge z(((v \neq x \wedge v \neq y) \vee (z \neq x \wedge z \neq y)) \rightarrow \neg Rvz)).$$

φ besagt inhaltlich: ‚Es gibt Objekte, die in der Relation R zueinander stehen, und zwar höchstens zwei.' Man kann ohne Mühe neun verschiedene Interpretationen angeben, die φ wahr machen und in einem leicht erkennbaren Sinn untereinander nicht gleichwertig, also „prinzipiell verschieden" sind, während sich alle weiteren Interpretationen als mit einer dieser neun Interpretationen gleichwertig erweisen. (Der Leser führe zur Übung diese Überlegung durch.) Die φ wahr machenden Interpretationen lassen sich somit in neun Äquivalenzklassen unterteilen. Jede einzelne Äquivalenzklasse enthält „prinzipiell gleichwertige" Interpretationen. Wie ist diese prinzipielle Gleichwertigkeit genau zu deuten?

Es gibt eine Disziplin, in der – bereits lange vor der Entstehung der moderner Modelltheorie – die strukturelle Gleichwertigkeit oder *Isomorphie* mathematischer Gebilde systematisch untersucht worden ist, nämlich die Algebra. Zu dem dort herausgearbeiteten Begriff des Isomorphismus kann man ein perfektes Analogon einführen, um den Begriff der semantischen Gleichwertigkeit zu präzisieren. Auch der Name wird beibehalten.

Um das Relationsprädikat ‚*ist isomorph mit*' auf algebraische Gebilde (wie Gruppen, Ringe, Vektorräume) anwenden zu können, müssen diese Gebilde absolut präzise beschrieben worden sein. Ebenso benötigen wir für eine Aussage, die das Bestehen eines Isomorphismus zwischen semantischen Systemen behauptet, eine Präzisierung des Begriffs eines semantischen Systems als eines quasi-algebraischen Gebildes. Die exakte Einführung des metatheoretischen Prädikates ‚*ist eine semantische Struktur*' liefert eine solche Präzisierung.

Die bisherigen Andeutungen dürften genügen, um zu zeigen, daß der Begriff der semantischen Struktur für gewisse semantische Gleichwertigkeitsbetrachtungen wertvoll und nützlich ist. Sie genügen nicht, um zu begründen, daß ein derartiger Begriff für gewisse Studien sogar unerläßlich ist.

Es gibt solche Studien; sie machen in ihrer Gesamtheit die *algebraische Behandlung der Logik* aus. Einen wichtigen Satz aus diesem Forschungsgebiet werden wir benötigen – wenn auch nur als Mittel zum Beweis des ersten Satzes von LINDSTRÖM in Kap. 15 –, nämlich das Theorem von FRAISSÉ. Zum besseren Verständnis machen wir am Ende dieser Einleitung ein paar Andeutungen über seinen Inhalt. Vorläufig sei darüber nur so viel gesagt: Es wird darin behauptet, daß unter bestimmten Voraussetzungen eine genau charakterisierbare modelltheoretische Beziehung zwischen semantischen Strukturen logisch äquivalent damit ist, daß diese Strukturen *endlich isomorph* sind. Während sich die erste Beziehung noch innerhalb der intuitiven Semantik einführen ließe, gilt dies für den Begriff der endlichen Isomorphie nicht mehr: Seine Definition setzt den Grundbegriff der abstrakten Semantik, also den der semantischen Struktur, als gegeben voraus.

Die meisten Leser, die mit den verschiedenen Formen von „struktureller Gleichwertigkeit" in der reinen Algebra vertraut sind, nicht jedoch mit deren Gegenstücken in der Logik, werden noch nicht auf den Begriff der endlichen Isomorphie gestoßen sein. Der Grund dafür liegt darin, daß zwar in beiden Fällen der Begriff des Isomorphismus den Ausgangspunkt bildet, die Verallgemeinerungen jedoch in verschiedene Richtungen verlaufen. Während man in der Algebra die starke Voraussetzung einer Bijektion zwischen den abgebildeten Grundmengen zu einer ein-mehrdeutigen Funktion abschwächt und dadurch zum allgemeineren Begriff des Homomorphismus gelangt, geht es in der Logik darum, auch bloß „bruchstückhafte" Isomorphismen zu betrachten, an denen nur gewisse Elemente der aufeinander abgebildeten Mengen beteiligt sind. Diese „Isomorphismusbruchstücke" sollen *präpartielle Isomorphismen* heißen. Da die Erhaltung der Gültigkeit quantorenlogischer Formeln in semantischen Strukturen unter präpartiellen Isomorphismen davon abhängt, ob diese Bruchstücke (auf größere Definitions- und Wertebereiche) fortsetzbar sind, geht es im weiteren Verlauf darum, solche Fortsetzungsmöglichkeiten systematisch zu studieren. Dabei stößt man auf die drei grundlegenden Begriffe *m-isomorph* (für beliebiges, aber festes $m \in \omega$), *endlich isomorph* und *partiell isomorph*. In Abschn. 4 werden diese Begriffe zunächst definiert und dann in ihren wechselseitigen Beziehungen charakterisiert.

Als nächstes geben wir einen kurzen Vorblick auf den Begriff der *semantischen Struktur*. Sie besteht aus zwei Komponenten. Die erste Komponente ist mit dem identisch, was wir in der intuitiven Semantik *Gegenstandsbereich* oder *Universum* nannten und was jetzt häufig auch als *Trägermenge* (oder kurz: *Träger*) der semantischen Struktur bezeichnet wird. Die zweite Komponente besteht aus einer Funktion, nämlich der *Designations-*, *Denotations-* oder *Interpretationsfunktion*, welche Zeichen als Argumente nimmt und diesen als Werte „kategoriengerecht" bestimmte *Designate* oder *Denotate* zuordnet (im Fall von Prädikaten auch *Extensionen* genannt).

Um den Argumentbereich der Designationsfunktion genau zu umgrenzen, empfiehlt es sich, in Abweichung vom bisherigen Vorgehen das Alphabet einer Sprache erster Stufe zu unterteilen in das *feste Alphabet*, das allen diesen Sprachen gemeinsam ist, und das *variierende Alphabet*, auch *Symbolmenge* genannt, in bezug auf welches sich die Sprachen dieser Art unterscheiden können. Das feste Alphabet besteht insbesondere aus den Variablen, den Junktoren, den Quantoren sowie dem Gleichheitszeichen. Eine Symbolmenge kann *Prädikate*, *Funktionszeichen* und *Konstanten* enthalten. Die Designationsfunktion ist jeweils auf einer vorgegebenen Symbolmenge S definiert und ordnet den Prädikaten (Mengen und) Relationen über dem Träger der semantischen Struktur, den Funktionszeichen Funktionen über diesem Träger und den Konstanten Elemente des Trägers zu. Die Struktur selbst muß daher auf die vorgegebene Symbolmenge S relativiert werden und ist genauer als *semantische* S-*Struktur* zu bezeichnen.

Innerhalb der intuitiven Semantik haben wir uns im Wesentlichen auf geschlossene Formeln oder Sätze beschränkt. Die eben skizzierten semantischen Strukturen enthalten dieselbe Beschränkung im Rahmen der abstrakten Semantik. Bisweilen erweist sich, zum Unterschied von dieser Beschränkung auf ein „*geschlossenes Variablensystem*" („closed variable system"), die Verwendung eines sogenannten *offenen Variablensystems* („open variable system") als angemessener – insbesondere häufig für beweistechnische Zwecke. Darin werden außer Sätzen auch Formeln mit freien Variablen interpretiert. Dies setzt voraus, daß die Designationsfunktion durch eine zusätzliche Funktion, genannt *Variablenbelegung* (über dem Träger der Struktur) erweitert wird. Semantische Strukturen der zuerst beschriebenen Art, also solche ohne Variablenbelegung, werden wir auch *gewöhnliche semantische Strukturen* nennen, während Strukturen mit Variablenbelegungen *volle semantische Strukturen* heißen sollen.

Jetzt können wir eine etwas genauere, wenn auch natürlich noch immer vorläufige Schilderung des Theorems von FRAISSÉ geben. Sofern zwei semantische Strukturen nicht durch einen Satz erster Stufe zu trennen sind, sollen sie elementar äquivalent heißen. Das fragliche Theorem besagt, daß für eine endliche Symbolmenge S die elementare Äquivalenz zweier semantischer S-Strukturen logisch gleichwertig ist mit der endlichen Isomorphie dieser Strukturen. Während das erste, rein modelltheoretische Glied dieses Theorems, in dem von elementarer Äquivalenz die Rede ist, prinzipiell im Rahmen der intuitiven Semantik reproduzierbar ist, gilt dies für das zweite Glied nicht mehr. Um das algebraische Prädikat ‚endlich isomorph' anwenden zu können, müssen die „Anwendungsobjekte" dieses Prädikates, also die semantischen Strukturen im Sinn der abstrakten Semantik, zur Verfügung stehen.

In den folgenden Teilen dieses Kapitels werden alle Begriffe zusammengestellt, die für das Theorem von FRAISSÉ sowie für das letzte Kapitel benötigt werden. Der Rest von Abschn. 14.1 enthält die Formulierung der abstrakten Semantik; Abschn. 14.2 ist der Definitionstheorie im

Rahmen der abstrakten Semantik gewidmet; Abschn. 14.3 behandelt verschiedene Arten von Einschränkungen und Erweiterungen semantischer Strukturen; in Abschn. 14.4 sind die verschiedenen Isomorphiebegriffe geschildert; und Abschn. 14.5 beinhaltet eine Formulierung und Beweisskizze des Theorems von FRAISSÉ.

14.1.2 Symbolmengen und Sprachen erster Stufe im Rahmen der abstrakten Semantik. In einem ersten Schritt ist ein exakter Begriff der Sprache erster Stufe einzuführen, der sich für die modelltheoretischen Betrachtungen dieses und des folgenden Kapitels eignet. Als Vorbereitung dazu führen wir den Begriff des Alphabetes ein.

Unter einem Alphabet $\mathbb{A}$ versteht man eine nichtleere Menge von *Zeichen.* Endliche lineare Folgen von Zeichen eines Alphabetes $\mathbb{A}$ sollen *Wörter* über $\mathbb{A}$ heißen. $\mathbb{A}^*$ bezeichne die Menge aller Wörter über $\mathbb{A}$.

Es erweist sich als zweckmäßig, das Alphabet einer Sprache erster Stufe als aus zwei Teilen bestehend aufzufassen. Den einen Teil nennen wir das *feste Alphabet* und bezeichnen nur diesen von nun an mit $\mathbb{A}$. Und zwar verstehen wir unter $\mathbb{A}$ die Vereinigung der folgenden Mengen:

(1) die Menge der Individuenvariablen oder kurz Variablen (wir denken uns die Variablen in einer normierten Folge gegeben: $v_0, v_1, v_2, \ldots$);
(2) die Menge der Junktoren;
(3) die Menge der Quantoren;
(4) die Einermenge, die (nur) das Gleichheitszeichen enthält;
(5) die Menge, welche genau die beiden Klammerzeichen enthält: (,).

Die Bezeichnung ‚festes Alphabet' ist dadurch gerechtfertigt, daß das Alphabet sämtlicher Sprachen erster Stufe $\mathbb{A}$ als Teilalphabet enthält. Die Menge der Variablen werden wir mit *Var* abkürzen.

Der zweite Teil werde *variierendes Alphabet* oder *Symbolmenge* S genannt. S ist eine Vereinigung von Mengen folgender Art:

(i) eine Menge, welche für jedes $n \geqq 1$ eine (möglicherweise leere) Menge von n-stelligen Prädikaten als Teilmenge enthält, aber keine anderen Elemente;
(ii) eine Menge, welche für jedes $m \geqq 1$ eine (möglicherweise leere) Menge von m-stelligen Funktionszeichen enthält, aber keine anderen Elemente;
(iii) eine (möglicherweise leere) Menge von Konstanten.

Die in (i) angeführte Menge werde die Menge Pr_S der S-*Prädikate*, die in (ii) angeführte die Menge Fu_S der S-*Funktionszeichen*, und die in (iii) angegebene die Menge Ko_S der S-*Konstanten* genannt. Auch die ganze Menge S darf leer sein. (Wir betrachten nur Sprachen mit Identität.)

Die Bezeichnung ‚variierendes Alphabet' ist dadurch gerechtfertigt, daß sich verschiedene Sprachen erster Stufe nur durch Art und Umfang von S unterscheiden.

Die beiden Alphabete müssen ferner die folgenden Bedingungen erfüllen:

(*a*) Die Teilmenge (1) von $\mathbb{A}$ muß abzählbar unendlich viele Elemente enthalten.

(*b*) Die Teilmengen (2) und (3) von $\mathbb{A}$ werden für alle Alphabete von Sprachen erster Stufe simultan festgelegt, wobei lediglich die Forderung erfüllt sein muß, daß sich mit ihnen ein vollständiges Junktorensystem mit All- und Existenzquantor definieren läßt.

(*c*) Sämtliche Mengen (1) bis (5) von $\mathbb{A}$ und (i) bis (iii) von S müssen untereinander paarweise disjunkt sein und dürfen keine n-Tupel als Elemente enthalten.

Die Vereinigung von $\mathbb{A}$ und S heiße das *(zu S gehörige) Gesamtalphabet* einer Sprache erster Stufe; es legt, wie wir sehen werden, diese Sprache eindeutig fest.

Eine der grundlegenden Aufgaben der formalen Semantik besteht darin, semantische Systeme als Entitäten bestimmter Art zu konstruieren, die als Objekte präziser metalogischer und algebraischer Aussagen fungieren können. Wir werden zwei Sorten solcher Entitäten einführen: *semantische Strukturen* und *volle semantische Strukturen*. In beiden Fällen wird es sich als erforderlich erweisen, eine Relativierung auf Symbolmengen vorzunehmen. Dies kann den verständlichen Wunsch erzeugen, bereits den Begriff des variierenden Alphabetes bzw. der Symbolmenge selbst in exakter Weise als Objekt bestimmter Art zu charakterisieren. Da die obige Art der Einführung des Begriffs dieses Desiderat nicht erfüllt, tragen wir eine solche präzise Definition nach. Sie ist insofern etwas ungewöhnlich, als darin eine Symbolmenge überhaupt nicht als eine *Menge*, sondern als ein Gebilde anderer Art eingeführt wird und zwar in folgender Form:

Eine *Symbolmenge* S (einer Sprache erster Stufe) ist ein geordnetes Paar $\langle S^0, \gamma \rangle$, wobei S ein Tripel $\langle Pr_S, Fu_S, Ko_S \rangle$ und γ eine Funktion $\gamma: Pr_S \cup Fu_S \rightarrow \omega$ ist. Die drei Glieder Pr_S, Fu_S und Ko_S des Tripels sind Mengen; kein Element ihrer Vereinigung $\hat{S} := Pr_S \cup Fu_S \cup Ko_S$ darf ein n-Tupel sein und die drei Mengen Pr_S, Fu_S, Ko_S müssen paarweise disjunkt sein.

Wenn S eine Symbolmenge ist, so heißt Pr_S die Menge der S-Prädikate, Fu_S die Menge der S-Funktionszeichen und Ko_S die Menge der S-Konstanten. γ wird die Stellenzahlfunktion für S genannt. Ist $P \in Pr_S$ und $\gamma(P) = \mathrm{n}$, so heißt P ein n-stelliges S-Prädikat; für $f \in Fu_S$ und $\gamma(f) = \mathrm{m}$ nennt man f ein *m*-stelliges S-Funktionszeichen. $\hat{S}$ heißt Menge der S-Symbole.

Für die Mitteilung kann man sich an folgende Konventionen halten: Die Menge Ŝ der S-Symbole werde einfachheitshalber mit S identifiziert. Die in γ enthaltene Information werde durch Angabe der Stelligkeit als oberer Index vermittelt: sofern $\gamma(P)=$ n gilt, schreiben wir ‚P^n' statt ‚P'; und sofern $\gamma(f)=$ m gilt, schreiben wir ‚f^m' für ‚f'.

Zwecks Unterscheidung von der früheren „intuitiven" Definition der Symbolmenge soll eine Symbolmenge im soeben formal präzisierten Sinn mit **S** bezeichnet werden und die Menge der S-Symbole mit $\hat{\mathbf{S}}$.

Bei Zugrundelegung des formal präzisierten Begriffs der Symbolmenge ist das Gesamtalphabet $\mathbb{A}\cup\hat{\mathbf{S}}$. Wir kürzen dieses Gesamtalphabet durch $\mathbb{A}_S$ ab. ‚$\mathbb{A}$' bezeichnet den festen, der untere Index ‚S' den variierenden Teil. Wir verzichten für diesen Index auf Fettdruck, da es für die folgenden Betrachtungen irrelevant ist, ob man die mehr intuitive oder die präzisierte Fassung des Begriffs der Symbolmenge zugrunde legt. (Die einzige Ausnahme bildet die Einführung des Begriffs der Sprache erster Stufe.)

Ein *S-Term* ist ein Element aus $(\mathbb{A}_S)^*$, also ein Wort über $\mathbb{A}_S$, das man durch endlichmalige Anwendung der folgenden Bestimmungen gewinnen kann:

(T_1) Jede Variable ist ein S-Term.
(T_2) Jede Konstante aus S ist ein S-Term.
(T_3) Sind die Wörter $t_0, \ldots, t_{m-1}$ S-Terme und ist f ein m-stelliges Funktionszeichen aus S, so ist $f t_0 \ldots t_{m-1}$ ein S-Term.

Eine *S-Formel* ist ein Element aus $(\mathbb{A}_S)^*$, das man durch endlichmalige Anwendung der folgenden Bestimmungen gewinnen kann:

(F_1) Sind t_0 und t_1 S-Terme, so ist $t_0 = t_1$ eine S-Formel.
(F_2) Sind $t_0, \ldots, t_{n-1}$ S-Terme und ist P ein n-stelliges Prädikat, so ist $P t_0 \ldots t_{n-1}$ eine S-Formel.
(F_3) Wenn φ eine S-Formel ist, so ist $\neg\varphi$ eine S-Formel.
(F_4) Wenn φ und ψ S-Formeln sind, so sind $(\varphi\wedge\psi)$, $(\varphi\vee\psi)$ und $(\varphi\rightarrow\psi)$ S-Formeln.
(F_5) Wenn φ eine S-Formel und x eine Variable ist, so sind $\bigwedge x\varphi$ und $\bigvee x\varphi$ S-Formeln.

Gemäß dieser letzten Bestimmung sind leere Quantoren zugelassen (z. B. ist $\bigwedge x P y a$ für $a \in$ S eine S-Formel).

Jetzt können wir definieren: Eine *Sprache erster Stufe* **L** ist ein Tripel $\langle\mathbf{S}, \mathbf{T}, \mathbf{F}\rangle$, wobei **S** eine Symbolmenge, **T** die Menge der S-Terme und **F** die Menge der S-Formeln ist.

In allen Fällen, wo es dienlich ist, die Relativierung auf die Symbolmenge explizit zu machen, schreiben wir $\mathbf{T}_S$ für die Menge der S-Terme und $\mathbf{F}_S$ für die Menge der S-Formeln.

In Kap. 12 hatten wir einen exakten Begriff der Sprache erster Stufe eingeführt, der auf die beweistheoretischen Zwecke jenes Kapitels zugeschnitten war. Der eben eingeführte Begriff der Sprache erster Stufe ist für die modelltheoretische Charakterisierung der Begriffe und Resultate dieses und des folgenden Kapitels geeigneter.

14.1.3 Gewöhnliche und volle semantische Strukturen. Eine *semantische Struktur für die Symbolmenge* S, kurz: *semantische* S-*Struktur*, ist ein Paar $\mathfrak{A} = \langle A, \mathfrak{a} \rangle$, für das gilt:

(1) A ist eine nicht-leere Menge; sie wird *Gegenstandsbereich* oder *Universum von* $\mathfrak{A}$, auch *Trägermenge* (oder kurz: *Träger*) *von* $\mathfrak{A}$ genannt.

(2) $\mathfrak{a}$ ist eine Funktion, die S-Symbolen als Argumenten im folgenden Sinn passende Denotate in A zuordnet:
  (*a*) Für jedes n-stellige Prädikat P^n aus S ist $\mathfrak{a}(P^n)$ eine Menge geordneter n-Tupel von Elementen aus A.
  (*b*) Für jedes m-stellige Funktionszeichen f^m aus S ist $\mathfrak{a}(f^m)$ eine n-stellige Funktion über A, d. h. $\mathfrak{a}(f^m): A^m \to A$.
  (*c*) Für jede Konstante c aus S ist $\mathfrak{a}(c)$ ein Element aus A.

$\mathfrak{a}$ wird die *Designationsfunktion von* $\mathfrak{A}$ (oder auch die *Denotationsfunktion von* $\mathfrak{A}$ bzw. die *Interpretationsfunktion von* $\mathfrak{A}$) genannt. Unter stärkerer Verwendung mengentheoretischer Symbole ließe sich die Designationsfunktion folgendermaßen definieren:

(a_1) $D_I(\mathfrak{a}) = \hat{S}$.

(b_1) $\mathfrak{a}|_{Pr_S}: Pr_S \to \bigcup\{Pot(A^n) \mid n \in \mathbb{Z}^+\}$
$P^n \mapsto \mathfrak{a}(P^n) \in Pot(A^n)$

(b_2) $\mathfrak{a}|_{Fu_S}: Fu_S \to \bigcup\{A^{(A^m)} \mid m \in \mathbb{Z}^+\}$
$f^m \mapsto \mathfrak{a}(f^m) \in A^{(A^m)}$ (d. h. $\mathfrak{a}(f^m): A^m \to A$)

(b_3) $\mathfrak{a}|_{Ko_S}: Ko_S \to A$.

Da wir in diesem wie im nächsten Kapitel keine weiteren Strukturen außer semantischen Strukturen betrachten werden, lassen wir gewöhnlich das Adjektiv ‚semantisch' fort und sprechen einfach von S-Strukturen. Wenn entweder aus dem Kontext klar hervorgeht, welche Symbolmenge S gemeint ist, oder die Natur dieser Menge keine Rolle spielt, lassen wir auch das ‚S' fort, so daß nur mehr über Strukturen geredet wird. Analoge Konventionen zur sprachlichen Vereinfachung gelten auch für den folgenden Begriff der vollen semantischen S-Struktur.

Dafür benötigen wir einen Hilfsbegriff: Eine *Variablenbelegung über (einer Menge) A* sei eine Funktion $\eta: Var \to A$, die Variablen Elemente aus A zuordnet.

Eine *volle semantische* S-*Struktur* ist ein Paar $\mathfrak{A}^* = \langle A, \mathfrak{a}^* \rangle$, für das gilt:

(1) A ist eine nicht-leere Menge; die Bezeichnungen seien analog gewählt wie in der vorigen Definition.

(2) $\mathfrak{a}^*$ ist die Vereinigung zweier Funktionen $\mathfrak{a}$ und η, also $\mathfrak{a}^* = \mathfrak{a} \cup \eta$; dabei ist $\mathfrak{a}$ eine Designationsfunktion im Sinne der vorigen Definition (und zwar zu der Struktur $\langle A, \mathfrak{a} \rangle$), während η eine Variablenbelegung über A ist.

Eine präzisere Fassung von (2) würde folgendermaßen lauten:

(2*) $\mathfrak{a}^*$ ist eine Funktion, so daß:
  (*a*) $D_I(\mathfrak{a}^*) = \hat{S} \cup Var$;
  (*b*) $\langle A, \mathfrak{a}^*|_{\hat{S}} \rangle$ ist eine S-Struktur;
  (*c*) $\eta := \mathfrak{a}^*|_{Var}$ ist eine Variablenbelegung über A.

$\mathfrak{a}^*$ wird die *volle Designationsfunktion von* $\mathfrak{A}^*$ bzw. die *volle Interpretationsfunktion von* $\mathfrak{A}^*$ genannt.

Kommt es in einem Zusammenhang bei einer vollen Struktur nicht auf die Belegung der Variablen durch die volle Designationsfunktion an, so sprechen wir von dieser *vollen* Struktur nur als von einer Struktur und schreiben gelegentlich ‚die Struktur $\mathfrak{A}$' für eine volle Struktur $\mathfrak{A}^*$. Sofern wir ausdrücklich betonen wollen, daß eine Struktur keine volle Struktur ist, nennen wir sie eine *gewöhnliche* Struktur.

Wir bezeichnen eine gewöhnliche bzw. eine volle Struktur als *endlich*, *abzählbar* oder *unendlich*, je nachdem, ob ihre Trägermenge endlich, abzählbar oder unendlich ist.

14.1.4 Abstrakte Bewertungssemantik. Modellbeziehung und logische Folgerung. Für die Einführung von Bewertungsfunktionen werden wir den wichtigen Hilfsbegriff der Strukturvariante benötigen, den wir bereits jetzt einführen.

Es sei $\mathfrak{A}^* = \langle A, \mathfrak{a}^* \rangle$ eine volle Struktur; ferner sei $x \in Var$ und $a \in A$. Wir definieren zunächst die Funktion

$$\mathfrak{a}^{*a}_{x} := (\mathfrak{a}^* \setminus \{\langle x, \mathfrak{a}^*(x) \rangle\}) \cup \{\langle x, a \rangle\}.$$

$\mathfrak{a}^{*a}_{x}$ ist also diejenige Funktion, die x den Wert a zuordnet und im übrigen mit $\mathfrak{a}^*$ identisch ist. Wir wollen die Funktion $\mathfrak{a}^{*a}_{x}$ die $\langle x, a \rangle$-*Abwandlung von* $\mathfrak{a}^*$ nennen.

Die volle Struktur $\mathfrak{A}^{*a}_{x} := \langle A, \mathfrak{a}^{*a}_{x} \rangle$ werde die $\langle x, a \rangle$-*Strukturvariante von* $\mathfrak{A}^*$ genannt.

Die *volle Bewertungsfunktion* $V_{\mathfrak{A}^*}$ von $\mathfrak{A}^*$ führen wir in zwei Schritten ein[1]: In einem Schritt erweitern wir die Designationsfunktion $\mathfrak{a}^*$ auf solche Weise, daß auch sämtlichen komplexen Termen eindeutig Denotate

---

1 Das Symbol ‚V' ist der erste Buchstabe des englischen Synonyms ‚Valuation' für ‚Bewertung'.

zugeordnet werden. Im zweiten Schritt definieren wir die Bewertungsfunktion im eigentlichen Sinn und zwar zunächst für atomare und dann für komplexe Formeln: Für atomare Formeln wird sie durch die gerade erwähnte Interpretationserweiterung eindeutig induziert; für junktorenlogisch komplexe Formeln werden die Regeln für Boolesche Bewertungen übernommen; und für quantifizierte Formeln erfolgt die Definition mit Hilfe des eben eingeführten Begriffs der Strukturvariante.

Eigentlich sollten wir zu diesem Zweck drei verschiedene Zeichen einführen: Neben der Bezeichnung für die ursprüngliche volle Designationsfunktion ein neues Symbol zur Bezeichnung der „Interpretationserweiterung" dieser Funktion auf beliebige Terme und schließlich einen Namen für die Bewertungsfunktion i.e.S., die Formeln Wahrheitswerte zuordnet. Um eine derartige Inflation an Bezeichnungen zu vermeiden, beschließen wir einfach, die Funktion $V_{\mathfrak{A}^*}$ alle diese drei Rollen übernehmen zu lassen; insbesondere soll sie die Funktion $\mathfrak{a}^*$ einschließen. Dementsprechend führen wir $V_{\mathfrak{A}^*}$ in drei Schritten ein:

(*I*) *Erster Schritt:* Für die Zeichen der Symbolmenge und die freien Variablen sei $V_{\mathfrak{A}^*}$ mit $\mathfrak{a}^*$ identisch.

(*II*) *Zweiter Schritt:* Für komplexe Terme definieren wir $V_{\mathfrak{A}^*}$ als sogenannten Applikationshomomorphismus, d. h. wir identifizieren den Wert eines Terms von der Gestalt $f^m\, t_1 \ldots t_m$ mit dem Designat von f^m bei $V_{\mathfrak{A}^*}$ (d. h.: bei $\mathfrak{a}^*$), angewandt auf die Werte $V_{\mathfrak{A}^*}(t_i)$. Genauer:

Für $m \in \omega$, $f^m \in Fu_S^m$ und $t_1, \ldots, t_m \in \mathbf{T}_S$ ist

$$V_{\mathfrak{A}^*}(f^m t_1 \ldots t_m) := V_{\mathfrak{A}^*}(f^m)(V_{\mathfrak{A}^*}(t_1), \ldots, V_{\mathfrak{A}^*}(t_m)).$$

(*III*) *Dritter Schritt:* Für Formeln soll $V_{\mathfrak{A}^*}$ eine quantorenlogische Bewertungsfunktion sein, genauer:

(1) (*a*) Für $n \in \omega$, $P^n \in Pr_S^n$ und $t_1, \ldots, t_n \in \mathbf{T}_S$ ist

$$V_{\mathfrak{A}^*}(P^n t_1 \ldots t_n) = \mathbf{w} \Leftrightarrow \langle V_{\mathfrak{A}^*}(t_1), \ldots, V_{\mathfrak{A}^*}(t_n) \rangle \in V_{\mathfrak{A}^*}(P^n).$$

(*b*) Für $t_1, t_2 \in \mathbf{T}_S$ ist

$$V_{\mathfrak{A}^*}(t_1 = t_2) \doteq \mathbf{w} \Leftrightarrow V_{\mathfrak{A}^*}(t_1) \doteq V_{\mathfrak{A}^*}(t_2).$$

(2) $V_{\mathfrak{A}^*}(\neg \Phi)$ sowie $V_{\mathfrak{A}^*}(\Phi \mathrm{j} \Psi)$ mit $\Phi, \Psi \in \mathbf{F}_S$ und beliebigem zweistelligen Junktor j wird gemäß den üblichen Regeln für Boolesche Bewertungen definiert.

(3) (*a*) Es habe $\Phi \in \mathbf{F}_S$ die Gestalt $\bigwedge x \Psi$.
Dann ist

$$V_{\mathfrak{A}^*}(\Phi) = \mathbf{w} \Leftrightarrow (\text{für alle } a \in A \text{ und alle } \langle x, a \rangle\text{-Strukturvarianten } \mathfrak{A}^{*a}_{\,x} \text{ von } \mathfrak{A}^* \text{ gilt: } V_{\mathfrak{A}^{*a}_{\,x}}(\Psi) = \mathbf{w}).$$

(*b*) Es habe $\Phi \in \mathbf{F}_S$ die Gestalt $\bigvee x \Psi$.
Dann ist
$V_{\mathfrak{A}^*}(\Phi) = \mathbf{w} \Leftrightarrow$ (es gibt $a \in A$, so daß für die $\langle x, a \rangle$-Strukturvariante von $\mathfrak{A}^*$ gilt: $V_{\mathfrak{A}^* \frac{a}{x}}(\Psi) = \mathbf{w}$).

(Gemäß (3) (a) und (b) ist also eine all- bzw. existenzquantifierte Formel bei der vollen Bewertungsfunktion $V_{\mathfrak{A}^*}$ genau dann wahr, wenn sich bei jeder bzw. bei mindestens einer Abwandlung der vollen Designationsfunktion an der Stelle der quantifizierten Variablen der Wert *wahr* für den hinter dem Quantor stehenden Formelteil ergibt.)

Entsprechend der obigen Ankündigung übernimmt $V_{\mathfrak{A}^*}$ im ersten Schritt die Aufgaben der vollen Designationsfunktion $\mathfrak{a}^*$. Im zweiten Schritt wird diese Aufgabe auf solche Weise erweitert, daß auch beliebigen komplexen Termen eindeutig ein Element der Trägermenge A zugeordnet wird.

Bei diesem zweiten Schritt handelt es sich um eine rekursive Zuordnung von Werten für komplexe Terme. Dieses Zuordnungsverfahren ist zulässig, da die Terme $t_1, \ldots, t_m$, auf deren Werte $V_{\mathfrak{A}^*}(t_1), \ldots, V_{\mathfrak{A}^*}(t_m)$ zurückgegriffen wird, jeweils kürzer als $f^m t_1 \ldots t_m$ sind (und $V_{\mathfrak{A}^*}(f^m)$ nach dem ersten Schritt mit $\mathfrak{a}^*(f^m)$ identisch ist).

Erst im dritten Schritt wird $V_{\mathfrak{A}^*}$ als Bewertungsfunktion i.e.S. eingeführt, die für Formeln definiert ist. Dabei ist zwar der Teilschritt (III)(1) interpretationssemantisch formuliert, die Teilschritte (2) und (3) hingegen verfahren rein bewertungssemantisch. (Weiter unten wird diesem Vorgehen ein rein interpretationssemantisches gegenübergestellt, bei dem überhaupt keine Bewertungsfunktion Verwendung findet.) Auch in diesem Schritt handelt es sich um ein zulässiges rekursives Vorgehen, da ausschließlich auf die Bewertung kürzerer Formeln zurückgegriffen wird sowie auf die nach dem zweiten Schritt festliegenden Werte komplexer Terme und die nach dem ersten Schritt vorgegebenen Denotate von Prädikaten.

Jetzt können wir die wichtigsten metalogischen Begriffe einführen und im Zusammenhang damit gewisse terminologische Vereinbarungen treffen. Grundlegend für alles Weitere ist die sogenannte *Modellbeziehung*, die zwischen einer vollen Struktur $\mathfrak{A}^*$ und einer Formel φ genau dann besteht, „wenn $\mathfrak{A}^*$ ein φ erfüllendes Modell bildet". Diese Beziehung läßt sich mittels der durch $\mathfrak{A}^*$ eindeutig festgelegten vollen Bewertungsfunktion $V_{\mathfrak{A}^*}$ sofort definieren:

S sei eine Symbolmenge. Dann ist *die zu* S *gehörige Modellbeziehung* Mod_S eine zweistellige Relation zwischen der Klasse der vollen Strukturen und $\mathbf{F}_S$, der Klasse der S-Formeln mit:

$Mod_S(\mathfrak{A}^*, \varphi)$: gdw $V_{\mathfrak{A}^*}(\varphi) = \mathbf{w}$, wobei $\mathfrak{A}^*$ eine volle S-Struktur und $\varphi \in \mathbf{F}_S$ ist.

Wir lesen ‚$Mod_S(\mathfrak{A}^*, \varphi)$' als: ‚$\mathfrak{A}^*$ *ist ein* S-*Modell von* φ'. Zwei andere übliche Lesarten lauten: ‚$\mathfrak{A}^*$ *erfüllt* φ' bzw. ‚φ *gilt in* (der vollen Struktur) $\mathfrak{A}^*$'. Gewöhnlich werden wir die erste Lesart bevorzugen. Falls man die dritte Leseweise wählt, ist folgendes zu beachten: Wenn man zwecks Vereinfachung die Erwähnung der Struktur unterläßt, da diese aus dem Zusammenhang hervorgeht, so besteht die Gefahr, daß man eine Zweideutigkeit erzeugt: Die „Gültigkeit" einer Formel φ kann je nach Kontext entweder das Gelten von φ in einer (nicht explizit erwähnten) Struktur, also die *Erfüllbarkeit* von φ, oder die *logische Gültigkeit* von φ bedeuten. Wir werden daher diese Redeweise nur sehr selten und nur auf solche Weise benützen, daß keine Mehrdeutigkeitsgefahr auftritt.

Wenn es in einem bestimmten Zusammenhang irrelevant ist, welches S gemeint ist, so schreiben wir statt ‚Mod_S' einfach ‚Mod'. Falls es auf die Art der Variablenbelegung nicht ankommt, verwenden wir die Ausdrucksweise ‚volle Bewertungsfunktion', ‚Strukturvariante' und ‚Modellbeziehung' auch dann, wenn wir uns nur auf gewöhnliche Strukturen beziehen. In diesem Sinn werden wir, wenn eine *beliebige* Erweiterung der gewöhnlichen Struktur $\mathfrak{A}$ zu einer vollen Struktur Modell von φ ist, auch ‚$Mod(\mathfrak{A}, \varphi)$' schreiben und entsprechend $V_{\mathfrak{A}}$ als die Restriktion der Funktion $V_{\mathfrak{A}^*}$ auf Sätze auffassen.

In einigen Fällen werden wir, wie dies heute vielfach üblich ist, ‚$\mathfrak{A}^* \models \varphi$' statt ‚Mod($\mathfrak{A}^*, \varphi$)' schreiben.

Die Modellbeziehung läßt sich auch auf Formel*mengen* verallgemeinern: Ist M eine Menge von S-Formeln und $\mathfrak{A}^*$ eine volle S-Struktur, so soll ‚$Mod_S(\mathfrak{A}^*, M)$' bzw. ‚$\mathfrak{A}^* \models M$' (sprich: ‚$\mathfrak{A}^*$ *ist Modell von* M') dasselbe besagen wie: ‚Für alle $\varphi \in M$ gilt $Mod_S(\mathfrak{A}^*, \varphi)$'.

Der Begriff der logischen Folgerung kann nun auf die Modellbeziehung zurückgeführt werden:

Es sei S eine Symbolmenge, ferner sei $M \subseteq \mathbf{F}_S$ und $\psi \in \mathbf{F}_S$ (d. h. M sei eine Menge von S-Formeln und ψ eine S-Formel). Dann sagen wir:

Aus M *folgt logisch*$_S$ ψ (kurz: $M \Vdash_S \psi$): gdw

$$\bigwedge \mathfrak{A}^*(Mod_S(\mathfrak{A}^*, M) \Rightarrow Mod_S(\mathfrak{A}^*, \psi))$$

(d. h.: jede (volle) S-Struktur $\mathfrak{A}^*$, die Modell von M, d. h. Modell sämtlicher Elemente von M ist, erfüllt auch ψ).

Statt ‚$\{\varphi\} \Vdash \psi$' bzw. ‚$\{\varphi_1, \ldots, \varphi_n\} \Vdash \psi$' schreiben wir abkürzend auch ‚$\varphi \Vdash \psi$' bzw. ‚$\varphi_1, \ldots, \varphi_n \Vdash \psi$'.

Weitere metatheoretische Begriffe lassen sich jetzt wie üblich einführen.

$\varphi \in \mathbf{F}_S$ heißt *logisch gültig* oder *allgemeingültig* (kurz: $\Vdash \varphi$): gdw $\emptyset \Vdash \varphi$. (Dies steht mit der Intuition im Einklang, daß jede volle Struktur φ erfüllt; denn jede volle Struktur ist trivialerweise Modell aller Elemente von $\emptyset$, da $\emptyset$ keine Elemente enthält.)

$\varphi \in \mathbf{F}_S$ heißt *erfüllbar*: gdw $\bigvee \mathfrak{A}^*(Mod_S(\mathfrak{A}^*, \varphi))$.

Ferner wird eine Menge $M \subseteqq \mathbf{F}_S$ *erfüllbar* genannt gdw $\bigvee \mathfrak{A}^*(Mod_S(\mathfrak{A}^*, M))$.

Für die Einführung des Begriffs der logischen Äquivalenz stehen uns drei Möglichkeiten zur Verfügung, die aufgrund der bisher eingeführten Begriffe leicht als gleichwertig erkennbar sind (Übungsaufgabe):

Wir sagen, daß φ und ψ, mit $\varphi, \psi \in \mathbf{F}_S$, *logisch äquivalent* sind gdw eine der drei folgenden Bedingungen erfüllt sind:

(*a*) $\Vdash \varphi \leftrightarrow \psi$;
(*b*) für alle vollen Strukturen $\mathfrak{A}^*$: $Mod_S(\mathfrak{A}^*, \varphi) \Leftrightarrow Mod_S(\mathfrak{A}^*, \psi)$;
(*c*) $\varphi \Vdash \psi \Leftrightarrow \psi \Vdash \varphi$.

Anmerkung zur Terminologie. Leider gibt es bei der Verwendung semantischer Begriffe erhebliche terminologische Abweichungen. Wir erwähnen kurz die wichtigsten Varianten zu dem hier verwendeten Sprachgebrauch.

Für die Formulierung ‚(die Struktur) $\mathfrak{A}$ *ist Modell von* φ‘ finden sich häufig die folgenden drei Wendungen: ‚φ *ist wahr in* (der Struktur) $\mathfrak{A}$‘, ‚φ *gilt in* $\mathfrak{A}$‘ (oder: ‚φ *ist gültig in* $\mathfrak{A}$‘) bzw. ‚$\mathfrak{A}$ *erfüllt* φ‘. Die letzten beiden Fassungen werden auch wir gelegentlich gebrauchen. Bei Verwendung des Wortes ‚gültig‘ ist, wie bereits erwähnt, besondere Vorsicht geboten: Einige Autoren verzichten auf die explizite Erwähnung einer Struktur, wenn diese aus dem Zusammenhang erschlossen werden kann. In einem solchen Fall wird ‚φ ist gültig‘ zweideutig und kann zu Mißverständnissen führen: Diese Wendung kann dann entweder bedeuten ‚φ ist *logisch* gültig‘ oder ‚φ ist gültig *in einer bestimmten* Struktur‘ (die nicht genannt, da aus dem Kontext erschließbar ist); letzteres ist natürlich synonym mit logischer *Erfüllbarkeit.*

Eine stärkere Abweichung von unserem Sprachgebrauch liegt vor, wenn Autoren (semantische) Strukturen als *Modelle* (engl. ‚models‘) bezeichnen. (Bei uns sind Modelle im Sinne dieser Autoren bloß mögliche Modelle; denn jede Struktur ist mögliches Modell von etwas, nämlich von jedem Satz ihrer – bekanntlich nicht leeren – semantischen Theorie.) Die Modellbeziehung in unserem Sinn kann dann, zwecks Vermeidung einer Äquivokation, nicht mehr mit Hilfe der Wendung ‚Modell von‘ ausgedrückt werden. Meist wird dabei auf eine der drei oben erwähnten Alternativen zurückgegriffen und z. B. von den einen Satz wahrmachenden oder ihn erfüllenden Modellen gesprochen.

Abweichungen ergeben sich auch in bezug auf die Verwendung von ‚*Interpretation*‘. Wenn $\mathfrak{A} = \langle A, \mathfrak{a} \rangle$ eine Struktur (in unserem Sinn) ist, so nennen wir $\mathfrak{a}$ wahlweise eine Designations-, Denotations- oder Interpretationsfunktion. Manche Autoren sprechen hier einfach von „der Interpretation“. Andere wiederum reservieren den Interpretationsbegriff für spezielle Strukturen, so etwa diejenigen, welche gewöhnliche Strukturen (in unserem Sinn) *Modelle* und volle Strukturen (in unserem Sinn) *Interpreta-*

tionen nennen. Bei diesem letzten Wortgebrauch überlagern sich drei Bedeutungen von ‚Interpretation': Erstens wird die ganze Struktur so bezeichnet. Zweitens enthält diese Struktur als eine Komponente die „Interpretation" der Konstanten, d.h. die Designationsfunktion $\mathfrak{a}$. Und drittens kommt darin noch eine „Interpretation" der Variablen vor, nämlich das, was wir die Variablenbelegung η nennen.

14.1.5 Das Lemma über Kontextfreiheit (Koinzidenzlemma). Es gibt zwei grundlegende Lemmata der abstrakten Semantik. Das erste ist das Lemma über Kontextfreiheit. Es beinhaltet den intuitiv einleuchtenden Sachverhalt, daß es bei der Interpretation einer Formel durch volle Strukturen nur auf die Deutung der in der Formel vorkommenden Symbole (nicht-logischen Konstanten) und freien Variablen ankommt (negativ formuliert: Die Deutung der in einer Formel nicht vorkommenden Symbole und freien Variablen ist für die Interpretation dieser Formel ohne jede Relevanz). Das zweite ist das Isomorphielemma, welches die Gleichwertigkeit von Strukturen bezüglich der Modellbeziehung mittels des Isomorphiebegriffs zu charakterisieren hilft. Während wir den Beweis des letzteren auf Abschn. 4 verschieben müssen, da der Isomorphiebegriff erst dort präzisiert wird, kann das erste Lemma bereits hier als gültig erwiesen werden.

Lemma über Kontextfreiheit (Koinzidenzlemma) *Für beliebige Symbolmengen* S_1 *und* S_2 *sei* $\mathfrak{A}_1^* = \langle A_1, \mathfrak{a}_1^* \rangle$ *eine volle* S_1*-Struktur mit* $\mathfrak{a}_1^* = \mathfrak{a}_1 \cup \eta_1$ (Variablenbelegung η_1) *und* $\mathfrak{A}_2^* = \langle A_2, \mathfrak{a}_2^* \rangle$ *eine volle* S_2*-Struktur* mit $\mathfrak{a}_2^* = \mathfrak{a}_2 \cup \eta_2$ (Variablenbelegung η_2). *Die beiden Träger seien identisch,* d.h. $A_1 = A_2$. *Ferner sei* S *eine Symbolmenge mit* $S \subseteq S_1 \cap S_2$.

(*I*) *Es sei t ein S-Term. Falls die beiden vollen Bewertungsfunktionen* $V_{\mathfrak{A}_1^*}$ *und* $V_{\mathfrak{A}_2^*}$ *den in t vorkommenden Symbolen aus* S *und Variablen dieselben Werte zuordnen, gilt:*

$$V_{\mathfrak{A}_1^*}(t) = V_{\mathfrak{A}_2^*}(t).$$

(*II*) *Es sei* φ *eine S-Formel. Falls die beiden vollen Bewertungsfunktionen* $V_{\mathfrak{A}_1^*}$ *und* $V_{\mathfrak{A}_2^*}$ *den in* φ *vorkommenden Symbolen aus* S *und freien Variablen dieselben Werte zuordnen, gilt:*

$$Mod_{S_1}(\mathfrak{A}_1^*, \varphi) \Leftrightarrow Mod_{S_2}(\mathfrak{A}_2^*, \varphi).$$

Beweis: Durch Induktion über den Aufbau der Terme und Formeln.

(*I*) t sei eine Variable x oder eine Konstante $c \in S$. Dann gilt nach Voraussetzung:

$$V_{\mathfrak{A}_1^*}(t) = V_{\mathfrak{A}_2^*}(t).$$

t habe die Gestalt $f\,t_1 \ldots t_m$.
Dann gilt:

$V_{\mathfrak{A}_1^*}(t) = V_{\mathfrak{A}_1^*}(f)(V_{\mathfrak{A}_1^*}(t_1), \ldots, V_{\mathfrak{A}_1^*}(t_m))$

$= V_{\mathfrak{A}_2^*}(f)(V_{\mathfrak{A}_2^*}(t_1), \ldots, V_{\mathfrak{A}_2^*}(t_m))$ (nach I.V. für die t_i, sowie für f, da $f \in S$ nach Voraussetzung)

$= V_{\mathfrak{A}_2^*}(t)$.

(II) Für Formeln greifen wir einen atomaren Fall sowie den Existenzfall heraus (der andere atomare Fall ist analog zu behandeln und die junktorenlogischen Fälle sind trivial).

(a) φ sei identisch mit $P^n t_1 \ldots t_n$ mit $P^n \in S$ und S-Termen $t_1, \ldots, t_n$. Es gilt:

$Mod_S(\mathfrak{A}_1^*, \varphi)$ gdw $V_{\mathfrak{A}_1^*}(t_1), \ldots, V_{\mathfrak{A}_1^*}(t_n)\rangle \in V_{\mathfrak{A}_1^*}(P^n)$ (nach Def. von $V_{\mathfrak{A}_1^*}$ sowie nach Def. der Modellbeziehung)

gdw $\langle V_{\mathfrak{A}_2^*}(t_1), \ldots, V_{\mathfrak{A}_2^*}(t_n)\rangle \in V_{\mathfrak{A}_1^*}(P^n)$ (nach I.V.)

gdw $\langle V_{\mathfrak{A}_2^*}(t_1), \ldots, V_{\mathfrak{A}_2^*}(t_n)\rangle \in V_{\mathfrak{A}_2^*}(P^n)$ (da für $P^n \in S$ die vollen Bewertungsfunktionen übereinstimmen)

gdw $Mod_S(\mathfrak{A}_2^*, \varphi)$.

(b) φ sei identisch mit $\bigvee x\psi$. Es gilt:

$Mod_S(\mathfrak{A}_1^*, \varphi)$ gdw es gibt $a \in A_1$, so daß $Mod_S(\mathfrak{A}_{1x}^{*a}, \psi)$

gdw es gibt $a \in A_2$, so daß $Mod_S(\mathfrak{A}_{2x}^{*a}, \psi)$

(nach I.V., angewandt auf ψ, $\mathfrak{A}_{1x}^{*a}$ und $\mathfrak{A}_{2x}^{*a}$ sowie wegen der Voraussetzung $A_1 = A_2$ und der Tatsache, daß die freien Variablen von ψ aus den freien Variablen von φ und x bestehen)

gdw $Mod_S(\mathfrak{A}_2^*, \varphi)$. □

14.1.6 Das Substitutionslemma. Wir führen noch einen für gewisse Beweiszwecke förderlichen Hilfssatz an, der die simultane Substitution von Variablen durch Terme betrifft. Dabei sei der Ausdruck

$$\varphi\begin{pmatrix} t_1 \ldots t_r \\ x_1 \ldots x_r \end{pmatrix}$$

für paarweise verschiedene Variable $x_1, \ldots, x_r$ als die simultane Substitution der x_i durch t_i (für $i = 1, \ldots, r$) in $\varphi \in \mathbf{F}_S$ induktiv definiert. Zur Verhinderung unzulässiger „Neubindungen" in $\varphi\begin{pmatrix} t_1 \ldots t_r \\ x_1 \ldots x_r \end{pmatrix}$ sei zuvor jede in φ auftretende gebundene Variable durch eine in $t_1, \ldots, t_r$ nicht auftretende Variable ersetzt. (Analog für $t \in \mathbf{T}_S$ statt φ.)

Für $\varphi := \bigvee x\psi$ z.B. muß der Schritt in der induktiven Definition lauten:

$$\varphi\begin{pmatrix} t_1 \ldots t_r \\ x_1 \ldots x_r \end{pmatrix} := \begin{cases} \bigvee w\psi\begin{pmatrix} t_1 \ldots t_r \; w \\ x_1 \ldots x_r \; x \end{pmatrix}, \text{ falls } x \neq x_1, \ldots, x \neq x_r; \\ \bigvee w\psi\begin{pmatrix} t_1 \ldots t_{i-1} \; t_{i+1} \ldots t_r \; w \\ x_1 \ldots x_{i-1} \; x_{i+1} \ldots x_r \; x \end{pmatrix}, \text{ falls } x = x_i; \end{cases}$$

dabei ist w *die erste in* $x_1, \ldots, x_r, x, \varphi, t_1, \ldots, t_r$ *nicht auftretende Variable.*

Anmerkung. Man beachte, daß im allgemeinen $\varphi\begin{pmatrix} t \\ x \end{pmatrix}\begin{matrix} t' \\ x' \end{matrix}$ verschieden ist von $\varphi\begin{pmatrix} t & t' \\ x & x' \end{pmatrix}$. Es sei etwa φ identisch mit fxx', t sei x' und t' sei x'' mit paarweise verschiedenen x, x', x''. Dann ist $\varphi\begin{pmatrix} t \\ x \end{pmatrix}\begin{matrix} t' \\ x' \end{matrix} = (fx'x')\begin{matrix} t' \\ x' \end{matrix} = fx''x''$, hingegen $\varphi\begin{pmatrix} t & t' \\ x & x' \end{pmatrix} = fx'x''$.

Das Substitutionslemma besagt inhaltlich: ‚Das Denotat eines Terms bzw. der Wahrheitswert einer Formel in einer Struktur bei Ersetzung von paarweise verschiedenen freien Variablen $x_1, \ldots, x_r$ durch beliebige Terme $t_1, \ldots, t_r$ ist gleich dem Denotat des Terms bzw. dem Wahrheitswert der Formel in der r-fachen Strukturvariante, bei der jeweils x_i das Denotat von t_i in der ursprünglichen Struktur zugeordnet erhält.' Hier erweist sich die oben erwähnte Vorsichtsmaßnahme gegen Neubindungen als wesentlich.

Substitutionslemma (oder: **Regularitätslemma**) *Es sei* $\varphi \in \mathbf{F}_S$; $\mathfrak{A}^*$ *eine volle S-Struktur;* $x_1, \ldots, x_r$ *seien paarweise verschiedene Variablen und* $t_1, \ldots, t_r$ *beliebige S-Terme. Dann gilt für alle* $t \in \mathbf{T}_S$ *und* $\varphi \in \mathbf{F}_S$:

(i) $V_{\mathfrak{A}^*}\left(t\begin{pmatrix} t_1 \ldots t_r \\ x_1 \ldots x_r \end{pmatrix}\right) = V_{\mathfrak{A}^{*\prime}}(t)$;

(ii) $V_{\mathfrak{A}^*}\left(\varphi\begin{pmatrix} t_1 \ldots t_r \\ x_1 \ldots x_r \end{pmatrix}\right) = \mathbf{w}$ gdw $V_{\mathfrak{A}^{*\prime}}(\varphi) = \mathbf{w}$

mit $\mathfrak{A}^{*\prime}$ als r-facher $\langle x_i, V_{\mathfrak{A}^*}(t_i)\rangle$-Strukturvariante von $\mathfrak{A}^*$.

Der Beweis erfolgt durch Induktion über den Aufbau der Terme und Formeln unter Benützung des Koinzidenzlemmas.

14.1.7 Reine Interpretationssemantik. Für den Aufbau der abstrakten Semantik haben wir eine Variante der Bewertungssemantik gewählt. In den Vorbemerkungen von Kap. 9 ist gezeigt worden, daß die intuitive Bewertungs- und Interpretationssemantik gleichwertig sind. Dabei wurde allerdings ein Kunstgriff von SMULLYAN benützt, wonach erstens eine Interpretation eindeutig eine atomare Bewertung induziert (und umgekehrt) und zweitens eine atomare Bewertung bereits die gesamte Bewertung eindeutig festlegt. Die dortige „Interpretationssemantik" war somit im Grunde eine *Mischform*, in welcher noch immer der bewertungssemantische Aspekt das Übergewicht hatte. Wir wollen noch kurz der Frage nachgehen, wie im gegenwärtigen Rahmen eine von solcher „Mischung" befreite, reine Interpretationssemantik aussieht. Dies ist außer von systematischem auch von historischem Interesse, da die erstmals von A. TARSKI formulierte Semantik eine reine Interpretationssemantik war.

Unter einer *reinen Interpretationssemantik* versteht man gewöhnlich einen solchen Aufbau der Semantik, der überhaupt keine Bewertungsfunktion benützt, sondern unmittelbar eine Definition der Modellbeziehung durch Induktion nach der Formelkomplexität liefert. Wir geben eine solche Definition, wobei wir im voraus darauf hinweisen, daß der Unterschied zu der soeben eingeführten Fassung so gering gehalten werden soll, daß man fast von einer bloß *notationellen Variante* derselben Semantik sprechen könnte.

Ist $\mathfrak{A}^* = \langle A, \mathfrak{a} \cup \eta \rangle$ mit $\mathfrak{a}^* = \mathfrak{a} \cup \eta$ eine volle S-Struktur, so definieren wir für beliebige S-Terme t die Relation ‚$\mathfrak{A}^*$ *ordnet* t *kanonisch* $\alpha \in A$ *als Denotat zu*' und für beliebige S-Formeln φ die Relation ‚$\mathfrak{A}^*$ *erfüllt* φ' induktiv nach dem Aufbau von t bzw. von φ wie folgt:

(*I*) (1) $\mathfrak{A}^*$ ordnet $x \in Var$ kanonisch $\mathfrak{a}^*(x) = \eta(x) \in A$ als Denotat zu;

(2) $\mathfrak{A}^*$ ordnet $c \in Ko_S$ kanonisch $\mathfrak{a}^*(c) = \mathfrak{a}(c) \in A$ als Denotat zu;

(3) $\mathfrak{A}^*$ ordnet $f^n t_1 \ldots t_n$ (für $f^n \in Fu^n_S$ und $t_1, \ldots, t_n \in \mathbf{T}_S$) kanonisch $(\mathfrak{a}(f^n)(a_1, \ldots, a_n)) \in A$ als Denotat zu, wobei (für $i = 1, \ldots, n$) a_i das durch $\mathfrak{A}^*$ dem Term t_i kanonisch zugeordnete Denotat ist.

(*II*) (1) $\mathfrak{A}^*$ erfüllt $P^n t_1 \ldots t_n$ (für $P^n \in Pr^n_S$ und $t_1, \ldots, t_n \in \mathbf{T}_S$) gdw das n-Tupel der durch $\mathfrak{A}^*$ den Termen $t_1, \ldots, t_n$ kanonisch zugeordneten Denotate Element von $\mathfrak{a}(P^n)$ ist;

(2) $\mathfrak{A}^*$ erfüllt $t_1 = t_2$ (für $t_1, t_2 \in \mathbf{T}_S$) gdw $\mathfrak{A}^*$ den Termen t_1 und t_2 dasselbe Denotat kanonisch zuordnet;

(3) $\mathfrak{A}^*$ erfüllt $\neg \varphi$ (für $\varphi \in \mathbf{F}_S$) gdw $\mathfrak{A}^*$ nicht φ erfüllt;

(4) $\mathfrak{A}^*$ erfüllt $\varphi \wedge \psi$ (für $\varphi, \psi \in \mathbf{F}_S$) gdw $\mathfrak{A}^*$ erfüllt φ und $\mathfrak{A}^*$ erfüllt ψ;

(5), (6) ‚$\mathfrak{A}^*$ erfüllt $\varphi \vee \psi$' bzw. ‚$\mathfrak{A}^*$ erfüllt $\varphi \rightarrow \psi$' analog;

(7) hat φ die Gestalt $\bigwedge x \psi$ (für $\psi \in \mathbf{F}_S$, $x \in Var$), dann: $\mathfrak{A}^*$ erfüllt φ gdw für alle $a \in A$ und alle $\langle x, a \rangle$-Strukturvarianten von $\mathfrak{A}^*$ gilt: $\mathfrak{A}^{*a}_x$ erfüllt ψ;

(8) ‚$\mathfrak{A}^*$ erfüllt $\bigvee x \psi$' analog.

Die Bestimmungen (I) entsprechen fast unmittelbar den definitorischen Bestimmungen der vollen Bewertungsfunktion $V_{\mathfrak{A}^*}$ für komplexe

Terme. Für ein auf der Grundlage der Relation ‚$\mathfrak{A}^*$ ordnet t kanonisch α als Denotat zu' eingeführtes $V_{\mathfrak{A}^*}$ hätte man sich lediglich von der *Funktionalität* dieser Relation in bezug auf Terme als Argumente zu überzeugen sowie von der Zulässigkeit des rekursiven Vorgehens (ganz ähnlich wie zuvor bei der Einführung von $V_{\mathfrak{A}^*}$).

Die Bestimmungen (II) entsprechen ebenfalls fast unmittelbar der Definition der vollen Bewertungsfunktion $V_{\mathfrak{A}^*}$ für Formeln als Argumente. Zwecks definitorischer Zurückführung auf diese Bestimmungen hätte man bloß $V_{\mathfrak{A}^*}$ als *charakteristische Funktion* der Erfüllungsrelation (mit $\mathfrak{A}^*$ als festgehaltenem ersten Argument) zu wählen und für die Zuordnung des Wahrheitswertes **f** die Bestimmung (II)(3) zu verwenden.

Sobald man sich von dieser Gleichwertigkeit überzeugt hat, weiß man, daß diese Erfüllungsrelation identisch ist mit der Modellbeziehung. Statt ‚$\mathfrak{A}^*$ erfüllt φ' können wir daher wieder $Mod(\mathfrak{A}^*, \varphi)$ schreiben.

14.2 Elemente der abstrakten Definitionstheorie

14.2.1 Definitionen bezüglich Satzmengen. S sei eine Symbolmenge, M eine Menge von S-Sätzen. P sei ein n-stelliges Prädikat; f sei ein m-stelliges Funktionszeichen und c eine Konstante; keines dieser Zeichen komme in S vor, d. h. $P \notin$S, $f \notin$S, $c \notin$S. ‚$\varphi(v_0, \ldots, v_n)$' sei ein Mitteilungszeichen für eine S-Formel, in der höchstens die Variablen $v_0, \ldots, v_n$ frei vorkommen.

(*I*) Jede Formel der Gestalt

$$\wedge v_0 \ldots \wedge v_{n-1}(P v_0 \ldots v_{n-1} \leftrightarrow \varphi(v_0, \ldots, v_{n-1}))$$

heißt eine S-*Definition von P* oder auch S-*Definition von P bezüglich M* mit beliebigem *M*.

(Die beiden Alternativen in der Formulierung ergeben sich daraus, daß bei Prädikaten die Relativierung auf eine Satzmenge *M* keine Rolle spielt, da hier keine Eindeutigkeitsbedingungen benötigt werden. In den beiden nächsten Fällen verhält sich dies anders.)

Wir nennen $\varphi(v_0, \ldots, v_{n-1})$ das S-*Definiens von P*.

(*II*) Jede Formel der Gestalt

$$\wedge v_0 \ldots \wedge v_{m-1} \wedge v_m(f v_0 \ldots v_{m-1} = v_m \leftrightarrow \varphi(v_0, \ldots, v_{m-1}, v_m)$$

heißt eine S-*Definition von f bezüglich M* genau dann, wenn gilt:

(∗) $M \Vdash \wedge v_0 \ldots \wedge v_{m-1} \vee !v_m \varphi(v_0, \ldots, v_{m-1}, v_m)$.

Wir nennen $\varphi(v_0, \ldots, v_{m-1}, v_m)$ das S-*Definiens von f* und (∗) die *Eindeutigkeitsbedingung für das* S-*Definiens von f bezüglich M;*

$\wedge v_0 \ldots \wedge v_{m-1} \vee !v_m \varphi(v_0, \ldots, v_{m-1}, v_m)$

heiße die *Eindeutigkeitsformel* ψ_f *für das* S-*Definiens von f.*

(*III*) Jede Formel der Gestalt

$\wedge v_0(c = v_0 \leftrightarrow \varphi(v_0))$

heißt eine S-*Definition von c bezüglich M* genau dann, wenn gilt:

(+) $M \Vdash \vee !v_0 \varphi(v_0)$.

Wir nennen $\varphi(v_0)$ das S-*Definiens von c* und (+) die *Eindeutigkeitsbedingung für das* S-*Definiens von c bezüglich M;* $\vee !v_0 \varphi(v_0)$ heiße die *Eindeutigkeitsformel* ψ_c *für das* S-*Definiens von c.*

Erläuterung: In allen drei Falltypen ist die Definition ein allquantifiziertes Bikonditional; das Definiens ist eine Formel, welche höchstens die links im Definiendum vorkommenden Variablen frei enthält.

Gegenüber der intuitiven Auffassung von Definitionen ergeben sich folgende Besonderheiten:

(*a*) Die S-Definition eines m-stelligen Funktionszeichens ist auf eine Menge *M* von S-Sätzen zu relativieren: Um den Funktionscharakter zu gewährleisten, muß das Definiendum für die letzte in ihm vorkommende Variable funktional (eindeutig) in Modellen von *M* sein, d. h. die Existenz- und Eindeutigkeitsbedingung muß sich, wie in (∗) angegeben, aus *M* folgern lassen.

(*b*) Konstanten werden wie 0-stellige Funktionszeichen aufgefaßt. Daher erfolgt auch hier die Relativierung auf eine Menge *M* von S-Sätzen. Der Wert der Konstante wird festgelegt durch eine S-Formel mit genau einer freien Variablen, die in Modellen von *M* durch genau einen Wert erfüllt wird (Bedingung (+)).

(*c*) Während man auf intuitiver Ebene nur zwischen drei sprachlichen Ausdrücken unterscheidet, nämlich dem Definiendum, dem Definiens und der (die letzteren beiden verknüpfende) Definition, muß hier eine sechsfache Unterscheidung getroffen werden:

(i) das zu definierende neue Zeichen;
(ii) die S-Definiendum-Formel;
(iii) das S-Definiens;
(iv) die S-Definition;

sowie bei Funktionszeichen und Konstanten:

(v) die Eindeutigkeitsbedingung und
(vi) die Eindeutigkeitsformel.

Was mit diesen Bezeichnungen genau gemeint ist, kann der folgenden Tabelle entnommen werden. Die darin vorkommenden Zeichen und Ausdrücke sind dieselben wie in den obigen Bestimmungen *(I)* bis *(III)* (bei den zu definierenden Prädikat- und Funktionszeichen wird die Stellenzahl durch einen oberen Index angegeben):

Zu definierendes Zeichen	*S-Definiendum (-Formel)*	*S-Definiens*	*S-Definition*	*Eindeutigkeitsbedingung bezüglich M mit ψ_i als Eindeutigkeitsformeln*
P^n	$Pv_0 \ldots v_{n-1}$	$\varphi(v_0, \ldots, v_{n-1})$	allquantifiziertes Bikonditional von der in (I) angegebenen Gestalt	—
f^m	$f v_0 \ldots v_{m-1} = v_m$	$\varphi(v_0, \ldots, v_{m-1}, v_m)$	allquantifiziertes Bikonditional von der in (II) angegebenen Gestalt	Bedingung (*) von (II): $M \Vdash \psi_f$
c	$c = v_0$	$\psi(v_0)$	allquantifiziertes Bikonditional von der in (III) angegebenen Gestalt	Bedingung (+) von (III): $M \Vdash \psi_c$

Im Rahmen intuitiver Charakterisierungen von Definitionen wird gewöhnlich nicht klar zwischen (i) und (ii), also zwischen der ersten und der zweiten Spalte, unterschieden; beides: zu definierendes Zeichen und Definiendum-Formel, wird unterschiedslos unter der Bezeichnung ‚Definiendum' zusammengefaßt.

14.2.2 Definitionsmengen. Die eindeutige Existenz von Definitionserweiterungen. Es sei S eine Symbolmenge, M eine Menge von S-Sätzen und S′ eine Symbolmenge mit $S' \supseteqq S$. Ferner sei Δ eine Menge von S-Definitionen bezüglich M, die zu jedem $\xi \in S' \setminus S$ *genau eine* S-Definition für ξ bezüglich M enthält. Ein derartiges Δ soll *S-Definitionsmenge von $S' \setminus S$ bezüglich M* heißen.

Für $P \in Pr^n_{S' \setminus S}$ sei $\varphi_P(v_0, \ldots, v_{n-1})$ das eindeutig bestimmte S-Definiens der S-Definition von P^n aus Δ; analog $\varphi_f(v_0, \ldots, v_{m-1}, v_m)$ für $f \in Fu^m_{S' \setminus S}$ und $\varphi_c(v_0)$ für $c \in Ko_{S' \setminus S}$. Dann können wir die Definitionsmenge Δ von

S′∖S bezüglich *M* wie folgt anschreiben:

$$\begin{aligned}\Delta = \{ \bigwedge v_0 \ldots \bigwedge v_{n-1}(Pv_0 \ldots v_{n-1} \leftrightarrow \varphi_P(v_0, \ldots, v_{n-1})) \mid P \in Pr^n_{S'\setminus S} \wedge n \in \mathbb{Z}^+ \} \\ \cup \{ \bigwedge v_0 \ldots \bigwedge v_m(fv_0 \ldots v_{m-1} = v_m \leftrightarrow \varphi_f(v_0, \ldots, v_m)) \mid f \in Fu^m_{S'\setminus S} \wedge m \in \mathbb{Z}^+ \} \\ \cup \{ \bigwedge v_0(c = v_0 \leftrightarrow \varphi_c(v_0)) \mid c \in Ko_{S'\setminus S} \}.\end{aligned}$$

Die eindeutige Existenz von Definitionserweiterungen halten wir in einem eigenen Lemma fest. Dieses formulieren wir zunächst umgangssprachlich und dann formaler unter Verwendung der eben getroffenen Vereinbarungen sowie der folgenden zusätzlichen Abkürzungen: ‚*Symb*(S)' für ‚S ist eine Symbolmenge', S-*Str*($\mathfrak{A}$)' für ‚$\mathfrak{A}$ ist eine S-Struktur', S-*Defm*(Δ, S′∖S; *M*)' für ‚Δ ist eine S-Definitionsmenge von S′∖S bezüglich *M*', L^S_0 für die Menge der S-Sätze und L^S_n für die Menge der Formeln mit höchstens n freien Variablen $v_0, \ldots, v_n$.

Außerdem müssen wir an dieser einen (und einzigen) Stelle eine einfache Definition des folgenden Abschnittes antizipieren (der mit diesem Begriff noch nicht vertraute Leser mache sich die Motivation durch einen Vorgriff auf Abschn. 14.3 klar): Es seien S und S′ Symbolmengen mit $S \subsetneqq S'$; $\mathfrak{A} = \langle A, \mathfrak{a} \rangle$ sei eine S-Struktur und $\mathfrak{A}' = \langle A', \mathfrak{a}' \rangle$ eine S′-Struktur. $\mathfrak{A}$ wird ein *Redukt von* $\mathfrak{A}'$ bzw. *das S-Redukt von* $\mathfrak{A}'$ genannt genau dann, wenn erstens die beiden Träger dieselben sind, also $A = A'$, und zweitens die beiden Designationsfunktionen auf S übereinstimmen, also $\mathfrak{a}'|_S = \mathfrak{a}$. In diesem Fall wird $\mathfrak{A}'$ auch als eine *Expansion von* $\mathfrak{A}$ bzw. als *die S′-Expansion von* $\mathfrak{A}$ bezeichnet. Im Falle von vollen Strukturen $\mathfrak{A}^*$ und $\mathfrak{A}'^*$ soll $\mathfrak{A}^*$ das S-Redukt von $\mathfrak{A}'^*$ und $\mathfrak{A}'^*$ eine S-Expansion von $\mathfrak{A}^*$ heißen, falls die entsprechenden Bedingungen für $\mathfrak{A}$ und $\mathfrak{A}'$ gelten und darüber hinaus die Variablenbelegungen η und η' von $\mathfrak{A}^*$ und $\mathfrak{A}'^*$ übereinstimmen.

Lemma über die eindeutige Existenz von Definitionserweiterungen:

1. Umgangssprachlich: *Es seien S und S′ Symbolmengen mit $S' \supsetneqq S$; M sei eine Menge von S-Sätzen und Δ eine S-Definitionsmenge von S′∖S bezüglich M. Dann existiert für jede (volle) Struktur $\mathfrak{A}$, die S-Modell von M ist, genau eine (volle) S′-Struktur $\mathfrak{A}'$, die S′-Modell von Δ ist und deren S-Redukt gerade $\mathfrak{A}$ ist.*

2. Formal: $\bigwedge\!\!\!\bigwedge S \bigwedge\!\!\!\bigwedge S' \bigwedge\!\!\!\bigwedge M \bigwedge\!\!\!\bigwedge \Delta((Symb(S) \wedge Symb(S') \wedge S \subsetneqq S' \wedge M \subsetneqq L^S_0 \wedge S\text{-}Defm(\Delta, S'\setminus S; M)) \Rightarrow \bigwedge\!\!\!\bigwedge \mathfrak{A}(S\text{-}Str(\mathfrak{A}) \wedge Mod_S(\mathfrak{A}, M) \Rightarrow \bigvee\!\!\!\bigvee !\mathfrak{A}'(S'\text{-}Str(\mathfrak{A}') \wedge Mod_S(\mathfrak{A}', \Delta) \wedge \mathfrak{A}' \upharpoonright S = \mathfrak{A})))$.

Inhaltlich besagt dieses Lemma, daß die Interpretation der Symbole aus S′∖S durch die Menge Δ der Definitionen für diese Symbole in jedem Modell von *M* eindeutig festgelegt ist. (Man beachte, daß jedes Modell von *M* auch ein Modell der aus *M* folgenden Eindeutigkeitsformeln für das jeweilige S-Definiens der definierten Funktionszeichen und Konstanten aus S′∖S ist.)

Beweisskizze: (*I*) Zunächst zeigen wir, daß es *höchstens eine* Expansion $\mathfrak{A}'$ von $\mathfrak{A}$ der angegebenen Art geben kann. S′, S, M und Δ mögen die Voraussetzung des Lemmas erfüllen. Es sei $\mathfrak{A}=\langle A,\mathfrak{a}\rangle$ mit $Mod_{\mathrm{S}}(\mathfrak{A},M)$. Ferner sei $\mathfrak{A}'=\langle A',\mathfrak{a}'\rangle$ mit $\mathfrak{A}'\upharpoonright\mathrm{S}=\mathfrak{A}$ und $Mod_{\mathrm{S}'}(\mathfrak{A}',\Delta)$. Sofern es sich bei den vorgegebenen Strukturen $\mathfrak{A}$ und $\mathfrak{A}'$ um *gewöhnliche* Strukturen handelt, sei $\mathfrak{a}$ und $\mathfrak{a}'$ jeweils mit derselben Variablenbelegung η zu einer vollen Designationsfunktion ergänzt. Die so gewählten Strukturen $\mathfrak{A}^*$ und $\mathfrak{A}'^*$ seien einfachheitshalber ebenfalls mit $\mathfrak{A}$ und $\mathfrak{A}'$ bezeichnet.

(1) Für beliebiges $n\in\mathbb{Z}^+$, $P\in Pr^n_{\mathrm{S}'\setminus\mathrm{S}}$, sowie für beliebige $a_0,\ldots,a_{n-1}\in A$ gilt[2]:

$$\begin{aligned}\langle a_0,\ldots,a_{n-1}\rangle\in\mathfrak{a}'(P) &\Leftrightarrow Mod_{\mathrm{S}'}(\mathfrak{A}'^{a_0\ldots a_{n-1}}_{v_0\ldots v_{n-1}}, Pv_0\ldots v_{n-1})\\ &\qquad\text{(Nach Def. der Modellbeziehung)}\\ &\Leftrightarrow Mod_{\mathrm{S}'}(\mathfrak{A}'^{a_0\ldots a_{n-1}}_{v_0\ldots v_{n-1}}, \varphi_P(v_0\ldots v_{n-1}))\\ &\qquad(\text{da } \bigwedge v_0\ldots\bigwedge v_{n-1}(Pv_0\ldots v_{n-1}\leftrightarrow\\ &\qquad\varphi_P(v_0,\ldots,v_{n-1}))\in\Delta \text{ und } Mod_{\mathrm{S}'}(\mathfrak{A}',\Delta)).\\ &\Leftrightarrow Mod_{\mathrm{S}}(\mathfrak{A}^{a_0\ldots a_{n-1}}_{v_0\ldots v_{n-1}}, \varphi_P(v_0,\ldots,v_{n-1}))\\ &\qquad(\text{da } \mathfrak{A}'\upharpoonright\mathrm{S}=\mathfrak{A} \text{ und } \varphi_P(v_0,\ldots,v_{n-1})\in\mathrm{L}^{\mathrm{S}}_n).\end{aligned}$$

Analog erhalten wir:

(2) Für beliebiges $f\in Fu^m_{\mathrm{S}'\setminus\mathrm{S}}$ und für beliebige $a_0,\ldots,a_{m-1},a_m\in A$ gilt:

$$\mathfrak{a}'(f)(a_0,\ldots,a_{m-1})=a_m \Leftrightarrow Mod_{\mathrm{S}}(\mathfrak{A}^{a_0\ldots a_m}_{v_0\ldots v_m}, \varphi_f(v_0,\ldots,v_m))$$

und

(3) Für beliebiges $c\in Ko_{\mathrm{S}'\setminus\mathrm{S}}$ und beliebiges $a_0\in A$:

$$\mathfrak{a}'(c)=a_0 \Leftrightarrow Mod_{\mathrm{S}}(\mathfrak{A}^{a_0}_{v_0}, \varphi_c(v_0)).$$

Damit ist die Eindeutigkeit der S′-Expansion $\mathfrak{A}'$ von $\mathfrak{A}$ gezeigt.

(*II*) Die Existenz der S′-Expansion $\mathfrak{A}'$ von $\mathfrak{A}$ ergibt sich aus folgender Definition von $\mathfrak{A}'$:

Es sei:

(i) $A'=A$;
(ii) $\mathfrak{a}'|_{\mathrm{S}}=\mathfrak{a}$;
(iii) $\mathfrak{a}'|_{Pr^n_{\mathrm{S}'\setminus\mathrm{S}}}$ sei durch (1) von (I) festgelegt;
(iv) $\mathfrak{a}'|_{Fu^m_{\mathrm{S}'\setminus\mathrm{S}}}$ sei durch (2) von (I) festgelegt;
(v) $\mathfrak{a}'|_{Ko_{\mathrm{S}'\setminus\mathrm{S}}}$ sei durch (3) von (I) festgelegt.

Daß es sich hierbei um eine korrekte Definition handelt, ist bezüglich (i) bis (iii) unmittelbar klar. Daß dies auch für (iv) zutrifft, folgt daraus, daß wegen $Mod_{\mathrm{S}}(\mathfrak{A},M)$ und der Eindeutigkeitsbedingung

$$M \Vdash \bigwedge v_0\ldots\bigwedge v_{m-1}\bigvee !v_m\varphi_f(v_0,\ldots,v_{m-1})$$

---

2 ‚$\mathfrak{A}'^{a_0\ldots a_{n-1}}_{v_0\ldots v_{n-1}}$' steht für die n-fache Strukturvariante $(\ldots(\mathfrak{A}'^{a_0}_{v_0})^{a_1}_{v_1})\ldots^{a_{n-1}}_{v_{n-1}})$.

auch

$$Mod_S(\mathfrak{A}, \bigwedge v_0 \ldots \bigwedge v_{m-1} \bigvee ! v_m \varphi_f(v_0, \ldots, v_{m-1}))$$

und damit die Funktionalität der so definierten m+1-stelligen Relation gilt. Die Begründung für (v) lautet analog. □

Es sei Δ eine S-Definitionsmenge von $S' \setminus S$ bezüglich M für geeignete S, S′ und M; ferner sei $\mathfrak{A}$ eine (volle) Struktur, die S-Modell von M ist. Dann kann man wegen der Gültigkeit des eben bewiesenen Existenz- und Eindeutigkeitslemmas die durch die Definitionsmenge Δ eindeutig festgelegte Erweiterungsstruktur (oder S′-Expansion) $\mathfrak{A}'$ von $\mathfrak{A}$ mit

‚$\mathfrak{A}^{\Delta}$' (für volle Strukturen auch: ‚$\mathfrak{A}^{*\Delta}$')

bezeichnen. Und da auch S′ durch Δ eindeutig festgelegt ist, kann man diese Symbolmenge mit

‚S^{Δ}'

bezeichnen. Nachdrücklich sei darauf hingewiesen, daß diese Schreibweisen, im Gegensatz zum Usus mancher Autoren, erst *nach erfolgtem Beweis des Lemmas* zulässig sind.

14.2.3 Das Theorem über Eliminierbarkeit und Nichtkreativität. Die oben genannten Bedingungen für Δ und $\mathfrak{A}$ mögen erfüllt sein. Dann wollen wir für einen beliebigen S^{Δ}-Satz φ (der also definierte Symbole aus $S' \setminus S$ enthalten kann) unter φ^{V} einen S-Satz, d. h. einen Satz ohne definierte Symbole, verstehen, der in dem Sinn „mit φ gleichwertig" ist, daß er in der alten S-Struktur $\mathfrak{A}$ genau das „bedeutet", was φ in deren Expansion $\mathfrak{A}^{\Delta}$ ausdrückt. Der folgende Satz präzisiert diesen Zusammenhang. Die Beweisskizze enthält eine konstruktive Beschreibung dafür, wie bei gegebenem φ das φ^{V} zu finden ist. φ^{V} entspricht dem durch Elimination der definitorisch eingeführten Zeichen entstehenden Transformat im Sinn von Kap. 8.3.

Wir erinnern daran, daß L_n^S die Menge der S-Formeln ist, die höchstens $v_0, \ldots, v_{n-1}$ als freie Variablen enthalten.

Theorem über Definitionserweiterungen (Eliminierbarkeits- und Nichtkreativitätstheorem) *Für alle Symbolmengen S und S′ mit $S \subsetneq S'$ sowie für alle Mengen M von S-Sätzen und S-Definitionsmengen Δ von $S' \setminus S$ bezüglich M gibt es eine Abbildung V, die für beliebiges $n \in \omega$ einem $\varphi \in L_n^{S'}$ eine Formel $\varphi^{V} (:= V(\varphi)) \in L_n^S$ zuordnet, so daß:*

(1) *Für alle vollen S-Strukturen $\mathfrak{A}$ mit $Mod_S(\mathfrak{A}, M)$ gilt:*

$$Mod_{S'}(\mathfrak{A}^{\Delta}, \varphi) \Leftrightarrow Mod_S(\mathfrak{A}, \varphi^{V})$$

(wobei $\mathfrak{A}^{\Delta}$ die gemäß dem vorigen Lemma durch die Definitionsmenge Δ bezüglich M eindeutig bestimmte Expansion der vollen S-Struktur $\mathfrak{A}$ ist);

(2) $M \cup \Delta \Vdash \varphi \leftrightarrow \varphi^{\nabla}$.

Beweisskizze: ∇ wird als Abbildung von $\mathbf{F}_{S'}$ nach $\mathbf{F}_S$ induktiv wie folgt definiert (wobei die leitende Idee darin besteht, daß die Elimination der neuen, durch Definition eingeführten Zeichen für komplexe Formeln auf die Teilformeln „zurückgespielt" wird);

$$(\neg\varphi)^{\nabla} := \neg(\varphi^{\nabla});$$
$$(\varphi_0 \vee \varphi_1)^{\nabla} := \varphi_0^{\nabla} \vee \varphi_1^{\nabla};$$
$$(\bigvee x\varphi)^{\nabla} := \bigvee x(\varphi^{\nabla}).$$

Für atomares φ betrachten wir den Fall $\varphi := Pt_0 \dots t_{n-1}$ (der Fall $\varphi := t = t'$ ist analog zu behandeln). Es erfolgt eine Induktion nach der Anzahl der in φ vorkommenden $S' \setminus S$-Symbole. $y_0, \dots, y_{n-1}$ seien die ersten nicht in φ auftretenden Variablen. Wir unterscheiden zwei Fälle:

(*a*) $P \in S$. Dann ist:

$$\varphi^{\nabla} := \bigvee y_0 \dots \bigvee y_{n-1}((y_0 = t_0)^{\nabla} \wedge \dots \wedge (y_{n-1} = t_{n-1})^{\nabla} \wedge Py_0 \dots y_{n-1}).$$

(*b*) $P \in S' \setminus S$. Dann ist:

$$\varphi^{\nabla} := \bigvee y_0 \dots \bigvee y_{n-1}((y_0 = t_0)^{\nabla} \wedge \dots \wedge (y_{n-1} = t_{n-1})^{\nabla} \wedge \varphi_P\left(\begin{smallmatrix} y_0 \\ v_0 \end{smallmatrix} \dots \begin{smallmatrix} y_{n-1} \\ v_{n-1} \end{smallmatrix}\right)),$$

wobei φ_P das S-Definiens der S-Definition von P bezüglich M in Δ ist.

Nun kann man durch einen relativ einfachen, im Prinzip „mechanisch" vollziehbaren Beweis (durch Induktion nach dem Formelaufbau) zeigen[3], daß die Behauptung (1) gilt und wegen

(i) $\bigwedge \varphi(\varphi \in L_n^{S'} \Rightarrow \varphi^{\nabla} \in L_n^{S})$

daher auch:

(ii) $Mod_{S'}(\mathfrak{A}^{\Delta}, \varphi \leftrightarrow \varphi^{\nabla})$.

Damit bereitet auch der Beweis von (2) keine Schwierigkeit mehr. Zu einer Formel φ, die definierte Symbole enthält, nennen wir φ^{∇} ein *kanonisches Δ-Transformat* von φ. Es sei also $\mathfrak{B}$ eine volle S'-Struktur mit $Mod_{S'}(\mathfrak{B}, M \cup \Delta)$, d. h. $\mathfrak{B}$ ist sowohl für die Definitionsmenge Δ ein

3 Der interessierte Leser vgl. dazu EBBINGHAUS et al. [1], S. 155f.

Modell als auch Modell für die (aus M folgenden) Eindeutigkeitsbedingungen. Zu zeigen ist, daß in $\mathfrak{B}$ ein φ mit seinem kanonischen Transformat φ^{V} gleichbedeutend ist, d. h. daß gilt:

$$Mod_{S'}(\mathfrak{B}, \varphi \leftrightarrow \varphi^{V}).$$

Wir definieren $\mathfrak{A} := \mathfrak{B} \upharpoonright S$. Nach dem Lemma über die eindeutige Existenz von Definitionserweiterungen gilt: $\mathfrak{A}^{\Delta} = \mathfrak{B}$. Die Behauptung folgt jetzt aus (ii). □

14.2.4 Informeller und abstrakter Definitionsbegriff. In einem gewissen Sinn ist der vorliegende *abstrakte* Definitionsbegriff konkreter als der in Kap. 8.3 eingeführte. Während nämlich dort nur die Forderungen angegeben werden, denen die definierenden Axiome genügen müssen, ist in 14.2.1 die syntaktische Form der Definitionen explizit festgelegt worden.

Ein zweiter Unterschied besteht in der jetzt erzielten Verallgemeinerung, nämlich in der Einführung von Mengen M von S-Sätzen, in bezug auf welche die Definitionen zu relativieren sind. Diese Verallgemeinerung gestattet es, den Gedanken der definitorischen Erweiterung *modelltheoretisch* zu präzisieren. Während es sich in Kap. 8.3 um die Erweiterung einer als Satzmenge charakterisierten Theorie handelte, geht es hier um die definitorische Erweiterung einer semantischen Struktur mittels einer Menge von Definitionen.

Zwei Aspekte sind dagegen beiden Behandlungen der Definitionstheorie gemeinsam. Erstens handelt es sich beide Male um die Einführung von sogenannten *Kontextdefinitionen:* Die Bedeutung der neuen Zeichen wird nicht explizit angegeben, sondern nur „im Kontext mit" anderen Zeichen festgelegt. Die Tabelle von 14.2.1 veranschaulicht diesen Sachverhalt: Das zu definierende neue Zeichen ist nicht mit dem in der Definition vorkommenden Definiendum identisch. Vielmehr enthält das letztere zusätzliche Zeichen (nämlich Variable und evtl. das Gleichheitszeichen).

Ein zweiter Punkt betrifft die Entscheidbarkeit. Während bei „expliziten" Definitionsbegriffen die Frage, ob eine vorgelegte Zeichenreihe eine Definition ist, im allgemeinen mechanisch entschieden werden kann, liegt der Fall hier anders. Ob z. B.

$$M \Vdash \bigwedge v_0 \ldots \bigwedge v_{n-1} \bigvee ! v_n \varphi(v_0, \ldots, v_{n-1}, v_n)$$

gilt, kann u. U. mechanisch unentscheidbar sein, und damit auch die Frage, ob

$$\bigwedge v_0 \ldots \bigwedge v_{n-1} \bigwedge v_n (f v_0 \ldots v_{n-1} = v_n \leftrightarrow \varphi(v_0, \ldots, v_{n-1}, v_n))$$

eine S-Definition von f bezüglich M ist.

Abschließend wenden wir uns nochmals den drei Grundforderungen zu, die an korrekte Definitionen gestellt werden, nämlich der Forderung nach (mechanischer) *Eliminierbarkeit* der definitorisch eingeführten Zeichen, der nach *Bedeutungsgleichheit* zwischen Ausdrücken, die definierte Zeichen enthalten, und ihren Transformaten, sowie der Forderung nach *Nichtkreativität*, wonach eine durch definitorische Erweiterungen entstehende Theorie keine „wesentlich neuen" Theoreme enthalten darf.

Vom Standpunkt der modelltheoretischen Präzisierung ist das Eliminierbarkeitsprinzip doppeldeutig. Darunter kann erstens *die konstruktive Angabe der Abbildung* V verstanden werden, die zu einer Formel φ mit definierten Zeichen ein – zum Unterschied von Kap. 8.3 *eindeutig* bestimmtes – Transformat φ^V ohne dieses Zeichen liefert. Bei Vorliegen eines solchen V sprechen wir von der Erfüllung der *Eliminierbarkeitsforderung i.e.S.* Zweitens kann damit *die Erfüllung der Äquivalenzforderung* gemeint sein – intuitiv: die nachweislich bestehende Bedeutungsgleichheit einer Formel φ mit ihrem Transformat φ^V. Wir sagen in diesem Fall, daß die Definition der *Eliminierbarkeitsforderung i.w.S.* genügt. In modelltheoretisch präzisierter Sprechweise besagt dies: Das φ mit seinem Transformat φ^V verknüpfende Bikonditional ist eine logische Folgerung der Definitionsmenge sowie der Eindeutigkeitsbestimmungen. Ein Blick auf das obige Theorem lehrt, daß dies gerade durch die Teilbehauptung (2) ausgedrückt wird.

Schließlich sagt die Nichtkreativitätsbedingung in modelltheoretischer Formulierung, daß für jede Formel φ, die in einer expandierten Struktur gilt, das Transformat φ^V in der ursprünglichen Struktur gilt. Offenbar wird dies genau durch die Teilbehauptung (1) unseres Theorems ausgedrückt.

Damit ist nachträglich auch die Bezeichnung ‚Eliminierbarkeits- und Nichtkreativitätstheorem' für den zuletzt bewiesenen Satz gerechtfertigt.

14.3 Substrukturen, Relativierungen, relationale Strukturen

14.3.1 S-Redukte und S-Expansionen. In den ersten beiden Unterabschnitten werden wir zwei Arten von Teilstrukturen (bzw. umgekehrt: von Strukturerweiterungen) gegebener semantischer Strukturen betrachten. Im einen Fall geht es um Weglassungen im linguistischen Bereich, d. h. um Verkleinerungen der Symbolmenge, im anderen Fall hingegen um Einschränkungen des Universums, das der Interpretation zugrunde gelegt wird, also um außersprachliche Beschränkungen. Zunächst behandeln wir den ersten Falltyp: Die Menge der Symbole wird verkleinert, während die Denotate der nichteliminierten Symbole und die Trägermenge unverändert bleiben.

Sei $\mathfrak{A} = \langle A, \mathfrak{a} \rangle$ für eine beliebige Symbolmenge S eine S-Struktur. Für ein S′ mit S′⫋S heißt eine S′-Struktur $\mathfrak{A}' = \langle A', \mathfrak{a} \rangle$ ein *S′-Redukt von* $\mathfrak{A}$

genau dann, wenn

(1) $A = A'$

und

(2) $\mathfrak{a}' = \mathfrak{a}|_{S'}$ (d. h. wenn die beiden Interpretationsfunktionen auf S′ übereinstimmen). Im Falle voller S- bzw. S′-Strukturen $\mathfrak{A}^*$ und $\mathfrak{A}'^*$ soll natürlich analog $\mathfrak{a}'^* = \mathfrak{a}^*|_{S'}$ gelten, woraus sofort $\eta = \eta'$ für die Variablenbelegungen von $\mathfrak{A}^*$ und $\mathfrak{A}'^*$ folgt.

Aus dieser Definition ergibt sich unmittelbar das folgende

Korollar *Zu jeder Teilmenge S′ der Symbolmenge S gibt es für jede S-Struktur* $\mathfrak{A}$ *genau ein S′-Redukt von* $\mathfrak{A}$.

Dieses (für jedes S′ mit $S' \subseteqq S$) eindeutig bestimmte Redukt werde *das S′-Redukt der S-Struktur* $\mathfrak{A}$ genannt und durch ‚$\mathfrak{A} \restriction S'$' mitgeteilt.

Gilt $\mathfrak{B} = \mathfrak{A} \restriction S'$ für eine S-Struktur $\mathfrak{A}$, so soll $\mathfrak{A}$ als eine *S-Expansion von* $\mathfrak{B}$ bezeichnet werden. (Expansionen sind im allgemeinen nicht eindeutig bestimmt!)

14.3.2 S-abgeschlossene Träger, Substrukturen und Superstrukturen. Wir betrachten hier den Fall, in dem die Symbolmenge unverändert bleibt, während das „Interpretationsuniversum" verkleinert wird. Dieser Fall ist weniger trivial als der vorige. Die Einschränkung des Trägers einer Struktur führt nämlich nicht unbedingt wieder zu einer Struktur. Dies ist z. B. dann der Fall, wenn das Denotat eines Funktionszeichens Argumente aus dem verkleinerten Träger A' besitzt, für welche es Werte annimmt, die aus A' hinausführen (obwohl sie natürlich im ursprünglichen Träger A liegen). Der folgende Hilfsbegriff der S-Abgeschlossenheit dient dazu, die Bedingung zu präzisieren, unter der sich so etwas nicht ereignen kann. (Die danach gegebene Definition der Substruktur enthält diesen Hilfsbegriff nicht, da vom dortigen $\mathfrak{A}$ ausdrücklich verlangt wird, daß es *eine Struktur* ist; und die Trägermenge einer S-Struktur ist von selbst S-abgeschlossen.)

Es sei $\mathfrak{B} = \langle B, \mathfrak{b} \rangle$ eine S-Struktur. B' sei eine Teilmenge des Trägers B von $\mathfrak{B}$. Wir nennen B' *S-abgeschlossen in* $\mathfrak{B}$ genau dann, wenn gilt:

(1) $B' \neq \emptyset$;

(2) die $\mathfrak{B}$-Denotate aller Konstanten aus S liegen in B', also:

$$\bigwedge c \in S(\mathfrak{b}(c) \in B');$$

(3) die $\mathfrak{B}$-Denotate aller Funktionszeichen aus S liefern, angewandt auf Elemente von B', nur Werte, die wieder in B' liegen,[4] also:

$$\bigwedge n \in \omega \bigwedge_{f\, n\text{-stellig}} f \in S \bigwedge a_0, \ldots, a_{n-1} \in B'(\mathfrak{b}(f)(a_0, \ldots, a_{n-1}) \in B').$$

4 Daher rührt die Bezeichnung ‚S-abgeschlossen'; denn es wird hier verlangt, daß die Menge B' bezüglich der Interpretation von S-Funktionszeichen in $\mathfrak{B}$ abgeschlossen ist, da sie nicht aus B' hinausführt.

$\mathfrak{A}=\langle A, \mathfrak{a}\rangle$ und $\mathfrak{B}=\langle B, \mathfrak{b}\rangle$ seien S-Strukturen für eine beliebige Symbolmenge S. Dann soll $\mathfrak{A}$ *Substruktur von* (genauer: *S-Substruktur von*) $\mathfrak{B}$ genannt werden genau dann, wenn

(*a*) $A \subseteq B$;

(*b*) für alle n-stelligen Prädikate $P^n \in \mathrm{S}$ gilt:

$$\mathfrak{a}(P^n)=\mathfrak{b}(P^n)\cap A^n$$

(d.h. das Denotat von P^n in einer Substruktur mit dem Träger A soll genau diejenigen n-Tupel des $\mathfrak{B}$-Denotates von P^n enthalten, deren Glieder nur aus Elementen von A bestehen);

(*c*) für alle m-stelligen Funktionszeichen $f^m \in \mathrm{S}$ ist

$$\mathfrak{a}(f^m)=\mathfrak{b}(f^m)|_{A^m}$$

(d.h.[5] $\mathfrak{a}(f^m)$: $\quad A^m \to A$
$\quad (a_0, \ldots, a_{m-1}) \mapsto \mathfrak{b}(f^m)(a_0, \ldots, a_{m-1}))$;

(*d*) für alle Konstanten $c \in \mathrm{S}$ ist

$$\mathfrak{a}(c)=\mathfrak{b}(c).$$

Für den Fall, daß $\mathfrak{A}$ und $\mathfrak{B}$ volle Strukturen sind, ist zu (*a*)–(*d*) die folgende Bedingung hinzuzufügen:

(*e*) die Variablenbelegungen η von $\mathfrak{A}$ und η' von $\mathfrak{B}$ sind identisch.

Unmittelbar aus den Definitionen (vgl. insbesondere die Fußnote zu (*c*)) ergibt sich das folgende

Korollar 1 *Der Träger einer S-Substruktur von $\mathfrak{B}$ ist S-abgeschlossen in $\mathfrak{B}$.*

Da die Interpretation der Symbole in einer Substruktur durch die obigen Definitionsbedingungen (*b*) bis (*d*) eindeutig festgelegt wird, gilt außerdem folgendes

Korollar 2 *Zu einer Teilmenge des Trägers einer Struktur gibt es höchstens eine Substruktur mit dieser Teilmenge als Träger.*

Schließlich macht man sich leicht klar, daß es zu jeder S-abgeschlossenen Teilmenge A des Trägers einer Struktur $\mathfrak{B}=\langle B, \mathfrak{b}\rangle$ eine Substruktur mit A als Träger gibt. Gemäß (*b*)–(*d*) der Definition von ‚Substruktur' ist dann nämlich $\mathfrak{a}$ mit $\mathfrak{a}(P^n)=\mathfrak{b}(P^n)\cap A^n$, $\mathfrak{a}(f^m)=\mathfrak{b}(f^m)|_{A^m}$, $\mathrm{D_{II}}(\mathfrak{a}(f^m)) \subseteq A$, und $\mathfrak{a}(c)=\mathfrak{b}(c)$ für P^n, f^m, $c \in \mathrm{S}$ eine geeignete Designationsfunktion und daher $\langle A, \mathfrak{a}\rangle$ eine S-Substruktur von $\mathfrak{B}$. Zusammen mit den beiden Korollarien gewinnen wir somit den folgenden

---

5 Denn $\mathrm{D_{II}}(\mathfrak{a}(f^m)) \subseteq A$, da $\mathfrak{A}$ nach Voraussetzung eine S-Struktur ist.

Satz *Für eine S-Struktur* $\mathfrak{B} = \langle B, \mathfrak{b} \rangle$ *und eine Menge* $A \subseteq B$ *sind die folgenden Aussagen äquivalent:*
(*a*) *A ist S-abgeschlossen in* $\mathfrak{B}$.
(*b*) *Es gibt eine S-Substruktur von* $\mathfrak{B}$ *mit dem Träger A.*
(*c*) *Es gibt genau eine S-Substruktur von* $\mathfrak{B}$ *mit dem Träger A.*

Es sei die Teilmenge A von B S-abgeschlossen in $\mathfrak{B} = \langle B, \mathfrak{b} \rangle$. Die eindeutig festgelegte Substruktur von $\mathfrak{B}$ mit dem Träger A soll künftig durch

$$[A]^{\mathfrak{B}}$$

mitgeteilt werden; sie werde auch *die von A in* $\mathfrak{B}$ *induzierte Substruktur* genannt. (Mittels der Verwendung von ‚$[A]^{\mathfrak{B}}$' wird im folgenden zugleich mitgeteilt, daß die S-Abgeschlossenheit von A im betreffenden Kontext vorausgesetzt wird.)

Wenn $\mathfrak{A}$ eine S-Substruktur von $\mathfrak{B}$ ist, so soll $\mathfrak{B}$ eine *S-Superstruktur von* $\mathfrak{A}$ genannt werden. (Zum Unterschied von der Konstruktion von Substrukturen ist die Bildung von Superstrukturen natürlich mehrdeutig!)

14.3.3 Die P-Relativierung einer Formel. Wenn wir von einer Struktur zu einer Substruktur übergehen, so interessieren wir uns häufig für die Frage, wie ein gegebener Satz möglichst einfach so umgeformt werden kann, daß die abgewandelte Form des Satzes in der ursprünglichen Struktur genau dann gilt, wenn die Substruktur den Satz selbst erfüllt. (Intuitiv gesprochen: Die abgewandelte Form des Satzes soll in der ursprünglichen Struktur gerade die Bedeutung des Satzes in der Substruktur wiedergeben.) Da der Übergang zu einer Substruktur im wesentlichen darin besteht, daß man eine (S-abgeschlossene) Teilmenge der Trägermenge wählt, ist es naheliegend, die gesuchte Umformung in der Weise vorzunehmen, daß man sämtliche Quantoren auf die Trägermenge der Substruktur einschränkt. Dies bildet die Motivation für die folgende Begriffsbildung.

S sei eine beliebige Symbolmenge, P sei ein einstelliges Prädikat, $P \notin$ S. Dann definieren wir zu einer S-Formel ψ eine $\mathrm{S} \cup \{P\}$-Formel ψ^P, genannt *P-Relativierung* von ψ, durch Induktion nach dem Formelaufbau wie folgt (die übrigen Junktoren und der Allquantor seien als definierte Zeichen aufgefaßt):

(i) ψ ist atomar $\Rightarrow$ $\psi^P := \psi$;
(ii) $(\neg \psi)^P := \neg(\psi^P)$;
(iii) $(\psi \vee \varphi)^P := (\psi^P \vee \varphi^P)$;
(iv) $(\bigvee x\psi)^P := \bigvee x(Px \wedge \psi^P)$.

Entscheidend ist hierbei die letzte Bestimmung (iv). Sie liefert eine sogenannte *Bereichsbeschränkung des Existenzquantors.* Man erhält daraus eine entsprechende Bereichsbeschränkung des Allquantors:

$$(\bigwedge x\psi)^P = (\neg \bigvee x \neg \psi)^P = \neg \bigvee x(Px \wedge \neg \psi^P).$$

Diese letzte Formel ist logisch äquivalent mit

$$\bigwedge x(Px \rightarrow \psi^P).$$

14.3.4 Das Relativierungstheorem. Wir knüpfen an den intuitiven Gedankengang von 14.3.3 an. Den intendierten Träger einer Substruktur können wir in der ursprünglichen Struktur über das Denotat eines einstelligen Prädikates P^1 festlegen. Die in der Substruktur geltenden Formeln können wir dann in der ursprünglichen Struktur durch P^1-Relativierungen beschreiben. Der folgende Satz präzisiert diesen Gedanken.

Relativierungstheorem *S sei eine Symbolmenge, $P^1 \in S$ ein einstelliges Prädikat, $\mathfrak{A} = \langle A, \mathfrak{a} \rangle$ eine S-Struktur und $\mathfrak{a}(P^1) = B$ sei eine S-abgeschlossene Teilmenge von A. Dann gilt für alle S-Sätze φ:*

$$Mod_S([B]^{\mathfrak{A}}, \varphi) \text{ gdw } Mod_S(\mathfrak{A}, \varphi^{P^1})$$

(man beachte, daß die linke Seite dasselbe besagt wie: $Mod_S([\mathfrak{a}(P^1)]^{\mathfrak{A}}, \varphi)$.)
(Umgangssprachlich: Die vom S-abgeschlossenen Denotat des einstelligen Prädikates P^1 in $\mathfrak{A}$ induzierte Substruktur erfüllt einen Satz genau dann, wenn die P^1-Relativierung des Satzes von der ursprünglichen Struktur $\mathfrak{A}$ erfüllt wird.)

Beweisskizze durch Induktion nach dem Aufbau des S-Satzes φ. Wir zeigen, daß für eine beliebige Variablenbelegung η über $\mathfrak{a}(P^1)$ gilt:

Die mittels η zur vollen S-Struktur erweiterte Struktur $[\mathfrak{a}(P^1)]^{\mathfrak{A}}$ ist genau dann S-Modell von φ, wenn die Struktur $\mathfrak{A}^* = \langle A, \mathfrak{a} \cup \eta \rangle$ S-Modell der P^1-Relativierung von φ ist. Wir setzen $\mathfrak{B} = \langle B, \mathfrak{b} \rangle := [\mathfrak{a}(P^1)]^{\mathfrak{A}}$, insbesondere also $B = \mathfrak{a}(P^1)$ und $\mathfrak{B}^* = \langle B, \mathfrak{b} \cup \eta \rangle$. Damit lautet diese Behauptung:

$$(*) \qquad Mod_S(\mathfrak{B}^*, \varphi) \text{ gdw } Mod_S(\mathfrak{A}^*, \varphi^{P^1}).$$

(Die Aussage des Relativierungstheorems folgt dann nach dem Koinzidenzlemma.) Wir zeigen (∗) induktiv:

(i) φ ist atomar. Dann ist $\varphi^{P^1} = \varphi$ und die Behauptung folgt sehr einfach.

(ii) φ hat die Gestalt $\neg\psi$ oder $\psi \vee \chi$. Dann folgt die Behauptung nach I.V.

(iii) φ hat die Gestalt $\bigvee x\psi$. Dann erhalten wir die folgende Kette äquivalenter Aussagen:

$Mod_S(\mathfrak{B}^*, \varphi) \Leftrightarrow$ es gibt $b \in B = \mathfrak{a}(P^1)$, so daß für die $\langle x, b \rangle$-Modellvariante $\mathfrak{B}^{*b}_x$ von $\mathfrak{B}^*$ gilt: $Mod_S(\mathfrak{B}^{*b}_x, \psi)$ (nach Def. der Modellbeziehung)

$\Leftrightarrow$ es gibt $b \in B$ mit $Mod_S(\mathfrak{A}^{*b}_x, \psi^{P^1})$ (nach I.V., angewandt auf ψ)

$\Leftrightarrow$ es gibt $b \in A$ mit $Mod_S(\mathfrak{A}^{*b}_x, P^1 x \wedge \psi^{P^1})$ (nach Def. der Modellbeziehung, da $\mathfrak{a}(P^1) = B \subsetneqq A$)

$\Leftrightarrow$ $Mod_S(\mathfrak{A}, \vee x(P^1 x \wedge \psi^{P^1}))$

$\Leftrightarrow$ $Mod_S(\mathfrak{A}^*, \varphi^{P^1})$ (nach Def. von φ^{P^1}). □

Anmerkung. Sub- und Superstrukturen können sich bisweilen auch als nützlich erweisen, wenn man die Invarianz der Erfüllung von All- bzw. von Existenzsätzen betrachtet. Ist nämlich χ eine quantorenfreie Formel und $\psi = \wedge x_1 \ldots \wedge x_n \chi$, bzw. $\varphi = \vee x_1 \ldots \vee x_n \chi$, so ist ψ in jeder Substruktur eines Modells von ψ erfüllt und φ in jeder Superstruktur eines Modells von φ. Der Beweis stützt sich auf die einfache Tatsache, daß Allaussagen auch für jede Untermenge des Trägers gültig bleiben und Existenzaussagen für jede Obermenge des Trägers.

14.3.5 Relationale Strukturen und das Relationalisierungstheorem. Für bestimmte metatheoretische Untersuchungen – zu denen z. B. auch diejenigen gehören, welche zu den im nächsten Kapitel behandelten Sätzen von LINDSTRÖM führen – ist es nützlich, sich auf Strukturen beschränken zu können, die nur Symbole einer einzigen Kategorie enthalten. Da man für die atomaren Aussagen einer Sprache erster Stufe auf Prädikate nicht verzichten kann, bietet sich diese Klasse als die einzige mögliche „Reduktionsbasis" an. Falls wir zeigen können, daß für jede semantische S-Struktur $\mathfrak{A}$ mit beliebiger Symbolmenge S eine in präzisierbarem Sinn „gleichwertige" Struktur angebbar ist, die es nur mit Prädikaten zu tun hat, gewinnt die Untersuchung von Strukturen, die nur Prädikate interpretieren, allgemeineres Interesse. Diese Zurückführung gelingt tatsächlich, und zwar im wesentlichen über die bekannte syntaktische Umdeutung von Konstanten als 0-stellige Funktionszeichen und n-stelligen Funktionszeichen als (n + 1)-stellige Prädikate (also von Konstanten als einstellige Prädikate). Dieser Unterabschnitt dient der exakten Durchführung dieses eben intuitiv formulierten Zieles. Die technische Durchführung wird dadurch erheblich erleichtert, daß wir auf das grundlegende Theorem der Definitionstheorie aus 14.2.3 zurückgreifen.

S sei eine beliebige Symbolmenge. Wir denken uns alle Funktionszeichen und Konstanten aus S getilgt und durch geeignete Prädikate ersetzt. Die auf diese Weise entstehende Menge heiße *relationale Symbolmenge* S^r, da Prädikate häufig Relationszeichen genannt werden. Wir können uns die Ersetzung explizit durch eine *Relationalisierungsfunktion* **g** vollzogen denken: jedem $P \in S$ ordnet **g** wieder P zu, jedem $f^m \in S$ ein neues, d. h. in S nicht vorkommendes (m + 1)-stelliges Prädikat P_f und jeder Konstante c ein neues einstelliges Prädikat P_c. Zwecks größerer Anschaulichkeit kürzen wir die Menge der bereits in S vorkommenden „alten" Prädikate mit ‚$S^{r_{\text{alt}}}$' (identisch mit ‚Pr_S') ab und die Menge der durch **g** neu eingeführten Prädikate vereinfachend durch ‚$S^{r_{\text{neu}}}$'. Es ist $S^r = S^{r_{\text{alt}}} \cup S^{r_{\text{neu}}}$; $S^{r_{\text{alt}}} \subseteqq S$; S und $S^{r_{\text{neu}}}$ sind disjunkt.

Im nächsten Schritt ordnen wir jeder S-Struktur $\mathfrak{A}$ eine *relationale Struktur*, nämlich eine Sr-Struktur $\mathfrak{A}^r$ zu (wobei wir das **g**-Bild eines Funktionszeichens $f \in S$ als P_f und das **g**-Bild einer Konstante c als P_c anschreiben):

(i) $A^r := A$

(ii) $\mathfrak{a}^r(P) := \mathfrak{a}(P)$ für alle Prädikate $P \in Pr_S$;

(iii) für alle m-stelligen Funktionszeichen $f^m \in Fu_S$ und alle $a_0, \ldots, a_n \in A$:

$$\langle a_0, \ldots a_{n-1}, a_n \rangle \in \mathfrak{a}^r(P_f)\text{: gdw } \mathfrak{a}(f)(a_0, \ldots a_{n-1}) = a_n;$$

(iv) für alle $c \in S$ und alle $a \in A$:

$$a \in \mathfrak{a}^r(P_c)\text{: gdw } \mathfrak{a}(c) = a\,.$$

Gelegentlich werden wir das so definierte $\mathfrak{A}^r$ als das *relationale Korrelat* von $\mathfrak{A}$ bezeichnen.

Es wäre naheliegend, in einem dritten Schritt ein rekursives Verfahren zu schildern, das jeder S-Formel φ eine „gleichbedeutende" Sr-Formel zuordnet. Wir verzichten jedoch darauf; denn die präzise Definition von φ^r wird im Beweis des folgenden Theorems mitgeliefert. Da dies über den angekündigten Rückgriff auf die Definitionstheorie geschieht, sei der dabei leitende intuitive Grundgedanke schon hier geschildert: Wir wenden 14.2.2 und 14.2.3 auf die gegenwärtig betrachteten Symbolmengen an, indem die jetzt S^r genannte Symbolmenge die Rolle des dortigen S und das jetzige $S \cup S^{r_{\text{neu}}}$ die Stelle der dortigen (durch das Lemma von 14.2.2 eindeutig bestimmten) Symbolmenge S' übernimmt. Um das Theorem aus 14.2.3 anwenden zu können, „tun wir so, als seien die Funktionszeichen und Konstanten aus S zu definierende Symbole". Das jeweilige Definiens besteht, wie nicht anders zu erwarten, aus einer atomaren Formel, deren Prädikat das dem fraglichen Funktionszeichen bzw. der fraglichen Konstanten durch die Relationalisierungsfunktion zugeordnete (**g**-) Bild darstellt. Schließlich identifizieren wir die noch benötigte, einer S-Formel φ entsprechende Sr-Formel φ^r mit dem Transformat $\varphi^\triangledown$ von φ im Sinn des Theorems über Definitionserweiterungen.

Theorem über die Relationalisierung beliebiger Formeln *S sei eine Symbolmenge und $\mathfrak{A}$ eine volle S-Struktur. S^r sei eine der Menge S mittels einer geeigneten Relationalisierungsfunktion zugeordnete relationale Symbolmenge. $\mathfrak{A}^r$ sei die $\mathfrak{A}$ entsprechende relationale Sr-Struktur.*

Dann gibt es zu jeder S-Formel φ, die höchstens die freien Variablen $v_0, \ldots, v_{n-1}$ enthält, eine Sr-Formel φ^r, die ebenfalls höchstens diese freien Variablen enthält, so daß für jede volle S-Struktur $\mathfrak{A} = \langle A, \mathfrak{a} \rangle$ gilt:

(R) $Mod_S(\mathfrak{A}, \varphi) \;\rightarrow\; Mod_{S^r}(\mathfrak{A}^r, \varphi^r)$.

Beweis: Entsprechend der obigen Andeutung wählen wir zwecks Anwendung des Satzes von 14.2.3 die Menge $S \cup S^{r_{neu}}$ als das dortige S^Δ und S^r als das dortige S. (Zum Unterschied von dem allgemeineren Fall in 14.2.3 werden gegenwärtig keine Prädikate definiert.) Auch die Definitionsmenge Δ sowie die Menge M der Eindeutigkeitsbedingungen sind aufgrund unserer intuitiven Vorbetrachtungen zwingend festgelegt, nämlich:

$$\Delta := \{ \wedge v_0 \ldots \wedge v_{m-1} \wedge v_m (f v_0 \ldots v_{m-1} = v_m \leftrightarrow P_f v_0 \ldots v_{m-1} v_m) \mid f^m \in S\} \\ \cup \{ \wedge v_0 (c = v_0 \leftrightarrow P_c v_0) \mid c \in S\}$$

$$M := \{ \wedge v_0 \ldots \wedge v_{m-1} \vee ! v_m P_f v_0 \ldots v_{m-1} v_m \mid f^m \in S\} \\ \cup \{ \vee ! v_0 P_c v_0 \mid c \in S\}.$$

In der Sprechweise der Definitionstheorie enthält Δ für jedes Funktionszeichen und jede Konstante aus S eine Sr-Definition bezüglich M, die besagt, daß die Extension von P_f bzw. von P_c mit der von f bzw. von c identisch ist.[6] Die Anwendung des Theorems aus 14.2.3, Teil (1), liefert dann die folgende Aussage:

(+) Für jede Formel $\varphi \in L_n^{S \cup S^{r_{neu}}}$ gibt es eine Formel $\varphi^\triangledown \in L_n^{S^{r_{neu}}}$, so daß für alle Sr-Strukturen $\mathfrak{D} = \langle D, \mathfrak{d} \rangle$ mit $Mod_{S^r}(\mathfrak{D}, M)$ und alle $d_0, \ldots, d_{m-1} \in D$ gilt:

$$Mod_{S \cup S^{r_{neu}}}(\mathfrak{D}^\Delta, \varphi) \;\Leftrightarrow\; Mod_{S^r}(\mathfrak{D}, \varphi^\triangledown).$$

Wir beweisen die Aussage (R). Zunächst definieren wir für gegebenes $\varphi \in L^{S^\Delta}$, d.h. $\varphi \in L^{S \cup S^{r_{neu}}}$, die Formel φ^r entsprechend der intuitiven Ankündigung, d.h. wir setzen

$$\varphi^r := \varphi^\triangledown.$$

$\mathfrak{A}$ sei nun eine beliebige volle S-Struktur. Wir wenden (+) auf den Spezialfall an, daß $\mathfrak{D}$ identisch ist mit $\mathfrak{A}^r$, und setzen die Prämisse von (+) als gültig voraus, so daß insbesondere $Mod_{S^r}(\mathfrak{A}^r, M)$ zutrifft. Nach dem Lemma von 14.2.2 folgt: $Mod(\mathfrak{A}^{r\Delta}, \Delta)$. Daraus erkennt man, daß beim Übergang von $\mathfrak{A}^r$ zu $\mathfrak{A}^{r\Delta}$ genau diejenigen Funktionen und Objekte hinzukommen, die beim Übergang von $\mathfrak{A}$ zu $\mathfrak{A}^r$ getilgt worden sind. Also

6 Streng genommen ist die Extension von P_c die *Einermenge* mit der Extension von c als einzigem Element.

ist das S-Redukt von $\mathfrak{A}^{r\Delta}$ mit $\mathfrak{A}$ identisch, d. h. $\mathfrak{A}^{r\Delta} \restriction S \mathrel{\dot{=}} \mathfrak{A}$. Also gilt für beliebiges $\varphi \in L_n^S$:

$$\begin{aligned} Mod_S(\mathfrak{A}, \varphi) &\Leftrightarrow Mod_S(\mathfrak{A}^{r\Delta} \restriction S, \varphi) \\ &\ \text{(nach der soeben getroffenen Feststellung)} \\ &\Leftrightarrow Mod_S(\mathfrak{A}^{r\Delta}, \varphi) \\ &\ \text{(nach dem Koinzidenzlemma)} \\ &\Leftrightarrow Mod_{S^r}(\mathfrak{A}^r, \varphi^{\triangledown}). \end{aligned}$$

Da $\varphi^{\triangledown}$ mit φ^r identisch ist, haben wir die Behauptung (R) bewiesen. □

14.4 Elementare Äquivalenz und Isomorphie-Arten

14.4.1 Isomorphe Strukturen. Da die Hauptanwendung des Isomorphiebegriffs zur Beantwortung der metatheoretischen Frage dient, ob sich Strukturen mittels *Sätzen* unterscheiden lassen, spielt gemäß dem Koinzidenzlemma die Interpretation der Variablen keine Rolle. Es genügt daher, den Isomorphiebegriff für gewöhnliche Strukturen zu definieren.

$\mathfrak{A} = \langle A, \mathfrak{a} \rangle$ und $\mathfrak{B} = \langle B, \mathfrak{b} \rangle$ seien S-Strukturen. Eine Funktion $i: A \to B$ heißt *S-Isomorphismus von* $\mathfrak{A}$ *auf* $\mathfrak{B}$, abgekürzt: $i: \mathfrak{A} \simeq \mathfrak{B}$: $\Leftrightarrow$

(1) i ist eine Bijektion von A auf B, d. h. eine umkehrbar eindeutige Abbildung der Trägermengen von $\mathfrak{A}$ und $\mathfrak{B}$ aufeinander.

(2) Für alle $P^n \in Pr_S$, $n \in \mathbb{N}$ und $a_1, \ldots, a_n \in A$ gilt:

$$\langle a_1, \ldots, a_n \rangle \in \mathfrak{a}(P^n) \Leftrightarrow \langle i(a_1), \ldots, i(a_n) \rangle \in \mathfrak{b}(P^n).$$

(3) Für alle $g^m \in Fu_S$, $m \in \mathbb{N}$ und $a_1, \ldots, a_m \in A$ gilt:

$$i(\mathfrak{a}(g^m)(a_1, \ldots, a_m)) = \mathfrak{b}(g^m)(i(a_1), \ldots, i(a_m)).$$

(4) Für alle $c \in Ko_S$ ist

$$i(\mathfrak{a}(c)) = \mathfrak{b}(c).$$

(2) besagt inhaltlich, daß das $\mathfrak{B}$-Denotat eines n-stelligen Prädikates auf die n-Tupel der i-Bilder derjenigen n-Tupel aus A zutrifft, auf die das $\mathfrak{A}$-Denotat dieses Prädikates zutrifft.

Zwei S-Strukturen $\mathfrak{A}$ und $\mathfrak{B}$ werden *isomorph* genannt, kurz: $\mathfrak{A} \simeq \mathfrak{B}$, genau dann, wenn es einen S-Isomorphismus von $\mathfrak{A}$ auf $\mathfrak{B}$ gibt. Für volle Strukturen $\mathfrak{A}^*$ und $\mathfrak{B}^*$ mit Variablenbelegungen η und η' besage $\mathfrak{A}^* \simeq \mathfrak{B}^*$ dasselbe wie $\mathfrak{A} \simeq \mathfrak{B} \wedge \eta' = i \circ \eta$.

Im Beweis des Isomorphielemmas werden wir zu vollen Strukturen übergehen. Dabei werden wir für einen vorgegebenen Isomorphismus i vom Ausdruck ‚$\mathfrak{A}^{*i}$‘ Gebrauch machen, um gewisse Formulierungen etwas abzukürzen. Zweckmäßigerweise erklären wir bereits jetzt die Bedeutung dieses Mitteilungszeichens.

S sei eine beliebige Symbolmenge. $\mathfrak{A}=\langle A,\mathfrak{a}\rangle$ und $\mathfrak{B}=\langle B,\mathfrak{b}\rangle$ seien isomorphe (gewöhnliche) S-Strukturen. $\mathfrak{A}^*$ sei eine Erweiterung von $\mathfrak{A}$ zu einer vollen Struktur, die durch Fortsetzung von $\mathfrak{a}$ zu einer vollen Designationsfunktion $\mathfrak{a}^*=\mathfrak{a}\cup\eta$ mit einer Variablenbelegung η über A entsteht. Jeder Isomorphismus i: $\mathfrak{A}\simeq\mathfrak{B}$ induziert dann eine kanonische Erweiterung von $\mathfrak{B}$ zu einer vollen Struktur

$$\mathfrak{B}^*=\langle B,\mathfrak{b}\cup(i\circ\eta)\rangle.$$

(In dieser vollen Struktur $\mathfrak{B}^*$ wird einer Variablen x also das Objekt $i(\eta(x))$ aus B zugeordnet.) $\mathfrak{B}^*$ ist eindeutig bestimmt durch die Struktur $\mathfrak{A}$, den Isomorphismus i sowie die Variablenbelegung η. Wir wollen diejenige Funktion angeben, welche bei Anwendung auf diese drei Entitäten als Wert $\mathfrak{B}^*$ liefert.

Dazu bezeichnen wir für einen Isomorphismus i: $\mathfrak{A}\simeq\mathfrak{B}$ – nur lokal, d. h. allein im gegenwärtigen Kontext – $\mathfrak{A}$ als die Quellenstruktur und $\mathfrak{B}$ als die Zielstruktur von i. Unsere Aufgabe besteht darin, die geschilderte „kanonische" Zuordnung als eine Funktion zu definieren, die zu einem Isomorphismus und einer Variablenbelegung über der Trägermenge der Quellenstruktur des Isomorphismus eine Erweiterung der Zielstruktur dieses Isomorphismus zu einer vollen Struktur liefert:

Für alle Symbolmengen S und alle S-Strukturen $\mathfrak{A}=\langle A,\mathfrak{a}\rangle$ und $\mathfrak{B}=\langle B,\mathfrak{b}\rangle$ sowie für beliebige Isomorphismen i: $\mathfrak{A}\simeq\mathfrak{B}$ und beliebige Variablenbelegungen η: $Var\rightarrow A$ über A sei die Funktion ϑ erklärt durch:

$$\vartheta(i,\eta):=\langle B,\mathfrak{b}\cup(i\circ\eta)\rangle.$$

Dann sei für vorgegebene i: $\mathfrak{A}\simeq\mathfrak{B}$ und η: $Var\rightarrow A$ sowie $\mathfrak{A}^*=\langle A,\mathfrak{a}\cup\eta\rangle$:

$$\mathfrak{A}^{*i}:=\vartheta(i,\eta).$$

Die oben beschriebene kanonische Erweiterung $\mathfrak{B}^*$ von $\mathfrak{B}$ ist somit identisch mit $\mathfrak{A}^{*i}$. ($\mathfrak{A}$ braucht als Argument von ϑ nicht eigens angeführt zu werden; denn diese Struktur ist bereits als Quellenstruktur von i eindeutig festgelegt. Die Anführung von η als Argument von ϑ ist dagegen notwendig, da die Quellenstruktur von i die Variablenbelegung η nicht umfaßt.)

14.4.2 Das Isomorphielemma. Der Isomorphismus ist der stärkste unter den üblichen Gleichwertigkeitsbegriffen. Isomorphe Strukturen lassen sich insbesondere durch Sätze erster Stufe nicht unterscheiden. Dies ist der Inhalt des folgenden Lemmas, das wir in zwei äquivalenten Fassungen formulieren.

Zur Abkürzung des Beweises zeigen wir den folgenden

Hilfssatz *Wenn $\mathfrak{A}$ eine Struktur, a ein Element des Trägers von $\mathfrak{A}$ und i ein Isomorphismus von $\mathfrak{A}$ auf eine andere Struktur ist, so gilt für sämtliche Erweiterungen von $\mathfrak{A}$ zu vollen Strukturen $\mathfrak{A}^*$:*

$(\mathfrak{A}^{*a}_{x})^i$ *ist identisch mit* $(\mathfrak{A}^{*i})^{i(a)}_{x}$.

Es sei nämlich $\mathfrak{A}=\langle A,\mathfrak{a}\rangle$, $\mathfrak{B}=\langle B,\mathfrak{b}\rangle$ und $i\colon \mathfrak{A}\simeq\mathfrak{B}$. Nach Definition von $\mathfrak{A}^*$ gibt es eine Variablenbelegung η über A, so daß $\mathfrak{A}^*=\langle A,\mathfrak{a}^*\rangle$ mit $\mathfrak{a}^*=\mathfrak{a}\cup\eta$. Also ist: $(\mathfrak{A}^{*a}_{x})^i=\langle A,\mathfrak{a}\cup\eta^a_x\rangle^i=\langle B,\mathfrak{b}\cup(i\circ\eta^a_x)\rangle$ (nach Def. von $\mathfrak{A}^{*i}$) $=\langle B,\mathfrak{b}\cup(i\circ\eta)\rangle^{i(a)}_{x}$ (nach Def. des Begriffs der Strukturvariante) $=(\mathfrak{A}^{*i})^{i(a)}_{x}$ (wieder nach Def. von $\mathfrak{A}^{*i}$). □

Isomorphielemma

1. Fassung. *Für alle Symbolmengen S und alle S-Strukturen $\mathfrak{A}$ und $\mathfrak{B}$: Wenn $\mathfrak{A}\simeq\mathfrak{B}$, dann gilt für alle S-Sätze ψ:*

$Mod_S(\mathfrak{A},\psi)$ gdw $Mod_S(\mathfrak{B},\psi)$.

2. Fassung. *Für alle Symbolmengen S und alle S-Strukturen $\mathfrak{A}$ und $\mathfrak{B}$: Wenn $\mathfrak{A}\simeq\mathfrak{B}$, dann gibt es keinen S-Satz ψ, so daß $Mod_S(\mathfrak{A},\psi)$ und nicht $Mod_S(\mathfrak{B},\psi)$* (d.h. isomorphe S-Strukturen sind nicht durch S-Sätze trennbar).

Beweis: Wir skizzieren die wesentlichen Schritte des Beweises der ersten Fassung. Es sei $\mathfrak{A}=\langle A,\mathfrak{a}\rangle$, $\mathfrak{B}=\langle B,\mathfrak{b}\rangle$, $i\colon \mathfrak{A}\simeq\mathfrak{B}$. $\mathfrak{A}^*$ sei für eine Variablenbelegung η über A eine volle Struktur $\mathfrak{A}^*=\langle A,\mathfrak{a}^*\rangle$ mit $\mathfrak{a}^*=\mathfrak{a}\cup\eta$. $\mathfrak{B}^*$ sei eine volle Struktur $\mathfrak{B}^*=\langle B,\mathfrak{b}^*\rangle$ mit $\mathfrak{b}^*=\mathfrak{b}\cup\eta'$, wobei η' diejenige Variablenbelegung über B ist, für die gilt: $\eta'=i\circ\eta$. Dann ist $\mathfrak{B}^*=\mathfrak{A}^{*i}$. Wir zeigen für $\mathfrak{A}^*$ und $\mathfrak{B}^*$:

(I) Für beliebige Terme $t\in\mathbf{T}_S$:

$i(V_{\mathfrak{A}^*}(t))=V_{\mathfrak{B}^*}(t)$.

(II) Für beliebige Formeln $\psi\in\mathbf{F}_S$:

$Mod_S(\mathfrak{A}^*,\psi)$ gdw $Mod_S(\mathfrak{B}^*,\psi)$.

Aus (II) folgt die Behauptung für die Strukturen $\mathfrak{A}$ und $\mathfrak{B}$ nach dem Koinzidenzlemma.

(I) beweist man schematisch durch Induktion nach Termaufbau:

$i(V_{\mathfrak{A}^*}(f^m t_1\ldots t_m)=i(\mathfrak{a}^*(f^m)(V_{\mathfrak{A}^*}(t_1),\ldots,V_{\mathfrak{A}^*}(t_m))$
(nach Def. von $V_{\mathfrak{A}^*}$)
$=\mathfrak{b}^*(f^m)(i(V_{\mathfrak{A}^*}(t_1),\ldots,i(V_{\mathfrak{A}^*}(t_m)))$
(nach Def. des Isomorphismus)
$=\mathfrak{b}^*(f^m)(V_{\mathfrak{B}^*}(t_1),\ldots,V_{\mathfrak{B}^*}(t_m))$
(nach Induktionsvoraussetzung)
$=V_{\mathfrak{B}^*}(f^m t_1\ldots t_m))$
(nach Def. von $V_{\mathfrak{B}^*}$).

Bezüglich (II) weisen wir zunächst darauf hin, daß diese Behauptung eine Verschärfung des Lemmas beinhaltet; denn sie besagt, daß in $\mathfrak{A}$ und $\mathfrak{B}$ sogar dieselben Formeln gelten, sofern die darin frei vorkommenden Variablen einmal durch Elemente von A und dann durch deren i-Bilder belegt werden, da $\mathfrak{B}^* = \mathfrak{A}^{*i}$. Der Beweis erfolgt diesmal durch Induktion über den Aufbau der Formel ψ. Es genügt, zur Illustration einen atomaren Fall und den Existenzfall herauszugreifen:

(1) ψ sei identisch mit $P^n t_1 \ldots t_n$:

$Mod_S(\mathfrak{A}^*, P^n t_1 \ldots t_n)$
gdw $\langle V_{\mathfrak{A}^*}(t_1), \ldots, V_{\mathfrak{A}^*}(t_n) \rangle \in \mathfrak{a}(P^n)$ (nach Def. der Modellbeziehung)
gdw $\langle i(V_{\mathfrak{A}^*}(t_1), \ldots, i(V_{\mathfrak{A}^*}(t_n)) \rangle \in \mathfrak{b}(P^n)$ (da $i : \mathfrak{A} \simeq \mathfrak{B}$)
gdw $V_{\mathfrak{B}^*}(t_1)), \ldots, V_{\mathfrak{B}^*}(t_n) \rangle \in \mathfrak{b}(P^n)$ (nach (I))
gdw $Mod_S(\mathfrak{B}^*, P^n t_1 \ldots t_n)$.

(2) ψ sei identisch mit $\bigvee x\chi$. Es gelte also:
$Mod_S(\mathfrak{A}^*, \bigvee x\chi)$. Nach Definition der Modellbeziehung ist dies äquivalent mit der Aussage:
Es gibt ein $a \in A$, so daß $Mod_S(\mathfrak{A}^{*a}_{x}, \chi)$.
Da χ kürzer ist als $\bigvee x\chi$, ist dies nach I.V. äquivalent mit:
Es gibt ein $a \in A$, so daß $Mod_S((\mathfrak{A}^{*a}_{x})^i, \chi)$.
Nach dem Hilfssatz ist dies äquivalent mit:
Es gibt ein $a \in A$, so daß $Mod_S((\mathfrak{A}^{*i})^{i(a)}_{x}, \chi)$.
Wegen $\mathfrak{A}^{*i} = \mathfrak{B}^*$ sowie der Surjektivität des Isomorphismus ist dies äquivalent mit:
Es gibt ein $b \in B$, so daß $Mod_S(\mathfrak{B}^{*b}_{x}, \chi)$.
Nach der Definition der Modellbeziehung ist dies gleichbedeutend mit:

$Mod_S(\mathfrak{B}^*, \bigvee x\chi)$. □

14.4.3 Elementar äquivalente Strukturen. Die semantische Theorie einer Struktur. $\mathfrak{A}$ und $\mathfrak{B}$ seien zwei S-Strukturen. Sie heißen *elementar äquivalent*, kurz: $\mathfrak{A} \equiv \mathfrak{B}$, genau dann, wenn für alle S-Sätze φ:

$$Mod_S(\mathfrak{A}, \varphi) \Leftrightarrow Mod_S(\mathfrak{B}, \varphi),$$

d. h. jeder S-Satz erfüllt beide Strukturen oder keine von beiden, d. h. die beiden Strukturen sind erfüllungsgleich. Wegen des Koinzidenzlemmas spielt es dabei keine Rolle, ob $\mathfrak{A}$ und $\mathfrak{B}$ gewöhnliche oder volle Strukturen sind.

Wir sagen ferner: Ein S-Satz φ *trennt* $\mathfrak{A}$ *und* $\mathfrak{B}$, wenn entweder $Mod_S(\mathfrak{A}, \varphi)$ und nicht $Mod_S(\mathfrak{B}, \varphi)$ oder umgekehrt $Mod_S(\mathfrak{B}, \varphi)$ und nicht $Mod_S(\mathfrak{A}, \varphi)$. Unter Benützung dieses Begriffs können wir die Wendung ‚elementar äquivalent' als gleichwertig mit ‚nicht durch Sätze erster Stufe trennbar' betrachten.

Manchmal interessieren wir uns mehr für die Klasse der Sätze, die durch eine Struktur festgelegt werden, als für die Charakterisierung einer Struktur durch Sätze. Auf diese Weise gelangt man zum Begriff der semantischen Theorie einer Struktur: Ist $\mathfrak{A}$ eine S-Struktur, so soll die Menge $\{\varphi \in L_0^S \mid Mod_S(\mathfrak{A}, \varphi)\}$, also die Menge der von $\mathfrak{A}$ erfüllten Sätze, die *semantische (S-)Theorie von* $\mathfrak{A}$ genannt und mit $SemTh(\mathfrak{A})$ abgekürzt werden. Wegen des Koinzidenzlemmas kommt es wiederum nicht darauf an, ob $\mathfrak{A}$ eine gewöhnliche oder eine volle Struktur ist. Es gilt trivial: $Mod_S(\mathfrak{A}, SemTh(\mathfrak{A}))$. Eine Verschärfung dieser Feststellung enthält das

Lemma über semantische Theorien *Für zwei S-Strukturen* $\mathfrak{A}$ *und* $\mathfrak{B}$ *gilt:*

$$\begin{aligned} \mathfrak{A} \equiv \mathfrak{B} &\Leftrightarrow Mod(\mathfrak{A}, SemTh(\mathfrak{B})) \\ &\Leftrightarrow Mod(\mathfrak{B}, SemTh(\mathfrak{A})). \end{aligned}$$

Beweis: (*a*) $\Rightarrow$: In dieser Richtung folgt die Behauptung unmittelbar aus der eben getroffenen (trivialen) Feststellung und der Definition der elementaren Äquivalenz.

(*b*) $\Leftarrow$: Sei $Mod(\mathfrak{A}, SemTh(\mathfrak{B}))$. Dann gilt für jeden S-Satz φ: Wenn $Mod(\mathfrak{B}, \varphi)$, *dann* $\varphi \in SemTh(\mathfrak{B})$; also $Mod(\mathfrak{A}, \varphi)$. Wenn andererseits nicht $Mod(\mathfrak{B}, \varphi)$, dann $\neg\varphi \in SemTh(\mathfrak{B})$, somit gemäß Voraussetzung $Mod(\mathfrak{A}, \neg\varphi)$ und daher nicht $Mod(\mathfrak{A}, \varphi)$. □

14.4.4 Isomorphie, elementare Äquivalenz, Definitionserweiterungen und relationale Strukturen. Elementar äquivalente S-Strukturen können definitionsgemäß nicht durch S-Sätze unterschieden werden. Das Isomorphielemma besagt, daß diese Art von Nichtunterscheidbarkeit für isomorphe Strukturen gilt. Zwei isomorphe Strukturen sind also stets elementar äquivalent, d. h. es gilt:

$$\{\mathfrak{B} \mid \mathfrak{B} \simeq \mathfrak{A}\} \subseteq \{\mathfrak{B} \mid \mathfrak{B} \equiv \mathfrak{A}\}.$$

Anmerkung. Die Umkehrung dieser Inklusion gilt im allgemeinen nicht. Wir zeigen dazu, daß zu beliebigen unendlichen Strukturen sogar stets elementar äquivalente, nichtisomorphe Strukturen existieren. Für den Nachweis benötigt man den „aufsteigenden" Satz von Löwenheim-Skolem:

(A) **Theorem von Löwenheim-Skolem im aufsteigenden Sinn** *Erfüllt eine unendliche S-Struktur* $\mathfrak{A}$ *eine Menge M von S-Sätzen, so gibt es zu einer beliebigen unendlichen Menge B eine M erfüllende Struktur* $\mathfrak{B}$, *deren Träger mindestens gleichmächtig mit B ist (also mindestens so viele Elemente enthält wie B).*

Wir skizzieren den Beweis dieses Theorems als einfache Folgerung aus dem Kompaktheitssatz. $\mathfrak{A} = \langle A, \mathfrak{a} \rangle$ sei die M erfüllende unendliche S-Struktur, B die vorgegebene unendliche Menge.

Wir wählen für jedes Element $b \in B$ eine neue Konstante k_b, also $k_b \notin S$, so daß zwischen B und der Menge dieser neuen Konstanten eine Bijektion besteht. Dann betrachten wir die um die Menge aller „Nicht-Identitäten" $\neg k_b = k_{b'}$ (für b, $b' \in B$, $b \neq b'$) erweiterte Menge M. (Man beachte, daß hier die Erweiterung des Sprachbegriffs auf beliebige Mächtigkeiten der Symbolmenge wesentlich ist!) Diese neue Menge heiße $\hat{M}$, also:

$$\hat{M} := M \cup \{\neg k_b = k_{b'} \mid b, b' \in B \wedge b \neq b'\}.$$

Da $\mathfrak{A}$ die Satzmenge M erfüllt, ist auch jede endliche Teilmenge von $\hat{M}$ erfüllbar: Wir wählen dazu jeweils diejenige Expansion von $\mathfrak{A}$, in der wir die Konstanten k_b, welche in der fraglichen Teilmenge von $\hat{M}$ auftreten, bijektiv einer hinreichend großen Teilmenge des Trägers A von $\mathfrak{A}$ zuordnen. (Dies ist stets möglich; denn wegen der Unendlichkeit von A gibt es zu jeder natürlichen Zahl n in A n verschiedene Elemente.) Aus dem Kompaktheitstheorem folgt dann die Existenz einer $\hat{M}$ erfüllenden unendlichen Struktur, deren Träger mindestens gleichmächtig mit B ist. □

(**B**) Die Klasse $\{\mathfrak{B} \mid \mathfrak{B} \equiv \mathfrak{A}\}$ ist darstellbar als die Klasse aller Strukturen $\mathfrak{C}$ mit $Mod(\mathfrak{C}, M)$ für eine geeignete Satzmenge M.

Dazu wählen wir als M einfach die semantische Theorie von $\mathfrak{A}$ im Sinn von 14.4.3.

(**C**) Die Klasse $\{\mathfrak{B} \mid \mathfrak{B} \simeq \mathfrak{A}\}$ ist für unendliche Strukturen $\mathfrak{A}$ nicht in einer solchen Form darstellbar. Denn angenommen, es gäbe eine Satzmenge M' mit

$$\{\mathfrak{B} \mid \mathfrak{B} \simeq \mathfrak{A}\} = \{\mathfrak{C} \mid Mod(\mathfrak{C}, M')\},$$

dann würde insbesondere gelten: $Mod(\mathfrak{A}, M')$. Gemäß (**A**) gibt es jedoch Strukturen, die M' erfüllen und deren Träger größere Mächtigkeit hat als der Träger von $\mathfrak{A}$; diese Strukturen sind also insbesondere nicht isomorph mit $\mathfrak{A}$. Dies widerspräche der Wahl von M'.

Aus (**B**) und (**C**) folgt, *daß Isomorphie im allgemeinen eine echt feinere Äquivalenzrelation zwischen Strukturen darstellt als elementare Äquivalenz.*

Für definitorische Erweiterungen elementar äquivalenter Strukturen gilt aufgrund des Theorems von 14.2.3 der folgende

Satz 1 *Definitionserweiterungen elementar äquivalenter Strukturen sind elementar äquivalent*, d. h. *es gilt: Wenn* $\mathfrak{A} \equiv \mathfrak{B}$, *dann* $\mathfrak{A}^{\Delta} \equiv \mathfrak{B}^{\Delta}$.

Beweis: $\mathfrak{A}$ und $\mathfrak{B}$ seien S-Strukturen mit $\mathfrak{A} \equiv \mathfrak{B}$; S′ sei eine Symbolmenge mit $S \subsetneq S'$ und Δ eine Definitionsmenge von $S' \setminus S$ bezüglich M. Für beliebige S′-Sätze φ gilt:

$$\begin{aligned} Mod_{S'}(\mathfrak{A}^{\Delta}, \varphi) &\Leftrightarrow Mod_S(\mathfrak{A}, \varphi^{\triangledown}) \text{ (nach dem Theorem von 14.2.3)} \\ &\Leftrightarrow Mod_S(\mathfrak{B}, \varphi^{\triangledown}) \text{ (da } \mathfrak{A} \equiv \mathfrak{B}) \\ &\Leftrightarrow Mod_{S'}(\mathfrak{B}^{\Delta}, \varphi) \text{ (wieder nach dem Theorem von 14.2.3),} \end{aligned}$$

also: $\mathfrak{A}^{\Delta} \equiv \mathfrak{B}^{\Delta}$. □

(Natürlich folgt umgekehrt aus $\mathfrak{A}^{\Delta} \equiv \mathfrak{B}^{\Delta}$ für irgendein Δ stets $\mathfrak{A} \equiv \mathfrak{B}$.)

Daraus gewinnen wir einen analogen Satz über relationale Korrelate von Strukturen, der sogar in beiden Richtungen gilt. Wir knüpfen dazu an 14.3.5 an. $\mathfrak{A}$ und $\mathfrak{B}$ seien zwei S-Strukturen mit $\mathfrak{A}^r \equiv \mathfrak{B}^r$. Nach Satz 1 ist daher $\mathfrak{A}^{r\Delta} \equiv \mathfrak{B}^{r\Delta}$. Nun ist (wie im Beweis des Theorems von 14.3.5 gezeigt): $\mathfrak{A}^{r\Delta} \upharpoonright S$ identisch mit $\mathfrak{A}$ und $\mathfrak{B}^{r\Delta} \upharpoonright S$ identisch mit $\mathfrak{B}$; also ist $\mathfrak{A} \equiv \mathfrak{B}$.

Davon gilt auch die Umkehrung. Wir müssen nur Δ geeignet wählen, nämlich:

$$\begin{aligned} \Delta := \{ \bigwedge v_0 \ldots \bigwedge v_{n-1} \bigwedge v_n (P_f v_0 \ldots v_{n-1} v_n \leftrightarrow f v_0 \ldots v_{n-1} = v_n) \mid n \in \omega \wedge f^n \in S\} \\ \cup \{ \bigwedge v_0 (P_c v_0 \leftrightarrow c = v_0) \mid c \in S\}. \end{aligned}$$

Δ enthält für jedes neue Prädikat (aus $S^{r\text{neu}}$) eine S-Definition (bezüglich der leeren Satzmenge). Für jede S-Struktur $\mathfrak{A}$ ist offenbar $\mathfrak{A}^{\Delta} \upharpoonright S^r$ identisch mit $\mathfrak{A}^r$. Wenn nun $\mathfrak{A} \equiv \mathfrak{B}$ gilt, so nach Satz 1 auch $\mathfrak{A}^{\Delta} \equiv \mathfrak{B}^{\Delta}$ und daher wegen des Koinzidenzlemmas $\mathfrak{A}^{\Delta} \upharpoonright S^r \equiv \mathfrak{B}^{\Delta} \upharpoonright S^r$, d.h. $\mathfrak{A}^r \equiv \mathfrak{B}^r$. Insgesamt erhalten wir also den

Satz 2 *Strukturen sind genau dann elementar äquivalent, wenn dies für ihre relationalen Korrelate gilt*, d.h. genauer: *Für zwei S-Strukturen $\mathfrak{A}$ und $\mathfrak{B}$ ist*

$$\mathfrak{A} \equiv \mathfrak{B} \text{ gdw } \mathfrak{A}^r \equiv \mathfrak{B}^r.$$

14.4.5 Präpartielle Isomorphismen. In den folgenden Unterabschnitten werden wir drei weitere Isomorphiebegriffe kennenlernen, die sich für bestimmte Vergleiche von Strukturen als nützlich erweisen, nämlich: die endliche Isomorphie, die partielle Isomorphie und die m-Isomorphie. In keinem dieser Fälle genügt, zum Unterschied von der „normalen" Isomorphie, *eine einzelne* Abbildung zur Charakterisierung der fraglichen speziellen Isomorphie. Vielmehr werden dabei stets *Mengen von* bestimmten Abbildungen benützt. Diese letzteren sind allerdings stets von derselben Art. In Abweichung vom üblichen Sprachgebrauch nennen wir sie *prä*partielle Isomorphismen. Grob gesprochen handelt es sich dabei um „reduzierte“ Isomorphismen, die nicht die ganzen Trägermengen der beiden miteinander verglichenen Strukturen aufeinander abbilden, sondern nur Teilmengen davon. Die genauere Definition lautet:

$\mathfrak{A}=\langle A, \mathfrak{a}\rangle$ und $\mathfrak{B}=\langle B, \mathfrak{b}\rangle$ seien S-Strukturen; p sei eine Funktion. p heißt *präpartieller Isomorphismus von* $\mathfrak{A}$ *nach* $\mathfrak{B}$ genau dann, wenn gilt:

(1) (a) $D_I(p) \subseteq A$ (der Definitionsbereich von p ist Teilmenge von A);
(b) $D_{II}(p) \subseteq B$ (der Bildbereich von p ist Teilmenge von B);
(c) p ist injektiv.

(2) Für alle $P^n \in Pr_S$, $n \in \mathbb{N}$ und $a_1, \ldots, a_n \in D_I(p)$:

$$\langle a_1, \ldots, a_n\rangle \in \mathfrak{a}(P^n) \Leftrightarrow \langle p(a_1), \ldots, p(a_n)\rangle \in \mathfrak{b}(P^n).$$

(3) Für alle $g^m \in Fu_S$, $m \in \mathbb{N}$ und $a_1, \ldots, a_m$, $a \in D_I(p)$:

$$\mathfrak{a}(g^m)(a_1, \ldots, a_m)=a \Leftrightarrow \mathfrak{b}(g^m)(p(a_1), \ldots, p(a_m))=p(a).$$

(4) Für alle $c \in Ko_S$ und alle $a \in D_I(p)$:

$$\mathfrak{a}(c)=a \Leftrightarrow \mathfrak{b}(c)=p(a).$$

Inhaltlich besagen die Bestimmungen (2) bis (4) das Analoge wie die entsprechenden Bestimmungen in der Isomorphiedefinition. ((3) bzw. (4) mußten geringfügig abgeändert werden, um u. a. zu gewährleisten, daß das als Funktionswert von $\mathfrak{a}(g^m)$ bzw. von $\mathfrak{a}$ auftretende Objekt a zum Definitionsbereich des präpartiellen Isomorphismus p gehört.)

PräpartIso$(\mathfrak{A}, \mathfrak{B})$ sei die Menge der präpartiellen Isomorphismen von $\mathfrak{A}$ nach $\mathfrak{B}$.

14.4.6 Endlich isomorphe Strukturen. Ein präpartieller Isomorphismus genügt nicht, um die Gültigkeit einer quantorenlogischen Formel in einer Struktur zu erhalten. Dazu das folgende Illustrationsbeispiel:

Es sei $S=\{1, \cdot\}$, $\mathfrak{A}=\langle \mathbb{Q}, \mathfrak{a}\rangle$, $\mathfrak{B}=\langle \mathbb{Z}, \mathfrak{b}\rangle$, $\mathfrak{a}(1)=\mathfrak{b}(1)=1$ und $\mathfrak{a}(\cdot)$ sowie $\mathfrak{b}(\cdot)$ seien die übliche Multiplikation ganzer Zahlen. Dann gilt zwar

$$Mod_S(\mathfrak{A}*^{3}_{x_2}, \bigvee x_3(\neg x_2=1 \wedge x_2 \cdot x_3=1)),$$

jedoch nicht

$$Mod_S(\mathfrak{B}*^{b}_{x_2}, \bigvee x_3(\neg x_2=1 \wedge x_2 \cdot x_3=1))$$

für eine beliebige Wahl von $b \in \mathbb{Z}$ (da keine ganze Zahl außer 1 ein ganzzahliges multiplikatives Inverses besitzt).

Ein anderes Beispiel: Es sei $S=\{<\}$, $\mathfrak{A}=\langle \mathbb{Q}, \mathfrak{a}\rangle$, $\mathfrak{B}=\langle \mathbb{N}, \mathfrak{b}\rangle$ und $\mathfrak{a}(<)$ bzw. $\mathfrak{b}(<)$ die natürliche Anordnung in $\mathbb{Q}$ bzw. $\mathbb{N}$. Wir erhalten:

$$Mod_S(\mathfrak{A}*^{1\ 2}_{x_1 x_3}, \bigvee x_2(x_1 < x_2 \wedge x_2 < x_3)),$$

(denn für x_2 kann z. B. ein $a=4/3 \in \mathbb{Q}$ gewählt werden).

p sei ein präpartieller Isomorphismus von $\mathfrak{A}$ nach $\mathfrak{B}$ mit $D_I(p)=\{1,2\}$, $D_{II}(p)=\{b_1,b_2\}$ und $1\mapsto b_1$, $2\mapsto b_2$. Wir fragen: Gilt auch

$$Mod_S(\mathfrak{B}*^{b_1\,b_2}_{x_1\,x_3}, \bigvee x_2(x_1<x_2 \wedge x_2<x_3))?$$

Dies hängt davon ab, ob man ein passendes $b\in\mathbb{N}$ mit $b_1<b<b_3$ finden kann. Je nachdem, ob dies der Fall ist oder nicht, läßt sich p auf den Definitionsbereich $\{1,a,2\}\subseteq\mathbb{Q}$ mit $1<a<2$ erweitern oder nicht. Sollte z. B. $b_1=5$ und $b_2=7$ sein, so ließe sich p dadurch erweitern, daß dem $a=4/3$ die Zahl 6 zugeordnet wird. Keine derartige Erweiterungsmöglichkeit besteht jedoch, wenn $b_1=5$ und $b_2=6$ sein sollte; denn zwischen 5 und 6 liegt keine ganze Zahl.

Dieses Beispiel zeigt: Ob die Gültigkeit einer Formel in einer Struktur unter präpartiellen Isomorphismen erhalten bleibt, hängt davon ab, *ob es für die präpartiellen Isomorphismen geeignete Fortsetzungsmöglichkeiten gibt.*

Der grundlegende Begriff für das systematische Studium der Fortsetzbarkeit präpartieller Isomorphismen ist eine rein algebraisch charakterisierbare Relation zwischen Strukturen. Wenn diese zwischen zwei Strukturen $\mathfrak{A}$ und $\mathfrak{B}$ besteht, sagt man, daß $\mathfrak{A}$ und $\mathfrak{B}$ *endlich isomorph* sind. Mit Hilfe dieses Relationsbegriffs läßt sich die *modelltheoretische* Aussage $\mathfrak{A}\equiv\mathfrak{B}$ ($\mathfrak{A}$ ist elementar äquivalent mit $\mathfrak{B}$), in der auf eine Sprache und auf Sätze dieser Sprache bezug genommen wird, durch die für endliche Symbolmengen *gleichwertige algebraische* Feststellung ersetzen, daß $\mathfrak{A}$ und $\mathfrak{B}$ endlich isomorph sind. Die Einsicht, daß eine solche Gleichwertigkeit besteht, wird durch den Satz von FRAISSÉ vermittelt.

Um den Begriff ‚die beiden Strukturen $\mathfrak{A}$ und $\mathfrak{B}$ sind endlich isomorph' einzuführen, müssen wir eine unendliche Folge $(I_n)_{n\in\omega}$ von Mengen betrachten, deren jede nur präpartielle Isomorphismen enthält. Für festes k nennen wir die Elemente von I_k die präpartiellen Isomorphismen k-ter Stufe. Die letzteren müssen der Bedingung genügen, daß sie höchstens k-mal echt fortsetzbar sind, wobei die jeweilige Fortsetzung in der nächstniedrigen Stufe liegt. In der folgenden Definition gibt die Bestimmung (1) eine Charakterisierung der Mengen I_n, während (2) und (3) die Fortsetzbarkeit genau beschreiben und garantieren. (Man beachte: ‚q ist eine *Fortsetzung von p*' ist definierbar als: ‚$q|_{D_I(p)}=p$'; denn dies besagt ja, daß die Restriktion von q auf den Definitionsbereich von p mit p identisch ist. Gibt es außerdem ein $c\in D_I(q)$ mit $c\notin D_I(p)$, so liegt eine *echte* Fortsetzung vor.)

Es seien $\mathfrak{A}=\langle A,\mathfrak{a}\rangle$ und $\mathfrak{B}=\langle B,\mathfrak{b}\rangle$ für eine beliebige Symbolmenge S gewöhnliche oder volle S-Strukturen. $\mathfrak{A}$ und $\mathfrak{B}$ heißen *endlich isomorph*, kurz: $\mathfrak{A}\simeq_e\mathfrak{B}$, genau dann, wenn es eine unendliche Folge $(I_n)_{n\in\omega}$ gibt, so daß gilt:

(1) Für kein $n \in \omega$ ist I_n leer und für jedes $p \in I_n$ ist $p \in Präpart(\mathfrak{A}, \mathfrak{B})$.

(2) Wenn $p \in I_{n+1}$ und $a \in A$, dann existiert ein $q \in I_n$ mit $a \in D_I(q)$ und $q|_{D_I(p)} = p$. (Dies ist die sog. *Hin-Eigenschaft* der Folge $(I_n)_{n \in \omega}$, welche die Fortsetzbarkeit im Definitionsbereich von p gewährleistet.)

(3) Wenn $p \in I_{n+1}$ und $b \in B$, dann existiert ein $q \in I_n$ mit $b \in D_{II}(q)$ und $q|_{D_I(p)} = p$. (Dies ist die sog. *Her-Eigenschaft* der Folge $(I_n)_{n \in \omega}$; sie garantiert die Fortsetzbarkeit im Wertebereich von p.)

Es möge beachtet werden, daß die Prädikate ‚Hin-Eigenschaft' sowie ‚Her-Eigenschaft' *Folgen von Mengen* präpartieller Isomorphismen zugeschrieben werden. In umgangssprachlicher Formulierung hat eine derartige Folge die Hin-Eigenschaft genau dann, wenn es zu jedem präpartiellen Isomorphismus aus der $(n+1)$-ten Menge dieser Folge in der vorausgehenden, also der n-ten Menge der Folge, eine Erweiterung auf ein *beliebiges* Quellenelement (Element der „Quellenstruktur") gibt. Analog besitzt eine solche Folge die Her-Eigenschaft genau dann, wenn jeder präpartielle Isomorphismus aus der (n+1)-ten Menge dieser Folge in der vorausgehenden Menge der Folge eine Erweiterung auf ein *beliebiges* Zielelement (Element der „Zielstruktur") hat.

Den Inhalt von (2) und (3) kann man anschaulich folgendermaßen zusammenfassen: I_{n+1} enthält als Elemente nur präpartielle Isomorphismen, die sich höchstens (n+1)-mal echt fortsetzen (erweitern) lassen. Da die unmittelbare Erweiterung stets in der nächstniedrigen Stufe liegt, gewinnt man schrittweise Fortsetzungen, die in $I_n, I_{n-1}, \ldots, I_1, I_0$ liegen. Wir stoßen bei diesem Verfahren zwar niemals auf einen speziellen Isomorphismus[7], der sich unendlich oft fortsetzen läßt. Aber *für jede Zahl* $n \in \omega$ stoßen wir auf eine nicht-leere Isomorphismenmenge I_n, deren Elemente (höchstens) n-mal erweiterungsfähige Isomorphismen sind.

Wenn eine unendliche Folge $(I_n)_{n \in \omega}$ die drei Eigenschaften (1) bis (3) besitzt, so schreibt man auch:

$$(I_n)_{n \in \omega} : \mathfrak{A} \simeq_e \mathfrak{B}.$$

Wir haben das Relationsprädikat ‚sind endlich isomorph' direkt eingeführt. In Ergänzung dazu können wir erklären: Eine Folge $(I_n)_{n \in \omega}$ heißt *endlicher Isomorphismus von* $\mathfrak{A}$ *nach* $\mathfrak{B}$ genau dann, wenn erstens jedes I_n dieser Folge eine nicht leere Teilmenge von $Präpart(\mathfrak{A}, \mathfrak{B})$ ist und zweitens $(I_n)_{n \in \omega}$ die Hin- und Her-Eigenschaft besitzt.

14.4.7 Partiell isomorphe Strukturen. Wieder seien $\mathfrak{A} = \langle A, \mathfrak{a} \rangle$ und $\mathfrak{B} = \langle B, \mathfrak{b} \rangle$ für eine beliebige Symbolmenge gewöhnliche oder volle

7 Das Attribut ‚präpartiell' lassen wir in dieser intuitiven Erläuterung stets fort.

S-Strukturen. $\mathfrak{A}$ und $\mathfrak{B}$ werden *partiell isomorph* genannt, kurz: $\mathfrak{A} \simeq_p \mathfrak{B}$, genau dann, wenn es eine Menge I gibt, so daß gilt:

(1′) I ist eine nichtleere Menge präpartieller Isomorphismen von $\mathfrak{A}$ nach $\mathfrak{B}$.

(2′) Wenn $p \in I$ und $a \in A$, dann existiert ein $q \in I$ mit $a \in D_I(q)$ und $q|_{D_I(p)} = p$. (Dies ist die *Hin-Eigenschaft von I*.)

(3′) Wenn $p \in I$ und $b \in B$, dann existiert ein $q \in I$ mit $b \in D_{II}(q)$ und $q|_{D_I(p)} = p$. (Dies ist die *Her-Eigenschaft von I*.)

Der Vergleich mit dem vorangehenden Fall lehrt, daß die dortige Folge der I_n diesmal zu einer einzigen Menge I „degeneriert". Da man die letztere für die gegenwärtigen Zwecke auch mit der *konstanten* Folge $(I)_{n \in \omega}$ identifizieren kann, läßt sich, wenn (1′) bis (3′) für I gelten, ‚partiell isomorph' folgendermaßen als Spezialfall von ‚endlich isomorph' anschreiben:

$$(I)_{n \in \omega} : \mathfrak{A} \simeq_e \mathfrak{B}.$$

Diese oben angegebene Deutung ist sogar notwendig, sofern man für die Begriffe der Hin- und Her-Eigenschaft auf die in 14.4.6 gegebenen Definitionen zurückgreift. Dann muß man nämlich diese Prädikate folgendermaßen erklären: Eine Menge I mit $I \subseteq PräpartIso(\mathfrak{A}, \mathfrak{B})$ hat nach Definition die Hin-Eigenschaft (Her-Eigenschaft) genau dann, wenn dies für die Folge $(I)_{n \in \omega}$ gilt. (Selbstverständlich könnte man die beiden Prädikate für solche Mengen I direkt einführen; doch dann erhielten wir in 14.4.6 und 14.4.7 kategorial verschiedene Prädikate, nämlich einmal für Mengenfolgen und einmal für Mengen.)

Besitzt eine Menge I die Eigenschaften (1′) bis (3′), so schreibt man:

$$I : \mathfrak{A} \simeq_p \mathfrak{B}.$$

In Analogie zum Vorgehen in 14.4.6 können wir definieren: Eine Menge I mit $I \subseteq PräpartIso(\mathfrak{A}, \mathfrak{B})$ und $I \neq \emptyset$ ist ein *partieller Isomorphismus von* $\mathfrak{A}$ *nach* $\mathfrak{B}$ genau dann, wenn I die Hin- und Her-Eigenschaft besitzt.

14.4.8 m-isomorphe Strukturen. Wenn man die Definition von ‚endlich isomorph' so modifiziert, daß man statt der unendlichen Folge von Mengen präpartieller Isomorphismen nur das Anfangsstück dieser Folge bis zu einer vorgegebenen Zahl $m \in \omega$ heranzieht, so gewinnt man die Aussage, daß $\mathfrak{A}$ und $\mathfrak{B}$ m-isomorph sind.

Genauer: Zwei (gewöhnliche oder volle) Strukturen heißen m-*isomorph*, kurz: $\mathfrak{A} \simeq_m \mathfrak{B}$, genau dann, wenn es eine Folge $I_0, \ldots, I_m$ von Mengen präpartieller Isomorphismen von $\mathfrak{A}$ nach $\mathfrak{B}$ gibt, welche die Hin- und Her-Eigenschaft besitzt. Letzteres bedeutet natürlich:

Wenn $n+1 \leqq m$, $p \in I_{n+1}$ und $a \in A$ (bzw. $b \in B$), dann existiert ein $q \in I_n$ mit $a \in \mathrm{D_I}(q)$ (bzw. mit $b \in \mathrm{D_{II}}(q)$), so daß $q|_{\mathrm{D_I}(p)} = p$.

Erfüllt eine endliche Folge bis m diese Bedingung, so schreibt man in Analogie zu den beiden früheren Fällen:

$(I_n)_{n \leqq m} : \mathfrak{A} \simeq_m \mathfrak{B}$.

14.4.9 Quantorenrang. Für den Satz von FRAISSÉ erweist es sich als zweckmäßig, einen Begriff zur Verfügung zu haben, der für beliebige quantorenlogische Formeln φ die *Verschachtelungstiefe* der Quantoren in φ mißt. Der gesuchte Begriff heiße *Quantorenrang von* φ, abgekürzt: $\mathrm{QR}(\varphi)$; er gibt die maximale Anzahl ineinandergeschachtelter Quantoren in φ an. Der Begriff läßt sich wie folgt durch Induktion nach dem Aufbau der Formel φ definieren:

(1) Ist φ atomar, so $\mathrm{QR}(\varphi) := 0$;

(2) (a) $\mathrm{QR}(\neg\varphi) := \mathrm{QR}(\varphi)$;

(b) für einen binären Junktor j ist $\mathrm{QR}(\varphi \mathrm{j} \psi) := \max\{\mathrm{QR}(\varphi), \mathrm{QR}(\psi)\}$;

(3) $\mathrm{QR}(\bigvee x \varphi) := \mathrm{QR}(\varphi) + 1$.

Da es für die Feststellung des Quantorenranges im wesentlichen auf iterierte Anwendungen der Bestimmungen (2)(b) und (3) ankommt, erkennt man, daß die Quantoren nicht gezählt werden, sondern daß ihre Verschachtelung gemessen wird.

14.4.10 Der Zusammenhang von *m*-Isomorphie und Quantorenrang. Im folgenden Lemma wird eine bereits angedeutete Aussage über die Erhaltung der Gültigkeit von quantorenlogischen Ausdrücken unter präpartiellen Isomorphismen exakt formuliert. Für die Präzisierung verwenden wir den Begriff des Quantorenranges. Das Lemma enthält zugleich eine genauere Formulierung der Überlegungen zu den Fortsetzungsmöglichkeiten präpartieller Isomorphismen.

Invarianzlemma für präpartielle Isomorphismen *Es gelte* $(I_n)_{n \in \omega}$: $\mathfrak{A} \simeq_e \mathfrak{B}$, *d. h.* $\mathfrak{A} = \langle A, \mathfrak{a} \rangle$ *und* $\mathfrak{B} = \langle B, \mathfrak{b} \rangle$ *seien endlich isomorphe Strukturen unter dem endlichen Isomorphismus* $(I_n)_{n \in \omega}$. *Dann gilt für jede Formel* φ, *in der höchstens die Variablen* $v_0, \ldots, v_{r-1}$ *frei auftreten und deren Quantorenrang höchstens* n *ist* (d. h. $\mathrm{QR}(\varphi) \leqq n$), *sowie für alle* $p \in I_n$ *und beliebige* $a_0, \ldots, a_{r-1} \in \mathrm{D_I}(p)$:

$$Mod(\mathfrak{A}^{*}{}^{a_0}_{v_0} \ldots {}^{a_{r-1}}_{v_{r-1}}, \varphi) \Leftrightarrow Mod(\mathfrak{B}^{*}{}^{p(a_0)}_{v_0} \ldots {}^{p(a_{r-1})}_{v_{r-1}}, \varphi) \quad (\mathfrak{A}^*, \mathfrak{B}^* \text{ relational!})$$

(dabei ist die Art der Erweiterung von $\mathfrak{A}$ und $\mathfrak{B}$ zu vollen Strukturen wegen des Koinzidenzlemmas irrelevant). (Umgangssprachliche Kurzfassung: Präpartielle Isomorphismen aus I_n bewahren die Gültigkeit von Formeln eines Quantorenranges $\leqq$n in vorgegebenen relationalen Strukturen.)

Beweisskizze: Wir zeigen die Behauptung durch Induktion über den Aufbau der Formel φ:

(a) φ ist atomar. Wir beschränken uns auf den Fall, daß φ die Gestalt $Pv_{i_0}\ldots v_{i_{s-1}}$ für $P \in Pr_S^s$ und $i_0, \ldots, i_{s-1} < r$ hat. (Der andere atomare Fall ist analog zu behandeln.) Dann gilt für beliebiges $a_0, \ldots, a_{r-1} \in \mathrm{D_I}(p)$:

$\langle a_{i_0}, \ldots, a_{i_{s-1}} \rangle \in \mathfrak{a}(P)$ gdw $Mod(\mathfrak{A}*^{a_0}_{v_0}\ldots^{a_{r-1}}_{v_{r-1}}, Pv_{i_0}\ldots v_{i_{s-1}})$

und ebenso

$\langle p(a_{i_0}), \ldots, p(a_{i_{s-1}}) \rangle \in \mathfrak{b}(P)$ gdw $Mod(\mathfrak{B}*^{p(a_0)}_{v_0}\ldots^{p(a_{r-1})}_{v_{r-1}}, Pv_{i_0}\ldots v_{i_{s-1}})$.

Mit $p \in PräpartIso(\mathfrak{A}, \mathfrak{B})$ folgt die Behauptung.

(b) Der junktorenlogische Fall sei als einfache Übung dem Leser überlassen.

(c) φ ist eine Existenzformel. Nach Voraussetzung kommt v_r nicht frei in φ vor. Wir können daher o.B.d.A. von φ annehmen, daß es die Gestalt $\bigvee v_r \chi$ hat. Dann erhalten wir:

$Mod(\mathfrak{A}*^{a_0}_{v_0}\ldots^{a_{r-1}}_{v_{r-1}}, \bigvee v_r\chi)$ $\Leftrightarrow$ es gibt $a \in A$, so daß $Mod(\mathfrak{A}*^{a_0}_{v_0}\ldots^{a_{r-1}\,a}_{v_{r-1}\,v_r}, \chi)$
(nach Def. der Modellbeziehung)

$\Leftrightarrow$ es gibt $a \in A$ und $q \in I_{n-1}$ mit $q|_{\mathrm{D_I}(p)} = p$ und $a \in \mathrm{D_I}(q)$, so daß $Mod(\mathfrak{A}*^{a_0}_{v_0}\ldots^{a_{r-1}\,a_r}_{v_{r-1}\,v_r}, \chi)$
(wegen der Hin-Eigenschaft und $p \in I_n$)

$\Leftrightarrow$ … bei gleichen Existenzannahmen … $Mod(\mathfrak{B}*^{p(a_0)}_{v_0}\ldots^{p(a_{r-1})\,q(a_r)}_{v_{r-1}\quad v_r}, \chi)$
(nach I.V., da $\mathrm{QR}(\chi) < \mathrm{QR}(\varphi)$)

$\Leftrightarrow$ es gibt $b \in B$ und $q \in I_{n-1}$ mit $q|_{\mathrm{D_I}(p)} = p$ und $b \in \mathrm{D_{II}}(q)$, so daß $Mod(\mathfrak{B}*^{p(a_0)}_{v_0}\ldots^{p(a_{r-1})\,b}_{v_{r-1}\;v_r}, \chi)$
(Umformulierung)

$\Leftrightarrow$ es gibt $b \in B$, so daß $Mod(\mathfrak{B}*^{p(a_0)}_{v_0}\ldots^{p(a_{r-1})\,b}_{v_{r-1}\;v_r}, \chi)$
(wegen der Her-Eigenschaft)

$\Leftrightarrow$ $Mod(\mathfrak{B}*^{p(a_0)}_{v_0}\ldots^{p(a_{r-1})}_{v_{r-1}}, \bigvee v_r\chi)$
(nach Def. der Modellbeziehung) □

Aus diesem Invarianzlemma ergibt sich sofort das folgende

Korollar *Wenn $\mathfrak{A} \simeq_m \mathfrak{B}$, dann erfüllen $\mathfrak{A}$ und $\mathfrak{B}$ dieselben Sätze, deren Quantorenrang höchstens m ist.*

Denn sei $(I_n)_{n \leq m} : \mathfrak{A} \simeq_m \mathfrak{B}$. Dann ergibt der Beweis des Invarianzlemmas, daß jeder präpartielle Isomorphismus $p \in I_n$ mit $n \leq m$ die Gültigkeit von Formeln φ mit $\mathrm{QR}(\varphi) \leq n$ in diesen beiden Strukturen bewahrt.

14.4.11 Die Beziehungen zwischen den verschiedenen Isomorphie-Arten und der elementaren Äquivalenz. Wir gehen dazu über, die verschiedenen in diesem Abschnitt eingeführten Begriffe systematisch zu vergleichen. Wir beginnen mit sehr einfachen Zusammenhängen und gehen dann zu komplizierteren Zusammenhängen über.

(A) *Wenn* $\mathfrak{A} \simeq \mathfrak{B}$, *dann* $\mathfrak{A} \simeq_p \mathfrak{B}$, d. h. *isomorphe Strukturen sind partiell isomorph.* (Intuitiv: Isomorphie ist hinreichend für partielle Isomorphie.)

Beweis: Es gelte $i : \mathfrak{A} \simeq \mathfrak{B}$. Dann ist $\{i\}$ eine nicht leere Teilmenge von $Präpart(\mathfrak{A}, \mathfrak{B})$. Die Hin- und Her-Eigenschaft wird von $\{i\}$ ebenfalls erfüllt, da für jedes $a \in A$ und jedes $b \in B$ (mit A bzw. B Träger von $\mathfrak{A}$ bzw. von $\mathfrak{B}$) bereits gilt: $a \in D_I(i)$, $b \in D_{II}(i)$.

Also:

Wenn $i : \mathfrak{A} \simeq \mathfrak{B}$, dann $\{i\} : \mathfrak{A} \simeq_p \mathfrak{B}$, und daher auch:

Wenn $\mathfrak{A} \simeq \mathfrak{B}$, dann $\mathfrak{A} \simeq_p \mathfrak{B}$. □

(B) *Wenn* $\mathfrak{A} \simeq_p \mathfrak{B}$, *dann* $\mathfrak{A} \simeq_e \mathfrak{B}$, d. h. *partiell isomorphe Strukturen sind endlich isomorph.* (Intuitiv: Partielle Isomorphie ist hinreichend für endliche Isomorphie.)

Beweis: Die Behauptung folgt bereits aus den erläuternden Bemerkungen zum Begriff des partiellen Isomorphismus: Ist

$$I : \mathfrak{A} \simeq_p \mathfrak{B},$$

so erhalten wir mit der Definition von $I_n := I$ für jedes n bei Betrachtung der *konstanten* Folge $(I_n)_{n \in \omega}$ die Erfüllung der Bedingung des endlichen Isomorphismus (die Hin- und Her-Eigenschaft gilt nach Voraussetzung). Also mit dieser Definition von I_n:

$$I : \mathfrak{A} \simeq_p \mathfrak{B} \Rightarrow (I_n)_{n \in \omega} : \mathfrak{A} \simeq_e \mathfrak{B},$$

und damit:

Wenn $\mathfrak{A} \simeq_p \mathfrak{B}$, dann $\mathfrak{A} \simeq_e \mathfrak{B}$. □

Die folgenden Fälle sind nicht so unmittelbar einsichtig. Es handelt sich dabei darum, die genauen Einschränkungen anzugeben, unter denen die Umkehrung von (A) sowie die Umkehrung einer unmittelbaren Folgerung aus (A) und (B) gilt. Wir beginnen mit dem letzteren.

(C) *Wenn* $\mathfrak{A} \simeq_e \mathfrak{B}$ *und (der Träger von)* $\mathfrak{A}$ *endlich ist, dann* $\mathfrak{A} \simeq \mathfrak{B}$, d. h. *sind ein endliches* $\mathfrak{A}$ *und* $\mathfrak{B}$ *endlich isomorph, so sind* $\mathfrak{A}$ *und* $\mathfrak{B}$ *sogar isomorph.* (Intuitiv: Für endliche Strukturen ist endliche Isomorphie hinreichend für Isomorphie.)

Beweis: Es gelte $(I_n)_{n\in\omega}: \mathfrak{A} \simeq_e \mathfrak{B}$ für Strukturen $\mathfrak{A} = \langle A, \mathfrak{a}\rangle$ und $\mathfrak{B} = \langle B, \mathfrak{b}\rangle$ und der Träger A von $\mathfrak{A}$ sei endlich. A möge r Elemente enthalten, so daß wir schreiben können: $A = \{a_1, \ldots, a_r\}$. Wir wählen einen partiellen Isomorphismus p aus dem (r+1)-ten Glied der Folge $(I_n)_{n\in\omega}$, d. h.: $p \in I_{r+1}$. Durch r-malige geeignete Anwendung der Hin-Eigenschaft erhalten wir ein $q \in I_1$ (mit $q|_{\mathrm{D_I}(p)} = p$), so daß $a_1, \ldots, a_r \in \mathrm{D_I}(q)$, d. h. q ist auf dem ganzen Träger A von $\mathfrak{A}$ definiert. Als präpartieller Isomorphismus ist q injektiv. Wir behaupten, daß q bereits der gesuchte Isomorphismus von $\mathfrak{A}$ auf $\mathfrak{B}$ ist. Dafür genügt es, zu zeigen, daß $\mathrm{D_{II}}(q) = B$; denn die übrigen Bedingungen des Isomorphismus folgen aus der Definition des präpartiellen Isomorphismus. Wir geben einen indirekten Beweis: Es sei $\mathrm{D_{II}}(q) \neq B$. Dann existierte ein $b \in B$, $b \notin \mathrm{D_{II}}(q)$. Wegen der Her-Eigenschaft müßte eine echte Erweiterung q^* aus I_0 von q existieren, so daß q^* auch b als Wert enthielte, d. h. $b \in \mathrm{D_{II}}(q^*)$, $q^*|_{\mathrm{D_I}(q)} = q$. Dies ist jedoch ausgeschlossen; denn wegen $\mathrm{D_I}(q) = A$ und der Funktionalität von q kann b kein q^*-Urbild besitzen. Also ist tatsächlich $\mathrm{D_{II}}(q) = B$ und daher: $q: \mathfrak{A} \simeq \mathfrak{B}$. □

Wir zeigen anschließend, daß die Umkehrung von (A) unter der zusätzlichen Bedingung gilt, daß $\mathfrak{A}$ und $\mathfrak{B}$ höchstens abzählbar sind:

(D) *Wenn* $\mathfrak{A} \simeq_p \mathfrak{B}$ *und* $\mathfrak{A}$ *sowie* $\mathfrak{B}$ *höchstens abzählbar sind, so* $\mathfrak{A} \simeq \mathfrak{B}$; d. h. *höchstens abzählbare partiell isomorphe Strukturen sind isomorph.* (Intuitiv: Für höchstens abzählbare Strukturen ist partielle Isomorphie hinreichend für Isomorphie.)

Beweis: Für endliche Strukturen folgt die Behauptung sofort nach (B) und (C). Es ist daher nur der Fall abzählbarer Träger A und B zu betrachten. Es gelte also: $A := \{a_i | i \in \omega\}$, $B := \{b_i | i \in \omega\}$ sowie $I: \mathfrak{A} \simeq_p \mathfrak{B}$. Wir greifen ein $p_0 \in I$ heraus und wenden darauf sukzessive die Hin- und Her-Eigenschaft zur Gewinnung von Fortsetzungen $p_1, p_2, \ldots$ aus I an, so daß $a_0 \in \mathrm{D_I}(p_1)$, $b_0 \in \mathrm{D_{II}}(p_2)$ usw. Genauer ergibt sich durch Induktion:

(1) I.B.: (*a*) Nach der Hin-Eigenschaft von I gibt es, da $p_0 \in I$, eine Fortsetzung $p_1 \in I$ von p_0 mit $a_0 \in \mathrm{D_I}(p_1)$.

(*b*) Nach der Her-Eigenschaft von I gibt es eine Fortsetzung $p_2 \in I$ von p_1 mit $b_0 \in \mathrm{D_{II}}(p_2)$.

(2) I.S.: (a^*) Nach der Hin-Eigenschaft von I gibt es für $p_{2n} \in I$ eine Fortsetzung $p_{2n+1} \in I$ von p_{2n} mit $a_n \in \mathrm{D_I}(p_{2n+1})$.

(b^*) Nach der Her-Eigenschaft von I gibt es für $p_{2n-1} \in I$ eine Fortsetzung $p_{2n} \in I$ von p_{2n-1} mit $b_{n-1} \in \mathrm{D_{II}}(p_{2n})$.

Wir erhalten auf diese Weise eine unendliche Folge p_0, p_1, $p_2, \ldots, p_r, \ldots$, also $(p_n)_{n\in\omega}$, von präpartiellen Isomorphismen, die nicht nur alle Fortsetzungen von p_0 sind, sondern für welche überdies gilt:

(i) Jedes p_n ist Fortsetzung aller vorangehenden p_i, d. h. aller p_i mit $i < n$; insbesondere gilt: $\mathrm{D_I}(p_i) \subseteqq \mathrm{D_I}(p_n)$ und $\mathrm{D_{II}}(p_i) \subseteqq \mathrm{D_{II}}(p_n)$.

(ii) Jedes $a_i \in A$ liegt ab einem hinreichend hohen $m \in \omega$ im Definitionsbereich aller p_n mit $n \geqq m$. (Nach Konstruktion der p_i ist dazu einfach $m = 2i + 1$ zu wählen.)

(iii) Jedes $b_i \in B$ liegt ab einem hinreichend hohen $m \in \omega$ im Wertbereich aller p_n mit $n \geqq m$. (Man wähle $m = 2i + 2$.)

Den gesuchten Isomorphismus von $\mathfrak{A}$ auf $\mathfrak{B}$ gewinnen wir jetzt durch *Bildung der Vereinigung aller präpartieller Isomorphismen* unserer Folge:

$$p := \bigcup \{p_i \mid i \in \omega\} .$$

Wegen (i) ist p selbst ein präpartieller Isomorphismus von $\mathfrak{A}$ nach $\mathfrak{B}$. Wegen (ii) ist $D_I(p) = A$ und wegen (iii) ist $D_{II}(p) = B$. Insgesamt erhalten wir also:

$$p : \mathfrak{A} \simeq \mathfrak{B} . \quad \square$$

Wir führen noch einige weitere Resultate (in intuitiver Sprechweise) an, deren Beweise trivial sind, da sie unmittelbar aus den Definitionen sowie aus den vier bisherigen Resultaten (A) bis (D) folgen:

(E) Isomorphie ist hinreichend für endliche Isomorphie.

(F) Im Falle endlicher Strukturen ist endliche Isomorphie hinreichend für partielle Isomorphie.

(G) Partielle Isomorphie ist hinreichend für jede m-Isomorphie mit $m \in \omega$.

(H) Im Falle endlicher Strukturen ist endliche Isomorphie hinreichend für jede m-Isomorphie mit $m \in \omega$.

Keineswegs trivial hingegen ist der folgende (in Abschn. 14.5 genauer behandelte) *Satz von Fraissé*:

(FR) *S sei eine endliche Symbolmenge und* $\mathfrak{A}$ *sowie* $\mathfrak{B}$ *seien zwei S-Strukturen. Dann gilt:*

(FR_1) *Endliche Isomorphie ist hinreichend für elementare Äquivalenz.*

(FR_2) *Elementare Äquivalenz ist hinreichend für endliche Isomorphie.*

Anmerkung. Die Teilaussage **(FR_2)** liefert den Übergang von einer *sprachabhängigen* zu einer rein algebraischen und daher *sprachunabhängigen* Beschreibung. Denn während eine elementare Äquivalenz zwischen zwei Strukturen genau dann besteht, wenn diese Strukturen *durch Sätze einer Sprache erster Stufe* nicht getrennt werden können, ist der Begriff des endlichen Isomorphismus ohne jegliche Bezugnahme auf Sprachen und Formeln definiert.

Setzen wir den Satz von Fraissé als gültig voraus, so erhalten wir noch die folgenden beiden Resultate:

(I) Im Falle von S-Strukturen mit endlichem S ist partielle Isomorphie hinreichend für elementare Äquivalenz (nach (B) und (FR_1)).

(K) Im Falle endlicher S-Strukturen mit endlichem S ist elementare Äquivalenz hinreichend für Isomorphie (nach (C) und (FR_2)).

14.5 Der Satz von Fraissé

14.5.1 Intuitive Motivation und Formulierung. Für eine gegebene Symbolmenge S sind zwei S-Strukturen genau dann elementar äquivalent, wenn sie Modelle derselben S-Sätze sind. In der Sprechweise der Bewertungssemantik besagt dies: Für zwei S-Strukturen $\mathfrak{A}$ und $\mathfrak{B}$ gilt $\mathfrak{A} \equiv \mathfrak{B}$ genau dann, wenn $V_{\mathfrak{A}}(\varphi) = V_{\mathfrak{B}}(\varphi)$ ist für alle S-Sätze φ. Beim Vergleich zwischen den Strukturen $\mathfrak{A}$ und $\mathfrak{B}$ bezogen wir uns auf die Bewertungen der S-Sätze in den verglichenen Strukturen. Oft ist es wünschenswert, diesen Vergleich ohne Rückgriff auf Sprachen erster Stufe durchführen zu können. Für den Fall, daß die Symbolmenge endlich ist, liefert der Satz von Fraissé eine derartige, in gewissem Sinne sprachunabhängige Vergleichsmöglichkeit. (Zwar hängt auch diese noch von S ab; bei Zugrundelegung des in 14.1.2 eingeführten formalen Begriffs der Symbolmenge kommt es jedoch dabei nur auf die Stellenzahlfunktion von S an. Der Vergleich ist damit nur noch von einem reinen Strukturelement der Sprache abhängig.) Die „Sprachunabhängigkeit“ kommt dadurch zur Geltung, daß die Aussage $\mathfrak{A} \equiv \mathfrak{B}$ als gleichwertig mit der endlichen Isomorphie von $\mathfrak{A}$ und $\mathfrak{B}$ erwiesen wird. Da hierbei die zwei Strukturen nur „von außen“ über geeignete (Mengen von) präpartiellen Isomorphismen verglichen werden, liefert der Satz von Fraissé eine oft als *algebraisch* bezeichnete Charakterisierung der elementaren Äquivalenz. Die genaue Formulierung lautet:

Theorem von Fraissé *Es sei S eine beliebige endliche Symbolmenge und $\mathfrak{A}$ sowie $\mathfrak{B}$ seien beliebige S-Strukturen. Dann gilt:*

$\mathfrak{A} \equiv \mathfrak{B}$ gdw $\mathfrak{A} \simeq_e \mathfrak{B}$.

Zum *Beweis* dieses Theorems werden wir in einem ersten Schritt zeigen, daß es genügt, das Theorem für *relationales* S zu beweisen. Diesen Reduktionsschritt vollziehen wir in 14.5.2.

Da die Behauptung in einer Äquivalenzaussage besteht, werden wir diese in zwei Teile aufspalten. Der zweite, in 14.5.3 vorgenommene Schritt beinhaltet den Übergang von der rechten zur linken Seite der obigen Äquivalenzbehauptung. Dieser läßt sich rasch über das in 14.4.10 bewiesene Invarianzlemma für präpartielle Isomorphismen ausführen.

Etwas schwieriger ist der dritte Schritt, d. h. der Übergang von der linken zur rechten Seite. Dazu benötigt man ein Lemma, welches besagt: Für vorgegebenes $n \in \omega$ lassen sich alle Formeln (mit fester Maximalzahl frei vorkommender Variablen), deren Quantorenrang höchstens n ist, in endlich viele Äquivalenzklassen bezüglich logischer Äquivalenz einteilen. Mit Hilfe dieses „Partitionslemmas für endlichen Quantorenrang" wird in 14.5.4 die zweite Hälfte der Äquivalenzaussage bewiesen: Unter der Annahme $\mathfrak{A} \equiv \mathfrak{B}$ wird darin eine geeignete Folge I_n von Mengen präpartieller Isomorphismen konstruiert, wobei das n von I_n eine obere Schranke des Quantorenranges der jeweils betrachteten Formeln angibt.

14.5.2 Reduktion auf den relationalen Fall. Es genügt, die folgenden beiden Aussagen zu zeigen:

(1) $\mathfrak{A} \equiv \mathfrak{B}$ gdw $\mathfrak{A}^r \equiv \mathfrak{B}^r$

(2) $\mathfrak{A} \simeq_e \mathfrak{B}$ gdw $\mathfrak{A}^r \simeq_e \mathfrak{B}^r$.

Denn sofern der Satz von Fraissé für den relationalen Fall bereits zur Verfügung steht, d. h. sofern gilt:

(3) $\mathfrak{A}^r \equiv \mathfrak{B}^r$ gdw $\mathfrak{A}^r \simeq_e \mathfrak{B}^r$,

erhalten wir dieses Theorem für den allgemeinen Fall unmittelbar aus (1) bis (3) durch Kettenschluß.

Um die Gültigkeit von (1) wissen wir bereits; sie ist genau der Inhalt von Satz 2 aus 14.4.4.

Zum Nachweis von (2) genügt es, die folgende Identität von Klassen für beliebige Strukturen $\mathfrak{A}$ und $\mathfrak{B}$ zu benützen:

(4) $\mathit{PräpartIso}(\mathfrak{A}, \mathfrak{B}) \doteq \mathit{PräpartIso}(\mathfrak{A}^r, \mathfrak{B}^r)$.

Die Homomorphiebedingungen für Funktionszeichen f und Konstanten c sind in der Definition des Begriffs des präpartiellen Isomorphismus nämlich so formuliert worden, daß sie mit den entsprechenden Bedingungen für die Prädikate P_f bzw. P_c (unter einer geeigneten Relationalisierungsfunktion) identisch sind.

Aus (4) ergibt sich (2), da man für die Definition des endlichen Isomorphismus $(I_n)_{n \in \omega}$ beide Male jeweils dieselben Mengen von präpartiellen Isomorphismen verwenden darf und die Hin- und Her-Eigenschaften sich unmittelbar übertragen lassen. □

14.5.3 Beweis der ersten Hälfte des Theorems von Fraissé. Wir behaupten, daß gilt:

(I) *Für eine endliche und relationale Symbolmenge S und zwei Strukturen $\mathfrak{A}$ und $\mathfrak{B}$ erhalten wir:*
Wenn $\mathfrak{A} \simeq_e \mathfrak{B}$, dann $\mathfrak{A} \equiv \mathfrak{B}$.

Zum *Beweis* brauchen wir nur auf das Invarianzlemma für präpartielle Isomorphismen aus 14.4.10 zurückzugreifen. Denn es ist bloß zu zeigen, daß unter der Voraussetzung $\mathfrak{A} \simeq_e \mathfrak{B}$ für jeden S-Satz φ gilt:

$$Mod_S(\mathfrak{A}, \varphi) \Leftrightarrow Mod_S(\mathfrak{B}, \varphi).$$

Dies folgt aus dem dortigen Lemma, wenn wir die Anzahl der freien Variablen gleich 0 setzen, für beliebiges $n \in \omega$ die Zahl $n = QR(\varphi)$ wählen und aus I_n ein beliebiges $p \in I_n$ herausgreifen. (Man beachte dabei, daß in der Voraussetzung $\mathfrak{A} \simeq_e \mathfrak{B}$ bereits die Behauptung steckt, daß kein I_n leer ist.) □

14.5.4 Beweis der zweiten Hälfte des Theorems von Fraissé. Hier müssen wir, wie angekündigt, zunächst den folgenden Hilfssatz beweisen:

Partitionslemma für endlichen Quantorenrang *S sei endlich und relational. Ferner sei $n \in \omega$. Dann gibt es für jedes $r \in \omega$ bis auf logische Äquivalenz nur endlich viele Formeln, die höchstens $v_0, \ldots, v_{r-1}$ frei enthalten*[8] *und deren Quantorenrang $\leqq n$ ist.*

Beweis: Der Nachweis erfordert im Grunde nur routinemäßig durchführbare junktoren- und quantorenlogische Umformungen. Um ihn möglichst übersichtlich zu gestalten, verwenden wir vier lokale Hilfssätze $(H_1)-(H_4)$. Dabei machen wir von folgender Symbolik Gebrauch: M sei eine Menge von S-Formeln; die Junktorenmenge der betrachteten Sprache sei o.B.d.A. $\{\neg, \vee\}$. Dann soll $[M]^{\neg,\vee}$ die kleinste, M umfassende Menge von S-Formeln sein, die junktorenlogisch abgeschlossen ist, d.h. die mit einem Element φ auch $\neg\varphi$ und mit zwei Elementen φ_1 und φ_2 auch $\varphi_1 \vee \varphi_2$ enthält.

(H_1) Es sei $M = \{\varphi_1, \ldots, \varphi_k\}$ eine endliche Menge von Formeln. Dann gibt es in $[M]^{\neg,\vee}$ nur endlich viele Formeln, die paarweise nicht logisch äquivalent sind.

Zum Nachweis verwenden wir die Überführbarkeit jeder Formel in eine adjunktive Normalform. Danach ist jede Formel aus $[M]^{\neg,\vee}$ logisch äquivalent mit einer keine Wiederholungen enthaltenden Adjunktion von Konjunktionen aus der Menge

$$\{\varphi_1, \ldots, \varphi_k, \neg\varphi_1, \ldots, \neg\varphi_k\}.$$

(H_2) Es sei $\varphi \in L_r^S$ und $QR(\varphi) \leqq n+1$. Dann ist $\varphi \in [M]^{\neg,\vee}$, sofern M folgendermaßen definiert wird:

$$M := \{\psi \in L_r^S \mid QR(\psi) \leqq n\} \cup \{\bigvee x\psi \in L_r^S \mid QR(\psi) \leqq n\}.$$

Der (routinemäßige) Nachweis erfolgt durch Induktion über den Aufbau der Formel φ.

(H_3) Es möge k Formeln $\psi_1, \ldots, \psi_k \in L_r^S$ vom Quantorenrang $\leqq n$ geben, so daß jede Formel $\psi \in L_r^S$ vom Quantorenrang $\leqq n$ mit einem ψ_i logisch äquivalent ist. Ebenso möge es l Formeln $\chi_1, \ldots, \chi_l \in L_{r+1}^S$ vom Quantorenrang $\leqq n$ geben, so daß jede Formel aus L_{r+1}^S vom Quantorenrang $\leqq n$ mit einem χ_i logisch äquivalent ist.

---

8 Wir erinnern daran, daß wir die Gesamtheit dieser Formeln auch L_r^S nennen.

Dann ist jede Formel aus M_1 logisch äquivalent mit einer Formel aus M_2, wenn die Mengen M_1 und M_2 wie folgt definiert werden:

$$M_1 := \{\psi \in L_r^S | QR(\psi) \leqq n\} \cup \{\bigvee x\psi \in L_r^S | QR(\psi) \leqq n\};$$
$$M_2 := \{\psi_1, \ldots, \psi_k\} \cup \{\bigvee v_r\chi_1, \ldots, \bigvee v_r\chi_l\}.$$

(Dieser Hilfssatz dient zur Abkürzung des Induktionsschrittes im Beweis des Partitionslemmas).

Daß jedes Element der erstgenannten Teilmenge in der Def. von M_1 mit einem Element der erstgenannten Teilmenge in der Def. von M_2 logisch äquivalent ist, folgt direkt aus der Voraussetzung. Es sei nun $\bigvee x\psi \in L_r^S$, wobei $QR(\psi) \leqq n$ sei. Unter Verwendung des Symbolismus von 14.1.6 und Berücksichtigung der dortigen Vorsichtsmaßnahmen (d. h. eventuelle Umbenennungen von Variablen) können wir behaupten, daß $\bigvee x\psi$ logisch äquivalent ist mit $\bigvee v_r\psi_x^{v_r}$. Nun gilt: $\psi_x^{v_r} \in L_{r+1}^S$; außerdem hat diese Formel einen Quantorenrang $\leqq n$. Nach Voraussetzung gibt es ein i, $1 \leqq i \leqq l$, so daß $\psi_x^{v_r}$ mit χ_i logisch äquivalent ist. Also ist $\bigvee v_r\psi_x^{v_r}$ mit $\bigvee v_r\chi_i$ logisch äquivalent; daraus ergibt sich die logische Äquivalenz von $\bigvee x\psi$ mit $\bigvee v_r\chi_i$. Damit ist auch der dritte Hilfssatz bewiesen.

(H_4) Wenn jede Formel aus M_1 mit einer Formel aus M_2 logisch äquivalent ist, dann auch jede Formel aus $[M_1]^{\neg,\vee}$ mit einer aus $[M_2]^{\neg,\vee}$.

Dafür hat man nur die Bildung junktorenlogischer Komplexe logisch äquivalenter Elemente aus M_1 und M_2 zu parallelisieren.

Wir beweisen nun das Lemma durch Induktion nach dem Quantorenrang n:

(1) I.B.: $n=0$, d. h. es werden nur quantorenfreie Formeln betrachtet.

Da S endlich und relational ist, gibt es in L_r^S nur endlich viele atomare Formeln. Daher gibt es in L_r^S bis auf logische Äquivalenz auch nur endlich viele junktorenlogische Verknüpfungen von atomaren Formeln. (Man wähle etwa stets die adjunktive Normalform in einer bestimmten normierten Ordnung.)

(2) I.S.: Es sei $r \in \omega$. Nach I.V. gibt es z. B. k Formeln $\psi_1, \ldots, \psi_k \in L_r^S$ mit $QR(\psi_i) \leqq n$, so daß jede Formel aus L_r^S, deren Quantorenrang $\leqq n$ ist, mit einem dieser ψ_i logisch äquivalent ist. Ferner gibt es nach I.V. l Formeln $\chi_1, \ldots, \chi_l \in L_{r+1}^S$ vom Quantorenrang $\leqq n$, so daß jede Formel aus L_{r+1}^S mit einem dieser χ_i logisch äquivalent ist.

Damit sind genau die Voraussetzungen von (H_3) erfüllt. Also besteht die dortige Beziehung zwischen M_1 und M_2 (die Definitionen dieser Mengen übernehmen wir wörtlich). Wir schließen nun folgendermaßen weiter:

Nach (H_2) liegt jede Formel $\varphi \in L_r^S$ mit $QR(\varphi) \leqq n+1$ in der Menge $[M_1]^{\neg,\vee}$. (Man beachte dafür, daß die Definition der Menge M von (H_2) identisch ist mit der Definition von M_1 in (H_3)!) Gemäß (H_3) und (H_4) ist daher φ logisch äquivalent mit einer Formel aus $[M_2]^{\neg,\vee}$. Da M_2 nur endlich viele Formeln enthält (nämlich die k Formeln ψ_i und die l Formeln $\bigvee v_r \chi_j$), können wir (H_1) anwenden und gewinnen das Resultat, daß $[M_2]^{\neg,\vee}$ nur endlich viele Formeln enthält, die paarweise nicht logisch äquivalent sind. Da φ eine beliebige Formel aus L_r^S vom Quantorenrang $\leqq n+1$ war, ist damit der Induktionsschritt bewiesen. □

Unter Benützung des Partitionslemmas für endlichen Quantorenrang können wir nun den Beweis der zweiten Hälfte des Theorems von FRAISSÉ abschließen:

(II) *Für eine endliche und relationale Symbolmenge S und zwei S-Strukturen $\mathfrak{A}$ und $\mathfrak{B}$ gilt:*
Wenn $\mathfrak{A} \equiv \mathfrak{B}$, dann $\mathfrak{A} \simeq_e \mathfrak{B}$.

Beweisskizze: Die Voraussetzungen seien erfüllt und es gelte überdies $\mathfrak{A} \equiv \mathfrak{B}$. Für jedes $n \in \omega$ definieren wir eine Menge I_n präpartieller Isomorphismen und zeigen dann, daß die unendliche Folge dieser Mengen einen endlichen Isomorphismus von $\mathfrak{A}$ nach $\mathfrak{B}$ liefert, d. h. daß

$$(I_n)_{n\in\omega} : \mathfrak{A} \simeq_e \mathfrak{B}.$$

$p \in I_n$: $\Leftrightarrow$ $p \in PräpartIso(\mathfrak{A}, \mathfrak{B})$ und es gibt ein $k \in \omega$ sowie k Elemente a_i aus A (für $0 \leqq i \leqq k-1$), die den Definitionsbereich von p bilden, so daß für alle S-Formeln φ mit $QR(\varphi) \leqq n$, die höchstens $v_0, \ldots, v_{k-1}$ als freie Variable enthalten, gilt:

$$Mod_S(\mathfrak{A}^*{}^{a_0}_{v_0} \cdots {}^{a_{k-1}}_{v_{k-1}}, \varphi) \text{ gdw } Mod_S(\mathfrak{B}^*{}^{p(a_0)}_{v_0} \cdots {}^{p(a_{k-1})}_{v_{k-1}}, \varphi).$$

(Man beachte, daß der untere Index n im Definiendum als obere Schranke des Quantorenranges von φ festgelegt wird.)

Wir zeigen, daß $(I_n)_{n\in\omega}$ die Hin-Eigenschaft hat; der Nachweis der Her-Eigenschaft verläuft analog.

Es sei $p \in I_{n+1}$ sowie $a \in A$ gegeben; ferner sei $D_I(p) = \{a_0, \ldots, a_{k-1}\}$. Nach dem Partitionslemma gibt es endlich viele Formeln $\chi_1, \ldots, \chi_r \in L_{k+1}^S$ mit einem Quantorenrang $\leqq n$, so daß jede Formel aus L_{k+1}^S mit einem Quantorenrang $\leqq n$ logisch äquivalent ist mit einer der Formeln χ_i. Wir definieren für $1 \leqq i \leqq r$:

$$\psi_i := \begin{cases} \chi_i, & \text{falls } Mod_S(\mathfrak{A}^*{}^{a_0}_{v_0} \cdots {}^{a_{k-1}}_{v_{k-1}} {}^{a}_{v_k}, \chi_i) \\ \neg\chi_i, & \text{falls } Mod_S(\mathfrak{A}^*{}^{a_0}_{v_0} \cdots {}^{a_{k-1}}_{v_{k-1}} {}^{a}_{v_k}, \neg\chi_i). \end{cases}$$

$\psi^\wedge$ sei konjunktive Zusammenfassung der ψ_i, also $\psi^\wedge := \psi_1 \wedge \ldots \wedge \psi_r$. Nach Definition von $\psi^\wedge$ sowie der Modellbeziehung gilt:

$$Mod_S(\mathfrak{A}^{*}\,{}^{a_0}_{v_0} \ldots {}^{a_{k-1}}_{v_{k-1}}, \bigvee v_k \psi^\wedge).$$

Da $\mathrm{QR}(\bigvee v_k \psi^\wedge) \leqq n+1$ und $p \in I_{n+1}$ (gemäß Voraussetzung), gewinnen wir aus diesem letzten Resultat nach Def. von I_{n+1}:

$$Mod_S(\mathfrak{B}^{*}\,{}^{p(a_0)}_{v_0} \ldots {}^{p(a_{k-1})}_{v_{k-1}}, \bigvee v_k \psi^\wedge).$$

Nach Def. der Modellbeziehung gibt es also ein $b \in B$, so daß

$$Mod_S(\mathfrak{B}^{*}\,{}^{p(a_0)}_{v_0} \ldots {}^{p(a_{k-1})}_{v_{k-1}}\,{}^{b}_{v_k}, \psi^\wedge).$$

Von $\mathfrak{A}^*$ werden somit unter den χ_i dieselben Formeln nach Zuordnung von $a_0, \ldots, a_{k-1}, a$ zu $v_0, \ldots, v_{k-1}, v_k$ erfüllt wie von $\mathfrak{B}^*$ nach Zuordnung von $p(a_0), \ldots, p(a_{k-1}), b$ zu eben diesen Variablen. (Und dies gilt wegen des repräsentierenden Charakters der χ_i für alle Formeln vom Quantorenrang $\leqq n$, die nicht mehr als $k+1$ freie Variable enthalten.) Somit ist $q := p \cup \{\langle a, b \rangle\}$ ein präpartieller Isomorphismus, der erstens p erweitert, zweitens für a definiert ist und drittens Element von I_n ist. Die Hin-Eigenschaft ist damit bewiesen.

Man muß sich noch klarmachen, daß kein I_n leer ist: Wegen der elementaren Äquivalenz von $\mathfrak{A}$ und $\mathfrak{B}$ gelten in diesen beiden Strukturen dieselben Sätze, insbesondere daher für beliebiges $n \in \omega$ dieselben Sätze vom Quantorenrang $\leqq n$. Also liegt der leere präpartielle Isomorphismus in I_n. □

Kapitel 15

Auszeichnung der Logik erster Stufe: Die Sätze von Lindström

15.1 Abstrakte logische Systeme

(*A*) *Präliminarien*

Die Quantorenlogik erster Stufe nimmt seit langem eine vorrangige Stellung ein gegenüber anderen logischen Systemen, wie z. B. Logiken höherer Stufen; Typenlogiken; abgeschwächten Teilsystemen der Quantorenlogik; Junktorenlogiken mit Quantifikationen über Satzvariablen; Logiken mit zusätzlichen Satzoperatoren, wie die (meisten) Modallogiken, etc. Und zwar ist dies sowohl dann der Fall, wenn die Logik den *Gegenstand* der Untersuchung bildet, als auch überall dort, wo sie als *Hilfsmittel* zur Formulierung von Theorien, insbesondere mathematischer Theorien, dient. Das eine findet seinen Niederschlag darin, daß die Quantorenlogik erster Stufe in fast allen Logikbüchern bevorzugt behandelt wird, insbesondere in solchen mit Lehrbuchcharakter. Das andere äußert sich vor allem in der Tatsache, daß an der Formalisierung mathematischer Theorien, wie auch der Mengenlehre, interessierte Logiker immer häufiger versuchen, die betreffenden Theorien als Theorien erster Stufe zu rekonstruieren.

Es hat viele Versuche gegeben, diese pragmatisch ausgezeichnete Stellung der Logik erster Stufe zu begründen, bzw. die dieser Stellung zugrunde liegenden Bedingungen aufzudecken. Die dabei benützten Argumente, angefangen von sprachanalytischen bis hin zu metaphysischen, weisen die beiden folgenden Mängel auf:

(i) In einer solchen Begründung muß von einer Wendung der folgenden Gestalt Gebrauch gemacht werden: ‚Die Quantorenlogik erster Stufe ist *unter allen logischen Systemen* dasjenige, welches ...‘. Es wurde kaum je auch nur versucht, genauer zu präzisieren, worüber hier eigentlich quantifiziert wird, d. h. welche Systeme als logische Systeme wirklich in Betracht gezogen werden sollten.

(ii) Ebenso unvermeidbar in einer derartigen Begründung ist eine Wendung folgender Art: ‚... ist bezüglich der und der *Eigenschaften* das beste logische System'. Um sich dessen zu vergewissern, daß nicht doch irgendwelche anderen Systeme die gewünschten Eigenschaften „in höherem Grade" besitzen, daß also tatsächlich die präsentierte Logik diesbezüglich *optimal* ist, müßte genau festgelegt werden, welche Eigenschaften logischer Systeme als Anlässe dafür dienen sollen, ein System anderen vorzuziehen. Auch diese Aufgabe wurde bisher nicht bewältigt, schon wegen des meist fehlenden präzisen Bezugsrahmens.

Die Sätze von LINDSTRÖM bilden vermutlich den ersten erfolgreichen Versuch zur Auszeichnung der Quantorenlogik der ersten Stufe, dem diese beiden Mängel nicht anhaften. Vor allem ist es hier geglückt, sowohl den Begriff des logischen Systems als auch den der wünschenswerten Eigenschaft eines logischen Systems mit zugleich hinreichender Allgemeinheit und Präzision zu fassen, so daß darüber metalogische Vergleichsstudien angestellt werden können.

Die Allgemeinheit wird allerdings mit einem hohen Grad an Abstraktheit erkauft. Wie wir sogleich sehen werden, muß man sich bei dem in den Sätzen von LINDSTRÖM verwendeten Begriff des abstrakten logischen Systems von bestimmten Assoziationen befreien, die man gewöhnlich mit dem Gedanken an ein „formales logisches System" verknüpft.

Nach den herkömmlichen Methoden sind die ersten beiden Schritte sowohl beim syntaktischen wie beim semantischen Aufbau einer Logik die folgenden: Man gibt erstens eine Menge von Zeichen vor und legt zweitens durch geeignete Formregeln die zulässigen Zeichenverbindungen fest. Dieser zweite Gedanke eines „inneren syntaktischen Aufbaus" der zulässigen Ausdrücke aus gegebenen Zeichen wird jetzt vollkommen fallengelassen; denn die syntaktischen Eigenschaften der zu behandelnden Systeme sollen so weit wie möglich offen bleiben.

Natürlich muß es in einer Logik Sätze geben und diese Sätze müssen „irgend etwas mit Zeichen zu tun haben". Aber es gibt nichts, was man als eine feste Sprache auf der Grundlage vorgegebener Zeichen ansehen könnte. Der Zusammenhang zwischen beiden Arten von Entitäten: *Zeichen* und *Sätzen*, wird durch eine Zuordnung, also eine Funktion L, hergestellt. Sie ordnet jeder Zeichenmenge S eine Menge $L(S)$ zu, die Menge der S-Sätze dieser Logik. Es wird keine weitere Angabe darüber gemacht, *wie* die Elemente von $L(S)$ auf die von S Bezug nehmen; man darf nicht einmal voraussetzen, daß die Zeichen von S in irgendeinem besonders anschaulichen Sinn in den Sätzen von $L(S)$ „vorkommen". Der über die angegebene formale Bedingung hinausgehende Zusammenhang zwischen diesen beiden Arten von Entitäten beschränkt sich weitgehend auf eine Monotonieeigenschaft: Wenn einer Zeichenmenge S die Satzmenge L(S) zugeordnet ist, so kann einer S einschließenden Zeichenmenge nicht eine Satzmenge zugeordnet sein, die kleiner ist als L(S).

Gegenüber dem auf ein Minimum zurückgedrängten syntaktischen Aspekt tritt der semantische Gesichtspunkt in den Vordergrund. Eine Logik $\mathfrak{L}$ im abstrakten Sinn soll aus zwei Komponenten bestehen. Die eine Komponente ist die bereits geschilderte Abbildung L. Die andere ist das abstrakte Gegenstück zur Modellbeziehung, die in Entsprechung zur früheren Symbolik $\mathrm{Mod}_{\mathfrak{L}}(\cdot, -)$ genannt werde. Auch für diese Relation gilt *nur eine* kategoriale Bedingung, nämlich: Wenn zwei Entitäten in dieser Beziehung $\mathrm{Mod}_{\mathfrak{L}}$ zueinander stehen, dann existiert eine Menge S, so daß die erste Entität eine semantische S-Struktur und die zweite ein S-Satz, also ein Element von L(S), ist. *Eigentliche* Bedingungen gibt es dagegen diesmal zwei, die Isomorphiebedingung und die Bedingung der Kontextfreiheit. Die erstere besagt, daß isomorphe semantische Strukturen erfüllungsgleich sind. Die zweite besagt, daß für einen Satz aus L(S) die nicht zu S gehörenden Zeichen semantisch irrelevant sind, d.h. genauer: Wenn φ ein Satz aus L(S) ist, und ferner S' die Menge S einschließt, so erfüllt eine S'-Struktur $\mathfrak{A}$ den Satz φ genau dann wenn φ bereits vom S-Redukt von $\mathfrak{A}$ erfüllt wird. Wir erinnern daran, daß das S-Redukt von $\mathfrak{A}$ diejenige Substruktur von $\mathfrak{A}$ ist, „in der" nur die Zeichen der Teilmenge S von S' interpretiert werden.

Damit können wir zur präziseren formalen Charakterisierung des Rahmens für den angestrebten Systemvergleich übergehen.

(*B*) *Abstrakte logische Systeme*

D1 Ein *(abstraktes) logisches System* $\mathfrak{L}$ ist ein geordnetes Paar $\mathfrak{L}=\langle \mathrm{L}, \mathrm{Mod}_{\mathfrak{L}}\rangle$, wobei L eine einstellige Funktion und $\mathrm{Mod}_{\mathfrak{L}}$ eine zweistellige Relation ist, welche die folgenden kategorialen Merkmale haben:

(*a*) L ordnet jeder Zeichenmenge[1] S die *Menge* L(S) *der* *S-Sätze von* $\mathfrak{L}$ zu.

(*b*) Wenn ein $\mathfrak{A}$ und ein φ in der Relation $\mathrm{Mod}_{\mathfrak{L}}(\mathfrak{A}, \varphi)$ zueinander stehen, dann gibt es ein S, so daß $\mathfrak{A}$ eine *S-Struktur* und φ ein *S-Satz* von $\mathfrak{L}$ ist (d.h. $\varphi \in \mathrm{L}(S)$). Wir sagen dann: $\mathfrak{A}$ ist ein ($\mathfrak{L}$-) Modell von φ.

Zusätzlich soll für L bzw. $\mathrm{Mod}_{\mathfrak{L}}$ gelten:

(i) *(Monotoniebedingung)*. Wenn $S \subseteqq S'$, dann $\mathrm{L}(S) \subseteqq \mathrm{L}(S')$.

(ii) *(Isomorphiebedingung)*. Wenn $\mathrm{Mod}_{\mathfrak{L}}(\mathfrak{A}, \varphi)$ und $\mathfrak{A} \simeq \mathfrak{B}$, dann auch $\mathrm{Mod}_{\mathfrak{L}}(\mathfrak{B}, \varphi)$.

1 Der Zeichenbegriff ist hier so aufzufassen, wie er bei den semantischen Strukturen eingeführt wurde. ‚Zeichen' und ‚Symbol' werden synonym verwendet.

(iii) *(Bedingung der Kontextfreiheit)*. Wenn $S \subseteq S'$, $\varphi \in \mathrm{L}(S)$ und $\mathfrak{A}$ eine S'-Struktur ist, dann ist

$$\mathrm{Mod}_{\mathfrak{L}}(\mathfrak{A}, \varphi) \text{ gdw } \mathrm{Mod}_{\mathfrak{L}}(\mathfrak{A} \upharpoonright S, \varphi).$$

Wenn M eine Menge von S-Sätzen und $\mathfrak{A}$ eine S-Struktur ist, so besage $\mathrm{Mod}_{\mathfrak{L}}(\mathfrak{A}, M)$ (‚$\mathfrak{A}$ ist ($\mathfrak{L}$-) Modell von M') dasselbe wie: ‚für jedes $\varphi \in M$ gilt $\mathrm{Mod}_{\mathfrak{L}}(\mathfrak{A}, \varphi)$'.

D2 Es sei $\mathfrak{L}$ ein abstraktes logisches System und $\varphi \in \mathrm{L}(S)$. Dann sei

$$\mathrm{Mod}^S_{\mathfrak{L}}(\varphi) := \{\mathfrak{A} \mid \mathfrak{A} \text{ ist eine } S\text{-Struktur und } \mathrm{Mod}_{\mathfrak{L}}(\mathfrak{A}, \varphi)\}.$$

(Wenn die Zeichenmenge S aus dem Zusammenhang hervorgeht, kann der obere Index ‚S' weggelassen werden.)

Die semantischen Grundbegriffe können jetzt von der Quantorenlogik erster Stufe auf abstrakte logische Systeme übertragen werden:

D3 $\mathfrak{L}$ sei ein abstraktes logisches System; ferner sei $\varphi \in \mathrm{L}(S)$.

(*a*) φ ist *$\mathfrak{L}$-erfüllbar* gdw $\mathrm{Mod}^S_{\mathfrak{L}}(\varphi) \neq \emptyset$.

(*b*) φ ist *$\mathfrak{L}$-allgemeingültig* gdw $\mathrm{Mod}^S_{\mathfrak{L}}(\varphi)$ identisch ist mit der Klasse aller S-Strukturen.

(*c*) Falls $M \subseteq \mathrm{L}(S)$ so besage $M \Vdash_{\mathfrak{L}} \varphi$ (in Worten: φ ist *$\mathfrak{L}$-Folgerung von M*), daß jedes $\mathfrak{L}$-Modell von M ein $\mathfrak{L}$-Modell von φ ist.

Damit haben wir die drei semantischen Begriffe der Erfüllbarkeit, der Allgemeingültigkeit und der logischen Folgerung auf abstrakte logische Systeme übertragen.

Ferner treffen die obigen Merkmale (i)–(iii) insbesondere auf die Logik der ersten Stufe zu, die wir daher als einen Spezialfall $\mathfrak{L}_{\mathrm{I}}$ eines abstrakten logischen Systems auffassen dürfen. Die Modellbeziehung bzw. Folgebeziehung heißt in diesem Fall $\mathrm{Mod}_{\mathfrak{L}_{\mathrm{I}}}$ und $\Vdash_{\mathfrak{L}_{\mathrm{I}}}$.

Als weiterer definierter Begriff wird sich später die folgende naheliegende Verallgemeinerung des Begriffs der elementaren Äquivalenz als fruchtbar erweisen:

D4 $\mathfrak{L}$ sei ein abstraktes logisches System. $\mathfrak{A}$ und $\mathfrak{B}$ seien zwei S-Strukturen. Wir sagen, $\mathfrak{A}$ und $\mathfrak{B}$ sind *$\mathfrak{L}$-äquivalent*, kurz:

$$\mathfrak{A} \equiv_{\mathfrak{L}} \mathfrak{B}, \text{ gdw für alle } \varphi \in \mathrm{L}(S)\text{: } \mathrm{Mod}_{\mathfrak{L}}(\mathfrak{A}, \varphi) \text{ gdw } \mathrm{Mod}_{\mathfrak{L}}(\mathfrak{B}, \varphi).$$

(*C*) *Komparative Ausdrucksstärke abstrakter logischer Systeme*

D5 $\mathfrak{L}_1$ und $\mathfrak{L}_2$ seien abstrakte logische Systeme. (Die beiden Komponenten von $\mathfrak{L}_1$ heißen L_1 und $\mathrm{Mod}_{\mathfrak{L}_1}$; analog sollen L_2 und $\mathrm{Mod}_{\mathfrak{L}_2}$ die Komponenten von $\mathfrak{L}_2$ sein.)

Wir sagen:

(*a*) $\mathfrak{L}_2$ ist *mindestens so ausdrucksstark wie* $\mathfrak{L}_1$, kurz:

$\mathfrak{L}_1 \preccurlyeq \mathfrak{L}_2$

gdw es zu jedem S und zu jedem $\varphi \in \mathrm{L}_1(S)$ ein $\psi \in \mathrm{L}_2(S)$ gibt, so daß

$\mathrm{Mod}^S_{\mathfrak{L}_1}(\varphi) = \mathrm{Mod}^S_{\mathfrak{L}_2}(\psi)$.

(*b*) $\mathfrak{L}_1$ und $\mathfrak{L}_2$ sind *gleich ausdrucksstark*, kurz:

$\mathfrak{L}_1 \sim \mathfrak{L}_2$

gdw $\mathfrak{L}_1 \preccurlyeq \mathfrak{L}_2$ und $\mathfrak{L}_2 \preccurlyeq \mathfrak{L}_1$.

(Zwei abstrakte logische Systeme sind also gleich ausdrucksstark, wenn sie sich nicht „modelltheoretisch trennen“ lassen.)

In den Sätzen von LINDSTRÖM werden wir es stets nur mit abstrakten logischen Systemen $\mathfrak{L}$ zu tun haben, für die gilt: $\mathfrak{L}_{\mathrm{I}} \preccurlyeq \mathfrak{L}$, d.h. die mindestens so ausdrucksstark sind wie die Logik der ersten Stufe. Es wird dann darum gehen, Bedingungen zu finden, unter denen auch die Umkehrung, also $\mathfrak{L} \preccurlyeq \mathfrak{L}_{\mathrm{I}}$, gilt, so daß man bei Vorliegen dieser gesuchten Bedingungen auf $\mathfrak{L}_{\mathrm{I}} \sim \mathfrak{L}$ schließen kann, also darauf, daß das fragliche logische[2] System $\mathfrak{L}$ dieselbe Ausdrucksstärke hat wie $\mathfrak{L}_{\mathrm{I}}$.

Ist nun $\mathfrak{L}_{\mathrm{I}} \preccurlyeq \mathfrak{L}$ und φ ein S-Satz erster Stufe, so werde mit φ^* (als im allgemeinen mehrdeutigen Mitteilungszeichen) ein beliebiger, mit φ modellgleicher Satz aus $\mathrm{L}(S)$ mitgeteilt. Für jeden mit φ^* mitgeteilten Satz gilt also:

$\mathrm{Mod}^S_{\mathfrak{L}_{\mathrm{I}}}(\varphi) = \mathrm{Mod}^S_{\mathfrak{L}}(\varphi^*)$.

Falls M eine Menge von S-Sätzen erster Stufe ist, so sei $M^* = \{\varphi^* \mid \varphi \in M\}$ (genauer: $\{\psi \in \mathrm{L}(S) \mid$ es gibt ein $\varphi \in M$, so daß ψ ein φ^* ist$\}$), d.h. die Menge geeigneter S-Sätze aus $\mathfrak{L}$, welche dieselben Modelle besitzen wie die Sätze aus M.

In bestimmten Fällen werden wir $*$ als Funktion von $\mathrm{L}_{\mathrm{I}}(S)$ in $\mathrm{L}(S)$ auffassen und zu diesem Zweck aus $\{\psi \mid \psi$ ist ein $\varphi^*\}$ jeweils ein festes ψ auswählen, das nun allein als φ^* bezeichnet wird.

(*D*) *Regularität: Wünschenswerte Eigenschaften abstrakter logischer Systeme*

Die erste zusätzliche Eigenschaft, von der wir später gewöhnlich verlangen werden, daß ein abstraktes logisches System $\mathfrak{L}$ sie besitzt,

---

2 Den Redeteil ‚abstrakt‘ innerhalb der Wendung ‚abstraktes logisches System‘ lassen wir der Einfachheit halber häufig fort.

lautet: $\mathfrak{L}$ enthält Boolesche Junktoren. Hier macht sich erstmals die oben angekündigte Tatsache bemerkbar, daß wir die syntaktische Struktur der Sätze von $\mathfrak{L}$ völlig offen lassen. Wir können daher nicht etwa verlangen, daß „in der $\mathfrak{L}$ zugrunde liegenden Sprache" *bestimmte Zeichen* mit den und den semantischen Eigenschaften vorkommen. Vielmehr müssen wir eine „von außen kommende", rein modelltheoretische Charakterisierung vornehmen, wie dies in der folgenden Definition geschieht, in der Negation und Adjunktion, die bekanntlich ein vollständiges Junktorensystem bilden, als Ausgangspunkt gewählt werden:

D6 *Boole*($\mathfrak{L}$) (,in $\mathfrak{L}$ kommen die Booleschen Junktoren vor') gdw gilt:
(*a*) Zu jedem S und jedem $\varphi \in \mathrm{L}(S)$ gibt es ein $\vartheta \in \mathrm{L}(S)$, so daß für jede S-Struktur $\mathfrak{A}$:

$$\mathrm{Mod}_{\mathfrak{L}}(\mathfrak{A}, \vartheta) \text{ gdw nicht } \mathrm{Mod}_{\mathfrak{L}}(\mathfrak{A}, \varphi).$$

(*b*) Zu jedem S und jedem $\varphi \in \mathrm{L}(S)$ und $\psi \in \mathrm{L}(S)$ gibt es ein $\vartheta \in \mathrm{L}(S)$, so daß für jede S-Struktur $\mathfrak{A}$:

$$\mathrm{Mod}_{\mathfrak{L}}(\mathfrak{A}, \vartheta) \text{ gdw } \mathrm{Mod}_{\mathfrak{L}}(\mathfrak{A}, \varphi) \text{ oder } \mathrm{Mod}_{\mathfrak{L}}(\mathfrak{A}, \psi) \text{ (oder beides)}.$$

Falls *Boole*($\mathfrak{L}$) gilt, werde ein ϑ, das die Bedingung von D6(a) erfüllt, durch $\neg\varphi$, und ein ϑ, das die Bedingung von D6(b) erfüllt, durch $\varphi \vee \psi$ bezeichnet. Analoges gilt für die anderen Junktorenzeichen $\wedge$, $\rightarrow$ etc. (So wie bei φ^* liegt auch bei $\neg\varphi$ bzw. $\varphi \vee \psi$ eine im allgemeinen mehrdeutige Mitteilung eines Satzes aus L(S) vor. Andererseits besteht nach der jetzigen Festlegung z. B. zwischen den mit $\varphi \vee \psi$ bzw. den mit $\neg(\neg\varphi \wedge \neg\psi)$ mitgeteilten Formeln überhaupt kein Unterschied.)

Für die folgende Definition erinnern wir an zwei Konventionen aus dem vorigen Kapitel: Wenn $\mathfrak{A} = \langle A, \mathfrak{a} \rangle$ eine S-Struktur und U ein nicht in S enthaltenes einstelliges Prädikat sowie $M \subseteqq A$ ist, so soll mit $(\mathfrak{A}, M)$ diejenige Erweiterung von $\mathfrak{A}$ um U bezeichnet werden, in der U durch M interpretiert wird. Wir bezeichnen die derart für das neue Argument U erweiterte Interpretationsfunktion wieder mit $\mathfrak{a}$ und schreiben entsprechend auch $(\mathfrak{A}, \mathfrak{a}(U))$ für $(\mathfrak{A}, M)$. Ist überdies M S-abgeschlossen, so soll $[M]^{\mathfrak{A}}$ die semantische Substruktur von $\mathfrak{A}$ mit dem Träger M sein (ebenso natürlich $[\mathfrak{a}(U)]^{\mathfrak{A}}$ die Substruktur von $\mathfrak{A}$ mit dem Träger $\mathfrak{a}(U)$).

D7 *Relativier*($\mathfrak{L}$) (,$\mathfrak{L}$ gestattet Relativierungen') gdw gilt: Zu jedem S, jedem $\varphi \in \mathrm{L}(S)$ und jedem bezüglich S neuen einstelligen Prädikat U gibt es ein $\psi \in \mathrm{L}(S \cup \{U\})$, so daß für alle S-Strukturen $\mathfrak{A}$ und alle S-abgeschlossenen Teilmengen M von A:

$$\mathrm{Mod}_{\mathfrak{L}}((\mathfrak{A}, M), \psi) \text{ gdw } \mathrm{Mod}_{\mathfrak{L}}([M]^{\mathfrak{A}}, \varphi).$$

Falls *Relativier*($\mathfrak{L}$) gilt, so soll ein ψ, das dieses Merkmal besitzt, φ^U genannt und als U-Relativierung des Satzes φ bezeichnet werden. (Da auch hier die Gefahr besteht, eine Funktionalität in diese Symbolik hineinzulesen, sei wieder auf die Nichteindeutigkeit dieser Schreibweise, wie bei φ^* und $\neg\varphi$ bzw. $\varphi \vee \psi$, ausdrücklich hingewiesen.)

In der nächsten Definition werden die beiden folgenden Abkürzungen aus Kap. 14 verwendet: S sei eine gegebene Zeichenmenge. S^r entstehe aus S dadurch, daß alle Prädikate übernommen und die Funktionszeichen und Konstanten aus S durch Prädikate mit geeigneter Stellenzahl ersetzt werden. Für eine gegebene S-Struktur $\mathfrak{A}$ sei $\mathfrak{A}^r$ die dort beschriebene $\mathfrak{A}$ entsprechende Sr-Struktur (die statt Funktionszeichen und Konstanten deren Graphen beschreibende Prädikatzeichen enthält).

D8 *Ers*($\mathfrak{L}$) (‚$\mathfrak{L}$ gestattet die Ersetzung von Funktionszeichen und Konstanten durch Prädikatzeichen‘) gdw gilt:
Für jedes S und jedes $\varphi \in L(S)$ gibt es ein $\psi \in L(S^r)$, so daß für alle S-Strukturen $\mathfrak{A}$:

$$\mathrm{Mod}_{\mathfrak{L}}(\mathfrak{A}, \varphi) \text{ gdw } \mathrm{Mod}_{\mathfrak{L}}(\mathfrak{A}^r, \psi).$$

Sofern *Ers*($\mathfrak{L}$) gilt, werde ein ψ mit dieser Eigenschaft φ^r genannt. (Nichteindeutigkeit wie in den vorangehenden Fällen bei φ^*, $\neg\varphi$ usw.)

Logische Systeme, welche diese drei zusätzlichen Desiderata erfüllen, sollen regulär genannt werden:

D9 *Regulär*($\mathfrak{L}$) (‚Das abstrakte logische System $\mathfrak{L}$ ist regulär‘) gdw

Boole($\mathfrak{L}$) $\wedge$ *Relativier*($\mathfrak{L}$) $\wedge$ *Ers*($\mathfrak{L}$).

Es erscheint daher als naheliegend, den Vergleich von logischen Systemen in bezug auf Ausdrucksstärke mit $\mathfrak{L}_{\mathrm{I}}$ auf solche Logiken zu beschränken, die regulär sind.

(*E*) *Für den Vergleich mit* $\mathfrak{L}_{\mathrm{I}}$ *relevante Eigenschaften logischer Systeme*

Zwei Merkmale abstrakter logischer Systeme werden sich für den Vergleich mit $\mathfrak{L}_{\mathrm{I}}$ als äußerst wichtig erweisen. Wir halten sie in den nächsten beiden Definitionen fest.

D10 *LöwSkol*($\mathfrak{L}$) (‚Für das abstrakte logische System $\mathfrak{L}$ gilt der Satz von Löwenheim-Skolem‘) gdw gilt:
Ist für ein S der Satz $\varphi \in L(S)$ erfüllbar, so existiert ein Modell von φ, das einen (höchstens) abzählbaren Träger hat.

D11 *Kompakt*($\mathfrak{L}$) (‚Für das abstrakte logische System $\mathfrak{L}$ gilt der Kompaktheitssatz für Erfüllbarkeit‘) gdw gilt:
Ist für ein S die Menge $M \subseteq L(S)$ und ist jede endliche Teilmenge von M erfüllbar, so ist auch M selbst erfüllbar.
(Wie wir später feststellen werden, ergibt sich aus *Kompakt*($\mathfrak{L}$), analog zu $\mathfrak{L}_{\mathrm{I}}$, ein Kompaktheitssatz für die Folgebeziehung.)

Unter Benützung dieser Definition kann *das erste Resultat von Lindström* folgendermaßen bündig formuliert werden:

Wenn $\mathfrak{L}_I \preccurlyeq \mathfrak{L} \wedge$ *Regulär*$(\mathfrak{L}) \wedge$ *LöwSkol*$(\mathfrak{L}) \wedge$ *Kompakt*$(\mathfrak{L})$, *dann* $\mathfrak{L}_I \sim \mathfrak{L}$.

Danach ist also ein abstraktes logisches System, das mindestens so ausdrucksstark ist wie die Quantorenlogik der ersten Stufe und das überdies regulär ist sowie den Satz von Löwenheim-Skolem und den Kompaktheitssatz erfüllt, „bis auf Ausdrucksstärkenäquivalenz" bereits mit der Quantorenlogik der ersten Stufe identisch.

Das zweite Resultat von LINDSTRÖM unterscheidet sich von dem ersten grob gesprochen folgendermaßen. ‚$\preccurlyeq$' und ‚*Regulär*' werden zu entsprechenden effektiven Prädikaten verstärkt. Die Voraussetzung *LöwSkol*$(\mathfrak{L})$ wird unverändert übernommen und an die Stelle von *Kompakt*$(\mathfrak{L})$ tritt die Forderung der Aufzählbarkeit der allgemeingültigen Sätze. Die Folgerung $\mathfrak{L}_I \sim \mathfrak{L}$ ist dieselbe. Dabei sind die Begriffe *effektiv* bzw. *aufzählbar* zu verstehen im Sinne einer beliebigen der miteinander äquivalenten Präzisierungen von Entscheidbarkeit bzw. Aufzählbarkeit.

15.2 Der erste Satz von Lindström

Bereits in Kap. 9.2 hatten wir gezeigt, daß aus dem üblicherweise für Erfüllbarkeit ausgesprochenen Kompaktheitstheorem ein solches für logische Folgerung gewonnen werden kann. Dasselbe gilt für abstrakte logische Systeme mit gewissen Minimaleigenschaften, wie wir uns rasch klarmachen:

Es sei *Boole*$(\mathfrak{L}) \wedge$ *Kompakt*$(\mathfrak{L})$. Wenn für eine beliebige Zeichenmenge S, für ein M und ein φ mit $M \cup \{\varphi\} \subseteq \mathrm{L}(S)$ gilt: $M \Vdash_{\mathfrak{L}} \varphi$, dann existiert eine endliche Teilmenge M_0 von M, so daß $M_0 \Vdash_{\mathfrak{L}} \varphi$.

Beweis: Die Voraussetzungen seien erfüllt. Gemäß *Boole*$(\mathfrak{L})$ werde ein $\neg\varphi$ gewählt. Da $M \Vdash_{\mathfrak{L}} \varphi$, ist $M \cup \{\neg\varphi\}$ nicht erfüllbar. Wegen Kompakt$(\mathfrak{L})$ existiert eine endliche Teilmenge M_0 von M, so daß $M_0 \cup \{\neg\varphi\}$ nicht erfüllbar ist. Letzteres besagt dasselbe wie: $M_0 \Vdash_{\mathfrak{L}} \varphi$. □

Wir sagen von zwei Strukturen $\mathfrak{A}$ und $\mathfrak{B}$, daß sie bezüglich eines bestimmten L(S)-Satzes φ *$\mathfrak{L}$-erfüllungsgleich* sind, falls $\mathrm{Mod}_{\mathfrak{L}}(\mathfrak{A}, \varphi)$ gdw $\mathrm{Mod}_{\mathfrak{L}}(\mathfrak{B}, \varphi)$. Ferner soll die Wendung ‚*die Bedeutung* eines L(S)-Satzes φ *hängt nur von endlich vielen Zeichen* aus S *ab*' dasselbe besagen wie ‚es gibt eine endliche Teilmenge S_0 von S, so daß für alle S-Strukturen $\mathfrak{A}$ und $\mathfrak{B}$ gilt: wenn $\mathfrak{A} \upharpoonright S_0 \simeq \mathfrak{B} \upharpoonright S_0$, dann sind $\mathfrak{A}$ und $\mathfrak{B}$ bezüglich φ $\mathfrak{L}$-erfüllungsgleich'.

Wir können jetzt unser erstes Lemma formulieren. (Ebenso wie das folgende Lemma setzt es nur die Regularität und Kompaktheit von $\mathfrak{L}$, nicht jedoch die Gültigkeit der Bedingung *LöwSkol*($\mathfrak{L}$) voraus.)

Lemma 15.1 *Es gelte* $Regul\ddot{a}r(\mathfrak{L}) \wedge \mathfrak{L}_1 \leqslant \mathfrak{L} \wedge Kompakt(\mathfrak{L})$. *Für eine beliebige relationale Zeichenmenge S sei* $\psi \in \mathrm{L}(S)$. *Dann hängt die Bedeutung von* ψ *nur von endlich vielen Zeichen aus S ab.*

Beweis: Die Voraussetzungen seien erfüllt. Wir formulieren zunächst den zu beweisenden Satz explizit, nämlich: ‚Es gibt eine endliche Teilmenge S_0 von S, so daß für alle S-Strukturen $\mathfrak{A}$ und $\mathfrak{B}$ gilt: wenn $\mathfrak{A} \upharpoonright S_0 \simeq \mathfrak{B} \upharpoonright S_0$, dann ($\mathrm{Mod}_{\mathfrak{L}}(\mathfrak{A}, \psi)$ gdw $\mathrm{Mod}_{\mathfrak{L}}(\mathfrak{B}, \psi)$).'

Der folgende Beweisansatz hat eine gewisse formale Analogie zu der später im Teil B des Beweises von Th. 15.1 angewendeten Methode. (Der Unterschied ist technischer Natur: Gegenwärtig haben wir es mit dem Fall der gewöhnlichen Isomorphie zu tun, während später der kompliziertere Fall der endlichen Isomorphie vorliegen wird.)

Zu S werden drei neue Zeichen hinzugenommen: zwei einstellige Prädikate U und V sowie ein einstelliges Funktionszeichen f. M sei die Menge von $S \cup \{U, V, f\}$-Sätzen erster Stufe, die aussagen, daß das Designat von f ein Isomorphismus zwischen der auf dem Designat von U induzierten Substruktur und der auf dem Designat von V induzierten Substruktur ist:

(1) (*a*) $\bigvee x Ux$, (*b*) $\bigvee x Vx$;

(2) (*a*) $\bigwedge x(Ux \rightarrow Vfx)$,

(*b*) $\bigwedge y(Vy \rightarrow \bigvee x(Ux \wedge fx = y))$;

(3) $\bigwedge x \bigwedge y((Ux \wedge Uy \wedge fx = fy) \rightarrow x = y)$,

(4) für jedes n und jedes n-stellige Prädikat $R \in S$:

$$\bigwedge x_0 \ldots \bigwedge x_{n-1}[(Ux_0 \wedge \ldots \wedge Ux_{n-1}) \rightarrow (Rx_0 \ldots x_{n-1} \leftrightarrow Rfx_0 \ldots fx_{n-1})].$$

(1) Besagt, daß die mittels U und V designierten Mengen nicht leer sind; (2), daß f eine surjektive, und (3), daß f eine injektive Abbildung designiert. Insgesamt beinhalten (1)–(3) die Feststellung, daß das Designat von f die beiden nichtleeren Bereiche bijektiv aufeinander abbildet. (4) enthält schließlich die übrigen für das Bestehen einer Isomorphie erforderlichen Aussagen, nämlich, daß die mittels f designierte Abbildung mit den Designaten sämtlicher Relationszeichen aus S verträglich ist.

Falls S unendlich viele Relationszeichen enthält, ist auch die Satzmenge M unendlich, da für jedes dieser Relationszeichen eine Bestimmung von der Art (4) in M vorkommen muß.

Die Sätze aus M sind zwar in der Sprache der Logik erster Stufe formuliert. Doch ist dies keine Beeinträchtigung der Allgemeinheit unserer Überlegungen. Denn wegen $\mathfrak{L}_I \preccurlyeq \mathfrak{L}$ wissen wir, daß es zu jedem Satz aus M einen modellgleichen L(S)-Satz, also einen Satz mit denselben Modellen in $\mathfrak{L}$, gibt.

Wir nehmen jetzt U- und V-Relativierungen unseres Satzes ψ vor, was wir wegen *Regulär*($\mathfrak{L}$) tun können, bilden also zwei Sätze ψ^U und ψ^V. Unter Verwendung der in 15.1 (C) eingeführte Schreibweise M^* behaupten wir:

(A) $M^* \Vdash_{\mathfrak{L}} \psi^U \leftrightarrow \psi^V$.

Zum Beweis dieser Behauptung müssen wir, da $M^* \cup \{\psi^U \leftrightarrow \psi^V\} \subseteqq \mathrm{L}(S \cup \{U, V, f\})$ ist, alle $S \cup \{U, V, f\}$-Strukturen betrachten. Sei also $\mathfrak{A} = \langle A, \mathfrak{a} \rangle$ eine $S \cup \{U, V, f\}$-Struktur, die M^* erfüllt, d. h. $\mathrm{Mod}_{\mathfrak{L}}(\mathfrak{A}, M^*)$. Da $\mathfrak{A}$ insbesondere (1) erfüllt, können die Mengen $\mathfrak{a}(U)$ und $\mathfrak{a}(V)$ nicht leer sein; außerdem ist $\mathfrak{a}(f) \upharpoonright \mathfrak{a}(U)$ ein Isomorphismus von $[\mathfrak{a}(U)]^{\mathfrak{A}}$ auf $[\mathfrak{a}(V)]^{\mathfrak{A}}$ (d. h. ein Isomorphismus der Substruktur von $\mathfrak{A}$ mit dem Träger $\mathfrak{a}(U)$ auf die Substruktur mit dem Träger $\mathfrak{a}(V)$). Wegen der Isomorphiebedingung gilt also:

(+) $\mathrm{Mod}_{\mathfrak{L}}([\mathfrak{a}(U)]^{\mathfrak{A}}, \psi)$ gdw $\mathrm{Mod}_{\mathfrak{L}}([\mathfrak{a}(V)]^{\mathfrak{A}}, \psi)$.

Sei nun $\mathfrak{A}'$ das S-Redukt der $S \cup \{U, V, f\}$-Struktur $\mathfrak{A}$, d. h. $\mathfrak{A}' = \langle A, \mathfrak{a} \upharpoonright S \rangle$. Da *Relativier*($\mathfrak{L}$) gilt, können wir aus (+) folgende Aussage über die beiden Erweiterungen $(\mathfrak{A}', \mathfrak{a}(U))$ und $(\mathfrak{A}', \mathfrak{a}(V))$ von $\mathfrak{A}'$ erschließen:

(+ +) $\mathrm{Mod}_{\mathfrak{L}}((\mathfrak{A}', \mathfrak{a}(U)), \psi^U)$ gdw $\mathrm{Mod}_{\mathfrak{L}}((\mathfrak{A}', \mathfrak{a}(V)), \psi^V)$.

$\mathfrak{L}$ erfüllt die Bedingung der Kontextfreiheit. Daher können wir die links angeführte Struktur $(\mathfrak{A}', \mathfrak{a}(U))$ nochmals um $\mathfrak{a}(V)$ und $\mathfrak{a}(f)$ und die rechte Struktur entsprechend erweitern, wodurch wir beide Male dieselbe Struktur $\mathfrak{A}$ erhalten, so daß gilt:

(+ + +) $\mathrm{Mod}_{\mathfrak{L}}(\mathfrak{A}, \psi^U)$ gdw $\mathrm{Mod}_{\mathfrak{L}}(\mathfrak{A}, \psi^V)$.

Außerdem dürfen wir wegen *Boole*($\mathfrak{L}$) vom metasprachlichen ‚gdw' zum objektsprachlichen ‚↔' übergehen. Indem wir diese beiden Akte simultan vollziehen, erhalten wir:

(+ + + +) $\mathrm{Mod}_{\mathfrak{L}}(\mathfrak{A}, \psi^U \leftrightarrow \psi^V)$.

Damit ist der Nachweis von (A) beendet. Der nächste Schritt besteht darin, auf (A) die (vor der Formulierung dieses Lemmas bewiesene) Kompaktheitsvoraussetzung für $\mathfrak{L}$ in der Folgerungsversion anzuwenden. Danach existiert eine *endliche* Teilklasse M_0 von M, so daß gilt:

(B) $M_0^* \Vdash_{\mathfrak{L}} \psi^U \leftrightarrow \psi^V$.

Die endlich vielen Sätze, deren Bilder in M_0^* liegen, also die Elemente von M_0, sind S-Sätze erster Stufe. Da diese endlich vielen $\mathfrak{L}_I$-Sätze nur endlich viele Zeichen enthalten, können wir eine *endliche* Teilmenge S_0 von S wählen, so daß M_0 nur S_0-Sätze enthält. Der Rest des Beweises wird nun darin bestehen, zu zeigen, daß das eben gewonnene S_0 die Bedingung unseres Lemmas erfüllt.

(Bevor wir dazu übergehen, lohnt es sich, für einen Augenblick zu pausieren, um sich klarzumachen, warum der umständliche Weg über (A) zu (B) notwendig war: Wie der Text im Anschluß an (B) zeigt, wird damit die Aufgabe „auf eine Sprache erster Stufe zurückgeschraubt", wo sie trivial beantwortbar ist. Um dies zu ermöglichen, mußte zunächst (A) verfügbar sein, um darauf *Kompakt*($\mathfrak{L}$) anzuwenden. Diese Anwendung der Kompaktheitsannahme für $\mathfrak{L}$ ist wesentlich; denn ohne sie erhielten wir nur eine *unendliche* Klasse M von S-Sätzen erster Stufe und unsere jetzt geltende Behauptung, daß in diesen Sätzen nur endlich viele Zeichen aus S vorkommen, ließe sich nicht mehr aufrechterhalten.)

Wir zeigen nun die Behauptung von Lemma 15.1 in der zu Beginn des Beweises gegebenen expliziten Form. Wir wählen ein endliches $S_0 \subseteqq S$ wie zuvor im Anschluß an (B) und setzen weiter voraus, daß $\mathfrak{A}$ und $\mathfrak{B}$ S-Strukturen sind, so daß es ein i gibt mit

$$i : \mathfrak{A} \upharpoonright S_0 \simeq \mathfrak{B} \upharpoonright S_0$$

Die beiden Träger A und B von $\mathfrak{A}$ und $\mathfrak{B}$ seien disjunkt. (Dies kann man stets erreichen, indem man zu isomorphen Kopien von $\mathfrak{A}$ und $\mathfrak{B}$ übergeht, für welche die Disjunktheit gilt, *und* die Isomorphiebedingung anwendet.)

Unsere Methode für den Rest des Beweises besteht darin, eine $S \cup \{U, V, f\}$-Superstruktur $\mathfrak{C}$ von $\mathfrak{A}$ und $\mathfrak{B}$ zu konstruieren, die ein Modell von M_0 ist und aus der sich dann die die Behauptung erfüllenden $\mathfrak{A}$ und $\mathfrak{B}$ als geeignete Substrukturen wieder zurückgewinnen lassen.

Der Träger von $\mathfrak{C} = \langle C, \mathfrak{c} \rangle$ sei definiert durch $C := A \cup B$. Ferner gelte:

(a) für alle $R \in S : \mathfrak{c}(R) := \mathfrak{a}(R) \cup \mathfrak{b}(R)$;
(b) $\mathfrak{c}(U) := A$;
(c) $\mathfrak{c}(V) := B$;
(d) $\mathfrak{c}(f)$ sei so erklärt, daß $\mathfrak{c}(f) \upharpoonright A = i$.

(Also: Für jedes Prädikat aus S werde dessen Extension als Vereinigung der Extensionen erklärt, die dieses Prädikat in $\mathfrak{A}$ und $\mathfrak{B}$ zugeteilt erhält. Diese Definition bewirkt, daß später beim Übergang auf die Substrukturen mit Träger A bzw. B – wegen $A \cap B = \emptyset$ – wieder die ursprünglichen Extensionen der Prädikate in $\mathfrak{A}$ bzw. $\mathfrak{B}$ gewonnen werden. Die beiden neuen Prädikate U bzw. V werden so interpretiert, daß sie die Träger A bzw. B designieren. Für das Designat von f ist es hinreichend, es so zu erklären, daß seine Restriktion auf A, d.h. auf $\mathfrak{c}(U)$, mit dem oben vorgegebenen Isomorphismus i identisch ist.)

Der Vergleich der Sätze (1)–(4) (beschränkt auf die endliche Teilmenge M_0) mit der Beschreibung von $\mathfrak{C}$ liefert das Zwischenergebnis:

$\mathrm{Mod}_{\mathfrak{L}_\mathrm{I}}(\mathfrak{C}, M_0)$.

Daraus gewinnt man aufgrund der Eigenschaft der Operation *:

$\mathrm{Mod}_{\mathfrak{L}}(\mathfrak{C}, M_0^*)$.

Mittels (B) erhält man daraus:

$\mathrm{Mod}_{\mathfrak{L}}(\mathfrak{C}, \psi^U \leftrightarrow \psi^V)$,

wegen *Boole*($\mathfrak{L}$) also auch:

$\mathrm{Mod}_{\mathfrak{L}}(\mathfrak{C}, \psi^U)$ gdw $\mathrm{Mod}_{\mathfrak{L}}(\mathfrak{C}, \psi^V)$.

Sei nun $\mathfrak{C}'$ das S-Redukt von $\mathfrak{C}$ (d. h. $\mathfrak{C} = (\mathfrak{C}', \mathfrak{c}(U), \mathfrak{c}(V), \mathfrak{c}(f))$ mit $\mathfrak{C}' = \langle C, \mathfrak{c} \upharpoonright S \rangle$). Wir erhalten somit:

(○) $\mathrm{Mod}_{\mathfrak{L}}((\mathfrak{C}', \mathfrak{c}(U)), \psi^U)$ gdw $\mathrm{Mod}_{\mathfrak{L}}((\mathfrak{C}', \mathfrak{c}(V)), \psi^V)$.

Nun ist aber die Substruktur von $\mathfrak{C}'$ mit dem Träger $\mathfrak{c}(U)$ identisch mit $\mathfrak{A}$, d. h. $[\mathfrak{c}(U)]^{\mathfrak{C}'} = \mathfrak{A}$; und analog: $[\mathfrak{c}(V)]^{\mathfrak{C}'} = \mathfrak{B}$.
Wegen der Gültigkeit von *Relativier*($\mathfrak{L}$) erhält man somit aus (○):

$\mathrm{Mod}_{\mathfrak{L}}(\mathfrak{A}, \psi)$ gdw $\mathrm{Mod}_{\mathfrak{L}}(\mathfrak{B}, \psi)$.

Dies ist genau der Dann-Satz der zu zeigenden expliziten Form der Behauptung von Lemma 15.1. □

Th. 15.1 (Erster Satz von Lindström) *Wenn ein abstraktes logisches System $\mathfrak{L}$ die Bedingungen erfüllt:*
(a) *Regulär*($\mathfrak{L}$);
(b) $\mathfrak{L}_\mathrm{I} \preccurlyeq \mathfrak{L}$;
(c) *LöwSkol*($\mathfrak{L}$);
(d) *Kompakt*($\mathfrak{L}$),

dann gilt: $\mathfrak{L}_\mathrm{I} \sim \mathfrak{L}$.

Beweis:

Intuitive Strategieskizze:

Wir betrachten ein beliebiges logisches System $\mathfrak{L}$, für das die vier Bedingungen (*a*)–(*d*) gelten. Zu beweisen ist die Behauptung: $\mathfrak{L}_\mathrm{I} \sim \mathfrak{L}$. Der Beweis soll in vier Teile unterteilt werden. In jedem dieser Teile wird neben einer Anzahl routinemäßig vollzogener Schritte ein entscheidender Kunstgriff benützt. In diesem Überblick sollen die Kunstgriffe lokalisiert, also von den Routineschritten abgegrenzt werden.

(*Teil A*) Im ersten Teil wird die zu beweisende Aussage mit Hilfe von *drei Reduktionsschritten* auf eine andere zurückgeführt, die sich als leichter zu bewältigen erweist. Der erste dieser Schritte besteht in dem folgenden Lemma (für das *LöwSkol*($\mathfrak{L}$) noch nicht vorausgesetzt zu werden braucht):

(x) *Angenommen, ein abstraktes logisches System* $\mathfrak{L}$ *erfüllt die Bedingungen:*

(α_1) *Regulär*($\mathfrak{L}$); (α_2) $\mathfrak{L}_{\mathrm{I}} \preccurlyeq \mathfrak{L}$; ($\alpha_3$) *Kompakt*($\mathfrak{L}$);

(β) *für alle Zeichenmengen S und alle S-Strukturen* $\mathfrak{A}$ *und* $\mathfrak{B}$: *falls* $\mathfrak{A}$ *und* $\mathfrak{B}$ *elementar äquivalent sind, so sind* $\mathfrak{A}$ *und* $\mathfrak{B}$ *auch* $\mathfrak{L}$*-äquivalent* (abgek.: *falls* $\mathfrak{A} \equiv \mathfrak{B}$, *so auch* $\mathfrak{A} \equiv_{\mathfrak{L}} \mathfrak{B}$).

Dann gilt für $\mathfrak{L}: \mathfrak{L}_{\mathrm{I}} \sim \mathfrak{L}$.

Da (α_1) mit (a), (α_2) mit (b) und (α_3) mit (d) identisch ist, genügt es, die Aussage (β) zu beweisen (*Reduktionsschritt 1*). Die für das Folgende als richtig unterstellte Aussage (x) wird am Schluß dieses Abschnittes als Lemma 15.2 bewiesen. Wer bereits jetzt einen Einblick in diesen Beweis gewinnen möchte, kann dessen Studium hier voranziehen.

Auch diese Aufgabe können wir weiter reduzieren: Es genügt, eine Aussage $(\beta)^r$ zu beweisen, die sich von (β) allein dadurch unterscheidet, daß S diesmal keine beliebige, sondern nur eine *relationale Zeichenmenge* ist (*Reduktionsschritt 2*). Der Beweis dafür, daß die Gültigkeit von $(\beta)^r$ für die Gültigkeit von (β) hinreicht, werden wir ebenfalls später nachtragen.

Wir zeigen nun, wie sich auch dieses Problem durch Anwendung einiger Routineschritte auf ein einfacheres zurückführen läßt (*Reduktionsschritt 3*). Zu diesem Zweck formen wir die Negation der Aussage $(\beta)^r$ in mehreren Folgerungsschritten um, gehen also im Sinne eines indirekten Beweisansatzes vor: Wir nehmen an, daß es für ein relationales S zwei semantische Strukturen $\mathfrak{A}$ und $\mathfrak{B}$ sowie einen Satz ψ aus $\mathfrak{L}$ gibt, so daß einerseits $\mathfrak{A}$ und $\mathfrak{B}$ elementar äquivalent sind, andererseits $\mathfrak{A}$ und $\mathfrak{B}$ in $\mathfrak{L}$ durch ψ getrennt werden. Es soll also gelten:

(I) Für geeignete semantische S-Strukturen $\mathfrak{A}$ und $\mathfrak{B}$ mit relationalem S sowie für ein geeignetes $\psi \in \mathrm{L}(S)$ sei

(1) $\mathfrak{A} \equiv \mathfrak{B}$

(2) $\mathrm{Mod}_{\mathfrak{L}}(\mathfrak{A}, \psi)$

(3) nicht $\mathrm{Mod}_{\mathfrak{L}}(\mathfrak{B}, \psi)$.

Es ist nun im Rahmen des indirekten Beweises zu zeigen, daß (I) unter den gegebenen Voraussetzungen zum Widerspruch führt; denn dann ist $(\beta)^r$, also auch (β), daher die noch ausstehende Voraussetzung von (x) und damit Th. 15.1 selbst bewiesen.

Da wegen Bedingung (a) die Aussage *Boole*($\mathfrak{L}$) gilt, können wir (3) durch $\mathrm{Mod}_{\mathfrak{L}}(\mathfrak{B}, \neg\psi)$ ersetzen.

Wir wenden jetzt Lemma 15.1 auf das S, $\mathfrak{A}$, $\mathfrak{B}$ und ψ von (I) an. Dies ist zulässig; denn mit den Bedingungen (a), (b) und (d) sind die Voraussetzungen jenes Lemmas erfüllt. Wir können also behaupten:

(y) Es existiert eine *endliche* Teilmenge S_0 von S, so daß gilt: wenn $\mathfrak{A} \upharpoonright S_0 \simeq \mathfrak{B} \upharpoonright S_0$, dann
$\mathrm{Mod}_{\mathfrak{L}}(\mathfrak{A}, \psi)$ gdw $\mathrm{Mod}_{\mathfrak{L}}(\mathfrak{B}, \psi)$.

Die folgenden Umformungen betreffen ausschließlich (I) (1). Für das S_0 aus (y) erhält man zunächst trivial:

(1') $\mathfrak{A} \upharpoonright S_0 \equiv \mathfrak{B} \upharpoonright S_0$.

Hier werten wir die Endlichkeit von S_0 aus: Wir dürfen den Satz von Fraissé anwenden und die *semantische* Aussage (1') durch die *algebraische* Behauptung ersetzen, daß $\mathfrak{A} \upharpoonright S_0$ und $\mathfrak{B} \upharpoonright S_0$ endlich isomorphe Strukturen sind. Da wir (2) und (3) von (I) nicht geändert haben, erhalten wir insgesamt für das $\mathfrak{A}$, $\mathfrak{B}$ und ψ aus (I) sowie das nach (y) existierende endliche S_0:

(II) **(1)** Für eine geeignete Folge $(I_n)_{n \in \omega}$ nichtleerer Mengen präpartieller Isomorphismen gilt:
$(I_n)_{n \in \omega} : \mathfrak{A} \upharpoonright S_0 \simeq_e \mathfrak{B} \upharpoonright S_0$;
(2) $\mathrm{Mod}_{\mathfrak{L}}(\mathfrak{A}, \psi)$;
(3) $\mathrm{Mod}_{\mathfrak{L}}(\mathfrak{B}, \neg \psi)$.

Angenommen, es würde uns gelingen, (II) doppelt zu verschärfen, nämlich *erstens* dadurch, daß wir $\mathfrak{A}$ und $\mathfrak{B}$ durch abzählbare Strukturen $\mathfrak{A}'$ und $\mathfrak{B}'$ ersetzen könnten, und *zweitens* dadurch, daß wir statt (II) (1) das Bestehen einer partiellen Isomorphie zwischen $\mathfrak{A}'$ und $\mathfrak{B}'$ behaupten dürften. Wir könnten dann von (II) übergehen zu

(III) **(1)** $\mathfrak{A}' \upharpoonright S_0 \simeq_p \mathfrak{B}' \upharpoonright S_0$;
(2) $\mathrm{Mod}_{\mathfrak{L}}(\mathfrak{A}', \psi)$;
(3) $\mathrm{Mod}_{\mathfrak{L}}(\mathfrak{B}', \neg \psi)$.

Damit hätten wir unser Beweisziel schon erreicht. Denn nach einem Resultat von Kap. 14 (nämlich (D) von 14.4.11) würde aus (III) (1) folgen: $\mathfrak{A}' \upharpoonright S_0 \simeq \mathfrak{B}' \upharpoonright S_0$, d.h. diese beiden Strukturen wären isomorph. Nach (y) erhielten wir: $\mathrm{Mod}_{\mathfrak{L}}(\mathfrak{A}' \upharpoonright S_0, \psi)$ gdw $\mathrm{Mod}_{\mathfrak{L}}(\mathfrak{B}' \upharpoonright S_0, \psi)$, im Widerspruch zu (2) und (3) von (III). Damit wäre $(\beta)^r$ bewiesen.

Wir stellen die mit dem indirekten Beweisansatz für $(\beta)^r$ beginnenden routinemäßigen Übergänge sowie die noch verbleibende Beweislücke übersichtlich zusammen, so daß wir ein anschauliches Bild vom Reduktionsschritt 3 erhalten[3]. Hinter das (metametasprachliche) Symbol ‚:·' für logische Folgerung schreiben wir in Klammern stichwortartig die Rechtfertigungsweise an:

3 Da die Bedingungen (2) und (3) für (II) und (III) nach Wahl von $\mathfrak{A}'$ und $\mathfrak{B}'$ eng verwandt sind, wie wir später noch genauer sehen werden, genügt es, hier die zu (II)(1) führenden und mit (III)(1) beginnenden Übergänge zu berücksichtigen.

elementare Äquivalenz von $\mathfrak{A}$ und $\mathfrak{B}$:· (trivial)

elementare Äquivalenz von $\mathfrak{A}\restriction S_0$ und $\mathfrak{B}\restriction S_0$ (mit Wahl eines endlichen S_0 im Sinne von Lemma 15.1 bzw. (γ)) :· (Satz von FRAISSÉ)

(i) endliche Isomorphie zwischen $\mathfrak{A}\restriction S_0$ und $\mathfrak{B}\restriction S_0$:·

noch bestehende Beweislücke { ⋮

(ii) partielle Isomorphie zwischen $\mathfrak{A}'\restriction S_0$ und $\mathfrak{B}'\restriction S_0$ mit abzählbaren $\mathfrak{A}'$ und $\mathfrak{B}'$:· (Kap. 14.4.11, (D))

Isomorphie zwischen $\mathfrak{A}'\restriction S_0$ und $\mathfrak{B}'\restriction S_0$.

Jetzt können wir ganz genau sagen, was unser *dritter Reduktionsschritt* leistet: Er führt die Aufgabe, einen Beweis von $(\beta)^r$ zu liefern, auf das Problem zurück, von (i) auf (ii) zu schließen, d. h. ausgehend von einer Feststellung über die endliche Isomorphie der S_0-Redukte zweier Strukturen zwei neue, (höchstens) abzählbare Strukturen zu finden, deren S_0-Redukte partiell isomorph sind.

Der *erste Kunstgriff*, und damit der Kern von *Teil A* des Beweises, besteht darin, den Beweis des ersten Satzes von LINDSTRÖM mit den beschriebenen drei Reduktionsschritten auf die Frage zurückzuführen, wie der Übergang von (i) zu (ii) vollzogen werden kann.

Anmerkung. Die Schilderung dieses ersten Beweisteiles kann dazu dienen, ein naheliegendes Mißverständnis des Verhältnisses von Routineschritten und Kunstgriffen zu beseitigen. Ein Anfänger, der erst kürzlich den Satz von FRAISSÉ sowie die Tatsache zur Kenntnis genommen hat, daß es sich dabei um ein tiefliegendes Resultat der Logik handelt, und der dann erfährt, daß dieser Satz im Beweis des ersten Theorems von LINDSTRÖM eine wesentliche Rolle spielt, wird vermuten, daß die Anwendung des Satzes von FRAISSÉ ein entscheidender Kunstgriff im fraglichen Beweis ist. *Das ist jedoch nicht der Fall.* Ein Blick auf das obige Schema lehrt, daß auch innerhalb des dritten Reduktionsschrittes die Benützung des Satzes von FRAISSÉ eine rein routinemäßige Angelegenheit ist. Dies gilt ganz allgemein: Zum Nachweis eines tiefliegenden logischen oder mathematischen Lehrsatzes wird man stets gewisse Kunstgriffe benötigen, ebenso, wenn man mit seiner Hilfe einen weiteren, ebenfalls tiefliegenden Lehrsatz gewinnt. Dies bedeutet jedoch nicht, daß der erste Lehrsatz Bestandteil eines Kunstgriffes im Beweis des zweiten sein muß; seine Anwendung kann relativ „mechanisch" erfolgen. So auch hier.

(*Teil B*) In diesem zweiten Beweisteil soll der entscheidende Ansatz für die Ausfüllung der obigen Beweislücke, also für den Übergang von (II) zu (III), geliefert werden. Zunächst ist überhaupt nicht zu erkennen, wie dies möglich sein sollte. Denn sowohl die Strukturen als auch die jeweils zwischen ihnen bestehenden Relationen sind in beiden Fällen recht verschieden.

Diesmal ist der Unterschied zwischen Grundintuition oder Kunstgriff einerseits und Routine andererseits ganz erheblich. Ersteres besteht sozusagen in einer blitzartigen Idee, letzteres in recht langwierigen Detailausführungen.

Der (*zweite*) *Kunstgriff* lautet: ‚*Die Aussage* (i), bzw. genauer: *die ganze Aussage* (II)(1) *bis* (3) *soll in der abstrakten Logik* $\mathfrak{L}$ *beschrieben werden.*‘ (Die beiden nachfolgenden Kunstgriffe bestehen dann darin, diese $\mathfrak{L}$-Beschreibung von (II) zum *Gegenstand* weiterer Betrachtungen zu machen und durch geschickte Anwendung zunächst von *Kompakt*($\mathfrak{L}$) und dann von *LöwSkol*($\mathfrak{L}$) schließlich das intendierte Resultat (III)(1) bis (3) zu gewinnen.)

Die detaillierte Durchführung dieser $\mathfrak{L}$-Beschreibung ist die etwas mühsame, aber durchaus routinemäßige Kehrseite dieses zweiten Kunstgriffes. Wir verschieben sie auf später und beschränken uns vorläufig auf ein paar Bemerkungen zum methodischen Vorgehen.

Wenn man in einer formalen Sprache eine Beschreibung mit Hilfe von endlich vielen Sätzen liefern und sich überdies von der Richtigkeit dieser Sätze überzeugen möchte, geht man gewöhnlich so vor: Man schreibt zunächst diese Sätze an und konstruiert dann eine die Sätze erfüllende Struktur. *Diese Reihenfolge kehren wir um:* Wir machen uns in einem ersten Schritt klar, wie die semantische Struktur, nennen wir sie $\mathfrak{C}=\langle C, \mathfrak{c}\rangle$, beschaffen sein muß, die ein Modell der gesuchten Beschreibung liefern soll. Erst im zweiten Schritt wird die genaue Beschreibung von (II) selbst geliefert.

Hier nun eine intuitive Charakterisierung der intendierten Struktur von $\mathfrak{C}$. Sie muß jedenfalls eine die beiden gegebenen Strukturen $\mathfrak{A}$ und $\mathfrak{B}$ *umfassende Superstruktur* sein. Ihre Trägermenge C muß die Träger von $\mathfrak{A}$ und $\mathfrak{B}$, o.B.d.A. als getrennt vorausgesetzt, einschließen. Außerdem muß C die Menge ω als Indexmenge der Folge der Mengen I_n einschließen. Aber auch die präpartiellen Isomorphismen, von denen in (II)(1) die Rede ist, müssen eingeschlossen werden; m.a.W. es muß auch die unendliche Vereinigung $\bigcup_{n\in\omega} I_n$ Teilmenge von C sein. Um die gewünschte Beschreibung vornehmen zu können, werden verschiedene neue Zeichen benötigt, darunter etwa zwei Prädikate U und V, welche in $\mathfrak{C}$ die Träger der beiden Strukturen $\mathfrak{A}$ und $\mathfrak{B}$ designieren, d.h. $\mathfrak{c}(U)=A$ und $\mathfrak{c}(V)=B$. Zu den zusätzlichen Zeichen, die mittels $\mathfrak{c}$ zu interpretieren sind, wird insbesondere ‚$<$‘ gehören mit $\mathfrak{c}(<)$ als natürlicher Ordnungsrelation über ω sowie ‚f‘, wobei $\mathfrak{c}(f)\restriction\omega$ die Vorgängerfunktion auf ω bildet, die von 0 abwärts stationär sein soll (d.h. $\mathfrak{c}(f)\,(0)=0$).

Wie aber können wir die Beschreibung von (II) in $\mathfrak{L}$ durchführen? Wir haben ja gar keine Ahnung, wie Sätze von $\mathfrak{L}$, selbst bei vorgegebener Zeichenmenge, aussehen! Hier hilft uns die Tatsache weiter, daß diese Beschreibung nachweislich *in einer Sprache erster Stufe* durchgeführt werden kann. Eine solche Beschreibung wird vorgenommen und es wird so getan, *als ob* dies eine Beschreibung innerhalb von $\mathfrak{L}$ wäre. Das ist kein Rückgriff auf eine unzulässige Philosophie des Als-Ob, sondern wegen der Bedingung $(b): \mathfrak{L}_{\mathrm{I}} \preccurlyeq \mathfrak{L}$, eine vollkommen legitime Annahme. Diese Bedingung gewährleistet, daß es zu jedem Satz erster Stufe über einer bestimmten Zeichenmenge einen modellgleichen Satz von $\mathfrak{L}$ über derselben Zeichenmenge gibt.

(*Teil C*) Nehmen wir also an, die für *Teil B* angekündigte Beschreibung von (II), für die $\mathfrak{C}$ ein Modell bildet, sei erfolgreich zu Ende geführt worden. Es sei ϑ eine Konjunktion der endlich vielen Sätze dieser Beschreibung in der abstrakten Logik $\mathfrak{L}$.

Ziel des *dritten Kunstgriffes* im Beweisteil *C* ist es, durch geschickte Anwendung von *Kompakt*($\mathfrak{L}$) die durch die $<$-Relation geordnete Folge ihrem Wesen nach durch „Umkippen" zu ändern. Dazu erinnern wir uns an die Beschaffenheit der in (II)(1) angeführten Folge von Mengen I_n: In jedem einzelnen I_k liegen nur präpartielle Isomorphismen, die sich k-mal erweitern lassen; ihre Fortsetzungen liegen dann der Reihe nach in $I_{k-1}, \ldots, I_1, I_0$. Die Folge der I_n selbst hingegen bricht nach oben hin nicht ab: zu *jeder* Zahl $r \in \omega$ gibt es eine nichtleere Menge I_r präpartieller Isomorphismen mit der Eigenschaft der r-fachen Erweiterbarkeit. Inhaltlich bedeutet dies, daß wir die nach oben unbegrenzte Folge der Zahlen aus ω, beginnend mit 0, als durch $<$ geordnet zu betrachten haben:

$$0<1<2\ldots<\mathrm{n}<\mathrm{n}+1<\ldots.$$

(Genauer müßte statt dem Zeichen ‚$<$' stets dessen intendiertes Designat ‚$\mathfrak{c}(<)$' stehen, das hier die natürliche Anordnungsrelation der Zahlen aus ω bezeichnet.)

Das erwähnte *Umkippen* bedeutet, daß die unendliche Menge ω durch eine andere unendliche Menge zu ersetzen ist, deren Elemente, beginnend mit einem ganz bestimmten Element dieser Menge, etwa durch ‚d' designiert, in der umgekehrten Richtung geordnet werden. Wir erinnern daran, daß das Designat von ‚f', restringiert auf ω, die (ab 0 stationäre) Vorgängerfunktion auf ω sein sollte. Wenn wir die n-fache Hintereinanderschaltung solcher f's durch ‚f^n' abkürzen, so bilden wir also eine Satzmenge, die außer dem Satz ϑ alle Aussagen $fd<d$, $f^2d<fd, \ldots, f^{n+1}d<f^nd, \ldots$ enthält. Genauer kann diese unendliche Satzmenge M_∞ folgendermaßen definiert werden:

$$M_\infty := \{\vartheta\} \cup \{f^{n+1}d < f^n d \mid n \in \omega\}.$$

Wenn wir uns wieder die Beschaffenheit des Begriffs der endlichen Isomorphie vor Augen halten, wird es klar, *daß jede endliche Teilmenge von M_∞ $\mathfrak{L}$-erfüllbar ist.* Um sich davon zu überzeugen, hat man nichts anderes zu tun, als die frühere Struktur $\mathfrak{C}$ durch eine geeignete Interpretation $\mathfrak{c}(d)$ der Konstanten ‚d' zu ergänzen: Für jede endliche Teilmenge bezeichne $\mathfrak{c}(d)$ eine hinreichend große nichtnegative Zahl (nämlich jene, die als höchster Index eines I_n in dem erfüllenden Modell der Teilmenge auftritt).

Jetzt kommt der entscheidende Schritt: Da jede endliche Teilmenge von M_∞ $\mathfrak{L}$-erfüllbar ist, *existiert wegen Kompakt*($\mathfrak{L}$) *ein* $\mathfrak{L}$-*Modell von* M_∞, also eine Struktur $\mathfrak{D}=\langle D,\mathfrak{d}\rangle$ (in der also d die *feste* Bedeutung $\mathfrak{d}(d)$ erhält), die alle Sätze von M_∞ simultan $\mathfrak{L}$-erfüllt.

Hier ist das oben intuitiv geschilderte „Umkippen" nun exakt vollzogen: An die Stelle der seinerzeitigen aufsteigenden Kette nichtnegativer Zahlen *ist* jetzt *eine in der Trägermenge D von* $\mathfrak{D}$ *enthaltene unendlich lange Vorgängerkette von* $\mathfrak{d}(d)$ *getreten*, nämlich:

$$\ldots<\mathfrak{d}(f^n d)<\ldots<\mathfrak{d}(fd)<\mathfrak{d}(d)$$

(analog zu früher haben wir auch hier abkürzend ‚$<$' statt ‚$\mathfrak{d}(<)$' geschrieben).

(*Teil D*) Es ist jetzt noch eine letzte wichtige Aufgabe zu bewältigen: Die (im Normalfall überabzählbare) Struktur $\mathfrak{D}$ ist durch eine *abzählbare* Struktur, die ebenfalls eine unendlich lange Vorgängerkette enthält, zu ersetzen. Dies zu bewerkstelligen, ist das Ziel des *vierten und letzten Kunstgriffes*. Wie zu erwarten, wird dafür die bisher noch nicht verwendete Bedingung *LöwSkol*($\mathfrak{L}$) benützt. Aber wie? Rein mechanisch geht es sicherlich nicht; denn M_∞ ist eine *unendliche Satzmenge*, während das Theorem von Löwenheim-Skolem nur auf *einzelne Sätze* anwendbar ist.

Es ist daher naheliegend, zu versuchen, den Gehalt von M_∞ *durch eine einzige Aussage* χ *wiederzugeben:* Den Teil ϑ übernehmen wir unverändert, diesmal als abstraktes Konjunktionsglied der gesuchten Aussage χ. Und die unendliche Klasse $\{f^{n+1}d<f^n d \mid n\in\omega\}$ wird nach Wahl eines neuen einstelligen Prädikats Q durch den folgenden gehaltgleichen Satz ersetzt:

$$\chi_1:=Qd\wedge\bigwedge x(Qx\rightarrow(fx<x\wedge Qfx))$$

(in Worten: ‚d ist Element von Q und jedes Element von Q hat einen unmittelbaren Vorgänger, der selbst ebenfalls zu Q gehört'). Es sei $\chi:=\vartheta\wedge\chi_1$, wieder als abstrakte Konjunktion im Sinn von *Boole*($\mathfrak{L}$) aufgefaßt; außerdem ist χ_1 wegen $\mathfrak{L}_\mathrm{I}\leqslant\mathfrak{L}$ als Satz von $\mathfrak{L}$ zulässig.

Unter $\mathfrak{D}'=\langle D',\mathfrak{d}'\rangle$ soll die Struktur verstanden werden, die aus $\mathfrak{D}$ dadurch hervorgeht, daß zusätzlich Q interpretiert wird als:

$$\mathfrak{d}'(Q):=\{\mathfrak{d}(f^n d)\mid n\in\omega\}.$$

Offenbar gilt $Mod_\mathfrak{L}(\mathfrak{D}',\chi)$ und wir können tatsächlich *LöwSkol*($\mathfrak{L}$) anwenden: *Es existiert also ein abzählbares Modell* $\mathfrak{E}=\langle E,\mathfrak{e}\rangle$ *von* χ.

Von jetzt an werden nur noch einige Routineschritte zum Beweisziel benötigt: es handelt sich um die oben angeführten Schritte (III)(1) bis

(III)(3). Dies sei vorläufig nur vage angedeutet: Die beiden in *Teil B* erwähnten Prädikate U und V z.B. erhalten jetzt mittels $\mathfrak{e}$ *abzählbare* Mengen als Designate zugeordnet. Indem man aus $\mathfrak{E}\upharpoonright S_0$ zwei Substrukturen mit Trägern $\mathfrak{e}(U)$ und $\mathfrak{e}(V)$ bildet, erhält man die gesuchten abzählbaren Strukturen $\mathfrak{A}'$ und $\mathfrak{B}'$ von (III). Dafür muß S als relational vorausgesetzt werden. (*Dies ist die zweite Stelle im Beweis, an welcher der relationale Charakter der Zeichenmenge vorausgesetzt wird!*) Die in der $\mathfrak{L}$-Beschreibung der präpartiellen Isomorphismen von $\mathfrak{C}$ enthaltenen Bestimmungen liefern bei der neuen Interpretation Aussagen, welche beinhalten, daß es sich um präpartielle Isomorphismen von $\mathfrak{A}'\upharpoonright S_0$ nach $\mathfrak{B}'\upharpoonright S_0$ handelt. Da wir es weiterhin mit einer unendlichen Vorgängerkette zu tun haben, lassen sich diese präpartiellen Isomorphismen *unbegrenzt* zu umfassenderen Isomorphismen zwischen $\mathfrak{A}'\upharpoonright S_0$ und $\mathfrak{B}'\upharpoonright S_0$ auf solche Weise erweitern, daß die Hin- und Her-Eigenschaft erfüllt wird. Man bleibt dabei also *innerhalb ein und derselben* nichtleeren *Menge I* präpartieller Isomorphismen. Dies besagt aber nicht weniger als daß tatsächlich $\mathfrak{A}'\upharpoonright S_0 \simeq_p \mathfrak{B}'\upharpoonright S_0$ gilt.

(Man könnte geneigt sein, diese Zusammenfassung der ursprünglich zu gewissen Gliedern der aufsteigenden Folge $(I_n)_{n\in\omega}$ mit $\mathrm{k}\mathfrak{c}(<)(\mathrm{k}+1)$ gehörenden präpartiellen Isomorphismen *zu einer einzigen Menge I* als fünften Kunstgriff im Beweis dieses Theorems zu bezeichnen. Doch wäre dies irreführend, da der eigentliche Kunstgriff, die Erzeugung einer unendlich langen Vorgängerkette, schon im *Teil C* geschah.)

Zusammenfassung

Im *Teil A* wird die Aufgabe durch Kombination von drei Reduktionsmitteln auf das Problem zurückgeführt, aus der dreiteiligen Aussage (II) die ebenfalls dreiteilige Aussage (III) zu gewinnen. Dies bedeutet: *Gegeben* seien zwei beliebige Strukturen, die durch einen geeigneten Satz ψ getrennt werden und deren S_0-Redukte für endliches relationales S_0 endlich isomorph sind. *Gesucht* sind zwei abzählbare Strukturen, die ebenfalls durch ψ getrennt werden und deren S_0-Redukte partiell isomorph sind. (Der unmittelbar auf (III) folgende Text hingegen bildete eine Vorwegnahme des Beweisendes.)

Im *Teil B* des Beweises wird die Aussage (II) durch endlich viele S_0^+-Sätze der ersten Stufe beschrieben; dabei ist S_0^+ die um sieben Zeichen erweiterte Menge S_0. Diese endlich vielen Sätze werden zu einer abstrakten Konjunktion ϑ zusammengefaßt, die wegen $\mathfrak{L}_\mathrm{I}\leqslant\mathfrak{L}$ wie ein Satz aus $\mathfrak{L}$ behandelt werden darf. Schließlich wird eine Superstruktur $\mathfrak{C}$ von $\mathfrak{A}$ und $\mathfrak{B}$ konstruiert, die ein Modell des Satzes ϑ bildet.

Im *Teil C* wird ein „strukturelles Umkippen" der für die endliche Isomorphie benötigten, in einer nach oben unbegrenzt fortsetzbaren Nachfolgerkette von 0 angeordneten Zahlen aus ω in eine unendlich lange, mit einem bestimmten Individuum d einer neuen Objektmenge beginnende Vorgängerkette bewirkt. Das gelingt in der Weise, daß man die Aussage ϑ von Teil B zunächst durch die charakterisierenden Bedingungen aller in Frage kommenden d zu einer unendlichen Satzmenge M_∞ erweitert. Die von ϑ verschiedenen Elemente von M_∞ enthalten für jedes in Frage kommende Designat von ‚d' einen designierenden Namen der Form ‚$f^n d$'. Da jede endliche Teilmenge von M_∞ $\mathfrak{L}$-erfüllbar ist, haben wir uns auf Grund von *Kompakt*($\mathfrak{L}$) von der $\mathfrak{L}$-Erfüllbarkeit von M_∞ überzeugt.

Im *Teil D* wird der Gehalt von M_∞ durch eine *einzige* Aussage wiedergegeben, auf die die Voraussetzung *LöwSkol*($\mathfrak{L}$) angewendet werden kann, so daß man ein abzählbares Modell der Aussage erhält. Die für (III) gesuchten abzählbaren Strukturen $\mathfrak{A}'$ und $\mathfrak{B}'$ kann man jetzt als geeignete Substrukturen dieses Modells finden und über die in *Teil C* gewonnene unendliche Vorgängerkette die für (III) benötigte Menge präpartieller Isomorphismen gewinnen.

Damit ist der Überblick beendet und wir gehen nun dazu über, die noch ausstehenden Details des Beweises anzugeben.

Teil A ist bereits in der intuitiven Skizze vollständig beschrieben worden. Hier genügt es, daran zu erinnern, daß zwei Beweise später nachgetragen werden müssen, nämlich der von Lemma 15.2 – oben Satz (x) genannt – sowie der Nachweis der Behauptung, daß die Gültigkeit von $(\beta)^r$ hinreichend für die Gültigkeit von (β) ist.

Teil B beginnt mit der Konstruktion einer die beiden in (II) erwähnten Strukturen $\mathfrak{A}$ und $\mathfrak{B}$ umfassenden Superstruktur $\mathfrak{C}$, die sich zugleich als Modell der (in der zweiten Hälfte von *Teil B* gelieferten) Beschreibung von (II) erweisen soll. Einige Andeutungen dazu sind bereits in der Skizze gemacht worden. Jetzt geben wir eine vollständige Beschreibung.

Den Ausgangspunkt bilde die Aussage (II); I_n, $\mathfrak{A}$, $\mathfrak{B}$, S_0 sowie ψ mögen stets die dortigen Bedeutungen haben. Für die beiden Träger A und B von $\mathfrak{A}$ und $\mathfrak{B}$ können wir Disjunktheit voraussetzen, d. h. es soll gelten: $A \cap B = \emptyset$. Ansonsten kann man wegen der Isomorphiebedingung zu einer isomorphen Kopie von $\mathfrak{B}$ übergehen, welche diese Voraussetzung erfüllt.

Die Zeichenmenge S werde durch Hinzunahme der sieben folgenden neuen Zeichen zur Menge S^+ erweitert: drei einstellige Prädikate P, U, V; zwei zweistellige Prädikate $<$, I; ein dreistelliges Prädikat G; ein einstelliges Funktionszeichen f. Also:

$$S^+ := S \cup \{P, U, V, <, I, G, f\}.$$

Wie bereits in der intuitiven Skizze bemerkt, muß die zu bildende, $\mathfrak{A}$ und $\mathfrak{B}$ umfassende Superstruktur $\mathfrak{C}$ so gewählt werden, daß sie ein Modell für die noch zu liefernde Beschreibung der endlichen Isomorphie von (II)(1), nämlich $(I_n)_{n\in\omega}:\mathfrak{A}\upharpoonright S_0 \simeq_e \mathfrak{B}\upharpoonright S_0$, bildet. Da in der fraglichen Beschreibung die sieben neuen Zeichen benötigt werden, wählen wir $\mathfrak{C}$ als S^+-Struktur. Den einzelnen Bestimmungen geben wir den unteren Index ‚e', um anzudeuten, daß sie sich auf die endliche Isomorphie von (II)(1) beziehen.[4]

Die Trägermenge C von $\mathfrak{C}$ muß erstens die beiden Trägermengen von $\mathfrak{A}$ und $\mathfrak{B}$ einschließen, zweitens die in (II)(1) benützte Indexmenge ω (nichtnegative Zahlen) und schließlich alle präpartiellen Isomorphismen aus den I_n als Elemente enthalten:

$$(1_e)\quad C = A\cup B\cup \omega\cup \bigcup_{n\in\omega} I_n .$$

Die Designationsfunktion $\mathfrak{c}$ von $\mathfrak{C}$ soll den Prädikaten U und V die beiden Trägermengen A und B zuordnen. Dann kann $\mathfrak{A}$ als diejenige Substruktur von $\mathfrak{C}\upharpoonright S$, also des S-Redukts von $\mathfrak{C}$, gewählt werden, deren Träger mit $\mathfrak{c}(U)=A$ identisch ist. Analoges gilt für $\mathfrak{B}$ mit V statt U. So gewinnen wir die folgenden beiden Bestimmungen:

(2_e) $\mathfrak{c}(U)=A$ und $[\mathfrak{c}(U)]^{\mathfrak{C}\upharpoonright S}=\mathfrak{A}$;
(3_e) $\mathfrak{c}(V)=B$ und $[\mathfrak{c}(V)]^{\mathfrak{C}\upharpoonright S}=\mathfrak{B}$.

Diese beiden Wahlen sind möglich, weil erstens A und B disjunkt sind und zweitens S relational ist. (Dies ist die *erste* Stelle im Beweis, an der die Relationalität von S benötigt wird.)

(4_e) $\mathfrak{c}(<)$ ist die natürliche Ordnungsrelation über ω und $\mathfrak{c}(f)\upharpoonright\omega$ ist die Vorgängerfunktion auf ω, die von 0 an stationär wird, also:

$\mathfrak{c}(f)(n+1)=n$ und $\mathfrak{c}(f)(0)=0$.

Das einstellige Prädikat P designiert die Menge der präpartiellen Isomorphismen aller I_n, d. h.:

(5_e) $\mathfrak{c}(P)=\bigcup_{n\in\omega} I_n$.
(6_e) $\langle n,p\rangle\in\mathfrak{c}(I)$ gdw $n\in\omega \wedge p\in I_n$.
(Umgangssprachlich: $\langle n,p\rangle$ ist Element der durch I designierten Relation gdw p ein präpartieller Isomorphismus aus I_n ist.)

Das dreistellige Prädikat G soll die Menge aller Tripel $\langle p,a,b\rangle$ designieren, so daß p ein präpartieller Isomorphismus aus einem I_n ist,

---

4 Im Lemma 15.4 werden wir die analogen Bestimmungen mit dem Index ‚m' versehen, da es sich dort um m-Isomorphie handeln wird.

der angewendet auf a als Bild b liefert:

(7_e) $\langle p, a, b\rangle \in \mathfrak{c}(G)$ gdw
$p \in \mathfrak{c}(P) \wedge \mathfrak{c}(a) \in D_I(\mathfrak{c}(p)) \wedge \mathfrak{c}(p)(\mathfrak{c}(a)) = \mathfrak{c}(b)$.

Die durch diese 7 Sätze charakterisierte Struktur $\mathfrak{C} = \langle C, \mathfrak{c}\rangle$ bildet ein $\mathfrak{L}$-Modell der folgenden endlich vielen abstrakten $L(S^+)$-Sätze, deren Konjunktion durch ϑ abgekürzt wird. Wir geben jeweils zunächst umgangssprachliche Formulierungen, von denen wir dann zeigen, daß sie in Sätze erster Stufe übersetzbar sind. Letzteres ist, wie früher bereits erwähnt, ausreichend, da es wegen $\mathfrak{L}_I \preccurlyeq \mathfrak{L}$ zu jedem Satz erster Stufe über S^+ einen modellgleichen $\mathfrak{L}$-Satz über derselben Zeichenmenge gibt. (Bezüglich der 7 neuen Zeichen sind jeweils die in der Beschreibung (1_e)–(7_e) von $\mathfrak{C}$ gegebenen intendierten Bedeutungen zu beachten.)

Die ersten drei Sätze (a)–(c) sollen folgendes ausdrücken: Wenn auf ein p das Prädikat P zutrifft (p also gemäß (5_e) einen präpartiellen Isomorphismus designiert), so soll die Zeichenfolge Gp als zweistelliger Relationsausdruck diesen präpartiellen Isomorphismus designieren (der als Graph ja eine zweistellige Relation darstellt).[5] Dabei werden nur präpartielle Isomorphismen betrachtet, die zwischen den beiden durch U und V festgelegten Bereichen bestehen. Die Aussage (a) beinhaltet gerade dies (vgl. (2_e) und (3_e)); (b) verlangt die Injektivität dieser Abbildung und (c) die Verträglichkeit mit den *(endlich vielen!)* Prädikaten aus S_0. Der gesamte Inhalt läßt sich schlagwortartig etwa so ausdrücken: ‚Für festes p mit Pp designiert Gp einen präpartiellen Isomorphismus vom S_0-Redukt der Substruktur mit dem Träger A in das S_0-Redukt der Substruktur mit den Träger B‘.[6] Also:

(a) $\bigwedge p(Pp \to \bigwedge x \bigwedge y(Gpxy \to (Ux \wedge Vy)))$.

(b) $\bigwedge p(Pp \to \bigwedge x \bigwedge x' \bigwedge y \bigwedge y'((Gpxy \wedge Gpx'y') \to (x = x' \leftrightarrow y = y')))$.

(c) Für jedes $n \in \omega$ und jedes n-stellige Prädikat $R \in S_0$:

$$\bigwedge p(Pp \to \bigwedge x_1 \ldots \bigwedge x_n \bigwedge y_1 \ldots \bigwedge y_n((Gpx_1y_1 \wedge \ldots \wedge Gpx_ny_n) \to (Rx_1 \ldots x_n \leftrightarrow Ry_1 \ldots y_n)))\,.$$

Wir tragen nun eine definitorische Konvention nach. Es sei $\mathfrak{K} = \langle K, \mathfrak{k}\rangle$ eine $\{<\}$-Struktur (oder eine Struktur über einer Zeichenmenge, die ‚$<$‘ enthält). Statt ‚$\mathfrak{k}(<)$‘ schreiben wir einfachheitshalber ‚$<$‘ und ebenso ‚$\langle K, <\rangle$‘ statt ‚$\langle K, \mathfrak{k}\rangle$‘. *Feld* $<$ ist die Menge

$$\{x \in K \mid \text{es gibt ein } y \in K \text{ mit } x < y \text{ oder } y < x\}\,.$$

---

5 ‚Gp‘ und ‚p‘ designieren also dieselbe Menge. Als Designat von ‚G‘ kann diejenige Funktion aufgefaßt werden, die einer Funktion aus $\mathfrak{c}(P)$ ihre repräsentierende Relation zuordnet.

6 Man beachte, daß $\mathfrak{c}(U) = A$, und ebenso, daß $\mathfrak{c}(V) = B$, ferner daß $\mathfrak{c}(Gp)$ als Graph aufgefaßt wird, also eine zweistellige Relation ist.

$\mathfrak{K}$ wird eine *irreflexive Ordnung* genannt, wenn $\mathfrak{K}$ ein $\mathfrak{L}_{\mathrm{I}}$-Modell der folgenden drei Sätze ist:

(α) $\bigwedge x \neg x < x$ (Irreflexivität)

(β) $\bigwedge x \bigwedge y \bigwedge z(x < y \wedge y < z \rightarrow x < z)$ (Transitivität)

(γ) $\bigwedge x \bigwedge y(x < y \vee x = y \vee y < x)$ (Konnexität).

Unsere nächste Aussage verlangt, daß $\langle Feld <, < \rangle$ eine irreflexive Ordnung mit Vorgängerfunktion ist (vgl. (4_e)):

(*d*) $\langle Feld <, < \rangle$ ist eine irreflexive Ordnung und

$\bigwedge x(\bigvee y(y < x) \rightarrow (fx < x \wedge \neg \bigvee z(fx < z \wedge z < x)))$.

Die nächste Aussage schreiben wir zunächst an und geben danach eine Erläuterung:

(*e*) $\bigwedge x(\bigvee y(y < x \vee x < y) \rightarrow \bigvee p(Pp \wedge Ixp))$.

Inhaltlich besagt (*e*) unmittelbar: Wenn x im Feld von $<$ liegt, so ist die durch $Pp \wedge Ixp$ charakterisierte Menge[7] nicht leer. Dies vergleichen wir mit (6_e), worin die intendierte Bedeutung $\mathfrak{c}(I)$ von I gegeben wird (und erinnern uns bezüglich der intendierten Bedeutung von $<$ und P an (4_e) und (5_e)). Es ergibt sich sofort, daß (*e*) durch $\mathfrak{C}$ erfüllt wird, wenn wir bedenken, daß wir oben (in (II)(1) von Teil A der intuitiven Strategieskizze von Th. 15.1) die Menge der $Pp \wedge Ixp$ erfüllenden Funktionen mit I_x bezeichneten.[8] (*e*) besagt also: Wenn x eine nichtnegative ganze Zahl ist, so ist das Designat eines p ein präpartieller Isomorphismus aus der Menge I_x.

Die nächsten beiden Bestimmungen (*f*) und (*g*) beinhalten, daß die Folge $(I_n)_{n \in \omega}$ sowohl die Hin-Eigenschaft als auch die Her-Eigenschaft erfüllt. Wir schreiben nur (*f*) explizit an:

(*f*) $\bigwedge x \bigwedge p \bigwedge u((fx < x \wedge Ixp \wedge Uu) \rightarrow$
$\bigvee q \bigvee v(Ifxq \wedge Gquv \wedge \bigwedge x' \bigwedge y'(Gpx'y' \rightarrow Gqx'y')))$.[9]

(*g*) analog für die Her-Eigenschaft.

Die bisherigen Aussagen lieferten eine Beschreibung von (II)(1), für die $\mathfrak{C}$ ein Modell bildet. Jetzt muß noch die Wiedergabe von (II)(2) und (3) hinzugefügt werden, also daß der Satz ψ die Trennungseigenschaft bezüglich der beiden Strukturen $\mathfrak{A}$ und $\mathfrak{B}$ besitzt. Wenn man berücksichtigt, daß $\mathfrak{c}(U) = A$ und $\mathfrak{c}(V) = B$ in der Struktur $\mathfrak{C}$ gelten, so liefert die folgende Aussage das Gewünschte:

(*h*) $\bigvee xUx \wedge \bigvee yVy \wedge \psi^U \wedge (\neg \psi)^V$.

---

7 Genauer natürlich: die Menge $\{p \mid p \in \mathfrak{c}(P) \wedge \langle x, p \rangle \in \mathfrak{c}(I)\}$.

8 Statt ‚I_x' müßten wir ganz exakt eigentlich ‚$I_{\mathfrak{c}(x)}$' schreiben.

9 Man beachte, daß Vv bereits aufgrund von (*a*) gilt und daher nicht ausdrücklich angeführt werden mußte.

Da auch (c) nur aus endlich vielen Aussagen bestand, können wir tatsächlich alle diese Aussagen konjunktiv zusammenfassen[10] und mit ‚ϑ' abkürzen.

Damit ist der *Teil B* des Beweises beendet. Für das Folgende setzen wir voraus, daß der Leser die Ausführungen in der intuitiven Skizze zu *Teil C* kennt, so daß wir uns hier mit gewissen formalen Präzisierungen zu diesem Teil begnügen können.

Zunächst erweitern wir unsere Zeichenmenge nochmals um die Konstante d, d. h. wir bilden $S^{++} = S^{+} \cup \{d\}$. Ferner bilden wir sukzessive die unendlich vielen Terme d, fd, ffd, die wir mit f^0d, f^1d, $f^2d, \ldots$ abkürzen. Wir wollen zur Aussage ϑ noch die Aussage:

$$\ldots f^{n+1}d < f^n d \ldots f^2 d < f^1 d < f^0 d$$

hinzufügen.[11] Da wir keine unendlich lange Aussage bilden können, müssen wir uns statt dessen mit der unendlichen Satzmenge

$$\{f^{n+1}d < f^n d \mid n \in \omega\}$$

behelfen. Insgesamt bilden wir also die Satzmenge:

$$M_\infty := \{\vartheta\} \cup \{f^{n+1}d < f^n d \mid n \in \omega\}.$$

Und von nun an verfahren wir genau so, wie dies in der intuitiven Skizze beschrieben worden ist: Für jede endliche Teilmenge von M_∞ können wir ein Modell finden, das in einer Erweiterung $\mathfrak{C}' = (\mathfrak{C}, \mathfrak{c}'(d))$ von $\mathfrak{C}$ besteht, in dem die Konstante d eine hinreichend große ganze Zahl designiert.

Da nach Voraussetzung *Kompakt*($\mathfrak{L}$) gilt, existiert ein Modell von M_∞ selbst, d. h. eine Struktur $\mathfrak{D} = (\mathfrak{C}, \mathfrak{d}(d))$, die eine durch die Interpretation von d gebildete Erweiterung darstellt und sämtliche Sätze aus M_∞ simultan erfüllt.

Damit ist auch der Beweisteil C beendet. Wir halten nochmals fest, daß die Trägermenge von $\mathfrak{D}$ die unendlich lange Vorgängerkette

$$\ldots \mathfrak{d}(f^{n+1}d) < \mathfrak{d}(f^n d) < \ldots < \mathfrak{d}(f^2 d) < \mathfrak{d}(f^1 d) < \mathfrak{d}(f^0 d)$$

enthält.

---

10 Wir weisen nochmals darauf hin, daß es sich bei dieser Konjunktionsbildung sowie den Objekten ψ^U und $(\neg\psi)^V$ um die gemäß *Boole*($\mathfrak{L}$) und *Relativier*($\mathfrak{L}$) zulässigen, u. U. mehrdeutigen abstrakten Sätze handelt. Analog beruht die Verwendung von Quantoren auf $\mathfrak{L}_I \preccurlyeq \mathfrak{L}$.

11 Strenggenommen sind die Terme der Form $f^n d$ nur Terme von $\mathfrak{L}_I$, für die kein abstraktes Analogen in $\mathfrak{L}$ gegeben zu sein braucht. Es genügt völlig, daß wir wegen $\mathfrak{L}_I \preccurlyeq \mathfrak{L}$ zu den $\mathfrak{L}_I$-*Sätzen* $f^{n+1}d < f^n d$ modellgleiche abstrakte Sätze zur Verfügung haben. Die *abstrakte* Konjunktion dieser *abstrakten* Sätze ist die Aussage(nmenge), die wir zu ϑ hinzufügen.

Der *Teil D* beginnt mit einer Schilderung des Verfahrens, aus $\mathfrak{D}$ ein *abzählbares* Modell mit der zuletzt genannten Eigenschaft zu erzeugen. Es ist naheliegend, zu diesem Zweck auf die nach Annahme geltende Voraussetzung *LöwSkol*($\mathfrak{L}$) zurückzugreifen. Doch um dies zu ermöglichen, muß der Gehalt von M_∞ durch eine einzige Aussage wiedergegeben werden. Wie dies zu geschehen hat, wurde bereits in der intuitiven Skizze gezeigt:

In einem ersten Schritt erweitern wir unsere Zeichenmenge ein drittes Mal, und zwar um das Prädikat Q, bilden also die Menge $S^{+++} := S^{++} \cup \{Q\}$. Dann formulieren wir wie dort den $\mathfrak{L}$-Satz (wieder unter Voraussetzung von $\mathfrak{L}_\mathrm{I} \preccurlyeq \mathfrak{L}$ und *Boole*($\mathfrak{L}$))

$$\chi_1 := Qd \wedge \bigwedge x(Qx \rightarrow (fx < x \wedge Qfx)).$$

Von nun an arbeiten wir mit der abstrakten Konjunktion, welche die obige Beschreibung ϑ des *endlichen* Isomorphismus als ein Glied und das soeben eingeführte χ_1 als zweites Glied hat, also:

$$\chi := \vartheta \wedge \chi_1 .$$

Die von ϑ verschiedenen, unendlich vielen Aussagen aus M_∞ sind jetzt durch die einzige Aussage χ_1 ersetzt worden, die deren Gehalt reproduziert (mit ihnen modellgleich ist).

Um ein Modell für χ zu finden, knüpfen wir an die obige Struktur $\mathfrak{D}$ an, die ja als Modell von M_∞ a fortiori Modell von ϑ ist, und erweitern sie um Q und durch die folgende Interpretation $\mathfrak{d}'$ von Q:

$$\mathfrak{d}'(Q) := \{\mathfrak{d}(f^n d) \mid n \in \omega\}.$$

Die neue Struktur nennen wir $\mathfrak{D}'$, d. h.

$$\mathfrak{D}' = (\mathfrak{D}, \mathfrak{d}'(Q)) \quad [= (\mathfrak{C}, \mathfrak{d}(d), \mathfrak{d}'(Q))].$$

$\mathfrak{D}'$ ist offenbar Modell von χ:

$$\mathrm{Mod}_\mathfrak{L}(\mathfrak{D}', \vartheta \wedge \chi_1).$$

$\chi \, (= \vartheta \wedge \chi_1)$ ist also erfüllbar. Mit den vorangehenden Überlegungen gewinnen wir nun aus *LöwSkol*($\mathfrak{L}$) ein *abzählbares* Modell $\mathfrak{E} = \langle E, \mathfrak{e} \rangle$ von $\vartheta \wedge \chi_1$. Als Modell von ϑ erfüllt $\mathfrak{E}$ insbesondere (*h*) und damit gilt $\mathfrak{e}(U) \neq \emptyset$ sowie $\mathfrak{e}(V) \neq \emptyset$. Diese beiden Mengen können überdies als Träger von S-Substrukturen der Struktur $\mathfrak{E}$ dienen, da S relational ist[12]. (Dies ist die *zweite* Stelle innerhalb des vorliegenden Beweises, an der die Relationalität von S benützt wird!) Wir dürfen daher die folgenden Substrukturen

12 S ist natürlich wieder die ganz zu Beginn des Beweises eingeführte relationale Zeichenmenge.

der S-Redukte von $\mathfrak{C}$ bilden:

$$\mathfrak{A}' := [\mathfrak{e}(U)]^{\mathfrak{C} \upharpoonright S}$$
$$\mathfrak{B}' := [\mathfrak{e}(V)]^{\mathfrak{C} \upharpoonright S}.$$

Wir behaupten: Diese beiden (höchstens) abzählbaren Strukturen $\mathfrak{A}'$ und $\mathfrak{B}'$ genügen den Bedingungen der Aussage (III). Die Teilbehauptungen (2) und (3) von (III) erhalten wir sofort; denn wenn wir diesmal das dritte und vierte Konjunktionsglied von (h) betrachten, so gewinnen wir $\mathrm{Mod}_{\mathfrak{L}}(\mathfrak{C}, \psi^U)$ und $\mathrm{Mod}_{\mathfrak{L}}(\mathfrak{C}, \neg\psi^V)$ und daraus wegen *Relativier*($\mathfrak{L}$):

$$\mathrm{Mod}_{\mathfrak{L}}(\mathfrak{A}', \psi)$$
$$\mathrm{Mod}_{\mathfrak{L}}(\mathfrak{B}', \neg\psi),$$

also genau die beiden Teilaussagen (2) und (3) von (III).

Was noch aussteht, ist die Verifikation der Teilaussage (1). Zu diesem Zweck greifen wir auf die drei Aussagen (a)–(c) zurück. Sie besagen inhaltlich, daß jedes $\mathfrak{e}(p)$ aus $\mathfrak{e}(P)$ ein präpartieller Isomorphismus von $\mathfrak{A}' \upharpoonright S_0$ nach $\mathfrak{B}' \upharpoonright S_0$ ist (dem die „Beschreibung" ‚Gp. _' seines Graphen entspricht). Von nun an spielt, wie bereits in (c), nur mehr die bereits zu Beweisbeginn in Teil A eingeführte endliche Teilmenge S_0 von S (und damit von S^{+++}) eine Rolle. (Zwischendurch mußte wieder die *ganze* Menge S eingeführt werden, da $\mathfrak{C}$, sowie die daraus durch Erweiterung entstehenden Strukturen, die S-Strukturen $\mathfrak{A}$ und $\mathfrak{B}$ umfaßte.)

Für $n \in \omega$ definieren wir e_n durch: $e_n := \mathfrak{e}(f^n d)$[13]. Nun ist $\mathrm{Mod}_{\mathfrak{L}}(\mathfrak{C}, \chi_1)$, wobei $\mathfrak{e}(d) = \mathfrak{d}(d)$ und $\mathfrak{e}(Q) = \mathfrak{d}'(Q)$. Für jedes $n \in \omega$ ist $e_n \in \mathfrak{e}(Q)$; ferner bilden die e_i eine unendlich lange absteigende Vorgängerkette: In der anschaulichen Schilderung können wir ‚$<$' statt ‚$\mathfrak{e}(<)$' schreiben:

$$\ldots e_{n+1} < e_n < \ldots < e_2 < e_1 < e_0 .$$

Wir definieren:

$$\hat{I} := \{\mathfrak{e}(p) \mid \text{es gibt ein } n \in \omega \text{ mit } \langle e_n, \mathfrak{e}(p) \rangle \in \mathfrak{e}(I)\}.$$

Zur Erleichterung des intuitiven Verständnisses beachte man, daß $\hat{I}$ genau der Nachbereich von $\mathfrak{e}(I)$ ist. (Da $\hat{I}$ von $\mathfrak{C}$ abhängt, wäre es eigentlich präziser, ‚$\hat{I}_{\mathfrak{C}}$' statt ‚$\hat{I}$' zu schreiben.) Dabei hat $\mathfrak{e}(I)$ dieselbe Bedeutung wie $\mathfrak{c}(I)$ von ($6_{\mathfrak{e}}$). Mittels (e) gewinnt man die Feststellung, daß $\hat{I} \neq \emptyset$, und aus (f) und (g) folgt, daß $\hat{I}$ die Hin- und Her-Eigenschaft besitzt. Beispiel für die Hin-Eigenschaft: Es sei $\mathfrak{e}(p) \in \hat{I}$, z. B. $\langle e_n, \mathfrak{e}(p) \rangle \in \mathfrak{e}(I)$ für ein bestimmtes n. Ferner sei $\mathfrak{e}(u) \in A' = \mathfrak{e}(U)$. Dann existiert nach ($f$)

---

13 Wir erinnern nochmals daran, daß die eigentlich nur für nichtlogische Konstanten definierte Designationsfunktion einer Struktur, wie hier $\mathfrak{e}$, für Terme als kanonisch erweitert aufzufassen ist. Also:

$$\mathfrak{e}(f^n d) = \mathfrak{e}(f)(\mathfrak{e}(f^{n-1} d)) = \mathfrak{e}(f)(\mathfrak{e}(f)(\ldots \mathfrak{e}(d) \ldots)).$$

ein q mit $\langle e_{n+1}, \mathfrak{e}(q)\rangle \in \mathfrak{e}(I)$, d.h. also $\mathfrak{e}(q) \in I$, so daß $\mathfrak{e}(q) \supseteqq \mathfrak{e}(p)$ und $\mathfrak{e}(u) \in \mathrm{D}_1(\mathfrak{e}(q))$. Insgesamt erhalten wir dadurch:

$$\hat{I} : \mathfrak{A}' \upharpoonright S_0 \simeq_p \mathfrak{B}' \upharpoonright S_0 .$$

Dies liefert die noch ausstehende Teilaussage (1) von (III). □

Anmerkung. Wem der letzte Schritt in dieser Konstruktion nicht ganz verständlich geworden ist, der möge sich einerseits nochmals den Unterschied in der Definition von ‚endlich isomorph' und ‚partiell isomorph' vor Augen halten und andererseits das in der intuitiven Skizze zu Teil C hervorgehobene Umkippen der nach oben unbegrenzt fortsetzbaren Zahlen in eine unendlich lange Vorgängerkette beachten. Während jedes Glied der Folge $(I_n)_{n\in\omega}$ in der Definition von $\simeq_e$ nur n-fach erweiterungsfähige präpartielle Isomorphismen enthält, haben wir es in der Definition von $\simeq_p$ mit einer einzigen Menge beliebig oft erweiterungsfähiger präpartieller Isomorphismen zu tun. Die Gewinnung *einer einzigen* derartigen Menge beruht wesentlich auf der Bildung einer unendlich langen Vorgängerkette. Innerhalb unseres letzten Schrittes war diese eine Menge identisch mit $\hat{I}$.

Wir haben noch zwei Behauptungen aus dem ersten Beweisteil nachzutragen. Wir beginnen mit dem Reduktionsschritt 2 aus Teil A und halten dies fest im folgenden lokalen Hilfssatz:

Hilfssatz 1[14] *Angenommen, das abstrakte logische System $\mathfrak{L}$ erfülle die Bedingung:*

Regulär$(\mathfrak{L}) \wedge \mathfrak{L}_1 \preccurlyeq \mathfrak{L} \wedge$ *Kompakt*$(\mathfrak{L})$.

Dann ist $(\beta)^r$ hinreichend für die Gültigkeit von (β) (vgl. (x) aus Teil A der intuitiven Skizze) *d.h.: falls für relationale Strukturen*[15] *stets elementare Äquivalenz für $\mathfrak{L}$-Äquivalenz hinreichend ist, so gilt dies bereits für beliebige Strukturen.*

Beweis: Wir bilden S^r, $\mathfrak{A}^r$ und $\mathfrak{B}^r$. Außer den angenommenen Bedingungen gelte $(\beta)^r$ sowie $\mathfrak{A} \equiv \mathfrak{B}$. Nach dem Theorem über Relationalisierung aus 14.3.5 gilt dann auch: $\mathfrak{A}^r \equiv \mathfrak{B}^r$. Wegen $(\beta)^r$ erhalten wir daraus für die relationale Zeichenmenge S^r die Aussage: $\mathfrak{A}^r \equiv_{\mathfrak{L}} \mathfrak{B}^r$. Wir greifen ein beliebiges $\psi \in \mathrm{L}(S)$ heraus und erhalten dafür:

$\mathrm{Mod}_{\mathfrak{L}}(\mathfrak{A}, \psi)$ gdw $\mathrm{Mod}_{\mathfrak{L}}(\mathfrak{A}^r, \psi^r)$ (nach *Ers*$(\mathfrak{L})$)
gdw $\mathrm{Mod}_{\mathfrak{L}}(\mathfrak{B}^r, \psi^r)$ (nach dem Zwischenresultat $\mathfrak{A}^r \equiv_{\mathfrak{L}} \mathfrak{B}^r$ und der Definition von $\mathfrak{L}$-Äquivalenz)
gdw $\mathrm{Mod}_{\mathfrak{L}}(\mathfrak{B}, \psi)$.

Da ψ beliebig gewählt war, gilt nach Definition: $\mathfrak{A} \equiv_{\mathfrak{L}} \mathfrak{B}$. □

---

14 Bei gegebenen S und $\mathfrak{A}$ sind S^r sowie $\mathfrak{A}^r$ so zu definieren wie in Kap. 14. Dagegen ist bei gegebenem φ unter einem φ^r dasselbe zu verstehen wie in der Bedeutungserklärung von *Ers*$(\mathfrak{L})$.

15 Man mache sich klar, daß jede relationale Struktur als relationales Korrelat $\mathfrak{C}^r$ einer Struktur $\mathfrak{C}$ aufgefaßt werden kann.

Schließlich tragen wir noch den Beweis des für den ersten Reduktionsschritt von Teil A im Beweis von Th. 15.1 entscheidenden Lemmas (x) nach. Es ist nicht nur von lokaler Bedeutung. Man könnte die beiden Lemmata 15.1 und 15.2 als erstes und zweites Regularitäts-Kompaktheitslemma bezeichnen, da in keinem von beiden der Satz von Löwenheim-Skolem Anwendung findet – zum Unterschied von Th. 15.1 –, sondern nur *Regulär*($\mathfrak{L}$) und *Kompakt*($\mathfrak{L}$) benötigt werden.

Lemma 15.2 *Es gelte Regulär*($\mathfrak{L}$) $\wedge$ $\mathfrak{L}_I \preccurlyeq \mathfrak{L}$ $\wedge$ *Kompakt*($\mathfrak{L}$). *Ferner sei für beliebige Strukturen elementare Äquivalenz für $\mathfrak{L}$-Äquivalenz hinreichend. Dann gilt: $\mathfrak{L}_I \sim \mathfrak{L}$, d.h. unter diesen Bedingungen sind $\mathfrak{L}_I$ und $\mathfrak{L}$ gleich ausdrucksstark.*

Beweis: Die Voraussetzungen seien alle erfüllt. Da $\mathfrak{L}_I \preccurlyeq \mathfrak{L}$ bereits zur Verfügung steht, ist nur noch die Umkehrung davon nachzuweisen. Es ist also zu zeigen, daß für jede Zeichenmenge S sowie für jedes $\psi \in \mathrm{L}(S)$ ein S-Satz erster Stufe φ existiert, welcher der Bedingung genügt:

$$\mathrm{Mod}_{\mathfrak{L}_I}(\varphi) = \mathrm{Mod}_{\mathfrak{L}}(\psi).$$

O.B.d.A. können wir ψ als erfüllbar voraussetzen, da sonst φ sofort als $\bigwedge x(\neg x = x)$ gewählt werden kann. (Jeder der wegen $\mathfrak{L}_I \preccurlyeq \mathfrak{L}$ für ein $\chi \in \mathrm{L}_I(S)$ existierenden modellgleichen Sätze von $\mathfrak{L}$ werde durch χ^* mitgeteilt. Ebenso $M^* = \{\chi^* \mid \chi \in M\}$ für $M \subseteq \mathrm{L}_I(S)$.)

Wir zeigen in einem ersten Schritt, daß es zu jedem Modell $\mathfrak{A}$ von ψ einen Satz $\varphi_{\mathfrak{A}}$ erster Stufe gibt, für den $\mathfrak{A}$ ebenfalls Modell ist und aus dessen $\mathfrak{L}$-Bild ψ logisch folgt, genauer:

(+) *Zu jedem $\mathfrak{A} \in \mathrm{Mod}_{\mathfrak{L}}(\psi)$ existiert ein Satz $\varphi_{\mathfrak{A}} \in \mathrm{L}_I(S)$, so daß*

$$\mathrm{Mod}_{\mathfrak{L}_I}(\mathfrak{A}, \varphi_{\mathfrak{A}}) \wedge (\varphi^*_{\mathfrak{A}} \Vdash_{\mathfrak{L}} \psi).$$

(Die Bedeutung der Aussage (+) liegt, wie wir sehen werden, darin, daß der gesuchte Satz φ erster Stufe als Adjunktion von Sätzen der Art des $\varphi_{\mathfrak{A}}$ aus (+) gebildet werden kann.)

Es sei also $\mathfrak{A} \in \mathrm{Mod}_{\mathfrak{L}}(\psi)$. Wie man leicht erkennen kann, gilt für die semantische Theorie $\mathrm{Th}(\mathfrak{A})$ erster Stufe von $\mathfrak{A}$:

$$(\cdot)\quad \mathrm{Th}(\mathfrak{A})^* \Vdash_{\mathfrak{L}} \psi.$$

Angenommen nämlich, es gelte: $\mathrm{Mod}_{\mathfrak{L}}(\mathfrak{B}, \mathrm{Th}(\mathfrak{A})^*)$. Dann gilt wegen der Eigenschaft von * auch: $\mathrm{Mod}_{\mathfrak{L}_I}(\mathfrak{B}, \mathrm{Th}(\mathfrak{A}))$, also $\mathfrak{A} \equiv \mathfrak{B}$, somit gemäß Voraussetzung auch $\mathfrak{A} \equiv_{\mathfrak{L}} \mathfrak{B}$. Da $\mathfrak{A}$ gerade als Modell von ψ angenommen worden ist, muß somit gemäß Definition der $\mathfrak{L}$-Äquivalenz auch $\mathfrak{B}$ Modell von ψ sein.

Da die Prämisse von $(\cdot)$ aus $\mathfrak{L}$-Sätzen besteht, kann *Kompakt*($\mathfrak{L}$) angewendet werden. Es gibt danach eine Zahl k und Sätze erster Stufe $\varphi_1, \ldots, \varphi_k \in \mathrm{Th}(\mathfrak{A})$, so daß gilt:

$(\cdot\cdot)$ $\{\varphi_1^*, \ldots, \varphi_k^*\} \Vdash_{\mathfrak{L}} \psi$.

Wir definieren:

$$\varphi_{\mathfrak{A}} := \varphi_1 \wedge \ldots \wedge \varphi_k$$

und behaupten, daß dieser Satz $(+)$ erfüllt. Tatsächlich ist wegen *Boole*($\mathfrak{L}$) mit den φ_i auch $\varphi_{\mathfrak{A}} \in \mathrm{Th}(\mathfrak{A})$, d. h. $\mathrm{Mod}_{\mathfrak{L}_I}(\mathfrak{A}, \varphi_{\mathfrak{A}})$. Außerdem gilt nach $(\cdot\cdot)$: $\varphi_{\mathfrak{A}}^* \Vdash_{\mathfrak{L}} \psi$. Damit ist das Zwischenresultat $(+)$ nachgewiesen.

Daraus gewinnt man:

(1) $\mathrm{Mod}_{\mathfrak{L}}(\psi) = \bigcup_{\mathfrak{A} \in \mathrm{Mod}_{\mathfrak{L}}(\psi)} \mathrm{Mod}_{\mathfrak{L}}(\varphi_{\mathfrak{A}}^*)$.

(Daß die rechte Menge die linke einschließt, ist trivial. Daß auch die Umkehrung gilt, ergibt sich daraus, daß die Wendung ‚Modell von ψ zu sein, das außerdem Modell von $\varphi_{\mathfrak{A}}^*$ ist' keine Einschränkung gegenüber der Wendung ‚Modell von ψ zu sein' liefert, da nach $(+)$ jedes Modell von $\varphi_{\mathfrak{A}}^*$ auch ein solches von ψ ist.)

Die Vereinigung auf der rechten Seite von (1) kann auf endlich viele Strukturen beschränkt werden, d. h. es gilt:

(2) Es gibt eine natürliche Zahl n und
n Strukturen $\mathfrak{A}_1, \ldots, \mathfrak{A}_n \in \mathrm{Mod}_{\mathfrak{L}}(\psi)$,
so daß gilt:

$$\mathrm{Mod}_{\mathfrak{L}}(\psi) = \mathrm{Mod}_{\mathfrak{L}}(\varphi_{\mathfrak{A}_1}^*) \cup \ldots \cup \mathrm{Mod}_{\mathfrak{L}}(\varphi_{\mathfrak{A}_n}^*).$$

Dies sieht man am raschesten indirekt ein: Würde (2) nicht gelten, so erhielte man für alle endlichen Auswahlen von Strukturen $\mathfrak{A}_1, \ldots, \mathfrak{A}_r \in \mathrm{Mod}_{\mathfrak{L}}(\psi)$ den folgenden echten Einschluß:

$$\mathrm{Mod}_{\mathfrak{L}}(\varphi_{\mathfrak{A}_1}^*) \cup \ldots \cup \mathrm{Mod}_{\mathfrak{L}}(\varphi_{\mathfrak{A}_r}^*) \subsetneqq \mathrm{Mod}_{\mathfrak{L}}(\psi).$$

Wir wissen dann, daß jede endliche Teilmenge von

$$\{\psi\} \cup \{\neg \varphi_{\mathfrak{A}}^* \mid \mathfrak{A} \in \mathrm{Mod}_{\mathfrak{L}}(\psi)\}$$

erfüllbar ist. Wegen *Kompakt*($\mathfrak{L}$) wäre dann aber auch diese Menge zur Gänze erfüllbar, im Widerspruch zum Resultat (1). (Es möge beachtet werden, daß wir damit im Beweis dieses Lemmas bereits zum zweiten Mal die Kompaktheitsvoraussetzung für $\mathfrak{L}$ benützt haben.)

Gemäß den Konventionen über * können wir nun auf der rechten Seite von (2) die $\mathfrak{L}$-Modelle der $\varphi_{\mathfrak{A}_i}^*$ durch $\mathfrak{L}_I$-Modelle der Sätze erster Stufe $\varphi_{\mathfrak{A}_i}$ ersetzen und gewinnen die folgende Darstellung der Modellmenge $\mathrm{Mod}_{\mathfrak{L}}(\psi)$:

$$\begin{aligned}\mathrm{Mod}_{\mathfrak{L}}(\psi) &= \mathrm{Mod}_{\mathfrak{L}_I}(\varphi_{\mathfrak{A}_1}) \cup \ldots \cup \mathrm{Mod}_{\mathfrak{L}_I}(\varphi_{\mathfrak{A}_n}) \\ &= \mathrm{Mod}_{\mathfrak{L}_I}(\varphi_{\mathfrak{A}_1} \vee \ldots \vee \varphi_{\mathfrak{A}_n}).\end{aligned}$$

Wenn wir daher φ definieren durch:

$$\varphi := \varphi_{\mathfrak{A}_1} \vee \ldots \vee \varphi_{\mathfrak{A}_n},$$

so erhalten wir:

$$\mathrm{Mod}_{\mathfrak{L}_I}(\varphi) = \mathrm{Mod}_{\mathfrak{L}}(\psi). \quad \square$$

15.3 Der zweite Satz von Lindström

Der zweite Satz von LINDSTRÖM ist gewissermaßen das *effektive* Gegenstück zum ersten Satz.

Übersicht zur Beweisidee

(*A*) In Lemma 15.3 wird erstmals vom Begriff der *m*-Isomorphie Gebrauch gemacht. Dennoch läßt sich dieses Lemma relativ rasch durch Rückgriff auf vereinfachte Versionen zweier Beweisstücke von Th. 15.1 beweisen, indem man bestimmte Aussagen über endliche Isomorphie durch geeignete Aussagen über *m*-Isomorphie ersetzt. Die im *Teil* (*B*) des Beweises von Th. 15.1 verwendete Superstruktur kann diesmal durch eine einfachere ersetzt werden, deren Träger nur mehr die präpartiellen Isomorphismen aus einer *endlichen* Folge $I_0, \ldots, I_m$ enthält, während er dort die präpartiellen Isomorphismen aus einer *unendlichen* Folge enthalten mußte. Ferner gelangt man diesmal an keiner Stelle des Beweises zu einer unendlichen Satzmenge, so daß die Notwendigkeit entfällt, auf das Kompaktheitstheorem zurückzugreifen. (Übrigens wird auch der Rückgriff auf das Lemma 15.1 überflüssig, da im gegenwärtigen Fall von vornherein nur mit einer endlichen Zeichenmenge gearbeitet wird.)

(*B*) Als nächstes beweisen wir einen Satz, dem wir für den Augenblick die zwar ungenaue, aber einprägsame Bezeichnung ‚*Trennungslemma für m-Isomorphie*' (Lemma 15.4) geben. Er beinhaltet im Wesentlichen folgendes[16]:

Wenn es zu einem Satz ψ aus $\mathfrak{L}$ keinen modellgleichen Satz erster Stufe gibt, so existieren zu jedem $m \in \omega$ semantische Struk-

16 Wir beziehen uns dabei auf die im folgenden als *zweite* Fassung dieses Lemmas bezeichnete Version.

turen $\mathfrak{A}_m$ und $\mathfrak{B}_m$, die m-isomorph sind, aber durch ψ getrennt werden (d. h. es gilt: $\mathrm{Mod}_{\mathfrak{L}}(\mathfrak{A}_m, \psi)$ und $\mathrm{Mod}_{\mathfrak{L}}(\mathfrak{B}_m, \neg\psi)$).

Dieser Satz nimmt eine wichtige Position zwischen dem Beweisansatz des zweiten Satzes von Lindström und dem in (*A*) erwähnten neuen Lemma ein, die wir kurz andeuten: Der entscheidende Teil im zweiten Lindströmsatz *(Teil 1)* besagt abgekürzt: ‚Zu jedem Satz ψ aus $\mathfrak{L}$ gibt es einen modellgleichen Satz φ erster Stufe.' Der Beweis dafür soll *indirekt* erfolgen, d. h. es wird eine Annahme gemacht, die mit dem Wenn-Satz des Trennungslemmas für m-Isomorphie identisch ist. Nun ist aber der Dann-Satz dieses Trennungslemmas mit dem Hauptteil des Wenn-Satzes von Lemma 15.3 (vgl. oben (*A*)) identisch, während der Restteil jenes Wenn-Satzes mit gewissen Voraussetzungen im zweiten Satz von Lindström identisch ist. Man kann also aus der Annahme der Falschheit von *Teil 1* im zweiten Satz von Lindström sofort zur Konklusion von Lemma 15.3 übergehen[17]. Aus dieser Konklusion kann, nach geringfügigen Umformungen, eine Behauptung über einen Satz χ von $\mathfrak{L}$ und ein in χ vorkommendes Prädikat W gewonnen werden, nämlich:

> ‚Wenn die Struktur $\mathfrak{A} = \langle A, \mathfrak{a} \rangle$ alle
> $\mathfrak{L}$-Modelle von χ durchläuft, so durchläuft
> $\mathfrak{a}(W)$ genau die *endlichen Mengen*.'

(*C*) Jetzt beweisen wir einen Hilfssatz, in welchem auf den in der eben zitierten Behauptung vorkommenden $\mathfrak{L}$-Satz χ Bezug genommen wird. Dieser Hilfssatz soll dazu dienen, einen Widerspruch zu erzeugen zwischen der im zweiten Satz von Lindström vorausgesetzten Aufzählbarkeit der Menge der allgemeingültigen $\mathfrak{L}$-Sätze und dem Satz von Trachtenbrot[18], der die Nichtaufzählbarkeit der im Endlichen allgemeingültigen Sätze erster Stufe behauptet. Der Hilfssatz lautet (die Symbolik ist dieselbe wie im ersten Satz von Lindström, mit der Verschärfung, daß diesmal * eine

---

17 Der Sache nach wäre es angemessener, die Reihenfolge der beiden Lemmata 15.3 und 15.4 umzukehren. Denn dann könnte die indirekte Beweisannahme von Th. 15.2 direkt in das erste Lemma eingesetzt und durch einen Kettenschluß zur Konklusion des zweiten Lemmas übergegangen werden. Daß die andere Reihenfolge beibehalten wird, hat seinen alleinigen Grund darin, daß der Beweis von Lemma 15.3 direkt an den vorangehenden Beweis von Th. 15.1 anknüpft, der beim Leser noch in frischer Erinnerung sein dürfte.

18 Ähnlich wie die Verwendung des Satzes von Fraissé im ersten Satz von Lindström bildet hier die Anwendung des Satzes von Trachtenbrot im Prinzip einen Routineschritt (und keinen Kunstgriff) im Beweis. Einen Kunstgriff stellt dagegen die Anwendung von $\chi \rightarrow (\varphi^*)^W$ im folgenden Hilfssatz dar.

Funktion sein wird, für welche die Berechenbarkeitsannahme gilt):

,Ein Satz φ erster Stufe ist im
Endlichen allgemeingültig gdw
$\chi \rightarrow (\varphi^*)^W$ allgemeingültig in $\mathfrak{L}$ ist.'[19]

Mittels einiger Routineschritte erhält man daraus und aus der Aufzählbarkeitsvoraussetzung für $\mathfrak{L}$-Allgemeingültigkeit, angewendet auf die rechte Seite dieses Hilfssatzes, ein Aufzählungsverfahren für die im Endlichen allgemeingültigen Sätze erster Stufe. Damit ist der Widerspruch zum Satz von TRACHTENBROT hergestellt. Die Annahme im indirekten Beweis des zweiten Satzes muß also falsch sein und *Schritt 1* ist damit bewiesen.

(*D*) Es bleibt noch *Teil 2* des zweiten Satzes von LINDSTRÖM zu beweisen, wonach der Übergang vom gegebenen $\mathfrak{L}$-Satz ψ zum Satz erster Stufe φ *effektiv* vollzogen werden kann. Dies ist wegen der Gültigkeit zweier Voraussetzungen, nämlich der Existenz eines Aufzählungsverfahrens für die Menge der in $\mathfrak{L}$ allgemeingültigen Sätze und der Berechenbarkeit der Funktion $^\#$, die jedem Satz erster Stufe einen modellgleichen $\mathfrak{L}$-Satz zuordnet, eine reine Routineangelegenheit.

Soweit im bisherigen Teil dieser Übersicht von Sätzen der abstrakten Logik $\mathfrak{L}$ die Rede war, liegt eine Ungenauigkeit vor; denn Sätze gibt es in $\mathfrak{L}$ nur als Elemente einer Klasse $L(S)$ für eine *vorgegebene Zeichenmenge S*. Bei der detaillierten Formulierung der Sätze und ihrer Beweise wird es daher auch darum gehen, diese Lücke zu schließen und die erforderlichen Symbolmengen genau zu spezifizieren.

(*E*) Der bisherige Teil der Übersicht beschrieb den Zusammenhang zwischen Lemma 15.3, Lemma 15.4 und dem zweiten Satz von LINDSTRÖM (Th. 15.2). Die für den letzteren benötigten Effektivitätsmerkmale wurden dabei nicht erwähnt. Ihre einfache Beschreibung soll erst nach Lemma 15.4 gegeben werden, da sie für diese beiden Lemmata nicht benötigt werden.

(*F*) Der zur Theorie der rekursiven Funktionen gehörende Satz von TRACHTENBROT wird ebenfalls vor Th. 15.2 formuliert, allerdings ohne Beweis. Einige Hinweise zu diesem Satz finden sich im Anhang.

Damit sei die Übersicht beendet.

---

19 Tatsächlich werden wir, um den Gedankengang nicht zu unterbrechen, die Details des Beweises dieses Hilfssatzes ganz an den Schluß stellen.

Lemma 15.3 *Es gelte: Regulär*$(\mathfrak{L}) \wedge \mathfrak{L}_1 \leqslant \mathfrak{L} \wedge$ *LöwSkol*$(\mathfrak{L})$. *Ferner sei S eine endliche Menge von Prädikatzeichen sowie* ψ *ein Element von* $L(S)$. *Das zweistellige Prädikat* $<$ *und die Individuenkonstante c seien keine Elemente von S. Schließlich mögen zu jedem* $m \in \omega$ *zwei S-Strukturen* $\mathfrak{A}_m$ *und* $\mathfrak{B}_m$ *existieren mit:*

(*a*) $\mathfrak{A}_m \simeq_m \mathfrak{B}_m$

(*b*) $Mod_{\mathfrak{L}}(\mathfrak{A}_m, \psi)$

(*c*) $Mod_{\mathfrak{L}}(\mathfrak{B}_m, \neg\psi)$

(d.h. also, die beiden m-isomorphen Strukturen sollen durch ψ getrennt werden).

Dann gibt es eine endliche Zeichenmenge S', *die* $S \cup \{<, c\}$ *als Teilmenge enthält und einen* $L(S')$-*Satz* ϑ_1, *so daß die folgenden beiden Aussagen gelten:*

(*I*) *Wenn* $Mod_{\mathfrak{L}}(\mathfrak{A}, \vartheta_1)$ *für* $\mathfrak{A} = \langle A, \mathfrak{a} \rangle$, *so ist* (*Feld* $\mathfrak{a}(<)$, $\mathfrak{a}(<)$) *eine Ordnung und* $\mathfrak{a}(c)$ *ein Element des Feldes dieser Ordnung, das höchstens endlich viele* $\mathfrak{a}(<)$-*Vorgänger besitzt.*

(*II*) *Zu jedem* $m \in \omega$ *existiert ein* $\mathfrak{A} = \langle A, \mathfrak{a} \rangle$, *so daß* $Mod_{\mathfrak{L}}(\mathfrak{A}, \vartheta_1)$ *und* $\mathfrak{a}(c)$ *in diesem Modell genau m* $\mathfrak{a}(<)$-*Vorgänger besitzt.*

Beweis: Zur Einsparung von Schreibarbeit übernehmen wir auch diesmal verwendbare Beweisstücke vom Beweis des ersten Satzes von LINDSTRÖM. Bezüglich des dortigen *Teiles A* beschränken wir uns auf zwei Feststellungen: Wir setzen das jetzige S für das dortige S_0 ein und betrachten die formale Analogie von (III)(1)–(3) mit den jetzigen drei Voraussetzungen (a)–(c). Der entscheidende Unterschied besteht darin, daß an die Stelle der Aussage, daß zwischen zwei Strukturen eine endliche Isomorphie besteht, die schwächere Aussage des Bestehens einer m-Isomorphie zwischen zwei bestimmten Strukturen tritt[20]. Bezüglich des dortigen Überganges von (II) zu (III) stellen wir uns jetzt eine zwar wesentlich einfachere, aber formal analoge Aufgabe, nämlich: aus den m-isomorphen Strukturen $\mathfrak{A}_m$ und $\mathfrak{B}_m$ sollen *abzählbare* Strukturen erzeugt werden, deren S-Redukte überdies *partiell isomorph* sind.

Nun knüpfen wir an den *Teil B* des Beweises von Th. 15.1 an. S^+ werde genauso wie dort durch Hinzunahme der sieben Zeichen: f, P, U, V, $<$, I, G, aus S gebildet (wobei aber zu beachten ist, daß S jetzt eine endliche Menge ist und nur aus Prädikatzeichen besteht). S' wählen wir als $S' := S^+ \cup \{c\}$. Ferner seien $\mathfrak{A}_m$ und $\mathfrak{B}_m$ für ein vorgegebenes $m \in \omega$ wie

20 Daraus wird bereits deutlich, daß der jetzige Beweis mit dem dortigen keine inhaltliche Ähnlichkeit aufweist. Die dortige Aussage (III) war ja das Ergebnis eines indirekten Beweisansatzes für die Gültigkeit der Voraussetzung von Lemma 15.2; und als letzter Schritt dafür wurde dort der Satz von FRAISSÉ benützt. Demgegenüber sind *jetzt* (*a*) bis (*c*) unsere Annahmen. Weder Lemma 15.1 noch Lemma 15.2 noch der Satz von FRAISSÉ werden daher diesmal benützt.

in (*a*), wobei wir diese Aussage in unserer früheren Symbolik genauer durch:

$(a')\ (I_n)_{n \leq m} : \mathfrak{A}_m \simeq_m \mathfrak{B}_m$

anschreiben. So wie wir dort eine Struktur $\mathfrak{C}$ konstruierten, die den Rahmen zur Beschreibung einer endlichen Isomorphie bildete, so konstruieren wir jetzt eine Struktur $\mathfrak{C}^* = \langle C^*, \mathfrak{c}^* \rangle$, die den Rahmen zur Beschreibung von (a') liefert. Abgesehen von zwei kleinen, aber wesentlichen Änderungen ist $\mathfrak{C}^*$ mit $\mathfrak{C}$ identisch: In (4_e) wird der erste Teil ersetzt durch: ‚$\mathfrak{c}^*(<)$ ist die natürliche Ordnung auf $\{0, \ldots, m\}$' und in (5_e) wird $\mathfrak{c}^*(P)$ identifiziert mit: $\bigcup_{n \leq m} I_n$; die übrigen Bestimmungen bleiben gleich und alle zusammen mögen jetzt (1_m), (2_m), ..., (7_m) heißen. Die dortige beschreibende Aussage ϑ konstruieren wir analog und bilden daraus ϑ_1 durch Hinzufügung eines Konjunktionsgliedes:

$\vartheta_1 := \vartheta \wedge c \in Feld <.$

Die Charakterisierung der Struktur $\mathfrak{C}^*$ muß noch durch eine Festsetzung über das Designat der Konstante *c* vervollständigt werden und zwar soll gelten: $\mathfrak{c}^*(c) = m$.

Damit haben wir (II) bereits verifiziert: Denn da im seinerzeitigen Beweisteil *B* die Struktur $\mathfrak{C}$ ein Modell von ϑ war, ist unsere jetzige Struktur $\mathfrak{C}^*$ ein Modell von ϑ_1. Das zusätzliche Konjunktionsglied von ϑ_1 gilt in $\mathfrak{C}^*$ wegen der soeben getroffenen Festsetzung bezüglich *c*, und *m* hat genau *m* (echte) Vorgänger[21].

Wir haben (II) also im wesentlichen durch kleine Änderungen im Beweisteil *B* gewonnen; die Art dieser Änderungen war durch die neue Aufgabenstellung klar vorgezeichnet.

Für den Nachweis von (I) knüpfen wir an den *Teil D* des Beweises von Th. 15.1 an[22]. $\mathfrak{A}$ sei Modell von ϑ_1.

Wegen *LöwSkol*($\mathfrak{L}$) existiert ein *(höchstens) abzählbares* Modell für ϑ_1.

Nun beweisen wir (I) indirekt: Angenommen, es gäbe ein solches Modell $\mathfrak{D}^* = \langle D^*, \mathfrak{d}^* \rangle$ von ϑ_1, in welchem $\mathfrak{d}^*(c)$ unendlich viele $\mathfrak{d}^*(<)$-Vorgänger hat. Dann könnten wir den Schluß von *Teil D* des seinerzeitigen Beweises *haargenau kopieren* und erhielten zwei abzählbare Strukturen, die einerseits durch ψ getrennt werden, andererseits partiell iso-

---

21 Bei einem *echten* Vorgänger einer Zahl sind Argument und Wert von $\mathfrak{c}^*(f)$ für diese Zahl nicht identisch. (Es sei daran erinnert, daß $\mathfrak{c}(f)$ so definiert war, daß es ab 0 stationär wird; dies gilt auch für $\mathfrak{c}^*(f)$: $\mathfrak{c}^*(f)(0) = 0$.)

22 Ein Analogon zu *Teil C* des Beweises zum ersten Satz von Lindström entfällt dagegen, da (a) *Kompakt*($\mathfrak{L}$) diesmal nicht vorausgesetzt wird und wir es (b) nicht mit einer unendlichen Satzmenge zu tun haben.

morph und damit isomorph wären, was mit der Isomorphiebedingung in Widerspruch steht. □

Das folgende Lemma formulieren wir in einer direkten und in einer durch Kontraposition der Behauptung gewonnenen Fassung.

Lemma 15.4 *Es gelte Regulär($\mathfrak{L}$). S sei eine endliche Zeichenmenge; ferner sei* $\psi \in \mathrm{L}(S)$.

(Fassung 1) *Angenommen, für ein geeignetes* $m \in \omega$ *sowie für alle S-Strukturen* $\mathfrak{A}$ *und* $\mathfrak{B}$ *gelte:*

(a') *Wenn* $\mathfrak{A} \simeq_m \mathfrak{B}$, *dann* ($Mod_{\mathfrak{L}}(\mathfrak{A}, \psi)$ *gdw* $\mathrm{Mod}_{\mathfrak{L}}(\mathfrak{B}, \psi)$) (d.h. ψ trennt keine m-isomorphen Strukturen).

Dann gibt es einen zu ψ *modellgleichen S-Satz erster Stufe.*

(Fassung 2) *Wenn es keinen zu* ψ *modellgleichen S-Satz erster Stufe gibt, dann existieren zu jedem* $m \in \omega$ *S-Strukturen* $\mathfrak{A}_m$ *und* $\mathfrak{B}_m$, *die durch* ψ *getrennt werden, d.h. genauer:*

(a) $\mathfrak{A}_m \simeq_m \mathfrak{B}_m$;

(b) $\mathrm{Mod}_{\mathfrak{L}}(\mathfrak{A}_m, \psi)$;

(c) $\mathrm{Mod}_{\mathfrak{L}}(\mathfrak{B}_m, \neg \psi)$;

Beweis: Wir beweisen die erste Fassung. (In der späteren Anwendung benützen wir die zweite Fassung.) ψ kann als erfüllbar vorausgesetzt werden; denn ein unerfüllbares ψ hat genau dieselben Modelle wie der Satz erster Stufe $\bigvee x_0(\neg x_0 = x_0)$, nämlich keine.

Die Voraussetzungen, einschließlich (a'), seien erfüllt. Wir erinnern uns daran, daß es bis auf logische Äquivalenz nur endlich viele S-Sätze erster Stufe vom Quantorenrang $\leqq m$ gibt (vgl. das Partitionslemma von 14.5.4). Es seien $\varphi_0, \ldots, \varphi_r$ diese Sätze bzw. genauer: die Folge der φ_i enthalte genau einen Satz aus jeder dieser Äquivalenzklassen, von denen es genau $r+1$ geben möge. Wegen der Tatsache, daß zwei Strukturen $\mathfrak{A}$ und $\mathfrak{B}$ m-isomorph sind genau dann, wenn $\mathfrak{A}$ und $\mathfrak{B}$ dieselben Sätze vom Quantorenrang $\leqq$m erfüllen (vgl. 14.4.10), gilt:

$$
\begin{aligned}
(1)\quad \mathfrak{A} \simeq_m \mathfrak{B} \text{ gdw } & ((\mathrm{Mod}_{\mathfrak{L}_\mathrm{I}}(\mathfrak{A}, \varphi_0) \text{ gdw } \mathrm{Mod}_{\mathfrak{L}_\mathrm{I}}(\mathfrak{B}, \varphi_0)) \wedge \\
& (\mathrm{Mod}_{\mathfrak{L}_\mathrm{I}}(\mathfrak{A}, \varphi_1) \text{ gdw } \mathrm{Mod}_{\mathfrak{L}_\mathrm{I}}(\mathfrak{B}, \varphi_1)) \wedge \\
& \quad \vdots \\
& (\mathrm{Mod}_{\mathfrak{L}_\mathrm{I}}(\mathfrak{A}, \varphi_r) \text{ gdw } \mathrm{Mod}_{\mathfrak{L}_\mathrm{I}}(\mathfrak{B}, \varphi_r))).
\end{aligned}
$$

Sei nun $\mathfrak{A}$ eine vorgegebene S-Struktur. Dann soll $\varphi_{\mathfrak{A}}$ eine Konjunktion der $r+1$ Sätze der folgenden Menge sein:

$$
\begin{aligned}
&\{\varphi_i \mid 0 \leqq i \leqq r \wedge \mathrm{Mod}_{\mathfrak{L}_\mathrm{I}}(\mathfrak{A}, \varphi_i)\} \\
&\quad \cup \{\neg \varphi_i \mid 0 \leqq i \leqq r \wedge \mathrm{Mod}_{\mathfrak{L}_\mathrm{I}}(\mathfrak{A}, \neg \varphi_i)\}.
\end{aligned}
$$

(Man beachte: Wenn $\mathfrak{A}$ alle unendlich vielen Strukturen durchläuft, so durchläuft $\varphi_{\mathfrak{A}}$ höchstens 2^{r+1} verschiedene Konjunktionen!)

Wegen *Boole*($\mathfrak{L}$)[23] gilt stets: $\mathrm{Mod}_{\mathfrak{L}_I}(\mathfrak{A}, \varphi_{\mathfrak{A}})$. Allgemeiner gilt wegen (1):

(2) $\mathfrak{A} \simeq_m \mathfrak{B}$ gdw $\mathrm{Mod}_{\mathfrak{L}_I}(\mathfrak{B}, \varphi_{\mathfrak{A}})$.

Wir greifen jetzt auf den in der Voraussetzung vorgegebenen Satz ψ zurück und bilden die Adjunktion der – wegen der endlichen Anzahl der Äquivalenzklassen von S-Sätzen erster Stufe vom Quantorenrang $\leqq m$ wieder endlich vielen – Formeln $\varphi_{\mathfrak{A}}$, für die $\mathrm{Mod}_{\mathfrak{L}}(\mathfrak{A}, \psi)$ gilt. Wir behaupten, daß der so gebildete Satz φ der gesuchte, mit ψ modellgleiche Satz erster Stufe ist. Für φ wählen wir zusätzlich eine suggestive Schreibweise (die dann zugleich als Definition von φ deutbar ist), nämlich:[24]

(3) $\varphi := \bigvee \{\varphi_{\mathfrak{A}} \mid \mathfrak{A}$ ist eine S-Struktur $\wedge\ \mathrm{Mod}_{\mathfrak{L}}(\mathfrak{A}, \psi)\}$.

Wir müssen zeigen, daß folgendes gilt:

$\mathrm{Mod}_{\mathfrak{L}}(\psi) = \mathrm{Mod}_{\mathfrak{L}_I}(\varphi)$.

(i) Es sei $\mathrm{Mod}_{\mathfrak{L}}(\mathfrak{B}, \psi)$. Dann ist $\varphi_{\mathfrak{B}}$ (bzw. ein mit $\varphi_{\mathfrak{B}}$ äquivalenter Satz) nach (3) ein Adjunktionsglied von φ. Da $\mathrm{Mod}_{\mathfrak{L}_I}(\mathfrak{B}, \varphi_{\mathfrak{B}})$, ist daher auch $\mathrm{Mod}_{\mathfrak{L}_I}(\mathfrak{B}, \varphi)$.

(ii) Es sei $\mathrm{Mod}_{\mathfrak{L}_I}(\mathfrak{B}, \varphi)$. Dann muß $\mathfrak{B}$ wegen (3) $\mathfrak{L}_I$-Modell eines $\varphi_{\mathfrak{A}}$ mit der dortigen Zusatzbedingung sein, d. h. es muß gelten:

Es gibt ein $\mathfrak{A}$ mit $\mathrm{Mod}_{\mathfrak{L}}(\mathfrak{A}, \psi) \wedge \mathrm{Mod}_{\mathfrak{L}_I}(\mathfrak{B}, \varphi_{\mathfrak{A}})$.

Aus der zweiten Teilaussage können wir wegen (2) auf $\mathfrak{A} \simeq_m \mathfrak{B}$ schließen und daraus sowie aus der ersten Teilaussage wegen (a′) auf $\mathrm{Mod}_{\mathfrak{L}}(\mathfrak{B}, \psi)$. □

Vor der Formulierung unseres eigentlichen Theorems müssen wir jetzt die (in Teil E der Übersicht) angekündigten Effektivitätsmerkmale genau beschreiben.

(*I*) Ein abstraktes logisches System $\mathfrak{L} = \langle \mathrm{L}, \mathrm{Mod}_{\mathfrak{L}} \rangle$ heiße *effektiv* gdw

(1) für jede entscheidbare Zeichenmenge S die Satzmenge $\mathrm{L}(S)$ entscheidbar ist und

(2) zu jedem $\varphi \in \mathrm{L}(S)$ eine endliche Teilmenge S_0 von S existiert, so daß $\varphi \in \mathrm{L}(S_0)$.

(*II*) Die beiden abstrakten logischen Systeme $\mathfrak{L}$ und $\mathfrak{L}'$ seien beide effektiv. Wir sagen, daß $\mathfrak{L}'$ *im effektiven Sinn mindestens so ausdrucksstark*

---

23 Im vorliegenden Beweis wird von der Voraussetzung *Regulär*($\mathfrak{L}$) nur diese Teilaussage *Boole*($\mathfrak{L}$) verwendet. Das Lemma ließe sich daher trivialerweise entsprechend verstärken.

24 Strenggenommen wird φ natürlich als Adjunktion *über einem Repräsentantensystem* der Äquivalenzklassen der folgenden Menge gebildet.

ist *wie* $\mathfrak{L}$, abgek.: $\mathfrak{L} \preccurlyeq_{eff} \mathfrak{L}'$ gdw zu jeder entscheidbaren Zeichenmenge S eine berechenbare Funktion * existiert, durch die jedem $\varphi \in \mathrm{L}(S)$ ein $\varphi^* \in \mathrm{L}'(S)$ zugeordnet wird mit $\mathrm{Mod}^S_{\mathfrak{L}}(\varphi) = \mathrm{Mod}^S_{\mathfrak{L}'}(\varphi^*)$. ‚$\mathfrak{L} \sim_{eff} \mathfrak{L}'$' sei eine Abkürzung für

$$‚\mathfrak{L} \preccurlyeq_{eff} \mathfrak{L}' \wedge \mathfrak{L}' \preccurlyeq_{eff} \mathfrak{L}'‘.$$

(*III*) Ein abstraktes logisches System $\mathfrak{L}$, welches effektiv ist, werde *effektiv-regulär* genannt, abgek.: *Regulär*$_{eff}(\mathfrak{L})$, wenn die *effektiven* Analoga der drei Bedingungen *Boole*($\mathfrak{L}$), *Relativier*($\mathfrak{L}$) und *Ers*($\mathfrak{L}$) gelten. Genauer bedeutet dies:

(*1*) Für jede entscheidbare Zeichenmenge S gibt es eine berechenbare Funktion, die jedem $\varphi \in \mathrm{L}(S)$ ein $\neg\varphi$ zuordnet, sowie eine berechenbare Funktion, die jedem $\varphi \in \mathrm{L}(S)$ und jedem $\psi \in \mathrm{L}(S)$ ein $\varphi \vee \psi$ zuordnet.[25] (Hierbei sind die Junktoren $\neg$ und $\vee$ im Sinne der äußeren modelltheoretischen Charakterisierung und nicht im Sinne einer inneren syntaktischen Charakterisierung zu verstehen; vgl. die Bemerkungen über ‚*Boole*($\mathfrak{L}$)' beim ersten Satz von LINDSTRÖM.)

Wir kürzen diese Bedingung mit *Boole*$_{eff}(\mathfrak{L})$ ab.

(*2*) Für jede entscheidbare Zeichenmenge S und jedes einstellige Prädikat U gibt es eine berechenbare Funktion, die jedem Satz $\varphi \in \mathrm{L}(S)$ ein φ^U zuordnet (im Sinne der früheren Definition von ‚$\mathfrak{L}$ gestattet Relativierungen').

Diese Bedingung werde mit *Relativier*$_{eff}(\mathfrak{L})$ abgekürzt.

(*3*) Für jede entscheidbare Zeichenmenge S sowie entscheidbares S^r gibt es eine berechenbare Funktion, die jedem $\varphi \in \mathrm{L}(S)$ ein $\varphi^r \in \mathrm{L}(S^r)$ zuordnet.

Die Abkürzung dafür laute *Ers*$_{eff}(\mathfrak{L})$.

(*IV*) Das abstrakte logische System $\mathfrak{L}$ sei effektiv. Die Wendung ‚*für* $\mathfrak{L}$ *ist die Menge der allgemeingültigen Sätze aufzählbar*',[26] abgek.: ‚*Aufz-Allgg*($\mathfrak{L}$)' besage: ‚Für jede entscheidbare Zeichenmenge S ist die Menge der Sätze

$$\{\varphi \mid \varphi \in \mathrm{L}(S) \wedge \Vdash_{\mathfrak{L}} \varphi\}$$

aufzählbar.' (Man beachte: Da S auf unendlich viele Weisen gewählt werden kann, enthält auch die Aussage *AufzAllgg*($\mathfrak{L}$) strenggenommen unendlich viele Aufzählbarkeitsbehauptungen.)

Diese Bedingung (*IV*) ist für eine effektive abstrakte Logik $\mathfrak{L}$ sicherlich dann erfüllt, wenn für $\mathfrak{L}$ ein adäquater Kalkül existiert. (Die

---

25 Im Gegensatz zum ersten Satz von LINDSTRÖM werden ab hier die Ausdrücke $\neg\varphi$, $\varphi \vee \psi$, φ^U, φ^r nicht mehr als mehrdeutige Mitteilungszeichen verwendet, sondern als die *eindeutigen* Werte der erwähnten berechenbaren Funktionen aufgefaßt.

26 ‚$\Vdash_{\mathfrak{L}} \varphi$' besagt auch jetzt dasselbe wie ‚$\emptyset \Vdash \varphi$'. Dabei ist $\emptyset$ die leere Satzmenge. ‚$\Vdash_{\mathfrak{L}} \varphi$' besagt daher dasselbe wie: ‚Jede Struktur ist $\mathfrak{L}$-Modell von φ'.

Aufzählung der beweisbaren Sätze erfolgt über die Abzählung der Beweise: Man ordne die Beweise nach zunehmender Länge – für irgend einen geeigneten Begriff der Beweislänge – und bei gleicher Länge z. B. lexikographisch.)

Schließlich noch zum Satz von TRACHTENBROT: Eine Struktur wird *endlich* genannt, wenn ihr Träger endlich ist. Ein S-Satz erster Stufe φ wird *im Endlichen allgemeingültig* genannt, wenn jede endliche Struktur φ erfüllt. Der *Satz von Trachtenbrot*, dessen Gültigkeit wir hier voraussetzen, besagt in der für unsere Zwecke benötigten Fassung für bestimmte Symbolmengen S, daß die Menge der im Endlichen allgemeingültigen S-Sätze nicht aufzählbar ist.

(Näheres dazu im Anhang.)

Wir kommen nun zur Formulierung von

Th. 15.2 (Zweiter Satz von Lindström[27]) *Wenn ein abstraktes logisches System $\mathfrak{L}$ die Bedingungen erfüllt:*
(*a*) *Regulär*$_{eff}(\mathfrak{L})$*;*
(*b*) $\mathfrak{L}_{\mathrm{I}} \preccurlyeq_{eff} \mathfrak{L}$*;*
(*c*) *LöwSkol*$(\mathfrak{L})$*;*
(*d*) *AufzAllgg*$(\mathfrak{L})$,
dann gilt: $\mathfrak{L}_{\mathrm{I}} \sim_{eff} \mathfrak{L}$.

Beweis: Es genügt, die Umkehrung von (*b*) zu zeigen. Diese Aufgabe zerlegen wir in zwei Teile und beweisen zunächst:

(*Teil 1*)
Zu jeder entscheidbaren Zeichenmenge S und jedem Satz $\psi \in \mathrm{L}(S)$ existiert ein S-Satz φ erster Stufe, der dieselben Modelle hat wie ψ.

(Der zweite Teil enthält eine Verschärfung dieser Aussage, nämlich daß der Übergang von ψ zu einem modellgleichen φ erster Stufe mittels eines *effektiven Verfahrens* möglich ist.)

Die vier Bedingungen (*a*) bis (*d*) mögen für $\mathfrak{L}$ gelten. Da $\mathfrak{L}$ wegen (*a*) effektiv ist, kann die Zeichenmenge S als *entscheidbar und endlich* vorausgesetzt werden. Da außerdem (ebenfalls wegen (*a*)) die effektive Fassung von *Ers*$(\mathfrak{L})$ gilt, dürfen wir S als *relational* annehmen (ähnlich wie beim ersten Satz von LINDSTRÖM).

Der Beweis von (*Teil 1*) erfolge indirekt. Es sei also $\psi \in \mathrm{L}(S)$ und es gebe keinen S-Satz erster Stufe, der dieselben Modelle hat wie ψ. Zu

27 Häufig wird dieses Theorem als Wenn-Dann-Satz formuliert, wobei (*a*) und (*b*) als allgemeine Annahmen über $\mathfrak{L}$ gemacht werden, so daß nur (*c*) und (*d*) im Wenn-Satz auftreten. Das Theorem lautet dann: *Für ein effektiv-reguläres logisches System $\mathfrak{L}$ mit $\mathfrak{L}_{\mathrm{I}} \preccurlyeq_{eff} \mathfrak{L}$ gilt: Wenn $\mathfrak{L}$ das Theorem von Löwenheim und Skolem erfüllt und für $\mathfrak{L}$ die Klasse der allgemeingültigen Sätze aufzählbar ist, dann ist die Logik erster Stufe bereits im effektiven Sinn gleich ausdrucksstark wie $\mathfrak{L}$.*

jedem $m \in \omega$ gibt es nach Lemma 15.4 S-Strukturen $\mathfrak{A}_m$ und $\mathfrak{B}_m$, welche die drei Bedingungen erfüllen:

(i) $\mathfrak{A}_m \simeq_m \mathfrak{B}_m$,

(ii) $\mathrm{Mod}_{\mathfrak{L}}(\mathfrak{A}_m, \psi)$

(iii) $\mathrm{Mod}_{\mathfrak{L}}(\mathfrak{B}_m, \neg\psi)$ (d. h. $\mathfrak{A}_m$ und $\mathfrak{B}_m$ sind m-isomorphe Strukturen, die durch ψ getrennt werden).

Zusammen mit den obigen Bedingungen sind dadurch die Voraussetzungen von Lemma 15.3 erfüllt. Also existiert eine Menge S und ein $\vartheta_1 \in \mathrm{L}(S_1)$, welche die Bedingungen der Konklusion von Lemma 15.3 erfüllen. (S_1 sei das S' des Lemmas.)

Die endliche Menge S_1 werde um das einstellige Prädikatzeichen W zu $S_2 := S_1 \cup \{W\}$ erweitert. Da $\mathfrak{L}$ mindestens so ausdrucksstark ist wie die Logik der ersten Sufe, kann man den folgenden $\mathrm{L}(S_2)$-Satz betrachten[28]:

$$\chi := \vartheta_1 \wedge \bigvee x Wx \wedge \bigwedge x(Wx \rightarrow x < c).$$

Es gilt (1′) und (2′), nämlich:

(1′) Für jede S-Struktur $\mathfrak{A} = \langle A, \mathfrak{a} \rangle$ mit $\mathrm{Mod}_{\mathfrak{L}}(\mathfrak{A}, \chi)$ ist $\mathfrak{a}(W)$ nichtleer und endlich.

Dies folgt aus (I) von Lemma 15.3 sowie der Definition von χ. ($\mathfrak{A}$ erfüllt ja dann auch ϑ_1, so daß die dortigen Aussagen gelten; nach dem dritten $\wedge$-Glied[29] von χ enthält $\mathfrak{a}(W)$ *nur* Vorgänger von $\mathfrak{a}(c)$ und nach dem mittleren $\wedge$-Glied ist $\mathfrak{a}(W)$ nicht leer.)

(2′) Zu jedem $m \geqq 1$ existiert ein Modell $\mathfrak{A} = \langle A, \mathfrak{a} \rangle$ von χ, so daß $\mathfrak{a}(W)$ genau m Elemente enthält.

Dies folgt aus (II) von Lemma 15.3 sowie der Definition von χ. Es muß hier nur darauf geachtet werden, daß für das nach Lemma 15.3, (II) existierende Modell von ϑ_1 (worin $\mathfrak{a}(c)$ genau m $\mathfrak{a}(<)$-Vorgänger besitzt) zusätzlich die Abbildung $\mathfrak{a}$ so gewählt wird, daß $\mathfrak{a}(W)$ als Elemente *genau* die Vorgänger von $\mathfrak{a}(c)$ enthält.

Anmerkung. Man könnte vielleicht meinen, daß sich diese zusätzliche Forderung erübrigen würde, wenn man als χ die ohnehin suggestivere Formel wählte: $\vartheta_1 \wedge \bigwedge x(Wx \leftrightarrow x < c)$. Doch dann wäre der Fall $m = 1$ nicht erfaßt und es müßte für ihn eine eigene Regelung getroffen werden.

Aus (1′) und (2′) folgt: Wenn $\mathfrak{A} = \langle A, \mathfrak{a} \rangle$ über *alle* Modelle von χ läuft, so durchläuft $\mathfrak{a}(W)$ genau die endlichen Mengen.

Wir kommen nun zu dem in der Übersicht unter (C) erwähnten Hilfssatz, der den in der Beweisidee des vorliegenden Theorems intendier-

---

28 Die Schreibweise mit ‚$\wedge$' ist als durch $Boole_{eff}(\mathfrak{L})$ eindeutige Mitteilung festgelegt usw.

29 Ein $\wedge$-*Glied* in einer Reihenfolge ist natürlich nur relativ auf eine Mitteilung eines abstrakten Satzes festgelegt, da z. B. $\varphi \wedge \psi$ und $\psi \wedge \varphi$ *dasselbe* Objekt aus $\mathrm{L}(S)$ mitteilen können.

ten logischen Konflikt zwischen dem Satz von TRACHTENBROT und der Bedingung (d)[30] unseres Theorems erzeugt.

Dazu wählen wir zunächst eine *zu* S_2 *disjunkte* und *relationale* Zeichenmenge S_3. (Der Satz von TRACHTENBROT wird dann unten auf die Menge der im Endlichen allgemeingültigen S_3-Sätze erster Stufe angewendet. S_3 wird im wesentlichen analog zu der im Anhang zum Satz von TRACHTENBROT behandelten Menge $\hat{S}$ aufgefaßt.)

Hilfssatz 2 *Es sei * eine berechenbare Funktion, die jedem* S_3*-Satz* ζ *erster Stufe einen Satz* $\zeta^* \in \mathrm{L}(S_3)$ *zuordnet, der dieselben Modelle hat wie* ζ. *Dann gilt für alle* S_3*-Sätze* φ *erster Stufe:*[31]
$(+)$ φ *ist im Endlichen allgemeingültig*
gdw $\Vdash_{\mathfrak{L}} \chi \rightarrow (\varphi^*)^W$.

Wir beweisen diesen Hilfssatz im Nachtrag und setzen ihn hier als richtig voraus. Der letzte in $(+)$ angeführte Satz ist ein $\mathrm{L}(S_2 \cup S_3)$-Satz. Der in dieser Aussage $(+)$ ausgesprochene Zusammenhang läßt sofort vermuten, daß man aus einem Aufzählungsverfahren $\mathfrak{V}_1$ für die allgemeingültigen $\mathrm{L}(S_2 \cup S_3)$-Sätze (angewendet auf die rechte Seite von $(+)$) ein Aufzählungsverfahren für die im Endlichen allgemeingültigen S_3-Sätze erster Stufe erhält (linke Seite von $(+)$). Dieses gesuchte Aufzählungsverfahren $\mathfrak{W}$ arbeitet sukzessive für $n \in \omega$ folgendermaßen:

1. Schritt: Es werden die n lexikographisch ersten S_3-Sätze $\varphi_0, \varphi_1, \ldots, \varphi_{n-1}$ erster Stufe erzeugt.

2. Schritt: Da die Funktion * berechenbar ist, ferner nach Voraussetzung auch die Relativierungen und die Konditionalbildung effektiv vollziehbar sind, können wir mittels des ersten Schrittes sukzessive die Folgen erzeugen:

$$\begin{gathered}\varphi_0, \ldots, \varphi_{n-1}\\ \varphi_0^*, \ldots, \varphi_{n-1}^*\\ (\varphi_0^*)^W, \ldots, (\varphi_{n-1}^*)^W\\ \chi \rightarrow (\varphi_0^*)^W, \ldots, \chi \rightarrow (\varphi_{n-1}^*)^W.\end{gathered}$$

3. Schritt: Nun werden die n ersten allgemeingültigen $\mathrm{L}(S_2 \cup S_3)$-Sätze, die das Aufzählungsverfahren $\mathfrak{V}_1$ liefert, gebildet.

4. Schritt: Diejenigen Sätze φ_i, für welche $\chi \rightarrow (\varphi_i^*)^W$ unter den im dritten Schritt erzeugten Sätzen vorkommt, werden notiert.

Auf diese Weise erzeugt $\mathfrak{W}$ tatsächlich genau die im Endlichen allgemeingültigen S_3-Sätze erster Stufe. Nach dem Satz von TRACHTENBROT aber sind diese Sätze *nicht* aufzählbar.

---

30 Diese Bedingung besteht aus der Aussage, daß die Menge der allgemeingültigen Sätze von $\mathfrak{L}$ aufzählbar ist.

31 Man beachte, daß die *ganze* Formel $\chi \rightarrow (\varphi^*)^W$ effektiv gebildet wird.

Der Widerspruch löst sich nur in der Weise, daß wir die Annahme, mit der dieser indirekte Beweis begann, fallen lassen und schließen, daß es zu jedem $\psi \in \mathrm{L}(S)$ eine S-Satz φ erster Stufe gibt, der mit ψ modellgleich ist. *Teil 1* ist damit bewiesen.

(*Teil 2*)
Es kann ein effektives Verfahren angegeben werden, das für jede entscheidbare Zeichenmenge S und zu jedem Satz $\psi \in \mathrm{L}(S)$ einen S-Satz φ erster Stufe liefert, der dieselben Modelle hat wie ψ.

Für diese „effektive Verschärfung" von *Teil 1* betrachten wir ein Aufzählungsverfahren $\mathfrak{V}_2$ für die Menge der allgemeingültigen L(S)-Sätze sowie eine berechenbare Funktion $^{\#}$, die jedem S-Satz φ der ersten Stufe ein modellgleiches $\varphi^{\#} \in \mathrm{L}(S)$ zuordnet (ersteres existiert wegen Bedingung (d) und letzteres wegen Bedingung (b) unseres Theorems). Das gesuchte effektive Verfahren $\mathfrak{W}_1$ arbeitet für $n = 1, 2, \ldots$ in folgender Weise:

1. Schritt: Mittels $\mathfrak{V}_2$ werden die n ersten allgemeingültigen L(S)-Sätze $\psi_0, \ldots, \psi_{n-1}$ erzeugt.

2. Schritt: Es werden die lexikographisch ersten S-Sätze erster Stufe $\varphi_0, \ldots, \varphi_{n-1}$ gebildet.

3. Schritt: Mit Hilfe des vorgegebenen L(S)-Satzes ψ und der Funktion $^{\#}$ wird aus den Ergebnissen des zweiten Schrittes die Folge
$\psi \leftrightarrow \varphi_0^{\#}, \ldots, \psi \leftrightarrow \varphi_{n-1}^{\#}$
(ähnlich wie in *Teil 1*) effektiv erzeugt.

4. Schritt: Wenn beim Vergleich der im ersten Schritt und der im dritten Schritt erzeugten Folgen zum ersten Mal[32] ein i und ein j gefunden wird, so daß ψ_i identisch ist mit $\psi \leftrightarrow \varphi_j^{\#}$, *so soll φ_j der ψ durch $\mathfrak{W}$ zugeordnete S-Satz erster Stufe sein.* Man beachte, daß die Annahme, daß ein solches φ_j stets existiert, wegen der Gültigkeit von *Teil 1* gewährleistet ist; und der 2. Schritt liefert eine Aufzählung *aller* S-Sätze erster Stufe. Ferner besagt die Allgemeingültigkeit von ψ_i dasselbe wie die Modellgleichheit von ψ einerseits, $\varphi_j^{\#}$ bzw. φ andererseits.

Damit ist das ganze Theorem, bis auf den nachzutragenden Beweis des Hilfssatzes 2, bewiesen. Dieser Nachtrag werde jetzt geliefert:

---

32 Dieser Schritt setzt eine Ordnung der Folge von Paaren natürlicher Zahlen voraus. Wir sagen, daß ein Paar $\langle i,j \rangle$ einem Paar $\langle i',j' \rangle$ *vorangeht*, wenn entweder $i < i'$ oder ($i = i'$ und $j < j'$). Damit ist zugleich der Begriff des *kleinsten* Paares einer Folge von Paaren festgelegt. Ferner besage die Wendung ‚es wird *zum ersten Mal* ein i und ein j gefunden, die eine bestimmte Bedingung erfüllen' dasselbe wie ‚das aus i und j gebildete Paar $\langle i,j \rangle$ ist das kleinste Paar, das dieser Bedingung genügt.'

Die Voraussetzung über die Funktion * sei erfüllt; φ sei ein beliebiger S_3-Satz erster Stufe.

(*a*) Angenommen, φ sei im Endlichen allgemeingültig. Ferner sei $\mathfrak{A}$ eine $S_2 \cup S_3$-Struktur, die $\mathfrak{L}$-Modell von χ ist: $\mathrm{Mod}_{\mathfrak{L}}(\mathfrak{A}, \chi)$. $\mathfrak{a}(W)$ ist nach (1′) endlich und nicht leer. Daher ist $\mathrm{Mod}_{\mathfrak{L}_{\mathrm{I}}}([\mathfrak{a}(W)]^{\mathfrak{A} \upharpoonright S_3}, \varphi)$, d.h. die Substruktur des S_3-Reduktes[33] von $\mathfrak{A}$ mit dem Träger $\mathfrak{a}(W)$ ist $\mathfrak{L}_{\mathrm{I}}$-Modell von φ. (φ ist ja ein Satz erster Stufe, der nur Zeichen aus S_3 enthält.) Daher ist dieselbe Struktur auch $\mathfrak{L}$-Modell von φ^*: $\mathrm{Mod}_{\mathfrak{L}}([\mathfrak{a}(W)]^{\mathfrak{A} \upharpoonright S_3}, \varphi^*)$. Wegen Relativier($\mathfrak{L}$) gilt daher $\mathrm{Mod}_{\mathfrak{L}}(\mathfrak{A}, (\varphi^*)^W)$.

(*b*) $\chi \rightarrow (\varphi^*)^W$ sei allgemeingültig in $\mathfrak{L}$. Dann ist *jede* $S_2 \cup S_3$-Struktur $\mathfrak{L}$-Modell dieses Satzes. Für beliebiges $m \geqq 1$ kann nach (2′) $\mathfrak{A} = \langle A, \mathfrak{a} \rangle$ so gewählt werden, daß $\mathrm{Mod}_{\mathfrak{L}}(\mathfrak{A}, \chi)$ und die Interpretation $\mathfrak{a}(W)$ von W genau m Elemente enthält. In Umkehrung der Schlußweise von (*a*) erhält man über $\mathrm{Mod}_{\mathfrak{L}}(\mathfrak{A}, (\varphi^*)^W)$ schließlich $\mathrm{Mod}_{\mathfrak{L}_{\mathrm{I}}}([\mathfrak{a}(W)]^{\mathfrak{A} \upharpoonright S_3}, \varphi)$. Da außer der Forderung, daß $\mathfrak{a}(W)$ genau m Elemente enthält, $\mathfrak{A}$ beliebig gewählt war, ist φ für alle Bereiche mit m Elementen gültig. Da dies für jedes $m \in \omega$ gilt, aber auch nur für solche (vgl. die Feststellung im Anschluß an (2′)), ist φ im Endlichen allgemeingültig. □

Anhang zu Kapitel 15

Zum Satz von Trachtenbrot

Beim Beweis des zweiten Theorems von Lindström benötigen wir das folgende Ergebnis, das als ‚*Satz von Trachtenbrot*' bekannt ist:

Die Menge der im Endlichen quantorenlogisch gültigen $\hat{S}$-Sätze ist nicht aufzählbar.

(Dabei ist hier (und überhaupt in diesem Anhang) ‚quantorenlogisch' im Sinne der Quantorenlogik mit Identität zu verstehen; ferner sei $\hat{S}$ eine Symbolmenge mit abzählbar unendlich vielen Konstanten und für jedes $n \in \omega \setminus \{0\}$ jeweils abzählbar unendlich vielen n-stelligen Prädikaten und Funktionszeichen.)

Wir wollen an dieser Stelle eine kurze Skizze zum Beweis dieses Satzes anfügen, die wegen der benötigten rekursionstheoretischen Voraussetzungen jedoch nur Hinweischarakter haben kann. Zunächst bringen wir einige notationelle und begriffliche Präliminarien.

Für eine beliebige Symbolmenge S heißt ein Satz $\varphi \in \mathbf{F}_S$ nach Definition genau dann *im Endlichen* (*S*-)*erfüllbar*, wenn es eine endliche

33 Wegen der Relationalität von S_3 ist $\mathfrak{a}(W)$ trivialerweise S_3-abgeschlossen und daher als Träger einer S_3-Substruktur wählbar.

S-Struktur $\mathfrak{A}$ gibt, die φ erfüllt; mit anderen Worten, wenn für eine S-Struktur $\mathfrak{A}$ mit endlichem Träger $Mod_S(\mathfrak{A}, \varphi)$ gilt. Wir teilen die Erfüllbarkeit von φ im Endlichen durch $\mathfrak{E}\mathfrak{E}_S(\varphi)$ mit.

Analog definieren wir φ als *im Endlichen (quantorenlogisch) (S-) gültig* genau dann, wenn jede endliche S-Struktur φ erfüllt. Wir schreiben dafür $\mathfrak{E}\mathfrak{A}_S(\varphi)$; es gilt also: $\mathfrak{E}\mathfrak{A}_S(\varphi)$ gdw für alle $\mathfrak{A}$ mit endlichem Träger $Mod_S(\mathfrak{A}, \varphi)$.

Wir definieren nun zu $\mathfrak{E}\mathfrak{A}$ und $\mathfrak{E}\mathfrak{E}$ die entsprechenden Mengen aller im Endlichen quantorenlogisch gültigen bzw. erfüllbaren S-Sätze:

$$EErfS_S := \{\varphi \in \mathbf{F}_S \mid \varphi \text{ Satz } \wedge \mathfrak{E}\mathfrak{E}_S(\varphi)\}$$
$$EQLgS_S := \{\varphi \in \mathbf{F}_S \mid \varphi \text{ Satz } \wedge \mathfrak{E}\mathfrak{A}_S(\varphi)\}.$$

Als Beispiel für einen nicht quantorenlogisch gültigen Satz $\varphi \in EQLgS_S$ betrachte man

$$\varphi := \bigwedge x_1 \bigwedge x_2 (\neg(x_1 = x_2) \rightarrow \neg(f^1 x_1 = f^1 x_2)) \rightarrow \bigwedge y \bigvee x (y = f^1 x).$$

Der Leser mache sich dies als Übung klar und überlege sich darüber hinaus, daß $\neg\varphi$ ein erfüllbarer Satz aus dem Komplement von $EErfS_S$ ist.

Beim Beweis des Satzes von TRACHTENBROT gehen wir nun in folgenden drei Schritten vor:

(I) Wir zeigen, daß die Menge der im Endlichen erfüllbaren $\hat{S}$-Sätze aufzählbar ist, indem wir ein Aufzählungsverfahren dazu skizzieren. Dieses Verfahren wird unabhängig von der zugrundegelegten Präzisierung des Aufzählbarkeitsbegriffs „intuitiv" geschildert.

(II) Wir skizzieren die Zurückführung der Frage nach der Entscheidbarkeit der Menge der im Endlichen erfüllbaren $\hat{S}$-Sätze auf eine aus der Rekursionstheorie als unentscheidbar bekannte Fragestellung. Dabei müßte auf die zugrundeliegende Präzisierung des Entscheidbarkeitsbegriffs bei einer genaueren Beweisdarstellung eingegangen werden, was wegen des Umfangs der dazu benötigten speziellen rekursionstheoretischen Mittel hier nicht geschieht; wir müssen uns auf entsprechende Literaturhinweise beschränken.

(III) Wir beenden den Beweis unter Voraussetzung der Schritte (I) und (II) (die wir anschließend behandeln) folgendermaßen:

Angenommen, die Menge der im Endlichen quantorenlogisch gültigen $\hat{S}$-Sätze wäre aufzählbar. Da ein $\hat{S}$-Satz genau dann nicht im Endlichen erfüllbar ist, wenn seine Negation im Endlichen quantorenlogisch gültig ist, läßt sich aus dem Aufzählungsverfahren für $EQLgS_{\hat{S}}$ ein Aufzählungsverfahren für das Komplement von $EErfS_{\hat{S}}$ gewinnen. Doch dann erhalten wir mit (I) einen Widerspruch zu (II):

(1) Man entscheidet für ein beliebiges Wort über dem zu $\hat{S}$ gehörigen Gesamtalphabet, ob ein $\hat{S}$-Satz vorliegt. Dafür gibt es sicher ein Entschei-

dungsverfahren, denn wir können o.B.d.A. annehmen, daß das Gesamtalphabet endlich ist, indem wir etwa die Menge

$$\hat{A} := \{(,), \neg, \vee, \wedge, \rightarrow, \leftrightarrow, \bigwedge, \bigvee, =, P, f, c, v, \\ = 0_*, \ldots, 9_*, 0^*, \ldots, 9^*\}$$

als Alphabet wählen und die Definitionen für Sprachen erster Stufe dadurch modifizieren, daß wir z. B. ‚f_1^3' durch ‚f3*1$_*$' und ‚P_0^7' durch ‚$P7^*0_*$' „codieren". Der Ŝ-Term

$$f_1^3 v_0 f_2^1 c_7 c_2$$

erhält dann als $\hat{A}$-Wort die Form

$$f3^*1_* v0_* f1^*2_* c7_* c2_* \;;$$

ebenso wäre der Ŝ-Satz

$$\bigvee v_2 P_2^3 c_2 v_0 f_1^1 v_2$$

durch das $\hat{A}$-Wort

$$\bigvee v2_* (P3^*2_* c2_* v0_* f1^*1_* v2_*)$$

wiederzugeben. Die korrekte induktive Definition der Übersetzung von Ŝ- in $\hat{A}$-Worte sei dem Leser als Übungsaufgabe überlassen.

(2) Ist nun ein als $\hat{A}$-Wort dargestelltes Ŝ-Wort φ nach (1) als Ŝ-Satz erwiesen worden, so wendet man abwechselnd das nach (I) vorhandene Aufzählungsverfahren für $EErf\,S_{\hat{S}}$ und das nach den obigen Überlegungen gegebene Aufzählungsverfahren für das Komplement von $EErf\,S_{\hat{S}}$ (in der Menge der Ŝ-Sätze) an, bis feststeht, ob für den Ŝ-Satz φ nun $\varphi \in EErf\,S_{\hat{S}}$ oder $\varphi \notin EErf\,S_{\hat{S}}$ gilt.

(3) Mit diesem Verfahren läge aber für jeden Ŝ-Satz φ eine Entscheidung über die Zugehörigkeit zur Menge der im Endlichen erfüllbaren Ŝ-Sätze vor. Dies widerspricht der in (II) gezeigten Unentscheidbarkeit von $EErf\,S_{\hat{S}}$.

Damit ist die zu Beginn von (III) eingeführte Annahme der Aufzählbarkeit von $EQLg\,S_{\hat{S}}$ widerlegt und der Satz von TRACHTENBROT gewiesen. □

Nachzutragen sind noch die angekündigten Ausführungen zu Schritt (I) und (II).

Beweisskizze zu (I): Wir fassen im folgenden als Länge eines S-Wortes die Länge des (wie in (III)(1) gebildeten) entsprechenden Wortes über dem endlichen Alphabet $\hat{A}$ auf. Damit gibt es für jede endliche Länge $n \in \omega$ nur *endlich* viele Ŝ-Worte dieser Länge. Nach Definition der Ŝ-Syntax haben wir damit auch ein Aufzählungsverfahren für jeweils alle Ŝ-Sätze, die höchstens die Länge n haben.

Wenn wir über ein Entscheidungsverfahren verfügen würden, um für jedes $m \in \omega$ festzustellen, ob ein $\hat{S}$-Satz φ von einer $\hat{S}$-Struktur mit (m+1)-elementigem Träger erfüllt werden kann, so können wir die im Endlichen erfüllbaren $\hat{S}$-Sätze aufzählen; wir müßten dazu nur für die endlich vielen $\hat{S}$-Sätze ψ, die höchstens die Länge n haben, entscheiden, ob ψ über $m \in \{0, \dots, n\}$ erfüllbar ist (wobei natürlich $m = \{0, \dots, m-1\}$ ist). Die Beschränkung auf Strukturen mit Trägern der Form $\{0, \dots, m-1\}$ ist nach dem Isomorphielemma zulässig, da es danach zu jeder Struktur mit m-elementigem Träger eine isomorphe Struktur über $\{0, \dots, m-1\}$ gibt. Da die oben genannten Entscheidungen für die jeweils endlich vielen ψ die Frage nach der Erfüllbarkeit von $\hat{S}$-Sätzen über beliebig großen endlichen Trägermengen beantworten, haben wir ein Aufzählungsverfahren für $EErfS_{\hat{S}}$, sofern wir die Entscheidbarkeit der Erfüllbarkeit eines gegebenen $\hat{S}$-Satzes in einer $\hat{S}$-Struktur mit $\{0, \dots, m-1\}$ als Träger für jedes $m \in \omega$ voraussetzen. Daß wir diese Voraussetzung machen dürfen, bleibt noch zu zeigen.

Der entscheidende Kunstgriff beim Beweis dieser Voraussetzung besteht darin, daß wir von $\hat{S}$ zu einer endlichen Teilmenge $\hat{S}^{\varphi}$ übergehen, wobei $\hat{S}^{\varphi}$ die Menge der in φ auftretenden $\hat{S}$-Symbole sei. Durch diesen Kunstgriff wird die Anzahl der zu betrachtenden Strukturen über $\{0, \dots, m-1\}$ als Träger endlich. Der Leser überlege sich selbst, daß tatsächlich

(a) die Erfüllbarkeit des S-Satzes φ durch S-Strukturen gleichwertig mit der Erfüllbarkeit von φ durch $\hat{S}^{\varphi}$-Strukturen ist,

sowie, daß

(b) nur endlich viele $\hat{S}^{\varphi}$-Strukturen über $\{0, \dots, m-1\}$ existieren.

Seien nun $\mathfrak{A}_0, \dots, \mathfrak{A}_{k_\varphi}$ diese $\hat{S}^{\varphi}$-Strukturen. Die Frage nach der Erfüllbarkeit von φ über einem m-elementigen Träger ist damit reduziert auf die Frage nach der Entscheidbarkeit von

$$\bigvee i(i \in \{0, \dots, k_\varphi\} \wedge Mod_{\hat{S}^{\varphi}}(\mathfrak{A}_i, \varphi)).$$

Diese Frage läßt sich auf die Entscheidbarkeit der endlich vielen Fragen, ob $\mathfrak{A}_i$ eine Struktur ist, die φ erfüllt, zurückführen. Wir haben für festes $\mathfrak{A}_i$ folgende Fälle zu betrachten:

(*a*) Ist φ die Negation einer $\hat{S}^{\varphi}$-Formel χ, so können wir klären, ob $Mod_{\hat{S}^{\varphi}}(\mathfrak{A}_i, \varphi)$ gilt, indem wir für das kürzere χ feststellen, ob $Mod_{\hat{S}^{\varphi}}(\mathfrak{A}_i, \chi)$ gilt.

(*b*) Analog kann für die übrigen Junktoren als Hauptoperatoren von φ die Frage auf ein oder zwei kürzere Formeln reduziert werden.

(*c*) Hat φ die Form $\bigvee v\chi$ oder $\bigwedge v\chi$, so genügt es, die endlich vielen Fragen nach

$$Mod_{\hat{S}^{\varphi}}(\mathfrak{A}_{i\,v}^{\,k}, \chi)$$

für alle $k \in \{0, \ldots, m-1\}$ zu entscheiden,[34] also für alle möglichen Werte von v bei einer Variablenbelegung über dem Träger von $\mathfrak{A}_i$ die Erfüllbarkeit von χ zu prüfen. Mit Induktion (gemäß (*a*)–(*c*)) ist die Frage, ob $\mathfrak{A}_i$ ein $\hat{S}^{\varphi}$-Modell von φ ist, damit zurückgeführt auf endlich viele Entscheidungen über $Mod_{S^{\varphi}}(\mathfrak{A}_i, \varrho)$ wobei ϱ eine (i. a. offene) *atomare* $\hat{S}^{\varphi}$-Formel ist. Wir entscheiden nun diese Frage für die atomare Formel ϱ, indem wir die endlichen vielen Möglichkeiten, die endlich vielen freien Variablen $x_0, \ldots, x_r$ von ϱ mit Werten aus $\{0, \ldots, m-1\}$ zu belegen, durchgehen. Wir beantworten dann die endlich vielen Fragen nach

$$(\triangle)\ Mod_{S^{\varphi}}(\mathfrak{A}_{i\,x_0, \ldots, x_r}^{\;n_0, \ldots, n_r}, \varrho)$$

für die endlich vielen Teilmengen $\{n_0, \ldots, n_r\}$ von $\{0, \ldots, m-1\}$. Diese Fragen sind aufgrund der Kenntnis von $\mathfrak{A}_i$ entscheidbar, da $\mathfrak{A}_i$ als durch endlich viele endliche Wertetabellen für die endlich vielen $\hat{S}^{\varphi}$-Prädikate, -Funktionszeichen und -Konstanten gegeben aufgefaßt werden kann. Damit sind die Fragen der Form ($\triangle$) entschieden und somit (I) bewiesen.

Beweisskizze zu (II): Wir transformieren die Frage nach der Entscheidbarkeit der im Endlichen erfüllbaren $\hat{S}$-Sätze, indem wir die Gleichwertigkeit dieser Frage mit derjenigen nach der Entscheidbarkeit des sogenannten *Halteproblems* andeuten. Das Halteproblem bezieht sich in seiner bekanntesten Fassung auf die Theorie der *Turingmaschinen.* Die Turingmaschinen stellen eine der gegenwärtig vorliegenden Präzisierungsmöglichkeiten des intuitiven Aufzählbarkeits- und Entscheidbarkeitsbegriffes dar und können als eine formale Wiedergabe der Idee informationsverarbeitender Rechenmaschinen, welche Algorithmen repräsentieren, angesehen werden. Das Halteproblem ist, ganz grob gesagt, die Frage, ob eine Turingmaschine mit einem vorgegebenen Programm, angesetzt auf eine „leere" Eingabe von Information, irgendwann stehen bleibt oder „unbegrenzt weiterläuft". Dieses Problem erweist sich in den präzisierten Fassungen als unentscheidbar. Eine genauere Wiedergabe dieser Begriffe findet der interessierte Leser z. B. in HERMES [2], EBBINGHAUS [2] und ROGERS [1].

Wie nach der (schon früher in diesem Buch kurz erwähnten) These von CHURCH zu erwarten, hat sich die Präzisierung der rekursionstheoretischen Begriffe durch Turingmaschinen zu allen anderen bisher bekannten Präzisierungsversuchen als gleichwertig erwiesen, so u. a. auch zu der Charakterisierung durch sog. *Registermaschinen* (siehe z. B. MINSKI [1]). Wir beziehen uns auf die Darstellung des (ebenfalls unentscheidbaren) Halteproblems für Registermaschinen bei EBBINGHAUS et al. [1], S. 197ff., da hier der Zusammenhang zum Beweis des Satzes von

34 Wir benötigen hier *volle* $\hat{S}^{\varphi}$-Strukturen.

Trachtenbrot unmittelbarer ausfällt als bei der Bezugnahme auf das etwas bekanntere Halteproblem für Turingmaschinen. Für die Anwendung des Satzes von Trachtenbrot im Beweis des zweiten Satzes von Lindström ist es wichtig, daß $\hat{S}$ auf relationale Zeichenmengen beschränkt werden kann. Im Prinzip ist sogar nur das Vorhandensein eines einzigen zweistelligen Prädikates erforderlich.

Der *Beweis* verläuft dann andeutungsweise folgendermaßen:

Zu jedem Registermaschinenprogramm P wird eine Struktur $\mathfrak{A}_P$ definiert, die in gewissem Sinne die Arbeitsweise von P mittels eines Prädikats beschreibt, das den Inhalt der Speicher (*Register*) der Maschine nach jedem Arbeitsschritt wiedergibt. Ferner wird ein Satz ψ_P definiert, der syntaktisch die Arbeitsweise von P charakterisiert und für den $Mod(\mathfrak{A}_P, \psi_P)$ gilt. Für Programme, die bei leerer Eingabe irgendwann anhalten, ist dabei $\mathfrak{A}_P$ nach Definition eine Struktur mit endlichem Träger und daher ψ_P im Endlichen erfüllbar. Ist andererseits P ein Programm, das bei leerer Eingabe niemals anhält, so sind alle Modelle von ψ_P unendlich, wie ein relativ komplizierter Induktionsbeweis zeigt, da ψ_P auf die Nummern der immer neuen Arbeitsschritte Bezug nimmt. Damit ist das (unentscheidbare) Halteproblem für Registermaschinen als äquivalent zu der Frage erwiesen, ob (für ein beliebiges Registermaschinenprogramm P) durch ein allgemeines Verfahren entschieden werden kann, ob der P repräsentierende Satz ψ_P im Endlichen erfüllbar ist. Da ψ_P ohne weiteres als Satz der umfassenderen Sprache mit $\hat{S}$ als Symbolmenge aufgefaßt werden kann, ist daher $EErfS_{\hat{S}}$ nicht entscheidbar.

Damit schließen wir unseren kurzen Überblick über die Beweisstruktur von (II) und des Satzes von Trachtenbrot überhaupt. Die verbleibenden durchaus nichttrivialen Kunstgriffe zur Definition von ψ_P und $\mathfrak{A}_P$ hängen zu spezifisch von der jeweils verwendeten Variante der rekursionstheoretischen Grundlagen ab, als daß eine nähere Schilderung ohne Eingehen auf etwa die Registermaschinentheorie an dieser Stelle noch nützlich wäre. Der Satz von Trachtenbrot enthält eine interessante und tiefliegende Auszeichnung der Nichtcharakterisierbarkeit des Endlichen, wie man sich an der etwas überraschenden Gegenüberstellung der Aufzählbarkeit aller quantorenlogisch gültigen Sätze und der Nichtaufzählbarkeit aller im Endlichen quantorenlogisch gültigen Sätze verdeutlichen kann.

Bibliographie

Ackermann, W., siehe Hilbert und Ackermann.

Agazzi, E. (Hrsg.) [1] *Modern Logic — A Survey*, Dordrecht–London 1981.

Barnes, D.W. und J.M. Mack *An Algebraic Introduction to Mathematical Logic*, New York–Heidelberg–Berlin 1975.

Barwise, J. (Hrsg.) *Handbook of Mathematical Logic*, Amsterdam–New York–Oxford 1977.

Bernays, P. siehe Hilbert und Bernays.

Blau, U. [1] *Die dreiwertige Logik der Sprache*, Berlin–New York 1978.

Bridge, J. [1] *Beginning Model Theory. The Completeness Theorem and some of its Consequences*, Oxford 1977.

Carnap, R. [1] *Meaning and Necessity*, 2. Aufl. Chicago 1956.

Carnap, R. [2] *Einführung in die Symbolische Logik*, 2. Aufl. Wien 1960.

Chang, C.C. und H.J. Keisler [1] *Model Theory*, Amsterdam 1973.

Church, A. [1] 'A Note on the Entscheidungsproblem', *The Journal of Symbolic Logic*, Bd. 1 (1936), S. 40–41.
Korr. Bd. 1 (1936), S. 101–102.

Church, A. [2] *Introduction to Mathematical Logic*, Princeton 1956.

Church, A. [3] 'An Unsolvable Problem of Elementary Number Theory', *American Journal of Mathematics*, Bd. 58 (1936), S. 45–363.

Craig, W. [1] 'On Axiomatizability within a System', *The Journal of Symbolic Logic*, Bd. 18 (1953), S. 30–32.

Curry, H. *Foundations of Mathematical Logic*, New York–San Francisco–Toronto–London 1963.

Ebbinghaus, H.-D., J. Flum, W. Thomas [1] *Einführung in die Mathematische Logik*, Darmstadt 1978.

Ebbinghaus, H.-D. [1] *Einführung in die Mengenlehre*, Darmstadt 1977.

Ebbinghaus, H.-D. [2] 'Turing-Maschinen und berechenbare Funktionen I', in: Jacobs, K. (Hrsg.), *Selecta Mathematica II*, Berlin–Heidelberg–New York 1970, S. 1–20.

Flum, J. siehe Ebbinghaus, Flum, Thomas.

Flum, J. [1] 'Distributive Normal Forms', in: Miettinen, S., Väänänen, J., (Hrsg.), *Proceedings of the Symposiums on Mathematical Logic in Oulu 1974 and in Helsinki 1975*. Helsinki 1977, S. 71–76.

Fraassen, B.C. van *Formal Semantics and Logic*, New York–London 1971.

Frege, G. [1] ‚Über Sinn und Bedeutung', Ztschr. f. Philos. u. philos. Kritik, NF 100 (1892), S. 25–50. Abgedruckt in: G. Patzig (Hrsg.), *Funktion, Begriff und Bedeutung*, Göttingen 1975, S. 40–65.

Gödel, K. [1] ‚Die Vollständigkeit der Axiome des logischen Funktionenkalküls', *Monatshefte für Mathematik und Physik*, Bd. 37 (1930), S. 349–360.

Gödel, K. [2] ‚Über formal unentscheidbare Sätze der Principia Mathematica und verwandter Systeme I', *Monatshefte für Mathematik und Physik*, Bd. 38 (1931), S. 173–198.

Halmos, P.R. [1] *Naive Set Theory*, Princeton–New York–Toronto–London 1960.

Hatcher, W.S. [1] *Foundations of Mathematics*, Philadelphia–London–Toronto 1968.

Hermes, H. [1] *Einführung in die mathematische Logik*, 3. Aufl. Stuttgart 1972.

Hermes, H. [2] *Aufzählbarkeit, Entscheidbarkeit und Berechenbarkeit*, 3. Aufl. Berlin–Heidelberg–New York 1978.

Hilbert, D. und W. Ackermann *Grundzüge der theoretischen Logik*, 5. Aufl. Berlin–Heidelberg–New York 1967.

Hilbert, D. und P. Bernays [1] *Grundlagen der Mathematik*, 2 Bände, Bd. 1: 2. Aufl. Berlin–Heidelberg–New York 1968, Bd. 2: 2. Aufl. Berlin–Heidelberg–New York 1970.

Hintikka, J. [1] *Distributive Normal Forms in the Calculus of Predicates*, Acta Philosophica Fennica, Bd. 6 (1953).

Hintikka, J. [2] 'Distributive Normal Forms in First-Order Logic', ursprünglich erschienen in: Crossley, N.J., Dummett, M.A.E. (Hrsg.), *Formal Systems and Recursive Functions: Proceedings of the Eighth Logic Colloquium, Oxford, July 1963*, Amsterdam 1965, S. 48–91, abgedruckt in: Hintikka, J., *Logic, Language Games, and Information: Kantian Themes in the Philosophy of Logic*, Oxford 1973, Chapter XI, S. 242–286.

Hintikka, J. [3] 'Information and Inference', in: Hintikka, J., Suppes, P. (Hrsg.), *Information and Inference*, Dordrecht 1970, S. 263–297.

Hintikka, J. [4] 'Constituents and Finite Identifiability', *Journal of Philosophical Logic*, Bd. 1 (1972), S. 45–52.

Hintikka, J. [5] 'Surface Semantics: Definition and its Motivation', in: Leblanc, H. (Hrsg.), *Truth, Syntax and Modality*, Amsterdam 1973, S. 128–147.

Hintikka, J. und V. Rantala [6] 'A New Approach to Infinitary Languages', *Annals of Mathematical Logic*, Bd. 10 (1976), S. 95–115.

Jeffrey, R.C. [1] *Formal Logic: Its Scope and Limits*, New York–London 1967.

Kalish, D. und Montague, R. [1] *Logic. Techniques of Formal Reasoning*, New York–Chicago–San Francisco–Atlanta 1964.

Keisler, H.J. siehe Chang und Keisler.

Kleene, St.C. [1] *Introduction to Metamathematics*, 5. Aufl. Amsterdam–Groningen 1967.

Kleinknecht, R. [1] *Grundlagen der Modernen Definitionstheorie*, Königstein/Ts. 1979.

Kleinknecht, R. und Wüst, E. [1] *Lehrbuch der Elementaren Logik*, 2 Bände, München 1976.

Leblanc, H. [1] 'A Simplified Account of Validity and Implication for Quantificational Logic', in: *The Journal of Symbolic Logic*, Bd. 33 (1968), S. 231–235.

Leblanc, H. (Hrsg.) [2] *Truth, Syntax and Modality*, Amsterdam–London 1973.

Leblanc, H. [3] 'Semantic Deviations', in: Leblanc, H. (Hrsg.) *Truth, Syntax and Modality*, S. 1–16.

Leblanc, H. [4] *Truth-Value Semantics*, Amsterdam–New York 1976.

Lindström, P. [1] 'On Extensions of Elementary Logic', *Theoria*, Bd. 35 (1969), 1–11.

Lindström, P. [2] 'On Characterizing Elementary Logic', in: Stenlund, S. (Hrsg.), *Logical Theory and Semantic Analysis*, S. 129–146.

Löwenheim, L. [1] ‚Über die Möglichkeiten im Relativkalkül', *Mathematische Annalen*, Bd. 76 (1915), S. 447–470.

Lorenz, K. [1] ‚Dialogspiele als semantische Grundlage von Logikkalkülen', *Archiv für mathematische Logik und Grundlagenforschung*, Bd. 11 (1968), S. 32–55 und S. 73–100.

Lorenzen, P. [1] *Einführung in die operative Logik und Mathematik*, Berlin 1955.

Lorenzen, P. [2] *Methodisches Denken*, Frankfurt a.M. 1968.

Lorenzen, P. [3] *Metamathematik*, Mannheim 1962.

Lorenzen, P. und K. Lorenz [1] *Dialogische Logik*, Darmstadt 1978.

Lorenzen, P. und O. Schwemmer [1] *Konstruktive Logik, Ethik und Wissenschaftstheorie*, 2. verb. Aufl., Mannheim 1973.

Mack, J.M. siehe Barnes und Mack.

Manin, Yu. I. [1] *A Course in Mathematical Logic*, Übers. aus dem Russischen von N. Koblitz, New York–Heidelberg–Berlin 1977.

Mates, B. *Elementary Logic*, Oxford 1965, deutsche Übersetzung: *Elementare Logik*, Göttingen 1969.

Mayer, Gregor [1] Mengentheoretische Modelltheorie, Magisterarbeit, München 1977.

Mayer, Gregor [2] *Die Logik im Deutschen Konstruktivismus. Die Rolle formaler Systeme im Wissenschaftsaufbau der Erlanger und Konstanzer Schule*, Dissertation, München 1981.

Mendelson, E. [1] *Introduction to Mathematical Logic*, New York–London 1964.

Minsky, M. [1] *Computation. Finite and Infinite Machines*, London 1972.

Monk, J.D. [1] *Mathematical Logic*, New York–Heidelberg–Berlin 1976.

Montague, R. siehe Kalish und Montague.

Novikov, P.S. *Elements of Mathematical Logic*, London 1964.

Quine, W.V. [1] *Mathematical Logic*, 2. Aufl., Cambridge, Mass., 1951, New York 1962.

Quine, W.V. [2] *Methods of Logic*, 3. Aufl., New York 1972. Deutsche Übersetzung: *Grundzüge der Logik*, Frankfurt a.M. 1969.

Quine, W.V. [3] *Set Theory an Its Logic*, 2. Aufl., Cambridge, Mass. 1969.

Rantala, V. siehe Hintikka und Rantala.

Rantala, V. [1] 'Aspects of Definability', *Acta Philosophica Fennica*, Bd. 29, nos. 2–3, 1977.

Rogers, H. [1] *Theory of Recursive Functions and Effective Computability*, New York–St. Louis–San Francisco–London–Sydney 1967.

Russell, B. siehe Whitehead und Russell.

Schütte, K. [1] *Proof Theory*, Berlin–Heidelberg–New York 1977.

Schwemmer, O. siehe Lorenzen und Schwemmer.

Sheffer, H.M. [1] 'A Set of Five Independent Postulates for Boolean Algebra, with Applications to Logical Constants', *Trans. Amer. Math. Society*, Bd. 14 (1913), S. 481–488.

Scott, D. [1] 'A Note on Distributive Normal Forms', in: Saarinen, E., Hilpinen, R., Niiniluoto, I., Hintikka, M.P. (Hrsg.), *Essays in Honour of Jaakko Hintikka*, Dordrecht–Boston–London 1979, S. 75–90.

Shoenfield, J.R. [1] *Mathematical Logic*, Reading–London 1967.

Skolem, T. [1] *Logisch-kombinatorische Untersuchungen über die Erfüllbarkeit oder Beweisbarkeit mathematischer Sätze nebst einem Theoreme über dichte Mengen*, Skrifter utgitt av Videnskapsselskapet i Kristiania, I. Mat. Naturv. Kl. 4, Kristiania 1920, S. 1–33.

Smullyan, R.M. [1] 'Languages in which Self Reference is Possible', *Journal of Symbolic Logic*, Bd. 22 (1957), S. 55–67, abgedruckt in: Hintikka, J. (Hrsg.) *The Philosophy of Mathematics*, Oxford 1969, S. 64–77.

Smullyan, R.M. [2] 'A Unifying Principle in Quantification Theory', *Proceedings of the National Academy of Sciences*, Bd. 49 (1963), S. 828–832.

Smullyan, R.M. [3] 'Analytic Natural Deduction', *Journal of Symbolic Logic*, Bd. 30 (1965), S. 123–139.

Smullyan, R.M. [4] 'Trees and Nest Structures', *Journal of Symbolic Logic*, Bd. 31 (1966), S. 303–321.

Smullyan, R.M. [5] *First-Order Logic*, Berlin–Heidelberg–New York 1968.

Smullyan, R.M. [6] 'Abstract Quantification Theory', in: Kino, A., Myhill, J. und Vesley, R.E. (Hrsg.) *Intuitionism and Proof Theory*, Amsterdam–London 1970, S. 79–91.

Stamm, E. [1] ‚Beitrag zur Algebra für Logik', *Monatshefte für Mathematik und Physik*, Bd. 22 (1911), S. 137–156.

Stegmüller, W. [1] *Unvollständigkeit und Unentscheidbarkeit*, 2. Aufl., Wien–New York 1970.

Stegmüller, W. [2] 'Remarks on the Completeness of Logical Systems Relative to the Validity-Concepts of P. Lorenzen and K. Lorenz', *Notre Dame Journal of Formal Logic*, Bd. 5 (1964), S. 81–112.

Suppes, O. *Introduction to Logic*, Princeton–New York–Toronto–London 1957.
Thomas, W. siehe Ebbinghaus, Flum, Thomas.
Trachtenbrot, B.A. [1] 'The Impossibility of an Algorithm for the Decision Problem for finite Domains', *Doklady Academii Nauk SSSR*, Bd. 70, S. 569–572.
Whitehead, A.N. und B. Russell [1] *Principia Mathematica*, 3 Bde., 2. Aufl., Cambridge 1925–1927.
Wüst, E. siehe Kleinknecht und Wüst.

Autorenregister

Sachverzeichnis

Verzeichnis der Symbole und Abkürzungen

(I) Mengentheoretische Zeichen und Ausdrücke

(II) Objektsprachliche Zeichen und deren Namen

(III) Metasprachliche und metalogische Zeichen

(IV) Bezeichnungen der formalen Sprachen und Logik-Systeme

(V) Bezeichnungen für definierte Funktionen

(VI) Zeichen und Ausdrücke der arithmetisierten Metasprache (Kap. 12 und 13)

Div	360	$Term_T$	364	$P_{(b)}$	366
OP	360	For_T	364	Sub_T	367
$\beta(a, i)$	361	$NLogAx_T$	364	$g(E)$	393
$\langle a_1, \ldots, a_n \rangle$	361	Ax_T	364	$\bar{g}(E)$	394
$SN_L(\mathbf{u})$	362	Bew_T	364	$\mathring{E}$	394
$\ulcorner \mathbf{u} \urcorner$	362	Bw_T	364		
$Vble$	363	Thm_T	364		

(VII) Zeichen und Abkürzungen der abstrakten Semantik und algebraischen Behandlung der Logik

$\mathbb{A}$	407	$V_{\mathfrak{A}^*}$	412	P_c	433
$\mathbb{A}^*$	407	Mod_S	413	$\mathfrak{A}^r$	434
Pr_S	407	$\models$	414	i	436
Fu_S	407	$\varphi\begin{pmatrix} t_1 \ldots t_r \\ x_1 \ldots x_r \end{pmatrix}$	417	$\simeq$	436
Ko_S	407	Δ	422, 423	$\mathfrak{A}^{*i}$	437
$\hat{S}$	408	$Symb$	423	$\equiv$	439
$\langle \mathbf{S}, \mathbf{T}, \mathbf{F} \rangle$	409	S-Str	423	$SemTh$	440
$\mathfrak{A}$	410	S-$Defm$	423	$PräpartIso$	443
$\mathfrak{a}$	410	$\mathfrak{A} \upharpoonright S$	429	$\simeq_e$	444
η	410	∇	425	$(I_n)_{n \in \omega}$	444
$\mathfrak{A}^*$	410	$[A]^{\mathfrak{B}}$	431	$\simeq_p$	446
$\mathfrak{a}^*$	410	ψ^P	431	$\simeq_m$	446
$\mathfrak{a}^{*a}_x$	411	$\mathbf{g}$	433	QR	447
$\mathfrak{A}^{*a}_x$	411	P_f	433		

(VIII) Spezielle Zeichen und Abkürzungen zu den Lindströmsätzen

$\mathfrak{L}$	460	$Relativier(\mathfrak{L})$	463	$Ers_{eff}(\mathfrak{L})$	494
L	460	$Ers(\mathfrak{L})$	464	$Regulär_{eff}(\mathfrak{L})$	494
$\mathrm{Mod}_{\mathfrak{L}}$	460	$Regulär(\mathfrak{L})$	464	$AufzAllgg(\mathfrak{L})$	494
$\mathrm{Mod}^{\mathrm{S}}_{\mathfrak{L}}$	461	$LöwSkol(\mathfrak{L})$	464	$\mathfrak{E}\mathfrak{E}_S$	500
$\equiv_{\mathfrak{L}}$	461	$Kompakt(\mathfrak{L})$	464	$\mathfrak{E}\mathfrak{A}_S$	500
$\preccurlyeq$	462	$\preccurlyeq_{eff}$	494	$EErfS_S$	500
$\sim$	462	$\sim_{eff}$	494	$EQLgS_S$	500
$*$	462	$Boole_{eff}(\mathfrak{L})$	494		
$Boole(\mathfrak{L})$	463	$Relativier_{eff}(\mathfrak{L})$	494		

(IX) Sonstige Zeichen und Abkürzungen